中国云杉林

王国宏　著

科学出版社
北　京

内 容 简 介

本书在对全球和中国云杉林进行概述的基础上，以样方数据为凭证，系统地描述了中国云杉林15个群系（含75群丛组和132个群丛）的地理分布，自然环境，生态特征，群落组成、结构和类型，建群种的生物学特性，生物量与生产力，群落动态与演替，价值与保育等特征。全书图文并茂，数据翔实，通俗易懂，引证了650个样方，附配200多幅反映群落外貌和结构的照片。

本书是生物多样性保育、植被区划、植被志编研的基础资料，也是科研、教学、管理和科普等行业必备的工具书。

审图号：GS（2018）6407号

图书在版编目（CIP）数据

中国云杉林/王国宏著. —北京：科学出版社，2017.12
ISBN 978-7-03-056219-7

Ⅰ.①中…　Ⅱ.①王…　Ⅲ. ①云杉–天然林–介绍–中国　Ⅳ. ①S791.18

中国版本图书馆CIP数据核字(2017)第323138号

责任编辑：王 静 李 迪 / 责任校对：严 娜
责任印制：肖 兴 / 封面设计：北京明轩堂广告设计有限公司

科学出版社 出版
北京东黄城根北街16号
邮政编码: 100717
http://www.sciencep.com

中国科学院印刷厂 印刷
科学出版社发行　各地新华书店经销
*
2017年12月第 一 版　开本：787×1092 1/16
2018年12月第二次印刷　印张：41 1/4
字数：975 000

定价：398.00 元

(如有印装质量问题，我社负责调换)

Spruce Forest of China

by

Guo-Hong Wang

SCIENCE PRESS

Beijing

前言

云杉林是北半球泰加林和山地针叶林中的重要组成成分，广泛分布于北半球中纬度及高纬度地区的陆地区域。中国云杉林属于山地寒温性针叶林，主要分布于东北、华北、西北、西南和台湾等地的亚高山及高山地带，是表征植被垂直地带性规律的重要植被类型；具有维护生态平衡和环境保护的重要功能，对保障国家生态安全、生物多样性保育和经济建设具有重大意义。

近半个多世纪以来，有关中国云杉林的研究成果散见于各类植被文献中。《中国植被》（1980）和《中国植被及其地理格局》（2007）对中国云杉林在群系尺度上进行了定性描述；一些行业性和地方性的植被专著对云杉林群丛组或群丛的特征进行了描述，但群落分类、群落命名、描述规范等不统一，绝大多数文献对群落特征的描述缺乏凭证样方。欧洲、美国、日本、俄罗斯等国家或地区对植被和植物群落的描述与记载已经迈入了量化和数字化信息阶段，中国植被的量化描述和数据库建设亟待加强。《中国云杉林》旨在以样方数据为凭证，对中国云杉林的地理分布、生境特征、群落类型、群落结构和组成等进行量化描述与记载，并建立相应的数据库。

在2008年植被与环境变化国家重点实验室成立之初，《中国植被志》编研即被列为实验室的重点研究方向之一，《中国云杉林》是首批启动的几本植被专著之一。着手工作后，我全面收集整理了云杉林的相关文献，试图从已有的成果中获取支撑这本专著的主要资料。随后发现，已有文献虽然积累了大量的成果，作为植被描述的核心资料即样方数据却十分缺乏；此外，我们以往调查和收集到的样方数据对林下植物的生长型、生态习性和生长状况的记载也很有限，这些资料若非野外现场观察，凭借物种信息很难获取，已有的资料显然远不能满足群落特征描述的要求。至此方才意识到此项工作的难度和强度，野外补充调查的工作量巨大，须投入主要精力去实施。因此，2011～2016年，我们进行了持续6年的野外补充调查，调查的范围覆盖了中国云杉林的全部自然分布区域，获得了大量的样方数据，拍摄了近万张反映群落外貌、结构和优势种的照片，撰写了近 10 万字的野外考察笔记。先后参与野外调查的有李贺、张维康、白星、马淼、马智、王洪春、赵海卫、郑明珠、李怀东、李庆会、来锡福、肖学俊、王建勇、杨永红、任虎伟、张学龙、王荣新、常学向和牛赟等。

北京大学方精云院士和唐志尧副教授的团队提供了近十几年来积累的调查自中国西北、东北、华北和西南地区的近 200 个样方；四川林业科学研究院周立江研究员和中国科学院成都生物研究所包维楷研究员提供了调查自四川的样方；黑龙江大学王庆贵教授提供了中国东北地区的样方；台湾宜兰大学的陈子英教授和台湾东华大学的陈添财博士提供了台湾山脉的样方和群落照片；中国科学院植物研究所的申国珍副研究员和张芸副研究员分别提供了调查自四川西北部的样方和云杉林的古植物学资料。至此，本书的基础数据库得到了很大的充实，样方达 650 个。

在编研过程中，就植被描述的内容和规范曾多次征求专家的意见，参与讨论和咨询的专家有张新时院士、方精云院士、马克平研究员、谢长富教授、郭柯研究员、谢宗强研究员、唐志尧副教授、高贤明研究员、陈子英教授、周立江研究员和王庆贵教授等。我们曾经在北京(3 次)、厦门（1 次）和台北（1 次）召开的植被和生物多样性相关会议上对阶段性成果进行汇报交流，广泛听取了各方的意见，编写内容和体系也经过多次修改和订正，数易其稿。2006 年，在样方不断扩充的基础上，对数据进行了重新分析，再次调整了植被分类方案和描述的形式，保证了植被描述的深度和准确性，也将为《中国植被志》的编研提供借鉴。从 2009 年正式着手工作，至 2017 年脱稿，《中国云杉林》的编著工作耗时近 9 年，以样方数据为凭证，量化地描述了中国云杉林的 15 个群系，75 个群丛组和 132 个群丛的基本特征。

植被与环境变化国家重点实验室提供了启动经费，在编著过程中也提供了多方的支持；实验室的历届负责人对编著工作给予了一如既往的支持、鼓励。此外，编著工作得到了国家科技基础性工作专项（2015FY210200）和国家自然科学基金项目（41571045、30870398）的部分资助。科学出版社编辑在书稿的编辑出版过程中，付出了大量的心血，书稿的出版离不开他们默默的奉献与支持。

在此，向上述各位专家、学者、同仁和研究生，以及在野外调查和编研过程中提供帮助但未提及姓名的许多朋友，表示衷心的感谢。

由于作者水平有限，加之有些群系的凭证样方仍显不足，书中的不足之处在所难免，欢迎读者批评指正，以便再版时补充和完善。

王国宏

2017 年 9 月

中国科学院植物研究所

植被与环境变化国家重点实验室

北京，100093

Preface

Spruce forest is an important component of boreal vegetation and subalpine coniferous forests, and is widely distributed in mid to high latitude zone of the northern hemisphere. Chinese spruce forest belongs to the cold-temperate coniferous forest and is distributed in subalpine and alpine zones of the northeast, north, northwest, southwest of Chinese mainland and Taiwan. Spruce forest in China is an important component of vegetation vertical spectrum and has an important function to maintain the ecological balance and environmental protection. In addition, spruce forest is of great significance for the protection of national ecological safety, biodiversity conservation, and economic construction.

For nearly half a century, Chinese spruce forests have been described in all kinds of vegetation documents. For example, community characteristics at the alliance level were recorded in *Vegetation of China* (1980) and *China Vegetation and Its Geographical Pattern* (2007). Descriptions of some spruce alliances at the levels of association and association group have been seen in local vegetation monographs. However, previous works on community classification, nomenclature and description were lack of unified and systematic scheme, and moreover, less verified by detailed sample data. While the descriptions and records of vegetation in Europe, America, Japan, Russia and other countries have entered the stage of quantification and digitization, quantitative description and database construction of Chinese vegetation need to be strengthened. In this work, I aimed to quantitatively describe geographic distribution, habitat characteristics, community types, community structure and composition of spruce forest in China by referring sampling data, and establish the corresponding database.

In 2008 when the State Key Laboratory of Vegetation and Environmental Change was established, the compilation of Vegegraphy of China and Vegetation Map was listed as one of the key research directions in the laboratory, and *Spruce Forest of China* was among the first few volumes to start. My work was started with a collection of the relevant literature of spruce forest in an all-round way and I tried to obtain the main data supporting the monograph from the existing achievements. I later found that although the the pieces of literature have accumulated a lot of achievements, as the core data describing vegetation, i. e., quadrat data, are lacking for most works of literature. In addition, data for plant growth form and ecological habits of understory plant in our previous investigation and collected samples are also very limited. Had it not been observed *in situ*, these data are difficult to obtain depending on the species information. The data we compiled at that time clearly cannot meet the requirements of the description of community characteristics. At this point, I realized that the difficulty and intensity of the work were beyond our original expectation. The workload of the field supplementary investigation was enormous, and the main efforts needed to be put into practice. Therefore, we had conducted field survey for 6 years from 2011 to 2016, obtained a total of more than 250 samples and nearly ten thousand pictures that reflect the community physiognomy, structure and plant species characteristics, wrote field notes of nearly one hundred thousand words. The space range of our field supplementary survey covered all the distribution area of Chinese natural spruce forest. Many scholars and graduate students have participated in the field investigation, including He Li, Weikang Zhang, Xing Bai, Miao Ma, Zhi Ma, Hongchun Wang, Haiwei Zhao, Mingzhu Zheng, Huaidong Li, Qinghui Li, Xifu Lai, Xuejun Xiao, Jianyong Wang, Yonghong Yang, Huwei Ren, Xuelong Zhang, Rongxin Wang, Xuexiang Chang and Yun Niu, etc.

A project named "Compilation of Vegegraphy of China", which was funded by the Ministry of Science and Technology, was launched in 2014. As a participator of this project, I had the chance to access the vegetation database owned by many individual scientists who participated this project. Thanks for their generosity, the basic database of the spruce forest was greatly enriched. For example, as a leading scientist of this project, Prof. Jingyun Fang and Zhiyao Tang and their team in Peking University have provided about 200 samples surveyed in the northwest, northeast, north and southwest China. In addition, data sampled in Sichuan were partly provided by Prof. Lijiang Zhou from Sichuan Forestry Research Institute, Prof. Weikai Bao from Chengdu Inseieute of Biology, Chinese Academy of Sciences, and Prof. Guozhen Shen from Institute of Botany(CAS); Prof. Qinggui Wang from Heilongjiang University provided data sampled in northeast China; Prof. Tze-Ying Chen from Ilan University and Dr. Tiancai Chen from Donghua University have provided data sampled in Taiwan. Prof. Yun Zhang from Institute of Botany, CAS, has provided paleobotanical data of spruce.

In our discussions about the scheme and content, I have been much helped and encouraged by Academician Xinshi Zhang and Jingyun Fang, and by Prof. Keping Ma, Changfu Xie, Ke Guo, Zongqiang Xie, Zhiyao Tang, Xianming Gao, Tze-Ying Chen, Lijiang Zhou and Qinggui Wang. The advances of this book were once orally presented in several forums and meetings on the topic of vegetation and biodiversity held in Beijing(three times), Xiamen(one time) and Taipei(one time), and the content and schemes were greatly improved and amended with the comments by many scientists. In the publication stage, editors from Science Press have done a lot of effort in manuscript editing and publishing process.

State Key Laboratory of Vegetation and Environmental Change provided the start-up funding. This work has been partly funded by Basic Foundation of Ministry of Science and Technology (2015FY210200), National Natural Science Foundation (41571045, 30870398).

This work began in 2009, with a contract from the State Key Laboratory of Vegetation and Environmental Change, took nine years for detailed survey, analysis, and writing of 15 alliances, 75 association groups and 132 associations of Chinese spruce forest, and come to the end in 2017. Here, I would like to express my gratitude to all the experts, scholars, colleagues and graduate students, as well as many friends who have helped me in the field survey without mentioning their names.

Due to my limited knowledge and samples, inadequacies in the book can hardly be avoided. Please don't hesitate to contact me if you have any comments on this book.

Guo-Hong Wang
September, 2017
State Key Laboratory of Vegetation and Environmental Change
Institute of Botany, Chinese Academy of Sciences
Beijing, 100093

目录

第 1 章　全球云杉林概述

云杉林是北半球泰加林和山地针叶林中的重要组成成分。泰加林（taiga）也称为北方森林，是广泛分布于环北极中高纬度地区，由云杉、冷杉和落叶松等树种组成的针叶林。根据物种组成，泰加林可分为阴暗针叶林和明亮针叶林，前者由云杉、冷杉等组成，群落的色泽墨绿，林内阴暗；后者由落叶松等组成，群落的色泽在夏季为亮绿或浅绿，在冬季落叶，色泽灰黄，生境偏阳，林内透光好（Spribille and Chytrý，2002）。泰加林分布区的地貌由低山、低矮起伏的丘陵和平原组成，河流交错纵横，湿地湖泊广布；在地质时期被冰川覆盖，土层中有永冻层存在；气候寒冷，生长期短暂，无霜期 50～100 天，冬季漫长，平均气温在 0℃以下的时间长达半年。在北美大陆和欧亚大陆的中高纬度地区，泰加林呈现出近乎连续的带状分布格局。

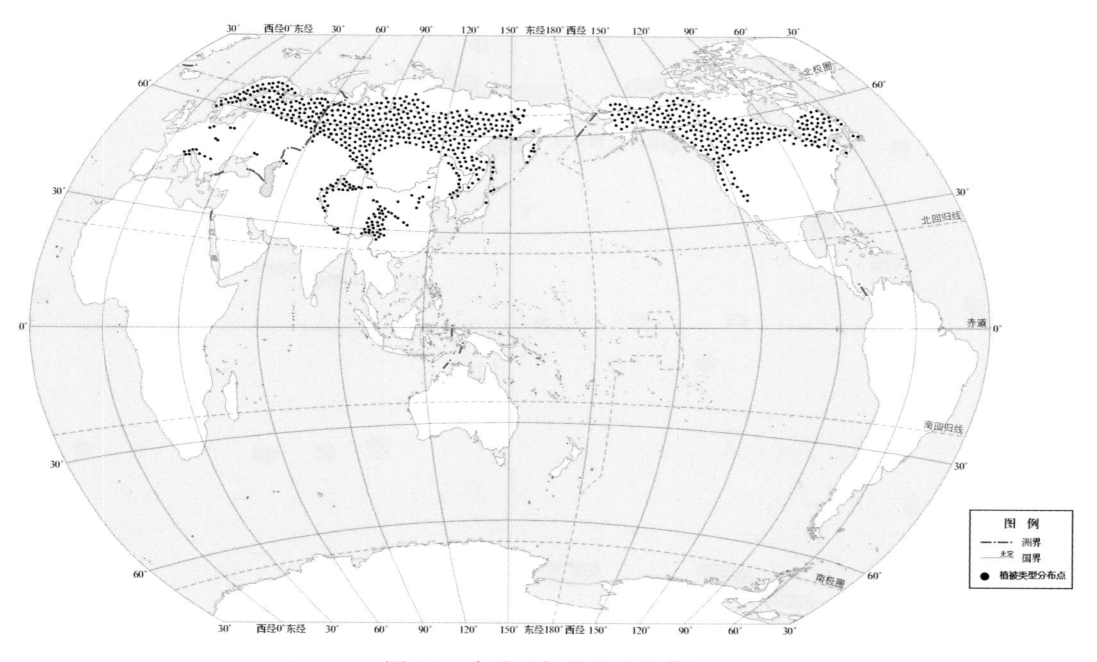

图 1.1　全球云杉林的地理分布

Figure 1.1　Distribution of spruce forest worldwide

资料来源：*Flora of North America* (www.eFloras.org)，《中华人民共和国植被图 1∶1 000 000》, Spribille and Chytrý, 2002

Data sources: *Flora of North America* (www.eFloras.org), *Vegetation Map of the People's Republic of China 1∶1 000 000*, Spribille and Chytrý, 2002

山地针叶林同样由云杉、冷杉、铁杉、落叶松和松等组成，主要分布于北半球中纬度和低纬度地区的山地，多呈斑块状，生长在山地的阴坡和半阴坡，也可出现在山麓和河谷地带。在植被的垂直带谱上，山地针叶林常出现在中高海拔地带。云杉林是山地寒温性针叶林的主要类型之一。

1.1 地 理 分 布

云杉林的地理分布区范围几乎跨越了北半球中纬度及高纬度地区的陆地区域。分布区经向的地理坐标跨度在欧亚大陆是 5°E～155°E，在北美大陆是 165°W～53°W；纬向跨度在欧亚大陆是 22°N～70°N，在北美大陆是 32°N～70°N（图 1.1）。

在欧亚大陆和北美大陆，云杉林分布区的北界均进入北极圈内。在北界地带或在地形隆起的台地，云杉林稀疏，个体常呈散生状；在平缓的阶地或谷地则较为密集。例如，在瑞典北部纬度大约为 67°N 处的丘陵地带，欧洲云杉（*Picea abies*）林中的个体十分稀疏（Hörnberg et al.，1999）。在北美大陆 133°30′W 附近，黑云杉（*Picea mariana*）林与冻原交错带的北界可达 68°40′N，在北界地带，群落中的个体稀疏；在偏南部地区，群落中的个体密集（Alan and Bliss，1980）。在俄罗斯西伯利亚阿尔泰山北坡，地理坐标为 51°10′N、87°50′E，海拔 1000 m 针叶林的郁闭度较大，个体的胸径可达 1 m（Tatyana and Ted，1995）。

受制于地貌和地形等因素，云杉林分布区的南界在不同的区域间差别较大。在欧洲，欧洲云杉林的南界出现在 41°N～42°N，即希腊北部至马其顿一线；在亚洲，云杉林的南界可达北回归线附近；在北美大陆，其南界在 32°N～40°N（Spribille and Chytrý，2002）。

在北半球云杉林的分布区内，以 50°N～55°N 纬度线为界，以北的区域属于北方森林（泰加林）的分布区，以南则为山地针叶林的分布区，二者的界限在不同的区域间存在差异。

云杉林的垂直分布范围在全球尺度上表现出显著的纬度地带性规律。我们在整理文献的基础上，通过 Google Earth 数字地球系统获得了欧亚大陆云杉林 623 个样点的地理坐标数据，对海拔上限与纬度的关系进行了拟合（图 1.2）。结果显示，在 22°N～69°N，随着纬度的增加，云杉林的海拔上限逐渐降低；在不同的纬度范围内，降低的幅度不同，低纬度地带降低幅度较大，高纬度地带降低幅度较小。例如，在 22°N～32°N、32°N～42°N、42°N～52°N、52°N～62°N 和 62°N～69°N，海拔降低的幅度分别是 147～105 m/（°）、102～80 m/（°）、78～64 m/（°）、64～54 m/（°）和 53～48 m/（°）。在北美阿巴拉契亚山脉（Appalachian Mountains），山地云冷杉林主要分布在 35°N～49°N，其垂直分布的上下限分别与苔原和落叶阔叶林交汇；随着纬度的增加，海拔的上下限均呈现降低的趋势；垂直分布下限由 1680 m（35°N）降至 150 m（49°N），下降幅度约为 109 m/（°）；上限由 1480 m（44°N）降至 550 m（55°N），下降幅度约为 85 m/（°）；东亚区的下降幅度在 54～230 m/（°）（Cogbill and White，1991）。

欧洲云杉在北极圈内通常生长在海拔 350～400 m 的生境中，在挪威南部（60°N）其生境上升至海拔 1000 m，在马其顿（42°N）可达到海拔 2100 m（Boratynska，1998）。在中低纬度地区，如在中国西南部的横断山脉地区，云杉林的垂直海拔在 2200～4600 m；在台湾的中央山脉，台湾云杉林垂直分布在 2000～3100 m；在日本本州岛及日本中部生长的亚高山云冷杉林，垂直分布的上限达 2500 m（Franklin et al.，1979）。

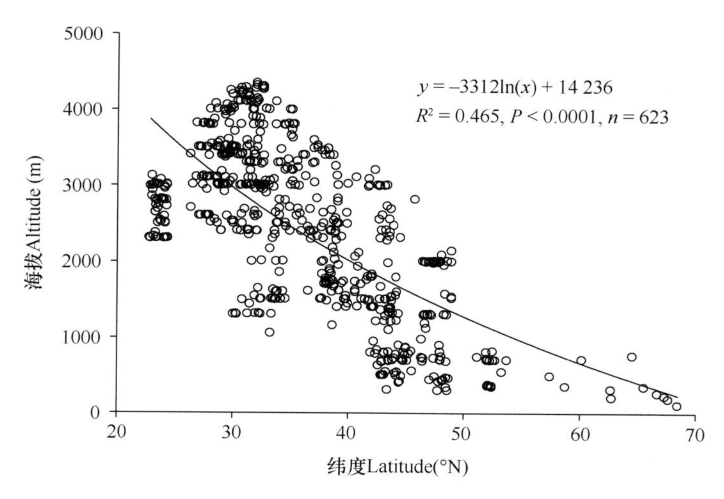

图 1.2　欧亚大陆针叶林垂直分布海拔上限与纬度的关系

Figure 1.2　Relationship between the upper altitude limits of the Eurasian coniferous forests and latitude

关于云杉的起源，学术界存在两种对立的观点，即东亚起源和北美起源。有研究认为，云杉起源于东北亚，经北极路线从欧亚大陆扩散到北美（Wright，1955）。后续的相关研究也支持该假说（Nienstaedt and Teich，1972；Page and Hollands，1987；Lockwood et al.，2013）。采用 cpDNA-RFLP 标记方法，有研究对云杉属 31 个物种的系统进化关系进行了分析，提出了云杉属起源于北美的观点（Sigurgeirsson and Szmidt，1993）。基于叶绿体 DNA 片段 *trnT-trnF* 序列的云杉属系统发育研究结果显示：全球 34 种云杉中，较原始的类群出现在北美洲，而欧亚大陆的类群较年轻，研究结论印证了上述第二种观点。研究进一步指出，云杉自北美起源后，经白令陆桥扩散至亚洲，再由亚洲扩散至欧洲，起源的时间在晚白垩世至早第三纪（Ran et al.，2006）。

在目前全球发现的云杉化石中，来自北美洲的化石地质年代较久远，而欧亚大陆云杉化石的地质年代较年轻。例如，目前世界上所发现的最早的云杉化石来自美国蒙大拿州的雷德洛奇，其地质年代属于古新世（Wilson and Webster，1946）；始新世的云杉化石亦多见于北美洲（Wodehouse，1933；Wehr and Schorn，1992）；在渐新世的地层中，云杉的化石在北美洲和亚洲（日本）均有记录（Axelord，1986；1998）；在比利时的 Quenast 地区，中新世的孢粉化石可能是欧洲最早的化石记录（LePage，2001）；日本本州岛的云杉球果化石出现在中新世的地层中（Huzioka and Takahashi，1970）；在中国河北围场满族蒙古族自治县永乡煤窑岭出土的云杉球果化石，出现在早中新世的地层中（扆铁梅，2007）。

采用空间进化和生态隔离的方法，我们对云杉属系统发育分支形成的环境驱动机制进行了量化分析，结果显示，温度变化是主要的驱动因子，水分变化次之（Wang et al.，2017）。这说明，在云杉属物种的分化过程中，温度条件发生了剧烈的改变或波动。事实上，云杉属的物种形成和散布过程与地质时期气候冷暖交替的周期密切相关。古地质、古气候及古植物学的研究证据显示，在早第三纪，全球气温较高，亚热带的北界较现在北移 7～8 个纬度，云杉主要分布于环北极地区；第三纪中期开始，气温呈现下降趋势，云杉林等寒温性针叶林逐渐向中低纬度地区及中低海拔地区扩散；在第四纪更新世的大冰川期间，云杉林向南扩散的幅度可能更广；在间冰期与冰期的交替中，云杉林的分布区又经历了扩展和退缩的过程，并逐步形成了现代分布格局（徐仁等，1980；杨怀仁，1987；黄春长，1998）。

1.2 自然环境

1.2.1 地貌

云杉林分布区的地貌类型从北到南变化较大。在北半球高纬度地区，由于冰川的夷平作用，地貌平坦低矮，永冻层广泛发育，土壤发育十分有限，古生代及中生代的岩石常显露于地面，地貌以起伏的平原和低山丘陵为主，沼泽、湖泊和湿地广布，云杉林可生长在平缓的海岸、沼泽、泥炭地、冰渍丘陵、湖泊、山间平缓谷地、起伏的山地和固定沙地上；在中低纬度地区，云杉林主要生长在高耸陡峻的山地环境中，在中海拔至高海拔地带的山地阴坡和半阴坡可形成大面积的纯林或混交林。

1.2.2 气候

云杉林的地理分布跨越亚热带至寒温带之间的广大区域，适应凉润的气候条件。在高纬度地区，云杉林常生长在河谷、湖滨、起伏的丘陵和山麓；在中低纬度地区则生长在海拔较高的山地。

热量条件是影响云杉林地理分布格局的重要因素。研究显示，云冷杉林垂直分布的下限和上限分别与 7 月平均气温为 17℃和 13℃的等温线大致重合（Cogbill and White，1991）。不同的物种或森林类型，适应的温度范围不同。在加拿大西北部，黑云杉林常出现在北极圈内的“森林-冻原”交错带，如果 6 月、7 月、8 月 3 个月的平均气温分别低于 9.5℃、13℃和 10℃，黑云杉不能正常结实（Alan and Bliss，1980）；“欧洲云杉-苔藓林”分布于瑞典中部的 Scandes 山脉（66°59′N，19°17′E），1 月和 7 月的平均气温分别是–16.6℃和 14.2℃（Hörnberg et al.，1999）；在加拿大萨斯喀彻温省（Saskatchewan）以北（54°N，105°W），黑云杉林的 1 月和 7 月平均气温分别是–19.8℃和 17.6℃（O’Connell et al.，2003）；在东北亚地区，北方森林（含云杉林）分布区处在 7 月气温为 12℃和 18℃的等温线之间，温暖指数（warmth index，WI）在 15～45℃，＞10℃的活动积温在 800～1800℃（Grishin，1995）。

有研究显示，北方针叶林和山地针叶林的分界线在 50°N～55°N，此范围相当于年均气温为 2～3℃等温线的区域（Wolfe，1979）。在北美地区，山地针叶林分布区的年均气温均高于 2℃（Cogbill and White，1991）；在意大利境内的阿尔卑斯山（46°18′N，11°45′E），欧洲云杉分布区的年均气温为 2.4℃（Motta et al.，1999）。中国境内的云杉林主要为山地类型。笔者的分析结果显示（见各论），中国 15 个云杉林群系的年均气温为 3.38℃，但群系间的差异较大，变异幅度为–2.29（西伯利亚云杉林）～11.45℃（台湾云杉林），西伯利亚云杉林具有泰加林性质，台湾云杉林则生长在亚热带的高山地带。

受特殊的地形和局部气候的影响，云杉林在北美洲还可能出现在中纬度地区的低海拔地带，形成所谓“低地”云杉林。例如，在新英格兰和加拿大沿海，受沿山坡下行的冷气流控制，云冷杉林的海拔范围甚至低于落叶阔叶林（Loucks，1962）；在加拿大东部、美国北卡罗来纳州和田纳西州，云冷杉林也可生长在沼泽、湿地和溪流旁等湿冷的生境中（Gordon，1976）。在中国东北，红皮云杉林常生长在地下水位较高的山麓、谷地和河岸，这些区域受逆温效应的影响，气候较湿冷。

云杉林对水分条件的适应幅度较宽，可生长在半干旱区至湿润区，年均降雨量最低为 200～300 mm，最高可超过 2000 mm。在加拿大的西北部，黑云杉林可分布于北极圈内，年均降水量仅为 260 mm，且以降雪为主，水分匮乏对一年生幼苗影响较大，死亡率较高，对成年个体的光合作用影响不大（Alan and Bliss，1980）。在瑞典中部的 Scandes 山脉，年均降雨量为 522 mm，云杉林的群落结构简单，林下苔藓层发达（Hörnberg et al.，1999）。在加拿大萨斯喀彻温省以北的一个黑云杉林的产区（54°N，105°W），年均降雨量为 405 mm（O’Connell et al.，2003）。在意大利阿尔卑斯山，欧洲云杉分布区的年均降雨量为 1207（海拔 1508 m）～1316 mm（海拔 2002 m）（Motta et al.，1999）。在日本中部亚高山针叶林的一个分布区（36°N，137°E），冬季的年降雪量达 1～2 m，年均降雨量可达 1706～2493 mm，并且在 6～7 月和台风季节的 9～10 月出现两个降雨量峰值（Franklin et al.，1979）。在东北亚北方森林分布区，年均降雨量在 200～1400（1800）mm，高纬度地区降雨量较少，主要生长着落叶松林；最大的降雨量（>800 mm）出现在沿海和高山地带，主要植被类型是云冷杉林和桦木林（Grishin，1995）。笔者收集到的资料显示，中国 15 个云杉林的年均降雨量是 712 mm，变异幅度为 256（西伯利亚云杉林）～1626 mm（台湾云杉林）。

1.2.3　土壤

黑云杉林可分布至北极圈内。在加拿大西北部黑云杉林的一个产地（133°30′W 附近），从北到南，基岩类型依次是驯鹿层（the reindeer formation）、破碎的第三纪沙砾层、奥陶纪—泥盆纪的石灰岩和白云灰岩，至南端为白垩纪单一的页岩和砂岩；岩层常显露于地面，泥盆纪的帝王层（devonian imperial formation）仅在 Rengleng 河和 Mackenzie 河显露于地面（Monroe，1972）。黑云杉林常生长在丘状起伏的生境中，每个圆丘的核心由矿质土组成；表层土富含有机质，土层在圆丘顶端较薄，在圆丘间的槽部较厚（Alan and Bliss，1980）。“黑云杉-羽毛藓群落（*Picea mariana*-feathermoss community）”是北美洲分布最广的植被类型；在加拿大东部的魁北克省，黑云杉林的覆盖度达 28%，其分布范围向南可延伸到 48°N；在魁北克省中部，黑云杉林对坡度和坡向的选择性较小；在加拿大西部和美国阿拉斯加州的黑云杉林主要生长在丘陵的北坡；生长在低湿生境中的黑云杉林，林地中的泥炭层较发达，土层下有永冻层发育（Smith et al.，2000）。在加拿大萨斯喀彻温省以北 80 km（54°N，105°W）处的黑云杉原始森林中，泥炭层厚度可达 5～80 cm，常覆盖在沙质矿质黏土之上（O’Connell et al.，2003）。

在欧洲北部，北方针叶林的土壤母岩复杂，岩石中的盐基含量越少，土壤灰化程度越高；土壤通常由粗腐殖质层、漂白的淋溶层和紧实的灰化土层组成，土壤有机质年平均生产力可达 5.5 t/hm^2（Walter，1984）。在东阿尔卑斯山（Eastern Alps）和西喀尔巴阡山（Western Carpathian），欧洲云杉林可生长在酸性和石灰性土壤上；在波希米亚山脉（Bohemia Massif）的高海拔地带，土壤呈酸性，与在碱性土壤上发育的欧洲云杉林相比，酸性土壤上生长的群落个体密度较大，这可能与林下发达的泥炭层有关（Chytrý et al.，2002）。

在中低纬度地区，云杉林主要生长在亚高山地带。受山地地貌的影响，云杉林呈斑块状，土壤发育较好，有机质含量高。在北美洲阿巴拉契亚山脉，红云杉（*Picea rubens*）是亚高山针叶林中的特征种；在维吉利亚西南部和中西部地区，红云杉林常生长在海拔1110～1200 m 的生境中，坡度 5°～15°，土壤母岩为古生代砂岩和页岩，土壤类型为沙质和黏质壤土，土壤 pH 3.0～3.5，土壤有机质含量 49.3%～71.6%（Adams and Stephenson，1989）。

在日本中部（35°22′N～36°N，137°28′E～138°43′E），鱼鳞云杉的一个变种 *Picea jezoensis* var. *hondoensis* 是亚高山针叶林中的建群种，生长在地形破碎、山坡陡峭的山地环境中。在不同的山地，基岩类型不同。在八岳山（Yatsugatake Mountains），基岩为中新世的安山石（andesite）；在奥秩父山（Chichibu Mountains），基岩为古生代砂岩、花岗岩和页岩；在御岳山（Ontake Mountains）和富士山（Fuji Mountains），火山地貌明显，坡度较缓，基岩为中新世、更新世玄武岩安山石，土壤类型以灰壤为主（Franklin et al.，1979）。

1.3 群落类型

据《欧洲植物志》（*Flora Europaea*）、《北美植物志》（*Flora of North America*）、《中国植物志》（*Flora of China*）和《日本植物志》（*Flora of Japan*）记载，全球云杉属约有35 种，分布于北美洲（8 种）和欧亚大陆（28 种）；其中东亚（中国和日本）约有 26种，是全球云杉属的物种多样性分布中心（Tutin et al.，1964；Oi et al.，1965；Fu et al.，1999）。

北美洲有 8 种云杉（7 种自然分布，1 种栽培自然归化种），其中的 6 种是北美地区针叶林中的优势种或次优势种。Nature Serve（2007）对北美云杉林进行了记载，各云杉林群落特征摘录如下。

白云杉（*Picea glauca*）和黑云杉是北美大陆地理分布范围最广泛的 2 种云杉，是北美大陆环北极地区针叶林的重要组成成分；二者的分布区相重叠，空间范围几乎跨越了北美大陆的东西海岸，垂直分布范围分别为海拔 0～1500 m 和 0～1000 m；分布区的地貌类型包括平缓海岸、湿冷积水的沼泽、泥炭地、冰渍丘陵、湖泊、山间平缓谷地、起伏的山地和固定沙地等。由于生长在湿冷贫瘠的生境中，黑云杉树体低矮，树高不超过25 m，胸径不超过 25 cm，在许多生境中树高不足 10 m，呈灌木状；白云杉树高可达 30 m，胸径达 100 cm。在落基山脉的西北部，有大面积的黑云杉和白云杉的纯林或混交林生长，这一带的森林处在北方森林的南界，与 7 月气温为 18℃的等温线一致，黑云杉常为次优势种，其他种类有恩格曼云杉（*Picea engelmannii×glauca*）、*Pseudotsuga menziesii*、*Abies lasiocarpa* 和 *Larix occidentalis* 等；林下灌木物种有刺蔷薇（*Rosa acicularis*）、*Potentilla fruticosa* subsp. *floribunda*、*Shepherdia canadensis*、*Menziesia ferruginea* 和草茱萸（*Cornus canadensis*）；草本层有问荆（*Equisetum arvense*）和海韭菜（*Triglochin maritima*）等，林下苔藓发达。在阿拉斯加州亚极地及育空（Yukon）北部地区的海岸，低矮的黑云杉林常生长在地形平缓、积水湿冷的沼泽和泥炭地。在东阿尔伯塔（Alberta）、加拿大东南部，经明尼苏达州和大湖区至缅因州西北部的局部地带，土壤为贫瘠的沙质土，黑云杉可与 *Pinus banksiana*、*Pinus resinosa* 和杨桦类（*Populus tremuloides*、*Betula papyrifera*）形成混交林，林地有山羽藓生长；在低海拔地带可形成针阔叶混交林，白云杉和冷杉（*Abies balsamea*）为优势种，黑云杉、*Pinus banksiana* 和杨桦类为伴生种。在阿加底亚和阿普拉齐亚山脉的北部，黑云杉在亚高山地带还可与红云杉混交成林。在加拿大东南部，地貌为劳伦系（laurentian）酸岩山地，黑云杉和 *Pinus banksiana* 常形成斑块状植被，林中还有白云杉、*Populus tremuloides* 和栎类（*Quercus rubra*、*Quercus ellipsoidalis*）等生长。在北美洲西部的北方森林区，即在阿拉斯加中南部、中东部和不列颠哥伦比亚，黑云杉、白云杉、西加云杉（*Picea sitchensis*）和 *Larix laricina* 等常形成沼泽森林，落叶松常发育不良。在北方劳伦系森林沼泽中，有黑云杉和落叶松的混交林，将沼泽部分或全部覆盖。黑云杉还可出现在北美洲东北部的石砾荒漠，生长在波状起伏的丘陵和低湿地带。在太平洋北部沿岸，即阿拉斯加东南部至不列颠哥伦比亚海岸，冰川退缩后留存的剥蚀地貌广泛发育，白云杉、黑云杉、崖柏（*Thuja plicata*）、*Fraxinus latifolia*、桤木（*Alnus* spp.）、*Populus balsamifera*、西加云杉和冷杉（*Abies grandis*）等常形成针阔叶混交林。在美国大湖区酸化岩石海滩，以及在加拿大海岸线的岩石绝壁上，常生长着由白云杉和冷杉组成的岩石林（*Picea glauca-Abies balsamea* basalt-conglomerate woodland）。

红云杉（*Picea rubens*）分布于北美洲东部阿加底亚（Acadian）和阿普拉齐亚（Appalachian）山脉的北部，北界与北方森林带的南缘接壤，垂直分布范围 0～2000 m；生境类型包括山地、山间平缓谷地、低山高原、湿地和沼泽；在适宜的生境中，树高可达 40 m，胸径可达 100 cm。在新英格兰北部、纽约北部及与加拿大邻近的地区，云冷杉林的优势种是红云杉和冷杉（*Abies balsamea*），其他种类有黑云杉（*Picea mariana*）、白云杉（*Picea glauca*）、桦木（*Betula alleghaniensis*）、枫树（*Acer rubrum*、*Acer saccharum*）和水青冈（*Fagus grandifolia*）等；在中低海拔地带平缓的山谷和低山，这类森林的树冠较郁闭，林下的灌木层和草本层稀疏，苔藓层发达，森林可覆盖山脊；在亚高山地带至树线，森林主要生长在阴坡，林冠稀疏。在阿勒格尼（Allegheny）以西海拔 730～1430 m 的山地高原，红云杉与铁杉（*Tsuga canadensis*）、枫树（*Acer rubrum*）、桦木（*Betula alleghaniensis*）等组成的针阔叶混交林，可生长在湿地环境中，形成森林湿地景观。在美国东北和中北部的冰河侵蚀区域，红云杉与 *Acer rubrum*、*Fraxinus* spp.和 *Abies balsamea* 等混交成林，生长在贫瘠酸化的沼泽中。

恩格曼云杉主要分布在加拿大西南部和美国中西部地区，是北美大陆地理分布范围较广泛的云杉物种之一，垂直分布范围通常在海拔 1000～3000 m；主要生长在受太平洋暖湿气流影响的山地，也可出现在湖畔、海岸和积水沼泽地带。黑云杉为大乔木，树高可达 60 m，胸径可达 200 cm。在不同的产地，恩格曼云杉可形成多种群落类型。在落基山脉的西北部，恩格曼云杉作为伴生种出现在黑云杉和白云杉的纯林或混交林中；在华盛顿州东部、奇兰湖（Lake Chelan）南部至俄勒冈州胡德山（Mount Hood）海拔 610～1220 m 处，可形成冷杉-恩格曼云杉林（*Abies grandis-Picea engelmannii*/*Maianthemum stellatum* forest）；在不列颠哥伦比亚，东至阿尔伯塔、南至新墨西哥的山地和蒙大拿的岛状山地，在海拔 1275～3355 m 处，恩格曼云杉和冷杉（*Abies lasiocarpa*）形成云冷杉纯林与混交林；在美国犹他州的山地和高原、科罗拉多州、北亚利桑那州、东内华达州、南爱达荷州、西怀俄明州和蒙大拿州中部的大雪山一带，海拔 1700～2800 m，恩格曼云杉可与杨树（*Populus tremuloides*）和多种针叶树，包括黄杉（*Pseudotsuga menziesii*）、冷杉（*Abies concolor*、*Abies lasiocarpa*、*Abies magnifica*）、蓝云杉（*Picea pungens*）、松（*Pinus contorta*）、多种云杉（*Picea flexilis*、*Picea jeffreyi*、*Picea contorta* var. *murrayana* 和 *Picea ponderosa*）等混交成林；在克拉马斯-西斯克尤地区，海拔低于 1500 m 的地区，岩石显露、土层瘠薄，恩格曼云杉可出现在低海拔地带的针阔叶混交林中（Klamath-siskiyou lower montane serpentine mixed conifer woodland）；在南俄勒冈州、阿拉斯加州东南部及太平洋沿岸的亚高山地带，海拔 1275～1675 m，恩格曼云杉还会出现在山地铁杉林中，但数量较少；在落基山脉高海拔地带及在干旱的区域和奥林匹克山的东部，恩格曼云杉与冷杉（*Abies lasiocarpa*）组成云冷杉林。此外，恩格曼云杉还会出现在落基山脉亚高山地带的河岸林中，常生长在湿润草甸、盆地和山间平地中。

西加云杉（*Picea sitchensis*）主要分布于美国西部和加拿大西部与太平洋北部沿岸，垂直分布范围是海拔 0～900 m，主要生长在太平洋沿岸的湿地、沼泽、沙地和低山地带。西加云杉为大乔木，树高可达 80 m，胸径可达 500 cm。在俄勒冈州中部至温哥华岛，西加云杉稀疏地生长在太平洋沿岸的灌木草甸中；在阿拉斯加中南部和中东部及不列颠哥伦比亚，沼泽广泛分布，西加云杉是北太平洋海洋性沼泽中的特征种，可与黑云杉、白云杉和落叶松（*Larix laricina*）等混交成林，也可与铁杉（*Tsuga heterophylla*、*Tsuga mertensiana*）、*Pinus contorta*、桤木（*Alnus rubra*）、扁柏（*Chamaecyparis nootkatensis*）、白蜡（*Fraxinus latifolia*）和 *Betula papyrifera* 等形成针阔叶沼泽森林；在太平洋北部沿岸的浅滩沙地、沿岸沙地、沙洲、活动或半固定的沙地或浮沙平原上，西加云杉可出现在沙地植被恢复后期阶段的群落中。

蓝云杉主要分布于美国西南部落基山脉的南部，包括犹他州西北部、内华达州、怀俄明州和爱达荷州等地，垂直分布范围 1200～3300 m，常生长在阴湿的沟谷和山地北坡，可与恩格曼云杉和松（*Pinus ponderosa*）等形成小斑块状森林。蓝云杉为大乔木，树高可达 50 m，胸径可达 150 cm（Nature Serve，2007）。

在欧洲有 3 种自然分布的云杉，即欧洲云杉、东方云杉（*Picea orientalis*）和西伯利亚云杉（*Picea obovata*），欧洲云杉种下有多个亚种；此外，在欧洲栽培的云杉种类较多，包括原产自中国的云杉（*Picea asperata*）和原产自北美洲的 7 种云杉（Tutin et al.，1964）。

在欧洲大陆环北极圈地区的针叶林中，欧洲云杉是乔木层的优势种（Jahn，1985）。

在欧洲中部，欧洲云杉林主要分布于西喀尔巴阡山（Western Carpathian）、东阿尔卑斯山（Eastern Alps）和 Bohemia Massif；林下灌木层稀疏，矮小常绿的灌木如越桔（*Vaccinium vitisidaea*、*Vaccinium myrtillus*）和单侧花（*Orthilia secunda*）等较常见；草本层常见种类有珊瑚兰（*Corallorhiza trifida*）、对叶兰（*Listera cordata*）、舞鹤草（*Maianthemum bifolium*）、独丽花（*Moneses uniflora*）、白花酢浆草（*Oxalis acetosella*）、北极花（*Linnaea borealis*）、鹿蹄草（*Pyrola uniflora*）和二年石松（*Lycopodium annotinum*）等，苔藓层较发达，种类有细裂瓣苔（*Barbilophozia lycopodioides*、*Barbilophozia floerkei*）（Walter，1984；Chytrý et al.，2002）。

在欧亚大陆 40°E 以东的中高纬度区域，北方针叶林广泛发育，西伯利亚云杉（*Picea obovata*）是群落中的优势种；在中纬度地带还会依次出现东方云杉（*Picea orientalis*）林和雪岭云杉林（Li and Chou，1984）。在 125°E～177°E 的东北亚地区，包括阿穆尔盆地（the Amur basin）、科累马河盆地（the Kolyma basin）、俄罗斯东部的库页岛（萨哈林岛）（Sakhalin）和堪察加半岛（Kamchatka）、日本北部岛屿、中国东北部和朝鲜北部等区域，鱼鳞云杉（*Picea jezoensis* var. *microsperma*）是云冷杉林中的优势种，其他种类有落叶松（*Larix dahurica*）、冷杉（*Abies nephrolepis*、*A. sahalinensis*）和岳桦（*Betula ermanii*）等（Grishin，1995）。

在欧亚大陆北回归线以北的中纬度地区，特别是在亚洲东部地区，地貌复杂，云杉林生长在山地环境中，群落类型多样。据《日本植物志》（*Flora of Japan*）记载，日本产 9 种云杉。日本的亚高山针叶林物种组成丰富，卵果鱼鳞云杉（*Picea jezoensis*）是日本中部亚高山针叶林中的优势种之一，乔木层常见的共优种或伴生种有铁杉（*Tsuga diversifolia*）、冷杉（*Abies veitchii*、*A. mariesii*）、花楸（*Sorbus comixta*）和枫（*Acer tschonoski*，*A. ukurunduense*）等；灌木层常见物种有荚蒾（*Viburnum furcatum*）、冬青（*Ilex rugosa*）、卫矛（*Euonymus macropteris*）和刺参（*Oplopanax japonicus*）；草本层有蟹甲草（*Parasenecio adenostyloides*）、马先蒿（*Pedicularis keiseki*）、黄连（*Coptis quinquefolia*）和草茱萸（*Cornus canadensis*）等（Franklin et al.，1979）。

1.4 价值与保育

云杉林是北半球针叶林中的重要类型。从北半球亚热带至寒温带，针叶林总面积可达 1.9×10^7 km^2（Archibold，1995），森林植物生物量约占全球森林生物量的 14%（Kauppi and Posch，1985），在全球碳循环中发挥着十分重要的作用（D'arrigo et al.，1987）。北方森林的木材资源是环北极地区重要的战略资源（Spribille and Chytrý，2002）。

火灾、风灾、虫害、雪折、采伐和森林旅游等是全球云杉林所经历的几类主要干扰。森林火是影响云杉林生长和更新的重要环境因子（Franklin et al.，1979；Payette，1992）。森林火灾发生的频率在不同的区域间存在差异。通常，在环北极圈“北方森林-冻原”交错带及冻原带，火灾发生的频率较低，其他地区频率较高（Alan and Bliss，1980；Hörnberg et al.，1995）。从火烧迹地恢复到顶极阶段，云杉林的发展过程往往需要经历数百年的时间，其间会出现若干过渡性质的植物群落。在欧洲，欧洲云杉林火烧迹地上最先出现的木本植物群落是杨桦类阔叶林，持续时间可达 150 年；随后是松林占优势的阶段，云杉林阶段最后出现，植被恢复的时间尺度可持续 500 年之久（Walter，1984）。

物种的繁殖生物学特性会影响火灾后植被恢复的进程。在北美洲环北极地区，白云杉、黑云杉和落叶松（*Larix laricina*）是针叶林中的优势种，但黑云杉在“森林-冻原”带的数量更多。一个主要原因是黑云杉的球果可以在树冠层保留数年，在周期性的火烧干扰中，火烧迹地上有充足的种源补充；而白云杉和落叶松的球果在种子成熟后即开裂撒种，过火后种子损失较大。此外，黑云杉生命周期较长，适应冻原地带湿冷的环境，与白云杉和落叶松相比较，具有较强的竞争力（Alan and Bliss，1980）。

风灾对山地云杉林的影响较大（Sprugel，1976；Reiners and Lang，1979）。在日本，每年的台风都会对亚高山针叶林造成破坏，许多森林是在台风破坏后恢复起来的次生类型，年龄结构参差不齐，最大树龄不超过 300 年；此外，虫害和雪折等也会对森林造成危害，日本亚高山针叶林中冬季年降雪量达 1～2 m（Franklin et al.，1979）。

森林采伐对云杉林的干扰较重。采伐过程中道路的修建、重型机械的使用等会直接破坏地表植被和地貌景观；过度采伐和短周期轮伐等不仅会阻滞植被恢复的进程（Angelstam，1998），也会影响森林土壤养分循环和细根生长（Smith et al.，2000）。根据木炭湖相沉积 ^{14}C 和 ^{210}Pb 同位素测年结果，在过去的 7600 年以来，加拿大东南部的森林火灾发生的周期在 111～267 年，而轮伐周期远远小于火灾自然干扰的周期，导致现存森林中成熟林、过熟林的比例低于自然干扰下的比例。位于加拿大东部的魁北克省，大约 28%的土地面积被黑云杉林覆盖，火灾发生周期在 50～150 年；从 20 世纪中后期开始，当地实施了大规模的轮伐作业，每年黑云杉的采伐面积达 100 000 hm^2，轮伐周期（80～100 年）也小于火灾自然干扰周期；因此，延长轮伐周期是森林保育的必要措施（Cyr et al.，2009）。

自 20 世纪中后期以来，世界各地兴起了森林旅游业，北方森林区及山地寒温性针叶林区成为重要的旅游景区，这在一定程度上加重了人类活动对森林干扰的强度（Spribille and Chytrý，2002）。

参考文献

黄春长, 1998. 环境变迁. 北京: 科学出版社.

徐仁, 孔昭宸, 杜乃秋, 1980. 中国更新世的云杉、冷杉植物群及其在第四纪研究上的意义. 中国第四纪研究, 5: 48-56.

杨怀仁, 1987. 第四纪地质. 北京: 高等教育出版社.

扆铁梅, 2007. 河北中新世球果和果实及云南、浙江上新世化石木研究. 北京: 中国科学院植物研究所博士后流动站.

Adams H. S., Stephenson S. L., 1989. Old-growth red spruce communities in the mid-Appalachians. Vegetatio, 85: 45-56.

Alan B. R., Bliss L. C., 1980. Reproductive ecology of *Picea mariana* (Mill.) BSP., at tree line near Inuvik, northwest Territories, Canada. Ecological Monographs, 50: 331-354.

Angelstam P. K., 1998. Maintaining and restoring-biodiversity in European boreal forests by developing natural disturbance regimes. Journal of Vegetation Science, 9: 593-602.

Archibold O. W., 1995. Ecology of World Vegetation. London: Chapman & Hall.

Axelord D. I., 1986. Cenozoic history of some western American pines. Annual Missouri Botany Garden, 73: 565-641.

Axelrod D. I., 1998. The Eocene Thunder Mountain flora of central Idaho. University of California Publications in Geological Sciences, 139: 1-62.

Boratynska K., 1998. Geographic Distribution. *In*: Boratynski A., Bugala W. Biology of Norway Spruce (in Polish). Poznan: Bogucki Wydawnictwo Naukowe.

Chytrý M., Exner A., Hrivnák R., Ujházy K., Valachovič M., Willner W., 2002. Context-dependence of diagnostic species: a case study of the central European spruce forests. Folia Geobotanica, 37: 403-417.

Cogbill C. V., White P. S., 1991. The latitude-elevation relationship for spruce-fir forest and treeline along the Appalachian Mountain chain. Vegetatio, 94: 153-175.

Cyr D., Gauthier S., Bergeron Y., Carcaillet C., 2009. Forest management is driving the eastern North American boreal forest outside its natural range of variability. Frontiers in Ecology and the Environment, 7: 519-524.

D'arrigo R. D., Jacoby G. C., Fung I. Y., 1987. Boreal forests and atmosphere-biosphere exchange of carbon dioxide. Nature, 329: 321-323.

FNAC, 1982. Flora of North America. Oxford: Oxford University Press.

Franklin J. F., Maeda T., Ohsumi Y., Matsui M., Yagi H., Hawk G. M., 1979. Subalpine coniferous forests of central Honshu, Japan. Ecological Monographs, 49: 311-334.

Fu L., Li N., Mill R. R., 1999. *Picea*. *In*: Wu Z. Y., Raven P. H. Flora of China. Beijing: Science Press, St. Louis: Missouri Botanical Garden Press: 25-32.

Gordon A. G., 1976. The taxonomy and genetics of *Picea rubens* and its relationship to *P. mariana*. Canadian Journal of Botany, 54: 781-813.

Grishin S. Y., 1995. The boreal forests of north-eastern Eurasia. Vegetatio, 121: 11-21.

Hörnberg G., Ohlson M., Zackrisson O., 1995. Stand dynamics, regeneration patterns and long-term continuity in boreal old-growth *Picea abies* swamp-forests. Journal of Vegetation Science, 6: 291-298.

Hörnberg G., Ostlund L., Zackrisson O., Bergman I., 1999. The genesis of two *Picea Cladina* forests in northern Sweden. Journal of Ecology, 87: 800-814.

Huzioka K., Takahashi E., 1970. The Eocene flora of the Ube coal-field, southwest Honshu, Japan. Journal of the Mining College, Akita University Series A, Mining Geology, 4: 1-88.

Jahn G., 1985. Chorological phenomena in spruce and beech communities. Vegetatio, 59: 21-37.

Kauppi P. E., Posch M., 1985. Sensitivity of boreal forests to possible climatic warming. Climatic Change, 7: 45-54.

LePage B. A., 2001. New species of *Picea* A. Dietrich (Pinaceae) from the middle Eocene of Axel Heiberg Island, Arctic Canada. Biological Journal of the Linnean Society, 135: 137-167.

Li W., Chou P., 1984. The geographical distribution of the spruce-fir forest in China and its modeling. Mountain Research and Development, 4: 203-212.

Lockwood J. D., Aleksić J. M., Zou J., Wang J., Liu J., Renner S. S., 2013. A new phylogeny for the genus *Picea* from plastid, mitochondrial, and nuclear sequences. Molecular Phylogenetics and Evolution, 69: 717-727.

Loucks O. L., 1962. Ordinating forest communities by means of environmental factors and phytosociological indices. Ecological Monographs, 32: 137-166.

Monroe R. L., 1972. Bedrock geology. Sheet 197B, Open File Report 120, Canadian Geological Survey. Ottawa, Ontario, Canada.

Motta R., Nola P., Piussi P., 1999. Structure and stand development in three subalpine Norway spruce [*Picea abies* (L.) Karst.] stands in Paneveggio (Trento, Italy). Global Ecology and Biogeography, 8: 455-471.

Nature Serve, 2007. International Ecological Classification Standard: Terrestrial Ecological Classifications. Arlington: NatureServe Central Databases, Arlington, VA, U. S. A.

Nienstaedt H., Teich A., 1972. Genetics of white spruce. Forest Service Research Paper, USDA WO-15.

O'Connell K. E. B., Gower S. T., Norman J. M., 2003. Comparison of net primary production and light-use

dynamics of two boreal black spruce forest communities. Ecosystems, 6: 236-247.
Oi J., Meyer F. G., Walker E. H., 1965. Flora of Japan. Washington: Smithsonian Institution.
Page C. N., Hollands R.C., 1987. The taxonomic and biogeographic position of Sitka spruce. Proceedings of the Royal Society of Edinburgh. Section B. Biological Sciences, 93: 13-24.
Payette S., 1992. Fire as a controlling process in the North American boreal forest. *In*: Shugart H., Leemans R., Bon An G. B. A Systems Analysis of the Global Boreal Forest. Cambridge: Cambridge University Press: 144-169.
Ran J. H., Wei X. X., Wang X. Q., 2006. Molecular phylogeny and biogeography of *Picea* (Pinaceae): implications for phylogeographical studies using cytoplasmic haplotypes. Molecular Phylogenetics and Evolution, 41: 405-419.
Reiners W. A., Lang G. E., 1979. Vegetation patterns and processes in the balsam fir zone, White Mountains, New Hampshire. Ecology, 60: 403-417.
Sigurgeirsson A., Szmidt A. E., 1993. Phylogenetic and biogeographic implications of chloroplast DNA variation in Picea. Nordic Journal of Botany, 13: 233-246.
Smith C. K., Coyea M. R., Munson A. D., 2000. Soil carbon, nitrogen, and phosphorus stocks and dynamics under disturbed black spruce forests. Ecological Applications, 10: 775-788.
Spribille T., Chytrý M., 2002. Vegetation surveys in the circumboreal coniferous forests: a review. Folia Geobotanica, 37: 365-382.
Sprugel D. G., 1976. Dynamic structure of wave-regenerated *Abies balsamea* forests in the northeastern United States. Journal of Ecology, 64: 889-911.
Tatyana P. K., Ted S. V., 1995. Role of Russian forests in the global carbon balance. Ambio, 24: 258-264.
Tutin T. G., Heywood V. H., Burges N. A., Valentine D. H., Walters S. M., Webb D. A., 1964. Flora Europaea. Cambridge: Cambridge University Press.
Walter H., 1984. 世界植被-陆地生物圈的生态系统. 北京: 科学出版社.
Wang G. H., Li H., Zhao H. W., Zhang W. K., 2017. Detecting climatically driven phylogenetic and morphological divergence among spruce (*Picea*) species worldwide. Biogeosciences, 14: 2307-2319.
Wehr W. C., Schorn H. E., 1992. Current research on Eocene conifers at Republic, Washington. Washington Geology, 20: 20-23.
Wilson L. R., Webster R. M., 1946. Plant microfossils from a fort union coal of Montana. American Journal of Botany, 33: 271-278.
Wodehouse R. P., 1933. Tertiary pollen, 11. The oil shales of the Eocene Green River Formation. Bulletin of the Torrey Botanical Club, 60: 479-524.
Wolfe J., 1979. Temperature parameters of the humid to mesic forests of eastern Asia and their relation to forests of other regions of the northern hemisphere and australasia. US Geological Survey Professional Paper, 1106: 1-37.
Wright J. W., 1955. Species crossability in spruce in relation to distribution and taxonomy. Forest Science, 1: 319-349.

第 2 章　中国云杉林概述

中国绝大多数云杉林属于山地寒温性针叶林，是表征植被垂直地带性规律的重要植被类型，具有泰加林特征的寒温性针叶林只出现在东北北部和新疆阿尔泰山。

2.1　地 理 分 布

中国云杉林分布于中国东北、华北、西北、西南和台湾等地的亚高山及高山地带，跨越的行政区域包括新疆、青海、甘肃、宁夏、内蒙古、陕西、山西、河北、黑龙江、吉林、辽宁、河南、湖北、重庆、四川、云南、西藏和台湾；地理分布范围北至大兴安岭北部（53°15′N），南至云南西北部至台湾卑南主山一线（22°51′N），东至长白山（134°E），西至中国与塔吉克斯坦交界地带山地的东坡（74°48′E）（图 2.1）。在中国八大植被区域中，云杉林的水平分布区跨越了除热带雨林、季雨林区域和青藏高原高寒植被区域以外的六大区域，即寒温带针叶林区域、温带针阔叶混交林区域、暖温

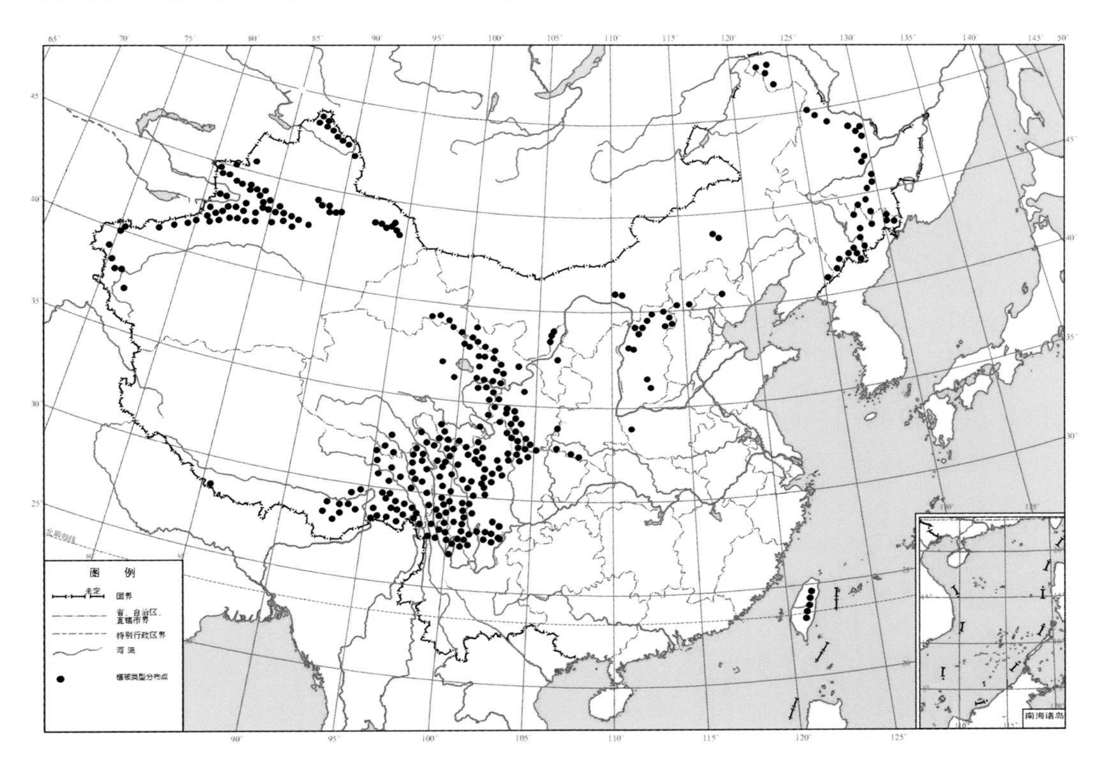

图 2.1　中国云杉林的地理分布

Figure 2.1　Distribution of spruce forest in China

带落叶阔叶林区域、亚热带常绿阔叶林区域、温带草原区域和温带荒漠区域。

中国云杉林的垂直分布范围在 250～4700 m，区域间差别较大，从北到南，垂直分布范围逐渐增高（图 2.2）。在中高纬度地带（43°N～53°N），垂直分布范围是 250～2200 m，主要类型是西伯利亚云杉林（1150～2200 m）、红皮云杉林（250～1100 m）和鱼鳞云杉林（300～1900 m）；在中纬度地带（33°N～43°N），垂直分布范围为 1200～3600 m，主要类型有雪岭云杉林（1500～3600 m）、青海云杉林（2000～3500 m）、白扦林（1200～2700 m）和青扦林（1600～3000 m）；在中低纬度地带（23°N～33°N），垂直分布范围是 1300～4690 m，主要类型有云杉林（1800～3600 m）、丽江云杉林（3000～3800 m）、林芝云杉林（2700～3500 m）、川西云杉林（2600～4690 m）、紫果云杉林（2500～3800 m）、油麦吊云杉林（2200～3800 m）、麦吊云杉林（1300～3200 m）和台湾云杉林（2000～3100 m）。

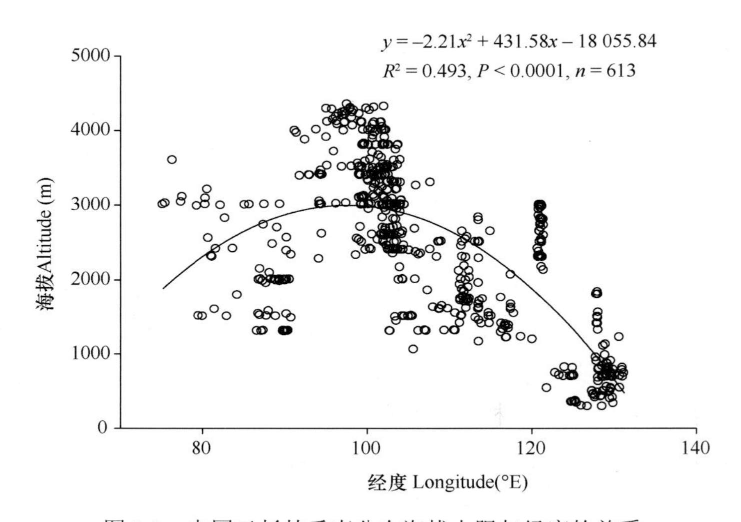

图 2.2 中国云杉林垂直分布海拔上限与经度的关系

Figure 2.2 Relationship between the upper altitude limits of spruce forests and longitude in China

中国云杉林的垂直分布范围与经度的关系呈单峰曲线（图 2.2）。垂直分布的峰值出现在经度 90°E～110°E 处，即中国西南部的横断山脉地区，西北和华北地区次之，东北地区最低。该趋势与中国地貌三大阶梯的格局及降雨量的径向变化趋势相关联。

中国西南部的横断山脉地区不仅汇集了中国云杉林近一半以上的群落类型（9 个），其群落优势种的系统发育特征也是古老和年轻并存（Ran et al.，2006）；优势种的形态分化明显，中国产云杉属的 3 个形态组均在此区域出现。化石资料显示，中国云杉属化石集中分布于横断山区和西藏地区（宋之琛和刘耕武，1982；扆铁梅，2007）。因此，横断山脉及其邻近地区可能是中国云杉林的起源、分化和多样性中心。

中国云杉林分布区的扩散过程受到地质历史时期气候变化的深刻影响。第三纪古新世至始新世早期，中国北部和南部温暖湿润，而中部较为干旱（李承森等，2009），此时云杉林只零星分布于东北北部和新疆北部的局部区域（王开发和王宪曾，1983）。始新世晚期至渐新世早期，气温明显下降，云杉林逐渐扩散到东北和新疆北部的大部分区域（宋之琛和刘耕武，1982；王晓梅等，2005）。中新世以来，随着青藏高原加速隆升，内陆地区大陆性气候逐渐加强，华北、西北及青藏高原地区都有云杉林的分布（李文漪，1983）。第四纪冰期期间，云杉林则广泛分布在中国东部、中部、西部和南部的低山丘陵和平原地区（孔昭宸等，1977；孔昭宸和杜乃秋，1996；徐仁等，1980；李文漪，1983；王燕和吴锡浩，2000；Zhang et al.，2006）；垂直分布范围普遍下降，下降的幅度在不同区域间存在差异，变化幅度 300～2000 m。例如，在渭南下降至海拔 490 m，在北京郊区及山东北部平原区下降至海拔 400 m，在新疆吉木萨尔县下降至海拔 1360 m，而在贵州盘县下降至海拔 2050 m（Zhang et al.，2006；徐仁等，1980；王燕和吴锡浩，2000）。全新世以来，随着气候逐渐转暖，云杉林的分布中心又逐渐北移（李文漪，1983；Ren and Beug，2002）。

2.2 自 然 环 境

2.2.1 地貌

中国云杉林分布区的地貌可划分为 3 种类型，即青藏高原东部的高山峡谷区、中东部地区和西北地区隆起的山地及北部地区局部地带的河谷和沙地。

青藏高原东部的高山峡谷区处在中国地貌第一、第二阶梯的过渡地带，包括环青藏高原东北边缘、东缘和东南边缘的广大区域，是中国云杉林类型最丰富的地区。这里集中分布着丽江云杉林、林芝云杉林、川西云杉林、紫果云杉林、麦吊云杉林、油麦吊云杉林、云杉林、青扦林和青海云杉林。这些区域地貌切割强烈，皱褶断层发育，山高谷深，巨峰林立，许多山峰有现代冰川发育。一系列“西—东”至“西北—东南”走向的巨型山脉绵延交错，自北向南依次是祁连山、阿尼玛卿山、巴颜喀拉山和横断山，一些著名的支脉如大通山、达坂山、拉脊山、西倾山、岷山、邛崃山、大雪山、芒康山和他念他翁山是云杉林的重要产地。这些区域是黄河、长江、金沙江、澜沧江和怒江等江河的发源地，长江和黄河向东入海，在区域内的东南部则有金沙江、澜沧江和怒江“三江并流”的壮丽景观，也凸显了云杉林在水源涵养和生态保育中的重大意义。

中国地貌的第二阶梯由高平原、盆地、丘陵和山地等组成，主要的山脉有天山、阴山、吕梁山、秦岭、大巴山、大兴安岭和长白山，其中天山山脉有现代冰川发育。云杉林主要分布在这些山系的一些支脉中，包括天山山脉中的哈尔克山、那拉提山、博罗科努山、博格达山和巴尔库-喀尔雷克山，中北部地区的贺兰山、大青山、关帝山、管涔山、五台山和小五台山，东北地区的大兴安岭北部、小兴安岭、张广才岭、完达山和长白山的大部分区域。区域内有云杉林的 7 个群系，即雪岭云杉林、西伯利亚云杉林、青海云杉林、青扦林、云杉林、白扦林和鱼鳞云杉林，这些云杉林常生长在山地的阴坡和半阴坡。台湾云杉林主要分布于台湾南湖大山、中央大山、奇莱主山、能高山、秀姑峦山、玉山和卑南主山，主要生长在亚高山地带，地形封闭、狭窄，这些区域是溪水的源头。

中国云杉林分布区的第三种地貌类型是阿尔泰山和大、小兴安岭局部地带的河谷溪旁、河岸阶地和山麓及沙地，这些区域处在泰加林的南缘地带，群落外貌和地貌类型具有泰加林的特征。阿尔泰山在中国境内的余脉毗邻荒漠，大部分山体较为低矮平缓，山坡上部岩石显露，土层浅薄，干燥温热，而有溪水流经的河谷地带通常阴湿温凉，生长着带状或斑块状西伯利亚云冷杉林。在大兴安岭北部和小兴安岭的河谷与溪流阶地，土壤永冻层广泛发育，生长着以红皮云杉林为主的谷地针叶林。在大兴安岭南部余脉毗邻地带，即内蒙古白音敖包，地貌为起伏低矮的固定沙地，有数条小河和溪水流经沙地，地下水位较高，生长着小片的白扦林。

2.2.2 气候

中国云杉林地理分布区跨越了亚热带季风气候（西南和东南季风）、温带季风气候（东南季风）、温带大陆性气候和高山气候等 4 个气候区。

利用 Google earth 精确定位系统，在中国云杉林 15 个群系的分布范围内随机选取了 613 个样点，从中国气候插值数据库中（植被与环境变化国家重点实验室提供）获取每个样点的生物气候数据，各气候因子的均值依次是：年均气温 3.38℃，最冷月平均气温 –9.75℃，最热月平均气温 14.78℃，≥0℃有效积温 2271.19℃·d，≥5℃有效积温 1227.83℃·d，年均降雨量 712.23 mm，潜在蒸散 574.71 mm，实际蒸散 451.31 mm，水分利用指数 0.50（表 2.1）（李贺等，2012）。

表 2.1 中国云杉林地理分布区海拔及其对应的气候因子描述性统计结果（*n*=613）

Table 2.1 Descriptive statistics of altitude and climatic factors in the natural range of spruce forest in China (*n*=613)

海拔及气候因子 Altitude and climatic factors	均值 Mean	标准误差 Standard error	95%置信区间 95% confidence intervals		最小值 Minimum	最大值 Maximum
海拔 Altitude（m）	2444.09	42.20	2361.21	2526.96	300.00	4347.00
年均气温 Mean annual temperature（℃）	3.38	0.19	3.00	3.75	–9.18	20.10
最冷月平均气温 Mean temperature of the coldest month（℃）	–9.75	0.34	–10.43	–9.07	–30.51	11.52
最热月平均气温 Mean temperature of the warmest month（℃）	14.78	0.20	14.38	15.17	1.69	27.27
≥5℃有效积温 Growing degree days on a 5 ℃ basis（℃·d）	1227.83	35.46	1158.20	1297.46	0.00	5527.56
≥0℃有效积温 Growing degree days on a 0 ℃ basis（℃·d）	2271.19	46.72	2179.44	2362.94	69.76	7352.57
年均降雨量 Mean annual precipitation（mm）	712.23	14.52	683.71	740.75	103.65	2050.37
潜在蒸散 Potential evapotranspiration（mm）	574.71	9.45	556.16	593.26	0.00	1239.62
实际蒸散 Actual evapotranspiration（mm）	451.31	8.33	434.95	467.68	0.00	1152.06
水分利用指数 Water availability index	0.50	0.01	0.49	0.52	0.00	0.90

根据中国气候带的划分标准，最热月平均气温为 16～18℃的区域属于寒温带，而干燥度（潜在蒸散与年均降雨量的比值）小于 1 的区域为湿润区（中国科学院《中国自然地理》编辑委员会，1984）。中国云杉林的地理分布区跨越多个气候区，高耸的山地改变了气候的地带性格局，在亚高山地带的阴坡和半阴坡形成云杉林适宜生境。统计数据表明（表 2.1），

中国云杉林分布区内最热月平均气温为 14.78℃、水分利用指数 0.50（对应的干燥指数为 0.8），气候条件总体上具有温凉湿润的特点；此外，气候因子在分布区内存在较大变异，这是群落类型多样化的基础。中国云杉林各群系分布区的气候特征将在各论中详细描述。

气候数据的统计分析结果显示，影响中国云杉林分布的主要气候因子是≥5℃有效积温和≥0℃有效积温，其次是年均降雨量（李贺等，2012）。

2.2.3　土壤

中国云杉林分布区的成土母岩在山原区和高山峡谷区略有不同。前者以轻度变质的砂页岩、炭质片岩和板岩为主；后者以板岩、片岩、页岩和砂岩为主，其次是云母片岩、千枚岩、泥质灰岩、硅化石灰岩、硬砂岩和花岗岩等。土壤类型有山地棕壤、暗棕壤、灰棕壤、灰色森林土和灰褐色森林土等。土壤呈酸性、中性至弱碱性，土壤 pH 3.5～8.0。

2.3　群 落 组 成

2.3.1　科属种

维管植物的名称及科属的划分方案采用 *Flora of China* 的分类系统（*Flora of China* 编委会，1989-2013）；苔藓植物的名称采用《中国高等植物彩色图鉴（第一卷）》的方案（张力和左勤，2016）。在云杉林 650 个样地中记录到维管植物 1884 种，隶属 129 科 496 属，其中被子植物 103 科 448 属 1721 种，裸子植物 5 科 10 属 66 种，蕨类植物 21 科 38 属 97 种。被子植物中，种类较多的是菊科和蔷薇科，分别有 164 种和 133 种；其次是毛茛科 93 种、虎耳草科 70 种、禾本科 63 种、豆科 62 种、百合科 53 种、忍冬科 48 种、伞形科 45 种、唇形科和杜鹃花科各 44 种、莎草科 42 种，其余 91 科含 1～35 种。裸子植物中，松科植物占优势，有 48 种，其中云杉属有 16 种，是各群系中的建群种；柏科有 12 种，是一些云杉林乔木层中的次优势种或伴生种。蕨类植物以蹄盖蕨科和鳞毛蕨科植物为主，分别有 26 种和 21 种；其次是水龙骨科，有 10 种，其余 18 科含 1～8 种。

从物种组成看，菊科、蔷薇科和毛茛科仍然是占优势的类型，但不同群系间也存在一定的差异。在 15 个云杉群系中，菊科是雪岭云杉林和油麦吊云杉林中种类最多的科；鱼鳞云杉林中，毛茛科种类最多；而蔷薇科是其余 12 个群系中种类最多的科。此外，台湾云杉林中，壳斗科、虎耳草科、山茶科和樟科的植物较丰富；麦吊云杉林中，忍冬科和杜鹃花科的植物较多；禾本科、百合科、豆科、忍冬科和莎草科的植物在各个云杉林中均较常见（表 2.2）。

2.3.2　区系成分

根据中国种子植物科、属分布区类型的划分系统（吴征镒，1991；吴征镒等，2003），中国云杉林中记录到的 108 科 458 属种子植物可分别划分为 16 个和 30 个分布型/亚型（表 2.3）。科的区系成分中，世界分布科占 31%；热带科占 34%，其中泛热带科占

表 2.2 中国云杉林各群系的植物科属种组成

Table 2.2 Taxonomic composition in spruce forests in China

群系类型 Communities	样地数 No. Plots	全部植物 All plants 科/属/种 F/G/S	蕨类植物 Fern 科/属/种 F/G/S	裸子植物 Gymnosperm 科/属/种 F/G/S	被子植物 Angiosperm 科/属/种 F/G/S	含物种较多的 6 个科 The most abundant 6 families
雪岭云杉林 *Picea schrenkiana* forest	109	46/141/255	3/3/3	2/3/4	41/135/248	菊科 13，毛茛科 9，蔷薇科 7，豆科 6，禾本科 6，石竹科 6
西伯利亚云杉林 *Picea obovata* forest	48	51/147/191	4/4/4	2/4/5	45/139/182	蔷薇科 13，毛茛科 9，菊科 5，豆科 4，禾本科 4，莎草科 4
青海云杉林 *Picea crassifolia* forest	37	35/73/139	1/1/1	2/4/6	32/68/132	蔷薇科 20，菊科 16，毛茛科 9，忍冬科 7，豆科 5，杨柳科 4
云杉林 *Picea asperata* forest	26	50/135/397	5/7/10	1/2/4	44/126/383	蔷薇科 34，菊科 25，毛茛科 19，百合科 14，忍冬科 12，禾本科 10
白扦林 *Picea meyeri* forest	75	50/128/290	5/5/6	1/3/4	44/120/280	蔷薇科 15，菊科 14，禾本科 11，毛茛科 11，豆科 8，杨柳科 7
红皮云杉林 *Picea koraiensis* forest	30	68/175/236	9/13/22	1/3/6	58/159/208	蔷薇科 21，毛茛科 15，菊科 14，禾本科 10，堇菜科 8，莎草科 5
青扦林 *Picea wilsonii* forest	24	53/136/234	5/5/6	1/4/5	47/127/223	蔷薇科 39，菊科 34，毛茛科 21，百合科 15，忍冬科 12，虎耳草科 10
台湾云杉林 *Picea morrisonicola* forest	16	52/96/168	13/18/22	3/5/8	36/73/138	蔷薇科 11，虎耳草科 6，壳斗科 6，山茶科 6，樟科 6，禾本科 5
紫果云杉林 *Picea purpurea* forest	22	39/86/178	4/5/5	2/3/6	33/78/167	蔷薇科 16，禾本科 16，菊科 15，毛茛科 11，忍冬科 7，玄参科 7
丽江云杉林 *Picea likianensis* forest	28	49/106/190	5/5/6	2/4/5	42/97/179	蔷薇科 5，忍冬科 5，虎耳草科 5，百合科 4，菊科 4，松科 4
川西云杉林 *Picea likiangensis* var. *rubescens* forest	64	49/118/350	3/3/9	2/3/4	44/112/337	蔷薇科 19，菊科 19，毛茛科 16，虎耳草科 8，豆科 7，禾本科 6
林芝云杉林 *Picea likiangensis* var. *linzhiensis* forest	25	41/75/230	2/2/5	2/5/9	37/68/216	蔷薇科 10，杜鹃花科 8，禾本科 6，毛茛科 6，莎草科 6，小檗科 6
麦吊云杉林 *Picea brachytyla* forest	83	62/139/236	9/15/24	1/4/7	52/120/205	蔷薇科 11，忍冬科 7，杜鹃花科 6，菊科 5，百合科 5，禾本科 4
油麦吊云杉林 *Picea brachytyla* var. *complanata* forest	21	68/136/205	6/9/14	1/3/5	61/124/186	菊科 7，百合科 5，虎耳草科 5，禾本科 4，茜草科 4，忍冬科 4
鱼鳞云杉林 *Picea jezoensis* var. *microsperma* forest	42	61/136/269	11/17/32	1/4/7	49/115/230	毛茛科 18，蔷薇科 11，虎耳草科 11，菊科 11，莎草科 11，禾本科 10

注：菊科 Compositae，毛茛科 Ranunculaceae，蔷薇科 Rosaceae，豆科 Leguminosae，禾本科 Gramineae，石竹科 Caryophyllaceae，莎草科 Cyperaceae，忍冬科 Caprifoliaceae，杨柳科 Salicaceae，堇菜科 Violaceae，百合科 Liliaceae，虎耳草科 Saxifragaceae，壳斗科 Fagaceae，山茶科 Theaceae，樟科 Lauraceae，玄参科 Scrophulariaceae，松科 Pinaceae，小檗科 Berberidaceae，杜鹃花科 Ericaceae

F=Family，G=Genera，S=Species

表 2.3　中国云杉林 108 科 458 属种子植物区系成分

Table 2.3　The areal type of the 458 genus and 108 families of seed plant species recorded in the 650 plots sampled in spruce forests in China

编号 No.	分布区类型 The areal types	科 Family		属 Genus	
		数量 *n*	比例（%）	数量 *n*	比例（%）
1	世界广布 Widespread	34	31	44	10
2	泛热带 Pantropic	23	21	22	5
2.1	热带亚洲、大洋洲和热带美洲 Trop. Asia-Australasia and Trop. Amer. and Trop. Amer.（S. Amer. or Pand Mexico）	1	1		
2.2	热带亚洲、热带非洲和热带美洲 Trop. Asia to Trop. Africa and Trop. Amer.	4	4	1	
3	东亚（热带、亚热带）及热带南美间断 Trop. & Subtr. E. Asia & (S.) Trop. Amer. disjuncted	5	5	6	1
4	旧世界热带 Old World Tropics	1	1	7	2
5	热带亚洲至热带大洋洲 Trop. Asia to Trop. Australasia Oceania	2	2	1	
6	热带亚洲至热带非洲 Trop. Asia to Trop. Africa			5	1
6.2	热带亚洲和东非或马达加斯加间断分布 Trop. Asia & E. Afr. or Madagasca disjuncted			1	
7	热带亚洲 Trop. Asia	1	1	15	3
7.2	热带印度至华南分布 Trop. India to S. China（especially S. Yunnan）			1	
7.4	越南（或中南半岛）至华南或西南分布 Vietnam or Indochinese Peninsula to S. or SW. China			1	
8	北温带 N. Temp.	8	7	132	29
8.1	环极 Circumpolar			4	1
8.2	北极-高山 Arctic-Alpine	1	1	3	1
8.4	北温带和南温带间断 N. Temp. & S. Temp. disjuncted	18	17	31	7
8.5	欧亚与南北温带间断 Eurasia & Temp. S. Amer. disjuncted	1	1	3	1
8.6	地中海、东亚、新西兰和墨西哥-智利间断分布 Mediterranea, E. Asia, N. Z. and Mexico-Chile disjuncted	1	1		
9	东亚和北美间断 E. Asia & N. Amer. disjuncted	3	3	39	9
9.1	东亚和墨西哥间断分布 E. Asia & Mexico disjuncted			1	
10	旧世界温带 Temp. Eurasia			44	10
10.1	地中海区、西亚和东亚间断 Mediterranea, W. Asia (or C. Asia) & E. Asia disjuncted			3	1
10.2	地中海区和喜马拉雅间断分布 Mediterranea & Himalaya disjuncted			2	
10.3	欧亚和南非洲间断 Eurasia & S. Afr. disjuncted	1	1	6	1
11	温带亚洲 Temp. Asia			17	4
12	地中海区、西亚至中亚 Medit., W. to C. Asia			6	1
12.3	地中海区至温带-热带亚洲、大洋洲和南美洲间断分布 Mediterranea to Temp.-Trop. Asia, with Australasia and/or S. N. to S. Amer. disjuncted			1	
13	中亚 C. Asia			2	
13.1	中亚东部分布 East C. Asia or Asia Media			1	
13.2	中亚东部至喜马拉雅和中国西南部 E. C. Asia to Himalaya & SW. China			2	
14	东亚 E. Asia	4	4	49	11
15	中国特有 endemic to China			8	2
合计 Total		108	100	458	100

21%；温带分布科占 26%，其中北温带和南温带间断分布科占 17%；东亚分布科占 4%；其余分布型科所占比例较低。属的区系成分中，北温带分布型占 29%；其次是东亚分布、世界分布、旧世界温带分布、东亚和北美间断分布、北温带和南温带间断分布，分别约占 11%、10%、10%、9%和 7%；其他分布型的比例小于 5%。

2.3.3 生活型

中国云杉林中 1884 种植物生活型谱显示（表 2.4），草本植物占 63%，木本植物占 37%。木本植物中，常绿乔木和落叶乔木的比例相当，约为 6%；落叶灌木占 18%；常绿灌木占 5%；木质藤本和竹类所占比例较少。草本植物中，多年生直立杂草类约占 34%，禾草类和莲座类分别占 11%和 9%，蕨类植物占 6%，另有少量的附生和寄生草本。

表 2.4 中国云杉林 1884 种植物生活型谱（%）

Table 2.4 Life-form spectrum (%) of the 1884 vascular plant species

木本植物 Woody plants	乔木 Tree		灌木 Shrub		藤本 Liana		竹类 Bamboo	蕨类 Fern	寄生 Phytoparasite	附生 Epiphyte
	常绿 Evergreen	落叶 Deciduous	常绿 Evergreen	落叶 Deciduous	常绿 Evergreen	落叶 Deciduous				
37	5.5	5.8	4.5	18.3	0.3	2.2	0.3	0	0	0.1
陆生草本 Terrestrial herbs	多年生 Perennial					一年生 Annual		蕨类 Fern	寄生 Phytoparasite	腐生 Saprophyte
	禾草型 Grass	直立杂草类 Forbs	莲座垫状 Rosette	附生 Epiphyte	藤本 Liana	短生型 Ephemeral	非短生型 None ephemeral			
63	10.7	34.2	8.5	0.1	1.8	0	1.7	6	0.1	0

注：物种名录来自 650 个样地数据

云杉林各群系间的植物生活型谱变化较大。在台湾云杉林中，木本植物比例高于草本植物，常绿类型高于落叶类型；在雪岭云杉林、西伯利亚云杉林、青海云杉林、白扦林、红皮云杉林和鱼鳞云杉林下，无竹类生长；在鱼鳞云杉林、麦吊云杉林和台湾云杉林下，蕨类植物较丰富。各群系的植物生活型谱将在后续详细记述。

2.4 群落结构

中国云杉林垂直结构的划分，参照《中国植被》（中国植被编辑委员会，1980）的标准，包括乔木层、竹类层、灌木层、草本层和苔藓层。群落垂直结构的完整程度在不同的群系间及在同一群系不同的群丛组间差别较大。例如，在雪岭云杉林和青海云杉林的一些群落中，垂直结构仅有乔木层和苔藓层；在麦吊云杉林和紫果云杉林中，群落具有完整的垂直结构。藤本植物、寄生植物和附生植物在部分群系中较常见，包括丽江云杉林、林芝云杉林、川西云杉林、紫果云杉林、麦吊云杉林和台湾云杉林等。

乔木层的高度在 6～60 m。生长在高海拔地带的川西云杉林，乔木层高度在 6～8 m；在天山山脉西段的伊犁河谷山地生长的雪岭云杉林，以及在西藏东南部、云南西北部和四川西南部生长的油麦吊云杉林、林芝云杉林、丽江云杉林及麦吊云杉林，乔木层高度可达 60 m；在大多数群系中，乔木层的高度在 15～35 m。

乔木层或由单一的云杉组成，或有多种针阔叶乔木混生，不同物种可居于相同或不同的亚层。在云杉与松（*Pinus* spp.）和落叶松（*Larix* spp.）的混交林中，后两者的高度通常高于前者；在云杉与冷杉（*Abies* spp.）的混交林中，二者居于同一层次或云杉高于冷杉；在云杉与落叶阔叶树的混交林中，云杉高耸于阔叶树之上，这样的群落在鱼鳞云杉林、麦吊云杉林和台湾云杉林中较常见。

竹类层只出现在部分群系或群丛组中。在中国西南部和台湾地区的云杉林中，林下通常有竹类生长；分布于东北、华北和西北地区的云杉林中无竹类生长。竹类层的高度为 2.5～5.5 m，如果林下竹类生长茂密，灌木层和草本层的发育将会受到抑制。

灌木层的数量特征和物种组成变化很大。在一些群丛组中或在树冠遮蔽的林下，灌木十分稀疏；在林下光照适中的环境中通常有稳定的灌木层，高度在 20～550 cm。灌木层的物种组成中，忍冬（*Lonicera* spp.）、蔷薇（*Rosa* spp.）、悬钩子（*Rubus* spp.）、茶藨子（*Ribes* spp.）和小檗（*Berberis* spp.）等最常见；常绿匍匐或直立的小灌木如北极花（*Linnaea borealis*）和越桔（*Vaccinium* spp.）等只出现在西伯利亚云杉林、鱼鳞云杉林和红皮云杉林下；在青海东南部、甘肃南部、四川西北部、西藏东南部和云南西北地区分布的云杉林中，林下灌木层中会出现数量众多的杜鹃（*Rhododendron* spp.）；海桐（*Pittosporum* spp.）、冬青（*Ilex* spp.）、柃木（*Eurya* spp.）和山矾（*Symplocos* spp.）等常绿灌木在麦吊云杉林和台湾云杉林中较常见。

草本层的高度在 5～50 cm，个别高大的草本可达 200 cm；物种组成中，薹草（*Carex* spp.）、早熟禾（*Poa* spp.）、珠芽拳参（*Polygonum viviparum*）、双花堇菜（*Viola biflora*）、草莓（*Fragaria* spp.）、酢浆草（*Oxalis* spp.）、马先蒿（*Pedicularis* spp.）、鹿蹄草（*Pyrola* spp.）、黄精（*Polygonatum* spp.）和舞鹤草（*Maianthemum* spp.）等最常见。

苔藓可生长在树干、岩壁和林地。苔藓层的盖度变化较大，在一些群落中，苔藓如绿毯状铺散在林地中；在多数群系中，苔藓层呈斑块状。大灰藓（*Hypnum plumaeforme*）、锦丝藓（*Actinothuidium hookeri*）、金发藓（*Polytrichum commune*）、大羽藓（*Thuidium cymbifolium*）、尖叶青藓（*Brachythecium coreanum*）、山羽藓（*Abietinella abietina*）、塔藓（*Hylocomium splendens*）和曲尾藓（*Dicranum scoparium*）等较常见。

2.5　群落分类与描述方法

2.5.1　群落分类

根据《中国植被》的植被分类系统，中国云杉林是一个群系组，隶属于森林植被型组、针叶林和针阔叶混交林两个植被型；云杉林群系组下可进一步划分为群系、群丛组和群丛。群系是优势层的建群种或共建种相同的植物群落组合；群丛组是一个群系内层片结构相似，优势层片和次优势层片的建群种或共建种相同的群落组合；群丛是一个群丛组内层片结构和各个层片建群种相同的群落组合。群落中的层片结构和物种组成是群落类型划分的重要依据，层片是指群落中生活型相同的物种组合。群系以下的植被分类原则及植物生活型划分方案主要参考《中国植被》（中国植被编辑委员会，1980）。

云杉林多为纯林，混交林较少。纯林的乔木层由单优势种组成，容易确定其群系归属。在混交林中，乔木层的优势种通常有两种以上，如果这些优势种都是云杉属的物种，这个混交林类型的名称将出现在各自所属群系的分类系统中，为了避免重复，群落特征的描述只出现在其中的一个群系中，在另一个群系中注明参见即可。

群系以下分类单元的划分，将通过植被数量分类方法实现。我们引证的样地来源复杂，数据记录的形式多样。数据分析中，将重要值和数值盖度（0～100%）均转换为相对值；对于 Braun-Blanquet 盖度值，首先根据相应的盖度区间，利用随机数方法转换为数值盖度，再换算成相对值；二元数据（出现或否）样方只用于特征种、常见种和稀有种的甄别运算。

群落类型的划分采用人为和数量分类相结合的方法。层片类型可以根据生活型特征进行划分。同一个层片内优势种或特征种的鉴别需要借助数量分类。利用双向指示种分析方法（two-way indicator species analysis，TWINSPAN）（Hill，1979），将一个群系内的全部样地划归为不同等级的植被分类单元（群丛组、群丛）。根据经验或相关记录，对数量分类结果进行校正，确定最合理的分类方案。

群落分类结果以群落结构数据表格的形式呈现。表格包括两个方面的内容：①基本信息，各植被分类单元（群丛组和群丛）所包含的样地数、每个样地中平均物种数、垂直结构层次（乔木、灌木、草本和苔藓）的高度和盖度、样地的环境因子（海拔、地形地貌等）和地理坐标等。以上基本数据以“最小值-最大值”的形式呈现。②物种组成信息，包括诊断种或特征种（diagnostic species）、常见种（constant species）等，采用如下方法确定。首先，计算分类单元所有物种的诊断指数（fidelity value，即 Φ 值）。利用 Fisher 严格检验判断 Φ 值的显著性（$P<0.05$），如果一个物种在特定群丛中出现和聚集的概率显著高于其他群丛，该物种即可确定为特征种。由于各个植被单元所包含的样地数存在差异，在诊断指数的计算过程中，以各分类单元的样地数占总样地数的均值作为固定参数代入公式，以消除因样地数量差异所造成的影响。其次，根据群落描述所需要呈现的物种数量，确定相关标准，我们以频度＞60%判断一个物种是否为常见种。在群落数据表中，Φ 值、频度或重要值（盖度）的变化幅度用数据或表格颜色的深浅表达，以增强可视效果。本书采用以诊断指数排序，以频度呈现的方法做表，以增加表格信息量。数据处理及编辑过程通过 JUICE program 软件（Tichý and Chytrý，2006）完成。

2.5.2 群落名称

云杉林属于两种植被型，即针叶林（Needleleaf Forest）和针阔叶混交林（Mixed Needleleaf and Broadleaf Forest）。植被型的名称将出现在群系、群丛组和群丛的命名中，以显示其隶属关系。在群系的中文名称中，针叶林和针阔叶混交林可简称为“林”，以符合习惯的用法；在群丛组和群丛的中英文名称中，针叶林和针阔叶混交林用全称。

群系名称由优势种外加所属的植被型名称和群系英文“Alliance”组成。例如，雪岭云杉林和麦吊云杉林这两个群系分别属于常绿针叶林和针阔叶混交林，它们的名称分别为“雪岭云杉林（*Picea schrenkiana* Forest Alliance）”和“麦吊云杉林（*Picea brachytyla* Mixed Needleleaf and Broadleaf Forest Alliance）”。

群丛组名称由各个垂直层次的优势种或优势生活型组合外加植被型名称组成。盖度大于 20%的生活型的名称，如阔叶乔木（broadleaf tree）、灌木（shrub）、草本（herb）等，将出现在群丛组的名称中。每个生活型中可能包含多个物种，因此在群落的英文名称中各生活型通常用复数形式；如果一个生活型中只有 1 个物种，该物种的学名（而非生活型名称）将出现在群丛组的名称中。处在不同垂直层次中的生活型或物种，以“-”号相连；处在同一个层次中的各生活型或物种间，以“+”号相连。例如，“麦吊云杉-阔叶乔木-灌木-草本 针阔叶混交林 *Picea brachytyla*-Broadleaf trees-Shrubs-Herbs Mixed Needleleaf and Broadleaf Forest”和“铁杉+麦吊云杉-阔叶乔木-灌木-草本针阔叶混交林 *Tsuga chinensis*+*Picea Brachytyla*-Broadleaf trees-Shrubs-Herbs Mixed Needleleaf and Broadleaf Forest”是麦吊云杉林的两个群丛组名称；“雪岭云杉-灌木-草本 针叶林 *Picea schrenkiana*-Shrubs-Herbs Evergreen Needleleaf Forest”是雪岭云杉林的一个群丛组名称。

云杉林下的苔藓层盖度变化很大。为了避免群丛组的划分过于琐碎，在多数群系中，苔藓层一般不作为群丛组划分的依据，其特征仅在群丛尺度上加以描述。在林下苔藓层特别发达的群系，如在青海云杉林中，苔藓层作为特征层片可出现在群丛组的名称中。

群丛名称由各个层次的优势种组合外加植被型的名称组成。各个垂直层次的优势种间以“-”号相连；如果特定层次中有多个共优种，物种间以“+”号相连。例如，“铁杉+麦吊云杉-红桦+美容杜鹃-青川箭竹-托叶樱桃-川西鳞毛蕨 针阔叶混交林 *Tsuga chinensis*+*Picea brachytyla*-*Betula albosinensis*-*Rhododendron calophytum*-*Fargesia rufa*-*Cerasus stipulacea*-*Dryopteris rosthornii* Mixed Needleleaf and Broadleaf Forest”和“雪岭云杉-鬼箭锦鸡儿-柄状薹草 针叶林 *Picea schrenkiana*-*Caragana jubata*-*Carex pediformis* Evergreen Needleleaf Forest”分别是麦吊云杉林和雪岭云杉林中的两个群丛名称。

每个群系、群丛组和群丛均有唯一的系统编码。群系的编码是由优势种拉丁学名的属名和种加词的词首字母组合而成。如果两个群系的优势种之间存在原变种和变种的关系，则原变种所在群系的编码形式不变，变种所在群系的编码由属名、种加词和变种加词的词首字母组合而成。例如，麦吊云杉林（*Picea brachytyla* Mixed Needleleaf and Broadleaf Forest）的系统编码是 PB，油麦吊云杉林（*Picea brachytyla* var. *complanata* Mixed Needleleaf and Broadleaf Forest）则是 PBC。如果属名和种加词的词首字母组合在群系间有重复，在编码中则使用种加词的前两个字母，以示区别。例如，白扦林（*Picea meyeri* Forest Alliance）和台湾云杉林（*Picea morrisonicola* Forest Alliance）的系统编码分别是 PME 和 PMO。

群丛组和群丛的编码由所在群系的编码分别与罗马数字和阿拉伯数字组合构成。以白扦林为例，PMEⅠ和 PMEⅡ是两个群丛组的编码，PME1 和 PME2 则是两个群丛的编码。

上述编码方法显示了群系与群丛组和群丛间的隶属关系。为了保持编码系统的简洁性，群丛组和群丛的编码相互独立，彼此间的隶属关系在群落检索表和后续的群落描述中加以体现。

2.5.3 群落描述

中国云杉属有 16 种 9 变种，其中 11 种和 5 变种在自然界的种群数量较多，可自成群系。鱼鳞云杉和长白鱼鳞云杉是 2 个变种，二者在中国境内的分布范围和群落结构相似，我们将其整合到“鱼鳞云杉林”群系中加以描述。本书将重点描述中国云杉林的 15 个群系，包括 77 个群丛组和 132 个群丛。

群系、群丛组和群丛是群落特征描述的 3 个基本单元。群系描述的内容包括地理分布、物理环境、生态习性、物种组成、植物区系、生活型、群落类型、外貌、结构和物种组成等，这些特征不针对特定的群落，是在宏观尺度上对群系的概述。

群丛组的描述侧重群落外貌、群落的垂直结构及其在空间或环境梯度上的变化规律，为群丛的划分进行群落特征多样化和环境背景的铺垫。对优势层次或层片的描述也是概括性质的，一般不针对特定群落。在前人的文献中，对云杉林描述的尺度多处在群系或群丛组。因此，在群系和群丛组的描述中，都有相关文献的追溯和引证。在群落分析数据表中，详细列出各个群丛组的特征物种及其频度，在各章的描述正文中不再单独列出。

群丛划分的依据是林下各层片的结构及其物种组成特征。在群落数据表中，不仅列出群丛中出现的全部物种，还标识出物种频度和特征种。在文字描述中，首先单列出各个群丛所凭证的样方名称、特征种和常见种；在后续的描述中，除了突出各个层片的优势种外，还尽可能地列举出群落中的偶见种。偶见种的生态幅度较狭窄，只出现在特定的生境中，其数量可以表征一个群丛的生境多样性。

在自然界，群丛之间的物种组成不可能存在泾渭分明的界限。一个常见的现象是，特定物种在一些群丛中出现的概率较高，而在另一些群丛中出现的概率较低。这样具有生境偏好型的物种，对群丛的划分具有诊断意义，通常称为诊断种或特征种。因此，群丛划分的主要环节就是要甄别出特征种。

常见种、特征种、偶见种的属性与研究的尺度有关。例如，一个物种，在群系尺度上是特征种，在群丛组尺度上可能是常见种；同样地，一个群丛尺度上的特征种，可能是群丛组尺度上的偶见种。此外，各个物种在群落中的结构或组成属性，与样本量的大小及样方的代表性有关。一般地，随着样方数量的增加，偶见种的数量会逐渐增多，特征种和常见种的数量会逐渐减少。因此，在群落分类中，既要甄别出一定数量的特征种，又要覆盖一定数量的样方，以反映出群丛的全貌，这就需要在数量分类的前提下，结合经验和野外观测结果，确定出合理的诊断阈值。本书中，$\Phi>0.20$（$P<0.05$）的物种为诊断种；对于高诊断值的物种（$\Phi>0.50$，$P<0.05$），在群落分类表中以深色标识，这些物种是群落分类的重要依据。

在群丛特征的描述中，除了列举出不同属性的物种外，还需要对各个层片中物种的生长状况、生长型、生境的偏好、物候特征等进行描述，这些特征的描述是编研工作中的困难环节。因为一般的样方数据对相关特征的记载非常有限，所以需要大量的野外观测记录支撑。因此，在植被志书的编研中，除了收集历史积累的样方和资料外，还需要进行野外补充调查和观测。

乔木层的描述内容包括盖度、胸径和高度的变化幅度。例如，一个群丛乔木层的盖度 60%～70%，胸径（8）39～44（66）cm，高度（7）28～29（37）m，说明在这个群丛的凭证样方中，最小盖度为 60%，最大盖度为 70%，个体的最小胸径为 8 cm，最大胸径为 66 cm，在样方尺度上的最小平均胸径为 39 cm，最大平均胸径为 44 cm，个体的最小树高为 7 m，最大树高为 37 m，在样方尺度上最小平均树高为 28 m，最大平均树高为 29 m；在分层描述中，一般不再对这些特征进行复述。乔木层通常划分为大乔木层（高度＞25 m）、中乔木层（8～25 m）和小乔木层（3～8 m）3 个亚层，除了列举各个亚层的优势种和偶见种外，还对物种的生长状况和外貌特征等进行描述；在数据可用的情况下，对优势种的种群结构（径级和树高）进行描述并图示。

灌木层和草本层的描述内容相似，包括盖度和高度，分层列举优势种和偶见种、物种的生长状况、生长型、生境的偏好和物候特征等。灌木层划分为大灌木层（高度 200～500 cm）、中灌木层（50～200 cm）和小灌木层（＜50 cm）。草本层划分为大草本层（高度＞50 cm）、中草本层（10～50 cm）和小草本层（＜10 cm）。灌木层和草本层内的分亚层现象，是植物对阴暗环境长期适应的结果，突出表现在植物生长型、繁殖方式和生活史周期等方面的变化。在云冷杉林下的弱光环境中，一些生态幅度较宽泛的植物会长期处在营养生长阶段，靠无性生殖维持种群，一旦光照条件改善，可照常开花结实；另一些植物是弱光环境下的特有种，在林下可完成生活史，光照条件改善后会被其他物种替代。

苔藓层的描述内容包括盖度、高度、适生环境、物种组成及其空间分布特征等。

群丛的地理分布范围（水平分布和垂直分布），群落环境与干扰状况等特征，主要依据样方和文献记载的资料进行描述，描述的详细程度取决于资料的拥有量和代表性。在缺乏系统抽样资料的情况下，这部分内容具有概述性质。

除了文字描述以外，还尽可能附配反映群落环境、外貌和结构特征的照片。书中所采用的照片和图片，除了少数特别标注外，均由本书的作者拍摄或制作，在此特别说明。

2.6　建群种的生物学特性

对建群种的形态、功能性状、遗传多样性和个体生长发育规律（种子萌发、个体生长过程）等进行描述。这部分内容是对已有成果的集成和分析，描述的详细程度取决于相关研究的深度和广度。在本书所记载的 15 个云杉林中，有些类型如台湾云杉林、雪岭云杉林、青海云杉林和川西云杉林等，相关研究资料丰富；另一些类型，如油麦吊云杉林、紫果云杉林和西伯利亚云杉林等，有关建群种生物学特性的研究资料缺乏，需要进一步补充和完善。

2.7　生物量与生产力

在群丛或种群（建群种）尺度上，基于样方数据和文献，简要阐述生物量和生产力的基本特征。这部分内容是对已有成果的集成和分析，由于不同群系间相关研究成果的详细程度不平衡，描述的内容和形式没有统一的格式和要求。

2.8 群落动态与演替

群落动态与演替特征是反映群落在发育过程中的变化规律，这些特征的阐述需要不同时间尺度上的调查资料支持。在环境条件相对一致的群落间，也可以采用空间系列代替时间系列的方法对群落动态进行描述。除了长期定位观测样地外，在许多云杉林中，不同时间尺度上群落的资料较少。因此，云杉林各个群系群落动态描述的详细程度可能不平衡。

总体而言，云杉林的群落动态包括自然更新的内循环过程和在经历火烧或采伐后植被恢复的外循环过程（图 2.3）。

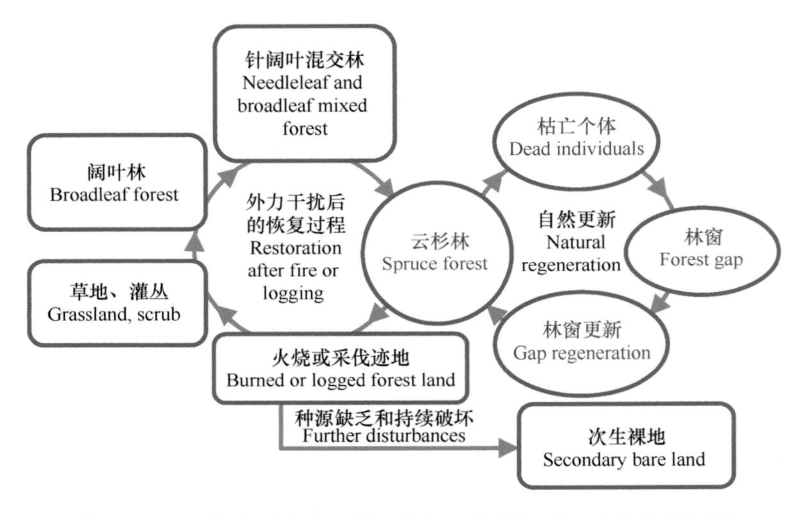

图 2.3 云杉林在受外力干扰下的植被恢复过程和自然更新过程

Figure 2.3 A conceptual model showing the natural regeneration process and the restoration process after disturbances

在自然状态下，云杉林的郁闭度较大，贴地生长的蔓生低矮草本或苔藓层厚，种子落地后难以接触到土壤，萌发困难；林下光照弱，幼苗很难长成幼树进入林冠层。因此，云杉林的更新主要依赖于由自然枯倒木或风倒木、雪折木等形成的林窗。林窗内光照适宜，种源充足，常可见到密集生长的幼苗幼树丛。不同恢复阶段的林窗斑块呈镶嵌分布的格局，自然状态下的云杉林常具有复层异龄林的结构。间伐作业可有效地改善林下光照条件，对云杉林的自我更新具有促进作用。云杉林的内循环更新机制是维持云杉林顶极阶段群落长期稳定性的基础。

在云杉林的火烧或皆伐迹地上，在干扰较轻和有种源补充的前提下，植被恢复将遵从外循环过程，即在迹地上将依次出现群落结构和物种组成完全不同的群落类型，跨越的时间尺度可达百年以上。各个阶段的群落类型在不同的环境条件下差别较大，但一般需经过先锋草地灌丛、杨桦类阔叶林、针阔叶混交林至顶极阶段的云杉林。如果经历持续的干扰，火烧或采伐迹地将退化为草地灌丛或次生裸地。

上述是对云杉林群落动态和演替规律的概括总结，是中国云杉林的 15 个群系所具有的共同特征。由于群落环境、群落结构和物种组成等方面的差异，不同群系间的群落演替规律各具特色，相关内容将在各论中叙述。

2.9　价值与保育

云杉林是中国东北、华北、西北和西南等地区亚高山地带的重要森林类型，是植被垂直分布带谱中的重要组分，在国土生态安全保障、生物多样性保育和环境保护等方面具有重大的战略意义。云杉林作为重要的木材资源，在国民经济建设中曾经发挥了巨大的作用。

在历史时期，中国云杉林曾经历了大规模的采伐。在西北和华北地区主要实施择伐作业，对森林的干扰较轻，云杉林外貌较整齐，景观格局较完整，目前天然林保存面积较大；在西南地区主要实施皆伐作业，资源破坏较严重，目前除了在自然保护区内或在人迹罕至的地带尚能见到原始云杉林外，在其他产地已难觅踪迹，现存的森林多为采伐迹地上恢复的中幼林，其中人工林面积较大。

自 20 世纪末实施天然林保护工程以来，以木材生产为目的的采伐作业已经终止，各地自然保护区的建立对云杉林的保护也发挥了重要作用，但云杉林的保育工作仍面临着许多突出的问题。

一些地区盗伐木材、樵柴和乱采滥挖等现象仍然屡禁不止。在西南地区，当地群众建房对木材的需求量较大，应引导群众采用替代材料，减少对木材的依赖。

林牧矛盾突出。放牧对林地更新和林下植被的影响较大。在许多地区，林地与牧场之间完全畅通，家畜很容易进入林地。家畜啃食过的云杉幼苗多呈浑圆的灌丛状，难以长成大树；林地放牧后，草本植物多紧贴地面生长，个体小型化现象明显，苔藓层破碎凌乱，林地内土壤板结紧实，种子发芽困难，土壤微生物活动受到抑制。加强林权管理，严格实施封山育林，协调林牧矛盾是今后需要加强的工作。

森林旅游在近十几年来发展迅速，许多地区的旅游路线和景点已经延伸至森林深处。道路、通信和房屋等基础设施建设对森林景观和生境破坏较大，旅游行为也会增加火灾和外来种入侵的风险，旅游垃圾会污染林地环境。森林旅游产业开发要科学规划，严格执行相关法规，规范旅游行为，以降低对森林的负面影响。

近半个世纪以来，在中国西南地区云杉林的采伐迹地上营造了大面积的以云杉（*Picea asperata*）为主的人工林。由于人工林的垂直和水平分布范围已经超出云杉的自然分布范围，许多地区的人工林出现衰退现象。因此，人工云杉林结构的调整和优化也是未来需要关注和启动的工作。

2.10　研究历史回顾与展望

中国云杉林的研究历史可划分为 3 个阶段，即 1950 年以前、1950～1980 年、1980

年至今。

在 1950 年以前，中国云杉林的研究资料十分稀少。刘慎谔（1934）在《中国北部及西部植物地理概论》中，对产于中国西北、华北和东北地区的云杉林进行了简要的描述或提及；郝景盛（1942）对甘肃洮河流域卓尼卡车沟云杉林的群落外貌和结构特征进行了简要的记述。

在 1950～1980 年的 30 年间，云杉林的研究工作逐步开展，但进展缓慢，有关云杉林的研究论文或专著的总量约 50 篇，年均不足 2 篇；在 1966～1976 年几乎无相关论文发表。侯学煜（1960）在《中国的植被》一书中，对中国云杉林的基本特征进行了简要描述。其他研究工作涉及了中国云杉林的植被类型、群落结构、森林土壤、森林更新、森林病虫防治等方面的内容，研究的区域包括新疆天山山脉和阿尔泰山（张新时，1959；张瑛山，1959；卢俊培，1960；李世英和张新时，1964；张新时等，1964；中国科学院新疆综合考查队和中国科学院植物研究所，1978），祁连山及其以东山地（王兆凤和宋朝枢，1957；余忠杰，1960；周兴民等，1978），西南横断山脉地区（杨玉坡等，1956；吴中伦，1959；陈守常，1960；蒋有绪，1963；张万儒等，1979），大、小兴安岭和长白山等（陈灵芝等，1964；周以良和李景文，1964；周以良和赵光仪，1964）。在此期间形成的许多研究成果是对中国云杉林的首次报道，具有较高的原创性和历史资料价值，对开展时间尺度上的比较研究具有重要意义。例如，白帆等（2008）利用陈灵芝等（1964）的调查数据，比较研究了长白山区针阔叶混交林、红松针叶混交林和云冷杉暗针叶林在 1963～2006 年的植物群落的动态特征，为森林保育提供了重要的科学依据。

1980 年以后，中国云杉林的研究工作进展迅速，研究内容十分丰富，包括群落分类、生态、结构和组成，森林土壤、更新、经营、生物量和生产力，优势种的遗传多样性和森林保育与利用等。1980 年出版的《中国植被》（中国植被编辑委员会，1980），首次对中国云杉林 15 个群系的基本特征进行了描述；2007 年出版的《中华人民共和国植被图（1∶1 000 000）》及其说明书《中国植被及其地理格局》（中国科学院中国植被图编辑委员会，2007）进一步图示了中国云杉林的地理分布规律。在此期间出版的 120 余部区域性和行业性的植被专著中，对云杉林均有不同程度的记载；与云杉林相关的研究论文已经超过 1300 篇。近 30 年来云杉林研究成果的快速积累，为深入、系统、规范地整理中国云杉林奠定了基础。

中国云杉林的前期研究工作虽然积累了良好的基础，但不同论著对中国云杉林的分类、描述和记载缺乏统一的编写体系和规范，植被分类系统不统一，植物群落命名混乱，植被分类中同物异名和同名异物的现象非常普遍。此外，植被特征的描述以定性为主，缺乏凭证样方的量化描述，中国云杉林的信息数据系统基本缺乏。《中国云杉林》将整合分散的成果，系统总结、翔实记载和量化描述中国云杉林的基本特征。

参考文献

白帆, 桑卫国, 刘瑞刚, 陈灵芝, 王昆, 2008. 保护区对生物多样性的长期保护效果: 长白山自然保护区北坡森林植物多样性 43 年变化分析. 中国科学(C 辑: 生命科学), 38: 573-582.

陈灵芝, 鲍显诚, 李才贵, 1964. 吉林省长白山北坡各垂直带内主要植物群落的某些结构特征. 植物生态学与地植物学丛刊, (2): 207-225.
陈守常, 1960. 小金川林区云杉白腐病的初步研究. 林业科学, 6(2): 132-149.
郝景盛, 1942. 甘肃西南之森林. 地理学报, (00): 48-66.
侯学煜, 1960. 中国的植被. 北京: 人民教育出版社.
蒋有绪, 1963. 川西米亚罗马尔康高山林区生境类型的初步研究. 林业科学, 8(4): 321-335.
孔昭宸, 杜乃秋, 1996. 北京新生代植被的演化与植物多样性. 中国植物园, 3: 107-110.
孔昭宸, 杜乃秋, 陈明洪, 1977. 滇东黔西第四纪古植物的发现及其对植物群和古气候的初步探讨//中国地质科学院地质力学研究所. 第四纪冰川地质文集. 北京: 地质出版社.
李承森, 扆铁梅, 姚轶峰, 2009. 中国北方新生代植物和气候//李承森. 中国植被演替与环境变迁(第二卷). 南京: 江苏科学技术出版社.
李贺, 张维康, 王国宏, 2012. 中国云杉林的地理分布与气候因子间的关系. 植物生态学报, 36(5): 372-381.
李世英, 张新时, 1964. 新疆植被水平带的划分原则和特征. 植物生态学与地植物学丛刊, (2): 180-189.
李文漪, 1983. 青藏高原南部几个地点上新世孢粉组合及古地理问题的探讨//中国科学院青藏高原综合科学考察队. 西藏第四纪地质. 北京: 科学出版社: 163-166.
刘慎谔, 1934. 中国北部及西部植物地理概论. 北平研究院植物学研究所丛刊, 2(9): 432-451.
卢俊培, 1960. 我国天山和阿尔泰山的森林土壤与云杉和落叶松的关系. 土壤通报, (4): 30-41,16.
宋之琛, 刘耕武, 1982. 西藏东北部老第三纪孢粉组合及其古地理意义//中国科学院青藏高原综合科学考察队. 西藏古生物(第五分册). 北京: 科学出版社.
王开发, 王宪曾, 1983. 孢粉学概论. 北京: 北京大学出版社.
王晓梅, 王明镇, 张锡麒, 2005. 中国晚始新世—早渐新世地层孢粉组合及其古气候特征. 中国地质大学学报, 30(3): 309-316.
王燕, 吴锡浩, 2000. 我国现代云冷杉林环境空间格局与末次冰期古气候重建//李承森. 植物科学进展(第 3 卷). 北京: 高等教育出版社: 190-193.
王兆凤, 宋朝枢, 1957. 甘肃中部的森林. 林业科学, 3(2): 227-239.
吴征镒, 1991. 中国种子植物属的分布区类型. 云南植物研究, (增刊 IV): 1-139.
吴征镒, 周浙昆, 李德铢, 彭华, 孙航, 2003. 世界种子植物科的分布区类型系统. 云南植物研究, 25(3): 245-257.
吴中伦, 1959. 川西高山林区主要树种的分布和对于更新及造林树种规划的意见. 林业科学, 5(6): 465-478.
徐仁, 孔昭宸, 杜乃秋, 1980. 中国更新世的云杉、冷杉植物群及其在第四纪研究上的意义. 第四纪研究, 5(1): 48-56.
杨玉坡, 叶兆庆, 钱国禧, 1956. 西南高山地区冷杉、云杉林冠下天然更新的初步观察. 林业科学, 2(4): 337-354.
扆铁梅, 2007. 河北中新世球果和果实及云南、浙江上新世化石木研究. 北京: 中国科学院植物研究所博士后流动站.
余忠杰, 1960. 对祁连山南坡云杉更新的意见. 林业科学, 6 (3): 228-229.
张力, 左勤, 2016. 中国高等植物彩色图鉴(第 1 卷, 苔藓植物). 北京: 科学出版社.
张万儒, 黄雨霖, 刘醒华, 吴静如, 1979. 四川西部米亚罗林区冷杉林下森林土壤动态的研究. 林业科学, 15(3): 178-193.
张新时, 1959. 东天山森林的地理分布//穆尔札耶夫. 新疆维吾尔自治区的自然条件论文集. 北京: 科学出版社: 201-226.
张新时, 张瑛山, 陈望义, 郑家恒, 陈福泉, 陈开秀, 莫盖提, 1964. 天山雪岭云杉林的迹地类型及其更新. 林业科学, 9(2): 71-87.

张瑛山, 1959. 天山林区的异龄云杉林及对其测树和经营上的意见. 新疆农业科学, (12): 497-499,509.
中国高等植物彩色图鉴编委会, 2016. 中国高等植物彩色图鉴(第一卷, 苔藓植物). 北京: 科学出版社.
中国科学院《中国自然地理》编辑委员会, 1984. 中国自然地理 气候. 北京: 科学出版社.
中国科学院新疆综合考查队, 中国科学院植物研究所, 1978. 新疆植被及其利用. 北京: 科学出版社.
中国科学院中国植被图编辑委员会, 2007a. 中华人民共和国植被图(1∶1 000 000). 北京: 地质出版社.
中国科学院中国植被图编辑委员会, 2007b. 中国植被及其地理格局. 北京: 地质出版社.
中国植被编辑委员会, 1980. 中国植被. 北京: 科学出版社.
周兴民, 王质彬, 杜庆, 1978. 青海植被. 西宁: 青海人民出版社.
周以良, 李景文, 1964. 中国东北东部山地主要植被类型的特征及其分布规律. 植物生态学与地植物学丛刊, (2): 190-206.
周以良, 赵光仪, 1964. 小兴安岭—长白山林区天然次生林的类型、分布及其演替规律. 东北林学院学报, (00): 33-45.
Flora of China 编委会, 1989-2013. Flora of China. 北京: 科学出版社/圣路易斯: 密苏里植物园出版社.
Hill M. O., 1979. TWINSPAN-a FORTRAN Program for Detrended Correspondence Analysis and Reciprocal Averaging. Ithaca: Cornell University.
Ran J. H., Wei X. X., Wang X. Q., 2006. Molecular phylogeny and biogeography of *Picea*(Pinaceae): implications for phylogeographical studies using cytoplasmic haplotypes. Molecular Phylogenetics and Evolution, 41(2): 405-419.
Ren G., Beug H. J., 2002. Mapping Holocene pollen data and vegetation of northern China. Quaternary Science Review, 21(12): 1395-1422.
Tichý L., Chytrý M., 2006. Statistical determination of diagnostic species for site groups of unequal size. Journal of Vegetation Science, 17: 809-818.
Zhang Y., Kong Z.C., Yan S., Yang Z.J., Ni J., 2006. Fluctuation of Picea timberline and paleo-environment on the northern slope of Tianshan Mountains during the Late Holocene. Chinese Science Bulletin, 51(14): 1747-1756.

第 3 章　雪岭云杉林 *Picea schrenkiana* Forest Alliance

雪岭云杉林—中国植被，1980：192-195；中华人民共和国植被图（1∶1 000 000），2007；雪岭云杉群系—新疆植被及其利用，1978：157-167；雪岭云杉原始阴暗针叶林—新疆综合考察报告汇编，1959：143-148；天山云杉林—新疆森林，1989：121-146；中国森林（第 2 卷针叶林），1999：706-714。

系统编码：PS

3.1　地理分布、自然环境及生态特征

3.1.1　地理分布

雪岭云杉林的分布区位于中国新疆和中亚的东部。在中国境内（图 3.1），雪岭云杉林的分布区西起天山南路喀什以西的山地，北至准噶尔盆地西部的巴尔鲁克山，南

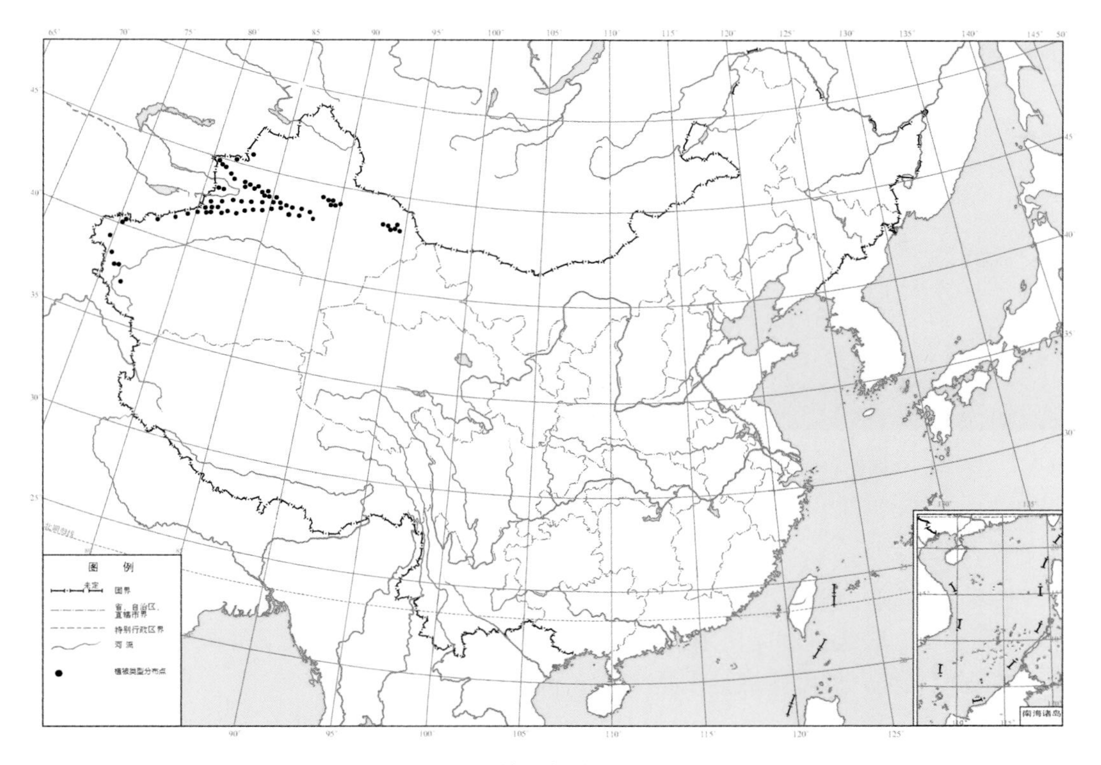

图 3.1　雪岭云杉林的地理分布

Figure 3.1　Distribution of *Picea schrenkiana* Forest Alliance in China

至昆仑山脉西北段（叶城以南），东至哈密北部的巴尔库-喀尔雷克山（张新时，1959；中国科学院新疆综合考查队和中国科学院植物研究所，1978；中国植被编辑委员会，1980；张瑛山，2000；中国科学院中国植被图编辑委员会，2007）。在整理文献的基础上，通过对 Google Earth 数字地球系统航拍照片的判读，我们标定了分布区边界地带的群落，据此获得了雪岭云杉林分布区的地理坐标范围，即 37°4′43″N～45°52′16″N，74°48′9″E～94°28′51″E；分布区东西跨度约 1700 km，南北跨度约 1000 km。分布区东南部的边界轮廓大致呈“S”形，3 个界点的三维坐标分别是 43°23′49″N、87°49′23″E、2456 m a.s.l.，43°11′31.10″N、87°14′5.44″E、2609 m a.s.l.和 42°40′23.52″N、87°42′49.34″E、2786 m a.s.l.。由于坡向、海拔和地貌的变化，雪岭云杉林呈团块状分布，呈现出生态连续、地理间断的分布格局（图 3.2）。

图 3.2　雪岭云杉林外貌（上：新疆奎屯鹿角湾；下左：新疆新源那拉提；下右：新疆伊宁白石峰）
Figure 3.2　Physiognomy of communities of *Picea schrenkiana* Forest Alliance (upper: Lujiaowan, Kuitun; lower left: Nalati; lower right: Yining, Baishifeng, Xinjiang)

在天山北路，雪岭云杉林几乎贯穿了分布区的东西全境，森林植被常被荒漠或低矮的山地所阻隔，较大的间隔出现在博罗科努山与博格达山之间，以及博格达山与巴尔库-喀尔雷克山之间，间隔距离分别是 40 km 和 125 km。

在天山南路的西段，雪岭云杉林只分布于喀什以西的山地，在阿克苏以西只有零星分布；在天山南路的东段即哈尔克山和那拉提山，呈密集的团块状分布。分布区的最东界止于哈密北部的巴尔库-喀尔雷克山，森林类型是雪岭云杉和西伯利亚落叶松的混交林，森林植被的东界止于西伯利亚落叶松纯林，再往东则进入荒漠地带。

《中华人民共和国植被图（1∶1 000 000）》中勾绘的几个分布于东界地带的雪岭云杉林斑块实为西伯利亚落叶松纯林，雪岭云杉林的实际东界位于植被图所显示位置向西约 30 km 处。

雪岭云杉林的垂直分布范围跨度大，区域分异明显。据文献记载，其垂直分布范围是海拔 1500～3600 m；各地间存在差异，在天山北坡是 1500～2800 m，在南疆山地是 2300～3000 m，在西昆仑山地可高达 3000～3600 m（中国科学院新疆综合考查队和中国科学院植物研究所，1978）。我们借助 Google Earth 数字地球系统，自西向东每隔约 1 个经度测定不同坡向雪岭云杉林垂直分布的海拔上下限，在北坡和南坡测定的经度点分别是 18 个和 14 个。结果显示（图 3.3，表 3.1），雪岭云杉林在南北坡的垂直分布范围分别是 1471～3507 m 和 1129～3509 m，二者的平均值变化幅度为 1990～2805 m 和 2397～2980 m；在北坡和南坡集中分布的海拔范围分别是 1746～2946 m（95%置信区间，下同）和 2192～3129 m；在天山，北坡的垂直分布下限显著低于南坡，海拔上限略低于南坡，这说明垂直分布范围在北坡较宽阔，在南坡较狭窄。

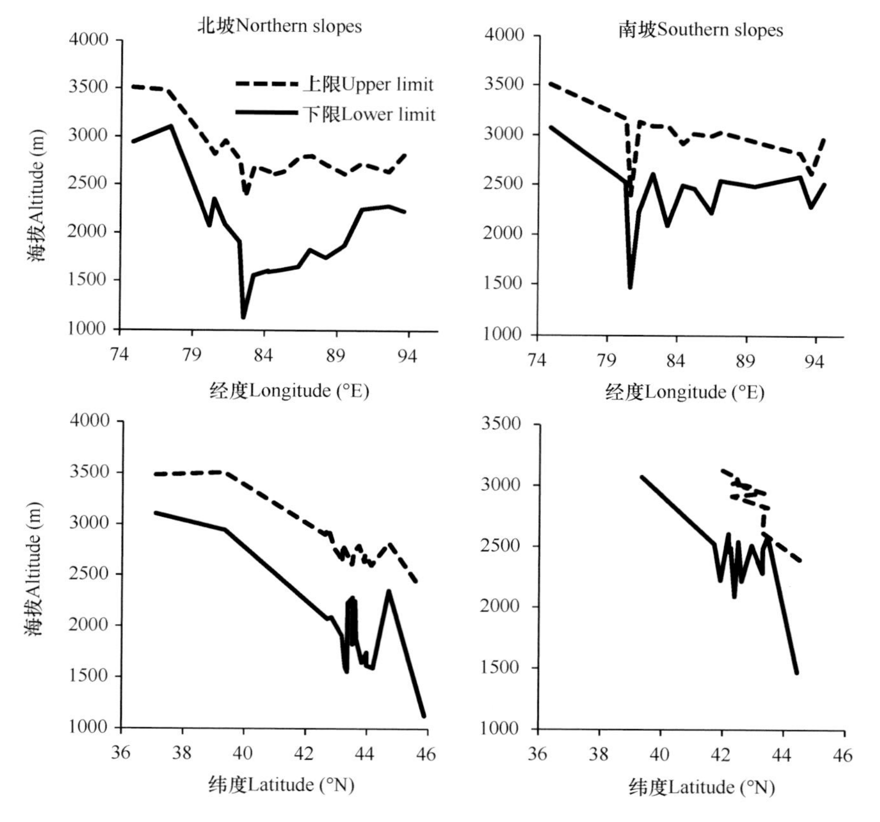

图 3.3　天山南、北坡雪岭云杉林的垂直分布范围与经纬度的关系

Figure 3.3　Trends of the upper and lower altitude limits of *Picea schrenkiana* Forest Alliance with latitude and longitude on the southern and the northern slopes of Mt. Tianshan

表 3.1 雪岭云杉林在天山山脉南北坡垂直分布上下限均值、95%置信区间及变化幅度

Table 3.1 Descriptive statistics of the lower and upper altitude limits of the distribution of *Picea schrenkiana* Forest Alliance on the northern and southern slopes of Mt. Tianshan

海拔 Altitude	坡向 Aspect	样本数 *n* Number of plots	均值 Mean	95%置信区间 95% confidence intervals		最小值 Minimum	最大值 Maximum
海拔下限（m）	北坡 N	18	1990	1746	2234	1129	3104
Lower limit	南坡 S	14	2397	2192	2602	1471	3072
海拔上限（m）	北坡 N	18	2805	2664	2946	2381	3509
Upper limit	南坡 S	14	2980	2831	3129	2395	3507

雪岭云杉林的垂直分布范围在东西方向的变化规律是大气环流与地形地貌综合作用的结果（张新时，1959）。我们的调查数据显示，由西向东，垂直分布范围先降低后升高，这一规律性在北坡的海拔下限尤为明显（图 3.3）。具体讲，在分布区的最西段，即喀什以西、呈东南走向的西昆仑山地，垂直分布范围在北坡是 2944～3509 m，在南坡是 3072～3507 m；由此向东该范围逐渐降低，至分布区的北界，即巴尔鲁克山北坡，垂直分布范围降至最低，在北坡是 1129～2381 m，在南坡是 1471～2395 m。事实上，在北坡的这个最低海拔下限（1129 m）并非雪岭云杉林的垂直分布下限，因为在巴尔鲁克山北坡海拔 1129～1500 m 处只有零星的个体沿着河谷散生，常混生在落叶阔叶林中，成片的云杉林主要出现在海拔 1500 m 以上的山地。尽管如此，巴尔鲁克山的北坡无疑是雪岭云杉林垂直分布范围最低的区域。在巴尔鲁克山北坡以东的区域，垂直分布范围逐渐升高，至巴尔库-喀尔雷克山的东段，即雪岭云杉林分布区的最东界，垂直分布范围在北坡是 2229～2832 m，在南坡是 2521～3003 m。巴尔库-喀尔雷克山的森林植被向东止于西伯利亚落叶松林，垂直分布范围是 2670～2920 m。

就气候条件的区域分异而言，分布区的西段主要是帕米尔高原的北坡，即昆仑山西部山地，西侧绵延的高山阻隔了大西洋暖湿气流，向东又面临塔里木盆地的干热荒漠。在分布区的西部，雪岭云杉林仅生长在高海拔地带阴湿的河谷。在天山山脉 80°E～85°E 处，伊犁河谷与中亚平原贯通，大西洋暖湿气流可长驱直入，在河谷的南北坡形成了丰沛的地形雨，而博罗科努山的北坡又是大西洋气流的迎风坡，气候较湿润。因此，雪岭云杉林的垂直分布范围在这些山地的南北坡均降至最低，形成了核心分布区。再往东，山体逐渐汇入戈壁荒漠，大陆性气候渐强，森林又退至高海拔地带。此外，由南向北，雪岭云杉林的垂直分布范围在南北坡均逐渐降低，反映了云杉林垂直分布的纬度地带性规律。

在中国植被区划系统中，雪岭云杉林分布区跨越了温带荒漠区中的两个亚区域，即西部荒漠亚区域和东部温带荒漠亚区域。在 2 个亚区域中的隶属关系分别是：①西部荒漠亚区域-温带半灌木、矮乔木荒漠地带-天山北坡山地寒温性针叶林、山地草原区和伊犁谷地蒿类荒漠、山地寒温性针叶林、落叶阔叶林区；②东部温带荒漠亚区域-温带灌木、半灌木荒漠地带-暖温带灌木、半灌木荒漠地带-天山南坡、西昆仑山地半荒漠草原区（中国科学院中国植被图编辑委员会，2007）。显然，雪岭云杉林垂直分布地带的植被是温带荒漠，高耸的山地改造了水热因子的水平变异格局，造就了雪岭云杉林分布区内荒漠植被圈与森林圈在垂直空间上共存的植被景观。

由于雪岭云杉林的地理分布范围广阔，气候条件和地貌类型的区域分异明显，植被类型分化强烈。张新时（1959）根据地理特征和森林植被特征将东天山（即中国境内的天山）的森林植被划分为 4 个森林植物区：①东天山北路山地雪岭云杉阴暗针叶林区；②伊犁山地雪岭云杉阴暗针叶林-阔叶果树林区；③巴尔库-喀尔雷克山地西伯利亚落叶松-雪岭云杉针叶林区；④东天山南路山地雪岭云杉森林-草原区。张瑛山和唐光楚（1989）在《新疆森林》中将雪岭云杉分布区划分为 5 个林区，即天山西部林区，该区相当于张新时（1959）系统中的分区②；天山中部林区，相当于分区①；天山东部林区，相当于分区③；南疆云杉林区，相当于分区④；准噶尔西部山地林区，相当于分区①。可见，雪岭云杉林植被区划均是遵循植被在水平和垂直空间内的分异规律，地貌和气候因子的时空分异是植被类型多样化的主要驱动力。上述两套分区系统虽然名称不同，但内涵基本相同，后者只是将前者分区系统中的“东天山北路山地雪岭云杉阴暗针叶林区”进一步划分为两个并列的林区，即天山中部林区和准噶尔西部山地林区。雪岭云杉林乔木层的结构在这两个林区间并无差异，但二者分属于两个独立的地貌单元，前者属博格达山，后者属博罗科努山，后者气候条件优于前者，据此划分为两个植被区域似有其合理性。

3.1.2　自然环境

3.1.2.1　地貌

雪岭云杉林分布区的地貌是由一系列大致呈“西—东”方向的山脉构成，山体内支脉纵横交错，空间组合复杂，依据山体走向和地理位置可分为南路天山和北路天山（张新时，1959）。北路天山大致呈由西（偏西北）至东（偏东南）的走向，跨度约 1200 km，西起中国和哈萨克斯坦边界的阿拉套山，经博罗科努山和博格达山脉，向东止于哈密北部的巴尔库-喀尔雷克山。南路天山呈由西（偏西南）至东（偏东北）的走向，跨度约 1300 km，西南自中哈交界的天山南脉起，经哈尔克山和那拉提山，向东北与博罗科努山交汇；南路天山向东止于极端炎热干旱的吐鲁番荒漠，那里的低山地带基岩裸露，除了河谷集雨区外，寸草不生。中国和俄罗斯学者根据 1957 年的实地考察资料描绘了新疆地貌的基本轮廓（中国科学院新疆综合考查队，1959）；张新时（1959）对东天山森林的地质地貌的历史及现状进行了具体的描写：“在地史上，天山历经加里东、海西宁和阿尔卑斯造山运动而皱褶、隆起，成为一系列与纬向平行伸展的高峻山岭，并被一些山间凹地所分隔。由于新构造运动的作用，天山的隆起运动至今仍在发展着。许多山峰高达 4000 m 以上，终年积雪”“在高山地带广泛地分布着现代冰川，雪线一般在 3800～5000 m”“第四纪初期到来的古冰川在天山上曾达海拔 2500～2300 m 的高度，它们所遗留下来的冰斗、冰川谷与冰渍物等，迄今极为注目，云杉森林现在就滋生其上”“其陡峭的北向坡地和一系列深沟、峡谷，构成了阴湿的生境，为森林的发育与分布提供优良的条件”。雪岭云杉林为这样一片头顶冰盖、脚踏荒漠的崇山峻岭增添了一抹蓝绿！

3.1.2.2 气候

雪岭云杉林分布区主要受北大西洋的西风环流和温带大陆性季风的影响，气候类型为高原高山气候。分布区地处西风带，常年盛行的西风裹挟着北大西洋、地中海和里海的湿润气流，经欧洲平原、图兰平原一路向西，经过中亚丘陵略微抬升后即到达新疆边界。暖湿气流在天山南路受阻于帕米尔高原，以及高耸的西天山山脉与昆仑山脉交汇的山结，降雨多发生在西坡，进入南疆的气流已是干热的焚风。在天山以北，由于存在贯通中亚的三大通道，即伊犁河谷、塔城盆地和额尔齐斯河谷，暖湿的西风环流涌入北疆，形成了北疆湿润而南疆干旱的天然差异。暖湿气流只有被抬升后才会形成降雨，因此低洼的准噶尔盆地虽较塔里木盆地湿润，但仍为大陆性气流所控制而呈现荒漠景观。暖湿气流在伊犁河谷山地和天山北坡被抬升，形成了丰沛的降雨。在天山北坡西段，雪岭云杉林生长最好，那里还生长着具有海洋性气候特征的新疆野果林（张新时，1973）。在南路天山与博罗科努山的交汇地带，山结宽阔，内部巨峰林立，现代冰川发育广泛，高山湖泊星罗棋布，在山地南坡北向倾斜的生境中有大面积的森林分布。博格达山虽然有现代冰川发育，但南坡的地貌结构简单，北倾的山地较少，气候干旱，罕有针叶林。至哈密北部的巴尔库-喀尔雷克山，北坡的气候渐趋干旱，出现了雪岭云杉与西伯利亚落叶松的混交林，以及西伯利亚落叶松纯林。

根据乌鲁木齐小渠子气象站（海拔 2160 m）的观测资料，7 月均温 14.4℃，年降雨量 605.3 mm（张新时，1959；张瑛山和唐光楚，1989）。另据《新疆山地森林土壤》记载，在天山北坡西段（伊犁）、中段和东段（奇台-巴里坤），年降雨量分别是 600～800 mm、500～600 mm 和 400～500 mm；年均气温分别是 8.2℃、2.0℃和 2.4℃；1 月平均气温分别是–10℃、–10.6℃和–12.6℃；7 月平均气温分别是 22.5℃、14.7℃和 14.1℃（常直海和孙继坤，1995）。

我们随机测定了雪岭云杉林分布区内 38 个样点的地理坐标（图 3.1），利用插值方法提取了每个样点的生物气候数据，各气候因子的计算均值依次是：年均气温 0.42℃，年均降雨量 307.13 mm，最冷月平均气温–15.35℃，最热月平均气温 14.02℃，≥0℃有效积温 1836.86℃·d，≥5℃有效积温 989.97℃·d，年实际蒸散 305.74 mm，年潜在蒸散 526.14 mm，水分利用指数 0.39（表 3.2）。显然，年均气温的插值数据值与观测值相当，但年均降雨量差别较大，原因可能是插值计算中的一些数据点的海拔较低，降雨量可能偏小，未来需要在整合和收集更全面的气象数据的基础上对其加以完善。

表 3.2 雪岭云杉林地理分布区海拔及其对应的气候因子描述性统计结果（*n*=38）

Table 3.2 Descriptive statistics of altitude and climatic factors in the natural range of *Picea schrenkiana* Forest Alliance in China (*n*=38)

海拔及气候因子 Altitude and climatic factors	均值 Mean	标准误 Standard error	95%置信区间 95% confidence intervals		最小值 Minimum	最大值 Maximum
海拔 Altitude（m）	2470.55	99.26	2269.43	2671.68	1481.00	3600.00
年均气温 Mean annual temperature（℃）	0.42	0.66	–0.92	1.76	–9.18	9.79
最冷月平均气温 Mean temperature of the coldest month（℃）	–15.35	0.66	–16.68	–14.02	–24.25	–7.97

续表

海拔及气候因子 Altitude and climatic factors	均值 Mean	标准误 Standard error	95%置信区间 95% confidence intervals		最小值 Minimum	最大值 Maximum
最热月平均气温 Mean temperature of the warmest month（℃）	14.02	0.80	12.41	15.63	1.69	23.50
≥5℃有效积温 Growing degree days on a 5℃ basis（℃·d）	989.97	111.15	764.76	1215.19	0.00	2811.38
≥0℃有效积温 Growing degree days on a 0℃ basis（℃·d）	1836.86	143.60	1545.90	2127.83	69.76	4065.00
年均降雨量 Mean annual precipitation（mm）	307.13	16.74	273.21	341.06	103.65	457.51
潜在蒸散 Potential evapotranspiration（mm）	526.14	24.92	475.64	576.65	128.00	786.70
实际蒸散 Actual evapotranspiration（mm）	305.74	32.24	240.42	371.07	0.00	713.31
水分利用指数 Water availability index	0.39	0.03	0.32	0.46	0.00	0.72

3.1.2.3　土壤

据《中国森林土壤》（中国林业科学研究院林业研究所，1986）记载，雪岭云杉林的主要土壤类型有山地灰褐色森林土和山地灰色森林土。山地灰褐色森林土分布在森林和草原的过渡带，土壤母岩在高海拔地带为砂岩、硅化灰岩、板岩、砾岩和花岗岩等，在低山地带为黄土；腐殖质厚 20～60 cm，碳酸钙淋溶强烈，石灰反应出现在母质层；土壤 pH 6.2～7.9，近中性，沿土壤剖面自上而下，土壤碱性增强；代换性盐基总量较高，以代换性钙为主。山地灰色森林土的母岩为片麻岩、石灰质胶结板岩或砾岩；土壤腐殖质厚度通常小于 20 cm，在表土层的含量是 8%～15%，在亚表土层是 4%～5%；土壤 pH 5.8～6.8，呈弱酸性；代换性盐基在表土层的含量是 40 mg 当量/100 g 土，总量较高，以代换性钙为主（刘寿坡等，1986）。

《新疆山地森林土壤》（1995）详细记载了森林土壤的地理分布和养分含量（常直海和孙继坤，1995）。天山西部的土壤主要为淋溶灰褐色森林土；在天山中部，普通灰褐色森林土约占 8 成（81.38%），其次为淋溶灰褐色森林土，约占 2 成（18.3%）；在天山东部，灰褐色森林土约占 8 成（79.6%），碳酸盐灰褐色森林土约占 2 成（19.3%）；土壤养分含量及酸碱度的变化幅度分别为有机质 143.4～253.1 g/kg、全氮 4.6～8.1 g/kg、全磷 1～2.7 g/kg、全钾 18.9～21.7 g/kg 和 pH 6.66～8.58；淋溶灰褐色森林土的有机质、土壤全氮和全磷值最高，呈弱酸性，其他类型的土壤呈弱碱性［表 3.3 数据引自王燕和赵士洞（2000）］。

表 3.3　雪岭云杉林主要土壤类型的养分含量及酸碱度

Table 3.3　Soil nutrients and pH of several soil types in the natural range of *Picea schrenkiana* Forest Alliance in China

土壤类型 Soil types	有机质 Organic matter（g/kg）	全氮 Total nitrogen（g/kg）	全磷 Total phosphorus（g/kg）	全钾 Total potassium（g/kg）	pH
普通灰褐色森林土 Grey brown forest soil	230.3	7.5	2.2	21.7	7.9
淋溶灰褐色森林土 Eluvial grey brown forest soil	253.1	8.1	2.7	19.8	6.6
碳酸盐灰褐色森林土 Carbonate grey brown forest soil	143.4	4.6	1	18.9	8.6
生草灰褐色森林土 Plant ash brown forest soil	192.7	7.3	2.3	21	7.8

资料来源：《新疆山地森林土壤》，常直海和孙继坤，1995

Resource: *Xinjiang montane forest soil* (Zhihai Chang and Jikun Sun, 1995)

来自乌鲁木齐县水西沟海拔 1904～2505 m 的雪岭云杉林的土壤调查数据显示，在0～10 cm、10～20 cm和20～30 cm 3个土层中，全氮含量分别是13.3 g/kg、6.35 g/kg和 5.35 g/kg，全磷含量分别是 1.05 g/kg、0.55 g/kg 和 0.13 g/kg，全钾含量分别是21.3 g/kg、20.97 g/kg 和 20.93 g/kg，速效氮含量分别是 303.38 mg/kg、235.78 mg/kg和 120.13 mg/kg，速效磷含量分别是 92.75 mg/kg、59.53 mg/kg 和 46.19 mg/kg，速效钾含量分别是 118.12 mg/kg、106.01 mg/kg 和 97.67 mg/kg，有机质含量分别是310.73 g/kg、122.98 g/kg、70.05 g/kg，pH 分别是 6.66、6.75 和 6.82（张洪亮等，2010）。上述数据显示，土壤养分元素及有机质含量随着土壤深度的增加而降低，pH 则呈相反的趋势。

雪岭云杉林土壤物理性质的变化与海拔梯度具有一定的相关性。以天山中段为例，在海拔 1960～2300 m 处，表层土（0～60 cm）的土壤容重逐渐减小，总土壤孔隙度、土壤毛管孔隙度、毛管持水量、饱和持水量和田间持水量逐渐增加；在海拔2300～2700 m 处，上述土壤参数呈相反的变化趋势；海拔 2300 m 处的土壤最疏松，土壤含水量在海拔 2500 m 处最高（刘端等，2009）。另据博格达山不同海拔范围内雪岭云杉林土壤水分的观测数据，在海拔 1500～2700 m 处，土壤含水量与海拔呈正相关（Wang et al.，2004）。

3.1.3 生态特征

雪岭云杉林主要生长在天山山脉的阴坡和半阴坡，但是环境条件对其分布格局的选择作用十分明显。在天山北侧狭窄湿润的河谷地带，雪岭云杉林可生长在北坡、东北坡和西北坡；在开阔的山地，主要生长在北坡（图 3.4，图 3.5）；在天山南侧皱褶山地的北坡，也会出现雪岭云杉林。

奎屯至库车的公路贯穿天山南北，由北侧荒漠进入山区后，由于河谷开阔，荒漠干热气流可长驱直入，影响河谷两侧山地及支脉，除了在局部地带有小斑块状的雪岭云杉林外，沿路的河谷两侧山地不见雪岭云杉踪迹。相反，在没有南北河谷贯穿的天山北坡，有大面积的雪岭云杉林，奎屯鹿角湾一带就是例证。沿着奎屯至库车的公路穿越海拔 3000 m 的隧道以后，进入地形相对封闭的高山峡谷地带，此地距离荒漠较远，而且峡谷迂回曲折，受荒漠干热气团的影响较弱，又可滞留冷湿气团，在天山山脉宽阔的山地峡谷地带形成了相对阴湿的环境，有外貌整齐的针叶林，雪岭云杉树冠笔直，呈窄宝塔形，主要生长在海拔 1600～2600 m 的阴坡；在历史时期有采伐，目前更新较好，留存母树的胸径可达 100 cm，树高达 40 m。在林冠层开阔的群落中，林下有茂密的灌木层；在树冠较郁闭的林下，几乎没有灌木生长，但有发达的草本层。因此，地形封闭能够滞留冷湿气团，这是雪岭云杉林发育的必要条件。

雪岭云杉林是天山山脉亚高山地带的主要森林类型，与其他植物群落相比较，其喜温凉湿润的生态习性表现得十分明显。对天山中段植物群落的排序分析表明，雪岭云杉主要占据凉湿的环境；在天山北坡，除了雪岭云杉林外，在垂直海拔梯度上出现的植被

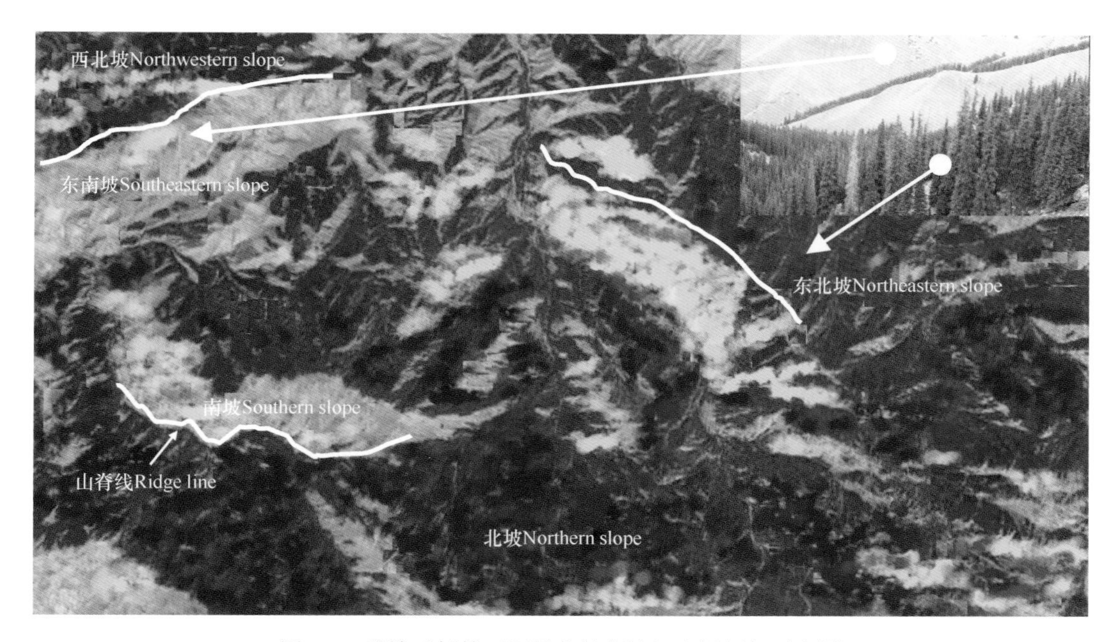

图 3.4　雪岭云杉林（深绿色的斑块）空间局部示意图

Figure 3.4　A diagram of the top-down view of communities of *Picea schrenkiana* Forest Alliance (darkgreen patches), showing their habitat preference

图 3.5　生长在阴坡、半阴坡的雪岭云杉林（右：天山西段，新疆伊宁）和雪岭云杉-西伯利亚落叶松混交林（左：天山东段，新疆哈密）

Figure 3.5　A landscape-scale view of the physiognomy of communities of *Picea schrenkiana* Forest Alliance (left: Western Mt. Tianshan, Yining, Xinjiang) and *Picea schrenkiana-Larix sibirica* Mixed Evergreen and Deciducus Needleleaf Forest (right: Eastern Mt. Tianshan, Hami, Xinjiang), showing the habitat preference: shady and semi-shady slopes

类型还有假木贼荒漠、蒿属荒漠、低山带草原、中山草甸、亚高山草甸、高山薹草嵩草草甸和高山五花草甸，雪岭云杉林与后 4 个植被类型均出现在温凉的生境中，前者对水分条件的要求更高（图 3.6）；在天山南坡，主要植被类型有山地砾石荒漠、山地盐爪爪荒漠、河漫滩沼泽草甸、高山薹草草甸、山地草原及灌丛草原、亚高山草原和山地雪岭云杉针叶林，后者的排序位置处在湿冷的环境中；河漫滩沼泽草甸的排序位置位于干旱的环境中，但地下水位较高，属于隐域植被类型（娄安如，1998）。

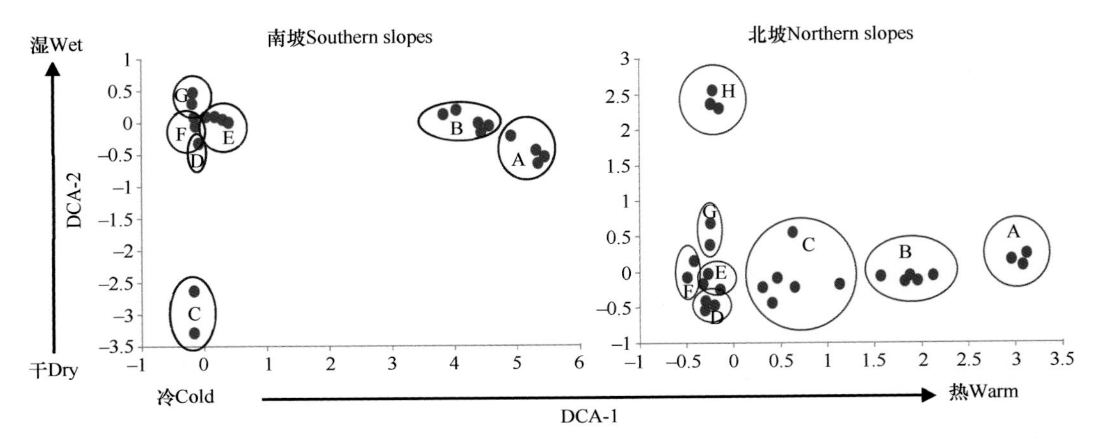

图 3.6 天山南坡（左）、北坡（右）中段植物群落的排序图

Figure 3.6 A two-dimensional scatter plot of DCA ordination for plant communities in the southern slopes(left)and the northern slopes(right)of middle section of Tianshan

南坡：A. 山地砾石荒漠；B. 山地盐爪爪荒漠；C. 河漫滩沼泽草甸；D. 高山薹草草甸；E. 山地草原及灌丛草原；F. 亚高山草原；G. 山地雪岭云杉针叶林。北坡：A. 假木贼荒漠；B. 蒿属荒漠；C. 低山带草原；D. 中山草甸；E. 亚高山草甸；F. 高山薹草嵩草草甸；G. 高山五花草甸；H. 雪岭云杉林（娄安如，1998）

Mt. Southern slopes：A. Montane subshrub gravel desert; B. Montane *Kalidium* desert; C. Phreatic meadow & bog; D. Alpine *Carex* meadow; E. Montane steppe and shrubland; F. Subalpine steppe; G. *Picea schrenkiana* forest. Northern slopes: A. *Anabasis* desert; B. *Artemisia* desert; C. Low-montane steppe; D. Montane meadow; E. Subalpine meadow; F. Alpine *Carex* and *Kobrecia* meadow; G. Alpine meadow; H. *Picea schrenkiana* forest (Lou, 1998)

3.2 群 落 组 成

3.2.1 科属种

在 109 个样方中记录到维管植物 255 种，隶属 46 科 141 属；其中种子植物 43 科 138 属 252 种，蕨类植物 3 科 3 属 3 种。裸子植物中，雪岭云杉和西伯利亚落叶松是群落中的建群种；叉子圆柏和新疆方枝柏等是林下常绿灌丛中的重要组分，昆仑方枝柏可出现在乔木层中。被子植物中，种类最多的是菊科（32 种），其次是蔷薇科（20 种）、豆科（18 种）、禾本科（16 种）、石竹科（15 种）、毛茛科（14 种）、唇形科（10 种），其余各科种类介于 1～8 种。

张新时等于 1986 年在天山中段奎屯-库车段的雪岭云杉林中调查了 6 个样方，共记录到维管植物 75 种，隶属 29 科 63 属；其中种子植物 28 科 62 属 74 种，蕨类植物 1 科 1 属 1 种；裸子植物只有雪岭云杉；被子植物中，种类最多的科是菊科，有 10 种；其次是禾本科和蔷薇科，各 7 种，豆科 5 种，莎草科、忍冬科和毛茛科各 4 种，其余各科物种数介于 1～3 种（娄安如，1998）。

天山西段的伊犁河谷山地是雪岭云杉林的重要产地之一。基于样方数据，张震等（2009）描述了当地一个雪岭云杉林群落的物种组成。样地位于新疆伊犁库尔德宁国家级自然保护区巩留林场，地理坐标 43°09′30.8″N、82°53′11.6″E，海拔 1630～1700 m，样地面积 6 hm^2（200 m×300 m）；样地中记录到 24 种维管植物，隶属 21 科 24 属；其中蕨类植物 1 科 1 属 1 种，种子植物 20 科 23 属 23 种；裸子植物只有雪岭云杉，被子植物有 19 科 22 属 22 种（张震等，2009）。

从物种多样性看，菊科、蔷薇科、豆科、禾本科、石竹科和毛茛科等是雪岭云杉林中种类较多的科，它们是构成灌木层和草本层的重要成分。图 3.7 是一些常见植物种类。

东北羊角芹*Aegopodium alpestre*　　欧洲鳞毛蕨 *Dryopteris filix-mas*

白喉乌头*Aconitum leucostomum*　　短距凤仙花*Impatiens brachycentra*

图 3.7　雪岭云杉林下的常见植物（拍摄自新疆新源那拉提）

Figure 3.7　Constant species under *Picea schrenkiana* Forest Alliance (Nalati, Xinyuan, Xinjiang)

3.2.2　区系成分

根据中国种子植物科属区系成分划分标准（吴征镒，1991；吴征镒等，2003），43 个种子植物科可划分为 5 个分布区类型/亚型，其中世界广布科占 49%，其次是北温带-南温带间断分布科和北温带分布科；138 个属可划分为 10 个分布区类型/亚型，温带成分占优势，其中北温带分布属占 47%，世界广布属占 22%，北温带-南温带间断分布属和旧世界温带分布属各占 12%和 11%，环北极成分占 3%，其他类型均只有 1 个属（表 3.4）。

其他相关研究对雪岭云杉林植物区系成分的分析结果与上述结论类似。张震等（2009）的分析结果显示，在 1 个 6 hm^2 的雪岭云杉林的样地中记录到种子植物 16 科 23 属 23 种，其中世界广布有 9 科，北温带分布 5 科，泛热带分布 2 科；北温带科数量居第二位，是群落中的优势成分，如松科、桦木科、杨柳科和忍冬科等。23 个属可划分为

表 3.4 雪岭云杉林植物区系成分

Table 3.4 The areal type of plant species recorded in the 109 plots sampled in *Picea schrenkiana* Forest Alliance in China

编号 No.	分布区类型 The areal types	科 Family		属 Genus	
		数量 *n*	比例(%)	数量 *n*	比例(%)
1	世界广布 Widespread	21	49	30	22
2	泛热带 Pantropic	3	7	1	1
8	北温带 N. Temp.	8	19	66	48
8.1	环极 Circumpolar			4	3
8.2	北极-高山 Arctic-Alpine			1	1
8.4	北温带和南温带间断 N. Temp. & S. Temp. disjuncted	8	19	17	12
8.5	欧亚和南美洲温带间断 Eurasia & Temp. S. Amer. disjuncted			1	1
10	旧世界温带 Temp. Eurasia			16	12
10.3	欧亚和南非洲间断 Eurasia & S. Afr. disjuncted			1	1
12	地中海区、西亚至中亚 Medit.，W. to C. Asia			1	1
12.3	地中海区至温带-热带亚洲、大洋洲和或北美南部至南美洲间断 Mediterranea to Temp.-Trop. Asia，with Australasia and/or S. N. to S. Amer. disjuncted	3	7		
合计 Total		43	100	138	100

注：物种名录根据 109 个样方数据整理

5 个分布区类型，即世界分布（6 属），泛热带分布（1 属），北温带分布（13 属），旧世界温带分布（2 属）和地中海区、西亚至中亚分布（2 属）；温带成分占优势，其中北温带分布的属占 54.2%，其次是世界分布，旧世界温带分布，地中海区、西亚至中亚分布和泛热带分布。

3.2.3 生活型

雪岭云杉林生活型组成较简单。从物种多样性看，木本植物种类较少，草本植物占优势；木本植物中，落叶物种较多，常绿物种较少；草本植物中，多年生杂草类种类丰富，禾草类较少。从各个生活型在群落中的地位来看，种类较少的生活型往往是雪岭云杉林各层片中的优势种。例如，常绿乔木雪岭云杉是群落的建群种，常绿灌木叉子圆柏和新疆方枝柏是林缘灌丛中的优势种，禾草类常是林下草本层中的常见植物。109 个样方中记录到维管植物 255 种，其生活型组成格局基本反映了上述趋势（表 3.5）。

在天山中段奎屯至库车段的雪岭云杉林调查的 6 个样方中（娄安如，1998），记录到维管植物 75 种。生活型统计结果显示，木本植物占 21.3%，草本占 77.3%，蕨类占 1.3%。木本植物中除了雪岭云杉为常绿乔木外，其余均为落叶植物；木本植物中 25%为乔木树种，62.5%为灌木，木质藤本占 12.5%，无竹类。草本植物中超过一半以上（62.5%）

表 3.5　雪岭云杉林 255 种植物生活型谱（%）

Table 3.5　Life-form spectrum (%) of the 255 vascular plant species recorded in the 109 plots sampled in *Picea schrenkiana* Forest Alliance in China

木本植物 Woody plants	乔木 Tree		灌木 Shrub		藤本 Liana		竹类 Bamboo	蕨类 Fern	寄生 Phytoparasite	附生 Epiphyte
	常绿 Evergreen	落叶 Deciduous	常绿 Evergreen	落叶 Deciduous	常绿 Evergreen	落叶 Deciduous				
17	1	3	2	11	0	0	0	0	0	0
陆生草本 Terrestrial herbs	多年生 Perennial					一年生 Annual		蕨类 Fern	寄生 Phytoparasite	腐生 Saprophyte
	禾草型 Grass	直立杂草类 Forbs	莲座垫状 Rosette	附生 Epiphyte	藤本 Liana	短生型 Ephemeral	非短生型 None ephemeral			
83	6	52	20	0	1	1	2	1	0	0

注：物种名录来自 109 个样方数据

的为多年生杂草，其次是多年生禾草，一年生植物最少。此外，张震等（2009）在巩留的一个雪岭云杉林 6 hm^2 的样地中，记录到了 24 种植物，其中木本植物有 7 种，草本植物有 17 种；木本植物中，雪岭云杉为常绿乔木，其余为落叶类型，包括落叶小乔木 3 种、落叶灌木 3 种；17 种草本植物主要为多年生杂草。

3.3　群 落 结 构

3.3.1　种群结构

雪岭云杉林的种群结构在不同的海拔范围内展示了不同的格局。根据补充调查中获得的 12 个样方数据，我们对雪岭云杉“胸径-频数”和“树高-频数”分布图峰值进行了汇总（表 3.6）。结果显示，在海拔 1868～2668 m 处，随着海拔由低到高，“胸径-频数”和“树高-频数”分布图逐渐由右偏态、正态过渡到左偏态曲线。这一现象说明，在中、低海拔地带的雪岭云杉林中，中、小径级和树高级的个体居多；在中、高海拔地带，中、大径级和树高级的个体居多。

巩留林场低海拔地带（1630～1700 m）的 6 hm^2 样地数据显示（图 3.8），样地中胸径大于 1 cm 的雪岭云杉共有 1305 株，最大胸径可达 120 cm，但中、小径级（DBH＜68 cm）的个体数量较多，“胸径-频数”分布图呈右偏态曲线（张震等，2009）。

Wang 等（2004）对新疆博格达山雪岭云杉种群结构的研究报道（图 3.9）显示，就径级结构而言，小径级个体（DBH＜10 cm）所占比例随着海拔升高逐渐降低，在低海拔（1500～1700 m）、中海拔（1800～2400 m）和高海拔（2500～2700 m）地带所占比例分别是 70%、42.8%和 4.6%，在低海拔地带甚至没有记录到胸径大于 45 cm 的个体；相反，中等径级的个体（DBH＞10 cm）在中、高海拔地带有所增加，其中不乏胸径大于 45 cm 的大树；相应地，在低海拔、中海拔和高海拔区间内，“径级-频数”分布曲线的峰值逐步向右偏移，依次为单调递减型、极端偏左的单峰曲线（峰值在 5～10 cm 径级）和偏左的单峰曲线（峰值在 10～15 cm 径级）。就龄级结构而言（图 3.9），在海拔梯度上的

表 3.6 12 个样地中雪岭云杉“胸径-频数”“树高-频数”曲线峰值与海拔、纬度和经度的关系

Table 3.6 A summary of the maximum frequency of DBH (☆) and tree height (Δ) of *Picea schrenkiana* varying with altitude, latitude and longitude, based on 12 plots sampled in *Picea schrenkiana* Forest Alliance. The maximum frequency of DBH (☆) and tree height (Δ) occurring in the class of Ⅰ-Ⅱ, Ⅲ and Ⅳ-Ⅴ indicate that the frequency distributions are right-inclined normal, normal and left-inclined normal

样方号 Plots	排序列 The sorting column			胸径级 DBH classes					树高级 Tree height classes				
	海拔 Altitude (m)	纬度 Latitude (N)	经度 Longitude (E)	Ⅰ	Ⅱ	Ⅲ	Ⅳ	Ⅴ	Ⅰ	Ⅱ	Ⅲ	Ⅳ	Ⅴ
X19	1868	43°29′9″	81°6′57″		☆					Δ			
X04	2038	43°17′6″	93°48′17″	☆					Δ				
X06	2061	43°25′50″	87°25′2″		☆						Δ		
X05	2230	43°25′22″	87°24′45″		☆					Δ			
X03	2319	43°19′34″	93°40′9″	☆					Δ				
X16	2331	43°56′37″	85°9′17″				☆					Δ	
X15	2371	43°56′25″	85°9′4″				☆				Δ		
X14	2420	43°56′18″	85°8′48″			☆				Δ			
X02	2478	43°18′59″	93°40′19″	☆					Δ				
X18	2592	43°25′28″	81°3′43″					☆				Δ	
X17	2668	43°25′12″	81°2′13″				☆						Δ
X01	2685	43°18′29″	93°40′39″			☆				Δ			
		排序列 The sorting column											
X04	2038	43°17′6″	93°48′17″	☆					Δ				
X01	2685	43°18′29″	93°40′39″			☆				Δ			
X02	2478	43°18′59″	93°40′19″	☆					Δ				
X03	2319	43°19′34″	93°40′9″	☆					Δ				
X17	2668	43°25′12″	81°2′13″				☆						Δ
X05	2230	43°25′22″	87°24′45″		☆					Δ			
X18	2592	43°25′28″	81°3′43″					☆				Δ	
X06	2061	43°25′50″	87°25′2″		☆						Δ		
X19	1868	43°29′9″	81°6′57″		☆					Δ			
X14	2420	43°56′18″	85°8′48″			☆				Δ			
X15	2371	43°56′25″	85°9′4″				☆				Δ		
X16	2331	43°56′37″	85°9′17″				☆					Δ	
		排序列 The sorting column											
X17	2668	43°25′12″	81°2′13″				☆						Δ
X18	2592	43°25′28″	81°3′43″					☆				Δ	
X19	1868	43°29′9″	81°6′57″		☆					Δ			
X14	2420	43°56′18″	85°8′48″			☆				Δ			
X16	2331	43°56′37″	85°9′17″				☆					Δ	
X15	2371	43°56′25″	85°9′4″				☆				Δ		
X05	2230	43°25′22″	87°24′45″		☆					Δ			
X06	2061	43°25′50″	87°25′2″		☆						Δ		
X02	2478	43°18′59″	93°40′19″	☆					Δ				
X01	2685	43°18′29″	93°40′39″			☆				Δ			
X03	2319	43°19′34″	93°40′9″	☆					Δ				
X04	2038	43°17′6″	93°48′17″	☆					Δ				

胸径级：Ⅰ（<10 cm），Ⅱ（10～20 cm），Ⅲ（20～30 cm），Ⅳ（30～40 cm），Ⅴ（≥40 cm）；树高：Ⅰ（5～10 m），Ⅱ（10～15 m），Ⅲ（15～20 m），Ⅳ（20～25 m），Ⅴ（>25 m）。☆和 Δ 分别表示特定样方“胸径-频数”“树高-频数”分布图峰值出现的胸径级和树高级。符号出现在Ⅰ～Ⅱ、Ⅲ和Ⅳ～Ⅴ级分别表示“胸径-频数”或“树高-频数”分布图为右偏态曲线、正态曲线和左偏态曲线

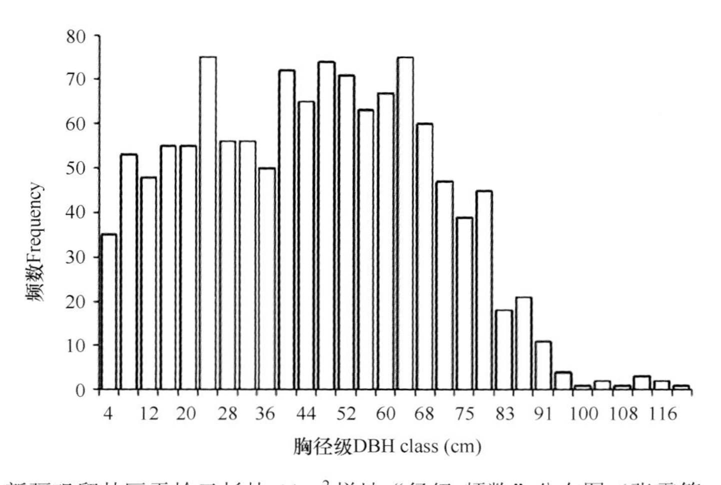

图 3.8　新疆巩留林区雪岭云杉林 6 hm^2 样地“径级-频数”分布图（张震等，2009）

Figure 3.8　Frequency distribution of DBH of *Picea schrenkiana* in a 6 hm^2 plot sampled in Gongliu, Xinjiang (Zhang et al., 2009)

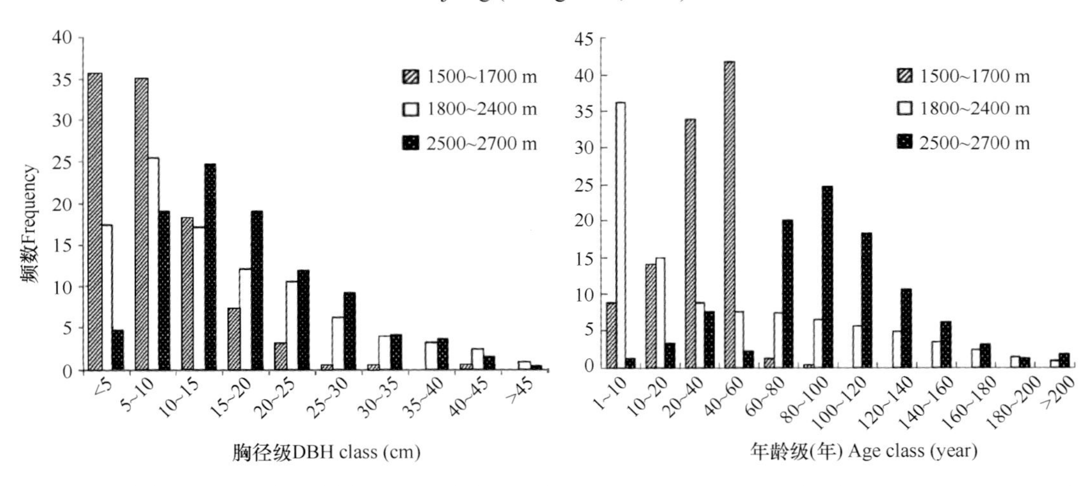

图 3.9　博格达山不同海拔范围内雪岭云杉“径级-频率”和“龄级-频率”分布图（Wang et al.，2004）

Figure 3.9　Frequency distribution of DBH and age of *Picea schrenkiana* in different elevational zones of Bogeda, Mt. Tianshan (Wang et al., 2004)

变化趋势与径级结构的趋势不尽相同；随着海拔由低到高，“龄级-频数”分布曲线依次为右偏态单峰曲线（树龄峰值在 40～60 年）、单调递减型曲线和正态曲线（树龄峰值在 80～100 年）；研究区域内雪岭云杉的树龄超过 200 年，低海拔地带以中、幼龄个体为主，缺乏老龄个体（＞100 年）；中海拔地带的树龄结构非常特殊，各龄级均有一定的个体数量，但以幼龄树（1～10 年龄级）居多；高海拔地带则以中龄的个体居多（Wang et al.，2004）。雪岭云杉种群年龄结构的这些特征可能与历史时期的森林采伐干扰有关。

在水平尺度上，雪岭云杉林的种群结构与经度具有一定的相关性。我们将补充调查中的样方按照经度排序后发现，在 81°2′13″E～93°48′17″E，在表 3.6 中从左向右，即沿天山山脉由西向东，“胸径-频数”和“树高-频数”分布曲线逐渐由左偏态曲线、正态曲线过渡到右偏态曲线。这说明，在天山山脉的西段，雪岭云杉林中中、大径级或树高级的个体居多，树体粗壮而高大；在天山山脉的东段，中、小径级或树高级的个体居多，树体纤细低矮。雪岭云杉林乔木层的高度与生境条件密切相关，无论是在区域尺度（如南北天山间）还是在景观尺度（如坡向和海拔变化）上，环境条件不同，乔木层的高度变化较大。刘贵峰等（2009）的研究报道显示了同样的趋势，在天山山脉由西向东调查的 5 个样地中，雪岭云杉林乔木层高度的均值和最大值的变化幅度分别是 9～28 m 和 17～58 m；从巩留向东，经乌苏、乌鲁木齐附近的山地至哈密北部山地，雪岭云杉的树高逐渐降低；就同一产地不同海拔而言，树高的最大值往往出现在垂直分布范围的中海拔至中、低海拔地带，这一地带水热组合较好，是雪岭云杉林最适宜生长的生境。

上述趋势所反映的是雪岭云杉林胸径和树高结构在大的空间尺度上的宏观格局。由于海拔和经纬度之间存在相互作用，一些样地中也可能出现不同的格局，此外，由于天山山脉大致为东西走向，纬度变化幅度较小，纬度的变化与经度有一定的相关性。例如，哈密北部山地的经度最偏东，纬度较低；在分布区西段，经度偏西而纬度较高。因此，按照纬度对样方进行排序后所表现出的部分规律性，可能是纬度和经度共同作用的结果。

雪岭云杉的胸径级、年龄和树高结构在不同海拔区间内的分布特点，既与水热因子在垂直环境梯度及在时间尺度上的变异有关（Wang et al.，2004），也可能会受历史时期森林采伐活动的影响。在中、低海拔地带，雪岭云杉林以中、小径级的个体占优势。这种现象说明，在历史时期，中、低海拔地带的雪岭云杉林曾经历了大规模的择伐。

3.3.2 垂直结构

雪岭云杉林的垂直结构可划分为乔木层、灌木层、草本层和地被层。

在绝大多数群落中，乔木层由雪岭云杉单一种群组成，呈现出整齐划一的千塔重叠式的针叶林外貌景观，外观呈墨绿色（图 3.10）。在哈密北部的巴尔库-喀尔雷克山，雪岭云杉和西伯利亚落叶松组成混交林，群落外貌在生长季节呈现出明显的暗绿和亮绿两种色彩，在冬季是墨绿与枯黄相间。

乔木层中，落叶阔叶树的个体数量很少。例如，在巩留林区，雪岭云杉和天山桦的密度分别是 217.5 株/hm^2 和 20 株/hm^2（张震等，2010）。这说明，在较小的取样尺度或在样本量较小的情况下，样方中可能记录不到落叶阔叶树。在河谷地带，雪岭云杉林中才出现较明显的落叶阔叶乔木层片，高度一般不超过 10 m，常见种类有天山花楸、天山桦和密叶杨等。

灌木层稀疏或密集，主要种类有柳（*Salix* spp.）、忍冬（*Lonicera* spp.）、蔷薇（*Rosa* spp.）和小檗（*Berberis* spp.）等；常绿半灌木如北极花和越桔等可出现在遮蔽的林冠下；常绿灌木如新疆方枝柏和叉子圆柏，在林缘及林隙中常形成较密集的群落斑块。

图 3.10　雪岭云杉林的垂直结构（左：浓密树冠，新疆那拉提；右：稀疏的树冠，新疆伊犁）
Figure 3.10　Supraterraneous stratification of a community of *Picea schrenkiana* Forest Alliance (left, under a dence canopy, Nalati, Xinjiang; right, under a sparse canopy, Yili, Xinjiang)

草本层是一个稳定的群落结构层。其物种组成较丰富，东北羊角芹、短距凤仙花、岩参、天山卷耳和羽衣草等是雪岭云杉林下草本层中的常见种。

地被层主要由藓类植物组成，其生长状况与林地湿度和光照密切相关。在遮蔽阴湿的环境中，可形成连片的苔藓层；在开阔的林冠下，苔藓呈斑块状或完全缺如。常见种类有塔藓、山羽藓、拟垂枝藓、金发藓、尖叶青藓和曲尾藓等。

3.4　群 落 类 型

雪岭云杉林地理分布广阔，生境条件复杂，形成了多样化的群落类型。群落的物种组成及其数量特征是群落类型划分的重要依据。《中国植被》将雪岭云杉林划分出 7 个群丛组（中国植被编辑委员会，1980）；《新疆植被及其利用》对雪岭云杉林的群落类型进行了更详细的划分，共描述了 17 个群丛组（中国科学院新疆综合考查队和中国科学院植物研究所，1978）；《中国森林》（2000）和《新疆森林》（1989）从森林管理与经营的角度出发，结合群落结构特点将雪岭云杉林划分为 5 个林型组（相当于群丛组），其中包括 9 个林型（相当于群丛），“雪岭云杉”在原文献中为“天山云杉”（张瑛山和唐光楚，1989；张瑛山，2000）；《新疆综合考察报告汇编》（1959）将雪岭云杉林划分出 8 个群落类型，原文中将“雪岭云杉”简称为“云杉”（中国科学院新疆综合考查队，1959）。

过去文献中关于雪岭云杉林群落的划分系统，虽然所采用的分类原则和群落命名方法不尽一致，但均围绕着环境条件差异导致雪岭云杉林群落类型变化的主线展开。《新疆植被及其利用》（1978）对雪岭云杉林群落结构与环境因子间的关系进行了梳理。概括起来，影响雪岭云杉林群落结构和组成变化的环境梯度可分为水平、垂直和地形等 3 个方面。从水平空间看，沿天山山脉由西向东，气候渐趋干旱，可清晰地划分出雪岭云杉纯林和雪岭云杉与西伯利亚落叶松的混交林等两大类型；由北向南，气候渐趋干旱，雪岭云杉纯林的群落结构和组成进一步分化，由树体高大的郁闭纯林逐渐过渡到低矮的疏林。例如，在北部的伊犁山地，雪岭云杉林树体高大，冠层较郁闭；在南端的西昆仑山，雪岭云杉林较稀疏低矮，乔木层有昆仑方枝柏混生，新疆方枝柏呈匍匐灌丛状出现在林地中。在垂直环境梯度上，随着海拔由低到高依次出现雪岭云杉-灌木-草本、雪岭云杉-草本-苔藓和雪岭云杉-亚高山草本等类型。此外，在河谷地带可出现雪岭云杉与落叶阔叶树的混交林；在阴湿生境中，还可出现雪岭云杉-苔藓针叶林。

基于 109 个样方的数量分类结果及相关文献资料，雪岭云杉林可划分为 7 个群丛组 13 个群丛（表 3.7a，表 3.7b，表 3.8）。

表 3.7　雪岭云杉林群落分类简表

Table 3.7　Synoptic table of *Picea schrenkiana* Forest Alliance in China

表 3.7a　群丛组分类简表

Table 3.7a　Synoptic table for association group

群丛组号 Association group number			I	II	III	IV	V	VI	VII
样地数 Number of plots		L	46	6	12	14	20	6	5
冷蕨	*Cystopteris fragilis*	6	28	0	0	0	0	0	0
细叶孩儿参	*Pseudostellaria sylvatica*	6	15	0	0	0	0	0	0
伞花繁缕	*Stellaria umbellata*	6	30	0	0	0	10	0	0
高山早熟禾	*Poa alpina*	6	11	0	0	0	0	0	0
无芒雀麦	*Bromus inermis*	6	11	0	0	0	0	0	0
库地薹草	*Carex curaica*	6	26	0	0	0	10	0	0
新疆黄堇	*Corydalis gortschakovii*	6	9	0	0	0	0	0	0
弯刺蔷薇	*Rosa beggeriana*	4	9	0	0	0	0	0	0
早熟禾	*Poa annua*	6	9	0	0	0	0	0	0
紫羊茅	*Festuca rubra*	6	33	17	0	0	10	0	0
野草莓	*Fragaria vesca*	6	28	17	0	7	0	0	0
白喉乌头	*Aconitum leucostomum*	6	13	0	0	0	5	0	0
准噶尔繁缕	*Stellaria soongorica*	6	37	0	8	0	5	33	0
疏花卷耳	*Cerastium pauciflorum*	6	0	83	0	0	0	0	0
曲尾藓	*Dicranum scoparium*	9	0	50	0	0	0	0	0
小刺叶提灯藓	*Mnium spinulosum*	9	0	50	0	0	0	0	0
金发藓	*Polytrichum commune*	9	0	50	0	0	0	0	0

续表

群丛组号 Association group number			I	II	III	IV	V	VI	VII
样地数 Number of plots		L	46	6	12	14	20	6	5
尖叶青藓	*Brachythecium coreanum*	9	0	33	0	0	0	0	0
山地乌头	*Aconitum monticola*	6	0	50	0	7	0	0	0
刺叶鳞毛蕨	*Dryopteris carthusiana*	6	2	33	0	0	0	0	0
柄花茜草	*Rubia podantha*	6	2	33	0	0	0	0	0
细叶拟金发藓	*Polytrichum longisetum*	9	4	33	0	0	0	0	0
大花车轴草	*Trifolium eximium*	6	4	33	0	0	5	0	0
异株荨麻	*Urtica dioica*	6	4	33	8	0	0	0	0
单侧花	*Orthilia secunda*	6	4	33	0	7	5	17	0
鬼箭锦鸡儿	*Caragana jubata*	6	0	0	25	0	0	0	0
黄花柳	*Salix caprea*	4	0	0	17	0	0	0	0
大穗薹草	*Carex rhynchophysa*	6	0	0	17	0	5	0	0
火烧兰	*Epipactis helleborine*	6	9	0	25	14	0	0	0
伊犁小檗	*Berberis iliensis*	4	0	0	25	0	15	0	0
新疆假龙胆	*Gentianella turkestanorum*	6	7	0	33	7	15	0	0
北疆茶藨子	*Ribes meyeri* var. *pubescens*	4	0	0	17	7	0	0	0
天山花楸	*Sorbus tianschanica*	4	4	0	33	21	10	0	0
密刺蔷薇	*Rosa spinosissima*	4	7	0	33	14	15	0	0
硫黄棘豆	*Oxytropis sulphurea*	6	0	0	0	29	0	0	0
天山柳	*Salix tianschanica*	3	0	0	25	57	0	0	0
皱叶忍冬	*Lonicera reticulata*	6	0	0	0	21	0	0	0
米尔克棘豆	*Oxytropis merkensis*	6	0	0	0	21	0	0	0
粗毛锦鸡儿	*Caragana dasyphylla*	4	0	0	0	21	0	0	0
宽瓣棘豆	*Oxytropis platysema*	6	0	0	0	21	0	0	0
针叶石竹	*Dianthus acicularis*	6	0	0	17	50	5	0	0
高山风毛菊	*Saussurea alpina*	6	0	0	0	14	0	0	0
伊犁柳	*Salix iliensis*	3	0	0	0	14	0	0	0
谷柳	*Salix taraikensis*	4	0	0	8	29	0	0	0
新疆缬草	*Valeriana fedtschenkoi*	6	0	0	42	57	10	0	0
红花鹿蹄草	*Pyrola asarifolia* subsp. *incarnata*	6	17	0	42	57	15	17	0
野青茅	*Deyeuxia pyramidalis*	6	9	0	0	29	20	0	0
柄状薹草	*Carex pediformis*	6	15	17	67	93	85	17	60
蓝果忍冬	*Lonicera caerulea*	4	2	0	33	43	30	0	0
假报春	*Cortusa matthioli*	6	15	0	33	43	20	0	0
昆仑方枝柏	*Juniperus centrasiatica*	3	0	0	0	0	45	0	0

续表

群丛组号 Association group number			Ⅰ	Ⅱ	Ⅲ	Ⅳ	Ⅴ	Ⅵ	Ⅶ
样地数 Number of plots		L	46	6	12	14	20	6	5
双花堇菜	*Viola biflora*	6	0	0	0	0	35	0	0
昆仑方枝柏	*Juniperus centrasiatica*	4	0	0	17	14	65	0	0
黄花蒿	*Artemisia annua*	6	2	0	0	0	25	0	0
鼠掌老鹳草	*Geranium sibiricum*	6	0	0	8	7	35	0	0
新疆元胡	*Corydalis glaucescens*	6	0	0	0	7	25	0	0
阿尔泰狗娃花	*Aster altaicus*	6	0	0	0	0	10	0	0
平车前	*Plantago depressa*	6	2	0	25	21	60	0	20
二裂委陵菜	*Potentilla bifurca*	6	0	0	0	7	20	0	0
垂花青兰	*Dracocephalum nutans*	6	0	0	0	7	20	0	0
寒地报春	*Primula algida*	6	4	0	0	0	15	0	0
刺儿菜	*Cirsium arvense* var. *integrifolium*	6	2	0	8	7	35	0	20
芨芨草	*Achnatherum splendens*	6	0	0	17	14	30	0	0
火绒草	*Leontopodium leontopodioides*	6	2	0	42	57	60	0	20
新疆方枝柏	*Juniperus pseudosabina*	4	0	0	8	0	15	0	0
雪叶棘豆	*Oxytropis chionophylla*	6	2	0	0	0	0	50	0
林地乌头	*Aconitum nemorum*	6	4	0	8	0	5	33	0
叉子圆柏	*Juniperus sabina*	4	0	0	8	0	20	50	20
天山报春	*Primula nutans*	6	2	0	0	0	0	0	60
新疆远志	*Polygala hybrida*	6	0	0	0	0	0	0	40
多裂委陵菜	*Potentilla multifida*	6	0	0	0	0	0	0	40
野胡萝卜	*Daucus carota*	6	0	0	0	0	0	0	20
薄荷	*Mentha canadensis*	6	0	0	0	0	0	0	20
藜	*Chenopodium album*	6	0	0	0	0	0	0	20
新疆鼠尾草	*Salvia deserta*	6	0	0	0	0	0	0	20
沼生蔊菜	*Rorippa palustris*	6	0	0	0	0	0	0	20
西伯利亚落叶松	*Larix sibirica*	4	0	0	0	0	0	0	20
林木贼	*Equisetum sylvaticum*	6	0	0	0	0	0	0	20
拟漆姑	*Spergularia marina*	6	4	0	0	0	10	0	40
圆叶鹿蹄草	*Pyrola rotundifolia*	6	7	17	25	7	15	0	60
岩参	*Cicerbita azurea*	6	48	83	0	0	10	83	100
金黄柴胡	*Bupleurum aureum*	6	0	0	0	7	20	17	40
林地早熟禾	*Poa nemoralis*	6	54	0	33	43	55	83	100
雪岭云杉	*Picea schrenkiana*	4	15	0	75	86	70	0	0
喜马拉雅沙参	*Adenophora himalayana*	6	0	0	58	50	60	0	0
针茅	*Stipa* sp.	6	0	0	25	50	45	0	0
小球棘豆	*Oxytropis microsphaera*	6	0	0	33	50	50	0	0
双花委陵菜	*Potentilla biflora*	6	0	0	25	50	60	0	0
西伯利亚落叶松	*Larix sibirica*	1	0	0	0	0	0	100	100
天山卷耳	*Cerastium tianschanicum*	6	22	67	0	14	15	100	100
三小叶当归	*Angelica ternata*	6	13	0	0	0	0	50	60
北点地梅	*Androsace septentrionalis*	6	11	0	0	0	5	50	60

表 3.7b　群丛分类简表

Table 3.7b　Synoptic table for association

群丛组号 Association group number			I	I	I	II	III	III	IV	IV	V	V	V	VI	VII
群丛号 Association number			1	2	3	4	5	6	7	8	9	10	11	12	13
样地数 Number of plots		L	14	5	27	6	3	9	1	13	13	4	3	6	5
细叶孩儿参	*Pseudostellaria sylvatica*	6	50	0	0	0	0	0	0	0	0	0	0	0	0
高山早熟禾	*Poa alpina*	6	36	0	0	0	0	0	0	0	0	0	0	0	0
早熟禾	*Poa annua*	6	29	0	0	0	0	0	0	0	0	0	0	0	0
零余虎耳草	*Saxifraga cernua*	6	21	0	0	0	0	0	0	0	0	0	0	0	0
原拉拉藤	*Galium aparine*	6	43	0	0	0	0	0	0	0	0	0	0	17	20
香青	*Anaphalis* sp.	6	14	0	0	0	0	0	0	0	0	0	0	0	0
薹草	*Carex* sp.	6	14	0	0	0	0	0	0	0	0	0	0	0	0
大花耧斗菜	*Aquilegia glandulosa*	6	36	0	4	0	0	0	0	0	0	0	0	17	20
紫菀	*Aster* sp.	6	21	0	0	0	0	0	0	0	0	0	0	0	20
石竹	*Dianthus chinensis*	6	36	0	0	0	0	11	0	0	0	0	0	33	20
甘青铁线莲	*Clematis tangutica*	6	29	0	7	0	0	11	0	0	0	0	0	17	20
黑穗薹草	*Carex atrata*	6	21	0	0	0	0	0	0	0	0	0	0	17	20
新疆薹草	*Carex turkestanica*	6	0	100	0	0	0	11	0	0	0	25	33	0	0
达乌里卷耳	*Cerastium davuricum*	6	0	80	4	0	0	0	0	0	0	0	33	0	20
裂叶婆婆纳	*Veronica verna*	6	0	40	0	0	0	11	0	0	0	0	0	0	0
淡紫金莲花	*Trollius lilacinus*	6	0	40	0	0	0	0	0	0	0	0	0	17	0
飞廉	*Carduus nutans*	6	0	20	0	0	0	0	0	0	0	0	0	0	0
拟百里香	*Thymus proximus*	6	0	20	0	0	0	0	0	0	0	0	0	0	0
夏至草	*Lagopsis supina*	6	0	20	0	0	0	0	0	0	0	0	0	0	0
戟叶滨藜	*Atriplex prostrata*	6	0	20	0	0	0	0	0	0	0	0	0	0	0
荠	*Capsella bursa-pastoris*	6	0	20	0	0	0	0	0	0	0	0	0	0	0
大羊茅	*Festuca gigantea*	6	0	40	0	0	0	0	0	0	0	25	0	0	0
毛果一枝黄花	*Solidago virgaurea*	6	0	40	11	0	0	22	0	0	0	0	0	0	0
问荆	*Equisetum arvense*	6	0	40	0	0	0	0	0	15	8	25	0	0	20
冷蕨	*Cystopteris fragilis*	6	0	0	48	0	0	0	0	0	0	0	0	0	0
无芒雀麦	*Bromus inermis*	6	0	0	19	0	0	0	0	0	0	0	0	0	0
火烧兰	*Epipactis helleborine*	6	0	0	15	0	0	33	0	15	0	0	0	0	0
弯刺蔷薇	*Rosa beggeriana*	4	0	0	15	0	0	0	0	0	0	0	0	0	0
新疆黄堇	*Corydalis gortschakovii*	6	0	0	15	0	0	0	0	0	0	0	0	0	0
伞花繁缕	*Stellaria umbellata*	6	0	0	52	0	0	0	0	0	0	0	67	0	0
白喉乌头	*Aconitum leucostomum*	6	0	0	22	0	0	0	0	0	8	0	0	0	0
矮小忍冬	*Lonicera humilis*	4	0	0	22	0	0	11	0	0	0	0	0	0	0
西伯利亚还阳参	*Crepis sibirica*	6	0	0	11	0	0	0	0	0	0	0	0	0	0
欧洲鳞毛蕨	*Dryopteris filix-mas*	6	0	0	11	0	0	0	0	0	0	0	0	0	0
羞叶兰	*Goodyera repens*	6	0	0	48	17	0	33	0	15	31	0	0	0	0
紫羊茅	*Festuca rubra*	6	0	40	48	17	0	0	0	0	0	0	67	0	0
北方拉拉藤	*Galium boreale*	6	0	0	48	17	0	22	0	0	0	0	67	0	20

续表

群丛组号 Association group number			Ⅰ	Ⅰ	Ⅰ	Ⅱ	Ⅲ	Ⅲ	Ⅳ	Ⅳ	Ⅴ	Ⅴ	Ⅴ	Ⅵ	Ⅶ
群丛号 Association number			1	2	3	4	5	6	7	8	9	10	11	12	13
样地数 Number of plots		L	14	5	27	6	3	9	1	13	13	4	3	6	5
天山桦	*Betula tianschanica*	2	0	0	15	0	0	11	0	0	0	0	0	0	0
准噶尔繁缕	*Stellaria soongorica*	6	21	40	44	0	0	11	0	0	0	0	33	33	0
疏花卷耳	*Cerastium pauciflorum*	6	0	0	0	83	0	0	0	0	0	0	0	0	0
金发藓	*Polytrichum commune*	9	0	0	0	50	0	0	0	0	0	0	0	0	0
曲尾藓	*Dicranum scoparium*	9	0	0	0	50	0	0	0	0	0	0	0	0	0
小刺叶提灯藓	*Mnium spinulosum*	9	0	0	0	50	0	0	0	0	0	0	0	0	0
尖叶青藓	*Brachythecium coreanum*	9	0	0	0	33	0	0	0	0	0	0	0	0	0
柄花茜草	*Rubia podantha*	6	0	0	4	33	0	0	0	0	0	0	0	0	0
刺叶鳞毛蕨	*Dryopteris carthusiana*	6	0	0	4	33	0	0	0	0	0	0	0	0	0
细叶拟金发藓	*Polytrichum longisetum*	9	0	0	7	33	0	0	0	0	0	0	0	0	0
异株荨麻	*Urtica dioica*	6	0	20	4	33	0	11	0	0	0	0	0	0	0
大花车轴草	*Trifolium eximium*	6	0	0	7	33	0	0	0	0	0	0	33	0	0
鬼箭锦鸡儿	*Caragana jubata*	6	0	0	0	0	100	0	0	0	0	0	0	0	0
黄花柳	*Salix caprea*	4	0	0	0	0	67	0	0	0	0	0	0	0	0
北疆茶藨子	*Ribes meyeri* var. *pubescens*	4	0	0	0	0	67	0	0	8	0	0	0	0	0
丝路蓟	*Cirsium arvense*	6	0	0	0	0	33	0	0	0	0	0	0	0	0
宽叶红门兰	*Orchis latifolia*	6	0	0	0	0	33	0	0	0	0	0	0	0	0
平卧黄芩	*Scutellaria prostrata*	6	0	0	0	0	33	0	0	0	0	0	0	0	0
多叶锦鸡儿	*Caragana pleiophylla*	6	0	0	0	0	33	0	0	0	0	0	0	0	0
小叶忍冬	*Lonicera microphylla*	4	36	0	4	0	100	0	100	15	8	0	0	0	0
新疆假龙胆	*Gentianella turkestanorum*	6	0	0	11	0	0	44	0	8	15	25	0	0	0
天山花楸	*Sorbus tianschanica*	4	0	0	7	0	0	44	0	23	8	25	0	0	0
天山点地梅	*Androsace ovczinnikovii*	6	0	0	0	0	0	33	0	15	23	0	0	0	0
密刺蔷薇	*Rosa spinosissima*	4	21	0	0	0	0	44	0	15	15	25	0	0	0
大穗薹草	*Carex rhynchophysa*	6	0	0	0	0	0	22	0	0	0	25	0	0	0
水栒子	*Cotoneaster multiflorus*	4	36	20	19	0	0	56	0	0	15	25	0	50	0
皱叶忍冬	*Lonicera reticulata*	4	0	0	0	0	0	0	100	0	0	0	0	0	0
杏	*Armeniaca vulgaris*	3	0	0	0	0	0	0	100	0	0	0	0	0	0
新疆野苹果	*Malus sieversii*	3	0	0	0	0	0	0	100	0	0	0	0	0	0
毛金丝桃	*Hypericum hirsutum*	6	0	0	0	0	0	0	100	0	0	0	0	0	0
铁角蕨	*Asplenium trichomanes*	6	0	0	0	0	0	0	100	0	0	0	0	0	0
垂花青兰	*Dracocephalum nutans*	6	0	0	4	0	0	0	100	8	23	25	0	0	0
杂交费菜	*Phedimus hybridus*	6	7	0	4	0	0	0	100	0	0	0	0	0	0
车轴草	*Galium odoratum*	6	0	0	11	0	0	0	100	0	0	0	0	0	0
刺蔷薇	*Rosa acicularis*	4	0	0	4	0	0	11	100	0	0	0	0	0	0
广布野豌豆	*Vicia cracca*	6	7	0	0	0	0	11	100	0	0	0	0	0	0
硫黄棘豆	*Oxytropis sulphurea*	6	0	0	0	0	0	0	0	31	0	0	0	0	0
粗毛锦鸡儿	*Caragana dasyphylla*	4	0	0	0	0	0	0	0	23	0	0	0	0	0
宽瓣棘豆	*Oxytropis platysema*	6	0	0	0	0	0	0	0	23	0	0	0	0	0
米尔克棘豆	*Oxytropis merkensis*	6	0	0	0	0	0	0	0	23	0	0	0	0	0

续表

群丛组号 Association group number			I	I	I	II	III	III	IV	IV	V	V	V	VI	VII
群丛号 Association number			1	2	3	4	5	6	7	8	9	10	11	12	13
样地数 Number of plots		L	14	5	27	6	3	9	1	13	13	4	3	6	5
伊犁柳	*Salix iliensis*	3	0	0	0	0	0	0	0	15	0	0	0	0	0
高山风毛菊	*Saussurea alpina*	6	0	0	0	0	0	0	0	15	0	0	0	0	0
谷柳	*Salix taraikensis*	4	0	0	0	0	33	0	0	31	0	0	0	0	0
雪岭云杉	*Picea schrenkiana*	4	0	20	22	0	100	67	0	92	77	75	33	0	0
天蓝苜蓿	*Medicago lupulina*	6	0	0	0	0	0	22	0	23	15	0	0	0	0
圆叶乌头	*Aconitum rotundifolium*	6	0	0	0	0	0	0	0	15	0	0	0	17	0
昆仑方枝柏	*Juniperus centrasiatica*	3	0	0	0	0	0	0	0	0	69	0	0	0	0
昆仑方枝柏	*Juniperus centrasiatica*	4	0	0	0	0	0	22	0	15	100	0	0	0	0
双花堇菜	*Viola biflora*	6	0	0	0	0	0	0	0	0	54	0	0	0	0
鼠掌老鹳草	*Geranium sibiricum*	6	0	0	0	0	0	11	0	8	54	0	0	0	0
黄花蒿	*Artemisia annua*	6	0	0	4	0	0	0	0	0	38	0	0	0	0
二裂委陵菜	*Potentilla bifurca*	6	0	0	0	0	0	0	0	8	31	0	0	0	0
刺儿菜	*Cirsium arvense* var. *integrifolium*	6	7	0	0	0	0	11	0	8	54	0	0	0	20
芨芨草	*Achnatherum splendens*	6	0	0	0	0	0	22	0	15	46	0	0	0	0
平车前	*Plantago depressa*	6	7	0	0	0	0	33	0	23	77	50	0	0	20
勿忘草	*Myosotis alpestris*	6	21	0	0	0	0	22	0	15	62	25	0	33	20
新疆元胡	*Corydalis glaucescens*	6	0	0	0	0	0	0	0	8	31	25	0	0	0
天山茶藨子	*Ribes meyeri*	4	7	0	4	0	0	0	0	0	15	0	0	0	0
显脉委陵菜	*Potentilla nervosa*	6	0	0	0	0	0	0	0	8	15	0	0	0	0
黄花委陵菜	*Potentilla chrysantha*	6	0	0	0	0	0	0	0	8	15	0	0	0	0
囊种草	*Thylacospermum caespitosum*	6	0	0	0	0	0	22	0	8	23	0	0	0	0
西伯利亚铁线莲	*Clematis sibirica*	6	0	0	4	0	0	33	0	15	38	25	0	17	0
斜茎黄耆	*Astragalus laxmannii*	6	0	0	0	0	0	11	0	8	8	50	0	0	0
西伯利亚刺柏	*Juniperus sibirica*	4	0	0	0	0	0	0	0	0	0	25	0	0	0
中败酱	*Patrinia intermedia*	6	0	0	0	0	0	0	0	0	0	25	0	0	0
长叶翅膜菊	*Alfredia fetissowii*	6	0	0	0	0	0	0	0	0	0	25	0	0	0
阿西棘豆	*Oxytropis assiensis*	6	0	0	0	0	33	22	0	31	0	75	0	0	0
紫苞鸢尾	*Iris ruthenica*	6	0	0	0	0	0	11	0	8	0	50	0	17	0
中亚秦艽	*Gentiana kaufmanniana*	6	0	0	0	0	0	44	0	38	38	75	0	0	0
直立老鹳草	*Geranium rectum*	6	21	0	19	33	0	44	0	8	23	75	0	0	0
寒地报春	*Primula algida*	6	0	0	7	0	0	0	0	0	0	0	100	0	0
新疆方枝柏	*Juniperus pseudosabina*	4	0	0	0	0	0	11	0	0	0	0	100	0	0
飞蓬	*Erigeron acris*	6	0	0	7	0	0	0	0	0	0	0	67	0	0
新疆风铃草	*Campanula stevenii*	6	0	0	11	0	0	0	0	0	0	0	67	0	0
高山龙胆	*Gentiana algida*	6	29	0	7	0	0	11	0	8	8	0	100	0	0
长腺小米草	*Euphrasia hirtella*	6	0	0	15	0	0	0	0	0	0	0	67	0	0
雪白委陵菜	*Potentilla nivea*	6	0	0	4	0	0	0	0	0	0	0	67	0	20
新疆米努草	*Minuartia kryloviana*	6	7	0	19	0	0	0	0	0	0	0	67	17	0
蒙古异燕麦	*Helictotrichon mongolicum*	6	0	0	26	0	0	11	0	8	23	0	67	0	0
丘陵老鹳草	*Geranium collinum*	6	29	40	44	0	0	0	0	8	0	50	100	17	40

续表

群丛组号 Association group number			Ⅰ	Ⅰ	Ⅰ	Ⅱ	Ⅲ	Ⅲ	Ⅳ	Ⅳ	Ⅴ	Ⅴ	Ⅴ	Ⅵ	Ⅶ
群丛号 Association number			1	2	3	4	5	6	7	8	9	10	11	12	13
样地数 Number of plots		L	14	5	27	6	3	9	1	13	13	4	3	6	5
羊茅	*Festuca ovina*	6	7	0	26	33	0	0	100	0	0	25	67	0	0
羽衣草	*Alchemilla japonica*	6	43	80	37	50	0	11	100	8	0	25	100	33	60
雪叶棘豆	*Oxytropis chionophylla*	6	7	0	0	0	0	0	0	0	0	0	0	50	0
林地乌头	*Aconitum nemorum*	6	14	0	0	0	0	11	0	0	0	0	33	33	0
新疆远志	*Polygala hybrida*	6	0	0	0	0	0	0	0	0	0	0	0	0	40
多裂委陵菜	*Potentilla multifida*	6	0	0	0	0	0	0	0	0	0	0	0	0	40
天山报春	*Primula nutans*	6	0	20	0	0	0	0	0	0	0	0	0	0	60
西伯利亚落叶松	*Larix sibirica*	4	0	0	0	0	0	0	0	0	0	0	0	0	20
林木贼	*Equisetum sylvaticum*	6	0	0	0	0	0	0	0	0	0	0	0	0	20
野胡萝卜	*Daucus carota*	6	0	0	0	0	0	0	0	0	0	0	0	0	20
藜	*Chenopodium album*	6	0	0	0	0	0	0	0	0	0	0	0	0	20
沼生蔊菜	*Rorippa palustris*	6	0	0	0	0	0	0	0	0	0	0	0	0	20
薄荷	*Mentha canadensis*	6	0	0	0	0	0	0	0	0	0	0	0	0	20
林地早熟禾	*Poa nemoralis*	6	21	80	67	0	33	33	0	46	54	25	100	83	100
圆叶鹿蹄草	*Pyrola rotundifolia*	6	0	60	0	17	0	33	0	8	0	50	33	0	60
拟漆姑	*Spergularia marina*	6	0	40	0	0	0	0	0	0	0	25	33	0	40
库地薹草	*Carex curaica*	6	0	0	44	0	0	0	0	0	0	0	67	0	0
山地乌头	*Aconitum monticola*	6	0	0	0	50	0	0	100	0	0	0	0	0	0
新疆缬草	*Valeriana fedtschenkoi*	6	0	0	0	0	100	22	0	62	0	50	0	0	0
针叶石竹	*Dianthus acicularis*	6	0	0	0	0	67	0	0	54	8	0	0	0	0
天山柳	*Salix tianschanica*	3	0	0	0	0	67	11	0	62	0	0	0	0	0
喜马拉雅沙参	*Adenophora himalayana*	6	0	0	0	0	100	44	0	54	85	25	0	0	0
红花鹿蹄草	*Pyrola asarifolia* subsp. *incarnata*	6	43	20	4	0	100	22	0	62	8	50	0	17	0
伊犁小檗	*Berberis iliensis*	4	0	0	0	0	0	33	0	0	23	0	0	0	0
准噶尔马先蒿	*Pedicularis songarica*	6	0	0	0	0	0	33	0	31	0	50	0	0	0
小球棘豆	*Oxytropis microsphaera*	6	0	0	0	0	0	44	0	54	77	0	0	0	0
针茅	*Stipa* sp.	6	0	0	0	0	0	33	0	54	54	50	0	0	0
双花委陵菜	*Potentilla biflora*	6	0	0	0	0	0	33	0	54	85	25	0	0	0
柄状薹草	*Carex pediformis*	6	36	0	7	17	100	56	100	92	100	100	0	17	60
金黄柴胡	*Bupleurum aureum*	6	0	0	0	0	0	0	0	8	31	0	0	17	40
叉子圆柏	*Juniperus sabina*	4	0	0	0	0	0	11	0	0	0	100	0	50	20
西伯利亚落叶松	*Larix sibirica*	1	0	0	0	0	0	0	0	0	0	0	0	100	100
天山卷耳	*Cerastium tianschanicum*	6	36	60	7	67	0	0	0	15	15	25	0	100	100
北点地梅	*Androsace septentrionalis*	6	14	20	7	0	0	0	0	0	0	0	33	50	60
三小叶当归	*Angelica ternata*	6	43	0	0	0	0	0	0	0	0	0	0	50	60
火绒草	*Leontopodium leontopodioides*	6	0	0	4	0	0	56	0	62	77	50	0	0	20
岩参	*Cicerbita azurea*	6	93	100	15	83	0	0	0	0	0	25	33	83	100

注：表中数据为物种频率值（%），物种按诊断值（Φ）递减的顺序排列。$\Phi>0.20$ 和 $\Phi>0.50$（$P<0.05$）的物种为诊断种，其频率值分别标记深色和灰色。表中标记“L”的一列为物种所在的群落层次代码，1～3 分别表示高、中和低乔木层，4 和 5 分别表示高大灌木层和低矮灌木层，6～9 分别表示草本层、幼树、幼苗和地被层

Note: The numbers in the table are percentage frequencies. The column marked with “L” is the code of community vertical layer. 1 – tree layer (high); 2 – tree layer (middle); 3 – tree layer (low); 4 –shrub layer (high); 5 – shrub layer (low); 6 – herb layer (high); 7 – juveniles; 8 –seedlings; 9 – moss layer. Species are ranked by decreasing fidelity (phi coefficient) within each association. Light and dark grey background indicates fidelity of $\Phi>0.20$ and $\Phi>0.50$ ($P<0.05$), respectively. These species are considered as diagnostic species

表 3.8　雪岭云杉林的环境和群落结构信息表

Table 3.8　Data for environmental characteristic and supraterraneous stratification from of *Picea schrenkiana* Forest Alliance in China

群丛号 Association number	1	2	3	4	5	6	7	8	9	10	11	12	13
样地数 Number of plots	14	5	27	6	3	9	1	13	13	4	3	6	5
海拔 Altitude（m）	1730～2520	2061～2668	1682～2566	1957～2087	2650～2766	1818～3418	1398	2425～3341	2773～3407	2280～3026	2592～2676	2038～2805	2210～2685
地貌 Terrain	MO	MO/HI	MO/HI	MO	MO	MO/HI	HI	MO	MO	MO	MO	MO/HI	MO/HI
坡度 Slope（°）	10～40	16～45	15～50	35～45	25～30	20～50	50	15～45	15～40	20～40	15～45	10～45	5～40
坡向 Aspect	NE/N/NW	NW	NE/N/NW	NE/N/NW	NW	N/NE	NW	NE/N/NW	NE/N/NW	N/NE	NE/N	NE	NE/N/NW
物种数 Species	10～24	16～25	5～27	6～20	14～22	16～32	22	12～33	13～28	7～26	20～33	15～24	11～37
乔木层 Tree layer													
盖度 Cover（%）	40～90	10～50	30～80	40～70	70	40～80	30～40	60～80	35～80	20～90	30	40～70	40～80
胸径 DBH（cm）	3～106	4～87	3～69	11～58	4～38	3～65		3～64	3～83	3～57	4～65	2～59	3～63
高度 Height（cm）	3～51	3～35	3～40	3～35	4～9	5～38	3～12	4～20	3～25	3～19	3～35	3～27	3～28
灌木层 Shrub layer													
盖度 Cover（%）	1～5	0～5	0～10	0～40	30～40	20～40	30～40	5～20	10～20	30	20	30～50	
高度 Height（cm）	5～180	5～270	20～350	50～250	12～150	10～350	250～350	5～300	5～200	20～200	30～50	15～40	
草本层 Herb layer													
盖度 Cover（%）	10～50	20～60	40～100	20～60		30～80	70～80	2～60	30～90	5～80	40	10～30	10～40
高度 Height（cm）	2～45	1～40	5～100	4～100	2～30	2～60	6～30	3～50	1～80	2～15	1～40	2～40	3～20
地被层 Ground layer													
盖度 Cover（%）		3～40	10～20	30～100		0～30					35		5
高度 Height（cm）		3～5	8～20	6～10		4～8					3		2

HI：山麓 Hillside；MO：山地 Montane；N：北坡 Northern slope；NE：东北坡 Northeastern slope；NW：西北坡 Northwestern slope

群丛组、群丛检索表

A1 乔木层由雪岭云杉组成，林下无明显的圆柏类匍匐灌丛。

B1 林下有草本层或苔藓层，无灌木层。

C1 苔藓呈稀疏的斑块状，盖度<10%，或无苔藓。**PS Ⅰ 雪岭云杉-草本 常绿针叶林 *Picea schrenkiana*-Herbs Evergreen Needleleaf Forest**

D1 东北羊角芹是草本层的常见种。

E1 特征种是细叶孩儿参、高山早熟禾、三小叶当归、大花耧斗菜和岩参等。**PS1 雪岭云杉-岩参 常绿针叶林 *Picea schrenkiana-Cicerbita azurea* Evergreen Needleleaf Forest**

E2 特征种是冷蕨、无芒雀麦、新疆黄堇、火烧兰和羞叶兰等。**PS3 雪岭云杉-东北羊角芹 常绿针叶林 *Picea schrenkiana-Aegopodium alpestre* Evergreen Needleleaf Forest**

D2 常见种和特征种是新疆薹草与达乌里卷耳，特征种是裂叶婆婆纳、淡紫金莲花、飞廉和拟百里香等。**PS2 雪岭云杉-新疆薹草 常绿针叶林 *Picea schrenkiana-Carex turkestanica* Evergreen Needleleaf Forest**

C2 林下有明显苔藓层。**PS Ⅱ 雪岭云杉-草本-苔藓 常绿针叶林 *Picea schrenkiana*-Herbs-Mosses Evergreen Needleleaf Forest**

D 特征种是金发藓、曲尾藓、小刺叶提灯藓、尖叶青藓、疏花卷耳和柄花茜草等。**PS4 雪岭云杉-东北羊角芹-金发藓 常绿针叶林 *Picea schrenkiana-Aegopodium alpestre-Polytrichum commune* Evergreen Needleleaf Forest**

B2 林下有明显的灌木层和草本层，苔藓呈稀疏的斑块状，盖度<10%，或无苔藓。**PSⅢ 雪岭云杉-灌木-草本 常绿针叶林 *Picea schrenkiana*-Shrubs-Herbs Evergreen Needleleaf Forest**

C1 特征种是鬼箭锦鸡儿、天山柳、黄花柳、多叶锦鸡儿、小叶忍冬和北疆茶藨子。**PS5 雪岭云杉-鬼箭锦鸡儿-柄状薹草 常绿针叶林 *Picea schrenkiana-Caragana jubata-Carex pediformis* Evergreen Needleleaf Forest**

C2 特征种是水栒子、天山花楸、密刺蔷薇、火绒草、新疆假龙胆、天山点地梅和大穗薹草等。**PS6 雪岭云杉-水栒子-东北羊角芹 常绿针叶林 *Picea schrenkiana-Cotoneaster multiflorus-Aegopodium alpestre* Evergreen Needleleaf Forest**

A2 乔木层由雪岭云杉和其他针、阔叶乔木组成；若仅由雪岭云杉组成，则林下有明显的圆柏类匍匐灌丛。

B1 群落呈针阔叶混交林外貌，乔木层由雪岭云杉和阔叶乔木组成。**PSⅣ 雪岭云杉-落叶阔叶树-草本 针阔叶混交林 *Picea schrenkiana*-Deciduous broadleaf trees-Herbs Mixed Needleleaf and Broadleaf Forest**

C1 乔木层由雪岭云杉、新疆野苹果和杏等组成；特征种是新疆野苹果、杏、铁角蕨、垂花青兰、杂交费菜和车轴草等。**PS7 雪岭云杉-新疆野苹果-东北羊角芹 针阔叶混交林 *Picea schrenkiana-Malus sieversii-Aegopodium alpestre* Mixed Needleleaf and**

Broadleaf Forest

C2 乔木层由雪岭云杉和天山柳、天山花楸及伊犁柳等组成；特征种有天山柳、伊犁柳、粗毛锦鸡儿、新疆缬草、硫黄棘豆、针叶石竹和宽瓣棘豆等。**PS8 雪岭云杉+天山柳-柄状薹草 针阔叶混交林 *Picea schrenkiana-Salix tianschanica-Carex pediformis* Mixed Needleleaf and Broadleaf Forest**

B2 群落呈针叶林外貌。乔木层由雪岭云杉、西伯利亚落叶松和昆仑方枝柏等针叶乔木组成，林下或有圆柏类灌丛生长。

C1 乔木层由雪岭云杉和圆柏类乔木组成，或乔木层仅由雪岭云杉组成，在林下或林间有明显的圆柏类匍匐灌丛；分布于天山山脉西段至昆仑山西北部。**PSⅤ 雪岭云杉-圆柏-草本 常绿针叶林 *Picea schrenkiana-Juniperus* spp.-Herbs Evergreen Needleleaf Forest**

D1 乔木层由雪岭云杉和昆仑方枝柏组成；特征种是昆仑方枝柏、伊犁小檗、天山茶藨子、喜马拉雅沙参、新疆元胡、勿忘草、火绒草和囊种草等。**PS9 雪岭云杉-昆仑方枝柏-火绒草 常绿针叶林 *Picea schrenkiana-Juniperus centrasiatica-Leontopodium leontopodioides* Evergreen Needleleaf Forest**

D2 乔木层由雪岭云杉组成，在林下或林间有明显的圆柏类匍匐灌丛。

E1 特征种是叉子圆柏、西伯利亚刺柏、斜茎黄耆、中败酱、长叶翅膜菊。**PS10 雪岭云杉-叉子圆柏-柄状薹草 常绿针叶林 *Picea schrenkiana-Juniperus sabina-Carex pediformis* Evergreen Needleleaf Forest**

E2 特征种是新疆方枝柏、寒地报春、新疆风铃草、高山龙胆、长腺小米草等。**PS11 雪岭云杉-新疆方枝柏-库地薹草 常绿针叶林 *Picea schrenkiana-Juniperus pseudosabina-Carex curaica* Evergreen Needleleaf Forest**

C2 乔木层由雪岭云杉和西伯利亚落叶松组成；分布于天山山脉东段。

D1 林下有明显的灌木层和草本层。**PSⅥ 西伯利亚落叶松+雪岭云杉-灌木-草本 常绿与落叶针叶混交林 *Larix sibirica+Picea schrenkiana*-Shrubs-Herbs Mixed Evergreen and Deciduous Needleleaf Forest**

E 特征种是叉子圆柏、雪叶棘豆、林地乌头、天山卷耳、北点地梅等。**PS12 西伯利亚落叶松+雪岭云杉-叉子圆柏-东北羊角芹 常绿与落叶针叶混交林 *Larix sibirica+Picea schrenkiana-Juniperus sabina-Aegopodium alpestre* Mixed Evergreen and Deciduous Needleleaf Forest**

D2 林下仅有草本层，无灌木层。**PSⅦ 西伯利亚落叶松+雪岭云杉-草本 常绿与落叶针叶混交林 *Larix sibirica+Picea schrenkiana*-Herbs Mixed Evergreen and Deciduous Needleleaf Forest**

E 特征种是新疆远志、多裂委陵菜、天山报春、林木贼、野胡萝卜等。**PS13 西伯利亚落叶松+雪岭云杉-林地早熟禾 常绿与落叶针叶混交林 *Larix sibirica+Picea schrenkiana-Poa nemoralis* Mixed Evergreen and Deciduous Needleleaf Forest**

3.4.1 PSⅠ

雪岭云杉-草本 常绿针叶林

***Picea schrenkiana*-Herbs Evergreen Needleleaf Forest**

草本雪岭云杉林，亚高山草本-雪岭云杉林—中国植被，1980：194；中生杂草本-藓类-雪岭云杉群丛组，中生杂草本-雪岭云杉群丛组，欧洲鳞毛蕨-雪岭云杉群丛组，林地早熟禾-足状薹草-雪岭云杉群丛组，亚高山草本-雪岭云杉群丛组，高山草本-藓类-雪岭云杉疏林群丛组—新疆植被及其利用，1978：160-162，164-165；鳞毛蕨-雪岭云杉林，中生草本-雪岭云杉林，亚高山草本-雪岭云杉林林型组—中国森林，2000：707-708；新疆森林，1989：127-128；新疆综合考察报告汇编，1959：144；绿薹、草本雪岭云杉林，薹草雪岭云杉林，禾草雪岭云杉林，雪岭云杉疏林—新疆综合考察报告汇编，1959：144-145。

群落呈常绿针叶纯林外貌，色泽墨绿。在中、低海拔地带，树干通直高大；至垂直分布的上限地带，树体低矮，树干峭度大，群落外貌常呈疏林状；垂直结构包括乔木层和草本层（图 3.11）。

图 3.11 "雪岭云杉-草本"常绿针叶林的外貌（左上）、结构（右）和地被层（左下）（新疆新源那拉提）

Figure 3.11 Physiognomy (upper left), supraterraneous stratification (right) and herb layer (lower left) of a community of *Picea schrenkiana*-Herbs Evergreen Needleleaf Forest (Nalati, Xinyuan, Xinjiang)

乔木层的盖度变化大，雪岭云杉是乔木层的单优势种，林中偶有天山桦和天山花楸等混生。林下有雪岭云杉的幼树和幼苗生长，在林缘尤多，可自然更新。林下虽有零星的灌木生长，但盖度很低，在随机布设的 600 m^2 的样方中，可能不出现任何灌木。草本层发达，物种组成丰富，特征种有冷蕨、细叶孩儿参、伞花繁缕、高山早熟禾、无芒雀麦、库地薹草等。东北羊角芹和羽衣草等几乎是草本层的恒有种。在长期的放牧干扰下，草本植物小型化现象十分明显，高度不足 10 cm；在干扰较轻的生境中，可见到高大的草本植物。林地内苔藓层呈斑块状，盖度较低。群落物种组成和结构的空间异质性较大，在不同的生境条件下可形成不同的群丛类型。

广泛分布于天山山脉中、西段，生长在山地北坡、西北坡和东北坡；在地形封闭的生境中，也可生长在西南坡和东南坡。这里描述 3 个群丛。

3.4.1.1　PS1

雪岭云杉-岩参 常绿针叶林

***Picea schrenkiana-Cicerbita azurea* Evergreen Needleleaf Forest**

凭证样方：Bogeda-01、Bogeda-02、Bogeda-03、Bogeda-04、Bogeda-05、Bogeda-06、Bogeda-07、Bogeda-08、Bogeda-09、Xitianshan-01、Xitianshan-02、Xitianshan-03、Xitianshan-04、Xitianshan-05。

特征种：细叶孩儿参（*Pseudostellaria sylvatica*）、高山早熟禾（*Poa alpina*）、早熟禾（*Poa annua*）、零余虎耳草（*Saxifraga cernua*）、原拉拉藤（*Galium aparine*）、大花耧斗菜（*Aquilegia glandulosa*）、石竹（*Dianthus chinensis*）、甘青铁线莲（*Clematis tangutica*）、黑穗薹草（*Carex atrata*）、三小叶当归（*Angelica ternata*）、岩参（*Cicerbita azurea*）*。

常见种：雪岭云杉（*Picea schrenkiana*）、东北羊角芹（*Aegopodium alpestre*）及上述标记*的物种。

乔木层盖度 40%～90%，胸径（3）14～49（106）cm，高度（3）10～35（51）m；由雪岭云杉单优势种组成，呈葱郁的常绿针叶林外貌，在林缘或林窗地带偶有零星的天山花楸混生。

灌木稀疏，盖度不足 5%，高度为 5～180 cm；木质藤本甘青铁线莲较常见，其他均为偶见种，零星散布在林下；种类有密刺蔷薇、水栒子、蒙古绣线菊和小叶忍冬等中高灌木和天山茶藨子、宽叶蔷薇与黄芦木等矮小灌木。

草本层盖度为 10%～50%，高度 2～45 cm，优势种不明显；早熟禾较常见，与林地乌头、野青茅、酸模和益母草等偶见种形成高大草本层；中、低草本层的物种组成丰富，由直立杂草、莲座叶、蔓生和附生草本组成，东北羊角芹和岩参较常见，除了上述特征种外，还偶见拉拉藤、紫堇、高山龙胆、光果蒲公英、平车前、球茎虎耳草、葶苈、香青、硬毛堇菜、羽衣草、珠芽拳参、红花鹿蹄草、蔓孩儿参、广布野豌豆和石松等。

分布于新疆天山中段至西段，海拔 1730～2520 m，常生长在山地北坡至西北坡，坡度 10°～40°；曾经历过采伐，群落处在恢复阶段，林地内有放牧干扰。这是处在中、低海拔地带的群落类型，放牧干扰较重。林下草本植物通常低矮细小，贴地生长。

3.4.1.2　PS2

雪岭云杉-新疆薹草 常绿针叶林

***Picea schrenkiana-Carex turkestanica* Evergreen Needleleaf Forest**

凭证样方：X05、X06、X15、X16、X17。

特征种：新疆薹草（*Carex turkestanica*）*、达乌里卷耳（*Cerastium davuricum*）*、

裂叶婆婆纳（*Veronica verna*）、淡紫金莲花（*Trollius lilacinus*）、飞廉（*Carduus nutans*）、拟百里香（*Thymus proximus*）、夏至草（*Lagopsis supina*）、戟叶滨藜（*Atriplex prostrata*）、荠（*Capsella bursa-pastoris*）、大羊茅（*Festuca gigantea*）、毛果一枝黄花（*Solidago virgaurea*）、问荆（*Equisetum arvense*）、圆叶鹿蹄草（*Pyrola rotundifolia*）、拟漆姑（*Spergularia marina*）。

常见种：雪岭云杉（*Picea schrenkiana*）、林地早熟禾（*Poa nemoralis*）、珠芽拳参（*Polygonum viviparum*）和光果蒲公英（*Taraxacum glabrum*）及上述标记*的物种。

乔木层盖度为10%～50%，胸径为（4）16～49（87）cm，高度为（3）10～29（35）m；由雪岭云杉组成，偶有零星的天山花楸混生。X05 样方数据显示（图 3.12），雪岭云杉"胸径-频数"分布略呈偏左单峰曲线，中、小径级的个体较多；"树高-频数"分布呈正态或略呈偏左曲线，中、高树高级的个体较多，种群总体上处在成长阶段。林下有雪岭云杉的幼树和幼苗，可自然更新。

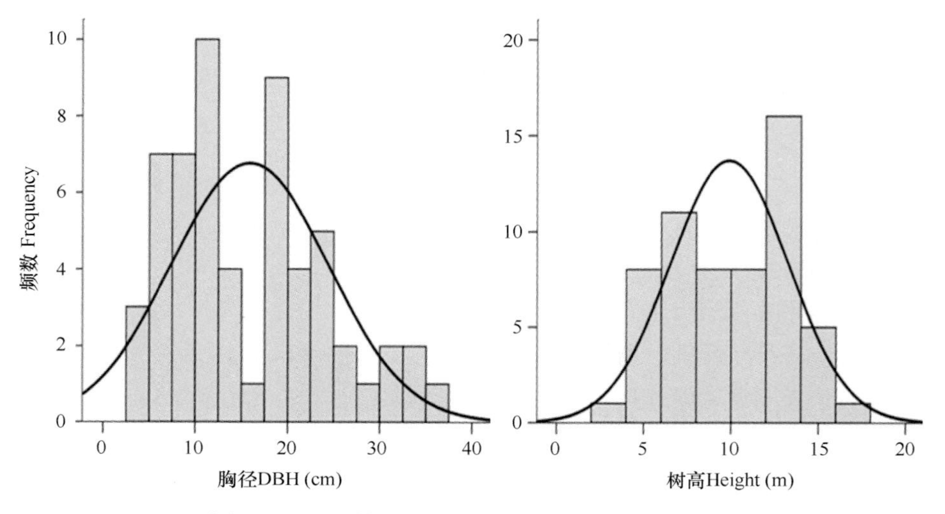

图 3.12　X05 样方雪岭云杉胸径和树高频数分布图

Figure 3.12　Frequency distribution of DBH and tree height of *Picea schrenkiana* in plot X05

灌木稀疏，盖度不足 5%，高度 5～270 cm；偶见异果小檗等高大灌木及水栒子、刚毛忍冬和宽刺蔷薇等低矮灌木，均零星地散布在林冠下，或呈小斑块状出现在林缘或林窗地带。

草本层盖度为 20%～60%，高度不超过 40 cm，多数物种的高度不足 10 cm；在直立的中、高草本层，新疆薹草较常见，在局部可形成根茎禾草类的优势层片，偶见大羊茅、紫羊茅、葶苈、异株荨麻、戟叶滨藜和裂叶婆婆纳等；低矮草本层主要由莲座叶、垫状、圆叶系列草本组成，其中许多是特征种，光果蒲公英、拟漆姑、圆叶鹿蹄草和珠芽拳参较常见，偶见阿尔泰堇菜、二裂棘豆、荠、蓍、石生堇菜、天山报春、葶苈、药用蒲公英、野草莓、羽衣草、红花鹿蹄草和单侧花等；在重度放牧下，一些高大的草本如东北羊角芹、毛果一枝黄花和飞廉的个体呈小型化，出现在低矮草本层。

苔藓呈稀薄的斑块状，局部小斑块在 1 m^2 内的盖度可达 40%，厚度为 3～4 cm，主要由山羽藓和细叶拟金发藓组成。

分布于新疆天山中段至西段，海拔2000～2700 m，常生长在山地北坡、西北坡至西坡，坡度16°～45°；一些群落曾经历过采伐，目前处在恢复阶段，林地内有中、重度放牧。

3.4.1.3 PS3

雪岭云杉-东北羊角芹 常绿针叶林

***Picea schrenkiana-Aegopodium alpestre* Evergreen Needleleaf Forest**

凭证样方：16124、16125、16126、16127、16128、16129、16147、16148、16149、16150、16151、16152、Xinjiang-TC1、Xinjiang-TC2、Xinjiang-TC3、Xinjiang-TC4、Xinjiang-TC5、Xinjiang-TC6、Xinjiang-TC7、Xinjiang-TC8、Xinjiang-TC9、Xinjiang-TC10、Xinjiang-TC11、Xinjiang-TC12、Xinjiang-TC13、Xinjiang-TC14、Xinjiang-TC19。

特征种：天山桦（*Betula tianschanica*）、矮小忍冬（*Lonicera humilis*）*、弯刺蔷薇（*Rosa beggeriana*）、冷蕨（*Cystopteris fragilis*）、无芒雀麦（*Bromus inermis*）、火烧兰（*Epipactis helleborine*）、新疆黄堇（*Corydalis gortschakovii*）、伞花繁缕（*Stellaria umbellata*）、白喉乌头（*Aconitum leucostomum*）、西伯利亚还阳参（*Crepis sibirica*）、欧洲鳞毛蕨（*Dryopteris filix-mas*）、羞叶兰（*Goodyera repens*）、东北羊角芹（*Aegopodium alpestre*）*、林地早熟禾（*Poa nemoralis*）。

常见种：雪岭云杉（*Picea schrenkiana*）及上述标记*的物种。

乔木层盖度30%～80%，胸径（3）10～30（69）cm，高度3～25（40）m，由雪岭云杉组成；16125样方数据显示（图3.13），雪岭云杉"胸径-频数"和"树高-频数"分布不整齐，中部残缺，幼树和高大个体较多，中等大小的个体较少，表明该样地所在的群落在历史时期经历了择伐，留存了一定数量的母树，在后续的植被恢复过程中产生了大量的中幼龄个体，种群处在成长阶段，自然更新良好。林中偶有零星的天山花楸和桦木类生长，在干扰较重的生境中，后者数量较多。

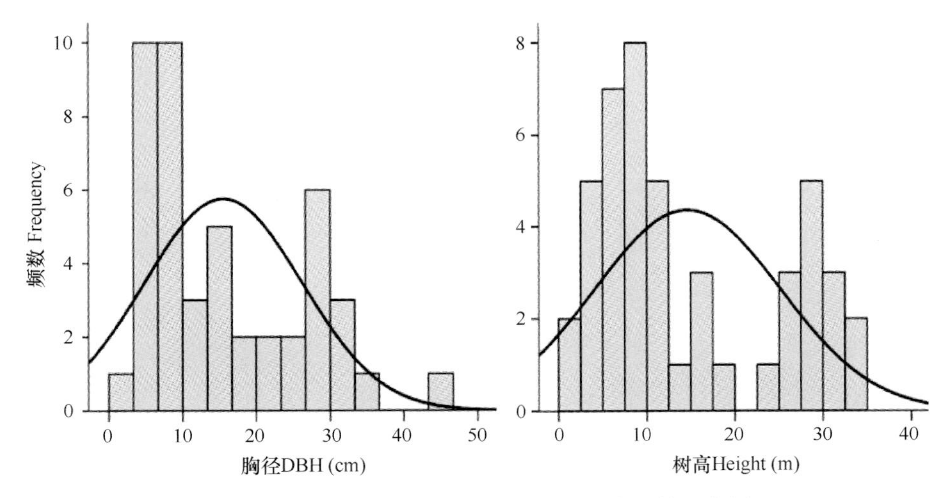

图3.13 16125样方雪岭云杉胸径和树高频数分布图

Figure 3.13 Frequency distribution of DBH and tree height of *Picea schrenkiana* in plot 16125

灌木稀疏，盖度不足10%，高度20～350 cm；由小灌木和木质藤本组成，矮小忍冬较常见，偶见刺蔷薇、宽刺蔷薇、蓝果忍冬、水栒子、天山茶藨子、弯刺蔷薇、异果小檗、小叶忍冬、甘青铁线莲和西伯利亚铁线莲等。

草本层发达，盖度40%～100%，高度5～100 cm，其发育状况与干扰强度密切相关。在没有放牧干扰的林下，草本层十分葱郁高大，白喉乌头、欧洲鳞毛蕨、毛果一枝黄花和短距凤仙花等常见种或偶见种可形成高大草本层；东北羊角芹占据中、低草本层，在局部生境中可形成十分密集的优势层片，偶见种由垫状、直立杂草和禾草组成，包括北点地梅、车轴草、二裂棘豆、富蕴黄耆、光果蒲公英、火绒草、冷蕨、蒙古异燕麦、新疆党参、新疆风铃草、新疆梅花草、新疆米努草、羞叶兰和珠芽拳参等。在放牧干扰较重的林下，草本植物均呈小型化，贴地生长，高度不足10 cm。

林地内的苔藓层呈稀薄的斑块状，锦丝藓和小凤尾藓较常见。

新疆那拉提的几个样地（16124、16125、16126、16127、16128、16129）数据显示，群落结构是典型的“乔木-草本”类型，林下几乎无灌木生长，草本层很发达，盖度80%～100%，生长在松软的腐殖质土之上，枯枝落叶层较厚，苔藓只出现在枯树桩上。草本层的物种组成随着海拔梯度的变化而不同。在海拔1600～1800 m，优势种是欧洲鳞毛蕨和东北羊角芹，前者高度可达1 m，盖度20%～30%，有零星的白喉乌头混生；后者的高度通常在30 cm以内，盖度60%～80%；物种丰富，5个1 m^2的样方的物种数达20。在海拔1800～2000 m，草本层的优势种是短距凤仙花和东北羊角芹，前者常高于后者；物种丰富度较低，一些在低海拔地带常见的物种如毛果一枝黄花、天山岩参等完全消失，苔藓仅出现在枯树桩和岩石上。由于东北羊角芹可出现在各个海拔地带，并且是恒优种，我们将此类群落划归为一个群丛，待有充分的样方资料积累后再做进一步的分类处理。欧洲鳞毛蕨和短距凤仙花可在局部生境中形成密集的优势层片，但是二者均为偶见种，是否具有群落分类的价值，尚待观察。

广泛分布于新疆天山中段至西段，海拔1700～2600 m，生长在山地东北坡、北坡至西北坡，全坡位均有生长，坡度15°～50°。多数林地中有伐木桩，林冠层稀疏，幼树较多，这是适度择伐后森林自然恢复的一种模式，在天山山脉各个林区具有一定的代表性。放牧和森林旅游是主要的干扰类型。目前，在实行封闭保护措施的核心区域，如在那拉提，尚可见到葱郁茂密的原始森林，保留了较完整的群落结构。在重度放牧的区域，林下的草本层低矮稀疏。

3.4.2 PSⅡ

雪岭云杉-草本-苔藓 常绿针叶林

Picea schrenkiana-Herbs-Mosses Evergreen Needleleaf Forest

藓类-雪岭云杉林—中国植被，1980：194；藓类-雪岭云杉群丛组—新疆植被及其利用，1978：162；藓类-雪岭云杉林—中国森林，2000：708；新疆森林，1989：128-129；苔藓雪岭云杉林—新疆综合考察报告汇编，1959：144。

乔木层由雪岭云杉单优势种组成，盖度通常在50%以上，在个别生境中可达90%。

林下有零星的灌木，忍冬和蔷薇等较常见；草本层明显，常见植物有岩参、薹草和早熟禾等。苔藓层发达，盖度 30%～100%，主要种类有山羽藓、拟垂枝藓、金发藓、尖叶青藓、曲尾藓、卷叶灰藓、皱蒴藓和塔藓等（图 3.14）。

图 3.14　“雪岭云杉-草本-苔藓”常绿针叶林的外貌（左上）、结构（右）和地被层（左下）（新疆伊宁果子沟）

Figure 3.14　Physiognomy(upper left), supraterraneous stratification (right) and herb layer(lower left) of a community of *Picea schrenkiana*-Herbs-Mosses Evergreen Needleleaf Forest (Guozigou, Yining, Xinjiang)

分布于天山山脉西段，生长在地形封闭的峡谷地带，环境阴湿遮蔽，地势陡峭，岩石显露，土层稀薄。这里描述 1 个群丛。

PS4

雪岭云杉-东北羊角芹-金发藓 常绿针叶林

***Picea schrenkiana-Aegopodium alpestre-Polytrichum commune* Evergreen Needleleaf Forest**

凭证样方：16130、16131、16132、16133、16134、16135。

特征种：细叶拟金发藓（*Polytrichum longisetum*）、金发藓（*Polytrichum commune*）、曲尾藓（*Dicranum scoparium*）、小刺叶提灯藓（*Mnium spinulosum*）、尖叶青藓（*Brachythecium coreanum*）、疏花卷耳（*Cerastium pauciflorum*）*、柄花茜草（*Rubia podantha*）、刺叶鳞毛蕨（*Dryopteris carthusiana*）、异株荨麻（*Urtica dioica*）、大花车轴草（*Trifolium eximium*）、岩参（*Cicerbita azurea*）*。

常见种：雪岭云杉（*Picea schrenkiana*）、东北羊角芹（*Aegopodium alpestre*）、天山卷耳（*Cerastium tianschanicum*）及上述标记*的物种。

乔木层盖度 40%～70%，胸径（11）15～28（58）cm，高度（3）10～20（35）m，由雪岭云杉组成；16135 样方数据显示（图 3.15），雪岭云杉“胸径-频数”和“树高-频数”分布呈偏左曲线，中、小径级和树高级个体较多，高大的个体较少，历史时期经历了采伐，种群处在成长阶段；在密集的苔藓层上，自然更新不良，幼苗较少。

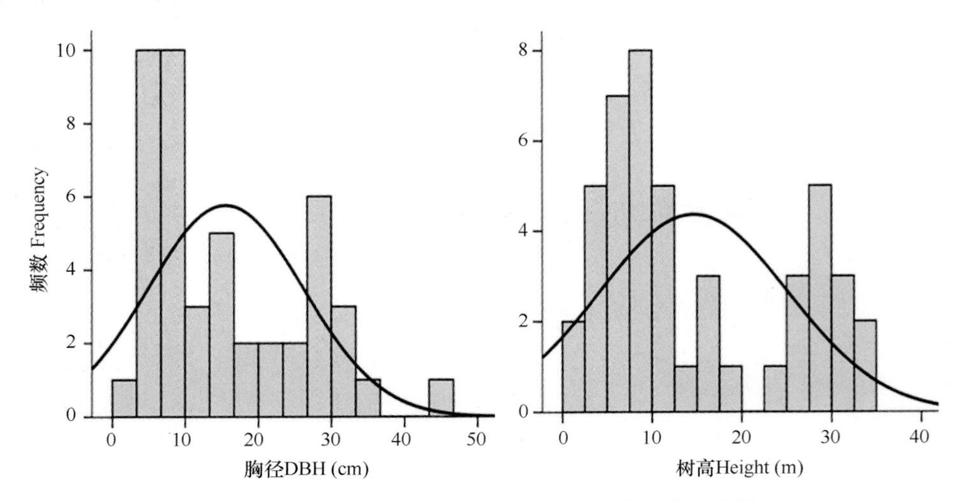

图 3.15 16135 样方雪岭云杉胸径和树高频数分布图

Figure 3.15 Frequency distribution of DBH and tree height of *Picea schrenkiana* in plot 16135

林下除了雪岭云杉的幼苗、幼树外，无灌木生长，幼树的盖度 5%～40%，高度 50～250 cm，在林窗地带可形成密集的幼树丛。

草本层稀疏或密集，盖度 20%～60%，高度 4～100 cm，优势种不明显；短距凤仙花、紫羊茅、异株荨麻、羊茅和山地乌头等偶见种可组成稀疏的中、高草本层；在中、低草本层，东北羊角芹、岩参和天山卷耳较常见，东北羊角芹或为局部生境中的优势种，偶见刺叶鳞毛蕨、单侧花、硬毛堇菜、大花车轴草、新疆梅花草、羽衣草和柄花茜草等。

苔藓层密集，盖度 30%～100%，高度 6～10 cm，物种组成的空间异质性大，多为偶见种，包括金发藓、山羽藓、拟垂枝藓、尖叶青藓、曲尾藓、皱蒴藓和小刺叶提灯藓等，不同的藓种可形成独立的斑块，彼此镶嵌而形成密集的苔藓层。

分布于新疆天山西段，海拔 1500～2100 m，生长在山地峡谷的东北坡、北坡至西北坡，坡度 35°～45°，全坡位均有生长，中、下坡森林较密集；峡谷地带岩石突兀，土层较薄。在伊犁果子沟一带，森林破坏后，陡峭的山坡下常见由片状分化岩石组成的流石滩。

果子沟的雪岭云杉林分布面积较大，外貌整齐，最大特点是林下有较为明显的苔藓层，林内也有草本层植物生长，但盖度较低，这些特征明显区别于其他区域的雪岭云杉林。该区域受西风环流的影响较大，在峡谷地带常有冷湿气团活动，空气湿润度高，这是林下苔藓层发达的重要原因。草本层有东北羊角芹和短距凤仙花等植物生长，这些植物也是天山山脉雪岭云杉林下的常见种，反映了果子沟雪岭云杉林与其他区域的联系。

在历史时期经历了较严重的择伐，目前林内伐桩明显，在交通便利的沟口地带，现存的森林以中、幼龄林为主，胸径超过 40 cm 的个体不多见；在深山地带，有轻度择伐，林中留存大树较多。林区是哈萨克牧民的夏季牧场，或者是牧场通道，牧场和林地相间，林内践踏和啃噬较重，草本层低矮、紧贴地面。

3.4.3 PSⅢ

雪岭云杉-灌木-草本 常绿针叶林

***Picea schrenkiana*-Shrubs-Herbs Evergreen Needleleaf Forest**

灌木-雪岭云杉林—中国植被，1980：194；灌木-草本-藓类-雪岭云杉群丛组—新疆植被及其利用，1978：159；草本-中旱生灌木-雪岭云杉林—中国森林，2000：708-709；新疆森林，1989：129；苔藓、草本、灌木雪岭云杉林—新疆综合考察报告汇编，1959：144-145。

群落呈针叶纯林外貌（图 3.16）。雪岭云杉是建群种，偶有零星的天山桦、欧洲山杨和天山花楸等落叶小乔木混生。林下有灌木生长，盖度通常在 20%以上，在林缘及林间空地常有团块状密集的灌丛生长；在天山北坡，忍冬和茶藨子较常见；在南坡，鬼箭

图 3.16　“雪岭云杉-灌木-草本”常绿针叶林外貌（左上）、结构（右）和地被层（左下）（新疆新源那拉提）

Figure 3.16　Physiognomy (upper left), supraterraneous stratification (right) and herb layer (lower left) of a community of *Picea schrenkiana*-Shrubs-Herbs Evergreen Needleleaf Forest (Nalati, Xinyuan, Xinjiang)

锦鸡儿较常见。有明显的草本层，物种丰富度较高，在放牧和游憩活动干扰较重的区域，草本植物低矮贴地生长，个体呈小型化的趋势。在林缘，自然更新的雪岭云杉幼树和幼苗较多，放牧对幼苗顶芽的破坏十分严重，幼树多呈浑圆的灌丛状。苔藓稀疏斑驳，盖度低。

广泛分布于天山南、北坡；在雪岭云杉林的植被垂直分布带谱上，处在灌木草原、森林和高山灌丛的交错带。这里描述 2 个群丛。

3.4.3.1 PS5

雪岭云杉-鬼箭锦鸡儿-柄状薹草 常绿针叶林

***Picea schrenkiana-Caragana jubata-Carex pediformis* Evergreen Needleleaf Forest**

凭证样方：Xinjiang-DLC7、Xinjiang-DLC8、Xinjiang-DLC9。

特征种：天山柳（*Salix tianschanica*）*、鬼箭锦鸡儿（*Caragana jubata*）*、黄花柳（*Salix caprea*）*、多叶锦鸡儿（*Caragana pleiophylla*）*、小叶忍冬（*Lonicera microphylla*）*、北疆茶藨子（*Ribes meyeri* var. *pubescens*）*、新疆缬草（*Valeriana fedtschenkoi*）*、针叶石竹（*Dianthus acicularis*）*、丝路蓟（*Cirsium arvense*）*、喜马拉雅沙参（*Adenophora himalayana*）*、宽叶红门兰（*Orchis latifolia*）*、平卧黄芩（*Scutellaria prostrata*）。

常见种：雪岭云杉（*Picea schrenkiana*）、蓝果忍冬（*Lonicera caerulea*）、暗红葛缕子（*Carum atrosanguineum*）、新疆党参（*Cortusa matthioli*）、珠芽拳参（*Polygonum viviparum*）及上述标记*的物种。

乔木层盖度达 70%，个体密集低矮，胸径（4）12～14（38）cm，高度（4）5～7（9）m；由雪岭云杉单优势种组成，有零星的天山柳混生。

灌木层盖度 30%～40%，高度 12～150 cm；黄花柳、小叶忍冬、蓝果忍冬和北疆茶藨子等常见于高、中、低灌木层；鬼箭锦鸡儿常见于林间空地或林缘，可形成局部密集的有刺灌丛。

草本层高度 2～30 cm，柄状薹草占优势，与林地早熟禾和喜马拉雅沙参等偶见种组成稀疏的直立草本层；大叶橐吾在灌丛和树冠下可形成局部优势层片，在放牧较重的林下，抽葶类的高大草本长期处在营养生长阶段；在低矮的杂草和贴地生长的圆叶系列草本层中，喜马拉雅沙参、暗红葛缕子和珠芽拳参等较常见，偶见红花鹿蹄草、宽叶红门兰和假报春等。

分布于新疆天山南坡，海拔 2650～2766 m，生长在中、高海拔地带的山地西北坡，坡度 25°～30°。

3.4.3.2 PS6

雪岭云杉-水栒子-东北羊角芹 常绿针叶林

***Picea schrenkiana-Cotoneaster multiflorus-Aegopodium alpestre* Evergreen Needleleaf Forest**

凭证样方：X19、16123、Xinjiang-AKT1、Xinjiang-WS3、Xinjiang-WS6、Xinjiang-WS7、Xinjiang-YC7、Xinjiang-YC11、Xinjiang-YC12。

特征种：天山花楸（*Sorbus tianschanica*）、水栒子（*Cotoneaster multiflorus*）、密刺蔷薇（*Rosa spinosissima*）、火绒草（*Leontopodium leontopodioides*）、新疆假龙胆（*Gentianella turkestanorum*）、天山点地梅（*Androsace ovczinnikovii*）和大穗薹草（*Carex rhynchophysa*）。

常见种：雪岭云杉（*Picea schrenkiana*）、东北羊角芹（*Aegopodium alpestre*）。

乔木层盖度 40%～80%，胸径（3）9～23（65）cm，高度（3）12～18（38）m；由雪岭云杉组成，偶有零星的天山柳、天山桦、天山花楸混生。X19 样方数据显示（图 3.17），雪岭云杉"胸径-频数"分布不整齐，中、小径级个体较多；"树高-频数"略呈左偏态曲线，中、高树高级个体较多，种群处在成长阶段。林下有雪岭云杉幼树和幼苗生长，可自然更新。

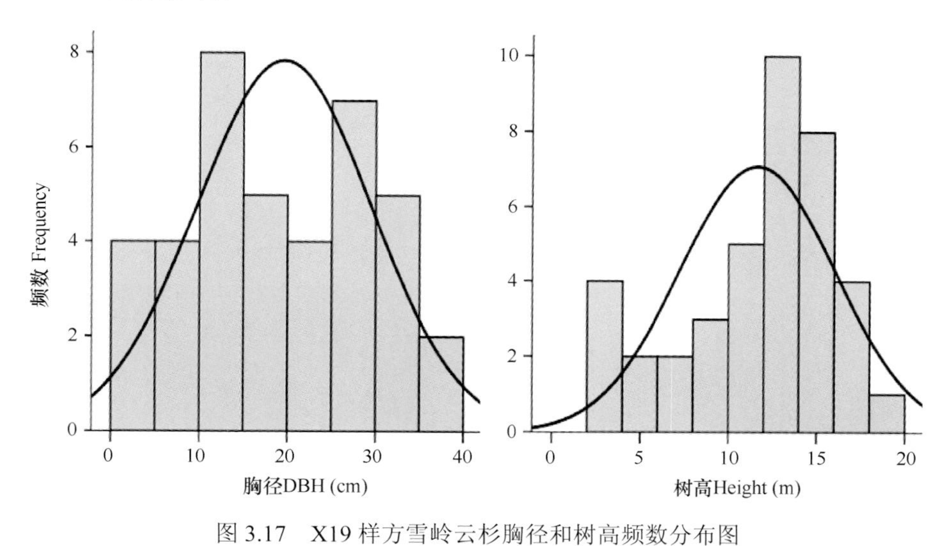

图 3.17 X19 样方雪岭云杉胸径和树高频数分布图

Figure 3.17 Frequency distribution of DBH and tree height of *Picea schrenkiana* in plot X19

灌木层盖度 20%～40%，高度 10～350 cm，偶见种居多，优势种不明显；天山花楸、蓝果忍冬、水栒子和密刺蔷薇等常组成稀疏的大灌木层；欧亚绣线菊、伊犁小檗、全缘栒子、水栒子、刺蔷薇、矮小忍冬和昆仑方枝柏等偶见于中灌木层；伊犁小檗、刚毛忍冬、宽叶蔷薇及木质藤本西伯利亚铁线莲等偶见于低矮灌木层。

草本层盖度 30%～80%，高度 2～60 cm；高大草本层由直立丛生禾草和杂草类组成，多为偶见种，包括林地早熟禾、薄叶翅膜菊、毛果一枝黄花、芨芨草、异株荨麻、林地乌头、新疆假龙胆、高山龙胆、新疆缬草、直立老鹳草和长果婆婆纳等；在中、低草本层，东北羊角芹略占优势，偶见喜马拉雅沙参、短距凤仙花、轮叶黄精、小斑叶兰、琴叶还阳参、斜茎黄耆和柄状薹草等；在低矮草本层，偶见北方拉拉藤、广布野豌豆等蔓生草本及圆叶鹿蹄草、光果蒲公英、羞叶兰、笔龙胆、新疆假龙胆、小球棘豆、新疆梅花草、平车前和网脉大黄等垫状或莲座叶草本。

苔藓层盖度 0～30%，厚度 4～8 cm，呈斑块状，仅附生在枯树桩和岩石上，种类有锦丝藓和赤茎藓等。

分布于新疆天山西段的南、北坡及昆仑山西北部，海拔 1800～3400 m，常生长在山地东坡至东北坡，坡度 25°～50°。在山坡峡谷的中、下坡及溪流边，可形成葱郁的森林，树体粗壮高大。林内有不同程度的放牧和践踏。

3.4.4 PSⅣ

雪岭云杉-落叶阔叶树-草本 针阔叶混交林

***Picea schrenkiana*-Deciduous broadleaf trees-Herbs Mixed Needleleaf and Broadleaf Forest**

雪岭云杉、落叶阔叶树混交林，河谷雪岭云杉林—中国植被，1980：194；草本-藓类-崖柳-雪岭云杉群丛组，草本-山杨-雪岭云杉群丛组，河谷草甸类-阔叶树-雪岭云杉群丛组—新疆植被及其利用，1978：163-165；河谷-阔叶林-雪岭云杉林—中国森林，2000：709；新疆森林，1989：129。

群落呈针阔叶混交林外貌，乔木层由雪岭云杉和落叶阔叶树组成；阔叶树的种类有山杨、桦木、密叶杨、柔毛杨、新疆野苹果和柳。雪岭云杉与山杨和桦木的混交林是雪岭云杉植被恢复过程中出现的一个阶段性的群落类型，在足够长的时间尺度上可能最终会发展为雪岭云杉纯林。雪岭云杉和密叶杨的混交林通常出现在河谷地带，由于河谷中温暖的环境抑制了雪岭云杉的生长，落叶阔叶乔木可长期与雪岭云杉共存，这可能是一个稳定的群落类型（图 3.18）。

图 3.18 “雪岭云杉-落叶阔叶树-草本”针阔叶混交林的外貌（左）和地被层（右）（新疆伊宁果子沟）

Figure 3.18 Physiognomy (left) and herb layer (right) of a community of *Picea schrenkiana*-Deciduous Broadleaf Trees-Herbs Mixed Needleleaf and Broadleaf Forest (Guozigou, Yining, Xinjiang)

《新疆植被及其利用》对“雪岭云杉-落叶阔叶河谷林”的基本特征进行了描述，主要内容整理如下：垂直分布范围在天山北路是 1400～1500 m，在天山南坡是 2100～2200 m；在低海拔的河谷地带，雪岭云杉零星地混生在由密叶杨和柔毛杨等组成的河谷落叶阔叶林中；随着海拔的升高，雪岭云杉的个体数量逐渐增多，成为林冠乔木层中的优势种；在伊犁河谷，可见到雪岭云杉与天山桦或新疆野苹果组成的混交林；河谷的雪岭云杉林中有许多伴生的小乔木和灌木，主要种类有柳、天山花楸、阿尔泰山楂、准噶尔山楂、稠李、忍冬、栒子、蔷薇、小檗和茶藨子等；林下常见的草本植物有柄状薹草、粟草、羽衣草、短距凤仙花、直立老鹳草、柳兰和野草莓等。这里描述 2 个群丛。

3.4.4.1　PS7

雪岭云杉-新疆野苹果-东北羊角芹 针阔叶混交林

***Picea schrenkiana-Malus sieversii-Aegopodium alpestre* Mixed Needleleaf and Broadleaf Forest**

凭证样方：16136。

特征种：新疆野苹果（*Malus sieversii*）*、杏（*Armeniaca vulgaris*）*、皱叶忍冬（*Lonicera reticulata*）*、刺蔷薇（*Rosa acicularis*）*、毛金丝桃（*Hypericum hirsutum*）*、铁角蕨（*Asplenium trichomanes*）*、垂花青兰（*Dracocephalum nutans*）*、杂交费菜（*Phedimus hybridus*）*、车轴草（*Galium odoratum*）*和广布野豌豆（*Vicia cracca*）。

常见种：雪岭云杉（*Picea schrenkiana*）、小叶忍冬（*Lonicera microphylla*）、东北羊角芹（*Aegopodium alpestre*）、羽衣草（*Alchemilla japonica*）、柄状薹草（*Carex pediformis*）、羊茅（*Festuca ovina*）、野草莓（*Fragaria vesca*）、短距凤仙花（*Impatiens brachycentra*）、单侧花（*Orthilia secunda*）、硬毛堇菜（*Viola hirta*）及上述标记*的物种。

乔木层盖度 30%～40%，胸径（4）21（22）cm，高度 3～12 m；雪岭云杉居中、小乔木层，树冠狭窄紧凑；新疆野苹果和杏树冠浑圆，树体低矮，居小乔木层；16136 样方数据显示（图 3.19），雪岭云杉“胸径-频数”和“树高-频数”分布呈左偏态曲线，径级频数分布不整齐，中、高径级和树高级个体较多，树干尖峭度大，反映了在混交林中针叶树个体的特殊形态。

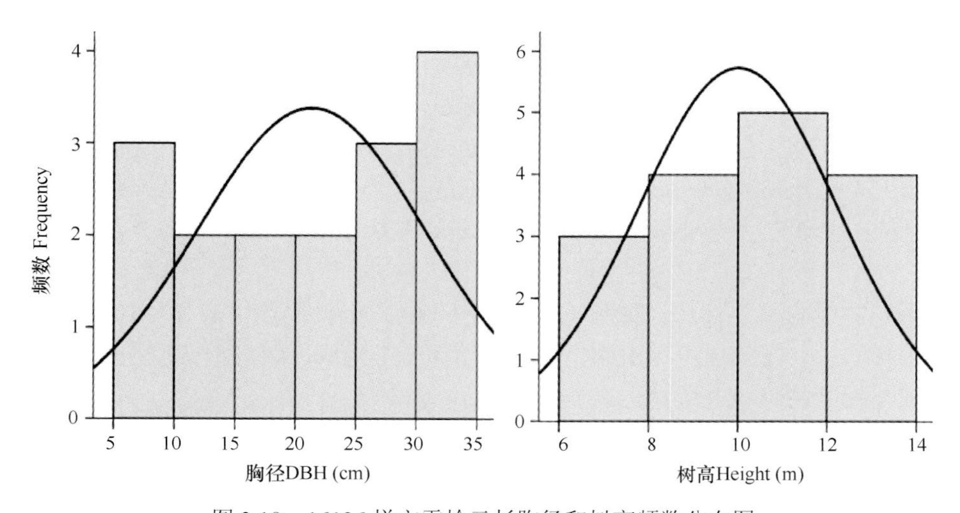

图 3.19　16136 样方雪岭云杉胸径和树高频数分布图

Figure 3.19　Frequency distribution of DBH and tree height of *Picea schrenkiana* in plot 16136

灌木层的盖度 30%～40%，高度 250～350 cm；常见种类有皱叶忍冬、小叶忍冬和刺蔷薇等落叶灌木及雪岭云杉、杏和新疆野苹果的幼树。

草本层较密集，盖度 70%～80%，高度 6～30 cm；山地乌头、新疆缬草和羊茅等偶见于高大草本层；中、低草本层主要由耐阴湿的类型组成，其中东北羊角芹略占优势，铁角蕨和杂交费菜附生于岩石上；羽衣草、野草莓、单侧花和硬毛堇菜等贴地生长；柄状薹草、短距凤仙花、广布野豌豆、车轴草、垂花青兰和毛金丝桃零星地散布在灌丛中。在放牧、啃食较重的林下，仅在灌丛中有完整的草本植物植株。

分布于新疆天山西段，生长在伊犁河谷两侧的山地。伊犁果子沟以盛产多种野生果树而闻名。伊犁野果林通常生长在海拔 1200～1400 m 的低山地带，雪岭云杉林分布于 1400～2000 m 的山坡峡谷地带。在海拔 1400 m 左右的狭窄区域，可形成雪岭云杉和野生果树的混交林，生长在山地北坡至西北坡，坡度 40°～50°，地形陡峭。伊犁果子沟口多为石质山地，岩石突兀；在山地阴坡局部地带常有风化物堆积较厚的凹地，土层较厚，有斑块状的针阔叶混交林生长。在山地阳坡，地表多被风化碎石覆盖，仅有稀疏的野生果树生长。

3.4.4.2 PS8

雪岭云杉-天山柳-柄状薹草 针阔叶混交林

***Picea schrenkiana-Salix tianschanica-Carex pediformis* Mixed Needleleaf and Broadleaf Forest**

凭证样方：Xinjiang-WS4、Xinjiang-WS5、Xinjiang-YC13、Xinjiang-YC14、Xinjiang-DLC1、Xinjiang-DLC3、Xinjiang-DLC4、Xinjiang-DLC5、Xinjiang-DLC6、Xinjiang-DLC10、Xinjiang-AKT5、Xinjiang-AKT7、Xinjiang-AKT9。

特征种：天山柳（*Salix tianschanica*）*、粗毛锦鸡儿（*Caragana dasyphylla*）、伊犁柳（*Salix iliensis*）、谷柳（*Salix taraikensis*）、新疆缬草（*Valeriana fedtschenkoi*）*、硫黄棘豆（*Oxytropis sulphurea*）、针叶石竹（*Dianthus acicularis*）、宽瓣棘豆（*Oxytropis platysema*）、米尔克棘豆（*Oxytropis merkensis*）、高山风毛菊（*Saussurea alpina*）、天蓝苜蓿（*Medicago lupulina*）、圆叶乌头（*Aconitum rotundifolium*）、小球棘豆（*Oxytropis microsphaera*）、双花委陵菜（*Potentilla biflora*）、火绒草（*Leontopodium leontopodioides*）*和红花鹿蹄草（*Pyrola asarifolia* subsp. *incarnata*）*。

常见种：雪岭云杉（*Picea schrenkiana*）、柄状薹草（*Carex pediformis*）及上述标记*的物种。

乔木层盖度 60%～80%，胸径（3）8～28（64）cm，高度（4）6～10（20）m；雪岭云杉为优势种，阔叶树由天山柳、伊犁柳和崖柳等组成，相对重要值在 25%以上，呈混生状或与针叶树组成共优种。

灌木层盖度 5%～20%，高度 5～300 cm；大灌木层稀疏，由谷柳、小叶忍冬、蓝果忍冬和密刺蔷薇等偶见种组成；直立小灌木、常绿匍匐灌木和蔓生灌木等组成稀疏的低矮灌木层，多为偶见种，包括粗毛锦鸡儿、宽叶蔷薇、中亚卫矛、北疆茶藨子、昆仑方枝柏和西伯利亚铁线莲等。

草本层盖度 2%～60%，高度 3～50 cm；柯孟披碱草、野青茅和芨芨草等直立禾草与针叶石竹等偶见于中、高草本层；新疆缬草和柄状薹草是中、低草本层的常见种，后者在局部生境中占优势，偶见种有丘陵老鹳草、硫黄棘豆、小球棘豆、斜茎黄耆、喜马拉雅沙参和乌恰岩黄耆等；低矮草本层由垫状或莲座叶草本组成，火绒草和红花鹿蹄草较常见，偶见天山点地梅、珠芽拳参、新疆梅花草、羞叶兰、平车前和小球棘豆等。

分布于新疆天山山脉西段南坡的库车、温宿、阿克陶和叶城，在昆仑山西北部也有分布，海拔 2425～3341 m，常生长在山地北坡、西北坡至东北坡，坡度 15°～45°。

3.4.5　PSⅤ

雪岭云杉-圆柏-草本　常绿针叶林

Picea schrenkiana-Juniperus spp.-Herbs Evergreen Needleleaf Forest

山地草甸-雪岭云杉疏林—中国植被，1980：194；雪岭云杉-山地草甸/草原公园式疏林，亚高山草本-圆柏-雪岭云杉群丛组—新疆植被及其利用，1978：162，164；草本-圆柏-雪岭云杉林—中国森林，2000：707-708；新疆森林，1989：127-128；草本、桧柏雪岭云杉—新疆综合考察报告汇编，1959：145。

在天山南、北坡，雪岭云杉少则十几株多则几十株构成一片疏林，常与山地草甸相间分布，颇似人工造园景观，故有文献将其称为“公园式”雪岭云杉林（图 3.20，图 3.21）。在小片的雪岭云杉林间，往往有较大的林间空地，常有刺柏属的匍匐灌木生长，组成面积较大的常绿灌丛斑块。这些常绿植物在天山南坡以叉子圆柏为主，在天山北坡高海拔地带可出现新疆方枝柏和西伯利亚刺柏；在昆仑山西部山地，除了新疆方枝柏外，在稀疏低矮的雪岭云杉林中还有小乔木状的昆仑方枝柏混生。生态适应性较宽泛，在山地阴坡、半阴坡乃至半阳坡均可出现。这里描述 3 个群丛。

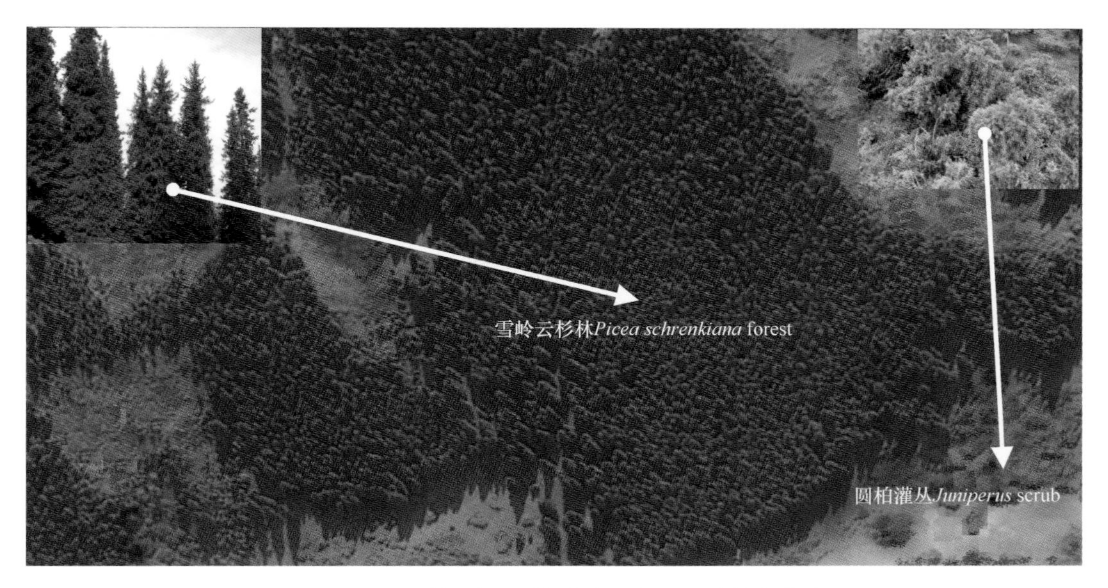

图 3.20　“雪岭云杉-圆柏-草本”常绿针叶林的外貌

Figure 3.20　Physiognomy of *Picea schrenkiana-Juniperus* spp.-Herbs Evergreen Needleleaf Forest

图 3.21 雪岭云杉“公园林”外貌（右图拍摄自新疆奎屯鹿角湾；左图是俯视示意图）
Figure 3.21 Physiognomy (right) of “the Garden woodland” of communities of *Picea schrenkiana* Evergreen Needleleaf Forest (Lujiaowan, Kuitun, Xinjiang). The diagram (left) showing a top down view of “the Garden woodland” of *Picea schrenkiana* Evergreen Needleleaf Forest

3.4.5.1 PS9

雪岭云杉-昆仑方枝柏-火绒草 常绿针叶林

***Picea schrenkiana-Juniperus centrasiatica-Leontopodium leontopodioides* Evergreen Needleleaf Forest**

凭证样方：Xinjiang-AKT2、Xinjiang-AKT3、Xinjiang-AKT4、Xinjiang-AKT6、Xinjiang-AKT8、Xinjiang-YC1、Xinjiang-YC3、Xinjiang-YC4、Xinjiang-YC5、Xinjiang-YC6、Xinjiang-YC8、Xinjiang-YC9、Xinjiang-YC10。

特征种：昆仑方枝柏（*Juniperus centrasiatica*）*、伊犁小檗（*Berberis iliensis*）、天山茶藨子（*Ribes meyeri*）、喜马拉雅沙参（*Adenophora himalayana*）*、双花堇菜（*Viola biflora*）、鼠掌老鹳草（*Geranium sibiricum*）、黄花蒿（*Artemisia annua*）、二裂委陵菜（*Potentilla bifurca*）、刺儿菜（*Cirsium arvense* var. *integrifolium*）、芨芨草（*Achnatherum splendens*）、小球棘豆（*Oxytropis microsphaera*）*、双花委陵菜（*Potentilla biflora*）*、平车前（*Plantago depressa*）*、勿忘草（*Myosotis alpestris*）*、新疆元胡（*Corydalis glaucescens*）、显脉委陵菜（*Potentilla nervos*）、黄花委陵菜（*Potentilla chrysantha*）、囊种草（*Thylacospermum caespitosum*）、西伯利亚铁线莲（*Clematis sibirica*）、柄状薹草（*Carex pediformis*）*、金黄柴胡（*Bupleurum aureum*）、火绒草（*Leontopodium leontopodioides*）*。

常见种：雪岭云杉（*Picea schrenkiana*）、东北羊角芹（*Aegopodium alpestre*）、光果蒲公英（*Taraxacum glabrum*）及上述标记*的物种。

乔木层盖度 35%～80%，胸径（3）12～20（83）cm，高度（3）7～25 m；雪岭云杉色泽墨绿，树冠尖峭，是中乔木层的单优势种；昆仑方枝柏色泽灰蓝，树冠圆钝，是小乔木层的优势种。二者的幼苗、幼树在林下较密集。

灌木稀疏，盖度 10%～20%，高度 5～200 cm；蓝果忍冬、天山茶藨子、伊犁小檗、西伯利亚小檗、宽叶蔷薇和金丝桃叶绣线菊等偶见种零星地散布在中灌木层；密刺蔷薇和小叶忍冬呈小灌木状，与蔓生亚灌木西伯利亚铁线莲等偶见于低矮灌木层。

草本层盖度 30%～90%，高度 1～80 cm；大草本层由黄花蒿、芨芨草和林地早熟禾等偶见种组成，这些都是具有广布性质的物种，有些甚至是农田杂草和伴人植物，标志着放牧、樵柴等人类活动对林下草本层物种组成的深刻影响；中、低草本层中，东北羊角芹、光果蒲公英和火绒草是常见种，后者略占优势，偶见种丰富，包括黄花委陵菜、金黄柴胡、笔龙胆、柄状薹草、二裂棘豆、囊种草、平车前、双花堇菜、双花委陵菜、天蓝苜蓿、天山卷耳、勿忘草、小球棘豆、新疆元胡、羞叶兰、中亚秦艽、珠芽拳参和天山点地梅等。

分布于新疆天山山脉的西段和昆仑山西北部（阿克陶和叶城），海拔 2800～3400 m，常生长在山地的北坡、西北坡、西坡至西南坡，坡度 15°～40°。

3.4.5.2　PS10

雪岭云杉-叉子圆柏-柄状薹草　常绿针叶林

***Picea schrenkiana-Juniperus sabina-Carex pediformis* Evergreen Needleleaf Forest**

凭证样方：X14、Xinjiang-WS1、Xinjiang-WS2、Xinjiang-WS8。

特征种：西伯利亚刺柏（*Juniperus sibirica*）、叉子圆柏（*Juniperus sabina*）*、斜茎黄耆（*Astragalus laxmannii*）、中败酱（*Patrinia intermedia*）、长叶翅膜菊（*Alfredia fetissowii*）、阿西棘豆（*Oxytropis assiensis*）*、紫苞鸢尾（*Iris ruthenica*）、中亚秦艽（*Gentiana kaufmanniana*）*、直立老鹳草（*Geranium rectum*）*、柄状薹草（*Carex pediformis*）*。

常见种：雪岭云杉（*Picea schrenkiana*）、光果蒲公英（*Taraxacum glabrum*）及上述标记*的物种。

乔木层盖度 20%～90%，胸径（3）8～26（57）cm，高度（3）6～13（19）m；由雪岭云杉单优势种组成。X14 样方数据显示（图 3.22），其“胸径-频数”和“树高-频数”

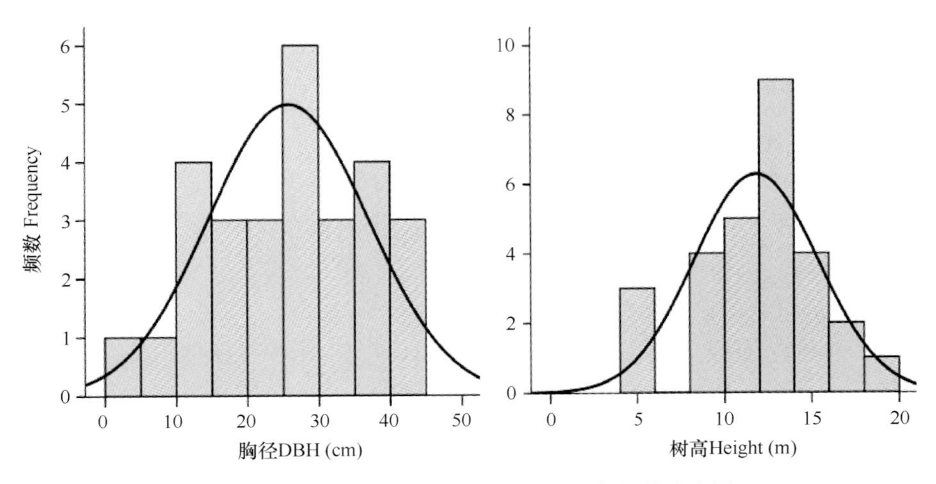

图 3.22　X14 样方雪岭云杉胸径和树高频数分布图

Figure 3.22　Frequency distribution of DBH and tree height of *Picea schrenkiana* in plot X14

分布大致呈正态曲线，树高级有残缺，中等径级和树高级的个体较多，种群总体上处在稳定发展阶段。林下有大量的幼树和幼苗生长，可自然更新。

灌木层盖度达 30%，高度 20～200 cm；天山花楸、粉刺锦鸡儿、蓝果忍冬、水栒子和伊犁小檗等直立灌木偶见于稀疏的中灌木层；叉子圆柏和西伯利亚刺柏在林缘与林窗地带可形成密集的常绿匍匐灌木优势层片，前者较常见，偶有密刺蔷薇混生。

草本层盖度 5%～80%，高度 2～15 cm；直立老鹳草、中亚秦艽和柄状薹草较常见，后者略占优势，其他多为偶见种，由根茎丛生禾草和直立杂草组成，包括宽叶薹草、野青茅、短腺小米草、紫苞鸢尾、斜茎黄耆、阿西棘豆、垂花青兰、东北羊角芹、假报春、丘陵老鹳草、山地糙苏、新疆梅花草、新疆缬草、新疆元胡、蝇子草和准噶尔马先蒿等；贴地生长的低矮草本层中，光果蒲公英较常见，偶见红花鹿蹄草、羽衣草、珠芽拳参、单侧花、扁蕾、平车前、大车前、天山卷耳、问荆、亚欧唐松草和岩参等。

分布于新疆天山南、北坡，海拔 2280～3050 m，常生长在山地东坡至东北坡，坡度 20°～40°；林地内有放牧。

3.4.5.3 PS11

雪岭云杉-新疆方枝柏-库地薹草 常绿针叶林

***Picea schrenkiana-Juniperus pseudosabina-Carex curaica* Evergreen Needleleaf Forest**

凭证样方：X18、Xinjiang-TC15、Xinjiang-TC16。

特征种：新疆方枝柏（*Juniperus pseudosabina*）*、寒地报春（*Primula algida*）*、飞蓬（*Erigeron acris*）*、新疆风铃草（*Campanula stevenii*）*、高山龙胆（*Gentiana algida*）*、长腺小米草（*Euphrasia hirtella*）*、雪白委陵菜（*Potentilla nivea*）*、新疆米努草（*Minuartia kryloviana*）*、蒙古异燕麦（*Helictotrichon mongolicum*）*、丘陵老鹳草（*Geranium collinum*）*、羊茅（*Festuca ovina*）*、羽衣草（*Alchemilla japonica*）*、库地薹草（*Carex curaica*）*。

常见种：雪岭云杉（*Picea schrenkiana*）、东北羊角芹（*Aegopodium alpestre*）、琴叶还阳参（*Crepis lyrata*）、葶苈（*Draba nemorosa*）、紫羊茅（*Festuca rubra*）、北方拉拉藤（*Galium boreale*）、二裂棘豆（*Oxytropis biloba*）、新疆梅花草（*Parnassia laxmannii*）、林地早熟禾（*Poa nemoralis*）、珠芽拳参（*Polygonum viviparum*）、伞花繁缕（*Stellaria umbellata*）、光果蒲公英（*Taraxacum glabrum*）及上述标记*的物种。

乔木层盖度 30%，由雪岭云杉组成（图 3.23），胸径（4）14～42（65）cm，高度（3）7～25（35）m；X18 样方数据显示（图 3.24），雪岭云杉“胸径-频数”和“树高-频数”分布呈正态曲线，中等径级和树高级的个体较多，种群处在稳定发展阶段，林下有雪岭云杉幼树和幼苗生长，可自然更新。

灌木层稀疏，盖度达 20%，高度 30～50 cm，由新疆方枝柏组成，外貌呈墨绿色的团块状，在林缘和林窗地带形成密集的常绿匍匐灌木层片，偶有零星的蓝果忍冬混生。

草本层总盖度达 40%左右，高度 1～40 cm；根茎丛生禾草常组成稀疏的高大草本层，种类有林地早熟禾、紫羊茅、羊茅和蒙古异燕麦等；库地薹草是中、低草本层的优势种和常见种，其他种类主要为直立、蔓生或莲座叶杂草，偶见种居多，包括阿尔泰狗娃

图 3.23　“雪岭云杉-新疆方枝柏-库地薹草”常绿针叶林的乔木层（右）、圆柏类灌木层（左上）和草本层（左下）（天山西段，新疆伊宁白石峰）

Figure 3.23　Canopy layer (right), *Juniperus* shrub (upper left) and herb layer (lower left) of a community of *Picea schrenkiana-Juniperus pseudosabina-Carex curaica* Evergreen Needleleaf Forest (Western section of Mt. Tinanshan, Baishifeng, Yining, Xinjiang)

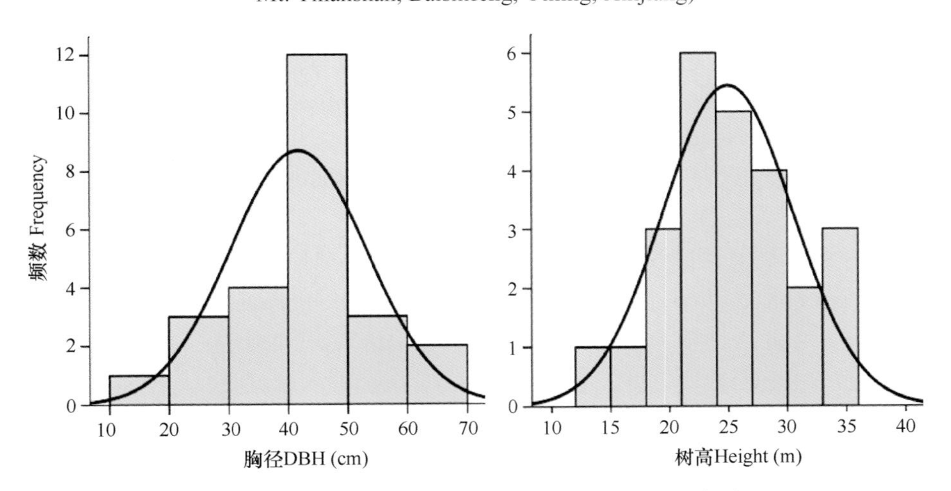

图 3.24　X18 样方雪岭云杉胸径和树高频数分布图

Figure 3.24　Frequency distribution of DBH and tree height of *Picea schrenkiana* in plot X18

花、暗红葛缕子、达乌里卷耳、大花车轴草、大花银莲花、东北羊角芹和飞蓬等直立杂草，二裂棘豆、高山龙胆、光果蒲公英、寒地报春、北点地梅、假报春、羽衣草、圆叶鹿蹄草和岩参等贴地生长的莲座叶杂草，以及北方拉拉藤等蔓生草本。

林地苔藓呈斑块状，局部小斑块盖度可达35%，厚度约3 cm，种类有金发藓、曲尾藓和垂枝藓等。

分布于新疆天山中、西段北坡，海拔2600～2700 m，常生长在山地北坡的中、上部，坡度15°～45°；林地内有放牧。

3.4.6 PSⅥ

西伯利亚落叶松+雪岭云杉-灌木-草本 常绿与落叶针叶混交林

***Larix sibirica+Picea schrenkiana*-Shrubs-Herbs Mixed Evergreen and Deciduous Needleleaf Forest**

藓类-草本-灌木-西伯利亚落叶松-雪岭云杉群丛组，藓类-北极果-西伯利亚落叶松-雪岭云杉群丛组—新疆植被及其利用，1978：166。

乔木层由雪岭云杉和西伯利亚落叶松组成，二者在同一层或后者略高于前者。群落季相变化较大，夏季墨绿与浅绿镶嵌，入冬则墨绿映衬枯黄。西伯利亚落叶松的生态幅度宽广，在天山山脉东部倾斜起伏的低山地带，有大量散生个体或稀树丛；在中、高海拔地带至林线，是群落中的共优种或单优势种；在中、低海拔地带的阴坡，其竞争力不及雪岭云杉。

灌木层稀疏，蔷薇、茶藨子、忍冬、北极果和叉子圆柏等较常见。

草本层稀疏或密集，岩参、东北羊角芹、准噶尔繁缕和林地早熟禾等较常见。

分布于天山山脉东段的巴里库山和哈尔里克山，海拔2000～2800 m，生长在北坡、西北坡或东北坡。这里描述1个群丛。

PS12

西伯利亚落叶松+雪岭云杉-叉子圆柏-东北羊角芹 常绿与落叶针叶混交林

***Larix sibirica+Picea schrenkiana-Juniperus sabina-Aegopodium alpestre* Mixed Evergreen and Deciduous Needleleaf Forest**

凭证样方：X03、X04、Dongtianshan-01、Dongtianshan-03、Dongtianshan-05、Dongtianshan-07。

特征种：西伯利亚落叶松（*Larix sibirica*）*、叉子圆柏（*Juniperus sabina*）*、雪叶棘豆（*Oxytropis chionophylla*）*、林地乌头（*Aconitum nemorum*）、天山卷耳（*Cerastium tianschanicum*）*、北点地梅（*Androsace septentrionalis*）、三小叶当归（*Angelica ternata*）、岩参（*Cicerbita azurea*）*。

常见种：雪岭云杉（*Picea schrenkiana*）、东北羊角芹（*Aegopodium alpestre*）、林地早熟禾（*Poa nemoralis*）及上述标记*的物种。

乔木层盖度40%～70%，胸径（2）10～39（59）cm，高度（3）7～21（27）m；由西伯利亚落叶松和雪岭云杉组成，二者的相对多度与坡向有关，在偏阳的生境中前者占优势，分层不明显。X03样方数据显示（图3.25），雪岭云杉“胸径-频数”和“树高-频数”分布呈偏左的单峰曲线，中、小径级和树高级的个体占优势，高度小于3 m的幼树较多，种群总体上处在成长阶段，自然更新良好。

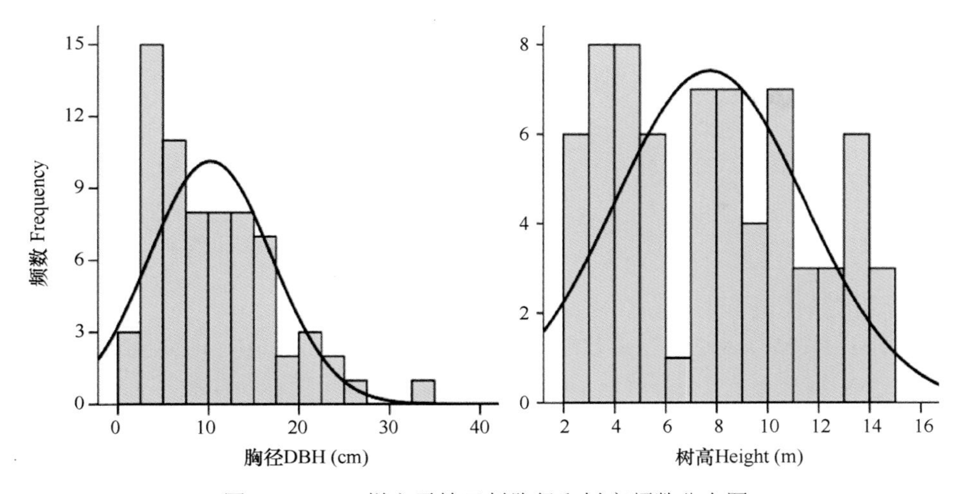

图 3.25　X03 样方雪岭云杉胸径和树高频数分布图

Figure 3.25　Frequency distribution of DBH and tree height of *Picea schrenkiana* in plot X03

灌木层低矮稀疏，盖度 30%～50%，高度 15～40 cm，叉子圆柏较常见，在林缘或林窗可形成密集的常绿灌木优势层片；刚毛忍冬、水栒子、富蕴茶藨子、宽叶蔷薇（图 3.26）等直立灌木和甘青铁线莲等蔓生灌木偶见于林下；在林冠下阴湿的生境或在枯树桩上，偶见北极花和越桔，可形成小斑块状的常绿半灌木层片。

图 3.26　雪岭云杉和西伯利亚落叶松混交林缘生长的宽叶蔷薇和叉子圆柏（天山东段，新疆哈密-巴里坤）

Figure 3.26　*Rosa platyacantha* and *Juniperus sabina* shrubs in the margin of *Picea schrenkiana*+*Larix sibirica* mixed forest (Eastern Tianshan Mt., Balikun-Mami, Xinjiang)

草本层盖度 10%～30%，高度 2～40 cm；林地早熟禾较常见，与偶见种准噶尔乌头、无髭毛建草、粟草和穗花等组成稀疏的中草本层；低矮草本层由多种生长型的草本组成，东北羊角芹、天山卷耳、雪叶棘豆和岩参是常见种，东北羊角芹略占优势；偶见种包括金黄柴胡、大花耧斗菜、拉拉藤、林地乌头、大花银莲花、丘陵老鹳草、三小叶当归、新疆米努草、石竹、亚欧唐松草和准噶尔繁缕等直立或蔓生杂草，紫苞鸢尾、新疆黄精、白花马蔺、柄状薹草和黑穗薹草等鳞茎和丛生禾草，以及红花鹿蹄草、羽衣草、圆叶乌头、珠芽拳参、球茎虎耳草、硬毛堇菜、单侧花、光果蒲公英和北点地梅等莲座叶草本。

林地内无苔藓层。

分布于新疆天山山脉的东段，海拔 2000～2800 m，生长在山地北坡至西北坡，坡度 10°～45°。历史时期经历过择伐，林内留存有大量的伐桩，目前的森林多为采伐迹地上恢复的群落，放牧较重。

3.4.7 PSⅦ

西伯利亚落叶松+雪岭云杉-草本 常绿与落叶针叶混交林

Larix sibirica+Picea schrenkiana-Herbs Mixed Evergreen and Deciduous Needleleaf Forest

藓类-草本-西伯利亚落叶松-雪岭云杉群丛组，草本-西伯利亚落叶松-雪岭云杉群丛组—新疆植被及其利用，1978：166；草本-西伯利亚落叶松-雪岭云杉林—中国森林，2000：708；新疆森林，1989：128。

这个群丛与“西伯利亚落叶松+雪岭云杉-叉子圆柏-东北羊角芹”常绿与落叶针叶混交林的地理分布区重叠，二者的群落外貌和乔木层的物种组成很相似，草本层中也有许多共有种，唯前者林下无灌木（图 3.27）。这里描述 1 个群丛。

图 3.27 “雪岭云杉+西伯利亚落叶松-草本”常绿与落叶针叶混交林的外貌（左）、结构（右上）和草本层（右下）（天山东段，新疆，哈密，巴里坤）

Figure 3.27 Physiognomy (left), supraterraneous stratification (upper right) and herb layer (lower right) of a community of *Picea schrenkiana+Larix sibirica*-Herbs Mixed Evergreen and Deciduous Needleleaf Forest (Eastern Mt. Tianshan, Balikun-Hami, Xinjiang)

PS13

西伯利亚落叶松+雪岭云杉-林地早熟禾 常绿与落叶针叶混交林

***Larix sibirica+Picea schrenkiana-Poa nemoralis* Mixed Evergreen and Deciduous Needleleaf Forest**

凭证样方：X01、X02、Dongtianshan-02、Dongtianshan-04、Dongtianshan-06。

特征种：西伯利亚落叶松（*Larix sibirica*）*、新疆远志（*Polygala hybrida*）、多裂委陵菜（*Potentilla multifida*）、天山报春（*Primula nutans*）、林木贼（*Equisetum sylvaticum*）、野胡萝卜（*Daucus carota*）、藜（*Chenopodium album*）、沼生蔊菜（*Rorippa palustris*）、薄荷（*Mentha canadensis*）、林地早熟禾（*Poa nemoralis*）*、圆叶鹿蹄草（*Pyrola rotundifolia*）、拟漆姑（*Spergularia marina*）、金黄柴胡（*Bupleurum aureum*）、天山卷耳（*Cerastium tianschanicum*）*、北点地梅（*Androsace septentrionalis*）、三小叶当归（*Angelica ternata*）、岩参（*Cicerbita azurea*）*。

常见种：雪岭云杉（*Picea schrenkiana*）、珠芽拳参（*Polygonum viviparum*）及上述标记*的物种。

乔木层盖度 40%～80%，胸径（3）11～41（63）cm，高度（3）10～21（28）m；由西伯利亚落叶松和雪岭云杉组成，后者略高于前者；X01 样方数据显示（图 3.28），雪岭云杉的“胸径-频数”和“树高-频数”曲线分别是右偏态和左偏态，林中高大个体和幼树较少，种群处在恢复阶段。

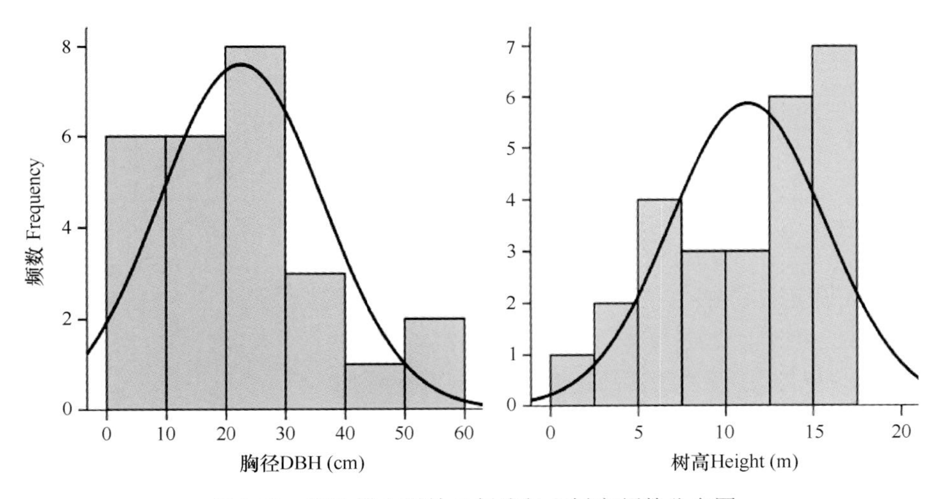

图 3.28　X01 样方雪岭云杉胸径和树高频数分布图

Figure 3.28　Frequency distribution of DBH and tree height of *Picea schrenkiana* in plot X01

林下无灌木。草本层盖度 10%～40%，高度 3～20 cm；林地早熟禾占优势，与沼生蔊菜和问荆等组成稀疏的中草本层；低矮草本层由部分常见种和多种偶见种组成，直立杂草有新疆远志、葶苈、丘陵老鹳草、金黄柴胡、东北羊角芹、二裂棘豆、拟漆姑、三小叶当归和天山卷耳等，莲座叶草本有天山报春、岩参、羽衣草、圆叶鹿蹄草、珠芽拳参、多裂委陵菜、北点地梅和光果蒲公英等。

苔藓稀薄，盖度不足 5%，厚度约 2 cm，垂枝藓较常见。

分布于新疆天山山脉的东段，海拔 2200～2700 m，常生长在山地北坡至东北坡，坡度 5°～40°；林内有伐桩，群落处在恢复阶段，有放牧。

3.5 建群种的生物学特性

3.5.1 遗传特征

雪岭云杉球果的长、宽及长宽比表现出较大的变异，这种变异与环境因子具有一定的相关性，可能是雪岭云杉对垂直环境梯度的响应对策之一。相关研究指出（表 3.9），随着海拔的升高，雪岭云杉球果的长度逐渐变短，球果宽度的变化不显著；因此，在中、低海拔地带，雪岭云杉球果较细长，在中、高海拔地带则变得浑圆；沿天山山脉由西向东，雪岭云杉球果长度逐渐变短，宽度渐宽，球果由细长变为浑圆；雪岭云杉球果的长度和宽度的变异更多地受制于海拔梯度，经度的影响次之（刘贵峰，2008；臧润国等，2009）。

表 3.9 雪岭云杉球果数量性状在不同区域间的变异（刘贵峰，2008）

Table 3.9 Variation of morphometric traits of seed cone of *Picea schrenkiana* among different locations (刘贵峰, 2008)

地点 Locations	纬度 Latitude (N)	经度 Longitude (E)	球果长 Length (cm)		球果宽 Width (cm)		长宽比 Length / Width	
			均值	标准误	均值	标准误	均值	标准误
昭苏 Zhaosu	43°14′	81°05′	7.15	0.04	2.35	0.01	3.04	0.02
巩留 Gongliu	43°08′	82°53′	8.26	0.04	2.34	0.01	3.54	0.02
乌苏 Wusu	44°02′	84°50′30″	6.45	0.05	2.26	0.01	2.87	0.02
乌鲁木齐 Urumuqi	43°25′	87°27′30″	7.60	0.06	2.56	0.01	2.97	0.02
哈密 Hami	43°18′30″	93°41′30″	7.65	0.05	2.48	0.02	3.11	0.03
总体 Total			7.50	0.03	2.38	0.01	3.15	0.01

张慧文等（2010）对雪岭云杉叶片的化学和形态性状与垂直环境梯度间的关系进行了回归分析，测定的性状包括针叶长宽比，单位叶面积，气孔密度，单位干重氮、磷和钾含量，叶绿素含量，叶片干物质含量，叶比重及叶片饱和水含量等。结果显示，不同的性状对海拔梯度变化表现出不同的响应；针叶长宽比、单位叶面积、气孔密度、单位干重磷和钾的含量随着海拔升高逐渐增大，而单位干重氮含量、叶绿素含量、叶片饱和水含量、叶片干物质含量和叶比重在海拔梯度上表现出非线性的变化趋势。作者指出，土壤 pH、土壤水分含量及土壤氮含量等是影响雪岭云杉针叶性状变异的主要驱动因子（张慧文等，2010）。关于叶片长度及长宽比与海拔梯度的关系，另有研究却得出了相反的结论。例如，在区域尺度上，沿天山山脉由西向东，随着海拔由低到高，雪岭云杉针叶长度和长宽比逐渐减小，针叶宽度逐渐增加（刘贵峰，2008）。

植物功能性状变异受制于植物的遗传背景和环境条件。与遗传相关的植物性状是植物在系统发育过程中形成的，与环境相关的性状则属于植物环境可塑性的范畴。研究植物功能性状变异需要区别二者之间的相对影响力，通常需要精细的试验设计，如利用同地或异地栽培试验等手段才能实现这样的目标。上述在景观或区域尺度上基于野外调查资料的研究成果，从一个侧面初步展示了雪岭云杉针叶和球果形态的变异幅度，反映了其丰富的表型多样性。

3.5.2　个体生长发育

雪岭云杉个体生活史周期可持续数百年（图 3.29），在不同的年龄阶段个体生长动态不同。据《新疆森林》记载，从种子萌发至 10～15 年树龄，雪岭云杉树高生长十分缓慢，之后逐渐加快；30～60 年树龄为树高快速生长期，之后树高生长放缓；至 100 年树龄，个体树高生长非常缓慢。胸径生长动态与树高生长大致类似，通常在 20 年树龄前，幼树的胸径生长缓慢；20～60 年树龄为胸径快速生长期，至 100 年树龄仍可保持较高的生长速率，之后成长放缓。

图 3.29　雪岭云杉小枝下垂与不下垂的个体（天山西段，新疆伊宁白石峰）

Figure 3.29　Two individuals of *Picea schrenkiana* growing together with different branchlets: pendulous and erect or no-pendulous in western section of Mt. Tinanshan, Baishifeng, Yining, Xinjiang

雪岭云杉的种群密度、年龄结构和径级结构等在时间尺度上是动态变化的。在天山中段博格达山天池自然保护区内，王婷等（2006）研究了雪岭云杉林的种群动态特征。结果显示，雪岭云杉种群的“龄级-频率”分布图呈倒 J 型，雪岭云杉林处在稳定发展阶段；幼苗和幼树较多，但在群落发育的前 30 年，自梳过程十分强烈，幼树死亡率极高；30 年以后，个体生长加快，至 60 年时又出现一次强度较大的自梳过程，死亡率可高达 50%；70 年以后种群趋于稳定，个体生长过程可持续至 140 年左右，之后进入成、过熟阶段，种群逐渐衰败。另外据报道，雪岭云杉个体生命周期在 200～300 年，最高可达 400 年（张瑛山和唐光楚，1989）。雪岭云杉的地理分布广阔，气候条件、地貌和土壤特征的空间变异大，人类活动和自然干扰的强度与幅度也不同，雪岭云杉种群的生命周期亦可能存在空间差异。

雪岭云杉的种群密度和生物量的动态特征可从另一个侧面表征时间尺度上种群的自梳过程。王婷等（2006）的研究报道显示，在种群发育的前 10 年，雪岭云杉的幼苗密度可达 555 株/hm^2，此后种群密度急剧下降，在 30～40 年龄级，密度降至 118 株/hm^2；在种群后续的生长过程中，密度虽有波动，但总体呈下降趋势，70 年后种群的密度趋于稳定；至 140 年左右，因出现大量个体自然死亡现象，种群密度明显下降，超过 240 年，种群密度仅为 6 株/hm^2。种群的"生物量-龄级"分布图呈现标准正态分布；幼龄林阶段的生物量甚小，在群落发育的前 140 年，种群生物量呈增长趋势，在 141～150 年龄级，生物量达到峰值，数值为 9.46 t/hm^2，该龄级生物量约占种群总生物量的 10%；之后因个体自然死亡或生长停滞导致种群生物量衰减。例如，210 年以后的各龄级个体生物量总和仅占总生物量的约 12%。

3.6 生物量与生产力

张瑛山等（1980）报道了天山中部雪岭云杉林生物量的一个实测结果。作者于 1979 年 6 月在八一农学院（现名新疆农业大学）实习林场的雪岭云杉林中布设了 4 块标准地（40 m×50 m），实测了 15 株样木的生物量和生产力，据此推算了雪岭云杉林单位面积地上部分的生物量和生产力。4 块标准地的雪岭云杉平均树龄为 108 年，平均胸径 18.1 cm，平均树高 17.1 m，个体密度 1215 株/hm^2，盖度 64%；单位面积生物量为 177.462 t/hm^2，其中树干、树皮、枝条和叶片的生物量分别是 124.167 t/hm^2（69.97%，占总量的比例，下同）、15.609 t/hm^2（8.8%）、21.493 t/hm^2（12.11%）和 16.193 t/hm^2（9.12%）；群落总生产力是 6.681 t/（hm^2·a），其中树干、树皮、枝条和叶片的生产力分别是 1.669 t/（hm^2·a）（24.98%）、0.262 t/（hm^2·a）（3.92%）、1.877 t/（hm^2·a）（28.09%）和 2.873 t/（hm^2·a）（43%）（张瑛山等，1980）。

新疆昌吉木垒林场雪岭云杉林的地上、地下生物量和生产力的测定结果显示，总生物量为 216.170 t/hm^2，其中树干、枝条、叶片、球果、根系的生物量分别是 105.232 t/hm^2（48.68%）、38.413 t/hm^2（17.77%）、21.206 t/hm^2（9.81%）、0.0649 t/hm^2（0.03%）和 38.911 t/hm^2（18.6%）；总生产力为 12.634 t/（hm^2·a），其中树干、枝条、叶片、球果和根系的生产力分别是 3.9784 t/（hm^2·a）（31.49%）、0.1516 t/（hm^2·a）（1.20%）、1.6045 t/（hm^2·a）（12.70%）、0.05811 t/（hm^2·a）（0.46%）和 3.3948 t/（hm^2·a）（26.87%）（王燕和赵士洞，1999）。

刘贵峰等（2009）报道了 5 个雪岭云杉林样地（哈密、乌鲁木齐、乌苏、巩留和昭苏）不同海拔范围内雪岭云杉的蓄积量（表 3.10），结果显示，雪岭云杉的蓄积量在中海拔地带最高。

王燕和赵士洞（2000）详细研究了雪岭云杉林生物量的区域差异。基于 1991～1996

表 3.10　雪岭云杉分布区不同产地及同一产地不同海拔范围内雪岭云杉的胸径、树高、密度、胸高断面和蓄积量（刘贵峰等，2009）

Table 3.10　Diameter(DBH)and cross-section area(ABH)at breast height，density(D)，height(H)and biomass of *Picea schrenkiana* in different areas as well as in different elevational zones at given area (Liu et al.，2009)

地点 Locations	海拔范围 Ranges（m）	胸径 DBH (cm)		树高 *H* (m)		成树密度 *D* adults (株/hm^2)	幼树密度 *D* seedings (株/hm^2)	胸高断面积 ABH (m^2/hm^2)	蓄积量 Biomass (m^3/hm^2)
		均值 Mean	最大值 Maximum	均值 Mean	最大值 Maximum				
昭苏 Zhaosu	2000～2250	14.0±6.4	47	10.6±3.1	18	1490±733	195±315	27.9±7.3	157.8±57.1
43°14′N	2250～2500	13.0±5.2	30	11.9±3.4	20	1910±627	500±332	29.6±6.2	187.3±39.5
81°05′E	2500～2700	13.1±7.2	39.2	9.0±3.8	18	755±804	385±392	13.3±11.6	67.2±70.6
巩留 Gongliu	1300～1750	47.0±28.0	111.4	28.0±13.4	50	244±69	70±122	57.3±29.9	841.0±432.3
43°08′N	1750～2200	43.9±26.9	126.1	26.8±15.4	58	314±80	189±157	65.2±20.1	986.0±393.9
82°53′E	2200～2600	44.5±30.2	111.4	22.0±10.6	40	300±156	116±130	68.0±37.7	792.0±399.3
乌苏 Wusu	1750～2100	21.7±8.0	39.8	12.1±4.0	22	482±160	111±195	20.3±4.6	131.2±47.5
44°02′N	2100～2450	20.7±9.8	47	11.5±4.5	22	650±206	125±277	26.8±4.3	177.2±39.8
84°50′30″E	2450～2700	22.8±11.0	58	10.8±4.1	19	375±178	4±10	18.8±8.2	115.7±57.4
乌鲁木齐 Urumuqi	1800～2100	14.6±7.1	50.9	10.0±4.2	24	1596±673	542±674	33.1±6.9	195.7±60.3
43°25′N	2100～2450	15.9±10.6	71.8	10.1±4.9	25	1432±618	1157±744	41.2±11.3	283.5±88.0
87°27′30″E	2450～2700	18.3±11.4	60	9.0±5.3	26	513±242	92±108	18.7±13.0	122.7±101.9
哈密	2200～2400	16.3±8.5	50.9	10.5±4.3	19	1544±483	1175±237	41.0±6.8	256.2±47.1
43°18′30″N	2400～2650	20.8±9.2	40.4	11.4±4.6	19	1045±471	405±167	42.5±9.5	271.4±59.1
93°41′30″E	2650～2800	28.2±16.1	85	9.8±3.9	17	519±340	25±29	42.8±27.9	22.6±176.5

年的森林资源清查数据，作者测算了天山西部（西起霍城）、中部和东部（东至哈密）21 个林场的雪岭云杉林的生物量与生产力。结果显示，所测算的雪岭云杉树龄在 75～148 年，地上部分生物量和总生物量变化范围分别是 79.418～365.232 t/hm^2 和 96.491～443.937 t/hm^2；地上部分生产力和总生产力的变化范围分别是 3.036～13.611 t/（hm^2·a）和 3.252～17.278 t/（hm^2·a）；地下部分生物量和生产力的变化范围分别是 17.073～78.55 t/hm^2 和 0.224～6.922 t/（hm^2·a）；叶生物量和生产力变化范围分别是 7.626～31.631 t/hm^2 和 0.392～3.328 t/（hm^2·a）；不同地区之间雪岭云杉林的生产力相差 5 倍左右，由西向东逐渐降低（王燕和赵士洞，2000）。尽管各个林区间雪岭云杉林的群落结构和发育阶段的差异可能会影响群落的生物量与生产力，上述趋势与雪岭云杉分布区气候条件的区域分异规律大致类似，说明气候条件是影响群落生物量和生产力的关键因子。

上述研究表明，雪岭云杉林的生物量和生产力在不同的产地及同一产地的不同海拔范围均存在较大差异。事实上，森林生物量和生产力受多种因素影响，包括群落环境、发育阶段和群落结构等。雪岭云杉林的地理分布范围广，环境条件和群落结构的空间异质性大，这些因素必然会导致生物量和生产力的巨大变化。上述研究报道中所记载的雪岭云杉林生物量和木材蓄积量数据，初步反映了不同区域间的差异。

3.7 群落动态和演替

雪岭云杉林的更新与演替过程可分为森林自然更新和森林破坏后自然恢复等类型。在历史时期，雪岭云杉林经历了程度不同的择伐或“条件皆伐”作业。现存的雪岭云杉林大多数为异龄林，林冠的盖度较低，林内光照好，成年树可正常结实，林下种子萌发及幼苗、幼树生长状况良好。在遮蔽的林冠下，雪岭云杉更新不良。由于遮蔽的林下存在较厚的地被层，种子很难接触到土壤，不易发芽。即便种子能够萌发，郁闭的林下环境也不利于幼树的生长，幼树的枯死现象很常见。因此，在盖度较大的雪岭云杉林中，自然更新需要林窗。

在雪岭云杉林的林窗中更新的幼苗和幼树，往往是十几株甚至几十株聚集生长在一起，有文献将此类更新的幼树群落称为“簇状云杉幼树丛”（张新时和张瑛山，1963）。张新时和张瑛山（1963）调查的样地数据显示，雪岭云杉幼树丛出现在种源补给丰富的林窗或择伐迹地，树丛高度一般小于 5 m，树丛几乎由清一色的雪岭云杉个体组成，罕有其他灌木混生；树丛中个体的年龄在 7～35 年，说明这些个体在不同的年份逐步萌发、生长而来。最先出现的小树丛所形成的遮阴挡风的小环境，对后续的种子萌发及幼苗生长提供了庇护，随着小树丛的逐步壮大，形成了异龄的种群结构；在小树丛中，幼树个体间存在水平根系相连的现象，据此推测，雪岭云杉有克隆繁殖的可能性。在克隆繁殖的种群中，个体间物质的共享与互补必将促进种群的成长。这种密集生长的树丛，随着种群的生长，个体间竞争将渐趋激烈，最终导致自梳。据王婷等（2006）的研究，在 10 年树龄前，雪岭云杉幼苗仅有约 24%的个体能存活至 30 年；自梳过程在 70 年树龄前都会发生，之后种群才相对稳定，死亡率逐渐降低；在 140 年树龄以后，种群进入自然枯亡阶段。

雪岭云杉林在历史时期曾经历了采伐和火烧干扰。在天山北路中段的喀拉乌成山脉，张新时等（1964）对山脉外缘雪岭云杉林更新迹地的类型进行了划分，主要类型有皆伐迹地、强度择伐迹地、中弱度择伐迹地、小块状皆伐迹地、生草化的火烧迹地及火烧迹地。在不同类型的采伐迹地上，因自然环境条件、扰动的类型和强度等因素的差异，植被恢复的进程可能具有多样化的特点。但是，雪岭云杉林毕竟是半干旱、半湿润的气候条件下的一个山地群系类型，森林被破坏后，植被恢复进程仍具有寒温性针叶林的一般规律性。

在采伐迹地形成后的初期阶段，光照强烈，地温升高且温差大，喜光的草本植物大量滋生。在大面积的皆伐区域，如果缺乏云杉种源，植物群落可能会长期停留在灌木草丛阶段。在经历适度择伐或孔状皆伐后，森林的更新过程和植被的恢复特征与林窗的自然更新过程和特征相类似。

在火烧迹地上，经历先锋生草阶段后，将先后出现落叶阔叶灌丛、雪岭云杉和落叶阔叶树的混交林及雪岭云杉纯林阶段。在天山北路中段的乌苏待甫僧林场，张新时和张瑛山（1963）对雪岭云杉林火烧迹地上不同恢复阶段的植物群落特征进行了描述，下述内容是根据原文中的素材整理而成。

在雪岭云杉林的火烧或皆伐迹地上，经过先锋生草阶段后，最明显的现象是柳（*Salix* sp.）灌丛的大量滋生。柳灌丛下的微环境遮蔽，有利于雪岭云杉的种子萌发和幼苗生长。

随着雪岭云杉幼树的生长，逐渐发展为落叶灌丛与雪岭云杉幼树混生的群落。此阶段的群落类型常被称为“山柳-雪岭云杉-藓类群丛”。林冠层以山柳占优势，有零星的天山花楸混生，冠层高 4～6 m，盖度为 60%；山柳平均基径 9 cm，年龄约 28～40 年。灌木层稀疏，盖度约 15%，种类有栒子、蔷薇和忍冬等，高度小于 2 m；林下雪岭云杉的幼苗、幼树更新良好，密度可达 35 800 株/hm^2，幼苗高度不足 1 m，呈团块状分布，盖度达 80%。草本层盖度小于 10%，种类稀少，常见到东北羊角芹和岩参等。苔藓呈斑块状，盖度约 20%，厚度 2～3 cm。

处于雪岭云杉和落叶阔叶树混交林阶段的群落可被称为“雪岭云杉-山柳-草本-藓类群丛”。乔木层盖度达 70%；雪岭云杉个体高度与山柳相当或略低，山柳占 4 成，树高约 10 m，树龄达 60 年，基部枯朽；雪岭云杉占 3 成，树龄 36～40 年。灌木层盖度 20%，高度小于 2 m；忍冬和蔷薇等灌木稀疏散布于林下，雪岭云杉的幼树和幼苗稀少，密度 100 株/hm^2，林下郁闭的环境不利于幼苗向幼树阶段过渡。草本层盖度小于 20%，种类有东北羊角芹和岩参等。地被层呈斑块状，以藓类为主，盖度约 15%，厚度小于 2 cm。

雪岭云杉纯林阶段，林冠层盖度 70%，高度可达 20 m，山柳完全退出乔木层，可偶见山柳的朽木。灌木层不明显，可见到零星的蔷薇和忍冬等。由于林地内枯枝落叶分解缓慢，凋落物层较厚，种子难以接触土壤，萌发困难，更新不良，林下可见到零星的雪岭云杉幼树，其生长受到抑制，仅在树体枝梢部分有绿叶，其他部分皆枯黄。草本层盖度小于 20%，高度小于 20 cm；种类有东北羊角芹、岩参和准噶尔繁缕等。地被层以斑块状生长的藓类为主，盖度约 30%。

3.8　价值与保育

雪岭云杉林所经历的干扰的类型大致包括以下几个方面。其一为自然因素，主要是森林火灾；其二为历史时期的森林采伐。除了在亚高山地带险峻的生境中保存有未经干扰的森林外，绝大多数雪岭云杉林在 20 世纪中期经历了大面积的择伐或皆伐，有些地区因采伐强度过大，林相残败，森林资源破坏十分严重（张瑛山，1959；张新时和张瑛山，1963）。此外，森林旅游和放牧对森林的干扰也不容忽视。放牧对雪岭云杉幼苗、幼树生长的影响较大，影响森林的更新。

长期以来，木材生产是中国天然林经营的基本目标，森林管理措施如火烧清林和抚育间伐等也无不围绕着这个目标展开。20 世纪 80 年代以后陆续实施的天然林保护工程，在森林经营的政策层面上做出了调整，把追求单一木材产量的属性转向发挥森林的综合功能。然而，在政策执行的过程中，不同地区存在执行力度宽严不均的问题。就雪岭云杉林而言，虽然工业性的采伐作业已经停止，盗伐现象也得到了有效遏制，但日益壮大的森林旅游业对森林造成了新的干扰。从天山山脉由西向东，雪岭云杉林中已被开发了多个旅游景点。道路和宾馆楼宇及其他基础设施建设对森林景观破坏很大，旅游践踏对林下植物的破坏尤为严重。在天山山脉中一些著名的旅游风景区，林间空地扎满了蒙古包，主要经营餐饮零售；旅游垃圾处理不当又会造成环境污染，特别是对水源和土壤的污染较大。

20 世纪 50～60 年代的调查报告显示，由于天山山脉是传统的牧场，雪岭云杉林是夏季牧场，森林处在游牧通道上，天然或人工更新的幼苗、幼树多被啃食，外貌呈低矮的垫状（张新时和张瑛山，1963）。我们在 2011 年对天山北路各林区的考察中所目睹的现状，与 50 多年前的情景别无二致，林缘人工更新的雪岭云杉幼树顶芽被啃食，幼树呈浑圆状（图 3.30）。此外，由于经历了长期无序的放牧干扰，林下草本植物紧贴地面生长，个体形态呈小型化的趋势十分明显，林下草本植物的群落外貌与过度放牧的草地相似，放牧对森林植物多样性的影响可见一斑。

图 3.30　雪岭云杉林林缘更新的团簇状的幼树丛（天山中段，新疆奎屯）

Figure 3.30　Densely growing seedlings of *Picea schrenkiana* in the margin of forests in mid-section of Mt. Tinanshan, Kuitun, Xinjiang

禁伐是雪岭云杉林保育的重要措施，同时还应关注放牧干扰对森林更新的影响。放牧是当地群众的主要生产方式（图 3.31），放牧严重影响林地更新，对森林生物多样性

图 3.31　雪岭云杉林与放牧草场相邻（天山东段，新疆哈密）

Figure 3.31　*Picea schrenkiana* forests and pasture lands in eastern Mt. Tianshan, Balikun, Hami, Xinjiang

的破坏很大，必须采取有效措施，加强林权管理，以减轻放牧对森林更新的干扰和对森林生物多样性的影响。有研究显示，草食动物的啃食和践踏，对高度在 20 cm 左右的幼苗危害程度最重，高度在 50 cm 以上的云杉大苗受害较轻；因此，人工更新时应选用苗高在 50 cm 以上的大苗，以减轻放牧危害（王波，1991）。旅游开发要以森林资源承载力为依据，科学规划，严格执行。此外，林区的樵柴现象也时有发生，樵柴对林下植被的破坏十分严重，应加强引导和管理。

参 考 文 献

常直海, 孙继坤, 1995. 新疆山地森林土壤. 乌鲁木齐: 新疆科技卫生出版社.

刘端, 张毓涛, 郝帅, 韩燕梁, 2009. 天山云杉林下土壤物理性质空间异质性研究. 安徽农业大学学报, 36(3): 397-402.

刘贵峰, 2008. 天山云杉种群与群落特征及其地理变化规律的初步研究. 北京: 中国林业科学研究院博士学位论文.

刘贵峰, 臧润国, 张新平, 郭仲军, 成克武, 巴哈尔古丽·阿尤甫, 2009. 不同经度天山云杉林分因子随海拔梯度的变化. 林业科学, 45(8): 9-13.

刘寿坡, 邦忠衡, 卢俊培, 1986. 天山林区的森林土壤//中国林业科学研究院林业研究所. 中国森林土壤. 北京: 科学出版社: 587-642.

娄安如, 1998. 天山中段山地植被的生态梯度分析及环境解释. 植物生态学报, 22(4): 364-372.

王波, 1991. 天山西部林区云杉林更新中畜害的研究. 北京林业大学学报, (4): 67-73.

王婷, 任海保, 马克平, 2006. 新疆中部天山雪岭云杉种群动态初步研究. 生态环境, 15(3): 564-571.

王燕, 赵士洞, 1999. 天山云杉林生物量和生产力的研究. 应用生态学报, 10(4): 389-391.

王燕, 赵士洞, 2000. 天山云杉林生物生产力的地理分布. 植物生态学报, 24(2): 186-190.

吴征镒, 1991. 中国种子植物属的分布区类型. 云南植物研究, (增刊Ⅳ): 1-139.

吴征镒, 周浙昆, 李德铢, 彭华, 孙航, 2003. 世界种子植物科的分布区类型系统. 云南植物研究, 25(3): 245-257.

臧润国, 刘贵峰, 巴哈尔古丽·阿尤甫, 郭仲军, 白志强, 张炜银, 丁易, 2009. 天山云杉球果大小性状的地理变异规律. 林业科学, 45(2): 27-32.

张洪亮, 朱建雯, 张新平, 张毓涛, 郝帅, 2010. 天山中部不同郁闭度天然云杉林立地土壤养分的比较研究. 新疆农业大学学报, 33(1): 15-18.

张慧文, 马剑英, 孙伟, 陈发虎, 2010. 不同海拔天山云杉叶功能性状及其与土壤因子的关系. 生态学报, 30(21): 5747-5758.

张新时, 1959. 东天山森林的地理分布//穆尔札耶夫. 新疆维吾尔自治区的自然条件(论文集). 北京: 科学出版社: 201-226.

张新时, 1973. 伊犁野果林的生态地理特征和群落学问题. 植物学报, 15(2): 239-253.

张新时, 张瑛山, 1963. 乌苏林区天山云杉天然更新的初步研究. 新疆农业科学, (1): 29-35.

张新时, 张瑛山, 陈望义, 郑家恒, 陈福泉, 陈开秀, 莫盖提, 1964. 天山雪岭云杉林的迹地类型及其更新. 林业科学, 9(2): 71-87.

张瑛山, 1959. 天山林区的异龄云杉林及对其测树和经营上的意见. 新疆农业科学, (12): 497-499,509.

张瑛山, 2000. 天山云杉林//中国森林编辑委员会. 中国森林(第 2 卷　针叶林). 北京: 中国林业出版社: 704-714.

张瑛山, 唐光楚, 1989. 新疆森林//《新疆森林》编辑委员会. 新疆森林. 乌鲁木齐: 新疆人民出版社/北京: 中国林业出版社: 121-146.

张瑛山, 王学兰, 周林生, 1980. 雪岭云杉林生物量测定的初步研究. 新疆八一农学院学报, (3): 19-25.
张震, 刘萍, 丁易, 刘黎明, 2009. 天山云杉林群落结构及物种组成. 河北农业科学, 13(12): 31-34,82.
张震, 刘萍, 丁易, 刘黎明, 2010. 天山云杉林物种组成及其种群空间分布格局. 南京林业大学学报(自然科学版), 34(5): 157-160.
中国科学院新疆综合考查队, 1959. 新疆综合考察报告汇编. 北京: 科学出版社.
中国科学院新疆综合考查队, 中国科学院植物研究所, 1978. 新疆植被及其利用. 北京: 科学出版社.
中国科学院中国植被图编辑委员会, 2007. 中华人民共和国植被图(1∶1 000 000). 北京: 地质出版社.
中国森林编辑委员会, 1999. 中国森林(第 2 卷 针叶林). 北京: 中国林业出版社.
中国植被编辑委员会, 1980. 中国植被. 北京: 科学出版社.
Wang T., Liang Y., Ren H., Yu D., Ni J., Ma K., 2004. Age structure of *Picea schrenkiana* forest along an altitudinal gradient in the central Tianshan Mountains, northwestern China. Forest Ecology and Management, 196(2): 267-274.

第 4 章　西伯利亚云杉林 *Picea obovata* Forest Alliance

西伯利亚云杉林—中国植被，1980：191-192；中华人民共和国植被图（1∶1 000 000），2007；西伯利亚云杉群系—新疆植被及其利用，1978：155-157；西伯利亚云杉林—新疆森林，1989：111-115；中国森林（第 2 卷　针叶林），1999：704-705。

系统编码：PO

4.1　地理分布、自然环境及生态特征

4.1.1　地理分布

西伯利亚云杉林是欧亚大陆北方针叶林（泰加林）的重要组成部分，处在泰加林的中南亚地带；地理分布范围北起科拉半岛，经伏尔加河、西伯利亚地区（不含远东地区）至鄂霍次克海海岸和阿穆尔河流域（Bobrov，1978），南界止于中国新疆和蒙古西北部的阿尔泰山；生长在洪积倾斜平原的河谷地带及西伯利亚中部叶尼塞山脊的西坡，垂直分布的上限接近树线（Rysin and Savel'eva，2002）。在俄罗斯西伯利亚地区的中部，分布面积达 10 000 000 hm^2，约占当地森林总面积的 10.5%（Sokolov，1997；Rysin and Savel'eva，2002）；在西伯利亚的南部山地，数量较少（Polikarpov et al.，1986）。

在中国境内，西伯利亚云杉林仅分布于新疆阿尔泰山，覆盖面积自西北向东南逐渐减少，东南界止于新疆青河县内。在实地考察和查阅文献的基础上，结合对卫星影像的判读，我们确定了西伯利亚云杉林分布区边界地带的群落，据此标定了其在中国境内的地理分布范围，即 47°13′N～49°8′N，86°46′E～90°5′E；分布区呈狭长的带状，由西北向东南延伸，覆盖的面积是 320 km×80 km（图 4.1）；垂直分布范围在 1100～2450 m。在阿尔泰山的西北部，气候较湿润，垂直分布的上限可达 2000～2450 m；至东南部，气候渐趋干旱，云冷杉林主要沿河谷分布，海拔降至 1100 m 左右。在阿尔泰山的西北部，西伯利亚云杉林成片生长在低山坡及河谷地带（图 4.2）；至东南部，呈小斑块状生长在河谷地带，在山坡上仅有稀疏散生的个体。西伯利亚云杉与西伯利亚落叶松和西伯利亚冷杉的混交林较多，纯林较少，《中华人民共和国植被图（1∶1 000 000）》没有标识出西伯利亚云杉林的分布范围。

在中国植被区划系统中，西伯利亚云杉林分布区隶属于“温带草原区-西部草原亚区域-温带北部草原地带-温带草原荒漠亚地带-西北阿尔泰山含山地针叶林的草原小区”（中国科学院中国植被图编辑委员会，2007），地带性植被是温带草原；由于高耸的山地和狭长的河谷改变了水热因子的水平分布格局，形成了温带草原植被圈与寒温性针叶林圈共存的景观。

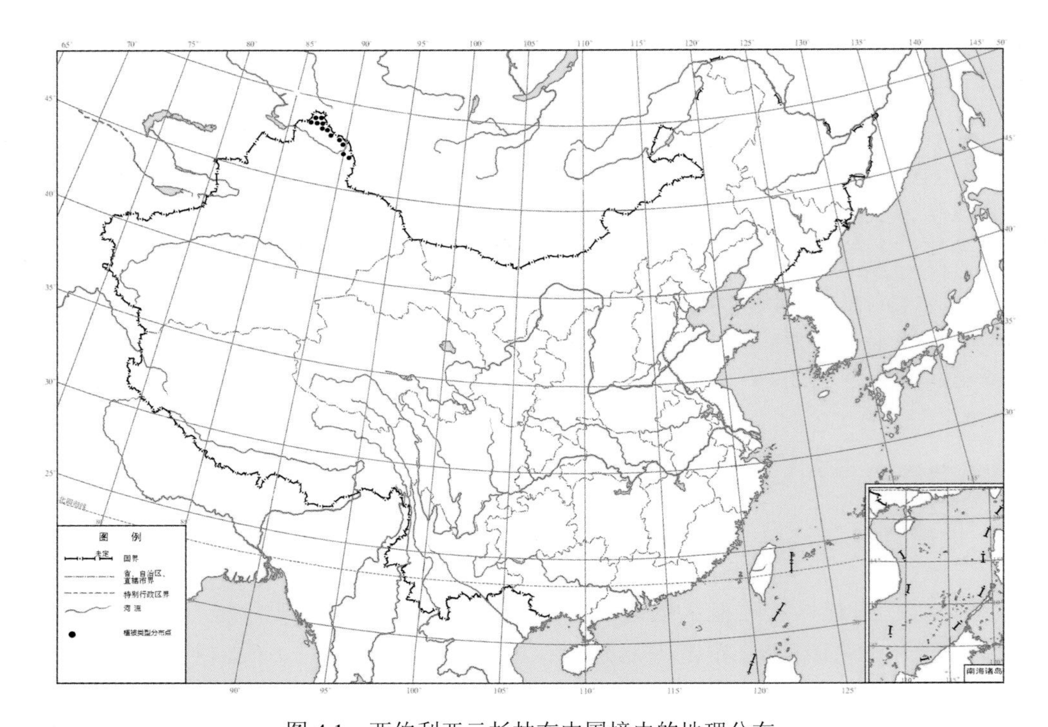

图 4.1　西伯利亚云杉林在中国境内的地理分布
Figure 4.1　Distribution of *Picea obovata* Forest Alliance in China

图 4.2　西伯利亚云杉林外貌（左：新疆布尔津喀纳斯湖畔；右：阿尔泰山石质山地和沟谷地带，富海）
Figure 4.2　Physiognomy of a community of *Picea obovata* Forest Alliance in Kanasi Lake, Buerjin(left)and on rocky hillside and riverside of Mt. Altai, Fuhai, Xinjiang

4.1.2　自然环境

4.1.2.1　地貌

西伯利亚云杉林的主产地阿尔泰山是一个褶皱的断块山，其主体部分位于蒙古和俄罗斯境内，主峰海拔达 4300 m，山体自西北向东南延伸，地势渐趋平缓。山体的西南坡延伸至中国境内，地貌低矮起伏，基岩裸露，巨石堆砌突兀，土层稀薄；山地西南方向与准噶尔盆地相邻，气候干燥，具有荒漠山地的特征。由于山地的成雨和集雨作用，雨季的阿尔泰山溪水潺潺，河谷地带积水成河，降水经额尔齐斯河最终汇入中亚。在阿尔泰山的中、高海拔地带，气候常显干燥，在阴坡及沟谷地带则阴冷湿润，这是西伯利亚云冷杉林的主要生境（图 4.2，图 4.3）。

4.1.2.2　气候

气候条件受西风系统和温带大陆性季风系统的综合影响。常年盛行的西风裹挟着北大西洋的湿润气流一路向东，经额尔齐斯河谷进入北疆，遇阿尔泰山后被抬升，在山地的西北部形成了降雨。在阿尔泰山东南部，西风气流的影响逐渐减弱而大陆性季风的影响渐强，气候渐趋干旱。据 1958 年的气象记录，从阿尔泰山西北部的克拉玛依、东南部的富蕴至更偏东南的青河，1～9 月的总降雨量分别为 541.6 mm、322.6 mm 和 259.3 mm（中国科学院新疆综合考查队和中国科学院植物研究所，1978）。

图 4.3　生长在石质山地（左）、山坡（中）和河谷地带（右）的西伯利亚云杉林（新疆阿尔泰山）
Figure 4.3　Communities of *Picea obovata* Forest Alliance on rocky slope(left), hillside(middle) and valley(right) in Mt. Altai, Xinjiang

我们标定了西伯利亚云杉林分布区内 43 个样点的地理坐标，利用插值方法提取了每个样点的生物气候数据，各气候因子的均值依次是：年均气温−2.29℃，年均降雨量 256.35 mm，最冷月平均气温−23.08℃，最热月平均气温 15.11℃，≥0℃有效积温 1808.06℃·d，≥5℃有效积温 981.64℃·d，年潜在蒸散 515.40 mm，年实际蒸散 237.72 mm，水分利用指数 0.37（表 4.1）。年均降雨量的插值数据与观测值差别较大，可能源于插值计算的基础数据采自海拔较低的气象台站，没有充分体现出海拔对降雨量的影响，插值方法获得的降雨量数据可能较实际值偏低。

表 4.1　西伯利亚云杉林地理分布区海拔及其各气候因子描述性统计结果（*n*=43）
Table 4.1　Descriptive statistics of altitude and climatic factors in the natural range of *Picea obovata* Forest Alliance in China (*n*=43)

海拔及气候因子 Altitude and climatic factors	均值 Mean	标准误 Standard error	95%置信区间 95% confidence intervals		最小值 Minimum	最大值 Maximum
海拔 Altitude（m）	1754.67	55.19	1642.63	1866.71	1295.00	2145.00
年均气温 Mean annual temperature（℃）	−2.29	0.37	−3.05	−1.53	−6.88	1.69
最冷月平均气温 Mean temperature of the coldest month（℃）	−23.08	0.38	−23.86	−22.30	−28.95	−17.77
最热月平均气温 Mean temperature of the warmest month（℃）	15.11	0.47	14.15	16.07	9.66	20.37
≥5℃有效积温 Growing degree days on a 5℃ basis（℃·d）	981.64	66.30	847.04	1116.23	285.88	1797.16

续表

海拔及气候因子 Altitude and climatic factors	均值 Mean	标准误 Standard error	95%置信区间 95% confidence intervals		最小值 Minimum	最大值 Maximum
≥0℃有效积温 Growing degree days on a 0℃ basis（℃·d）	1808.06	82.80	1639.97	1976.14	899.54	2774.95
年均降雨量 Mean annual precipitation（mm）	256.35	7.73	240.65	272.05	176.52	349.39
潜在蒸散 Potential evapotranspiration（mm）	515.40	20.45	473.87	556.92	153.00	634.80
实际蒸散 Actual evapotranspiration（mm）	237.72	16.84	203.53	271.90	87.00	538.00
水分利用指数 Water availability index	0.37	0.01	0.35	0.40	0.19	0.48

4.1.2.3 土壤

据《中国森林土壤》记载，西伯利亚云杉林的主要土壤类型为山地灰褐色森林土；该类型的土壤在阿尔泰山的阴坡和半阴坡广泛分布，且在不同的海拔地带分化出不同的亚类。

在低海拔地带通常为山地淡灰色森林土，在中海拔地带为山地灰褐色森林土，在高海拔地带则为山地暗灰色森林土；土壤母岩主要有花岗岩、片麻岩和板岩等，土壤中砂粒、石砾的含量高；枯枝落叶层及淋溶层呈弱酸性，沉淀层呈中性，钙积层及母质层呈碱性（卢俊培和杨继镐，1986）。

刘立诚等（1999）记录了西伯利亚云杉林几个产地的土壤化学性质：布尔津，海拔1650 m，剖面深度0～61 cm，土壤有机质188.6～17.6 g/kg，土壤全氮4.95～0.68 g/kg，pH 5.22～6.22；阿勒泰，海拔1580 m，剖面深度0～50 cm，土壤有机质354.6～7.9 g/kg，土壤全氮9.83～0.44 g/kg，pH 5.50～6.18；青河，海拔2100 m，剖面深度0～55 cm，土壤有机质181.2～22.1 g/kg，土壤全氮5.04～0.78 g/kg，pH 5.08～6.30。

4.1.3 生态特征

在新疆阿尔泰山分布的针叶林有西伯利亚冷杉林、西伯利亚云杉林、西伯利亚落叶松林和西伯利亚五针松林，环境条件对各类森林分布的限制作用十分明显。西伯利亚冷杉林最喜阴湿环境，生态幅度窄，仅分布在阿尔泰山中部和西北部地形封闭、阴湿的沟谷地带；西伯利亚落叶松林具有较宽的生态幅度，在垂直和水平空间均有广泛分布；西伯利亚云杉林的生态幅度介于二者之间。上述几种森林类型的排序结果显示，西伯利亚云杉林生长在中等湿润且温凉的环境中；西伯利亚落叶松林具有宽泛的生态幅度，在冷湿和干热的环境中均能生长；西伯利亚五针松林则适应相对干热的生境（程平等，2008）。

4.2 群 落 组 成

4.2.1 科属种

在西伯利亚云杉林调查的48个样地中，记录到维管植物181种，隶属49科147属，其中种子植物45科143属177种，蕨类植物4科4属4种。种子植物中，裸子植物有西伯利亚云杉、西伯利亚落叶松、西伯利亚冷杉、西伯利亚五针松、叉子圆柏和西伯利亚刺柏等。被子植物中，种类最多的是菊科，有 23 种；其次是蔷薇科 17 种，毛茛科 16 种，禾本科和石竹科各 15 种，豆科 13 种，其余各科的种数介于 1～6 种。几个包含种类较多的科是构成灌木层和草本层的重要成分，松科植物是群落的建群种。

4.2.2 区系成分

根据中国种子植物科属区系成分的划分标准（吴征镒，1991；吴征镒等，2003），45 个种子植物科中，世界分布科占 58%，其次是北温带-南温带间断分布科和北温带分布科。143 个属可划分为 17 个分布区类型/亚型，温带成分占优势，其中北温带分布属占 44%、世界分布属占 17%、北温带和南温带间断分布属占 13%、旧世界温带分布属占 9%、其他分布属所占比例在 1%～3%（表 4.2）。

表 4.2　西伯利亚云杉林 45 科 143 属植物区系成分

Table 4.2　The areal type of the plant species recorded in the 48 plots sampled in *Picea obovata* Forest Alliance in China

编号 No.	分布区类型 The areal types	科 Family		属 Genus	
		数量 *n*	比例(%)	数量 *n*	比例(%)
1	世界广布 Widespread	26	58	24	17
2	泛热带 Pantropic	3	7	2	1
3	东亚（热带、亚热带）及热带南美间断 Trop. & Subtr. E. Asia &（S.）Trop. Amer. disjuncted	1	2		
7.2	热带印度至华南分布 Trop. India to S. China（especially S.Yunnan）			1	1
8	北温带 N. Temp.	5	11	63	44
8.1	环极 Circumpolar	1	2	2	1
8.2	北极-高山 Arctic-Alpine	1	2	2	1
8.4	北温带和南温带间断 N. Temp. & S. Temp. disjuncted	7	16	18	13
8.5	欧亚与南北温带间断 Eurasia & Temp. S. Amer. disjuncted	1	2	2	1
9	东亚和北美间断 E. Asia & N. Amer. disjuncted			1	1
10	旧世界温带 Temp. Eurasia			13	9
10.1	地中海区、西亚和东亚间断 Mediterranea，W. Asia（or C.Asia）& E. Asia disjuncted			1	1
10.2	地中海区和喜马拉雅间断 Mediterranea & Himalaya disjuncted			1	1
10.3	欧亚和南非洲间断 Eurasia & S. Afr. disjuncted			4	3
11	温带亚洲 Temp. Asia			5	3
12	地中海区、西亚至中亚 Medit.，W. to C. Asia			3	2
14	东亚 E. Asia			1	1
合计 Total		45	100	143	100

注：物种名录根据 48 个样方数据整理

4.2.3 生活型

在西伯利亚云杉林中，木本植物约占 20%，草本植物约占 80%；木本植物中，落叶成分占绝对优势，落叶灌木居多，常绿植物以常绿乔木居多；草本植物中，多年生直立杂草类较丰富，莲座垫状草本次之，丛生禾草类较少。在一些放牧程度较重的森林边缘或林下，莲座垫状植物数量较多。从各个生活型在群落中的地位看，西伯利亚云杉是乔木层的优势种；一些常绿灌木如越桔、北极花（图 4.4）、叉子圆柏和西伯利亚刺柏等，可形成特色鲜明的常绿灌木层片；禾草类的种类较少，在草本层中可形成优势层片（表 4.3）。

蓝果忍冬*Lonicera caerulea*　　越桔*Vaccinium vitis-idaea*

圆叶鹿蹄草*Pyrola rotundifolia*　　北极花*Linnaea borealis*

图 4.4　西伯利亚云杉林下的常见植物（拍摄自新疆阿尔泰山，喀纳斯湖）

Figure 4.4　Constant species under *Picea obovata* Forest Alliance (Kanasi Lake, Mt. Altai, Xinjiang)

表 4.3　西伯利亚云杉林 181 种植物生活型谱（%）

Table 4.3　Life-form spectrum (%) of the 181 vascular plant species recorded in the 48 plots sampled in *Picea obovata* Forest Alliance in China

木本植物 Woody plants	乔木 Tree		灌木 Shrub		藤本 Liana		竹类 Bamboo	蕨类 Fern	寄生 Phytoparasite	附生 Epiphyte
	常绿 Evergreen	落叶 Deciduous	常绿 Evergreen	落叶 Deciduous	常绿 Evergreen	落叶 Deciduous				
19	4	2	1	12	0	0	0	0	0	0

陆生草本 Terrestrial herbs	多年生 Perennial					一年生 Annual		蕨类 Fern	寄生 Phytoparasite	腐生 Saprophyte
	禾草型 Grass	直立杂草类 Forbs	莲座垫状 Rosette	附生 Epiphyte	藤本 Liana	短生型 Ephemeral	非短生型 Non-eephemeral			
81	5	53	19	0	1	1	1	1	0	0

注：物种名录来自 48 个样方数据

4.3　群 落 结 构

4.3.1　种群结构

基于样方数据，对西伯利亚云杉的胸径和树高频数分布进行了汇总分析（表 4.4）。结果显示，在海拔 1165～1803 m，西伯利亚云杉的“胸径-频数”和“树高-频数”分布呈现正态曲线或右偏态曲线，其峰值与海拔间没有表现出一定的相关性；中、小径级个体居多，树高以 10～15 m 的个体居多，种群处在成长阶段。

表 4.4　西伯利亚云杉林分布点调查的 12 个样方“胸径-频数”“树高-频数”分布的峰值汇总

Table 4.4　A summary of the maximum frequency of DBH（☆）and tree height（Δ）of *Picea obovata* varying with altitude，based on 12 plots sampled in *Picea obovata* forest. The maximum frequency of DBH(☆)and tree height(Δ)occurring in the class of Ⅰ～Ⅱ, Ⅲ and Ⅳ～Ⅴ indicate that the frequency distributions are right-inclined，normal and left-inclined

排序列 Sorting column				胸径级 DBH classes					树高级 Tree height classes				
样方号 Plots	海拔（m） Altitude	纬度（N） Latitude	经度（E） Longitude	Ⅰ	Ⅱ	Ⅲ	Ⅳ	Ⅴ	Ⅰ	Ⅱ	Ⅲ	Ⅳ	Ⅴ
X12	1165	47°45′1″	89°2′13″		☆					Δ			
X13	1174	47°35′24″	88°48′24″			☆				Δ			
X07	1499	43°39′56″	87°7′48″	☆					Δ				
X11	1607	47°59′40″	88°15′40″			☆					Δ		
X08	1677	48°28′27″	87°9′16″	☆						Δ			
X09	1775	48°27′27″	87°11′7″			☆				Δ			
X10	1803	48°0′17″	88°17′49″			☆					Δ		

胸径级：Ⅰ（<10 cm），Ⅱ（10～20 cm），Ⅲ（20～30 cm），Ⅳ（30～40 cm），Ⅴ（≥40 cm）；树高：Ⅰ（5～10 m），Ⅱ（10～15 m），Ⅲ（15～20 m），Ⅳ（20～25 m），Ⅴ（>25 m）。☆和 Δ 分别表示特定样方“胸径-频数”“树高-频数”分布图峰值出现的胸径级和树高级。符号出现在Ⅰ～Ⅱ、Ⅲ和Ⅳ～Ⅴ级分别表示“胸径-频数”或“树高-频数”分布图为右偏态曲线、正态曲线和左偏态曲线

4.3.2　垂直结构

垂直结构可划分为乔木层、灌木层、草本层和地被层（图 4.5）。

乔木层较低矮，高度一般不超过 20 m，个别可达 40 m；在阿尔泰山东南部的河谷及干旱山坡上，西伯利亚云杉林的高度在 10 m 左右（图 4.3）。不同的群落间分层结构存在差异。在纯林中，乔木层的物种组成和层次结构简单。在西伯利亚落叶松和西伯利亚云杉的混交林中，前者树冠松散开阔，色泽黄绿，位居林冠乔木层；后者的树冠为尖削的窄塔状，色泽墨绿，位居中、小乔木层。西伯利亚云杉和西伯利亚冷杉的混交林也较常见，二者的高度大致相当，树冠均呈尖削笔直的窄塔状；前者树干粗糙，色泽呈灰褐色，后者树干光洁灰白，在中、幼龄个体中尤为明显；常生长在阴湿的河谷地带，树枝上有松萝悬垂。西伯利亚云杉林中还常有天山花楸和垂枝桦等混生，高度通常小于 10 m，在河谷地带可形成针阔叶混交林，落叶阔叶树位居小乔木层；在多数群落中，阔叶树数量较少。

图 4.5 西伯利亚云杉林的垂直结构（新疆布尔津喀纳斯湖）
Figure 4.5 Supraterraneous stratification of communities of *Picea obovata* Forest Alliance in Kanasi Lake, Buerjin, Aletai, Xinjiang

灌木层稀疏或密集，忍冬、蔷薇和茶藨子等较常见；常绿小灌木北极花和越桔等是西伯利亚云杉林下的特征植物。常绿灌木西伯利亚刺柏和叉子圆柏等在林缘与较开阔的林间空地中较常见。在郁闭的林下，灌木十分稀疏。

草本层较稳定，常见种类有西伯利亚早熟禾、新疆薹草、野草莓、圆叶鹿蹄草、岩参和羽衣草等。

苔藓种类有塔藓、山羽藓、尖叶青藓和金发藓等。在遮蔽阴湿的林下可形成较大的苔藓斑块；在多数群落中，苔藓稀薄，呈小斑块状；在较干旱的生境中，如在阿尔泰山中部及东南部的石质山坡，林下无苔藓。

4.4 群 落 类 型

在中国境内，阿尔泰山自西北部向东南部延伸，气候渐趋干旱，西伯利亚云杉林的物种组成和结构特征也发生了相应的变化，形成了不同的群落类型。《中国植被》和《中国森林》在群系尺度上对西伯利亚云杉林进行了简要的描述（中国植被编辑委员会，1980；张瑛山，1999）；《新疆植被及其利用》和《新疆森林》描述了西伯利亚云杉林的4个群丛或群丛组，即“藓类-西伯利亚云杉”“疣枝桦-西伯利亚云杉”“草本-灌木-西伯利亚落叶松-西伯利亚云杉”和“足状薹草-西伯利亚落叶松-西伯利亚云杉”（中国科学院新疆综合考查队和中国科学院植物研究所，1978；师敏，1989）。

在阿尔泰山分布的几种针叶林中，西伯利亚冷杉林和西伯利亚落叶松林分别生长在偏湿冷和偏干热的环境中，西伯利亚云杉林的生态习性则介于二者之间，在阿尔泰山西北部还有西伯利亚五针松分布。在各类森林的过渡地带，几种针叶树混生的现象十分普遍。文献中对西伯利亚云杉和西伯利亚落叶松的混交林描述较多，对西伯利亚云杉和西伯利亚冷杉混交林的记载较少。事实上，二者的混交林也较常见，从阿尔泰山西北端的布尔津到阿勒泰克兰河小东沟一带均有分布。

基于 48 个样方资料的数量分类结果，西伯利亚云杉林可划分为 6 个群丛组和 9 个群丛（表 4.5a，表 4.5b，表 4.6）。

表 4.5　西伯利亚云杉林群落分类简表

Table 4.5　Synoptic table of *Picea sibirica* Forest Alliance in China

表 4.5a　群丛组分类简表

Table 4.5a　Synoptic table for association group

群丛组号 Association group number			I	II	III	IV	V	VI
样地数 Number of plots		L	3	3	3	20	15	4
西伯利亚云杉	*Picea obovata*	1	100	0	0	15	93	75
钝叶单侧花	*Orthilia obtusata*	6	67	0	0	0	0	0
林木贼	*Equisetum sylvaticum*	6	67	0	0	0	7	0
柔毛路边青	*Geum japonicum* var. *chinense*	6	67	0	0	10	0	0
两栖蓼	*Polygonum amphibium*	6	67	0	0	10	7	0
塔藓	*Hylocomium splendens*	6	67	0	0	5	13	0
兴安独活	*Heracleum dissectum*	6	67	33	0	0	7	0
石生悬钩子	*Rubus saxatilis*	6	67	33	0	5	7	0
问荆	*Equisetum arvense*	6	0	67	0	0	0	0
天山卷耳	*Cerastium tianschanicum*	6	0	0	100	0	20	0
新疆薹草	*Carex turkestanica*	6	0	0	67	5	20	0
白喉乌头	*Aconitum leucostomum*	6	0	0	67	10	0	25
红花鹿蹄草	*Pyrola asarifolia* subsp. *incarnata*	6	0	0	0	55	20	0
斜茎黄耆	*Astragalus laxmannii*	6	0	0	0	40	7	0
柳兰	*Chamerion angustifolium*	6	0	0	0	35	7	0
六齿卷耳	*Cerastium cerastoides*	6	0	0	0	25	0	0
西伯利亚云杉	*Picea obovata*	5	0	100	100	85	7	25
棒头草	*Polypogon fugax*	6	0	0	0	20	0	0
新疆方枝柏	*Juniperus pseudosabina*	5	0	0	0	40	20	25
巨序剪股颖	*Agrostis gigantea*	6	0	0	0	50	27	75
野青茅	*Deyeuxia pyramidalis*	6	33	33	0	80	47	0
东北羊角芹	*Aegopodium alpestre*	6	0	0	0	0	20	0
西伯利亚冷杉	*Abies sibirica*	2	0	0	67	0	47	0
西伯利亚五针松	*Pinus sibirica*	2	0	0	0	0	0	25
达乌里卷耳	*Cerastium davuricum*	6	67	0	67	0	7	
阿尔泰薹草	*Carex altaica*	6	0	0	33	65	27	100

表 4.5b 群丛分类简表

Table 4.5b Synoptic table for association

群丛组号 Association group number			I	II	III	IV	IV	IV	V	V	VI
群丛号 Association number			1	2	3	4	5	6	7	8	9
样地数 Number of plots		L	3	3	3	5	9	6	4	11	4
钝叶单侧花	*Orthilia obtusata*	6	67	0	0	0	0	0	0	0	0
林木贼	*Equisetum sylvaticum*	6	67	0	0	0	0	0	25	0	0
两栖蓼	*Polygonum amphibium*	6	67	0	0	0	22	0	0	9	0
兴安独活	*Heracleum dissectum*	6	67	33	0	0	0	0	0	9	0
石生悬钩子	*Rubus saxatilis*	6	67	33	0	20	0	0	0	9	0
问荆	*Equisetum arvense*	6	0	67	0	0	0	0	0	0	0
天山卷耳	*Cerastium tianschanicum*	6	0	0	100	0	0	0	25	18	0
新疆薹草	*Carex turkestanica*	6	0	0	67	0	11	0	0	27	0
白喉乌头	*Aconitum leucostomum*	6	0	0	67	0	0	33	0	0	25
棒头草	*Polypogon fugax*	6	0	0	0	40	11	17	0	0	0
蓝果忍冬	*Lonicera caerulea*	5	33	0	100	100	67	33	75	45	0
珠芽拳参	*Polygonum viviparum*	6	0	0	0	0	44	0	0	9	0
琴叶还阳参	*Crepis lyrata*	6	0	0	0	20	78	0	0	36	25
额敏贝母	*Fritillaria meleagroides*	6	0	0	0	0	33	0	0	0	0
红花鹿蹄草	*Pyrola asarifolia* subsp. *incarnata*	6	0	0	0	40	78	33	0	27	0
勿忘草	*Myosotis alpestris*	6	0	0	0	0	33	0	0	9	0
蒙古异燕麦	*Helictotrichon mongolicum*	6	0	0	0	0	33	0	0	9	0
斜茎黄耆	*Astragalus laxmannii*	6	0	0	0	20	56	33	0	9	0
高山龙胆	*Gentiana algida*	6	0	0	0	0	22	0	0	0	0
褐穗莎草	*Cyperus fuscus*	6	0	0	0	0	22	0	0	0	0
火绒草	*Leontopodium leontopodioides*	6	0	0	0	0	44	0	0	36	0
叉子圆柏	*Juniperus sabina*	5	0	33	0	0	56	0	0	18	25
新疆方枝柏	*Juniperus pseudosabina*	5	0	0	0	20	56	33	0	27	0
针叶石竹	*Dianthus acicularis*	6	0	0	0	0	33	17	0	9	0
丝叶匹菊	*Pyrethrum abrotanifolium*	6	0	33	0	20	44	0	0	9	0
柄状薹草	*Carex pediformis*	6	0	100	0	40	89	67	0	73	25
新疆党参	*Codonopsis clematidea*	6	0	0	0	0	0	33	0	0	0
蒿	*Artemisia* spp.	6	0	0	0	0	0	33	0	0	0
粉绿铁线莲	*Clematis glauca*	5	0	0	0	0	0	33	0	0	0
六齿卷耳	*Cerastium cerastoides*	6	0	0	0	0	22	50	0	0	0
西伯利亚铁线莲	*Clematis sibirica*	5	0	0	0	20	11	67	0	27	50
白花马蔺	*Iris lactea*	6	0	0	0	0	0	33	0	0	25
西伯利亚落叶松	*Larix sibirica*	2	0	0		20	78	100	25	64	100
北点地梅	*Androsace septentrionalis*	6	0	33	0	0	0	33	0	0	0

续表

群丛组号 Association group number			I	II	III	IV	IV	IV	V	V	VI
群丛号 Association number			1	2	3	4	5	6	7	8	9
样地数 Number of plots		L	3	3	3	5	9	6	4	11	4
西伯利亚冷杉	*Abies sibirica*	1	0	0	0	0	0	0	50	0	0
天山桦	*Betula tianschanica*	2	0	0	0	20	0	0	50	0	0
山羽藓	*Abietinella abietina*	6	0	0	0	20	0	0	50	0	0
蓝花老鹳草	*Geranium pseudosibiricum*	6	0	0	0	20	0	0	50	0	0
尖叶青藓	*Brachythecium coreanum*	6	0	0	0	20	0	0	50	0	0
北极花	*Linnaea borealis*	5	0	0	33	20	0	0	50	0	25
西伯利亚早熟禾	*Poa sibirica*	6	33	0	33	20	0	0	50	0	0
东北羊角芹	*Aegopodium alpestre*	6	0	0	0	0	0	0	0	27	0
丝路蓟	*Cirsium arvense*	6	0	0	0	0	0	0	0	18	0
阿尔泰多郎菊	*Doronicum altaicum*	6	0	0	0	0	0	0	0	18	0
薄毛委陵菜	*Potentilla inclinata*	6	0	33	0	0	11	0	0	27	0
丘陵老鹳草	*Geranium collinum*	6	0	33	0	20	78	67	0	82	25
疏花蔷薇	*Rosa laxa*	5	0	33	0	20	22	50	0	64	25
林地早熟禾	*Poa nemoralis*	6	0	33	0	40	78	67	25	82	25
垂枝桦	*Betula pendula*	3	0	0	33	0	0	33	0	55	25
西伯利亚冷杉	*Abies sibirica*	2	0	0	67	0	0	0	50	45	0
阿尔泰薹草	*Carex altaica*	6	0	0	33	60	56	83	0	36	100
柔毛路边青	*Geum japonicum* var. *chinense*	6	67	0	0	40	0	0	0	0	0
塔藓	*Hylocomium splendens*	6	67	0	0	20	0	0	50	0	0
达乌里卷耳	*Cerastium davuricum*	6	67	0	67	0	0	0	25	0	0
西伯利亚落叶松	*Larix sibirica*	1	0	0	0	80	11	0	100	9	0
西伯利亚云杉	*Picea obovata*	1	100	67	100	40	56	33	50	45	50
西伯利亚五针松	*Pinus sibirica*	2	0	0	0	0	0	0	0	0	25

注：表中数据为物种频率值（%），物种按诊断值（Φ，P<0.05）递减的顺序排列。Φ>0.20 和 Φ>0.50（P<0.05）的物种为诊断种，其频率值分别标记深色和灰色。表中标记"L"的一列为物种所在的群落层次代码，1～3 分别表示高、中和低乔木层，4 和 5 分别表示高大灌木层和低矮灌木层，6～9 分别表示草本层、幼树、幼苗和地被层

Note: The numbers in the table are percentage frequencies. The column marked with "L" is the code of community vertical layer. 1 – tree layer (high); 2 – tree layer (middle); 3 – tree layer (low); 4 –shrub layer (high); 5 – shrub layer (low); 6 – herb layer (high); 7 – juveniles; 8 –seedlings; 9 – moss layer. Species are sorted are ranked by decreasing fidelity (phi coefficient) within each association. Light and dark grey background indicates fidelity of Φ>0.20 and Φ>0.50 (P<0.05), respectively. These species are considered as diagnostic species

表 4.6 西伯利亚云杉林的环境和群落结构信息

Table 4.6 Data for environmental characteristic and supraterraneous stratification of *Picea sibirica* Forest Alliance in China

群丛号 Association number	1	2	3	4	5	6	7	8	9
样地数 Number of plots	3	3	3	5	9	6	4	11	4
海拔 Altitude（m）	1136～1408	1112～1174	1499～1803	1392～1991	1710～2393	1430～1922	1337～1559	1149～2445	1680～1970
地貌 Terrain	HI	HI	VA	HI	HI	HI	MO	VA	MO
坡度 Slope（°）	5～35	0～18	15～25	10～40	10～35	0～40	20～25	0～40	10～40
坡向 Aspect	NW	NE	N/NW	NW	NW	N/NE	NE/N/NW	NE/N/NW	NE/N/NW
物种数 Species	11～19	17～20	18～26	14～33	12～43	17～35	15～22	16～37	15～35
乔木层 Tree layer									
盖度 Cover（%）	50～80	10～80	30～60	60～70		50～60	40～60	20～80	50
胸径 DBH（cm）	8～73	4～63	2～63	4～53	4～121	3～83	7～45	3～86	3～55
高度 Height（m）	4～30	4～17	3～24	8～40	7～21	4～29	5～33	3～31	3～32
灌木层 Shrub layer									
盖度 Cover（%）	5～10	20～35	30～40	10～25		30～40	10～80	10～20	25～30
高度 Height（cm）	40～50	17～230	3～350	40～90	5～93	10～100	5～90	10～300	8～100
草本层 Herb layer									
盖度 Cover（%）	80～100	20	20～80	50～100	30～90	60～90	25～60	20～85	20～85
高度 Height（cm）	5～80	2～60	3～60	5～80	1～63	1～90	5～80	2～73	1～52
地被层 Ground layer									
盖度 Cover（%）	10～30	20	40	5			40～60	25	
高度 Height（cm）	6～9	5	4	8			15～20	3	

HI：山麓 Hillside；MO：山地 Montane；VA：河谷 Valley；N：北坡 Northern slope；NE：东北坡 Northeastern slope；NW：西北坡 Northwestern slope；W：西坡 Western slope

群丛组、群丛检索表

A1 西伯利亚云杉是乔木层的单优势种或与杨桦类阔叶树混交成林。

B1 西伯利亚云杉是乔木层的单优势种。**POⅠ 西伯利亚云杉-草本 常绿针叶林 *Picea obovata*-Herbs Evergreen Needleleaf Forest**

C 特征种是钝叶单侧花、林木贼、两栖蓼、兴安独活和石生悬钩子。**PO1 西伯利亚云杉-兴安独活 常绿针叶林 *Picea obovata-Heracleum dissectum* Evergreen Needleleaf Forest**

B2 西伯利亚云杉与杨桦类阔叶树混交成林。**POⅡ 西伯利亚云杉-阔叶树-灌木-草本 针阔叶混交林 *Picea obovata*-Broadleaf trees-Shrubs-Herbs Mixed Needleleaf and Broadleaf Forest**

C 西伯利亚云杉和垂枝桦分别为中、小乔木层的优势种，特征种是问荆。**PO2 西伯利亚云杉-垂枝桦-刺蔷薇-柄状薹草 针阔叶混交林 *Picea obovata-Betula pendula-Rosa acicularis-Carex pediformis* Mixed Needleleaf and Broadleaf Forest**

A2 乔木层由西伯利亚云杉、西伯利亚落叶松、西伯利亚冷杉和西伯利亚五针松等针叶树组成。

B1 乔木层由西伯利亚云杉和西伯利亚冷杉组成。**POⅢ 西伯利亚云杉-西伯利亚冷杉-灌木-草本 常绿针叶林 *Picea obovata-Abies sibirica*-Shrubs-Herbs Evergreen Needleleaf Forest**

C 特征种是天山卷耳、新疆薹草、白喉乌头和达乌里卷耳。**PO3 西伯利亚云杉+西伯利亚冷杉-北极花-新疆薹草 常绿针叶林 *Picea obovata+Abies sibirica-Linnaea borealis-Carex turkestanica* Evergreen Needleleaf Forest**

B2 乔木层由西伯利亚落叶松、西伯利亚云杉和西伯利亚冷杉或西伯利亚五针松或杨桦类组成。

C1 乔木层由西伯利亚落叶松和西伯利亚云杉组成，或有阔叶树混生。**POⅣ 西伯利亚落叶松-西伯利亚云杉-灌木-草本 常绿与落叶针叶混交林 *Larix sibirica-Picea obovata*-Shrubs-Herbs Mixed Evergreen and Deciduous Needleleaf Forest**

D1 西伯利亚落叶松和西伯利亚云杉为乔木层的共优种。

E1 特征种是蓝果忍冬、柔毛路边青和棒头草。**PO4 西伯利亚落叶松+西伯利亚云杉-蓝果忍冬-新疆芍药 常绿与落叶针叶混交林 *Larix sibirica+Picea obovata-Lonicera caerulea-Paeonia anomala* Mixed Evergreen and Deciduous Needleleaf Forest**

E2 特征种是叉子圆柏、新疆方枝柏、斜茎黄耆、柄状薹草、琴叶还阳参、褐穗莎草和针叶石竹等。**PO5 西伯利亚落叶松+西伯利亚云杉-新疆方枝柏-蒙古异燕麦 常绿与落叶针叶混交林 *Larix sibirica+Picea obovata-Juniperus pseudosabina-Helictotrichon mongolicum* Mixed Evergreen and Deciduous Needleleaf Forest**

D2 西伯利亚落叶松、西伯利亚云杉和垂枝桦为乔木层的共优种；特征种是粉绿铁线莲、西伯利亚铁线莲、北点地梅、六齿卷耳、新疆党参和白花马蔺。**PO6 西伯利亚落叶松+西伯利亚云杉+垂枝桦-西伯利亚铁线莲-阿尔泰薹草 常绿与落叶针叶混交林 *Larix sibirica+Picea obovata+Betula pendula-Clematis sibirica-Carex altaica* Mixed Ever-**

green and Deciduous Needleleaf Forest

C2 乔木层除了西伯利亚落叶松和西伯利亚云杉外，还有西伯利亚冷杉或西伯利亚五针松混生。

D1 乔木层由西伯利亚落叶松、西伯利亚云杉和西伯利亚冷杉组成。**POⅤ 西伯利亚落叶松+西伯利亚云杉+西伯利亚冷杉-草本 常绿与落叶针叶混交林 *Larix sibirica+Picea obovata+Abies sibirica*-Herbs Mixed Evergreen and Deciduous Needleleaf Forest**

E1 特征种是西伯利亚落叶松、天山桦、北极花、山羽藓、尖叶青藓和蓝花老鹳草等。**PO7 西伯利亚落叶松-西伯利亚云杉-西伯利亚冷杉-越桔-山地乌头 常绿与落叶针叶混交林 *Larix sibirica-Picea obovata-Abies sibirica-Vaccinium vitis-idaea-Aconitum monticola* Mixed Evergreen and Deciduous Needleleaf Forest**

E2 特征种是垂枝桦、疏花蔷薇、东北羊角芹、阿尔泰多郎菊、丘陵老鹳草和林地早熟禾等。**PO8 西伯利亚落叶松+西伯利亚云杉+西伯利亚冷杉-柄状薹草 常绿与落叶针叶混交林 *Larix sibirica+Picea obovata+Abies sibirica-Carex pediformis* Mixed Evergreen and Deciduous Needleleaf Forest**

D2 乔木层由西伯利亚落叶松、西伯利亚云杉和西伯利亚五针松组成。**POⅥ 西伯利亚落叶松+西伯利亚云杉+西伯利亚五针松-灌木-草本 常绿与落叶针叶混交林 *Larix sibirica+Picea obovata+Pinus sibirica*-Shrubs-Herbs Mixed Evergreen and Deciduous Needleleaf Forest**

E 特征种是西伯利亚五针松和阿尔泰薹草。**PO9 西伯利亚落叶松-西伯利亚云杉+西伯利亚五针松-越桔-野青茅 常绿与落叶针叶混交林 *Larix sibirica-Picea obovata+Pinus sibirica-Vaccinium vitis-idaea-Deyeuxia pyramidalis* Mixed Evergreen and Deciduous Needleleaf Forest**

4.4.1 POⅠ

西伯利亚云杉-草本 常绿针叶林

***Picea obovata*-Herbs Evergreen Needleleaf Forest**

群落外貌呈典型的泰加林特征，色泽墨绿，树冠呈尖塔层叠状（图 4.6）。西伯利亚云杉是乔木层的单优势树种，树冠层较郁闭，林内遮蔽，几乎无灌木生长。草本层发达，盖度达 100%，高度达 100 cm，物种组成丰富，种类以薹草、早熟禾、达乌里卷耳、广布野豌豆和北方拉拉藤等较常见。苔藓层无或呈稀薄的斑块状。

分布于新疆阿尔泰山，呈连片或斑块状，生长在山坡下部的山麓、河谷地带及沼泽边缘。耐大气干旱，对土壤水分的依赖性强。在地形开阔的湖畔和河岸，地形平坦、土层较厚、地下水位高、土壤排水不良、光照充足、大气干燥度较高，西伯利亚云杉具有很强的竞争能力，可形成单优势群落；在山地丘陵地带，土壤排水良好、含水量低，其竞争力不及西伯利亚落叶松；在地形封闭而阴湿的生境中，其竞争力不及西伯利亚冷杉。这里描述 1 个群丛。

图 4.6 “西伯利亚云杉-草本”常绿针叶林外貌（左）和结构（右）（新疆布尔津喀纳斯湖）
Figure 4.6 Physiognomy and supraterraneous stratification of a community of *Picea obovata*-Herbs Evergreen Needleleaf Forest in Kanasi Lake, Buerjin, Aletai, Xinjiang

PO1

西伯利亚云杉-兴安独活 常绿针叶林
***Picea obovata-Heracleum dissectum* Evergreen Needleleaf Forest**

凭证样方：16141、16142、16143。

特征种：西伯利亚云杉（*Picea obovata*）*、钝叶单侧花（*Orthilia obtusata*）*、林木贼（*Equisetum sylvaticum*）*、两栖蓼（*Polygonum amphibium*）*、兴安独活（*Heracleum dissectum*）*、石生悬钩子（*Rubus saxatilis*）*、柔毛路边青（*Geum japonicum* var. *chinense*）*、塔藓（*Hylocomium splendens*）*和达乌里卷耳（*Cerastium davuricum*）*。

常见种：石蚕叶绣线菊（*Spiraea chamaedryfolia*）、北方拉拉藤（*Galium boreale*）及上述标记*的物种。

乔木层盖度 50%～80%，由西伯利亚云杉组成，胸径（8）15～29（73）cm，高度（4）14～18（30）m；16143 样方数据显示，西伯利亚云杉“胸径-频数”和“树高-频数”分布分别呈右偏态和左偏态曲线，中、小径级和中、高树高级的个体较多（图 4.7），种群处在稳定发展阶段，个体端直高大，自然整枝良好。林下记录到西伯利亚云杉的幼苗和幼树，自然更新较好。

灌木层稀疏或无灌木生长，石蚕叶绣线菊较常见，偶见水栒子和蓝果忍冬。

草本层发达，总盖度 80%～100%，高度 5～80 cm，优势种不明显；高大草本层主要由直立杂草组成，常见兴安独活、两栖蓼、柔毛路边青、林木贼和石生悬钩子，偶见迷果芹、山地乌头、异株荨麻、白花老鹳草、野青茅、糙草、广布野豌豆、披针叶卷耳、地榆、新疆梅花草和达乌里卷耳等；低矮草本层由莲座叶、蔓生或直立丛生禾草类组成，常见钝叶单侧花和北方拉拉藤，偶见种包括车轴草、达乌里卷耳、单侧花、牧地山黧豆、西伯利亚早熟禾、小花风毛菊、新疆芍药、药用蒲公英、野草莓、野豌豆和羽衣草；圆叶鹿蹄草、西伯利亚早熟禾和新疆薹草可在局部形成优势层片。

苔藓层呈稀薄的斑块状，塔藓较常见，偶见青藓和赤茎藓。

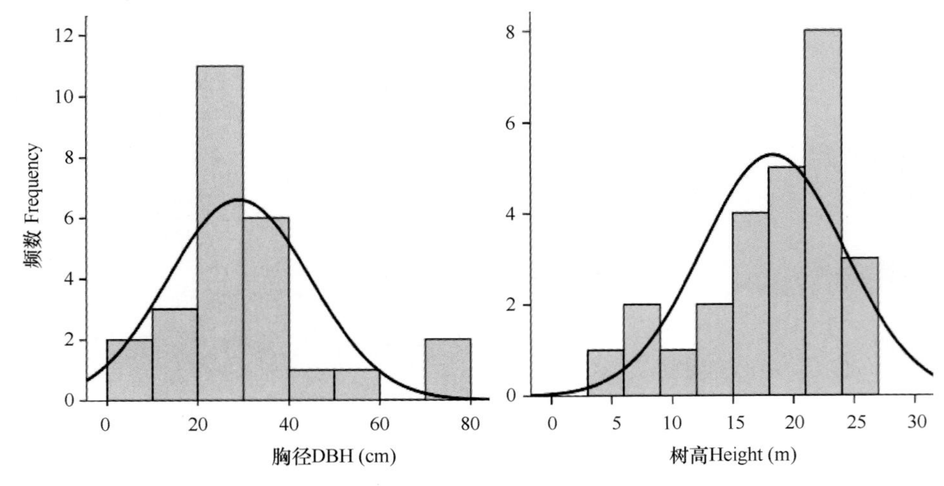

图 4.7 16143 样方西伯利亚云杉胸径和树高频数分布图
Figure 4.7 Frequency distribution of DBH and tree height of *Picea obovata* in plot 16143

分布于新疆阿勒泰，海拔 1100～1400 m，生长在阿尔泰山的河谷及喀纳斯湖畔阶地的西北坡，坡度 5°～35°；林地通常较平缓，土层深厚，林下光照弱，土壤湿度大。林内有轻度或较严重的放牧；在核心保护区内，林下几无干扰，呈现原始森林外貌。

这类群落的草本层发达，物种组成的空间异质性较大，许多物种在不同生境中可形成优势层片。在样地数据积累较多的情况下，或可根据物种组成或优势种再划分出不同的群丛。

4.4.2 POⅡ

西伯利亚云杉-阔叶树-灌木-草本 针阔叶混交林

***Picea obovata*-Broadleaf Trees-Shrubs-Herbs Mixed Needleleaf and Broadleaf Forest**

疣枝桦-西伯利亚云杉群丛—新疆植被及其利用，1978：156；疣枝桦-西伯利亚云杉混交林—新疆森林，1989：113。

群落呈针阔叶混交林外貌，西伯利亚云杉的树冠呈宝塔状，色泽墨绿；杨桦类树冠圆钝，色泽浅绿，二者对比明显（图 4.8）。西伯利亚云杉是乔木层的优势种，阔叶树由杨桦类落叶阔叶乔木组成，与针叶树处在同一层。林下有稀疏或密集的灌木层和草本层，盖度变化较大；灌木种类有绣线菊、茶藨子和柳等，草本植物有薹草、早熟禾、广布野豌豆和北方拉拉藤等。苔藓层稀薄。

分布于新疆阿尔泰山，呈斑块状或带状，生长在山坡和河谷地带。在山地中坡及山麓，树冠层开阔，林下光照充足；在河谷缓坡地带，林冠层较郁闭。这里描述 1 个群丛。

图 4.8 “西伯利亚云杉-阔叶树-灌木-草本”针阔叶混交林外貌（上，下左）和结构（下右）（新疆阿尔泰山）

Figure 4.8 Physiognomy(upper, lower left)and supraterraneous stratification (lower right) of communities of *Picea obovata*-Deciduous Broadleaf Trees-Shrubs-Herbs Mixed Needleleaf and Broadleaf Forest in Mt. Altai, Xinjiang

PO2

西伯利亚云杉-垂枝桦-刺蔷薇-柄状薹草 针阔叶混交林

Picea obovata-Betula pendula-Rosa acicularis-Carex pediformis Mixed Needleleaf and Broadleaf Forest

凭证样方：X12、X13、Xinjiang-XDG15。

特征种：问荆（*Equisetum arvense*）*。

常见种：西伯利亚云杉（*Picea obovata*）、刺蔷薇（*Rosa acicularis*）、柄状薹草（*Carex pediformis*）及上述标记*的物种。

乔木层盖度 10%～80%，胸径（4）15～34（63）cm，高度（4）9～10（17）m；中乔木层由西伯利亚云杉、垂枝桦和欧洲山杨组成，小乔木层中偶见小叶桦和光叶柳；X13 样方数据显示，西伯利亚云杉“胸径-频数”和“树高-频数”分布呈正态曲线，中等径级或树高级的个体较多，种群处在稳定发展阶段（图 4.9）。林下没有记录到西伯利亚云杉的幼苗和幼树，自然更新较差。在河谷地带，由于洪水冲刷，林地内岩石裸露，土层稀薄干燥，光照强烈，不利于种子萌发和幼苗生长；在山麓地带，土层较厚，阔叶树的数量显著减少。

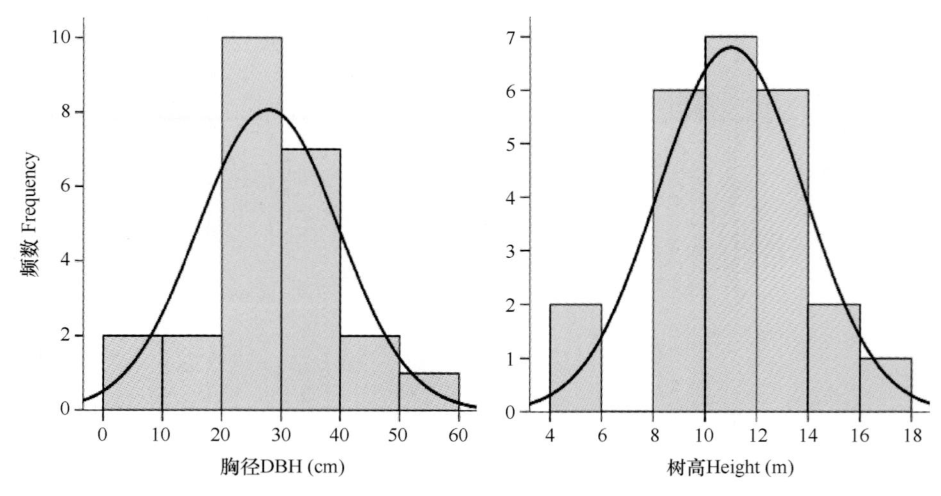

图 4.9 X13 样方西伯利亚云杉胸径和树高频数分布图

Figure 4.9 Frequency distribution of DBH and tree height of *Picea obovata* in plot X13

灌木层总盖度 10%～35%，高度达 230 cm；直立落叶灌木中，刺蔷薇较常见，偶见小叶忍冬、树锦鸡儿、阿尔泰醋栗、石生悬钩子、石蚕叶绣线菊、蒙古绣线菊和北疆茶藨子；常绿匍匐灌木中，偶见西伯利亚刺柏、叉子圆柏和中麻黄。

草本层稀疏，总盖度 20%左右，高度 2～60 cm；柯顺早熟禾、广布野豌豆、北方拉拉藤、乳苣、披针叶卷耳和羊茅等偶见于稀疏的高大草本层；在低矮草本层，柄状薹草较常见且略占优势，偶见北点地梅和黄花瓦松等附生垫状草本，以及丘陵老鹳草、阿尔泰狗娃花、长距元胡和丝叶匹菊等直立草本及石生堇菜、阿尔泰蒲公英等莲座叶草本。

苔藓仅出现在岩石上。

分布于新疆阿尔泰山中部及东南段，在阿勒泰至富海一带，生长在海拔 1100～1200 m 的山坡及河谷，坡度 0°～18°，林地枯落物深厚。山麓和河谷地带是放牧通道，家畜对林下植被的践踏和啃食较重。

4.4.3 POⅢ

西伯利亚云杉-西伯利亚冷杉-灌木-草本 常绿针叶林

***Picea obovata-Abies sibirica*-Shrubs-Herbs Evergreen Needleleaf Forest**

群落外貌呈千塔层叠状，树冠尖峭笔直，色泽墨绿（图 4.10）。乔木层由西伯利亚云杉和西伯利亚冷杉组成，偶有零星的西伯利亚落叶松、天山花楸和垂枝桦等落叶树混生。林下有针叶树的幼苗生长，可自然更新。灌木层稀疏或密集，草本层较发达，在阴湿的林下常有斑驳的苔藓。

分布于新疆阿尔泰山的西北部，生长在山地的中、下坡或河谷地带等相对封闭的环境中。这里描述 1 个群丛。

图 4.10　“西伯利亚云杉-西伯利亚冷杉-灌木-草本”常绿针叶林的结构（左）和地被层（右）（新疆布尔津）

Figure 4.10　Supraterraneous stratification (left) and ground layer (right) of a community of *Picea obovata-Abies sibirica*-Shrubs-Herbs Evergreen Needleleaf Forest (Buerjin, Xinjiang)

PO3

西伯利亚云杉+西伯利亚冷杉-北极花-新疆薹草 常绿针叶林

***Picea obovata+Abies sibirica-Linnaea borealis-Carex turkestanica* Evergreen Needleleaf Forest**

凭证样方：X07、X08、X10。

特征种：天山卷耳（*Cerastium tianschanicum*）*、新疆薹草（*Carex turkestanica*）*、白喉乌头（*Aconitum leucostomum*）*和达乌里卷耳（*Cerastium davuricum*）*。

常见种：西伯利亚冷杉（*Abies sibirica*）、西伯利亚落叶松（*Larix sibirica*）、西伯利亚云杉（*Picea obovata*）、石蚕叶绣线菊（*Spiraea chamaedryfolia*）、蓝果忍冬（*Lonicera caerulea*）、羽衣草（*Alchemilla japonica*）、野草莓（*Fragaria vesca*）、淡紫金莲花（*Trollius lilacinus*）、新疆芍药（*Paeonia anomala*）、圆叶鹿蹄草（*Pyrola rotundifolia*）及上述标记*的物种。

乔木层盖度 30%～60%，胸径（2）10～21（63）cm，高度（3）8～11（24）m；乔木层由西伯利亚云杉和西伯利亚冷杉组成，二者的比例在不同的生境中有变化。在封闭的生境中，如在河谷阴坡、山谷或山脊交汇处以下的凹地，西伯利亚冷杉明显占优势；在相对开阔的生境中，西伯利亚云杉占优势。在 X07 样地中，西伯利亚云杉约占 60%，西伯利亚冷杉约占 40%，在 X08 样地中则相反。X08 样地数据显示，西伯利亚云杉“胸径-频数”和“树高-频数”分布呈右偏态曲线，中、小径级或树高级的个体较多，频数分布有残缺，反映了择伐对群落结构的干扰及群落在恢复早期和中期的特征（图 4.11）。林下有针叶树的幼苗、幼树，尤其是西伯利亚冷杉的幼苗，常在倒伏的朽木上形成状如苗床般密集的幼苗丛。林中偶有零星的西伯利亚落叶松、天山花楸和垂枝桦混生。树干上常有松萝，在阿尔泰山西北部较多，往南则逐渐消失。

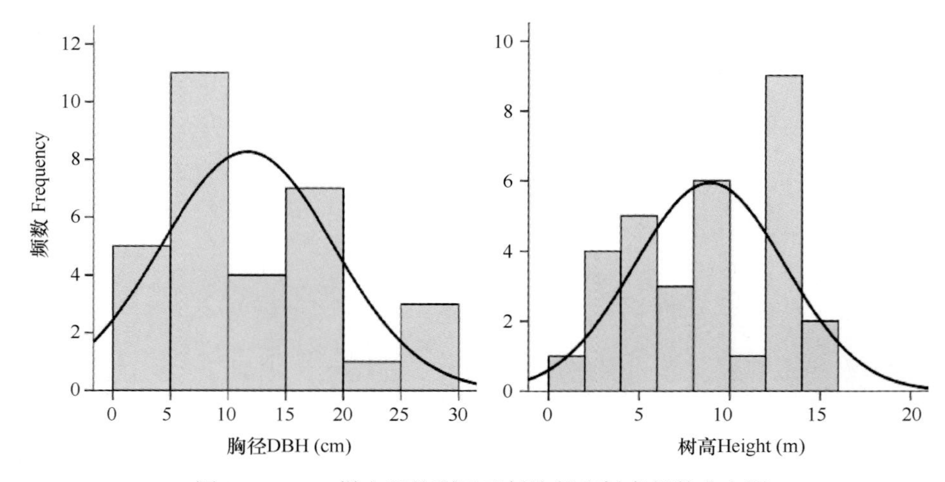

图 4.11　X08 样方西伯利亚云杉胸径和树高频数分布图
Figure 4.11　Frequency distribution of DBH and tree height of *Picea obovata* in plot X08

灌木层总盖度 30%～40%，高度 3～350 cm；蓝果忍冬是常见种，与阿尔泰醋栗、石蚕叶绣线菊和腺叶蔷薇等偶见种形成稀疏的直立落叶灌木层；常绿匍匐小灌木越桔和北极花等偶见于林下，在局部生境中可形成密集的斑块。

草本层总盖度 20%～80%，高度 3～60 cm；白喉乌头、新疆芍药和花叶滇苦菜等常见种可形成稀疏的高大草本层；在低矮草本层，新疆薹草和淡紫金莲花较常见，前者占优势，偶见达乌里卷耳、二裂棘豆、广布野豌豆、柯顺早熟禾、大花银莲花、四叶律、天山卷耳和小叶唐松草等；野草莓、羽衣草和圆叶鹿蹄草等圆叶系列草本偶见于林下，贴地生长。

苔藓分布不均匀，局部小斑块状的藓类盖度可达 40%，厚度约 4 cm，主要种类有塔藓和赤茎藓等。在较干旱的生境中苔藓层缺如。

分布于阿尔泰山西北段，新疆布尔津喀纳斯湖南缘贾登峪及阿勒泰克兰河流域，海拔 1500～1800 m，常生长在山地西北坡及河谷，坡度 15°～25°。群落在历史时期曾经历择伐，林缘有放牧。

4.4.4　POⅣ

西伯利亚落叶松-西伯利亚云杉-灌木-草本　常绿与落叶针叶混交林
Larix sibirica-Picea obovata-Shrubs-Herbs Mixed Evergreen and Deciduous Needleleaf Forest

草本-灌木-西伯利亚落叶松-西伯利亚云杉群丛组—新疆植被及其利用，1978：156；草本-西伯利亚落叶松-西伯利亚云杉林—新疆森林，1989：113；藓类-西伯利亚云杉群丛组—新疆植被及其利用，1978：156；藓类-西伯利亚云杉林—新疆森林，1989：112。

西伯利亚落叶松的树冠开阔，色泽浅绿；西伯利亚云杉的树冠狭窄呈塔状，色泽墨绿；二者的混交林呈翠绿与墨绿镶嵌的群落外貌（图 4.12）。乔木层由西伯利亚云杉和西伯利亚落叶松组成，偶有零星的小叶桦和垂枝桦等落叶阔叶树混生，在一些生境中可形成针阔叶混交林。灌木层稀疏，草本层较密集，物种组成的空间异质性较大。林地内有斑块状的苔藓，盖度较低，在阴湿的林下，可形成较大的藓类斑块。广泛分布于新疆阿尔泰山的东南部和西北部，主要生长在生境开阔、排水良好的山坡或山麓地带。这里描述 3 个群丛。

图 4.12　西伯利亚云杉（墨绿）和西伯利亚落叶松（浅绿）常绿与落叶针叶混交林外貌（上）、垂直结构（下左）和草本层（下右）（新疆布尔津）

Figure 4.12　Physiognomy(upper), supraterraneous stratification (lower left) and herb layer (lower right) of a community of *Picea obovata* (dark green) and *Larix sibirica* (yellow green) Mixed Evergreen and Deciduous Needleleaf Forest in Buerjin, Xinjiang

4.4.4.1　PO4

西伯利亚落叶松+西伯利亚云杉-蓝果忍冬-新疆芍药　常绿与落叶针叶混交林

***Larix sibirica+Picea obovata-Lonicera caerulea-Paeonia anomala* Mixed Evergreen and Deciduous Needleleaf Forest**

足状薹草-西伯利亚落叶松-西伯利亚云杉—新疆植被及其利用，1978：157。

凭证样方：16139、16140、16144、Xinjiang-QH8、Xinjiang-FY9。

特征种：西伯利亚落叶松（*Larix sibirica*）*、蓝果忍冬（*Lonicera caerulea*）*、柔毛路边青（*Geum japonicum* var. *chinense*）*、棒头草（*Polypogon fugax*）。

常见种：西伯利亚云杉（*Picea obovata*）、巨序剪股颖（*Agrostis gigantea*）、阿尔泰

薹草（*Carex altaica*）、野青茅（*Deyeuxia pyramidalis*）、北方拉拉藤（*Galium boreale*）、新疆芍药（*Paeonia anomala*）及上述标记*的物种。

乔木层盖度60%～70%，胸径（4）14～20（53）cm，高度8～27（40）m，由西伯利亚落叶松和西伯利亚云杉组成，前者或高于后者。林下有西伯利亚云杉的更新幼苗。

灌木层稀疏，盖度10%～25%，高度40～90 cm，蓝果忍冬略占优势，与偶见种石蚕叶绣线菊形成稀疏的中灌木层；低矮灌木层主要由偶见种组成，包括北疆茶藨子、密刺蔷薇和疏花蔷薇等；林下偶见蔓生灌木西伯利亚铁线莲和常绿小灌木越桔与北极花。

草本层盖度50%～100%，高度5～80 cm，优势种不明显；在高大草本层，新疆芍药较常见，偶见林地早熟禾、巨序剪股颖、山地乌头、异株荨麻、新疆山黧豆和富蕴黄耆等；低矮草本层较密集，多为偶见种，从生禾草有野青茅、柄状薹草和棒头草等；直立杂草类物种较多，包括高山唐松草、柳兰、斜茎黄耆、琴叶还阳参、阿尔泰蒲公英、西伯利亚耧斗菜和蓝蓟等；蔓生、匍匐类或莲座叶草本有北方拉拉藤、野草莓、广布野豌豆、红花鹿蹄草和石生堇菜等。

林地内有稀薄的苔藓层，多呈斑块状，种类包括塔藓、山羽藓、尖叶青藓和金发藓等。

分布于新疆阿尔泰山（富蕴、青河），海拔1400～2000 m，常生长在山坡下部及河谷地带，地形通透，气候干燥，坡度10°～40°。林缘有放牧干扰。

4.4.4.2 PO5

西伯利亚落叶松+西伯利亚云杉-新疆方枝柏-蒙古异燕麦 常绿与落叶针叶混交林
***Larix sibirica+Picea obovata-Juniperus pseudosabina-Helictotrichon mongolicum* Mixed Evergreen and Deciduous Needleleaf Forest**

凭证样方：Xinjiang-FY3、Xinjiang-FY4、Xinjiang-FY5、Xinjiang-FY6、Xinjiang-FY8、Xinjiang-QH5、Xinjiang-QH7、Xinjiang-QH11、Xinjiang-XDG9。

特征种：叉子圆柏（*Juniperus sabina*）*、新疆方枝柏（*Juniperus pseudosabina*）*、斜茎黄耆（*Astragalus laxmannii*）*、柄状薹草（*Carex pediformis*）*、琴叶还阳参（*Crepis lyrata*）*、褐穗莎草（*Cyperus fuscus*）、针叶石竹（*Dianthus acicularis*）、额敏贝母（*Fritillaria meleagroides*）、高山龙胆（*Gentiana algida*）、蒙古异燕麦（*Helictotrichon mongolicum*）、火绒草（*Leontopodium leontopodioides*）、勿忘草（*Myosotis alpestris*）、丝叶匹菊（*Pyrethrum abrotanifolium*）、珠芽拳参（*Polygonum viviparum*）、红花鹿蹄草（*Pyrola asarifolia* subsp. *Incarnata*）*。

常见种：西伯利亚落叶松（*Larix sibirica*）、蓝果忍冬（*Lonicera caerulea*）、阿尔泰薹草（*Carex altaica*）、野青茅（*Deyeuxia pyramidalis*）、丘陵老鹳草（*Geranium collinum*）、林地早熟禾（*Poa nemoralis*）、圆叶鹿蹄草（*Pyrola rotundifolia*）、北方拉拉藤（*Galium boreale*）及上述标记*的物种。

乔木层由西伯利亚落叶松和西伯利亚云杉组成，胸径（4）10～54（121）cm，高度（7）9～18（21）m；西伯利亚落叶松是中乔木层的优势种，个体的分枝集中在树干的中上部；西伯利亚云杉居小乔木层，分枝较低。林下有针叶树的幼树和幼苗。

灌木层高度5～93 cm；新疆方枝柏和叉子圆柏常组成高大的常绿灌木层片，其中有落叶灌木如蓝果忍冬混生，偶见黄花柳、小叶桦和北疆茶藨子；低矮灌木层由直立或匍匐的小灌木组成，多为偶见种，包括石蚕叶绣线菊、库页悬钩子、疏花蔷薇和西伯利亚铁线莲等，越桔可在局部形成小斑块状的常绿匍匐灌木层片。

草本层盖度 30%～90%，高度 1～63 cm，物种组成丰富；高大草本层主要由丛生或根茎禾草和杂草类组成，蒙古异燕麦、野青茅、阿尔泰薹草和额敏贝母较常见，偶见棒头草、巨序剪股颖、柯孟披碱草、林地早熟禾、看麦娘、瞿麦、山地乌头、丝叶匹菊、西伯利亚离子芥和小花棘豆等；中、小草本层主要由垫状、莲座叶或蔓生草本组成，珠芽拳参、圆叶鹿蹄草和红花鹿蹄草是常见种，偶见阿尔泰蒲公英、薄毛委陵菜、高山龙胆、黄花委陵菜、火绒草、柳兰、六齿卷耳、琴叶还阳参、球茎虎耳草、石生堇菜、斜茎黄耆、新疆毛连菜、野火球、羽衣草和针叶石竹等。

分布于新疆阿尔泰东南部（富蕴、青河），海拔 1700～2400 m，常生长在山地西北坡及沟谷地带，坡度 10°～35°。处在牧场与林地的交汇地带，林下有放牧干扰，草本植物多呈小型化。

4.4.4.3　PO6

西伯利亚落叶松+西伯利亚云杉+垂枝桦-西伯利亚铁线莲-阿尔泰薹草 常绿与落叶针叶混交林

***Larix sibirica+Picea obovata+Betula pendula-Clematis sibirica-Carex altaica* Mixed Evergreen and Deciduous Needleleaf Forest**

凭证样方：Altai-8、Altai-12、Xinjiang-FY11、Xinjiang-FY12、Xinjiang-QH9、Xinjiang-QH10。

特征种：粉绿铁线莲（*Clematis glauca*）、西伯利亚铁线莲（*Clematis sibirica*）*、北点地梅（*Androsace septentrionalis*）、六齿卷耳（*Cerastium cerastoides*）、新疆党参（*Codonopsis clematidea*）和白花马蔺（*Iris lactea*）。

常见种：西伯利亚落叶松（*Larix sibirica*）、西伯利亚云杉（*Picea obovata*）、阿尔泰薹草（*Carex altaica*）、柄状薹草（*Carex pediformis*）、野外青茅（*Deyeuxia pyramidalis*）、丘陵老鹳草（*Geranium collinum*）、新疆芍药（*Paeonia anomala*）、林地早熟禾（*Poa nemoralis*）、北方拉拉藤（*Galium boreale*）及上述标记*的物种。

乔木层的盖度 50%～60%，胸径（3）14～27（83）cm，高度（4）6～19（29）m；由西伯利亚落叶松、西伯利亚云杉和垂枝桦组成，前者或高于后二者，分层不明显；林下有针叶树的幼苗生长，可自然更新。

灌木层较稀疏，盖度 30%～40%，高度 10～100 cm，优势种不明显；疏花蔷薇、密刺蔷薇、石蚕叶绣线菊、蓝果忍冬、北疆茶藨子和小叶忍冬等落叶灌木偶见于稀疏的中、高灌木层；蔓生灌木西伯利亚铁线莲常见于低矮灌木层，偶见粗毛锦鸡儿、粉绿铁线莲和越桔。

草本层盖度 60%～90%，高度 1～90 cm；林地早熟禾、新疆芍药和新疆党参是高大草本层的常见种，高大草本层中偶见巨序剪股颖、长果婆婆纳、富蕴黄耆、大花银莲花、新疆风铃草、喜盐鸢尾、柳兰、阿尔泰狗娃花、黄花贝母、长距元胡、丘陵老鹳草和野青茅；在低矮草本层，白花马蔺、北方拉拉藤、北点地梅和阿尔泰薹草较常见，阿尔泰薹草略占优势，偶见种有黄花委陵菜、林荫千里光、腺毛唐松草、广布野豌豆、斜茎黄耆、新疆山黧豆、六齿卷耳、垂花青兰、野草莓、毛果一枝黄花、石生堇菜、火绒草、阿尔泰蒲公英、针叶石竹、长蕊青兰、山地糙苏和红花鹿蹄草等。

分布于新疆富蕴和阿勒泰，阿尔泰山西北部，海拔 1430～1950 m，常生长在山地北坡及东北坡的中、下部与沟谷地带，坡度 0°～40°。曾经历择伐，林缘有放牧。

4.4.5 POⅤ

西伯利亚落叶松+西伯利亚云杉+西伯利亚冷杉-草本 常绿与落叶针叶混交林
***Larix sibirica+Picea obovata+Abies sibirica*-Herbs Mixed Evergreen and Deciduous Needleleaf Forest**

群落呈翠绿与墨绿、尖塔树冠与松散树冠镶嵌的外貌特征（图 4.13）。乔木层由西伯利亚云杉、西伯利亚冷杉和西伯利亚落叶松组成，后者通常高于前二者。三者的相对比例在不同的环境条件下变化较大，在新疆阿尔泰山的西北部，特别是在生境相对封闭的山坡和河谷，西伯利亚冷杉较多；在山坡中、上部开阔的生境中，西伯利亚落叶松占优势；在开阔通透、低湿积水的生境中，西伯利亚云杉占优势。灌木层和草本层密集或稀疏，取决于林内的光照状况。

分布于新疆阿尔泰山的中部及西北部，生长在低山坡、河谷及河岸。这里描述 2 个群丛。

4.4.5.1 PO7

西伯利亚落叶松-西伯利亚云杉-西伯利亚冷杉-越桔-山地乌头 常绿与落叶针叶混交林
***Larix sibirica-Picea obovata-Abies sibirica-Vaccinium vitis-idaea-Aconitum monticola* Mixed Evergreen and Deciduous Needleleaf Forest**

凭证样方：16137、16138、16145、16146。

特征种：西伯利亚冷杉（*Abies sibirica*）、西伯利亚落叶松（*Larix sibirica*）*、天山桦（*Betula tianschanica*）、北极花（*Linnaea borealis*）、山羽藓（*Abietinella abietina*）、尖叶青藓（*Brachythecium coreanum*）、蓝花老鹳草（*Geranium pseudosibiricum*）、塔藓（*Hylocomium splendens*）、西伯利亚早熟禾（*Poa sibirica*）和红花鹿蹄草（*Pyrola asarifolia* subsp. *incarnata*）。

常见种：西伯利亚云杉（*Picea obovata*）、蓝果忍冬（*Lonicera caerulea*）、石蚕叶绣线菊（*Spiraea chamaedryfolia*）、越桔（*Vaccinium vitis-idaea*）、山地乌头（*Aconitum monticola*）及上述标记*的物种。

乔木层盖度 40%～60%，胸径（7）14～37（45）cm，高度（5）9～11（33）m；大乔木层由西伯利亚落叶松这一单优势种组成，偶有零星的西伯利亚五针松混生，二者的分枝集中在树干上部；中乔木层由西伯利亚云杉和西伯利亚冷杉组成，前者或高于后者；小乔木层及林下幼树和幼苗主要由西伯利亚冷杉组成。16146 样方数据显示，西伯利亚云杉“胸径-频数”和“树高-频数”分布略呈左偏态曲线，频数分布不整齐（图 4.14）。

图 4.13　“西伯利亚落叶松+西伯利亚云杉+西伯利亚冷杉-草本”常绿与落叶针叶混交林的外貌（上）、垂直结构（下左）和地被层（下右）（新疆阿勒泰克兰河）

Figure 4.13　Physiognomy (upper), supraterraneous stratification(lower left) and herb layer (lower right) of *Larix sibirica*+*Picea obovata*+*Abies sibirica*-Herb Mixed Evergreen and Deciduous Needleleaf Forest(Aletai, Kelan River, Xinjiang)

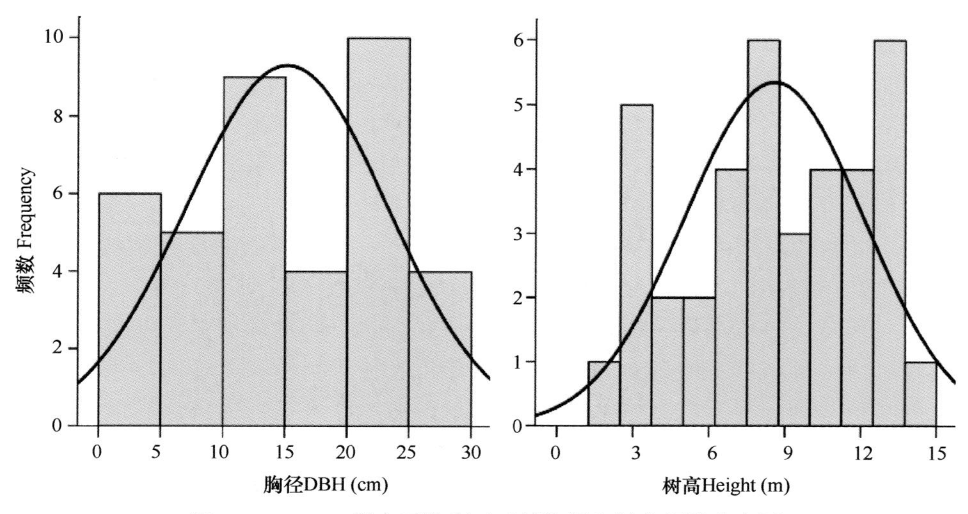

图 4.14　16146 样方西伯利亚云杉胸径和树高频数分布图

Figure 4.14　Frequency distribution of DBH and tree height of *Picea obovata* in plot 16146

灌木层总盖度 10%～80%，高度 5～90 cm；蓝果忍冬和石蚕叶绣线菊是常见种，与北疆茶藨子、天山花楸和阿尔泰醋栗等偶见种组成稀疏的大灌木层；越桔和北极花是小灌木层的优势种，在局部生境中可形成低矮密集的常绿半灌木层片。

草本层总盖度 25%～60%，高度 5～80 cm；山地乌头是常见种，与异株荨麻、林木贼和巨序剪股颖等组成稀疏的高大草本层；低矮草本层由蔓生、莲座叶和直立小草本组成，红花鹿蹄草和蓝花老鹳草较常见，偶见膨萼卷耳、西伯利亚还阳参、广布野豌豆、亚欧唐松草、北方拉拉藤和野草莓。

苔藓层盖度 40%～60%，厚度 15～20 cm，尖叶青藓和塔藓较常见，偶见山羽藓等。

分布于新疆阿尔泰山西北部，海拔 1300～1600 m，常生长在山地北坡、西北坡、东北坡及沟谷地带，坡度 20°～25°。

4.4.5.2 PO8

西伯利亚落叶松+西伯利亚云杉+西伯利亚冷杉-柄状薹草 常绿与落叶针叶混交林
***Larix sibirica+Picea obovata+Abies sibirica-Carex pediformis* Mixed Evergreen and Deciduous Needleleaf Forest**

凭证样方：X09、X11、Xinjiang-XDG1、Xinjiang-XDG2、Xinjiang-XDG10、Xinjiang-XDG11、Xinjiang-XDG12、Xinjiang-XDG14、Xinjiang-FY7、Xinjiang-QH3、Xinjiang-QH6。

特征种：西伯利亚冷杉（*Abies sibirica*）、垂枝桦（*Betula pendula*）*、疏花蔷薇（*Rosa laxa*）*、东北羊角芹（*Aegopodium alpestre*）、阿尔泰多郎菊（*Doronicum altaicum*）、丘陵老鹳草（*Geranium collinum*）*、林地早熟禾（*Poa nemoralis*）*、薄毛委陵菜（*Potentilla inclinata*）。

常见种：西伯利亚落叶松（*Larix sibirica*）、西伯利亚云杉（*Picea obovata*）、柄状薹草（*Carex pediformis*）、野青茅（*Deyeuxia pyramidalis*）、新疆芍药（*Paeonia anomala*）、北方拉拉藤（*Galium boreale*）及上述标记*的物种。

乔木层盖度 20%～80%，胸径（3）9～42（86）cm，高度（3）6～25（31）m；西伯利亚落叶松是大乔木层的优势种，个体数量较少，树体高大；西伯利亚云杉、西伯利亚冷杉和垂枝桦等组成中、小乔木层，各物种间分层现象不明显；X11 样方数据显示，西伯利亚云杉“胸径-频数”和“树高-频数”分布呈正态曲线，频数分布较整齐，中等径级和树高级的个体较多（图 4.15）；林下有针叶树的幼苗和幼树生长，西伯利亚冷杉的幼苗较多。

灌木层稀疏，盖度 10%～20%，高度 10～300 cm，偶见种居多；蓝果忍冬和白柳等偶见种可组成稀疏的高大灌木层，林缘偶有西伯利亚刺柏和叉子圆柏生长；疏花蔷薇和石蚕叶绣线菊偶见于低矮灌木层；越桔在局部生境中可形成斑块状的常绿半灌木优势层片。

草本层总盖度 20%～85%，高度 2～73 cm；林地早熟禾、野青茅、新疆芍药、东北羊角芹和阿尔泰多郎菊等是高大草本层的常见种，偶见种有小花棘豆、粟草、新疆风铃

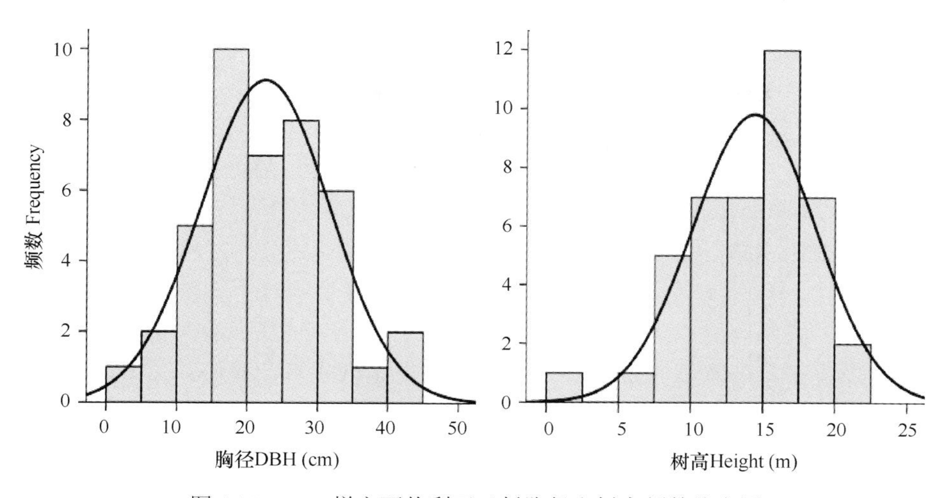

图 4.15　X11 样方西伯利亚云杉胸径和树高频数分布图

Figure 4.15　Frequency distribution of DBH and tree height of *Picea obovata* in plot X11

草、山地乌头、柯顺早熟禾、兴安独活、圆叶锦葵、高山唐松草和野火球等；中、低草本层中，柄状薹草较常见，在局部生境中可形成密集的根茎禾草层片；蔓生和莲座叶草本中，常见有北方拉拉藤，偶见种包括圆叶鹿蹄草、阿尔泰堇菜、长距元胡、新疆山黧豆、石生堇菜、钝叶单侧花和羽衣草等。

分布于新疆阿尔泰山中段至东南段，海拔 1150～2450 m，常生长在低山丘陵的东北坡、北坡至西北坡，坡度 0°～40°；在山麓河谷地带，林下通常巨石堆砌，土层稀薄，经雨季洪水冲刷，基岩显露。林地有不同程度的放牧干扰。

4.4.6　POⅥ

西伯利亚落叶松+西伯利亚云杉+西伯利亚五针松-灌木-草本　常绿与落叶针叶混交林
***Larix sibirica+Picea obovata+Pinus sibirica*-Shrubs-Herbs Mixed Evergreen and Deciduous Needleleaf Forest**

乔木层由西伯利亚云杉、西伯利亚落叶松和西伯利亚五针松组成，前者习性偏阴，后二者偏阳性，三者的相对多度随生境变化较大；林下通常有明显的灌木层和草本层，在阴湿的林下还有苔藓层。

分布于新疆阿尔泰山地中部至西北部的局部地带，常生长在海拔 2000 m 以下的山地北坡、东北坡的中部和山谷。历史时期择伐较重，目前存留的森林多为次生类型，中、小径级的个体居多。这里描述 1 个群丛。

PO9

西伯利亚落叶松-西伯利亚云杉+西伯利亚五针松-越桔-野青茅　常绿与落叶针叶混交林
***Larix sibirica-Picea obovata+Pinus sibirica-Vaccinium vitis-idaea-Deyeuxia pyramidalis* Mixed Evergreen and Deciduous Needleleaf Forest**

凭证样方：Altai-06、Altai-07、Altai-09、Xinjiang-FY10。

特征种：西伯利亚五针松（*Pinus sibirica*）、阿尔泰薹草（*Carex altaica*）*。

常见种：西伯利亚落叶松（*Larix sibirica*）、石蚕叶绣线菊（*Spiraea chamaedryfolia*）、越桔（*Vaccinium vitis-idaea*）、野青茅（*Deyeuxia pyramidalis*）、圆叶鹿蹄草（*Pyrola rotundifolia*）及上述标记*的物种。

乔木层盖度达50%，胸径（3）13～17（55）cm，高度（3）11～13（32）m；西伯利亚落叶松是中乔木层的优势种，小乔木层由西伯利亚云杉和西伯利亚五针松组成，偶有白桦和谷柳混生。林下有零星的西伯利亚云杉的幼苗。

灌木层盖度25%～30%，高度8～100 cm，优势种不明显；大灌木层稀疏，石蚕叶绣线菊较常见，偶见蓝果忍冬、小叶忍冬和水栒子等；越桔是小灌木层的常见种，在局部生境中可形成密集的常绿半灌木层片，偶见密刺蔷薇和疏花蔷薇；叉子圆柏灌丛偶见于林缘和偏阳的坡地。

草本层盖度20%～85%，高度1～52 cm，林地早熟禾、新疆风铃草、中华苦荬菜、巨序剪股颖、新疆芍药、紫菀、野青茅、阿尔泰柴胡、牛至、广布野豌豆和白花草木犀是高大草本层的偶见种；在中、低草本层，阿尔泰薹草占优势，圆叶鹿蹄草常见于阴湿的树冠下，其他以直立的丛生禾草和杂草居多，多为偶见种，包括野青茅、柄状薹草、黄花贝母、阿尔泰蒲公英、琴叶还阳参、新疆毛连菜、天山蝇子草、西伯利亚耧斗菜、勿忘草、野罂粟、岩参、细叶孩儿参、准噶尔繁缕、阿尔泰金莲花和广布野豌豆等；圆叶系列矮小草本中偶见石生堇菜、球茎虎耳草、羽衣草、野草莓、双花堇菜和红花鹿蹄草等，有些植物附生在枯落物、树干基部和岩石上。

分布于新疆富蕴和阿勒泰，阿尔泰山西北部，海拔1600～2000 m，常生长在山地北坡及东北坡的中、下部与沟谷地带，坡度10°～40°。林缘有放牧干扰。

4.5 建群种的生物学特性

4.5.1 遗传特征

西伯利亚云杉的遗传变异主要表现在种群内部，种群间的变异较小。Kravchenko等（2008）对分布于俄罗斯西伯利亚中部地区的西伯利亚云杉的遗传多样性进行了研究，研究地点位于叶尼塞河中游（52°14′N～65°50′N），他们调查了9个种群中的22个样地。结果显示，西伯利亚云杉在86%的样地中表现出遗传多样性，每个样地的种群等位基因的平均数为2.91，杂合性的观测值与期望值分别是0.161和0.168；遗传变异主要出现在种群内部，比例超过97%，而种群间的变异仅占2.3%；种群间遗传距离的变异幅度是0.0019～0.0115，平均值0.0051；研究进一步显示，种群间的遗传距离与种群间的地理距离没有必然关联。作者认为，西伯利亚云杉林的地理分布具有非地带性的特征，局地环境条件对群落的影响较大（Kravchenko et al.，2008）。

西伯利亚云杉林具有广阔的地理分布，其分布区的形成与大尺度气候分异无不关联，应该具有明显的地带性。上述研究中，作者关于西伯利亚云杉林地带性的表述虽然值得商榷，但研究数据初步展示了西伯利亚云杉林的遗传多样性水平。

4.5.2　个体生长发育

据《新疆森林》记载，从种子萌发至前 10 年的幼树阶段，西伯利亚云杉的树高增长十分缓慢，10 年树龄的幼树高度不足 1 m，40～50 年后树高增长加快。在俄罗斯乌拉尔南部地区的泰加林中，西伯利亚云杉的年龄结构分析结果显示，西伯利亚云杉的最大树龄可达 320 年；个体生长发育进程与环境因子密切相关，特别是生长季节的温度、最冷月温度及春季雪被厚度等对特定龄级个体的发生与生长影响较大；在特定龄级的前后 5～7 年，生长季节的热量状况影响该龄级个体的生长，热量供给越充足生长发育越好；此外，树龄在 30 年左右（27～32 年）的个体，其生长状况与 4 月末的雪被厚度相关（Moiseev et al.，2004）。

4.6　群落动态与演替

西伯利亚云杉林在历史时期曾经历了采伐和火烧。现存森林多为采伐迹地上恢复起来的中、幼林，林内采伐迹象明显，大径级的伐桩有很多，采伐前的西伯利亚云杉林应该是巨木参天的原始森林。西伯利亚云杉成年个体结实正常，林下常可见到密集散落的球果，林内透光好，苔藓层稀薄或消失，种子下落后可接触到土壤，自然更新良好。在我们调查的样地中，有 6 个样地的林下记录到了西伯利亚云杉的幼苗、幼树；在 25 m^2 的样方中，胸径小于 3 cm、高度小于 350 cm 的幼苗、幼树的多度为 4～37，平均苗高为 4.0～307 cm。

据报道，在不同盖度（30%～86%）的林下，西伯利亚云杉的幼苗、幼树均能更新（曾东等，2000）。我们在补充调查中发现，在盖度较高的林下，如生长在沟谷阴坡处的西伯利亚云冷杉混交林中，林地内虽能见到大量的云杉球果，但云杉幼苗、幼树很少；相反，西伯利亚冷杉的幼苗很多，在倒伏的朽木上可见到如苗床般密集生长的幼苗丛（图 4.16）。

图 4.16　枯腐树干（左）和苔藓（右）上生长的西伯利亚云杉和西伯利亚冷杉的幼苗（新疆布尔津贾登峪）

Figure 4.16　Seedlings of *Picea obovata* and *Abies sibirica* on the rotted tree trunks (left) and on mosses (right) in Buerjin, Xinjiang

此现象说明，在过于阴湿的环境中，西伯利亚云杉的种子萌发和幼苗生长会受到抑制，幼树的生长更需要一定的光照。

在采伐或火烧迹地上，西伯利亚云杉林的次生演替过程与其他云杉林的恢复进程相似，即要经历先锋生草灌丛、落叶阔叶林、针阔叶混交林及西伯利亚云杉纯林或混交林等阶段。

4.7 价值与保育

中国境内的西伯利亚云杉林处在其地理分布区的南界地带，是北方泰加林向南延伸的部分，对表征泰加林边际特征具有重要的价值；受阿尔泰山地貌和气候的影响，中国西伯利亚云杉林的群落结构和组成显示出一定的垂直变化规律性，与多种针阔叶树混交，形成了多样化的森林类型，对生物多样性的保育具有重要意义；西伯利亚云杉林生长在被荒漠围绕的山地河谷，在水源涵养和水土保持等方面也发挥着重要作用。

在历史时期，西伯利亚云杉林作为木材资源，曾经历了高强度的人类活动干扰。目前除了在人迹罕至的沟谷地带或在自然保护区内尚存留一定数量的原始林外，西伯利亚云杉林分布区的多数产地均经历了采伐，林地中可见到不同年代存留的伐桩，时间尺度从十几年到几十年。目前存留的森林多为中、幼林，林冠较开阔，林下自然更新较好。此外，阿尔泰山是传统的牧场，云冷杉林又多分布在河谷地带，由于处在游牧通道上，家畜对幼苗、幼树的啃食较严重，放牧对森林更新的影响较大。阿尔泰山也是著名的旅游区，森林旅游及与之相关的基础设施建设对森林景观破坏较大。由于大气干旱，人类活动频繁，发生森林火灾的风险较高。

对西伯利亚云杉林的保育要注重以下几方面：第一，要严格执行国家天然林保护政策，禁止一切采伐和盗伐；第二，要协调好森林旅游与森林保育的关系，旅游项目要尽量避免游客直接进入林内，对已经造成破坏的林地要采取措施加以恢复；第三，严禁林地内放牧，加强护林巡视管理，在林牧矛盾突出的区域要设置永久护栏；第四，建立或完善森林防火队伍建设，加强火灾预警系统、监测系统和火灾处置系统的建设与维护。

参考文献

程平, 潘存德, 寇福堂, 巴扎尔别克·阿斯勒汗, 谭卫平, 2008. 新疆喀纳斯旅游区森林群落数量分类与排序. 新疆农业大学学报, 31(6): 1-7.

刘立诚, 排祖拉, 徐华君, 陈美, 1999. 新疆阿尔泰山土壤系统分类. 新疆大学学报(自然科学版), 16(4): 87-94.

卢俊培, 杨继镐, 1986. 阿尔泰山林土的森林土壤//中国林业科学研究院林业研究所. 中国森林土壤. 北京: 科学出版社: 545-586.

师敏, 1989. 新疆云杉林//新疆森林编辑委员会. 新疆森林. 乌鲁木齐: 新疆人民出版社//北京: 中国林业出版社: 111-115.

吴征镒, 1991. 中国种子植物属的分布区类型. 云南植物研究, (增刊Ⅳ): 1-139.

吴征镒, 周浙昆, 李德铢, 彭华, 孙航, 2003. 世界种子植物科的分布区类型系统. 云南植物研究, 25(3): 245-257.

曾东, 李行斌, 于恒, 2000. 新疆落叶松、新疆云杉迹地天然更新特点与规律的辨析. 干旱区研究, 17(3): 46-51.

张瑛山, 1999. 天山云杉林//中国森林编辑委员会. 中国森林(第 2 卷 针叶林). 北京: 中国林业出版社: 704-714.

中国科学院新疆综合考查队, 中国科学院植物研究所, 1978. 新疆植被及其利用. 北京: 科学出版社.

中国科学院中国植被图编辑委员会, 2007. 中华人民共和国植被图(1∶1 000 000). 北京: 地质出版社.

中国植被编辑委员会, 1980. 中国植被. 北京: 科学出版社.

Bobrov E. G., 1978. Lesoobrazuyushchie Khvoinye SSSR (Forest-Forming Conifers of the Soviet Union). Nauka: Leningrad.

Kravchenko A. N., Larionova A. Y., Milyutin L. I., 2008. Genetic polymorphism of Siberian spruce (*Picea obovata* Ledeb.) in Middle Siberia. Russian Journal of Genetics, 44(1): 35-43.

Moiseev P. A., van der Meer M., Rigling A., Shevchenko I. G., 2004. Effect of climatic changes on the formation of Siberian spruce generations in subglotsy tree stands of the southern Urals. Russian Journal of Ecology, 35(3): 135-143.

Polikarpov N. P., Chebakova N. M., Nazimova D. I., 1986. Klimat I Gornye Lesa Yuzhnoi Sibiri(Climate and Mountain Forests of South Siberia). Nauka: Novosibirsk.

Rysin L. P., Savel'eva L. I., 2002. Elovye Lesa Rossii (Spruce Forests of Russia). Nauka: Moscow.

Sokolov V. A., 1997. Osnovy Upravleniya Lesami Sibiri (Basics of Forest Management in Siberia). Krasnoyarsk: Izd. SORAN.

第 5 章　青海云杉林 *Picea crassifolia* Forest Alliance

青海云杉林—中国植被，1980：195-196；中华人民共和国植被图（1∶1 000 000），2007；青海森林，1993：148-165；中国森林（第 2 卷 针叶林），1999：718-725；宁夏植被，1988：76-79；内蒙古植被，1985：734-736；青海云杉群系—甘肃植被，1997：89-91。

系统编码：PC

5.1　地理分布、自然环境及生态特征

5.1.1　地理分布

青海云杉林分布于青藏高原东北边缘的祁连山、西倾山和巴颜喀拉山，河西走廊北侧的龙首山及宁夏贺兰山和内蒙古大青山，地理坐标范围是 33°35′N～39°38′N，97°43′E～111°16′E（图 5.1）。分布区的西北界止于甘肃省玉门石油河一带，群落外貌呈疏林状；最南端止于甘肃省舟曲县，青海云杉与多种针阔叶树混交，纯林较少；东北界止于大青山旧卧铺一带，群落为大片的白桦林和华北落叶松林环绕（图 5.2）；跨越的行政区域包括青海省东北部至东部各区县（祁连、门源、大通、湟中、乐都、互助、循化、化隆、同仁、同德、泽库、乌兰、兴海、玛沁、尖扎和贵南）（《青海森林》编辑委员会，1993），甘肃省西北部至西南部各县（嘉峪关、酒泉、张掖、肃南、山丹、武威、古浪、天祝、永登、榆中、永靖、临夏、夏河、卓尼、迭部和舟曲），宁夏银川及内蒙古的包头、土默特左旗和土默特右旗。祁连山是青海云杉林的核心分布区，面积较大；龙首山的主峰东大山有小片的青海云杉纯林；贺兰山有集中连片的分布，总面积较小；大青山的旧卧铺和九峰山一带有小片的群落斑块，面积最小。

青海云杉林垂直分布的上限即为山地森林的林线，与高山灌丛交汇；下限与多种针阔叶林或温性灌丛交汇。例如，在祁连山的中、西段，其下限主要与温性落叶灌丛交汇，在东段则与青扦林交汇；在贺兰山，其下限与油松林交汇；在大青山，则与桦木林交汇。青海云杉林的垂直分布范围在 2000～3500 m。另有报道，其上限可达 3750 m（赵传燕等，2010），事实上在这样的高海拔地带仅有零星散生的低矮个体。在不同的产区，青海云杉林的垂直分布范围不同。在青海省，其垂直分布范围是 2100～3500 m（《青海森林》编辑委员会，1993）；在甘肃省是 2400～3400 m；在贺兰山是 2200～3100 m；在大青山是 2000～2250 m；垂直范围由北向南逐渐升高。由于地貌和水热因子组合的复杂性，一些区域垂直分布范围的变化趋势可能与大尺度的格局不相符。例如，在祁连山的西北段，即青海云杉林分布区的西北边界，垂

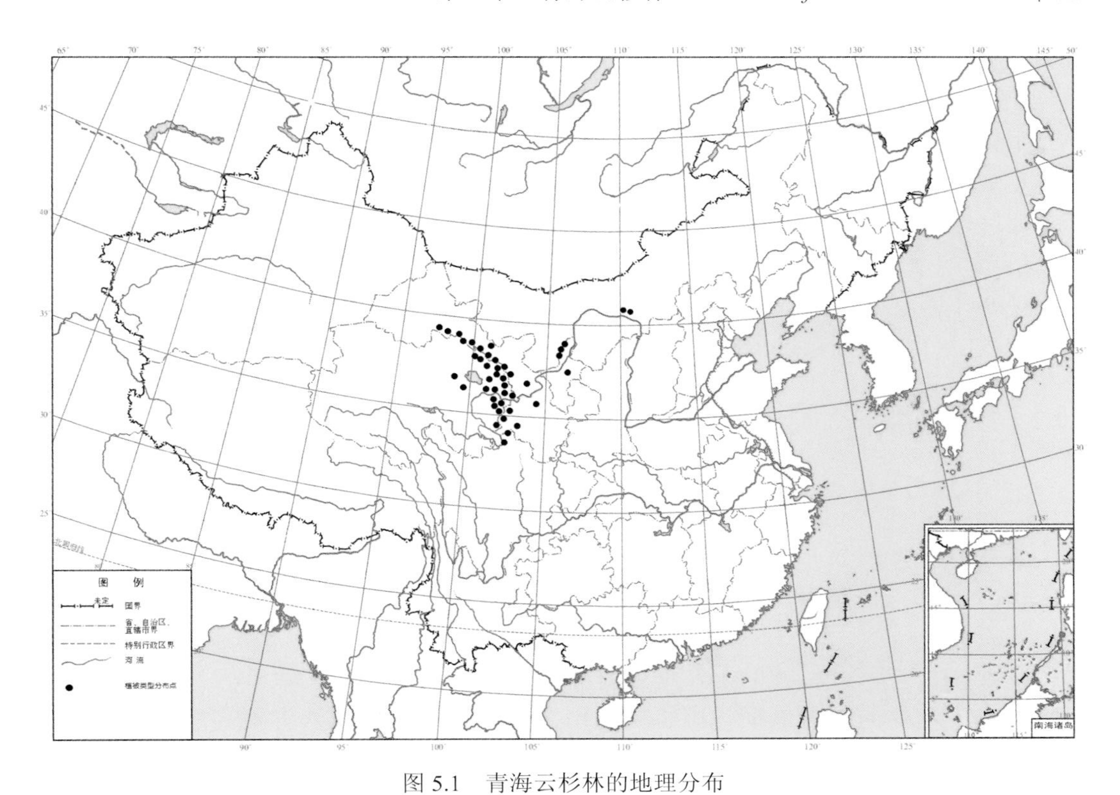

图 5.1　青海云杉林的地理分布

Figure 5.1　Distribution of *Picea crassifolia* Forest Alliance

图 5.2　青海云杉林的外貌（上，祁连山北坡；下，大青山旧卧铺）

Figure 5.2　Physiognomy of communities of *Picea crassifolia* Forest Alliance in northern slopes of Mt. Qilianshan (upper) and in Mt. Daqingshan, Jiuwopu (lower)

直分布范围是 2900～3300 m，在中段则是 2450～3300 m，至东段的连城林区和榆中兴隆山，其海拔下限又升至 2700 m 以上。

青海云杉林的地理分布区处在多个地貌单元的交汇地带。在中国植被区划系统中，跨越了多个植被区域，包括温带荒漠区的东南部、暖温带落叶阔叶林区域的西北部、温带草原区域的西南部、青藏高原高寒植被区域的东端和亚热带常绿阔叶林区的最北端（中国科学院中国植被图编辑委员会，2007）。青海云杉林是中国西北荒漠区山地中特有的几种针叶林之一，其水平分布处在森林区向草原区过渡的地带，但生长在亚高山环境中。在分布区内，海拔超过一定的高度且地形相对封闭的山地环境中会出现青海云杉林。

5.1.2 自然环境

5.1.2.1 地貌

青海云杉林的分布区包括青藏高原北缘的祁连山、西倾山、巴颜喀拉山，宁夏贺兰山，内蒙古大青山及位于青藏高原东北边缘的甘肃洮河和白龙江流域西北部的高山峡谷区。

祁连山是青海云杉林的主产地；呈西北至东南走向，由一系列大致平行的陡峻山体组成，山体间支脉纵横、山谷交错；山体在西南方向汇入青藏高原，地貌落差小；在东北方向，高耸的山体逐渐过渡为起伏的丘陵和倾斜冲积扇，最终汇入平坦的荒漠，落差达 4000 m。祁连山主脉有走廊南山、木雷山和大通山等，山脊平均海拔达 4000 m，海拔 4300 m 以上的山峰有现代冰川发育，主峰海拔达 5547 m。青海云杉林主要生长在山地的中海拔地带，海拔范围在 2450～3300 m，生长在阴坡和半阴坡，土层较薄，根系水平伸展。祁连山的阳坡、半阳坡及山间谷地，生长着广袤的草原，是重要的牧场。

5.1.2.2 气候

青海云杉林分布区处在青藏高原气候区、东亚海洋性季风气候区和大陆性季风气候区的交汇地带。高原气候对青海云杉林具有重要的影响，但大陆性季风气候和海洋性季风气候对其分布区的形成，特别是对其垂直分布范围的形成具有关键作用。与青扦林相比较，青海云杉林更加适应寒冷偏干的气候。在植被垂直分布带谱上，青海云杉林位于森林带的上限。但是，在干旱或温润的气候条件下，青海云杉林生长不良，垂直分布的下限均退缩至高海拔地带。例如，在河西荒漠所环绕的龙首山及玉门石油河一带，气候干燥；在祁连山东南部的榆中兴隆山，气候温暖湿润；在这两个区域，青海云杉林的海拔下限均在 2700 m 以上，前者是水分驱动，后者是热量驱动。

我们随机测定了青海云杉林分布区内 59 个样点的地理坐标，利用插值方法提取了每个样点的生物气候数据，各气候因子的均值依次是：年均气温 1.27℃，年均降雨量 426.61 mm，最冷月平均气温−12.06℃，最热月平均气温 12.99℃，≥0℃有效积温 1708.32℃·d，≥5℃有效积温 837.70℃·d，年实际蒸散 406.08 mm，年潜在蒸散 514.65 mm，水分利用指数 0.39（表 5.1）。上述数据表明，青海云杉林分布区的气候条件偏干偏冷。

表 5.1　青海云杉林地理分布区海拔及其各气候因子描述性统计结果（*n*=59）

Table 5.1　Descriptive statistics of altitude and climatic factors in the natural range of *Picea crassifolia* Forest Alliance in China (*n*=59)

海拔及气候因子 Altitude and climatic factors	均值 Mean	标准误 Standard error	95%置信区间 95% confidence intervals		最小值 Minimum	最大值 Maximum
海拔 Altitude（m）	3012.06	80.47	2848.69	3175.43	2116.00	3737.00
年均降雨量 Mean annual precipitation（mm）	426.61	21.59	382.79	470.43	132.61	690.78
年均气温 Mean annual temperature（℃）	1.27	0.57	0.11	2.42	−4.17	9.29
最冷月平均气温 Mean temperature of the coldest month（℃）	−12.06	0.48	−13.03	−11.09	−17.34	−5.42
最热月平均气温 Mean temperature of the warmest month（℃）	12.99	0.76	11.45	14.54	6.73	22.53
≥5℃有效积温 Growing degree days on a 5℃ basis（℃·d）	837.70	110.19	614.01	1061.39	70.61	2487.24
≥0℃有效积温 Growing degree days on a 0℃ basis（℃·d）	1708.32	138.51	1427.12	1989.52	596.61	3731.26
实际蒸散 Actual evapotranspiration（mm）	406.08	35.37	334.28	477.87	119.00	744.10
潜在蒸散 Potential evapotranspiration（mm）	514.65	37.29	438.95	590.34	112.00	927.35
水分利用指数 Water availability index	0.39	0.02	0.35	0.43	0.19	0.74

5.1.2.3　土壤

青海云杉林的土壤为灰褐色森林土，呈中性至弱碱性，养分元素及有机质含量随着土层深度的增加而降低。不同群落类型间的土壤特征存在差异。《中国森林土壤》记载了青海云杉林 4 个群落类型的土壤剖面特征。

“苔草青海云杉林”的基岩类型有砾岩、砂岩、板岩和千枚岩等，地表往往有黄土覆盖，厚度 1～2 m；林地内或有显露的岩石，土壤母质为黄土和岩层风化物，土壤为强石灰性的灰褐色森林土；全剖面有碳酸盐反应，呈弱碱性至碱性，碱性程度沿剖面自上而下加重，在表层土（0～10 cm），pH 为 7.4，至深层土（115～182 cm），pH 可达 8.0；土壤腐殖质层深厚，有机质由凋落物层淋溶而来，沿土壤剖面（10～182 cm）自上而下，土壤有机质含量的变化幅度为 69.1～8.0 g/kg，全氮含量变化幅度为 3.3～0.4 g/kg。

“灌木青海云杉林”多出现在山地陡坡的中、下部，土壤母质为黄土及风化岩层的堆积物，土壤为灰褐色森林土；全剖面有碳酸盐反应，呈中性或微碱性，在表层土（0～5 cm），pH 为 7.4，在深层土（130～155 cm）为 7.8，碱性程度沿剖面自上而下渐强；土壤有机质由凋落物层淋溶而来，自上而下含量逐渐减少，从表层土（5～20 cm）至深层土（130～155 cm），其变化幅度为 97.8～6.7 g/kg。

“马先蒿藓类青海云杉林”的基岩有紫红色砾岩、砂岩、灰色板岩、片岩、千枚岩和花岗岩等；土壤母质主要由基岩风化层堆积物构成，黄土次之，林地内亦有显露的岩石，土壤为灰褐色森林土；全剖面土壤呈中性或微碱性，在表层土（0～10 cm），土壤 pH 为 7.0，在深层土（94～150 cm）为 7.4；在 10～28 cm 至 94～150 cm 土壤剖面的各个层面上，土壤有机质含量变化幅度为 62.5～41.2 g/kg，全氮含量变化幅度为 1.4～1 g/kg。

“藓类青海云杉林”的基岩类型有砾岩、砂岩、千枚岩和页岩等；土壤母质主要由基岩风化层的堆积物构成，黄土次之，林地内亦可见到显露的岩石；土壤为近中性的灰褐色森林土，在表层土（0～8 cm），土壤 pH 为 6.8，在深层土（72～125 cm）为 7.2；从表层土（8～30 cm）至深层土（72～125 cm），土壤有机质含量变化幅度为 119.2～27.8 g/kg，全氮含量变化幅度为 5.1～0.7 g/kg（中国林业科学研究院林业研究所，1986）。

贺兰山（刘秉儒，2010）和祁连山（秦嘉海等，2007；张鹏等，2009）青海云杉林几个样区的土壤表层水分、pH 及有机质和全氮的取样数据显示，在表层土（0～20 cm），pH 变化幅度是 7.3～8.3，土壤有机质含量变化幅度是 44.8～106.9 g/kg，全氮含量变化幅度是 3.6～6.8 g/kg，土壤水分含量在 22.16%～46.68%（表 5.2）。

表 5.2 青海云杉林土壤水分含量及化学性质

Table 5.2 Soil pH, water, organic carbon and total nitrogen content of *Picea crassifolia* Forest Alliance in several stands in the northern slopes of Mt. Qilanshan (QL) and Mt. Helan (HL)

地点 Location	纬度 N Latitude	经度 E Longitude	海拔（m）Altitude	取样深度（cm）Depth of soil profile	土壤含水量（%）Soil moisture	pH	有机碳（g/kg）Organic matter	全氮（g/kg）Total N
[a]贺兰山 HL	105°54′	38°46′	2608	0～20	28.38	7.95	75.68	4.67
[b]祁连山西水 QL	100°17′525″	38°34′803″	2540	0～20	22.16	8.3	50.5	5.3
[b]祁连山西水 QL	100°17′150″	38°33′137″	2720	0～20	22.45	8.2	51.2	4.8
[b]祁连山西水 QL	100°12′023″	38°34′048″	2740	0～20	40.89	7.4	85.8	4
[b]祁连山西水 QL	100°15′311″	38°32′836″	2770	0～20	46.68	7.4	106.6	6
[b]祁连山西水 QL	100°17′516″	38°34′761″	2780	0～20	34.01	7.4	83.1	4.7
[b]祁连山大河口 QL	100°16′421″	38°11′139″	2660	0～20	29.64	8.1	65.6	5.8
[b]祁连山大河口 QL	100°16′236″	38°11′541″	2720	0～20	26.15	8.3	44.8	3.6
[b]祁连山大河口 QL	100°16′124″	38°11′049″	2800	0～20	28.98	8.1	51.1	4.9
[b]祁连山大河口 QL	100°16′024″	38°12′279″	2880	0～20	39.41	8.2	73.3	6.8
[b]祁连山寺大隆 QL	099°55′026″	38°26′205″	2900	0～20	36.6	7.3	106.9	4.2
[b]祁连山寺大隆 QL	100°12′416″	38°32′864″	3000	0～20		7.9	75	5.6
[c]祁连山正南沟 QL	100°15′	38°32′	2950	0～40	16.8	6.7	18.64	5.2

数据来源：a. 刘秉儒，2010；b. 张鹏等，2009；c. 秦嘉海等，2007

Source: a. Liu, 2010，b. Zhang et al., 2009，c. Qin et al., 2007

5.1.3 生态特征

西南季风、东南季风和北大西洋西风环流是影响中国的三大暖湿气流。在区域尺度上，青海云杉林的分布区位于内陆腹地，处在受暖湿气流影响最微弱的区域。因此，在中国云杉林的 15 个群系中，青海云杉林可能是最适应干冷生境的类型。

在景观尺度上，与同域分布的其他针叶林相比较，青海云杉林具有适应湿冷环境的习性；一方面表现为对坡向的选择，即生长在阴坡和半阴坡（图 5.3）；另一方面，在垂直环境梯度上，青海云杉林处在针叶林的上端。青海云杉林分布区内的针叶林有青扦林、油松林、祁连圆柏林和云杉林等。祁连圆柏林和青海云杉林的空间分布格局是坡向对群落类型选择的典型例证。在祁连山脉，前者生长在阳坡、半阳坡，后者生长在阴坡、半阴坡；在半阴坡向半阳坡过渡的地带，可形成二者的混交林。在垂直环境梯度上，青海云杉林居于青扦林和油松林垂直分布海拔上限的位置。例如，在贺兰山，油松林和青海云杉林均生长在阴坡和半阴坡，但油松林生长在针叶林带的下限，往上则被青海云杉林替代；在祁连山东段山地，如在兴隆山和连城林区，油松林和青扦林生长在海拔 2000～2600 m 处，青扦林生长在阴坡、半阴坡，油松林的生境偏阳，在海拔 2600 m 以上才出现青海云杉林。

图 5.3　青海云杉林主要生长在阴坡和半阴坡（祁连山北坡，甘肃武威哈溪）
Figure 5.3　Physiognomy of communities of *Picea crassifolia* Forest Alliance and its habitat preference: shady and semi-shady slopes (Northern slopes of Mt. Qilian, Haxi, Wuwei, Gansu)

祁连山北坡中段的植被类型包括温性荒漠、温性灌丛、寒温性针叶林、高山灌丛和高山草甸等，青海云杉林是寒温性针叶林的重要成分。在海拔 1500～3700 m 处，依次出现盐爪爪灌丛、红砂灌丛、白刺灌丛、狭叶锦鸡儿灌丛、蒙古莸灌丛、金露梅灌丛、青海云杉林、祁连圆柏林及鬼箭锦鸡儿高山灌丛。植物群落分布与环境梯度关系的研究结果显示（图 5.4），青海云杉林主要分布于中、高海拔地带的阴坡或半阴坡，土壤腐殖质层较深厚，坡度较缓，气候条件温凉偏湿润；祁连圆柏林生长在海拔较高的半阳坡，

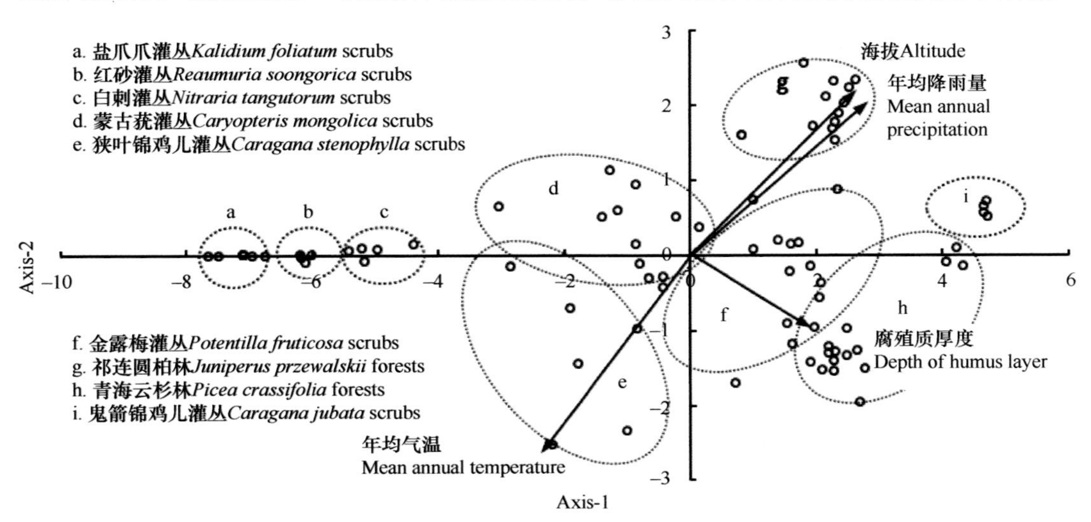

图 5.4　祁连山北坡中段主要植物群落的排序分析图（王国宏等，2001）
Figure 5.4　A two-dimensional scatter plot of DCCA ordination for plant communities in the northern slopes of middle section of Mt. Qilianshan (Wang et al., 2001)

坡度较陡；鬼箭锦鸡儿灌丛分布于高海拔地带的冷湿山坡；狭叶锦鸡儿灌丛分布在中、低海拔地带，生境较干旱；蒙古荻灌丛分布在中海拔地带，坡度陡，土壤腐殖质层较薄；盐爪爪灌丛、红砂灌丛和白刺灌丛则为典型的荒漠类型，生长季节高温干燥（王国宏和杨利民，2001）。

青海云杉适应干燥冷凉的环境，其生态习性与植物形态和生理特性具有一定的相关性。有研究指出，青海云杉属于节水型的耐旱树种，其耐旱特性表现为以亚高水势延迟脱水的方式抵御水分胁迫。青海云杉针叶的水势高，有利于从环境中获取水分，植物体内水分含量较高；蒸腾速率低，水分利用效率相对较高；叶片气孔调节的“第一线防御”功能完善（党宏忠，2004）。然而，与生长在阳坡的祁连圆柏相比较，青海云杉的水分利用效率低（张鹏等，2010）。因此，祁连圆柏较青海云杉更加耐旱。

综上所述，青海云杉林具有适应干冷环境的生态习性，可能是中国云杉林各群系中最耐旱的类型。

5.2 群落组成

5.2.1 科属种

37 个样地中记录到维管植物 139 种，隶属 35 科 73 属，其中种子植物 34 科 72 属 138 种，蕨类植物 1 科 1 属 1 种。种子植物中，裸子植物有青海云杉、油松、华北落叶松、青扦、杜松和祁连圆柏；被子植物种类最多的是蔷薇科，有 20 种；其次是菊科 16 种、毛茛科 9 种、忍冬科 7 种，这些种类是青海云杉林灌木层和草本层的优势种；含 3～5 种的科依次是豆科、杨柳科、百合科、桦木科、茜草科、松科、石竹科、莎草科、禾本科和虎耳草科；其中，松科的青海云杉是群落的建群种，禾本科和莎草科植物是青海云杉林草本层的常见植物；其余 20 科含 1～2 种，丰富了青海云杉林的物种多样性。例如，在青海云杉林中，柏科植物只有杜松和祁连圆柏，二者分别在贺兰山的中、低海拔地带和祁连山中、高海拔地带与青海云杉混交成林，形成了不同的群落类型。

5.2.2 区系成分

根据中国种子植物科属区系成分的划分标准（吴征镒，1991；吴征镒等，2003），我们在补充调查中记录到的 34 个种子植物科可划分为 7 个分布区类型/亚型，其中北温带分布科占 53%，其次是世界分布科（21%）、旧世界温带科（12%）和东亚分布科（6%），其余分布型科所占比例为 3%；72 个属可划分为 10 个分布区类型/亚型，温带成分占优势，其中北温带分布属占 56%，世界分布属占 19%，旧世界温带分布属占 10%，其他成分所占比例在 1%～4%（表 5.3）。

5.2.3 生活型

青海云杉林植物生活型谱中（表 5.4），木本植物占 41%，草本植物占近 59%，缺乏

表 5.3　青海云杉林 34 科 72 属 138 种植物区系成分

Table 5.3　The areal type of the138 seed plant species recorded in the 37 plots sampled in *Picea crassifolia* Forest Alliance in China

编号 No.	分布区类型 The areal types	科 Family		属 Genus	
		数量 n	比例(%)	数量 n	比例(%)
1	世界广布 Widespread	7	21	14	19
2	泛热带 Pantropic	1	3	1	1
8	北温带 N. Temp.	18	53	40	56
8.4	北温带和南温带间断 N. Temp. & S. Temp. disjuncted	1	3	3	4
8.5	欧亚与南北温带间断 Eurasia & Temp. S. Amer. disjuncted			1	1
10	旧世界温带 Temp. Eurasia	4	12	7	10
10.3	欧亚和南非洲间断 Eurasia & S. Afr. disjuncted			1	1
11	温带亚洲 Temp. Asia	1	3	2	3
14	东亚 E. Asia	2	6	2	3
15	中国特有 Endemic to China			1	1
合计 Total		34	100	72	100

注：物种名录根据 37 个样方数据整理

表 5.4　青海云杉林 139 种植物生活型谱（%）

Table 5.4　Life-form spectrum（%）of the 139 vascular plant species recorded in the 37 plots sampled in *Picea crassifolia* Forest Alliance in China

木本植物 Woody plants	乔木 Tree		灌木 Shrub		藤本 Liana		竹类 Bamboo	蕨类 Fern	寄生 Phytoparasite	附生 Epiphyte
	常绿 Evergreen	落叶 Deciduous	常绿 Evergreen	落叶 Deciduous	常绿 Evergreen	落叶 Deciduous				
41	8	4	2	26	0	1	0	0	0	0
陆生草本 Terrestrial herbs	多年生 Perennial					一年生 Annual		蕨类 Fern	寄生 Phytoparasite	腐生 Saprophyte
	禾草型 Grass	直立杂草类 Forbs	莲座垫状 Rosette	附生 Epiphyte	藤本 Liana	短生型 Ephemeral	非短生型 Non-eephemeral			
59	5	40	9	0	1	1	1	2	0	0

注：物种名录来自 37 个样方数据

竹类。在木本植物中，落叶灌木占优势，是灌丛中的优势生活型；常绿乔木物种稀少，是群落的建群种。草本植物中，多年生杂草种类繁多，为草本层的伴生种类；禾草类种类较少，为草本层的优势种。与其他云杉林的生活型谱相比较，青海云杉林中木本植物的比例较高，草本植物的比例较低，这一现象可能与林下发达的苔藓层有关。

5.3　群 落 结 构

青海云杉林的垂直结构可划分为乔木层、灌木层、草本层和苔藓层。群落垂直结构的完整程度取决于生境、群落的发育阶段和干扰状况。例如，在中、高海拔地带且没有干扰的山地阴坡，林冠层的盖度大，林内阴暗，林下有密集的苔藓或草本植物生长，灌木稀疏或无灌木生长；在择伐迹地上恢复起来的森林中，林冠层开阔，林内透光好，林下灌木和草本生长旺盛，苔藓层稀薄或无苔藓。

乔木层的高度在 8～25m。在分布区的西北端，气候干燥，山坡基岩显露，土层稀薄，青海云杉林呈小斑块疏林状，树干弯曲多分叉，峭度大，树体低矮，高度不超过 10 m；在祁连山中段，在中、高海拔地带地形较封闭的山地阴坡，森林葱郁，树体高大通直，高度可达 25 m。在同一个森林类型中，乔木层也多呈复层结构，由不同年龄阶段的个体组成。乔木层主要由青海云杉单优势种组成，形成纯林，分布面积最大；在特殊生境下，除了青海云杉外，还有多种针阔叶树混生，形成混交林，种类包括青扦、油松、祁连圆柏、杜松、山杨、白桦、红桦和糙皮桦等。在祁连山中段的山地半阴坡，可与祁连圆柏混交成林；在祁连山东南段及在大青山的中、高海拔地带，可与青扦和杨桦类混交成林；在贺兰山的中、低海拔地带，可与油松和杜松形成混交林。

灌木层的盖度和物种组成变化较大。在水热条件较好的东南部及在森林垂直分布的上限地带，林下有明显的灌木层；在采伐或火烧迹地植被恢复过程中，也会出现明显的灌木群落阶段；在分布区的大部分生境中，特别是在受干扰程度较轻的群落中，林下仅有零星的灌木。常见的灌木有蔷薇、悬钩子、忍冬和小檗等；在森林分布上限地带，灌木层低矮，常见种类有金露梅、鬼箭锦鸡儿和北极果等。

草本层种类稀少，常见的植物有薹草类、黄花棘豆、火绒草、珠芽拳参和藓生马先蒿等。薹草类在林下普遍生长，而其他草本植物对生境的选择性较强，是划分群丛类型的特征种。在祁连山北坡 2700～2900 m 的山地阴坡，林下灌木和草本植物稀疏，苔藓植物密布，空旷碧绿，森林类型是典型的“青海云杉-藓类”针叶林。

5.4 群落类型

乔木层的物种组成是一级分类学特征，林下植被的特征是划分群丛的主要依据。根据数量分析结合经验判断，37 个样方可划分为 7 个群丛组和 10 个群丛（表 5.5a，表 5.5b，表 5.6）。

表 5.5 青海云杉林群落分类简表

Table 5.5 Synoptic table of *Picea crassifolia* Forest Alliance in China

表 5.5a 群丛组分类简表

Table 5.5a Synoptic table for association group

群丛组号 Association group number			I	II	III	IV	V	VI	VII
样地数 Number of plots		L	4	10	12	4	3	2	2
平枝青藓	*Brachythecium helminthocladum*	9	50	0	0	0	0	0	0
北方拉拉藤	*Galium boreale*	6	50	0	0	0	0	0	0
小花风毛菊	*Saussurea parviflora*	6	50	0	8	0	0	0	0
轮叶黄精	*Polygonatum verticillatum*	6	50	10	0	0	0	0	0
山羽藓	*Abietinella abietina*	6	50	100	42	25	0	0	50

续表

群丛组号 Association group number			I	II	III	IV	V	VI	VII
样地数 Number of plots		L	4	10	12	4	3	2	2
叉子圆柏	*Juniperus sabina*	4	0	0	25	0	0	0	0
北极果	*Arctous alpinus*	2	0	0	25	0	0	0	0
高山紫菀	*Aster alpinus*	6	25	0	58	0	0	0	0
鬼箭锦鸡儿	*Caragana jubata*	4	50	0	42	0	0	0	0
蒲公英	*Taraxacum mongolicum*	6	0	20	50	25	33	0	0
银露梅	*Potentilla glabra*	4	50	30	58	25	0	0	0
西北蔷薇	*Rosa davidii*	4	0	0	0	50	0	0	0
南川绣线菊	*Spiraea rosthornii*	4	0	0	0	50	0	0	0
蓝果忍冬	*Lonicera caerulea*	4	0	0	0	50	0	0	0
陕甘花楸	*Sorbus koehneana*	4	0	0	0	50	0	0	0
紫花卫矛	*Euonymus porphyreus*	4	0	0	0	50	0	0	0
红脉忍冬	*Lonicera nervosa*	4	0	0	8	50	0	0	0
唐古特忍冬	*Lonicera tangutica*	4	0	0	17	50	0	0	0
高乌头	*Aconitum sinomontanum*	4	0	0	17	50	0	0	0
唐古碎米荠	*Cardamine tangutorum*	6	0	10	8	50	0	0	0
白桦	*Betula platyphylla*	2	0	0	0	50	33	0	0
羊茅	*Festuca ovina*	6	50	10	50	75	0	0	0
东方草莓	*Fragaria orientalis*	6	50	0	17	75	0	0	50
东亚唐松草	*Thalictrum minus* var. *hypoleucum*	6	25	0	0	0	67	0	0
西藏点地梅	*Androsace mariae*	6	0	0	25	0	67	0	0
小叶金露梅	*Potentilla parvifolia*	4	25	0	0	0	67	0	0
蒙古绣线菊	*Spiraea mongolica*	4	0	0	8	25	67	0	0
大披针薹草	*Carex lanceolata*	6	0	10	0	25	67	0	0
林地早熟禾	*Poa nemoralis*	6	25	10	0	0	67	0	0
紫花野菊	*Chrysanthemum zawadskii*	6	0	0	0	25	67	50	0
柄状薹草	*Carex pediformis*	6	0	10	0	25	67	50	0
油松	*Pinus tabuliformis*	1	0	0	0	0	0	100	0
泡沙参	*Adenophora potaninii*	6	0	0	0	0	0	50	0
康定柳	*Salix paraplesia*	4	0	0	0	0	0	50	0
甘青铁线莲	*Clematis tangutica*	4	0	0	0	0	0	50	0
祁连圆柏	*Juniperus przewalskii*	2	0	0	0	0	0	0	100
祁连圆柏	*Juniperus przewalskii*	4	0	0	0	0	0	0	50
河北红门兰	*Orchis tschiliensis*	6	0	0	0	0	0	0	50
野苜蓿	*Medicago falcata*	6	0	0	0	0	0	0	50
高山绣线菊	*Spiraea alpina*	4	0	0	0	0	0	0	50
红桦	*Betula albosinensis*	4	0	0	0	0	0	0	50
高山嵩草	*Kobresia pygmaea*	6	0	0	0	0	0	0	50
金露梅	*Potentilla fruticosa*	4	0	20	42	25	0	0	100
双花堇菜	*Viola biflora*	6	50	0	17	25	0	0	100

续表

群丛组号 Association group number			I	II	III	IV	V	VI	VII
样地数 Number of plots		L	4	10	12	4	3	2	2
藓生马先蒿	*Pedicularis muscicola*	6	50	20	25	25	0	0	100
山杨	*Populus davidiana*	2	0	0	0	75	67	50	0
灰栒子	*Cotoneaster acutifolius*	4	0	0	8	75	100	50	0
杜松	*Juniperus rigida*	2	0	0	0	0	100	100	0
小叶忍冬	*Lonicera microphylla*	4	0	0	0	0	100	100	0

表 5.5b　群丛分类简表

Table 5.5b　Synoptic table for association

群丛组号 Association group number			I	II	III	III	III	IV	IV	V	VI	VII
群丛号 Association number			1	2	3	4	5	6	7	8	9	10
样地数 Number of plots		L	4	10	4	5	3	1	3	3	2	2
北方拉拉藤	*Galium boreale*	6	50	0	0	0	0	0	0	0	0	0
平枝青藓	*Brachythecium helminthocladum*	9	50	0	0	0	0	0	0	0	0	0
轮叶黄精	*Polygonatum verticillatum*	6	50	10	0	0	0	0	0	0	0	0
小花风毛菊	*Saussurea parviflora*	6	50	0	0	0	20	0	0	0	0	0
山羽藓	*Abietinella abietina*	6	50	100	25	100	20	0	33	0	0	50
北极果	*Arctous alpinus*	2	0	0	75	0	0	0	0	0	0	0
鬼箭锦鸡儿	*Caragana jubata*	4	50	0	100	0	20	0	0	0	0	0
蒲公英	*Taraxacum mongolicum*	6	0	20	75	67	20	0	33	33	0	0
叉子圆柏	*Juniperus sabina*	4	0	0	0	100	0	0	0	0	0	0
绢毛委陵菜	*Potentilla sericea*	6	0	0	0	0	40	0	0	0	0	0
肋柱花	*Lomatogonium carinthiacum*	6	0	0	0	0	40	0	0	0	0	0
高山紫菀	*Aster alpinus*	6	25	0	50	33	80	0	0	0	0	0
银露梅	*Potentilla glabra*	4	50	30	0	67	100	0	33	0	0	0
狼毒	*Euphorbia fischeriana*	6	0	0	0	0	40	0	33	0	0	0
瓣蕊唐松草	*Thalictrum petaloideum*	6	0	10	0	0	60	0	33	0	0	50
羊茅	*Festuca ovina*	6	50	10	0	67	80	100	67	0	0	0
密生薹草	*Carex crebra*	6	100	50	75	33	100	0	100	0	0	100
华北落叶松	*Larix gmelinii* var. *principis-rupprechtii*	1	0	0	0	0	0	100	0	0	0	0
翻白繁缕	*Stellaria discolor*	6	0	0	0	0	0	100	0	0	0	0
繁缕	*Stellaria media*	6	0	0	0	0	0	100	0	0	0	0
柳兰	*Chamerion angustifolium*	6	0	0	0	0	0	100	0	0	0	0
类叶升麻	*Actaea asiatica*	6	0	0	0	0	0	100	0	0	0	0
黄耆	*Astragalus membranaceus*	6	0	0	0	0	0	100	0	0	0	0
银莲花	*Anemone cathayensis*	6	0	0	0	0	0	100	0	0	0	0
美蔷薇	*Rosa bella*	4	0	0	0	0	0	100	0	0	0	0
中国黄花柳	*Salix sinica*	4	0	10	0	0	0	100	0	0	0	0
斑叶堇菜	*Viola variegata*	6	0	10	0	0	0	100	0	0	0	0
蓬子菜	*Galium verum*	6	0	10	0	0	0	100	0	0	0	0
蓝果忍冬	*Lonicera caerulea*	4	0	0	0	0	0	0	67	0	0	0
紫花卫矛	*Euonymus porphyreus*	4	0	0	0	0	0	0	67	0	0	0
陕甘花楸	*Sorbus koehneana*	4	0	0	0	0	0	0	67	0	0	0
西北蔷薇	*Rosa davidii*	4	0	0	0	0	0	0	67	0	0	0

续表

群丛组号 Association group number		L	I	II	III	III	III	IV	IV	V	VI	VII
群丛号 Association number			1	2	3	4	5	6	7	8	9	10
样地数 Number of plots		L	4	10	4	5	3	1	3	3	2	2
南川绣线菊	*Spiraea rosthornii*	4	0	0	0	0	0	0	67	0	0	0
红脉忍冬	*Lonicera nervosa*	4	0	0	0	0	20	0	67	0	0	0
唐古碎米荠	*Cardamine tangutorum*	6	0	10	0	0	20	0	67	0	0	0
唐古特忍冬	*Lonicera tangutica*	4	0	0	0	33	20	0	67	0	0	0
茜草	*Rubia cordifolia*	6	50	10	0	0	20	0	67	0	0	0
直穗小檗	*Berberis dasystachya*	4	25	0	0	33	0	0	67	33	0	0
青海云杉	*Picea crassifolia*	4	0	0	25	0	20	0	67	0	0	50
东亚唐松草	*Thalictrum minus* var. *hypoleucum*	6	25	0	0	0	0	0	0	67	0	0
小叶金露梅	*Potentilla parvifolia*	4	25	0	0	0	0	0	0	67	0	0
林地早熟禾	*Poa nemoralis*	6	25	10	0	0	0	0	0	67	0	0
蒙古绣线菊	*Spiraea mongolica*	4	0	0	25	0	0	0	33	67	0	0
西藏点地梅	*Androsace mariae*	6	0	0	0	33	40	0	0	67	0	0
大披针薹草	*Carex lanceolata*	6	0	10	0	0	0	100	0	67	0	0
紫花野菊	*Chrysanthemum zawadskii*	6	0	0	0	0	0	100	0	67	50	0
柄状薹草	*Carex pediformis*	6	0	10	0	0	0	100	0	67	50	0
油松	*Pinus tabuliformis*	1	0	0	0	0	0	0	0	0	100	0
康定柳	*Salix paraplesia*	4	0	0	0	0	0	0	0	0	50	0
甘青铁线莲	*Clematis tangutica*	4	0	0	0	0	0	0	0	0	50	0
泡沙参	*Adenophora potaninii*	6	0	0	0	0	0	0	0	0	50	0
祁连圆柏	*Juniperus przewalskii*	2	0	0	0	0	0	0	0	0	0	100
红桦	*Betula albosinensis*	4	0	0	0	0	0	0	0	0	0	50
祁连圆柏	*Juniperus przewalskii*	4	0	0	0	0	0	0	0	0	0	50
高山嵩草	*Kobresia pygmaea*	6	0	0	0	0	0	0	0	0	0	50
野苜蓿	*Medicago falcata*	6	0	0	0	0	0	0	0	0	0	50
河北红门兰	*Orchis tschiliensis*	6	0	0	0	0	0	0	0	0	0	50
高山绣线菊	*Spiraea alpina*	4	0	0	0	0	0	0	0	0	0	50
双花堇菜	*Viola biflora*	6	50	0	0	0	40	0	33	0	0	100
藓生马先蒿	*Pedicularis muscicola*	6	50	20	0	33	40	0	33	0	0	100
金露梅	*Potentilla fruticosa*	4	0	20	0	33	80	100	0	0	0	100
山杨	*Populus davidiana*	2	0	0	0	0	0	0	100	67	50	0
灰栒子	*Cotoneaster acutifolius*	4	0	0	0	33	0	0	100	100	50	0
杜松	*Juniperus rigida*	2	0	0	0	0	0	0	0	100	100	0
小叶忍冬	*Lonicera microphylla*	4	0	0	0	0	0	0	0	100	100	0

注：表中数据为物种频率值（%），物种按诊断值（Φ）递减的顺序排列。Φ>0.20 和 Φ>0.50（P<0.05）的物种为诊断种，其频率值分别标记深色和灰色。表中标记“L”的一列为物种所在的群落层次代码，1～3 分别表示高、中和低乔木层，4 和 5 分别表示高大灌木层和低矮灌木层，6～9 分别表示草本层、幼树、幼苗和地被层

Note: The numbers in the table are percentage frequencies. The column marked with “L” is the code of community vertical layer. 1 – tree layer (high); 2 – tree layer (middle); 3 – tree layer(low); 4 –shrub layer (high); 5 – shrub layer (low); 6 – herb layer (high); 7 – juveniles; 8 –seedlings; 9 – moss layer. Species are ranked by decreasing fidelity (phi coefficient) within each association. Light and dark grey background indicates fidelity of Φ>0.20 and Φ>0.50 (P<0.05), respectively. These species are considered as diagnostic species

表 5.6 青海云杉林的环境和群落结构信息表

Table 5.6 Data for environmental characteristic and supraterraneous stratification from of *Picea crassifolia* Forest Alliance in China

群丛号 Association number	1	2	3	4	5	6	7	8	9	10
样地数 Number of plots	4	10	4	3	5	1	3	3	2	2
海拔 Altitude（m）	2643～2940	2197～3103	2950～3050	2550～2950	2600～2776	2243	2500～2844	2310～2440	2276～2353	2977～3117
地貌 Terrain	MO/VA	MO	MO	MO	MO	MO	MO	MO	MO/HI	MO
坡度 Slope（°）	10～50	10～45	20～30	10～40	30～40	35	28～40	35～40	30～35	30～40
坡向 Aspect	SE/N/NW	NE/N/NW	N	NE/N/NW	NE/N	NW	N/NW	NW	N/NW	NW
物种数 Species	8～18	5～15	8	15～22	10～16	25	25～36	11～20	7～6	18
乔木层 Tree layer										
盖度 Cover（%）	30～50	40～80	30～40	30～40	40～60	40	40～50	30～50	40	20～30
胸径 DBH（cm）	4～43	2～55	4～35	4～42		3～32	3～50	2～32	2～34	4～88
高度 Height（m）	3～22	3～38	3～30	4～23	12～23	3～20	3～20	3～19	3～20	3～25
灌木层 Shrub layer										
盖度 Cover（%）	0～10	5～20	30～80	30～40	30～50	30	25～40	40	10	15
高度 Height（cm）	6～65	25～190	5～230	50～135	30～350	20～90	15～460	40～335	30～250	20～50
草本层 Herb layer										
盖度 Cover（%）	30～85	10～40	20～30	25～50	25～40	50	40～50	20	25	60
高度 Height（cm）	2～40	3～45	6～23	5～50	5～35	5～30	4～55	3～40	<10	2～30
地被层 Ground layer										
盖度 Cover（%）	10～25	40～95	5～20	5～70	10～12	30	5～50	10～20	8	4～6
高度 Height（cm）	2～5	2～15	3～6	2～5	2～6	4～8	3～6	1～4	1	2～10

HI：山麓 Hillside；MO：山地 Montane；VA：河谷 Valley；N：北坡 Northern slope；NE：东北坡 Northeastern slope；NW：西北坡 Northwestern slope；SE：东南坡 Southeastern slope

群丛组、群丛检索表

A1 乔木层由青海云杉单优势种组成。

B1 林下仅有草本层或苔藓层，无灌木或有零星的灌木，盖度小于 20%。

C1 草本层盖度大于 20%，无苔藓或仅有稀薄的苔藓。**PCⅠ 青海云杉-草本 常绿针叶林 *Picea crassifolia*-Herbs Evergreen Needleleaf Forest**

D 草本层的优势种是密生薹草，特征种是北方拉拉藤、轮叶黄精和小花风毛菊等。**PC1 青海云杉-密生薹草 常绿针叶林 *Picea crassifolia-Carex crebra* Evergreen Needleleaf Forest**

C2 苔藓层密集如毯状，无灌木或有零星的灌木和草本植物。**PCⅡ 青海云杉-藓类 常绿针叶林 *Picea crassifolia*-Mosses Evergreen Needleleaf Forest**

D 山羽藓是苔藓层的优势种和特征种。**PC2 青海云杉-山羽藓 常绿针叶林 *Picea crassifolia-Abietinella abietina* Evergreen Needleleaf Forest**

B2 林下有明显的灌木层和草本层，盖度大于 20%。**PCⅢ 青海云杉-灌木-草本 常绿针叶林 *Picea crassifolia*-Shrubs-Herbs Evergreen Needleleaf Forest**

C1 灌木层以落叶灌木为优势种和特征种，无常绿匍匐灌木。

D1 特征种是鬼箭锦鸡儿、北极果和蒲公英。**PC3 青海云杉-鬼箭锦鸡儿-珠芽拳参 常绿针叶林 *Picea crassifolia-Caragana jubata-Polygonum viviparum* Evergreen Needleleaf Forest**

D2 特征种是银露梅、金露梅、绢毛委陵菜、肋柱花和高山紫菀。**PC4 青海云杉-银露梅-密生薹草 常绿针叶林 *Picea crassifolia-Potentilla glabra-Carex crebra* Evergreen Needleleaf Forest**

C2 灌木层以常绿匍匐灌木叉子圆柏为优势种和特征种。**PC5 青海云杉-叉子圆柏-珠芽拳参 常绿针叶林 *Picea crassifolia-Juniperus sabina-Polygonum viviparum* Evergreen Needleleaf Forest**

A2 乔木层除了青海云杉外，还有油松、杜松、祁连圆柏、山杨和桦木等针阔叶乔木混生或组成共优种。

B1 乔木层由青海云杉和杨桦等阔叶树组成。**PCⅣ 青海云杉-阔叶乔木-灌木-草本 针阔叶混交林 *Picea crassifolia*-Broadleaf Tress-Shrubs-Herbs Mixed Needleleaf and Broadleaf Forest**

C1 乔木层由青海云杉和白桦组成；特征种是中国黄花柳、美蔷薇、翻白繁缕、繁缕、柳兰和类叶升麻等；分布于大青山。**PC6 青海云杉-白桦-金露梅-大披针薹草 针阔叶混交林 *Picea crassifolia-Betula platyphylla-Potentilla fruticosa-Carex lanceolata* Mixed Needleleaf and Broadleaf Forest**

C2 乔木层由青海云杉和山杨、红桦、白桦与糙皮桦组成；特征种是山杨、蓝果忍冬、紫花卫矛、陕甘花楸和西北蔷薇等；分布于祁连山北坡中、东段。**PC7 青海云杉+山杨-唐古特忍冬-密生薹草 针阔叶混交林 *Picea crassifolia+Populus davidiana-Lonicera tangutica-Carex crebra* Mixed Needleleaf and Broadleaf Forest**

B2 乔木层由青海云杉、油松、杜松、祁连圆柏等常绿乔木和杨桦等阔叶乔木组成。

C1 乔木层由青海云杉、油松、杜松和杨桦等阔叶乔木组成，分布于贺兰山。

D1 乔木层由青海云杉、杜松和杨桦等阔叶乔木组成，垂直分布范围较高。**PCⅤ 青海云杉-山杨-杜松-灌木-草本 针阔叶混交林 *Picea crassifolia-Populus davidiana-Juniperus rigida*-Shrubs-Herbs Mixed Needleleaf and Broadleaf Forest**

E 特征种是山杨、灰栒子、蒙古绣线菊和小叶金露梅等。**PC8 青海云杉-山杨-杜松-小叶忍冬-大披针薹草 针阔叶混交林 *Picea crassifolia-Populus davidiana-Juniperus rigida-Lonicera microphylla-Carex lanceolata* Mixed Needleleaf and Broadleaf Forest**

D2 乔木层由青海云杉、油松、杜松和杨桦等阔叶乔木组成，垂直分布范围较低。**PCⅥ 油松-青海云杉-杜松-草本 常绿针叶林 *Pinus tabuliformis-Picea crassifolia-Juniperus rigida*-Herbs Evergreen Needleleaf Forest**

E 特征种是油松、康定柳、小叶忍冬和甘青铁线莲。**PC9 油松+青海云杉-杜松-大披针薹草 常绿针叶林 *Pinus tabuliformis+Picea crassifolia-Juniperus rigida-Carex lanceolata* Evergreen Needleleaf Forest**

C2 乔木层由青海云杉和祁连圆柏组成，分布于祁连山北坡。**PCⅦ 青海云杉-祁连圆柏-草本 常绿针叶林 *Picea crassifolia-Juniperus przewalskii*-Herbs Evergreen Needleleaf Forest**

D 特征种是祁连圆柏、红桦、金露梅、高山绣线菊和高山嵩草等。**PC10 青海云杉-祁连圆柏-珠芽拳参 常绿针叶林 *Picea crassifolia-Juniperus przewalskii-Polygonum viviparum* Evergreen Needleleaf Forest**

5.4.1 PCⅠ

青海云杉-草本 常绿针叶林

***Picea crassifolia*-Herbs Evergreen Needleleaf Forest**

青海云杉林—中国植被，1980：195-196；草类青海云杉林—青海森林，1993：152；甘肃植被，1997：90；马先蒿青海云杉林—甘肃植被，1997：90；中国森林（第 2 卷 针叶林），1999：722；薹草青海云杉林—中国森林（第 2 卷 针叶林），1999：721；青海云杉-草类林—内蒙古植被，1985：735。

乔木层由青海云杉单优势种组成，林下灌木层缺如或仅有稀疏的小灌木生长，盖度不足 10%；草本层由中生至耐阴的多年生杂草和丛生禾草组成，林地或有斑块状的苔藓（图 5.5）。

分布于祁连山中、西段，生长在中、高海拔地带的山地阴坡与半阴坡。这里描述 1 个群丛。

PC1

青海云杉-密生薹草 常绿针叶林

***Picea crassifolia-Carex crebra* Evergreen Needleleaf Forest**

凭证样方：G08、G09、G12、G13。

图 5.5　“青海云杉-草本”常绿针叶林的垂直结构（左）、林冠层（右上）和草本层（右下）（祁连山北坡，甘肃武威，哈溪）

Figure 5.5　Supraterraneous stratification (left), canopy layer (upper right) and herb layer (lower right) of a community of *Picea crassifolia*-Herbs Evergreen Needleleaf Forest in the northern slopes of Mt. Qilian, Haxi, Wuwei, Gansu

特征种：北方拉拉藤（*Galium boreale*）、轮叶黄精（*Polygonatum verticillatum*）、小花风毛菊（*Saussurea parviflora*）、平枝青藓（*Brachythecium helminthocladum*）。

常见种：青海云杉（*Picea crassifolia*）、密生薹草（*Carex crebra*）、黄花棘豆（*Oxytropis ochrocephala*）、珠芽拳参（*Polygonum viviparum*）。

乔木层盖度 30%～50%，胸径（4）12～28（43）cm，高度（3）5～18（22）m，由青海云杉单优势种组成。G13 样方数据显示，青海云杉“胸径-频数”分布呈右偏态曲线，中、小径级个体较多；“树高-频数”分布略呈左偏态曲线，中、高树高级个体较多，种群处在成长至稳定发展阶段（图 5.6）。林下记录到青海云杉的幼树和幼苗，可自然更新。

林下无灌木生长，或仅有稀疏的灌木，总盖度<10%，高度 6～65 cm；由落叶小灌木组成，均为偶见种，包括银露梅、刚毛忍冬、鬼箭锦鸡儿、黄蔷薇、唐古特瑞香、小叶金露梅和直穗小檗等。

草本层总盖度 30%～85%，高度 2～40 cm；直立丛生禾草和杂草类组成稀疏的大草本层，多为偶见种，包括林地早熟禾、东亚唐松草、飞蓬、轮叶黄精、防风和草玉梅等；

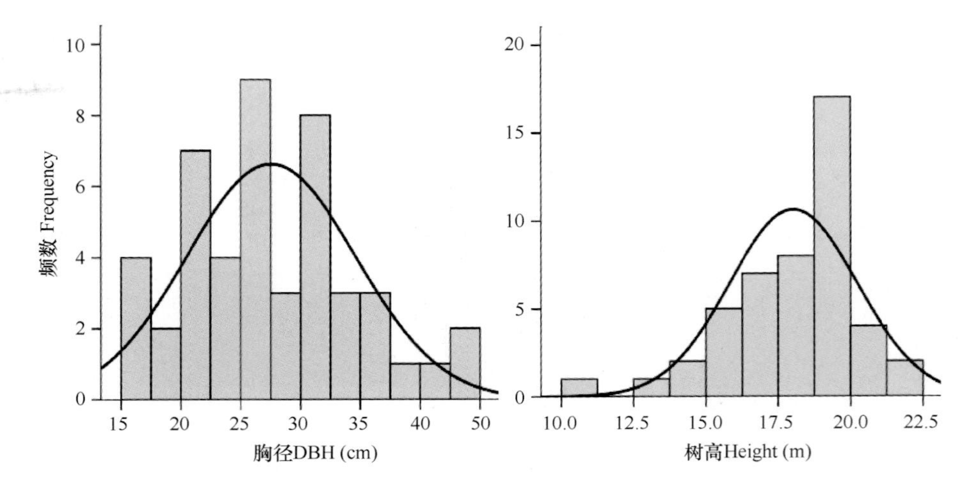

图 5.6 G13 样方青海云杉胸径和树高频数分布图

Figure 5.6 Frequency distribution of DBH and tree height of *Picea crassifolia* in plot G13

低矮草本层较密集，由根茎类薹草、莲座叶和蔓生杂草组成，黄花棘豆、珠芽拳参和密生薹草是常见种，密花薹草占优势，可形成密集的层片；偶见种包括茜草、矮火绒草、白花蒲公英、东方草莓、高山紫菀、双花堇菜、藓生马先蒿、小花棘豆和小银莲花等，小花风毛菊多处在营养生长期。

苔藓层呈稀薄的斑块状，盖度 10%～25%，厚度 2～5 cm，平枝青藓较常见，偶见山羽藓。

G08 和 G09 是处在青海云杉林分布区最西北端的样地，气候干旱冷凉，青海云杉林退缩至 2800 m 以上的中、高海拔地带，地形陡峭，岩石显露，坡度达 45°，土层薄。青海云杉树体低矮，树干多弯曲分叉，尖峭度大，树冠圆钝开阔，出材率低，结实旺盛。样地中的青海云杉结实量大，树冠上紫红色的球果累累欲坠，掉落的球果遍布林地。此现象反映了青海云杉生长与繁殖之间物质分配的权衡策略，在严酷的生境中似采取繁殖优先的对策。在开阔的环境中，林内光照充足，树冠的营养空间大，可产生较大的结实量。

分布于祁连山脉中至西段，海拔 2600～3000 m，常生长在山地北坡及河谷，坡度 10°～50°。在历史时期曾经历择伐，林内伐桩较多，目前有不同程度的放牧干扰。

5.4.2 PC Ⅱ

青海云杉-藓类 常绿针叶林

Picea crassifolia-Mosses Evergreen Needleleaf Forest

青海云杉林—中国植被，1980：195-196；藓类青海云杉林—青海森林，1993：152；苔藓青海云杉林—甘肃植被，1997：90；苔藓青海云杉林—中国森林（第 2 卷 针叶林），1999：721；青海云杉-藓类林—内蒙古植被，1985：735。

乔木层由青海云杉组成，林下空旷碧绿，藓类植物如地毯般铺满林地。林下或有稀疏的灌木和草本植物生长，盖度通常不足 20%。常见的灌木种类有鬼箭锦鸡儿和小叶金露梅；草本植物稀疏地生长在苔藓层上，常见植物有薹草、藓生马先蒿、黄耆、珠芽拳参和唐古碎米荠等。在局部生境，藓生马先蒿会形成密集的斑块生长在苔藓上（图 5.7）。每年的 7 月初正值花期，深红色的花瓣镶嵌在绿色的苔藓层上，青海云杉林下呈现出一派绚丽的景象。有文献将“青海云杉-藓生马先蒿”单列出来作为一个独立群丛与“青海云杉-藓类”群丛组并列。我们仍将其归并在“青海云杉-藓类”群丛组中，因为苔藓层仍然是优势层片。“青海云杉-藓类”群丛组与“青海云杉-草本”群丛组之间的区别在于草本层的发育程度，我们将草本层盖度＜20%的类型划归到“青海云杉-藓类”群丛组中，对于灌木层的处理，也采取了类似的方法。

图 5.7　祁连山北坡“青海云杉-藓类”常绿针叶林的垂直结构（左）、林冠层（右上）和地被层（右中、右下）（甘肃张掖西水）

Figure 5.7　Supraterraneous stratification (left), canopy layer (upper right) and ground layer (middle and lower right) of a community of *Picea crassifolia*-Mosses Evergreen Needleleaf Forest in northern slopes of Mt. Qilian, Xishui, Zhangye, Gansu

分布于内蒙古大青山和甘肃、青海省内的祁连山。在大青山，生长在海拔 2200 m 的山坡上部；在祁连山，生长在海拔 2700～3000 m 的山地阴坡，坡度较陡。这里描述 1 个群丛。

PC2

青海云杉-山羽藓 常绿针叶林

***Picea crassifolia-Abietinella abietina* Evergreen Needleleaf Forest**

凭证样方：G04、G07、H07、9804、9813、9814、9837、9841、9850、9851。

特征种：山羽藓（*Abietinella abietina*）*。

常见种：青海云杉（*Picea crassifolia*）及上述标记*的物种。

乔木层盖度 40%～80%，胸径（2）10～19（55）cm，高度（3）11～21（38）m，由青海云杉单优势种组成；G07 样方数据显示（图 5.8），青海云杉“胸径-频数”分布呈右偏态曲线，中、小径级个体较多；“树高-频数”分布呈正态曲线，中等树高级个体多。林下记录到青海云杉幼树和幼苗，频度 100%。H07 样方数据显示（图 5.9），青海

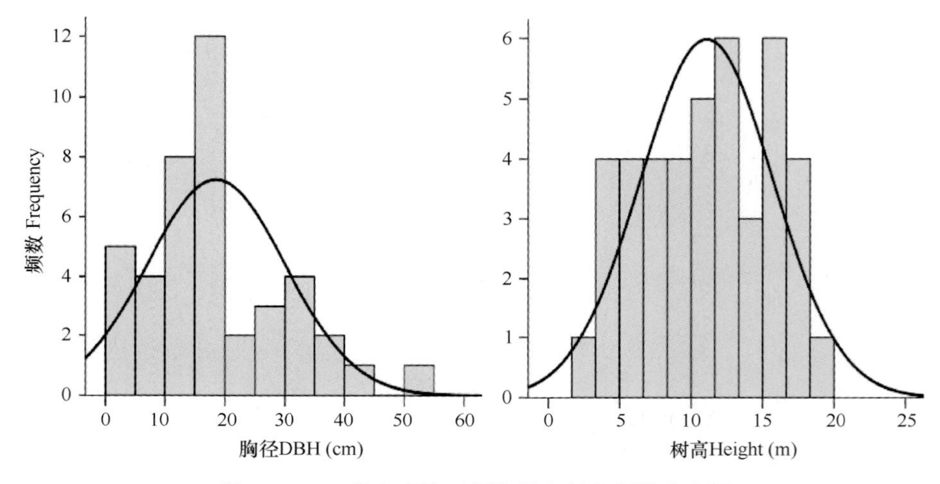

图 5.8 G07 样方青海云杉胸径和树高频数分布图

Figure 5.8 Frequency distribution of DBH and tree height of *Picea crassifolia* in plot G07

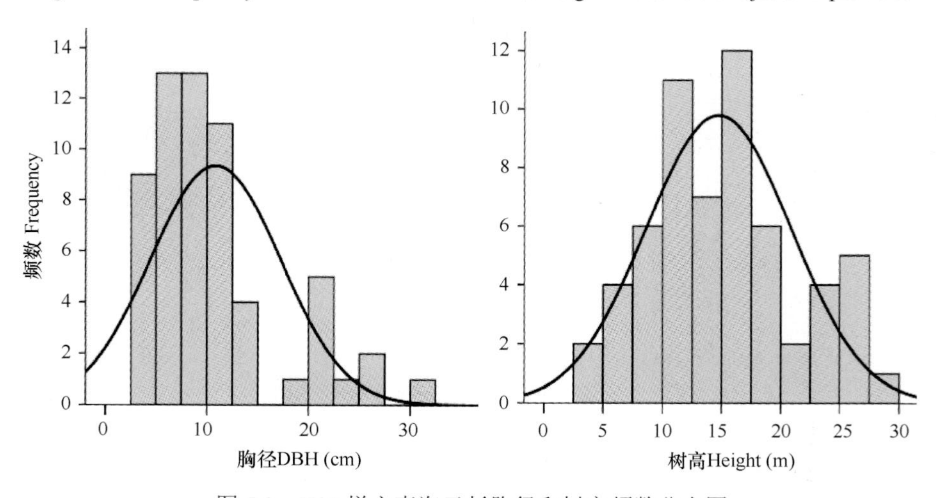

图 5.9 H07 样方青海云杉胸径和树高频数分布图

Figure 5.9 Frequency distribution of DBH and tree height of *Picea crassifolia* in plot H07

云杉“胸径-频数”分布呈右偏态曲线，中、小径级个体较多；“树高-频数”分布呈正态曲线或左偏态曲线，中、高树高级的个体略多。林中偶有零星的白桦和北京花楸。林下有青海云杉幼树和幼苗，数量较多，更新良好。

灌木层缺如或有稀疏的灌木生长，盖度 5%～20%，高度 25～190 cm；毛叶水栒子、小叶忍冬、谷柳和中国黄花柳等偶见于稀疏的中、高灌木层；银露梅、置疑小檗、冰川茶藨子和金露梅等小灌木偶见于低矮稀疏的小灌木层。

草本稀疏，总盖度不足 10%，在林窗地带可达到 40%，高度 3～45 cm，呈小斑块状，分布不均匀，生长在苔藓上。散穗早熟禾和羊茅等高大丛生禾草偶见于林下；低矮的草本多附生在苔藓上，由丛生薹草，直立、匍匐或蔓生杂草组成，多为偶见种，包括大披针薹草、密生薹草、柄状薹草、藓生马先蒿、粗野马先蒿、珠芽拳参、唐古碎米荠、斑叶堇菜、红花鹿蹄草、球茎虎耳草和蓬子菜等。

苔藓如绿毯状覆盖林地，盖度 40%～95%，厚度 2～15 cm；山羽藓较常见且占优势，偶见锦丝藓、尖叶青藓和平枝青藓等，各种苔藓呈小斑块状且彼此镶嵌。

分布于甘肃、青海祁连山，宁夏贺兰山和内蒙古大青山，海拔 2000～3100 m，生长在山地西北坡、北坡至东北坡，坡度 10°～45°。祁连山中、西段是集中分布区，在山地阴坡连片生长；在贺兰山和大青山，群落呈小斑块状生长在石质山地的中、上部，坡度陡峻，多悬崖绝壁。在大青山，青海云杉周围有大片的白桦林。在历史时期曾经历择伐，林内伐桩较多，中、小径级的个体密集，自然整枝强烈，宿存的枯枝较多。林内有放牧。

5.4.3　PCⅢ

青海云杉-灌木-草本 常绿针叶林

Picea crassifolia-Shrubs-Herbs Evergreen Needleleaf Forest

青海云杉林—中国植被，1980：195-196；灌丛青海云杉林—青海森林，1993：153；灌木青海云杉林—甘肃植被，1997：90；中国森林（第 2 卷 针叶林），1999：721；青海云杉灌木林—内蒙古植被，1985：735。

乔木层由青海云杉组成。灌木层的发育程度取决于林内的透光状况。在林冠层郁闭的林下，几乎无灌木生长。在青海云杉林垂直分布的上限地带，林冠层稀疏，林下灌木密集，由适应高山环境的灌木组成，包括鬼箭锦鸡儿、金露梅和山生柳等直立或垫状灌木及匍匐半灌木北极果，这些灌木耐寒、抗强辐射和大风；在中、低海拔地带，由温性灌木组成，种类有刚毛忍冬、银露梅、黄蔷薇、置疑小檗和唐古特忍冬等；在靠近阳坡的林缘，叉子圆柏可渗入林内达 10 m；在贺兰山，常见种类有小叶忍冬、毛叶水栒子、虎榛子和灰栒子等（图 5.10）。

灌木生长具有随机性。由于青海云杉林在历史时期经历了择伐，林下光照条件的改善必然导致灌木的滋生。因此，经历干扰后的“青海云杉-草本”或“青海云杉-苔藓”等群落在特定的时期内也可能出现灌木层，但随着林冠层的郁闭，林下的灌木层会逐渐消失或仅有零星的灌木生长。草本层的盖度变化较大，与乔、灌木层的盖度有关。苔藓层呈斑块状。这里描述 3 个群丛。

图 5.10 “青海云杉-灌木-草本”常绿针叶林的外貌（左）、灌木层（右上）和草本层（右下）（祁连山北坡，甘肃武威哈溪）

Figure 5.10 Physiognomy (left), shrub layer (upper right) and herb layer (lower right) of a community of *Picea crassifolia*-Shrubs-Herbs Evergreen Needleleaf Forest in the northern slopes of Mt. Qilian, Haxi, Wuwei, Gansu

5.4.3.1 PC3

青海云杉-鬼箭锦鸡儿-珠芽拳参 常绿针叶林

***Picea crassifolia-Caragana jubata-Polygonum viviparum* Evergreen Needleleaf Forest**

凭证样方：9815、9816、9817、Helanshan-25。

特征种：北极果（*Arctous alpinus*）*、鬼箭锦鸡儿（*Caragana jubata*）*、蒲公英（*Taraxacum mongolicum*）*。

常见种：青海云杉（*Picea crassifolia*）、密生薹草（*Carex crebra*）、珠芽拳参（*Polygonum viviparum*）及上述标记*的物种。

乔木层盖度 30%～40%，胸径（4）12～14（35）cm，高度（3）6～18（30）m；由青海云杉单优势种组成，树冠较宽阔或呈旗冠状，枝下高度小，树干尖峭度大，抗风能力强，不耐雪压，林地内的雪折木较多。

灌木层总盖度 30%～80%，高度 5～230 cm；大灌木层稀疏，由皂柳和谷柳等偶见种组成，数量稀少；鬼箭锦鸡儿是中、低灌木层的常见种和优势种，可形成密集的有刺灌丛，偶有蒙古绣线菊和山生柳等混生；北极果在局部地带可形成密集的匍匐半灌木层片，其群落斑块与草本植物镶嵌共存。

草本层盖度 20%～30%，高度 6～20 cm；冷蕨直立或斜展，偶见于高大草本层；

密生薹草和珠芽拳参是低矮草本层的优势种与常见种，偶见高山紫菀和蒲公英等莲座叶杂草。

苔藓层稀薄或缺如，盖度 5%～20%，厚度 3～6 cm，种类有山羽藓等。

分布于甘肃西南部、青海东北部（祁连山脉的中、西段）及宁夏贺兰山，海拔 2950～3050 m，生长在山地北坡，坡度 20°～30°。

这是一个生长在青海云杉林垂直分布上限地带的群落类型，处在青海云杉林与高山灌丛的交汇地带，林内通透，光照充足；与夏季牧场相邻，放牧践踏对林下植被破坏较重。

5.4.3.2　PC4

青海云杉-银露梅-密生薹草 常绿针叶林

***Picea crassifolia-Potentilla glabra-Carex crebra* Evergreen Needleleaf Forest**

凭证样方：G06、G11、9803、9839、9842。

特征种：银露梅（*Potentilla glabra*）*、金露梅（*Potentilla fruticosa*）*、绢毛委陵菜（*Potentilla sericea*）、肋柱花（*Lomatogonium carinthiacum*）、高山紫菀（*Aster alpinus*）*、狼毒（*Euphorbia fischeriana*）、瓣蕊唐松草（*Thalictrum petaloideum*）、羊茅（*Festuca ovina*）*、密生薹草（*Carex crebra*）*。

常见种：青海云杉（*Picea crassifolia*）、黄花棘豆（*Oxytropis ochrocephala*）、珠芽拳参（*Polygonum viviparum*）及上述标记*的物种。

乔木层盖度 30%～40%，胸径（4）25～26（42）cm，高度（4）14～15（23）m，由青海云杉单优势种组成；G11 样方数据显示（图 5.11），青海云杉“胸径-频数”和“树高-频数”分布呈正态曲线，中等径级和树高级的个体较多。在林窗或在废弃的林地集材道上，有大量的幼树和幼苗，频度 100%，更新良好；在一些生境中，特别是在没有干扰的林地，林下没有幼树和幼苗，自然更新差。

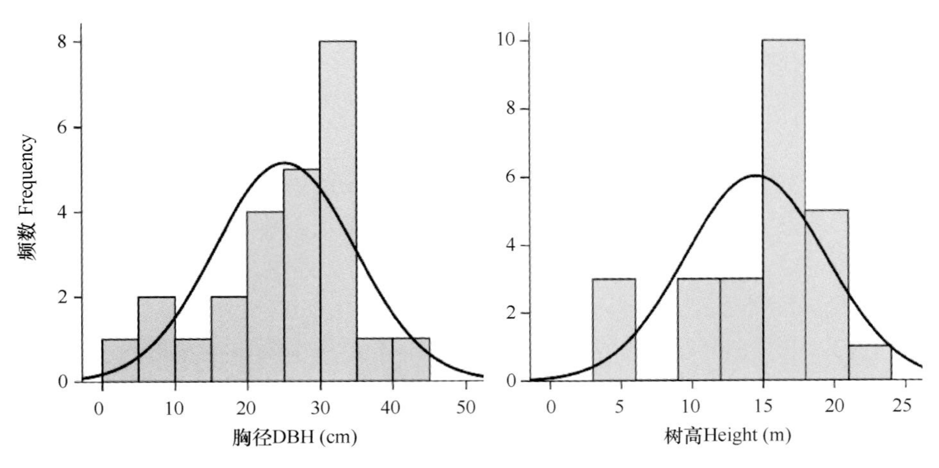

图 5.11　G11 样方青海云杉胸径和树高频数分布图

Figure 5.11　Frequency distribution of DBH and tree height of *Picea crassifolia* in plot G11

灌木层总盖度 30%～40%，高度 50～135 cm，由直立的落叶灌木组成；银露梅是中、低灌木层的常见种和优势种，偶见毛叶水栒子、唐古特忍冬和黄蔷薇等；低矮灌木层中，金露梅较常见，偶见置疑小檗、鬼箭锦鸡儿、红脉忍冬、多腺悬钩子和刚毛忍冬等。随着海拔的升高，鬼箭锦鸡儿和金露梅逐渐成为灌木层的优势种。

草本层总盖度 25%～50%，高度 5～50 cm；大草本层稀疏，羊茅较常见，偶见散穗早熟禾、狼毒和茜草；中草本层由直立杂草和丛生禾草组成，黄花棘豆、高山紫菀和密生薹草是常见种，密生薹草占优势，偶见种有乳白香青、扁蕾、车叶律、粗野马先蒿、高乌头、肋柱花、轮叶马先蒿、伞花繁缕、问荆、小花风毛菊、粘毛蒿和长果婆婆纳等；低矮草本层由莲座叶、垫状和蔓生小草本组成，珠芽拳参较常见，偶见匙叶龙胆、白花蒲公英、北方红门兰、东方草莓、绢毛委陵菜、蒲公英、双花堇菜、西藏点地梅和藓生马先蒿等。

苔藓层呈斑块状或在局部较密集，盖度 5%～70%，厚度 2～5 cm，种类有山羽藓等。

分布于甘肃和青海省内祁连山脉的中段，海拔 2550～2950 m，生长在山地北坡，坡度 10°～40°。在历史时期曾经历择伐，林内伐桩较多，有放牧。

5.4.3.3 PC5

青海云杉-叉子圆柏-珠芽拳参 常绿针叶林

***Picea crassifolia-Juniperus sabina-Polygonum viviparum* Evergreen Needleleaf Forest**

凭证样方：9809、9849、2135。

特征种：叉子圆柏（*Juniperus sabina*）*。

常见种：青海云杉（*Picea crassifolia*）、毛叶水栒子（*Cotoneaster submultiflorus*）、银露梅（*Potentilla glabra*）、山羽藓（*Abietinella abietina*）、羊茅（*Festuca ovina*）、黄花棘豆（*Oxytropis ochrocephala*）、珠芽拳参（*Polygonum viviparum*）、蒲公英（*Taraxacum mongolicum*）及上述标记*的物种。

乔木层盖度 40%～60%，高度（12）15～20（23）m；由青海云杉单优势种组成，偶有零星的天山花楸混生。

灌木层总盖度 30%～50%，高度 30～350 cm；高大灌木层稀疏，由直立落叶灌木组成，包括毛叶水栒子和银露梅等常见种，以及直穗小檗、灰栒子和唐古特忍冬等偶见种；叉子圆柏主要生长在山地阳坡和山脊地带，也可越过山脊蔓延到青海云杉林下，向林内延伸的距离达 20～25 m，具有发达的匍匐茎并生出不定根，可形成密集的常绿匍匐灌木层片，表征了一个特色鲜明的群落类型；林下偶见秦岭小檗、金露梅和置疑小檗等小灌木。

草本层总盖度 25%～40%，高度 5～35 cm；高大草本层由零星的丛生禾草和直立杂草类组成，羊茅较常见，偶见披碱草、高乌头和乳白香青等；低矮草本层主要由莲座叶和垫状低矮草本组成，珠芽拳参、黄花棘豆和蒲公英较常见，珠芽拳参略占优势，偶见种有麻花艽、藓生马先蒿、密生薹草、多花黄耆、西藏点地梅、星毛委陵菜和高山紫菀等。

苔藓层稀薄，盖度 10%～12%，厚度 2～6 cm，山羽藓较常见。

这个群丛生长在接近山脊分水岭的阴坡和半阴坡，与“青海云杉-银露梅-密生薹草常绿针叶林”的群落结构和生境非常相似，区别在于其林下有叉子圆柏常绿灌丛。

分布于甘肃、青海省内祁连山脉的中至西段，海拔 2600～2800 m，常生长在山地北坡至东北坡，坡度 30°～40°。在历史时期曾经历择伐，林内伐桩较多，目前有不同程度的放牧干扰。

5.4.4 PCⅣ

青海云杉-阔叶乔木-灌木-草本 针阔叶混交林

***Picea crassifolia*-Broadleaf Tress-Shrubs-Herbs Mixed Needleleaf and Broadleaf Forest**

青海云杉-山杨混交林—宁夏植被，1988：78-79；青海云杉-山杨林—内蒙古植被，1985：735。

青海云杉林在经历火烧或采伐后，在植被恢复过程中会出现一个由青海云杉与杨桦类组成的针阔叶混交林的过渡性群落。在林冠层完全郁闭后，杨桦类将逐渐退出，最终恢复到青海云杉纯林阶段。因此，青海云杉与杨桦类的混交林通常被认为是一个不稳定的群落类型。然而，在特殊的生境下，这类群落也可成为一个稳定的类型而长期存在。在青海云杉林水平分布区的东南边界，如在祁连山东南部的大通河及黄河上游两岸，以及在贺兰山和大青山，青海云杉生长不良，林冠层稀疏，林内的山杨和桦木类亦可完成自我更新过程，从而形成相对稳定的混交林类型。

群落呈针阔叶混交林外貌，结构复杂，物种丰富度高。大乔木层除了青海云杉外，还会有其他针叶树混生其中。在大青山，乔木层还可能出现零星的华北落叶松；在祁连山东南部，乔木层还可能有青扦混生。落叶阔叶树出现在中、小乔木层，种类包括山杨、白桦、红桦、糙皮桦、花楸和多种柳类等。林下灌木层和草本层均较发达，物种丰富度高，地被层发育不良。这里描述 2 个群丛。

5.4.4.1 PC6

青海云杉-白桦-金露梅-大披针薹草 针阔叶混交林

***Picea crassifolia-Betula platyphylla-Potentilla fruticosa-Carex lanceolata* Mixed Needleleaf and Broadleaf Forest**

凭证样方：H06。

特征种：华北落叶松（*Larix gmelinii* var. *principis-rupprechtii*）*、中国黄花柳（*Salix sinica*）*、美蔷薇（*Rosa bella*）*、翻白繁缕（*Stellaria discolor*）*、繁缕（*Stellaria media*）*、柳兰（*Chamerion angustifolium*）*、类叶升麻（*Actaea asiatica*）*、黄耆（*Astragalus membranaceus*）*、银莲花（*Anemone cathayensis*）*、斑叶堇菜（*Viola variegata*）*、蓬子菜（*Galium verum*）*。

常见种：青海云杉（*Picea crassifolia*）、白桦（*Betula platyphylla*）、高乌头（*Aconitum sinomontanum*）、金露梅（*Potentilla fruticosa*）、谷柳（*Salix taraikensis*）、大披针薹草（*Carex lanceolata*）、柄状薹草（*Carex pediformis*）、紫花野菊（*Chrysanthemum zawadskii*）、问荆（*Equisetum arvense*）、羊茅（*Festuca ovina*）、东方草莓（*Fragaria orientalis*）、玉竹

（*Polygonatum odoratum*）、珠芽拳参（*Polygonum viviparum*）、伞花繁缕（*Stellaria umbellata*）及上述标记*的物种。

乔木层盖度 40%，胸径（3）9～12（32）cm，树高（3）7～8（20）m；由青海云杉和白桦组成，前者略高于后者，或有零星的华北落叶松混生；H06 样方数据显示（图 5.12），青海云杉的“胸径-频数”和“树高-频数”分布皆呈右偏态曲线，林地内中、小径级和树高级的个体较多；林下有青海云杉、白桦和华北落叶松的幼苗，乔木层的针阔叶树皆可自我更新。

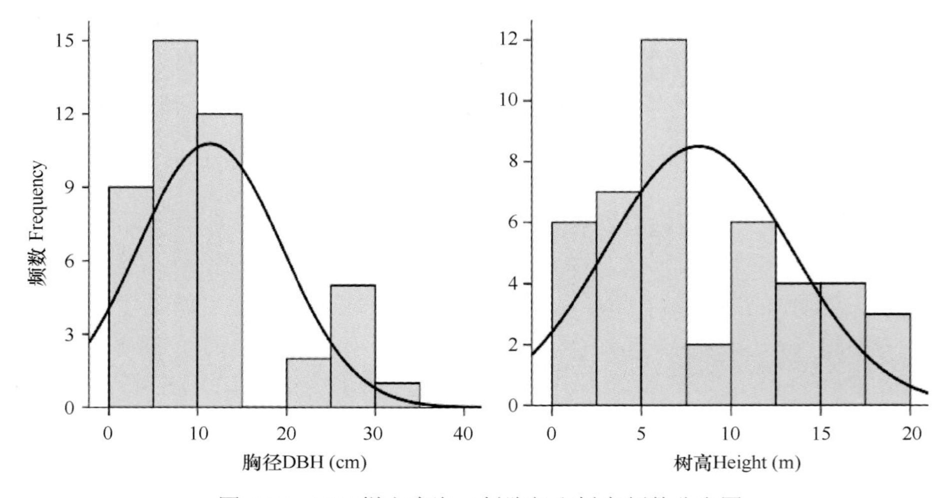

图 5.12　H06 样方青海云杉胸径和树高频数分布图

Figure 5.12　Frequency distribution of DBH and tree height of *Picea crassifolia* in plot H06

灌木层盖度达 30%，高度 40～145 cm；谷柳可形成稀疏的大灌木层；美蔷薇、金露梅是中、低灌木层的共优种，另有零星的中国黄花柳混生。

草本层盖度达 50%，高度 5～30 cm；大披针薹草是中、低草本层的优势种，伴生种以直立杂草居多，包括蓬子菜、高乌头、柳兰、紫花野菊、伞花繁缕、银莲花、翻白繁缕、黄耆和类叶升麻等；莲座叶或蔓生草本贴地生长，种类有东方草莓、繁缕、珠芽拳参、玉竹和斑叶堇菜等。

分布于内蒙古大青山，海拔 1900～2300 m，生长在山地北坡上部偏阳的生境中，坡度 35°～40°。人类活动干扰较轻。

5.4.4.2　PC7

青海云杉+山杨-唐古特忍冬-密生薹草 针阔叶混交林

***Picea crassifolia*+*Populus davidiana*-*Lonicera tangutica*-*Carex crebra* Mixed Needleleaf and Broadleaf Forest**

凭证样方：G01、G14、9848。

特征种：山杨（*Populus davidiana*）*、蓝果忍冬（*Lonicera caerulea*）*、紫花卫矛（*Euonymus porphyreus*）*、陕甘花楸（*Sorbus koehneana*）*、西北蔷薇（*Rosa davidii*）*、南川绣线菊（*Spiraea rosthornii*）*、红脉忍冬（*Lonicera nervosa*）*、唐古特忍冬（*Lonicera* *tangutica*）*、直穗小檗（*Berberis dasystachya*）*、灰栒子（*Cotoneaster acutifolius*）*、唐古碎米荠（*Cardamine tangutorum*）*、茜草（*Rubia cordifolia*）*。

常见种：青海云杉（*Picea crassifolia*）、密生薹草（*Carex crebra*）、羊茅（*Festuca ovina*）、东方草莓（*Fragaria orientalis*）及上述标记*的物种。

乔木层盖度 40%～50%，胸径（3）6～28（50）cm，高度（3）5～15（20）m；由青海云杉和山杨组成，偶有青扦及白桦、红桦、糙皮桦、湖北花楸、皂柳和康定柳等落叶阔叶小乔木混生，阔叶乔木的树高略低于青海云杉（图 5.13）。G01 样方中（图 5.14），青海云杉“胸径-频数”分布的各个径级均等，“树高-频数”曲线大致呈左偏态分布，结构极不整齐，反映了其残缺的种群结构；G14 样方中（图 5.15），青海云杉“胸径-频数”分布呈偏右单峰曲线，中、高径级的个体较多；“树高-频数”曲线大致呈正态分布，中等树高级的个体较多，但多世代并存的现象非常明显。林下有青海云杉的幼树和幼苗，更新良好。

图 5.13　“青海云杉+山杨-唐古特忍冬-密生薹草”针阔叶混交林的垂直结构（左）、灌木层（右上）和草本层（右下）（甘肃榆中兴隆山）

Figure 5.13　Supraterraneous stratification (left), understory layer (upper right) and herb layer (lower right) of a community of *Picea crassifolia*+*Populus davidiana*-*Lonicera tangutica*-*Carex crebra* Mixed Needleleaf and Broadleaf Forest in Mt. Xinglong, Yuzhong, Gansu

灌木层总盖度 25%～40%，高度 15～460 cm；陕甘花楸组成稀疏的高大灌木层，偶有毛樱桃混生；中、低灌木层由直立落叶灌木组成，物种组成丰富，优势种不明显，除了唐古特忍冬、蓝果忍冬、红脉忍冬、灰栒子、直穗小檗、南川绣线菊、紫花卫矛和西

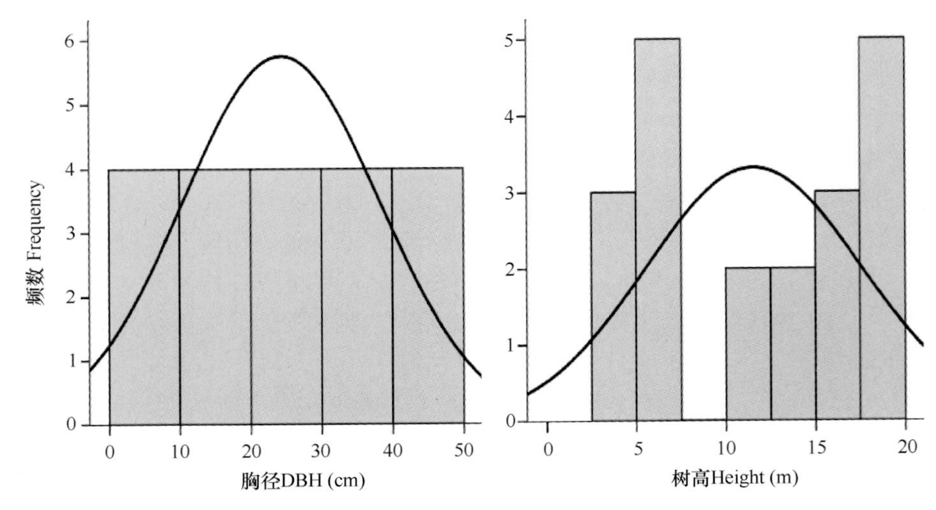

图 5.14　G01 样方青海云杉胸径和树高频数分布图

Figure 5.14　Frequency distribution of DBH and tree height of *Picea crassifolia* in plot G01

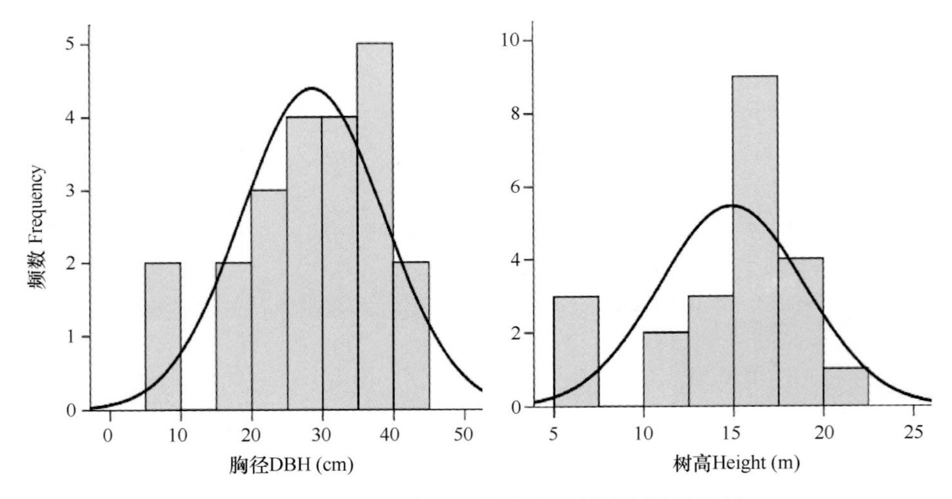

图 5.15　G14 样方青海云杉胸径和树高频数分布图

Figure 5.15　Frequency distribution of DBH and tree height of *Picea crassifolia* in plot G14

北蔷薇等常见种外，还偶见华西忍冬、金花忍冬、小叶忍冬、蒙古绣线菊、青甘锦鸡儿、山生柳、银露梅、冰川茶藨子、长果茶藨子、红毛五加和峨眉蔷薇等；矮五加在林下阴湿处或苔藓上可形成低矮的匍匐小灌木优势层片。

草本层较发达，总盖度 40%～50%，高度 4～55 cm；大草本层稀疏，羊茅较常见，偶见高乌头和散穗早熟禾；在中、低草本层，密生薹草是优势种和常见种，偶见种居多，包括中华蹄盖蕨和膜叶冷蕨等蕨类植物，瓣蕊唐松草、多花黄耆、风毛菊、甘青微孔草、高原天名精、截萼毛建草、狼毒、乳白香青、伞花繁缕和唐古碎米荠等直立杂草，长瓣铁线莲和茜草等蔓生草本，茖葱、东方草莓、黄花棘豆、麻花艽、珠芽拳参、舞鹤草、五福花、双花堇菜、肉果草、蒲公英和藓生马先蒿等莲座叶或贴地附生圆叶系列草本。

苔藓层稀薄，局部可出现较密集的苔藓斑块，盖度 5%～50%，种类有山羽藓和绿羽藓等。

分布于祁连山东南段至中段，海拔 2500～2900 m，常生长在山地北坡上部，坡度 28°～40°。处在青海云杉林分布区的东南边界地带，气候条件温润。青海云杉树冠圆钝，树干从基部分叉和扭曲的现象很普遍，长势不良。林下有针阔叶树的幼苗，说明是一个可以实现自我更新的群落类型。

5.4.5　PCⅤ

青海云杉-山杨-杜松-灌木-草本　针阔叶混交林

***Picea crassifolia-Populus davidiana-Juniperus rigida*-Shrubs-Herbs Mixed Needleleaf and Broadleaf Forest**

群落呈针阔叶混交林外貌。乔木层由青海云杉、山杨和杜松等组成；阔叶树的数量特征在不同的生境或不同的发育阶段变化较大，可表征针叶林的植被恢复过程。灌木层和草本层完整。

分布于宁夏贺兰山，生长在青海云杉林垂直分布的下限地带。这里描述 1 个群丛。

PC8

青海云杉-山杨-杜松-小叶忍冬-大披针薹草　针阔叶混交林

***Picea crassifolia-Populus davidiana-Juniperus rigida-Lonicera microphylla-Carex lanceolata* Mixed Needleleaf and Broadleaf Forest**

凭证样方：H09、H10、Helanshan-07。

特征种：杜松（*Juniperus rigida*）*、山杨（*Populus davidiana*）*、灰栒子（*Cotoneaster acutifolius*）*、蒙古绣线菊（*Spiraea mongolica*）*、东亚唐松草（*Thalictrum minus* var. *hypoleucum*）*、小叶金露梅（*Potentilla parvifolia*）*、林地早熟禾（*Poa nemoralis*）*、西藏点地梅（*Androsace mariae*）*、大披针薹草（*Carex lanceolata*）*、紫花野菊（*Chrysanthemum zawadskii*）*、柄状薹草（*Carex pediformis*）*。

常见种：青海云杉（*Picea crassifolia*）、小叶忍冬（*Lonicera microphylla*）、毛叶水栒子（*Cotoneaster submultiflorus*）及上述标记*的物种。

乔木层盖度 30%～50%，胸径（2）8～11（32）cm，高度（3）8～10（19）m；青海云杉、山杨是中乔木层的共优种，后者的树高略低于前者，偶有白桦混生；H10 样方数据显示（图 5.16），青海云杉“胸径-频数”和“树高-频数”分布不整齐，以中、小径级的个体居多；杜松是小乔木层的优势种，个体数量较多。林下记录到了青海云杉和杜松的幼苗与幼树，可自我更新。

灌木层盖度 40%，高度 40～335 cm；小叶忍冬与毛叶水栒子是大灌木层的优势种和常见种；中、小灌木层稀疏，由小叶金露梅、蒙古绣线菊和灰栒子等常见种及置疑小檗与东北茶藨子等偶见种组成；蒙古绣线菊和虎榛子在偏阳的生境中生长较密集，可形成小斑块状的优势层片。

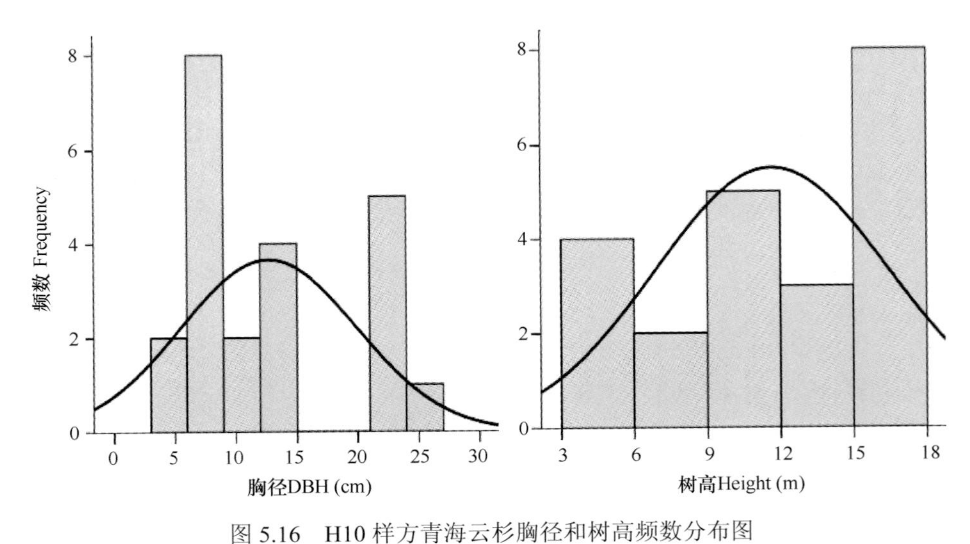

图 5.16 H10 样方青海云杉胸径和树高频数分布图

Figure 5.16 Frequency distribution of DBH and tree height of *Picea crassifolia* in plot H10

草本层稀疏，盖度 20%，高度 3～40 cm；大草本层由林地早熟禾和大披针薹草组成，后者占优势；低矮草本层由直立或垫状杂草组成，包括西藏点地梅和紫花野菊等常见种，以及蒲公英、东亚唐松草和鹤草等偶见种。

苔藓层稀薄，盖度 10%～20%，厚度 1～4 cm，种类有尖叶青藓等。

分布于宁夏贺兰山，海拔 2300～2450 m，生长在山地的西北坡，坡度 35°～40°。贺兰山的地貌陡峻险要、岩石显露、土层稀薄，群落斑块的面积较小，林内有轻度放牧。

5.4.6 PCⅥ

油松-青海云杉-杜松-草本 常绿针叶林

***Pinus tabuliformis-Picea crassifolia-Juniperus rigida*-Herbs Evergreen Needleleaf Forest**

青海云杉-油松混交林—宁夏植被，1988：76-78。

群落呈针叶林外貌。林冠层由油松和青海云杉组成，前者的树冠松散宽阔，后者紧凑狭窄，外观易于区别；杜松是小乔木层的优势种，随着海拔升高，种群数量逐渐增多，油松的数量逐渐减少至消失。林下通透干燥，土层较薄，灌木层和草本层的物种丰富度与盖度较低，林地或有稀薄的苔藓层（图 5.17）。

分布于宁夏贺兰山，生长在油松林和青海云杉林的交汇地带。这里描述 1 个群丛。

PC9

油松+青海云杉-杜松-大披针薹草 常绿针叶林

***Pinus tabuliformis+Picea crassifolia-Juniperus rigida-Carex lanceolata* Evergreen Needleleaf Forest**

凭证样方：H11、Helanshan-02。

特征种：油松（*Pinus tabuliformis*）*、杜松（*Juniperus rigida*）*、康定柳（*Salix*

图 5.17　“油松-青海云杉-杜松-草本”常绿针叶林的外貌（左）和结构（右）（贺兰山苏峪口，宁夏）
Figure 5.17　Physiognomy (left) and supraterraneous stratification of a community of *Pinus tabuliformis*-*Picea crassifolia*-*Juniperus rigida*-Herbs Evergreen Needleleaf Forest in Mt. Helan, Suyukou, Ningxia

paraplesia）、小叶忍冬（*Lonicera microphylla*）*、甘青铁线莲（*Clematis tangutica*）、泡沙参（*Adenophora potaninii*）。

常见种：青海云杉（*Picea crassifolia*）、大披针薹草（*Carex lanceolata*）及上述标记*的物种。

乔木层盖度达 40%，胸径（2）5～15（34）cm，高度（3）4～12（20）m；油松和青海云杉为中乔木层的共优种，前者或略高于后者，偶有山杨混生。油松较密集，青海云杉的密度约为油松的一半；H11 样方数据显示（图 5.18），青海云杉“胸径-频数”和“树高-频数”曲线大致呈正态分布，种群处在稳定发展阶段；杜松较密集，是小乔木层的优势种。林下有针叶树的幼苗、幼树，可自然更新。

林下的灌木稀疏，总盖度 10%，高度 30～250 cm；康定柳是高大灌木，与木质藤本甘青铁线莲等偶见于林下；小灌木中，小叶忍冬较常见，偶见毛叶水栒子、置疑小檗和灰栒子等。

草本层总盖度 25%，高度不足 10 cm，大披针薹草占优势，偶有紫花野菊、泡沙参和玉竹等混生。

苔藓层稀薄，盖度 10%，厚度 1 cm，呈小斑块状生长在草丛下或岩石的背阴面，种类有尖叶青藓等；林地铺满松针球果等枯落物。

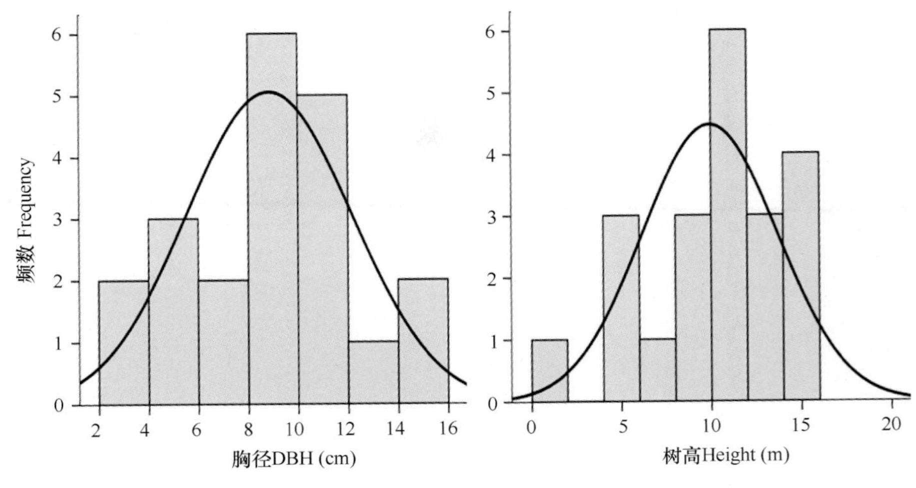

图 5.18 H11 样方青海云杉胸径和树高频数分布图

Figure 5.18 Frequency distribution of DBH and tree height of *Picea crassifolia* in plot H11

分布于宁夏贺兰山，海拔 2200～2400 m，常生长在山地西北坡中部，坡度 30°～35°。在贺兰山的森林垂直带谱中，油松林生长在中、低海拔地带地形封闭的陡坡悬崖、山坡下部缓坡及山麓河谷；青海云杉林生长在中、高海拔地带的山地阴坡。这个群丛处在二者的交汇地带，生长在地形相对平缓的山坡阶地，局部凹地土层较厚，林地有显露的岩石。

5.4.7 PCⅦ

青海云杉-祁连圆柏-草本 常绿针叶林

***Picea crassifolia-Juniperus przewalskii*-Herbs Evergreen Needleleaf Forest**

群落呈针叶林外貌。林冠层稀疏，由青海云杉和祁连圆柏组成，前者树干端直，侧枝平展或斜生、互不遮盖，轮生分层明显，色泽墨绿；后者树体低矮，侧枝弧曲向上、彼此遮盖，轮生分层不明显。灌木层稀疏低矮，由高山灌丛成分组成；草本层密集，物种丰富度较高。林下或有稀薄的苔藓层（图 5.19）。

分布于祁连山北坡，生长在中、高海拔地带的半阳坡，处在青海云杉林和祁连圆柏林的交汇地带。这里描述 1 个群丛。

PC10

青海云杉-祁连圆柏-珠芽拳参 常绿针叶林

***Picea crassifolia-Juniperus przewalskii-Polygonum viviparum* Evergreen Needleleaf Forest**

凭证样方：G05、G10。

特征种：祁连圆柏（*Juniperus przewalskii*）*、红桦（*Betula albosinensis*）、金露梅（*Potentilla fruticosa*）*、高山绣线菊（*Spiraea alpina*）、高山嵩草（*Kobresia pygmaea*）、野苜蓿（*Medicago falcata*）、河北红门兰（*Orchis tschiliensis*）、双花堇菜（*Viola biflora*）*、藓生马先蒿（*Pedicularis muscicola*）*。

图 5.19　“青海云杉-祁连圆柏-珠芽拳参”常绿针叶林的外貌（左）、垂直结构（右上）和草本层（右下）（祁连山北坡，甘肃张掖西水）

Figure 5.19　Physiognomy (left), supraterraneous stratification (upper left) and herb layer (lower right) of a community of *Picea crassifolia-Juniperus przewalskii-Polygonum viviparum* Evergreen Needleleaf Forest in northern slopes of Mt. Qilian, Xishui, Zhangye, Gansu

常见种：青海云杉（*Picea crassifolia*）、密生薹草（*Carex crebra*）、黄花棘豆（*Oxytropis ochrocephala*）、珠芽拳参（*Polygonum viviparum*）及上述标记*的物种。

乔木层盖度 20%～30%，胸径（4）8～27（88）cm，高度（3）5～13（25）m；具复层结构，青海云杉和祁连圆柏分别是中、小乔木层的优势种，或有零星的红桦混生。G10 样方数据显示（图 5.20），青海云杉“胸径-频数”曲线呈右偏态分布，中、小径级的个体最多，青海云杉林处在成长阶段；“树高-频数”曲线显示，各树高级个体数大致相当或中等树高级的个体较多。青海云杉的幼树和幼苗较多，祁连圆柏的幼苗较少，在遮蔽的树冠下完全不见祁连圆柏的幼苗。

灌木层较稀疏，总盖度 15%，高度 25～50 cm；金露梅较常见，偶见高山绣线菊和常绿灌木唐古特瑞香。

草本层盖度达 60%，高度 2～30 cm；大草本层由粘毛蒿和乳白香青等偶见种组成；中、低草本层由丛生嵩草和薹草，直立、蔓生和莲座叶杂草组成，珠芽拳参占优势，双花堇菜、藓生马先蒿和黄花棘豆较常见，偶见矮火绒草、瓣蕊唐松草、粗野马先蒿、甘青微孔草、火绒草、伞花繁缕、河北红门兰、匙叶龙胆、舞鹤草、小银莲花、野苜蓿和东方草莓等。

林地内有稀薄的山羽藓，盖度 4%～6%，厚度 2～10 cm。

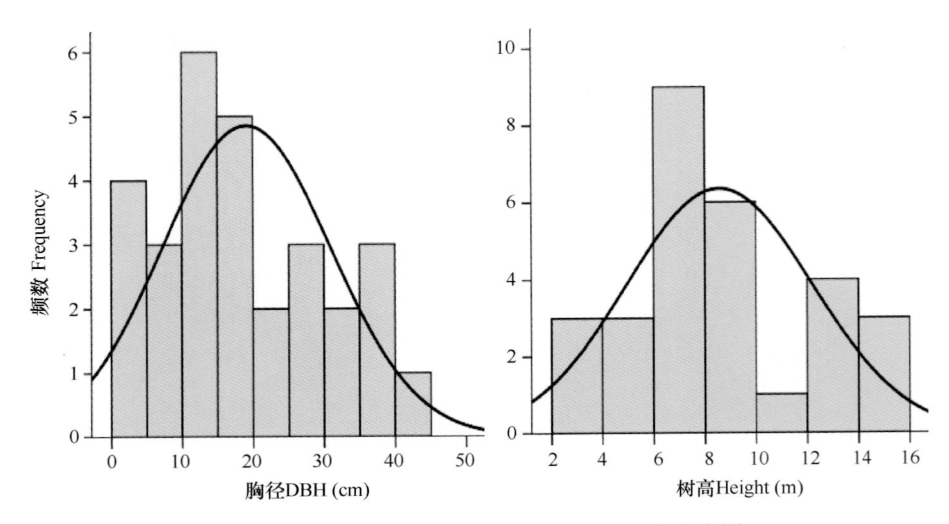

图 5.20　G10 样方青海云杉胸径和树高频数分布图

Figure 5.20　Frequency distribution of DBH and tree height of *Picea crassifolia* in plot G10

分布于甘肃、青海，祁连山北坡中段至东段，海拔 2900～3200 m，生长在山地西北坡中坡至中上坡，坡度 30°～40°。林内有放牧。

在青海云杉和青扦垂直分布的过渡地带，二者可形成混交林，林中或有白桦和山杨混生。在甘肃榆中兴隆山，“青海云杉-青扦-山杨”混交林出现在海拔 2700 m 处的陡峭山坡（图 5.21）。我们没有获得样方数据，暂略记于此待考。

图 5.21　青海云杉（灰绿）、青扦（墨绿）和山杨（亮绿）混交林外貌（兴隆山，甘肃榆中）

Figure 5.21　Physiognomy of a community of *Picea crassifolia* (grey green), *Picea wilsonii* (dark green) and *Populus davidiana* (yellow green) in a Mixed Needleleaf and Broadleaf Forest (Mt. Xinglong, Yuzhong, Gansu)

5.5　建群种的生物学特性

5.5.1　遗传特征

青海云杉具有较高的遗传多样性。祁连山北坡中东段是青海云杉林集中分布的区域。查天山（1989）对该地武威哈溪林场青海云杉林的遗传变异进行了研究，结果显示，4 个群体中，近一半（49.95%）的位点是多型的，平均期望杂合性值、每个位点等位基因的平均数及群体平均基因分化系数分别是 0.212、2.38 和 0.023；8 个基因位点表达的 5 种同工酶的遗传变异主要发生在群体内部，占总变异的 97.7%，群体间的变异仅占 2.3%。研究进一步指出，遗传多样性水平在高海拔地带较丰富（查天山，1989）。

青海云杉表型性状的变异也主要存在于种群内部，种群间的变异较低。王娅丽和李毅（2008）对分布于甘肃和青海省内的 10 个青海云杉林天然种群的球果和种子性状进行了测定分析。结果显示，球果长、直径、干质量、形状指数，种子长、宽、千粒重和种子形状指数等性状的变异系数分别为 10.08%、5.80%、19.29%、9.66%、8.38%、15.34%、6.52%和 13.94%；表型分化系数在群体内和群体间的值分别是 72.82%和 27.18%，表型性状的变异主要发生在群体内部（王娅丽和李毅，2008）。

就青海云杉林群体间和群体内遗传变异的趋势而言，分子水平和表型水平的研究证据具有相似性。同工酶证据进一步显示，分子水平上的遗传变异主要发生在种群内部，种群间则甚微。分子水平和表型水平取样尺度的不同可能会对结果造成影响。例如，同工酶的分析材料采自几个距离较近的群体，而表型分析所调查的 10 个群体间的距离较大。另外，与分子水平上的变异相比较，表型性状的变异可能受环境因子的影响较大。

5.5.2　个体生长发育

青海云杉在苗期需要遮阴的环境，在个体生长过程中对光照的需求程度逐渐增加，成年后需要全光照环境。据《青海森林》记载，1～15 年树龄的幼苗需要上方遮阴，15～30 年树龄的幼苗需要上方透光、侧方遮阴。青海云杉林中常可见到这样的现象，在郁闭的林冠下幼苗、幼树数量很少，在林窗或集材道有密集的幼树丛，幼树彼此间可提供侧方遮阴的环境。

青海云杉幼苗期的生长量对生境条件变化敏感。青海省麦秀林区的调查数据显示，人工繁育的青海云杉幼苗的生长速度较野生幼苗快，前者 10 年生幼苗高度达 71 cm，连年生长量变化幅度为 1.5～13.5 cm；后者 10 年生幼苗高度仅为 35 cm，连年生长量变化幅度为 1.3～5.1 cm（张中隆等，1981）。

在甘肃和青海两个产地的青海云杉解析木的数据显示（刘兴聪等，1981；张鸿昌等，1984），青海云杉的胸径、树高和材积在 10 年树龄后进入快速生长期；胸径和树高的生长高峰出现在 50 年树龄以后，快速生长期可持续到 60～70 年树龄，之后生长放缓，至

170 年树龄仍能保持低速生长，材积生长的高峰出现在 80～110 年树龄（图 5.22）。环境条件会影响个体生长规律及生长量。据《青海森林》记载，在环境条件较好的生境，青海云杉的快速生长期往往会提前，持续时间较长。总体而言，胸径、树高和材积的快速生长期树龄的变化幅度分别是 30～80 年、30～70 年和 50～120 年（《青海森林》编辑委员会，1993）。

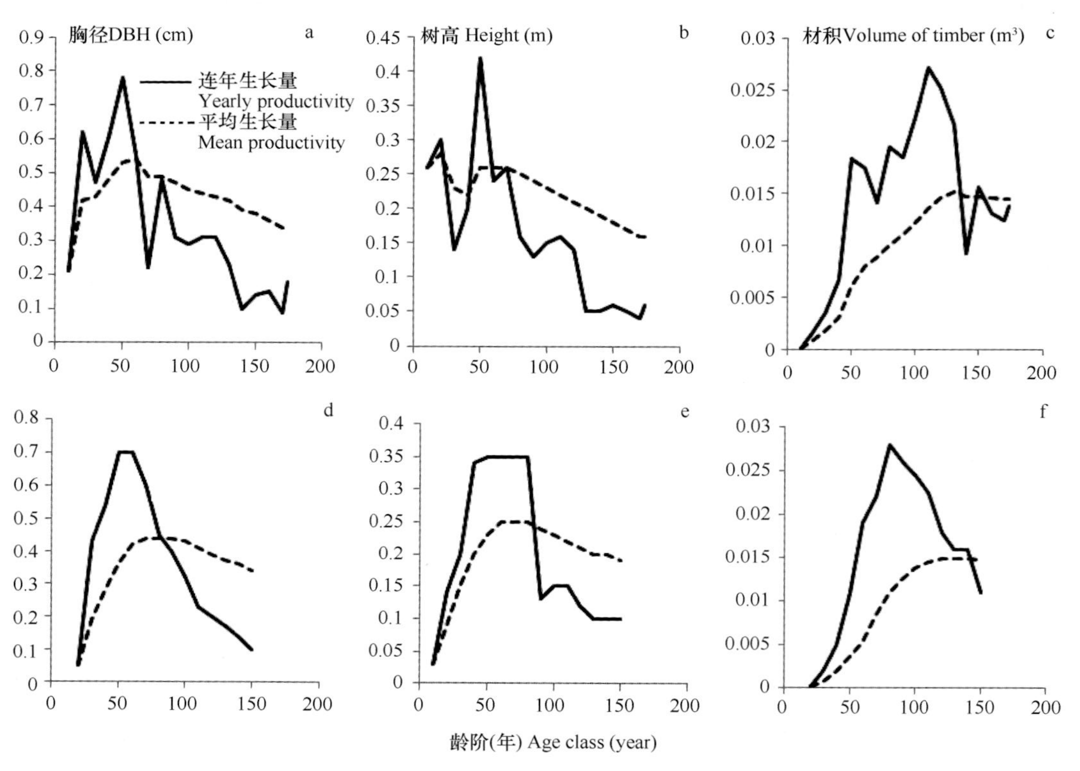

图 5.22　甘肃张掖寺大隆（a、b、c. 刘兴聪等，1981）和青海（d、e、f. 张鸿昌等，1984）两个产地青海云杉个体生长规律

Figure 5.22　Yearly and mean productivity of DHB, tree height and volume of timber of *Picea crassifolia* from two stands in Gansu (a, b, c, Liu et al., 1981) and Qinhai (d, e, f, Zhang et al., 1984)

受群落结构和环境条件的影响，青海云杉的结实期在 20～60 年树龄。我们在野外考察中发现，在环境条件较严酷的生境中，如在青海云杉林分布区的西北边界，青海云杉个体低矮，树冠开阔，结实量很大（图 5.23）；在环境条件较好的祁连山中段，树体高耸、林冠遮蔽，结实量小，林下散落的球果稀疏。据《青海森林》记载，孤立木在 20 年树龄时结实；在火烧迹地恢复后的稀疏群落中，个体在 30 年树龄后结实；结实量通常随着树龄的增加而增大，而且会出现周期性的大、小年现象。青海云杉林的数量成熟期在 140 年树龄左右，在环境条件较差的产地，数量成熟期会推后。例如，在柴达木盆地的东部山地，受大陆性气候的影响较重，气候干燥，1 株 250 年树龄的青海云杉树高仅 11.1 m，材积不足 0.3 m^3，数量成熟期在 204 年树龄左右。青海云杉个体寿命可达 450 年，通常在 120～130 年树龄以后出现心腐病（《青海森林》编辑委员会，1993）。

图 5.23　青海云杉的球果（祁连山北坡，甘肃酒泉祁丰）
Figure 5.23　Seed cones of *Picea crassifolia* in the northern slopes of Mt. Qilian, Qifeng, Jiuquan, Gansu

上述关于青海云杉个体生长规律及生长速率的结论，均是以单位时间内的增长量为衡量标准，是一个绝对的指标。事实上，特定时间段内的生长量与其基础树高密切相关。如果考虑了基础参数（树高、胸径和材积）因素，以相对生长量为衡量指标，可能会得出不同的结论。

5.6　生物量与生产力

由于气候条件偏于干冷，青海云杉林生产力较低。来自甘肃祁连山北坡青海云杉林的数据显示，树龄 100 年的青海云杉，单株材积为 0.3034 m^3，约为甘肃白龙江林区同龄云杉材积（0.61 m^3）的 1/2 和云南同龄云杉材积（1.82 m^3）的 1/6；材积生长率也低于甘肃其他林区及全国平均水平（曲永宁等，1980；刘兴聪等，1981）。由于不同林区观测的树种不同，物种的差异会在一定程度上混淆气候因子对云杉生长的影响，但上述数据仍可反映出一个大致的趋势。

青海云杉林地理分布范围广阔，区域间环境条件的差异也会影响其生产力。一般地，环境条件与生长量呈正相关关系。例如，在青海省的 3 个产区中，从西倾山北部的黄南麦秀林区、祁连山东段乐都的下北山林区到祁连山中段的祁连林区，气候渐趋干冷，胸径和材积的生长量逐渐降低（张鸿昌等，1984）。此外，同一产地的不同海拔地带，青海云杉的生长量不同。青海大通县东峡林区上元多罗佳林区的数据显示，海拔每升高 60 m，树高和胸径的年平均生长量分别降低 2 cm 和 0.07 cm（张鸿昌等，1984）。同一个产地，不同盖度的青海云杉林，其生长量也存在差异。例如，在青海祁连林区，郁闭度在 0.4～0.6 的群落，其材积蓄积量最大，0.7 以上的群落次之，0.3 以下的最低（《青海森林》编辑委员会，1993）。可见，过疏或过密的群落均不利于森林蓄积量的积累。在青海云杉林管理实践中，通过抚育间伐等措施使群落保持适宜的密度，以提高木材生产力（张保儒，1982；陈玉琪，1982）。从青海云杉林生物多样性保育的角度出发，任何抚育措施都可视为对生态系统的扰动。抚育间伐措施虽然能提高木材生产力，但必然会破坏植物群落原有的结构和组成，削弱森林生态系统的综合功能。

5.7 群落动态和演替

青海云杉林可以实现种群的自我更新。影响青海云杉林自我更新的因素包括林冠层盖度、坡度、坡向和人类活动干扰等。林冠层盖度较大的群落中，如果地被层较薄，下种后能正常萌发，林下可见到幼苗但无幼树，这主要是由于林下阴暗，幼苗生长过程中的光照条件得不到满足，幼苗很难长成幼树。如果林下地被层较厚，如在中、高海拔地带生长的"青海云杉-苔藓"群丛，由于苔藓层的隔离作用，种子落地后难以接触到土壤而不能萌发，林下更新幼苗罕见。一旦上述制约因素被解除，青海云杉林下可出现十分壮观的自我更新景象。例如，在"青海云杉-苔藓"群丛的集材道上，常可见到密集生长的青海云杉幼苗与幼树（图 5.24）。集材道地表裸露，种子落地后极易萌发，由于光照适宜，幼苗亦能进一步长成幼树。在林冠层盖度较低的群落中，由于林地光照强，地表干燥，种子难以萌发，同样不利于自我更新。有研究指出，采取适当的人工措施，如间伐作业和划破苔藓层，使林冠层保持合理的盖度（如 50%），林下有表土裸露的斑块，可有效地促进更新进程。此外，青海云杉林在陡坡及偏阳的地形条件下更新不良（曲永宁等，1980）。放牧对林下幼苗生长的危害极大。在反复啃食下，青海云杉幼苗、幼树将长期呈现低矮浑圆的矮灌木状。在采伐或火烧迹地上，过度放牧会使林地退化成灌丛或草原。

图 5.24 集材道上密集生长的青海云杉幼苗（祁连山北坡，甘肃张掖）
Figure 5.24 Dense seedlings of *Picea crassifolia* on a skidding road in the northern slopes of Mt. Qilian, Zhangye, Gansu

在皆伐迹地或火烧迹地上，植被自然恢复过程十分漫长，通常要经历先锋植物群落阶段、中间过渡植物群落阶段至顶极群落阶段。过渡阶段的群落类型较为复杂，取决于生境条件。例如，在祁连山的中西段，青海云杉林可能由灌丛草地阶段逐步恢复而来；在中东部较为暖湿的生境中，则会出现山杨桦木林及针阔叶混交林阶段。在相对暖湿的生境条件下，青海云杉长势不良，难以形成盖度较高的林冠层，林下阔叶树仍然有生存的空间，青海云杉与杨桦类形成的针阔叶混交林可作为一个稳定的群丛组，在甘肃兴隆山调查的 G01 样地，即属此例。

1998～1999 年，在祁连山北坡中段的张掖西水林场，我们对青海云杉林采伐迹地不同恢复阶段的植物群落进行了考察。根据考察记录，结合空间尺度代替时间尺度的方法，对各阶段植物群落的结构、组成、物种多样性、物种替代速率及生活型等方面的特征整理如下。

1）灌丛草地阶段。西水林场一块 30 m×50 m 的皆伐迹地，于 1987 年撂荒，至 1999 年，皆伐迹地植被恢复过程已经持续了 12 年。由于皆伐对地表破坏大，虽然经过十几年的恢复，但地表水土流失现象明显，大小侵蚀沟交错，地表侵蚀状完全不同于天然草地上的相关特征。灌木层盖度 20%～30%，主要种类有金露梅、细枝绣线菊和置疑小檗等。草本层总盖度达 50%，物种组成以林缘及半阳坡的草原种类为主，包括远志、星毛委陵菜、鸟足毛茛、冰草、达乌里秦艽、羊茅、藜和刺藜等。此外，林下耐阴成分如瓣蕊唐松草等也偶见于草丛中。这个皆伐迹地两侧有成熟的未经采伐的青海云杉林，可确保采伐迹地种源的补充。由于地表植被盖度较低，没有形成相对遮阴的环境，在强光照下幼苗发芽后很难成活，样地内虽可见到当年发芽的幼苗，但 3 年苗龄以上的更新苗罕见。

2）青海云杉幼苗幼树灌丛草地阶段。灌木层盖度达 40%，主要物种有金露梅、细枝绣线菊、置疑小檗、唐古特忍冬、小叶忍冬和狭叶锦鸡儿。草本层盖度达 80%，主要种类有瓣蕊唐松草、黄花棘豆和高原毛茛等，草原成分如星毛委陵菜等已经退出。群落已形成了侧方遮阴、上方透光的环境，有利于青海云杉种子萌发和幼苗生长，在留有母树的迹地上普遍更新较好。青海云杉更新苗高达 1.2 m，地径 3～6 cm。

3）青海云杉和灌木群落阶段。调查的样地位于宽谷阴坡、半阴坡的更新迹地上，群落垂直结构的乔木、灌木、草本 3 个层次基本分开。乔木层由青海云杉幼树构成，林冠盖度较低，林下光照好，青海云杉平均树高 3 m，胸径 6～9 cm。灌木层较发达，盖度较高，达 50%，主要物种有金露梅、银露梅、细枝绣线菊、水栒子等。此外，树高低于 3 m 的青海云杉的幼树也较常见。草本层盖度明显降低，种类较少。在祁连山北坡中西段的宽谷阴坡的更新迹地上，群落发展往往不经过“青海云杉-山杨”混交林阶段而直接发育成“青海云杉-灌木-草本”或“青海云杉-苔藓”群丛组。

4）青海云杉和山杨桦木混交林阶段。该类型通常出现在相对阴湿的峡谷阴坡。乔木层由青海云杉幼树和山杨组成。青海云杉平均树高 8 m，胸径 9～12 cm。灌木层盖度 30%～40%，主要种类有西北蔷薇、鲜黄小檗、银露梅和天山花楸等。草本层盖度 10%～15%，主要以耐阴成分为主，如茜草、唐松草和泡沙参等。此外，苔藓呈斑块状，厚度 3～5cm。

5）青海云杉林顶极群落阶段。生境不同，群落类型不同。“青海云杉-灌木-草本”和“青海云杉-苔藓”群丛组是 2 个常见的类型。前者分布在 2 个海拔地带，即 2450～

2700 m的中、低海拔地带和2900～3200 m的中、高海拔地带；后者分布在2700～2900 m的中、高海拔地带。“青海云杉-灌木-草本”群丛组的林冠层较开阔，林下光照较好，可形成鲜明的“乔-灌-草”结构。“青海云杉-苔藓”群丛组的林冠层盖度达 60%，林下阴湿，灌木和草本稀少，不构成明显的层片，苔藓层十分发达，厚度可达 15 cm。顶极群落阶段的青海云杉林的群落学特征在本章前节中已经做了详细描述，在此不再赘述。

就植被恢复过程中各阶段植物群落物种多样性的变化趋势而言，在演替的早期和中期阶段，物种多样性较高，后期阶段较低。特定演替阶段的植物群落的物种多样性在很大程度上取决于环境资源的适宜程度。祁连山北坡的气候总体上偏干偏冷，青海云杉林下植被的发育状况受制于温度、湿度和光照等多种因素。从景观尺度上看，在热量条件较好的中、低海拔地带，林下尚有灌木层发育；在中、高海拔地带，林下几乎被苔藓层覆盖。就特定地域的植被在时间尺度的变化看，在火烧或皆伐迹地上植被恢复的早期阶段，林地的光照充足，植物群落以灌、草丛为主，物种丰富度较高。在火烧或皆伐等高强度的干扰下，乔木层虽然消失，但灌木层和草本层的物种多样性却显著增加，于是就出现了一个种群的消退换来多个种群繁荣的局面。随着演替过程的延伸，乔木层逐渐郁闭，特别是处在顶极阶段的青海云杉林，乔木层占据了群落主要的营养空间，浓郁的林冠使林下光照和热量不足，林下环境发生了巨大的变化，许多物种退出，群落的物种丰富度又出现下降的趋势，灌木层和草本层的盖度也显著降低。应该注意到，在祁连山北坡，青海云杉林的生活型以草本植物占优势，植物群落的物种多样性在很大程度受制于草本植物群落的发育程度。一年生草本植物通常出现在演替的早期阶段，在中、后期阶段很少见；多年生草本植物在各演替阶段始终占优势，但在中、后期阶段，物种丰富度在逐渐降低。从采伐迹地上植被恢复的初期到顶极群落阶段，地表环境的总体变化趋势是由干热变为湿冷，青海云杉林演替过程中物种多样性的变化趋势与林下环境条件的变化之间具有一定的相关性。

在植被演替过程中，不同演替阶段，群落间物种替代现象十分明显。我们对祁连山北坡青海云杉林进行的相关研究的结果显示（未发表资料），相邻演替阶段的群落之间物种替代速率较低，演替阶段间的时间尺度越大，物种替代速率越高。就各阶段植物群落优势种的生态习性而言，青海云杉在苗期和幼树期需要遮阴的环境；在演替的早期阶段，草地及落叶灌丛为青海云杉幼苗的生长提供了庇护和遮阴条件，有利于其生长发育。随着群落的发育成长，林冠层逐渐郁闭，林下的灌木和草本植物生长受到抑制。可见，在青海云杉林植被恢复演替过程中，不同时期的群落所形成的生境条件均有利于青海云杉种群的发展，其演替格局具有“助长”功能；另外，从各演替阶段物种替代速率看，群落间时间尺度愈大，物种替代速率愈高，在演替过程中青海云杉种群逐渐壮大，并最终占据群落的统治地位。因此，青海云杉的演替亦有“阻滞”特征。

不同演替阶段植物生活型的构成式样是植物群落对环境变化的直观响应。就祁连山北坡地区植物生活型谱看，草本植物占优势，在低山及山前冲积扇荒漠地区，一年生草本植物占优势；在中、高海拔地带，则多年生草本植物占优势（王国宏等，1995，2001；Wang et al.，2003）。青海云杉林主要分布在中、高海拔地带，一年生草本植物物种库贫乏，林下草本层以多年生草本植物占优势，一年生草本植物仅出现在群落演替的早期阶段。

不同演替阶段植物群落所经历的时间跨度，事实上反映了青海云杉林在经历干扰后的“恢复力”特征。青海云杉林的稳定性特征与干扰的强度相关。处在顶极阶段的青海云杉林，由于树冠盖度大，林下阴暗潮湿，苔藓层厚，种子落下后难以接触到土壤，更新较困难。因此，在不受外界干扰的情况下，成熟的云杉林的更新只能通过自疏作用或枯倒木形成的林窗实现。人工择伐可改善林内光照条件，有利于幼苗的更新，有助于青海云杉林群落的稳定性。皆伐作业属高强度的干扰，采伐迹地上森林恢复的时间将十分漫长。

5.8　价值与保育

青海云杉林是分布于中国西北荒漠区山地的寒温性针叶林，是维护西北干旱区生态安全的重要屏障。祁连山是青海云杉林的核心分布区，是石羊河、黑河和疏勒河等内陆河的发源地，对河西走廊绿洲及荒漠区湿地和湖泊生态系统的维持至关重要。因此，青海云杉林最主要的生态功能就是涵养水源（魏克勤，1985；傅辉恩，1990a，1990b；车克钧等，1992，1998；王艺林等，2000；张虎等，2000；王金叶等，2001；常学向等，2002；党宏忠，2004；张学龙等，2007）。青海云杉林分布区的景观结构包括冰川、山地、荒漠和绿洲，存在寒、旱和盐等极端环境，这个复合生态系统中包含了许多能够适应极端环境的生物类群和种质资源。青海云杉林作为复合生态系统的重要成分，对维护景观完整性和生物多样性保育具有重要意义（魏克勤，1990；宋刚，1992；王国宏等，1995，2001；Li et al.，2003；金山，2009）。此外，青海云杉林在复合生态系统生物地球化学循环中也发挥着重要作用（王金叶等，1998，2000；常宗强等，2008）。

历史时期的乱砍滥伐，特别是 1950 年以后掠夺式的森林采伐，对青海云杉林造成了巨大的破坏。以青海麦秀林区为例，1958～1980 年共采伐木材 196 850 m^3，仅 1959 年的采伐量达 41 949 m^3，在林区中存留的青海云杉过熟林十分稀少，采伐迹地甚多（张中隆等，1981）。甘肃张掖祁连山林区在 1963～1980 年抚育采伐木材达 300 000 m^3（傅辉恩和姚克，1990）。1949～1990 年，甘肃祁连山林区人口增加了 4～5 倍，家畜数量增加了 50 倍；在 1966～1976 年，祁连山东段毁林开荒面积达 80 多万亩①，仅天祝林区毁林面积达 7.05 万亩；以木材生产为目的的森林利用方式，导致了森林资源的恶性透支（傅辉恩，1990a）。

自 20 世纪末实施天然林保护工程以来，对青海云杉林的木材采伐已经停止，但盗伐现象屡禁不止，林牧矛盾十分突出。盗伐和放牧对宜林地森林植被的恢复和天然林的更新危害较大。此外，森林旅游等对青海云杉林的干扰不容忽视。在祁连山和贺兰山，旅游路线已经延伸到森林深处，基础设施建设和旅游行为对景观与生境也造成了一定的破坏。

封山育林是对森林最有效的保育措施。青海云杉林与放牧草场往往只有一栅之隔，

① 1 亩≈666.67 m^2

森林管护难度较大，如何协调好林牧矛盾也是森林保育的关键。青海云杉人工育苗技术成熟，苗木移栽成活率高，在宜林地进行人工植苗是加速植被恢复的重要途径。

参考文献

常学向, 赵爱芬, 王金叶, 常宗强, 金博文, 2002. 祁连山林区大气降水特征与森林对降水的截留作用. 高原气象, 21(3): 274-280.

常宗强, 冯起, 司建华, 李建林, 苏永红, 2008. 祁连山不同植被类型土壤碳贮量和碳通量. 生态学杂志, 27(5): 681-688.

车克钧, 傅辉恩, 贺红元, 1992. 祁连山水源涵养林效益的研究. 林业科学, 28(6): 544-548.

车克钧, 傅辉恩, 王金叶, 1998. 祁连山水源林生态系统结构与功能的研究. 林业科学, 34(5): 29-37.

陈玉琪, 1982. 东祁连山西段云杉定量间伐研究初报. 甘肃农业大学学报, (2): 10-17.

党宏忠, 2004. 祁连山水源涵养林水文特征研究. 哈尔滨: 东北林业大学博士学位论文.

傅辉恩, 1990a. 祁连山北坡云杉林综合效益的现状及其治理对策. 兰州大学(自然科学版), 26(专辑): 11-16.

傅辉恩, 1990b. 东祁连山西段北坡森林涵养水源作用的初步研究. 兰州大学(自然科学版), 26(专辑): 17-28.

傅辉恩, 姚克, 1990. 祁连山水源林在河西经济建设中的作用. 兰州大学(自然科学版), 26(专辑): 9-10.

黄大桑, 1997. 甘肃植被. 兰州: 甘肃科学技术出版社.

金山, 2009. 宁夏贺兰山国家级自然保护区植物多样性及其保护研究. 北京: 北京林业大学博士学位论文.

刘秉儒, 2010. 贺兰山东坡典型植物群落土壤微生物量碳、氮沿海拔梯度的变化特征. 生态环境学报, 19(4): 883-888.

刘兴聪, 曲永宁, 刘光儒, 陈玉琪, 白明英, 1981. 祁连山北坡云杉生长规律初步调查. 甘肃林业科技, (3): 23-28.

宁夏农业勘查设计院, 1988. 宁夏植被. 银川: 宁夏人民出版社.

秦嘉海, 王进, 刘金荣, 谢晓蓉, 2007. 祁连山不同林龄青海云杉对灰褐土理化性质和水源涵养功能的影响. 土壤, 39(4): 661-664.

《青海森林》编辑委员会, 1993. 青海森林. 北京: 中国林业出版社.

曲永宁, 刘光儒, 陈玉琪, 刘兴聪, 白明英, 1980. 祁连山北坡云杉天然更新规律的初步观察. 甘肃林业科技, (1): 17-23.

宋刚, 1992. 贺兰山的主要食用菌. 中国食用菌, 14(1): 26.

王国宏, 车克钧, 王金叶, 1995. 祁连山北坡植物区系研究. 甘肃农业大学学报, 30(3): 249-255.

王国宏, 任继周, 张自和, 2001. 河西山地绿洲荒漠植物群落种群多样性研究 I 生态地理及植物群落的基本特征. 草业学报, 10(1): 1-12.

王国宏, 杨利民, 2001. 祁连山北坡中段森林植被梯度分析及环境解释. 植物生态学报, 25(6): 733-740.

王金叶, 车克钧, 傅辉恩, 常学向, 宋采福, 贺红元, 1998. 祁连山水源涵养林生物量的研究. 福建林学院学报, 18(4): 319-323.

王金叶, 车克钧, 蒋志荣, 2000. 祁连山青海云杉林碳平衡研究. 西北林学院学报, 15(1): 9-14.

王金叶, 刘贤德, 金博文, 王艺林, 刘志娟, 2001. 祁连山青海云杉林调节林内水分变化研究. 西北林学院学报, 16(z1): 43-45.

王娅丽, 李毅, 2008. 祁连山青海云杉天然群体的种实性状表型多样性. 植物生态学报, 32(2): 355-362.

王艺林, 王金叶, 金博文, 王荣新, 张虎, 金铭, 2000. 祁连山青海云杉林小气候特征研究. 甘肃林业科技, 25(4): 11-15.

魏克勤, 1985. 祁连山水源涵养林区的青海云杉林. 甘肃林业科技, (3): 14-20.
魏克勤, 1990. 祁连山水源涵养林区的青海云杉林. 兰州大学(自然科学版), 26(专辑): 2-8.
吴征镒, 1991. 中国种子植物属的分布区类型. 云南植物研究, (增刊Ⅳ): 1-139.
吴征镒, 周浙昆, 李德铢, 彭华, 孙航, 2003. 世界种子植物科的分布区类型系统. 云南植物研究, 25(3): 245-257.
查天山, 1989. 武威哈溪林场青海云杉四个天然群体中同工酶变异的研究. 兰州: 甘肃农业大学硕士学位论文.
张保儒, 1982. 贺兰山云杉纯林抚育间伐的效果分析. 内蒙古林业, (4): 18-20.
张鸿昌, 许重九, 孙应德, 1984. 青海省几种云杉生长特性的研究. 青海农林科技, (1): 44-54.
张虎, 马力, 温娅丽, 2000. 祁连山青海云杉林降水及其再分配. 甘肃林业科技, 25(4): 27-30.
张鹏, 陈年来, 张涛, 2009. 黑河上游山地青海云杉林土壤有机碳特征及其影响因素. 中国沙漠, 29(3): 445-450.
张鹏, 王刚, 张涛, 陈年来, 2010. 祁连山两种优势乔木叶片 $\delta^{13}C$ 的海拔响应及其机理. 植物生态学报, 34(2): 125-133.
张学龙, 罗龙发, 敬文茂, 王顺利, 王荣新, 车宗玺, 2007. 祁连山青海云杉林截留对降水的分配效应. 山地学报, 25(6): 678-683.
张中隆, 许重九, 孙应德, 陆涵增, 1981. 麦秀林区云杉人工更新调查报告. 青海农林科技, (4): 56-63.
赵传燕, 别强, 彭焕华, 2010. 祁连山北坡青海云杉林生境特征分析. 地理学报, 65(1): 113-121.
中国科学院内蒙古宁夏综合考察队, 1985. 内蒙古植被. 北京: 科学出版社.
中国科学院中国植被图编辑委员会, 2007. 中华人民共和国植被图(1∶1 000 000). 北京: 地质出版社.
中国林业科学研究院林业研究所, 1986. 中国森林土壤. 北京: 科学出版社.
中国森林编辑委员会, 1999. 中国森林(第 2 卷　针叶林). 北京: 中国林业出版社.
中国植被编辑委员会, 1980. 中国植被. 北京: 科学出版社.
Li J. S., Song Y. L., Zeng Z. G., 2003. Elevational gradients of small mammal diversity on the northern slopes of Mt. Qilian, China. Global Ecology and Biogeography, 12(6): 449-460.
Wang G., Zhou G., Yang L., Li Z., 2003. Distribution, species diversity and life-form spectra of plant communities along an altitudinal gradient in the northern slopes of Qilianshan Mountains, Gansu, China. Plant Ecology, 165(2): 169-181.

第 6 章　云杉林 *Picea asperata* Forest Alliance

云杉林—中国植被，1980：197；中国森林（第 2 卷 针叶林），1999：725-731；粗枝云杉林—四川森林，1992：362-367；云杉群系—甘肃植被，1997：89。

系统编码：PA

6.1　地理分布、自然环境及生态特征

6.1.1　地理分布

云杉林地理分布范围西起西倾山至大雪山一线，向东经松潘高原、邛崃山和岷山，东界止于秦岭和大巴山西端；南起大雪山南端，北至陇中黄土高原的南缘；地理坐标是 30°N～35°20′N，100°20′E～106°30′E（图 6.1）。跨越的行政区域包括四川省的中部和北部，

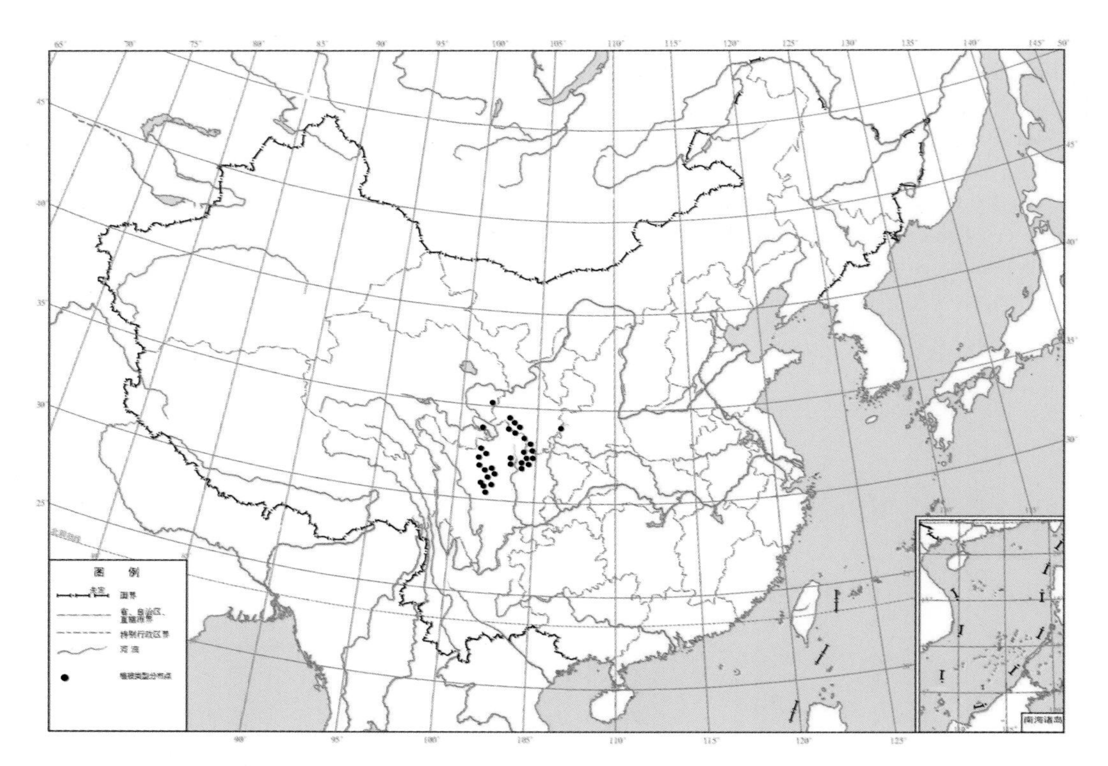

图 6.1　云杉林的地理分布

Figure 6.1　Distribution of *Picea asperata* Forest Alliance in China

即康定以北、炉霍以东和平武以西地区；甘肃省的南部地区，包括卓尼、迭部、岷县、舟曲和两当；陕西省的凤县，以及青海省东南部的班玛和泽库。云杉林处在许多重要水系的流经分布区，包括大渡河、岷江和嘉陵江的中上游至上游，洮河和白龙江的中上游等。

在过去的许多文献中，青海省产的云杉种群被鉴定为鳞皮云杉（*Picea retroflexa*），*Flora of China* 已经将后者作为云杉的异名处理。在青海省的东南部，云杉常与川西云杉和鳞皮冷杉混生，也有小片的纯林。此外，云杉的形态和外貌与青海云杉相近，但前者树皮极粗糙，幼龄个体尤其明显，针叶的先端较后者锐尖。

在青海云杉的分布区内，其针叶先端的特征自西北至东南由圆钝逐渐变得尖锐，东南部的种群容易与云杉混淆。另据 *Flora of China* 记载，宁夏贺兰山也有云杉分布，但那里的种群应该为青海云杉。

云杉林（图 6.2）的垂直分布范围跨度较大，海拔变化幅度在 1800～3600 m，各产地之间存在差异。例如，四川西北部，2500～3600 m；甘肃西南部，1800～3300 m；甘肃东部至陕西西南部，1900～2800 m；青海东南部，2800～3400 m。

图 6.2　云杉林外貌（左：甘肃卓尼；右上：青海同仁麦秀；右下：陕西凤县）
Figure 6.2　Physiognomy of communities of *Picea asperata* Forest Alliance in Zhuoni, Gansu (left), Tongren, Maixiu, Qinghai (upper right) and Fengxian, Shannxi (lower right)

在中国植被区划系统中，云杉林分布区处在几个植被区域的交汇地带，即亚热带常绿阔叶林区域的西端、暖温带落叶阔叶林区域的西端和青藏高原高寒植被区域的东端（中国科学院中国植被图编辑委员会，2007）。云杉林是川西北和甘南地区寒温性针叶林中的重要组成成分，对表征水平地带性植被区域的边界特征具有重要意义。云杉林也是植被垂直带谱中的重要组分。以甘肃西南部的植被垂直带谱为例，海拔由低到高依次出现干热河谷灌丛植被、落叶阔叶林、温性松林、青扦林、云杉林、紫果云杉林、岷江冷杉林、高山灌丛、高山草甸和高寒稀疏植被等。

6.1.2 自然环境

6.1.2.1 地貌

云杉林分布区位于青藏高原东缘的高山峡谷区，高峰林立，沟谷纵横，地势总体上西南高、东北低。在分布区的西南部，邛崃山主峰达 6250 m，岷山主峰达 5588 m；至分布区的东段，地形逐渐变为绵延起伏的山地。甘陕交界地带是云杉林分布区的东界，当地最高山峰的海拔是 2800 m。

《中国森林土壤》（中国林业科学研究院林业研究所，1986）关于云杉林分布区的地貌岩性特点有如下记载：高山峡谷地带的母岩以板岩、片岩、页岩和砂岩为主，其次是云母片岩、千枚岩、泥质灰岩、硅化石灰岩、硬砂岩和花岗岩等；洮河、白龙江流域处在云杉林分布区的东北部，地貌特点与川西高山峡谷区有所不同，这里的高海拔地带的山峰常留存古冰川侵蚀地貌，现代河流切割作用强烈，上游多高山峡谷，坡陡谷深，成土母岩有千枚岩、花岗岩、片岩、板岩、页岩、砂岩、灰岩和砾岩等；洮河上游多单面山和浑圆的山顶剥蚀面，主要成土母岩为花岗岩；白龙江流域则以高山冰蚀地形及山顶剥蚀面为主，主要成土母岩为千枚岩，低山地带多为黄土覆盖。

6.1.2.2 气候

云杉林分布区因地处青藏高原东南边缘的雨屏带，受青藏高原温带气候和夏季东南季风的综合影响，降雨量较丰沛；由于地形的垂直变化对气候因子的调节作用，山地气候又较温凉。与其他云杉林相比较，气候条件偏暖偏湿，可能是中国“云杉组（sect. *Picea*）”各物种中最适应暖湿气候条件的一个类型。

我们随机测定了云杉林分布区内 42 个样点的地理坐标（图 6.1），利用插值方法提取了每个样点的生物气候数据，各气候因子的均值依次是：年均气温 3.73℃，年均降雨量 854.12 mm，最冷月平均气温–5.38℃，最热月平均气温 12.10℃，≥0℃有效积温 1845.04℃·d，≥5℃有效积温 830.84℃·d，年实际蒸散 263.66 mm，年潜在蒸散 658.47 mm，水分利用指数 0.39（表 6.1）。云杉林的核心分布区虽然处在青藏高原东南边缘的山地峡谷区，但其东南端探入亚热带季风气候区，气候因子变幅较大，气候条件总体以温凉湿润为主要特征。

6.1.2.3 土壤

主要土壤类型为褐土和山地淋溶褐土。《中国森林土壤》（中国林业科学研究院林业研究所，1986）描述了甘肃省洮河、白龙江流域及四川马尔康大雪山东坡的云杉林的几个土壤剖面特征，摘录如下。

在白龙江水磨沟海拔 2500 m 处的“箭竹-云杉林”中，土壤剖面（053）数据显示，土壤类型为褐土，母岩为千枚岩，从土壤浅层（16～34 cm）至深层（68～100 cm），各个土壤指标的变化幅度分别为土壤 pH 7.3～7.2，土壤有机质 10.89%～2.39%，土壤全氮 0.25%～0.05%，土壤全碳 6.32%～1.39%。

表 6.1　云杉林地理分布区海拔及其对应的气候因子描述性统计结果（*n*=42）

Table 6.1　Descriptive statistics of altitude and climatic factors in the natural range of *Picea asperata* Forest Alliance in China (*n*=42)

海拔及气候因子 Altitude and climatic factors	均值 Mean	标准误 Standard error	95%置信区间 95% confidence intervals		最小值 Minimum	最大值 Maximum
海拔 Altitude（m）	2951.00	83.22	2781.27	3120.73	2006.00	3802.00
年均气温 Mean annual temperature（℃）	3.73	0.53	2.66	4.81	−1.60	8.27
最冷月平均气温 Mean temperature of the coldest month（℃）	−5.38	0.53	−6.45	−4.31	−10.44	−0.46
最热月平均气温 Mean temperature of the warmest month（℃）	12.10	0.70	10.67	13.54	4.83	21.52
≥5℃有效积温 Growing degree days on a 5℃ basis（℃·d）	830.84	107.51	611.58	1050.10	0.00	2218.64
≥0℃有效积温 Growing degree days on a 0℃ basis（℃·d）	1845.04	143.86	1551.63	2138.45	469.24	3401.44
年均降雨量 Mean annual precipitation（mm）	854.12	35.16	782.42	925.82	501.56	1077.38
实际蒸散 Actual evapotranspiration（mm）	263.66	16.39	230.22	297.09	49.00	450.00
潜在蒸散 Potential evapotranspiration（mm）	658.47	13.57	630.79	686.14	519.12	900.25
水分利用指数 Water availability index	0.39	0.02	0.35	0.43	0.19	0.59

位于洮河拉力沟的“藓类-云杉林”的土壤剖面（137）数据显示，土壤母岩为灰岩，从土壤浅层（19～31 cm）至中层（38～52 cm），各个土壤指标的变化幅度分别为土壤 pH 7.6～7.9，土壤有机质 19%～3%，土壤全氮 0.84%～0.11%，土壤全碳 11.02%～1.74%。

在四川马尔康大雪山东坡高山峡谷区，剖面位于山坡的中上部，海拔 3210 m，坡向为西北坡，坡度 28°，植被类型为“草类-粗枝云杉林”。剖面（14-15）数据显示，土壤母岩为黑色千枚岩，母质为坡积砾石黏壤质土层，土壤类型为山地淋溶褐土；从土壤表层（0～5 cm）至深层（100～150 cm），土壤 pH 变化幅度为 5.4～6.8，土壤有机质的变化幅度 8.06%（5～10 cm）～0.87%（中国林业科学研究院林业研究所，1986）。

土壤有机质的分解速率是衡量生态系统碳固持能力的一个指标。来自四川理县米亚罗林区的研究报道显示，在处于不同恢复阶段的人工云杉林（22～65 年）中，土壤有机质的分解速率均高于对照的原始森林，说明后者的碳固持能力高于前者（姜发艳等，2011）。

6.1.3　生态特征

云杉林的水平分布范围跨越了温带和亚热带两个气候区，垂直分布范围的跨度较大（1500～3600 m）。从群落类型看，云杉除了形成纯林外，还可与多种针叶树混交成林，包括川西云杉、紫果云杉、鳞皮冷杉、紫果冷杉和岷江冷杉等寒温性针叶树，以及巴山冷杉、铁杉和华山松等温性针叶树。四川西北部和甘肃西南部云杉林环境梯度的相关研究显示，在海拔 2500～4000 m，环境条件由暖湿过渡到干冷，云杉林的结构和组成也发生了相应的变化（江洪，1994）。云杉林群落类型的多样性取决于其优势种—— 云杉宽广的生态幅度。在寒温性针叶林的采伐和火烧迹地上，云杉常被选为人工更新树种。

云杉林对极端环境的适应性不及其他云杉群系。具体讲，对低温环境的适应性不及川西云杉林和紫果云杉林，耐旱性不及青海云杉林，耐热性不及青扦林和麦吊云杉林。

6.2 群落组成

6.2.1 科属种

在云杉林中调查的 26 个样地中，记录到维管植物 397 种，隶属 50 科 135 属，其中种子植物 45 科 128 属 387 种，蕨类植物 5 科 7 属 10 种。裸子植物有云杉、鳞皮冷杉、紫果云杉和川西云杉等（图 6.3）；云杉或是乔木层的单优势种，或与其他针叶树组成共优种。被子植物中，种类最多的是蔷薇科，有 34 种；其次是菊科 25 种，毛茛科 19 种；含 14～10 种的科依次是百合科、忍冬科和禾本科；含 10～5 种的科依次是虎耳草科、杨柳科、伞形科、豆科、玄参科、小檗科、莎草科、蓼科、唇形科、十字花科、茜草科和杜鹃花科；含 2～4 种的有 9 科，其余 17 科均含 1 种。

图 6.3 云杉林中几种优势种的树干形态

Figure 6.3 Barks of several dominant species in *Picea asperata* Forest Alliance

a.紫果云杉 *Picea purpurea*；b.云杉 *Picea asperata*；c.鳞皮冷杉 *Abies squamata*；d.川西云杉 *Picea likiangensis* var. *rubescens*

6.2.2 区系成分

根据中国种子植物科属区系成分的划分标准（吴征镒，1991；吴征镒等，2003），上述 45 个种子植物科被划分为 9 个分布区类型/亚型，世界分布占 53%，北温带和南温带间断分布型占 20%，泛热带分布型占 9%，北温带分布型占 7%，其余分布型所占比例为 2%。128 个属可被划分为 15 个分布区类型/亚型，其中北温带分布属占 37%，世界分布属占 17%，东亚分布型占 11%，北温带和南温带间断分布占 9%，其他成分所占比例在 1%～7%（表 6.2）。

6.2.3　生活型

在云杉林中记录到的 397 种维管植物中（表 6.3），木本植物和草本植物分别占 36%和 64%。木本植物中，常绿乔木和落叶乔木分别占 2%和 4%，常绿灌木占 3%，落叶灌木占 24%，木质藤本和箭竹分别是 2%和 1%。草本植物中，多年生直立杂草类占 36%，

表 6.2　云杉林 45 科 128 属植物区系成分

Table 6.2　The areal type of the 128 genus and 45 families of seed plant species recorded in the 26 plots sampled in *Picea asperata* Forest Alliance in China

编号 No.	分布区类型 The areal types	科 Family		属 Genus	
		数量 *n*	比例(%)	数量 *n*	比例(%)
1	世界广布 Widespread	24	53	22	17
2	泛热带 Pantropic	4	9	4	3
3	东亚（热带、亚热带）及热带南美间断 Trop. & Subtr. E. Asia & （S.） Trop. Amer. disjuncted	1	2		
4	旧世界热带 Old World Tropics			1	1
8	北温带 N. Temp.	3	7	47	37
8.2	北极-高山 Arctic-Alpine	1	2	1	1
8.4	北温带和南温带间断 N. Temp. & S. Temp. disjuncted	9	20	12	9
8.5	欧亚与南北温带间断 Eurasia & Temp. S. Amer. disjuncted	1	2	1	1
9	东亚和北美间断 E. Asia & N. Amer. disjuncted			6	5
10	旧世界温带 Temp. Eurasia			9	7
10.1	地中海区、西亚和东亚间断 Mediterranea，W. Asia （or C.Asia）& E. Asia disjuncted			2	2
10.2	地中海区和喜马拉雅间断分布 Mediterranea & Himalaya disjuncted			1	1
10.3	欧亚和南非洲间断 Eurasia & S. Afr. disjuncted	1	2	1	1
11	温带亚洲 Temp. Asia			5	4
14	东亚 E. Asia	1	2	14	11
15	中国特有 Endemic to China			2	2
合计 Total		45	100	128	100

注：物种名录根据 26 个样方数据整理

表 6.3　云杉林中 397 种植物生活型谱（%）

Table 6.3　Lifeform spectrum (%) of the 397 vascular plant species recorded in the 26 plots sampled in *Picea asperata* Forest Alliance in China

木本植物 Woody plants	乔木 Tree		灌木 Shrub		藤本 Liana		竹类 Bamboo	蕨类 Fern	寄生 Phytoparasite	附生 Epiphyte
	常绿 Evergreen	落叶 Deciduous	常绿 Evergreen	落叶 Deciduous	常绿 Evergreen	落叶 Deciduous				
36	2	4	3	24	0	2	1	0	0	0

陆生草本 Terrestrial herbs	多年生 Perennial					一年生 Annual		蕨类 Fern	寄生 Phytoparasite	腐生 Saprophyte
	禾草型 Grass	直立杂草类 Forbs	莲座垫状 Rosette	附生 Epiphyte	藤本 Liana	短生型 Ephemeral	非短生型 Non-eephemeral			
64	14	36	6	0	2	0	2	4	0	0

注：物种名录来自 26 个样地

多年生莲座类占 6%，禾草类占 14%，蕨类植物占 4%。从各生活型植物在群落中的地位看，常绿乔木是群落的建群种，落叶灌木是灌木层的优势类型，草本层由多种多年生杂草和禾草组成，优势种不明显，蕨类植物常为草本层的优势种。

6.3 群 落 结 构

云杉林的垂直结构包括乔木层、灌木层和草本层（图 6.4）；在分布区的东部地区，林下可能会出现箭竹层；此外，在遮蔽阴湿的林下环境中，林地内通常有斑块状的苔藓层发育。在川西地区的云杉林中，常可见到攀援植物和寄生植物（蒋有绪，1963；刘庆等，2003）。

图 6.4 云杉林的垂直结构（左、右下：四川九寨沟；右上：青海同仁麦秀）

Figure 6.4 Supraterraneous stratification of communities of *Picea asperata* Forest Alliance in Jiuzhaigou, Sichuan (left and lower right) and in Tongren, Maixiu, Qinghai (upper right)

乔木层的高度一般不超过 20 m，在不同的产地间存在差异。在四川理县米亚罗林区一片 150 年林龄的天然云杉林中，云杉的平均树高为 17 m，胸径在 18～25 cm（刘庆等，2003）；四川松潘、九寨沟和黑水等地云杉林的调查资料显示，300 株云杉个体的平均树高 15 m，平均胸径 19 cm（马明东等，2007）；我们调查的样方资料显示，云杉的平均树高在各地间不同。例如，青海麦秀林区，19 m；四川甘孜，11 m；甘肃卓尼卡车林场，10 m；陕西凤县通天河，11 m。乔木层的高度受气候、地貌和干扰等多种因素的影响。在历史时期，云杉林经历了高强度的采伐，目前保存的云杉林多为采伐后恢复起来的中龄林和中幼龄林，调查资料所记载的实际树高可能低于其潜在高度。

乔木层的物种组成较复杂，除了优势种云杉外，还有多种针阔叶树混生。在分布区的西部和西北部，有川西云杉、紫果云杉、紫果冷杉、鳞皮冷杉和岷江冷杉等；在分布区东部和东南部的中、低海拔地带，有青扦、铁杉、巴山冷杉、华山松、漆树、栎（*Quercus* spp.）和枫（*Acer* spp.）等；在中、高海拔地带常有岷江冷杉等；在分布区的南部，乔木层还会出现鳞皮冷杉和川滇高山栎等；此外，山杨、白桦、红桦和糙皮桦等是云杉林乔木层中常见的伴生树种，在择伐迹地上数量较多。

林下的箭竹层仅出现在分布区东部的群落，高度可达 5～6 m，主要种类为华西箭竹。

灌木层的高度可达 500 cm，但多数个体的高度不超过 250 cm；在林冠层郁闭度较高的林下，灌木稀疏，在开阔的林冠下灌木生长密集；常见的灌木种类以蔷薇（*Rosa* spp.）、悬钩子（*Rubus* spp.）、忍冬（*Lonicera* spp.）、茶藨子（*Ribes* spp.）和小檗（*Berberis* spp.）等居多，在高海拔地带还会出现杜鹃（*Rhododendron* spp.）等常绿灌木。灌木层的结构和数量特征受群落环境影响较大。处于不同发育阶段的群落，灌木层的物种组成和结构特征差别较大。

草本层较发达，高度通常不超过 50 cm，在开阔的林地，个别高大的草本如鸡爪大黄等，高度可达 200 cm；盖度的变化幅度为 20%～80%；种类组成较丰富，常见种类有鳞毛蕨（*Dryopteris* spp.）、糙苏（*Phlomis* spp.）、双花堇菜、毛茛（*Ranunculus* spp.）、珠芽拳参、薹草（*Carex* spp.）和早熟禾（*Poa* spp.）等。

苔藓层的盖度与林冠层的盖度有关。在未经采伐的原始森林内，通常有稳定的苔藓层，山羽藓、锦丝藓、平枝青藓和绿羽藓较常见。云杉林经历采伐后，林冠稀疏，林下环境干燥，苔藓稀薄或无。

6.4　群 落 类 型

群落类型的丰富程度主要取决于群落垂直结构的复杂性和物种多样性。云杉林的乔木层或为单层，或呈复层结构，乔木层或由云杉的单优势种群组成，或由多种针阔叶乔木组成，云杉纯林的分布较广泛，混交林的分布范围较小。箭竹层和灌木层在群落中出现或不出现，草本层则是一个基本层片，各层的物种组成在不同的生境下变化较大。这些特征是划分群丛的重要依据。根据我们调查和收集的 26 个样方资料及文献记载，云杉林可划分出 4 个群丛组 9 个群丛（表 6.4a，表 6.4b，表 6.5）。

表 6.4　云杉林群落分类简表

Table 6.4　Synoptic table of *Picea asperata* Forest Alliance in China

表 6.4a　群丛组分类简表

Table 6.4a　Synoptic table for association group

群丛组号 Association group number			I	II	III	IV
样地数 Number of plots		L	8	1	4	13
高山紫菀	*Aster alpinus*	6	38	0	0	0
掌叶橐吾	*Ligularia przewalskii*	6	38	0	0	0
短锥花小檗	*Berberis prattii*	4	38	0	0	0
天名精	*Carpesium* sp.	6	38	0	0	0

续表

群丛组号 Association group number			I	II	III	IV
样地数 Number of plots		L	8	1	4	13
管花鹿药	*Maianthemum henryi*	6	38	0	0	0
缬草	*Valeriana officinalis*	6	38	0	0	0
林猪殃殃	*Galium paradoxum*	6	38	0	0	0
箐姑草	*Stellaria vestita*	6	50	0	0	8
沙棘	*Hippophae rhamnoides*	4	0	100	0	0
托叶樱桃	*Cerasus stipulacea*	4	0	100	0	0
多花黄耆	*Astragalus floridulus*	6	0	100	0	0
山杨	*Populus davidiana*	1	0	100	0	0
华帚菊	*Pertya sinensis*	4	0	100	0	0
长瓣铁线莲	*Clematis macropetala*	4	0	100	0	0
甘青鼠李	*Rhamnus tangutica*	6	0	100	0	0
林生风毛菊	*Saussurea sylvatica*	6	0	100	0	0
矮生野决明	*Thermopsis smithiana*	6	0	100	0	0
藓生马先蒿	*Pedicularis muscicola*	6	0	100	0	0
巴山冷杉	*Abies fargesii*	1	0	0	100	0
团扇蕨	*Crepidomanes minutum*	6	0	0	75	0
鳞茎堇菜	*Viola bulbosa*	6	0	0	75	0
红棕杜鹃	*Rhododendron rubiginosum*	4	0	0	75	0
陕甘花楸	*Sorbus koehneana*	1	0	0	75	0
山梅花	*Philadelphus incanus*	6	0	0	75	0
美蔷薇	*Rosa bella*	4	0	0	75	0
谷柳	*Salix taraikensis*	1	0	0	75	0
华山松	*Pinus armandii*	1	0	0	75	0
蜀五加	*Eleutherococcus leucorrhizus* var. *setchuenensis*	4	0	0	75	0
扶芳藤	*Euonymus fortunei*	4	0	0	75	0
七叶一枝花	*Paris polyphylla*	6	0	0	75	0
缺苞箭竹	*Fargesia denudata*	4	0	0	75	0
冷蕨	*Cystopteris fragilis*	6	0	0	75	0
五味子	*Schisandra chinensis*	4	0	0	50	0
藏刺榛	*Corylus ferox* var. *thibetica*	4	0	0	50	0
革叶耳蕨	*Polystichum neolobatum*	6	0	0	50	0
皂柳	*Salix wallichiana*	1	0	0	50	0
托叶樱桃	*Cerasus stipulacea*	1	0	0	50	0
红椋子	*Cornus hemsleyi*	4	0	0	50	0
野花椒	*Zanthoxylum simulans*	4	0	0	50	0
羊齿天门冬	*Asparagus filicinus*	6	0	0	50	0
蜡莲绣球	*Hydrangea strigosa*	4	0	0	50	0
青荚叶	*Helwingia japonica*	4	0	0	50	0
苕叶细辛	*Asarum himalaicum*	6	0	0	50	0

续表

群丛组号 Association group number			I	II	III	IV
样地数 Number of plots		L	8	1	4	13
钝叶楼梯草	*Elatostema obtusum*	6	0	0	50	0
聚花荚蒾	*Viburnum glomeratum*	4	0	0	50	0
堆花小檗	*Berberis aggregata*	4	0	0	50	0
麻花杜鹃	*Rhododendron maculiferum*	1	0	0	50	0
楤木	*Aralia elata*	4	0	0	50	0
匍匐栒子	*Cotoneaster adpressus*	4	0	0	50	0
鳞柄短肠蕨	*Allantodia squamigera*	6	0	0	50	0
弯曲碎米荠	*Cardamine flexuosa*	6	0	0	50	0
四蕊枫	*Acer stachyophyllum* subsp. *betulifolium*	4	0	0	50	0
喜阴悬钩子	*Rubus mesogaeus*	4	0	0	50	0
鞘柄菝葜	*Smilax stans*	4	25	0	100	0
红桦	*Betula albosinensis*	1	13	0	75	0
唐古特瑞香	*Daphne tangutica*	4	25	0	100	15
丝秆薹草	*Carex filamentosa*	6	25	0	75	0
毛樱桃	*Cerasus tomentosa*	4	13	0	75	23
川滇柳	*Salix rehderiana*	4	25	0	75	15
川西云杉	*Picea likiangensis* var. *rubescens*	1	0	0	0	54
西南草莓	*Fragaria moupinensis*	6	0	0	0	46
冰川茶藨子	*Ribes glaciale*	4	0	0	0	38
华西忍冬	*Lonicera webbiana*	4	0	0	0	38
华西蔷薇	*Rosa moyesii*	4	0	0	0	31
高原露珠草	*Circaea alpina* subsp. *imaicola*	6	0	0	0	31

表 6.4b　群丛分类简表

Table 6.4b　Synoptic table for association

群丛组号 Association group number			I	I	II	III	IV	IV	IV	IV	IV
群丛号 Association number			1	2	3	4	5	6	7	8	9
样地数 Number of plots		L	3	5	1	4	2	2	4	2	3
天名精	*Carpesium* sp.	6	100	0	0	0	0	0	0	0	0
管花鹿药	*Maianthemum henryi*	6	100	0	0	0	0	0	0	0	0
短锥花小檗	*Berberis prattii*	4	100	0	0	0	0	0	0	0	0
荚蒾	*Viburnum* sp.	4	67	0	0	0	0	0	0	0	0
茶藨子	*Ribes* sp.	4	67	0	0	0	0	0	0	0	0
防己叶菝葜	*Smilax menispermoidea*	6	67	0	0	0	0	0	0	0	0
甘川紫菀	*Aster smithianus*	6	67	0	0	0	0	0	0	0	0
箭叶橐吾	*Ligularia sagitta*	6	67	0	0	0	0	0	0	0	0
沿阶草	*Ophiopogon* sp.	6	67	0	0	0	0	0	0	0	0
假升麻	*Aruncus sylvester*	6	67	0	0	0	0	0	0	0	0
莴苣	*Lactuca* sp.	6	67	0	0	0	0	0	0	0	0

续表

群丛组号 Association group number			I	I	II	III	IV	IV	IV	IV	IV
群丛号 Association number			1	2	3	4	5	6	7	8	9
样地数 Number of plots		L	3	5	1	4	2	2	4	2	3
忍冬	*Lonicera* sp.	4	67	0	0	0	0	0	0	0	0
鞘柄菝葜	*Smilax stans*	6	67	0	0	0	0	0	0	0	0
须蕊铁线莲	*Clematis pogonandra*	6	67	0	0	0	0	0	0	0	0
掌叶报春	*Primula palmata*	6	100	0	0	0	50	0	0	0	0
细梗蔷薇	*Rosa graciliflora*	4	100	0	0	0	50	0	0	0	0
软枣猕猴桃	*Actinidia arguta*	4	100	0	0	50	0	0	0	0	0
薹草	*Carex* sp.	6	100	0	0	0	50	0	0	0	0
林猪殃殃	*Galium paradoxum*	6	67	20	0	0	0	0	0	0	0
箐姑草	*Stellaria vestita*	6	100	20	0	0	50	0	0	0	0
小银莲花	*Anemone exigua*	6	100	20	0	25	50	0	0	0	0
川康栒子	*Cotoneaster ambiguus*	4	67	0	0	0	50	0	0	0	0
少蕊败酱	*Patrinia monandra*	6	67	0	0	0	50	0	0	0	0
花楸	*Sorbus* sp.	4	67	0	0	0	50	0	0	0	0
少毛甘西鼠尾草	*Salvia przewalskii* var. *glabrescens*	6	67	0	0	0	50	0	0	0	0
大花糙苏	*Phlomis megalantha*	6	100	0	0	0	50	50	0	50	0
高山露珠草	*Circaea alpina*	6	100	20	0	50	100	0	0	0	0
高山紫菀	*Aster alpinus*	6	0	60	0	0	0	0	0	0	0
掌叶橐吾	*Ligularia przewalskii*	6	0	60	0	0	0	0	0	0	0
问荆	*Equisetum arvense*	6	0	40	0	0	0	0	0	0	0
南川绣线菊	*Spiraea rosthornii*	4	0	40	0	0	0	0	0	0	0
山梅花	*Philadelphus incanus*	4	0	40	0	0	0	0	0	0	0
华北珍珠梅	*Sorbaria kirilowii*	4	0	40	0	0	0	0	0	0	0
羊茅	*Festuca ovina*	6	0	60	0	0	0	0	25	0	0
大耳叶风毛菊	*Saussurea macrota*	6	0	60	0	25	0	0	0	0	33
东方草莓	*Fragaria orientalis*	6	0	80	100	25	0	0	0	0	0
沙棘	*Hippophae rhamnoides*	4	0	0	100	0	0	0	0	0	0
林生风毛菊	*Saussurea sylvatica*	6	0	0	100	0	0	0	0	0	0
长瓣铁线莲	*Clematis macropetala*	4	0	0	100	0	0	0	0	0	0
藓生马先蒿	*Pedicularis muscicola*	6	0	0	100	0	0	0	0	0	0
多花黄耆	*Astragalus floridulus*	6	0	0	100	0	0	0	0	0	0
托叶樱桃	*Cerasus stipulacea*	4	0	0	100	0	0	0	0	0	0
甘青鼠李	*Rhamnus tangutica*	6	0	0	100	0	0	0	0	0	0
山杨	*Populus davidiana*	1	0	0	100	0	0	0	0	0	0
矮生野决明	*Thermopsis smithiana*	6	0	0	100	0	0	0	0	0	0
华帚菊	*Pertya sinensis*	4	0	0	100	0	0	0	0	0	0
巴山冷杉	*Abies fargesii*	1	0	0	0	100	0	0	0	0	0

续表

群丛组号 Association group number			I	I	II	III	IV	IV	IV	IV	IV
群丛号 Association number			1	2	3	4	5	6	7	8	9
样地数 Number of plots		L	3	5	1	4	2	2	4	2	3
鳞茎堇菜	*Viola bulbosa*	6	0	0	0	75	0	0	0	0	0
华山松	*Pinus armandii*	1	0	0	0	75	0	0	0	0	0
蜀五加	*Eleutherococcus leucorrhizus* var. *setchuenensis*	4	0	0	0	75	0	0	0	0	0
谷柳	*Salix taraikensis*	1	0	0	0	75	0	0	0	0	0
美蔷薇	*Rosa bella*	4	0	0	0	75	0	0	0	0	0
七叶一枝花	*Paris polyphylla*	6	0	0	0	75	0	0	0	0	0
陕甘花楸	*Sorbus koehneana*	1	0	0	0	75	0	0	0	0	0
冷蕨	*Cystopteris fragilis*	6	0	0	0	75	0	0	0	0	0
红棕杜鹃	*Rhododendron rubiginosum*	4	0	0	0	75	0	0	0	0	0
团扇蕨	*Crepidomanes minutum*	6	0	0	0	75	0	0	0	0	0
缺苞箭竹	*Fargesia denudata*	4	0	0	0	75	0	0	0	0	0
山梅花	*Philadelphus incanus*	6	0	0	0	75	0	0	0	0	0
扶芳藤	*Euonymus fortunei*	4	0	0	0	75	0	0	0	0	0
托叶樱桃	*Cerasus stipulacea*	1	0	0	0	50	0	0	0	0	0
鳞柄短肠蕨	*Allantodia squamigera*	6	0	0	0	50	0	0	0	0	0
四蕊枫	*Acer stachyophyllum* subsp. *betulifolium*	4	0	0	0	50	0	0	0	0	0
弯曲碎米荠	*Cardamine flexuosa*	6	0	0	0	50	0	0	0	0	0
钝叶楼梯草	*Elatostema obtusum*	6	0	0	0	50	0	0	0	0	0
皂柳	*Salix wallichiana*	1	0	0	0	50	0	0	0	0	0
聚花荚蒾	*Viburnum glomeratum*	4	0	0	0	50	0	0	0	0	0
楤木	*Aralia elata*	4	0	0	0	50	0	0	0	0	0
匍匐栒子	*Cotoneaster adpressus*	4	0	0	0	50	0	0	0	0	0
羊齿天门冬	*Asparagus filicinus*	6	0	0	0	50	0	0	0	0	0
野花椒	*Zanthoxylum simulans*	4	0	0	0	50	0	0	0	0	0
革叶耳蕨	*Polystichum neolobatum*	6	0	0	0	50	0	0	0	0	0
青荚叶	*Helwingia japonica*	4	0	0	0	50	0	0	0	0	0
堆花小檗	*Berberis aggregata*	4	0	0	0	50	0	0	0	0	0
麻花杜鹃	*Rhododendron maculiferum*	1	0	0	0	50	0	0	0	0	0
苕叶细辛	*Asarum himalaicum*	6	0	0	0	50	0	0	0	0	0
红椋子	*Cornus hemsleyi*	4	0	0	0	50	0	0	0	0	0
喜阴悬钩子	*Rubus mesogaeus*	4	0	0	0	50	0	0	0	0	0
蜡莲绣球	*Hydrangea strigosa*	4	0	0	0	50	0	0	0	0	0
藏刺榛	*Corylus ferox* var. *thibetica*	4	0	0	0	50	0	0	0	0	0
五味子	*Schisandra chinensis*	4	0	0	0	50	0	0	0	0	0
红桦	*Betula albosinensis*	1	0	20	0	75	0	0	0	0	0
鞘柄菝葜	*Smilax stans*	4	67	0	0	100	0	0	0	0	0

续表

群丛组号 Association group number			Ⅰ	Ⅰ	Ⅱ	Ⅲ	Ⅳ	Ⅳ	Ⅳ	Ⅳ	Ⅳ
群丛号 Association number			1	2	3	4	5	6	7	8	9
样地数 Number of plots		L	3	5	1	4	2	2	4	2	3
丝秆薹草	*Carex filamentosa*	6	0	40	0	75	0	0	0	0	0
唐古特瑞香	*Daphne tangutica*	4	33	20	0	100	50	0	25	0	0
川滇柳	*Salix rehderiana*	4	0	40	0	75	0	0	25	50	0
毛樱桃	*Cerasus tomentosa*	4	0	20	0	75	0	50	25	0	33
桃儿七	*Sinopodophyllum hexandrum*	6	0	0	0	0	100	0	0	0	0
升麻	*Cimicifuga foetida*	6	0	0	0	0	100	0	0	0	0
碎米荠	*Cardamine* sp.	6	0	0	0	0	100	0	0	0	0
早熟禾	*Poa* sp.	6	0	0	0	0	100	0	0	0	0
蓼	*Polygonum* sp.	6	33	0	0	0	100	0	0	0	0
樱桃	*Cerasus* sp.	4	33	0	0	0	100	0	0	0	0
四叶律	*Galium bungei*	6	33	0	0	0	100	0	0	0	0
烟管头草	*Carpesium cernuum*	6	33	0	0	0	100	0	25	0	0
重齿当归	*Angelica biserrata*	6	67	0	0	0	100	0	0	0	0
鳞皮冷杉	*Abies squamata*	1	0	0	0	0	0	100	0	0	0
高原露珠草	*Circaea alpina* subsp. *imaicola*	6	0	0	0	0	0	100	50	0	0
黑果忍冬	*Lonicera nigra*	4	0	0	0	0	0	0	50	0	0
川西云杉	*Picea likiangensis* var. *rubescens*	1	0	0	0	0	0	100	100	50	0
紫果冷杉	*Abies recurvata*	1	0	0	0	0	0	0	0	100	0
塔藓	*Hylocomium splendens*	9	0	0	0	0	0	0	0	100	33
林生茜草	*Rubia sylvatica*	6	0	0	100	0	0	0	0	100	67
紫果云杉	*Picea purpurea*	1	0	0	0	0	0	0	0	0	100
岷江冷杉	*Abies fargesii* var. *faxoniana*	1	0	0	0	0	0	0	0	0	67
卵叶山葱	*Allium ovalifolium*	6	0	0	0	0	0	0	0	0	67
绢毛山梅花	*Philadelphus sericanthus*	4	0	0	0	0	0	0	0	50	67
锦丝藓	*Actinothuidium hookeri*	9	0	0	0	0	0	50	0	0	67
乌头	*Aconitum* sp.	6	100	0	0	0	100	0	0	0	0
卫矛	*Euonymus* sp.	4	100	0	0	0	100	0	0	0	0
茜草	*Rubia* sp.	6	100	20	0	0	100	0	0	0	0

注：表中数据为物种频率值（%），物种按诊断值（Φ）递减的顺序排列。Φ>0.20 和 Φ>0.50（P<0.05）的物种为诊断种，其频率值分别标记深色和灰色。表中标记“L”的一列为物种所在的群落层次代码，1～3 分别表示高、中和低乔木层，4 和 5 分别表示高大灌木层和低矮灌木层，6～9 分别表示草本层、幼树、幼苗和地被层

Note: The numbers in the table are percentage frequencies. The column marked with “L” is the code of community vertical layer. 1 – tree layer (high); 2 – tree layer (middle); 3 – tree layer (low); 4 –shrub layer (high); 5 – shrub layer (low); 6 – herb layer (high); 7 – juveniles; 8 –seedlings; 9 – moss layer. Species are ranked by decreasing fidelity (phi coefficient)within each association. Light and dark grey background indicates fidelity of Φ>0.20 and Φ>0.50 (P<0.05), respectively. These species are considered as diagnostic species

表 6.5　云杉林的环境和群落结构信息表

Table 6.5　Data for environmental characteristic and community supraterraneous stratificationfrom of *Picea asperata* Forest Alliance in China

群丛号 Community number	1	2	3	4	5	6	7	8	9
样地数 Number of plots	3	5	1	4	2	2	4	2	3
海拔 Altitude（m）	3000～3170	2172～3688	2381	1895～2730	3109～3281	3337～3610	3263～3572	3100～3300	2864～3463
地貌 Terrain	MO	MO/HI/VA	HI	MO	MO	MO	MO	MO	MO/HI
坡度 Slope（°）	23～36	28～45	35	30～50	25 ～35	45～50	25～40	45	15～35
坡向 Aspect	NW/NE	NW/N/NE	NW/N	SW/NE	SW/NE	NW/NE	SW/N/NW	NE	NW/NE
物种数 Species	37～65	18～45	28	44～64	40～56	16～30	17～27	21～24	13～40
乔木层 Tree layer									
盖度 Cover（%）	60～90	20～90	40	80	60～90	30～60	40～60	20～30	40～80
胸径 DBH（cm）	11～29	2～89	2～35	3～98	15～30	2～85	2～80	5～39	5～70
高度 Height（m）	7～15	3～32	3～38	5～38	5～35	3～53	3～37	3～22	3～37
灌木层 Shrub layer									
盖度 Cover（%）	20～30	10～60	25	25	7～20	25～50	40～60	20～30	10～60
高度 Height（cm）	10～200	4～500	26～280	10～350	10～130	40～240	10～173	10～200	15～60
草本层 Herb layer									
盖度 Cover（%）	30～60	20～85	40	25	20～50	50～70	25～80	20～40	10～80
高度 Height（cm）	1～90	2～230	7～40	7～50	3～40	3～220	5～60	3～60	3～90
地被层 Ground layer									
盖度 Cover（%）		6	10			40～60	25～100	30～50	30～100
高度 Height（cm）		3	5			5～10	6～20	6～10	10～20

HI：山麓 Hillside；MO：山地 Montane；VA：河谷 Valley；N：北坡 Northern slope；NW：西北坡 Northwestern slope；SW：西南坡 Southwestern slope

群丛组、群丛检索表

A1 云杉是乔木层唯一的针叶树，或有阔叶树混生或为共优种。

B1 乔木层仅由云杉单优势种组成。**PAⅠ 云杉-灌木-草本 常绿针叶林 *Picea asperata*-Shrubs-Herbs Evergreen Needleleaf Forest**

C1 特征种是软枣猕猴桃、短锥花小檗、川康栒子、细梗蔷薇、小银莲花、假升麻、甘川紫菀和高山露珠草等。**PA1 云杉-灰栒子-掌叶报春 常绿针叶林 *Picea asperata*-*Cotoneaster acutifolius*-*Primula palmata* Evergreen Needleleaf Forest**

C2 特征种是山梅花、华北珍珠梅、南川绣线菊、高山紫菀、问荆、掌叶橐吾和大耳叶风毛菊等。**PA2 云杉-华北珍珠梅-东方草莓 常绿针叶林 *Picea asperata*-*Sorbaria kirilowii*-*Fragaria orientalis* Evergreen Needleleaf Forest**

B2 乔木层由云杉和杨桦类组成。**PAⅡ 云杉-阔叶乔木-灌木-草本 针阔叶混交林 *Picea asperata*-Broadleaf Trees-Shrubs-Herbs Mixed Needleleaf and Broadleaf Forest**

C 特征种是山杨、托叶樱桃、长瓣铁线莲、沙棘、华帚菊和多花黄耆等。**PA3 云杉+山杨-白桦-唐古特忍冬-珠芽拳参 针阔叶混交林 *Picea asperata*+*Populus davidiana*-*Betula platyphylla*-*Lonicera tangutica*-*Polygonum viviparum* Mixed Needleleaf and Broadleaf Forest**

A2 乔木层的针叶树除了云杉外，还有落叶松、川西云杉、紫果云杉、紫果冷杉、鳞皮冷杉、巴山冷杉和铁杉等，其中的一至数种为伴生种或与云杉组成共优种。

B1 乔木层由云杉和巴山冷杉、铁杉与华山松等温性针叶树组成。**PAⅢ 云杉-巴山冷杉-阔叶乔木-灌木-草本 针阔叶混交林 *Picea asperata*-*Abies fargesii*-Broadleaf Trees-Shrubs-Herbs Mixed Needleleaf and Broadleaf Forest**

C 特征种是巴山冷杉、红桦、托叶樱桃、华山松、麻花杜鹃、谷柳、皂柳、唐古特瑞香、蜀五加和扶芳藤等。**PA4 云杉-巴山冷杉-红桦-陕甘花楸-丝秆薹草 针阔叶混交林 *Picea asperata*-*Abies fargesii*-*Betula albosinensis*-*Sorbus koehneana*-*Carex filamentosa* Mixed Needleleaf and Broadleaf Forest**

B2 乔木层由云杉和落叶松、川西云杉、紫果云杉、紫果冷杉、鳞皮冷杉等寒温性针叶树中的一至数种组成。**PAⅣ 云杉-寒温性针叶树-灌木-草本 针叶林 *Picea asperata*-Cold-Temperate Needleleaf Trees-Shrubs-Herbs Needleleaf Forest**

C1 乔木层由云杉和落叶松组成，特征种是重齿当归、烟管头草、升麻、四叶律和桃儿七等。**PA5 落叶松-云杉-高山露珠草 针叶林 *Larix* sp.-*Picea asperata*-*Circaea alpina* Needleleaf Forest**

C2 乔木层由云杉和川西云杉、紫果云杉、紫果冷杉、鳞皮冷杉等寒温性针叶树中的一至数种组成。

D1 乔木层由云杉、川西云杉和鳞皮冷杉组成，特征种是鳞皮冷杉和高原露珠草等。**PA6 云杉+川西云杉-鳞皮冷杉-陕甘花楸-高原露珠草 常绿针叶林 *Picea asperata*+*Picea likiangensis* var. *rubescens*-*Abies squamata*-*Sorbus koehneana*-*Circaea alpina* subsp. *imaicola* Evergreen Needleleaf Forest**

D2 乔木层由云杉和川西云杉、紫果云杉、紫果冷杉等寒温性针叶树中的一至数种组成。

E1 乔木层由云杉和川西云杉组成，特征种是川西云杉和黑果忍冬。**PA7 云杉+川西云杉-黑果忍冬-珠芽拳参 常绿针叶林 *Picea asperata+Picea likiangensis* var. *rubescens-Lonicera nigra-Polygonum viviparum* Evergreen Needleleaf Forest**

E2 乔木层由云杉和紫果云杉、紫果冷杉等寒温性针叶树中的一至数种组成。

F1 乔木层由云杉和紫果冷杉组成，特征种是紫果冷杉、林生茜草和塔藓等。**PA8 云杉+紫果冷杉-水栒子-林生茜草 常绿针叶林 *Picea asperata+Abies recurvata-Cotoneaster multiflorus-Rubia sylvatica* Evergreen Needleleaf Forest**

F2 乔木层由云杉和紫果云杉组成，特征种是岷江冷杉、紫果云杉、绢毛山梅花、卵叶山葱和锦丝藓等。**PA9 紫果云杉+云杉-岷江冷杉-陕甘花楸-类叶升麻 常绿针叶林 *Picea purpurea+Picea asperata-Abies fargesii* var. *faxoniana-Sorbus koehneana-Actaea asiatica* Evergreen Needleleaf Forest**

6.4.1 PA Ⅰ

云杉-灌木-草本 常绿针叶林

***Picea asperata*-Shrubs-Herbs Evergreen Needleleaf Forest**

草类云杉林—中国森林（第 2 卷针叶林），1999：728；箭竹云杉林—中国森林（第 2 卷 针叶林），1999：728；箭竹粗枝云杉林—四川森林，1992：365；藓类云杉林—中国森林（第 2 卷 针叶林），1999：727；藓类粗枝云杉林—四川森林，1992：362-377。

群落呈针叶林外貌，色泽为灰绿至深灰绿色，云杉是乔木层的单优势种，偶有白桦、红桦和川滇高山栎等混生。在不同的发育阶段，群落外貌和林冠层的郁闭度变化较大，乔木层盖度变化幅度 20%～90%。在中、幼龄林阶段，树冠紧实尖峭，群落外貌呈整齐的尖塔层叠状，色泽灰绿，高度不超过 20 m，目前大面积的人工云杉林均属于此类；在未经干扰的成、过熟林中，个体的顶端生长基本停止，树冠松散圆钝，色泽深灰绿色至墨绿色，林冠层高度可达 30 m，目前大面积的原始森林罕见；在重度择伐迹地上，群落外貌残破，乔木层参差不齐，林冠稀疏，林下灌丛密集、杂草丛生，这是云杉林分布区内最常见的群落外貌景观。

灌木层的发育程度取决于林内光照和群落的发育阶段。在森林恢复的早期和中期，或在开阔的林冠下，灌木十分密集；在森林恢复的中、后期或者在郁闭的林冠下，灌木稀疏。物种组成丰富，空间异质性大，常见种类有峨眉蔷薇、唐古特忍冬、刚毛忍冬、直穗小檗、细枝茶藨子、灰栒子、针刺悬钩子和扇脉香茶菜等；在高海拔地带还有头花杜鹃等常绿灌木；在地形较陡的生境，林下还可能出现箭竹。

草本层的盖度在 20%以上，物种丰富度较高；样方数据显示，4～9 个 1 m×1 m 的样方中记录到的物种数达 23～47 种；常见种类有甘青老鹳草、纤细草莓、高山露珠草、小花风毛菊、珠芽拳参、紫花碎米荠、轮叶黄精、双花堇菜和膨囊薹草等。苔藓层盖度变化较大。

这是云杉林中的一个常见类型，地理分布范围覆盖了整个分布区，包括陕西西南部、甘肃东南部和西南部、青海东南部和四川西北部，生长在海拔 2000～3700 m 的山地、山麓和平缓阶地。在历史时期经历了重度采伐，原始森林罕见。目前的森林多为采伐迹地上自然恢复或人工造林后恢复起来的中幼龄林。在甘南和川西北地区有大面积的人工云杉林，其群落结构单调，乔木层由云杉单优势种组成。在局部生境中可以见到斑块状原始森林，云杉的树冠圆钝松散，高耸于中幼龄的个体之上。这里描述 2 个群丛。

6.4.1.1 PA1

云杉-灰栒子-掌叶报春 常绿针叶林

***Picea asperata-Cotoneaster acutifolius-Primula palmata* Evergreen Needleleaf Forest**

凭证样方：JF-1、JF-4、JF-7。

特征种：软枣猕猴桃（*Actinidia arguta*）*、短锥花小檗（*Berberis prattii*）*、川康栒子（*Cotoneaster ambiguus*）*、细梗蔷薇（*Rosa graciliflora*）*、小银莲花（*Anemone exigua*）*、假升麻（*Aruncus sylvester*）*、甘川紫菀（*Aster smithianus*）*、高山露珠草（*Circaea alpina*）*、须蕊铁线莲（*Clematis pogonandra*）*、林猪殃殃（*Galium paradoxum*）*、箭叶橐吾（*Ligularia sagitta*）*、管花鹿药（*Maianthemum henryi*）*、少蕊败酱（*Patrinia monandra*）*、大花糙苏（*Phlomis megalantha*）*、掌叶报春（*Primula palmata*）*、少毛甘西鼠尾草（*Salvia przewalskii* var. *glabrescens*）*、防己叶菝葜（*Smilax menispermoidea*）*、鞘柄菝葜（*Smilax stans*）*、箐姑草（*Stellaria vestita*）*。

常见种：云杉（*Picea asperata*）、灰栒子（*Cotoneaster acutifolius*）、针刺悬钩子（*Rubus pungens*）、韭（*Allium* sp.）、草玉梅（*Anemone rivularis*）、重齿当归（*Angelica biserrata*）、宝兴冷蕨（*Cystopteris moupinensis*）、纤维鳞毛蕨（*Dryopteris sinofibrillosa*）、纤细草莓（*Fragaria gracilis*）、轮叶黄精（*Polygonatum verticillatum*）、珠芽拳参（*Polygonum viviparum*）、三角叶假冷蕨（*Athyrium subtriangulare*）、双花堇菜（*Viola biflora*）及上述标记*的物种。

乔木层盖度 60%～90%，胸径 11～29 cm，高度 7～15 m；云杉为乔木层的唯一树种，偶有零星低矮的白桦、川滇高山栎和红桦混生；云杉“胸径-频数”曲线呈正态分布或右偏态分布，中等径级和小径级的个体较多；“树高-频数”曲线呈右偏态或左偏态分布，频数分布不整齐，中、低树高级的个体较多（图 6.5）。林下记录到了少量的云杉和岷江冷杉的幼苗。

灌木层稀疏，盖度 20%～30%，高度达 10～200 cm，优势种不明显；中灌木层稀疏，由直立灌木组成，细梗蔷薇较常见，偶见峨眉蔷薇、青甘锦鸡儿、扇脉香茶菜和短锥花小檗等；小灌木层由直立和蔓生灌木组成，灰栒子、鞘柄菝葜、防己叶菝葜、红毛五加、针刺悬钩子和软枣猕猴桃等较常见，偶见唐古特瑞香、菰帽悬钩子、刚毛忍冬、细枝绣线菊和多花勾儿茶等。

草本层盖度 30%～60%，高度达 1～90 cm，优势种不明显；高大草本层非常稀疏，由直立杂草组成，假升麻是常见种，偶见四川婆婆纳、莴苣、大叶野豌豆和鹅首马先蒿等；低矮草本层较密集，物种组成丰富，多为偶见种；蕨类植物有三角叶假冷蕨、扇叶铁线蕨、纤维鳞毛蕨和宝兴冷蕨等；直立杂草有草玉梅、高原毛茛、甘川紫菀、甘青老

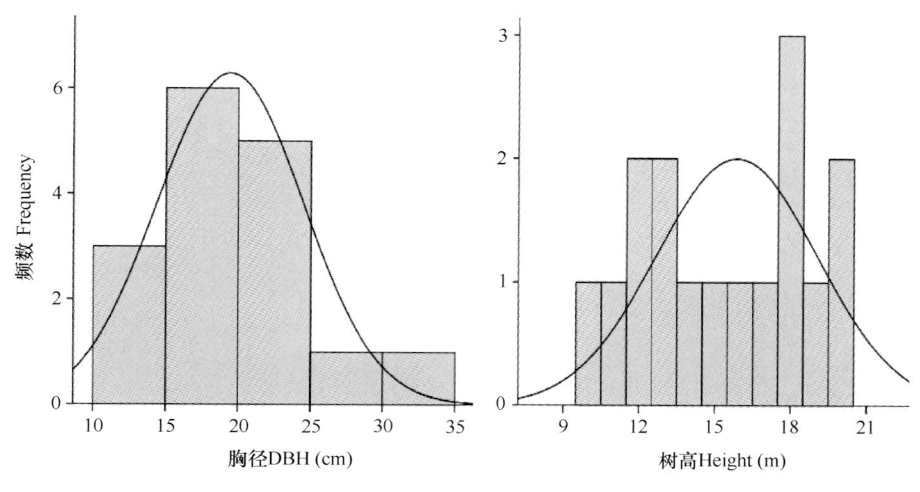

图 6.5　JF-1 样方云杉胸径和树高频数分布图

Figure 6.5　Frequency distribution of DBH and tree height of *Picea asperata* in plot JF-1

鹳草、光籽柳叶菜、金挖耳、缬草、箭叶橐吾和空心柴胡等；莲座叶、蔓生或细弱的杂草贴地生长，掌叶报春、高山露珠草、珠芽拳参、双花堇菜和纤细草莓等在局部可形成斑块状的优势层片；其他草本为伴生种，包括箐姑草、曲花紫堇、乳白香青、乌头、无距耧斗菜、小银莲花、异叶囊瓣芹、银莲花、圆穗拳参、重齿当归、蛛毛蟹甲草、半边莲、虎耳草、林猪殃殃、茜草和四叶律等；根茎百合类草本中，轮叶黄精较常见，偶见零星的沿阶草和管花鹿药。

分布于四川西北部（阿坝、金川），海拔 3000～3200 m，生长在山地的西北坡、北坡至东北坡，坡度 23°～36°。

6.4.1.2　PA2

云杉-华北珍珠梅-东方草莓　常绿针叶林

***Picea asperata-Sorbaria kirilowii-Fragaria orientalis* Evergreen Needleleaf Forest**

凭证样方：G18、G20、G30、S10、MF-7。

特征种：山梅花（*Philadelphus incanus*）、华北珍珠梅（*Sorbaria kirilowii*）、南川绣线菊（*Spiraea rosthornii*）、高山紫菀（*Aster alpinus*）、问荆（*Equisetum arvense*）、羊茅（*Festuca ovina*）、东方草莓（*Fragaria orientalis*）*、掌叶橐吾（*Ligularia przewalskii*）、大耳叶风毛菊（*Saussurea macrota*）、短锥花小檗（*Berberis prattii*）、天名精（*Carpesium* sp.）、林猪殃殃（*Galium paradoxum*）、管花鹿药（*Maianthemum henryi*）、箐姑草（*Stellaria vestita*）、缬草（*Valeriana officinalis*）。

常见种：云杉（*Picea asperata*）及上述标记*的物种。

乔木层盖度 20%～90%，胸径（2）13～29（89）cm，高度（3）8～13（32）m，由云杉单优势种组成，偶有零星的青扦和红桦混生。几个样地的乔木层结构数据显示（图 6.6，图 6.7），云杉“胸径-频数”和“树高-频数”曲线呈左偏态或右偏态分布，频数分布有残缺，说明群落经历了较为严重的干扰，采伐迹地上或留有母树，自然或人工更新较好，小径级和大径级个体共存的现象较普遍。

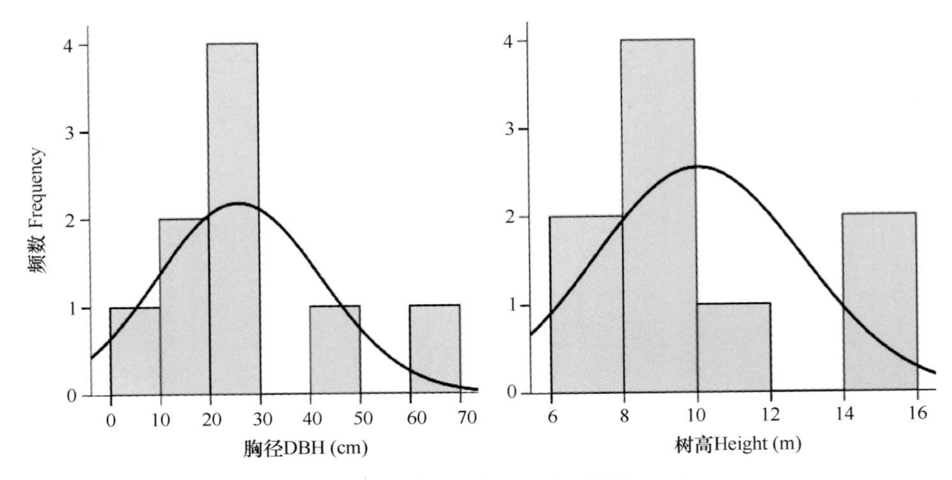

图 6.6 G18 样方云杉胸径和树高频数分布图

Figure 6.6 Frequency distribution of DBH and tree height of *Picea asperata* in plot G18

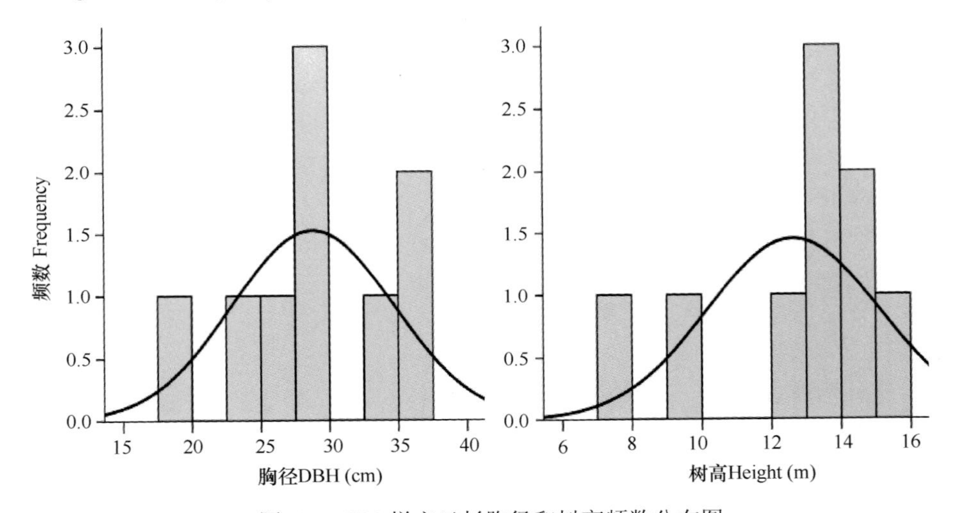

图 6.7 G20 样方云杉胸径和树高频数分布图

Figure 6.7 Frequency distribution of DBH and tree height of *Picea asperata* in plot G20

灌木层盖度 10%～60%，高度达 500 cm，物种组成丰富，空间异质性大，物种均为偶见种；大灌木层由直立落叶灌木组成，包括华北珍珠梅、中华柳、稠李、西北蔷薇、山梅花、拉加柳、川滇柳、秦连翘和栓翅卫矛等；中灌木层由直立落叶和杜鹃类常绿灌木组成，前者包括金花忍冬、峨眉蔷薇、细枝茶藨子、南川绣线菊、蒙古绣线菊、金露梅、刚毛忍冬、川西锦鸡儿、扁刺蔷薇、东陵绣球、蓝果忍冬、红脉忍冬、红毛五加、红花岩生忍冬和鲜黄小檗等，后者包括毛嘴杜鹃、头花杜鹃、千里香杜鹃和烈香杜鹃等，主要出现在高海拔地带；低矮灌木层由直立或蔓生灌木组成，包括针刺悬钩子、短叶锦鸡儿、唐古特瑞香和菰帽悬钩子等。

草本层盖度 20%～85%，高度 2～230 cm，物种组成丰富，多为偶见种；大草本层由直立杂草、根茎或丛生禾草组成，包括鸡爪大黄、羌活、酸模、唐古碎米荠、糙苏、卷叶黄精和羊茅等；中草本层主要由直立杂草组成，包括毛蕊老鹳草、掌叶橐吾、草玉梅、高山紫菀、毛脉柳叶菜、康藏荆芥、离舌橐吾、小花风毛菊、大耳叶风毛菊、刺果峨参和类叶升麻等，丝秆薹草在局部可形成优势薹草层片；低矮草本层贴地生长，由莲座叶、蕨类和蔓生杂草组成，东方草莓较常见，偶见星叶草、宝兴冷蕨、单花金腰、林猪殃殃、双花堇菜、华西委陵菜、齿萼凤仙花和高山露珠草等。

分布于陕西西南部（图6.8），甘肃东南部、西南部，青海东南部和四川西北部，海拔2000～3700 m，生长在山地北坡、西北坡和东北坡，坡度28°～45°，在山麓和平缓阶地也较常见。

图6.8　“云杉-华北珍珠梅-东方草莓”常绿针叶林的垂直结构（左）、外貌（右上）、灌木层（右中）和草本层（右下）（陕西凤县通天河）

Figure 6.8　Supraterraneous stratification (left), physiognomy (upper right), shrub layer (middle right) and herb layer (lower right) of a community of *Picea asperata-Sorbaria kirilowii-Fragaria orientalis* Evergreen Needleleaf Forest in Tongtianhe, Fengxian, Shaanxi

这是一个地理分布广泛、物种组成复杂的群丛。林下各层片物种组成的空间异质性大，或可根据灌木层和草本层的物种组成再细分为若干群丛。由于这类群落经历了较重的干扰，干扰的强度和植被恢复的时间尺度都会影响灌木层和草本层的结构与物种组成。如果根据这些不稳定特征细分出多个群丛，群落类型的划分可能会过于琐碎，因此我们将这类样方划归为一个群丛。

6.4.2 PA Ⅱ

云杉-阔叶乔木-灌木-草本 针阔叶混交林

***Picea asperata*-Broadleaf Trees-Shrubs-Herbs Mixed Needleleaf and Broadleaf Forest**

高山栎云杉林—中国森林（第 2 卷 针叶林），1999：728-729；菝葜粗枝云杉林—四川森林，1992：365。

群落呈针阔叶混交林外貌。云杉色泽灰绿、树冠呈尖塔状，阔叶乔木的色泽亮绿、树冠圆钝，二者对比明显。乔木层具有复层结构，针叶树和阔叶树可能出现在相同或不同的层次；云杉是优势种，偶有紫果云杉混生；阔叶树有山杨、白桦和川滇高山栎等，前二者分布靠北，后者偏南。灌木层和草本层较稀疏，苔藓层稀薄，呈斑块状。

分布于青海东南部、甘肃西南部和四川西北部。这里描述 1 个群丛。

PA3

云杉+山杨-白桦-唐古特忍冬-珠芽拳参 针阔叶混交林

***Picea asperata+Populus davidiana-Betula platyphylla-Lonicera tangutica-Polygonum viviparum* Mixed Needleleaf and Broadleaf Forest**

凭证样方：S12。

特征种：山杨（*Populus davidiana*）*、托叶樱桃（*Cerasus stipulacea*）*、长瓣铁线莲（*Clematis macropetala*）*、沙棘（*Hippophae rhamnoides*）*、华帚菊（*Pertya sinensis*）*、多花黄耆（*Astragalus floridulus*）*、藓生马先蒿（*Pedicularis muscicola*）*、甘青鼠李（*Rhamnus tangutica*）*、林生风毛菊（*Saussurea sylvatica*）*、矮生野决明（*Thermopsis smithiana*）*。

常见种：白桦（*Betula platyphylla*）、云杉（*Picea asperata*）、直穗小檗（*Berberis dasystachya*）、祁连圆柏（*Juniperus przewalskii*）、红脉忍冬（*Lonicera nervosa*）、唐古特忍冬（*Lonicera tangutica*）、云杉（*Picea asperata*）、银露梅（*Potentilla glabra*）、扁刺蔷薇（*Rosa sweginzowii*）、陕甘花楸（*Sorbus koehneana*）、淡黄香青（*Anaphalis flavescens*）、草玉梅（*Anemone rivularis*）、东方草莓（*Fragaria orientalis*）、高异燕麦（*Helictotrichon altius*）、玉竹（*Polygonatum odoratum*）、轮叶黄精（*Polygonatum verticillatum*）、珠芽拳参（*Polygonum viviparum*）、林生茜草（*Rubia sylvatica*）及上述标记*的物种。

乔木层盖度 40%，胸径（2）13～21（35）cm，高度（3）8～19（38）m；中乔木层由云杉和山杨组成，二者为共优种；云杉的“胸径-频数”和“树高-频数”分布曲线显示中等径级或树高级个体缺乏，种群结构不完整（图 6.9）；小乔木层由白桦组成，与上层的高度相差近 10 m。林下有云杉的幼苗，数量较少（图 6.10）。

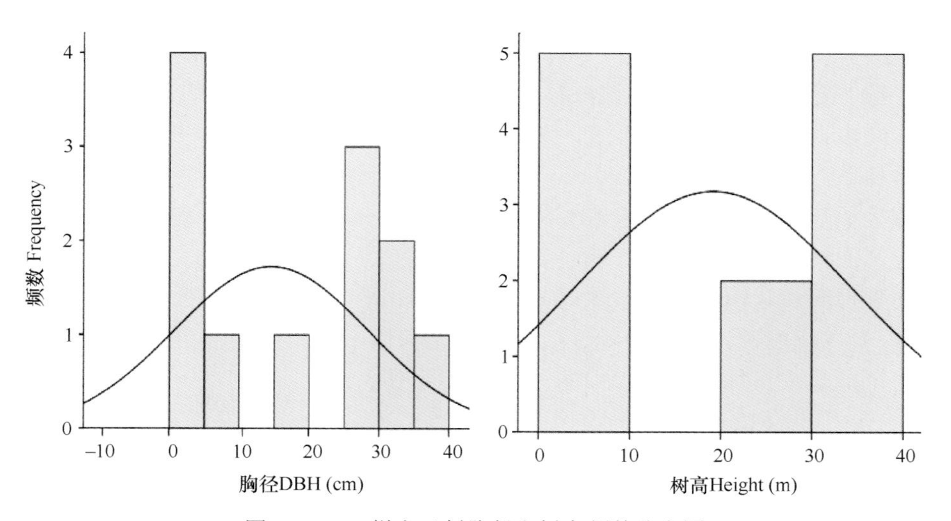

图 6.9　S12 样方云杉胸径和树高频数分布图

Figure 6.9　Frequency distribution of DBH and tree height of *Picea asperata* in plot S12

图 6.10　“云杉-山杨-白桦-唐古特忍冬-珠芽拳参”针阔叶混交林的外貌（左）、垂直结构（右上）和草本层（右下）（青海同仁麦秀）

Figure 6.10　Physiognomy (left), vertical structure (upper right) and herb layer (lower right) of a community of *Picea asperata-Populus davidiana-Betula platyphylla-Lonicera tangutica-Polygonum viviparum* Mixed Needleleaf and Broadleaf Forest in Maixiu, Tongren, Qinghai

灌木层稀疏，盖度达 25%，高度 26～280 cm；沙棘、陕甘花楸、托叶樱桃、扁刺蔷薇和直穗小檗等形成稀疏的大灌木层；中、低灌木层由直立或蔓生灌木组成，唐古特忍冬略占优势，伴生种有红脉忍冬、银露梅、华帚菊和长瓣铁线莲等。

草本层盖度达 40%，高度 7～40 cm；矮生野决明在局部可形成较密集的优势层片，与轮叶黄精、淡黄香青、多花黄耆、林生风毛菊和玉竹等形成稀疏的直立大、中草本层；低矮草本层由直立、蔓生杂草组成，珠芽拳参占优势，伴生种有林生茜草、草玉梅、藓生马先蒿和东方草莓等。

苔藓呈稀疏斑块状，盖度达 10%，平均厚度 5 cm，平枝青藓和绿羽藓较常见。林地覆盖着较厚的枯落物层，地表松软。

分布于青海省东南部（同仁麦秀），海拔 2831 m，生长在山地西北坡至北坡，坡度 35°。林内无择伐痕迹，除了有轻度放牧外，无其他干扰。这类群落是杨桦类与云杉的混交林，可能是云杉林恢复过程中的一个群落类型。

6.4.3 PAⅢ

云杉-巴山冷杉-阔叶乔木-灌木-草本 针阔叶混交林

***Picea asperata-Abies fargesii*-Broadleaf Trees-Shrubs-Herbs Mixed Needleleaf and Broadleaf Forest**

群落呈针阔叶混交林外貌，树冠圆钝。乔木层物种组成复杂，针叶树包括巴山冷杉、云杉和华山松，偶见铁杉；阔叶树包括糙皮桦、红桦、水曲柳、刺叶高山栎、托叶樱桃、红椋子和藏刺榛等；麻花杜鹃、皂柳和陕甘花楸等也多呈小乔木状。针叶树或高耸于阔叶树之上，或与阔叶树处在同一层。林下有明显的灌木层和草本层，物种组成丰富，苔藓层稀薄，多生长在岩石和枯倒腐木上。

这个群落生长在寒温性针叶林垂直分布的下限地带，生境偏暖。乔木层中除了云杉外，还出现了温性至暖性针叶林中的建群种，如巴山冷杉、华山松和铁杉等。林下植物组成复杂，具有温性至暖性针阔叶混交林的特征。

分布于青藏高原东缘和秦岭西段，生长在高山峡谷区的中、低海拔地带。人类活动干扰较大，目前仅在村庄或寺庙周边留存有小片的“护村林”或“护寺林”，原始森林罕见。这里描述 1 个群丛。

PA4

云杉-巴山冷杉-红桦-陕甘花楸-丝秆薹草 针阔叶混交林

***Picea asperata-Abies fargesii-Betula albosinensis-Sorbus koehneana-Carex filamentosa* Mixed Needleleaf and Broadleaf Forest**

凭证样方：MotianlingTS8、MotianlingTS9、MotianlingTS10、G28。

特征种：巴山冷杉（*Abies fargesii*）*、红桦（*Betula albosinensis*）*、托叶樱桃（*Cerasus stipulacea*）、华山松（*Pinus armandii*）*、麻花杜鹃（*Rhododendron maculiferum*）、谷柳（*Salix taraikensis*）*、皂柳（*Salix wallichiana*）、陕甘花楸（*Sorbus koehneana*）*、四蕊枫（*Acer stachyophyllum* subsp. *betulifolium*）、楤木（*Aralia elata*）、堆花小檗（*Berberis aggregata*）、毛樱桃（*Cerasus tomentosa*）*、红椋子（*Cornus hemsleyi*）、藏刺榛（*Corylus ferox* var. *thibetica*）、匍匐栒子（*Cotoneaster adpressus*）、唐古特瑞香（*Daphne tangutica*）*、蜀五加（*Eleutherococcus leucorrhizus* var. *setchuenensis*）*、扶芳藤（*Euonymus fortunei*）*、

缺苞箭竹（*Fargesia denudata*）*、青荚叶（*Helwingia japonica*）、蜡莲绣球（*Hydrangea strigosa*）、红棕杜鹃（*Rhododendron rubiginosum*）*、美蔷薇（*Rosa bella*）*、喜阴悬钩子（*Rubus mesogaeus*）、川滇柳（*Salix rehderiana*）*、五味子（*Schisandra chinensis*）、鞘柄菝葜（*Smilax stans*）*、聚花荚蒾（*Viburnum glomeratum*）、野花椒（*Zanthoxylum simulans*）、鳞柄短肠蕨（*Allantodia squamigera*）、苕叶细辛（*Asarum himalaicum*）、羊齿天门冬（*Asparagus filicinus*）、弯曲碎米荠（*Cardamine flexuosa*）、丝秆薹草（*Carex filamentosa*）*、团扇蕨（*Crepidomanes minutum*）*、冷蕨（Cystopteris *fragilis*）*、钝叶楼梯草（*Elatostema obtusum*）、七叶一枝花（*Paris polyphylla*）*、山梅花（*Philadelphus incanus*）*、革叶耳蕨（*Polystichum neolobatum*）、鳞茎堇菜（*Viola bulbosa*）*。

常见种：云杉（*Picea asperata*）、唐古特忍冬（*Lonicera tangutica*）、细枝茶藨子（*Ribes tenue*）、陕甘花楸（*Sorbus koehneana*）及上述标记*的物种。

乔木层盖度达 80%，胸径（3）10～55（98）cm，高度（5）6～23（38）m；巴山冷杉居大乔木层，数量较多，偶见铁杉；中乔木层由云杉、华山松和多种阔叶小乔木组成，包括糙皮桦、红桦、水曲柳、刺叶高山栎、托叶樱桃、红棕子和藏刺榛等，多为小径级个体。在中、低海拔地带的偏暖生境中，云杉的生长和竞争力衰弱。在局部生境中，麻花杜鹃可形成常绿阔叶小乔木优势层片。

灌木层盖度与林冠层的郁闭度有关。在乔木层盖度达 80%的林下，灌木层盖度仍可达 25%，说明在偏暖的生境中，弱光照仍然可以支撑许多植物的生长。换言之，偏暖的生境可抵消光照对植物生长的限制作用。灌木层的物种组成丰富，多为偶见种，少数是常见种，特定生境下灌木层的结构和组成是若干偶见种的组合，并非全部物种可同时出现在一个群落中。高度 10～350 cm，大致可分为 3 个结构层片：①直立落叶灌木层片，种类有美蔷薇、粉枝莓、川滇柳、扁刺蔷薇、金花忍冬、南方六道木、蜀五加、鞘柄菝葜、细枝绣线菊和聚花荚蒾等；②常绿灌木层片，包括秀雅杜鹃、麻花杜鹃、红棕杜鹃、猫儿刺和唐古特瑞香等；③木质藤本层片，包括常春藤、五味子、软枣猕猴桃、牛姆瓜和扶芳藤等。

草本层盖度达 25%，高度 7～50 cm，4 个样地中记录到 56 种植物。大草本层稀疏，由假人参、宽叶羌活、大火草、黄花油点草、类叶升麻、透骨草、禾叶山麦冬、糙苏、七叶一枝花、乳白香青和羊齿天门冬等组成；低矮草本层中，丝秆薹草略占优势，东方草莓、钝叶楼梯草、高山露珠草、鳞茎堇菜、七筋菇和苕叶细辛等贴地生长，组成圆叶系列草本层片；蕨类植物较丰富，冷蕨、团扇蕨和革叶耳蕨较常见，鳞柄短肠蕨、假冷蕨、尖头蹄盖蕨、陇南铁线蕨、铁角蕨和有柄石韦等偶见于林下。

分布于甘肃省西南部（舟曲、文县），海拔 1895～2730 m，生长在山地东北坡至西南坡，坡度 30°～50°。

6.4.4　PAⅣ

云杉-寒温性针叶树-灌木-草本　针叶林

***Picea asperata*-Cold-Temperate Needleleaf Trees-Shrubs-Herbs Needleleaf Forest**

群落呈寒温性针叶林千塔层叠的外貌特征，灰绿、墨绿与亮绿色相间。乔木层由云杉和多种寒温性针叶树组成，包括川西云杉、紫果云杉、紫果冷杉、鳞皮冷杉和落叶松等。林下灌木层和草本层稀疏或密集。

分布于四川西部和西北部，甘肃西南部，海拔 2800～3600 m。这里描述 5 个群丛。

6.4.4.1 PA5

落叶松-云杉-高山露珠草 针叶林

***Larix* sp.-*Picea asperata*-*Circaea alpina* Needleleaf Forest**

凭证样方：MF-1、LF-4。

特征种：重齿当归（*Angelica biserrata*）*、烟管头草（*Carpesium cernuum*）*、升麻（*Cimicifuga foetida*）*、四叶律（*Galium bungei*）*、桃儿七（*Sinopodophyllum hexandrum*）*。

常见种：云杉（*Picea asperata*）、灰栒子（*Cotoneaster acutifolius*）、针刺悬钩子（*Rubus pungens*）、高山露珠草（*Circaea alpina*）、轮叶黄精（*Polygonatum verticillatum*）、珠芽拳参（*Polygonum viviparum*）及上述标记*的物种。

乔木层盖度 60%～90%，胸径 15～30 cm，高度（5）9～21（30）m；中乔木层由落叶松和云杉组成，前者或略高于后者，数量较少；小乔木层由云杉组成；云杉“胸径-频数”和“树高-频数”曲线呈右偏态分布，中、小径级和树高级的个体较多（图 6.11）。林下记录到了云杉和红桦的幼苗，可自然更新。

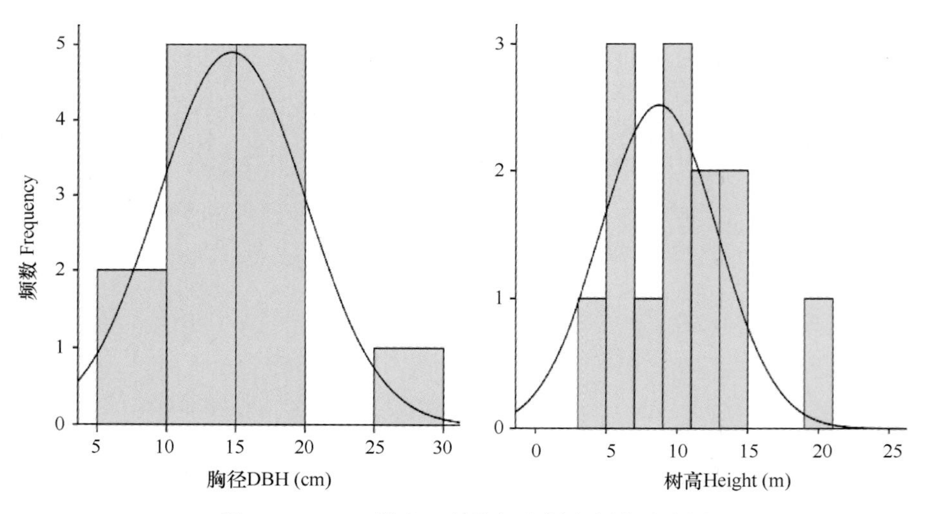

图 6.11 MF-1 样方云杉胸径和树高频数分布图

Figure 6.11 Frequency distribution of DBH and tree height of *Picea asperata* in plot MF-1

灌木层低矮稀疏，盖度 7%～20%，高度 10～130 cm，优势种不明显，偶见种居多；中灌木层由零星的直立灌木组成，包括灰栒子、陇东海棠、川康栒子和扇脉香茶菜等；小灌木层由直立和蔓生灌木组成，针刺悬钩子较常见，偶见细梗蔷薇、唐古特忍冬、唐古特瑞香和糖茶藨子等。

草本层盖度 20%～50%，高度 3～40 cm，优势种不明显；中草本层由直立或蔓生杂草、根茎禾草、薹草和蕨类组成，重齿当归、轮叶黄精、四叶律和桃儿七较常见，偶见三角叶假冷蕨、茜草、升麻、少毛甘西鼠尾草、马衔山黄耆、大叶野豌豆、高羊茅、云生早熟禾、粗糙囊薹草和剪股颖等；低矮草本层较密集，物种丰富；直立细弱和莲座叶杂草数量较多，高山露珠草、珠芽拳参、烟管头草和升麻较常见，偶见半边莲、齿萼凤仙花、川西柳叶菜、大花糙苏、耳叶凤仙花、甘青老鹳草、花楸叶马先蒿、蓝药蓼、路边青、毛蕊老鹳草、婆婆纳、茜草、箐姑草、乳白香青、三花紫菊、散序地杨梅、少蕊败酱、碎米荠、双花堇菜、委陵菜、乌头、西藏附地菜、细萬苣、纤细草莓、小花草玉梅、小花党参、小银莲花、蛛毛蟹甲草、异叶囊瓣芹和掌叶报春等；蕨类植物有宝兴冷蕨、川西鳞毛蕨和纤维鳞毛蕨；根茎和丛生单子叶草本有多节雀麦、丝叶薹草、早熟禾、万寿竹和窄瓣鹿药等。

分布于四川西北部（马尔康、理县），海拔 3100～3300 m，生长在山地西南坡和东北坡，坡度 25°～35°。

原始记载中对落叶松的鉴定不完整。在一个样方中鉴定其为日本落叶松（*Larix kaempferi*），如此，则这个群落应该为人工林。在甘肃南部和四川西北部，云冷杉林采伐后，常以云杉和落叶松作为采伐迹地上的更新树种，人工林数量较多。这个群丛的属性尚需进一步考证。

6.4.4.2　PA6

云杉+川西云杉-鳞皮冷杉-陕甘花楸-高原露珠草　常绿针叶林

***Picea asperata*+*Picea likiangensis* var. *rubescens*-*Abies squamata*-*Sorbus koehneana*-*Circaea alpina* subsp. *imaicola* Evergreen Needleleaf Forest**

凭证样方：16203、16208。

特征种：鳞皮冷杉（*Abies squamata*）*、高原露珠草（*Circaea alpina* subsp. *imaicola*）*。

常见种：云杉（*Picea asperata*）、川西云杉（*Picea likiangensis* var. *rubescens*）、峨眉蔷薇（*Rosa omeiensis*）、陕甘花楸（*Sorbus koehneana*）及上述标记*的物种。

乔木层的盖度 30%～60%，胸径（2）14～80（85）cm，高度（3）15～34（53）m；大乔木层由云杉和川西云杉组成，数量稀少，皆高大个体；中乔木层由鳞皮冷杉组成，数量较多；林下自然更新的幼苗均为鳞皮冷杉。

灌木层盖度 25%～50%，高度 40～240 cm，优势种不明显，主要由直立落叶灌木组成，偶有常绿杜鹃；大灌木层稀疏，由陕甘花楸组成；峨眉蔷薇是中灌木层的常见种，偶见直穗小檗、冷地卫矛、华西蔷薇、灰栒子和陇蜀杜鹃；小灌木层仅见唐古特忍冬。

草本层盖度 50%～70%，高度 3～60（220）cm，落新妇高度达 220 cm，偶见于林下；中草本层由直立杂草、禾草和蕨类组成，均为偶见种，包括甘青蒿、异叶囊瓣芹、蛛毛蟹甲草、白蓝翠雀花、大花糙苏、小花风毛菊、掌裂蟹甲草、总状橐吾、毛裂蜂斗菜、高异燕麦、藏东薹草、林地早熟禾、短颖披碱草、大羽鳞毛蕨和长盖铁线蕨等；低矮草本层由莲座叶或直立细弱杂草组成，高原露珠草较常见，偶见珠芽拳参、双花堇菜和西南草莓等，常贴地生长在枯落物或苔藓层上，局部可形成小斑块状的优势层片。

苔藓层的盖度 40%～60%，厚度 5～10 cm，海拔越高苔藓越密集，种类有多褶青藓、山羽藓和锦丝藓等。

分布于四川西部（壤塘），海拔 3300～3700 m，生长在山地西北坡、北坡和东北坡，坡度 45°～50°。样地所在的群落为原始森林，林下有轻度放牧践踏（图 6.12）。

图 6.12 "云杉+川西云杉-鳞皮冷杉-陕甘花楸-高原露珠草"常绿针叶林的垂直结构（左）、林下层（右）（四川壤塘）

Figure 6.12 Supraterraneous stratification (left) and understorey layer (right) of a community of *Picea asperata+Picea likiangensis* var. *rubescens-Abies squamata-Sorbus koehneana-Circaea alpina* subsp. *imaicola* Evergreen Needleleaf Forest in Rangtang, Sichuan

在这个群落的分布区内，随着海拔由低（3000 m）到高（4200 m），依次出现鳞皮冷杉林和川西云杉林，二者的交错区域在海拔 3600～3800 m 处。在接近山脊和河谷的林缘，冠层稀疏，林内透光较好，林中有一定数量的云杉渗入，形成 3 种针叶树的混交林。深入林内，云杉则不复出现，说明在遮蔽的环境下其竞争力不及川西云杉和鳞皮冷杉。

6.4.4.3 PA7

云杉+川西云杉-黑果忍冬-珠芽拳参 常绿针叶林

***Picea asperata+Picea likiangensis* var. *rubescens-Lonicera nigra-Polygonum viviparum* Evergreen Needleleaf Forest**

凭证样方：S05、16184、16185、16186。

特征种：川西云杉（*Picea likiangensis* var. *rubescens*）*、黑果忍冬（*Lonicera nigra*）。

常见种：云杉（*Picea asperata*）及上述标记*的物种。

乔木层盖度 30%～60%，胸径（2）10～38（80）cm，高度（3）9～28（37）m；大乔木层由川西云杉组成，形成较郁闭的林冠层；中、小乔木层由川西云杉和云杉组成，二者的相对比例在不同生境条件下有变化。一般地，在群落的边缘，云杉的比例较高。云杉“胸径-频数”和“树高-频数”曲线略呈正态分布，中等径级和树高级的个体居多，但中、高径级和树高级的频数有残缺，乔木层结构不完整（图 6.13）。林下记录到云杉和川西云杉的幼苗、幼树，数量较少，可自然更新。

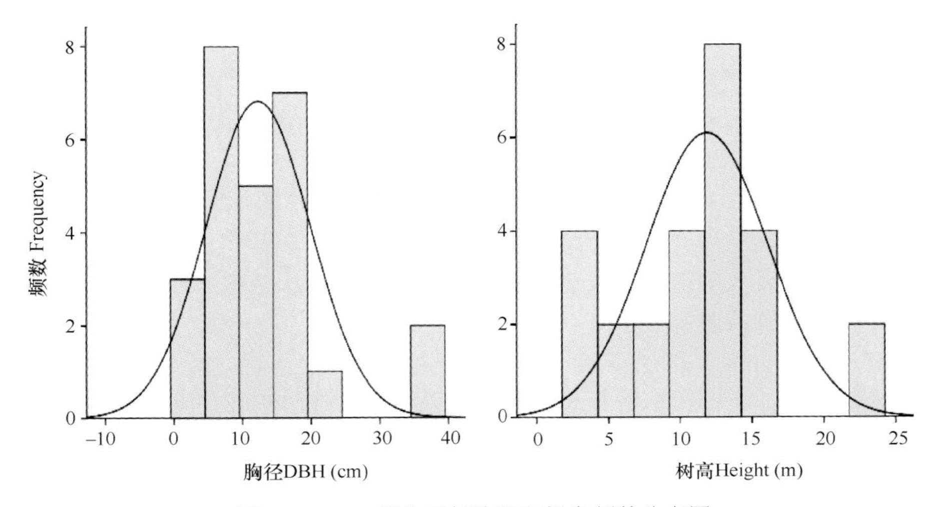

图 6.13　S05 样方云杉胸径和树高频数分布图

Figure 6.13　Frequency distribution of DBH and tree height of *Picea asperata* in plot S05

灌木层盖度 40%～60%，高度 10～173 cm，物种组成的空间异质性较大，特征种和常见种较少，除了黑果忍冬外，均为偶见种；中灌木层由直立灌木组成，包括尖叶栒子、冰川茶藨子、华西忍冬、黑果忍冬、峨眉蔷薇、川滇柳、直穗小檗、唐古特忍冬、大刺茶藨子、灰栒子、细枝茶藨子和川滇绣线菊等；小灌木层由直立、垫状和蔓生灌木组成，包括刚毛忍冬、蓝果忍冬、针刺悬钩子、高山绣线菊、芒康小檗、扁刺蔷薇、银露梅、窄叶鲜卑花和唐古特瑞香等，匍匐小灌木矮五加贴地生长，高度不足 10 cm。

草本层盖度 25%～80%，高度 5～60 cm，物种组成较丰富，多为偶见种；高大草本层主要由根茎丛生禾草组成，包括短颖披碱草、双叉细柄茅和羊茅等，或有零星的宽叶荨麻；在中、低草本层，直立或莲座圆叶杂草占优势，种类有五匹青、肉果草、纤细草莓、毛茛状金莲花、高原露珠草、西南草莓、沼生橐吾和双花堇菜等，星叶草、珠芽拳参和长根老鹳草可在局部形成小斑块状的优势层片。

苔藓呈斑块状或密集，盖度 25%～100%，厚度 6～20 cm，山羽藓和拟垂枝藓较常见。

分布于四川西北部（阿坝、甘孜、炉霍），海拔 3200～3600 m，生长在山地西南坡、西北坡至北坡，坡度 25°～40°。群落经历了不同程度的择伐，采伐迹地留有母树，高大的个体与中幼龄个体并存。林地有放牧。

6.4.4.4　PA8

云杉+紫果冷杉-水栒子-林生茜草 常绿针叶林

***Picea asperata+Abies recurvata-Cotoneaster multiflorus-Rubia sylvatica* Evergreen Needleleaf Forest**

凭证样方：16215、16216。

特征种：紫果冷杉（*Abies recurvata*）*、林生茜草（*Rubia sylvatica*）*、塔藓（*Hylocomium splendens*）*。

常见种：云杉（*Picea asperata*）及上述标记*的物种。

乔木层盖度40%～50%，胸径（5）13～25（39）cm，高度（3）9～22 m；中乔木层稀疏，由云杉和紫果冷杉组成，前者数量为后者的1/3～1/5；小乔木层由紫果冷杉组成，数量众多，偶有零星的川西云杉和白桦混生。

灌木层盖度20%～30%，高度10～200 cm；中灌木层由直立灌木组成，均为偶见种，灰栒子略占优势，其他种类有华西忍冬、陕甘花楸、细枝茶藨子、水栒子、绢毛山梅花和华西蔷薇等；小灌木层由垫状或蔓生灌木组成，包括青甘锦鸡儿、密叶锦鸡儿、冰川茶藨子、金露梅和绣球藤等。

草本层盖度为20%～40%，高度3～60 cm；高大草本层由直立杂草和丛生禾草组成，均为偶见种，包括草玉梅、粗野马先蒿、高原天名精、少裂凹乳芹、粗糙西风芹、高异燕麦和糙野青茅等；林生茜草是中草本层的特征种和常见种，偶见椭圆叶花锚、林地早熟禾、羽裂黄鹌菜、华西杓兰、歪头菜、甘肃薹草、大花糙苏和轮叶黄精等；低矮草本层由珠芽拳参、西南草莓、球茎虎耳草、双花堇菜、康定翠雀花和四川堇菜等组成，这些莲座叶草本贴地生长，均为偶见种。

苔藓呈斑块状或密集，盖度30%～50%，厚度6～10 cm，塔藓较常见。

分布于四川西北部（炉霍），生长在海拔3100～3300 m的山地东北坡和西北坡，坡度45°。样地所在的群落经历了较严重的采伐。当地居民建房对木材需求大，原始森林几乎被采伐殆尽。

6.4.4.5　PA9

紫果云杉+云杉-岷江冷杉-陕甘花楸-类叶升麻 常绿针叶林

***Picea purpurea+Picea asperata-Abies fargesii* var. *faxoniana-Sorbus koehneana-Actaea asiatica* Evergreen Needleleaf Forest**

这个群丛的特征和描述参见紫果云杉林的PP2群丛（11.4.2）。

6.5　建群种的生物学特性

6.5.1　遗传特征

罗建勋（2004）研究了云杉的针叶、球果和种子的形态变异及分子水平的遗传多样性特征，相关研究结果摘录如下：采样区域位于四川西北部和甘肃卓尼（31°30′N～

34°20′N，101°27′E～103°40′E，2450～3300 m a.s.l.），样品采自 10 个云杉天然群体的 300 株云杉个体；研究内容包括针叶、球果和种子的表型变异，针叶组织的同工酶和 DNA（SSR）分子标记。结果表明：①球果、针叶、种鳞、种翅和种子表型性状的变异系数分别为 19.14%、26.46%、13.58%、19.78%和 17.40%；群体间表型分化系数介于 2.09%～42.66%，均值为 30.99%；群体间变异小于群体内变异。②同工酶标记研究结果显示，云杉具有中等偏低的遗传变异水平，表征种级水平的遗传多样性的参数分别为 P_s=41.18%、A_s=1.2 和 H_{es}=0.138，表征群体水平遗传多样性的参数分别为 P_p=29.41%～41.18%、A_p=1.4～1.6 和 H_{ep}=0.06～0.131；群体间分化度为 F_{ST}=0.311，云杉群体间分化程度很高，基因流水平很低。③DNA（SSR）分子标记研究结果显示，每个群体等位基因数量的变化幅度为 96～125，均值为 110.70；每位点的等位基因数在 14～25，均值为 20.4；多态位点比例在 67.13%～87.41%，均值为 77.41%；每位点有效的等位基因数在 1.2696～1.4854，均值为 1.3712；基因多样性指数的变化幅度为 0.1751～0.2932，均值为 0.2310，Shinnon 信息指数介于 0.2792～0.4445，均值为 0.3575；基因分化系数 G_{ST} 介于 0.121～0.532，均值为 0.3616；群体间基因 N_m 介于 0.274～3.647，均值为 0.8826；群体间遗传距离介于 0.1345～0.2784，均值为 0.2093；群体间遗传一致度介于 0.7570～0.8742，均值为 0.8116；SSR 谱带频率方差分析表明，云杉的遗传多样性主要表现在群体内，在群体水平上拥有中等至较高水平的遗传多样性（罗建勋，2004）。

6.5.2 个体生长发育

在云杉个体发育过程中，结实的初始树龄和结实量的大小与群落的生长环境状况密切相关。据《四川森林》（《四川森林》编辑委员会，1992）记载，云杉在 25～50 年树龄时开始结实，结实期出现的早晚取决于种群的生存环境；处在全光照下的个体通常最先进入结实期，位于林缘的个体次之，林内个体最晚。四川省理县米亚罗林区人工云杉林种子雨的研究报道显示，20 年林龄的人工林中即有种子雨形成，强度较小（尹华军和刘庆，2005）。由此可判断，在这类人工林中，云杉的初次结实树龄在 20 年左右。

云杉的结实量受光照条件的影响较大。根据我们的野外观察，在云杉林分布区的边界区域，如在甘肃两当和陕西凤县生长的云杉林，林冠层开阔，树干分叉扭曲，个体可接受全光照，结实量很大，球果累累（图 6.14）；相反，在分布区的核心地带，如在甘南和川西北生长的云杉林，林冠层郁闭度大，树干通直，个体结实量较小。这种现象在青海云杉林和川西云杉林中也较常见。

云杉的生长过程可划分为幼龄和老龄两个缓慢生长期，以及中龄这一快速生长期，各个阶段出现的早晚及持续时间的长短与环境密切相关，个体生长过程可持续百年以上。

陕西凤县辛家山是云杉林分布区的最东界，分布的最高海拔达 1600 m；人工云杉林的树干解析资料显示，树龄为 22 年的个体，在 10 年苗龄前生长缓慢，10 年以后生长加快，树高和胸径的连年生长量分别达到 50～70 cm 和 0.7～1.0 cm（高甲荣等，1990）。另据《中国森林（第 2 卷 针叶林）》（中国森林编辑委员会，1999）记载，在 50 年树龄

图 6.14 云杉结实盛期的个体（左：陕西凤县通天河）和球果（右：四川九寨沟）
Figure 6.14 A reproductive individual (left, Tongtianhe, Fengxian, Shaanxi) and seed cones (right, Jiuzhaigou, Sichuan) of *Picea asperata*

前，云杉的树高生长缓慢，50 年后进入快速生长期，生长高峰期出现在 60～90 年树龄，100 年树龄后树高生长放缓，连年生长量和平均生长量在 90～110 年树龄相交，在环境条件较好的群落中，云杉的数量成熟期出现较晚；就胸径生长而言，在 40 年树龄前生长缓慢，快速生长期出现在 60～110 年树龄，之后生长放缓，连年生长量和平均生长量在 120～130 年树龄相交；在 120 年树龄前，材积的连年生长量大于平均生长量，生长高峰期出现在 110～140 年树龄，在环境条件优越的森林中，个体的快速生长期持续时间较长。

人工云杉林中的个体，其生长发育规律与原始森林中的个体存在一定的差异。在四川省理县米亚罗林区的人工云杉林中，个体的树高和胸径有 2 个快速生长时期，分别是 20～30 年和 50～70 年林龄，前者树高和胸径的平均生长量分别是 0.428 m 和 0.57 cm，后者分别是 0.364 m 和 0.431 cm（刘庆等，2004）。

6.6 生物量与生产力

根据在四川松潘云杉林分布区内调查的 186 个样地（32°06′N～33°09′N，103°15′E～103°50′E，2850～3500 m a.s.l.），江洪和朱家骏（1986）研究了天然云杉林的生物量和生产力。结果显示：总生物量和净生产力分别为 285.906 t/hm^2 与 6284 kg/（hm^2·a），乔木层、灌木层、草本层和枯枝落叶层的生物量占总量的比例分别是 74.4%、4%、11.6% 和 10%；乔木层的生物量和净生产力分别为 212.773 t/hm^2 与 4676 kg/（hm^2·a），乔木主干、树皮、枝、叶和根的生物量占总量的比例分别是 54.9%、5.2%、12.5%、7.1%和 20.3%；在不同的生境条件下，云杉林的生产力不同，生产力在高山峡谷区高于丘状高原区，前者可达 6536 kg/（hm^2·a），高于后者 77.1%；此外，不同的群落类型其生产力存在差异，各个云杉群落类型按生产力排序，由高到低依次是“箭竹-云杉林”“灌木-云杉林”“禾草-云杉林”和“藓类-云杉林”，净生产力均值依次是 9246kg/（hm^2·a）、6422kg/（hm^2·a）、5975kg/（hm^2·a）和 3095 kg/（hm^2·a）（江洪和朱家骏，1986）。

根据在四川松潘、九寨沟和黑水等地云杉林分布区内调查的 210 个样地（31°55′N～33°15′N，103°18′E～104°14′E，2400～3500 m a.s.l.），马明东等（2007）研究了天然云杉林的生物量和碳贮量。结果显示，总生物量为 230.37 t/hm^2，乔木层生物量占总量的 92.30%；总的净生产力为 6838.5 kg/（hm^2·a），乔木层净生产力占总量的 68.38%；云杉林生态系统总碳贮量为 273.79 t/hm^2，乔木层、灌木层、草本层、地被物层、枯落物层和 0～100 cm 土层的碳贮量占总量的比重分别是 39.92%、2.08%、0.46%、0.22%、0.30%和 57.01%；净固碳量均值为 3584.98 kg/（hm^2·a），乔木层占总量的 71.21%（马明东等，2007）。

细根是树木地下部分生命活动最活跃的器官之一。四川理县米亚罗林区的研究报道显示，在 20 年和 10 年林龄的人工云杉林中，云杉细根的生物量分别是 938 kg/hm^2 和 838 kg/hm^2，碳贮量分别是 0.469 mg/hm^2 和 0.419 mg/hm^2，61.5%的细根分布在 0～20 cm 的表土层中（刘利等，2008）。

6.7　群落动态与演替

云杉在幼龄阶段需要适度遮阴的环境，幼苗在成长过程中对光照的需求逐渐加大。因此，在遮蔽的树冠下，种子虽可萌发却难以长成幼树，原始云杉林中的幼苗、幼树多出现在光照条件较好的林缘或林窗地带。

陕西凤县辛家山位于云杉林分布区的东界。调查数据显示，当地天然云杉林的种源充足，种子发芽率高，林内更新的幼树较少，密度为 2200 株/hm^2，幼树多呈团块状出现在林窗（高甲荣等，2000）。白龙江中上游甘南沙滩林场的调查数据显示，云杉个体在 10 年树龄后需要较充足的光照才能正常生长；在阔叶林树冠下，云杉幼树生长受抑制，阔叶树衰败后云杉才能成林（毕崇德，1983）。

中国云杉林在历史时期经历了高强度的采伐，采伐迹地上营造了大面积的人工云杉林，其生长状况与原始森林存在差异。

在四川理县米亚罗林区，50 年林龄的人工云杉林依然处在同龄林阶段，林下几无更新的幼苗；至 70 年林龄，人工林下才会出现更新幼苗（刘庆等，2004）。这种现象说明，人工造林虽可在短时间内实现宜林地上单优势云杉种群的覆盖，但要恢复原始云杉林的结构与功能，实现群落动态的自我调控，尚需漫长的过程。

在米亚罗林区不同林龄的人工云杉林（20 年、30 年和 60 年）及对照的天然林中，种子雨和土壤种子库的研究结果显示，云杉种子雨在 20 年林龄的人工林中即可出现，林下种子亦可萌发，但幼苗的成活率很低，这说明造林早期的林地环境不利于幼苗的生长。研究进一步指出，云杉林的种子雨在当年 10 月初开始至翌年 1 月底结束，持续时间近 4 个月；在 20～60 年的时间尺度上，人工林的林龄越长其种子雨强度越大，林龄为 60 年、30 年和 20 年的人工林及对照的天然林的种子雨强度均值分别为 108.16 粒/m^2、973.45 粒/m^2、66.73 粒/m^2 和 579.99 粒/m^2；种子下落后，约 66%的种子停留在枯枝落叶层中，其余 24%和 10%的种子分别出现在深度在 0～2 cm 和 2～5 cm 的土层中；种子发芽率在 2.81%～5.05%，绝大多数种子不能萌发，至当年 8 月下旬，土壤中的种子皆失去活力；在每年 6 月初，林下出现云杉幼苗，约在两周后达到出苗高峰；60 年林龄的人工林下，幼苗数量最多，30 年林龄的人工林和对照的天然林次之，幼苗自然死亡率很高，最终保留下来的个体十分稀少（尹华军和刘庆，2005）。在人工林中，种群密度和物种组成等具有很大的人为性，但随着群落发育过程的延展，人为的痕迹将逐渐消失，代之而来的是在群落自身调控机制作用下所形成的群落结构和外貌特征，将逐渐趋同于原始森林的结构、组成和功能。

在云杉林的采伐迹地或火烧迹地上，从先锋草本植物群落、灌丛、杨桦阔叶林、针阔叶混交林至针叶林阶段，整个演替过程将十分漫长。白龙江中上游的云杉林采伐迹地上植被恢复的调查资料显示，在海拔 2600～2800 m 的草类云杉林，皆伐迹地在自然恢复近 30 年（1974～2000 年）后，群落仍然处在阔叶林阶段，乔木层由山杨、白桦和红桦组成，平均高度 8～9 m，在灌木层中已出现了云杉幼树；自然恢复 40 余年以后（1958～2000 年），群落进入针阔叶混交林阶段，针阔叶树种的比例各占一半，杨桦类树木的平均高度 7～9 m，云杉的平均高度达 6 m，林中还有少量的青扦和紫果云杉（郭正刚等，2003）。

根据上述文献资料，在自然恢复近 50 年后，采伐迹地上的次生群落处在云杉林的幼龄期，树高和胸径进入旺盛生长期，以该时期的持续时间 50 年推算，自然恢复至成熟云杉林的时间尺度将在百年以上。

6.8 价值与保育

自 20 世纪中后期以来，甘南和川西北地区的针叶林经历了高强度的采伐，采伐对象包括云杉林、青扦林、紫果云杉林、川西云杉林、岷江冷杉林和麦吊云杉林等，原始森林十分稀少。由于其他树种的种苗繁育困难，造林成活率低，针叶林采伐后主要选用云杉作为迹地更新的造林树种。甘南和川西北地区的人工云杉林面积较大（图 6.15）。无论是垂直尺度还是水平尺度，人工林的营造范围均大大超出了云杉林的自然分布区范围。

云杉具有较宽泛的生态幅度，幼苗可在多种针叶树的分布区范围内成活生长。在一些生境中，云杉幼苗的生长较快。例如，在陕西辛家山，天然云杉林的垂直分布范围在 2000～2500 m，当地林业部门在海拔 1400～2100 m 营造了人工云杉林，其胸径和树高的生长状况在低海拔地带要优于高海拔地带（高甲荣等，1990）。云杉个体的生长发育周期在百年以上，不同生长阶段对环境条件的要求不同。云杉快速生长期往往出现在 50～120 年树龄，而目前观察到的人工林多处在幼龄阶段。

在云杉自然分布区以外的生境中营造的人工林，经过造林初期几十年的正常生长后，在进入快速生长期前就已经显现出生长衰弱的迹象。我们在川西南油麦吊云杉林的考察中发现，在油麦吊云杉林的采伐迹地上营造的人工云杉林，林龄在 30～40 年，树干枯梢和枯死现象严重；相反，在同一生境中生长的油麦吊云杉的中幼林，个体的叶色墨绿，树冠尖峭，顶端生长旺盛。在白龙江林区天然云杉林的核心分布区，垂直分布范围是 2700～3000 m，人工云杉林生长良好；在海拔 3000 m 以上的范围内，人工云杉林幼苗的地径生长速率和树高生长速率则显著下降（郭正刚等，2003）。

图 6.15　人工云杉林外貌（左，右下：甘肃卓尼；右上：四川九寨沟）
Figure 6.15　Physiognomy of man-made *Picea asperata* forests in Zhuoni, Gansu (left and lower right) and Jiuzhaigou, Sichuan (upper right)

综上所述，在云杉林保育工作中，要加强对弥足珍贵的原始森林的保育；对人工云杉林要实行封山育林，协调好当地群众的经济利益和森林保育的关系，禁止在林内进行放牧、采摘和樵柴等活动；对于在云杉林自然分布区以外的地区营造的人工云杉林，要进行结构调整，逐步用当地固有的针叶树种替代云杉。

参 考 文 献

毕崇德, 1983. 关于白龙江林区云杉人工更新技术的探索. 甘肃林业科技, (1): 17-21.

高甲荣, 王树文, 黄云鹏, 1990. 陕西省辛家山林区云杉生长状况的初步研究. 西北林学院学报, (1): 15-21.

高甲荣, 肖斌, 陈海滨, 刘满堂, 2000. 秦岭山地云杉林结构特征与更新动态的研究. 林业科学, 36(专刊 1): 104-109.

郭正刚, 吴秉礼, 王锁民, 程国栋, 2003. 白龙江上游地区森林植被恢复能力的分析. 西北植物学报, 23(4): 537-543.

黄大桑, 1997. 甘肃植被. 兰州: 甘肃科学技术出版社.

姜发艳, 孙辉, 林波, 刘庆, 2011. 川西亚高山云杉人工林恢复过程中土壤有机碳矿化研究. 土壤通报, 42(1): 91-97.

江洪, 1994. 川西北甘南云冷杉林的 DCA 排序、环境解释和地理分布模型的研究. 植物生态学报, 18(3): 209-218.

江洪, 朱家骏, 1986. 云杉天然林分生物量和生产力的研究. 四川林业科技, (2): 5-13.
蒋有绪, 1963. 川西米亚罗、马尔康高山林区生境类型的初步研究. 林业科学, 84(4): 321-335.
刘利, 张健, 杨万勤, 汪明, 薛樵, 董生刚, 2008. 川西亚高山高山典型森林细根生物量及其碳储量特征. 四川林业科技, 29(1): 7-10.
刘庆, 吴彦, 何海, 林波, 2004. 川西亚高山人工针叶林生态恢复过程的种群结构. 山地学报, 22(5): 591-597.
刘庆, 尹华军, 吴彦, 2003. 川西米亚罗亚高山地区云杉林群落结构分析. 山地学报, 21(6): 695-701.
罗建勋, 2004. 云杉天然群体遗传多样性研究. 北京: 中国林业科学研究院博士学位论文.
马明东, 江洪, 罗承德, 刘跃建, 2007. 四川西北部亚高山云杉天然林生态系统碳密度、净生产量和碳贮量的初步研究. 植物生态学报, 31(2): 305-312.
吴征镒, 1991. 中国种子植物属的分布区类型. 云南植物研究, (增刊Ⅳ): 1-139.
吴征镒, 周浙昆, 李德铢, 彭华, 孙航, 2003. 世界种子植物科的分布区类型系统. 云南植物研究, 25(3): 245-257.
尹华军, 刘庆, 2005. 川西米亚罗亚高山云杉林种子雨和土壤种子库研究. 植物生态学报, 29(1): 108-115.
中国科学院中国植被图编辑委员会, 2007. 中华人民共和国植被图(1∶1 000 000). 北京: 地质出版社.
中国林业科学研究院林业研究所, 1986. 中国森林土壤. 北京: 科学出版社.
中国森林编辑委员会, 1999. 中国森林(第 2 卷 针叶林). 北京: 中国林业出版社.
中国植被编辑委员会, 1980. 中国植被. 北京: 科学出版社.
《四川森林》编辑委员会, 1992. 四川森林. 北京: 中国林业出版社.

第 7 章　白扦林 *Picea meyeri* Forest Alliance

白扦林—中国植被，1980：195；中国森林（第 2 卷 针叶林），1999：714-715；山西植被，2001；山西森林，1992：121-131；内蒙古植被（下册），1985：734；河北植被，1996：98-99；中华人民共和国植被图（1∶1 000 000），2007；云杉林—内蒙古森林，1989：154-162；河北森林，1988：103-106；暖温带森林生态系统，2003：95-101；白扦林、青扦林，含臭冷杉的华北落叶松、青扦、白扦林，华北落叶松、白扦林—山西植被志（针叶林卷），2014：29-124。

系统编码：PME

7.1　地理分布、自然环境及生态特征

7.1.1　地理分布

白扦林分布于黄土高原的东北部和内蒙古高原的中南部；分布区的东部与东北平原南部和华北平原相邻，西部汇入高原腹地；地理坐标范围 37°30′N～43°43′N，111°30′E～117°20′E。分布区为狭带状，呈西南至东北走向，纵轴长约 900 km，宽度 30～150 km（图 7.1），跨越的行政区域包括山西中东部、河北西北部和内蒙古中南部。

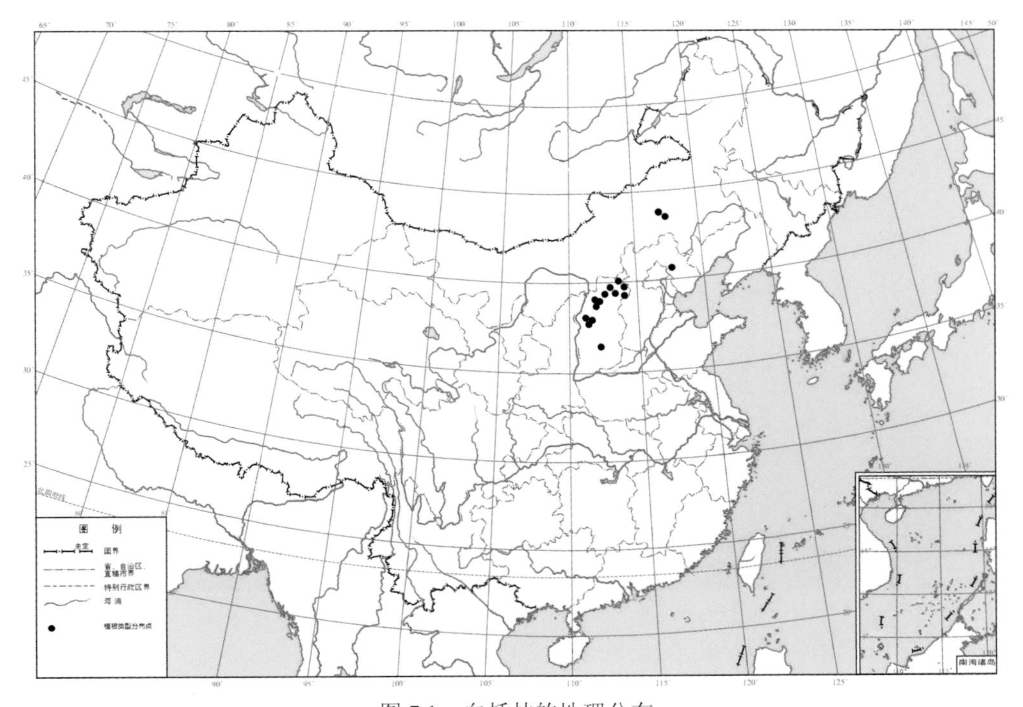

图 7.1　白扦林的地理分布

Figure 7.1　Distribution of *Picea meyeri* Forest Alliance

白扦林的垂直分布范围是1200～2700 m，区域间有差异，自南向北逐渐降低。各地的海拔范围依次是：关帝山、管涔山和五台山1800～2700 m（张金屯，1989；《山西森林》编辑委员会，1992；郭东罡等，2014），小五台山（1600 m）2000～2600 m（河北植被编辑委员会，1996；Liu et al.，2002；于澎涛等，2002），雾灵山1400～1800 m（王槐，1982；孟祥晋，2001；王德艺等，2003），大青山1900～2250 m，大兴安岭南部山地（包括克什克腾旗黄岗梁及大局子山）1500～1900 m （中国科学院内蒙宁夏综合考察队，1985），白音敖包及其临近沙地（1100）1320～1470（1600）m（中国科学院内蒙宁夏综合考察队，1985；王炜等，2000；徐文铎，1987；蔡萍等，2009a；朱洪涛，2010）。

白扦林的地理分布区跨越了4个地带性植被区域，自西南向东北依次出现暖温带北部落叶阔叶栎林地带、温带南部森林草原亚地带、温带北部典型草原亚地带和温带北部草甸草原亚地带（中国科学院中国植被图编辑委员会，2007）。白扦林主要生长在山地环境中，白音敖包沙地的白扦林可能具有隐域性质，群落的维持与沙地较高的地下水位有关。

7.1.2 自然环境

7.1.2.1 地貌

白扦林主要生长在吕梁山脉中北部的关帝山和管涔山，太行山脉北部的五台山和小五台山，阴山山脉的大青山和燕山山脉的雾灵山，最高峰的海拔是2000～3000 m，与高原面的高差在500～1500 m。山地的基岩主要有沉积岩（砂岩、石灰岩）和岩浆岩（花岗岩）等。砂岩山地的地貌浑圆，在大青山低海拔地带有非常典型的砂岩地貌。变质岩地貌则陡峭高耸，常见于管涔山、五台山和小五台山等地的高海拔地带。在山地平缓的坡面往往有深厚的黄土覆盖，在沉降断裂带则是悬崖绝壁，地形极为陡峻。这些山地是在第三纪新构造运动中隆起的，陡坡地带剥蚀强烈，岩石裸露，河谷地带巨石堆砌，地形下切明显。我们在芦芽山荷叶坪、五台山东台和小五台山的实地考察中发现，在地形较缓的坡地，可形成面积较大的白扦纯林和混交林；在地势陡峻的山地，土层较薄，岩石裸露，白扦呈斑块状出现在桦木林或杨桦混交林中，白扦林墨绿的色泽在落叶阔叶林亮绿色的陪衬下极为瞩目，在悬崖峭壁上也能见到散生的白扦林（图7.2）。

图7.2 山西管涔山主峰芦芽山白扦（墨绿）和华北落叶松（浅绿）的混交林外貌（左）与小五台山悬崖陡壁岩石上生长的白扦林外貌（右）

Figure 7.2 Physiognomy of communities of *Picea meyeri* (dark green)and *Larix gmelinii* var. *principis-rupprechtii* (light green) mixed forest in Mt. Luyashan Shanxi (left) and *Picea meyeri* forest on the steep rocky cliffs in Mt. Xiaowutaishan (right)

沙地白扦林的主产地是白音敖包沙地，地貌为整体隆起的球面状台地，台地表面散布着波状起伏的固定沙丘及或广或狭的平缓谷地。台地最高海拔可达 1470 m，绝大多数沙丘的海拔在 1320～1400 m。从沙地最高处向四周延伸，东侧逐渐隆升与黄岗梁的余脉衔接，北侧、西侧及南侧的地貌平缓，逐渐汇入高原面（图 7.3）。

图 7.3　白音敖包沙地白扦林的远眺（左）和近景（右）
Figure 7.3　Physiognomy of communities of *Picea meyeri* Woodland on sandlands in Baiyinaobao (left: overlook, right: close shot), Inner Mongolia

7.1.2.2　气候

气候具有暖温带季风气候向温带大陆性气候过渡的特征。白扦林的地理分布区位置偏东，距海洋较近，夏季暖湿的东南季风掠过华北和东北平原后被抬升，形成较丰沛的降雨，气候温暖湿润；在冬季，气候受蒙古高压控制，盛行大陆性西风，干燥寒冷，春秋季较短。

我们在白扦林分布区内随机选取了 59 个样点（图 7.1），利用插值方法提取了每个样点的生物气候数据，各个气候因子的均值依次是：年均气温 3.49℃，年均降雨量 483.66 mm，最冷月平均气温−13.78℃，最热月平均气温 18.48℃，≥0℃有效积温 2571.60℃·d，≥5℃有效积温 1561.51℃·d，植物水分可利用指数 0.61（表 7.1）。与中国云杉林气候因子的平均水平相比较，白扦林分布区的气候条件具有冬季较寒冷、夏季温暖、植物水分可利用性较高的特点（李贺等，2012）。

下面文献中所记载的气象数据主要来自白扦林分布区的气象观测站，观测指标和观测的时间尺度在不同的站点间有差别，对揭示局部气候特征具有参考价值。

据《中国森林》（中国森林编辑委员会，1999）记载，白扦林最热月平均气温在垂直分布下限和上限地带的均值分别是 10℃和 15～17℃。在管涔林区马家庄林场白桦家塔气象站，海拔 2314 m，1981～1983 年气候因子的观测值依次是：年均气温 0.2℃，1 月平均气温−13.3℃，极端低温−28.4℃，6～8 月的平均气温 12℃，林外 7 月平均气温 13.5℃，林内 20 m 处 7 月平均气温 10～12℃，无霜期 95～103 天，年均降雨量 847.7 mm（《山西森林》编辑委员会，1992）。

雾灵山气候因子的观测值依次是：年均气温 7.6℃，最冷月平均气温−15.6℃，最热月平均气温 17.6℃，年均降雨量 720 mm，年均相对湿度 60%，年均日照时数 2874 h，无霜期 130 天（郭泉水等，1999；姜云天和谭艳梅，2000，2001；朱毓永和王桂忠，

2002）。

表 7.1　白扦林地理分布区内海拔及其对应的气候因子的描述性统计结果（*n*=59）

Table 7.1　Descriptive statistics of altitude and climatic factors in the natural range of *Picea meyeri* Forest Alliance in China (*n*=59)

海拔及气候因子 Altitude and climatic factors	均值 Mean	标准误 Standard error	95%置信区间 95% confidence intervals		最小值 Minimum	最大值 Maximum
海拔 Altitude （m）	1802.46	55.58	1691.20	1913.72	1191.00	2788.00
年均气温 Mean annual temperature （℃）	3.49	0.33	2.83	4.15	−3.33	8.72
最冷月平均气温 Mean temperature of the coldest month （℃）	−13.78	0.61	−15.00	−12.56	−24.42	−6.95
最热月平均气温 Mean temperature of the warmest month （℃）	18.48	0.25	17.97	18.98	13.82	23.12
≥5℃有效积温 Growing degree days on a 5℃ basis （℃·d）	1561.51	48.02	1465.39	1657.62	818.97	2554.77
≥0℃有效积温 Growing degree days on a 0℃ basis （℃·d）	2571.60	58.32	2454.86	2688.34	1628.89	3746.97
年均降雨量 Mean annual precipitation （mm）	483.66	10.73	462.17	505.14	329.26	711.73
实际蒸散 Actual evapotranspiration （mm）	472.70	20.49	431.67	513.72	249.00	869.09
潜在蒸散 Potential evapotranspiration （mm）	607.54	12.90	581.71	633.36	387.00	812.67
水分利用指数 Water availability index	0.61	0.01	0.59	0.63	0.48	0.72

根据山麓气象站的记录推算，小五台山白扦林垂直分布（1600～2600 m）下限和上限地带气候因子的推算值依次是：年均气温 2.3℃（下限）、−1.6℃（上限，下同），最冷月平均气温−16.4℃、−22.4℃，最热月平均气温 8℃、11.9℃，年均降雨量 572 mm、796 mm（于澎涛等，2002）。

内蒙古白音敖包沙地是白扦林的一个隐域生境，当地气候因子的观测值依次是：年均气温−2～1.6℃，极端最高气温 37.7℃，极端最低气温−45.5℃；年均降雨量 403.8 mm，变化幅度 350～450 mm；年蒸发量 1526～1713 mm，无霜期 60～70 天（徐文铎，1983，1987）。

7.1.2.3　土壤

山地白扦林的山地基岩为石灰岩和花岗岩，风化后形成的土壤以山地棕壤土为主，土壤呈弱酸性（中国林业科学研究院林业研究所，1986）。《中国土壤数据库》对白扦林产地的土壤特征进行了记载，摘录如下：在山西省管涔山和五台山海拔 1800～2700 m处，土壤为宁武棕麻砂土，属棕壤亚类棕麻土土属。典型剖面采自宁武县前马龙乡高桥洼村芦芽山，海拔 2290 m，位于山地阴坡。土壤母质为花岗岩和片麻岩的风化残积物，剖面类型为 O-Ah-Bt-C，土层厚度达 50 cm。在 Ah 层上有 3～10 cm 厚的枯枝落叶层；Ah 层较厚，有机质含量达 7.71%（*n*=24），黏粒因向下淋移淀积明显；Bt 层为棕色的黏化层，黏化值大于 1.2，有机质 6.62%，全氮 0.312%，速效磷 7.9 ppm（相当于 0.00079%，下同），速效钾 125 ppm（*n*=26）；O 层为枯枝落叶层，厚度 0～9 cm；Ah1 层厚度 9～

25 cm，呈灰黄棕色（干，10YR 4/2），砂质黏壤土呈团粒状结构，疏松且湿润，有少量砾石，根系有少量真菌丝体着生；Ah2 层厚度 25～38 cm，呈灰黄棕色（干，10YR4/2），壤土，呈碎块状结构，结构稍紧湿润，根系多；Bt 层厚度 38～66 cm，呈浊黄棕色（干，10YR 4/3），黏壤土，块状结构，紧实，根系较多，有少量铁锰胶膜；C 层厚度 66～75cm，由半风化物组成。此外，山地白扦林产区还有宁武棕泥土，母质为石灰岩风化的残、坡积物，剖面类型为 O-Ah-Btmo-C，枯枝落叶层厚度 4～6 cm；A1 层厚度 14～20 cm，有机质含量达 10.08%，阳离子交换量达 30.2 me/100g；Btmo 层厚度 15～30 cm，呈块状结构，黏化值 2.1，有机质 5.83%，全氮 0.270%，速效磷 10.4 ppm，速效钾 162 ppm（n=14）（中国科学院南京土壤研究所土壤分中心，2009）。

芦芽山涔-6 剖面记录显示（表 7.2），在土壤表层（5～23 cm），土壤有机质、全氮和土壤 pH 分别为 12.06%、0.391%和 7.3（《山西森林》编辑委员会，1992）。小五台山西台剖面 12（海拔 2180 m）的土壤母质为火山凝灰岩，沿剖面自上而下，土壤有机质逐渐降低，土壤 pH 逐渐增加；在 3～38 cm、38～70 cm 和>70 cm 的 3 个土壤层面中，土壤有机质的一次观测值分别是 4.912%、2.749%和 1.266%，土壤 pH 分别是 6.99、7.23 和 7.65（河北森林编辑委员会，1988）。

表 7.2　管涔林区芦芽山白扦林山地棕壤养分含量及酸碱度

Table 7.2　Soil nutrients and pH of mountain brown soil in the natural range of *Picea meyeri* Evergreen Needleleaf Forest in Mt. Luyashan，Shanxi，recorded in Shanxi Forests（1992）

剖面深度（cm）Depth of soil profile	pH		有机质（%）Organic matter	全量 Total（%）			盐基 Exchangable bases（mg/100g）			
	H_2O	KCl		N	P	K	Na	Ca	Mg	总量 Total （%）
5～23	7.3	6.4	12.06	0.391	0.078	0.54	0.4	20.02	2.08	23.04
23～48	7.25	6.2	10.76	0.344	0.045	0.28	0.39	24.47	2.36	27.5
48～75	7.15	5.82	2.87	0.187	0.039	0.25	0.66	16.57	1.32	14.8
75～112	7	5.7	2.07	0.09	0.057	0.27	0.52	9.3	0.98	11.07

注：引自《山西森林》，1992

沙地白扦林的土壤类型为砂黑甸土，属草甸土亚类甸砂土土属。据《中国土壤数据库》记载，该土种“主要分布在内蒙古自治区赤峰市克什克腾旗、锡林郭勒盟多伦县、呼伦贝尔盟阿荣旗的沿河阶地，母质为河湖冲积物，剖面为 A-Cu-Cg 型，质地属均质型，通体为壤质砂土。砂粒含量 80%以上。土壤生物积累明显，腐殖质 A 层厚度 25～35 cm，棕黑色，心土为暗棕色，全剖面有明显的锈纹斑，底土层受地下水浸渍，呈灰蓝色。土壤 pH 6.5～7.0，中性。阳离子交换量 12 me/100g；有机质含量 1.99%，全氮 0.107%，速效磷 10 ppm，速效钾 282 ppm”（中国科学院南京土壤研究所土壤分中心，2009）。

另据《内蒙古森林》记载（表 7.3），白音敖包沙地土壤表层有机质、全氮、速效磷、速效钾含量均较低。

在不同的文献中，土壤样品的采集地点、采集方法和样本大小等存在差异，不同数据源对同一个群系类型的土壤特征的描述有差异。但总体上看，山地和沙地白扦林在土壤性状方面的差异还是清晰可辨的。首先，二者的土壤母质和土壤剖面结构显著不同；

其次，山地类型的土壤有机质和土壤全氮含量高于沙地类型，而速效磷和速效钾含量低于后者。

表 7.3 白音敖包沙地白扦林土壤养分

Table 7.3 Soil nutrients of *Picea meyeri* Woodland in Baiyinaobao, Inner Mongolia, recorded in *Inner Mongolia Forests* (edited by the Committee of Inner Mongolia Forests, 1989)

土壤剖面 Soil profile	有机质 Organic matter(%)	全氮 Total nitrogen (%)	水解氮 Hydrolyzable nitrogen N (%)	速效磷 Available phosphorus（ppm）	速效钾 Available potassium（ppm）
A0	13.301	0.471	35.703	34.25	315
A1	0.727	0.024	3.517	10	43.55
B	0.102	0.005	2.863	—	44.85

注：引自《内蒙古森林》

7.1.3 生态特征

白扦林通常生长在山地阴坡和半阴坡（图 7.4）。白扦林对土壤基质类型的适应幅度较宽。只要满足基本的水热条件，无论在山地还是在沙地上，白扦均能生长。

图 7.4 山地白扦林 （深绿色的斑块）局部俯视示意图（34.2 km×22.8 km）

Figure 7.4 A diagram of a top down view of communities of *Picea meyeri* Forest Alliance (darkgreen patches) on montane habitat (34.2 km×22.8 km)

山西省吕梁山脉及其东北部是山地白扦林的主要产地之一。Zhang（2002）研究了山西省内“植被-环境”的关系。在山西省的 78 个植被类型中，以白扦为建群种或优势种的森林植被有白扦林、华北落叶松-白扦混交林和白扦-青扦-白桦混交林。白扦林和华北落叶松-白扦混交林的气候条件偏干偏凉，水热条件仅优于草甸植被，土壤以棕色森林土为主；白扦-青扦-白桦混交林的气候条件偏湿偏暖，对土壤条件的适应幅度较宽泛。

Liu 等（2002）研究了关帝山、五台山和小五台山森林分布的海拔上限与水热因子的关系。结果表明，与华北落叶松林相比较，白扦林的生境偏暖湿，垂直分布范围较低。

华北落叶松是一个生态幅度较宽的树种。在芦芽山（图 7.2）、五台山和小五台山，由于 20 世纪 80 年代实施了大规模的飞播造林作业，华北落叶松林垂直分布的自然界限十分模糊，一个突出的现象是，华北落叶松在低海拔至高海拔地带均有生长。华北落叶松虽较白扦耐干旱，但是并不能完全适应阳坡的环境。在五台山的阳坡地带，华北落叶松人工林大量枯死的现象十分普遍。白扦和华北落叶松在生态习性上的差异与它们对水热因子的不同需求有关。例如，生长在芦芽山林线附近的白扦和华北落叶松，前者 9～10 月的径向生长量对水热因子的敏感性高于后者（江源等，2009）。

与青扦林相比较，白扦林的垂直分布范围更高，表现出适应偏冷环境的特点。在芦芽山的亚高山地带（1750～2700 m），青扦在 2000 m 左右的阴坡谷底可形成纯林，林中也可见到华北落叶松；在 2400 m 处，可形成白扦-青扦-华北落叶松混交林；在 2400～2690 m，有面积较大的白扦-华北落叶松混交林。在芦芽山荷叶坪接近森林分布上限的区域（2645～2690 m），生长着一片白扦纯林，林缘可见到孤立的具有旗状树冠的华北落叶松。此分布格局的形成，既有各树种生态习性的差异使然，也有人为干扰因素的影响。在芦芽山荷叶坪森林分布上限处的白扦林中，白扦树干分叉多，峭度大，木材利用价值低。在海拔 2400 m 左右的白扦-华北落叶松混交林中，白扦树干通直，林内伐桩极多，表明在历史时期曾经历了强度较大的择伐。

在景观尺度上，与邻近的其他木本植物群落相比较，沙地白扦林的生态习性具有适应偏干偏暖环境的特点。例如，在干暖至湿凉的气候梯度上，白扦林的位置仅次于榆树疏林，即处于中等偏暖偏干的位置；其水分条件不及山杨林、蒙古栎林、白桦林、黑桦林和华北落叶松林，但热量条件优于后者（Liu et al.，2000）。

白扦林虽然可以生长在沙地环境中，但并非是一个适应干旱气候的类型。在白扦林的自然分布区内，只有在土壤水分含量较高、生长季节水分条件保持相对稳定的沙地中才有可能出现白扦林（图 7.5，图 7.6）。白扦在沙地中的生长动态直接受制于沙地的土壤水分状况。沙地白扦林的主产地在白音敖包沙地，当地的沙丘地貌和沙基质虽然可以看作一个相对独立的生境单元，但其地理位置处于大兴安岭南部山地的山麓地带。距沙地以东不足 30 km 处即为高耸的黄岗梁（主峰 2029 m），这里生长着大面积的天然白桦林和华北落叶松人工林。白音敖包沙地附近的山地所涵养的水源形成了若干个常年或季节性的河流，形成了环绕或贯穿白音敖包沙地的水系网，沙地的地下水源充足。例如，发源于大兴安岭的阿拉烧哈山查干套海河横贯白音敖包沙地，平均水流量达 45 700 000 m^3，在沙地西侧与公格尔音河汇合；在沙地南部有敖包河；阿伦比流河为季节性河流，与敖包河汇合后注入公格尔音河；沙地北部有敖伦诺尔河，此河为锡林河的源头（黄三祥，2004）。这些河流在距沙地约 30 km 的西南方向汇入或溢出一个硕大的水面，即方圆约 20 km 的达里诺尔湖，呈半椭圆形，海拔 1224 m，足见白音敖包地下水源之丰沛（图 7.5）。因此，白扦林在沙地中可生长在沙丘的阴坡、阳坡、河畔和沙丘间的平坦沙地，反映了良好的地下水供应状况。近年来，在白音敖包附近，铁矿开采十分猖獗，地下水抽取量大，沙地的地下水位不断下降，并有可能造成水质污染，对白音敖包沙地白扦林的生存构成了严重的威胁。

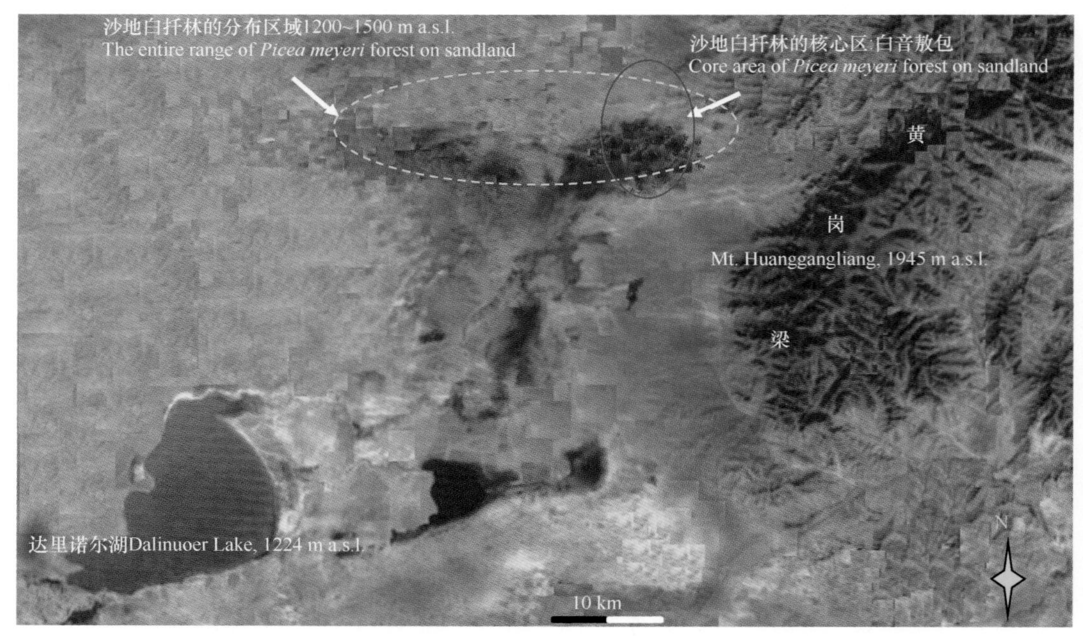

图 7.5　白音敖包沙地白扦林分布区域的示意图（92 km×60 km）

Figure 7.5　A diagram of the distribution range of *Picea meyeri* Woodland on sandland, Baiyinaobao, Inner Mongolia. The actual area within the diagram is as large as 92 km×60 km

图 7.6　白音敖包沙地白扦林局部俯视示意图（11.7 km×7.8 km，1∶6500）

Figure 7.6　A diagram showing the topdown view of *Picea meyeri* Woodland (darkgreen patches) on sandland in Baiyinaobao, Inner Mongolia (11.7 km×7.8 km, 1∶6500)

综上所述，水热条件是影响白扦林分布的主要环境要素。沙地白扦林是在气候干旱、地下水源补给充足的沙地上形成的一个隐域类型，对水分条件的要求与山地类型别无二致；在地理分布上也与山地类型紧密衔接。通过白音敖包至黄岗梁一线的实地考察，结合大比例尺卫星照片的比对分析，可以看出，上述区域的地貌和土壤基质不同，但是在地理位置上毗邻，从海拔在 1400 m 左右的白音敖包到海拔 1950 m 的黄岗梁山地，二者的最近距离不足 30 km，白扦林的地理分布在这两种地貌类型间并没有明显的分界。

7.2　群 落 组 成

7.2.1　科属种

在 75 个白扦林样地中记录到维管植物 290 种，隶属于 49 科 128 属，其中种子植物 44 科 123 属 284 种，蕨类植物 5 科 5 属 6 种。种子植物中，裸子植物有白扦、青扦、臭冷杉和华北落叶松。被子植物中，种类较多的科有菊科 22 种、蔷薇科 20 种、毛茛科 18 种、禾本科 16 种，这些类群是白扦林灌木层和草本层的重要成分；含 10～5 种的科依次是豆科、杨柳科、忍冬科、百合科、虎耳草科、松科、伞形科、十字花科和石竹科；其余 37 科含 1～4 种。

7.2.2　区系成分

根据中国种子植物科属区系成分的划分标准（吴征镒，1991；吴征镒等，2003），上述 44 个种子植物科可划分为 9 个分布区类型/亚型，其中世界分布科占 52%，其次是北温带和南温带（全温带）间断科占 20%，北温带分布科占 7%，其余分布型所占比例小于 5%。123 个属可划分为 14 个分布区类型/亚型，温带成分占优势，其中北温带分布属占 49%，世界分布属占 20%，旧世界温带占 10%，其他成分所占比例均小于 7%（表 7.4）。在中国植物区系分区系统中，白扦林分布区属于泛北极植物区，跨越中国-日本森林植物亚区和欧亚草原植物亚区。山地白扦林属于欧亚草原植物亚区-华北地区-华北平原、山地亚地区，而沙地白扦林属于欧亚草原植物亚区-蒙古草原地区-东部内蒙古亚地区（中国科学院中国自然地理编辑委员会，1983）。

欧亚草原植物亚区处于“森林-草原”的过渡地带，物种组成以针茅（*Stipa* spp.）、蒿类（*Artemisia* spp.）、黄耆（*Astragalus* spp.）和棘豆（*Oxytropis* spp.）等草原区系成分为主。在地下水位较高的沙地，仍然会出现森林成分，沙地白扦林即属此例。沙地白扦林分布区以北和以南分别为中国-日本森林植物亚区的东北与华北地区。沙地白扦林客观上将东北、华北两个森林地区连接了起来，显示了植物区系在地理上隔离、在生态上连续的空间分布格局。由于沙地白扦林生长在草原区的局部地带，草原成分如禾草类等在群落中有广泛渗透（徐文铎，1983，1987；王炜等，2000）。沙地白扦林与锡林河流域的大针茅草原和生长在长白山的鱼鳞云杉林相比较，科的相似性较高，分别是 56.4% 和 60.8%（邹春静等，2006a），反映了 3 种植被类型在科的区系组成上存在着较大的一

表 7.4　白扦林 44 科 123 属植物区系成分

Table 7.4　The areal type of the123 genus and 44 families of seed plant species recorded in the 75 plots sampled in *Picea meyeri* Forest Alliance in China

编号 No.	分布区类型 The areal types	科 Family		属 Genus	
		数量 *n*	比例(%)	数量 *n*	比例(%)
1	世界广布 Widespread	23	52	24	20
2	泛热带 Pantropic	2	5	3	2
2.2	热带亚洲、热带非洲和热带美洲 Trop. Asia to Trop. Africa and Trop. Amer.	1	2		
3	东亚（热带、亚热带）及热带南美间断 Trop. & Subtr. E. Asia &（S. ）Trop. Amer. disjuncted	2	5		
8	北温带 N. Temp.	3	7	60	49
8.2	北极-高山 Arctic-Alpine			2	2
8.4	北温带和南温带间断 N. Temp. & S. Temp. disjuncted	9	20	9	7
8.5	欧亚与南北温带间断 Eurasia & Temp. S. Amer. Disjuncted	1	2	2	2
9	东亚和北美间断 E. Asia & N. Amer. disjuncted	2	5	2	2
9.1	东亚和墨西哥间断分布 E. Asia & Mexico disjuncted			1	1
10	旧世界温带 Temp. Eurasia			12	10
10.3	欧亚和南非洲间断 Eurasia & S. Afr. disjuncted	1	2	1	1
11	温带亚洲 Temp. Asia			1	1
12	地中海区、西亚至中亚 Medit.，W. to C. Asia			1	1
13.1	中亚东部分布 East C. Asia or Asia Media			1	1
14	东亚 E. Asia			4	3
合计 Total		44	100	123	100

注：物种名录根据 75 个样方数据整理

致性。同一个科内的物种在生态适应性方面具有相当大的差异，导致科的组成对中、小尺度的植被变化不敏感。在属级和种级水平上，3 种植被类型的相似性分别是 47.4%、22.3%和 47.1%、7.2%，说明沙地白扦林与大针茅草原的相似性远高于与鱼鳞云杉林的相似性（徐文铎，1983；邹春静等，2006a）。

沙地白扦林分布区与大兴安岭南部山地重叠，后者植物多样性较高，维管植物种类约 1051 种（梁存柱等，1997）。但是，就典型的沙地白扦林而言，物种多样性较低，植物区系成分相对简单。据记载，白音敖包沙地白扦林中记录到的维管植物有 49 科 123 属 161 种，其中裸子植物 2 科 2 属 2 种，被子植物 46 科 120 属 158 种，蕨类植物 1 科 1 属 1 种，另有苔藓植物 6 种；含 10 种以上的科分别是菊科、蔷薇科、百合科、豆科和禾本科，含有 5 属以上的科依次为菊科、蔷薇科、禾本科、豆科、毛茛科、百合科、唇形科和伞形科；沙地白扦林中记录到的 161 种植物可划分为 10 个分布区类型，即达乌里-蒙古成分 53 种（32.9%，占总数比例，下同）、古北极成分 28 种（17.4%）、东古北极成分 26 种（16.2%）、泛北极成分 25 种（15.5%）、东亚成分 13 种（8.2%）、哈萨克斯坦-蒙古成分 6 种（3.7%）、东西伯利亚成分 6 种（3.7%）、华北东北成分 2 种（1.2%）、世界成分 1 种（0.6%）、特有成分 1 种（0.6%）（邹春静等，2006a）。

中国-日本森林植物亚区是一个区系成分复杂、起源古老的区系单元。山地白扦林属于该亚区中的华北地区、华北平原-山地亚地区，典型植被类型为暖温带针叶林和落叶阔叶林，以油松、白皮松（*Pinus bungeana*）、槲栎（*Quercus aliena*）和栓皮栎（*Quercus variabilis*）等为群落的优势种。植被垂直带谱包括森林草原带、落叶阔叶林带、松栎林亚带、针阔叶混交林带、寒温性针叶林带和亚高山灌丛草甸带。山地白扦林是该地区植被垂直带谱中海拔较高的一个类型。

来自河北小五台山、雾灵山，山西五台山、管涔山、恒山和关帝山的植物区系资料显示（张金屯，1986，1989；张峰等，1998；冯天杰等，1999；上官铁梁等，1999；茹文明和张峰，2000；上官铁梁，2001；刘全儒等，2004），山地白扦林分布区的植物区系具有如下特点（表 7.5）。

表 7.5　白扦林分布区内几个山地种子植物科属种组成

Table 7.5　Taxonomic composition of seed plant species recorded in several mountains within the range of *Picea meyeri* Forest Alliance in China

地点 Locations	全部物种 All species	裸子植物 Gymnospermae	被子植物 Angiospermae	双子叶植物 Dicotyledoneae	单子叶植物 Monocotyledoneae	资料来源 Data sources
小五台山 Xiaowutaishan	97/476/1148*	3/8/12	94/468/1136	80/365/911	14/103/225	刘全儒等，2004
五台山 Wutaishan	92/392/865	3/6/7	89/386/858	76/294/699	13/92/159	茹文明和张峰，2000
关帝山 Guandishan	85/335/737	2/6/8	83/329/729	68/270/597	15/59/132	张峰等，1998
恒山 Hengshan	84/342/834	2/6/8	82/336/826	74/292/712	8/44/114	上官铁梁，2001
芦芽山 Luyashan	84/410/927	3/7/13	81/403/914	73/342/798	8/61/116	上官铁梁等，1999
雾灵山 Wulingshan	102/496/1466	2/5/7	100/491/1459	—	—	冯天杰等，1999

*科/属/种　Family/Genus/Species

1）种子植物组成中，双子叶植物占优势，单子叶植物次之，白扦是数量极少的裸子植物之一。

2）属的区系成分可划分为 15 个分布区类型，温带成分占优势。例如，在小五台山、五台山、关帝山、恒山和芦芽山，温带属占总属数的比例分别是 69.31%、73.48%、85.67%、76.87%和 79.9%。

3）科的区系组成中，世界分布科如菊科、禾本科、蔷薇科、豆科、百合科、唇形科和十字花科的种类较多，温带分布科如毛茛科和伞形科，以及热带、亚热带至温带分布科如兰科等次之。

4）植物生活型有常绿乔木、落叶乔木、灌木、亚灌木、藤本植物及一年生、二年生、多年生草本植物，草本植物比例较高。

5）山地白扦林的植物区系与北京东灵山、百花山和太岳山等地的相似性较高，与长白山、泰山、伏牛山、秦岭太白山和神农架的相似性较低，反映了地理尺度与区系相似性的一致性。

7.2.3　生活型

在白扦林 75 个样地中记录到了 290 种维管植物，木本植物和草本植物所占比例分别为 30%和 70%；木本植物中，落叶植物占优势，常绿植物比例较低；乔木占 8%，灌木占 20%，藤本植物占 2%；草本植物中，多年生直立杂草类比例较高，其次是多年生禾草类和莲座类，一年生植物稀少。从各生活型植物在群落中的地位看，常绿乔木是乔木层的建群种，落叶乔木为共优种或伴生种，落叶灌木是灌木层的优势类型，草本层由多种多年生杂草和禾草组成，禾草类往往是群落的优势种。草本型的蕨类植物比例达 3%，其他植物生活型罕见或缺乏（表 7.6）。

表 7.6 白扦林 290 种维管植物生活型谱（%）

Table 7.6 Life-form spectrum（%）of the 290 vascular plant species recorded in the 75 plots sampled in *Picea meyeri* Forest Alliance in China

木本植物 Woody plants	乔木 Tree		灌木 Shrub		藤本 Liana		竹类 Bamboo	蕨类 Fern	寄生 Phytoparasite	附生 Epiphyte
	常绿 Evergreen	落叶 Deciduous	常绿 Evergreen	落叶 Deciduous	常绿 Evergreen	落叶 Deciduous				
30	2	6	1	19	0	2	0		0	0
陆生草本 Terrestrial herbs	**多年生 Perennial**					**一年生 Annual**		**蕨类 Fern**	**寄生 Phytoparasite**	**腐生 Saprophyte**
	禾草型 Grass	直立杂草类 Forbs	莲座垫状 Rosette	附生 Epiphyte	藤本 Liana	短生型 Ephemeral	非短生型 Non-eephemeral			
70	15	34	11	0	3	0	3	3	0	0

注：物种名录来自 75 个样方数据

白扦林的植物生活型中，乔木可进一步分为常绿针叶乔木（白扦、青扦、青海云杉和臭冷杉等）、落叶针叶乔木（如华北落叶松）及落叶阔叶乔木（如山杨和桦木）。此外，白扦林乔木的高度一般不超过 25（30）m，属于中乔木和中小乔木。林下的灌木绝大多数为落叶阔叶类型，高度一般不超过 250 cm，属于中、小灌木的生活型。叉子圆柏是常绿针叶匍匐灌木，主要生长在沙地白扦林中。在林下光照条件较好的生境中，灌木种类较多；在乔木层遮蔽的白扦林下，灌木发育不良。草本植物中以多年生植物为主，包括直立茎杂草、蔓生茎杂草和根茎类禾草等，一年生植物较少。红花鹿蹄草和肾叶鹿蹄草是山地白扦林草本层中的常绿植物。此外，大披针薹草也有半常绿的习性，其隐于草丛中的部分叶片往往以绿色状态越冬。

7.3 群 落 结 构

白扦林的垂直结构可划分为乔木层、灌木层、草本层和苔藓层。乔木层和草本层是两个稳定的层片，灌木层和苔藓层在特定环境下可能缺如。

白扦或为乔木层的单优势种而形成纯林，或与多种针阔叶树混生而形成混交林。在白音敖包沙地，白扦是乔木层的单优势种，或有白桦混生；在山地环境中，白扦与华北落叶松、青扦和臭冷杉等组成乔木层的共优势种。例如，在山西管涔山，白扦常与华北落叶松和青扦混交成林；在五台山和小五台山，有白扦和臭冷杉的混交林；在白扦林经历干扰后的恢复过程中，还可能出现白扦与山杨、白桦和红桦所组成的针阔叶混交林，阔叶树的数量取决于群落的发育阶段。在群落发育的早期或中期阶段，落叶阔叶树的数量较多，个体高度通常在针叶树之上；在群落发育的后期阶段，桦木类将逐渐退出乔木层。

近半个世纪以来，白扦林经历了大规模的采伐及采伐后的人工造林活动，对白扦林各个群丛组的自然分布格局可能造成了很大的干扰。通常认为，华北落叶松林的垂直分布范围高于白扦林。在山西芦芽山的一个调查样点中，我们发现，分布在海拔2600～2700 m 的林线地带的群落是一片白扦纯林，而白扦和华北落叶松的混交林则出现在海拔较低的生境中，华北落叶松甚至出现在垂直分布范围更低的青扦林中。这种现象反映了华北落叶松宽泛的生态幅度，也可能与人工造林活动有关。白扦和青扦的混交林出现在白扦林与青扦林的交错带，垂直分布范围通常低于白扦林，这种现象在芦芽山和小五台山较常见。

灌木层的发育程度与乔木层的盖度及干扰状况密切相关。在乔木层盖度较高且干扰较轻的林下，如在管涔山，灌木层稀疏；在林冠层开阔的环境中，如在五台山和小五台山，灌木层发达。在白音敖包沙地，乔木层稀疏，在沙地阴坡和小溪边，灌木层较发达；在偏阳的环境及在平缓的沙地，林下灌木稀少。

草本层较稳定，盖度通常在 30%以上。在山地白扦林下，常见种类有银背风毛菊、黄耆、缬草、薹草、紫花野菊、肾叶鹿蹄草、唐古碎米荠和珠芽拳参等；在沙地白扦林下，草本层中有大量的典型草原种类渗入，如拂子茅、羊茅、羊草、细叶韭、细叶白头翁和紫羊茅等。

苔藓层呈斑块状，在阴湿的环境下或较密集，种类以锦丝藓、毛梳藓和塔藓较常见。

7.4　群 落 类 型

内蒙古白音敖包沙地白扦的分类学地位存在争议。沙地白扦林产地的地理位置位于山地白扦林分布区和红皮云杉林分布区之间，地貌为起伏的固定和半固定沙地。《中国植物志》（第七卷）中将产于“内蒙古多伦及锡盟种畜场”（沙地类型）和“内蒙古西乌珠穆沁旗”（大兴安岭南部山地）的云杉分别鉴定为红皮云杉（*Picea koraiensis*）和白扦（中国科学院中国植物志编辑委员会，1978）。徐文铎（1983）曾将多伦至白音敖包南部（赤峰大局子山）一线以北的沙地云杉均鉴定为白扦。后续的研究工作中，不同的学者先后根据形态、解剖、同工酶、核型和遗传多样性等方面的证据，提出了将产于白音敖包的云杉作为新种处理（徐文铎等，1994；徐文铎，1999；蔡萍等，2009a，2009b）和作为种下类型的观点（乌弘奇，1986；李春红等，2008）。李春红等（2008）认为，将产于白音敖包沙地的云杉种群作为新种处理证据不足，因为许多性状变异非常大，前人所描述的某些性状差异并不具有统计学显著性。在英文版的《中国植物志》（*Flora of China*，FOC）中，内蒙古产的沙地云杉类型均被并入了白扦。我们将采用 FOC 的分类处理结果，将在内蒙古高原中南部沙地云杉林中调查的样方纳入到白扦林中进行分析和描述。

基于 75 个样方的数量分类结果及相关文献资料，白扦林可划分出 8 个群丛组 15 个群丛（表 7.7a，表 7.7b，表 7.8）。

表 7.7 白扦林群落分类简表

Table 7.7 Synoptic table of *Picea meyeri* Forest Alliance in China

表 7.7a 群丛组分类简表

Table 7.7a Synoptic table for association group

群丛组号 Association group number			I	II	III	IV	V	VI	VII	VIII
样地数 Number of plots		L	15	1	2	35	5	11	4	2
紫羊茅	*Festuca rubra*	6	20	0	0	0	0	0	0	0
五味子	*Schisandra chinensis*	4	20	0	0	0	0	0	0	0
黄芦木	*Berberis amurensis*	4	20	0	0	0	0	0	0	0
西伯利亚早熟禾	*Poa sibirica*	6	20	0	0	0	0	0	0	0
菊叶委陵菜	*Potentilla tanacetifolia*	6	20	0	0	0	0	0	0	0
蓝盆花	*Scabiosa comosa*	6	20	0	0	0	0	0	0	0
玉竹	*Polygonatum odoratum*	6	20	0	0	3	0	0	0	0
刺蔷薇	*Rosa acicularis*	4	13	0	0	0	0	0	0	0
陕西荚蒾	*Viburnum schensianum*	4	13	0	0	0	0	0	0	0
羊草	*Leymus chinensis*	6	13	0	0	0	0	0	0	0
糖芥	*Erysimum amurense*	6	13	0	0	0	0	0	0	0
细叶白头翁	*Pulsatilla turczaninovii*	6	13	0	0	0	0	0	0	0
繁缕	*Stellaria media*	6	13	0	0	0	0	0	0	0
北乌头	*Aconitum kusnezoffii*	6	13	0	0	0	0	0	0	0
斑叶堇菜	*Viola variegata*	6	13	0	0	0	0	0	0	0
细枝柳	*Salix gracilior*	4	13	0	0	0	0	0	0	0
双刺茶藨子	*Ribes diacanthum*	4	13	0	0	0	0	0	0	0
兴安虫实	*Corispermum chinganicum*	6	13	0	0	0	0	0	0	0
星毛委陵菜	*Potentilla acaulis*	6	13	0	0	0	0	0	0	0
毛叶水栒子	*Cotoneaster submultiflorus*	4	13	0	0	0	0	0	0	0
细叶韭	*Allium tenuissimum*	6	13	0	0	0	0	0	0	0
五角枫	*Acer pictum* subsp. *mono*	1	27	0	0	3	20	0	0	0
红瑞木	*Cornus alba*	4	27	0	0	6	20	0	0	0
辽东栎	*Quercus wutaishanica*	1	0	100	0	0	0	0	0	0
油松	*Pinus tabuliformis*	1	0	100	0	0	0	0	0	0
茶条枫	*Acer tataricum* subsp. *ginnala*	4	0	100	0	6	0	0	0	0
小红菊	*Chrysanthemum chanetii*	6	0	100	0	6	0	0	0	0
沙梾	*Cornus bretschneideri*	4	0	0	50	0	0	0	0	0
绣线菊	*Spiraea salicifolia*	4	0	0	100	9	0	0	50	0
葛缕子	*Carum carvi*	6	0	0	0	31	0	0	0	0
河北红门兰	*Orchis tschiliensis*	6	0	0	0	29	0	0	0	0
狭翼风毛菊	*Saussurea frondosa*	6	0	0	0	26	0	0	0	0
毛茛	*Ranunculus japonicus*	6	7	0	0	31	0	0	0	0
紫花碎米荠	*Cardamine purpurascens*	6	0	0	0	17	0	0	0	0
唐松草	*Thalictrum aquilegiifolium* var. *sibiricum*	6	7	0	0	23	0	0	0	0
乌头	*Aconitum* sp.	6	0	0	0	11	0	0	0	0

续表

群丛组号 Association group number			I	II	III	IV	V	VI	VII	VIII
样地数 Number of plots		L	15	1	2	35	5	11	4	2
紫菀	*Aster tataricus*	6	0	0	0	11	0	0	0	0
黑茶藨子	*Ribes nigrum*	6	0	0	0	11	0	0	0	0
东陵绣球	*Hydrangea bretschneideri*	4	7	0	0	3	40	0	0	0
小叶忍冬	*Lonicera microphylla*	4	7	0	0	9	60	18	0	0
六道木	*Zabelia biflora*	4	20	0	0	11	60	36	0	0
紫丁香	*Syringa oblata*	4	0	0	0	6	20	55	0	0
大叶章	*Deyeuxia purpurea*	6	0	0	0	3	0	27	0	0
水芹	*Oenanthe javanica*	6	0	0	0	3	0	27	0	0
梅花草	*Parnassia palustris*	6	13	0	0	6	0	45	0	0
林荫千里光	*Senecio nemorensis*	6	0	0	0	0	0	18	0	0
败酱	*Patrinia scabiosifolia*	6	0	0	0	0	0	18	0	0
鼠掌老鹳草	*Geranium sibiricum*	6	13	0	0	11	0	36	0	0
野燕麦	*Avena fatua*	6	7	0	0	0	20	36	0	0
中国黄花柳	*Salix sinica*	1	33	0	0	14	40	64	0	0
高乌头	*Aconitum sinomontanum*	6	13	0	0	6	0	45	25	0
八宝茶	*Euonymus przwalskii*	4	13	0	0	11	40	55	0	0
唐古特忍冬	*Lonicera tangutica*	4	20	0	0	11	60	64	0	0
单穗升麻	*Cimicifuga simplex*	6	33	0	0	11	60	64	0	0
东北茶藨子	*Ribes mandshuricum*	4	7	0	0	11	20	45	25	0
中华蹄盖蕨	*Athyrium sinense*	6	27	0	0	11	60	55	0	0
红桦	*Betula albosinensis*	1	20	0	0	23	60	64	0	50
东亚唐松草	*Thalictrum minus* var. *hypoleucum*	6	33	0	0	11	60	64	0	50
北京花楸	*Sorbus discolor*	1	27	0	0	6	40	55	0	50
毛百合	*Lilium dauricum*	6	0	0	0	0	0	0	0	50
白花野火球	*Trifolium lupinaster* var. *albiflorum*	6	0	0	0	0	0	0	0	50
刺果峨参	*Anthriscus sylvestris* subsp. *nemorosa*	6	0	0	0	0	0	0	0	50
类叶升麻	*Actaea asiatica*	6	0	0	0	0	0	0	0	50
中华柳	*Salix cathayana*	4	0	0	0	0	0	0	0	50
南方六道木	*Zabelia dielsii*	4	0	0	0	0	0	0	0	50
华北落叶松	*Larix gmelinii* var. *principis-rupprechtii*	1	0	0	0	100	0	100	100	100
臭冷杉	*Abies nephrolepis*	1	0	0	0	0	100	100	0	100
青扦	*Picea wilsonii*	1	0	0	100	0	0	0	100	100

表 7.7b 群丛分类简表

Table 7.7b Synoptic table for association

群丛组号 Association group number			I	I	I	I	II	III	IV	IV	IV	IV	V	VI	VI	VII	VIII
群丛号 Association number			1	2	3	4	5	6	7	8	9	10	11	12	13	14	15
样地数 Number of plots			1	3	1	10	1	2	4	8	13	10	5	4	7	4	2
拂子茅	*Calamagrostis epigeios*	6	100	0	0	0	0	0	0	0	0	0	0	0	0	0	0
大苞鸢尾	*Iris bungei*	6	100	0	0	0	0	0	0	0	0	0	0	0	0	0	0

续表

群丛组号 Association group number			I	I	I	I	II	III	IV	IV	IV	IV	V	VI	VI	VII	VIII
群丛号 Association number			1	2	3	4	5	6	7	8	9	10	11	12	13	14	15
样地数 Number of plots			1	3	1	10	1	2	4	8	13	10	5	4	7	4	2
小酸模	*Rumex acetosella*	6	100	0	0	0	0	0	0	0	0	0	0	0	0	0	0
羊茅	*Festuca ovina*	6	100	0	0	0	0	0	0	0	0	0	0	0	0	0	0
大针茅	*Stipa grandis*	6	100	0	0	0	0	0	0	0	0	0	0	0	0	0	0
灰绿藜	*Chenopodium glaucum*	6	100	0	0	0	0	0	0	0	0	0	0	0	0	0	0
黄柳	*Salix gordejevii*	4	100	0	0	0	0	0	0	0	0	0	0	0	0	0	0
勿忘草	*Myosotis alpestris*	6	100	0	0	0	0	0	0	0	0	0	0	0	0	0	0
黄花瓦松	*Orostachys spinosus*	6	100	0	0	0	0	0	0	0	0	0	0	0	0	0	0
阿尔泰狗娃花	*Aster altaicus*	6	100	0	0	0	0	0	0	0	0	0	0	0	0	0	0
二裂委陵菜	*Potentilla bifurca*	6	100	0	0	0	0	0	0	0	0	0	0	0	0	0	0
冷蒿	*Artemisia frigida*	6	100	0	0	0	0	0	0	0	0	0	0	0	0	0	0
糙隐子草	*Cleistogenes squarrosa*	6	100	0	0	0	0	0	0	0	0	0	0	0	0	0	0
星毛委陵菜	*Potentilla acaulis*	6	100	0	0	10	0	0	0	0	0	0	0	0	0	0	0
兴安虫实	*Corispermum chinganicum*	6	100	0	0	10	0	0	0	0	0	0	0	0	0	0	0
细叶韭	*Allium tenuissimum*	6	100	0	0	10	0	0	0	0	0	0	0	0	0	0	0
毛叶水栒子	*Cotoneaster submultiflorus*	4	100	0	0	10	0	0	0	0	0	0	0	0	0	0	0
羊草	*Leymus chinensis*	6	100	0	0	10	0	0	0	0	0	0	0	0	0	0	0
糖芥	*Erysimum amurense*	6	100	0	0	10	0	0	0	0	0	0	0	0	0	0	0
细叶白头翁	*Pulsatilla turczaninovii*	6	100	0	0	10	0	0	0	0	0	0	0	0	0	0	0
西伯利亚早熟禾	*Poa sibirica*	6	100	0	0	20	0	0	0	0	0	0	0	0	0	0	0
菊叶委陵菜	*Potentilla tanacetifolia*	6	100	0	0	20	0	0	0	0	0	0	0	0	0	0	0
蓝盆花	*Scabiosa comosa*	6	100	0	0	20	0	0	0	0	0	0	0	0	0	0	0
火绒草	*Leontopodium leontopodioides*	6	100	0	0	10	0	0	25	0	0	0	0	0	0	0	0
紫羊茅	*Festuca rubra*	6	100	33	0	10	0	0	0	0	0	0	0	0	0	0	0
紫花地丁	*Viola philippica*	6	0	33	0	0	0	0	0	0	0	0	0	0	0	0	0
西藏点地梅	*Androsace mariae*	6	0	33	0	0	0	0	0	0	0	0	0	0	0	0	0
变豆菜	*Sanicula chinensis*	6	0	33	0	0	0	0	0	0	0	0	0	0	0	0	0
矮蒿	*Artemisia lancea*	6	0	0	100	0	0	0	0	0	0	0	0	0	0	0	0
六道木	*Zabelia biflora*	4	0	0	100	30	0	0	0	0	0	40	60	20	50	0	0
虎榛子	*Ostryopsis davidiana*	4	0	0	100	0	0	50	0	0	0	0	0	0	0	0	0
五味子	*Schisandra chinensis*	4	0	0	0	30	0	0	0	0	0	0	0	0	0	0	0
黄芦木	*Berberis amurensis*	4	0	0	0	30	0	0	0	0	0	0	0	0	0	0	0
北乌头	*Aconitum kusnezoffii*	6	0	0	0	20	0	0	0	0	0	0	0	0	0	0	0
繁缕	*Stellaria media*	6	0	0	0	20	0	0	0	0	0	0	0	0	0	0	0
斑叶堇菜	*Viola variegata*	6	0	0	0	20	0	0	0	0	0	0	0	0	0	0	0
双刺茶藨子	*Ribes diacanthum*	4	0	0	0	20	0	0	0	0	0	0	0	0	0	0	0
细枝柳	*Salix gracilior*	4	0	0	0	20	0	0	0	0	0	0	0	0	0	0	0
陕西荚蒾	*Viburnum schensianum*	4	0	0	0	20	0	0	0	0	0	0	0	0	0	0	0
刺蔷薇	*Rosa acicularis*	4	0	0	0	20	0	0	0	0	0	0	0	0	0	0	0

续表

群丛组号 Association group number			I	I	I	I	II	III	IV	IV	IV	IV	V	VI	VI	VII	VIII
群丛号 Association number			1	2	3	4	5	6	7	8	9	10	11	12	13	14	15
样地数 Number of plots			1	3	1	10	1	2	4	8	13	10	5	4	7	4	2
玉竹	*Polygonatum odoratum*	6	0	0	0	30	0	0	0	0	0	10	0	0	0	0	0
五角枫	*Acer pictum* subsp. *mono*	1	0	0	0	40	0	0	0	0	0	10	20	0	0	0	0
三脉紫菀	*Aster trinervius* subsp. *ageratoides*	6	0	0	0	20	0	0	0	0	0	10	0	0	0	0	0
红花鹿蹄草	*Pyrola asarifolia* subsp. *incarnata*	6	0	0	0	40	0	0	0	0	0	30	0	0	33	0	0
土庄绣线菊	*Spiraea pubescens*	4	0	0	0	40	0	0	0	0	0	20	20	0	33	0	0
白桦	*Betula platyphylla*	1	0	0	0	80	0	50	0	0	0	60	60	20	33	50	50
刺五加	*Eleutherococcus senticosus*	4	0	0	0	20	0	0	0	0	0	0	20	0	0	0	0
紫菀	*Aster* sp.	6	0	0	0	20	0	0	0	0	0	0	20	0	0	0	0
油松	*Pinus tabuliformis*	1	0	0	0	0	100	0	0	0	0	0	0	0	0	0	0
辽东栎	*Quercus wutaishanica*	1	0	0	0	0	100	0	0	0	0	0	0	0	0	0	0
茶条枫	*Acer tataricum* subsp. *ginnala*	4	0	0	0	0	100	0	0	0	15	0	0	0	0	0	0
小红菊	*Chrysanthemum chanetii*	6	0	0	0	0	100	0	0	13	8	0	0	0	0	0	0
沙梾	*Cornus bretschneideri*	4	0	0	0	0	0	50	0	0	0	0	0	0	0	0	0
沙棘	*Hippophae rhamnoides*	4	0	0	0	10	0	0	100	0	0	10	0	0	0	0	0
康藏荆芥	*Nepeta prattii*	6	0	0	0	0	0	0	75	0	0	0	0	0	0	0	0
蕨麻	*Potentilla anserina*	6	0	0	0	0	0	0	75	0	0	0	0	0	0	0	0
魁蓟	*Cirsium leo*	6	0	0	0	0	0	0	50	0	0	0	0	0	0	0	0
黑柴胡	*Bupleurum smithii*	6	0	0	0	0	0	0	50	0	0	0	0	0	0	0	0
龙芽草	*Agrimonia pilosa*	6	0	0	0	0	0	0	50	0	0	0	0	0	0	0	0
花锚	*Halenia corniculata*	6	0	0	0	0	0	0	50	0	0	0	0	0	0	0	0
狭苞橐吾	*Ligularia intermedia*	6	0	0	0	0	0	0	50	0	8	0	0	0	0	0	0
卷耳	*Cerastium arvense* subsp. *strictum*	6	0	0	0	0	0	0	75	38	0	10	20	0	17	0	0
柯孟披碱草	*Elymus kamoji*	6	0	0	0	0	0	0	50	0	0	20	0	0	0	25	0
蒲公英	*Taraxacum mongolicum*	6	0	33	0	10	0	0	50	13	0	10	0	0	0	0	0
山柳	*Salix pseudotangii*	4	0	33	100	0	0	50	75	0	0	20	0	0	0	50	0
东方草莓	*Fragaria orientalis*	6	0	0	0	50	100	0	75	13	46	10	0	0	17	25	0
紫菀	*Aster tataricus*	6	0	0	0	0	0	0	0	50	0	0	0	0	0	0	0
黄毛橐吾	*Ligularia xanthotricha*	6	0	0	0	0	0	0	0	38	0	0	0	0	0	0	0
羽衣草	*Alchemilla japonica*	6	0	33	0	0	0	0	0	50	0	0	0	0	0	0	0
华北乌头	*Aconitum jeholense* var. *angustius*	6	0	0	0	0	0	0	0	25	8	0	0	0	0	0	0
缬草	*Valeriana officinalis*	6	0	0	0	0	0	0	0	50	0	10	0	0	0	0	50
铃铃香青	*Anaphalis hancockii*	6	0	0	0	0	0	0	25	25	0	0	0	0	0	0	0
珠芽拳参	*Polygonum viviparum*	6	0	33	0	10	0	0	0	50	15	0	0	20	0	50	50
河北红门兰	*Orchis tschiliensis*	6	0	0	0	0	0	0	0	25	62	0	0	0	0	0	0
狭翼风毛菊	*Saussurea frondosa*	6	0	0	0	0	0	0	25	0	62	0	0	0	0	0	0
黑茶藨子	*Ribes nigrum*	6	0	0	0	0	0	0	0	0	31	0	0	0	0	0	0
紫花碎米荠	*Cardamine purpurascens*	6	0	0	0	0	0	0	0	13	38	0	0	0	0	0	0
石菖蒲	*Acorus tatarinowii*	6	0	0	0	0	0	0	0	0	23	0	0	0	0	0	0

续表

群丛组号 Association group number			I	I	I	I	II	III	IV	IV	IV	IV	V	VI	VI	VII	VIII
群丛号 Association number			1	2	3	4	5	6	7	8	9	10	11	12	13	14	15
样地数 Number of plots			1	3	1	10	1	2	4	8	13	10	5	4	7	4	2
显脉拉拉藤	*Galium kinuta*	6	0	0	0	0	0	0	0	0	15	0	0	0	0	0	0
兴安升麻	*Cimicifuga dahurica*	6	0	0	0	0	0	0	0	0	15	0	0	0	0	0	0
三基脉紫菀	*Aster trinervius*	6	0	0	0	0	0	0	0	0	15	0	0	0	0	0	0
问荆	*Equisetum arvense*	6	0	0	0	10	0	0	25	13	46	0	0	0	0	25	0
刚毛忍冬	*Lonicera hispida*	4	0	0	0	0	100	50	0	13	77	40	20	20	33	50	0
柴胡	*Bupleurum* sp.	6	0	0	0	0	0	0	0	0	0	30	0	0	0	0	0
嵩草	*Kobresia myosuroides*	6	0	0	0	0	0	0	0	0	0	20	0	0	0	0	0
火烧兰	*Epipactis helleborine*	6	0	0	0	0	0	0	0	0	0	20	0	0	0	0	0
半钟铁线莲	*Clematis sibirica* var. *ochotensis*	6	0	0	0	0	0	0	0	0	0	20	0	0	0	0	0
红皮柳	*Salix sinopurpurea*	4	0	0	0	0	0	0	0	0	0	20	0	0	0	0	0
瘤糖茶藨子	*Ribes himalense* var. *verruculosum*	4	0	0	0	0	0	0	0	0	0	20	0	0	0	0	0
小叶柳	*Salix hypoleuca*	4	0	0	0	0	0	0	0	0	0	20	0	0	0	0	0
拳参	*Polygonum bistorta*	6	0	0	0	0	0	0	0	0	0	20	0	0	0	0	0
蓝花棘豆	*Oxytropis caerulea*	6	0	0	0	0	0	0	0	0	8	20	0	0	0	0	0
乌苏里风毛菊	*Saussurea ussuriensis*	6	0	0	0	0	0	0	0	0	0	20	0	0	17	0	0
唐古碎米荠	*Cardamine tangutorum*	6	0	0	0	10	0	0	0	25	0	30	0	20	0	25	0
林地早熟禾	*Poa nemoralis*	6	0	33	0	10	0	0	25	0	8	40	0	0	17	25	0
东陵绣球	*Hydrangea bretschneideri*	4	0	0	0	10	0	0	0	0	0	10	40	0	0	0	0
小叶忍冬	*Lonicera microphylla*	4	0	0	0	10	0	0	0	0	0	30	60	20	17	0	0
风毛菊	*Saussurea japonica*	6	0	0	0	0	0	0	0	0	8	10	0	40	0	0	0
无芒雀麦	*Bromus inermis*	6	0	0	0	0	0	0	0	0	0	0	20	40	0	0	0
峨参	*Anthriscus sylvestris*	6	0	0	0	0	0	0	0	13	0	10	20	60	0	25	0
舞鹤草	*Maianthemum bifolium*	6	0	0	0	10	0	0	0	13	0	0	0	40	0	0	50
八宝茶	*Euonymus przwalskii*	4	0	0	0	20	0	0	0	0	0	40	40	0	100	0	0
紫丁香	*Syringa oblata*	4	0	0	0	0	0	0	0	0	0	20	20	20	83	0	0
大叶章	*Deyeuxia purpurea*	6	0	0	0	0	0	0	0	0	0	10	0	0	50	0	0
水芹	*Oenanthe javanica*	6	0	0	0	0	0	0	0	0	0	10	0	0	50	0	0
林荫千里光	*Senecio nemorensis*	6	0	0	0	0	0	0	0	0	0	0	0	0	33	0	0
败酱	*Patrinia scabiosifolia*	6	0	0	0	0	0	0	0	0	0	0	0	0	33	0	0
唐古特忍冬	*Lonicera tangutica*	4	0	0	0	30	0	0	0	0	0	40	60	20	100	0	0
中国黄花柳	*Salix sinica*	1	0	0	0	50	0	0	0	0	8	40	40	20	100	0	0
梅花草	*Parnassia palustris*	6	0	0	0	20	0	0	0	0	0	20	0	20	67	0	0
单穗升麻	*Cimicifuga simplex*	6	0	0	0	50	0	0	0	0	0	40	60	20	100	0	0
河北橐吾	*Ligularia hopeiensis*	6	0	0	0	0	0	0	0	0	0	10	0	0	33	0	0

续表

群丛组号 Association group number			I	I	I	I	II	III	IV	IV	IV	IV	V	VI	VI	VII	VIII
群丛号 Association number			1	2	3	4	5	6	7	8	9	10	11	12	13	14	15
样地数 Number of plots			1	3	1	10	1	2	4	8	13	10	5	4	7	4	2
东亚唐松草	*Thalictrum minus* var. *hypoleucum*	6	0	0	0	50	0	0	0	0	0	40	60	20	100	0	50
高乌头	*Aconitum sinomontanum*	6	0	0	0	20	0	0	0	13	0	10	0	20	67	25	0
中华蹄盖蕨	*Athyrium sinense*	6	0	0	0	40	0	0	0	0	0	40	60	20	83	0	0
黄精	*Polygonatum sibiricum*	6	0	0	0	0	0	0	0	13	15	0	20	0	50	0	0
野燕麦	*Avena fatua*	6	0	0	0	10	0	0	0	0	0	0	20	20	50	0	0
北京花楸	*Sorbus discolor*	1	0	0	0	40	0	0	0	0	0	20	40	20	83	0	50
东北茶藨子	*Ribes mandshuricum*	4	0	33	0	0	0	0	0	0	0	40	20	20	67	25	0
金莲花	*Trollius chinensis*	6	0	0	0	20	0	0	0	0	8	0	0	0	33	0	0
黄刺玫	*Rosa xanthina*	4	0	0	0	20	0	0	0	0	0	20	40	0	50	0	0
地榆	*Sanguisorba officinalis*	6	0	0	0	0	0	50	0	0	8	20	0	0	0	50	500
中华柳	*Salix cathayana*	4	0	0	0	0	0	0	0	0	0	0	0	0	0	0	50
白花野火球	*Trifolium lupinaster* var. *albiflorum*	6	0	0	0	0	0	0	0	0	0	0	0	0	0	0	50
南方六道木	*Zabelia dielsii*	4	0	0	0	0	0	0	0	0	0	0	0	0	0	0	50
毛百合	*Lilium dauricum*	6	0	0	0	0	0	0	0	0	0	0	0	0	0	0	50
刺果峨参	*Anthriscus sylvestris* subsp. *nemorosa*	6	0	0	0	0	0	0	0	0	0	0	0	0	0	0	50
类叶升麻	*Actaea asiatica*	6	0	0	0	0	0	0	0	0	0	0	0	0	0	0	50
柄状薹草	*Carex pediformis*	6	100	0	0	80	0	0	0	0	0	50	60	20	100	0	50
披碱草	*Elymus dahuricus*	6	0	0	0	30	0	0	50	0	0	0	0	0	0	25	0
绣线菊	*Spiraea salicifolia*	4	0	0	0	0	0	100	0	0	15	10	0	0	0	50	0
葛缕子	*Carum carvi*	6	0	0	0	0	0	0	75	25	46	0	0	0	0	0	0
鼠掌老鹳草	*Geranium sibiricum*	6	0	0	0	20	0	0	75	0	0	10	0	20	50	0	0
耧斗菜	*Aquilegia viridiflora*	6	0	0	0	0	100	0	0	88	62	0	0	0	0	0	0
毛茛	*Ranunculus japonicus*	6	0	0	0	10	0	0	25	63	38	0	0	0	0	0	0
红桦	*Betula albosinensis*	1	0	0	0	30	0	0	0	0	0	80	60	20	100	0	50
青扦	*Picea wilsonii*	1	0	0	0	0	0	100	0	0	0	0	0	0	0	100	100
华北落叶松	*Larix gmelinii* var. *principis-rupprechtii*	1	0	0	0	0	0	0	100	100	100	100	0	100	100	100	100
臭冷杉	*Abies nephrolepis*	1	0	0	0	0	0	0	0	0	0	0	100	100	100	0	100

注：表中数据为物种频率值（%），物种按诊断值（Φ）递减的顺序排列。Φ>0.20 和 Φ>0.50（P<0.05）的物种为诊断种，其频率值分别标记深色和灰色。表中标记“L”的一列为物种所在的群落层次代码，1～3 分别表示高、中和低乔木层，4 和 5 分别表示高大灌木层和低矮灌木层，6～9 分别表示草本层、幼树、幼苗和地被层

Note: The numbers in the table are percentage frequencies. The column marked with “L” is the code of community vertical layer. 1 – tree layer (high); 2 – tree layer (middle); 3 – tree layer (low); 4 –shrub layer (high); 5 – shrub layer (low); 6 – herb layer (high); 7 – juveniles; 8 –seedlings; 9 – moss layer. Species are ranked by decreasing fidelity (phi coefficient) within each association. Light and dark grey background indicates fidelity of Φ>0.20 and Φ>0.50 (P<0.05), respectively. These species are considered as diagnostic species

表 7.8　白扦林的环境和群落结构信息表

Table 7.8　Data for environmental characteristic and supraterraneous stratification from of *Picea meyeri* Forest Alliance in China

群丛号 Association number	1	2	3	4	5	6	7	8	9	10	11	12	13	14	15
样地数 Number of plots	1	3	1	10	1	2	4	8	13	10	5	4	7	4	2
海拔 Altitude（m）	1362	2250～2661	1900	1343～2300	2300	1980～2000	1900～2450	2320～2648	2144～2700	1740～2600	1740～2101	1870～2500	2000～2250	2000～2290	2000～2600
地貌 Terrain	SA	MO/SA	MO	MO	MO	MO	MO	MO	MO	MO	MO	MO	MO	MO	HI/VA
坡度 Slope（°）	20	18～37	25	5～38	35	18	27～30	13～25	10～50	34～46	15～37	30～37	34～40	15～30	30～60
坡向 Aspect	S	NW/E	N	N/NW/NE	N/NW	NE	SE	NW/SW/NE	NW/SW/N/NE	NE/N/NW	N/NE	N/NE	NW/N/NE	NW	N/NE
物种数 Species	30	6～20	13	11～30	11	10～11	9～27	10～21	9～24	19～38	6～8	8～10	38～40	12～20	40
乔木层 Tree layer															
盖度 Cover（%）	30	30～80	50～65	30～60	75	55～75	40～75	50～95	40～90	50～90	50～60	40～80		40～80	60～65
胸径 DBH（cm）	10～49	3～34	7	2～89	13～60	4～16	3～30	7～33	10～40	2～46	3～32	15～33	3～76	3～40	2～39
高度 Height（m）	5～25	3～20	5	3～26	14～30	3～14	4～9	12～31	3～25	3～29	3～15	13～30	3～20	4～35	3～23
灌木层 Shrub layer															
盖度 Cover（%）	20	10～15	40	8～45	10	40～45	50～60		15～50	30～50				20～40	40
高度 Height（cm）	10～250	1～5	30～150	25～350	100～150	40～150	60～250		10～210	30～350	30～350		30～220	15～230	30～190
草本层 Herb layer															
盖度 Cover（%）	40	25～40	50	25～45	15	30～70	45～100	20～100	15～100	40～80	40～50	40～60		25～80	60
高度 Height（cm）	5～50	2～25	10～30	10～118	4～15	10～80	3～90	2～75	2～75	10～35	6～30	5～65	7～65	3～50	3～36
地被层 Groud layer															
盖度 Cover（%）		30		60		1～4	5～7	30		10～40	30			18～20	5
高度 Height（cm）		5		5～10				6		3～6	3～10			8～15	1

HI：山麓 Hillside；MO：山地 Montane；SA：沙地 Sandland；VA：河谷 Valley；E：东坡 Eastern slope；N：北坡 Northern slope；NE：东北坡 Northeastern slope；NW：西北坡 Northwestern slope；S：南坡 Southern slope；SE：东南坡 Southeastern slope

群丛组、群丛检索表

A1 白扦是乔木层的单优势种，或有杨桦类阔叶树混生。**PMEⅠ 白扦-灌木-草本 常绿针叶林 *Picea meyeri*-Shrubs-Herbs Evergreen Needleleaf Forest**

B1 白扦是乔木层的单优势种。

C1 灌木层不明显，或有稀疏的灌木生长，盖度<20%。

D1 特征种是羊草、兴安虫实、星毛委陵菜、羊茅、紫羊茅、阿尔泰狗娃花和糙隐子草等；生长在沙地环境中。**PME1 白扦-羊草 常绿针叶林 *Picea meyeri-Leymus chinensis* Evergreen Needleleaf Forest**

D2 特征种是紫花地丁、西藏点地梅、变豆菜；生长在山地环境中。**PME2 白扦-大披针薹草 常绿针叶林 *Picea meyeri-Carex lanceolata* Evergreen Needleleaf Forest**

C2 灌木层明显，盖度>20%；特征种是六道木、虎榛子和矮蒿。**PME3 白扦-虎榛子-大披针薹草 常绿针叶林 *Picea meyeri-Ostryopsis davidiana-Carex lanceolata* Evergreen Needleleaf Forest**

B2 乔木层由白扦和杨桦类阔叶树组成；特征种是五角枫、白桦、黄芦木、刺五加和双刺茶藨子。**PME4 白扦-白桦-土庄绣线菊-柄状薹草 针阔叶混交林 *Picea meyeri-Betula platyphylla-Spiraea pubescens-Carex pediformis* Mixed Needleleaf and Broadleaf Forest**

A2 乔木层由白扦和一至数种其他针叶树组成，包括油松、华北落叶松、臭冷杉和青扦等；此外，或有白桦、红桦等阔叶树混生。

B1 乔木层由白扦和油松组成，或有零星的阔叶树混生。**PMEⅡ 白扦+油松-草本 常绿针叶林 *Picea meyeri+Pinus tabuliformis*-Herbs Evergreen Needleleaf Forest**

C 特征种是油松、辽东栎、茶条枫和小红菊。**PME5 白扦+油松-大披针薹草 常绿针叶林 *Picea meyeri+Pinus tabuliformis-Carex lanceolata* Evergreen Needleleaf Forest**

B2 乔木层由白扦和华北落叶松、臭冷杉、青扦中的一至数种组成。

C1 乔木层由白扦和青扦组成。**PMEⅢ 白扦+青扦-灌木-草本 常绿针叶林 *Picea meyeri+Picea wilsonii*-Shrubs-Herbs Evergreen Needleleaf Forest**

D 特征种是青扦、沙棘和绣线菊。**PME6 白扦+青扦-绣线菊-大披针薹草 常绿针叶林 *Picea meyeri+Picea wilsonii-Spiraea salicifolia-Carex lanceolata* Evergreen Needleleaf Forest**

C2 乔木层由白扦和华北落叶松、臭冷杉、青扦中的一至数种组成，不含白扦和青扦的组合。

D1 乔木层由白扦和华北落叶松组成，或有阔叶树混生。**PMEⅣ 白扦+华北落叶松-灌木-草本 常绿与落叶针叶混交林 *Picea meyeri+Larix gmelinii* var. *principis-rupprechtii*-Shrubs-Herbs Mixed Evergreen and Deciduous Needleleaf Forest**

E1 乔木层仅由白扦和华北落叶松组成，无阔叶树混生。

F1 林下有明显的灌木层；特征种是沙棘、山柳、康藏荆芥、龙芽草和蕨麻。**PME7 华北落叶松+白扦-沙棘-大披针薹草 常绿与落叶针叶混交林 *Larix gmelinii* var. *principis-rupprechtii+Picea meyeri-Hippophae rhamnoides-Carex lanceolata* Mixed Ever-**

green and Deciduous Needleleaf Forest

F2 林下灌木稀疏，盖度<20%。

G1 特征种是紫菀、黄毛橐吾、唐古碎米荠、羽衣草和耧斗菜。**PME8 华北落叶松+白扦-耧斗菜 常绿与落叶针叶混交林 *Larix gmelinii* var. *principis-rupprechtii+Picea meyeri-Aquilegia viridiflora* Mixed Evergreen and Deciduous Needleleaf Forest**

G2 特征种是刚毛忍冬、狭翼风毛菊、黑茶藨子、紫花碎米荠和牛扁。**PME9 华北落叶松+白扦-刚毛忍冬-大披针薹草 常绿与落叶针叶混交林 *Larix gmelinii* var. *principis-rupprechtii+Picea meyeri-Lonicera hispida-Carex lanceolata* Mixed Evergreen and Deciduous Needleleaf Forest**

E2 乔木层除了白扦和华北落叶松外，还有白桦和红桦等阔叶树混生；特征种是红桦、柴胡、嵩草、火烧兰和半钟铁线莲。**PME10 华北落叶松+白扦-白桦-小叶柳-大披针薹草 常绿与落叶针叶混交林 *Larix gmelinii* var. *principis-rupprechtii+Picea meyeri-Betula platyphylla-Salix hypoleuca-Carex lanceolata* Mixed Evergreen and Deciduous Needleleaf Forest**

D2 乔木层由白扦和华北落叶松、臭冷杉、青扦等其中的一至数种组成，不含白扦和青扦及白扦和华北落叶松的组合。

E1 乔木层由白扦、臭冷杉和桦木类组成。**PMEⅤ 白扦+臭冷杉+红桦-灌木-草本 针阔叶混交林 *Picea meyeri+Abies nephrolepis+Betula albosinensis*-Shrubs-Herbs Mixed Needleleaf and Broadleaf Forest**

F 特征种是臭冷杉、东陵绣球、小叶忍冬和六道木。**PME11 白扦+臭冷杉+红桦-毛榛-大披针薹草 针阔叶混交林 *Picea meyeri+Abies nephrolepis+Betula albosinensis-Corylus mandshurica-Carex lanceolata* Mixed Needleleaf and Broadleaf Forest**

E2 乔木层由白扦和华北落叶松、臭冷杉与青扦其中的2～3种组成。

F1 乔木层由白扦、华北落叶松、臭冷杉和青扦其中的2种组成。

G1 乔木层由白扦、华北落叶松和臭冷杉组成，或有桦木类阔叶树混生。**PMEⅥ 华北落叶松-白扦+臭冷杉-草本 常绿与落叶针叶混交林 *Larix gmelinii* var. *principis-rupprechtii-Picea meyeri+Abies nephrolepis*-Herbs Mixed Evergreen and Deciduous Needleleaf Forest**

H1 乔木层无桦木类阔叶树混生；特征种是风毛菊、无芒雀麦、峨参和舞鹤草。**PME12 华北落叶松-白扦+臭冷杉-大披针薹草 常绿与落叶针叶混交林 *Larix gmelinii* var. *principis-rupprechtii-Picea meyeri+Abies nephrolepis-Carex lanceolata* Mixed Evergreen and Deciduous Needleleaf Forest**

H2 乔木层有红桦混生；特征种是红桦、八宝茶、紫丁香、唐古特忍冬和中国黄花柳。**PME13 华北落叶松-白扦+红桦-臭冷杉-唐古特忍冬-中华蹄盖蕨 针阔叶混交林 *Larix gmelinii* var. *principis-rupprechtii-Picea meyeri+Betula albosinensis-Abies nephrolepis-Lonicera tangutica-Athyrium sinense* Mixed Needleleaf and Broadleaf Forest**

G2 乔木层由白扦、华北落叶松和青扦组成。**PMEⅦ 华北落叶松+白扦+**

青扦-灌木-草本 常绿与落叶针叶混交林 *Larix gmelinii* var. *principis-rupprechtii*+*Picea meyeri*+*Picea wilsonii*-Shrubs-Herbs Mixed Evergreen and Deciduous Needleleaf Forest

H 特征种是青扦、绣线菊和地榆。**PME14 华北落叶松+白扦+青扦-绣线菊-大披针薹草 常绿与落叶针叶混交林 *Larix gmelinii* var. *principis-rupprechtii*-*Picea meyeri*+*Picea wilsonii*-*Spiraea salicifolia*-*Carex lanceolata* Mixed Evergreen and Deciduous Needleleaf Forest**

F2 乔木层由白扦、华北落叶松、臭冷杉和青扦组成。**PMEⅧ 华北落叶松+白扦+青扦+臭冷杉-红桦-灌木-草本 针阔叶混交林 *Larix gmelinii* var. *principis-rupprechtii*+*Picea meyeri*+*Picea wilsonii*+*Abies nephrolepis*-*Betula albosinensis*-Shrubs-Herbs Mixed Needleleaf and Broadleaf Forest**

G 特征种是青扦、中华柳、南方六道木、白花野火球和毛百合。**PME15 华北落叶松+白扦+青扦+臭冷杉+红桦-柄状薹草 针阔叶混交林 *Larix gmelinii* var. *principis-rupprechtii*+*Picea meyeri*+*Picea wilsonii*+*Abies nephrolepis*+*Betula albosinensis*-*Carex pediformis* Mixed Needleleaf and Broadleaf Forest**

7.4.1 PMEⅠ

白扦-灌木-草本 常绿针叶林

***Picea meyeri*-Shrubs-Herbs Evergreen Needleleaf Forest**

禾草杂类草白扦林—东北林学院学报，1981，2：65. 沿河白扦林，藓类薹草白扦林—东北林学院学报，1981，2：65。

群落呈针叶林纯林或针阔叶混交林外貌。纯林中，树冠尖塔状，色泽墨绿；混交林中，墨绿色的白扦与亮绿色的桦木等落叶阔叶树混生。白扦是乔木层唯一的针叶树，且为建群种。乔木层或有杨桦类阔叶树生长，由于这些阔叶树可能是植被恢复过程中阶段性的伴生类型或共优种，因此不作为划分群丛组的依据。对于乔木层出现较多阔叶树的样方，我们将其划分为独立的群丛。

白扦纯林的乔木层通常较郁闭。在择伐迹地上会出现白桦、红桦、五角枫、红椋子、北京花楸和北京丁香等，这些阔叶树常混生在乔木层中，或构成乔木层的共优种，分层或不分层。

灌木层不稳定。在林冠开阔、水分较好的生境中，林下有正常发育的灌木层；在郁闭的林冠下，林下有稀疏的灌木或无灌木生长。草本层发达，物种组成在不同的生境中变化较大。

分布于山西东北部、内蒙古东南部和河北西北部，可生长在山地和沙地环境中。在内蒙古白音敖包沙地，主要生长在波状起伏的沙地阴坡及小溪两岸，生境偏阴湿，树冠层较为郁闭；在平缓的沙地及沙丘阳坡，群落乔木层开阔，林下透光好，林内干燥。

在山地环境中，白扦纯林主要分布于其垂直分布的上限地带。针阔叶混交林主要出现在水平分布区的东北部。在河北小五台山至内蒙古黄岗梁一线的低山丘陵地带，生长着大面积的桦木林，白扦与白桦和红桦的针阔叶混交林较少，仅在局部可见到小片群落。

一种可能性是，这一区域的水热条件较优越，山体低矮，不适宜云杉的生长。这里分布的大面积的桦木林应该具有地带性特征，其群落属性可能有别于云杉林植被恢复过程中特定阶段出现的山杨桦木林。在针阔叶混交林中，白扦多为中、小径级的个体，在历史时期可能经历了较重的采伐。在白音敖包有成片的云杉林，毗邻的山地黄岗梁上天然云杉林却极少，此种现象令人费解。黄岗梁在历史时期是游牧和狩猎之地，火灾发生的诱因极多。一旦发生火灾，以当时的技术手段，只能坐望山火吞噬山林。之后便开始植被的次生演替进程。现存大面积的白桦林或许是此推断的一个间接证据，这一带桦木林的群落属性尚待进一步的观察。这里描述 4 个群丛。

7.4.1.1 PME1

白扦-羊草 常绿针叶林

***Picea meyeri-Leymus chinensis* Evergreen Needleleaf Forest**

凭证样方：H04。

特征种：黄柳（*Salix gordejevii*）、毛叶水栒子（*Cotoneaster submultiflorus*）、拂子茅（*Calamagrostis epigeios*）、大苞鸢尾（*Iris bungei*）、小酸模（*Rumex acetosella*）、羊茅（*Festuca ovina*）、大针茅（*Stipa grandis*）、灰绿藜（*Chenopodium glaucum*）、勿忘草（*Myosotis alpestris*）、黄花瓦松（*Orostachys spinosus*）、阿尔泰狗娃花（*Aster altaicus*）、二裂委陵菜（*Potentilla bifurca*）、冷蒿（*Artemisia frigida*）、糙隐子草（*Cleistogenes squarrosa*）、星毛委陵菜（*Potentilla acaulis*）、兴安虫实（*Corispermum chinganicum*）、细叶韭（*Allium tenuissimum*）、羊草（*Leymus chinensis*）、糖芥（*Erysimum amurense*）、细叶白头翁（*Pulsatilla turczaninovii*）、西伯利亚早熟禾（*Poa sibirica*）、菊叶委陵菜（*Potentilla tanacetifolia*）、蓝盆花（*Scabiosa comosa*）、火绒草（*Leontopodium leontopodioides*）。

常见种：白桦（*Betula platyphylla*）、白扦（*Picea meyeri*）、大披针薹草（*Carex lanceolata*）、柄状薹草（*Carex pediformis*）。

乔木层盖度达 30%，胸径（10）27（49）cm，高度（5）16（25）m；白扦是乔木层的单优势种，或有柴桦混生，但不构成优势种。白扦“胸径-频数”和“树高-频数”分布呈左偏态曲线，中、高径级或树高级个体较多，种群处在衰退阶段（图 7.7）。林缘常有更新的幼苗、幼树丛。

灌木稀疏，总盖度不足 20%，高度 10～250 cm。据文献记载，该群丛内常见的灌木种类既有灰栒子、土庄绣线菊、双刺茶藨子和山刺玫等山地成分，也有干旱山地及草原区的常见灌木如小叶锦鸡儿、黄柳、筐柳、山岩黄耆和叉子圆柏等。

草本层的物种组成和盖度受林下光照的影响较大，在林冠层遮阴范围以外的区域，草本层的物种组成与典型草原的成分较相似（徐文铎，1983，1987；王炜等，2000）。H04 样方中共记录到 24 种草本植物，总盖度达 40%，高度通常在 50 cm 以内，许多物种为典型草原成分；拂子茅、羊茅和羊草等根茎类禾草可形成稀疏的高大草本层，后者略占优势；在低矮草本层，丛生禾草类有柄状薹草、糙隐子草、大针茅、紫羊茅和西伯利亚早熟禾等；直立杂草类较丰富，多为伴生种，包括兴安虫实、细叶白头翁、蓝盆花、

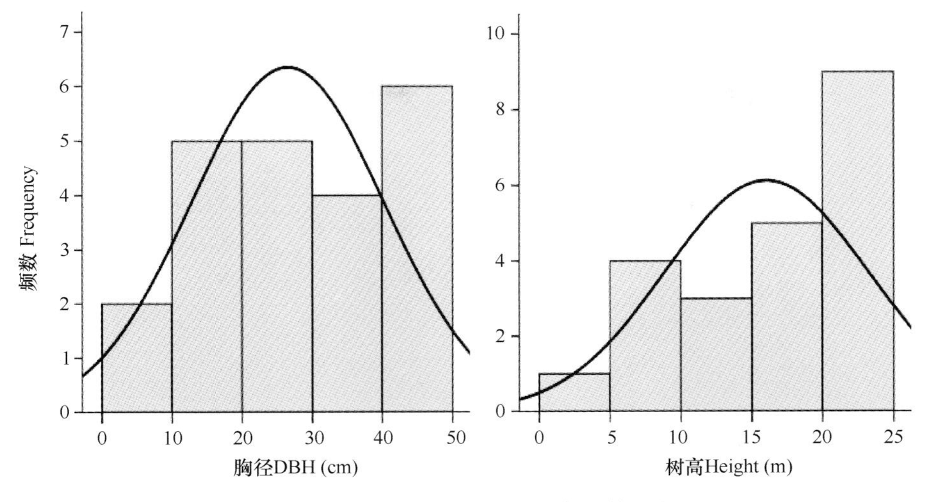

图 7.7　H04 样方白扦胸径和树高频数分布图
Figure 7.7　Frequency distribution of DBH and tree height of *Picea meyeri* in plot H04

糖芥、星毛委陵菜、阿尔泰狗娃花和二裂委陵菜等；此外，还偶见细叶韭、大苞鸢尾等球茎单子叶草本及垫状草本黄花瓦松。

分布于内蒙古白音敖包和白音锡勒牧场，海拔 1300～1400 m，主要生长在波状起伏的固定沙地的偏阳坡或平缓沙地，坡度 0°～20°。

白音锡勒牧场与白音敖包的沙地白扦林相距约 15 km，历史时期白扦林或曾连片生长，后经破坏而呈片段化。现仅存沙地白扦林的群落斑块面积约 0.02 km^2，共有大树 330 株，幼树 1643 株，每株平均占地面积 10 m^2（徐文铎，1983，1987；王炜等，2000）。

在景观尺度上，沙地白扦林由若干稀疏的群落斑块组成。白扦以十几株、几十株或上百株个体为单元聚集成一个个“家族式”的群落斑块。所谓“家族式”，即生长在同一个群落斑块内的白扦，其个体高度和树龄参差不齐，林下有自然更新的幼苗、幼树，宛若一个几世同堂的家族（图 7.8）。沙地白扦林下幼苗的更新生长亦遵循其先辈的模式。小苗在样地中也是团聚生长，几十株幼苗高度参差不齐，变化幅度在 5～80 cm。据此推断，由于这类幼苗小群落中个体间的树龄不同，在几十年至上百年后，其祖辈的群落外貌必复将出现。白音敖包沙地环境异质性大，可能是云杉林聚集生长的重要原因之一。在最适宜的生境中，可存留较多的个体；相反，在贫瘠干旱的生境中则无云杉生长。此外，幼树聚集生长有利于形成群体性的防护效应，在防风、遮阴和保湿等方面具有互惠的作用。

在沙地环境中，许多白扦的个体自基部分叉，各分支又可长成通直的树干，一棵树的基部可有 2～6 株分支，此现象非常普遍。云杉具有总状分支的特性，在开阔的环境中，云杉幼苗各个侧枝的生长不受抑制，平行成长，形成了同一母株多树干并存的现象。

7.4.1.2　PME2

白扦-大披针薹草　常绿针叶林

***Picea meyeri-Carex lanceolata* Evergreen Needleleaf Forest**

图 7.8　白音敖包沙地“白扦-羊草”常绿针叶林的外貌
Figure 7.8　Physiognomy of a community of *Picea meyeri-Leymus chinensis* Evergreen Needleleaf Forest on sandlands in Baiyinaobao, Inner Mongolia

白扦-披针薹草群丛、白扦-山柳-披针薹草群丛、白扦-披针薹草+蒿蓄+毛茛群丛—山西植被志（针叶林卷），2014：52-53。

凭证样方：H14、SXZ6、SXZ16。

特征种：紫花地丁（*Viola philippica*）、西藏点地梅（*Androsace mariae*）、变豆菜（*Sanicula chinensis*）。

常见种：白扦（*Picea meyeri*）、大披针薹草（*Carex lanceolata*）。

乔木层盖度 30%～80%，胸径（3）12～22（34）cm，高度（3）10～15（20）m；白扦是乔木层的单优势种；林冠层开阔，树干峭度大，树干基部多分叉；“胸径-频数”分布呈右偏态曲线，中、小径级个体较多；“树高-频数”分布呈正态曲线，中等树高级的个体较多，种群处在稳定发展阶段（图 7.9）。林下有白扦的幼苗和幼树，可自然更新。

林下灌木稀疏，盖度 10%～15%；山柳是偶见的大灌木，和金花忍冬、山刺玫、东北茶藨子、百里香等小灌木零星散布在林下。在林外空旷的山坡上，鬼箭锦鸡儿垫状灌丛呈斑块状混生在草丛中。

草本层总盖度 25%～40%，高度通常在 25 cm 以内；大披针薹草是优势种，与早熟禾和林地早熟禾等偶见种组成直立的丛生禾草层片；贴地生长的低矮草本层中，偶见珠芽拳参、变豆菜、萎软紫菀和瞿麦等蔓生或直立杂草，以及西藏点地梅、羽衣草、紫花地丁、蒲公英和双花堇菜等莲座叶草本。

苔藓层通常出现在遮蔽的林冠下，呈斑块状，盖度达 30%，厚度不足 5 cm，种类有锦丝藓、毛梳藓和塔藓等。

分布于山西五寨、宁武所属的芦芽山，海拔 2250～2700 m，生长在北坡至东坡，坡度 18°～37°。在芦芽山荷叶坪附近海拔 2660 m 左右的森林分布上限地带，生长着一片面积约 200 m×200 m 的白扦纯林（图 7.10），在林缘可见到树冠呈旗状的华北落叶松孤立木。林内伐桩少，有放牧。

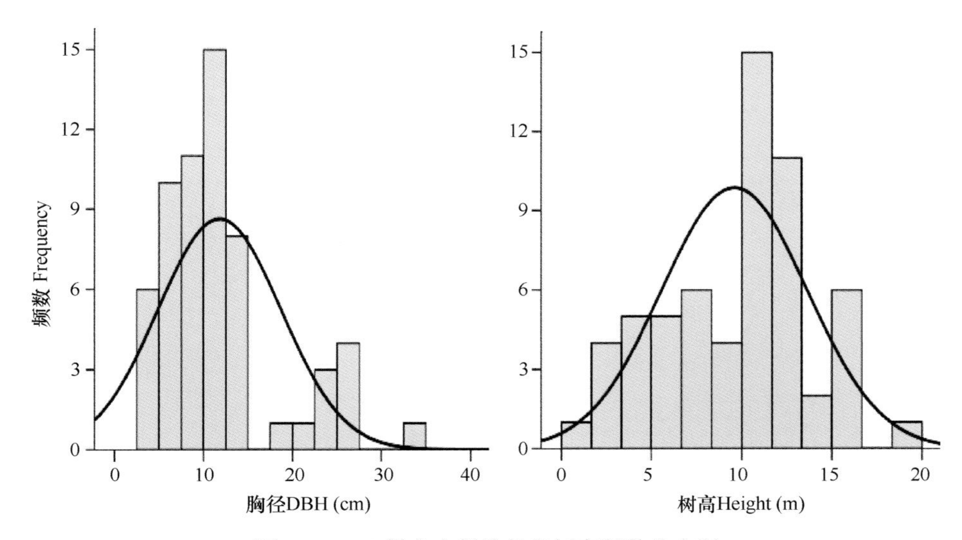

图 7.9　H14 样方白扦胸径和树高频数分布图

Figure 7.9　Frequency distribution of DBH and tree height of *Picea meyeri* in plot H14

图 7.10　芦芽山荷叶坪（海拔 2645～2690 m）“白扦-大披针薹草”常绿针叶林外貌（左）和林下层（右）

Figure 7.10　Physiognomy and understory of a community of *Picea meyeri-Carex lanceolata* Evergreen Needleleaf Forest in Heyeping (2645～2690 m a.s.l.), Mt. Luyashan Shanxi

7.4.1.3　PME3

白扦-虎榛子-大披针薹草 常绿针叶林

***Picea meyeri-Ostryopsis davidiana-Carex lanceolata* Evergreen Needleleaf Forest**

白扦-虎榛子-披针薹草群丛—山西植被志（针叶林卷），2014：52-53。

凭证样方：SXZ5。

特征种：六道木（*Zabelia biflora*）、虎榛子（*Ostryopsis davidiana*）、矮蒿（*Artemisia lancea*）。

常见种：白扦（*Picea meyeri*）及上述特征种。

乔木层盖度 50%～65%，白扦是单优势种，平均高度 5 m，平均胸径 7 cm，密度达 30 株/100 m^2，样地的周边有华北落叶松生长，这个白扦单优势群落仅呈斑块状。

灌木层盖度达 40%，高度通常在 150 cm 以内，虎榛子占优势，密度 102 株/16 m^2，分盖度达 30%，高度达 130 cm，伴生物种有六道木、美蔷薇、红瑞木和水栒子等。

草本层中，大披针薹草占优势，分盖度达 45%，高度达 45 cm；低矮草本层的分盖度为 3%～10%，主要由蔓生的杂草类组成，包括山野豌豆、唐松草、歪头菜、蓬子菜和矮蒿等。

林下地被层有斑块状的苔藓。

分布于五台山，样地调查自山西白寺县，海拔 1800～2200 m，生长在河谷地带。

这个群落的特征尚待进一步完善。从现在的资料看，群落处在幼龄阶段，个体低矮而密集，群落属性尚不清楚；可能由原始森林的采伐迹地上自然更新而来，也可能是人工更新的群落。从群落的特征种看，六道木和虎榛子均为温带至暖温带落叶阔叶林和温性针叶林中的常见植物，虎榛子在偏阳的山坡可形成优势群落。这个样地中虎榛子的数量较多，指示了较干旱的生境，不利于白扦的生长。

7.4.1.4 PME4

白扦-白桦-土庄绣线菊-柄状薹草 针阔叶混交林

***Picea meyeri-Betula platyphylla-Spiraea pubescens-Carex pediformis* Mixed Needleleaf and Broadleaf Forest**

白扦-悬钩子-披针薹草群丛，白扦-美蔷薇-披针薹草群丛，白扦+白桦-矮卫矛+美蔷薇-披针薹草群丛—山西植被志（针叶林卷），2014：53-64。

凭证样方：Bashang-0714、H02、H03、H05、Xiaowutai-09、Xiaowutai-10、Xiaowutai-12、Xiaowutai-22、Xiaowutai-38、SXZ19。

特征种：五角枫（*Acer pictum* subsp. *mono*）、白桦（*Betula platyphylla*）*、黄芦木（*Berberis amurensis*）、刺五加（*Eleutherococcus senticosus*）、双刺茶藨子（*Ribes diacanthum*）、刺蔷薇（*Rosa acicularis*）、细枝柳（*Salix gracilior*）、五味子（*Schisandra chinensis*）、土庄绣线菊（*Spiraea pubescens*）、陕西荚蒾（*Viburnum schensianum*）、北乌头（*Aconitum kusnezoffii*）、三脉紫菀（*Aster trinervius* subsp. *ageratoides*）、柄状薹草（*Carex pediformis*）*、繁缕（*Stellaria media*）、斑叶堇菜（*Viola variegata*）、玉竹（*Polygonatum odoratum*）、红花鹿蹄草（*Pyrola incarnata*）。

常见种：白扦（*Picea meyeri*）、大披针薹草（*Carex lanceolata*）及上述标记*的特征种。

乔木层盖度 30%～60%，胸径（2）10～24（89）cm，高度（3）9～15（26）m；白扦是大乔木层的优势种；H02 样方数据显示，白扦“胸径-频数”和“树高-频数”曲线略呈右偏态分布，中、小径级和树高级的个体较多，频数分布有残缺；H03 样方数据显示，白扦“胸径-频数”和“树高-频数”分布呈右偏或正态曲线，中等径级或树高级个体较多，但频数分布有残缺，结构不整齐（图 7.11）。中、小乔木层的优势种不明显，由多种落叶阔叶小乔木组成，白桦较常见，偶见红桦、五角枫、红椋子、北京花楸、中国黄花柳和北京丁香等。林下记录到了较多的白扦幼苗，在 400 m^2 的样方中，幼苗达 27 株，说明自然更新良好。

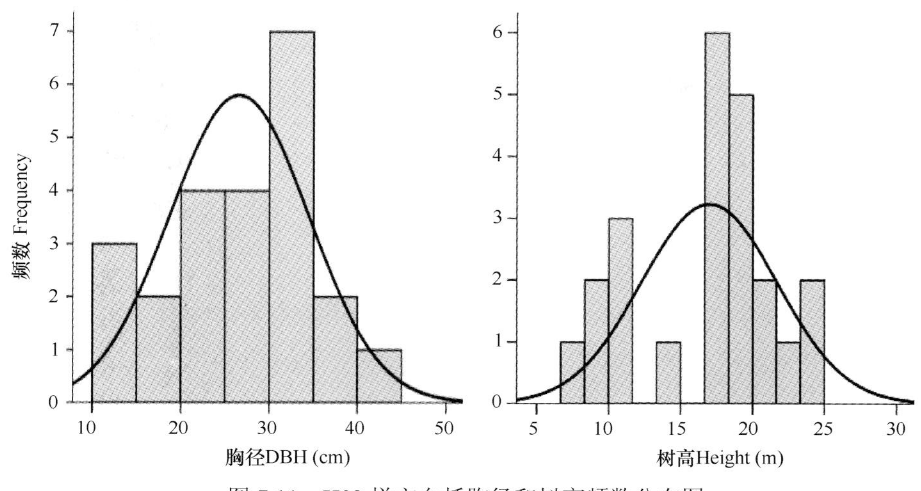

图 7.11　H03 样方白扦胸径和树高频数分布图

Figure 7.11　Frequency distribution of DBH and tree height of *Picea meyeri* in plot H03

灌木层稀疏，盖度 8%～45%，高度 25～350 cm，在林冠开阔的生境中灌木较密集；大灌木层由偶见种组成，包括土庄绣线菊、东陵绣球、六道木、沙棘和红瑞木等；在地下水位较高的沙地环境中，还可出现毛叶水栒子、双刺茶藨子、金露梅和细枝柳等；中、低灌木层主要由直立小灌木组成，包括矮卫矛、八宝茶、刺蔷薇、刺五加、黄刺玫、黄芦木、鸡树条、金花忍冬、金银忍冬、美蔷薇、山刺玫、陕西荚蒾、唐古特忍冬、小叶忍冬和小花溲疏等，林下偶有铺散小灌木针刺悬钩子，以及木质藤本短尾铁线莲、穿龙薯蓣和五味子等。

草本层总盖度 25%～45%，高度 10～118 cm，物种丰富度较高，H03 和 H05 样地分别记录到 27 种和 17 种草本植物，偶见种居多。高大草本层稀疏，由直立或蔓生的高大杂草和禾草类组成，包括高乌头、北乌头、粗茎鳞毛蕨、单穗升麻、东亚唐松草、藜芦、蓬子菜、小花风毛菊、野燕麦和林地早熟禾等；中、低草本层中，柄状薹草和大披针薹草是常见种与优势种，偶见中华蹄盖蕨和问荆等蕨类植物，以及高山紫菀、糙苏、东亚唐松草、蒙古蒿、三脉紫菀、鼠掌老鹳草、唐古碎米荠、银莲花和硬毛南芥等直立杂草，华北剪股颖、渐尖早熟禾、西伯利亚早熟禾和山麦冬等禾草；山野豌豆、歪头菜、猪殃殃、山黧豆和北方拉拉藤等蔓生草本，以及红花鹿蹄草、华蒲公英、梅花草、箭叶橐吾、斑叶堇菜、东方草莓和星毛委陵菜等莲座叶与圆叶系列草本偶见于低矮草本层。

苔藓呈斑块状，局部盖度可达 60%，厚度 5～10 cm，种类有卵叶青藓和拟垂枝藓等。

分布于山西交城、宁武县内的管涔山、主峰芦芽山及五台山，内蒙古克什克腾旗白音敖包及黄岗梁，河北小五台山，海拔 1343～2300 m，坡度 5°～38°，生长在北坡、东北坡及西北坡。

这个群丛的重要特征是乔木层由白扦和阔叶树组成。阔叶树的物种组成及相对数量在不同的生境中差别较大。云杉针阔叶混交林是针叶林恢复过程中出现的具有过渡性质的植被，也可能是针叶林和阔叶林交汇区所形成的一类稳定的类型。由于这些阔叶树的性质尚不确定，如果按照群落结构和物种组成的细微差异进行群落类型划分，群落类型将过于琐碎，不利于揭示群落间的演变规律。白扦林的分布区处在人类活动干扰强度较大的农牧交错带，在历史时期也经历了采伐，目前放牧和旅游干扰较重。白扦针阔叶混交林的出现或与人类活动有关。

7.4.2 PMEⅡ

白扦+油松-草本 常绿针叶林

***Picea meyeri*+*Pinus tabuliformis*-Herbs Evergreen Needleleaf Forest**

群落呈针叶林外貌，乔木层由油松和白扦组成，灌木层和草本层稀疏。白扦林的植被分区属于温性、暖温性针叶林和落叶阔叶林区域，典型植被类型是松栎林。白扦林则生长在这一区域海拔较高的阴湿生境中，属于寒温性针叶林。在低海拔地带，可出现油松和白扦的混交林，数量较少，分布于山西西北部的局部地带。这里描述 1 个群丛。

PME5

白扦+油松-大披针薹草 常绿针叶林

***Picea meyeri*+*Pinus tabuliformis*-*Carex lanceolata* Evergreen Needleleaf Forest**

凭证样方：SXZ22。

特征种：油松（*Pinus tabuliformis*）*、辽东栎（*Quercus wutaishanica*）*、茶条枫（*Acer tataricum* subsp. *ginnala*）*、小红菊（*Chrysanthemum chanetii*）*。

常见种：白扦（*Picea meyeri*）、卫矛（*Euonymus alatus*）、刚毛忍冬（*Lonicera hispida*）、金露梅（*Potentilla fruticosa*）、耧斗菜（*Aquilegia viridiflora*）、大披针薹草（*Carex lanceolata*）、东方草莓（*Fragaria orientalis*）及上述标记*的物种。

乔木层盖度 75%，胸径 13～60 cm，高度 14～30 m；由白扦和油松组成，或有茶条枫和辽东栎等阔叶小乔木混生于林下。

灌木层稀疏，盖度不足 10%，高度 100～150 cm，由金露梅、刚毛忍冬和卫矛等落叶灌木组成。

草本层稀疏低矮，盖度 15%，高度 4～15 cm，大披针薹草占优势，耧斗菜、东方草莓和小红菊等贴地生长。

分布于山西宁武县芦芽山冰口洼，海拔 2300 m，生长在山地北坡至西北坡，坡度 35°。

白扦林垂直分布中、低海拔地带的群落类型及分布规律尚需进一步观察。一般地，在地形封闭、偏阴湿的生境中，白扦可与青扦混交成林；在偏阳或在地势开阔的生境中，可与油松混交成林。

7.4.3 PMEⅢ

白扦+青扦-灌木-草本 常绿针叶林

***Picea meyeri*+*Picea wilsonii*-Shrubs-Herbs Evergreen Needleleaf Forest**

群落外貌呈现针叶林的特征。白扦和青扦是乔木层的优势种，二者外貌迥异。青扦呈墨绿色，枝叶纤细下垂；白扦呈蓝绿或灰绿色，枝叶粗壮斜展。灌木稀疏或密集，草本层盖度较大（图 7.12）。

图 7.12　芦芽山“白扦+青扦-灌木-草本”常绿针叶林的结构（左）和草本层（右）
Figure 7.12　Supraterraneous stratification (right) and understory of a community of *Picea meyeri*+*Picea wilsonii*-Shrubs- Herbs Evergreen Needleleaf Forest in Heyeping, Mt. Luyashan, Shanxi

分布于山西西北部和河北西北部，生长在白扦林垂直分布的中、低海拔地带，处在青扦林与白扦林的群落交汇区。这里描述 1 个群丛。

PME6

白扦+青扦-绣线菊-大披针薹草　常绿针叶林

***Picea meyeri*+*Picea wilsonii*-*Spiraea salicifolia*-*Carex lanceolata* Evergreen Needleleaf Forest**

白扦-山柳-披针薹草，青扦+白扦-沙梾+毛榛-披针薹草—山西植被志（针叶林卷），2014：53，68。

凭证样方：SXZ7、SXZ25。

特征种：青扦（*Picea wilsonii*）、沙梾（*Cornus bretschneideri*）、绣线菊（*Spiraea salicifolia*）*。

常见种：白扦（*Picea meyeri*）、大披针薹草（*Carex lanceolata*）及上述标记*的物种。

乔木层盖度 55%～75%，胸径 4～16 cm，高度 3～14 m；由白扦和青扦组成，后者在低海拔地带较多，随着海拔的升高而逐渐消失；偶有零星的白桦混生，林下有华北落叶松和白扦的幼苗。

灌木层总盖度 40%～45%，高度 40～150 cm；大灌木层稀疏，偶见山柳和刚毛忍冬；绣线菊是低矮灌木层的优势种和常见种，毛榛、虎榛子、沙梾和山刺玫等呈小灌木状，偶见于林下。

草本层总盖度 30%～70%，高度 10～80 cm；糙苏和马先蒿等直立杂草偶见于高大草本层；大披针薹草是低矮草本层的优势种和常见种，偶见蔓生或铺地生长的杂草，如歪头菜、山野豌豆和地榆等。

苔藓层呈斑块状，厚度达 5 cm。

分布于山西芦芽山和关帝山，海拔 1980～2000 m，生长在山地的东北坡，坡度 18°。林地内伐桩较多。

7.4.4 PMEⅣ

白扦+华北落叶松-灌木-草本 常绿与落叶针叶混交林

***Picea meyeri+Larix gmelinii* var. *principis-rupprechti*-Shrubs-Herbs Mixed Evergreen and Deciduous Needleleaf Forest**

群落外貌整齐，乔木层由白扦和华北落叶松组成；前者树冠呈深绿色，后者呈亮绿色，区别明显；二者的相对多度在不同的生境中变化较大，在偏阴的生境中前者较多（图 7.13）。

图 7.13 芦芽山荷叶坪“白扦+华北落叶松-灌木-草本”常绿与落叶针叶混交林的外貌（上）、结构（左下）和草本层（右下）

Figure 7.13 Physiognomy (upper), structure (lower left) and herb layer (lower right) of a community of *Picea meyeri+Larix gmelinii* var. *principis-rupprechtii*-Shrubs-Herbs Mixed Evergreen and Deciduous Needleleaf Forest in Heyeping, Mt. Luyashan, Shanxi

林下灌木层的发育状况与乔木层的盖度和干扰状况密切相关。在干扰较重的林下，灌木层明显；在干扰较轻的林中，林冠层郁闭度大，灌木十分稀疏，刚毛忍冬较常见。林下有稳定的草本层，常见种类有薹草、假报春和珠芽拳参等。

分布于山西西北部和河北西北部，是地理分布范围较广的一个类型。在历史时期经历了较大规模的采伐，林内伐木桩较多。这里描述 4 个群丛。

7.4.4.1 PME7

华北落叶松+白扦-沙棘-大披针薹草 常绿与落叶针叶混交林

***Larix gmelinii* var. *principis-rupprechtii*+*Picea meyeri*-*Hippophae rhamnoides*-*Carex lanceolata* Mixed Evergreen and Deciduous Needleleaf Forest**

白扦-沙棘-柯孟披碱草群丛，华北落叶松+白扦-沙棘-葛缕子群丛—山西植被志（针叶林卷），2014: 107-110。

凭证样方：SXZ4、SXZ55、SXZ56、SXZ57。

特征种：沙棘（*Hippophae rhamnoides*）*、山柳（*Salix pseudotangii*）*、康藏荆芥（*Nepeta prattii*）*、龙芽草（*Agrimonia pilosa*）、蕨麻（*Potentilla anserina*）、魁蓟（*Cirsium leo*）、黑柴胡（*Bupleurum smithii*）、花锚（*Halenia corniculata*）、狭苞橐吾（*Ligularia intermedia*）、卷耳（*Cerastium arvense* subsp. *strictum*）*、柯孟披碱草（*Elymus kamoji*）、蒲公英（*Taraxacum mongolicum*）、东方草莓（*Fragaria orientalis*）*、葛缕子（*Carum carvi*）、鼠掌老鹳草（*Geranium sibiricum*）。

常见种：华北落叶松（*Larix gmelinii* var. *principis-rupprechtii*）、白扦（*Picea meyeri*）、大披针薹草（*Carex lanceolata*）及上述标记*的物种。

乔木层盖度 40%～75%，胸径 3～30 cm，高度 4～9 m；由华北落叶松和白扦组成，均为低矮的中、小径级个体，具幼龄林的特征。

林下灌木茂密，盖度 50%～60%，高度 60～250 cm；沙棘占优势，组成高大密集的灰绿色有刺灌木层片，山柳较常见，数量稀少，混生在沙棘灌丛中；林下偶有蔷薇等小灌木生长。

草本层总盖度 45%～100%，高度 3～90 cm；高大草本层中的偶见种居多，主要由直立杂草组成，或有零星的根茎禾草混生，种类有康藏荆芥、柯孟披碱草、魁蓟、刺藜、葛缕子、小花草玉梅、狭苞橐吾和龙芽草等；中、低草本层中，大披针薹草占优势，白羊草可在局部形成密集的铺散禾草优势层片；直立草本中偶见并头黄芩、银莲花、高山鸟巢兰、葛缕子、黑柴胡、花锚、火绒草和鼠掌老鹳草等，蔓生和莲座叶草本中，卷耳较常见，偶见北方拉拉藤、车前、东方草莓、蕨麻和蒲公英等。

分布于山西芦芽山及其东北部山地，海拔 1900～2450 m，生长在山地东南坡，坡度 27°～30°。

这个群丛的乔木层由小径级个体组成，似处在幼龄阶段。林下有密集的沙棘灌丛生长，指示了偏阳和干燥的生境，显然不适宜白扦生存。因此，群落中出现的小径级白扦，或许是干燥生境下个体生长的一种适应状态，在足够长的时间尺度上不会发生明显的改变。

7.4.4.2 PME8

华北落叶松+白扦-耧斗菜 常绿与落叶针叶混交林

***Larix gmelinii* var. *principis-rupprechtii*+*Picea meyeri*-*Aquilegia viridiflora* Mixed Evergreen and Deciduous Needleleaf Forest**

华北落叶松+白扦-黄毛橐吾群丛—山西植被志（针叶林卷），2014：113。

凭证样方：H15、SXZ15、SXZ46、SXZ47、SXZ48、SXZ49、SXZ50、SXZ51。

特征种：紫菀（*Aster tataricus*）、黄毛橐吾（*Ligularia xanthotricha*）、唐古碎米荠（*Cardamine tangutorum*）、羽衣草（*Alchemilla japonica*）、耧斗菜（*Aquilegia viridiflora*）*、华北乌头（*Aconitum jeholense* var. *angustius*）、缬草（*Valeriana officinalis*）、铃铃香青（*Anaphalis hancockii*）、珠芽拳参（*Polygonum viviparum*）、河北红门兰（*Orchis tschiliensis*）、毛茛（*Ranunculus japonicus*）*。

常见种：华北落叶松（*Larix gmelinii* var. *principis-rupprechtii*）、白扦（*Picea meyeri*）、大披针薹草（*Carex lanceolata*）及上述标记*的物种。

乔木层盖度 50%～95%，胸径（7）16～27（33）cm，高度（12）9～28（31）m；由华北落叶松和白扦组成，前者或略高于后者，其分枝集中在林冠层，个体数量较少；H15 样方数据显示，白扦“胸径-频数”和“树高-频数”分布大致呈正态曲线，中等径级或树高级的个体较多（图 7.14）。林下有白扦的幼苗生长，自然更新良好。

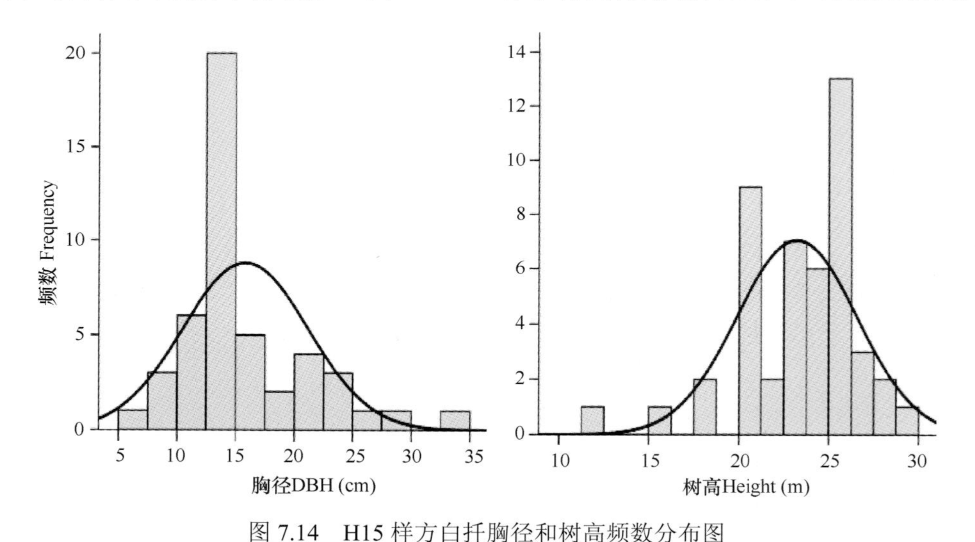

图 7.14 H15 样方白扦胸径和树高频数分布图

Figure 7.14 Frequency distribution of DBH and tree height of *Picea meyeri* in plot H15

林下遮蔽阴暗，灌木盖度不足 5%，高度小于 40 cm，偶见零星的直立灌木刚毛忍冬和半灌木百里香。

草本层总盖度 20%～100%，高度可达 75 cm；黄毛橐吾、橐吾、乌头和华北乌头等偶见种组成稀疏的高大草本层；耧斗菜和大披针薹草是中、低草本层的常见种与优势种，偶见铃铃香青、紫花碎米荠和草地风毛菊等；低矮匍匐或蔓生草本由偶见种组成，包括东方草莓、北方拉拉藤、河北红门兰、卷耳、山野豌豆、双花堇菜、四叶律和羽衣草等。

苔藓层呈斑块状，盖度 30%，厚度达 6 cm，种类有锦丝藓、毛梳藓和塔藓等。

分布于山西芦芽山，生长在海拔 2400～2700 m 的西南坡、西北坡及东北坡，坡度 13°～25°。林地内伐桩较多。

7.4.4.3　PME9

华北落叶松+白扦-刚毛忍冬-大披针薹草　常绿与落叶针叶混交林

Larix gmelinii* var. *principis-rupprechtii+Picea meyeri-Lonicera hispida-Carex lanceolata
Mixed Evergreen and Deciduous Needleleaf Forest

白扦+华北落叶松-榛-披针薹草群丛，白扦-山刺玫-升麻群丛，白扦-毛榛-马蔺群丛，白扦-东北茶藨子-樱草群丛，白扦-绣线菊+金露梅-柳兰+狭翼风毛菊群丛，白扦-卫矛-披针薹草+毛茛群丛，白扦+华北落叶松+辽东栎-卫矛-披针薹草+乌头群丛，华北落叶松+白扦-金花忍冬-披针薹草+东方草莓群丛，华北落叶松+白扦-黑茶藨子-披针薹草群丛，华北落叶松+白扦-披针薹草+东方草莓群丛，华北落叶松+白扦-刚毛忍冬-披针薹草群丛，华北落叶松+白扦-黑茶藨子-披针薹草群丛，白扦-东北茶藨子-披针薹草群丛，华北落叶松+白扦-华北乌头群丛，华北落叶松+白扦-黄花柳-华北乌头群丛—山西植被志（针叶林卷），2014：104-117。

凭证样方：SXZ9、SXZ12、SXZ21、SXZ20、SXZ23、SXZ42、SXZ43、SXZ44、SXZ45、SXZ52、SXZ53、SXZ54、SXZ58。

特征种：刚毛忍冬（*Lonicera hispida*）*、狭翼风毛菊（*Saussurea frondosa*）*、黑茶藨子（*Ribes nigrum*）、紫花碎米荠（*Cardamine purpurascens*）、石菖蒲（*Acorus tatarinowii*）、显脉拉拉藤（*Galium kinuta*）、兴安升麻（*Cimicifuga dahurica*）、三基脉紫菀（*Aster trinervius*）、问荆（*Equisetum arvense*）、河北红门兰（*Orchis tschiliensis*）*。

常见种：华北落叶松（*Larix gmelinii* var. *principis-rupprechtii*）、白扦（*Picea meyeri*）、大披针薹草（*Carex lanceolata*）及上述标记*的物种。

乔木层盖度 40%～90%，胸径 10～40 cm，高度（3）6～24（25）m；由华北落叶松和白扦组成，呈复层异龄林结构，物种间的分层现象不明显。

灌木层盖度 15%～50%，高度 10～210 cm；大灌木层稀疏，由金花忍冬组成，偶见茶条枫和中国黄花柳等小乔木的幼树；刚毛忍冬是中、低灌木层的优势种和常见种，偶有绣线菊、卫矛、金露梅和黑茶藨子等混生。

草本层总盖度 15%～100%，高度 2～75 cm；直立禾草常组成稀疏的高大草本层，大披针薹草较常见，偶见林地早熟禾、野古草、草地早熟禾和白花马蔺等；此外，还有多种直立或蔓生杂草，包括糙苏、华北乌头、蓝花棘豆、石菖蒲、狭苞橐吾、狭翼风毛菊和紫草；低矮草本层由贴地生长的圆叶系列草本组成，多为偶见种，包括小红菊、东方草莓、河北红门兰、双花堇菜和珠芽拳参。

林下有稀薄的苔藓。

分布于山西芦芽山及其邻近的山地，海拔 2100～2700 m，生长在山地的东北坡、北坡、西北坡及西南坡，坡度 10°～50°。

7.4.4.4 PME10

华北落叶松+白扦-白桦-小叶柳-大披针薹草 常绿与落叶针叶混交林

***Larix gmelinii* var. *principis-rupprechtii*+*Picea meyeri*-*Betula platyphylla*-*Salix hypoleuca*-*Carex lanceolata* Mixed Evergreen and Deciduous Needleleaf Forest**

凭证样方：H16、H17、SXZ10、SXZ13、SXZ14、Xiaowutai-11、Xiaowutai-20、Xiaowutai-28、Xiaowutai-37、Xiaowutai-42。

特征种：红桦（*Betula albosinensis*）*、柴胡（*Bupleurum* sp.）、嵩草（*Kobresia myosuroides*）、火烧兰（*Epipactis helleborine*）、半钟铁线莲（*Clematis sibirica* var. *ochotensis*）、红皮柳（*Salix sinopurpurea*）、瘤糖茶藨子（*Ribes himalense* var. *verruculosum*）、小叶柳（*Salix hypoleuca*）、拳参（*Polygonum bistorta*）、蓝花棘豆（*Oxytropis caerulea*）、乌苏里风毛菊（*Saussurea ussuriensis*）、唐古碎米荠（*Cardamine tangutorum*）、林地早熟禾（*Poa nemoralis*）。

常见种：白桦（*Betula platyphylla*）、华北落叶松（*Larix gmelinii* var. *principis-rupprechtii*）、白扦（*Picea meyeri*）、大披针薹草（*Carex lanceolata*）及上述标记*的物种。

群落外貌呈针叶林的特征，亮绿和墨绿的色泽相间，圆钝和尖塔状的树冠交错。针叶树和阔叶树的相对数量在不同的群落发展阶段变化较大，我们在山西五台山调查的群落已经处在针叶树占优势的阶段。由于人类活动干扰较重，林下通常灌丛密集，柳类、刚毛忍冬和瘤糖茶藨子等较常见。草本层较发达，常见种类有薹草、银背风毛菊、假报春和东方草莓等。可能是植被恢复过程中的一个过渡性的群落类型（图 7.15）。

乔木层盖度 50%～90%，胸径（2）3～35（46）cm，高度（3）4～23（29）m；白扦和华北落叶松位居中乔木层，前者密度大于后者；红桦和白桦位居小乔木层。H17 样方数据显示，白扦“胸径-频数”和“树高-频数”分布残缺不齐，林相残败，显示了群落曾经历了较重的干扰，林中高大的个体和幼树共存；林下有白扦的幼苗，能自然更新（图 7.16）。

灌木层总盖度 30%～50%，高度 30～350 cm，偶见种居多；大灌木层密集，由多种柳类和直立大灌木组成，包括崖柳、小叶柳、红皮柳、中国黄花柳、北京花楸、东北茶藨子、东陵绣球、红瑞木和水栒子等；中、低灌木层物种组成丰富，多为直立灌木，包括金花忍冬、六道木、毛榛、紫丁香、沙棘、八宝茶、东北茶藨子、瘤糖茶藨子、黄刺玫、美蔷薇、山刺玫、金露梅、绣线菊、土庄绣线菊、小叶忍冬、唐古特忍冬、刚毛忍冬和蓝果忍冬等，偶见针刺悬钩子和弓茎悬钩子等铺散灌木。

草本层总盖度 40%～80%，高度 10～35 cm；中、高草本层中，大披针薹草为常见种和优势种，偶见单穗升麻、地榆、高乌头、拳参、石竹、唐松草等直立杂草及柯孟披碱草、林地早熟禾等丛生禾草；低矮草本层主要由莲座叶抽葶草本、铺散或蔓生类组成，包括野菊、东方草莓、红花鹿蹄草、华蒲公英、活血丹、火烧兰、假报春、梅花草、肾叶鹿蹄草、乌苏里风毛菊、胭脂花、银背风毛菊和银莲花等；蕨类植物少见，偶有中华蹄盖蕨等。

图 7.15　五台山“华北落叶松+白扦-白桦-小叶柳-大披针薹草”常绿与落叶针叶混交林的外貌（左）、垂直结构（右上）和草本层（右下）

Figure 7.15　Physiognomy (left), vertical structure (upper right) and herb layer (lower right) of a community of *Larix gmelinii* var. *principis-rupprechtii*+*Picea meyeri*-*Betula platyphylla*-*Salix hypoleuca*-*Carex lanceolata* Mixed Evergreen and Deciduous Needleleaf Forest in Mt. Wutaishan, Shanxi

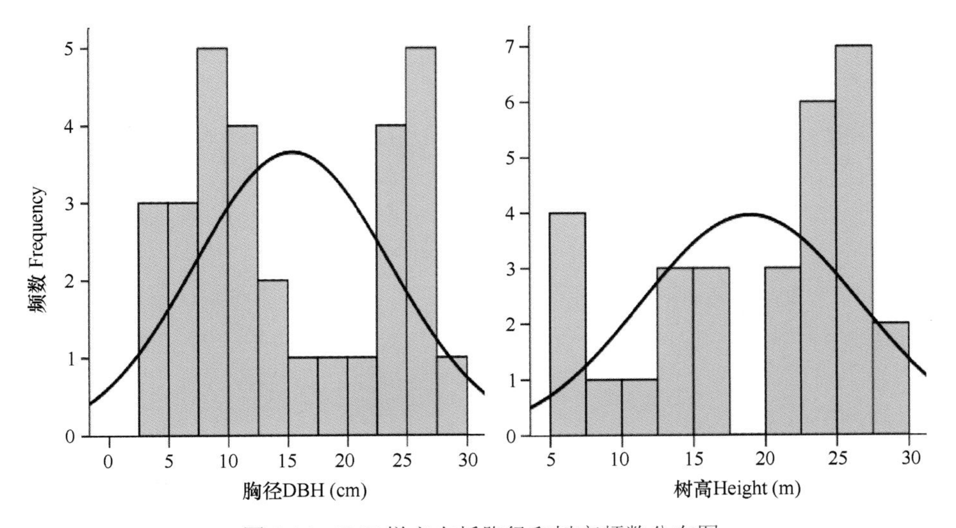

图 7.16　H17 样方白扦胸径和树高频数分布图

Figure 7.16　Frequency distribution of DBH and tree height of *Picea meyeri* in plot H17

林下的苔藓层呈斑块状，盖度 10%～40%，厚度 3～6 cm。

分布于山西管涔山、芦芽山、五台山和河北小五台山，海拔 1740～2600 m，生长在山地的东北坡、北坡和西北坡，坡度 34°～46°。林地内不同时期留下的伐桩较多，有较重放牧，植被正处在恢复过程中，灌丛密集。

7.4.5 PMEⅤ

白扦+臭冷杉+红桦-灌木-草本 针阔叶混交林

***Picea meyeri+Abies nephrolepis+Betula albosinensis*-Shrubs-Herbs Mixed Needleleaf and Broadleaf Forest**

群落呈针阔叶混交林外貌。乔木层由白扦、臭冷杉和白桦、红桦等落叶阔叶树组成；各树种的相对比例与地形地貌的封闭程度有关。在开阔的地貌环境中，白扦和臭冷杉稀少，阔叶树占优势；在封闭的生境中，白扦和臭冷杉较多，后者尤甚，落叶阔叶树较少。林下灌木层和草本层较发达。

分布于山西东北部和河北西北部，处在低海拔地带，地形相对封闭，环境阴湿，水热条件较好。这里描述 1 个群丛。

PME11

白扦+臭冷杉+红桦-毛榛-大披针薹草 针阔叶混交林

***Picea meyeri+Abies nephrolepis+Betula albosinensis-Corylus mandshurica-Carex lanceolata* Mixed Needleleaf and Broadleaf Forest**

凭证样方：SXZ11、SXZ39、Xiaowutai-15、Xiaowutai-35、Xiaowutai-36。

特征种：臭冷杉（*Abies nephrolepis*）*、东陵绣球（*Hydrangea bretschneideri*）、小叶忍冬（*Lonicera microphylla*）*、六道木（*Zabelia biflora*）*。

常见种：红桦（*Betula albosinensis*）、白桦（*Betula platyphylla*）、白扦（*Picea meyeri*）、毛榛（*Corylus mandshurica*）、唐古特忍冬（*Lonicera tangutica*）、中华蹄盖蕨（*Athyrium sinense*）、柄状薹草（*Carex pediformis*）、单穗升麻（*Cimicifuga simplex*）、东亚唐松草（*Thalictrum minus* var. *hypoleucum*）、大披针薹草（*Carex lanceolata*）及上述标记*的物种。

乔木层盖度 50%～60%，胸径（3）12～13（32）cm，高度（3）9～11（15）m；白扦和臭冷杉是中乔木层的共优种，红桦和白桦是小乔木层的共优种，偶有中国黄花柳、北京花楸、五角枫和北京丁香等阔叶小乔木混生。

灌木层高度 30～350 cm；毛榛和东陵绣球是大灌木层的常见种，前者略占优势，偶见紫丁香、春榆和水栒子等；中、低灌木层由六道木、小叶忍冬和唐古特忍冬等常见种，以及八宝茶、刺五加、东北茶藨子、刚毛忍冬、红瑞木、黄刺玫、土庄绣线菊和针刺悬钩子等偶见种组成。

草本层总盖度 40%～50%，高度 6～30 cm；单穗升麻、东亚唐松草和大披针薹草是高大草本层的常见种，后者占优势，偶见种有粗茎鳞毛蕨、无芒雀麦、小花风毛菊和野燕麦等；低矮草本层中偶见槖吾、小斑叶兰、鹿蹄草、峨参和卷耳等直立或莲座叶小草本。

苔藓层呈斑块状，盖度达 30%，厚度 3～10 cm。

分布于山西五台山和河北小五台山，海拔 1740～2100 m，生长在北坡及东北坡，坡度 15°～37°。

7.4.6　PMEⅥ

华北落叶松-白扦+臭冷杉-草本　常绿与落叶针叶混交林

***Larix gmelinii* var. *principis-rupprechtii-Picea meyeri+Abies nephrolepis*-Herbs Mixed Evergreen and Deciduous Needleleaf Forest**

群落呈现出针叶林或针阔叶混交林的外貌特征，针叶树树冠尖峭、色泽暗绿，落叶阔叶树树冠圆钝、色泽亮绿。群落结构复杂，物种组成丰富（图 7.17）。乔木层由白扦、华北落叶松和臭冷杉组成，或有白桦和红桦等落叶阔叶树混生；林下光照弱，灌木稀疏，八宝茶、东北茶藨子、刚毛忍冬、金花忍冬、六道木、唐古特忍冬、小叶忍冬、针刺悬钩子和紫丁香较常见。草本层发达，种类较丰富，常见种类有柄状薹草、粗茎鳞毛蕨、大披针薹草、单穗升麻、东亚唐松草、高乌头、鼠掌老鹳草、新疆梅花草和中华蹄盖蕨等。

图 7.17　河北小五台山“华北落叶松-白扦+臭冷杉-草本”常绿与落叶针叶混交林的外貌（左）和结构（右）

Figure 7.17　Physiognomy (left) and vertical structure (right) of communities of *Larix gmelinii* var. *principis-rupprechtii-Picea meyeri+Abies nephrolepis*-Herbs Mixed Evergreen and Deciduous Needleleaf Forest in Mt. Xiaowutaishan Hebei

分布于山西五台山和河北小五台山。这里描述 2 个群丛。

7.4.6.1 PME12

华北落叶松-白扦+臭冷杉-大披针薹草 常绿与落叶针叶混交林

***Larix gmelinii* var. *principis-rupprechtii-Picea meyeri+Abies nephrolepis-Carex lanceolata* Mixed Evergreen and Deciduous Needleleaf Forest**

华北落叶松+白扦+臭冷杉群丛—山西植被志（针叶林卷），2014：93-95。

凭证样方：SXZ34、SXZ37、SXZ38、SXZ40。

特征种：臭冷杉（*Abies nephrolepis*）*、风毛菊（*Saussurea japonica*）、无芒雀麦（*Bromus inermis*）、峨参（*Anthriscus sylvestris*）*、舞鹤草（*Maianthemum bifolium*）。

常见种：华北落叶松（*Larix gmelinii* var. *principis-rupprechtii*）、白扦（*Picea meyeri*）、大披针薹草（*Carex lanceolata*）及上述标记*的物种。

乔木层盖度 40%～80%，胸径 15～33 cm，高度 13～30 m；华北落叶松是大乔木层的优势种，数量较少，常高耸于其他乔木之上，分枝较高；白扦和臭冷杉居中、小乔木层。

草本层盖度 40%～60%，高度 5～65 cm；峨参较常见，与无芒雀麦和节节草等偶见种组成稀疏的大草本层；大披针薹草是中、低草本层的常见种和优势种，偶见种有柳兰、风毛菊和珠芽拳参等；舞鹤草、对叶兰、卷耳和橐吾等蔓生或莲座叶草本偶见于地被层。

分布于山西五台山，海拔 1900～2500 m，生长在北坡至东北坡，坡度 30°～37°。

这几个样地没有灌木层的记录。据我们对五台山的实地考察，如果林冠层的盖度较大，林下的灌木就非常稀疏。这个群落的乔木层盖度在 40%以上，林下灌木盖度应该不足 20%。

7.4.6.2 PME13

华北落叶松-白扦+红桦-臭冷杉-唐古特忍冬-中华蹄盖蕨 针阔叶混交林

***Larix gmelinii* var. *principis-rupprechtii-Picea meyeri+Betula albosinensis-Abies nephrolepis-Lonicera tangutica-Athyrium sinense* Mixed Needleleaf and Broadleaf Forest**

华北落叶松+白扦+臭冷杉群丛—山西植被志（针叶林卷），2014：93-95。

凭证样方：Xiaowutai-17、Xiaowutai-18、Xiaowutai-19、Xiaowutai-21、Xiaowutai-39、Xiaowutai-40、Xiaowutai-41。

特征种：臭冷杉（*Abies nephrolepis*）*、红桦（*Betula albosinensis*）*、八宝茶（*Euonymus przwalskii*）*、紫丁香（*Syringa oblata*）*、唐古特忍冬（*Lonicera tangutica*）*、中国黄花柳（*Salix sinica*）*、北京花楸（*Sorbus discolor*）*、东北茶藨子（*Ribes mandshuricum*）*、黄刺玫（*Rosa xanthina*）、大叶章（*Deyeuxia purpurea*）、水芹（*Oenanthe javanica*）、林荫千里光（*Senecio nemorensis*）、败酱（*Patrinia scabiosifolia*）、梅花草（*Parnassia palustris*）*、单穗升麻（*Cimicifuga simplex*）*、河北橐吾（*Ligularia hopeiensis*）、东亚唐松草（*Thalictrum minus* var. *hypoleucum*）*、高乌头（*Aconitum sinomontanum*）*、中华蹄盖蕨（*Athyrium sinense*）*、黄精（*Polygonatum sibiricum*）、野燕麦（*Avena fatua*）、金莲花（*Trollius chinensis*）、柄状薹草（*Carex pediformis*）*。

常见种：华北落叶松（*Larix gmelinii* var. *principis-rupprechtii*）、白扦（*Picea meyeri*）及上述标记*的物种。

乔木层的胸径（3）4～40（76）cm，高度（3）4～18（20）m；华北落叶松单优势种常组成稀疏的大乔木层；白扦、臭冷杉、白桦、红桦、北京花楸和中国黄花柳等针阔叶树组成中、小乔木层；在河谷地带和地形封闭的阴坡，臭冷杉可形成密集的单优势小斑块。林下有白扦和臭冷杉的幼苗与幼树，可自然更新。

灌木层高度 30～220 cm；毛榛和六道木等偶见种可组成稀疏的大灌木层；中灌木层由直立落叶灌木组成，除了东北茶藨子、紫丁香、八宝茶和唐古特忍冬等常见种外，还偶见刚毛忍冬、黄刺玫、金花忍冬、蓝果忍冬、土庄绣线菊、小叶忍冬和银露梅等；低矮灌木层由蔓生和铺散的灌木组成，种类有针刺悬钩子和短尾铁线莲等。

草本层高度 7～65 cm；高大草本层由直立丛生禾草和杂草组成，单穗升麻、高乌头和东亚唐松草等较常见，偶见大披针薹草、大叶章、林地早熟禾、野燕麦、高山紫菀、河北橐吾和蓬子菜等；在中、低草本层，中华蹄盖蕨和柄状薹草是常见种，前者可在阴湿处形成局部优势的蕨类植物斑块，偶见粗茎鳞毛蕨、金莲花、林荫千里光、密花岩风和水芹等；红花鹿蹄草、鼠掌老鹳草和梅花草等圆叶系列草本偶见于低矮草本层。

分布于河北小五台山，海拔 2000～2250 m，生长在西北坡、北坡至东北坡，坡度 34°～40°。

7.4.7　PMEⅦ

华北落叶松+白扦+青扦-灌木-草本 常绿与落叶针叶混交林

***Larix gmelinii* var. *principis-rupprechtii+Picea meyeri+Picea wilsonii*-Shrubs-Herbs Mixed Evergreen and Deciduous Needleleaf Forest**

白扦-山柳-披针薹草，青扦+白扦-沙棘+毛榛-披针薹草—山西植被志（针叶林卷），2014：53，68。

乔木层由白扦和华北落叶松组成，群落外貌呈现千塔层叠状，色泽由墨绿（青扦）、灰绿（白扦）和浅亮绿色（华北落叶松）组成。林下灌木稀疏，草本层较密集。

主要生长在中、低海拔地带，在历史时期有择伐，幼龄林较多。这里描述 1 个群丛。

PME14

华北落叶松+白扦+青扦-绣线菊-大披针薹草 常绿与落叶针叶混交林

***Larix gmelinii* var. *principis-rupprechtii+Picea meyeri+Picea wilsonii-Spiraea salicifolia-Carex lanceolata* Mixed Evergreen and Deciduous Needleleaf Forest**

凭证样方：H13、SXZ8、SXZ24、SXZ26。

特征种：青扦（*Picea wilsonii*）*、绣线菊（*Spiraea salicifolia*）、地榆（*Sanguisorba officinalis*）。

常见种：华北落叶松（*Larix gmelinii* var. *principis-rupprechtii*）、白扦（*Picea meyeri*）、大披针薹草（*Carex lanceolata*）及上述标记*的物种。

乔木层盖度 40%～80%，胸径 3～38（40）cm，高度 4～31（35）m；由华北落叶

松、白扦和青扦组成；华北落叶松数量较少，常高耸于林冠层之上。青扦在低海拔地带较多，随着海拔的升高逐渐消失。H13 样方数据显示，白扦“胸径-频数”和“树高-频数”分布呈正态曲线，中等径级或树高级的个体较多，种群处在稳定发展阶段（图 7.18）。林下可见到华北落叶松和白扦的幼苗。

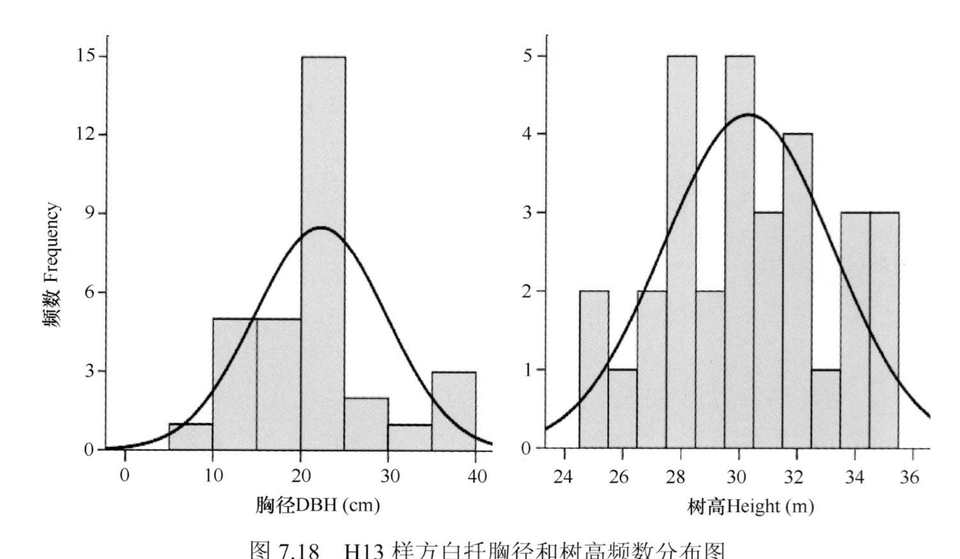

图 7.18 H13 样方白扦胸径和树高频数分布图

Figure 7.18 Frequency distribution of DBH and tree height of *Picea meyeri* in plot H13

灌木层盖度 20%～40%，高度 15～230 cm，偶见种居多；山柳、金花忍冬和灰栒子等组成稀疏的大灌木层；中灌木层的物种组成丰富，由直立灌木组成，包括毛榛、刚毛忍冬、金银忍冬、绣线菊、山柳、东北茶藨子和山刺玫；铺散灌木针刺悬钩子偶见于林下。

草本层总盖度 25%～80%，高度可达 50 cm，多为偶见种；高大草本层稀疏，由直立杂草和禾草组成，种类有抱茎风毛菊、老鹳草、唐古碎米荠、披碱草和林地早熟禾等；中、低草本层较密集，由直立或蔓生的杂草和禾草组成，大披针薹草为优势种和常见种，偶见柳兰、瓣蕊唐松草、大野豌豆、地榆、高乌头、柯孟披碱草、马先蒿、蓬子菜、瞿麦、山野豌豆、蛇莓、鼠麴草、橐吾、歪头菜、问荆和珠芽拳参等；东方草莓、假报春和种阜草等细弱蔓生和莲座叶草本偶见于地被层，或附生在苔藓上。

苔藓层呈斑块状，盖度 18%～20%，厚度达 15 cm，种类有锦丝藓和塔藓等。

分布于山西芦芽山和关帝山，海拔 2000～2290 m，生长在山地西北坡，坡度 15°～30°。曾经历采伐，林地内伐桩较多。

7.4.8 PME Ⅷ

华北落叶松+白扦+青扦+臭冷杉-红桦-灌木-草本 针阔叶混交林

Larix gmelinii* var. *principis-rupprechtii+Picea meyeri+Picea wilsonii+Abies nephrolepis-

***Betula albosinensis*-Shrubs-Herbs Mixed Needleleaf and Broadleaf Forest**

华北落叶松+青扦+白扦+臭冷杉群丛—山西植被志（针叶林卷），2014：93-95。

乔木层中同时出现了华北落叶松、白扦、青扦和臭冷杉，以及白桦和红桦等落叶阔叶树。主要生长在山麓及河谷。河谷地带的地形陡峭，巨石林立，土层稀薄。群落外貌呈现阔叶树和针叶树镶嵌的格局，针叶树散生在阔叶树之中，局部地带，特别是在悬崖上形成较密集的针叶树群落斑块（图 7.19）。这里描述 1 个群丛。

图 7.19　小五台山“华北落叶松+白扦+青扦+臭冷杉+红桦-南方六道木-柄状薹草”针阔叶混交林的外貌（左上）、林下结构（右）和草本层（左下）

Figure 7.19　Physiognomy (upper left), understory layer (right) and herb layer (lower left) of a community of *Larix gmelinii* var. *principis-rupprechtii*+*Picea meyeri*+*Picea wilsonii*+*Zabelia dielsii*-*Betula albosinensis*-*Abelia dielsii*-*Carex pediformis* Mixed Needleleaf and Broadleaf Forest in Mt. Xiaowutaishan, Hebei

PME15

华北落叶松+白扦+青扦+臭冷杉+红桦-柄状薹草 针阔叶混交林

***Larix gmelinii* var. *principis-rupprechtii*+*Picea meyeri*+*Picea wilsonii*+*Abies nephrolepis*+ *Betula albosinensis*-*Carex pediformis* Mixed Needleleaf and Broadleaf Forest**

凭证样方：H19、SXZ36。

特征种：青扦（*Picea wilsonii*）*、中华柳（*Salix cathayana*）、南方六道木（*Zabelia dielsii*）、白花野火球（*Trifolium lupinaster* var. *albiflorum*）、毛百合（*Lilium dauricum*）、刺果峨参（*Anthriscus sylvestris* subsp. *nemorosa*）、类叶升麻（*Actaea asiatica*）、柄状薹

草（*Carex pediformis*）。

常见种：华北落叶松（*Larix gmelinii* var. *principis-rupprechtii*）、白扦（*Picea meyeri*）及上述标记*的物种。

乔木层盖度 60%～65%，胸径（2）7～22（39）cm，高度（3）9～23（33）m；华北落叶松树体高耸，数量稀少，组成稀疏的大乔木层；白扦、青扦、臭冷杉、白桦、红桦和山杨等组成中、小乔木层。H19 样方数据显示，白扦的“胸径-频数”和“树高-频数”分布均呈右偏态曲线，不整齐，中、小径级和树高级的个体较多，种群处在成长阶段（图 7.20）。林下针叶树的幼苗较多，更新状况良好。

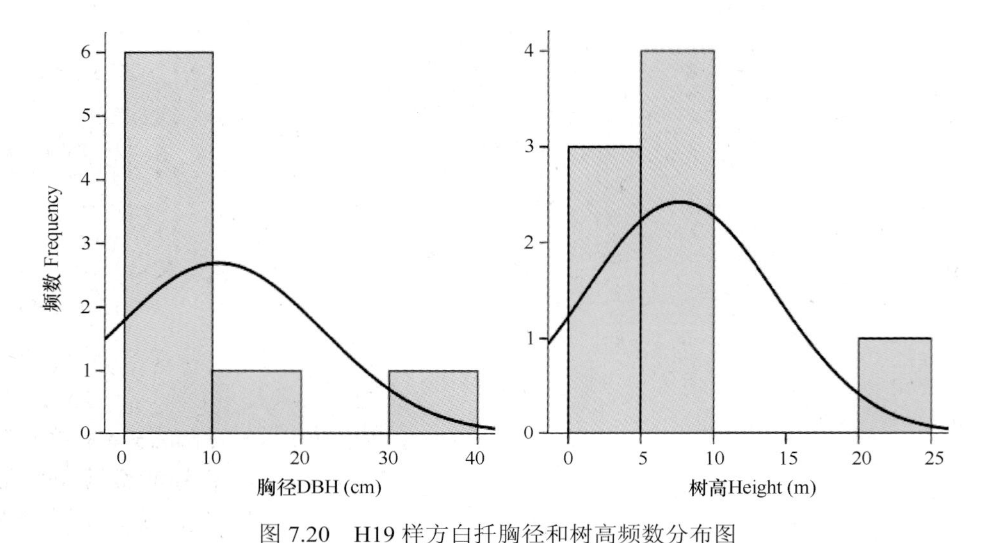

图 7.20　H19 样方白扦胸径和树高频数分布图

Figure 7.20　Frequency distribution of DBH and tree height of *Picea meyeri* in plot H19

灌木层盖度达 40%，高度 30～190 cm；美蔷薇和南方六道木等偶见于中灌木层；银露梅、金花忍冬、山刺玫、中华柳和白莲蒿等直立灌木，以及长瓣铁线莲等木质藤本是低矮灌木层中的偶见种。

草本层总盖度达 60%，高度一般不超过 40 cm；胭脂花、类叶升麻、柳兰、瓣蕊唐松草、糙苏、藜芦和大野豌豆等直立与莲座叶抽葶杂草偶见于高大草本层；柄状薹草是中、低草本层的优势种，偶见多种直立和蔓生类杂草，包括银莲花、假报春、刺果峨参、白花野火球、东亚唐松草、紫花野菊、北方拉拉藤和地榆等；在阴湿的林下，蓝花棘豆、缬草、珠芽拳参、银背风毛菊和长茎飞蓬等通常处在营养生长期，与舞鹤草和双花堇菜等耐阴的类型偶见于贴地草本层。林地内几无苔藓。

分布于山西五台山和河北小五台山，海拔 2000～2600m，生长在沟谷陡坡，坡度 30°～60°。

样地所在的群落并没有砍伐痕迹，针叶树以中、小径级个体居多，林下的幼树主要是臭冷杉。五台山和小五台山封闭暖湿的河谷地带，并非是云冷杉类最适宜的生境。这样的群落结构和外貌，可能是与当地特殊的环境条件相适应的一种稳定的群落类型，不可能发展为针叶纯林。

7.5 建群种的生物学特性

7.5.1 遗传特征

根据球果的颜色，沙地白扦可划分为紫果型、红果型和绿果型 3 种类型。聚丙烯酰胺凝胶同工酶研究表明，紫果型酶带条数最多，红果型次之，绿果型最少，显示了 3 种颜色球果类型的形成具有一定的遗传变异基础（邹春静等，2005）。此外，在干旱的胁迫下，3 种类型幼苗的高生长，丙二醛、脯氨酸、叶绿素含量，叶片和根超氧化物歧化酶、过氧化氢酶、抗坏血酸过氧化物酶和过氧化物酶的活性等存在一定的差异（邹春静等，2003，2007）。从上述指标判断，紫果型沙地白扦抗旱能力最强，红果型次之，绿果型最弱（邹春静等，2007）。然而，这些表观性状（球果大小和颜色等）变异较大，是否存在稳定的变异尚需进一步观察（邹春静等，2006b）。

随机扩增多态性 DNA（RAPD）技术是检测植物分子水平遗传多样性的重要手段（巍伟，1999）。蔡萍等（2009a）采用 RAPD 技术，对内蒙古 8 个沙地白扦居群，黑龙江、吉林和内蒙古白音敖包 10 个红皮云杉居群（9 东北+1 内蒙古），内蒙古（大青山、克什克腾旗乌兰布统、多伦蔡木山、大板白塔子、大板赛罕、阿尔山三岔沟和鄂温克旗伊敏河镇）及河北 10 个白扦居群的遗传多样性进行了研究。结果表明，16 个随机引物在上述云杉的 28 个居群中共检测到 172 个位点，多态位点占 69.19%，表现出丰富的 RAPD 多态性；通过 Nei’s 遗传多样性指数的估算，遗传多样性 47.58%的变异存在于种群间，52.42%存在于种群内部；沙地白扦居群较红皮云杉及山地白扦居群具有较高的遗传多样性（蔡萍等，2009a）。我们对蔡萍等（2009a）发表的数据进行了统计分析，红皮云杉（n=10）、沙地白扦（n=8）和白扦（n=10）的 Nei’s 遗传多样性指数均值（标准差）分别为 0.118（0.017）、0.149（0.009）和 0.170（0.007），Shannon 指数分别为 0.177（0.024）、0.226（0.015）和 0.259（0.011），相互间差异显著（P<0.05），统计分析结果与作者的结论一致。

朱洪涛（2010）对青扦、大果青扦（*Picea neoveitchii*）和白扦的 3 套叶绿体片段和 2 套线粒体片段进行了测序比对分析。在白扦的 9 个居群中，4 个来自山地白扦林，其余 5 个来自沙地白扦林（内蒙古克什克腾旗 4 个居群的地理坐标分别是 43°31′N，117°12′E，1336 m；43°32′N，117°11′E，1365 m；43°31′N，117°14′E，1371 m；43°35′N，117°12′E，1361 m；正蓝旗 1 个居群的地理坐标为 43°53′N，116°31′E，1354 m）。3 种云杉的叶绿体遗传多样性分析结果表明，白扦显著高于青扦和大果青扦，其遗传多样性的种间变异占总变异的 96.41%，种内水平上的变异则以居群内变异为主。例如，白扦居群内变异占总变异的 73.72%，青扦居群内的变异高达 97.43%。线粒体遗传多样性分析结果显示，3 个物种居群内平均遗传多样性非常小，白扦和大果青扦都为零，但是青扦和大果青扦总遗传多样性较大，3 个物种间的变异比例达 78.24%；在种内尺度上，以居群间的变异为主。白扦因只有 1 种单倍型而不存在变异，青扦和大果青扦居群间的变异分别达到 95.19%和 100%。叶绿体和线粒体的遗传多样性结果在 3 个物种间的变化趋势相反（朱洪涛，2010）。

7.5.2 个体生长发育

7.5.2.1 种子萌发

内蒙古白音敖包沙地白扦种子的数量特征，如千粒重、净度和发芽率等在不同的文献记载中存在差异。相关结果实录如下：千粒重、净度和发芽率分别为 6.2 g、94.44%、49.2%（早播）/62.7%（晚播，前后相差 16 天）（杨晓光，2008）或 5.84 g、82.98%和 62.53%（康才周等，2010）；千粒重和种子发芽率或分别为 6.60 g（徐文铎等，1994）和 92%（徐文铎和刘广田，1998）。文献中记载的沙地白扦种子数量特征的差异可能与不同研究者在种子采集年代、采集季节和种子萌发条件控制等方面的差异有关，上述数据属个案研究结果。

环境条件和播种育苗技术对白扦种子的萌发与幼苗的生长至关重要。播种育苗技术因素包括苗床类型、播种时间、播种方式和遮阴方式等。适当早播、采用高床条播、播种前用冷水浸种和采用适宜的播种密度等均有助于提高萌发率，促进幼苗的生长（杨晓光，2008；康才周等，2010）。光照、温度和土壤水分条件是影响沙地白扦种子萌发与幼苗生长的重要环境因子。但是，种子萌发的适宜温度往往随光照强度的不同而改变。例如，林涛等（2005）的研究表明，在持续光照条件下，沙地白扦种子萌发所需的最适宜温度为 15℃；而在持续黑暗的条件下，其最适宜温度为 20℃；在 2/3 光照和 1/3 黑暗的处理下，其最适宜温度则为 30℃。此外，在变温和变光条件下，虽然种子萌发开始的时间有所推迟，却有利于种子萌发，这可能是沙地白扦对昼夜温差大这一沙地气候特征的一种适应机制。由于在弱光照条件下沙地白扦种子更易萌发，因此适当地遮阴可提高发芽率（林涛等，2005）。显然，郁闭的林下环境有助于沙地白扦种子的萌发。在控制温度时要同时关注地面和表层土壤温度（通常指 10～20 cm 深的土层）变化，二者与种子萌发和幼苗生长密切相关（杨晓光，2008；康才周等，2010）。沙地白扦种子可在土壤含水量较低的条件下萌发，其适宜土壤含水量为 15%（林涛等，2005）。

7.5.2.2 个体生长

沙地白扦幼苗的地径和高生长的季节动态与水热因子的季节变化规律基本一致。在 6～7 月，幼苗生长达到高峰，但幼苗高生长峰值较地径生长峰值提前，在 8 月二者生长趋缓至停滞（康才周等，2010）。此外，沙地白扦幼苗生长的动态在不同苗龄之间存在差异，而且地径、苗高和根系生长规律亦不尽相同。徐文铎和郑元润（1993）利用实验数据对沙地白扦幼苗的生长规律进行了模拟研究。结果显示，一年生幼苗的高生长和根生长均较迅速；根生长规律符合指数模型，生长较快，一个生长季内的生长量可达苗高生长量的 4～5 倍；高生长则呈幂函数增长，生长较慢。一年生幼苗地上部分的高生长和根系生长的这种差异可能是对沙地干旱气候条件的一种适应，即在生长初期尽可能增加地下部分的生物量配置，以提高幼苗对土壤水分的吸收能力。五年生的幼苗，无论是苗高还是地径，其生长随时间的变化规律大致符合理查德模型，即在生长季节开始时生长较快，接近一个生长季的上限值，随后变缓。尽管如此，五年生幼苗的苗高和地径生长规律各具特色，即高生长在顶芽形成后（约 7 月中旬）便停滞，地径生长过程则会持续到生长季结束，其生长速度在生长季后期明显放缓。就针叶的生长规律而言，在整个生长季节，一年生至五年生的针叶，其干物质的积累大致呈现理查德模型的变化规律，即存在上限值。此外，在苗木生长的不同阶段，幼苗的根、茎和叶的干物质配置存在差异。具体讲，一、二年生幼苗根系的干重占总重量的比例在生长季内持续上升，且高于茎和叶；五年生幼苗叶的干重占总重量的比例高于根系和茎（徐文铎和郑元润，1993）。这种差异反映了幼苗在不同发育阶段对生物量配置的调控对策，从而在适应环境的前提下实现植物的最大生长。

树高、胸径和材积的生长动态与树龄的关系是揭示树木个体生长规律的重要依据。利用产于白音敖包的 3 株白扦样木的树干解析数据，前人分析了沙地白扦在 1～120 年的时间尺度上树木生长的动态变化规律。结果表明，在白扦的幼苗阶段（<10 年），树高、胸径和材积的生长均十分缓慢；树高在 30 年树龄后逐渐进入快速生长期，至 50 年左右树龄时，连年生长量达到峰值，之后生长速度逐渐下降，平均生长量与连年生长量曲线于 66 年树龄处相交，以后平均生长量便始终高于连年生长量。值得注意的是，沙地白扦的树高生长在 120 年的时间尺度上能持续进行，白扦平均树高在 18 m 左右。胸径在 10 年树龄后进入快速生长期，大约持续 50 年，至 60 年树龄时出现峰值，之后生长速度放缓，平均生长量与连年生长量曲线在 100 年树龄时相交，至此胸径旺盛生长期基本结束。材积进入快速生长期的起始时间点与树高相类似，但持续的时间尺度较长，即在 30～110 年树龄为旺盛生长期，110 年树龄以后材积生长量迅速下降（徐文铎，1987；徐文铎等，1993）。

山地白扦个体生长峰值出现的时间可能早于沙地白扦。据《山西森林》记载，山西管涔林区和关帝林区生长的白扦林，其高生长旺盛期出现在 15～25 年，生长的峰值在 30～50 年，平均生长量与连年生长量曲线在 35 年树龄时相交；高生长和胸径生长峰值出现的时间相比较，胸径生长的高峰期早于高生长，在 10～20 年树龄即达到生长高峰，平均生长量与连年生长量曲线在 30 年树龄时相交；材积大约在 60 年树龄时达到生长高峰期，而且平均生长量与连年生长量曲线在 60 年树龄范围内没有相交。此外，在环境条件较好的生境中，白扦林的旺盛生长期会提前。例如，关帝林区的白扦林，其生长峰值出现的时间早于管涔林区的白扦林（《山西森林》编辑委员会，1992）。另据吕赞韶等（1991）报道，管涔林区秋千沟和大石洞的 43 株云杉（白扦和青扦），其树高的平均生长量与连年生长量曲线在 55 年树龄时相交；胸径生长的高峰期出现的时间早于高生长，胸径的平均生长量与连年生长量曲线在 40～55 年树龄时相交；材积平均生长量与连年生长量曲线在 65 年树龄时相交。而且，白扦和青扦混交林的生境条件越好，数量成熟龄越早。例如，在Ⅱ、Ⅲ、Ⅳ地位级的数量成熟龄分别约为 50 年、60 年和 80 年（吕赞韶等，1991）。然而，有研究认为，管涔林区秋千沟的白扦和青扦混交林的数量成熟龄可能超过 100 年。郭晋平等（1996）利用生长锥样木法研究了管涔林区秋千沟（2104～2360 m）藓类云杉林的数量成熟龄。作者认为，Ⅱ地位级藓类云杉林（白扦+青扦）林龄在 75～77 年（1992～1993 年调查数据），属中龄林至近熟林，即尚未达到数量成熟，单位面积总平均生长量 4.0 m^3/（hm^2·a），连年生长量 6.0 m^3/（hm^2·a），预期成熟年龄 102 年（郭晋平等，1996）。

综上所述，从沙地到山地，以及在山地环境中从水热条件较差的生境到水热条件优越的生境，白扦个体的旺盛生长期及其峰值出现的时间有逐渐提前的趋势。这种现象，一方面反映了白扦生长动态与环境条件间存在的某种协调关系，或是对环境条件的一种适应机制；另一方面也反映了在特定环境条件下白扦在生长与生存之间所采取的折中对策。

7.5.2.3 环境对个体生长的影响

白扦个体的生长动态与温度、水分和光照等环境因子有密切关联。据徐文铎等（1993）的研究报道，当夜间温度较低时（如在生长季节开始初期或结束期），23 年生沙地白扦幼树的生长量在夜间小于白天；当夜间温度较高，即昼夜温度不再是生长的限制因子时，树高生长量在夜间高于白天。就高生长的季节动态而言，有研究表明其变化趋势与温度的季节动态大致相符。白音敖包沙地白扦高生长期约 80 天，其季节动态可划分为几个不同的生长阶段，各生长阶段持续的时间和所形成的树高生长量各不相同，但二者之间并无正相关关系。具体讲，第一阶段通常在平均气温大于 12℃时开始，持续时间较长，约 40 天，占整个生长期的 50%，由于高生长速度较低，其生长量仅占全年生长量的 26.16%；第二阶段通常从 6 月上旬开始，气温在 15℃以上，进入快速生长期，6 月中下旬平均气温达 20℃左右时出现生长峰值，持续时间约 20 天，形成的高生长量占总量的 58.29%；第三个阶段开始于 7 月上旬，树高生长显著放缓，至 7 月中旬气温增至 25℃以上后新的顶芽形成，高生长结束，进入夏季休眠期。从高生长与年均温度的关系看，高生长与年均温度，特别是 6 月平均气温正相关，但极端的高温则对树高生长形成抑制。

水分是影响植物生长的另一个重要环境因子。来自白音敖包白扦林的观测结果表明，6 月的降雨量是影响幼树高生长的关键因子，这主要与云杉的生长节律有关。此外，沙丘不同部位的土壤含水量和持水能力不同，会影响树木的高生长。由于沙丘下部土壤含水量高于沙丘上部，沙丘上部白扦林的平均高生长低于下部的白扦林。光照也会影响沙地白扦的高生长。白扦幼树若小于 20 年树龄，则需要一定程度的遮阴，超过 20 年树龄后，遮阴则会抑制树高生长。可见，随着树龄的增加，白扦对光照的需求也在逐步增加。此外，光照的强弱还会影响枝条的生长（徐文铎等，1993）。

树木的径向生长动态对气候的季节变化十分敏感。据梁尔源等（2001）的报道，白扦的年径向生长量与当年 5～7 月和上年 8～10 月的降雨量正相关，而且当年 5 月和上年 9 月的降雨量对白扦的径向生长尤其重要。究其原因，一方面，当年 5～7 月和上年 8～10 月的降雨量均能有效地补充树木旺盛生长期的土壤含水量；另一方面，生长季结束时，充足的水分供应将有助于树木同化物质的积累，为来年形成层的活动提供养分。白扦的年径向生长量与同期的温度呈负相关关系，其中与 5 月的温度呈显著负相关关系（梁尔源等，2001）。类似的现象在芦芽山山地白扦林的相关研究中也有报道，即白扦的径向生长与空气温度负相关，与空气相对湿度、土壤含水量、土壤水势正相关；与土壤温度的相关性在 7～8 月和 9～10 月存在差异，主要是生长季后期温度对树木生长的限制作用增强（江源等，2009；杨艳刚等，2009）。造成这种现象的原因之一可能是，如果生长季温度回升过高，则会导致蒸腾强度加大，土壤水分损失加重，从而间接影响树木生长。诚然，温度与白扦径向生长的关系只有在一定的温度变化范围内讨论才有意义。白扦径向生长对热量条件的特殊需求，可能与其分布区内相对干旱的气候条件有关。温度和光照等因子除了对树木生长造成直接影响外，也可能通过调控土壤水分动态而间接影响树木生长。例如，在芦芽山白扦林林线地带，在温度相对较低的阴坡，树木生长状况优于温度相对较高的其他生境（杨艳刚等，2009）。可以预测，如果在水分供应充足的条件下，在一定的温度范围内，径向生长与温度应该呈正相关关系。

白扦和青扦的幼苗生长除了要求适宜的水热条件外，土壤理化性质也会影响幼树生长（张丽珍等，2005），而火烧或坡地坍塌往往会导致土壤理化性质的重大改变。白扦与华北落叶松的混交林在遭遇小面积火烧或滑坡干扰后，在植被恢复过程中，华北落叶松逐渐占优势而白扦则可能完全退出，原因之一可能与火烧迹地或坍塌地土壤理化性质的改变有关，这种改变可能有利于华北落叶松的生长（《山西森林》编辑委员会，1992）。

环境条件不同，群落中单位面积上的个体数也不同。在关帝山的白扦林中，幼龄林阶段单位面积上的株数较管涔山多；在中龄林阶段，如在 60 年树龄时，单位面积上的株数却较管涔山少。例如，在Ⅲ、Ⅳ地位级上，产于关帝山的 60 年林龄的白扦林，每公顷白扦的个体数分别为 976 和 1742，而在管涔山相应的地位级和相同年龄段，白扦林每公顷的株数达 3100 株和 3300 株（《山西森林》编辑委员会，1992）。

7.5.2.4　*种群年龄结构*

种群的年龄结构是衡量植物群落可持续性的一个重要指标，其合理程度直接影响植物群落的更新与演替。种群的结实、种子萌发、幼苗生长及种群间和种群内的竞争等是决定群落年龄结构的重要因素。研究表明，无论在沙地生境还是在山地生境，白扦林多具有异龄林结构，这说明白扦林可通过自身的繁殖和生长机制维持群落的长期稳定（《山西森林》编辑委员会，1992；郭晋平等，1997；王炜等，2000；梁尔源等，2001）。郭晋平等（1997）对管涔山秋千沟实验林场海拔 1900～2400 m 的白扦（含青扦）林的年龄结构进行了分析。结果显示，3 块 30 m×30（40）m 标准地中出现的白扦（含青扦）林均为异龄林，个体年龄变化范围在 15～115 年，但树龄在 55～75 年的个体较多，个体"频数-年龄"曲线呈正态分布格局，表明白扦林具有正常的更新能力（郭晋平等，1997）。在芦芽山白扦林一个 100 m^2 的样方中，有大树 9 株，而白扦幼树达 40 株（张金屯，1987），说明群落处在成长阶段。陈炳浩和陈楚莹（1980）对白音敖包沙地白扦（作者在文中鉴定为红皮云杉）林不同径级（与年龄具有一定对应性）单位面积内的个体数进行了统计。结果表明，大径木（胸径变化范围 32～36 cm，胸径均值 32.3 cm；平均树高 18.2 m，下同）、中径木（16～28 cm，20.4 cm；11.4 m）和小径木（8～12 cm，10.2 cm；8.4 m）在每公顷的个体数占个体总数的比例分别为 7.2%（55 株）、40.5%（310 株）和

52.3%（400 株），群落中，小径级的个体数量最多，说明林下幼树更新良好（陈炳浩和陈楚莹，1980）。

7.6 生物量与生产力

由于森林生态系统结构复杂，系统中各组分生物量的实际观测难度较大，通常以单位时间、单位面积的木材生长量（平均生长量和连年生长量）和现存量，即蓄积量来衡量森林群落的生物生产力。树木生产力及林地蓄积量与群落生长发育阶段、群落结构和环境条件密切相关。据《山西森林》（《山西森林》编辑委员会，1992）记载，在管涔林区秋千沟林场白扦林的固定标准地中，白扦林单位面积的蓄积量在不同的年龄阶段存在差异，在林龄为 44 年、49 年、54 年、59 年、65 年和 69 年时，每公顷蓄积量分别是 166.0 m^3、216.1 m^3、240.7 m^3、270.9 m^3、305.3 m^3 和 325.1 m^3；69 年林龄连年生长量为 4.95 m^3/（hm^2·a），平均生长量为 4.7116 m^3/（hm^2·a）；62 年生的树干材积为 0.386 74 m^3/（hm^2·a），年平均生长量为 0.005 84 m^3/（hm^2·a），连年生长量为 0.012 39 m^3/（hm^2·a）（《山西森林》编辑委员会，1992）。另据郭晋平等（1996）的研究，在管涔林区秋千沟（海拔 2104～2360 m）生长的藓类云杉林（白扦+青扦），林龄为 75～77 年，平均生长量为 4.0 m^3/（hm^2·a），连年生长量为 6.0 m^3/（hm^2·a）。

陈炳浩和陈楚莹（1980）对白音敖包白扦（作者在文中鉴定为红皮云杉）林的生物量进行了观测。结果显示，沙地云杉总生物量为 109.31 t/hm^2，凋落物为 25.4 t/hm^2。乔木层生物量为 97.68 t/hm^2，占总量的 89.4%，其中树干、树枝、针叶、球果、根系的生物量分别为 45.14 t/hm^2、16.87 t/hm^2、7.83 t/hm^2、0.43 t/hm^2、27.41 t/hm^2。如果按照群落的年龄阶段分别统计，沙地白扦总生物量及树干、树枝、针叶和根系的生物量分别为 14.48 t/hm^2、5.45 t/hm^2、3.12 t/hm^2、2.07 t/hm^2 和 3.84 t/hm^2（55 年）；70.95 t/hm^2、34.44 t/hm^2、11.20 t/hm^2、4.87 t/hm^2 和 20.44 t/hm^2（106 年）；11.82 t/hm^2、5.25 t/hm^2、2.55 t/hm^2、0.89 t/hm^2 和 3.13 t/hm^2（130 年）（陈炳浩和陈楚莹，1980）。

7.7 群落动态与演替

7.7.1 种间关系

白扦林群落中的物种之间存在一定的关联。张丽霞等（2001）对芦芽山森林群落各层次物种间的关联进行了研究。结果表明，乔木层的优势种之间主要呈正相关。例如，在白扦、华北落叶松、青扦、红桦、白桦和柳类等组成的两两种对间，均存在显著正相关关系。在灌木层中，正关联的种对有黄瑞香-多花胡枝子、刚毛忍冬-高山绣线菊和三裂绣线菊-河朔荛花，负关联出现在三裂绣线菊与土庄绣线菊之间。此外，华北落叶松与三裂绣线菊、虎榛子和黄刺玫之间呈负关联，与刚毛忍冬、东北茶藨子、金花忍冬和卫矛之间为正相关。林下草本层物种间的关联现象也很普遍。负关联的种对有薹草-中华花荵、小红菊-舞鹤草、珠芽拳参-白莲蒿和薹草-白莲蒿等；正关联出现在薹草与珠芽拳参、大披针薹草、嵩草和唐松草之间。灌木层与草本层的物种间也存在关联。负关联的种对包括珠芽拳参分别与三裂绣线菊、黄刺玫、虎榛子和土庄绣线菊，小红菊与刚毛忍冬，细叶薹草与黄刺玫及大披针薹草与河朔荛花；大披针薹草、白莲蒿、唐松草、假报春和大丁草与灌木物种间为正关联。草本与乔木间的负关联种对包括细叶薹草与白扦和华北落叶松，大丁草与华北落叶松（张丽霞等，2001）。在植物群落的发展过程中，群落的物种组成和群落环境均会发生变化。在群落发展的特定阶段，物种间存在关联的现象是各物种生态习性、生物学特征的差异及种间互作模式多样性的反映。

群落中不同的物种对垂直环境梯度的响应规律不同。在管涔山，白扦林主要分布在海拔 1800～2650 m 处。白扦-华北落叶松混交林的海拔偏高，而白扦-青扦混交林的海拔偏低。白扦林下草本植物的物种组成在垂直环境梯度上表现出更为复杂的特征。李燕军（1986）在该海拔范围内调查了 66 个 400 m^2 的样方，共记录到 79 种草本植物，其中 57 种至少出现在两个样方中。有些物种具有较宽泛的生态幅度，如华北乌头、北方拉拉藤和紫苞风毛菊等，它们在整个海拔范围内均有分布；有些物种表现出一定的生境偏向性，如问荆、卷耳、假报春、珠芽拳参、独丽花和唐古碎米荠等，它们在高海拔地带出现的频率较高，小红菊、类叶升麻、瓣蕊唐松草、毛蕊老鹳草、舞鹤草、山野豌豆和蓝花棘豆等主要分布在低海拔地带；有些物种仅生长在一个特定的海拔范围内，如柴胡、黄精、缬草、石竹、糙苏、地榆、玉竹、大花杓兰、华北耧斗菜、歪头菜和北重楼等仅出现在海拔 1800～2200 m 处，肾叶鹿蹄草仅出现在海拔 2200～2500 m 处，而蹄叶橐吾、毛茛、羽衣草和勿忘草等仅出现在海拔 2500～2650 m 处（李燕军，1986）。上述现象说明，白扦林下的草本植物对环境变化更敏感。草本植物的物种丰富，各物种生态幅度和生态习性的差异是海拔梯度上物种替代的基础。

7.7.2　更新与演替

在采伐或火烧迹地上，白扦林的植被恢复过程将遵循植被演替的基本规律，经历的恢复阶段大致包括先锋草本植物群落、灌丛、落叶阔叶林、针阔叶混交林和白扦林。由于白扦林分布区内存在山地和沙地两种地貌类型，白扦林的次生演替过程在不同的地貌类型间会存在差异。即便是同一类型的白扦林，其演替过程或方向也可能受干扰类型和强度的影响。

据《山西森林》（《山西森林》编辑委员会，1992）记载，山西产白扦林曾经历了砍伐干扰，在 20 世纪 50 年代，山西省的白扦林大多处在中幼龄林阶段，林龄为 40～50 年，但有老龄个体散生其间。据此推测，采伐过程中曾保留了一定数量的母树，迹地上有种源补充，植被恢复良好。

据徐文铎（1983）的研究，在白音敖包沙地，白扦林具有异龄林结构，种群具有自我更新能力；杨桦林下有白扦幼苗和幼树生长，在足够长的时间尺度上，白扦将替代落叶树；林龄在 50～130 年的白扦林中，混生着树龄达 170 年以上的油松和华北落叶松个体。作者认为，在没有外界干扰的前提下，白音敖包沙地的白扦、油松和华北落叶松的优势度在时间尺度上可能相互替代，而在更早的时间尺度上，如距今 100 多年以前，群落的优势种可能是华北落叶松和油松，后被白扦替代（徐文铎，1983）。当然，华北落叶松和油松也可能是群落中的伴生种，这几种针叶树可以长期共存。

不同类型的沙地白扦林，在受到适度干扰后，其恢复的时间尺度不同。研究表明，杨桦云杉混交林和草类藓类云杉林恢复较快，藓类云杉林居中，草类云杉林和河边草地沼泽云杉林恢复较慢（郑元润和徐文铎，1996）。上述结论在云杉林受到适度的干扰，即干扰强度不超过种群忍耐极限的情况下才成立。外界干扰强度一旦超出种群可调控的范围，沙地白扦林将退化成草原或流动沙丘。

林缘侧方庇荫的环境有利于白扦幼树的生长与种群的扩展。据徐文铎（1981，1987）的研究，白音敖包沙地白扦林具有向林外扩展的趋向，在坡地北侧的扩展尤其明显（图 7.21）。此外，借助灌木丛所形成的遮阴环境，也是白扦幼树更新的重要途径。据调查，在 30 m^2 的稠李灌丛中，树高在 1 m 以上的白扦幼苗达 123 株；9 m^2 的黄柳灌丛中有 7 株幼树（徐文铎，1981）。充分利用林缘侧方庇荫的环境并辅以适当的人工措施，将有助于群落的更新和发展。

图 7.21　白音敖包沙地白扦林林缘更新的幼树（左）及幼苗（右）

Figure 7.21　Sapling (lelt), and seedlings (right) of *Picea meyeri* at the margin of *Picea meyeri* Woodland on sandlands in Baiyinaobao, Inner Mongolia

在植被恢复过程中，不同恢复阶段的群落，其结构和物种组成不同。在针阔叶混交林阶段，群落结构较复杂，物种组成丰富。来自河北小五台山的样方数据（H19）显示，在 1 个 600 m^2 的样地内，乔木的物种数达 8 种，灌木 12 种，草本 29 种。

在白扦林一个完整的更新周期中，由于资源容量的限制，群落中必然发生自梳，这是群落发育过程中的一个自然现象，也是种群结构优化的一个自我调节过程，当单位面积资源容量与物种个体数达到一个平衡点时，自梳作用即停止。此外，在树木倒伏后，林中将形成林窗，林下光照得以改善，为幼树生长创造了条件，这也是群落实现自我更新的重要途径（图 7.22）。

由于自梳作用，白扦林个体数与树高和胸径间存在负相关关系。王炜等（2000）研究发现，沙地白扦林幼树的个体数与龄级间存在如下关系式：

$$Y_s = e^{7.42-0.667X_a} \tag{7-1}$$

式中，Y_s 为各龄级幼树的个体数；X_a 为龄级。计算结果表明，每年约有 1669 株实生苗萌生，幼树的死亡率为 48.7%，每隔 5 年将有近一半的幼树死亡；当幼树高度大于 2.5 m 时，其死亡率又随树木胸径的增大而增高（王炜等，2000）。可见，沙地白扦林具有自我更新能力，但植被恢复过程中自梳作用强烈。在沙地白扦种群的自梳过程中，除了环境因子外，不同的群落类型和针叶密度等也会影响自梳过程（郑元润等，1997）。

图 7.22　内蒙古黄岗梁白扦与白桦混交林下自然更新的白扦幼苗

Figure 7.22　Saplings and seedlings of *Picea meyeri* under *Picea meyeri* and *Betula platyphylla* mixed forest in Huanggangliang, Inner Mongolia

另据《山西森林》记载，在管涔山分布的白扦林中，单位面积的个体数随年龄的增长呈减少趋势；在不同的年龄阶段，群落的自梳强度不同，林龄在 10～20 年时自梳强度最大，之后逐步降低；在 20～70 年的林龄尺度上，每隔 10 年，白扦林单位面积的个体数减少的比例分别是 32%、20%、12%、8%和 5%（《山西森林》编辑委员会，1992）。

7.8　价值与保育

中国北方森林草原的变迁与人类活动的关系大致经历了原始社会的和谐共处阶段、新石器时代以来毁林开荒的大破坏阶段和当代生态文明理念支撑下的森林保育阶段（王建文，2006）。

白扦林的自然灾害包括森林火灾、病虫害和雪折等。在 20 世纪五六十年代，白音敖包沙地白扦林曾发生两次严重的森林火灾（刘涛等，1993）。1981 年 5 月 31 日，在山西省管涔山和关帝山林区发生了大面积的雪折，白扦个体大量折损（《山西森林》编辑委员会，1992）。

与自然灾害相比较，人类活动对白扦林的影响更加深刻。近百年来，白扦林曾经历了严重破坏。在 1950 年以前，白音敖包沙地交通不便、人口稀少，白扦林受人类活动影响较轻。1950 年初建立国有林场时，白扦林的林相完整，盖度大。1960 年以后经历了高强度的择伐，乱砍滥伐现象频现。此外，林区盗猎猖獗，白扦林生态系统的食物链结构遭到破坏，森林病虫害十分严重，而滥用化学杀虫剂又造成了环境污染。1980 年，建立了白音敖包沙地白扦林自然保护区，森林保育工作逐步走向正轨（刘涛等，1993）。目前，白音敖包沙地白扦林的生境片段化现象突出，种群局部灭绝的风险较大，宜加大保育力度（徐文铎，1983，1987；王炜等，2000）。

雾灵山毗邻北京，近百年来的朝代更迭对雾灵山森林的影响极为深刻。据姜云天和谭艳梅（2000）研究，在 1915 年以前，雾灵山被清朝辟为清东陵“后龙”风水区，封禁期长达 200 年，可谓森林茂盛、古树参天；1915～1950 年，雾灵山森林经历了由官商、军阀和日伪主导的大规模的滥砍滥伐和毁林开荒，期间又遭遇火灾；至 1950 年，雾灵山的原始林多已荡然无存；1950～1982 年，森林资源的破坏现象并未停止，1972～1982 年实施的高强度采伐又对森林资源造成重创；1982 年以后，由于采取了人工辅助更新措施，人工林面积增长很快，森林得到了全面的保育与恢复。雾灵山现存的针叶林主要是人工林，以油松林和华北落叶松林居多，天然白扦林十分罕见，白扦个体零星散生在大面积的杨桦林中（王槐，1982；岳永杰等，2008；宋庆丰等，2009）。

在历史时期，山西关帝山、管涔山和五台山等地的白扦林均经历过严重破坏。1950 年以后，森林资源的管理进入了保护与经营并重的阶段，所采取的保育措施如林地抚育管理、营造人工林和禁伐等在一定程度上促进了森林植被的恢复进程。由于人工林多为华北落叶松纯林，结构简单，生境适合度较低。此外，林区的宏观定位曾经一度是国家用材林基地，许多处在中幼龄阶段的树木也在砍伐之列（李长远，1964）。根据 20 世纪 80 年代的调查资料，山西省 75%的白扦林仍然处在中龄林阶段（《山西森林》编辑委员会，1992）。据此推断，现存的白扦林可能是由 1950 年后的择伐迹地自然恢复而来，部分可能是国家天然林保护工程实施以来恢复的中幼龄林。

参 考 文 献

蔡萍, 宛涛, 张洪波, 伊卫东, 李方祯, 孟显国, 石小俊, 2009a. 沙地云杉与近缘种红皮云杉和白扦遗传多样性的 RAPD 分析. 中国农业科技导报, 11(6): 102-110.

蔡萍, 宛涛, 张洪波, 伊卫东, 孟显国, 石小俊, 2009b. 沙地云杉与其近缘种花粉形态的比较研究. 内蒙古大学学报(自然科学版), 40(6): 686-689.

陈炳浩, 陈楚莹, 1980. 沙地红皮云杉森林群落生物量和生产力的初步研究. 林业科学, 16(4): 269-278.

冯天杰, 王德艺, 李东义, 李俊英, 冯学全, 蔡万波, 1999. 雾灵山自然保护区维管植物区系的研究. 植物研究, 19(3): 259-267.

郭东罡, 上官铁梁, 马晓勇, 郝婧, 毕润成, 2014. 山西植被志(针叶林卷). 北京: 科学出版社.

郭晋平, 王石会, 康日兰, 1996. 山西华北落叶松、云杉天然林数量成熟的研究. 山西农业大学学报, 16(3): 258-261,324.

郭晋平, 王石会, 康日兰, 邱有红, 张芸香, 1997. 管涔山青扦(*Picea wilsonii*)天然林年龄结构及其动态的研究. 生态学报, 17(2): 184-189.
郭泉水, 王德艺, 冯天杰, 李东义, 蔡万坡, 1999. 雾灵山落叶阔叶林采伐迹地物种多样性和植物种群动态变化研究. 应用生态学报, 10(6): 645-649.
《河北植被》编辑委员会, 1996. 河北植被. 北京: 科学出版社.
黄三祥, 2004. 沙地云杉生态学特性及引种研究. 北京: 北京林业大学硕士学位论文.
江源, 杨艳刚, 董满宇, 张文涛, 任斐鹏, 2009. 芦芽山林线白杄与华北落叶松径向生长特征比较. 应用生态学报, 20(6): 1271-1277.
姜云天, 谭艳梅, 2000. 近代雾灵山森林植被的变迁. 河北林业科技, (4): 33-44.
姜云天, 谭燕梅, 2001. 雾灵山自然保护区的森林资源及动态. 河北林果研究, 16(3): 274-279.
康才周, 刘世增, 李得禄, 魏林源, 朱国庆, 朱淑娟, 2010. 干旱荒漠区沙地云杉育苗技术及幼苗生长规律研究. 安徽农业科学, 38(25): 13713-13716.
李长远, 1964. 在管涔山林区的考察. 山西农业科学, (1): 8-11.
李春红, 蓝登明, 周世权, 赵杏花, 邢菊香, 2008. 内蒙古白音敖包沙地云杉分类学研究. 干旱区资源与环境, 22(2): 164-169.
李贺, 张维康, 王国宏, 2012. 中国云杉林的地理分布与气候因子间的关系. 植物生态学报, 36: 372-381.
李燕军, 1986. 管涔山北部寒温性针叶林下草本植物分布特点分析. 植物生态学与地植物学丛刊, 10(3): 218-227.
梁存柱, 王炜, 刘钟龄, 刘书润, 1997. 大兴安岭南部山地植物区系多样性研究. 内蒙古大学学报(自然科学版), 28(4): 553-562.
梁尔源, 邵雪梅, 胡玉熹, 林金星, 2001. 内蒙古草原沙地白扦年轮生长指数的变异. 植物生态学报, 25(2): 190-194.
林涛, 白玉娥, 魏青芸, 方亮, 2005. 光照、温度和水分条件对沙地云杉种子萌发影响的研究. 干旱区资源与环境, 19(2): 188-191.
刘全儒, 张潮, 康慕谊, 2004. 小五台山种子植物区系研究. 植物研究, 24(4): 499-506.
刘涛, 刘广田, 段佩山, 1993. 白音敖包沙地云杉林衰退原因及恢复发展对策. 内蒙古林业科技, (4): 26-28.
吕赞韶, 侯箕, 孙拖焕, 李万章, 闻再三, 1991. 利用解析木编制云杉落叶松天然林生长过程表. 山西林业科技, (1): 20-24.
马子清, 上官铁梁, 滕崇德, 2001. 山西植被. 北京: 中国科学技术出版社.
孟祥晋, 2001. 雾灵山植被垂直分布状况. 河北林业科技, (1): 41-42.
《内蒙古森林》编辑委员会, 1989. 内蒙古森林. 北京: 中国林业出版社.
茹文明, 张峰, 2000. 山西五台山种子植物区系分析. 植物研究, 20(1): 36-47.
《山西森林》编辑委员会, 1992. 山西森林. 北京: 中国林业出版社.
上官铁梁, 2001. 恒山种子植物区系地理成分分析. 西北植物学报, 21(5): 958-965.
上官铁梁, 张峰, 邱富财, 1999. 芦芽山自然保护区种子植物区系地理成分分析. 武汉植物学研究, 17(4): 323-331.
宋庆丰, 杨新兵, 鲁绍伟, 王晓燕, 李东义, 2009. 河北雾灵山典型森林群落物种多样性研究. 林业资源管理, (6): 70-76.
王德艺, 李东义, 冯学全, 2003. 暖温带森林生态系统. 北京: 中国林业出版社.
王槐, 1982. 河北雾灵山植被概况. 植物生态学与地植物学丛刊, (1): 81-83.
王建文, 2006. 中国北方地区森林、草原变迁和生态灾害的历史研究. 北京: 北京林业大学博士学位论文.
王炜, 梁存柱, 李洪峰, 刘钟龄, 宝音陶格涛, 2000. 白音锡勒草原沙地云杉林的性质、可能成因及自然更新能力的初步研究. 干旱区资源与环境, 14(2): 59-64.

魏伟, 1999. 分子生态学概述//季维智, 宿兵. 遗传多样性研究的原理与方法. 杭州: 浙江科学技术出版社.
乌弘奇, 1986. 云杉属一新变种. 植物研究, 6(2): 153-155.
吴征镒, 1991. 中国种子植物属的分布区类型. 云南植物研究, (增刊Ⅳ): 1-139.
吴征镒, 周浙昆, 李德铢, 彭华, 孙航, 2003. 世界种子植物科的分布区类型系统. 云南植物研究, 25(3): 245-257.
徐文铎, 1981. 内蒙沙地白杆林的群落学特征. 东北林学院学报, (2): 61-68.
徐文铎, 1983. 内蒙古沙地的白扦和白扦林. 植物生态学与地植物学丛刊, 7(1): 1-7.
徐文铎, 1987. 内蒙古沙地白扦林的植物组成和生态环境调查. 沈阳农业大学学报, 18(4): 19-27.
徐文铎, 1999. 沙地云杉新种的鉴定及其对我国北方生态环境建设意义. 应用生态学报, (3): 361.
徐文铎, 李维典, 郑沅, 1994. 内蒙古沙地云杉分类的研究. 植物研究, 14(1): 59-68.
徐文铎, 刘广田, 1998. 内蒙古白音敖包自然保护区沙地云杉林生态系统研究. 北京: 中国林业出版社.
徐文铎, 郑元润, 1993. 沙地云杉苗期生长与干物质生产关系的研究. 应用生态学报, 4(1): 1-6.
徐文铎, 郑元润, 刘广田, 1993. 内蒙古沙地云杉生长与生态条件关系的研究. 应用生态学报, 4(4): 368-373.
杨晓光, 2008. 半干旱地区沙地云杉播种育苗试验. 防护林科技, (4): 23-25.
杨艳刚, 张文涛, 任斐鹏, 王耿锐, 董满宇, 2009. 芦芽山林线组成树种白杆径向生长特征及其与环境因子的关系. 生态学报, 29(12): 6793-6804.
于澎涛, 刘鸿雁, 崔海亭, 2002. 小五台山北台林线附近的植被及其与气候条件的关系分析. 应用生态学报, 13(5): 523-528.
岳永杰, 余新晓, 牛丽丽, 孙庆艳, 李金海, 武军, 2008. 北京雾灵山植物群落结构及物种多样性特征. 北京林业大学学报, 30(S2): 166-170.
张峰, 上官铁梁, 郑凤英, 1998. 山西关帝山种子植物区系研究. 植物研究, 18(1): 20-27.
张金屯, 1986. 五台山植被类型及分布. 山西大学学报(自然科学版), (2): 89-93.
张金屯, 1987. 芦芽山森林优势植物种群竞争与群落演替. 山西大学学报(自然科学版), (2): 83-87.
张金屯, 1989. 山西芦芽山植被垂直带的划分. 地理科学, 9(4): 346-353.
张丽霞, 张峰, 上官铁梁, 2001. 芦芽山植物群落种间关系的研究. 西北植物学报, 21(6): 1085-1091.
张丽珍, 牛伟, 郭晋平, 张芸香, 2005. 关帝山寒温性针叶林土壤营养状况与林下更新关系研究. 西北植物学报, 25(7): 1329-1334.
郑元润, 徐文铎, 1996. 沙地云杉种群稳定性研究. 生态学杂志, 15(6): 13-16.
郑元润, 张新时, 徐文铎, 1997. 沙地云杉种群调节的研究. 植物生态学报, 21(4): 312-318.
中国科学院《中国自然地理》编辑委员会, 1983. 中国自然地理: 植物地理(上册). 北京: 科学出版社.
中国科学院内蒙宁夏综合考察队, 1985. 内蒙古植被(下册). 北京: 科学出版社.
中国科学院南京土壤研究所土壤分中心, 2009. 中国土壤数据库(http: //www.soil.csdb.cn)2012 年 12 月 15 日.
中国科学院中国植被图编辑委员会, 2007. 中华人民共和国植被图(1∶1 000 000). 北京: 地质出版社.
中国科学院中国植物志编辑委员会, 1978. 中国植物志(第七卷). 北京: 科学出版社.
中国林业科学研究院林业研究所, 1986. 中国森林土壤. 北京: 科学出版社.
中国森林编辑委员会, 1999. 中国森林(第 2 卷 针叶林). 北京: 中国林业出版社.
中国植被编辑委员会, 1980. 中国植被. 北京: 科学出版社.
朱洪涛, 2010. 三种云杉的谱系地理与物种界定. 兰州: 兰州大学硕士学位论文.
朱毓永, 王桂忠, 2002. 雾灵山森林生态系统及管理保护. 承德民族师专学报, 22(2): 56-58.
邹春静, 韩士杰, 徐文铎, 李道棠, 2003. 沙地云杉生态型对干旱胁迫的生理生态响应. 应用生态学报, 14(9): 1446-1450.

邹春静，马永亮，张超，徐文铎, 2006b. 沙地云杉生态型表观性状分化. 辽宁林业科技, (3): 4-6.
邹春静，盛晓峰，徐文铎，韩士杰，2005. 沙地云杉生态型同工酶研究. 应用与环境生物学报，11(2): 138-140.
邹春静，徐文铎，靳牡丹，宋晴，2007. 干旱胁迫对沙地云杉生态型保护酶活性的影响. 干旱区研究, 24(6): 810-814.
邹春静，徐文铎，马永亮，张超, 2006a. 沙地云杉林植物区系特征的研究. 内蒙古林业科技, (2): 1-4.
《河北森林》编辑委员会, 1988. 河北森林. 北京：中国林业出版社.
Liu H. Y., Cui H. T., Pott R., Speier M., 2000. Vegetation of the woodland-steppe transition at the southeastern edge of the Inner Mongolian plateau. Journal of Vegetation Science, 11(4): 525-532.
Liu H. Y., Tang Z. Y., Dai J. H., Tang Y. X., Cui H. T., 2002. Larch timberline and its development in north China. Mountain Research and Development, 22(4): 359-367.
Zhang J. T., 2002. A study on relations of vegetation, climate and soils in Shanxi Province, China. Plant Ecology, 162(1): 23-31.

第 8 章　红皮云杉林 *Picea koraiensis* Mixed Needleleaf and Broadleaf Forest Alliance

红皮云杉林—中国植被，1980：191；中国森林（第 2 卷 针叶林），1999：698-704；中国大兴安岭植被，1991：80-88；红皮云杉、臭冷杉林，臭冷杉、红皮云杉林，红皮云杉、臭冷杉、鱼鳞云杉林—中国小兴安岭植被，1994：54-91；云冷杉林—吉林森林，1988：179-193。

系统编码：PK

8.1　地理分布、自然环境及生态特征

8.1.1　地理分布

红皮云杉林分布于大兴安岭东北部、小兴安岭、张广才岭、完达山和长白山等地，地理坐标范围 41°40′N～53°15′N，122°E～131°E（图 8.1）；跨越的行政区域包括黑龙江省的中东部、北部及西北部，吉林省的东南部；垂直分布范围是 250～1100 m，各地间存在差异，具体为大兴安岭 450～820 m，小兴安岭 250～430 m，张广才岭 400～950 m，长白山 1000～1100（1800）m。

在中国植被区划系统中，红皮云杉林属于温带针叶、落叶阔叶混交林区和寒温带针叶林区（中国科学院中国植被图编辑委员会，2007），具有明显的水平地带性特征。由于生长在土壤水分条件较好的山麓、河谷、溪旁和河漫滩（图 8.2），有学者认为红皮云杉林或具有隐域特征。例如，在小兴安岭低山丘岭及河谷地带，海拔 200～300 m，生长着以臭冷杉和红皮云杉为共优种的“谷地云冷杉林”，其可能具有隐域性质（李文华，1980）。在内蒙古白音敖包沙地上生长的白扦林，隐域性质更加明显。沙地白扦的形态特征与红皮云杉接近，它主要生长在地形平缓起伏、地下水位较高的沙地，其生境条件完全不同于排水良好的山地环境。沙地白扦和红皮云杉在生态习性与形态特征方面的相似性是否存在内在的关联，尚待观察。

8.1.2　自然环境

8.1.2.1　地貌

红皮云杉林分布于中国东北地区西部、北部和东部的山地丘陵区，地貌由低山丘岭、河谷和平原组成，包括大兴安岭北部、小兴安岭和长白山及东北平原，主要生长在山麓、河谷、溪旁和河漫滩阶地；其分布区与鱼鳞云杉林重叠，区内地貌类型的详细描述可参见第 17 章。

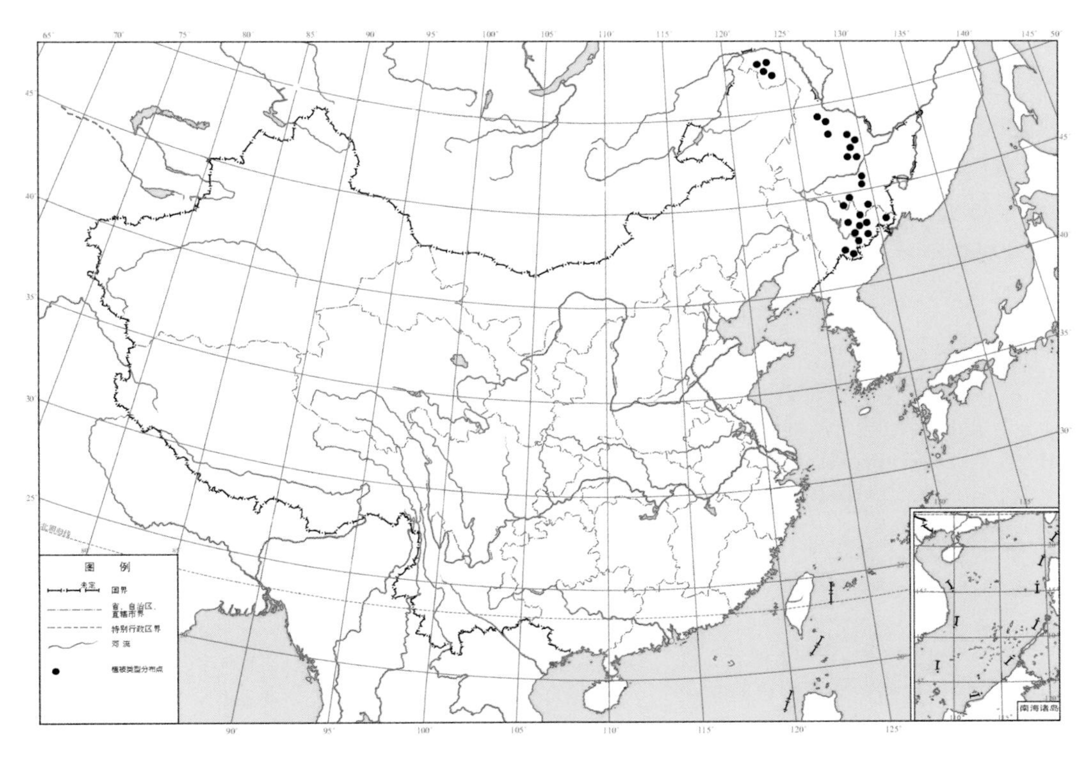

图 8.1 红皮云杉林的地理分布

Figure 8.1 Distribution of *Picea koraiensis* Mixed Needleleaf and Broadleaf Forest Alliance

图 8.2 小兴安岭低山坡地带（左）和长白山（右）红皮云杉针阔叶混交林的外貌

Figure 8.2 Physiognomy of communities of *Picea koraiensis* Mixed Needleleaf and Broadleaf Forest Alliance in low hillside in Xiaoxinganling (left) and Mt. Changbai (right)

8.1.2.2 气候

红皮云杉林与鱼鳞云杉林的气候条件相似，在中国气候区划中属于中温带湿润、亚湿润区。夏季受东南季风的影响，降雨丰沛，气候温暖湿润；冬季受大陆性气候的影响，低温严寒。由于纬度较高，热量条件受限，生长季短，环境条件温凉湿润。林内在冬季积雪深厚，土壤永冻层和季节性冻层广泛发育，水分下渗受阻，在低洼处积水成泽。与鱼鳞云杉林相比较，红皮云杉林主要生长在地下水位较高的山麓、谷地和河岸，逆温效应导致了局部湿冷的气候条件。

我们随机测定了红皮云杉林分布区内 53 个样点的地理坐标（图 8.1），利用插值方法提取了每个样点的生物气候数据，各气候因子的均值依次是：年均气温 0.57℃，年均降雨量 609.53 mm，最冷月平均气温−21.12℃，最热月平均气温 19.10℃，≥0℃有效积温 2384.83℃·d，≥5℃有效积温 1464.40℃·d，年实际蒸散 346.15 mm，年潜在蒸散 519.05 mm，水分利用指数 0.65（表 8.1）。以上数据表明，红皮云杉林分布区的年均气温较低，温度年较差大，生长季节的水分和热量条件较好。

表 8.1　红皮云杉林地理分布区海拔及其对应的气候因子的描述性统计结果（*n*=53）

Table 8.1　Descriptive statistics of altitude and climatic factors in the natural range of *Picea koraiensis* Mixed Needleleaf and Broadleaf Forest Alliance in China (*n*=53)

海拔及气候因子 Altitude and climatic factors	均值 Mean	标准误 Standard error	95%置信区间 95% confidence intervals		最小值 Minimum	最大值 Maximum
海拔 Altitude（m）	677.72	44.81	587.79	767.64	341.00	1801.00
年均气温 Mean annual temperature（℃）	0.57	0.38	−0.19	1.33	−5.78	4.20
最冷月平均气温 Mean temperature of the coldest month（℃）	−21.12	0.61	−22.33	−19.90	−30.51	−15.18
最热月平均气温 Mean temperature of the warmest month（℃）	19.10	0.22	18.67	19.53	15.01	21.86
≥5℃有效积温 Growing degree days on a 5℃ basis（℃·d）	1464.40	40.46	1383.22	1545.58	779.07	1979.63
≥0℃有效积温 Growing degree days on a 0℃ basis（℃·d）	2384.83	51.10	2282.29	2487.38	1495.55	3004.75
年均降雨量 Mean annual precipitation（mm）	609.53	12.60	584.24	634.82	420.48	845.11
实际蒸散 Actual evapotranspiration（mm）	346.15	8.60	328.90	363.40	186.00	451.00
潜在蒸散 Potential evapotranspiration（mm）	519.05	9.33	500.34	537.76	217.00	598.00
水分利用指数 Water availability index	0.65	0.01	0.63	0.67	0.46	0.75

8.1.2.3　土壤

红皮云杉林的土壤类型为棕色针叶林土和沼泽土，土层薄，石砾含量高（中国林业科学研究院林业研究所，1986）。

据《中国土壤数据库》记载，在黑龙江省大兴安岭地区的塔河、漠河、新林和呼中等地，由落叶松、红松和云杉等组成的森林生长在海拔 700～800 m 的山坡上部，土壤类型为灰化棕色针叶林土的亚类，即灰馅寒棕土，成土母质为花岗岩风化残积物。根据大兴安岭植被类型及其垂直分布特征判断，这里生长的云杉应该为红皮云杉和鱼鳞云杉。《中国土壤数据库》对林下土壤的基本特征有如下记载：剖面垂直结构特征为 O-A1-B-C 型，B 层之上有一厚度在 8～12 cm 的淡灰色弱度灰化层，略呈片状结构，游离铁与络合铁的含量较高；B 和 C 层石砾含量较多，土壤质地为黏壤土至壤质黏土，黏粒的下移和淀积明显，B 层黏化值 1.2～1.3，土壤阳离子交换量 19.79 me/100g（*n*=4），土壤 pH 4.5～5.5；A1 层有机质含量 11.79%（*n*=3），腐殖质以富里酸为主，胡敏酸与富里酸比值变化幅度为 0.5～0.8，土壤化学元素含量分别为全氮 0.307%、全磷 0.077%、全钾 2.04%、碱解氮 181 ppm（即 0.0181%，下同）、速效磷 28 ppm（*n*=3），有效铜和有效锌分别为 0.8 ppm 和 9.7 ppm（*n*=4）。

漠河县的典型土壤剖面位于山地上坡，海拔 790 m，成土母质为花岗岩风化残积物，植被是由落叶松、樟子松（*Pinus sylvestris* var. *mongolica*）和白桦等组成的针阔叶混交林，与红皮云杉林同域分布，土壤特征具有参考意义。剖面基本特征摘录如下：O 层厚度为 0～3 cm，由半分解状态的枯枝落叶层组成；A1 层厚度为 3～8 cm，呈暗棕色，黏壤土，具团块结构，稍湿润，多根系，pH 为 4.6；A2 层厚度为 8～18 cm，呈淡灰色，壤质黏土，略呈鳞片状结构，较湿润，根系较少，pH 为 4.8；B 层厚度为 18～44 cm，呈黄棕色，壤质黏土，石块较多，石块底面有胶膜，pH 为 4.8；BC 层厚度为 44～60 cm，呈黄棕色，壤质黏土，多石块，pH 为 4.9。A2 层呈灰化状态，养分贮量低，且 B、C 层含石块较多；A1 层、A2 层和 B 层的厚度分别为 5 cm、10 cm 和 26 cm，有机质含量分别为 10.74%、4.70%和 2.03%，全氮含量分别为 0.31%、0.15%和 0.09%（中国科学院南京土壤研究所土壤分中心，2009）。

8.1.3　生态特征

与同域分布的鱼鳞云杉林相比较，红皮云杉林适应低湿的土壤环境，生长在河谷溪旁、河岸阶地和山麓。在排水良好的山坡，红皮云杉的竞争力不及鱼鳞云杉，数量较少。“沙地云杉”生长在内蒙古白音敖包沙地，气候属于半干旱区，其形态与白扦和红皮云杉相近，《中国植物志》将其并入红皮云杉，而英文版中国植物志（FOC）则将其并入白扦，三者的气候条件迥异。白扦林是生长在华北山地的针叶林，环境阴湿，土壤排水良好；“沙地云杉”可以忍耐大气干旱，却需要充足的地下水供给；红皮云杉林，无论是大气湿度还是土壤水分供给状况，均高于前二者。

云杉属中，针叶为四棱形且四面有气孔线的类型，即云杉组，主要分布于内陆的亚高山地带，对大陆性气候的适应性较强。红皮云杉是云杉组内对水分条件需求较高的类群，其年均降雨量仅次于云杉和青扦，年均温度低于后者（李贺等，2012）。因此，与云杉组的其他类群相比较，红皮云杉适应湿冷环境的习性十分明显。

8.2　群 落 组 成

8.2.1　科属种

在红皮云杉林的 30 个样方中记录到维管植物 236 种，隶属 68 科 175 属；其中种子植物 59 科 162 属 214 种，蕨类植物 9 科 13 属 22 种。种子植物中，裸子植物有红皮云杉、长白鱼鳞云杉、鱼鳞云杉、红松、落叶松和黄花落叶松。被子植物中，种类最多的是蔷薇科，有 29 种；其次是毛茛科和菊科，各 21 种；含 16～10 种的科依次是忍冬科、虎耳草科、百合科、莎草科、禾本科、伞形科和堇菜科；松科、豆科、茜草科、桦木科、杨柳科、槭树科、唇形科和鹿蹄草科含 9～5 种，含 4～2 种的有 22 科，其余 18 科含 1 种。林中常见的植物有辽东桤木、越桔、紫椴和喷呐草等（图 8.3）。

图 8.3 红皮云杉林中的常见植物

Figure 8.3 Constant species under *Picea koraiensis* Mixed Needleleaf and Broadleaf Forest Alliance

8.2.2 区系成分

根据中国种子植物科属区系成分的划分标准（吴征镒，1991；吴征镒等，2003），59 个种子植物科可划分为 12 个分布区类型/亚型，其中世界分布科 46%、北温带和南温带间断分布科 17%、泛热带科 14%、北温带科 8%，其余分布型所占比例在 1%～2%；162 个属可划分为 15 个分布区类型/亚型，其中北温带分布属 41%，世界分布属 14%，北温带和南温带间断分布 11%，其他成分所占比例在 1%～9%（表 8.2）。

表 8.2　红皮云杉林 59 科 162 属植物区系成分

Table 8.2　The area type of the 162 genus and 59 families of seed plant species recorded in the 30 plots sampled in *Picea koraiensis* Mixed Needleleaf and Broadleaf Forest Alliance in China

编号 No.	分布区类型 The area types	科 Family		属 Genus	
		数量 *n*	比例(%)	数量 *n*	比例(%)
1	世界广布 Widespread	27	46	23	14
2	泛热带 Pantropic	8	14	5	3
2.2	热带亚洲、热带非洲和热带美洲　Trop. Asia to Trop. Africa and Trop. Amer.	1			
3	东亚（热带、亚热带）及热带南美间断 Trop. & Subtr. E. Asia &（S.）Trop. Amer. disjuncted	2	3		
4	旧世界热带 Old World Tropics			1	1
8	北温带 N. Temp.	5	8	67	41
8.1	环极 Circumpolar	1	2	3	2
8.2	北极-高山 Arctic-Alpine	1	2	1	1
8.4	北温带和南温带间断 N. Temp. & S. Temp. disjuncted	10	17	17	11
8.5	欧亚与南北温带间断 Eurasia & Temp. S. Amer. Disjuncted	1	2		
9	东亚和北美间断 E. Asia & N. Amer. disjuncted	1	2	15	9
9.1	东亚和墨西哥间断分布 E. Asia & Mexico disjuncted			1	1
10	旧世界温带 Temp. Eurasia			13	8
10.2	地中海区和喜马拉雅间断分布 Mediterranea & Himalaya disjuncted				
10.3	欧亚和南非洲间断 Eurasia & S. Afr. disjuncted	1	2	2	1
11	温带亚洲 Temp. Asia			4	5
12.3	地中海区至温带-热带亚洲、大洋洲和南美洲间断分布 Mediterranea to Temp.-Trop. Asia，with Australasia and/or S. N. to S. Amer. disjuncted			1	1
14	东亚 E. Asia	1	2	8	5
15	中国特有 Endemic to China			1	1
合计 Total		59	100	162	100

注：物种名录根据 30 个样方数据整理

8.2.3　生活型

在红皮云杉林中，木本植物和草本植物所占比例分别是 37%和 63%。木本植物中，落叶植物占优势，常绿植物所占比例较低。乔木、灌木、藤本的比例分别是 13%、21%、1%。草本植物中，多年生直立杂草类所占比例较高，其次是多年生禾草类和莲座类，一年生植物稀少。红皮云杉林呈针阔叶混交林外貌，乔木层由常绿和落叶乔木组成；灌木层中，落叶灌木占优势，常绿匍匐灌木可在局部形成特色鲜明的层片；草本层由多年生杂草，根茎、球茎葱类草本和丛生禾草组成，蕨类植物数量较多（表 8.3）。

表 8.3 红皮云杉林 236 种维管植物生活型谱（%）

Table 8.3 Life-form spectrum (%) of the 236 vascular plant species recorded in the 30 plots sampled in *Picea obovata* Mixed Needleleaf and Broadleaf Forest Alliance in China

木本植物 Woody plants	乔木 Tree		灌木 Shrub		藤本 Liana		竹类 Bamboo	蕨类 Fern	寄生 Phytoparasite	附生 Epiphyte
	常绿 Evergreen	落叶 Deciduous	常绿 Evergreen	落叶 Deciduous	常绿 Evergreen	落叶 Deciduous				
37	2	11	2	19	0	1	0		0	0

陆生草本 Terrestrial herbs	多年生 Perennial					一年生 Annual		蕨类 Fern	寄生 Phytoparasite	腐生 Saprophyte
	禾草型 Grass	直立杂草类 Forbs	莲座垫状 Rosette	附生 Epiphyte	藤本 Liana	短生型 Ephemeral	非短生型 None-ephemeral			
63	11	35	7	0	4	0	0.3	6	0	0

注：物种名录来自 30 个样方数据

8.3 群落结构

红皮云杉林呈针阔叶混交林外貌，针叶树的树冠呈尖塔状、色泽墨绿，与树冠浑圆、色泽亮绿的阔叶树相间混生。垂直结构可划分为乔木层、灌木层、草本层和苔藓层。

乔木层的盖度在 40%～90%，高度可达 30 m；物种丰富度在不同的产地间变化较大，以 30 m×30 m 的样方为例，在大、小兴安岭为 4～9 种，在长白山可达 19 种之多。垂直结构复杂，可划分出 2～3 个亚层；大乔木层由黄花落叶松、落叶松和红松等偏阳性树种组成；中乔木层由红皮云杉、臭冷杉和长白鱼鳞云杉组成，偶有鱼鳞云杉混生；小乔木层由针叶树的幼树和落叶阔叶树组成，常见的阔叶树有白桦、辽东桤木、紫椴和青楷枫等。

林下有明显的灌木层和草本层。灌木层的物种组成在不同的产地间存在差异，在小兴安岭，毛榛、珍珠梅、蔷薇、蓝果忍冬、刺五加和绣线菊等中性偏阴的灌木较常见；在大兴安岭，常绿小灌木越桔和杜香为优势种。草本层的常见植物有大叶章、毛缘薹草、宽叶薹草、红花鹿蹄草、舞鹤草、唢呐草、东方草莓和白花酢浆草等。

苔藓呈斑块状，在岩石上较多，在树干基部也有生长，塔藓和拟垂枝藓较常见。

8.4 群落类型

乔木层的物种组成和分层特征是划分群丛组的重要依据。落叶阔叶树的物种较丰富，优势种不明显，在群丛组的命名中以“阔叶乔木”代之。灌木层和草本层的盖度与物种组成是划分群丛的重要依据。

基于 30 个样方的数量分类结果及相关文献资料，红皮云杉林可划分出 4 个群丛组 5 个群丛（表 8.4a，表 8.4b，表 8.5）。

表 8.4 红皮云杉林群落分类简表

Table 8.4　Synoptic table of *Picea koraiensis* Mixed Needleleaf and Broadleaf Forest Alliance in China

表 8.4a　群丛组分类简表

Table 8.4a　Synoptic table for association group

群丛组号 Association group number			I	II	III	IV
样地数 Number of plots		L	10	6	7	7
缬草	*Valeriana officinalis*	6	50	17	0	0
北野豌豆	*Vicia ramuliflora*	6	50	33	0	0
宽叶薹草	*Carex siderosticta*	6	80	83	0	14
东北风毛菊	*Saussurea manshurica*	6	60	67	0	0
短毛独活	*Heracleum moellendorffii*	6	60	67	0	0
和尚菜	*Adenocaulon himalaicum*	6	0	83	0	0
藜芦	*Veratrum nigrum*	6	10	67	0	0
林地早熟禾	*Poa nemoralis*	6	50	100	0	0
问荆	*Equisetum arvense*	6	50	100	0	0
齿叶风毛菊	*Saussurea neoserrata*	6	50	100	0	0
狭叶荨麻	*Urtica angustifolia*	6	30	83	0	0
东北羊角芹	*Aegopodium alpestre*	6	60	100	0	0
紫斑风铃草	*Campanula punctata*	6	40	83	0	0
珍珠梅	*Sorbaria sorbifolia*	4	40	83	0	0
大叶猪殃殃	*Galium dahuricum*	6	40	83	0	0
北重楼	*Paris verticillata*	6	40	83	0	0
四叶重楼	*Paris quadrifolia*	6	20	67	0	0
深山堇菜	*Viola selkirkii*	6	30	100	0	43
小玉竹	*Polygonatum humile*	6	50	83	0	0
尖萼耧斗菜	*Aquilegia oxysepala*	6	10	50	0	0
北附地菜	*Trigonotis radicans*	6	30	67	0	0
五福花	*Adoxa moschatellina*	6	30	67	0	0
绣线菊	*Spiraea salicifolia*	4	60	83	0	0
落新妇	*Astilbe chinensis*	6	60	83	0	0
薄叶乌头	*Aconitum fischeri*	6	40	67	0	0
铃兰	*Convallaria majalis*	6	40	67	0	0
杠板归	*Polygonum perfoliatum*	6	20	50	0	0
水珠草	*Circaea canadensis* subsp. *quadrisulcata*	6	20	50	0	0
水金凤	*Impatiens noli-tangere*	6	30	67	0	14
蓝果忍冬	*Lonicera caerulea*	4	60	100	0	57
春榆	*Ulmus davidiana* var. *japonica*	1	10	50	0	14
毛榛	*Corylus mandshurica*	4	60	83	0	29
山尖子	*Parasenecio hastatus*	6	40	67	0	14
黑水鳞毛蕨	*Dryopteris amurensis*	6	30	67	0	29
白花酢浆草	*Oxalis acetosella*	6	40	83	0	57
珍珠梅	*Sorbaria sorbifolia*	1	0	0	57	0

续表

群丛组号 Association group number			I	II	III	IV
样地数 Number of plots		L	10	6	7	7
蒙古栎	*Quercus mongolica*	1	0	0	71	14
黄花落叶松	*Larix olgensis*	1	0	0	100	71
水曲柳	*Fraxinus mandschurica*	1	20	17	71	0
山杨	*Populus davidiana*	1	10	33	100	86
紫椴	*Tilia amurensis*	1	30	50	100	71
库页堇菜	*Viola sacchalinensis*	6	0	0	0	100
长白鱼鳞云杉	*Picea jezoensis* var. *komarovii*	1	0	0	0	86
矮茶藨子	*Ribes triste*	4	10	0	0	100
臭冷杉	*Abies nephrolepis*	4	0	0	0	71
长白忍冬	*Lonicera ruprechtiana*	4	0	0	0	71
兴安一枝黄花	*Solidago dahurica*	6	0	0	0	71
乌苏里薹草	*Carex ussuriensis*	6	0	0	0	57
唢呐草	*Mitella nuda*	6	0	0	0	57
长白茶藨子	*Ribes komarovii*	4	0	0	0	43
欧洲羽节蕨	*Gymnocarpium dryopteris*	6	0	0	0	43
木贼	*Equisetum hyemale*	6	0	0	0	43
华北忍冬	*Lonicera tatarinowii*	4	0	0	0	43
软枣猕猴桃	*Actinidia arguta*	4	0	0	0	43
大黄柳	*Salix raddeana*	1	0	0	0	43
花楸树	*Sorbus pohuashanensis*	1	0	0	0	43
东北蹄盖蕨	*Athyrium brevifrons*	6	0	0	0	43
散花唐松草	*Thalictrum sparsiflorum*	6	0	0	0	43
粟草	*Milium effusum*	6	0	0	0	43
瘤枝卫矛	*Euonymus verrucosus*	4	30	50	0	100
花楷枫	*Acer ukurunduense*	4	0	17	0	57
皱果薹草	*Carex dispalata*	6	20	0	0	57
红松	*Pinus koraiensis*	4	20	0	0	57
毛山楂	*Crataegus maximowiczii*	1	0	0	0	29
大花臭草	*Melica grandiflora*	6	0	0	0	29
毛山楂	*Crataegus maximowiczii*	4	0	0	0	29
欧洲冷蕨	*Cystopteris sudetica*	6	0	0	0	29
广布鳞毛蕨	*Dryopteris expansa*	6	0	0	0	29
北极花	*Linnaea borealis*	6	0	0	0	29
卵果蕨	*Phegopteris connectilis*	6	0	0	0	29
蓝果忍冬	*Lonicera caerulea*	4	0	0	0	29
红鞘薹草	*Carex erythrobasis*	6	0	0	0	29
蕨	*Pteridium* sp.	6	0	0	0	29
高山露珠草	*Circaea alpina*	6	0	0	0	29
红皮云杉	*Picea koraiensis*	4	10	0	0	43

续表

群丛组号 Association group number			I	II	III	IV
样地数 Number of plots		L	10	6	7	7
青楷枫	*Acer tegmentosum*	4	10	17	0	57
东北茶藨子	*Ribes mandshuricum*	4	20	33	0	71
毛缘薹草	*Carex pilosa*	6	90	100	0	0
蚊子草	*Filipendula palmata*	6	70	83	0	0
唐松草	*Thalictrum aquilegiifolium* var. *sibiricum*	6	70	100	0	0
舞鹤草	*Maianthemum bifolium*	6	60	100	0	100

表 8.4b　群丛分类简表

Table 8.4b　Synoptic table for association

群丛组号 Association group number			I	I	II	III	IV
群丛号 Association number			1	2	3	4	5
样地数 Number of plots		L	8	2	6	7	7
缬草	*Valeriana officinalis*	6	63	0	17	0	0
北野豌豆	*Vicia ramuliflora*	6	63	0	33	0	0
三脉山黧豆	*Lathyrus komarovii*	6	38	0	17	0	0
暴马丁香	*Syringa reticulata* subsp. *amurensis*	4	38	0	17	0	0
歧茎蒿	*Artemisia igniaria*	6	38	0	17	0	0
林生茜草	*Rubia sylvatica*	6	38	0	17	0	0
黄花乌头	*Aconitum coreanum*	6	38	0	17	0	0
宽叶薹草	*Carex siderosticta*	6	88	50	83	0	14
匍枝委陵菜	*Potentilla flagellaris*	6	0	100	0	0	0
四花薹草	*Carex quadriflora*	6	0	100	0	0	0
玉竹	*Polygonatum odoratum*	6	0	100	0	0	0
卷耳	*Cerastium arvense* subsp. *strictum*	6	0	100	17	0	0
辽东桤木	*Alnus hirsuta*	1	0	100	17	0	0
和尚菜	*Adenocaulon himalaicum*	6	0	0	83	0	0
藜芦	*Veratrum nigrum*	6	13	0	67	0	0
狭叶荨麻	*Urtica angustifolia*	6	38	0	83	0	0
林地早熟禾	*Poa nemoralis*	6	63	0	100	0	0
问荆	*Equisetum arvense*	6	63	0	100	0	0
齿叶风毛菊	*Saussurea neoserrata*	6	63	0	100	0	0
四叶重楼	*Paris quadrifolia*	6	25	0	67	0	0
尖萼耧斗菜	*Aquilegia oxysepala*	6	13	0	50	0	0
北重楼	*Paris verticillata*	6	50	0	83	0	0
大叶猪殃殃	*Galium dahuricum*	6	50	0	83	0	0
北附地菜	*Trigonotis radicans*	6	38	0	67	0	0
五福花	*Adoxa moschatellina*	6	38	0	67	0	0
小玉竹	*Polygonatum humile*	6	63	0	83	0	0
杠板归	*Polygonum perfoliatum*	6	25	0	50	0	0

续表

群丛组号 Association group number			I	I	II	III	IV
群丛号 Association number			1	2	3	4	5
样地数 Number of plots		L	8	2	6	7	7
水珠草	*Circaea canadensis* subsp. *quadrisulcata*	6	25	0	50	0	0
春榆	*Ulmus davidiana* var. *japonica*	1	13	0	50	0	14
薄叶乌头	*Aconitum fischeri*	6	50	0	67	0	0
铃兰	*Convallaria majalis*	6	50	0	67	0	0
深山堇菜	*Viola selkirkii*	6	25	50	100	0	43
水金凤	*Impatiens noli-tangere*	6	38	0	67	0	14
紫斑风铃草	*Campanula punctata*	6	38	50	83	0	0
珍珠梅	*Sorbaria sorbifolia*	4	38	50	83	0	0
蓝果忍冬	*Lonicera caerulea*	4	75	0	100	0	57
山尖子	*Parasenecio hastatus*	6	50	0	67	0	14
黑水鳞毛蕨	*Dryopteris amurensis*	6	38	0	67	0	29
白花酢浆草	*Oxalis acetosella*	6	50	0	83	0	57
落新妇	*Astilbe chinensis*	6	63	50	83	0	0
绣线菊	*Spiraea salicifolia*	4	63	50	83	0	0
毛缘薹草	*Carex pilosa*	6	88	100	100	0	0
珍珠梅	*Sorbaria sorbifolia*	1	0	0	0	57	0
蒙古栎	*Quercus mongolica*	1	0	0	0	71	14
黄花落叶松	*Larix olgensis*	1	0	0	0	100	71
水曲柳	*Fraxinus mandschurica*	1	25	0	17	71	0
紫椴	*Tilia amurensis*	1	38	0	50	100	71
山杨	*Populus davidiana*	1	0	50	33	100	86
库页堇菜	*Viola sacchalinensis*	6	0	0	0	0	100
长白鱼鳞云杉	*Picea jezoensis* var. *komarovii*	1	0	0	0	0	86
兴安一枝黄花	*Solidago dahurica*	6	0	0	0	0	71
长白忍冬	*Lonicera ruprechtiana*	4	0	0	0	0	71
臭冷杉	*Abies nephrolepis*	4	0	0	0	0	71
乌苏里薹草	*Carex ussuriensis*	6	0	0	0	0	57
唢呐草	*Mitella nuda*	6	0	0	0	0	57
软枣猕猴桃	*Actinidia arguta*	4	0	0	0	0	43
长白茶藨子	*Ribes komarovii*	4	0	0	0	0	43
华北忍冬	*Lonicera tatarinowii*	4	0	0	0	0	43
粟草	*Milium effusum*	6	0	0	0	0	43
散花唐松草	*Thalictrum sparsiflorum*	6	0	0	0	0	43
东北蹄盖蕨	*Athyrium brevifrons*	6	0	0	0	0	43
花楸树	*Sorbus pohuashanensis*	1	0	0	0	0	43
木贼	*Equisetum hyemale*	6	0	0	0	0	43
大黄柳	*Salix raddeana*	1	0	0	0	0	43
欧洲羽节蕨	*Gymnocarpium dryopteris*	6	0	0	0	0	43

续表

群丛组号 Association group number			I	I	II	III	IV
群丛号 Association number			1	2	3	4	5
样地数 Number of plots		L	8	2	6	7	7
广布鳞毛蕨	*Dryopteris expansa*	6	0	0	0	0	29
北极花	*Linnaea borealis*	6	0	0	0	0	29
大花臭草	*Melica grandiflora*	6	0	0	0	0	29
欧洲冷蕨	*Cystopteris sudetica*	6	0	0	0	0	29
卵果蕨	*Phegopteris connectilis*	6	0	0	0	0	29
蕨	*Pteridium* sp.	6	0	0	0	0	29
毛山楂	*Crataegus maximowiczii*	1	0	0	0	0	29
红鞘薹草	*Carex erythrobasis*	6	0	0	0	0	29
蓝果忍冬	*Lonicera caerulea*	4	0	0	0	0	29
高山露珠草	*Circaea alpina*	6	0	0	0	0	29
毛山楂	*Crataegus maximowiczii*	4	0	0	0	0	29
矮茶藨子	*Ribes triste*	4	0	50	0	0	100
花楷枫	*Acer ukurunduense*	4	0	0	17	0	57
红皮云杉	*Picea koraiensis*	4	13	0	0	0	43
皱果薹草	*Carex dispalata*	6	25	0	0	0	57
红松	*Pinus koraiensis*	4	25	0	0	0	57
瘤枝卫矛	*Euonymus verrucosus*	4	38	0	50	0	100
青楷枫	*Acer tegmentosum*	4	13	0	17	0	57
东北茶藨子	*Ribes mandshuricum*	4	25	0	33	0	71
蚊子草	*Filipendula palmata*	6	88	0	83	0	0
唐松草	*Thalictrum aquilegiifolium* var. *sibiricum*	6	88	0	100	0	0
东北羊角芹	*Aegopodium alpestre*	6	75	0	100	0	0
毛榛	*Corylus mandshurica*	4	75	0	83	0	29
舞鹤草	*Maianthemum bifolium*	6	63	50	100	0	100

注：表中数据为物种频率值（%），物种按诊断值（Φ）递减的顺序排列。Φ>0.20 和 Φ>0.50（P<0.05）的物种为诊断种，其频率值分别标记深色和灰色。表中标记“L”的一列为物种所在的群落层次代码，1～3 分别表示高、中和低乔木层，4 和 5 分别表示高大灌木层和低矮灌木层，6～9 分别表示草本层、幼树、幼苗和地被层

Note: The numbers in the table are percentage frequencies. The column marked with “L” is the code of community vertical layer. 1-tree layer(high); 2-tree layer(middle); 3-tree layer(low); 4 -shrub layer(high); 5-shrub layer(low); 6-herb layer(high); 7-juveniles; 8-seedlings; 9-moss layer. Species are ranked by decreasing fidelity(phi coefficient)within each association. Light and dark grey background indicates fidelity of Φ>0.20 and Φ>0.50 (P<0.05), respectively. These species are considered as diagnostic species

表 8.5　红皮云杉林的环境和群落结构信息表

Table 8.5　Data for environmental characteristic and supraterraneous stratification from of *Picea koraiensis* Mixed Needleleaf and Broadleaf Forest Alliance in China

群丛号 Association number	1	2	3	4	5
样地数 Number of plots	8	2	6	7	7
海拔 Altitude（m）	309～430	382～775	247～330	545～880	900～1140
地貌 Terrain	HI/VA	HI/VA	HI/VA	HI/VA	HI/VA

续表

群丛号 Association number	1	2	3	4	5
样地数 Number of plots	8	2	6	7	7
坡度 Slope（°）	0～18				
坡向 Aspect	SW				
物种数 Species	11～64	26～28	38～64	7～14	37～60
乔木层 Tree layer					
盖度 Cover（%）	40～80	70	60～90		40～70
胸径 DBH（cm）	3～89	4～26	3～55	4～44	3～76
高度 Height（m）	3～35	4～31	3～35		3～33
灌木层 Shrub layer					
盖度 Cover（%）	20	10～70	20～30		20～75
高度 Height（cm）	10～300	4～137	10～100		10～260
草本层 Herb layer					
盖度 Cover（%）	40～45	35～50	20～55		25
高度 Height（cm）	3～120	2～50	4～78		3～75
地被层 Ground layer					
盖度 Cover（%）					
高度 Height（cm）					

MO：山地 Montane；HI：山麓 Hillside；VA：河谷 Valley；RI：河边 Riverside；PL：平地 Plain；SA：沙地 Sandland；N：北坡 Northern slope；W：西坡 Western slope；NW：西北坡 Northwestern slope；NE：东北坡 Northeastern slope；S：南坡 Southern slope；SW：西南坡 Southwestern slope；SE：东南坡 Southeastern slope；E：东坡 Eastern slope

群丛组、群丛检索表

A1 乔木层由红皮云杉和白桦、辽东桤木、紫椴与枫等多种阔叶乔木组成，或有其他针叶树混生，但数量稀少，不构成共优种；分布于大、小兴安岭。**PKⅠ 红皮云杉-阔叶乔木-灌木-草本 针阔叶混交林 *Picea koraiensis*-Broadleaf Trees-Shrubs-Herbs Mixed Needleleaf and Broadleaf Forest**

B1 乔木层由红皮云杉和白桦组成，二者为共优种，毛榛、暴马丁香和缬草等是特征种。**PK1 红皮云杉+白桦-毛榛-宽叶薹草 针阔叶混交林 *Picea koraiensis+Betula platyphylla-Corylus mandshurica-Carex siderosticta* Mixed Needleleaf and Broadleaf Forest**

B2 乔木层由红皮云杉和白桦、辽东桤木组成；特征种是辽东桤木和四花薹草。**PK2 红皮云杉+白桦-辽东桤木-越桔-大叶章 针阔叶混交林 *Picea koraiensis+Betula platyphylla-Alnus hirsuta-Vaccinium vitis-idaea-Deyeuxia purpurea* Mixed Needleleaf and Broadleaf Forest**

A2 乔木层物种组成复杂，除了红皮云杉和阔叶乔木外，还有臭冷杉、鱼鳞云杉、长白鱼鳞云杉、黄花落叶松、落叶松和红松等，其中的几个乔木树种可能组成共优种或者优势种不明显。

B1 乔木层由红皮云杉、臭冷杉和阔叶乔木组成。**PKⅡ 红皮云杉+臭冷杉+阔叶乔木-**

灌木-草本 针阔叶混交林 *Picea koraiensis+Abies nephrolepis*+Broadleaf Trees-Shrubs-Herbs Mixed Needleleaf and Broadleaf Forest

C 特征种是春榆、毛山楂、蓝果忍冬、水榆花楸、绣线菊、薄叶乌头、和尚菜和五福花等。**PK3 红皮云杉+臭冷杉+白桦-绣线菊-宽叶薹草 针阔叶混交林 *Picea koraiensis+Abies nephrolepis+Betula platyphylla-Spiraea salicifolia-Carex siderosticta* Mixed Needleleaf and Broadleaf Forest**

B2 乔木层除了红皮云杉和臭冷杉外，还有鱼鳞云杉、长白鱼鳞云杉、黄花落叶松、落叶松和红松等，有明显的分层现象。

C1 乔木层由黄花落叶松、红松、红皮云杉和臭冷杉组成，不出现长白鱼鳞云杉，分布于 500～900 m 的中低海拔地带。**PKⅢ 黄花落叶松/红松-红皮云杉-臭冷杉-白桦-灌木-草本 针阔叶混交林 *Larix olgensis/Pinus koraiensis-Picea koraiensis-Abies nephrolepis-Betula platyphylla*-Shrubs-Herbs Mixed Needleleaf and Broadleaf Forest**

C2 乔木层由黄花落叶松、红松、红皮云杉、臭冷杉和长白鱼鳞云杉组成，分布于 900～1200 m 的中高海拔地带。**PKⅣ 黄花落叶松-红松+长白鱼鳞云杉+红皮云杉+臭冷杉-白桦-灌木-草本 针阔叶混交林 *Larix olgensis-Pinus koraiensis+Picea jezoensis* var. *komarovii+Picea koraiensis+Abies nephrolepis-Betula platyphylla*-Shrubs-Herbs Mixed Needleleaf and Broadleaf Forest**

D 特征种是长白鱼鳞云杉、大黄柳、花楸树、青楷枫、花楷枫、软枣猕猴桃、乌苏里薹草、木贼、欧洲羽节蕨和粟草等。**PK5 黄花落叶松-红松+长白鱼鳞云杉+红皮云杉+臭冷杉-白桦-东北茶藨子-库页堇菜 针阔叶混交林 *Larix olgensis-Pinus koraiensis+Picea jezoensis* var. *komarovii+Picea koraiensis+Abies nephrolepis-Betula platyphylla-Ribes mandshuricum-Viola sacchalinensis* Mixed Needleleaf and Broadleaf Forest**

8.4.1 PKⅠ

红皮云杉-阔叶乔木-灌木-草本 针阔叶混交林

Picea koraiensis-Broadleaf Trees-Shrubs-Herbs Mixed Needleleaf and Broadleaf Forest

群落呈针阔叶混交林外貌（图 8.4）。红皮云杉是大乔木层的优势种，偶有零星的臭冷杉、落叶松和红松等混生，白桦和紫椴等落叶阔叶树居中乔木层；在中幼龄林阶段，白桦高于红皮云杉等针叶树。林下有明显的灌木层和草本层，二者的盖度通常在 20%以上。

分布于小兴安岭海拔 250～450 m 的山麓谷地、长白山海拔 1100 m 左右的山坡和大兴安岭东北部海拔 380～775 m 的山地。这里描述 2 个群丛。

8.4.1.1 PK1

红皮云杉+白桦-毛榛-宽叶薹草 针阔叶混交林

Picea koraiensis+Betula platyphylla-Corylus mandshurica-Carex siderosticta Mixed Needleleaf and Broadleaf Forest

泥炭藓、红皮云杉林（Ass. *Sphagnum* spp.，*Picea koraiensis*）—中国大兴安岭植被，1991：86-88。

图 8.4　小兴安岭“红皮云杉-阔叶乔木-灌木-草本”针阔叶混交林的垂直结构（左）、灌木层（右上）和草本层（右下）

Figure 8.4　Supraterraneous stratification (left), shrub layer (upper right) and herb layer (lower right) of a community of *Picea koraiensis*-Broadleaf Trees-Shrubs-Herbs Mixed Needleleaf and Broadleaf Forest in Xiaoxinganling, Heilongjiang

凭证样方：XXAL09070103、XXAL09070407、XXAL09070508、XXAL09070609、XAL09070710、03LS3-1、03LS4-1、03LS4-2。

特征种：毛榛（*Corylus mandshurica*）*、暴马丁香（*Syringa reticulata* subsp. *amurensis*）、缬草（*Valeriana officinalis*）*、北野豌豆（*Vicia ramuliflora*）*、三脉山黧豆（*Lathyrus komarovii*）、歧茎蒿（*Artemisia igniaria*）、林生茜草（*Rubia sylvatica*）、黄花乌头（*Aconitum coreanum*）、宽叶薹草（*Carex siderosticta*）*、蚊子草（*Filipendula palmata*）*、唐松草（*Thalictrum aquilegiifolium* var. *sibiricum*）*、东北羊角芹（*Aegopodium alpestre*）*。

常见种：白桦（*Betula platyphylla*）、红皮云杉（*Picea koraiensis*）、红松（*Pinus koraiensis*）、蓝果忍冬（*Lonicera caerulea*）、刺蔷薇（*Rosa acicularis*）、绣线菊（*Spiraea salicifolia*）、落新妇（*Astilbe chinensis*）、短毛独活（*Heracleum moellendorffii*）、舞鹤草（*Maianthemum bifolium*）、七瓣莲（*Trientalis europaea*）及上述标记*的物种。

乔木层盖度 40%～80%，胸径（3）12～38（89）cm，高度（3）5～32（35）m；大、中乔木层由红皮云杉及白桦、紫椴和糠椴等落叶阔叶树组成，偶有零星的落叶松和红松混生，红皮云杉是优势种，落叶阔叶树的数量在中乔木层明显增加；小乔木层主要由落叶阔叶树组成，优势种不明显，多为偶见种，包括色木枫、朝鲜槐、水曲柳、稠李、山荆子、青楷枫、暴马丁香、冻绿、榆树、稠李和臭冷杉等。XXAL09070609 样方数据显示（图 8.5），红皮云杉“胸径-频数”和“树高-频数”曲线呈右偏态或正态分布，中、小径级和树高级的个体较多，部分径级和树高级有残缺，群落结构不完整，历史时期曾经历过强度干扰。林下记录到了较多的红皮云杉和落叶阔叶树的幼苗、幼树，显示了较好的自然更新能力。

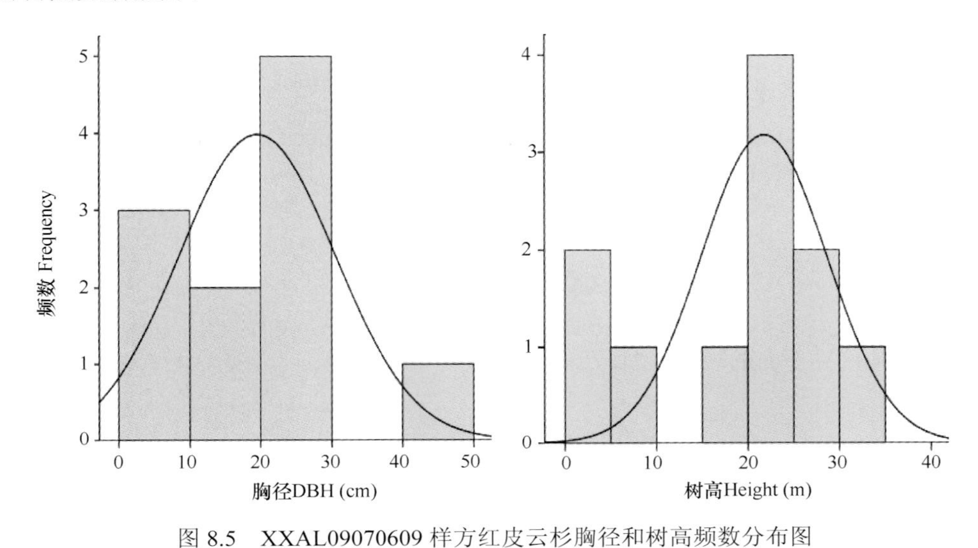

图 8.5　XXAL09070609 样方红皮云杉胸径和树高频数分布图

Figure 8.5　Frequency distribution of DBH and tree height of *Picea koraiensis* in plot XXAL09070609

灌木层盖度 20%，高度 10～300 cm，优势种不明显；大灌木层稀疏，毛榛较常见，偶见东北山梅花和春榆等；在中灌木层，蓝果忍冬、刺蔷薇和绣线菊较常见，偶见刺果茶藨子、刺五加、东北山梅花、光萼溲疏、接骨木、金花忍冬、库页悬钩子、裂叶榆、瘤枝卫矛、卫矛、英吉利茶藨子、早花忍冬和珍珠梅等直立灌木，山葡萄和狗枣猕猴桃等木质藤本，以及紫椴、水曲柳、色木枫、暴马丁香和青楷枫的幼苗；小灌木层主要由直立小灌木组成，绣线菊较常见，偶见黄芦木、瘤枝卫矛、细柱柳、卫矛、修枝荚蒾、接骨木、刺五加、东北茶藨子、珍珠梅、红瑞木和木质藤本五味子等。

草本层总盖度 40%～45%，高度 3～120 cm，多为偶见种；高大草本层稀疏，包括蔓乌头、北野豌豆和林生茜草等攀缘草本，黄堇、缬草、齿叶风毛菊、大叶柴胡、山尖子、翻白蚊子草、轮叶沙参和紫斑风铃草等直立草本，以及小玉竹、大叶章和大披针薹草等根茎类单子叶草本等；中草本层物种组成丰富，包括林木贼、问荆、掌叶铁线蕨和粗茎鳞毛蕨等蕨类植物，大叶猪殃殃、蔓孩儿参、短尾铁线莲、林生茜草、北野豌豆和北方拉拉藤等蔓生或攀缘草本，大叶章、林地早熟禾、毛缘薹草、皱果薹草、宽叶薹草、早熟禾、铃兰、鹿药、二苞黄精、大苞萱草、北重楼、四叶重楼和藜芦等丛生或根茎草本，以及紫斑风铃草、湿地风毛菊、落新妇、毛蕊卷耳、三脉山黧豆、牛蒡、高山蓍、蓼、尾叶香茶菜、山尖子、大叶柴胡、鼠掌老鹳草、轮叶沙参、短毛独活、北附地菜、驴蹄草、牻牛儿苗、缝瓣繁缕、花荵、东北风毛菊、单穗升麻、白花碎米荠、东北羊角芹、黄耆和种阜草等直立杂草；低矮草本层由薹草、蔓生圆叶或莲座叶草本组成，宽叶薹草和舞鹤草较常见，可在局部形成斑块状的优势层片，偶见白花酢浆草、中华金腰、种阜草、水金凤、水珠草、东方草莓、小玉竹和红花鹿蹄草等。

分布于黑龙江小兴安岭汤旺河、友好区、美溪区、带岭区和乌马河区，海拔 300～450 m，生长在山麓及河谷地带。小兴安岭的森林在历史时期经历了大规模的采伐，原始森林罕见，目前留存的森林群落以中幼龄林居多，处在采伐后的植被恢复阶段。

8.4.1.2　PK2

红皮云杉+白桦-辽东桤木-越桔-大叶章 针阔叶混交林

***Picea koraiensis+Betula platyphylla-Alnus hirsuta-Vaccinium vitis-idaea-Deyeuxia purpurea* Mixed Needleleaf and Broadleaf Forest**

越桔、杜香、红皮云杉林（Ass. *Vaccinium vitis-idaea*，*Ledum palustre*，*Picea koraiensis*）—中国大兴安岭植被，1991：84-86。

凭证样方：XXAL09082701、XXAL09083011。

特征种：辽东桤木（*Alnus hirsuta*）*、四花薹草（*Carex quadriflora*）*、卷耳（*Cerastium arvense* subsp. *strictum*）*、玉竹（*Polygonatum odoratum*）*、匍枝委陵菜（*Potentilla flagellaris*）*。

常见种：白桦（*Betula platyphylla*）、落叶松（*Larix gmelinii*）、红皮云杉（*Picea koraiensis*）、刺蔷薇（*Rosa acicularis*）、毛缘薹草（*Carex pilosa*）、大叶章（*Deyeuxia purpurea*）、东北风毛菊（*Saussurea manshurica*）、七瓣莲（*Trientalis europaea*）及上述标记*的物种。

乔木层盖度达 70%，胸径 4～26 cm，高度 4～31 m；中乔木层由红皮云杉和白桦组成，前者占优势，另有零星的落叶松高耸于乔木层之上；小乔木层由辽东桤木组成；红皮云杉的“胸径-频数”和“树高-频数”曲线呈右偏态分布，中、小径级和树高级的个体较多，径级和树高级频数有残缺（图 8.6，图 8.7）。林下有红皮云杉和辽东桤木的幼苗。

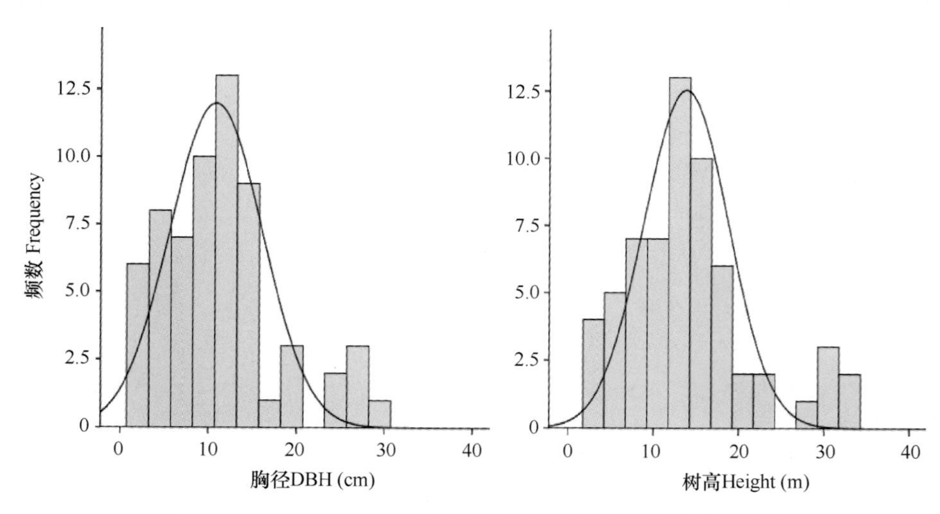

图 8.6　XXAL09082701 样方红皮云杉胸径和树高频数分布图

Figure 8.6　Frequency distribution of DBH and tree height of *Picea koraiensis* in plot XXAL09082701

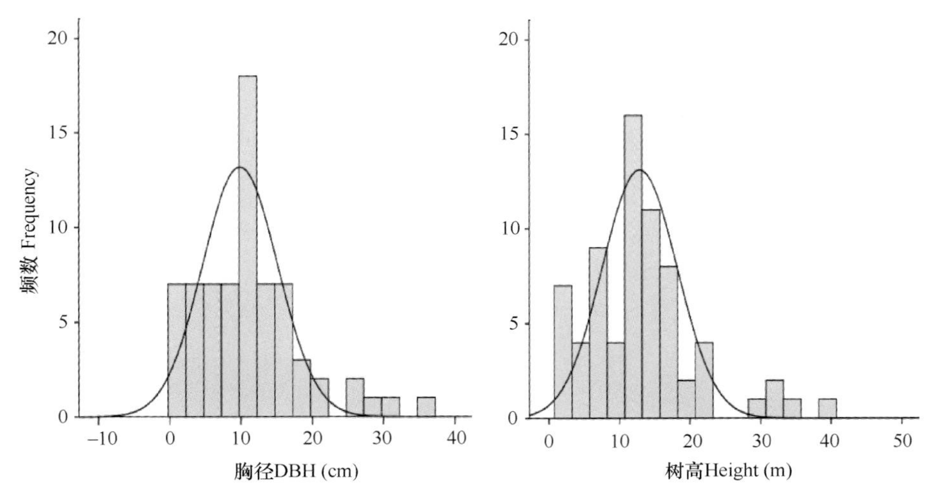

图 8.7　XXAL09083011 样方红皮云杉胸径和树高频数分布图

Figure 8.7　Frequency distribution of DBH and tree height of *Picea koraiensis* in plot XXAL09083011

灌木层总盖度 10%～70%，高度 4～130 cm；随着海拔由低到高，物种组成变化较大。在海拔 300～400 m 处，林下灌木有柴桦、红瑞木和矮茶藨子等；在 700～800 m 处，林下出现了泛北极成分，可划分出 2 个层片，其一是由杜香和珍珠梅等组成的直立灌木层，较稀疏，其二是由越桔组成的常绿匍匐灌木层，贴地密集生长，分盖度达 70%。

草本层总盖度 35%～50%，高度 2～50 cm，物种组成丰富；中、高大草本层中，东北风毛菊、卷耳和大叶章较常见，后者占优势，偶见柳兰、假升麻、短毛独活、石防风、落新妇和紫斑风铃草等；低矮草本层由莲座叶或蔓生草本组成，七瓣莲和匍枝委陵菜较常见，偶见东方草莓、兴安鹿蹄草、深山堇菜、白花堇菜和日本鹿蹄草等。

分布于黑龙江、大兴安岭，海拔 300～800 m，生长在山坡及河谷地带。在大兴安岭的山麓和高海拔地带的山地均有生长。

从所凭证的两个样方数据看，乔木层的分层特征和物种组成在垂直海拔梯度上较稳定，灌木层和草本层的垂直结构与物种组成在海拔梯度上表现出了一定的变化，是否具有分类意义尚需要进一步观察，这里暂将两个样地划归为一个群丛。两个样地所在的群落为中幼龄林，个体的胸径不超过 40 cm。

8.4.2　PK Ⅱ

红皮云杉+臭冷杉+阔叶乔木-灌木-草本 针阔叶混交林

Picea koraiensis+Abies nephrolepis+Broadleaf Trees-Shrubs-Herbs Mixed Needleleaf and Broadleaf Forest

鳞毛羽节蕨、刺蔷薇、臭冷杉、红皮云杉、红松林（*Ass. Gymnocarpium dryopteris*，*Rosa acicularis*，*Abies nephrolepis*，*Picea koraiensis*，*Pinus koraiensis*）；东北蹄盖蕨、毛榛子、臭冷杉、红皮云杉、红松林（*Ass. Athyrium brevifrons*，*Corylus mandshurica*，*Abies nephrolepis*，*Picea koraiensis*，*Pinus koraiensis*）；小叶芹、毛榛子、臭冷杉、红皮云杉、红松林（*Ass. Aegopodium alpestre*，*Corylus mandshurica*，*Abies nephrolepis*，*Picea koraiensis*，*Pinus koraiensis*）；尖齿蹄盖蕨、东北山梅花、红

皮云杉、红松林（*Ass. Athyrium spinulosum*，*Philadelphus schrenkii*，*Picea koraiensis*，*Pinus koraiensis*）—中国小兴安岭植被，1994：77-86。

群落呈针阔叶混交林外貌，红皮云杉和臭冷杉是乔木层的共优种，分层或不分层，偶有零星的落叶松、红松、鱼鳞云杉等混生；阔叶树多出现在中、小乔木层，种类有白桦、紫椴、山杨、辽东桤木、花楷枫、色木枫和青楷枫等。灌木层中，毛榛、笃斯越桔、蔷薇、绣线菊、珍珠梅和蓝果忍冬等较常见，在树冠层郁闭的林下，灌木稀疏。草本层较发达，种类有小玉竹、紫斑风铃草、狭叶荨麻、问荆、唐松草、深山堇菜、七瓣莲、毛缘薹草、落新妇、舞鹤草、齿叶风毛菊和白花酢浆草等（图 8.8）。

图 8.8　小兴安岭“红皮云杉+臭冷杉+阔叶乔木-灌木-草本”针阔叶混交林外貌（左）、结构（右上）和草本层（右下）

Figure 8.8　Physiognomy (left), supraterraneous stratification (upper right) and herb layer (lower right) of *Picea koraiensis+Abies nephrolepis+* Broadleaf Trees-Shrubs-Herbs Mixed Needleleaf and Broadleaf Forest in Xiaoxinganling, Heilongjiang

分布于小兴安岭海拔 280～400 m 的山麓、谷地。这个群丛与“红皮云杉-阔叶乔木-灌木-草本”针阔叶混交林的群落外貌相似，区别在于乔木层中臭冷杉的比例明显增加，与红皮云杉构成共优种。这里描述 1 个群丛。

PK3

红皮云杉+臭冷杉+白桦-绣线菊-宽叶薹草 针阔叶混交林

***Picea koraiensis +Abies nephrolepis+Betula platyphylla-Spiraea salicifolia-Carex siderosticta* Mixed Needleleaf and Broadleaf Forest**

拟垂枝藓、笃斯越桔、红皮云杉、臭冷杉林（*Ass. Rhytidiadelphus triquetrus*，*Vaccinium uliginosum*，*Picea koraiensis*，*Abies nephrolepis*）；尖齿蹄盖蕨、蓝靛果忍冬、臭冷杉、红皮云杉林（*Ass. Athyrium spinulosum*，*Lonicera edulis*，*Abies nephrolepis*，*Picea koraiensis*）— 中国小兴安岭植被，1994：62-66。

凭证样方：XXAL09070305、XXAL09070406、XXAL090629001、XXAL09070204、XXAL09070711、XXAL09070812。

特征种：春榆（*Ulmus davidiana* var. *japonica*）、蓝果忍冬（*Lonicera caerulea*）*、珍珠梅（*Sorbaria sorbifolia*）*、绣线菊（*Spiraea salicifolia*）*、薄叶乌头（*Aconitum fischeri*）*、和尚菜（*Adenocaulon himalaicum*）*、五福花（*Adoxa moschatellina*）*、尖萼耧斗菜（*Aquilegia oxysepala*）、落新妇（*Astilbe chinensis*）*、紫斑风铃草（*Campanula puncatata*）*、毛缘薹草（*Carex pilosa*）*、水珠草（*Circaea canadensis* subsp. *quadrisulcata*）、铃兰（*Convallaria majalis*）*、黑水鳞毛蕨（*Dryopteris amurensis*）*、问荆（*Equisetum arvense*）*、大叶猪殃殃（*Galium dahuricum*）*、水金凤（*Impatiens noli-tangere*）*、舞鹤草（*Maianthemum bifolium*）*、白花酢浆草（*Oxalis acetosella*）*、山尖子（*Parasenecio hastatus*）*、四叶重楼（*Paris quadrifolia*）*、北重楼（*Paris verticillata*）*、林地早熟禾（*Poa nemoralis*）*、小玉竹（*Polygonatum humile*）*、杠板归（*Polygonum perfoliatum*）、齿叶风毛菊（*Saussurea neoserrata*）*、唐松草（*Thalictrum aquilegiifolium* var. *sibiricum*）*、北附地菜（*Trigonotis radicans*）*、狭叶荨麻（*Urtica angustifolia*）*、藜芦（*Veratrum nigrum*）*、深山堇菜（*Viola selkirkii*）*。

常见种：臭冷杉（*Abies nephrolepis*）、白桦（*Betula platyphylla*）、红皮云杉（*Picea koraiensis*）、红松（*Pinus koraiensis*）、刺蔷薇（*Rosa acicularis*）、大叶柴胡（*Bupleurum longiradiatum*）、宽叶薹草（*Carex siderosticta*）、短毛独活（*Heracleum moellendorffii*）、种阜草（*Moehringia lateriflora*）、东北风毛菊（*Saussurea manshurica*）、七瓣莲（*Trientalis europaea*）及上述标记*的物种。

乔木层盖度 60%～90%，胸径（3）8～10（55）cm，高度（3）8～16（35）m；中、小乔木层由红皮云杉、臭冷杉和白桦组成，前二者占优势，偶有红松、落叶松、春榆、山杨、水曲柳、紫椴、暴马丁香、色木枫、花楷枫、朝鲜槐、稠李、辽东桤木和青楷枫混生，阔叶树在小乔木层数量较多。两个样方（XXAL09070305，XXAL090629001）数据显示（图 8.9，图 8.10），红皮云杉“胸径-频数”和“树高-频数”曲线呈右偏态与正态分布，中等径级和树高级的个体缺乏，高大的个体可能是择伐中留存的母树，与更新的幼树共存。林下记录到了较多的臭冷杉和红皮云杉的幼苗，落叶阔叶树的幼苗也较多。在历史时期，群落曾经历过高强度的择伐。

灌木层总盖度达 20%～30%，高度 10～100 cm，优势种不明显；中灌木层由蓝果忍冬和绣线菊等常见种，以及红瑞木、毛榛、东北山梅花和珍珠梅等偶见种组成；小灌木层中，刺蔷薇较常见，偶见刺五加、刺果茶藨子、东北茶藨子、黄芦木、金刚鼠李、瘤枝卫矛和文冠果等直立灌木，以及山葡萄和五味子等蔓生灌木或藤本，北极花在树桩或岩石上可形成斑块状的常绿匍匐半灌木层片。

草本层总盖度 20%～55%，高度 4～78 cm，物种组成丰富；大草本层主要由直立杂草组成，种类有败酱、齿叶风毛菊、大叶柴胡、大叶野豌豆、单穗升麻、红毛七、黄海

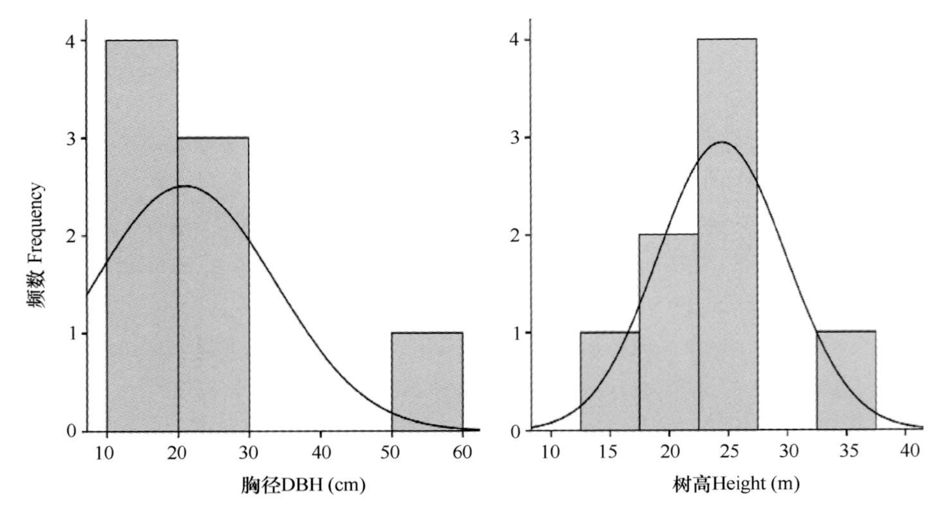

图 8.9　XXAL09070305 样方红皮云杉胸径和树高频数分布图

Figure 8.9　Frequency distribution of DBH and tree height of *Picea koraiensis* in plot XXAL09070305

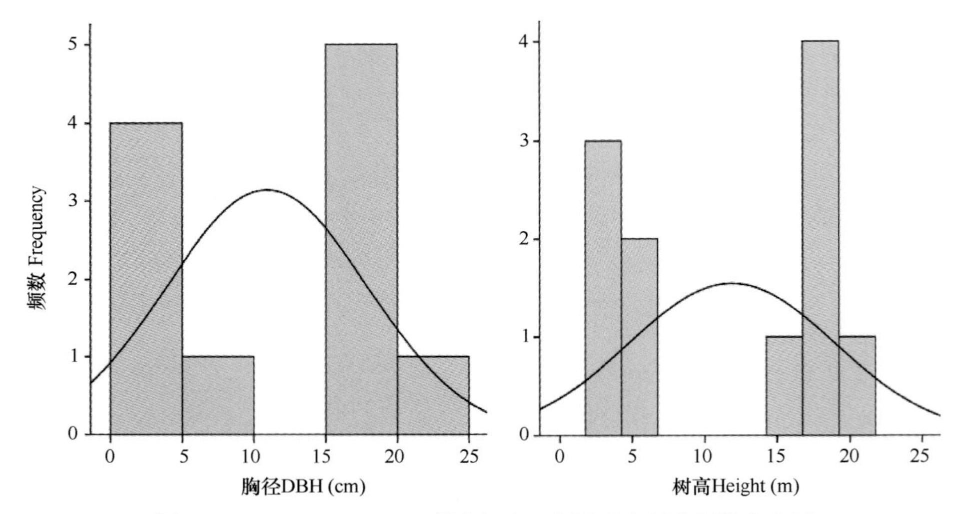

图 8.10　XXAL090629001 样方红皮云杉胸径和树高频数分布图

Figure 8.10　Frequency distribution of DBH and tree height of *Picea koraiensis* in plot XXAL090629001

棠、黄花乌头、落新妇、牻牛儿苗、毛蕊老鹳草、细叶穗花和狭叶荨麻等，根茎类草本中常见的有大叶章、大苞萱草和林地早熟禾等；中草本层由类叶升麻、林生茜草、落新妇、毛蕊老鹳草、种阜草、歧茎蒿、三脉山黧豆、山尖子、深山堇菜、水金凤、水苏、水珠草和缝瓣繁缕等直立或蔓生杂草，宽叶薹草、毛缘薹草和七瓣莲、藜芦、山丹、四叶重楼、小萱草、小玉竹、铃兰、鹿药等根茎或球茎草本组成；低矮草本层由舞鹤草、红花鹿蹄草、冷水花、深山堇菜、早开堇菜、水珠草、蚊子草、五福花和兴安鹿蹄草等贴地生长的圆叶和莲座叶草本组成。

样地中没有关于苔藓类的记录。根据文献记载和我们的实地考察，林地常有斑块状的苔藓，在倒木和枯树干上较多，拟垂枝藓较常见。

分布于黑龙江小兴安岭（红星区、友好区、新青区、乌伊岭区），海拔 280～350 m，生长在低山坡及河谷，地形相对封闭。

这类群落的物种组成复杂，随着地貌和林内光照条件的变化，一些伴生物种变化较大，特征种和常见种较稳定。《中国小兴安岭植被》（周以良等，1994）中记载了几个相关群丛，从其简要的描述看，群落结构和物种组成基本属于这个群丛的范围。

8.4.3　PKⅢ

黄花落叶松-红松-红皮云杉-臭冷杉-白桦-灌木-草本 针阔叶混交林

***Larix olgensis/Pinus koraiensis-Picea koraiensis-Abies nephrolepis-Betula platyphylla*-Shrubs-Herbs Mixed Needleleaf and Broadleaf Forest**

凭证样方：96CL19-1、96CL19-3、96CL20-1、96CL20-2、96CL20-3、96CL21、96CL22。

特征种：黄花落叶松（*Larix olgensis*）*、山杨（*Populus davidiana*）*、蒙古栎（*Quercus mongolica*）*、珍珠梅（*Sorbaria sorbifolia*）、水曲柳（*Fraxinus mandschurica*）、紫椴（*Tilia amurensis*）*。

常见种：臭冷杉（*Abies nephrolepis*）、色木枫（*Acer pictum*）、白桦（*Betula platyphylla*）、红皮云杉（*Picea koraiensis*）、红松（*Pinus koraiensis*）及上述标记*的物种。

群落呈针阔叶混交林外貌，乔木层物种组成复杂，种类包括黄花落叶松、红松、红皮云杉、臭冷杉、白桦、山杨、紫椴、裂叶榆、色木枫、水曲柳和蒙古栎（图 8.11）。

图 8.11　长白山“黄花落叶松-红松-红皮云杉+臭冷杉-白桦-灌木-草本”针阔叶混交林的垂直结构（左）、灌木层（右上）和草本层（右下）

Figure 8.11　Supraterraneous stratification (left), shrub layer (upper right) and herb layer (lower right) of a community of *Larix olgensis-Pinus koraiensis-Picea koraiensis+Abies nephrolepis-Betula platyphylla*-Shrubs-Herbs Mixed Needleleaf and Broadleaf Forest in Mt. Changbai, Jilin

分布于吉林长白山，海拔 545～880 m。

这个群丛组乔木层的结构和物种组成复杂，黄花落叶松是群落的优势种或共优种。由于样地记录缺乏灌木层和草本层的记载，在群丛尺度上的分类与详细描述（PK4）尚需要进一步完善。

8.4.4 PKⅣ

黄花落叶松-红松+长白鱼鳞云杉+红皮云杉+臭冷杉-白桦-灌木-草本 针阔叶混交林

***Larix olgensis-Pinus koraiensis+Picea jezoensis* var. *komarovii+Picea koraiensis+Abies nephrolepis-Betula platyphylla*-Shrubs-Herbs Mixed Needleleaf and Broadleaf Forest**

云杉、冷杉、红松林（*Ass. Picea koraiensis*，*Abies nephrolepis*，*Pinus koraiensis*）；凸脉薹草、毛榛子、鱼鳞云杉、红皮云杉、臭冷杉、红松林（*Ass. Carex lanceolata*，*Corylus mandshurica*，*Picea jezoensis*，*Picea koraiensis*，*Abies nephrolepis*，*Pinus koraiensis*）—中国小兴安岭植被，1994：76-91。

乔木层由多种针、阔叶树组成，包括黄花落叶松、红松、长白鱼鳞云杉、臭冷杉和红皮云杉等针叶树，以及白桦、紫椴、山杨、蒙古栎、小楷枫、色木枫、青楷枫、花楷枫和岳桦等落叶阔叶树，可划分为数个亚层。林下通常有明显的灌木层和草本层，物种丰富度高。这里描述 1 个群丛。

PK5

黄花落叶松-红松+长白鱼鳞云杉+红皮云杉+臭冷杉-白桦-东北茶藨子-库页堇菜 针阔叶混交林

***Larix olgensis-Pinus koraiensis+Picea jezoensis* var. *komarovii+Picea koraiensis+Abies nephrolepis-Betula platyphylla-Ribes mandshuricum-Viola sacchalinensis* Mixed Needleleaf and Broadleaf Forest**

凭证样方：CBS006、CBS008、00CB-19、00CB-20、00CB-31、03CB8-1、03CB9-1。

特征种：长白鱼鳞云杉（*Picea jezoensis* var. *komarovii*）*、大黄柳（*Salix raddeana*）、花楸树（*Sorbus pohuashanensis*）、臭冷杉（*Abies nephrolepis*）*、青楷枫（*Acer tegmentosum*）、花楷枫（*Acer ukurunduense*）、软枣猕猴桃（*Actinidia arguta*）、长白忍冬（*Lonicera ruprechtiana*）*、华北忍冬（*Lonicera tatarinowii*）、长白茶藨子（*Ribes komarovii*）、东北茶藨子（*Ribes mandshuricum*）*、矮茶藨子（*Ribes triste*）*、北极花（*Linnaea borealis*）、东北蹄盖蕨（*Athyrium brevifrons*）、乌苏里薹草（*Carex ussuriensis*）、木贼（*Equisetum hyemale*）、欧洲羽节蕨（*Gymnocarpium dryopteris*）、粟草（*Milium effusum*）、唢呐草（*Mitella nuda*）、兴安一枝黄花（*Solidago dahurica*）*、散花唐松草（*Thalictrum sparsiflorum*）、库页堇菜（*Viola sacchalinensis*）*、广布鳞毛蕨（*Dryopteris expansa*）、瘤枝卫矛（*Euonymus verrucosus*）*、大花臭草（*Melica grandiflora*）、欧洲冷蕨（*Cystopteris sudetica*）、卵果蕨（*Phegopteris connectilis*）、红鞘薹草（*Carex erythrobasis*）、高山露珠草（*Circaea alpina*）、皱果薹草（*Carex dispalata*）、舞鹤草（*Maianthemum bifolium*）*。

常见种：白桦（*Betula platyphylla*）、黄花落叶松（*Larix olgensis*）、红皮云杉（*Picea *koraiensis*）、红松（*Pinus koraiensis*）、山杨（*Populus davidiana*）、紫椴（*Tilia amurensis*）、种阜草（*Moehringia lateriflora*）、七瓣莲（*Trientalis europaea*）及上述标记*的物种。

乔木层盖度 40%～70%，胸径（3）6～17（76）cm，高度（3）8～15（33）m，优势种不明显；大乔木层由白桦、蒙古栎和山杨组成，中乔木层由黄花落叶松、长白鱼鳞云杉和山杨等多种阔叶树组成；小乔木层由红松、红皮云杉、臭冷杉、长白鱼鳞云杉、紫椴、花楸树、青楷枫、花楷枫等组成；CBS008 样方数据显示，红皮云杉“胸径-频数”和“树高-频数”曲线呈右偏态和左偏态分布，中、小径级和树高级的个体较多，径级和树高级频数分布不完整，有残缺（图 8.12）；林下有红松、红皮云杉、臭冷杉、长白鱼鳞云杉和阔叶树的幼树及幼苗。木质藤本软枣猕猴桃是特征种之一。

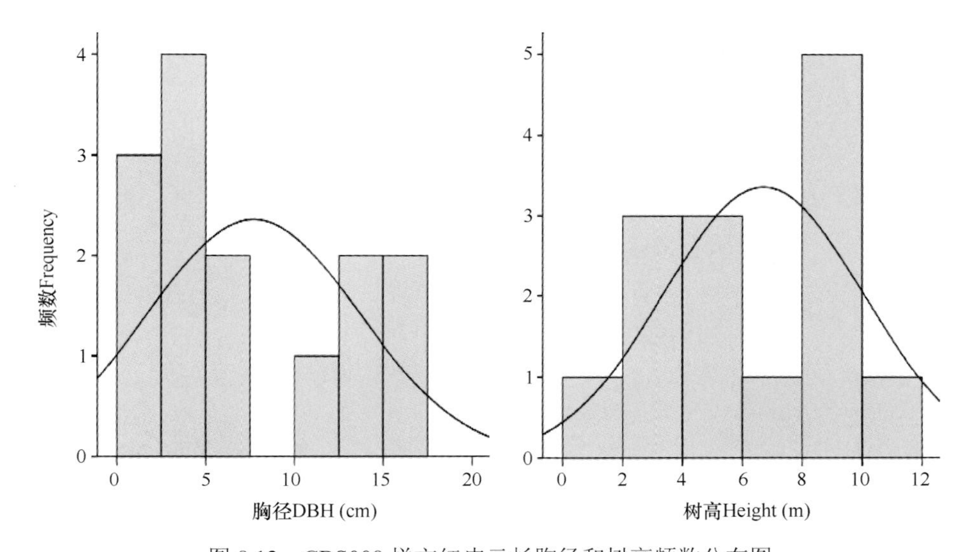

图 8.12　CBS008 样方红皮云杉胸径和树高频数分布图

Figure 8.12　Frequency distribution of DBH and tree height of *Picea koraiensis* in plot CBS008

灌木层总盖度 20%～75%，高度 10～260 cm，物种组成丰富，优势种不明显；中、高灌木层主要由直立灌木和木质藤本组成，包括东北茶藨子、长白忍冬和软枣猕猴桃等常见种，以及瘤枝卫矛、毛榛、刺蔷薇、刺五加、蓝果忍冬、长白茶藨子、黄芦木和五味子等偶见种；小灌木层由直立或蔓生灌木或半灌木组成，矮茶藨子较常见，偶见越桔、库页悬钩子和东北瑞香等北极花，在枯树桩或岩石上可形成密集的匍匐半灌木优势层片。

草本层总盖度 25%，高度 3～75cm，优势种不明显；高大草本层葱郁繁茂，除了兴安一枝黄花和散花唐松草外，蕨类植物特别瞩目，偶见种有欧洲羽节蕨、东北蹄盖蕨、广布鳞毛蕨、欧洲冷蕨和卵果蕨；矮小蕨类植物玉柏可形成局部优势层片；禾草和薹草类也较丰富，种类有粟草、大花臭草、乌苏里薹草、红鞘薹草和皱果薹草；低矮草本层由贴地生长的圆叶系列草本组成，库页堇菜和舞鹤草较常见，偶见唢呐草、红花鹿蹄草、日本鹿蹄草、肾叶鹿蹄草、深山堇菜、东方草莓、额穆尔堇菜和朝鲜龙胆等。

林地铺满枯枝落叶，藓类仅出现在枯树干上，种类有尖叶青藓和山羽藓等。

分布于吉林长白山，海拔 900～1200 m，常生长在平缓的山坡及河谷。

8.5 建群种的生物学特性

8.5.1 遗传特征

红皮云杉的树皮粗糙，针叶四棱形，球果种鳞革质（图 8.13），其种群表现出较高的遗传多样性，变异主要来自种群内部。以下引证了几个相关的研究报道。

图 8.13 小兴安岭红皮云杉的树皮（左）、结实枝（右上）和球果（右下）

Figure 8.13 Bark (left), reproductive branches (upper right) and seed cones (lower right) of *Picea koraiensis* in Xiaoxinganling, Heilongjiang

红皮云杉的天然居群分别调查自长白山北坡，海拔 1100～1400 m；长白山白河，海拔 600～900 m；小兴安岭伊春，海拔 300～500 m；大兴安岭呼玛河，海拔 500 m。结果显示，红皮云杉"群体的多态基因位点比例是 0.50，群体平均杂合性的观察值是 0.316；每个基因位点发现的等位基因数是 2.50，有效等位基因平均数是 1.71；对 6 个基因位点基因多样性的测定表明，群体间的分化占 0.59%，总的基因多样性有 99%以上产生在群体内；群体间的平均遗传距离是 0.01"（杨一平等，1993）。

在大兴安岭塔河，小兴安岭的乌伊岭、友好和大丰，张广才岭海林，完达山穆棱，长白山临江和天桥岭及俄罗斯锡霍特山脉，"红皮云杉 12 个群体 11 个酶系统 21 个位点中约有 27.2%的基因位点是多态的，群体间的变异量只占总变异量的 15.2%，84.8%的变异存在于群体内"（张含国等，2003）。

在东北林业大学帽儿山实验林场 18 年生红皮云杉种源试验林中，8 个种源的 80 个样本的研究结果显示，“红皮云杉在 DNA 水平上具有较高的遗传变异，多态位点比例达到 73.68%，各种源多态位点比例的变化范围为 35.09%～45.03%；种源间和种源内的遗传分化分别是42.26%和57.74%。各种源间具有较高水平的遗传一致度，平均值达 0.8622”（王秋玉等，2004）。

在大、小兴安岭（新青、乌伊岭、红星、五营、友好、美溪、乌马河、带岭、南岔、双丰、蒙克山、塔林），海拔 247～367 m，12 个红皮云杉居群的 144 个样本的分析结果显示：红皮云杉在 DNA 水平上多态位点百分率达到 98.81%；总 Nei 基因多样性指数 0.3632，Shannon 指数 0.5405；种源间和种源内的遗传分化分别是 27.72%和 72.28%，12 个种源间的基因分化指数 G_{st}=0.2772，基因流系数 N_m 为 1.3040；遗传一致度变化幅度 0.7511～0.9481（赵丽玲等，2012）。

8.5.2　个体生长发育

据《中国森林》（中国森林编辑委员会，1999）记载，红皮云杉树高的快速生长期出现在 30～60 年树龄，年均生长量达 25 cm；60～120 年树龄时生长放缓，年均生长量降至 16 cm；至 120～200 年树龄，树高生长量最低，到后期生长趋于停滞，年均生长量约为 5 cm。胸径的快速生长期出现在 60～80 年树龄，年均生长量达 0.31 cm；100～140 年树龄时生长放缓，年均生长量降至 0.2 cm；至 180～200 年树龄，胸径生长趋于停滞，年均生长量约为 0.09 cm。材积的快速生长期出现在约 60 年树龄，连年生长量达 7.8 m^3/hm^2，数量成熟期出现在 90 年树龄。

红皮云杉生长发育的季节动态与水热季节变化规律基本同步。黑龙江省伊春市小兴安岭五营区（48°07′22″N，131°10′11″E，354 m a.s.l.）的观测数据显示，20 年树龄的红皮云杉，其树高生长始于 5 月中旬，至 6 月中旬达到高峰，7 月中旬停止；胸径生长始于 6 月中旬，7 月上旬达到峰值，之后生长放缓，8 月中旬停止生长（王庆贵等，2007）。

8.6　群落动态与演替

红皮云杉幼苗的生长过程对光照的需求较高。黑龙江绥棱林区红皮云杉人工林生长状况的调查结果显示，在遮蔽的林冠下，幼苗生长会受到抑制，其在全光照下才能获得最大的生长速率（于维君等，1993），因此自然更新必须依赖于林窗。在小兴安岭的云冷杉林下，自然更新的幼苗、幼树以臭冷杉和红松居多，红皮云杉较少（李文华，1980）。

在采伐或火烧迹地上，红皮云杉林的植被恢复过程将遵循云杉林次生演替的一般途径（李文华，1980）。样方 XXAL09070812 调查自黑龙江省小兴安岭双丰区，海拔 247 m，样方所在群落处在植被恢复的早期阶段（图 8.14，表 8.6）。乔木层盖度达 80%，物种丰富度 6；中乔木层由落叶阔叶树组成，包括白桦和水曲柳等，高度 8.5～14.6 m；小乔木层由红皮云杉的幼树组成，数量较多，平均胸径 5.6 cm，平均树高 5.9 m，“胸径-频数”和“树高-频数”曲线呈右偏态分布，多为中、小径级和树高级的个体，高径级和树高级的个体稀少（图 8.15），应该是采伐过程中留存的大树，树高达 15m。林下记录到了红皮云杉和阔叶树的幼苗，自然更新良好。灌木层稀疏，总盖度 20%，最大高度 300 cm，物种丰富度 6；毛榛略占优势，其他种类有黄芦木和刺五加等，藤本植物山葡萄和五味子也可出现在灌木层中。草本层总盖度 20%，高度可达 19cm，物种丰富度 28；优势种不明显，常见种有舞鹤草、铃兰和毛缘薹草等。

图 8.14　红皮云杉林植被恢复过程中针阔叶混交林阶段的群落外貌（小兴安岭）
Figure 8.14　Physiognomy of *Picea koraiensis* and broadleaf trees mixed forest in a stage of vegetation restoration in Xiaoxinganling Mt., Heilongjiang

表 8.6　红皮云杉林植被恢复过程中针阔叶混交林阶段的一个示例样方

Table 8.6　A sample plot from *Betula platyphylla+Picea koraiensis* Mixed Needleleaf and Broadleaf Forest in a stage of vegetation restoration

群落名称 Community：白桦-红皮云杉-毛榛-舞鹤草 针阔叶混交林 *Betula platyphylla-Picea koraiensis-Corylus mandshurica-Maianthemum bifolium* Mixed Needleleaf and Broadleaf Forest					
样地号 Plot no. / 地点 Location / 时间 Date：		XXAL09070812 /小兴安岭双丰区 Xiaoxinganling Mt., Shuangfeng, Heilongjiang / 2009-7-8			
纬度 Latitude / 经度 Longitude / 海拔 Altitude：		46.68°N /128.05°E /247 m			
地形 Terrain / 土壤类型 Soil type：					
坡度 Gradient / 坡向 Aspect / 坡位 Position：					
起源 Origin / 干扰 Disturbance / 强度 Intensity：		次生森林 Secondary forest / 无 No			
乔木层 Tree layer（样方面积 Plot size: 30 m×30 m）					
		密度 *D*	胸径 DBH（cm）	高度 *H*（m）	基径 DB（cm）
白桦	*Betula platyphylla*	8	14.9	14.6	
春榆	*Ulmus davidiana* var. *japonica*	3	11.2	9.0	
水曲柳	*Fraxinus mandschurica*	10	10.2	8.5	
红皮云杉	*Picea koraiensis*	48	5.6	5.9	
朝鲜槐	*Maackia amurensis*	2	2.8	3.8	
紫椴	*Tilia amurensis*	2	3.5	3.8	

续表

群落名称 Community：白桦-红皮云杉-毛榛-舞鹤草 针阔叶混交林 *Betula platyphylla-Picea koraiensis-Corylus mandshurica-Maianthemum bifolium* Mixed Needleleaf and Broadleaf Forest					
幼树层 Sapling layer（样方面积 Plot size: 30 m×30 m）					
山荆子	*Malus baccata*	1		2.5	
红皮云杉	*Picea koraiensis*	2	2.1	1.4	
糠椴	*Tilia mandshurica*	1		1.1	
春榆	*Ulmus davidiana* var. *japonica*	1		1.0	
朝鲜槐	*Maackia amurensis*	4		0.6	
茶条枫	*Acer tataricum* subsp. *ginnala*	3		0.5	
紫椴	*Tilia amurensis*	2		0.4	
灌木层 Shrub layer（样方面积 Plot size: 5 m×5 m×10）					
		密度 *D*	盖度 *C*（%）	高度 *H*（cm）	频度 *F*（%）
忍冬	*Lonicera* sp.	1		300	10
毛榛	*Corylus mandshurica*	2		203	30
山葡萄	*Vitis amurensis*	1		100	10
黄芦木	*Berberis amurensis*	3		55	20
刺五加	*Eleutherococcus senticosus*	2		45	20
五味子	*Schisandra chinensis*	1		30	10
草本层 Herb layer（样方面积 Plot size: 1 m×1 m×25）					
		密度 *D*	盖度 *C*（%）	高度 *H*（cm）	频度 *F*（%）
杠板归	*Polygonum perfoliatum*	2	1	19	20
紫斑风铃草	*Campanula punctata*	2	1	19	8
鸡腿堇菜	*Viola acuminata*	1	1	19	12
早熟禾	*Poa* sp.	8	2	17	4
菟葵	*Eranthis stellata*	2	2	17	16
鳞毛蕨	*Dryopteris* sp.	3	1	16	12
铃兰	*Convallaria majalis*	3	1	16	56
四叶重楼	*Paris quadrifolia*	5	1	16	20
水金凤	*Impatiens noli-tangere*	4	1	15	20
东北羊角芹	*Aegopodium alpestre*	3	1	15	40
齿叶风毛菊	*Saussurea neoserrata*	2	1	14	12
唐松草	*Thalictrum aquilegiifolium* var. *sibiricum*	3	2	14	20
穿龙薯蓣	*Dioscorea nipponica*	1	1	13	4
舞鹤草	*Maianthemum bifolium*	3	1	13	68
藜芦	*Veratrum nigrum*	2	1	13	4
深山堇菜	*Viola selkirkii*	1	1	13	8
和尚菜	*Adenocaulon himalaicum*	13	2	13	8
山尖子	*Parasenecio hastatus*	6	2	13	8
北重楼	*Paris verticillata*	6	2	12	28
毛缘薹草	*Carex pilosa*	4	1	10	36
问荆	*Equisetum arvense*	2	1	10	4

续表

群落名称 Community：白桦-红皮云杉-毛榛-舞鹤草 针阔叶混交林 *Betula platyphylla-Picea koraiensis-Corylus mandshurica-Maianthemum bifolium* Mixed Needleleaf and Broadleaf Forest					
东北风毛菊	*Saussurea manshurica*	4	1	9	20
蚊子草	*Filipendula palmata*	1	1	9	8
大戟	*Euphorbia pekinensis*	3	1	8	4
五福花	*Adoxa moschatellina*	3	1	8	8
球子蕨	*Onoclea sensibilis*	14	2	7	4
短尾铁线莲	*Clematis brevicaudata*	3	1	7	8

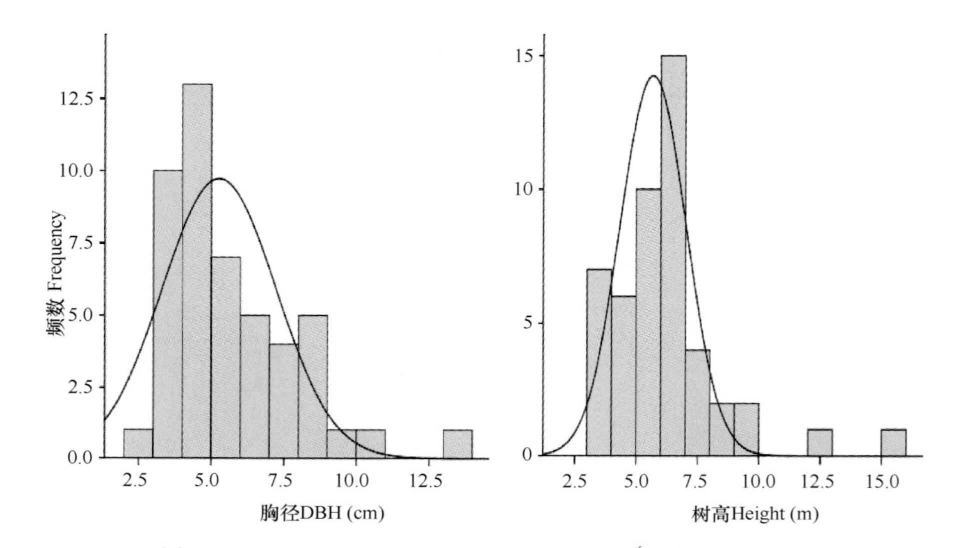

图 8.15 XXAL09070812 样方红皮云杉胸径和树高频数分布图

Figure 8.15 Frequency distribution of DBH and tree height of *Picea koraiensis* in plot XXAL09070812

上述样方数据显示，在保留母树的采伐迹地上，红皮云杉的幼苗、幼树数量较多，更新良好。这说明，充足的种源对森林植被的恢复至关重要。

8.7 价值与保育

红皮云杉林具有较宽泛的生态幅度，对护岸固坡、湿地保护等具有重要意义，人工林已经广泛应用于四旁绿化和荒山造林（图 8.16）。原始森林在历史时期经历了高强度的采伐，现存的森林多处在干扰后的恢复过程中，种群结构不完整，胸径和树高的频数分布不整齐，高大的个体和幼树较多，中等大小的个体较少或残缺。在保护工作中，一方面要充分利用天然林保护工程的政策支持，加强对现存森林资源保育的力度，对自然种源缺乏的宜林地要进行人工辅助更新，加快植被恢复的进程；另一方面，要注意协调好森林保育与旅游开发、放牧、采摘和樵柴等传统人类活动的关系。在森林旅游开发过程中，要尽量减轻基础设施建设和人类游憩活动对森林的干扰。

图 8.16　小兴安岭农田旁种植的红皮云杉
Figure 8.16　*Picea koraiensis* as a plantation species used for the reforestation around the farmland in Xiaoxinganling, Heilongjiang

红皮云杉林主要生长在低湿的环境中，林地有土壤永冻层发育，其生长动态对温度和水分变化敏感。由于受气候变暖等因素的影响，土壤永冻层有大面积消融的趋势，这必将改变土壤的水热平衡，导致春季干旱加剧，夏、秋季则过度积湿甚至浮水，影响森林的生长发育，同时也会引发一系列的次生后果，如植物抗病虫能力下降、根部菌根衰退和根部腐朽加重等。在小兴安岭，红皮云杉林已经出现了衰退和死亡现象（王庆贵，2004）。

参 考 文 献

陈灵芝, 1963. 长白山西南坡鱼鳞云杉林结构的初步研究. 植物生态学与地植物学丛刊, (Z1): 69-80.
董厚德, 1978. 辽宁省东部白石砬子山的主要植被类型及其分布. Journal of Integrative Plant Biology, (2): 178-179.
吉林森林编辑委员会, 1988. 吉林森林. 长春: 吉林科学技术出版社//北京: 中国林业出版社.
李贺, 张维康, 王国宏, 2012. 中国云杉林的地理分布与气候因子间的关系. 植物生态学报, 36(5): 372-381.
李文华, 1980. 小兴安岭谷地云冷杉林群落结构和演替的研究. 自然资源, 2(4): 17-29.
王庆贵, 2004. 黑龙江省东部山区谷地云冷杉林衰退机理的研究. 哈尔滨: 东北林业大学博士学位论文.
王庆贵, 邢亚娟, 周晓峰, 韩士杰, 2007. 黑龙江省东部山区谷地红皮云杉生态学与生物学特性. 东北林业大学学报, 35(3): 4-6.
王秋玉, 任旭琴, 姜静, 2004. 红皮云杉地理种源遗传多样性的 RAPD 分析. 东北林业大学学报, 32(6): 1-3.
吴征镒, 1991. 中国种子植物属的分布区类型. 云南植物研究, (增刊Ⅳ): 1-139.
吴征镒, 周浙昆, 李德铢, 彭华, 孙航, 2003. 世界种子植物科的分布区类型系统. 云南植物研究, 25(3): 245-257.

杨一平, 尹瑞雪, 张军丽, 1993. 红皮云杉自然群体遗传多样性及遗传分化的研究. Journal of Integrative Plant Biology, (6): 458-465.
于维君, 吴殿新, 刘显凤, 张健, 李国信, 郭宝权, 王乃新, 马肇涛, 薛义森, 1993. 红皮云杉人工林生长与光照关系的研究. 东北林业大学学报, (3): 89-92.
袁永孝, 郭水良, 曹同, 郭元涛, 李军, 姜玉乙, 杨晶, 仇发, 2002. 白石砬子自然保护区森林植被和主要树种分布的环境解释. 辽宁林业科技, (1): 1-6, 23.
张含国, 孙立夫, 韩继凤, 丰宝林, 2003. 红皮云杉群体遗传多样的研究. 植物研究, 23(2): 224-229.
张华, 马延新, 武晶, 祝业平, 张宝财, 孙卫东, 马明军, 兰玉波, 2008. 辽东山地老秃顶子北坡植被类型及垂直带谱. 地理研究, 27(6): 1261-1270.
赵丽玲, 孙龙, 王庆贵, 2012. 黑龙江大小兴安岭红皮云杉种群更新与遗传多样性的研究. 林业科学研究, 25(3): 325-331.
赵淑清, 方精云, 宗占江, 朱彪, 沈海花, 2004. 长白山北坡植物群落组成、结构及物种多样性的垂直分布. 生物多样性, 12(1): 164-173.
中国科学院南京土壤研究所土壤分中心, 2009. 中国土壤数据库. http: //www.soil.csdb.cn.[2012-12-5]
中国科学院中国植被图编辑委员会, 2007. 中华人民共和国植被图(1∶1 000 000). 北京: 地质出版社.
中国林业科学研究院林业研究所, 1986. 中国森林土壤. 北京: 科学出版社.
中国森林编辑委员会, 1999. 中国森林(第 2 卷 针叶林). 北京: 中国林业出版社.
中国植被编辑委员会, 1980. 中国植被. 北京: 科学出版社.
周以良, 等, 1991. 中国大兴安岭植被. 北京: 科学出版社.
周以良, 等, 1994. 中国小兴安岭植被. 北京: 科学出版社.
周以良, 李景文, 1964. 中国东北东部山地主要植被类型的特征及其分布规律. 植物生态学与地植物学丛刊, (2): 190-206.

第 9 章　青扦林 *Picea wilsonii* Forest Alliance

青扦林—中国植被，1980：195；中华人民共和国植被图（1∶1 000 000），2007；四川森林，1992：377-380；青海森林，1993：185-193；中国森林（第 2 卷 针叶林），1999：715-718；山西森林，1992：131-134；四川植被，1980：163-164；河北植被，1996：99-100；青扦群系—甘肃植被，1997：91-92。白扦林、青扦林，含臭冷杉的华北落叶松、青扦、白扦林，华北落叶松、白扦林—山西植被志（针叶林卷），2014：29-124。

系统编码：PW

9.1　地理分布、自然环境及生态特征

9.1.1　地理分布

青扦林分布于青藏高原东北边缘、陇中黄土高原、秦巴山地、吕梁山脉和燕山山脉；分布区的西北界止于青海门源县克图，东北界止于河北雾灵山，东南界止于湖北房县，西南界止于四川邛崃山；地理坐标为 31°N～40°40′N，101°15′E～117°30′E（图 9.1）；跨越的行政区域包括四川西北部（邛崃、九寨沟、若尔盖、黑水、松潘、理县和茂县）（《四川森林》编辑委员会，1992）、青海东南部（门源、贵德、龙羊峡口和同仁）（《青海森林》编辑委员会，1993）、甘肃中部及西南部（永登连城、榆中、临夏、卓尼、岷县、漳县、夏河、天水、迭部、舟曲和文县）、陕西西南部至中部（华县、宁陕、太白、凤县和佛坪）（雷明德，1999）、湖北西北部（房县和兴山）、山西中部至东北部（方山、五寨、宁武、繁峙和沁源）（《山西森林》编辑委员会，1992；郭东罡等，2014）和河北中西部（蔚县和兴隆）（河北植被编辑委员会，1996）。

青扦林的垂直分布范围是 1600～3000 m，位于云杉林垂直分布带谱的中、低海拔地带，在不同的区域间分异明显，总体上由北向南海拔逐渐升高。在分布区最北端的小五台山和雾灵山是 1600～2500 m，当地的青扦多为散生状，成片的纯林较少；在管涔山主峰芦芽山是 1900～2300 m，上接白扦林；在甘肃兴隆山及连城林区是 2000～2700 m，那里有外貌整齐的青扦纯林（图 9.2），上限与青海云杉林交汇；在川西北山地是 2000～3000 m，上限与云冷杉林交汇，下限与油松林或华山松林交汇。

在中国植被区划系统中，青扦林跨越了多个植被区域，包括暖温带落叶阔叶林区域的西北部、温带草原区域的西南部、青藏高原高寒植被区域的东端和亚热带常绿阔叶林区域的最北端（中国科学院中国植被图编辑委员会，2007）。青扦林分布区的地带性植被具有过渡和交汇的性质，高耸的山地改造了水热因子的水平地带性格局，在不同的植被区域内造就了适合青扦林生长的环境，形成了青扦林与多种植被类型在垂直空间尺度上共存的景观。

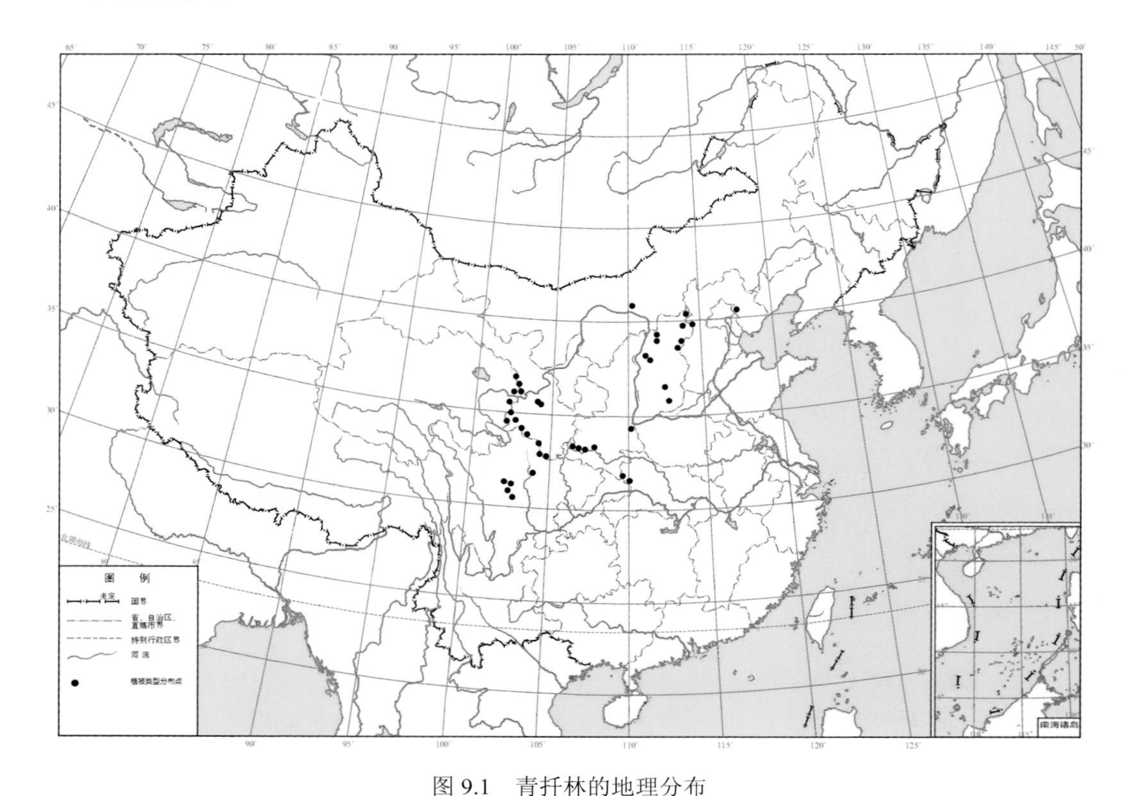

图 9.1 青扦林的地理分布
Figure 9.1 Distribution of *Picea wilsonii* Forest Alliance in China

图 9.2 青扦林的外貌（左：甘肃榆中兴隆山；右：甘肃临夏太子山）
Figure 9.2 Physiognomy of two communities of *Picea wilsonii* Forest Alliance in Mt. Xinglongshan (left) and in Mt. Taizi (right), Gansu

9.1.2 自然环境

9.1.2.1 地貌

自西南向东北，青扦林分布区的地貌类型依次为青藏高原东北边缘深度切割的高山峡谷、陇中黄土高原的丘陵山地、秦岭山脉、吕梁山脉和燕山山脉。青藏高原东北边缘受古冰川和河流切割的影响，呈高山峡谷地貌，青扦林主要生长在山地的中下部和山麓谷地带；在陇中黄土高原区，丘陵交错，沟壑纵横，有深厚的黄土覆盖，青扦林生长在高山地带地形封闭的生境中；秦岭山脉包括高耸山地、山前丘陵和山间盆地，海拔自西向东逐渐降低，青扦林生长在秦岭中西段地形封闭的缓坡和洼地；吕梁山脉和燕山山脉是中生代燕山运动和新生代喜马拉雅造山运动中隆起的褶皱断裂山地，山峰和盆地相间，地形高差大，地势险峻，土层较薄，青扦林生长在缓坡和河谷；小五台山陡峻高耸，在河谷内常有巨石堆砌，青扦多散生在谷底或山麓。

9.1.2.2 气候

青扦林分布区处在三大气候区的交汇地带，西南部为青藏高原气候区，东南部属于亚热带海洋性季风气候区，西北部处在大陆性季风气候区。

在青扦林分布区内选定了 59 个样点，标定了各样点的地理坐标（图 9.1），利用插值方法提取了每个样点的生物气候数据，各气候因子的均值依次是：年均气温 5.48 ℃，年均降雨量 667.73 mm，最冷月平均气温−7.42 ℃，最热月平均气温 17.02 ℃，≥0℃有效积温 2665.46 ℃·d，≥5℃有效积温 1560.04 ℃·d，年实际蒸散 461.12 mm，年潜在蒸散 618.33 mm，水分利用指数 0.54 （表 9.1）。

表 9.1 青扦林地理分布区海拔及其对应的气候因子描述性统计结果（*n*=59）

Table 9.1 Descriptive statistics of altitude and climatic factors in the natural range of *Picea wilsonii* Forest Alliance in China (*n*=59)

海拔及气候因子 Altitude and climatic factors	均值 Mean	标准误 Standard error	95%置信区间 95% confidence intervals		最小值 Minimum	最大值 Maximum
海拔 Altitude（m）	2198.82	78.41	2041.26	2356.38	1559.00	3203.00
年均气温 Mean annual temperature（℃）	5.48	0.55	4.37	6.58	−0.99	14.09
最冷月平均气温 Mean temperature of the coldest month（℃）	−7.42	0.65	−8.73	−6.11	−16.29	2.65
最热月平均气温 Mean temperature of the warmest month（℃）	17.02	0.69	15.63	18.40	5.56	25.37
≥5℃有效积温 Growing degree days on a 5℃ basis（℃·d）	1560.04	121.98	1314.91	1805.17	22.45	3470.14
≥0℃有效积温 Growing degree days on a 0℃ basis（℃·d）	2665.46	153.40	2357.20	2973.72	581.99	5164.77
年均降雨量 Mean annual precipitation（mm）	667.73	29.16	609.14	726.32	376.99	1082.63
实际蒸散 Actual evapotranspiration（mm）	461.12	25.58	409.72	512.52	77.00	733.20
潜在蒸散 Potential evapotranspiration（mm）	618.33	23.63	570.84	665.81	177.00	885.58
水分利用指数 Water availability index	0.54	0.02	0.50	0.58	0.15	0.72

上述数据表明，青扦林适应半湿润且偏暖的气候条件。

9.1.2.3 土壤

青扦林分布区山地的基岩有花岗岩、石灰岩和砂岩等。土壤类型为山地褐土，部分为山地棕壤，腐殖质层较厚，全剖面一般具有碳酸盐反应，呈微酸性、中性至微碱性（中国林业科学研究院林业研究所，1986）。

甘肃境内的兴隆山是青藏高原东北边缘与黄土高原交汇区的石质山地，是青扦纯林集中分布的地区之一（图 9.2）。胡双熙（1994）对该地青扦林不同层次土壤的理化性质进行了分析。结果显示（表 9.2），土壤剖面可划分为腐殖质层、黏化层和钙积层。土壤腐殖质层的厚度在 40～60 cm，自上而下可细分为表层枯落物层，厚度为 2～3 cm；有机质层，厚度为 6～11 cm，呈半分解状，质地松软，有大量白色霉状物质；腐殖质层，厚度为 30～45 cm，呈暗灰棕色，具有粒状和团粒状结构，有机质含量为 8%～9%。土壤黏化层，厚度为 20～50 cm，土壤颗粒表面有胶膜附着，外观呈淡红棕色，黏粒含量为 41.05%～48.40%，与表土黏粒含量之比为 1.32～2.69，黏化特征明显。钙积层，厚度为 20～30 cm，主要是由季节性降水淋溶所形成的 $CaCO_3$ 淀积物，$CaCO_3$ 含量为 10%～12%。由于降雨量较多，金属氧化物（SiO_3、Al_2O_3 和 Fe_2O_3）在土壤剖面中明显下移，土体硅铁铝比值在 6.01～6.77。黏土矿物中除了具有较多的水云母外，尚有少量的绿泥石、高岭石和蒙脱石。土壤全剖面含砂粒，但土壤母质层砂粒含量较上层多，质地较粗；黏粒则相反，在剖面中自上而下逐渐减少。全剖面土壤水溶液呈弱碱性，碱性自上而下渐强；土壤有机质、全氮、全磷、全钾和代换量 coml（+）/kg 在全剖面自上而下逐渐减少，而碳酸钙则呈增加趋势（胡双熙，1994）。

表 9.2 兴隆山青扦林下 1 个土壤剖面不同层次的化学性质（胡双熙，1994）

Table 9.2 Soil nutrients and pH of a soil profile in a community of *Picea wilsonii* Evergreen Needleleaf Forest in Mt. Xinglongshan, Yuzhong, Gansu (Hu，1994)

剖面深度（cm） Depth of soil profile	pH	有机质（g/kg） Organic matter	全氮（g/kg） Total Nitrogen	全磷（g/kg） Total phosphorus	全钾（g/kg） Total potassium	碳酸钙（%） Calcium carbonate
0～19	7.15	141.5	3.51	1.4	23.4	0.52
19～42	7.38	91.83	2.58	1.17	24.6	2.15
42～64	7.85	87.76	2.64	1.07	21.5	7.43
64～95	7.24	25.31	0.96	1.06	13.1	10.11
95～122	8.27	9.2	0.68	1.02	13.4	2.84

白龙江中上游也是青扦林集中分布的区域。该地青扦林下几个土壤剖面的数据显示（表 9.3），土壤呈弱酸性；在 2690～2900 m，土壤有机质、全氮、全磷、全钾和碳酸钙的变化幅度分别是 216.7～235.8 g/kg、6～8.3 g/kg、0.92～1.01 g/kg、15.1～16.4 g/kg 和 0.8～55 g/kg（冯自诚等，1993）。

表 9.3 白龙江中上游（甘肃迭部、舟曲）青扦林下 3 个样地土壤养分及化学性质（冯自诚等，1993）

Table 9.3 Soil nutrients and pH of three soil profiles under a community of *Picea wilsonii* Evergreen Needleleaf Forest in Diebu and Zhouqu, Gansu (Feng et al.，1994)

海拔（m） Altitude	土层厚度（cm） Depth of soil profile	pH	有机质（g/kg） Organic matter	全氮（g/kg） Total nitrogen	全磷（g/kg） Total phosphorus	全钾（g/kg） Total potassium	碳酸钙（g/kg） Calcium carbonate
2900	51	6	235.8	8.3	0.92	15.1	55
2850	39	6.2	195.6	7.1	1.01	15.1	0.8
2690	37	6.8	216.7	6	0.93	16.4	8.2

在秦岭南坡，青扦常与红桦、山杨、冬瓜杨、华山松和铁杉等组成混交林，纯林较少（雷明德，1999）。土壤剖面数据显示（表 9.4），在青扦林及青扦与华山松和红桦的混交林下，土壤均呈弱酸性，土壤酸性沿土壤剖面自上而下逐渐增强；土壤有机质、全氮和全磷含量在全剖面自上而下逐渐降低，全钾和氧化钙的变化趋势不明显（雷瑞德等，1996）。

表 9.4 秦岭南坡青扦林不同土壤层次的养分含量（雷瑞德等，1996）

Table 9.4 Soil nutrients and pH of two soil profiles under several communities of *Picea wilsonii* Forest in the southern slopes of Mt. Qinling, Shannxi (Lei et al., 1996)

群落类型 Plant communities	土壤层次 Soil layers	pH	有机质（g/kg） Organic matter	全氮（g/kg） Total nitrogen	全磷（g/kg） Total phosphorus	全钾（g/kg） Total potassium	氧化钙（%） Calcium oxide
青扦林 *Picea wilsonii* forest	A	6.21	63.4	2.2	0.36	20.4	8.9
	B	5.73	28.2	1	0.3	26.3	8.8
	C	5.75	10.2	0.5	0.23	29.8	6.7
青扦-华山松-红桦林 *Picea wilsonii-Pinus armandii- Betula albosinensis* forest	A	6.25	69.3	3.3	0.44	30.4	10
	B	5.83	30.6	1.3	0.4	30	10.6
	C	5.47	9.4	0.6	0.25	30.3	6.5

上述数据显示，青扦林下的土壤养分元素和有机质含量随着土壤深度的增加而降低，土壤 pH 呈弱酸性至弱碱性。受土壤母质、气候条件及地貌类型的影响，青扦林土壤养分含量及土壤 pH 表现出明显的区域差异。

9.1.3 生态特征

与同域分布的其他云杉林相比较，青扦林常生长在海拔较低的河谷及山地的中下坡，对热量条件的要求仅次于麦吊云杉林。在华北的管涔山和小五台山，青扦林生长在白扦林垂直分布的下限地带；在青藏高原东北边缘的石质山地，青扦林的垂直分布范围低于青海云杉林；在甘南与川西山地，青扦林分布在云杉林和紫果云杉林垂直分布带的下方；在甘肃兴隆山和连城林区，随着海拔由低到高依次出现油松林、青扦林和青海云杉林。贺兰山地的东西方向皆临向荒漠，气候较干燥，贺兰山针叶林的垂直带谱中仅有油松林和青海云杉林，青扦林则完全退出。在青扦林分布区的边缘地带，如在小五台山和雾灵山，青扦生长不良，仅见散生的个体。

青扦林的地理分布范围可延伸到黄土高原的石质山地或峡谷，进一步表征了其适应偏暖环境的习性。在甘肃兴隆山，有林相整齐的青扦纯林生长，青扦的树干挺拔端直，生长良好，而同域生长的青海云杉林很少，且林相不整齐，树干弯曲多分叉。在甘肃漳县贵清山的峡谷缓坡洼地，土层深厚，排水良好，青扦纯林葱郁，古树参天，被当地称为“禅林”；在坡度较大的阳坡，主要生长着油松林和华山松林；贵清山的峡谷地带环境偏暖湿，不见其他云杉林的踪迹。

甘肃兴隆山植物群落的排序分析结果显示，在海拔 2250～3000 m 的垂直环境梯度上，依次出现了“白桦-山杨群丛组”“青扦-白桦-山杨群丛组”“青扦-灌木群丛组”“康定柳-山杨-糙皮桦群丛组”“糙皮桦-康定柳群丛组”“糙皮桦-旱柳群丛组”和“黄毛杜鹃-烈香杜鹃群丛组”。青扦林在排序图中位于中、低海拔地带，显示了其适应干暖环境的习性（王孝安等，1994）。

9.2 群落组成

9.2.1 科属种

在24个样地中记录到维管植物234种，隶属53科136属，其中种子植物48科131属228种，蕨类植物5科5属6种。种子植物中，裸子植物有青扦、华山松、油松、华北落叶松和岷江冷杉。被子植物中，种类较多的是菊科和蔷薇科，分别有32种和31种；其次是毛茛科19种、百合科15种、忍冬科13种，这些种类是构成青扦林灌木层和草本层的重要成分；含5～10种的科依次是虎耳草科、伞形科、松科、豆科、五加科、禾本科、桦木科、小檗科、茜草科和杨柳科，其中松科的种类是青扦林的建群种；其余33科含物种1～4种。有些科所含物种虽少，但也是青扦林群落结构中的重要成分。例如，桦木科（6种）和壳斗科（2种）的物种常在偏阳的生境中与青扦混生，是青扦林乔木层中少有的落叶阔叶树；鹿蹄草科（2种）的物种是青扦林下重要的标志植物之一，禾本科（6种）和莎草科（4种）的种类通常是青扦林草本层的优势种。

9.2.2 区系成分

根据中国种子植物科属区系成分的划分标准（吴征镒，1991；吴征镒等，2003），48个种子植物科可划分为9个分布区类型/亚型；其中，世界分布科占54%，其次是北温带和南温带间断分布科（19%）和泛热带科（8%），其余分布型所占比例小于6%。131个属可划分为15个分布区类型/亚型，温带成分占优势；其中，北温带分布属占44%、世界分布属占13%、旧世界温带占12%、北温带和南温带（全温带）间断及东亚和北美洲间断各占6%，其他成分所占比例小于5%（表9.5）。

表9.5 青扦林48科131属228种植物区系成分

Table 9.5 The areal type of the 228 seed plant species recorded in the 24 plots sampled in *Picea wilsonii* Forest Alliance in China

编号 No.	分布区类型 The areal types	科 Family		属 Genus	
		数量 *n*	比例(%)	数量 *n*	比例(%)
1	世界广布 Widespread	26	54	17	13
2	泛热带 Pantropic	4	8	5	4
2.2	热带亚洲、热带非洲和热带美洲 Trop. Asia to Trop. Africa and Trop. Amer.	1	2		
3	东亚（热带、亚热带）及热带南美间断 Trop. & Subtr. E. Asia &（S.）Trop. Amer. disjuncted	2	4		
4	旧世界热带 Old World Tropics			2	2
6	热带亚洲至热带非洲 Trop. Asia to Trop. Africa			2	2
8	北温带 N. Temp.	3	6	58	44

续表

编号 No.	分布区类型 The areal types	科 Family		属 Genus	
		数量 *n*	比例(%)	数量 *n*	比例(%)
8.2	北极-高山 Arctic-Alpine	1	2	1	1
8.4	北温带和南温带间断 N. Temp. & S. Temp. disjuncted	9	19	8	6
8.5	欧亚与南北温带间断 Eurasia & Temp. S. Amer. disjuncted	1	2		
9	东亚和北美间断 E. Asia & N. Amer. disjuncted			8	6
9.1	东亚和墨西哥间断分布 E. Asia & Mexico disjuncted			1	1
10	旧世界温带 Temp. Eurasia			16	12
10.3	欧亚和南非洲间断 Eurasia & S. Afr. disjuncted			1	1
11	温带亚洲 Temp. Asia			2	2
12	地中海区、西亚至中亚 Medit.，W. to C. Asia			1	1
14	东亚 E. Asia	1	2	6	5
15	中国特有 Endemic to China			3	2
合计 Total		48	100	131	100

注：物种名录根据 24 个样方数据整理

9.2.3 生活型

青扦林的生活型谱中（表 9.6），木本植物占 44%，草本植物占 56%。木本植物中，落叶成分占 37%，常绿物种占 6%；灌木占 32%，乔木占 9%，木质藤本占 3%；草本植物中，多年生直立杂草类占 34%，禾草类占 9%，一年生植物稀少。各类生活型植物的搭配组合是群落结构完整性的基础。常绿乔木是林冠层的优势生活型，落叶乔木次之；灌木层主要由落叶灌木组成，部分群落类型的林下有箭竹层发育；直立杂草和禾草常出现在高大草本层，而莲座叶和蔓生草本主要出现在低矮草本层或地被层。

表 9.6　青扦林 234 种植物生活型谱（%）

Table 9.6　Life-form spectrum（%）of the 234 vascular plant species recorded in the 24 plots sampled in *Picea wilsonii* Forest Alliance in China

木本植物 Woody plants	乔木 Tree		灌木 Shrub		藤本 Liana		竹类 Bamboo	蕨类 Fern	寄生 Phytoparasite	附生 Epiphyte
	常绿 Evergreen	落叶 Deciduous	常绿 Evergreen	落叶 Deciduous	常绿 Evergreen	落叶 Deciduous				
44	4	5	2	30	1	2	1	0	0	0

陆生草本 Terrestrial herbs	多年生 Perennial					一年生 Annual		蕨类 Fern	寄生 Phytoparasite	腐生 Saprophyte
	禾草型 Grass	直立杂草类 Forbs	莲座垫状 Rosette	附生 Epiphyte	藤本 Liana	短生型 Ephemeral	非短生型 Non-eephemeral			
56	9	34	7	0	3	0	1	2	0	0

注：物种名录来自 24 个样方

9.3 群落结构

青扦林的垂直结构可划分为乔木层、灌木层、草本层和苔藓层。

青扦林处在寒温性针叶林和温性针叶林的过渡地带，在不同的生境或在群落不同的发育阶段，乔木层的物种组成不同。青扦除了可形成纯林外，还可与其他针阔叶树混交成林，各物种的相对多度取决于群落所处的海拔及生境条件。在山西吕梁山地，青扦可与华北落叶松和白扦混交成林，青扦与白扦常处在同一层，华北落叶松或高于青扦和白扦；在青藏高原东北边缘，以及在甘南、川北和陕南，青扦可与华山松和油松混交成林，松类在偏暖的生境中数量较多；青扦与岷江冷杉的混交林主要分布在甘肃南部和四川西北部，处在青扦林垂直分布的上限地带，在地形封闭的生境中岷江冷杉占优势；山杨、桦木和蒙古栎等落叶阔叶树也可出现在青扦林的乔木层中，这类群落可能是青扦林植被恢复过程中的过渡类型。

在不同生境下，以及在群落不同的发育阶段，乔木层的高度和个体胸径变化较大。在中、低海拔地带土层深厚的缓坡和谷地，青扦树体高大。例如，在甘肃迭部阿夏沟河谷地带生长的青扦林，树高达 42 m，胸径达 95 cm。在土层浅薄的石质山地，树体低矮。例如，在甘肃太子山松鸣岩的青扦林中，高度在 20 m 左右，胸径达 48 cm。另据《四川森林》（《四川森林》编辑委员会，1992）记载，在四川省的一些青扦林中，个体高度可达 58 m，胸径达 150 cm。

乔木层的盖度与群落类型、生境条件及人类干扰等因素有关。通常，受人类活动干扰较轻且生长在土层深厚的缓坡谷地的青扦林，乔木层盖度较高；生长在悬崖峭壁上的青扦林，冠层开阔，外貌呈现疏林状。

林下通常有明显的灌木层和草本层，在坡度较陡的山地，或有箭竹层发育。

苔藓层呈斑块状或无，其发育状况与林内的光照、湿度和人类活动状况等相关。

9.4 群落类型

青扦纯林的地理分布范围较广，林下灌木层和草本层物种组成的空间分异大，群落类型多样。青扦与其他针阔叶树组成的混交林类型也十分丰富。例如，在华北的吕梁山地和燕山山脉，可形成“青扦-华北落叶松”和“青扦-白扦”混交林；在祁连山东段及秦岭西段，可形成“青扦-油松/华山松”及“青扦-岷江冷杉”混交林。在偏暖偏干的环境中，如在山地半阴坡，青扦可与山杨、桦木和蒙古栎等混生。“青扦林-箭竹”类型，主要出现在排水良好的山坡上部或地形陡峭的生境中，是一个特色鲜明的群落类型。青扦林下的灌木层和草本层较发达，物种组成的空间分异是群落多样性的基础。

基于 24 个样方的数量分类和相关资料分析，青扦林可划分出 6 个群丛组和 10 个群丛（表 9.7a，表 9.7b，表 9.8）。

表 9.7　青扦林群落分类简表

Table 9.7　Synoptic table of *Picea wilsonii* Forest Alliance in China

表 9.7a　群丛组分类简表

Table 9.7a　Synoptic table for association group

群丛组号 Association group number			I	II	III	IV	V	VI
样地数 Number of plots		L	5	2	4	4	2	7
鲜黄小檗	*Berberis diaphana*	4	60	0	0	0	0	0
鸡冠棱子芹	*Pleurospermum cristatum*	6	40	0	0	0	0	0
泡沙参	*Adenophora potaninii*	6	40	0	0	0	0	0
高原天名精	*Carpesium lipskyi*	6	40	0	0	0	0	0
华西小红门兰	*Ponerorchis limprichtii*	6	40	0	0	0	0	0
北重楼	*Paris verticillata*	6	40	0	0	0	0	0
托叶樱桃	*Cerasus stipulacea*	4	40	0	0	0	0	0
升麻	*Cimicifuga foetida*	6	40	0	0	0	0	0
扁刺蔷薇	*Rosa sweginzowii*	4	40	0	0	0	0	0
野鹅脚板	*Sanicula orthacantha*	6	40	0	0	0	0	0
羊齿天门冬	*Asparagus filicinus*	6	40	0	0	0	0	0
华北珍珠梅	*Sorbaria kirilowii*	4	60	0	0	0	50	0
轮叶黄精	*Polygonatum verticillatum*	6	80	0	100	0	0	0
鞘柄菝葜	*Smilax stans*	4	60	50	0	0	50	0
丝秆薹草	*Carex filamentosa*	6	60	50	0	0	50	0
灰栒子	*Cotoneaster acutifolius*	4	80	50	100	50	0	14
羊茅	*Festuca ovina*	6	20	100	0	25	0	0
喜冬草	*Chimaphila japonica*	6	40	100	0	0	0	14
黄帚橐吾	*Ligularia virgaurea*	6	0	0	100	0	0	0
三脉紫菀	*Aster trinervius* subsp. *ageratoides*	6	0	0	100	0	0	0
茖葱	*Allium victorialis*	6	0	0	100	0	0	0
油松	*Pinus tabuliformis*	1	0	0	0	100	0	0
毛榛	*Corylus mandshurica*	4	20	0	0	100	0	0
辽东栎	*Quercus wutaishanica*	1	0	0	0	50	0	0
小红菊	*Chrysanthemum chanetii*	6	20	0	0	75	0	0
支柱拳参	*Polygonum suffultum*	6	0	0	0	0	100	0
岷江冷杉	*Abies fargesii* var. *faxoniana*	1	0	0	0	0	100	0
红毛五加	*Eleutherococcus giraldii*	4	40	50	0	0	100	0
华北落叶松	*Larix gmelinii* var. *principis-rupprechtii*	1	0	0	0	0	0	86

表 9.7b　群丛分类简表

Table 9.7b　Synoptic table for association

群丛组号 Association group number			I	I	I	II	II	III	III	IV	V	VI
群丛号 Association number			1	2	3	4	5	6	7	8	9	10
样地数 Number of plots		L	1	2	2	1	1	1	3	4	2	7
华西蔷薇	*Rosa moyesii*	4	100	0	0	0	0	0	0	0	0	0
细齿稠李	*Padus obtusata*	4	100	0	0	0	0	0	0	0	0	0

续表

群丛组号 Association group number			I	I	I	II	II	III	III	IV	V	VI
群丛号 Association number			1	2	3	4	5	6	7	8	9	10
样地数 Number of plots		L	1	2	2	1	1	1	3	4	2	7
八宝茶	*Euonymus przwalskii*	4	100	0	0	0	0	0	0	0	0	0
早熟禾	*Poa annua*	6	100	0	0	0	0	0	0	0	0	0
紫菀	*Aster tataricus*	6	100	0	0	0	0	0	0	0	0	0
翠雀	*Delphinium grandiflorum*	6	100	0	0	0	0	0	0	0	0	0
葛缕子	*Carum carvi*	6	100	0	0	0	0	0	0	0	0	0
兜被兰	*Neottianthe pseudodiphylax*	6	100	0	0	0	0	0	0	0	0	0
周至柳	*Salix tangii*	4	100	0	0	0	0	0	0	0	0	0
三角叶蟹甲草	*Parasenecio deltophyllus*	6	100	0	0	0	0	0	0	0	0	0
细叶沙参	*Adenophora capillaris* subsp. *paniculata*	6	100	0	0	0	0	0	0	0	0	0
黄芦木	*Berberis amurensis*	4	100	0	0	0	0	0	0	0	0	0
尼泊尔蓼	*Polygonum nepalense*	6	100	0	0	0	0	0	0	0	0	0
梅花草	*Parnassia palustris*	6	100	0	0	0	0	0	0	0	0	0
毛茛	*Ranunculus japonicus*	6	100	0	0	0	0	0	0	0	0	0
北重楼	*Paris verticillata*	6	0	100	0	0	0	0	0	0	0	0
冰川茶藨子	*Ribes glaciale*	4	0	100	0	0	0	0	0	25	50	0
华西箭竹	*Fargesia nitida*	4	0	100	0	0	100	0	0	0	0	0
高原天名精	*Carpesium lipskyi*	6	0	0	100	0	0	0	0	0	0	0
鸡冠棱子芹	*Pleurospermum cristatum*	6	0	0	100	0	0	0	0	0	0	0
泡沙参	*Adenophora potaninii*	6	0	0	100	0	0	0	0	0	0	0
扁刺蔷薇	*Rosa sweginzowii*	4	0	0	100	0	0	0	0	0	0	0
鳞茎堇菜	*Viola bulbosa*	6	0	0	100	0	0	0	0	0	50	0
鲜黄小檗	*Berberis diaphana*	4	100	0	100	0	0	0	0	0	0	0
旋覆花	*Inula japonica*	6	0	0	100	100	0	0	0	0	0	0
华北珍珠梅	*Sorbaria kirilowii*	4	0	50	100	0	0	0	0	0	50	0
丝秆薹草	*Carex filamentosa*	6	0	50	100	0	100	0	0	0	50	0
膜叶冷蕨	*Cystopteris pellucida*	6	0	0	0	100	0	0	0	0	0	0
淫羊藿	*Epimedium brevicornu*	6	0	0	0	100	0	0	0	0	0	0
球花雪莲	*Saussurea globosa*	6	0	0	0	0	100	0	0	0	0	0
疙瘩七	*Panax japonicus* var. *bipinnatifidus*	6	0	0	0	0	100	0	0	0	0	0
多脉报春	*Primula polyneura*	6	0	0	0	0	100	0	0	0	0	0
秀丽莓	*Rubus amabilis*	4	0	0	0	0	100	0	0	0	0	0
尖头蹄盖蕨	*Athyrium vidalii*	6	0	0	0	0	100	0	0	0	0	0
长果茶藨子	*Ribes stenocarpum*	4	0	0	0	0	100	0	0	0	0	0
白苞蒿	*Artemisia lactiflora*	6	0	0	0	0	100	0	0	0	0	0
鹿蹄草	*Pyrola calliantha*	6	0	0	0	0	100	0	0	0	0	0
首阳变豆菜	*Sanicula giraldii*	6	0	0	0	0	100	0	0	0	0	0
银露梅	*Potentilla glabra*	4	0	0	0	0	100	0	0	0	0	0
窄叶野豌豆	*Vicia pilosa*	6	0	0	0	0	100	0	0	0	0	0

续表

群丛组号 Association group number			I	I	I	II	II	III	III	IV	V	VI
群丛号 Association number			1	2	3	4	5	6	7	8	9	10
样地数 Number of plots		L	1	2	2	1	1	1	3	4	2	7
林猪殃殃	*Galium paradoxum*	6	0	0	0	0	100	0	0	0	0	0
茖葱	*Allium victorialis*	6	0	0	0	0	0	100	0	0	0	0
三脉紫菀	*Aster trinervius* subsp. *ageratoides*	6	0	0	0	0	0	100	0	0	0	0
黄帚橐吾	*Ligularia virgaurea*	6	0	0	0	0	0	100	0	0	0	0
紫菀	*Aster* sp.	6	0	0	0	0	0	0	100	0	0	0
费菜	*Phedimus aizoon*	6	0	0	0	0	0	0	100	0	0	0
东北羊角芹	*Aegopodium alpestre*	6	0	0	0	0	0	0	100	0	0	0
迎红杜鹃	*Rhododendron mucronulatum*	4	0	0	0	0	0	0	100	0	0	0
锦带花	*Weigela florida*	4	0	0	0	0	0	0	100	0	0	0
北乌头	*Aconitum kusnezoffii*	6	0	0	0	0	0	0	100	0	0	0
水珠草	*Circaea canadensis* subsp. *quadrisulcata*	6	0	0	0	0	0	0	100	0	0	0
山桃	*Amygdalus davidiana*	4	0	0	0	0	0	0	100	0	0	0
黑桦	*Betula dahurica*	1	0	0	0	0	0	0	100	0	0	0
鸡爪枫	*Acer palmatum*	1	0	0	0	0	0	0	100	0	0	0
山牛蒡	*Synurus deltoides*	6	0	0	0	0	0	0	100	0	0	0
圆叶鼠李	*Rhamnus globosa*	4	0	0	0	0	0	0	100	0	0	0
胡枝子	*Lespedeza bicolor*	4	0	0	0	0	0	0	100	0	0	0
野青茅	*Deyeuxia pyramidalis*	6	0	0	0	0	0	0	100	0	0	0
二苞黄精	*Polygonatum involucratum*	6	0	0	0	0	0	0	100	0	0	0
白花马蔺	*Iris lactea*	6	0	0	0	0	0	0	100	0	0	0
油松	*Pinus tabuliformis*	1	0	0	0	0	0	0	0	100	0	0
辽东栎	*Quercus wutaishanica*	1	0	0	0	0	0	0	0	50	0	0
毛榛	*Corylus mandshurica*	4	100	0	0	0	0	0	0	100	0	0
小红菊	*Chrysanthemum chanetii*	6	0	0	50	0	0	0	100	75	0	0
支柱拳参	*Polygonum suffultum*	6	0	0	0	0	0	0	0	0	100	0
岷江冷杉	*Abies fargesii* var. *faxoniana*	1	0	0	0	0	0	0	0	0	100	0
华北落叶松	*Larix gmelinii* var. *principis-rupprechtii*	1	0	0	0	0	0	0	0	0	0	86
白桦	*Betula platyphylla*	1	0	0	0	0	0	0	100	0	0	57

注：表中数据为物种频率值（%），物种按诊断值（Φ）递减的顺序排列。Φ>0.20 和 Φ>0.50（P<0.05）的物种为诊断种，其频率值分别标记深色和灰色。表中标记“L”的一列为物种所在的群落层次代码，1～3 分别表示高、中和低乔木层，4 和 5 分别表示高大灌木层和低矮灌木层，6～9 分别表示草本层、幼树、幼苗和地被层

Note: The numbers in the table are percentage frequencies. The column marked with “L” is the code of community vertical layer. 1 – tree layer (high); 2 – tree layer (middle); 3 – tree layer (low); 4 –shrub layer (high); 5 – shrub layer (low); 6 – herb layer (high); 7 – juveniles; 8 –seedlings; 9 – moss layer. Species are ranked by decreasing fidelity (phi coefficient) within each association. Light and dark grey background indicates fidelity of Φ>0.20 and Φ>0.50 (P<0.05), respectively.These species are considered as diagnostic species

表 9.8　青扦林的环境和群落结构信息表

Table 9.8　Data for environmental characteristic and supraterraneous stratification from of *Picea wilsonii* Forest Alliance in China

群丛号 Association number	1	2	3	4	5	6	7	8	9	10
样地数 Number of plots	1	2	2	1	1	1	3	4	2	7
海拔 Altitude（m）	2445～2800	2321～2327	2021～2323	2466	2466	2554	1652～1960	1800～2160	2549～2806	1800～2200
地貌 Terrain	VA	MO	HI/VA	MO	MO	MO	MO	MO	MO	MO
坡度 Slope（°）	25	15～45	0～15	40	40	10	20～35	18～45	25～45	5～35
坡向 Aspect	SE	NW	SW	N	NW	N	SW	NW	NW/SW	NW/N/NE/E
物种数 Species	34	26～38	33～56	27	36	42	31	43	40	30
乔木层 Tree layer										
盖度 Cover（%）	50	30～60	30～40	60	30	60	60～70	50～80	20～30	40～90
胸径 DBH（cm）	4～69	4～79	7～50	22～44	4～69	4～57	4～36	5～51	3～95	2～41
高度 Height（m）	4～39	3～36	6～37	20～30	4～39	4～22	8～16	4～28	4～42	3～35
灌木层 Shrub layer										
盖度 Cover（%）	20	50～80	40～60	50	40	40	25～25	15～60	50～60	20～30
高度 Height（cm）	20～350	10～280	6～290	6～263	6～550	28～180	30～170	9～250	10～360	20～260
草本层 Herb layer										
盖度 Cover（%）	35	30～80	50～90	50	20～30	50	20～30	20～80	40～50	30～60
高度 Height（cm）	4～25	4～60	3～50	5～60	3～109	4～36	8～38	5～40	4～70	5～40
地被层 Ground layer										
盖度 Cover（%）	20	54	20～25	31	50	25	20	20～40	40	20～40
高度 Height（cm）	4	8	4～5	10	15	6	3	3～6	15	3～7

HI：山麓 Hillside；MO：山地 Montane；VA：河谷 Valley；E：东坡 Eastern slope；N：北坡 Northern slope；NE：东北坡 Northeastern slope；NW：西北坡 Northwestern slope；SE：东南坡 Southeastern slope；SW：西南坡 Southwestern slope

群丛组、群丛检索表

A1 乔木层由青扦单优势种组成。

B1 林下无箭竹层。**PWⅠ 青扦-灌木-草本 常绿针叶林 *Picea wilsonii*-Shrubs-Herbs Evergreen Needleleaf Forest**

C1 特征种是华西蔷薇、周至柳、八宝茶、黄芦木和毛榛等。**PW1 青扦-华西蔷薇-东方草莓 常绿针叶林 *Picea wilsonii-Rosa moyesii-Fragaria orientalis* Evergreen Needleleaf Forest**

C2 特征种是红毛五加和冰川茶藨子或扁刺蔷薇、鲜黄小檗和华北珍珠梅等。

D1 特征种是红毛五加、冰川茶藨子、北重楼和轮叶黄精等。**PW2 青扦-唐古特忍冬-川赤芍 常绿针叶林 *Picea wilsonii-Lonicera tangutica-Paeonia anomala* subsp. *veitchii* Evergreen Needleleaf Forest**

D2 灌木层的特征种是扁刺蔷薇、鲜黄小檗、华北珍珠梅、高原天名精、泡沙参和鸡冠棱子芹等。**PW3 青扦-扁刺蔷薇-鸡冠棱子芹 常绿针叶林 *Picea wilsonii-Rosa sweginzowii-Pleurospermum cristatum* Evergreen Needleleaf Forest**

B2 林下有明显的箭竹层，华西箭竹为优势种。**PWⅡ 青扦-华西箭竹-灌木-草本 常绿针叶林 *Picea wilsonii-Fargesia nitida*-Shrubs-Herbs Evergreen Needleleaf Forest**

C1 特征种是膜叶冷蕨和淫羊藿。**PW4 青扦-陕甘花楸-华西箭竹-大披针薹草 常绿针叶林 *Picea wilsonii-Sorbus koehneana-Fargesia nitida-Carex lanceolata* Evergreen Needleleaf Forest**

C2 特征种是秀丽莓、长果茶藨子、银露梅、白苞蒿、多脉报春、尖头蹄盖蕨、疙瘩七、首阳变豆菜和球花雪莲等。**PW5 青扦-秀丽莓-华西箭竹-类叶升麻 常绿针叶林 *Picea wilsonii-Rubus amabilis-Fargesia nitida-Actaea asiatica* Evergreen Needleleaf Forest**

A2 乔木层除了青扦外，还有一至数种针阔叶乔木混生或组成共优种，常见种类有华北落叶松、白扦、青海云杉、华山松、油松、岷江冷杉、山杨、白桦、红桦、蒙古栎、椴和枫类等。

B1 乔木层由青扦和落叶阔叶树组成，包括白桦、红桦、蒙古栎、椴和枫类等。**PWⅢ 青扦-阔叶乔木-灌木-草本 针阔叶混交林 *Picea wilsonii*-Broadleaf Trees-Shrubs-Herbs Mixed Needleleaf and Broadleaf Forest**

C1 特征种是茖葱、三脉紫菀和黄帚橐吾。**PW6 青扦+红桦-陕甘花楸-大披针薹草 针阔叶混交林 *Picea wilsonii+Betula albosinensis-Sorbus koehneana-Carex lanceolata* Mixed Needleleaf and Broadleaf Forest**

C2 特征种是黑桦、鸡爪枫、迎红杜鹃、费菜、东北羊角芹、二苞黄精和白花马蔺等。**PW7 青扦-白桦-刚毛忍冬-大披针薹草 针阔叶混交林 *Picea wilsonii-Betula platyphylla-Lonicera hispida-Carex lanceolata* Mixed Needleleaf and Broadleaf Forest**

B2 乔木层由青扦和华北落叶松、油松或岷江冷杉等组成。

C1 乔木层由青扦和油松组成。**PWⅣ 青扦+油松-灌木-草本 常绿针叶林 *Picea***

***wilsonii+Pinus tabuliformis*-Shrubs-Herbs Evergreen Needleleaf Forest**

D 特征种是油松、辽东栎、毛榛和小红菊。**PW8 青扦+油松-毛榛-大披针薹草 常绿针叶林 *Picea wilsonii+Pinus tabuliformis-Corylus mandshurica-Carex lanceolata* Evergreen Needleleaf Forest**

C2 乔木层由青扦和华北落叶松或岷江冷杉组成。

D1 乔木层由青扦和岷江冷杉组成。**PWⅤ 青扦-岷江冷杉-灌木-草本 常绿针叶林 *Picea wilsonii-Abies fargesii* var. *faxoniana*-Shrubs-Herbs Evergreen Needleleaf Forest**

E 特征种是岷江冷杉、红毛五加和支柱拳参。**PW9 青扦-岷江冷杉-山梅花-类叶升麻 常绿针叶林 *Picea wilsonii-Abies fargesii* var. *faxoniana-Philadelphus incanus-Actaea asiatica* Evergreen Needleleaf Forest**

D2 乔木层由青扦和华北落叶松组成。**PWⅥ 华北落叶松+青扦-灌木-草本 针叶林 *Larix gmelinii* var. *principis-rupprechtii+Picea wilsonii*-Shrubs-Herbs Needleleaf Forest**

E 特征种是华北落叶松和白桦。**PW10 华北落叶松+青扦-土庄绣线菊-大披针薹草 针叶林 *Larix gmelinii* var. *principis-rupprechtii+Picea wilsonii-Spiraea pubescens-Carex lanceolata* Needleleaf Forest**

9.4.1 PWⅠ

青扦-灌木-草本 常绿针叶林

***Picea wilsonii*-Shrubs-Herbs Evergreen Needleleaf Forest**

菝葜青扦林—四川森林，1992：379；草类云杉林，缓坡云杉林—陕西植被，1999：130；苔藓青扦林—甘肃植被，1997：92；青扦纯林，青扦疏林—山西森林，1992：132-133；青扦-毛榛-披针薹草群丛、青扦-绣线菊-披针薹草+糙苏群丛—山西植被志（针叶林卷），2014：52，72。

群落呈针叶林外貌，树冠呈整齐划一的宝塔形，色泽墨绿（图 9.3）。乔木层由青扦单优势种组成，偶有其他针叶树混生，但数量极少；灌木层和草本层发达，物种丰富度较高，物种组成的空间异质性大。苔藓呈斑块状，分布不均匀。这个群丛组是青扦林的一个主要类型，指示着青扦林的最适宜生境。

分布于四川西北部、甘肃西南部、陕西西南部和山西西北部。多生长在缓坡、山麓和谷地，土层深厚肥沃。这里描述 3 个群丛。

9.4.1.1 PW1

青扦-华西蔷薇-东方草莓 常绿针叶林

***Picea wilsonii-Rosa moyesii-Fragaria orientalis* Evergreen Needleleaf Forest**

凭证样方：GQ1。

特征种：华西蔷薇（*Rosa moyesii*）*、细齿稠李（*Padus obtusata*）*、八宝茶（*Euonymus przwalskii*）*、周至柳（*Salix tangii*）*、黄芦木（*Berberis amurensis*）*、早熟禾（*Poa annua*）*、紫菀（*Aster tataricus*）*、翠雀（*Delphinium grandiflorum*）*、葛缕子（*Carum carvi*）*、兜被兰（*Neottianthe pseudodiphylax*）*、三角叶蟹甲草（*Parasenecio*

图 9.3 “青扦-灌木-草本”常绿针叶林的乔木层（左）、灌木层（右上）和草本层（右下）（甘肃文县博峪）

Figure 9.3 Tree layer (left), shrub layer (upper right) and herb layer (lower right) of a community of *Picea wilsonii*-Shrubs-Herbs Evergreen Needleleaf Forest in Boyu, Wenxian, Gansu

deltophyllus）*、细叶沙参（*Adenophora capillaris* subsp. *paniculata*）*、尼泊尔蓼（*Polygonum nepalense*）*、梅花草（*Parnassia palustris*）*、毛茛（*Ranunculus japonicus*）*。

常见种：青扦（*Picea wilsonii*）、鲜黄小檗（*Berberis diaphana*）、毛樱桃（*Cerasus tomentosa*）、升麻（*Cimicifuga foetida*）、毛榛（*Corylus mandshurica*）、灰栒子（*Cotoneaster acutifolius*）、东方草莓（*Fragaria orientalis*）、金花忍冬（*Lonicera chrysantha*）、红脉忍冬（*Lonicera nervosa*）、唐古特忍冬（*Lonicera tangutica*）、川赤芍（*Paeonia anomala* subsp. *veitchii*）、山梅花（*Philadelphus incanus*）、珠芽拳参（*Polygonum viviparum*）、峨眉蔷薇（*Rosa omeiensis*）、黄果悬钩子（*Rubus xanthocarpus*）、鞘柄菝葜（*Smilax stans*）、扭柄花（*Streptopus obtusatus*）、南川绣线菊（*Spiraea rosthornii*）及上述标记*的物种。

乔木层盖度达 50%，胸径（4）31（69）cm，高度（4）16（39）m；由青扦单优势种组成。GQ1 样方数据显示，青扦“胸径-频数”分布呈右偏态曲线，中、小径级个体较多，“树高-频数”分布呈左偏态曲线，树高为 25～30 m 的高大树木较多（图 9.4）。林下有青扦的幼树和幼苗。

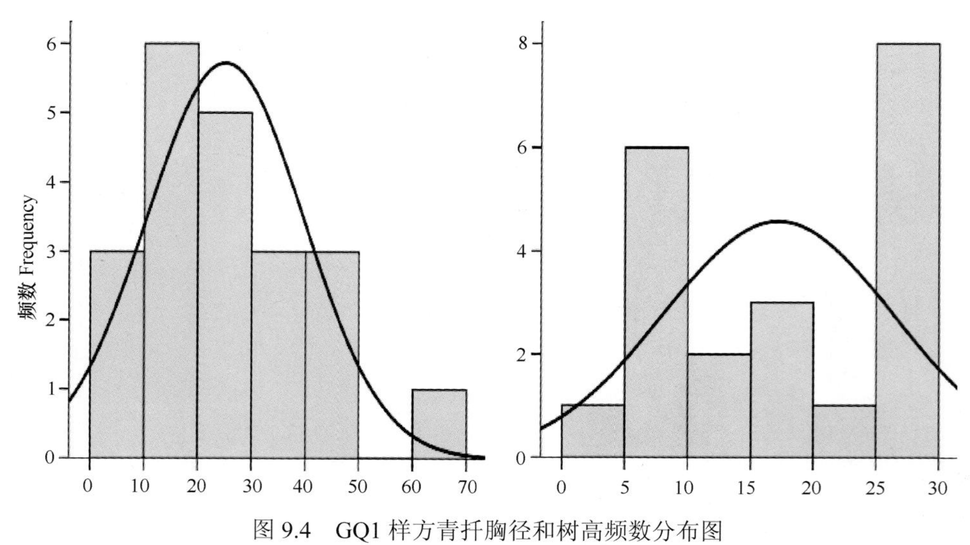

图 9.4　GQ1 样方青扦胸径和树高频数分布图

Figure 9.4　Frequency distribution of DBH and tree height of *Picea wilsonii* in plot GQ1

灌木层总盖度达 20%，高度 20～350 cm，由直立落叶灌木组成；大灌木层中，华西蔷薇占优势，伴生种有八宝茶、周至柳、黄芦木、金花忍冬和灰栒子等；中、小灌木层常见种有毛榛、山梅花、毛樱桃、鲜黄小檗、红脉忍冬、唐古特忍冬、峨眉蔷薇、南川绣线菊和鞘柄菝葜等；林下偶见黄果悬钩子，呈低矮的半灌木状，匍匐生长。

草本层总盖度 35%，高度 4～25 cm；早熟禾、尼泊尔蓼和细叶沙参等组成稀疏的直立草本层；低矮草本层中，直立杂草有三角叶蟹甲草、升麻、紫菀、翠雀、川赤芍和毛茛等，莲座叶、匍匐或蔓生草本有东方草莓、珠芽拳参、葛缕子、兜被兰、梅花草和扭柄花等。

苔藓层呈斑块状，盖度 20%，平均厚度约 4 cm，常见种类是川西小金发藓。

分布于甘肃西南部（漳县），海拔 2400～2800 m，常生长在峡谷顶端东南坡平缓地带，坡度 25°。

甘肃西南部处在黄土高原和横断山脉的过渡地带，地貌类型是黄土丘陵，平缓开阔的坡地基本开发为农田。在丘陵山结或沟壑上部，海拔较高，由于降水长期冲刷侵蚀，山地周围形成了类似峡谷的地貌，在地形相对封闭的区域有斑块状的青扦林生长。贵清山是“山地-峡谷”地貌。峡谷入口地带较宽阔，河谷地带灌丛密集，在土层堆积较厚的峡谷两侧有落叶阔叶林；在峡谷的尽头，地形封闭，在半阴坡有斑块状的青扦林，在历史时期未经历采伐，基本保持了原始森林的外貌和结构，林中许多为参天大树，胸径达 100 cm 以上，林下倒木较多（图 9.5）。

9.4.1.2　PW2

青扦-唐古特忍冬-川赤芍 常绿针叶林

***Picea wilsonii-Lonicera tangutica-Paeonia anomala* subsp. *veitchii* Evergreen Needleleaf Forest**

凭证样方：G03、G17。

图 9.5　“青扦-华西蔷薇-东方草莓”常绿针叶林的外貌（上）、林下结构（左下）和草本层（右下）（甘肃漳县贵清山）

Figure 9.5　Physiognomy (upper), understory layer (lower left) and herb layer (lower right) of a community of *Picea wilsonii-Rosa moyesii-Fragaria orientalis* Evergreen Needleleaf Forest in Mt. Guiqing, Zhangxian, Gansu

特征种：红毛五加（*Eleutherococcus giraldii*）*、冰川茶藨子（*Ribes glaciale*）*、北重楼（*Paris verticillata*）*、轮叶黄精（*Polygonatum verticillatum*）*。

常见种：青扦（*Picea wilsonii*）、唐古特忍冬（*Lonicera tangutica*）、陕甘花楸（*Sorbus koehneana*）、直穗小檗（*Berberis dasystachya*）、川赤芍（*Paeonia anomala* subsp. *veitchii*）、茜草（*Rubia cordifolia*）及上述标记*的物种。

乔木层盖度 30%～60%，胸径（4）24～52（79）cm，高度（3）14～16（36）m，由青扦单优势种组成。G03 样方数据显示，青扦“胸径-频数”分布呈右偏态曲线，中、小径级个体较多；“树高-频数”分布则呈正态曲线，树高在 10～15 m 的个体最多（图 9.6）。在遮蔽的林冠下，没有青扦幼苗。在留有母树的采伐迹地上，灌木层中有大量的青扦幼树和幼苗，更新良好，青扦林处在恢复阶段。

灌木层盖度 50%～80%，高度 10～280 cm；大灌木层由桦叶荚蒾、山梅花、紫花卫矛和华北珍珠梅等偶见种组成；中灌木层包括唐古特忍冬、陕甘花楸、红毛五加、冰川茶藨子和直穗小檗等常见种，以及山荆子、金花忍冬、水栒子、东陵绣球、蜀五加、红脉忍冬、南川绣线菊、托叶樱桃、皂柳、西北蔷薇、楤木、灰栒子和蓝果忍冬等偶见种；

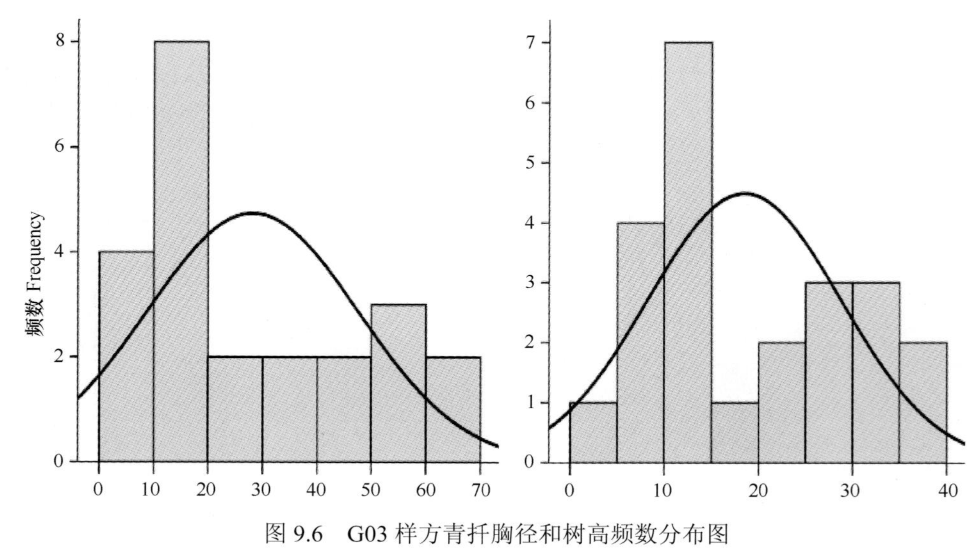

图 9.6 G03 样方青扦胸径和树高频数分布图
Figure 9.6 Frequency distribution of DBH and tree height of *Picea wilsonii* in plot G03

木质藤本猕猴桃藤山柳偶见于林下，在接近山坡上部的群落中，或有零星的华西箭竹生长；低矮灌木层由直立小灌木、蔓生和匍匐灌木组成，包括长瓣铁线莲、针刺悬钩子、蒙古荚蒾、鞘柄菝葜、菰帽悬钩子和矮五加等，后者在苔藓上可形成局部占优势的匍匐半灌木层片。

草本层总盖度 30%～80%，高度 4～60 cm；大草本层由直立或蔓生杂草和丛生禾草、薹草组成，轮叶黄精和北重楼较常见，偶见高乌头、升麻、类叶升麻、茜草、羊齿天门冬、散穗早熟禾和丝秆薹草等；低矮草本层由蔓生、莲座叶杂草和球茎类草本组成，川赤芍略占优势，偶见北重楼、玉竹、华西小红门兰、大耳叶风毛菊、车叶律、野鹅脚板、东亚唐松草、高山紫菀和双花堇菜等。

苔藓层呈斑块状，盖度 5%～50%，平均厚度约 8 cm，多蒴仙鹤藓较常见。

分布于甘肃西南部和四川西北部，海拔 2300～2850 m，生长在山坡或平缓谷地，坡向为北坡、西北坡及西南坡，坡度 15°～45°。在甘肃榆中兴隆山和临夏太子山等地的自然保护区内，尚保存有林相整齐的原始森林。

9.4.1.3 PW3

青扦-扁刺蔷薇-鸡冠棱子芹 常绿针叶林

***Picea wilsonii-Rosa sweginzowii-Pleurospermum cristatum* Evergreen Needleleaf Forest**

凭证样方：G27、G29。

特征种：扁刺蔷薇（*Rosa sweginzowii*）*、鲜黄小檗（*Berberis diaphana*）*、华北珍珠梅（*Sorbaria kirilowii*）*、高原天名精（*Carpesium lipskyi*）*、鸡冠棱子芹（*Pleurospermum cristatum*）*、泡沙参（*Adenophora potaninii*）*、鳞茎堇菜（*Viola bulbosa*）*、旋覆花（*Inula japonica*）*、丝秆薹草（*Carex filamentosa*）*。

常见种：青扦（*Picea wilsonii*）、灰栒子（*Cotoneaster acutifolius*）、东方草莓（*Fragaria orientalis*）、茜草（*Rubia cordifolia*）及上述标记*的物种。

乔木层盖度 30%～40%，胸径（7）27～45（50）cm，高度（6）16～35（37）m，由青扦组成。G27 样方数据显示，青扦“胸径-频数”分布呈正态曲线，“树高-频数”分布呈右偏态曲线，种群为多世代共存，中、高树高级个体略多，幼树和幼苗较少（图 9.7）。

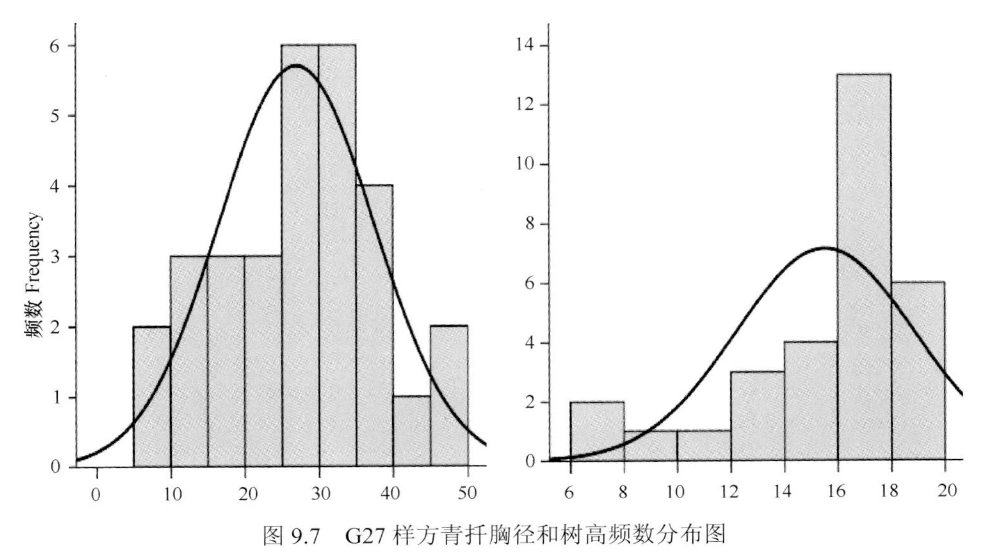

图 9.7　G27 样方青扦胸径和树高频数分布图

Figure 9.7　Frequency distribution of DBH and tree height of *Picea wilsonii* in plot G27

灌木层总盖度 40%～60%，高度 6～290 cm，由落叶灌木组成，优势种不明显，偶见种居多；扁刺蔷薇和鲜黄小檗是大灌木层的常见种，偶见美蔷薇、甘肃山楂、峨眉蔷薇和托叶樱桃；中灌木层由华北珍珠梅和灰栒子等常见种，以及华东山楂、华西小檗、堆花小檗、皂柳、牛奶子、平枝栒子、甘青鼠李、毛药忍冬、小叶柳、榛、红花锦鸡儿、唐古特瑞香和聚花荚蒾等偶见种组成；低矮灌木层均为偶见种，由水栒子、华西绣线菊、鞘柄菝葜、美丽胡枝子和陕西荚蒾组成。

草本层发达，总盖度 50%～90%，高度 3～50 cm，优势种不明显；高大草本层中，直立杂草类较多，球茎和丛生禾草次之，包括鸡冠棱子芹和泡沙参等常见种，以及七叶一枝花、甘西鼠尾草、轮叶黄精、华蟹甲、变豆菜、毛蕊老鹳草、草玉梅、糙苏、川陕金莲花、广布小红门兰、黄精、羊茅等偶见种；中草本层多为偶见种，包括掌叶橐吾、鹿蹄橐吾、大丁草、东亚唐松草、风毛菊、高原天名精、钩腺大戟、类叶升麻、石生蝇子草、小红菊、小缬草、旋覆花、野鹅脚板、蛛毛蟹甲草和藓生马先蒿等直立杂草，北方拉拉藤、茜草和羊齿天门冬等蔓生杂草及丝秆薹草等；低矮草本层由蔓生和莲座叶圆叶系列草本组成，包括北柴胡、珠芽拳参、筋骨草、鳞茎堇菜、小银莲花和双花堇菜等。

苔藓层呈斑块状，盖度 20%～25%，厚度 4～5 cm，种类有绢藓和厚角绢藓等。

分布于甘肃西南部和四川西北部，海拔 2000～2400 m，生长在西南坡及山前平坦的河谷和山麓，坡度为 0º～15º。在甘肃舟曲插岗和文县博峪等地的村落与寺庙附近，有小片的青扦“神林”，林相整齐，树干通直，巨树参天，蔚为壮观（图 9.8）。在其他区域，人类干扰较重，原始森林罕见。

图 9.8 “青扦-扁刺蔷薇-鸡冠棱子芹”常绿针叶林的乔木层（上）、林下结构（左下）和草本层（右下）（甘肃舟曲插岗武平）

Figure 9.8 Tree layer (upper), understory layer (lower left) and herb layer (lower right) of a community of *Picea wilsonii-Rosa sweginzowii-Pleurospermum cristatum* Evergreen Needleleaf Forest in Chagang, Zhouqu, Gansu

9.4.2 PW Ⅱ

青扦-华西箭竹-灌木-草本 常绿针叶林

***Picea wilsonii-Fargesia nitida*-Shrubs-Herbs Evergreen Needleleaf Forest**

箭竹青扦林—四川森林，1992：379；华桔竹青扦林—甘肃植被，1997：9。

群落呈现针叶纯林外貌。乔木层由青扦单优势势种组成，生长在陡峭坡地上的群落，林冠层较开阔，或有零星的桦木或其他针叶树混生。例如，在甘肃冶力关黑河的石质陡坡上，有少量的红桦和华山松混生。箭竹层发达，在石质陡坡地带尤为密集。灌木种类较多，在土层较厚的生境中或形成团块状的灌木斑块，但箭竹仍然是优势层片。在箭竹密集的生境中，草本植物稀少；反之，草本植物密集。苔藓层呈斑块状。

分布于甘肃西南部和四川西北部，生长在山地中坡及上坡或陡峭坡地，垂直分布范围在甘肃为 2400～2700 m，在四川最高可达 2800 m；土壤排水良好，土层较薄。

我们收集到的 2 个样地的群落结构完全一致，二者乔木层、箭竹层和草本层的物种组成较相似，但灌木层的物种组成完全不同。因此，我们暂将两个样地所在的群落描述为 2 个独立的群丛。

9.4.2.1　PW4

青扦-陕甘花楸-华西箭竹-大披针薹草 常绿针叶林

***Picea wilsonii-Sorbus koehneana-Fargesia nitida-Carex lanceolata* Evergreen Needleleaf Forest**

凭证样方：G02。

特征种：膜叶冷蕨（*Cystopteris pellucida*）*、淫羊藿（*Epimedium brevicornu*）*。

常见种：青扦（*Picea wilsonii*）、华西箭竹（*Fargesia nitida*）、直穗小檗（*Berberis dasystachya*）、长瓣铁线莲（*Clematis macropetala*）、灰栒子（*Cotoneaster acutifolius*）、水栒子（*Cotoneaster multiflorus*）、红毛五加（*Eleutherococcus giraldii*）、金花忍冬（*Lonicera chrysantha*）、唐古特忍冬（*Lonicera tangutica*）、山梅花（*Philadelphus incanus*）、西北蔷薇（*Rosa davidii*）、针刺悬钩子（*Rubus pungens*）、鞘柄菝葜（*Smilax stans*）、陕甘花楸（*Sorbus koehneana*）、陕西荚蒾（*Viburnum mongolicum*）、高乌头（*Aconitum sinomontanum*）、类叶升麻（*Actaea asiatica*）、唐古碎米荠（*Cardamine tangutorum*）、大披针薹草（*Carex lanceolata*）、喜冬草（*Chimaphila japonica*）、羊茅（*Festuca ovina*）、旋覆花（*Inula japonica*）、川赤芍（*Paeonia anomala* subsp. *veitchii*）、玉竹（*Polygonatum odoratum*）、茜草（*Rubia cordifolia*）、贝加尔唐松草（*Thalictrum baicalense*）及上述标记*的物种。

乔木层盖度 60%，胸径（22）31（44）cm，高度（20）25（30）m，由青扦组成；G02 样方数据显示，青扦“胸径-频数”分布呈右偏态曲线，中、小径级个体较多；“树高-频数”分布呈左偏态曲线，中、高树高级个体略多（图 9.9，图 9.10）。灌木层中没有记录到青扦幼树和幼苗。

灌木层总盖度 50%，高度 17～260 cm；其中箭竹层的分盖度达 30%，由华西箭竹组成，高度达 90 cm，均匀散布在林下。陕甘花楸、西北蔷薇、山梅花、直穗小檗、灰栒子和金花忍冬等组成稀疏的大灌木层，直立小灌木红毛五加、唐古特忍冬、蒙古荚蒾、水栒子和鞘柄菝葜，以及蔓生灌木长瓣铁线莲和针刺悬钩子偶见于低矮灌木层。

草本层总盖度 50%左右，高度 5～60 cm；川赤芍、类叶升麻、贝加尔唐松草、高乌头和唐古碎米荠等直立杂草常组成稀疏的大草本层；茜草、膜叶冷蕨、旋覆花、玉竹、羊茅和大披针薹草等出现在低矮草本层，后者占优势。

苔藓层呈斑块状，遍布林地，盖度 30%，厚度 10 cm，主要种类为川西小金发藓。

分布于甘肃兴隆山，海拔 2400～2600 m。乔木层树干通直，林相整齐，无人为活动干扰（图 9.9）。

图 9.9 “青扦-陕甘花楸-华西箭竹-大披针薹草”常绿针叶林的乔木层（左上）、林下结构（右）和草本层（左下）（甘肃榆中兴隆山）

Figure 9.9 Tree layer (upper left), herb layer (lower left) and supraterraneous stratification (right) of a community of *Picea wilsonii-Sorbus koehneana-Fargesia nitida-Carex lanceolata* Evergreen Needleleaf Forest in Mt. Xinglongshan, Yuzhong, Gansu

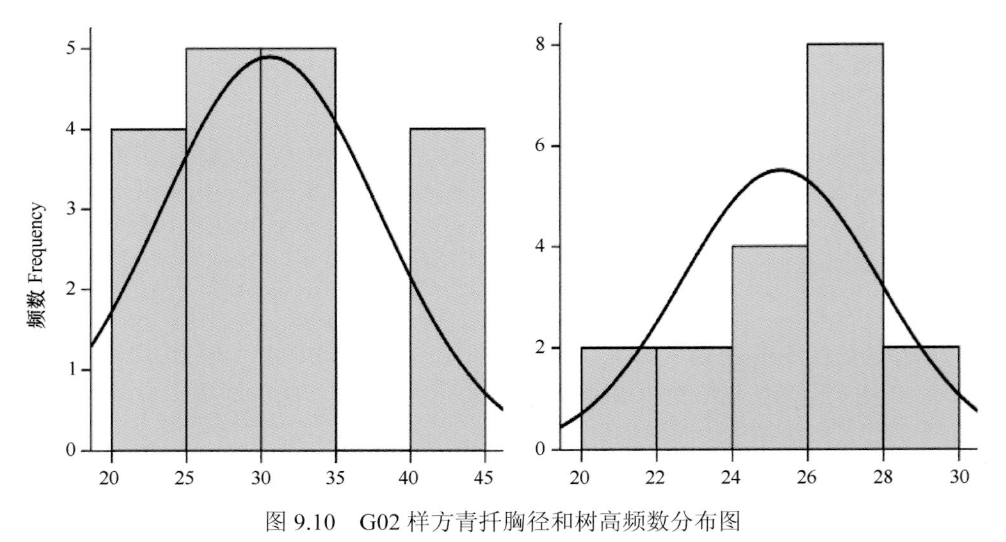

图 9.10 G02 样方青扦胸径和树高频数分布图

Figure 9.10 Frequency distribution of DBH and tree height of *Picea wilsonii* in plot G02

9.4.2.2　PW5

青扦-秀丽莓-华西箭竹-类叶升麻 常绿针叶林

***Picea wilsonii-Rubus amabilis-Fargesia nitida-Actaea asiatica* Evergreen Needleleaf Forest**

凭证样方：G23。

特征种：秀丽莓（*Rubus amabilis*）、长果茶藨子（*Ribes stenocarpum*）、银露梅（*Potentilla glabra*）、球花雪莲（*Saussurea globosa*）、疙瘩七（*Panax japonicus* var. *bipinnatifidus*）、多脉报春（*Primula polyneura*）、尖头蹄盖蕨（*Athyrium vidalii*）、白苞蒿（*Artemisia lactiflora*）、鹿蹄草（*Pyrola calliantha*）、首阳变豆菜（*Sanicula giraldii*）、窄叶野豌豆（*Vicia pilosa*）、林猪殃殃（*Galium paradoxum*）。

常见种：青扦（*Picea wilsonii*）、红桦（*Betula albosinensis*）、华山松（*Pinus armandii*）、华西箭竹（*Fargesia nitida*）、猕猴桃藤山柳（*Clematoclethra scandens* subsp. *actinidioides*）、山梅花（*Philadelphus incanus*）、细枝茶藨子（*Ribes tenue*）、西北蔷薇（*Rosa davidii*）、峨眉蔷薇（*Rosa omeiensis*）、菰帽悬钩子（*Rubus pileatus*）、小叶柳（*Salix hypoleuca*）、南川绣线菊（*Spiraea rosthornii*）、类叶升麻（*Actaea asiatica*）、丝秆薹草（*Carex filamentosa*）、喜冬草（*Chimaphila japonica*）、高山露珠草（*Circaea alpina*）、羊茅（*Festuca ovina*）、东方草莓（*Fragaria orientalis*）、车叶律（*Galium asperuloides*）、掌叶橐吾（*Ligularia przewalskii*）、川赤芍（*Paeonia anomala* subsp. *veitchii*）、散穗早熟禾（*Poa subfastigiata*）、蕨（*Pteridium aquilinum* var. *latiusculum*）、茜草（*Rubia cordifolia*）。

乔木层盖度 30%，胸径（4）31（69）cm，高度（4）16（39）m，由青扦组成，偶有零星的华山松和红桦混生。G23 样方数据显示，青扦“胸径-频数”和“树高-频数”分布皆呈右偏态曲线，林地内中、小径级或树高级的个体较多（图 9.11）。林下有青扦的幼树和幼苗生长，在开阔的林冠下可自然更新。

灌木层总盖度 40%，高度 6～550 cm；其中箭竹层的分盖度近 40%，由华西箭竹组成，在 25 m^2 的样方内密度逾千，有零星的高大灌木混生，种类有小叶柳、细枝茶藨子、

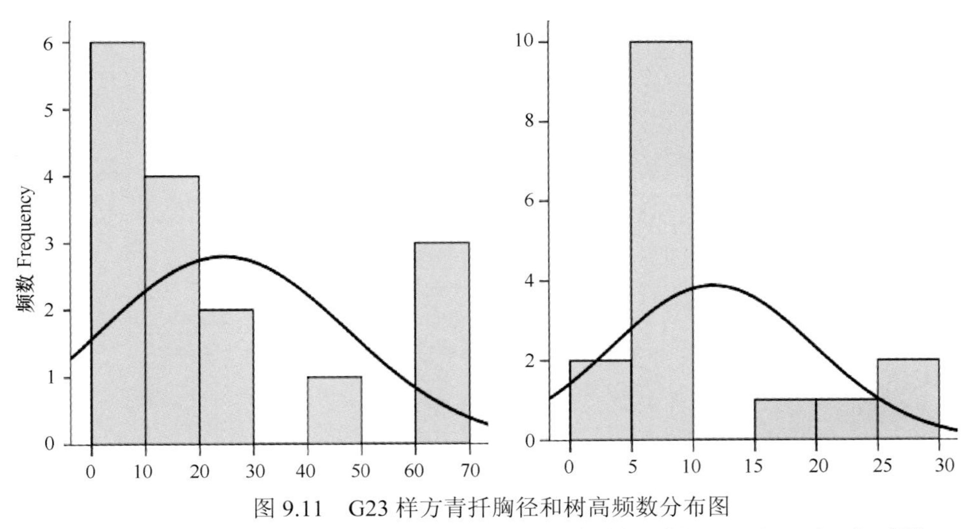

图 9.11　G23 样方青扦胸径和树高频数分布图

Figure 9.11　Frequency distribution of DBH and tree height of *Picea wilsonii* in plot G23

山梅花和峨眉蔷薇等；木质藤本猕猴桃藤山柳，以及长果茶藨子、南川绣线菊、银露梅、秀丽莓、菰帽悬钩子和西北蔷薇偶见于低矮灌木层。

草本层盖度20%～30%，高度3～109 cm；类叶升麻出现在高大草本层，数量较多；白苞蒿、尖头蹄盖蕨、疙瘩七、首阳变豆菜、川赤芍、球花雪莲、羊茅、茜草、窄叶野豌豆、散穗早熟禾、蕨、掌叶橐吾和丝秆薹草等见于中、低草本层；多脉报春、林猪殃殃、车叶律、东亚唐松草、小银莲花和酢浆草等蔓生或莲座叶草本贴地生长。

苔藓层盖度达50%，厚度达15 cm，主要种类为厚角绢藓。

分布于甘肃冶力关黑河，海拔2400～2600 m，生长在河谷两岸陡峻的岩壁悬崖或山麓洼地（图9.12）。

图9.12 "青扦-秀丽莓-华西箭竹-类叶升麻"常绿针叶林的外貌（左）、结构（右上）和草本层（右下）（甘肃冶力关黑河）

Figure 9.12 Physiognomy (left), supraterraneous stratification (upper right) and herb layer (lower right) of a community of *Picea wilsonii-Rubus amabilis-Fargesia nitida-Actaea asiatica* Evergreen Needleleaf Forest in Heihe, Yeliguan, Gansu

9.4.3 PWⅢ

青扦-阔叶乔木-灌木-草本 针阔叶混交林

***Picea wilsonii*-Broadleaf Trees-Shrubs-Herbs Mixed Needleleaf and Broadleaf Forest**

辽东栎青扦林，杨桦类青扦林—甘肃植被，1997：92；青扦和白桦、山杨混交林—山西森林，1992：132-133；青扦和油松混交林—山西森林，1992：132-133；青扦和白扦、华北落叶松混交林—山西森林，1992：132-133；荚蒾冷杉青扦林—四川森林，1992：379。

群落呈针阔叶混交林外貌，乔木层由青扦和杨桦类、栎类阔叶树组成。林下通常有明显的灌木层和草本层。

分布于甘肃西南部、山西西北部及河北西北部，生长在偏阳的山坡或谷地；在青扦林采伐迹地或火烧迹地植被恢复过程中也可能出现类似的群落类型。这里描述 2 个群丛。

9.4.3.1　PW6

青扦+红桦-陕甘花楸-大披针薹草　针阔叶混交林

***Picea wilsonii+Betula albosinensis-Sorbus koehneana-Carex lanceolata* Mixed Needleleaf and Broadleaf Forest**

凭证样方：G15。

特征种：茖葱（*Allium victorialis*）、三脉紫菀（*Aster trinervius* subsp. *ageratoides*）、黄帚橐吾（*Ligularia virgaurea*）。

常见种：青扦（*Picea wilsonii*）、红桦（*Betula albosinensis*）、直穗小檗（*Berberis dasystachya*）、灰栒子（*Cotoneaster acutifolius*）、紫花卫矛（*Euonymus porphyreus*）、金花忍冬（*Lonicera chrysantha*）、葱皮忍冬（*Lonicera ferdinandi*）、红脉忍冬（*Lonicera nervosa*）、唐古特忍冬（*Lonicera tangutica*）、山梅花（*Philadelphus incanus*）、瘤糖茶藨子（*Ribes himalense* var. *verruculosum*）、西北蔷薇（*Rosa davidii*）、峨眉蔷薇（*Rosa omeiensis*）、针刺悬钩子（*Rubus pungens*）、陕甘花楸（*Sorbus koehneana*）、类叶升麻（*Actaea asiatica*）、小银莲花（*Anemone exigua*）、草玉梅（*Anemone rivularis*）、高山紫菀（*Aster alpinus*）、大披针薹草（*Carex lanceolata*）、东方草莓（*Fragaria orientalis*）、车叶律（*Galium asperuloides*）、舞鹤草（*Maianthemum bifolium*）、玉竹（*Polygonatum odoratum*）、轮叶黄精（*Polygonatum verticillatum*）、珠芽拳参（*Polygonum viviparum*）、茜草（*Rubia cordifolia*）、莛子藨（*Triosteum pinnatifidum*）、双花堇菜（*Viola biflora*）。

乔木层盖度 60%，胸径（4）19～31（57）cm，高度（4）11～12（22）m；由青扦和红桦组成，青扦数量较多，红桦多为粗壮的大树。G15 样方数据显示，青扦“胸径-频数”曲线呈右偏态分布，中、小径级的个体较多，处在旺盛成长阶段；“树高-频数”曲线大致呈正态分布，幼树和大树数量较多，具有复层异龄林结构（图 9.13）。林下有青扦的幼树和幼苗，更新良好。

灌木层盖度 40%，高度 28～180 cm，主要由直立灌木组成；中灌木层，陕甘花楸略占优势，伴生种有直穗小檗、峨眉蔷薇、瘤糖茶藨子、金花忍冬、红脉忍冬、唐古特忍冬、葱皮忍冬、山梅花和灰栒子；低矮灌木层由直立和蔓生的小灌木组成，包括西北蔷薇和针刺悬钩子等。

草本层盖度达 50%，高度 4～36 cm；大披针薹草占优势，与轮叶黄精、高山紫菀、类叶升麻、莛子藨和草玉梅等组成中、高草本层；蔓生和球茎类草本如东方草莓、茜草、车叶律、茖葱、舞鹤草、玉竹和小银莲花等出现在低矮草本层。

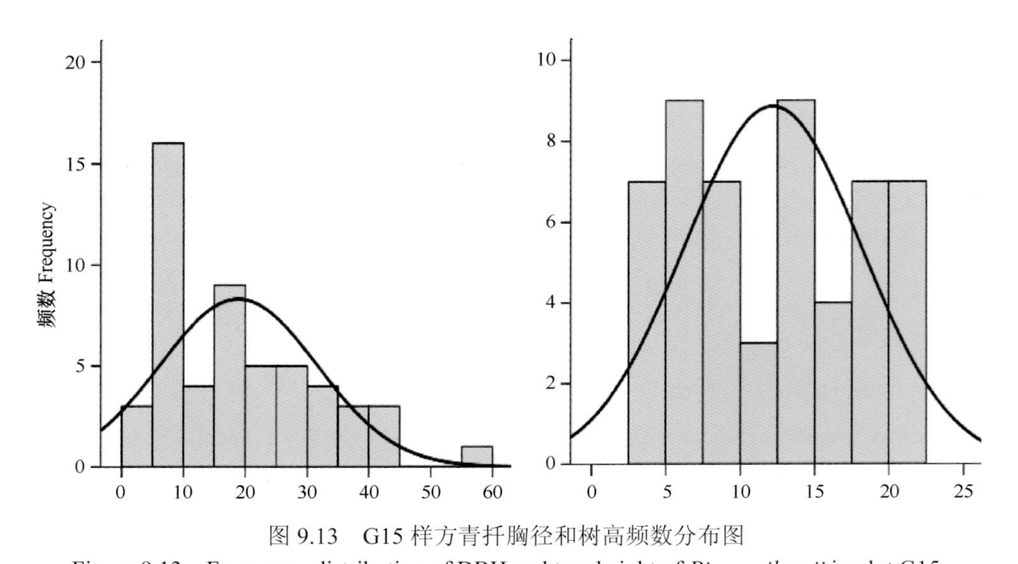

图 9.13 G15 样方青扦胸径和树高频数分布图

Figure 9.13 Frequency distribution of DBH and tree height of *Picea wilsonii* in plot G15

苔藓层呈斑块状，盖度 25%，厚度 6 cm，种类有平枝青藓和绿羽藓等。

分布于甘肃连城吐鲁沟，海拔 2554 m，生长在山麓和河谷地带（图 9.14）。

图 9.14 "青扦+红桦-陕甘花楸-大披针薹草"针阔叶混交林的外貌（左）、结构（右上）和草本层（右下）（甘肃永登吐鲁沟）

Figure 9.14 Physiognomy (left), supraterraneous stratification (upper right) and herb layer (lower right) of a community of *Picea wilsonii*+*Betula albosinensis*-*Sorbus koehneana*-*Carex lanceolata* Mixed Needleleaf and Broadleaf Forest in Tulugou, Yongdeng, Gansu

9.4.3.2　PW7

青扦-白桦-刚毛忍冬-大披针薹草 针阔叶混交林

***Picea wilsonii-Betula platyphylla-Lonicera hispida-Carex lanceolata* Mixed Needleleaf and Broadleaf Forest**

青扦+白桦-刚毛忍冬-披针薹草—山西植被志（针叶林卷），2014：74。

凭证样方：Wuling-13、SXZ29、SXZ30。

特征种：黑桦（*Betula dahurica*）、鸡爪枫（*Acer palmatum*）、迎红杜鹃（*Rhododendron mucronulatum*）、锦带花（*Weigela florida*）、山桃（*Amygdalus davidiana*）、圆叶鼠李（*Rhamnus globosa*）、胡枝子（*Lespedeza bicolor*）、费菜（*Phedimus aizoon*）、东北羊角芹（*Aegopodium alpestre*）、北乌头（*Aconitum kusnezoffii*）、水珠草（*Circaea canadensis* subsp. *quadrisulcata*）、山牛蒡（*Synurus deltoides*）、野青茅（*Deyeuxia pyramidalis*）、二苞黄精（*Polygonatum involucratum*）、白花马蔺（*Iris lactea*）。

常见种：青扦（*Picea wilsonii*）、白桦（*Betula platyphylla*）、刚毛忍冬（*Lonicera hispida*）、大披针薹草（*Carex lanceolata*）、唐松草（*Thalictrum aquilegiifolium* var. *sibiricum*）。

乔木层盖度 60%～70%，胸径（4）9～26（36）cm，高度 8～12（16）m；青扦和白桦是共优种，偶有黑桦、蒙古栎、山杨和鸡爪枫混生。

灌木层总盖度 25%～35%，高度 30～170 cm；刚毛忍冬较常见，偶见锦带花、山柳、虎榛子、圆叶鼠李和迎红杜鹃等；胡枝子、黄果悬钩子和长瓣铁线莲等偶见于低矮灌木层。

草本层盖度 20%～30%，高度 8～38 cm；唐松草较常见，与野青茅、山牛蒡和糙苏等组成稀疏的大草本层；大披针薹草是低矮草本层的优势种和常见种，偶见东亚唐松草、珠芽拳参、北乌头、东北羊角芹、费菜、银背风毛菊、白花马蔺、二苞黄精、水珠草和小红菊等。

分布于山西芦芽山、关帝山，河北雾灵山，海拔 1600～2000 m；生长在山坡或平缓谷地，坡向为北坡、西北坡及西南坡，坡度 20°～35°。雾灵山是青扦自然分布区的东北边界，青扦多散生在落叶阔叶树中，青扦纯林或针阔叶混交林罕见。

9.4.4　PWⅣ

青扦+油松-灌木-草本 常绿针叶林

***Picea wilsonii+Pinus tabuliformis*-Shrubs-Herbs Evergreen Needleleaf Forest**

群落呈针叶林外貌。乔木层由青扦和油松组成，偶有落叶阔叶树混生。林下有明显的灌木层和草本层，在阴湿的林下或有密集的苔藓。

分布于青海东南部、甘肃中部及西南部、山西中部至东北部。地理分布范围较广泛，多呈小斑块状，无大面积的群落，显示了群落的过渡性质。青扦林主要生长在阴坡和半阴坡，油松林生长在阳坡和半阳坡，在群落的过渡地带可形成混交林。这里描述 1 个群丛。

PW8

青扦+油松-毛榛-大披针薹草 常绿针叶林

***Picea wilsonii+Pinus tabuliformis-Corylus mandshurica-Carex lanceolata* Evergreen Needleleaf Forest**

凭证样方：G16、SXZ31、SXZ32、SXZ33。

特征种：油松（*Pinus tabuliformis*）*、辽东栎（*Quercus wutaishanica*）、毛榛（*Corylus mandshurica*）*、小红菊（*Chrysanthemum chanetii*）*。

常见种：青扦（*Picea wilsonii*）、大披针薹草（*Carex lanceolata*）、玉竹（*Polygonatum odoratum*）及上述标记*的物种。

乔木层盖度 50%～80%，胸径（5）8～25（51）cm，高度 4～16（28）m；由青扦和油松组成，偶有辽东栎和山杨混生；G16 样方数据显示，青扦“胸径-频数”和“树高-频数”曲线大致呈正态分布，处在稳定发展阶段（图 9.15）；油松树体低矮，偏阴的环境不利于油松的生长。林下记录到了青扦的幼树和幼苗，可自然更新。

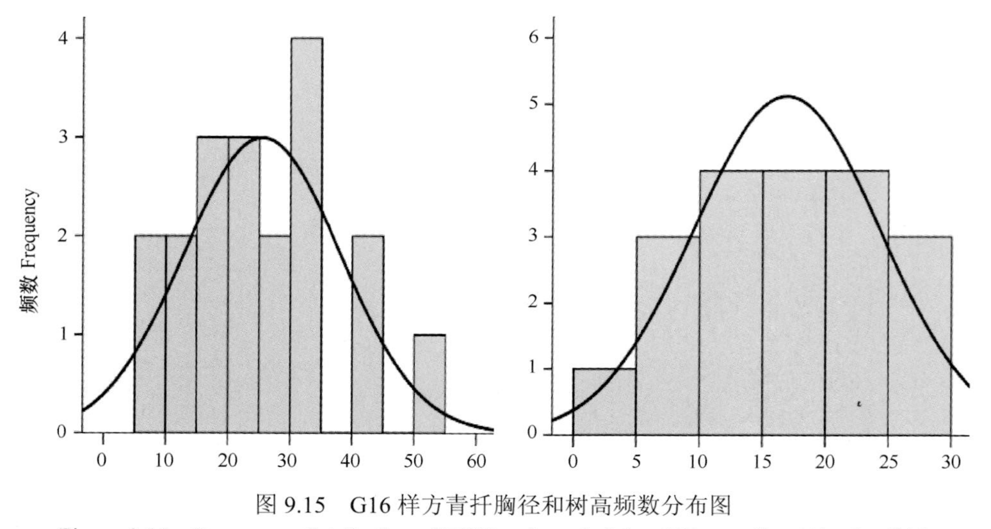

图 9.15 G16 样方青扦胸径和树高频数分布图

Figure 9.15 Frequency distribution of DBH and tree height of *Picea wilsonii* in plot G16

灌木层盖度 15%～60%，高度 35～250 cm，由落叶灌木组成；大灌木层稀疏，由东陵绣球、陕甘花楸和直穗小檗等偶见种组成；毛榛是中灌木层的常见种和优势种，偶见灰栒子、山刺玫、峨眉蔷薇、土庄绣线菊、蒙古荚蒾、红脉忍冬、毛樱桃、唐古特忍冬、沙棘、钝叶蔷薇、瘤糖茶藨子和冰川茶藨子等；低矮灌木层由直立小灌木和蔓生灌木组成，均为偶见种，包括金花忍冬、蓝果忍冬、紫花卫矛、长瓣铁线莲和针刺悬钩子等。

草本层盖度 20%～80%，高度 5～40 cm；大草本层稀疏，由直立或蔓生杂草和禾草组成，均为偶见种，包括抱茎风毛菊、银背风毛菊、掌叶橐吾、茜草、羊茅和大火草等；玉竹、大披针薹草是中草本层的常见种，后者占优势，偶见贝加尔唐松草、地榆、龙芽草、舞鹤草、少花风毛菊和风毛菊等；低矮草本层主要由直立、垫状或莲座叶草本组成，小红菊较常见，偶见舞鹤草、茜堇菜、东方草莓、小银莲花、高山露珠草和双花堇菜等。

苔藓层呈斑块状，盖度 20%～40%，厚度 3～6 cm，种类有厚角绢藓和毛梳藓等。

分布于青海东南部、甘肃中部及西南部、山西中部至东北部，海拔 1800～2200 m，生长在山地西北坡，坡度 18°～45°，处在青扦林垂直分布的下限地带。

9.4.5　PWⅤ

青扦-岷江冷杉-灌木-草本　常绿针叶林

***Picea wilsonii-Abies fargesii* var. *faxoniana*-Shrubs-Herbs Evergreen Needleleaf Forest**

群落呈针叶林外貌。乔木层由青扦和岷江冷杉组成，在偏阳的生境中，偶有零星的华山松和杨桦类落叶阔叶树混生。灌木层和草本层盖度较大，物种组成丰富。在林冠层郁闭的林下，或有苔藓层。

分布于甘肃西南部和四川西北部。这是一个处在青扦林和岷江冷杉林群落过渡地带的类型，结构复杂，物种组成丰富。由于历史时期的过度采伐，原始森林罕见，目前的森林植被多为采伐迹地上恢复起来的中幼龄林，林地中留存的母树皆为参天大树。这里描述 1 个群丛。

PW9

青扦-岷江冷杉-山梅花-类叶升麻　常绿针叶林

***Picea wilsonii-Abies fargesii* var. *faxoniana-Philadelphus incanus-Actaea asiatica* Evergreen Needleleaf Forest**

凭证样方：G19、G24。

特征种：岷江冷杉（*Abies fargesii* var. *faxoniana*）*、红毛五加（*Eleutherococcus giraldii*）*、支柱拳参（*Polygonum suffultum*）*。

常见种：青扦（*Picea wilsonii*）、茜草（*Rubia cordifolia*）、山梅花（*Philadelphus incanus*）、峨眉蔷薇（*Rosa omeiensis*）、类叶升麻（*Actaea asiatica*）、东亚唐松草（*Thalictrum minus* var. *hypoleucum*）及上述标记*的物种。

乔木层盖度 20%～30%，胸径（3）5～43（95）cm，高度 4～13（42）m；由青扦和岷江冷杉组成，后者多为幼树，偶有零星的蒙古栎、华山松和红桦混生；G24 样方数据显示，青扦“胸径-频数”和“树高-频数”曲线均呈右偏态分布，说明青扦林处在成长阶段，大径级个体均为树体高大的巨木，胸径达 100 cm，数量较少，为采伐后留存的母树（图 9.16）。林下有青扦、岷江冷杉、华山松和蒙古栎的幼树和幼苗，更新良好。

灌木层总盖度 50%，高度 10～360 cm，优势种不明显；大灌木层由峨眉蔷薇和山梅花等常见种，以及沙棘、细枝茶藨子、冰川茶藨子、水栒子和丝毛柳等偶见种组成；中灌木层均为偶见种，包括葱皮忍冬、华西忍冬、金花忍冬、红脉忍冬、唐古特忍冬、小叶蔷薇、西北蔷薇、南川绣线菊、华北珍珠梅、细枝绣线菊、陕甘花楸和东陵绣球等直立灌木，以及猕猴桃藤山柳等木质藤本；低矮灌木层由直立小灌木和蔓生灌木组成，红毛五加较常见，偶见鞘柄菝葜、宝兴茶藨子、粗齿铁线莲、长瓣铁线莲和矮五加等。

草本层盖度 40%～50%，高度 4～70 cm；大草本层主要由直立杂草类组成，类叶升麻和支柱拳参较常见，前者占优势，偶见花荵、甘青蒿、牛尾蒿、无距耧斗菜、小花风

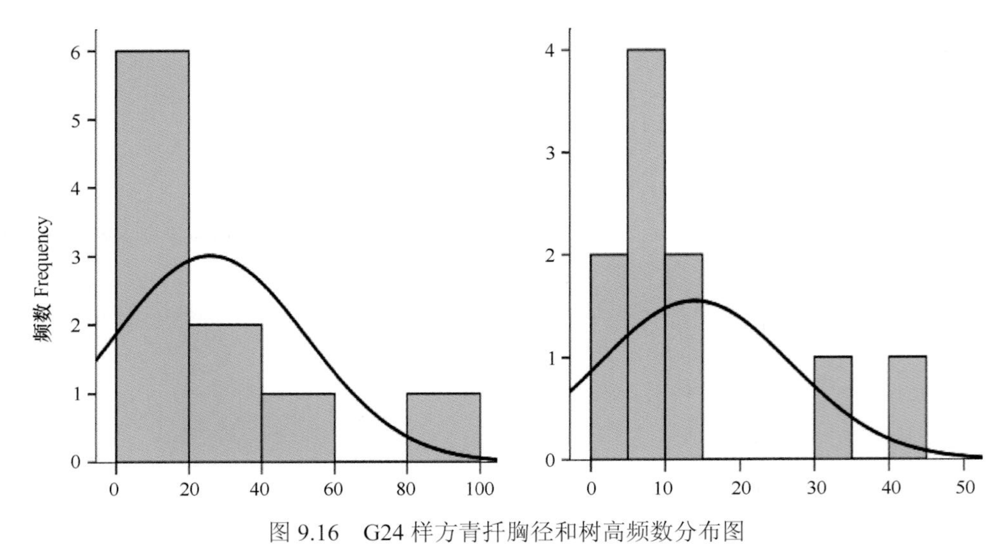

图 9.16　G24 样方青扦胸径和树高频数分布图

Figure 9.16　Frequency distribution of DBH and tree height of *Picea wilsonii* in plot G24

毛菊、大火草、斜茎黄耆、川赤芍、糙苏、掌叶橐吾、莲叶橐吾、唐古碎米荠和高山紫菀等，丝秆薹草在局部可形成斑块状的薹草类优势层片；低矮草本层中多为偶见种，由莲座叶和直立小草本组成，东亚唐松草和茜草较常见，偶见扭柄花、歪头菜、甘青微孔草、高山露珠草、藓生马先蒿、莛子藨、舞鹤草、东方草莓、风毛菊、鸡腿堇菜、双花堇菜、鹿蹄草和玉竹等。

苔藓层呈斑块状，盖度可达 40%，厚度可达 15 cm，种类有绢藓和绿羽藓等。

分布于甘肃西南部和四川西北部，海拔 2500～2800 m，生长在山地的西北坡和西南坡，坡度 25°～45°。历史时期采伐较重，原始森林较少见。在甘肃省迭部县阿夏沟陡峭的岩石山坡和河谷地带，由于数量较少，采伐价值不大，目前尚保留有斑块状的原始森林（图 9.17）。

图 9.17　“青扦-岷江冷杉-山梅花-类叶升麻”常绿针叶林的外貌（左）和草本层（右）（甘肃迭部阿夏沟）

Figure 9.17　Physiognomy (left) and herb layer (right) of a community of *Picea wilsonii*-*Abies fargesii* var. *faxoniana*-*Philadelphus incanus*-*Actaea asiatica* Evergreen Needleleaf Forest in Axiagou, Diebu, Gansu

9.4.6　PWⅥ

华北落叶松+青扦-灌木-草本　针叶林

***Larix gmelinii* var. *principis-rupprechtii*+*Picea wilsonii*-Shrubs-Herbs Needleleaf Forest**

群落呈针叶林外貌。华北落叶松的树冠松散，色泽浅绿，出现在大乔木层和中、小乔木层；青扦树冠紧凑，色泽墨绿，出现在中、小乔木层，偶有零星的桦木类阔叶树混生，在林缘地带数量较多。林下有稀疏的灌木层，草本层较密集，苔藓层呈斑块状。

在黄土高原东部和华北地区的山地，华北落叶松的分布非常普遍。在山地阳坡，可形成纯林；在山地阴坡和半阴坡，可与白扦和青扦混交成林。除了对坡向有明显的选择性外，华北落叶松的垂直分布范围不甚明显，在针叶林的各个海拔带均能生长。大面积的青扦纯林出现在青藏高原东部与黄土高原的交汇地带。在华北地区，青扦林分布于低海拔地带，在地形封闭的陡峭山地或在河谷地带有斑块状的纯林，在林缘总有一定数量的华北落叶松渗入。这里描述 1 个群丛。

PW10

华北落叶松+青扦-土庄绣线菊-大披针薹草　针叶林

***Larix gmelinii* var. *principis-rupprechtii*+*Picea wilsonii*-*Spiraea pubescens*-*Carex lanceolata* Needleleaf Forest**

华北落叶松+青扦-绣线菊-披针薹草群丛—山西植被志（针叶林卷），2014：69。

凭证样方：H12、SXZ1、SXZ2、SXZ3、SXZ41、SXZ27、SXZ28。

特征种：白桦（*Betula platyphylla*）、华北落叶松（*Larix gmelinii* var. *principis-rupprechtii*）*。

常见种：青扦（*Picea wilsonii*）、土庄绣线菊（*Spiraea pubescens*）、大披针薹草（*Carex lanceolata*）及上述标记*的物种。

乔木层盖度 40%～90%，胸径（2）10～33（41）cm，高度（3）9～22（35）m；大乔木层由华北落叶松组成，树体高大粗壮；中、小乔木层由青扦和华北落叶松组成，偶有零星的白桦和臭冷杉混生。H12 样方数据显示，青扦“胸径-频数”和“树高-频数”曲线大致呈正态分布，但频数分布不整齐，说明经历了干扰（图 9.18）。林下记录到了大量的华北落叶松和青扦的幼树、幼苗，更新良好。

灌木层盖度 20%～30%，高度 35～200 cm，由直立落叶灌木组成；土庄绣线菊是中灌木层的常见种和优势种，偶见东北茶藨子、山刺玫、刚毛忍冬、绣线菊、金花忍冬、山柳、虎榛子、灰栒子和卫矛等；黄刺玫和直穗小檗偶见于低矮灌木层。

草本层盖度 30%～60%，高度 5～40 cm；大草本层稀疏，由偶见种组成，包括无芒雀麦、林地早熟禾、瞿麦、糙苏和东亚唐松草等；大披针薹草是中、低草本层的优势种和常见种，其他多为偶见种，包括大野豌豆、驴蹄草、黄毛棘豆、黄精、华北粉背蕨、峨参、地榆、紫花野菊、草地风毛菊、马先蒿、类叶升麻、喜冬草、唐松草和卷耳等，舞鹤草和假报春在树冠下阴湿处或苔藓上形成小斑块状的优势层片。

苔藓层呈斑块状，盖度 20%～40%，厚度 3～7 cm，主要种类为毛梳藓。

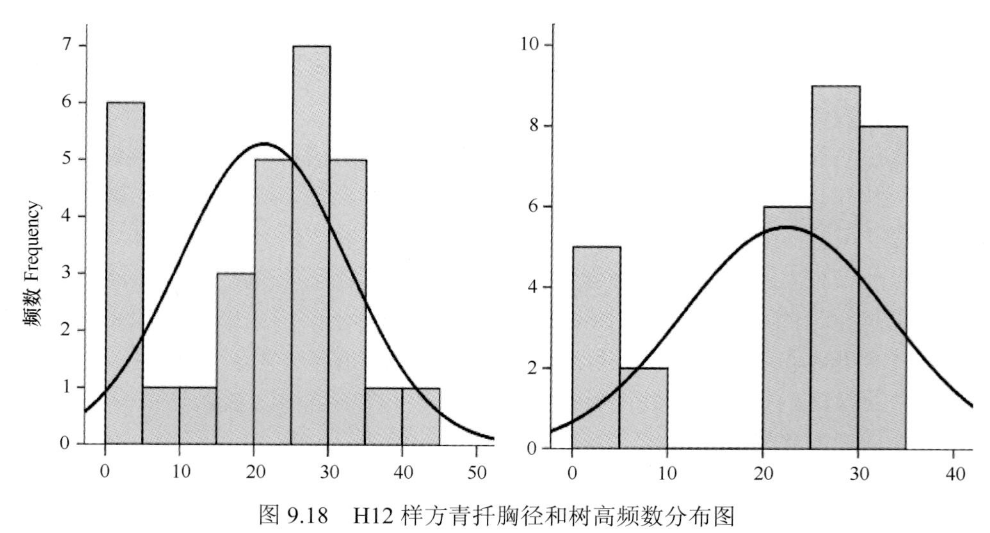

图 9.18 H12 样方青扦胸径和树高频数分布图
Figure 9.18 Frequency distribution of DBH and tree height of *Picea wilsonii* in plot H12

分布于山西灵空山、管涔山、芦芽山、五台山和内蒙古大青山，海拔 1800～2200 m，生长在山地西北坡、北坡、东北坡至东坡，坡度 5°～35°。在中、低海拔地带的山地河谷和山麓，地形封闭，青扦树干挺拔，其墨绿下垂的枝条和紧实的枝叶极为瞩目。在历史时期经历择伐，林内腐朽的伐桩较多，林内有放牧。

9.5 建群种的生物学特性

青扦在幼龄阶段生长缓慢，成年后进入快速生长期，老龄后生长放缓至停止生长。调查自陕西的资料显示，在 10 年树龄前，青扦树高生长缓慢，25 年树龄以后生长加快；在 20 年树龄前胸径生长缓慢，25～45 年树龄生长加快（雷明德，1999）。据《青海森林》记载，青扦胸径在 35 年树龄后进入快速生长期，旺盛的生长过程可持续 50～60 年；树高快速生长期出现在 30～80 年树龄，材积快速生长期出现在 50～90 年树龄（《青海森林》编辑委员会，1993）。来自四川理县的调查资料显示，青扦在 10 年树龄前生长缓慢，之后生长加快，在 110 年树龄后高生长减缓，160 年树龄后高生长趋于停滞；胸径生长在 20 年树龄前缓慢，之后进入快速生长期，生长过程可延续至 130 年树龄（《四川森林》编辑委员会，1992）。

9.6 生物量与生产力

四川省青扦林的调查资料显示，青扦成、过熟林平均树高 22～35 m，四川南坪最高可达 50～60 m；平均胸径 35～50 cm，最高达 130～150 cm；蓄积量达 500～1000 m^3/hm^2，最高达 1500 m^3/hm^2。理县 50 年生的青扦树高达 12.3 m，胸径 16.5 cm，材积 0.165 m^3；100 年生树高 29 m，胸径 33.8 cm，材积 1.185 52 m^3（《四川森林》编辑委员会，1992）。

9.7　群落动态与演替

青扦林具有自我更新的能力。除了遭遇强度破坏的林地外，青扦林的群落结构为多世代共存，林下有幼苗和幼树生长。在青扦林的采伐或火烧迹地上，植被恢复过程要经历先锋植物群落阶段、阔叶林阶段、针阔叶混交林阶段和针叶林阶段。

甘肃榆中兴隆山的青扦林保存较好。根据该地现存的青扦林的生境判断，马衔山海拔 2200～2700 m 的阴坡和半阴坡均适宜青扦林生长。由于历史时期乱砍滥伐，除了兴隆山外，整个马衔山的绝大部分地区已经没有青扦原始森林。现存的植被多为次生林，由于植被恢复的时间尺度不同，形成了一系列处在不同恢复阶段的植物群落，包括灌木林、山杨-桦木林、青扦-杨桦混交林和青扦林等。

王孝安（1984）研究了马衔山地区青扦林不同恢复阶段的植物群落特征（图 9.19），从演替早期阶段到顶极阶段，林内光照、群落的物种丰富度、植物密度、苔藓盖度、草本盖度和灌木盖度均逐渐降低，唯箭竹的盖度逐渐增加。

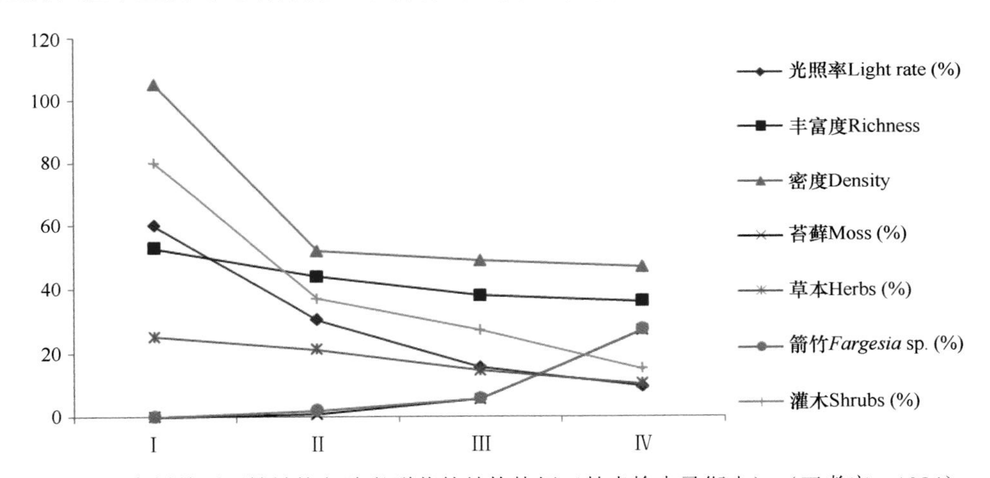

图 9.19　青扦林不同植被恢复阶段群落的结构特征（甘肃榆中马衔山）（王孝安，1984）

Figure 9.19　Characteristics of community structure of different plant communities during vegetation succession of *Picea wilsonii* Evergreen Needleleaf Forest in Mt. Maxian in Yuzhong, Gansu, China (王孝安, 1984)

Ⅰ. 灌丛，Ⅱ. 山杨桦木林，Ⅲ. 青杆-山杨桦木针阔叶混交林，Ⅳ. 青杆林

Ⅰ. Scrub, Ⅱ. *Betula* spp.+*Populus davidiana* Forest, Ⅲ. *Picea wilsonii*-*Betula* spp.+*Populus davidiana* Mixed Needleleaf and Broadleaf Forest, Ⅳ. *Picea wilsonii* Evergreen Needleleaf Forest

在中幼龄林到成熟林的生长过程中，由于存在种内和种间竞争，自梳现象明显，青扦个体密度在逐渐降低，最终形成与资源承载量相协调的种群密度。甘肃连城吐鲁沟青扦林种群动态的研究结果显示，青扦林的种内竞争大于种间竞争，种内竞争的强度随着林木径级的增大而减小，当胸径达到 40 cm 时，由竞争导致的种群自梳过程逐渐停止（张小翠等，2008）。

在火烧或采伐迹地上，经过先锋生草阶段后，植物群落逐步过渡到落叶灌丛阶段。由于采伐迹地光照强，灌木和草本植物极易滋生，植物生长密集，物种丰富度高，植被盖度大。在灌木层，阳性灌木虎榛子的种群数量最大，其他常见的灌木种类有水栒子、蒙古荚蒾、南川绣线菊、陕甘花楸、灰栒子、金花忍冬和毛榛等。箭竹在植被恢复的早、中期阶段数量极少，到顶极阶段较多。在草本层，淫羊藿、糙苏、乳白香青、三脉紫菀和白莲蒿数量较多。在有种源补充的条件下，该阶段已经出现了青扦的幼苗和幼树，灌丛内阴湿的小环境为幼苗的生长提供了庇护（表 9.9）。

表 9.9　甘肃马衔山青扦林植被恢复过程中不同演替阶段植物群落的灌木层和草本层的植物组成及结构特征（王孝安，1984）

Table 9.9　Community composition and structures of shrub and herb layer of different plant communities during vegetation succession of *Picea wilsonii* forest in Mt. Maxian in Yuzhong, Gansu, China (Wang Xiaoan, 1984)

		Ⅰ 灌丛 Scrub				Ⅱ 山杨桦木林 *Betula* spp.+*Populus davidiana* Forest			
	光照率 Light rate	60%				30%			
	海拔 Altitude	2230～2400 m				2170～2320 m			
	坡度 Gradient	25°～30°				25°～35°			
	坡向 Aspect	N30°E				N15°E			
		RF	RD	RC	IV	RF	RD	RC	IV
虎榛子	*Ostryopsis davidiana*	25	33.8	15.5	74.3	0.9	0.5	0.7	2.1
水栒子	*Cotoneaster multiflorus*	19.6	20.1	20.1	59.8	5.8	5.7	3.5	15
蒙古荚蒾	*Viburnum mongolicum*	10.7	8.8	3.8	23.3	11.7	13.8	7.9	33.4
南川绣线菊	*Spiraea rosthornii*	3.5	5.2	7.3	16	2.9	2.5	4.2	9.6
陕甘花楸	*Sorbus koehneana*	5	5.2	5.4	15.6	5.2	5	6.3	16.5
灰栒子	*Cotoneaster acutifolius*	5.4	3.7	6.1	15.2	13.1	13.8	12.3	39.2
金花忍冬	*Lonicera chrysantha*	3.6	2.5	6.9	13	12.4	11.9	12.2	36.5
毛榛	*Corylus mandshurica*	3.6	2.5	4.7	10.8	5.1	4.4	4.1	13.5
华西箭竹	*Fargesia nitida*	0.6	0.4	0.2	1.2	6.5	2	8.4	16.9
唐古特忍冬	*Lonicera tangutica*	0	0	0	0	6.6	5.7	6.1	18.4
淫羊藿	*Epimedium brevicornu*	6.7	5	5.4	17.1	13.5	16.8	11	41.3
糙苏	*Phlomis umbrosa*	7.3	2.4	4.4	14.1	7.6	3.8	3.9	15.3
乳白香青	*Anaphalis lactea*	4	2.8	3.3	10.1	0.4	0.2	0.3	0.9
三脉紫菀	*Aster trinervius* subsp. *ageratoides*	4	0.8	1.7	6.5	3.3	1.2	1.5	6
白莲蒿	*Artemisia gmelinii*	2.7	1.1	2.3	6.1	0.4	0.1	0.4	0.9
蕊瓣唐松草	*Thalictrum petaloideum*	2.6	0.2	0.7	3.5	3.2	0.5	0.8	4.5
茜草	*Rubia cordifolia*	2	0.4	1	3.4	4.4	3.3	9.5	17.2
升麻	*Cimicifuga foetida*	0.7	0.1	1.6	2.4	5.2	0.9	5.8	11.9
薹草	*Carex* sp.	0.4	1	0.5	1.9	1.1	3.2	2.1	5.4
东方草莓	*Fragaria orientalis*	0	0	0	0	1.4	1.4	2	4.7
		Ⅲ 青扦山杨桦木林 *Picea wilsonii-betula* spp.+ *Populus davidiana* Forest				Ⅳ 青扦林 *Picea wilsonii* Forest			
	光照率 Light rate	16%				11%			
	海拔 Altitude	2330～2500 m				2250～2380 m			

续表

		III 青扦山杨桦木林 *Picea wilsonii-betula* spp.+ *Populus davidiana* Forest				IV 青扦林 *Picea wilsonii* Forest			
	坡度 Gradient	35°～40°				25°～30°			
	坡向 Aspect	N15°E				N25°E			
		RF	RD	RC	IV	RF	RD	RC	IV
水栒子	*Cotoneaster multiflorus*	0.8	0.6	0.9	2.3	0.8	0.7	0.4	1.9
蒙古荚蒾	*Viburnum mongolicum*	6.2	6.1	5	17.3	5.8	6	3.5	15.3
南川绣线菊	*Spiraea rosthornii*	0.8	0.6	0.4	1.8	0.8	0.5	0.3	1.6
陕甘花楸	*Sorbus koehneana*	7.9	8.8	9.8	26.5	14.7	9.5	9.9	34.1
灰栒子	*Cotoneaster acutifolius*	11	10.7	7.4	29.1	10.3	10.9	6.7	27.9
金花忍冬	*Lonicera chrysantha*	7.9	6.3	4.9	19.1	7.7	6.5	4.8	19
毛榛	*Corylus mandshurica*	10.4	13.8	17.1	41.3	10.1	9.8	11.9	31.8
华西箭竹	*Fargesia nitida*	18.6	3.2	23.1	44.5	19.2	21	52.5	92.7
唐古特忍冬	*Lonicera tangutica*	10.3	10	10.9	34.2	6.8	4.9	7.5	19.2
红毛五加	*Eleutherococcus giraldii*	9.4	10.6	13.1	33.1	1.7	1.3	1	4
淫羊藿	*Epimedium brevicornu*	3.5	1.6	2.3	7.4	1.4	0.6	0.7	2.7
乳白香青	*Anaphalis lactea*	0.3	0.1	0.3	0.7	0	0	0	0
瓣蕊唐松草	*Thalictrum petaloideum*	1.4	0.4	1.1	3.9	0.8	0.4	0.6	1.8
茜草	*Rubia cordifolia*	9.4	1.8	2.7	13.9	7	1.6	1.5	10.1
升麻	*Cimicifuga foetida*	8.6	1.6	8.1	18.3	3.1	2.7	3.8	9.6
薹草	*Carex* sp.	3	5.8	2	10.8	7.3	41.1	9.3	25.7
东方草莓	*Fragaria orientalis*	5.2	4	9.4	18.6	9	4.3	17.9	31.2

Ⅰ. 灌丛 Scrub；Ⅱ. 山杨桦木林 *Betula* spp.+*Populus davidiana* forest；Ⅲ. 青杆-杨桦混交林 *Picea wilsonii-Betula* spp.+*Populus davidiana* Forest；Ⅳ. 青杆林 *Picea wilsonii* Forest；RF. 相对频度 Relative frequency；RD. 相对多度 Relative density；RC. 相对优势度 Relative dominance；IV.重要值 Importance value

在落叶阔叶林阶段，乔木层以杨桦类占优势，林冠层较郁闭，林下光照渐弱，物种丰富度和植被盖度均明显下降。阳性灌木虎榛子的数量大幅度减少，中性或耐庇荫种类的数量增加，种类有金花忍冬、蒙古荚蒾和唐古特忍冬等。箭竹的数量也明显增加。草本层中，一些耐阴的根茎类禾草和薹草数量逐渐增加，草原成分如白莲蒿和乳白香青等数量减少。

青海省青扦林演替过程的研究显示，在青扦林采伐或火烧迹地上，经过 10～20 年的植被恢复后，山杨桦木类可郁闭成林，30 年后阔叶树即出现心腐病，在同一时期青扦的幼树层已经基本形成（《青海森林》编辑委员会，1993）。

在针阔叶混交林阶段，乔木层由青扦和杨桦类组成。从采伐迹地恢复到针阔叶混交林阶段通常需要 50 年左右（《青海森林》编辑委员会，1993）。表 9.9 的数据显示，此阶段林冠层进一步郁闭，林地光照弱，林下植被的物种丰富度和盖度均呈现下降趋势。阳性灌木如虎榛子等已经完全退出，箭竹和其他耐阴灌木如唐古特忍冬和红毛五加的种群数量显著增加。在草本层中，青扦林下的一些标志性植物如东方草莓、升麻、茜草和薹草等数量较多，先锋阶段出现的草本植物已经完全退出。

植被恢复 50 年以后，山杨桦木类落叶阔叶树基本退出乔木层，群落具备青扦纯林的外貌和结构特征（《青海森林》编辑委员会，1993）。表 9.9 显示，在青扦纯林阶段，林下光照弱，物种丰富度和植被盖度为各阶段的最低值，箭竹在群落中已经占据优势地位，灌木层中常见的物种有陕甘花楸、毛榛、灰栒子、唐古特忍冬、金花忍冬、蒙古荚蒾、红毛五加、水栒子和南川绣线菊等。在地形较缓的山坡或沟谷地带，林下没有箭竹层。

9.8 价值与保育

青扦林垂直分布的海拔较低，与喜暖热生境的松林交错，是云杉群系中对生境变化较敏感的类型。在甘肃南部和四川西北部，青扦箭竹林是大熊猫的重要栖息地和食物来源，对生物多样性保育的意义重大，也具有水源涵养和环境保护的重要功能。

在历史时期，青扦林受人类活动干扰强度较大，包括采伐、樵柴、放牧、游憩及人为或自然因素引起的火灾等。目前，未经干扰的原始青扦林罕见，绝大多数青扦林处在森林砍伐破坏后的恢复阶段，以疏林或散生状态居多，林相不整齐。在雾灵山和小五台山，青扦仅散生在沟谷或陡峭坡地，成片的青扦林已经不复存在；在陕西、山西、甘肃、青海和四川等地，青扦林以疏林或小片纯林状生长在河谷两岸或陡峻山崖，多为采伐后恢复的次生类型。在留有母树的采伐迹地上，青扦更新良好；在缺乏种源的采伐迹地上，群落以灌丛或山杨桦木林为主。适时补充种源是促进更新的重要措施。

近几十年来，各地的森林旅游产业发展迅速，基础设施建设、旅游践踏、放牧樵柴对青扦林的更新、林下植物生长和生境破坏较重。要加强调控和科学管理，确保旅游和森林资源保护的协调发展。

青扦林离村寨较近，由于宗教和民俗，在山区村旁或者寺庙周围往往保留小片的青扦林，客观上对青扦林种质和森林资源起到了保护作用。以甘肃省为例，目前保存较为完整的小面积的青扦林多出现在寺院周围。临夏松鸣岩寺庙林立，在陡峭岩石和谷地上保存的青扦疏林，平均胸径达 48 cm，推断其树龄均在百年以上（图 9.2）。远观松鸣岩，石质低山被墨绿的青扦林覆盖，与周围山地的草地和灌丛形成鲜明对比。马衔山林区的兴隆山被誉为“陇右名山”，由于历史时期长期禁封，保存了外貌整齐的青扦纯林。此外，在漳县贵清山、舟曲武平和文县博峪等地也有小片的青扦纯林。

对青扦林的保育，要切实贯彻森林法及其他相关法律，杜绝毁林盗伐；要加强青扦人工繁育技术的研究，加快森林更新进程；此外，要充分利用、引导和重视民俗的影响，保护现存的青扦原始森林。

参 考 文 献

冯自诚, 刘刚, 刘谦和, 1993. 白龙江中上游森林生长与立地条件的相关分析. 甘肃农业大学学报, 28: 2-20.

郭东罡, 上官铁梁, 马晓勇, 郝婧, 毕润成, 2014. 山西植被志(针叶林卷). 北京: 科学出版社.

河北植被编辑委员会, 1996. 河北植被. 北京: 科学出版社.
胡双熙, 1994. 祁连山东段山地土壤性质及垂直分布规律. 地理科学, 14(1): 38-48, 99.
黄大燊, 1997. 甘肃植被. 兰州: 甘肃科学技术出版社.
雷明德, 1999. 陕西植被. 北京: 科学出版社.
雷瑞德, 党坤良, 尚廉斌, 耿增朝, 张硕新, 1996. 秦岭南坡青扦林、青扦-华山松-红桦混交林林地土壤特性研究. 西北林学院学报, 11(增刊): 121-126.
四川植被协作组, 1980. 四川植被. 成都: 四川人民出版社.
王孝安, 1984. 马衔山林区优势植物种群竞争的初步研究. 植物生态学与地植物学丛刊, 18(1): 36-40.
王孝安, 冯杰, 张怀, 1994. 甘肃马衔山林区植被的数量分类与排序. 植物生态学报, 18(3): 271-282.
吴征镒, 1991. 中国种子植物属的分布区类型. 云南植物研究, (增刊Ⅳ): 1-139.
吴征镒, 周浙昆, 李德铢, 彭华, 孙航, 2003. 世界种子植物科的分布区类型系统. 云南植物研究, 25(3): 245-257.
张小翠, 满自红, 张育德, 瞿学方, 梁万福, 陈学林, 2008. 连城国家级自然保护区青扦种内种间竞争关系研究. 生态科学, 27: 197-201.
中国科学院中国植被图编辑委员会, 2007. 中华人民共和国植被图(1∶1 000 000). 北京: 地质出版社.
中国林业科学研究院林业研究所, 1986. 中国森林土壤. 北京: 科学出版社.
中国森林编辑委员会, 1999. 中国森林(第 2 卷 针叶林). 北京: 中国林业出版社.
中国植被编辑委员会, 1980. 中国植被. 北京: 科学出版社.
《青海森林》编辑委员会, 1993. 青海森林. 北京: 中国林业出版社.
《山西森林》编辑委员会, 1992. 山西森林. 北京: 中国林业出版社.
《四川森林》编辑委员会, 1992. 四川森林. 北京: 中国林业出版社.

第 10 章　台湾云杉林 *Picea morrisonicola* Mixed Needleleaf and Broadleaf Forest Alliance

台湾云杉林—中国植被，1980：203；中国森林（第 2 卷），1999：767-768；台湾植被，1993：73-74；中华人民共和国植被图（1∶1 000 000），2007；铁杉/云杉/华山松优势社会（*Tsuga chinensis* var. *formosana*/*Picea morrisonicola*/*Pinus armandii* var. *mastersiana* Dominance-type），红桧/云杉优势社会（*Chamaecyparis formosensis*/*Picea morrisonicola* Dominance-type）—台湾自然史系列-台湾植被志（第一卷），2001：196-197；*Ellisiophyllo pinnati-Piceetum morrisonicolae* Lin et al. 2012—Folia Geobotanica，47（4）：373-401，2012。

系统编码：PMO

10.1　地理分布、自然环境及生态特征

10.1.1　地理分布

台湾云杉林分布于台湾中央山脉的亚高山地带（中国植被编辑委员会，1980；中国科学院中国植被图编辑委员会，2007）。台湾林务局发布的“台湾地区第三次森林资源与土地利用清查资料”显示（数据引自 Guan et al.，2009），台湾云杉林分布区南北纵跨中央山脉，包括卑南主山、秀姑峦山、玉山、能高山、南湖大山、奇莱主山、中央尖山和大霸尖山等；分布区自西南向东北延伸，呈狭长环带状，纵轴长约 180 km，东西最宽跨度约 35 km，地理坐标范围 22°51′N～24°25′N，120°47′E～121°27′E（图 10.1）。

台湾云杉林的垂直分布范围是（1800）2000～3100（3300）m，最适生境范围是 2500～2800 m。在玉山塔塔加鞍部及楠梓仙溪海拔 2600 m 左右的生境中，台湾云杉林的大乔木层主要由台湾云杉组成，或有零星的台湾铁杉混生（陈玉峰，1989；Guan et al.，2009）。在海拔 2000～2500 m，台湾云杉虽然是大乔木层的优势种，但其他针阔叶树的比重明显上升，由此形成了不同的群落类型（图 10.2）。例如，在沙里仙溪麟藏山东坡海拔 2300～2500 m，群落类型为“台湾云杉-台湾鹅掌柴群丛”；在丹大地区海拔 2000～2500 m，有“台湾云杉-台湾扁柏群丛”（刘静榆，2003；卓子右，2008）；在马海濮富士山海拔 2250～2500 m，有“台湾云杉-赤柯群丛”（陈保元，2005）；在沙里仙溪海拔 2100 m 的环境生长的栎林中，仅有零星的台湾云杉混生（曾彦学，1991）。在 2800～3100 m，乔木层中除了台湾云杉外，还有台湾冷杉混生，主要分布在秀姑峦山、玉山、能高山、奇莱主山、中央尖山和大霸尖山（中国植被编辑委员会，1980；陈玉峰，1989；黄威廉，1993；中国科学院中国植被图编辑委员会，2007；邱清安等，2008）。海拔 3000（3100）m 以上的高山地带的寒温性针叶林主要由台湾冷杉林组成。

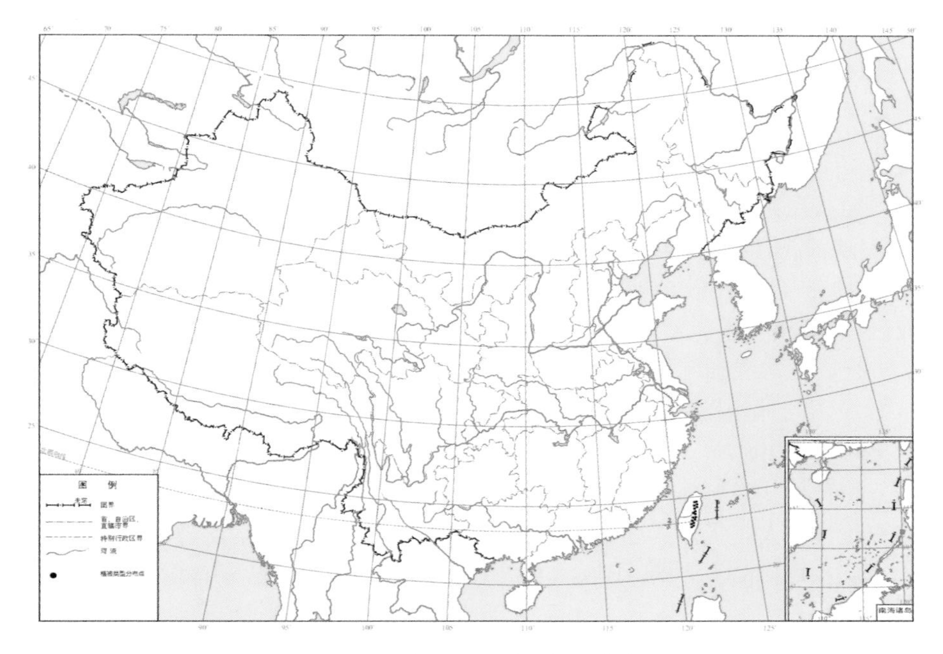

图 10.1　台湾云杉林的地理分布

Figure 10.1　Distribution of samples of *Picea morrisonicola* Mixed Needleleaf and Broadleaf Forest Alliance

数据引自 Guan et al.，2009

Data was derived from Guan et al., 2009

图 10.2　台湾云杉林的外貌（左：台湾宜兰县审马阵山附近，海拔 2950 m，林政道、陈子英摄；右上：台湾中央山脉北段，海拔 2800 m，陈子英摄；右下：台湾中央山脉中段，海拔 2600 m，王国宏摄）

Figure 10.2　Physiognomy of several communities of *Picea morrisonicola* Mixed Needleleaf and Broadleaf Forest Alliance at 2950 m a.s.l. near Mt. Shenmazhenshan, Yilan, Taiwan (left, by Cheng-Tao Lin and Tze-Ying Chen), in northern section at ca. 2800 m a.s.l. (upper right, by Tze-Ying Chen) and in mid-section at ca. 2600 m a.s.l. (lower right, by Guo-Hong Wang) of Mt. Zhongyangshanmai in Taiwan

台湾云杉林垂直分布的海拔下限自北向南呈逐渐升高的趋势，变化幅度在 2000～2600 m（曾彦学，2003）。例如，台湾铁杉和台湾云杉的混交林在台湾中部及南部地区的海拔下限在 2400 m 以上，到北部则降至 2000 m（Su，1984a；ECFT，1994）。该趋势与全球尺度上云杉林垂直分布范围随纬度变化的规律是一致的。

在中国植被区划系统中，台湾云杉林分布区自南向北跨越了两个植被区域和 3 个植被地带，即①热带季雨林/雨林区域-东部偏湿性热带季雨林/雨林亚区-北热带半常绿季雨林/湿润雨林地带-台南丘陵山地季雨林/雨林区；②亚热带常绿阔叶林区域-东部湿润常绿阔叶林亚区-南亚热带季风常绿阔叶林地带-台湾中部丘陵山地栽培植被，青钩栲、厚壳桂林区；③亚热带常绿阔叶林区域-东部湿润常绿阔叶林亚区-中亚热带常绿阔叶林地带-中亚热带常绿阔叶林南部亚地带-台湾北部常绿阔叶林/栽培植被区（中国科学院中国植被图编辑委员会，2007）。

台湾云杉林的生境特征显然超越了水热因子的水平变化格局，其地带性特征主要表现为垂直变化。前人曾提出了台湾植被区划的许多方案，各方案均遵循植被沿海拔变化这个主线（Wang，1957；柳榗，1968，1970，1971a，1971b；Su，1984b；黄威廉，1993）。Su（1984b）将台湾植被划分为 7 个垂直地带，台湾云杉作为优势种或特征种可出现在山地栎林上段植被带（2000～2500 m）和山地铁杉-云杉植被带（2500～3100 m）。在黄增泉（1997）提出的台湾植被带划分系统中，台湾云杉林的垂直分布带谱大致与 Su（1984b）的系统类似，唯名称和海拔范围不同。黄增泉（1997）的系统包括：①冷温带林植群（1800～2500 m），相当于 Su（1984b）系统中的栎林带上层；②寒温带林植群（2500～3500 m），相当于 Su（1984b）系统中的铁杉-云杉林带至冷杉林带。在 Song 和 Xu（2003）提出的台湾植被分类系统中，台湾云杉林隶属于“森林-针叶林-寒温性针叶林-亚高山寒温性针叶林”及“凉温性针叶林-山地凉温性针叶林/针阔叶混交林”。在集成前人研究的基础上，邱清安等（2008）提出了台湾潜在植被分类方案，该系统将台湾云杉林归属为森林群系纲中的两个群系亚纲，即①冷温带亚高山森林下段常绿针叶混交林，海拔 2500～3100 m；②凉温带上层山地常绿针叶-常绿落叶阔叶混交林，海拔 1800～2500 m。可见，台湾地形地貌复杂、海拔变化幅度大，随着海拔由低到高依次出现了热带、亚热带、温带至寒温带等气候类型，垂直环境梯度与时间尺度上的气候变异相耦合，构成了台湾植被地域分异的主要驱动因素。

10.1.2 自然环境

10.1.2.1 地貌

台湾的地貌风土素有“山高、坡陡、地狭、土薄、雨骤、水急、风狂和溪浅”之称（陈玉峰，2001），该描述生动地刻画了台湾云杉林的地貌特征。岛内山地面积约占总面积的 2/3（黄威廉，1993）；其中，海拔超过 3000 m 的山峰有 200 余座（Ho，1986；黄威廉，1993；吴蕙吟，2002）或 150 座（郭城孟，1989），较著名的山峰有百余座，常称为百岳，足以证明高山林立的地貌特征。高山地貌是寒温性针叶林在亚热带地区生长的一个基本条件，在台湾出现的常绿阔叶林和寒温性针叶林并存的壮美景观，正是当地气候与地貌间互作的产物。山地坡度普遍较大，在山地上部及亚高山地带，地形尤为陡峭，那里是台湾云杉林的主要生境。在中央山脉的东坡，坡面陡峭狭窄，西坡则宽阔平缓。例如，在台湾云杉林集中分布的塔塔加及台湾中部山地，海拔在 2400～3750 m，坡度多在 30°～45°（钟年钧，1986a；吴建业，1989；曾彦学，1991）；在玉山前峰北坡至西北坡海拔 2500～2800 m 处，坡度在 28°～42°（刘静榆，1991）；在局部地段亦有缓坡出现，如在和平北溪生长的“铁杉-云杉林”，其坡度通常小于 26°（洪淑华，2007）。降雨对地表冲刷强烈，陡峭的山地持土力较低，土层稀薄，林地内常常有岩石显露；在谷地或山麓有较厚的土层堆积，有利于台湾云杉林的更新与生长（陈玉峰，1989；曾彦学，1991；刘静榆，1991）。

10.1.2.2　气候

台湾地处亚热带，日本暖流自西南向东北方向流经台湾岛东西两岸的海域，增温增湿的效果明显；亚热带海洋性季风又带来丰沛的降水，岛内气候条件具有高温、高湿和多雨的特征。根据多年的气象数据积累已经描绘出了岛内水热因子的区域变异（Su，1984c）。据《台湾植物志》总论部分记载，台湾气象局发布了 1971～1989 年岛内 5 城市的气象数据，自北向南，基隆、台中、花莲、高雄和恒春的年均气温分别是 22.1℃、22.8℃、23.2℃、24.4℃和 25℃，最冷月平均气温分别是 15.3℃、15.6℃、17.5℃、18.2℃和 20.4℃；就温度随海拔的递减率而言，不同的垂直地带间存在差异，低山地带（<1000 m）为 0.45～0.55℃/100 m，中山地带（1000～2500 m）为 0.17～0.33℃/100 m，高山地带（>2500 m）为 0.68～0.84℃/100 m；处在亚高山地带的阿里山（2406 m）和玉山（3950 m），其年均气温分别是 10.4℃和 3.7℃，最冷月平均气温分别是 5.2℃和−1.9℃；降雨量的区域差异较大，年均降雨量在东北部的基隆和宜兰可分别达 3444 mm 与 2634 mm，而西南部地区则在 1687～1810 mm（ECFT，1994）。

上述数据初步反映了台湾岛内气候条件的水平变异特征。台湾云杉林主要分布在亚高山地带，其气候特征有别于山地基带的气候。许多学者对岛内气候的地域分异规律进行了研究，并做出了各自的气候分区方案（蒋丙然，1954；陈正祥，1957；刘衍淮，1963；万宝康，1973；郭文铄，1980；Su，1984c；邱清安，2006）。Su（1984b）曾就此进行过概要的描述，即亚高山温凉铁杉-云杉林（2500～3100 m）和温性栎林（2000～2500 m）的年均气温分别为 8～11℃和 11～14℃，温暖指数分别是 36～72℃和 72～108℃。概括起来，台湾云杉林的气候条件具有“温凉高湿”的特征。

根据台湾林务局“台湾地区第三次森林资源与土地利用清查资料”（Guan et al.，2009），结合其他文献记录（曾彦学，2003），我们获得了台湾云杉分布区内 49 个样点的地理坐标（图 10.1）。利用插值方法提取了每个样点的生物气候数据，各气候因子的均值依次是：年均气温 11.45℃，年均降雨量 1626.74mm，最冷月平均气温 2.97℃，最热月平均气温 18.55℃，≥0℃有效积温 4220.63℃·d，≥5℃有效积温 2583.54℃·d，年实际蒸散 765.03 mm，年潜在蒸散 955.50 mm，水分利用指数 0.77（表 10.1）。

表 10.1　台湾云杉林地理分布区海拔及其对应的气候因子描述性统计结果（*n*=49）

Table 10.1　Descriptive statistics of altitude and climatic factors in the natural range of *Picea morrisonicola* Mixed Needleleaf and Broadleaf Forest Alliance (*n*=49)

海拔及气候因子 Altitude and climatic factors	均值 Mean	标准误 Standard error	95%置信区间 95% confidence intervals		最小值 Minimum	最大值 Maximum
海拔 Altitude（m）	2672.53	39.08	2593.95	2751.11	2126.00	2999.00
年均气温 Mean annual temperature（℃）	11.45	0.55	10.35	12.55	3.38	20.10
最冷月平均气温 Mean temperature of the coldest month（℃）	2.97	0.55	1.86	4.07	−5.24	11.52
最热月平均气温 Mean temperature of the warmest month（℃）	18.55	0.57	17.40	19.70	10.20	27.27
≥5℃有效积温 Growing degree days on a 5 ℃ basis（℃·d）	2583.54	166.09	2249.60	2917.49	514.85	5527.56
≥0℃有效积温 Growing degree days on a 0 ℃ basis（℃·d）	4220.63	194.40	3829.76	4611.51	1624.57	7352.57
年均降雨量 Mean annual precipitation（mm）	1626.74	27.88	1570.68	1682.80	1245.64	2050.37
实际蒸散 Actual evapotranspiration（mm）	765.03	27.91	708.92	821.14	318.00	1152.06
潜在蒸散 Potential evapotranspiration（mm）	955.50	16.91	921.51	989.49	560.00	1239.62
水分利用指数 Water availability index	0.77	0.02	0.73	0.80	0.43	0.90

台湾云杉林分布区内气象站点的观测数据可较准确地反映出局地的水热状况。据台湾阿里山气象站（23°30′N，120°48′E，2413 m）的气象观测资料，在 1954～2003 年，年均气温为 10.7℃，年均降雨量为 3800 mm（Guan et al.，2009）；1934～1997 年的观测数据显示，阿里山最冷月和最热月平均气温分别是 5.6℃和 14.1℃（Weng et al.，2005）。另据塔塔加台湾云杉林森林样地（23°29′N，120°53′E，2600 m）在 1971～2000 年的观测纪录，2 月和 7 月的平均气温分别是 4.6℃和 13℃，8 月和 11 月的平均降雨量分别是 840 mm 和 47 mm；1999 年 1 月至 2001 年 5 月的短期的观测记录显示，当地温暖季节日均气温和最低气温的变异幅度分别是 13～15℃和 9～12℃，寒冷季节日均气温和最低气温的变异幅度分别是 3～4℃和−4～2℃（温度数据来自阿里山气象站同期数据减去 1℃），月均降雨量变化幅度 0～720 mm，观测期间最低气温和平均气温的变化幅度分别是 0.2～10.9℃和 3.4～13℃（Weng et al.，2005）。

综上所述，由于高耸的山地改变了气候的水平变化格局，台湾云杉林虽然分布于亚热带地区，其气候特征总体上湿润温凉、冬无严寒、夏无酷暑、生长季节水分充足。

10.1.2.3　土壤

台湾云杉林产区基岩复杂，主要类型有片岩、粘板岩、灰色砂页、黑色页岩和千枚岩等，主要土壤类型为灰棕壤、棕壤、山地石质土和冲积土（图 10.3），土壤呈酸性，pH 3.5～5.0（Sheh and Wang，1991）。台湾玉山塔塔加是台湾云杉林数量较多的区域。Yang 等（2003）对该区域一个台湾云杉林的永久样区（23°28′N，120°52′E，2500 m）的土壤特性进行了研究，结果实录如下："台湾云杉林土壤 pH 3.6～5.0，呈弱酸性；根据 1997 年 1 月至 1999 年 11 月的观测数据，土壤表层（0～20 cm）温度变化范围是 5.5～15.6℃，下层（21～40 cm）温度变化范围是 6～14.9℃；土壤有机碳和氮的含量分别在

5.83%～34.35%和 0.90%～3.19%，碳氮比（C/N）7.07～18.24；土壤微生物碳和氮的含量分别是 308～870 μg/g 和 107～240 μg/g，苹果酸和琥珀酸分别是 74～211 nmol/L 和 32～175 nmol/L。此外，在土壤有机质层，单位质量微生物碳和氮的含量分别是 216～653 μg/g 和 10.3～33.8 μg/g，蚁酸 256～421 nmol/L，乙酸 301～435 nmol/L，果酸和琥珀酸分别是 795～1027 nmol/L 和 204～670 nmol/L。土壤微生物十分丰富。在表层和下层土壤中，各种微生物的含量分别是：细菌（1.38±0.26）$\times10^6$～（6.37±0.21）$\times10^6$ CFU/g 和（8.07±0.55）$\times10^5$～（4.70±0.96）$\times10^6$ CFU/g；放线菌（1.12±0.21）$\times10^4$～（7.33±0.64）$\times10^4$ CFU/g 和（1.90±0.16）$\times10^3$～（4.96±0.41）$\times10^4$ CFU/g；真菌（2.31±0.16）$\times10^5$～（2.42±0.33）$\times10^6$ CFU/g 和（5.20±0.61）$\times10^4$～（9.16±0.90）$\times10^5$ CFU/g；纤维素分解菌（1.57±0.19）$\times10^5$～（4.13±0.07）$\times10^6$ CFU/g 和（2.30±0.20）$\times10^5$～（3.65±0.06）$\times10^6$ CFU/g；磷细菌（6.89±0.21）$\times10^4$～（6.40±0.17）$\times10^5$ CFU/g 和（3.90±0.02）$\times10^4$～（3.47±0.19）$\times10^5$ CFU/g；固氮细菌（7.48±0.75）$\times10^5$～（2.08±0.70）$\times10^6$ CFU/g 和（4.33±0.18）$\times10^5$～（1.34±0.16）$\times10^6$ CFU/g”。

图 10.3　高海拔阴湿谷地台湾云杉林下的一个土壤剖面特征：腐殖质较厚，含石率较高（林政道，陈子英摄）

Figure 10.3　Physiognomy of a soil profile with well-developed humus layer and high proportion of gravels under a community of *Picea morrisonicola* Mixed Needleleaf and Broadleaf Forest Alliance in the bottom of a valley in the high elevation area in Taiwan (Authors: Cheng-Tao Lin and Tze-Ying Chen)

和平北溪位于台湾云杉林分布区的东北边界地带。洪淑华（2007）分析了该地台湾云杉林的土壤养分，研究结果显示，在海拔 2355～3119 m 处，台湾云杉林和铁杉林的土壤 pH 逐渐增高，变化幅度是 3.6～5.05；土壤有机碳含量逐渐降低，变化幅度是 54.6～

270.8 g/kg；速效钾和速效磷的含量分别是 57.42～509.04 mg/kg 和 4.88～9.6 mg/kg；此外，作者还分析了每千克土壤可交换 K、Na、Ca、Mg 的含量（表 10.2）。另据傅国铭（2002）的资料，在丹大地区海拔 2300～2650 m，“台湾云杉-台湾扁柏林”主要生长在西北至东北坡，水分指数 10～16（水分指数是坡向的对应值，变化幅度 1～16。SSW 方位，即南偏西 22.5°，水分指数 1，最干；NNE 方位，即北偏东 22.5°，水分指数 16，最湿），土壤含石率 2～4 级（5%～95%），土壤含水率 5.14%～8.06%，土壤 pH 3.67～4.51，土壤全氮 0.14%～0.24%，土壤速效磷 0.10～0.70 ppm。

表 10.2 台湾和平北溪台湾云杉和台湾铁杉混交林的土壤化学性质（洪淑华，2007）

Table 10.2 Soil nutrients of *Picea morrisonicola* and *Tsuga chinensis* var. *formosana* forest in Hepingbeixi, Taiwan (Shu-Hua Hung, 2007)

海拔 Altitude（m）	pH	有机碳 Organic Carbon（g/kg）	有效钾 Available potassium（mg/kg）	有效磷 Available phosphorus（mg/kg）	可交换值 Exchangealbe value cmol（+）(kg)			
					K	Na	Ca	Mg
2355	3.65	270.8	245.65	9.6	0.49	0.18	1.03	1.31
2522	3.6	77.61	57.42	8.03	0.22	0.08	0.02	0.32
2607	3.7	75.03	132.32	5.39	0.52	0.07	0.02	0.22
2733	4.15	101.84	141.51	8.28	0.54	0.08	0.93	0.83
2857	4.34	67.61	99.74	6.42	0.41	0.08	0.61	0.4
2944	5.05	55.05	194.27	4.88	0.71	0.08	1.88	0.56
3119	4.05	54.6	509.04	5.1	0.37	0.07	0.21	0.34

综上所述，台湾云杉林产地的坡度较大，土壤含石率较高，但在阴湿的谷地往往土层深厚，适宜台湾云杉林生长；此外台湾云杉林土壤呈偏酸性，pH 通常小于 5，土壤微生物种类繁多，土壤有机质丰富。

10.1.3 生态特征

台湾云杉林虽然生长在亚热带气候区，但岛内高耸的山地对气候的改造作用，形成了云杉林生长的适宜环境。台湾云杉林具有喜温凉湿润气候的特点，具体表现在以下 3 个方面。

首先，在岛内植被的垂直分布带谱中，台湾云杉林下接云雾带栎林，上接冷杉林，主要分布在海拔 2000～3100 m 的中山和高山地带（Su，1984b）。台湾南部楠梓仙溪植物群落的排序分析显示，与常绿阔叶林相比较，以台湾云杉为建群种的针阔叶混交林，其垂直分布海拔较高，空气湿度较低（Chou et al.，2007）。在台湾中北部合欢溪流域海拔 1600 m 以上，随着海拔由低到高依次出现“二齿香科科-雾社木姜子群团”（1600～2000 m）、“小叶铁仔-台湾黄杉群团”（1700～2100 m）、“细枝柃木-狭叶栎群团”（1900～2700 m）、“台湾云杉群团”（2400 m）、“台湾铁杉群团”（2500～3000 m）和“台湾冷杉群团”（>3000 m）（陈志豪等，2009）。上述资料表明，台湾云杉林的生长环境同时避开了低海拔地带的高温高湿和高海拔地带的低温条件。

其次，台湾云杉林与台湾铁杉林虽然大致分布于同一海拔范围内，但铁杉林的生态幅度较宽，能够适应干旱贫瘠的生境，可生长在阳坡和山脊，而台湾云杉林却喜阴湿的环境，常生长在谷地、阴坡和溪流源头的崩塌地上，如兰阳溪、浊水溪、楠梓仙溪及秀姑峦溪等（曾彦学，1991；ECFT，1994；陈玉峰，2004）。事实上，二者适宜的垂直分布范围也略有差异。台湾云杉林适生的海拔范围通常略低于台湾铁杉林。例如，在塔塔加，台湾云杉林的最适海拔范围在 2500～2680 m，台湾铁杉林则分布于海拔 2600 m 以上的区域（郭城孟，1989）。

最后，由于南北纬度差异及山地坡向变化，处在同一等高线上的南部山地与北部山地间的环境条件相差较大，北部山地偏湿润而南部较干旱。台湾云杉林的垂直分布范围在南、北区域间也表现出了相应的差异。在北部山地，海拔 2000 m 左右即出现台湾云杉林（陈子英，2004；李智群，2005）；而在南部山地，由于生境偏干，只有台湾铁杉林而不见台湾云杉林。在位于中央山脉最南端的北大武山，由于山地的坡向整体朝南，坡陡干燥，土壤含石率高，在海拔 2500～3090 m 处，只有铁杉生长而没有记录到台湾云杉林（王震哲，2004；廖家宏，2006）。

综上所述，台湾云杉林生态幅度较为狭窄，其生态习性与其他云杉林具有相似之处，即适宜生长在地形封闭、温凉湿润的生境。由于适宜台湾云杉林生长的生境较为局限，加之历史时期的森林采伐，除在楠梓仙溪、沙里仙溪、南湖大山和立雾溪流域尚留存小片的台湾云杉纯林外，台湾云杉在其他产地内多呈散生状或仅见零星个体。台湾云杉已经被列入了稀有植物名录（欧辰雄，2003）。

10.2　群 落 组 成

10.2.1　科属种

有关台湾云杉林的文献和样方中记载了 168 种维管植物，隶属 52 科 96 属，其中种子植物 39 科 78 属 146 种，蕨类植物 13 科 18 属 22 种。种子植物中，裸子植物有 3 科 5 属 8 种，被子植物有 36 科 73 属 138 种。种类最多的科是蔷薇科，有 11 种；其次是虎耳草科、壳斗科、山茶科和樟科，各 6 种；含 5 种的科分别是禾本科、忍冬科、莎草科、五加科、松科和鳞毛蕨科，其他 41 科含 1～4 种。种类最多的属是柃属，有 5 种；其次是薹草属、悬钩子属、山矾属和荚蒾属，各 4 种。

陈保元（2005）统计了马海濮富士山海拔 1800～2600 m 栎林带植物群落科、属、种的数量特征。在 48 个样方中记录到了 124 种木本植物，隶属 38 科 71 属；其中裸子植物 3 科 5 属 7 种，被子植物 35 科 66 属 117 种；含 4 种以上的科分别是樟科 14 种、山茶科 12 种、蔷薇科 11 种、壳斗科 10 种、山矾科 8 种、杜鹃花科 8 种、忍冬科 6 种、冬青科 5 种、松科 4 种。在台湾云杉出现的 6 个样方中，共记录到 49 种木本植物，隶属于 23 科 36 属；科按包含种数的排序为壳斗科 6 种、山茶科 5 种、樟科 5 种、忍冬科 4 种、五加科 3 种、山矾科 3 种及松科 3 种；科按重要值的排序为松科、壳斗科、山茶科、樟科、山矾科、海桐花科、五加科和柏科（陈保元，2005）。

以上数据显示，在台湾云杉林中，松科植物的种类少，都是群落的建群种或优势种；壳斗科、山茶科和樟科植物的种类较多，是中、小乔木层的优势种。

10.2.2 区系成分

根据中国种子植物科属区系成分的划分标准（吴征镒，1991；吴征镒等，2003），我们对台湾云杉林中记录到的 39 科 78 属种子植物的区系成分进行了统计。结果显示（表 10.3），科的区系成分组成中，热带科比例较高，达 33%，其中泛热带科占 18%；其次是世界分布科，占 30%；北温带和南温带间断分布科占 20%，温带分布科和东亚分布科所占比例分别为 18%和 3%。属的区系组成以温带分布和热带分布占优势，比例分别为 30%和 33%；东亚和北美间断分布占 15%，东亚分布占 12%，世界分布占 10%。台湾特有种比例较高，达 38 种，占总数的 35%。

表 10.3　台湾云杉林 39 科 78 属植物区系成分

Table 10.3　The areal type of the 78 genus and 39 families of seed plant species recorded in the 16 plots sampled in *Picea morrisonicola* Mixed Needleleaf and Broadleaf Forest Alliance

编号 No.	分布区类型 The areal types	科 Family		属 Genus	
		数量 *n*	比例(%)	数量 *n*	比例(%)
1	世界广布 Widespread	12	30	8	10
2	泛热带 Pantropic	7	18	6	8
2.1	热带亚洲、大洋洲和热带美洲 Trop. Asia-Australasia and Trop. Amer.and Trop. Amer.（S. Amer. Or Pand Mexico）	1	3		
2.2	热带亚洲、热带非洲和热带美洲 Trop. Asia to Trop. Africa and Trop. Amer.			1	1
3	东亚（热带、亚热带）及热带南美间断 Trop. & Subtr. E. Asia &（S.）Trop. Amer. disjuncted	3	8	4	5
4	旧世界热带 Old World Tropics	1	3	1	1
5	热带亚洲至热带大洋洲 Trop. Asia to Trop. Australasia Oceania	1	3		
6	热带亚洲至热带非洲 Trop. Asia to Trop. Africa			2	3
6.2	热带亚洲和东非或马达加斯加间断分布 Trop. Asia & E. Afr. or Madagasca disuncted			1	1
7	热带亚洲 Trop. Asia			10	13
7.2	热带印度至华南分布 Trop. India to S. China（ especially S.Yunnan）			1	1
8	北温带 N. Temp.	2	5	21	27
8.2	北极-高山 Arctic-Alpine	1	3		
8.4	北温带和南温带间断 N. Temp. & S. Temp. disjuncted	8	20		
8.5	欧亚与南北温带间断 Eurasia & Temp. S. Amer. Disjuncted	1	3		
9	东亚和北美间断 E. Asia & N. Amer. disjuncted			12	15
11	温带亚洲 Temp. Asia			2	3
14	东亚 E. Asia	3	8	9	12
合计 Total		39	100	78	100

注：物种名录根据样方数据整理

陈保元（2005）对马海濮富士山海拔 1800～2600 m 的栎林带植物群落科的区系成分的统计结果显示，热带成分占优势，温带分布科次之，世界分布科（蔷薇科）最少。热带成分中，泛热带分布科较多，包括樟科、山茶科、壳斗科、山矾科、冬青科和五加科等；旧世界热带分布科仅见海桐花科；温带科主要为松科、杜鹃花科和忍冬科；世界分布科仅见蔷薇科。

台湾岛内种子植物区系中温带成分的结构特征及其与周边地区关系的研究结果显示，台湾种子植物区系成分虽以热带成分为主，但温带成分亦占有重要地位；特别地，温带分布型的植物是台湾山地落叶阔叶林、针叶林或亚热带山地森林中的优势成分；台湾岛内共有 92 科 351 属 873 种植物属于温带成分；就科的区系成分而言，温带分布型科占岛内总科数的 47.8%，而热带分布科和世界分布科分别占 35.9%和 16.3%，没有特有科；温带分布型属涵盖了吴征镒（1991）15 个分布类型中的 6 个类型和 11 个变型，其中北温带分布型属所占比例最高，达40.2%，其他属的分布型依次为东亚分布（29.3%），东亚北美间断分布（16.5%），旧世界温带分布（12.0%），温带亚洲分布（1.7%）和地中海、西亚、中亚分布（0.3%）；温带区系成分与中国大陆关系最密切，与日本次之，与菲律宾的关联最低（吴蕙吟，2002）。

上述资料表明，热带成分虽然在台湾云杉林植物区系中所占比例较高，但就各类成分在群落中的地位而言，温带成分无疑占绝对优势。在亚热带亚高山地带的植物群落中，特定分布型的物种数量与其在群落中的地位间存在的不平衡现象，事实上反映了各种区系成分间的竞争与博弈关系。热带成分在区系成分中有较高的比例，显然与其所处的亚热带区系大背景有关，但亚高山凉润的气候条件又决定了温带成分在群落结构中的优势地位。

10.2.3　生活型

台湾云杉林 16 个样地中出现的 168 种植物的生活型谱显示（表 10.4），木本植物占优势，比例达 64%，草本植物占 36%。木本植物中，常绿乔木和落叶乔木分别占 32%和 8%，常绿灌木和落叶灌木各占 11%，木质藤本和箭竹分别占 3%和 1%。草本植物中，多年生直立杂草类占 12%，多年生莲座类占 1%，禾草类占 7%，蕨类植物占 17%。与

表 10.4　台湾云杉林 168 种植物生活型谱（%）

Table 10.4　Life-form spectrum (%) of the 168 vascular plant species recorded in the 16 plots sampled in *Picea morrisonicola* Mixed Needleleaf and Broadleaf Forest Alliance

木本植物 Woody plants	乔木 Tree		灌木 Shrub		藤本 Liana		竹类 Bamboo	蕨类 Fern	寄生 Phytoparasite	附生 Epiphyte
	常绿 Evergreen	落叶 Deciduous	常绿 Evergreen	落叶 Deciduous	常绿 Evergreen	落叶 Deciduous				
64	32	8	11	8	2	1	1	0	0	1
陆生草本 Terrestrial herbs	**多年生 Perennial**					**一年生 Annual**		**蕨类 Fern**	**寄生 Phytoparasite**	**腐生 Saprophyte**
	禾草型 Grass	直立杂草类 Forb	莲座垫状 Rosette	附生 Epiphyte	藤本 Liana	短生型 Ephemeral	非短生型 Non-eephemeral			
36	7	9	1	1	0	0	0	17	1	0

注：物种名录来自 16 个样地数据

其他云杉林的植物生活型相比较，台湾云杉林中木本植物所占的比例较高，其中常绿乔木占绝对优势，台湾云杉、台湾果松、台湾铁杉和台湾红桧等常是群落的建群种，一些常绿阔叶乔木数量也较多；常绿灌木和蕨类植物种类较多，反映了台湾云杉林较为暖湿的群落环境特征。

10.3 群 落 结 构

10.3.1 水平结构

台湾云杉林的水平结构呈现出不同树龄的斑块镶嵌分布格局，这种现象在景观尺度和样方尺度上均可观察到。

刘静榆（1991）在沙里仙溪的台湾云杉林中调查了 5 个 500 m^2 的样方（系统编号为 7、9、13、14 和 29），这些样方布设在海拔 2300～2800 m 处。第 14 号样方中记录到的台湾云杉个体为中、小径级，其余的样方中则为大径级（刘静榆，1991）。在较小的空间尺度上，台湾云杉林同龄级的个体聚集分布而不同龄级的个体相对隔离的现象十分明显。例如，在沙里仙溪一个 0.5 hm^2 的固定样地中（图 10.4），不同龄级个体所构成的群落斑块的空间分隔分明，70～90 年龄级的个体出现在样地的右方，而中、高龄级的个体（130～160 年和 190～220 年）主要聚集在样地的左上方（曾彦学，1991）。这片台湾云杉林中，最大树龄在 200 年以上，但最大胸径超过 45 cm 的个体所占比例不大，与其他学者在楠梓仙溪记录到的台湾云杉最大胸径数据（200 cm 左右）相差较大（薛松锭，1976；陈玉峰，1989，2004）。柳榗等（1961）的资料显示，在林田山、太平山和沙里仙溪的 7 个样区中，台湾云杉林的年龄幅度为 240～1000 年。结合胸径数据推测，曾彦学（1991）所调查的这片台湾云杉林可能处在群落的成长阶段。

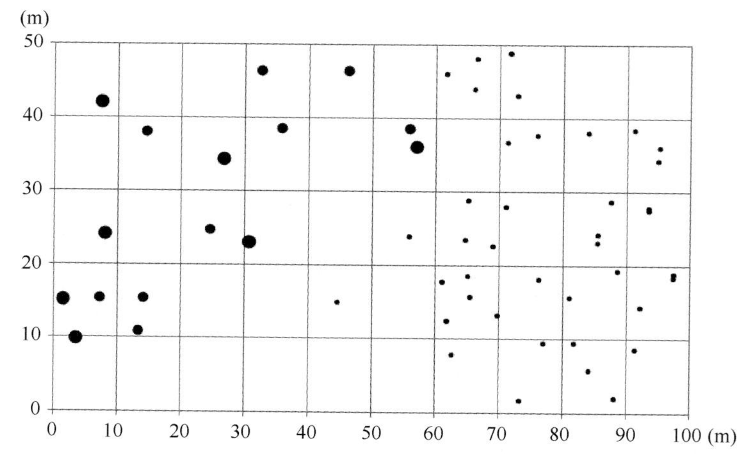

图 10.4 沙里仙溪台湾云杉林不同龄级的个体在 0.5hm^2（100 m×50 m）样地中的水平空间散布图

Figure 10.4 Scatter pattern of the individuals of *Picea morrisonicola* with different ages in a 100 m×50 m plot in Shalixianxi, Taiwan

图中小、中、大圆点分别代表龄级为 70～90 年、130～160 年和 190～220 年（曾彦学，1991）

The circles with different size represent different age classes: small size 70～90 years, mid-size 130～160 years and large size 190～220 years (Tseng, 1991)

关秉宗等（2002）报道了塔塔加台湾云杉林中一个 1 hm^2 永久样地的调查数据，样地中记录到 539 株个体，按照 10 cm 胸径间距分为 8 组，即<10 cm、10～20 cm、20～30 cm、30～40 cm、40～50 cm、50～60 cm、60～70 cm 和>70 cm。个体的空间散布格局呈现出如下特点（图 10.5）：胸径较大的个体彼此间的距离较大，导致局部地段单位面积上的个体数较少。例如，在样地右上角，个体密度为 1～2 株/100 m^2。相应地，胸径较小的个体彼此间距离较小，单位面积的个体数较多。例如，在样地左下方，个体密度为 2～5 株/100 m^2。胸径小于 10 cm 的个体在样地中罕见，说明在树冠下幼苗的生长受到抑制；在胸径小于 20 cm 的个体中，最邻近的 10 个幼树的胸径也较小或稍大；在胸径超过 30 cm 的个体中，最邻近的 10 个树木的胸径小于目标个体；就个体间的平均距离而言，胸径小于 30 cm 的个体间距为 5～6 m，胸径大于 30 cm 的个体间距与胸径呈线性关系。二维变量 Ripley's K-函数分析结果显示，胸径小于 30 cm 的台湾云杉个体呈聚集分布；相对于中等径级的个体和大树（胸径>40cm）而言，小树呈均匀分布；中等径级的个体（胸径 30～50 cm）呈随机分布，而相对于大树（胸径>50cm）而言，它们则呈均匀分布；大树（胸径>59 cm）个体间呈随机分布（关秉宗等，2002）。

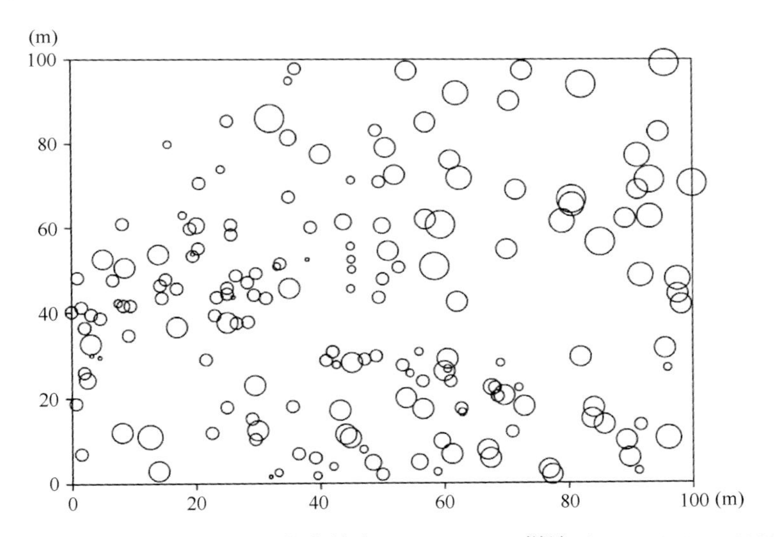

图 10.5　塔塔加台湾云杉林不同径级的个体在 100 m×100 m 样地（23°29′25″N，120°55′43″E，2580 m a.s.l.）中的水平空间散布图

Figure 10.5　Scatter pattern of the individuals of *Picea morrisonicola* with different DBH classes in a 100 m× 100 m plot (23°29′25″N, 120°55′43″E, 2580 m a.s.l.) in Tatachia (TTC), Taiwan

图中圆圈大小代表不同径级：<10 cm 至>70 cm，级差 10 cm（关秉宗等，2002）

The circles with different size represent different DBH classes from <10 cm to >70 cm with 10 cm interval (Guan et al, 2002)

上述说明，台湾云杉林不同径级或不同年龄级的群落斑块在水平空间内镶嵌散布，这种水平分布格局的形成与其更新方式有关。台湾云杉幼苗在林隙和林缘才能正常生长，在郁闭的树冠下很难更新。林隙的形成在空间尺度上具有随机性，在时间尺度上先后延展。同一个林隙内个体的年龄结构相对一致，而不同林隙所形成的群落斑块的年龄结构存在差异，由此形成了斑块内同龄而斑块间异龄的格局。

10.3.2 垂直结构

台湾云杉林的垂直结构可划分为乔木层、箭竹层、灌木层和草本层（图 10.6）。乔木层又可划分为几个亚层：大乔木层高度 45～50 m，台湾云杉为优势种，有其他针叶树常混生或与台湾云杉组成共优种，常见种类有台湾铁杉、台湾果松和红桧等；中乔木层高度一般不超过 20 m，由多种常绿阔叶树组成，常见的树种有台湾窄叶青冈、台湾桤木、台湾柯、雾社黄肉楠和光柃等，台湾云杉等针叶树的中幼龄个体也常混生其间。

图 10.6 台湾云杉与阔叶树混交林的林下结构（王国宏摄）
Figure 10.6 Understorey layer of a community of *Picea morrisonicola* Mixed Needleleaf and Broadleaf Forest Alliance in mid-section of Mt. Zhongyangshanmai inTaiwan (Author: Guo-Hong Wang)

箭竹层生长密集或稀疏，由玉山竹组成。

灌木层较稀疏，盖度通常不足 20%，高度 300～500 cm，常见种类有海金子、柃木和菝叶柃、阿里山十大功劳、台湾十大功劳、台湾扁核木（图 10.7）、香莓、台湾山矾和淡红忍冬等。

草本层较发达，盖度 35%～50%，高度可达 100 cm，蕨类植物丰富，常见种类有台湾瘤足蕨、台湾鳞毛蕨、友水龙骨和镰叶耳蕨等；其他常见的草本植物有褐果薹草、台湾鹅观草、白顶早熟禾、蕨状薹草、尼泊尔蓼、黄毛草莓、鞭打绣球和山酢浆草等。

层间植物发育较好，树干和枝条上有松萝悬挂生长，木质藤本有全缘绣球、台湾牛奶菜和台湾菱叶常春藤等，鳞轴小膜盖蕨生长在树干上（图 10.8）。林地上布满枯落物，在枯树桩、倒木和岩石上有较密集的苔藓斑块。

台湾扁核木*Prinsepia scandens*　　光柃*Eurya glaberrima*

台湾茶藨子*Ribes formosanum*　　阿里山十大功劳*Mahonia oiwakensis*

图 10.7　台湾云杉林下的常见植物（林政道、陈子英摄）

Figure 10.7　Constant plants under *Picea morrisonicola* Mixed Needleleaf and Broadleaf Forest Alliance (by Cheng-Tao Lin and Tze-Ying Chen)

全缘绣球*Hydrangea integrifolia*　　鳞轴小膜盖蕨*Araiostegia perdurans*

图 10.8　台湾云杉林中常见的附生植物（林政道，陈子英摄）

Figure 10.8　Two constant epiphyte plants on tree stem in a community of *Picea morrisonicola* Mixed Needleleaf and Broadleaf Forest Alliance (by Cheng-Tao Lin and Tze-Ying Chen)

10.4 群落类型

大乔木层由多种针叶树组成；在中、小乔木层及林下灌木层和草本层，不同海拔地带和生境中的物种组成变化较大，这是群丛组划分的依据。楠梓仙溪流域是岛内台湾云杉林集中分布的区域，群落类型丰富（杨国祯等，2002；陈玉峰，2004）。

在文献中，群落的名称不统一。一般地，如果台湾云杉是大乔木层中的单优势种，这个群落常被冠名为“台湾云杉优势社会”；如果乔木层除台湾云杉外还有一定数量的其他树种混生，在命名中则需要分别体现出这些树种的名称，如“台湾云杉-台湾铁杉-台湾华山松优势社会”“台湾云杉-台湾铁杉-狭叶栎优势社会”及“台湾云杉-红桧优势社会”等（杨国祯等，2002）。在丹大地区海拔 2300～2500 m 的地带生长的针阔叶混交林中，台湾云杉为优势种，台湾鹅掌柴为次优势种，该群落被命名为“云杉-台湾鹅掌柴群丛”（卓子右，2008），但也有将其称为“台湾云杉林型”（刘静榆，1991）。在沙里仙溪至玉山前峰海拔 2600～3000 m 的北坡，以及在马海濮富士山海拔 2200～2500 m 的生境中生长的针叶林，如果以胸高断面积衡量，台湾云杉在上述两个群落中的比例依次为 63%和 54%，这样的针叶林也常常被称为“台湾云杉林型”（曾彦学，1991；陈保元，2005）。《台湾植被》将台湾云杉林的不同类型分别冠名为“台湾云杉群系”“台湾冷杉-台湾云杉群系”和“台湾铁杉-台湾云杉群系”（黄威廉，1993）；《台湾自然史-台湾植被志（第一卷）》则将台湾云杉林的几个主要群落类型分别冠名为“铁杉/云杉/华山松优势社会”和“红桧/云杉优势社会”（陈玉峰，2001）。在台湾亚高山地带针叶林分类学文献中，记载了 1 个群丛，被冠名为“台湾云杉-幌菊”群丛（*Ellisiophyllo pinnati-Piceetum morrisonicolae* ass.）（Lin et al.，2012）。

我们收集到了台湾云杉林 44 个样地的数据，由于许多样地数据是多个样方合并后的结果，因此用于数据分析的样地数为 16，以 0/1 数据为基础计算物种的特征值。群落优势种的确定以原始样方中各个物种的重要值或者整合值为依据。16 个样地可划分为 2 个群丛组 5 个群丛（表 10.5a，表 10.5b，表 10.6）。

表 10.5 台湾云杉林群落分类简表

Table 10.5 Synoptic table of *Picea morrisonicola* Mixed Needleleaf and Broadleaf Forest Alliance in China

表 10.5a 群丛组分类简表

Table 10.5a Synoptic table for association group

群丛组号 Association group number			I	II
样地数 Number of plots		L	8	8
尖叶新木姜子	*Neolitsea acuminatissima*	4	50	0
台湾果松	*Pinus armandii* var. *mastersiana*	1	0	75
台湾铁杉	*Tsuga chinensis* var. *formosana*	1	0	63
全缘绣球	*Hydrangea integrifolia*	4	0	50

表 10.5b　群丛分类简表

Table 10.5b　Synoptic table for association

群丛组号 Association group number			I	I	I	I	II
群丛号 Association number			1	2	3	4	5
样地数 Number of plots		L	2	2	2	2	8
高山蔷薇	*Rosa transmorrisonensis*	4	100	0	0	0	0
黄泡	*Rubus pectinellus*	4	0	100	0	0	0
刺叶桂樱	*Laurocerasus spinulosa*	4	0	100	0	0	0
玉山木姜子	*Litsea morrisonensis*	4	0	100	0	0	0
褐果薹草	*Carex brunnea*	6	0	100	0	0	0
刺齿贯众	*Cyrtomium caryotideum*	6	0	100	0	0	0
奄美双盖蕨	*Diplazium amamianum*	6	0	100	0	0	0
玉山女贞	*Ligustrum morrisonense*	4	0	100	0	0	0
台湾牛奶菜	*Marsdenia formosana*	4	0	100	0	0	0
长叶润楠	*Machilus japonica*	4	0	100	0	0	0
雾社黄肉楠	*Actinodaphne mushaensis*	1	0	100	0	0	0
台湾披碱草	*Elymus formosanus*	6	0	100	0	0	0
菠叶柃	*Eurya leptophylla*	4	0	100	0	0	0
千里光	*Senecio scandens*	6	0	100	0	0	0
光叶山矾	*Symplocos lancifolia*	3	0	0	100	0	0
钝齿柃	*Eurya crenatifolia*	4	0	0	100	0	0
台湾林檎	*Malus doumeri*	4	0	0	100	0	0
雾社黄肉楠	*Actinodaphne mushaensis*	2	0	0	100	0	0
红果山胡椒	*Lindera erythrocarpa*	3	0	0	100	0	0
钟花樱桃	*Cerasus campanulata*	4	0	0	100	0	0
台湾粗榧	*Cephalotaxus sinensis* var. *wilsoniana*	4	0	0	100	0	0
重齿枫	*Acer duplicatoserratum*	4	0	0	100	0	0
台湾青荚叶	*Helwingia japonica* var. *zhejiangensis*	4	0	0	100	0	0
玉山枫	*Acer morrisonense*	3	0	0	100	0	0
鳞果星蕨	*Lepidomicrosorium buergerianum*	6	0	0	100	0	0
虎刺	*Damnacanthus indicus*	4	0	0	100	0	0
小叶石楠	*Photinia parvifolia*	4	0	0	100	0	0
马桑绣球	*Hydrangea aspera*	4	0	0	100	0	0
台湾窄叶青冈	*Cyclobalanopsis stenophylloides*	3	0	0	100	0	0
阿里山榆	*Ulmus uyematsui*	4	0	0	100	0	0
美丽溲疏	*Deutzia pulchra*	4	0	0	100	0	13
小蜡	*Ligustrum sinense*	4	0	0	100	0	13
尖尾枫	*Acer caudatifolium*	2	0	50	100	0	0
花叶鹿蹄草	*Pyrola alboreticulata*	6	0	0	0	100	0
重齿枫	*Acer duplicatoserratum*	3	0	0	0	100	0
刺果毒漆藤	*Toxicodendron radicans* subsp. *hispidum*	4	0	0	0	100	75
刺果猪殃殃	*Galium echinocarpum*	6	0	0	0	100	0

续表

群丛组号 Association group number			Ⅰ	Ⅰ	Ⅰ	Ⅰ	Ⅱ
群丛号 Association number			1	2	3	4	5
样地数 Number of plots		L	2	2	2	2	8
五叶黄连	*Coptis quinquefolia*	6	0	0	0	100	0
长穗兔儿风	*Ainsliaea henryi*	6	0	0	0	100	0
山酢浆草	*Oxalis griffithii*	6	0	0	0	100	0
合轴荚蒾	*Viburnum sympodiale*	4	0	0	0	100	0
台湾果松	*Pinus armandii* var. *mastersiana*	1	0	0	0	0	75
台湾铁杉	*Tsuga chinensis* var. *formosana*	1	0	0	0	0	63
全缘绣球	*Hydrangea integrifolia*	4	0	0	0	0	50

注：表中数据为物种频率值（%），物种按诊断值（Φ）递减的顺序排列。Φ>0.20 和 Φ>0.50（P<0.05）的物种为诊断种，其频率值分别标记深色和灰色。表中标记“L”的一列为物种所在的群落层次代码，1～3 分别表示高、中和低乔木层，4 和 5 分别表示高大灌木层和低矮灌木层，6～9 分别表示草本层、幼树、幼苗和地被层

Note: The numbers in the table are percentage frequencies. The column marked with “L” is the code of community vertical layer. 1–tree layer (high); 2–tree layer (middle); 3–tree layer (low); 4–shrub layer (high); 5–shrub layer (low); 6–herb layer (high); 7–juveniles; 8–seedlings; 9–moss layer. Species are ranked by decreasing fidelity (phi coefficient) within each association. Light and dark grey background indicates fidelity of Φ>0.20 and Φ>0.50 (P<0.05), respectively. These species are considered as diagnostic

表 10.6 台湾云杉林的环境和群落结构信息表

Table 10.6 Data for environmental characteristic and supraterraneous stratification from of *Picea morrisonicola* Mixed Needleleaf and Broadleaf Forest Alliance in China

群丛号 Association number	1	2	3	4	5
样地数 Number of plots	2	2	2	2	8
海拔 Altitude（m）	2650	2351	1975～2165	2497～2749	2270～2625
地貌 Terrain	MO	MO	MO	MO	MO
坡度 Slope（°）	20～30	10～15	23～25		10～50
坡向 Aspect	SW/NE	E/SE	E/NE		NW/NE/SE/SW
物种数 Species	17～20	43～53	32～37	17～23	10～49
乔木层 Tree layer					
盖度 Cover（%）	50～100	90	47～49		40～90
胸径 DBH（cm）		3～205			5～90
高度 Height（m）	8～30	45～50	30		4～45
灌木层 Shrub layer					
盖度 Cover（%）	50～100	50			30～100
高度 Height（cm）	200～400				250～500
草本层 Herb layer					
盖度 Cover（%）	30～100	35			20～100
高度 Height（cm）	10～50				50～100
地被层 Ground layer					
盖度 Cover（%）					
高度 Height（cm）					

注：MO：山地 Montane；HI：山麓 Hillside；VA：河谷 Valley；RI：河边 Riverside；PL：平地 Plain；SA：沙地 Sandland；N：北坡 Northern slope；W：西坡 Western slope；NW：西北坡 Northwestern slope；NE：东北坡 Northeastern slope；S：南坡 Southern slope；SW：西南坡 Southwestern slope；SE：东南坡 Southeastern slope；E：东坡 Eastern slope

群丛组、群丛检索表

A1 大乔木层由台湾云杉单优势势种组成，中、小乔木层由多种常绿或落叶阔叶树组成。**PMOⅠ 台湾云杉-阔叶树-玉山竹-草本 针阔叶混交林 *Picea morrisonicola*-Broadleaf Trees-*Yushania niitakayamensis*-Herbs Mixed Needleleaf and Broadleaf Forest**

B1 林下有明显的箭竹层，由玉山竹组成。

C1 特征种是高山蔷薇。**PMO1 台湾云杉-光柃-玉山竹-芒 针阔叶混交林 *Picea morrisonicola*-*Eurya glaberrima*-*Yushania niitakayamensis*-*Miscanthus sinensis* Mixed Needleleaf and Broadleaf Forest**

C2 特征种非上述物种。

D1 特征种是雾社黄肉楠、菝叶柃、刺叶桂樱、玉山女贞和玉山木姜子等。**PMO2 台湾云杉-长叶润楠-玉山竹-褐果薹草 针阔叶混交林 *Picea morrisonicola*-*Machilus japonica*-*Yushania niitakayamensis*-*Carex brunnea* Mixed Needleleaf and Broadleaf Forest**

D2 特征种是重齿枫、台湾藤漆、合轴荚蒾、长穗兔儿风和五叶黄连等。**PMO4 台湾云杉-尖叶新木姜子-玉山竹-五叶黄连 针阔叶混交林 *Picea morrisonicola*-*Neolitsea acuminatissima*-*Yushania niitakayamensis*-*Coptis quinquefolis* Mixed Needleleaf and Broadleaf Forest**

B2 林下无箭竹层；特征种是尖尾枫、雾社黄肉楠、玉山枫、台湾窄叶青冈、红果山胡椒和光叶山矾等。**PMO3 台湾云杉-雾社黄肉楠-台湾茶藨子-台湾鳞毛蕨 针阔叶混交林 *Picea morrisonicola*-*Actinodaphne mushaensis*-*Ribes formosanum*-*Dryopteris formosana* Mixed Needleleaf and Broadleaf Forest**

A2 大乔木层除了台湾云杉外，还有台湾铁杉、台湾果松、红桧、台湾扁柏和台湾冷杉等。**PMOⅡ 台湾云杉+台湾铁杉-阔叶树-玉山竹-草本 针阔叶混交林 *Picea morrisonicola*+*Tsuga chinensis* var. *formosana*-Broadleaf Trees-*Yushania niitakayamensis*-Herbs Mixed Needleleaf and Broadleaf Forest**

B 特征种有台湾果松、台湾铁杉和全缘绣球。**PMO5 台湾云杉+台湾果松+台湾铁杉-玉山竹-芒 针阔叶混交林 *Picea morrisonicola*+*Pinus armandii* var. *mastersiana*+*Tsuga chinensis* var. *formosana*-*Yushania niitakayamensis*-*Miscanthus sinensis* Mixed Needleleaf and Broadleaf Forest**

10.4.1 PMOⅠ

台湾云杉-阔叶树-玉山竹-草本 针阔叶混交林

***Picea morrisonicola*-Broadleaf Trees-*Yushania niitakayamensis*-Herbs Mixed Needleleaf and Broadleaf Forest**

群落呈现针阔叶混交林的外貌特征。台湾云杉的树冠为窄塔状、色泽略呈蓝绿色，高耸于阔叶树之上，后者树冠圆钝、色泽亮绿。乔木层可划分为 2 个亚层。大乔木层高度可达 30 m，主要由台湾云杉组成，偶有零星的台湾铁杉等针叶树混生；中、小乔木层由多种阔叶树组成，高度通常 8～10 m，常见种类有光柃、长叶润楠、玉山木姜子、雾社黄肉楠和刺叶冬青等。林下箭竹层发达，由玉山竹组成，密集生长，盖度在 50%以上。灌木稀疏。草本层盖度在 30%以上，高度 10～50 cm，常见种类有芒、薹草和大羽鳞毛蕨等。

在一些文献中，该群丛组也被称为台湾云杉纯林。分布于玉山主峰以西、塔塔加鞍部南北的楠梓仙溪和沙里仙溪流域及宜兰县的兰阳溪，垂直分布范围是 1975～2749 m，在分布区内多呈斑块状散布，无大面积分布（柳榗等，1961；陈玉峰，1989；杨国祯等，2002）。这里描述 4 个群丛。

10.4.1.1 PMO1

台湾云杉-光柃-玉山竹-芒 针阔叶混交林

***Picea morrisonicola-Eurya glaberrima-Yushania niitakayamensis-Miscanthus sinensis* Mixed Needleleaf and Broadleaf Forest**

凭证样方：Y171、Y172。

特征种：高山蔷薇（*Rosa transmorrisonensis*）*。

常见种：台湾云杉（*Picea morrisonicola*）、光柃（*Eurya glaberrima*）、冬树（*Osmanthus heterophyllus*）、红果树（*Stranvaesia davidiana*）、淡红忍冬（*Lonicera acuminata*）、玉山竹（*Yushania niitakayamensis*）及上述标记*的物种。

乔木层盖度 50%～100%；大乔木层由台湾云杉组成，高度达 30 m，偶有零星的黄山松和台湾扁柏混生；小乔木层高度 8～10 m，盖度 30%～50%，由常绿阔叶乔木组成，优势种是光柃，红果树和落叶乔木冬树常混生在林中，偶见玉山女贞和高山白珠树。

箭竹层由玉山竹组成，高度 2～4 m，盖度 50%～100%。灌木层稀疏，由直立常绿小灌木或藤状灌木组成，高山蔷薇是特征种，淡红忍冬常攀缘生长，偶见中国旌节花、台湾十大功劳、疏刺卫矛、台湾小檗和台湾马醉木等。

草本层的优势种与坡向有关。在西南坡，薹草占优势，偶见种有长穗兔儿风和赤车等；在东北坡，芒占优势，蕨类植物较丰富，多为偶见种，包括玉山石松、瓦韦、镰叶耳蕨、玉山肋毛蕨和玉柏等。

分布于台湾中央山脉楠梓仙溪，海拔 2650 m，坡向为西南坡至东北坡，坡度 20°～30°。

10.4.1.2 PMO2

台湾云杉-长叶润楠-玉山竹-褐果薹草 针阔叶混交林

***Picea morrisonicola-Machilus japonica-Yushania niitakayamensis-Carex brunnea* Mixed Needleleaf and Broadleaf Forest**

凭证样方：30-0014、30-0015。

特征种：雾社黄肉楠（*Actinodaphne mushaensis*）*、菠叶柃（*Eurya leptophylla*）*、刺叶桂樱（*Laurocerasus spinulosa*）*、玉山女贞（*Ligustrum morrisonense*）*、玉山木姜子（*Litsea morrisonensis*）*、长叶润楠（*Machilus japonica*）*、台湾牛奶菜（*Marsdenia *formosana*）*、黄泡（*Rubus pectinellus*）*、台湾披碱草（*Elymus formosanus*）*、褐果薹草（*Carex brunnea*）*、刺齿贯众（*Cyrtomium caryotideum*）*、奄美双盖蕨（*Diplazium amamianum*）*、千里光（*Senecio scandens*）*。

常见种：台湾云杉（*Picea morrisonicola*）、玉山木姜子（*Litsea morrisonensis*）、阿里山十大功劳（*Mahonia oiwakensis*）、尖叶新木姜子（*Neolitsea acuminatissima*）、玉山竹（*Yushania niitakayamensis*）、大羽鳞毛蕨（*Dryopteris wallichiana*）、乌鳞耳蕨（*Polystichum piceopaleaceum*）及上述标记*的物种。

乔木层盖度达 90%；大乔木层由台湾云杉组成，巨树参天，胸径（3）165（205）cm，高度 45～50 m；中乔木层由常绿乔木组成，长叶润楠和玉山木姜子略占优势，雾社黄肉楠、菝叶柃、玉山女贞、刺叶桂樱和尖叶新木姜子等常混生其间，偶见中华石楠、尖尾枫、交让木和台湾窄叶青冈等。

箭竹层由玉山竹组成，盖度达 35%。灌木层稀疏，盖度不足 15%，由常绿小灌木组成，常见有阿里山十大功劳，偶见毕禄山鼠李、海金子、疏刺卫矛和直角荚蒾等；林下还偶见台湾牛奶菜、台湾菱叶常春藤和雀梅藤等木质藤本。

草本层总盖度达 35%；蕨类植物丰富，常形成稀疏的中高草本层，大羽鳞毛蕨、奄美双盖蕨、刺齿贯众和乌鳞耳蕨等较常见，偶见川上氏双盖蕨、阿里山蹄盖蕨、顶囊肋毛蕨、台湾瘤足蕨、斜方复叶耳蕨、金粉蕨、华中瘤足蕨等；在中低草本层，褐果薹草占优势，偶见台湾鹅观草、千里光和短角湿生冷水花等；蔓生或匍匐草本中，多为偶见种，包括三齿钝叶楼梯草、何首乌、乌蔹莓和单叶铁线莲等。

分布于台湾花莲（观云山庄附近），海拔 2350 m，生长在山地的东南坡和南坡，坡度 15°。

10.4.1.3　PMO3

台湾云杉-雾社黄肉楠-台湾茶藨子-台湾鳞毛蕨 针阔叶混交林

***Picea morrisonicola-Actinodaphne mushaensis-Ribes formosanum-Dryopteris formosana* Mixed Needleleaf and Broadleaf Forest**

凭证样方：LZQ06、LZQ10。

特征种：尖尾枫（*Acer caudatifolium*）*、雾社黄肉楠（*Actinodaphne mushaensis*）*、玉山枫（*Acer morrisonense*）*、台湾窄叶青冈（*Cyclobalanopsis stenophylloides*）*、红果山胡椒（*Lindera erythrocarpa*）*、光叶山矾（*Symplocos lancifolia*）*、重齿枫（*Acer duplicatoserratum*）*、台湾粗榧（*Cephalotaxus sinensis* var. *wilsoniana*）*、钟花樱桃（*Cerasus campanulata*）*、虎刺（*Damnacanthus indicus*）*、美丽溲疏（*Deutzia pulchra*）*、钝齿柃（*Eurya crenatifolia*）*、台湾青荚叶（*Helwingia japonica* var. *zhejiangensis*）*、马桑绣球（*Hydrangea aspera*）*、小蜡（*Ligustrum sinense*）*、台湾林檎（*Malus doumeri*）*、小叶石楠（*Photinia parvifolia*）*、鳞果星蕨（*Lepidomicrosorium buergerianum*）*。

常见种：台湾云杉（*Picea morrisonicola*）、尖叶新木姜子（*Neolitsea acuminatissima*）、红果树（*Stranvaesia davidiana*）、台湾菱叶常春藤（*Hedera rhombea* var. *formosana*）、台湾茶藨子（*Ribes formosanum*）、台湾鳞毛蕨（*Dryopteris formosana*）及上述标记*

的物种。

乔木层盖度达 50%；大乔木层由台湾云杉组成，高达 30 m；中、小乔木层由多种常绿落叶阔叶树组成，多为常见种，雾社黄肉楠略占优势，与尖叶新木姜子、光叶山矾、台湾窄叶青冈和红果树等组成常绿阔叶乔木层片；尖尾枫、重齿枫、红果山胡椒和垂枝大叶早樱等组成落叶乔木层片。

灌木层稀疏，盖度达 30%；由常绿和落叶灌木组成，优势种不明显，落叶灌木常见有台湾茶藨子、美丽溲疏、台湾林檎、直角荚蒾和钟花樱桃等；常绿灌木常见有小叶石楠和虎刺，偶见钝齿柃和草珊瑚。木质藤本马桑绣球和台湾菱叶常春藤常见于林下，偶见台湾勾儿茶。

草本层的蕨类植物繁多，台湾鳞毛蕨和鳞果星蕨较常见，前者略占优势，偶见顶芽狗脊、华中瘤足蕨、尖叶耳蕨、鳞轴小膜盖蕨和台湾瘤足蕨等；阴湿处可偶见细尾冷水花，匍匐小草本台湾筋骨草和台湾唢呐草也偶见于林下。

分布于台湾宜兰县兰阳溪（南山村附近），这里是台湾云杉林分布的北界，海拔 1975～2165 m，坡度 20°～25°，生长在东坡及东北坡（陈子英，2004；李智群，2005）。

10.4.1.4 PMO4

台湾云杉-尖叶新木姜子-玉山竹-五叶黄连 针阔叶混交林

***Picea morrisonicola-Neolitsea acuminatissima-Yushania niitakayamensis-Coptis quinquefolis* Mixed Needleleaf and Broadleaf Forest**

凭证样方：TC02、TC03。

特征种：重齿枫（*Acer duplicatoserratum*）*、刺果毒漆藤（*Toxicodendron radicans* subsp. *hispidum*）*、合轴荚蒾（*Viburnum sympodiale*）*、长穗兔儿风（*Ainsliaea henryi*）*、五叶黄连（*Coptis quinquefolia*）*、刺果猪殃殃（*Galium echinocarpum*）*、山酢浆草（*Oxalis griffithii*）*、花叶鹿蹄草（*Pyrola alboreticulata*）*。

常见种：台湾云杉（*Picea morrisonicola*）、淡红忍冬（*Lonicera acuminata*）、尖叶新木姜子（*Neolitsea acuminatissima*）、玉山竹（*Yushania niitakayamensis*）及上述标记*的物种。

大乔木层由台湾云杉组成，偶见硬斗柯。中、小乔木层由常绿和落叶乔木组成，常绿类型中，尖叶新木姜子较常见，偶见雾社黄肉楠和红果山胡椒；落叶树中，偶见重齿枫。

箭竹层由玉山竹组成，较密集。灌木层稀疏，常绿类型中偶见刺叶冬青、茵芋和藤状灌木淡红忍冬；落叶类型中常见合轴荚蒾，偶见桦叶荚蒾；刺果毒漆藤攀缘在树干上生长。

草本层中，蕨类植物丰富，多为偶见种，包括玉山肋毛蕨、大羽鳞毛蕨、对生蹄盖蕨和台湾瘤足蕨等，常组成直立或斜展生长的高大草本层；莲座叶、蔓生或低矮圆叶系列草本中，五叶黄连略占优势，山酢浆草、长穗兔儿风、幌菊、刺果猪殃殃和花叶鹿蹄草较常见，偶见尖齿拟水龙骨、三齿钝叶楼梯草、台湾筋骨草和台湾鹿蹄草。

分布于台湾宜兰县兰阳溪云陵山庄、木杆鞍部及多加屯，海拔 2497～2749 m，生长在山坡上部近山脊线的生境中。

10.4.2　PMO Ⅱ

台湾云杉+台湾铁杉-阔叶树-玉山竹-草本 针阔叶混交林

***Picea morrisonicola+Tsuga chinensis* var. *formosana*-Broadleaf Trees-*Yushania niitakayamensis*-Herbs Mixed Needleleaf and Broadleaf Forest**

铁杉/云杉/华山松优势社会（*Tsuga chinensis* var. *formosana*/*Picea morrisonicola*/*Pinus armandii* var. *mastersiana* Dominance-type），红桧/云杉优势社会（*Chamaecyparis formosensis*/*Picea morrisonicola* Dominance-type）—台湾植被志（第一卷），2001：196-197；*Ellisiophyllo pinnati-Piceetum morrisonicolae* Lin et al. 2012— Folia Geobotanica，47（4）：373-401，2012。

群落呈针阔叶混交林的外貌特征，针叶树高耸于阔叶树之上；大乔木层由台湾云杉、台湾果松和/或台湾铁杉组成，偶有红桧、台湾扁柏和台湾冷杉混生；台湾云杉的树冠紧凑、树干通直，其他针叶树的树冠开阔松散，树干上常有附生或攀援植物。中、小乔木层由多种常绿和落叶阔叶乔木组成，种类有台湾柯、光柃、尖叶新木姜子、台湾桤木和台湾窄叶青冈等（图 10.9）。

图 10.9　台湾云杉和台湾果松混交林外貌（右上，王国宏摄）、林下层（右下，王国宏摄）及垂直结构（左，陈子英摄）

Figure 10.9　Physiognomy (upper right, by Guo-Hong Wang) and understorey (lower right, by Guo-Hong Wang) and supraterraneous stratification (left, by Tze-Ying Chen) of communities of *Picea morrisonicola* and *Pinus armandii* var. *mastersiana* mixed forest in the mid-section of Mt. Zhongyangshanmai, Taiwan

林下通常有密集的箭竹层，由玉山竹组成，局部较稀疏或缺如。灌木层和草本层稀疏或密集，蕨类植物较丰富。

分布于台湾中央山脉，生长在偏阳的生境中。

这个群丛组的乔木层的物种组成复杂，根据台湾云杉与其他几种针叶树的组合，或可划分出多个群丛。数据分析结果显示，基于乔木层物种组成的主观划分与林下灌木层和草本层物种组成的关联不明显，无法筛选出特征种；此外，在样方数据不够充分的情况下，过细的划分也无法保证各个群丛特征的客观性和稳定性。因此，我们暂将收集到的样地描述为 1 个群丛。

PMO5

台湾云杉+台湾果松+台湾铁杉-玉山竹-芒 针阔叶混交林

***Picea morrisonicola+Pinus armandii* var. *mastersiana+Tsuga chinensis* var. *formosana-Yushania niitakayamensis-Miscanthus sinensis* Mixed Needleleaf and Broadleaf Forest**

凭证样方：CB2006、Y174、Y175、Y177、Z1991、FU01、CZ01、Y181。

特征种：台湾果松（*Pinus armandii* var. *mastersiana*）*、台湾铁杉（*Tsuga chinensis* var. *formosana*）*、全缘绣球（*Hydrangea integrifolia*）。

常见种：台湾云杉（*Picea morrisonicola*）（图 10.10）、光柃（*Eurya glaberrima*）、

图 10.10 台湾云杉外貌（左）、未成熟的球果（右上，林政道、陈子英摄）和成熟球果（右下，王国宏摄）

Figure 10.10 Physiognomy (left), immature seed cores (upper right, by Cheng-Tao Lin and Tze-Ying Chen) and mature ones (lower right, by Guo-Hong Wang) of *Picea morrisonicola*

尖叶新木姜子（*Neolitsea acuminatissima*）、玉山竹（*Yushania niitakayamensis*）及上述标记*的物种。

乔木层盖度 40%～90%，胸径 5～90 cm，高度 4～45 m；大乔木层由台湾云杉、台湾果松和/或台湾铁杉组成，偶有红桧、台湾扁柏和台湾冷杉混生；中、小乔木层由多种常绿和落叶乔木组成，光柃和尖叶新木姜子较常见；偶见种丰富，多为常绿类型，种类有台湾柯、硬斗柯、菝叶柃、红果树、尖叶新木姜子、交让木、昆栏树、柃木、南投黄肉楠、拟日本灰木、锐叶木犀、台湾青冈、台湾山矾、台湾新木姜子、台湾窄叶青冈、雾社黄肉楠、老鼠矢、台湾鹅掌柴、水丝梨、台湾毛柃、台湾粗榧、细枝柃、小蜡、玉山女贞和长叶润楠等；落叶树较少，种类有冬树、尖尾枫和台湾桤木等。

箭竹或灌木层盖度是 30%～100%，高度 250～500 cm；林下通常有较密集的玉山竹层片，其他灌木多为偶见种，由常绿和落叶灌木组成，种类有阿里山十大功劳、刺叶冬青、福建假卫矛、海岛冬青、海金子、疏刺卫矛、台湾扁核木、台湾茶藨子、台湾连蕊茶、台湾珊瑚树、台湾小檗、台湾悬钩子、褐毛柳、壶花荚蒾、桦叶荚蒾、美丽溲疏、全缘绣球、直角荚蒾、中国旌节花和中国绣球等。木质藤本中，偶见台湾菱叶常春藤、刺果毒漆藤、单叶铁线莲、淡红忍冬、络石、冠盖藤和马桑绣球等。

草本层盖度 20%～100%，高度 50～100 cm，主要由偶见种组成；高大草本层中偶见曲茎兰嵌马蓝、芒、五节芒和大羽鳞毛蕨，在局部生境下或为优势种；台湾粘冠草、台湾紫菀、多室八角金盘、台南星、长果落新妇和咬人荨麻等偶见于直立草本层；蕨类植物丰富，种类有乌鳞耳蕨、柄囊蕨、里白、台湾鳞毛蕨、台湾瘤足蕨、铁角蕨、玉山肋毛蕨等；莲座叶、附生和蔓生匍匐类草本中，庐山石苇常生长在林下阴湿的岩壁下，鞭打绣球、黄毛草莓、长穗兔儿风、赤车、尼泊尔蓼和台湾变豆菜等或在局部形成小斑块状的优势层片，生长在枯落物或苔藓上。

分布于台湾中央山脉，包括南湖大山、楠梓仙溪、沙里仙溪、南投马海濮富士山、信义丹大和合欢溪，海拔 2270～2625 m，生长在山地的西南坡、西北坡、东北坡和东南坡，坡度 10°～50°；林下针叶树的更新幼苗少见，但在溪旁谷地和坍塌地上更新较好。

10.5　建群种的生物学特性

10.5.1　遗传特征

蒋镇宇（1995）采用微卫星 DNA 指纹技术研究了台湾云杉的遗传结构并建立了遗传多样性数据库。采样地点包括塔塔加鞍部、南横、天池至垭口、楠溪林道、沙里仙溪、雪山登山口、池有至桃山瀑布途中、云棱至多家屯途中、审马阵山至云棱途中。采样区涵盖了岛内台湾云杉林的主要产地，地理坐标范围是 23°16′N～24°25′N，120°53′E～121°25′E。结果显示：①台湾云杉物种保守，遗传多样性水平较低，其 89.1%的遗传变异来自种群内的个体差异；9 个引子（SStg4c、SStg3a、PGL6、PGL8、PGL91R、PGL92R、SStg4、SStg3 和 PGL14）具有多型性条带，异形合子观测值远小于期望值（H_0=0.149 41，H_e=0.516 98），种群的遗传异形合子观测值（H_0=0.083 13～0.206 35）亦小于期望值

(H_e=0.253 97～0.541 61)。②遗传多样性水平存在地域差异；异形合子观测值在南横天池至垭口段的种群中最低(H_0=0.083 13)，在雪山登山口的种群中最高(H_0=0.206 35)，说明后者具有较高的遗传多样性；显著的遗传分化存在于楠溪林道种群与玉山种群和雪山南湖种群之间，以及玉山种群、南湖大山种群与雪山种群之间；不显著的分化存在于沙里仙溪种群与南湖种群之间，云棱至多加屯段种群与雪山种群之间，以及玉山与雪山和南湖种群之间。③台湾云杉林的两个重要产地，即沙里仙溪和楠梓仙溪相比较，前者遗传多样性水平较低(H_0=0.144 51≪H_e=0.441 25)，后者较高(H_0=0.206 35，H_e=0.253 97)，楠梓仙溪应作为台湾云杉遗传多样性的重点保护区域。在沙里仙溪和楠梓仙溪生长的台湾云杉林，种群数量均较大，但遗传多样性水平却不同，说明遗传多样性水平的高低与种群大小并不相关，而与物种迁移、地理隔离等因素有关(蒋镇宇，1995)。台湾云杉林较小的地理分布范围及狭窄的环境梯度也可能是导致其遗传保守的重要原因之一。

10.5.2 个体生长发育

台湾云杉种子萌发的相关研究报道较少，这里的资料全部引自陈玉峰(2004)，主要反映了 20 世纪 60 年代的研究成果，包括温度对发芽率的影响(王子定和李承辉，1964)、种子采收期和贮藏条件对种子萌发的影响(陈振威，1969)。

在王子定和李承辉(1964)的实验中，他们将 1961 年 11 月采自陈有兰溪的台湾云杉种子分成 6 组，每组 100 粒种，分别置于 6 种温度条件进行萌发。在不同的温度条件下种子发芽率不同。发芽率由高到低的温度序列为 20℃(发芽率 42.4%，下同)、25℃(16%)、10℃(5%)、15℃(4%)、5℃和 30℃(0)。据此，作者认为台湾云杉种子发芽的适宜温度为 20℃。此外，种子萌发所需的时间与发芽控制的温度呈负相关关系，即温度越低其发芽所需时间越长。在 10～25℃，发芽所需平均天数由 22.5～25 天降至 10.6 天，具体数据为 22.5～25 天(10℃)、23 天(15℃)、21.3 天(20℃)和 10.6 天(25℃)。需要指出，尽管温度为 10℃时的发芽率(5%)略高于温度为 15℃时的发芽率(4%)，这样直观比较的结果，并不表明在此温度范围内温度越高发芽率越低，因为随机因素可能会导致不同处理间发芽率的微小波动。可以肯定，温度低于 15℃时发芽率将非常低。

陈振威(1969)着重研究了种子采收时间、采收后球果处理方法、种子贮藏与否及贮藏温度条件等对台湾云杉种子发芽率的影响。根据陈玉峰(2004)的记述，陈振威于 1967 年 10 月 1 日起在中横梁山大禹岭一带每隔 10 天采种 1 次，共 6 次。球果采集后分别阴干、晒干和烘干，将每种方法收获的种子每 400 粒包装于塑料袋内，然后置于不同的温度环境中贮藏，共设置了 5 个温度级，即 0℃、−5℃、−10℃、−15℃和−20℃。此次实验中，124 000 粒种子的重量为 338 g，据此推算出台湾云杉种子的千粒重为 2.73 g，显然低于其他云杉种子的千粒重。当然，此仅为一次实验的结论，其普遍性有待验证。全部供试种子分装了 378 包，共计 151 200 粒。1968 年 1 月开始进行发芽实验，逐月检查发芽率。结果显示，11 月中、上旬采收的种子发芽率最高，提前或拖后采收的种子发芽率皆较低，提前采收的种子发芽率尤其低；种子采收后不经贮藏即进行萌发则发芽率较低，而贮藏数月后种子发芽率显著提高，说明种子后熟过程对种子发芽至关重要；无论贮藏前还是贮藏数月后（一般不超过 4 个月），球果采收后进行干燥处理的种子较未进行干燥处理的种子发芽率高。就球果干燥处理的方法而言，阴干后种子发芽率最高、晒干次之、烘干再次之；在种子采收后的不同时间段，应调整贮藏温度，否则将影响发芽率。具体讲，在种子采收后最初的 1～2 个月，贮藏温度要逐渐由 0℃调至−10℃；贮藏 3～4 个月后，贮藏温度逐渐由−15℃调至−20℃。可以看出，在 1～4 个月的时间尺度上，贮藏时间越长，贮藏温度宜越低（0～−20℃）。上述几方面因素间的相互作用也会影响发芽率。例如，球果虽然如期采收，但如果采收后未采取适宜的后续处理措施，种子的发芽率也会受到影响。

陈玉峰（2004）实录了陈振威（1969）文章的部分内容，其用意在于“让后人了解 20 世纪六七十年代的写实态度，以及基层研究者的苦工”。台湾云杉种子萌发方面的研究报道仅见陈振威（1969）及王子定和李承辉（1964）的研究报道。

有关台湾云杉个体的生长规律，陈振威（1969）曾做了简要描述，即“造林后在最初数年内生长殊为缓慢，须经 8、9 年后，生长适渐加速”“台湾云杉为阴性树，幼苗厌忌日光，生长初年缓慢，郁闭甚迟，长达 15 年至 20 年，尚能在母树下生长。倘母树一旦被砍伐后，如林地湿润，则尚能继续生长，否则往往枯死，但一经郁闭，则能多年维持而不破坏”。

台湾云杉的个体生长规律可用不同龄级个体的树高、胸径和冠幅变化量进行直观表达。据柳榗等（1961）的研究报道（表 10.7），在 85～1000 年树龄，林田山、太平山和沙里仙溪台湾云杉林的材积年生长量在 284 年达到最高，蓄积量在 334 年达到最高，生长率则在 85 年达到最高。生境类型、群落类型等与年龄尺度间的相互作用，使得台湾云杉林的生长模式或过程可能存在多样化的特征，但上述数据仍可反映出台湾云杉林生长的大致趋势。楠梓仙溪台湾云杉林的树高、冠幅与胸径之间呈二次曲线关系；具体讲，树

表 10.7　柳榗等（1961）调查自林田山（1、2）、太平山（3、4）和沙里仙溪（5～8）等 8 个样地的台湾云杉个体结构和生长数据，海拔 2280～2742 m。数据引自陈玉峰（2004）

Table 10.7　Structure and growth data of *Picea morrisonicola* based on eight plots (2280～2742 m a.s.l.) sampled by Tsing Liu et al. (1961) at Mt. Lintian，Mt. Taiping and Shalixianxi，Taiwan [Data was derived from Vegegraphy of Taiwan (Chen, 2004). CABH：Cross-section area at breast height]

地点 Location	海拔 Altitude（m）	树高 Height（m）	密度 Density（Individuals/hm^2）	树龄 Age（a）	胸高断面积 CABH（m^2/hm^2）	胸径 DBH（cm）	材积 Timber volume（m^3/hm^2）	生长量 Productivity（m^3/a）	生长率 Rate of growth（%）
1	2 540	27.447	149	650	104 492	94.6	1 281.27	3.422	0.27
2	2 620	38.093	131	250	97 356	97.4	1 605.93	4.172	0.26
3	2 310	38.742	125	1 000	87 956	94.9	1 308.76	2.853	0.22
4	2 280	34.064	221	284	89 869	72	977.58	6.998	0.71
5	2 606	31.956	205	315	66 095	64.1	891.29	2.765	0.31
6	2 612	15.308	1 346	85	36 926	18.7	285.73	3.437	1.2
7	2 700	33.226	205	240	82 099	71.4	1 188.69	2.171	0.18
8	2 742	45.441	170	334	122 609	95.7	1 925.235	4.928	0.34

高和冠幅约在胸径 25 cm 以前生长较快，至胸径达 50 cm 以后生长变缓；胸径、树高、胸高断面积及材积生长量与树龄之间也呈二次曲线关系，胸径和树高在 30 年树龄前生长较快，之后生长趋于缓慢（陈玉峰，2001）。

种群的年龄和径级结构受外界干扰、群落发育阶段和生长环境等多方面因素的影响。台湾云杉林不同龄级或径级的群落斑块在水平空间中具有镶嵌分布的特点，个体的龄级或径级在群落斑块内往往较相近，在斑块间则相差较大。如果在跨越群落斑块的尺度上考察种群的年龄结构，其变异幅度往往较大。由于优势种的年龄或胸径与单位面积的个体数呈负相关关系，单位面积个体数在群落斑块间也会有较大的变异。例如，柳榗等（1961）对分布于林田山、太平山和沙里仙溪海拔 2280～2742 m 的几个群落的平均树高、每公顷平均胸高断面积、平均胸径、材积和个体数及优势种的年龄结构进行了观测。优势种的年龄和每公顷个体数的变化幅度分别是 85～1000 年和 125～1346 株/hm^2（表 10.7）。

台湾云杉林具有异龄林结构，其“胸径-频数”分布图呈右偏态曲线（图 10.11），但林下幼龄或小径级个体偏少。在沙里仙溪麟藏山东坡的“台湾云杉-台湾鹅掌柴”林（海拔 2300～2500 m）及丹大地区的“台湾云杉-台湾扁柏”（海拔 2000～2500 m）林中，林下很少见到台湾云杉的幼苗（柳榗等，1961；刘静榆，1991，2003；卓子右，2008）。在塔塔加地区台湾云杉林 1 hm^2 永久样地中，关秉宗等（2002）对 536 株云杉个体的“胸径-频数”分布进行了分析（图 10.11），其“胸径-频数”分布图呈现右偏态曲线，但胸径<10 cm 的幼树极少，10～30 cm 的个体数量较多。曾彦学（1991）对沙里仙溪台湾云杉林 1 hm^2 样地的研究结果与此类似。样地中没有记录到胸径小于 5 cm 的幼树，胸径在 5～25 cm 的个体有 235 株，占 63.2%，大径级个体（45～85 cm）数量也较少；从“树高-频数”的分布看，树高在 10～30 m 的个体数量较多（图 10.11）；“龄级-频数”分布

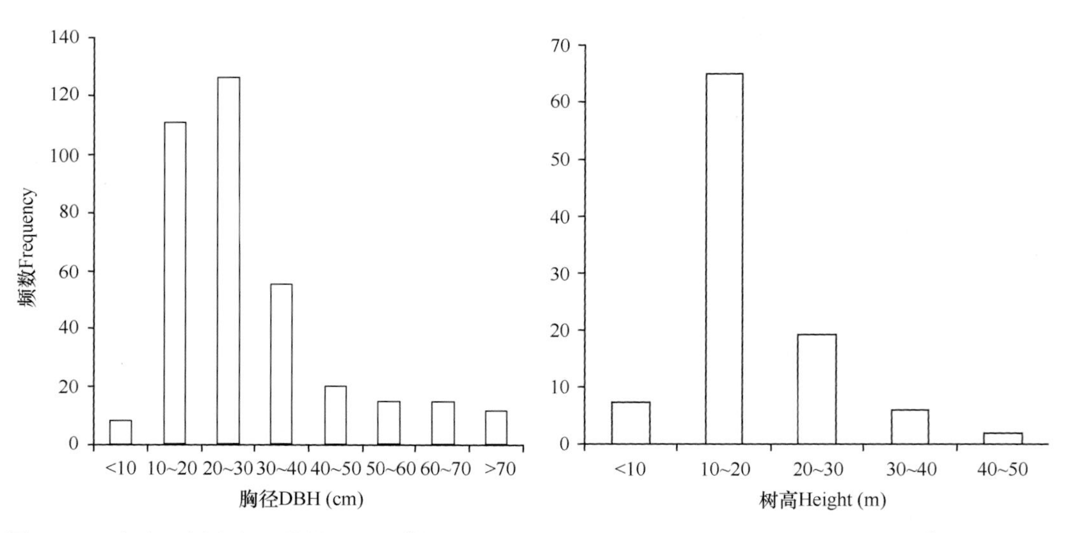

图 10.11　台湾云杉胸径（塔塔加 1 hm^2 样地，关秉宗等，2002）和树高（沙里仙溪 1 hm^2 样地，曾彦学，1991）频数分布图

Figure 10.11　Frequency distribution of DBH (1 hm^2 plot in Tatachia; Guan et al., 1990) and tree height (1 hm^2 plot in Shalixianxi; Tseng, 1991) of *Picea morrisonicola*, Taiwan

在 0～320 年的年龄尺度上呈右偏态曲线，中老龄个体占优势（40～120 年），在 0.5 hm² 的样地中没有记录到树龄小于 40 年的个体（图 10.12）；此外，在乔木层的其他针叶树种中，如台湾铁杉、台湾冷杉和台湾果松等，均没有记录到树龄小于 40 年的个体；在该固定样地附近，一片坍塌地坡度达 47°，海拔 2600 m，在 1 个 5 m×5 m 的样方内记录到 21 株台湾云杉幼苗，这些幼苗的年龄在 3～11 年，其中 6～8 年生的幼苗最多，占总数的 71.4%，树高 20～57 cm，地径 13～14 mm（曾彦学，1991）。这种现象说明，在郁闭的林冠下，幼树更新不良，但在林隙或因坍塌而形成的坡地，由于光照较好，与其他物种的竞争强度较弱，台湾云杉幼苗更新良好。

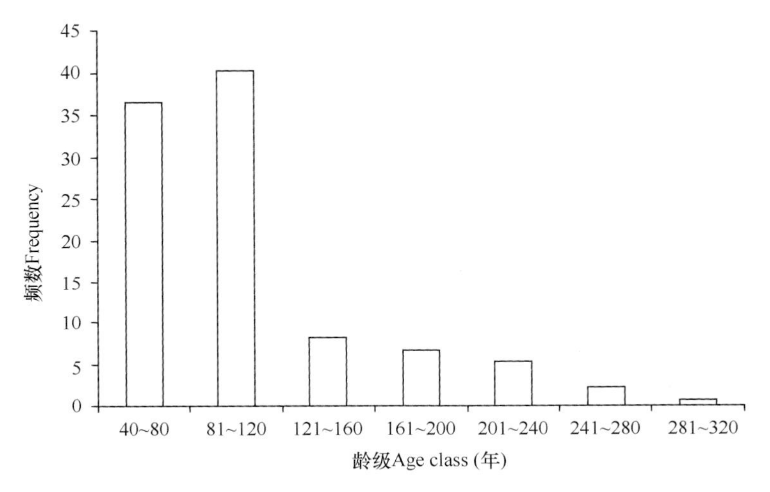

图 10.12　台湾沙里仙溪 0.5 hm² 样地内台湾云杉年龄频数分布图（曾彦学，1991）
Figure 10.12　Frequency distribution of age of *Picea morrisonicola* in a 0.5 hm² plot in Shalixianxi, Taiwan (Tseng, 1991)

10.5.3　环境对个体生长的影响

台湾云杉高生长、径向生长及相关的生理学指标与水热因子存在一定相关关系。

温度对台湾云杉高生长的影响取决于其所处的个体发育阶段，通常处在高生长早期阶段的个体对温度条件要求较高。此外，同一个温度因子在不同的季节对高生长的影响不同。例如，>5℃积温对台湾云杉高生长有正反两方面的效果。上年 7 月及当年 5 月的积温对高生长具有正效应；相反，上年 11 月及当年 1 月的积温对树木高生长不利（Guan et al.，2009）。

树木年轮宽度是衡量个体生长的一个重要指标，其生长动态与对应年份的水热状况密切相关。詹明勋等（2000）研究了塔塔加地区两个树龄分别为 242 年和 254 年的台湾云杉个体的年轮宽度与气候因子间的关系，结果显示，径向生长量与 5 月和 9 月的平均气温及 7 月的降雨量呈正相关关系，与 5、6 月的降雨量呈负相关关系。这种生长特性表明，形成层细胞分裂开始和结束时，可能需要温暖干燥的环境（詹明勋等，2000）。

Weng 等（2005）对塔塔加台湾云杉的光合能力、叶绿素荧光和针叶可溶性蛋白质（植物生长所需氮源的重要供体）浓度的季节动态进行了研究。结果显示，光合能力的季节动态与叶绿素荧光、针叶可溶性蛋白质浓度和气温密切相关。三者在整个生长季节（春季至初冬）均呈现增长趋势，即便在初冬最低气温接近 0℃时，光合能力仍可保持在最大生长量 20%以上的水平。叶绿素荧光在日均气温高于 7℃或最低气温高于 3℃时有降低的趋势。此外，如果春季气温较低，则叶绿素荧光较高，而光合能力和针叶可溶性蛋白质浓度较低。特别地，与较高纬度地区的云杉类植物相比较，叶绿素荧光的气温阈值低于后者 3℃左右（Weng et al.，2005）。这说明台湾云杉在较低气温条件下仍可进行光合作用，因为植物的光合碳同化能力与叶绿素荧光通常呈负相关关系（Seaton and Walker，1990）。

综上，台湾云杉高生长所需的气候条件可归纳为生长季节适度的高温和冬季适度的低温；在生长季节开始和结束时，暖干的气候条件有利于径向生长；在较低气温条件下，台湾云杉仍可进行光合作用。

10.6 生物量与生产力

据台湾农林航测队调查报告，秀姑峦、大甲及楠梓仙溪台湾云杉林的木材蓄积量达 4 983 079 m^3，其中楠梓仙溪云杉林的面积（2312 hm^2）占各区总面积的 7.39%，但其木材蓄积量高达 845 543 m^3，占主要树种材积的 16.39%和针叶树材积的 41%（陈玉峰，1989）。可见，楠梓仙溪是台湾云杉林单位面积木材蓄积量最高的林区。

台湾云杉林的材积根据胸径和树高进行估算，但不同的产区其材积估算公式不同。下面是前人据航测资料建立的台湾云杉林在不同产区的回归材积式（冯丰隆，2011）。

楠梓仙溪：V=1.6784−0.027 338 00D−0.177 697 25Ht+0.005 422 27D×Ht，n=225，r^2=0.946

台湾中部：V=−1.0731+0.021 053D+0.000 797D^2，n=619

台湾南部：V=−0.1997−0.002 171D+0.000 783D^2，n=307

式中，V 材积，D 胸高直径，Ht 优势木的平均高度，n 样本量。

柳槢等（1961）测算了台湾云杉不同树龄的个体的单位面积蓄积量和年生长量（表 10.7）。在太平山，台湾云杉树龄分别达 1000 年和 284 年，蓄积量分别为 1308.76 m^3/hm^2 和 977.58 m^3/hm^2，年生长量分别为 2.853 m^3 和 6.998 m^3；在林田山，优势木树龄分别为 650 年和 250 年，蓄积量分别为 1281.27 m^3/hm^2 和 1605.93 m^3/hm^2，年生长量分别为 3.422 m^3 和 4.172 m^3；在沙里仙溪，优势木树龄范围在 85～334 年，相应地，蓄积量变化幅度为 285.73～1925.235 m^3/hm^2，年生长量的变化幅度为 3.437～2.928 m^3（陈玉峰，2004）。

10.7 群落动态与演替

10.7.1 种间关系

云杉林的种间和种内关系在群落的不同发育阶段存在差异。在表征群落发育阶段的诸多特征中，群落的径级结构和个体密度（表征个体间距离）等动态特征可直接反映种间或种内的竞争关系。

不同径级尺度上的种内关系存在差异。在塔塔加 1 个 1 hm^2 的台湾云杉林固定样地中，中、小径级的个体（胸径<30 cm）间竞争较弱，大径级个体间竞争激烈；不同径级的个体相比较，大树的竞争力高于小树。此外，个体间的竞争关系与个体间的距离密切相关。在个体间距离小于、等于和大于 50 m 时，空间关系分别为正相关（小树聚集）、零相关和负相关，这说明不同径级的个体间不混生（关秉宗等，2002）。

就种间关系而言，无论在成熟林阶段还是在群落的建成期，台湾云杉与大乔木层的其他针叶树种和中小乔木层的阔叶树种间均存在正相关关系，反映了重要物种间形成的一种稳定有序的共存关系。例如，塔塔加台湾云杉林的调查结果显示，处在成熟阶段的台湾云杉林，大乔木层除了优势种台湾云杉外，常有铁杉、台湾果松和台湾冷杉混生，彼此间呈正相关关系，而且与下层阔叶乔木树种如尖叶新木姜子、尖尾枫和冬树等呈正相关关系；在群落的建造初期，乔木层均为小径木，种类有台湾云杉、台湾铁杉和台湾果松，彼此间呈显著正相关关系，与之密切相关的阔叶乔灌木树种有台湾鹅掌柴、海金子、交让木和阿里胡颓子等（曾彦学，1991）。

10.7.2　更新与演替

台湾云杉林的更新与发展过程具有循环演替的特征。在特定的空间尺度上，群落的更新与建成过程在时间尺度上先后出现而不重叠。曾彦学（1991）将台湾云杉林的生长过程划分为空隙期、建造期、成熟期和退化期等阶段，整个过程可能持续 300 多年之久。

空隙期也即群落演替的先锋期。台湾云杉的先锋期往往发生在较大的林隙或林窗中，或发生在采伐和火烧迹地上，其成因有内力作用如老龄树枯倒，或外力作用如坡面坍塌、火烧和风倒等。沙里仙溪海拔 2600 m 处一个固定样地的调查结果显示，台湾云杉林林隙形成后，顶芽狗脊会迅速占领空地，其他阳性植物也会相继出现，种类包括褐毛柳、台湾茶藨子、尖尾枫、玉山女贞、淡红忍冬、桦叶荚蒾、台湾瑞香、台湾绣线菊、长果落新妇和玉山灯台报春等。在空隙期，台湾云杉林的恢复迹地中除了台湾云杉幼苗外，还会出现数量较多的台湾铁杉及台湾果松幼苗（曾彦学，1991）。在采伐或火烧迹地上，先锋植物往往是“蕨-芒”群落占优势。例如，在台湾东北部的合欢溪流域，火烧迹地、崩塌地和荒废耕地上最先出现的植物是蕨类和芒，其中芒占优势，其他种类有玉山竹、红果树和台湾鹅掌柴等（陈志豪等，2009）。1993 年，位于塔塔加海拔 2200～3185 m 处的森林曾遭遇火灾（林朝钦，1994）。火灾后的数年至第 12 年的植被调查数据显示，芒最先占据火烧迹地，随着时间的推移，芒的优势地位逐渐被玉山竹替代；火灾发生数十年后，火烧迹地上会出现台湾云杉幼苗，群落的物种丰富度也逐渐增加（廖天赐等，2005）。

台湾云杉林建造期的突出特征是林冠盖度增加，林下光照变弱，台湾云杉逐渐成为林冠层的优势种，但其个体仍然处在中、小径级阶段。台湾铁杉及台湾果松在阴湿的环境中竞争力不及台湾云杉，在建造期数量较少。此外，阳性的乔灌木如褐毛柳、台湾茶藨子、台湾绣线菊等逐渐被耐阴的类型替代，包括台湾鹅掌柴、海金子、交让木和阿里胡颓子等。台湾云杉在群落的建造期内自梳作用强烈，林内枯立木增多，林下物种丰富度逐渐降低（曾彦学，1991）。

至成熟期，大乔木层中，台湾云杉占优势，有台湾铁杉和台湾果松混生；中、小乔木层常见种有尖叶新木姜子、尖尾枫和冬树等；灌木层有尖叶新木姜子幼树、冬树幼树、玉山木姜子、光柃和菠叶柃。台湾云杉的“龄级-频率”分布图呈窄钟形，呈现同龄林的特征。进入退化期或衰老期，由于树木大量枯腐，林内将出现较大的林隙，因此又将开始新一轮的群落更新和建成过程（曾彦学，1991）。

由于台湾云杉林林下更新不良，有学者认为，在足够长的时间尺度上，台湾云杉林必将被其他类型替代；台湾云杉林，特别是海拔低于 2600 m 的山地针阔叶混交林，可能是群落演替发展过程中的一个阶段性群落类型，而非演替发展的顶极群落（柳榗等，1961；柳榗，1971a）。从台湾云杉年龄结构及空间分布格局中可以看出，在一个群落斑块内，在一定的时期内台湾云杉种群似乎“后继乏树”，不同龄级的种群斑块在时间尺度上的互补和在空间尺度上的镶嵌（曾彦学，1991；陈玉峰，2004），在景观尺度上却实现了种群的稳定性与可持续性。因此，在台湾亚高山地带凉湿环境中，台湾云杉林是一个稳定的群系类型。

10.8 价值与保育

台湾云杉林是岛内重要的森林资源。近几百年来，台湾云杉林的兴衰演变与森林开发的历史大背景密切相关。陈玉峰（2001）在《台湾自然史-台湾植被志（第一卷）》中，对台湾在 607～1995 年数千年的开发历史进行了梳理。有关岛内森林资源开发利用和保育的历史，陈玉峰（2001）将其大致划分为以下几个阶段。

1884 年，刘铭传设立抚垦总局伐木支局，由此开启了官方伐木的先河。但受当时的采伐作业技术手段和基础设施的限制，伐木活动对森林资源的影响程度很低。

1896～1945 年是日本统治时期，设置了专门的林木采伐机构，铺设运材通道，进行了相当规模的采伐作业。森林采伐区域包括阿里山、太平山、罗东山和八仙山等地。至 1941 年，全台湾森林采伐面积已达约 200 000 hm^2。同期，日本学者在岛内开展的植物资源清查和研究工作为台湾植被的研究奠定了基础。

1945 年台湾光复，至此进入了岛内全面开发和利用森林资源的阶段，且以采伐为主。因此，1945～1975 年是岛内森林资源破坏最严重的时期。

1975 年以后，随着人们对自然资源保护意识的增强，森林资源保护工作在岛内逐步得到了重视。这在一定程度上遏制了森林资源破坏的势头，但并未禁绝；至 1993 年，岛内原始植被的面积仅占全台湾总面积的 24%。

1985 年成立了玉山国家公园，加强了对包括台湾云杉林在内的温性和寒温性针叶林的保护；1991 年发布了天然森林全面禁伐令，森林资源进入了全面保育和恢复重建阶段。

除了人类活动的影响外，火灾对岛内森林的影响也甚为深刻。例如，玉山周边地区分别曾在 1962～1963 年、1985 年和 1993 年发生森林大火，至今留有许多枯木，常被称为“白木林”（陈玉峰，2001）。

台湾云杉林分布于云杉林各群系的最南端，对维持全球云杉林的完整性具有不可替代的作用。台湾云杉林是岛内中、高海拔地带的一个优势植被类型，也是维护生态平衡的屏障，对生物多样性保育和维护生态安全至关重要。受数百年来人类活动和自然因素的干扰，岛内现存的原始森林数量十分稀少。除楠梓仙溪和沙里仙溪流域外，在其他地区呈零星散布，保育与重建工作迫切。

目前，对台湾云杉林的保育工作已经取得了重要进展。例如，除了全面实施森林禁伐令外，已经开展了台湾云杉的人工繁育和造林工作（廖天赐等，2005）；台湾云杉林内已经建立了动态监测的永久样地，对深入揭示森林动态规律、预测未来发展趋势、提高管理和保育水平等具有重要意义（陈玉峰，1989；曾彦学，1991；关秉宗等，2002）。如何维护森林健康水平、协调保育与利用的关系、充分发挥森林综合效益等仍然是未来面临的挑战。

参 考 文 献

陈保元, 2005. 台湾中部马海濮富士山栎林带植群分析. 台北: 台湾大学生态学与演化生物学研究所硕士学位论文.

陈玉峰, 1989. 楠溪林道永久样区植被调查报告(一). 台北: 内政部营建署玉山国家公园管理处.

陈玉峰, 2001. 台湾自然史-台湾植被志(第一卷): 总论及植被带概论. 台北: 前卫出版社.

陈玉峰, 2004. 台湾自然史-台湾植被志(第五卷): 台湾铁杉林带(上下). 台北: 前卫出版社.

陈振威, 1969. 台湾云杉种子采集期及贮藏影响发芽率之研究. 林试所试验报告, 181: 1-29.

陈正祥, 1957. 气候之分类与分区. 台大实验林丛刊, 第 7 号: 1-102.

陈志豪, 陈明义, 陈文民, 陈恩伦, 2009. 合欢溪流域植群分类与制图. 林业研究季刊, 31: 1-15.

陈子英, 2004. 兰阳溪的植群分类系统之研究. 台大实验林研究报告, 18: 171-206.

冯丰隆, 2011. 森林测计学及实习, 第六章 伐倒木测计. http: //web.nchu.edu.tw/pweb/download-lesson.php?userid=flfeng&class_id=367[2017-12-20].

傅国铭, 2002. 丹大地区植群生态之研究. 台中: 中兴大学硕士学位论文.

关秉宗, 彭云明, 罗悦心, 张宗怡, 吴宜穗, 詹婉婷, 2002. 全球变迁: 塔塔加高山生态系长期生态研究-塔塔加地区台湾云杉与铁杉单木竞争与空间动态之研究(三)//台湾大学森林学系. 台北: 行政院国家科学委员会辅助专题研究计划成果报告.

郭城孟, 1989. 玉山国家公园东埔玉山区维管束植物细部调查-研究报告(二), 沙里仙溪及陈有兰溪流域植被带之研究. 台北: 内政部营建署玉山国家公园管理处.

郭文铄, 1980. 台湾农业气候区域规划. 台北: 中央气象局.

洪淑华, 2007. 和平北溪森林植物社会沿海拔梯度之物种多样性研究. 宜兰: 宜兰大学硕士学位论文.

黄威廉, 1993. 台湾植被. 北京: 中国环境科学出版社.

黄增泉, 1997. 植物分类学: 台湾维管束植物科志. 台北: 南天书局有限公司.

蒋丙然, 1954. 台湾气候志. 台北: 台湾银行经济研究室.

蒋镇宇, 1995. 玉山国家公园植物微卫星 DNA 之分析及数据库之建立(2/3). 台北: 内政部营建署玉山国家公园管理处委托研究报告: 1-67.

李智群, 2005. 宜兰县思源哑口地区现生植群图之绘制. 屏东: 屏东科技大学硕士学位论文.

廖家宏, 2006. 北大武山区植群多样性之研究. 屏东: 屏东科技大学硕士学位论文.

廖天赐, 陈忠义, 陈信惟, 潘冠良, 杨凯愉, 韩明琦, 2005. 塔塔加地区森林火灾后植群演替及重要木本植物生态生理特性之研究. 台北: 内政部营建署玉山国家公园管理处.

林朝钦, 1994. 国有林玉山事业区塔塔加之森林火灾研究. 中华林学季刊, 27: 23-32.
刘静榆, 1991. 台湾中部沙里仙溪集水区植群生态之研究. 台北: 台湾大学硕士学位论文.
刘静榆, 2003. 台湾中西部气候区森林植群分类系统之研究. 台北: 台湾大学博士学位论文.
刘衍淮, 1963. 台湾区域气候之研究. 师大学报, 8: 291-299.
柳榗, 1968. 台湾植物群落分类之研究 I 台湾植物群系之分类. 台北: 台湾省林业试验所报告第 166 号: 26.
柳榗, 1970. 台湾植物群落分类之研究(III): 台湾阔叶树林诸群系及热带疏林群系之研究. 国科会年报, 4: 36.
柳榗, 1971a. 台湾植物群落分类之研究(Ⅱ): 台湾高山寒原及针叶林群系. 台北: 台湾省林业试验所报告第 203 号: 24.
柳榗, 1971b. 台湾植物群落分类之研究(Ⅳ): 台湾植物群落之起源发育及地域性之分化. 中华农学会刊(新), 76: 39-62.
柳榗, 葛锦昭, 杨柄炎, 1961. 台湾主要林型生态调查. 台北: 林业试验所研究报告第 72 号: 64.
欧辰雄, 2003. 雪霸国家公园植群生态调查-尖石地区. 台北: 内政部营建署雪霸国家公园管理处委托研究报告 9106 号.
邱清安, 2006. 应用生态气候指标预测台湾潜在自然植群之研究. 台中: 中兴大学博士学位论文.
邱清安, 林鸿志, 廖敏君, 曾彦学, 欧辰雄, 吕金诚, 曾喜育, 2008. 台湾潜在植群形相分类方案. 林业研究季刊, 30: 89-112.
万宝康, 1973. 台湾分区气候与天气之研究(一). 气象学报, 19: 1-19.
王震哲, 2004. 大武山自然保留区生物资源调查研究-知本溪. 台北: 行政院农业委员会林务局保育研究系列第 92-12 号.
王子定, 李承辉, 1964. 不同温度对于台湾冷杉种子发芽之影响. 台大农院研究报告, 8(1): 64-69.
吴蕙吟, 2002. 台湾本岛温带种子植物区系的初步分析. 花莲: 东华大学自然资源管理所硕士学位论文.
吴建业, 1989. 台湾中部森林垂直分布带之研究-山地针叶树林的垂直分布型(2/2). 台北: 行政院国家科学委员会专题研究计划成果报告.
吴征镒, 1991. 中国种子植物属的分布区类型. 云南植物研究, (增刊Ⅳ): 1-139.
吴征镒, 周浙昆, 李德铢, 彭华, 孙航, 2003. 世界种子植物科的分布区类型系统. 云南植物研究, 25(3): 245-257.
薛松锭, 1976. 玉山林区云杉产销概况. 台湾林业, 2: 27-30.
杨国祯, 陈玉峰, 赵伟村, 陈欣一,吴樂天, 赵国容, 吕政峰, 2002. 玉山国家公园楠梓仙溪流域植物资源调查研究. 台北: 内政部营建署玉山国家公园管理处.
曾彦学, 1991. 台湾中部沙里仙溪集水区植群生态之研究 II 台湾云杉森林动态及族群结构之研究. 台北: 台湾大学森林学研究所硕士学位论文.
曾彦学, 2003. 台湾特有植物之分布与保育. 台北: 台湾大学森林学研究所博士学位论文.
詹明勋, 王亚男, 姜家华, 2000. 台湾中部塔塔加地区气候因子对台湾云杉立木径向生长轮宽度与最大密度之关系. 中华林学季刊, 33: 23-36.
中国科学院中国植被图编辑委员会, 2007. 中华人民共和国植被图(1∶1 000 000). 北京: 地质出版社.
中国森林编辑委员会, 1999. 中国森林(第 2 卷 针叶林). 北京: 中国林业出版社.
中国植被编辑委员会, 1980. 中国植被. 北京: 科学出版社.
钟年钧, 1986a. 全球变迁: 塔塔加高山生态系长期生态研究-塔塔加高山植群之研究(二). 台北: 行政院国家科学委员会专题研究计划成果报告.
钟年钧, 1986b. 全球变迁: 塔塔加高山生态系长期生态研究-塔塔加高山植群之研究(三). 台北: 行政院国家科学委员会专题研究计划成果报告.
卓子右, 2008. 台湾北部地区栎林带植群之分类. 宜兰: 宜兰大学硕士学位论文.

Chou F. S., Liao C. K., Yang Y. P., 2007. Classification and ordination of evergreen broad-leaved NBM forest in the middle and upper watershed of the Nan-Tze-Shian Stream in southwestern Taiwan. Taiwania, 52(2): 127-144.

ECFT (Editorial-Committee-of-the-Flora-of-Taiwan, 2nd ed.), 1994. Flora of Taiwan. Taipei: Taiwan University Press.

Guan B. T., Chung C. H., Lin S. T., Shen C. W., 2009. Quantifying height growth and monthly growing degree days relationship of plantation Taiwan spruce. NBM Forest Ecol Manag, 257: 2270-2276.

Ho C. S., 1986. Geology of Taiwan: Explanatory Text of the Geologic Map of Taiwan. Taibei: Ministry of Economic Affair, Taiwan.

Lin C. T., Li C. F., Zelený D., Chytrý M., Nakamura Y., Chen M. Y., Chen T. Y., Hsia Y. J., Hsieh C. F., Liu H. Y., Wang J. C., Yang S. Z., Yeh C. L., Chiou C. R., 2012. Classification of the high-mountain coniferous NBM forests in Taiwan. Folia Geobotanica, 47(4): 373-401.

Seaton G. G. R., Walker D. A., 1990. Chlorophyll fluorescence as a measure of photosynthetic carbon assimilation. Proceedings: Biological Sciences, 242(1303): 29-35.

Sheh C. S., Wang M. K., 1991. An Atlas of Major Soils of Taiwan. Chunghsing: Chunghsing University Press.

Song Y. Ch., Xu G. Sh., 2003. A scheme of vegetation classification of Taiwan, China. Acta Botanica Sinica, 45(8): 883-895.

Su H. J., 1984a. Studies on the climate and vegetation types of the natural NBM forests in Taiwan (1) Analysis of the variation in climatic factors. Quarterly Journal of Chinese NBM Forestry, 17: 1-14.

Su H. J., 1984b. Studies on the climate and vegetation types of the natural NBM forests in Taiwan (2) Altitudinal vegetation zone in relation to temperature gradient. Quarterly Journal of Chinese NBM Forestry, 17: 57-73.

Su H. J., 1984c. Studies on the climate and vegetation types of the natural NBM forests in Taiwan (3) a scheme of geographical climate regions. Quarterly Journal of Chinese NBM Forestry, 18: 33-44.

Wang C., 1957. Zonation of Vegetation on Taiwan. New York: New York State University College of NBM Forestry.

Weng J. H., Liao T. S., Sun K. H., Chung J. C., Lin C. P., Chu C. H., 2005. Seasonal variations in photosynthesis of *Picea morrisonicola* growing in the subalpine region of subtropical Taiwan. Tree Physiol, 25(8): 973-979.

Yang S. S., Fan H. Y., Yang C. K., Lin I. C., 2003. Microbial population of spruce soil in Tatachia mountain of Taiwan. Chemosphere, 52(9): 1489-1498.

第 11 章　紫果云杉林 *Picea purpurea* Evergreen Needleleaf Forest Alliance

紫果云杉林—中国植被，1980：200-201；中华人民共和国植被图（1∶1 000 000），2007；四川森林，1992：324-338；青海森林，1993：165-172；中国森林（第 2 卷 针叶林），1999：749-756；紫果云杉群系—甘肃植被，1997：91。

系统编码：PP

11.1　地理分布、自然环境及生态特征

11.1.1　地理分布

紫果云杉林分布于青藏高原东缘，分布区北起拉脊山，南至贡嘎山，西界止于西倾山西段的黄河谷地，东界止于甘肃舟曲至四川平武一线；地理坐标范围 30°N～36°12′N，100°30′E～104°30′E（图 11.1）；跨越的行政区包括青海省东南部的班玛和泽库（《青海

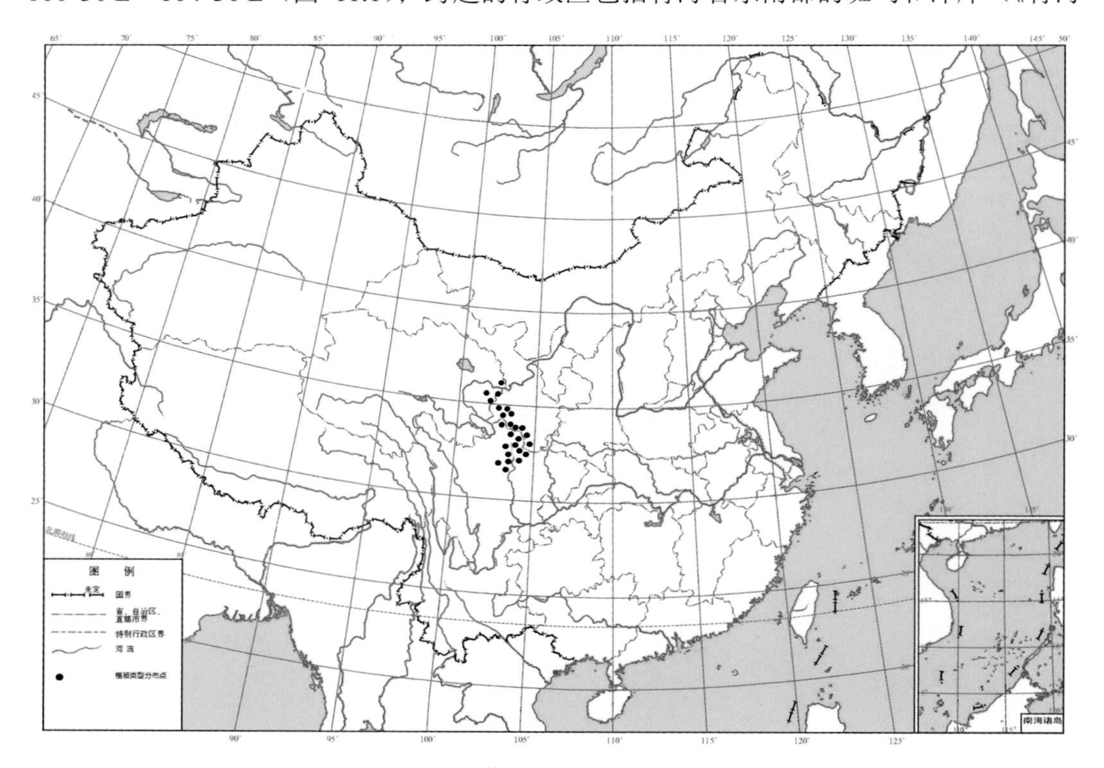

图 11.1　紫果云杉林的地理分布

Figure 11.1　Distribution of *Picea purpurea* Evergreen Needleleaf Forest Alliance in China

森林》编辑委员会，1993），甘肃省西南部的夏河、卓尼、迭部和舟曲，四川省西北部地区，包括岷江上游的松潘、理县、黑水和茂县，大渡河中上游的壤塘、阿坝、红原、马尔康和金川，以及白龙江流域的九寨沟和若尔盖（《四川森林》编辑委员会，1992）。

紫果云杉林生长在高海拔地带，其垂直分布范围位于同域分布的其他云杉林之上（图 11.2）。在甘肃西南部，随着海拔由低到高依次出现青扦林（2200～2800 m）、云杉林（2700～3300 m）、紫果云杉林（2900～3600 m）和岷江冷杉林（3000～3800 m）。在青海省东南部，其垂直分布范围是 2700（2850）～（3800）4200 m，集中分布在 3000～3600 m；麦秀林区的隆务河河谷（2700～2850 m）是其垂直分布的下限地带，紫果云杉林中或有川西云杉、鳞皮冷杉和青海云杉混生；其垂直分布的上限地带见于马可河林区（4200 m），群落呈低矮的疏林状（张鸿昌等，1984；《青海森林》编辑委员会，1993）。在四川省，紫果云杉林分布在海拔 2500～3800 m 处，各地间海拔存在差异。例如，岷江上游的松潘和理县，2500～3600 m；大渡河中上游地区，3000～3800 m；白龙江流域，3000～3500 m（《四川森林》编辑委员会，1992）。

图 11.2　紫果云杉林的外貌

Figure 11.2　Physiognomy of several communities of *Picea purpurea* Evergreen Needleleaf Forest Alliance

在中国植被区划系统中，紫果云杉林处在森林区向草原区过渡的地带，跨越了暖温带落叶阔叶林区域的西北部一线、温带草原区域的西南部、青藏高原高寒植被区域的东端和亚热带常绿阔叶林区域的最北端（中国科学院中国植被图编辑委员会，2007）。其核心区域处在青藏高原东缘的高山峡谷区，气候冷湿，是中国寒温性针叶林群落类型最丰富的区域。

11.1.2 自然环境

11.1.2.1 地貌

紫果云杉林分布区处在松潘高原及四周蔓延的山地。松潘高原的北部为西倾山和甘南山地，古冰川遗留的冰蚀地貌十分明显；东部、南部和西部有绵延耸立的山峰，终年积雪；东部为岷山山地，最高峰是雪宝顶，海拔 5588 m；西部的年保玉则峰海拔 5369 m，再往西则逐渐汇入青藏高原；南部为大雪山和邛崃山，最高峰是四姑娘山，海拔 6250 m。山地多为西北至东南走向，黄河上游主河道迂回流过，长江水系的白龙江、白水江和大渡河等亦发源于此，大小支流密布，河流切割强烈，高山峡谷纵横。紫果云杉林主要生长在这些区域中、高海拔的山地阴坡和半阴坡（图 11.3）。

图 11.3 紫果云杉和岷江冷杉的混交林（阴坡）和灌丛（阳坡）（甘肃卓尼）

Figure 11.3 *Picea purpurea* and *Abies fargesii* var. *faxoniana* Evergreen Needleleaf Forest occupies the shady slope yet scrubs on the sunny slopes in Zhuoni, Gansu

11.1.2.2 气候

紫果云杉林的分布区处在黄河水系和长江水系的源头地带，逆河谷而上的暖湿气流向江河的各支流源头输送，在高海拔地带遇冷形成降雨，气候条件湿冷，适宜寒温性针叶林的生长。

我们随机测定了紫果云杉林分布区内 33 个样点的地理坐标（图 11.1），通过插值方法获得了每个样点的生物气候数据，各气候因子的均值依次是：年均气温 0.63℃，年均降雨量 711.34 mm，最冷月平均气温−9.41℃，最热月平均气温 9.42℃，≥0℃有效积温 1215.40℃·d，≥5℃有效积温 400.05℃·d，年实际蒸散 221.48 mm，年潜在蒸散 654.35 mm，水分利用指数 0.37（表 11.1）。

四川王朗国家级自然保护区中一个紫果云杉林群落（32.91°N，104.05°E，2920 m）的小气候观测数据显示（朱育旗等，2009），在 2002～2004 年的 5～10 月，紫果云杉林内的日平均气温变化幅度−6.5～14.9℃，月平均气温变化幅度 1.9～11.1℃，最冷月和最热月分别是 1 月和 7 月；林内降雨量 365.2 mm，占全年总降雨量的 44.3%。

表 11.1　紫果云杉林地理分布区海拔及其对应的气候因子的描述性统计结果（*n*=33）

Table 11.1　Descriptive statistics of altitude and climatic factors in the natural range of *Picea purpurea* Evergreen Needleleaf Forest Alliance in China (*n*=33)

海拔及气候因子 Altitude and climatic factors	均值 Mean	标准误 Standard error	95%置信区间 95% confidence intervals		最小值 Minimum	最大值 Maximum
海拔 Altitude（m）	3431.73	88.67	3251.11	3612.35	2602.00	4105.00
年均气温 Mean annual temperature（℃）	0.63	0.43	−0.24	1.49	−3.93	4.96
最冷月平均气温 Mean temperature of the coldest month（℃）	−9.41	0.63	−10.68	−8.11	−15.61	−2.86
最热月平均气温 Mean temperature of the warmest month（℃）	9.42	0.41	8.59	10.25	2.15	14.26
≥5℃有效积温 Growing degree days on a 5 ℃ basis（℃·d）	400.05	48.95	300.35	499.75	0.00	1032.25
≥0℃有效积温 Growing degree days on a 0 ℃ basis（℃·d）	1215.40	80.18	1052.08	1378.72	134.38	2104.04
年均降雨量 Mean annual precipitation（mm）	711.34	35.00	640.05	782.64	419.18	1141.04
实际蒸散 Actual evapotranspiration（mm）	221.48	12.07	196.90	246.07	0.00	377.00
潜在蒸散 Potential evapotranspiration（mm）	654.35	12.39	629.11	679.59	488.50	832.38
水分利用指数 Water availability index	0.37	0.02	0.33	0.41	0.00	0.59

紫果云杉林的结构对气候变化较敏感。在较长的时间尺度上，紫果云杉林乔木层中各物种的优势度可能随着气候因子的周期性波动而变化。模拟研究结果显示，千年尺度上气候的周期性波动与紫果云杉和云杉相对优势度的周期性变化相关联（陈育峰，1996）。

11.1.2.3　土壤

据《中国森林土壤》（中国林业科学研究院林业研究所，1986）记载，紫果云杉林的土壤类型以山地暗棕壤为主。在垂直分布带谱上，山地棕壤土处在中、高海拔地带，下接褐土带，上接亚高山草甸土。母岩为砾岩、片岩、砂岩、灰岩、石灰质板岩和千枚岩，成土母质为母岩风化所形成的残积物和坡积残积物等，成土过程包括腐殖质积累、弱酸性淋溶及轻度黏化沉淀等。

甘肃省迭部县电尕寺海拔 3300 m 处的紫果云杉林的土壤剖面（066）数据显示，从表层土（24～36 cm）至深层土（50～90 cm），土壤 pH 变化幅度为 7.4～7.8，土壤呈弱碱性至碱性，碱性程度沿剖面从上而下加重；土壤腐殖质变化幅度 160.4～48.2 g/kg，全氮含量变化幅度 4.8～1.2 g/kg（中国林业科学研究院林业研究所，1986）。

甘南（迭部或舟曲，具体地点不详）一个紫果云杉样地的土壤剖面数据显示，该剖面位于海拔 3370 m 的西坡，坡度 34°，有效土层厚度 90 cm；紫果云杉平均木的胸径、树高和年龄分别是 60 cm、43 m 和 450 年；土壤 pH 6.5，土壤呈弱酸性；土壤有机质、全氮、全磷、全钾和 $CaCO_3$ 的含量分别是 155.8 g/kg、5.75 g/kg、0.79 g/kg、17.5 g/kg 和 1.0 g/kg（冯自诚等，1993）。

四川王朗国家级自然保护区一个紫果云杉林样地（32.91°N，104.05°E，2900 m a.s.l.）的土壤剖面数据显示，土壤剖面各层次均呈偏酸性，土壤碱性程度沿剖面自上而下加重；土壤腐殖质变化幅度 185.7～16.4 g/kg，全氮含量变化幅度 3.1～0.7 g/kg（表 11.2）（王开运，2004）。

表 11.2　四川王朗国家级自然保护区一个紫果云杉林样地的土壤化学成分（王开运，2004）

Table 11.2　Soil nutrients of a community of *Picea purpurea* forest in Wanglang Natureal Reserve, Sichuan (Wang, 2004)

土壤剖面 Soil profile	厚度 Depth（cm）	pH	有机质 Organic matter（g/kg）	全氮 Total nitrogen（g/kg）	全磷 Total phosphorus（g/kg）	全钾 Total potassium（g/kg）	有效氮 Available nitrogen（mg/kg）	有效磷 Available phosphorus（mg/kg）	有效钾 Available potassium（mg/kg）
Ao	18±6	—	—	—	—	—	—	—	—
A	23±6	6.1	185.7	3.1	9.1	26.9	244.9	3.98	77.3
B	15±5	6.4	62.6	1.7	8.7	47.5	200	2.59	87.8
C	17±7	6.6	16.4	0.7	6.7	63.4	118.5	2.15	120.3

四川松潘县一个“紫果云杉-灌木”群落的土壤剖面数据显示，剖面布设在东北坡，海拔 3100 m，坡度 20°，土壤母质为砂质板岩；从表层土（0～5 cm）至深层土（60～103 cm），土壤 pH 变化幅度为 5.4～5.6，土壤呈酸性；土壤有机质和全碳含量的变化幅度分别为 102.6～12.3 g/kg 和 59.6～7.1 g/kg（朱鹏飞，1990）。

四川马尔康海拔 3240 m 处一个“紫果云杉-箭竹”林的土壤剖面数据显示，剖面的坡向为北偏东，坡度 30°，土壤母质为钙质板岩；从表层土（0～10 cm）至深层土（110～150 cm），土壤 pH 变化幅度为 5.8～6.0，土壤呈酸性；土壤有机质、有效磷和有效钾含量的变化幅度分别为 127.7～13.9 g/kg、128～40 mg/kg 和 170～50 mg/kg（朱鹏飞，1990）。

上述可见，土壤化学及养分数据在紫果云杉林的不同产地间存在差异，这可能与土壤剖面的海拔、群落结构及群落所经历的干扰有关。土壤酸碱度在甘肃迭部县电尕镇的剖面与调查自甘肃和四川的其他剖面间差异较大，待核实。

11.1.3　生态特征

紫果云杉林地理分布范围较小，生态幅度狭窄。从垂直分布带谱看，随着海拔由低到高，气候由干暖变湿冷，依次出现油松林、华山松林、青扦林、云杉林、紫果云杉林和岷江冷杉林。从水平分布看，紫果云杉林分布区以西为川西云杉林的分布中心，气候条件相对干冷；以东为云杉林和青扦林的分布区，气候条件偏干暖；以北是青海云杉林的分布区，气候条件更偏干冷；以南是丽江云杉林、麦吊云杉林和林芝云杉林的分布区，气候条件偏暖湿。

紫果云杉林耐干旱的能力不及青海云杉林，耐湿热环境的能力不及丽江云杉林和油麦吊云杉林，耐干热的能力不及云杉林和青扦林；与川西云杉林的生态习性接近，二者水分条件相当，唯有热量条件逊于后者，地理分布偏北。综合而言，紫果云杉林是中国云杉林中最适应湿冷环境的类型。

11.2　群 落 组 成

11.2.1　科属种

在紫果云杉林分布区内调查和收集了 22 个样地的数据。四川西北部、甘肃西南部和青海东南部的 17 个样地数据来自实地调查；四川壤塘和平武的 5 个样地数据来自文献（申国珍等，2004；刘鑫和包维楷，2011）。22 个样地中记录到了维管植物 178 种，隶属 39 科 86 属，其中种子植物有 35 科 81 属 173 种，蕨类植物有 4 科 5 属 5 种。裸子植物有紫果云杉、云杉、青海云杉、岷江冷杉、祁连圆柏和方枝柏。被子植物中，种类最多的是蔷薇科和禾本科，各 16 种；其次是菊科 15 种，毛茛科 11 种，忍冬科和玄参科各 7 种，伞形科和莎草科各 6 种，茜草科、石竹科和罂粟科各 5 种，它们包含了紫果云杉林灌木层和草本层中最常见的植物；紫果云杉林下常有箭竹生长，是大熊猫的重要栖息地之一；含 3～4 种的科依次是百合科、景天科、柳叶菜科、松科、蓼科、十字花科、杨柳科和紫草科；紫果云杉和岷江冷杉是乔木层的建群种，杨柳科的柳类常是灌木层的优势种；其余 20 科含物种 1～2 种，其中桦木类在未经干扰的紫果云杉原始森林中零星可见，在干扰较重、林相残破的次生林中十分常见，方枝柏在偏阳的生境及林缘地带较多。林中常见的植物有峨眉蔷薇、大耳叶风毛菊、管花鹿药和铁破锣等（图 11.4）。

图 11.4 紫果云杉林下常见植物

Figure 11.4 Constant species under *Picea purpurea* Evergreen Needleleaf Forest

11.2.2 区系成分

根据中国种子植物科属区系成分的划分标准（吴征镒，1991；吴征镒等，2003），我们将 35 个种子植物科划分为 8 个分布区类型/亚型，其中北温带分布科占 43%，其次是世界分布科（34%）、北温带和南温带间断分布科（9%），其余分布型所占比例为 1%～3%；81 个属可划分为 10 个分布区类型/亚型，温带成分占优势，其中北温带分布属占 44%，世界分布属占 20%，北温带和南温带间断成分占 16%，其他成分所占比例在 1%～6%（表 11.3）。

表 11.3 紫果云杉林 35 科 81 属植物区系成分

Table 11.3 The areal type of the 81 genus and 35 families of seed plant species recorded in the 22 plots sampled in *Picea purpurea* Evergreen Needleleaf Forest Alliance in China

编号 No.	分布区类型 The areal types	科 Family		属 Genus	
		数量 *n*	比例（%）	数量 *n*	比例（%）
1	世界广布 Widespread	12	34	16	20
2	泛热带 Pantropic	1	3	1	1
8	北温带 N. Temp.	15	43	36	44
8.2	北极-高山 Arctic-Alpine	1	3	1	1
8.4	北温带和南温带间断 N. Temp. & S. Temp. disjuncted	3	9	13	16
9	东亚和北美间断 E. Asia & N. Amer. disjuncted			1	1
10	旧世界温带 Temp. Eurasia	1	3	5	6
11	温带亚洲 Temp. Asia	1	3	3	4
14	东亚 E. Asia	1	3	3	4
15	中国特有 Endemic to China			2	2
合计 Total		35	100	81	100

注：物种名录根据 22 个样方数据整理

11.2.3 生活型

紫果云杉林 22 个样地中 178 种植物的生活型谱显示（表 11.4），木本植物和草本植物各占 50%。木本植物中，常绿乔木和落叶乔木分别占 6%和 1%，常绿灌木占 3%，落叶灌木占 36%，木质藤本和箭竹各占 2%。草本植物中，多年生直立杂草类占 29%，多年生莲座类占 8%，禾草类占 9%，蕨类植物占 2%。与其他云杉林的植物生活型相比较，紫果云杉林中常绿乔木的比例相对较高，落叶乔木稀少，反映了湿冷的生境对落叶乔木类的强烈抑制作用。

表 11.4 紫果云杉林中 178 种植物生活型谱（%）

Table 11.4 Life-form spectrum (%) of the 178 vascular plant species recorded in the 22 plots sampled in *Picea purpurea* Evergreen Needleleaf Forest Alliance in China

木本植物 Woody plants	乔木 Tree		灌木 Shrub		藤本 Liana		竹类 Bamboo	蕨类 Fern	寄生 Phytoparasite	附生 Epiphyte
	常绿 Evergreen	落叶 Deciduous	常绿 Evergreen	落叶 Deciduous	常绿 Evergreen	落叶 Deciduous				
50	6	1	3	36	0	2	2	0	0	0

陆生草本 Terrestrial herbs	多年生 Perennial					一年生 Annual		蕨类 Fern	寄生 Phytoparasite	腐生 Saprophyte
	禾草型 Grass	直立杂草类 Forbs	莲座垫状 Rosette	附生 Epiphyte	藤本 Liana	短生型 Ephemeral	非短生型 None ephemeral			
50	9	29	8	0	2	0	0	2	0	0

注：物种名录来自 22 个样地数据

11.3 群 落 结 构

紫果云杉林的垂直结构包括乔木层、箭竹层、灌木层、草本层和苔藓层（图 11.5）。树干和枝条上有松萝等寄生地衣生长，藤本植物不常见。

图 11.5　紫果云杉林的林冠层（左）、林下结构（右中，右上）和草本层（右下）（四川九寨沟）
Figure 11.5　Canopy layer (left), understorey layer (upper and middle right) and herb layer (lower right) of a community of *Picea purpurea* Evergreen Needleleaf Forest Alliance in Jiuzhaigou, Sichuan

乔木层的高度 15～45 m，在不同的产地间存在差异。例如，青海麦秀林区，15～25 m；四川西北部，25～45 m；甘肃西南部，20～35 m。具有复层结构，可以分出 2～3 个亚层，纯林罕见，多为混交林；除了紫果云杉外，还有多种针阔叶树混生或组成共优种，包括青海云杉、云杉、岷江冷杉、方枝柏、祁连圆柏、糙皮桦和白桦等。

林下或有箭竹层发育，华西箭竹和缺苞箭竹较常见；箭竹对灌木层和草本层的生长具有抑制作用。

灌木层、草本层和苔藓层的发育程度与乔木层及箭竹层的盖度有关。在林冠较郁闭的林下，灌木层稀疏，草本层和苔藓层较密集；相反，在林冠稀疏的林下，灌木层和草本层密集，而苔藓层稀疏。

灌木层主要由直立落叶灌木组成，唐古特忍冬、峨眉蔷薇、华西蔷薇、秀丽莓、银露梅和陕甘花楸较常见；草本层常见种类有类叶升麻、三角叶假冷蕨、高原露珠草、甘肃薹草和丝秆薹草等；苔藓层常见种类有塔藓、曲尾藓、山羽藓和锦丝藓等。

11.4 群落类型

乔木层的物种组成和分层特征是划分群丛组的重要依据。林下箭竹层、灌木层、草本层和苔藓层的盖度与物种组成是划分群丛的依据。根据 22 个样方的资料及文献记载，紫果云杉林可划分出 5 个群丛组 7 个群丛（表 11.5a，表 11.5b，表 11.6）。

表 11.5 紫果云杉林群落分类简表

Table 11.5 Synoptic table of *Picea purpurea* Evergreen Needleleaf Forest Alliance in China

表 11.5a 群丛组分类简表

Table 11.5a Synoptic table for association group

群丛组号 Association group number			I	II	III	IV	V
样地数 Number of plots		L	1	3	2	15	1
莲叶橐吾	*Ligularia nelumbifolia*	6	100	0	0	0	0
驴蹄草	*Caltha palustris*	6	100	0	0	0	0
三脉紫菀	*Aster trinervius* subsp. *ageratoides*	6	100	0	0	0	0
直穗小檗	*Berberis dasystachya*	4	100	0	0	0	0
狭翅独活	*Heracleum stenopterum*	6	100	0	0	0	0
针刺悬钩子	*Rubus pungens*	4	100	0	0	0	0
川滇绣线菊	*Spiraea schneideriana*	4	100	0	0	0	0
珠子参	*Panax japonicus* var. *major*	6	100	0	0	0	0
毛裂蜂斗菜	*Petasites tricholobus*	6	100	0	0	0	0
轮叶黄精	*Polygonatum verticillatum*	6	100	0	0	0	0
猕猴桃藤山柳	*Clematoclethra scandens* subsp. *actinidioides*	4	100	0	0	0	0
华蟹甲	*Sinacalia tangutica*	6	100	0	0	0	0
瓣蕊唐松草	*Thalictrum petaloideum*	6	100	0	0	0	0
瘤糖茶藨子	*Ribes himalense* var. *verruculosum*	4	0	67	0	7	0
西南草莓	*Fragaria moupinensis*	6	0	67	0	7	0
云杉	*Picea asperata*	1	100	100	0	0	0
类叶升麻	*Actaea asiatica*	6	100	67	0	0	0
苞叶杜鹃	*Rhododendron bracteatum*	4	0	0	67	0	0
金花忍冬	*Lonicera chrysantha*	4	0	0	67	7	0
西南樱桃	*Cerasus duclouxii*	4	0	0	67	7	0
方枝柏	*Juniperus saltuaria*	1	0	33	100	7	0

续表

群丛组号 Association group number			I	II	III	IV	V
样地数 Number of plots		L	1	3	2	15	1
冰川茶藨子	*Ribes glaciale*	4	100	33	100	21	0
白花酢浆草	*Oxalis acetosella*	6	0	0	0	71	0
细枝茶藨子	*Ribes tenue*	4	0	0	0	57	0
三角叶假冷蕨	*Athyrium subtriangulare*	6	0	0	0	57	0
膜叶冷蕨	*Cystopteris pellucida*	6	0	0	0	50	0
麻花艽	*Gentiana straminea*	6	0	0	0	0	100
椭圆叶花锚	*Halenia elliptica*	6	0	0	0	0	100
草玉梅	*Anemone rivularis*	6	0	0	0	0	100
钝苞雪莲	*Saussurea nigrescens*	6	0	0	0	0	100
高原毛茛	*Ranunculus tanguticus*	6	0	0	0	0	100
青海云杉	*Picea crassifolia*	1	0	0	0	0	100
长瓣铁线莲	*Clematis macropetala*	6	0	0	0	0	100
钝裂银莲花	*Anemone obtusiloba*	6	0	0	0	0	100
天门冬	*Asparagus cochinchinensis*	6	0	0	0	0	100
林生风毛菊	*Saussurea sylvatica*	6	0	0	0	0	100
祁连圆柏	*Juniperus przewalskii*	4	0	0	0	0	100
短叶锦鸡儿	*Caragana brevifolia*	4	0	0	0	0	100
变刺小檗	*Berberis mouillacana*	4	0	0	0	0	100
甘青老鹳草	*Geranium pylzowianum*	6	0	0	0	0	100
箭叶橐吾	*Ligularia sagitta*	6	0	0	0	0	100
祁连圆柏	*Juniperus przewalskii*	1	0	0	0	0	100
青海云杉	*Picea crassifolia*	4	0	0	0	0	100
吉拉柳	*Salix gilashanica*	4	0	0	0	0	100
华帚菊	*Pertya sinensis*	4	0	0	0	0	100
华帚菊	*Pertya sinensis*	6	0	0	0	0	100
淡黄香青	*Anaphalis flavescens*	6	0	0	0	0	100
紫果云杉	*Picea purpurea*	4	0	0	0	0	100
甘肃薹草	*Carex kansuensis*	6	0	0	0	0	100

表 11.5b　群丛分类简表

Table 11.5b　Synoptic table for association

群丛组号 Association group number			I	II	III	IV	IV	IV	V
群丛号 Association number			1	2	3	4	5	6	7
样地数 Number of plots		L	1	3	2	3	10	2	1
轮叶黄精	*Polygonatum verticillatum*	6	100	0	0	0	0	0	0
毛裂蜂斗菜	*Petasites tricholobus*	6	100	0	0	0	0	0	0
珠子参	*Panax japonicus* var. *major*	6	100	0	0	0	0	0	0
瓣蕊唐松草	*Thalictrum petaloideum*	6	100	0	0	0	0	0	0
华蟹甲	*Sinacalia tangutica*	6	100	0	0	0	0	0	0

续表

群丛组号 Association group number			I	II	III	IV	IV	IV	V
群丛号 Association number			1	2	3	4	5	6	7
样地数 Number of plots		L	1	3	2	3	10	2	1
猕猴桃藤山柳	*Clematoclethra scandens* subsp. *actinidioides*	4	100	0	0	0	0	0	0
川滇绣线菊	*Spiraea schneideriana*	4	100	0	0	0	0	0	0
三脉紫菀	*Aster trinervius* subsp. *ageratoides*	6	100	0	0	0	0	0	0
驴蹄草	*Caltha palustris*	6	100	0	0	0	0	0	0
莲叶橐吾	*Ligularia nelumbifolia*	6	100	0	0	0	0	0	0
针刺悬钩子	*Rubus pungens*	4	100	0	0	0	0	0	0
狭翅独活	*Heracleum stenopterum*	6	100	0	0	0	0	0	0
直穗小檗	*Berberis dasystachya*	4	100	0	0	0	0	0	0
西南草莓	*Fragaria moupinensis*	6	0	67	0	0	10	0	0
云杉	*Picea asperata*	1	100	100	0	0	0	0	0
瘤糖茶藨子	*Ribes himalense* var. *verruculosum*	4	0	67	0	0	0	50	0
类叶升麻	*Actaea asiatica*	6	100	67	0	0	0	0	0
苞叶杜鹃	*Rhododendron bracteatum*	4	0	0	67	0	0	0	0
方枝柏	*Juniperus saltuaria*	1	0	33	100	50	0	0	0
金花忍冬	*Lonicera chrysantha*	4	0	0	67	50	0	0	0
西南樱桃	*Cerasus duclouxii*	4	0	0	67	50	0	0	0
冰川茶藨子	*Ribes glaciale*	4	100	33	100	100	0	50	0
缺苞箭竹	*Fargesia denudata*	4	0	0	0	100	0	0	0
美花铁线莲	*Clematis potaninii*	4	0	0	33	100	0	0	0
黑果忍冬	*Lonicera nigra*	4	0	0	67	100	30	0	0
紫花卫矛	*Euonymus porphyreus*	4	0	0	67	100	0	0	0
秀丽莓	*Rubus amabilis*	4	0	0	67	100	10	0	0
细茎橐吾	*Ligularia hookeri*	6	0	0	0	0	40	0	0
管花鹿药	*Maianthemum henryi*	6	0	0	0	0	40	0	0
狭苞橐吾	*Ligularia intermedia*	6	0	0	0	0	40	0	0
白花酢浆草	*Oxalis acetosella*	6	0	0	0	0	90	50	0
矮五加	*Eleutherococcus humillimus*	4	0	33	0	0	70	0	0
三角叶假冷蕨	*Athyrium subtriangulare*	6	0	0	0	0	70	50	0
膜叶冷蕨	*Cystopteris pellucida*	6	0	0	0	0	60	50	0
细枝茶藨子	*Ribes tenue*	4	0	0	0	0	60	100	0
高原露珠草	*Circaea alpina* subsp. *imaicola*	6	0	0	0	0	30	100	0
山羽藓	*Abietinella abietina*	9	0	33	0	0	10	100	0
吉拉柳	*Salix gilashanica*	4	0	0	0	0	0	0	100
华帚菊	*Pertya sinensis*	6	0	0	0	0	0	0	100
甘肃薹草	*Carex kansuensis*	6	0	0	0	0	0	0	100
淡黄香青	*Anaphalis flavescens*	6	0	0	0	0	0	0	100
青海云杉	*Picea crassifolia*	1	0	0	0	0	0	0	100
华帚菊	*Pertya sinensis*	4	0	0	0	0	0	0	100

续表

群丛组号 Association group number			I	II	III	IV	IV	IV	V
群丛号 Association number			1	2	3	4	5	6	7
样地数 Number of plots		L	1	3	2	3	10	2	1
紫果云杉	*Picea purpurea*	4	0	0	0	0	0	0	100
高原毛茛	*Ranunculus tanguticus*	6	0	0	0	0	0	0	100
钝裂银莲花	*Anemone obtusiloba*	6	0	0	0	0	0	0	100
长瓣铁线莲	*Clematis macropetala*	6	0	0	0	0	0	0	100
椭圆叶花锚	*Halenia elliptica*	6	0	0	0	0	0	0	100
麻花艽	*Gentiana straminea*	6	0	0	0	0	0	0	100
钝苞雪莲	*Saussurea nigrescens*	6	0	0	0	0	0	0	100
草玉梅	*Anemone rivularis*	6	0	0	0	0	0	0	100
天门冬	*Asparagus cochinchinensis*	6	0	0	0	0	0	0	100
箭叶橐吾	*Ligularia sagitta*	6	0	0	0	0	0	0	100
甘青老鹳草	*Geranium pylzowianum*	6	0	0	0	0	0	0	100
青海云杉	*Picea crassifolia*	4	0	0	0	0	0	0	100
祁连圆柏	*Juniperus przewalskii*	1	0	0	0	0	0	0	100
祁连圆柏	*Juniperus przewalskii*	4	0	0	0	0	0	0	100
林生风毛菊	*Saussurea sylvatica*	6	0	0	0	0	0	0	100
变刺小檗	*Berberis mouillacana*	4	0	0	0	0	0	0	100
短叶锦鸡儿	*Caragana brevifolia*	4	0	0	0	0	0	0	100

注：表中数据为物种频率值（%），物种按诊断值（Φ）递减的顺序排列。Φ>0.20 和 Φ>0.50（P<0.05）的物种为诊断种，其频率值分别标记深色和灰色。表中标记“L”的一列为物种所在的群落层次代码，1～3 分别表示高、中和低乔木层，4 和 5 分别表示高大灌木层和低矮灌木层，6～9 分别表示草本层、幼树、幼苗和地被层

Note: The numbers in the table are percentage frequencies. The column marked with “L” is the code of community vertical layer. 1–tree layer (high); 2–tree layer (middle); 3–tree layer (low); 4–shrub layer (high); 5–shrub layer (low); 6–herb layer (high); 7–juveniles; 8–seedlings; 9–moss layer. Species are ranked by decreasing fidelity (phi coefficient) within each association. Light and dark grey background indicates fidelity of Φ>0.20 and Φ>0.50 (P<0.05), respectively. These species are considered as diagnostic species

表 11.6　紫果云杉林的环境和群落结构信息表

Table 11.6　Data for environmental characteristic and supraterraneous stratification from of *Picea purpurea* Evergreen Needleleaf Forest Alliance in China

群丛号 Association number	1	2	3	4	5	6	7
样地数 Number of plots	1	3	2	3	10	2	1
海拔 Altitude（m）	2864	2880～3463	2480～3020	2890～2990	3192～3419	3495～3573	3021
地貌 Terrain	HI/VA	MO/VA	MO/VA	MO	MO/VA	MO	MO
坡度 Slope（°）	25	25～60	2～35	14～20	25～50	25	28
坡向 Aspect	NE	NW	NW/NE	NW	NW/N/NE	NW	N
物种数 Species	42	13～44	20～34	15～20	16～35	20～26	36
乔木层 Tree layer							
盖度 Cover（%）	60～70	40～80		40	50～80	60～70	40
胸径 DBH（cm）	8～66	5～70	6～57	5～95	5～70	5～75	3～32
高度 Height（m）	7～37	3～35		4～37	3～45	3～42	3～21

续表

群丛号 Association number	1	2	3	4	5	6	7
样地数 Number of plots	1	3	2	3	10	2	1
灌木层 Shrub layer							
盖度 Cover（%）	60	10～60		20	20～40	5～15	45
高度 Height（cm）	40～350	15～450		40～450	15～400	6～220	50～323
草本层 Herb layer							
盖度 Cover（%）	70	10～80		60	20～80	10～50	50
高度 Height（cm）	10～90	3～70		4～60	3～80	4～40	4～50
地被层 Ground layer							
盖度 Cover（%）	50	30～100			25～100	80～100	50
高度 Height（cm）	10	15～20			6～30	6～40	8

注：MO：山地 Mountain；HI：山麓 Hillside；VA：河谷 Valley；RI：河边 Riverside；PL：平地 Plain；SA：沙地 Sandland；N：北坡 Northern slope；W：西坡 Western slope；NW：西北坡 Northwestern slope；NE：东北坡 Northeastern slope；S：南坡 Southern slope；SW：西南坡 Southwestern slope；SE：东南坡 Southeastern slope；E：东坡 Eastern slope

群丛组、群丛检索表

A1 乔木层由紫果云杉和云杉、岷江冷杉、方枝柏与糙皮桦中的一至数种组成。

B1 乔木层由紫果云杉和云杉或岷江冷杉组成。

C1 乔木层由紫果云杉和云杉组成。**PPⅠ 紫果云杉+云杉-灌木-草本 常绿针叶林 *Picea purpurea*+*Picea asperata*-Shrubs-Herbs Evergreen Needleleaf Forest**

D 特征种是直穗小檗、猕猴桃藤山柳、针刺悬钩子、川滇绣线菊、三脉紫菀、驴蹄草、狭翅独活和莲叶橐吾等。**PP1 紫果云杉+云杉-华西蔷薇-狭翅独活 常绿针叶林 *Picea purpurea*+*Picea asperata*-*Rosa moyesii*-*Heracleum stenopterum* Evergreen Needleleaf Forest**

C2 乔木层由紫果云杉和岷江冷杉组成。**PPⅣ 紫果云杉-岷江冷杉-箭竹/灌木-草本 常绿针叶林 *Picea purpurea*-*Abies fargesii* var. *faxoniana*-*Fargesia* sp./Shrubs-Herbs Evergreen Needleleaf Forest**

D1 林下有明显的箭竹层，盖度>30%，由华西箭竹或缺苞箭竹组成。**PP4 紫果云杉-岷江冷杉-华西箭竹-峨眉蔷薇-丝秆薹草 常绿针叶林 *Picea purpurea*-*Abies fargesii* var. *faxoniana*-*Fargesia nitida*-*Rosa omeiensis*-*Carex filamentosa* Evergreen Needleleaf Forest**

D2 林下无箭竹或有稀疏的箭竹（盖度<5%）。

E1 林下有明显的灌木层（盖度>20%），特征种是矮五加、细枝茶藨子、三角叶假冷蕨、膜叶冷蕨、细茎橐吾和狭苞橐吾等。**PP5 紫果云杉-岷江冷杉-唐古特忍冬-三角叶假冷蕨 常绿针叶林 *Picea purpurea*-*Abies fargesii* var. *faxoniana*-*Lonicera tangutica*-*Athyrium subtriangulare* Evergreen Needleleaf Forest**

E2 林下灌木稀疏（盖度<10%），苔藓层发达，盖度>80%，特征种是高原露珠草和山羽藓。**PP6 紫果云杉-岷江冷杉-高原露珠草-锦丝藓 常绿针叶林 *Picea purpurea*-**

***Abies fargesii* var. *faxoniana-Circaea alpina* subsp. *imaicola-Actinothuidium hookeri* Evergreen Needleleaf Forest**

B2 乔木层由紫果云杉和云杉、岷江冷杉、方枝柏中的二至数种组成。

C1 乔木层由紫果云杉、云杉和岷江冷杉组成。**PPⅡ 紫果云杉+云杉-岷江冷杉-灌木-草本 常绿针叶林 *Picea purpurea+Picea asperata-Abies fargesii* var. *faxoniana*-Shrubs-Herbs Evergreen Needleleaf Forest**

D 特征种是云杉、瘤糖茶藨子、类叶升麻和西南草莓。**PP2 紫果云杉+云杉-岷江冷杉-陕甘花楸-类叶升麻 常绿针叶林 *Picea purpurea+Picea asperata-Abies fargesii* var. *faxoniana-Sorbus koehneana-Actaea asiatica* Evergreen Needleleaf Forest**

C2 乔木层由紫果云杉、岷江冷杉和方枝柏组成。**PPⅢ 紫果云杉-岷江冷杉-方枝柏-灌木-草本 常绿针叶林 *Picea purpurea-Abies fargesii* var. *faxoniana-Juniperus saltuaria*-Shrubs-Herbs Evergreen Needleleaf Forest**

D 特征种是方枝柏、西南樱桃、金花忍冬、苞叶杜鹃和冰川茶藨子。**PP3 紫果云杉-岷江冷杉-方枝柏-秀丽莓-美花铁线莲 常绿针叶林 *Picea purpurea-Abies fargesii* var. *faxoniana-Juniperus saltuaria-Rubus amabilis-Clematis potaninii* Evergreen Needleleaf Forest**

A2 乔木层由紫果云杉、青海云杉和祁连圆柏组成。**PPⅤ 紫果云杉+青海云杉-祁连圆柏-灌木-草本 常绿针叶林 *Picea purpurea+Picea crassifolia-Juniperus przewalskii*-Shrubs-Herbs Evergreen Needleleaf Forest**

B 特征种是祁连圆柏、青海云杉、变刺小檗、短叶锦鸡儿、甘肃薹草、长瓣铁线莲和麻花艽等。**PP7 紫果云杉+青海云杉-祁连圆柏-银露梅-甘肃薹草 常绿针叶林 *Picea purpurea+Picea crassifolia-Juniperus przewalskii-Potentilla glabra-Carex kansuensis* Evergreen Needleleaf Forest**

11.4.1 PPⅠ

紫果云杉+云杉-灌木-草本 常绿针叶林

***Picea purpurea+Picea asperata*-Shrubs-Herbs Evergreen Needleleaf Forest**

群落呈寒温性针叶林千塔层叠的外貌，紫果云杉和云杉的色泽分别为墨绿色和灰绿色，远观依稀可辨，群落色泽总体呈暗绿色。紫果云杉和云杉为乔木层的共优种，前者小枝光滑，枝叶扁平、紧实下垂；后者小枝粗糙，枝叶辐射、松散斜展，近观极易区别；二者的相对多度在不同的环境条件下变化较大。一般地，随着海拔的升高，紫果云杉逐渐增多而云杉逐渐减少。林下有明显的灌木层，直穗小檗、针刺悬钩子、红毛五加、川滇绣线菊和猕猴桃藤山柳等较常见；在一些生境中，还有稀疏的华西箭竹。草本层高大葱郁，常见种类有类叶升麻、大耳叶风毛菊、莲叶橐吾和珠芽拳参等。苔藓层呈斑块状，毛梳藓、塔藓和锦丝藓较常见。

分布于甘肃西南部和四川西北部，生长在海拔 3000 m 左右的山地阴坡、山麓和谷地。这里描述 1 个群丛。

PP1

紫果云杉+云杉-华西蔷薇-狭翅独活 常绿针叶林

***Picea purpurea+Picea asperata-Rosa moyesii-Heracleum stenopterum* Evergreen Needleleaf Forest**

凭证样方：16153。

特征种：直穗小檗（*Berberis dasystachya*）*、猕猴桃藤山柳（*Clematoclethra scandens* subsp. *actinidioides*）*、针刺悬钩子（*Rubus pungens*）*、川滇绣线菊（*Spiraea schneideriana*）*、三脉紫菀（*Aster trinervius* subsp. *ageratoides*）*、驴蹄草（*Caltha palustris*）*、狭翅独活（*Heracleum stenopterum*）*、莲叶橐吾（*Ligularia nelumbifolia*）*、珠子参（*Panax japonicus* var. *major*）*、毛裂蜂斗菜（*Petasites tricholobus*）*、轮叶黄精（*Polygonatum verticillatum*）*、华蟹甲（*Sinacalia tangutica*）*、瓣蕊唐松草（*Thalictrum petaloideum*）*。

常见种：云杉（*Picea asperata*）、紫果云杉（*Picea purpurea*）、毛樱桃（*Cerasus tomentosa*）、灰栒子（*Cotoneaster acutifolius*）、红毛五加（*Eleutherococcus giraldii*）、华西箭竹（*Fargesia nitida*）、淡红忍冬（*Lonicera acuminata*）、红脉忍冬（*Lonicera nervosa*）、唐古特忍冬（*Lonicera tangutica*）、华西忍冬（*Lonicera webbiana*）、绢毛山梅花（*Philadelphus sericanthus*）、冰川茶藨子（*Ribes glaciale*）、华西蔷薇（*Rosa moyesii*）、峨眉蔷薇（*Rosa omeiensis*）、陕甘花楸（*Sorbus koehneana*）、类叶升麻（*Actaea asiatica*）、卵叶山葱（*Allium ovalifolium*）、膨囊薹草（*Carex lehmannii*）、七筋菇（*Clintonia udensis*）、川赤芍（*Paeonia anomala* subsp. *veitchii*）、林地早熟禾（*Poa nemoralis*）、林生茜草（*Rubia sylvatica*）、小花风毛菊（*Saussurea parviflora*）、大耳叶风毛菊（*Saussurea macrota*）、莛子藨（*Triosteum pinnatifidum*）、锦丝藓（*Actinothuidium hookeri*）、塔藓（*Hylocomium splendens*）、毛梳藓（*Ptilium crista-castrensis*）及上述标记*的物种。

乔木层盖度 60%～70%，胸径（8）39～44（66）cm，高度（7）28～29（37）m，由云杉和紫果云杉组成，前者数量多于后者，林下有幼树和幼苗。

灌木层盖度 60%，高度 40～350 cm，优势种不明显；大灌木层由直立或蔓生灌木组成，种类有陕甘花楸、华西蔷薇、淡红忍冬、灰栒子、峨眉蔷薇和猕猴桃藤山柳等；中、小灌木层由冰川茶藨子、绢毛山梅花、华西忍冬、毛樱桃、红毛五加、唐古特忍冬和针刺悬钩子等组成。另有稀疏的华西箭竹生长。

草本层盖度达 70%，高度 10～90 cm，优势种不明显；大草本层稀疏，由狭翅独活、类叶升麻、华蟹甲、莛子藨、三脉紫菀、川赤芍和毛裂蜂斗菜等组成；大耳叶风毛菊、林生茜草、膨囊薹草、林地早熟禾、珠子参、瓣蕊唐松草和轮叶黄精等形成低矮且密集的中、小草本层；莲座叶植物有七筋菇和卵叶山葱等。

苔藓层盖度达 50%，厚度达 10 cm；在突兀的岩石和枯树桩上可形成密集的苔藓斑块，常见种类有塔藓和锦丝藓等。

分布于四川西北部，海拔 2800～2900 m，生长在地形封闭的山坡和谷地。

11.4.2　PP Ⅱ

紫果云杉+云杉-岷江冷杉-灌木-草本 常绿针叶林

***Picea purpurea*+*Picea asperata*-*Abies fargesii* var. *faxoniana*-Shrubs-Herbs Evergreen Needleleaf Forest**

紫果云杉林—中国植被，1980：195-196；甘肃植被，1997：91。

群落呈寒温性针叶林外貌特征，灰绿与墨绿相间，树冠千塔层叠（图 11.6）。乔木层呈现复层结构，紫果云杉和云杉为大乔木层的共优种，岷江冷杉居于中、小乔木层，偶有零星的糙皮桦和方枝柏混生。灌木层稀疏或密集，取决于林内光照，常见种类有陕甘花楸和峨眉蔷薇等。草本层较发达，在阴暗的林下可能较稀疏，物种组成丰富，常见种类有类叶升麻、珠芽拳参和双花堇菜等。地被层由斑块状的藓类植物组成。

图 11.6 “紫果云杉+云杉-岷江冷杉-灌木-草本”常绿针叶林的外貌（左）、林下结构（右上）和草本层（右下）（甘肃卓尼）

Figure 11.6　Physiognomy (left), understorey layer (upper right) and herb layer (lower right) of *Picea purpurea*+*Picea asperata*-*Abies fargesii* var. *faxoniana*-Shrubs-Herbs Evergreen Needleleaf Forest in Zhuoni, Gansu

甘肃西南部和四川西北部的高山峡谷地带，水热条件较好，是紫果云杉、云杉和岷江冷杉集中分布的区域。3 个物种的垂直分布带谱不同，随着海拔由低到高可依次出现云杉林、紫果云杉林和岷江冷杉林；在垂直环境梯度上存在重叠和替代现象，在群落的交汇地带可形成混交林。分布于甘肃西南部和四川西北部，海拔 2800～3500 m。这里描述 1 个群丛。

PP2

紫果云杉+云杉-岷江冷杉-陕甘花楸-类叶升麻 常绿针叶林

***Picea purpurea+Picea asperata-Abies fargesii* var. *faxoniana-Sorbus koehneana-Actaea asiatica* Evergreen Needleleaf Forest**

凭证样方：G21、16154、16178。

特征种：云杉（*Picea asperata*）*、瘤糖茶藨子（*Ribes himalense* var. *verruculosum*）*、类叶升麻（*Actaea asiatica*）*、西南草莓（*Fragaria moupinensis*）*。

常见种：岷江冷杉（*Abies fargesii* var. *faxoniana*）、紫果云杉（*Picea purpurea*）、峨眉蔷薇（*Rosa omeiensis*）、陕甘花楸（*Sorbus koehneana*）、珠芽拳参（*Polygonum viviparum*）、双花堇菜（*Viola biflora*）及上述标记*的物种。

乔木层盖度 40%～80%，胸径（5）8～42（70）cm，高度（3）6～29（35）m；紫果云杉和云杉为大乔木层的共优种，二者的相对多度与海拔相关；岷江冷杉为中乔木层的优势种，在地形封闭的环境中数量较多；在偏阳的生境或在择伐迹地上，还有零星的糙皮桦和方枝柏混生。G21 样方中，紫果云杉“胸径-频数”和“树高-频数”分布分别呈正态曲线和右偏态曲线，中、小径级或树高级的个体较多，径级和树高级结构不完整（图 11.7）。林下有紫果云杉、岷江冷杉和糙皮桦的幼树与幼苗生长，自然更新良好。

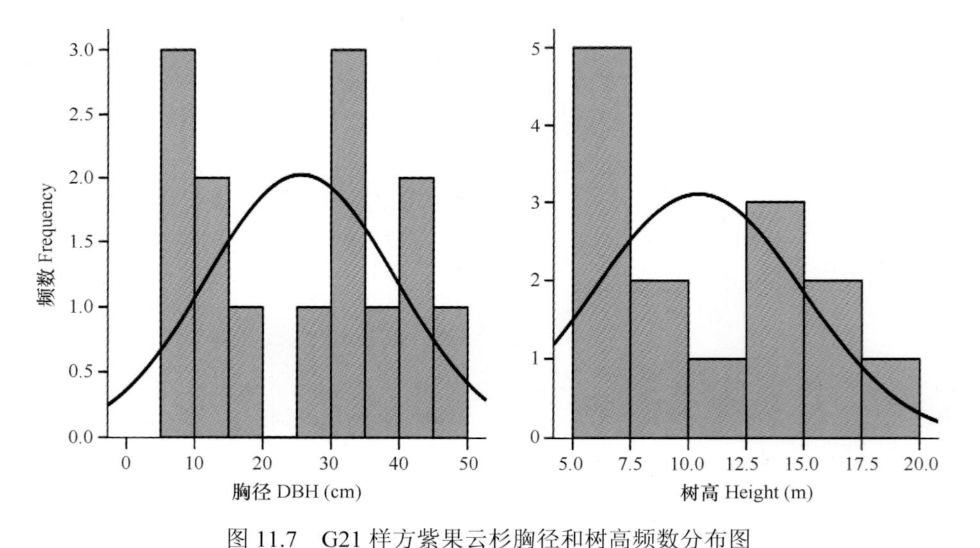

图 11.7　G21 样方紫果云杉胸径和树高频数分布图

Figure 11.7　Frequency distribution of DBH and tree height of *Picea purpurea* in plot G21

灌木层稀疏或密集，盖度 10%～60%，高度 30～450 cm，在乔木层盖度较大的林下，灌木层较稀疏；陕甘花楸、峨眉蔷薇和瘤糖茶藨子等是大灌木层的常见种，偶见华西蔷薇和绢毛山梅花；在中、低灌木层，物种组成较丰富，多为偶见种，包括冰川茶藨子、红脉忍冬、银露梅、南川绣线菊、西北蔷薇、华西忍冬、淡红忍冬、唐古特忍冬、蒙古绣线菊、毛药忍冬、香莓和菰帽悬钩子等；矮五加高度不足 15 cm，贴地生长在松软的苔藓或腐殖质层上，在局部生境中可形成优势层片。

草本层总盖度 10%～80%，高度 3～70 cm，优势种不明显；大草本层中，类叶升麻较常见，偶见高异燕麦、柳叶菜风毛菊、小花风毛菊、大羽鳞毛蕨和空茎驴蹄草等；在低矮草本层，物种组成十分丰富，西南草莓、珠芽拳参和双花堇菜普遍生长在林下，是贴地生长的圆叶系列草本；草本层物种组成的空间异质性较大，偶见种有鹿蹄橐吾、丝秆薹草、东方草莓、四川婆婆纳、费菜、高山紫菀、异叶囊瓣芹、林猪殃殃、球茎虎耳草、小银莲花、高山露珠草、沼生橐吾、紫花碎米荠和卵叶山葱等，其中若干组合可在特定生境中形成优势层片。

地被层的藓类稀疏或密集，盖度 30%～100%，厚度 15～20 cm，种类有尖叶青藓、拟垂枝藓和锦丝藓等。

分布于甘肃西南部和四川西北部，海拔 2900～3500 m，常生长在陡峭的山地西北坡或山麓谷地，坡度 25°～60°。人类活动干扰较重，经历重度择伐，一些群落的林相残败。

11.4.3　PPⅢ

紫果云杉-岷江冷杉-方枝柏-灌木-草本　常绿针叶林

***Picea purpurea*-*Abies fargesii* var. *faxoniana*-*Juniperus saltuaria*-Shrubs-Herbs Evergreen Needleleaf Forest**

紫果云杉林—中国植被，1980：195-196。

群落的外貌呈寒温性针叶林的特征，色泽深绿与浅绿相间，尖塔状树冠与圆钝的树冠交错，这是方枝柏与紫果云杉混交林典型的外貌特征。乔木层呈复层结构，大乔木层由紫果云杉组成，岷江冷杉居中乔木层，方枝柏出现在小乔木层。大乔木层的郁闭程度对方枝柏种群数量的影响较大。在乔木层开阔的林中，方枝柏数量较多，有糙皮桦、枫（*Acer* spp.）和白桦混生，形成一个较明显的乔木亚层；在林冠层盖度较高的林中，方枝柏稀少，或仅见于林缘或林窗。林下有明显的灌木层，主要物种有秀丽莓、唐古特忍冬和杜鹃（*Rhododendron* spp.）等。分布于甘肃西南部和四川西北部。这里描述 1 个群丛。

PP3

紫果云杉-岷江冷杉-方枝柏-秀丽莓-美花铁线莲　常绿针叶林

***Picea purpurea*-*Abies fargesii* var. *faxoniana*-*Juniperus saltuaria*-*Rubus amabilis*-*Clematis potaninii* Evergreen Needleleaf Forest**

凭证样方：SP1、SP3。

特征种：方枝柏（*Juniperus saltuaria*）*、西南樱桃（*Cerasus duclouxii*）*、金花忍冬（*Lonicera chrysantha*）*、苞叶杜鹃（*Rhododendron bracteatum*）*、冰川茶藨子（*Ribes glaciale*）*。

常见种：岷江冷杉（*Abies fargesii* var. *faxoniana*）、糙皮桦（*Betula utilis*）、紫果云杉（*Picea purpurea*）、红毛五加（*Eleutherococcus giraldii*）、紫花卫矛（*Euonymus porphyreus*）、黑果忍冬（*Lonicera nigra*）、唐古特忍冬（*Lonicera tangutica*）、华西忍冬（*Lonicera webbiana*）、糖茶藨子（*Ribes himalense*）、华西蔷薇（*Rosa moyesii*）、峨眉蔷

薇（*Rosa omeiensis*）、秀丽莓（*Rubus amabilis*）、菰帽悬钩子（*Rubus pileatus*）、陕甘花楸（*Sorbus koehneana*）及上述标记*的物种。

乔木层稀疏，胸径 6～57 cm，由紫果云杉、岷江冷杉、方枝柏和糙皮桦组成；紫果云杉和岷江冷杉的胸径分别是 34～57 cm 和 30～31 cm，平均树龄分别是 160～289 年和 133～156 年。据此判断，紫果云杉巨木参天，居大乔木层，岷江冷杉居中乔木层，方枝柏和糙皮桦胸径均较小，居小乔木层。林下有乔木树种的幼苗生长，其中长尾枫和岷江冷杉的幼苗较多，方枝柏和白桦的幼苗较少，没有记录到紫果云杉的幼苗。

林下有稀疏的缺苞箭竹，盖度 2%～5%。灌木层较发达，物种丰富度 18～21，主要种类有唐古特忍冬、紫花卫矛、秀丽莓及常绿灌木苞叶杜鹃和陇蜀杜鹃，藤本植物美花铁线莲的个体数量较多。由于样方记录中没有草本层和苔藓层的信息，其文字描述暂缺。根据我们的野外观察，此类群丛应该具有稳定的草本层和苔藓层，但其物种组成和盖度在不同的群落间有变化。

分布于四川北部（平武县，四川王朗国家级自然保护区），海拔 2480～3020 m 处。受人类活动干扰较轻，群落呈原始森林外貌。

11.4.4 PPⅣ

紫果云杉-岷江冷杉-箭竹/灌木-草本 常绿针叶林

Picea purpurea-Abies fargesii var. *faxoniana-Fargesia* sp./Shrubs-Herbs Evergreen Needleleaf Forest

紫果云杉林—中国植被，1980：195-196；箭竹紫果云杉林—四川森林，1992：332；中国森林（第2卷 针叶林），1999：753。

群落外貌呈整齐的寒温性针叶林特征，色泽墨绿，干塔层叠（图 11.8）。乔木层由紫果云杉和岷江冷杉组成，二者分别是大、中乔木层的优势种。林下通常有生长繁茂的箭竹层，高度可达 4 m，灌木层稀疏。在一些生境中，箭竹层稀疏或无，灌木层密集或稀疏。草本层较发达，物种组成丰富。苔藓层密集或稀薄。

分布于甘肃西南部和四川西北部。这里描述 3 个群丛。

11.4.4.1 PP4

紫果云杉-岷江冷杉-华西箭竹-峨眉蔷薇-丝秆薹草 常绿针叶林

Picea purpurea-Abies fargesii var. *faxoniana-Fargesia nitida-Rosa omeiensis-Carex filamentosa* Evergreen Needleleaf Forest

凭证样方：G25、SP2、SP4。

特征种：美花铁线莲（*Clematis potaninii*）*、紫花卫矛（*Euonymus porphyreus*）*、缺苞箭竹（*Fargesia denudata*）*、黑果忍冬（*Lonicera nigra*）、秀丽莓（*Rubus amabilis*）*。

常见种：岷江冷杉（*Abies fargesii* var. *faxoniana*）、糙皮桦（*Betula utilis*）、紫果云杉（*Picea purpurea*）、唐古特忍冬（*Lonicera tangutica*）、冰川茶藨子（*Ribes glaciale*）、糖茶藨子（*Ribes himalense*）、华西蔷薇（*Rosa moyesii*）、峨眉蔷薇（*Rosa omeiensis*）、陕甘花楸（*Sorbus koehneana*）及上述标记*的物种。

图 11.8　“紫果云杉-岷江冷杉-箭竹/灌木-草本”常绿针叶林的林冠层（左）、外貌（右上）和草本层（右下）（甘肃迭部）

Figure 11.8　Canopy layer (left), physiognomy (upper right) and herb layer (lower right) of *Picea purpurea-Abies fargesii* var. *faxoniana-Fargesia* sp./Shrubs-Herbs Evergreen Needleleaf Forest in Diebu, Gansu

乔木层盖度 40%，胸径（5）14～61（95）cm，高度（4）6～24（37）m，由紫果云杉和岷江冷杉组成（图 11.9），偶有糙皮桦混生；在四川王朗调查的 SP2 和 SP4 样方中，紫果云杉个体数较少，且多为大径级个体，平均胸径 54～61cm，平均树龄达 260～339 年；岷江冷杉个体数量约为紫果云杉的 1 倍以上，但中、小径级个体较多，平均胸径 38～47 cm，平均树龄 148～180 年；糙皮桦平均胸径 14 cm，平均树龄 68～109 年；SP4 样方中记录到 1 株方枝柏，平均胸径 51 cm，树龄达 480 年。G25 样方数据显示，紫果云杉“胸径-频数”和“树高-频数”分布分别呈正态曲线和左偏态曲线，径级不整齐，大径级和小径级的个体数量大致相当，中等径级个体较少，中、高树高级的个体稍多（图 11.10）；紫果云杉和岷江冷杉的幼苗稀少，在两个样方中的个体数分别是 25 株/hm^2、15 株/hm^2 和 143 株/hm^2、111 株/hm^2。

箭竹层发达，盖度 30%～74%，高度达 400 cm，种类有华西箭竹和缺苞箭竹。在箭竹数量较少的样地中，紫果云杉和岷江冷杉的幼苗数量较多，说明箭竹对乔木层的更新有限制作用（申国珍等，2004）。

灌木层较稀疏，盖度 20%，高度 40～450 cm；大灌木层中，峨眉蔷薇、陕甘花楸和冰川茶藨子较常见，偶见托叶樱桃和红脉忍冬等；矮小灌木层常见种类有唐古特忍冬、紫花卫矛和秀丽莓等。

草本层盖度达 60%，高度 4～60 cm，偶见种居多；大草本层稀疏，由柳叶菜风毛菊、羊茅和大黄橐吾组成；微孔草、散穗早熟禾、乳白香青和大耳叶风毛菊等偶见于中草本层，其中丝秆薹草占优势；高山露珠草、鳞茎堇菜和扭柄花偶见于贴地生长的低矮草本层。

图 11.9　岷江冷杉（左）和紫果云杉（右）的树干形态

Figure 11.9　Barks of *Abies fargesii* var. *faxoniana* (left) and *Picea purpurea* (right) as two dominant species in the canopy layer of *Picea purpurea* Evergreen Needleleaf Forest

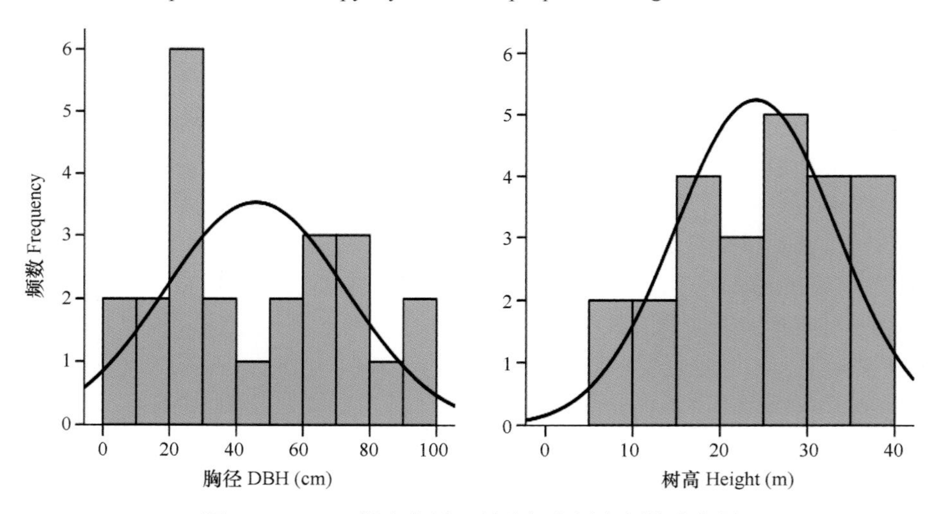

图 11.10　G25 样方紫果云杉胸径和树高频数分布图

Figure 11.10　Frequency distribution of DBH and tree height of *Picea purpurea* in plot G25

分布于甘肃西南部和四川北部（平武县，四川王朗国家级自然保护区），海拔 2890～2990 m，生长在平缓的山坡、山麓和谷地，坡度 14°～20°。人类活动干扰较重，经历过重度择伐的群落，林相残败。在自然保护区内的群落，人类活动干扰较轻，群落呈原始森林外貌（图 11.8）。

11.4.4.2　PP5

紫果云杉-岷江冷杉-唐古特忍冬-三角叶假冷蕨 常绿针叶林

***Picea purpurea-Abies fargesii* var. *faxoniana-Lonicera tangutica-Athyrium subtriangulare* Evergreen Needleleaf Forest**

凭证样方：16155、16156、16159、16160、16161、16163、16164、16170、16174、16179。

特征种：矮五加（*Eleutherococcus humillimus*）*、细枝茶藨子（*Ribes tenue*）、三角叶假冷蕨（*Athyrium subtriangulare*）*、膜叶冷蕨（*Cystopteris pellucida*）、细茎橐吾（*Ligularia hookeri*）、狭苞橐吾（*Ligularia intermedia*）、管花鹿药（*Maianthemum henryi*）、白花酢浆草（*Oxalis acetosella*）*。

常见种：岷江冷杉（*Abies fargesii* var. *faxoniana*）、紫果云杉（*Picea purpurea*）、唐古特忍冬（*Lonicera tangutica*）、双花堇菜（*Viola biflora*）、锦丝藓（*Actinothuidium hookeri*）及上述标记*的物种。

乔木层盖度 50%～80%，胸径（5）20～36（70）cm，高度（3）15～32（45）m，由紫果云杉和岷江冷杉组成，或有零星的糙皮桦和长尾枫混生；林内巨木参天，树干通直饱满。乔木层呈复层异龄结构，大乔木层中，紫果云杉或略高于岷江冷杉，二者数量相当；在中、小乔木层，岷江冷杉的数量明显多于紫果云杉。林下有岷江冷杉的幼树和幼苗，紫果云杉的幼苗和幼树罕见。

灌木层盖度 20%～40%，高度 15～400 cm，绝大多数个体高度不足 300 cm，唐古特忍冬普遍生长在林下，在高、中和低灌木层均可生长；高大灌木层由偶见种组成，包括黄毛杜鹃、无柄杜鹃和陇蜀杜鹃等常绿灌木，以及毛樱桃、大刺茶藨子、毛樱桃和糖茶藨子等落叶灌木；中灌木层由直立落叶灌木组成，均为偶见种，包括黑果忍冬、红脉忍冬、红毛五加、华西蔷薇、蓝果忍冬、美丽茶藨子、陕甘花楸和细枝茶藨子等；低矮灌木层由黄色悬钩子和矮五加等匍匐灌木组成，前者偶见于林下，后者较常见，在苔藓层上可形成匍匐小灌木的优势层片，高度不足 20 cm。

草本层盖度 20%～80%，高度 3～80 cm，10 个样方中记录到 58 个物种，各个样方的物种丰富度为 9～22，优势种不明显，物种组成的空间异质性较大；铁破锣可在遮蔽树冠下的苔藓上形成密集的单优势层片；直立茴芹、白蓝翠雀花、粗野马先蒿、三角叶假冷蕨、升麻、大羽鳞毛蕨、短颖披碱草、莛子藨和铁破锣等物种是高大草本层的主要成分；管花鹿药、黄三七、小花风毛菊、膜叶冷蕨、节节草、大耳叶风毛菊、狭苞橐吾、珠芽拳参和细茎橐吾等偶见于中草本层；贴地生长的矮小草本植物较丰富，高度 3～5 cm，双花堇菜和白花酢浆草较常见，其他多为偶见种，是贴地生长的圆叶系列草本层片的主要成分，包括鞭打绣球、林猪殃殃、珠芽拳参、酢浆草、高原露珠草、纤细草莓、四川堇菜和西南草莓等。

苔藓层盖度 25%～100%，厚度 6～30 cm，种类有山羽藓、毛梳藓和金发藓等，锦丝藓较常见。

分布于甘肃西南部（舟曲、迭部、卓尼）和四川西北部（九寨沟、松潘），海拔 3192～3419 m，生长在山地的西北坡、北坡至东北坡及山麓地带。

11.4.4.3 PP6

紫果云杉-岷江冷杉-高原露珠草-锦丝藓 常绿针叶林

***Picea purpurea-Abies fargesii* var. *faxoniana-Circaea alpina* subsp. *imaicola-Actinothuidium hookeri* Evergreen Needleleaf Forest**

凭证样方：16171、16261。

特征种：高原露珠草（*Circaea alpina* subsp. *imaicola*）*、山羽藓（*Abietinella abietina*）*。

常见种：岷江冷杉（*Abies fargesii* var. *faxoniana*）、紫果云杉（*Picea purpurea*）、唐古特忍冬（*Lonicera tangutica*）、细枝茶藨子（*Ribes tenue*）、林猪殃殃（*Galium paradoxum*）、锦丝藓（*Actinothuidium hookeri*）及上述标记*的物种。

乔木层盖度 60%～70%，胸径（5）24～25（75）cm，高度（3）16～24（42）m，由紫果云杉和岷江冷杉组成，前者数量较少，皆参天巨木，个体粗壮高大，胸径 50～54 cm，高度 30～41m，形成大乔木层；岷江冷杉的胸径 20～22 cm，高度 15～22 m，是中乔木层的优势种，盖度大；林下有岷江冷杉的幼树和幼苗，紫果云杉的幼苗和幼树罕见。

林内空旷阴暗，灌木稀疏，盖度 5%～15%，高度 60～220 cm；唐古特忍冬和细枝茶藨子较常见，偶见栎叶杜鹃、峨眉蔷薇、瘤糖茶藨子、陕甘花楸、华西蔷薇和凝毛杜鹃等。

草本层盖度 10%～50%，高度 4～40 cm，优势种不明显；三角叶假冷蕨、劳氏马先蒿、紫花碎米荠和铁破锣等直立草本偶见于林下，可在局部生境中形成斑块状的优势层片；圆叶系列草本紧贴苔藓层生长，林猪殃殃和高原露珠草较常见，偶见卵叶山葱、松潘蒲儿根、掌裂蟹甲草、掌叶报春、沼生橐吾、林猪殃殃、膜叶冷蕨、二叶红门兰、双花堇菜和白花酢浆草等。

苔藓层盖度 80%～100%，厚度 6～40 cm，形成了林地上松软碧绿的地被背景，锦丝藓和山羽藓较常见，偶见曲尾藓、毛梳藓和金发藓等。

分布于四川西北部（小金、松潘），海拔 3495～3573 m，生长在山地的西北坡。这一区域是岷江冷杉纯林的集中分布区，在偏阳的生境中可出现紫果云杉和岷江冷杉的混交林（图 11.11）。

11.4.5 PPⅤ

紫果云杉+青海云杉-祁连圆柏-灌木-草本 常绿针叶林

***Picea purpurea+Picea crassifolia-Juniperus przewalskii*-Shrubs-Herbs Evergreen Needleleaf Forest**

紫果云杉林—中国植被，1980：195-196；甘肃植被，1997：91。

群落呈针叶林外貌，稀疏低矮。紫果云杉是乔木层的优势种，有青海云杉和祁连圆柏混生。祁连圆柏的数量取决于林冠层的盖度及群落所处的坡向。在半阴坡或半阳坡的群落，或处在择伐后植被恢复阶段的群落，林冠尚未郁闭，林内光照较好，祁连圆柏种群数量较多。随着群落的发育，林冠层盖度逐渐增加，祁连圆柏的种群数量会有所下降，但不会完全退出。林下有正常发育的灌木层、草本层和苔藓层。

图 11.11 “紫果云杉-岷江冷杉-高原露珠草-锦丝藓”常绿针叶林的垂直结构（左）、外貌（右上）和草本层（右下）（四川九寨沟）

Figure 11.11 Vertical structure (left), physiognomy (upper right) and herb layer (lower right) of *Picea purpurea-Abies fargesii* var. *faxoniana-Circaea alpina* subsp. *imaicola-Actinothuidium hookeri* Evergreen Needleleaf Forest in Jiuzhaigou, Sichuan

分布于紫果云杉林分布区的北部，与祁连圆柏林的分布区相交错，表征了相对干冷的气候条件。这里描述 1 个群丛。

PP7

紫果云杉+青海云杉-祁连圆柏-银露梅-甘肃薹草 常绿针叶林

Picea purpurea+Picea crassifolia-Juniperus przewalskii-Potentilla glabra-Carex kansuensis Evergreen Needleleaf Forest

凭证样方：S11。

特征种：祁连圆柏（*Juniperus przewalskii*）*、青海云杉（*Picea crassifolia*）*、变刺小檗（*Berberis mouillacana*）*、短叶锦鸡儿（*Caragana brevifolia*）*、吉拉柳（*Salix gilashanica*）*、淡黄香青（*Anaphalis flavescens*）*、钝裂银莲花（*Anemone obtusiloba*）*、草玉梅（*Anemone rivularis*）*、天门冬（*Asparagus cochinchinensis*）*、甘肃薹草（*Carex kansuensis*）*、长瓣铁线莲（*Clematis macropetala*）*、麻花艽（*Gentiana straminea*）*、甘青老鹳草（*Geranium pylzowianum*）*、椭圆叶花锚（*Halenia elliptica*）*、箭叶橐吾（*Ligularia sagitta*）*、华帚菊（*Pertya sinensis*）*、高原毛茛（*Ranunculus tanguticus*）*、钝苞雪莲（*Saussurea nigrescens*）*、林生风毛菊（*Saussurea sylvatica*）*。

常见种：紫果云杉（*Picea purpurea*）、灰栒子（*Cotoneaster acutifolius*）、唐古特忍冬（*Lonicera tangutica*）、银露梅（*Potentilla glabra*）、陕甘花楸（*Sorbus koehneana*）、蒙古绣线菊（*Spiraea mongolica*）、萎软紫菀（*Aster flaccidus*）、东方草莓（*Fragaria orientalis*）、高异燕麦（*Helictotrichon altius*）、藓生马先蒿（*Pedicularis muscicola*）、林地早熟禾（*Poa nemoralis*）、珠芽拳参（*Polygonum viviparum*）、双花堇菜（*Viola biflora*）及上述标记*的物种。

乔木层盖度 40%，胸径（3）11～13（32）cm，高度（3）7～12（21）m；紫果云杉为中乔木层的优势种，青海云杉数量较少；紫果云杉平均胸径 13 cm，平均树高 12 m，最大高度 21 m，“胸径-频数”和“树高-频数”分布曲线呈右偏态和正态，林地内中、小径级或树高级的个体较多，该群丛尚处在中幼龄阶段，径级结构不完整（图 11.12）；祁连圆柏为小乔木层的优势种，平均高度与中乔木层相差近 6 m，密度约为前者的 1/5。林下有紫果云杉、青海云杉和祁连圆柏的幼树与幼苗生长，其中紫果云杉幼苗数达 10 株/25 m^2，具有较好的自然更新能力，后二者的幼苗数较少。

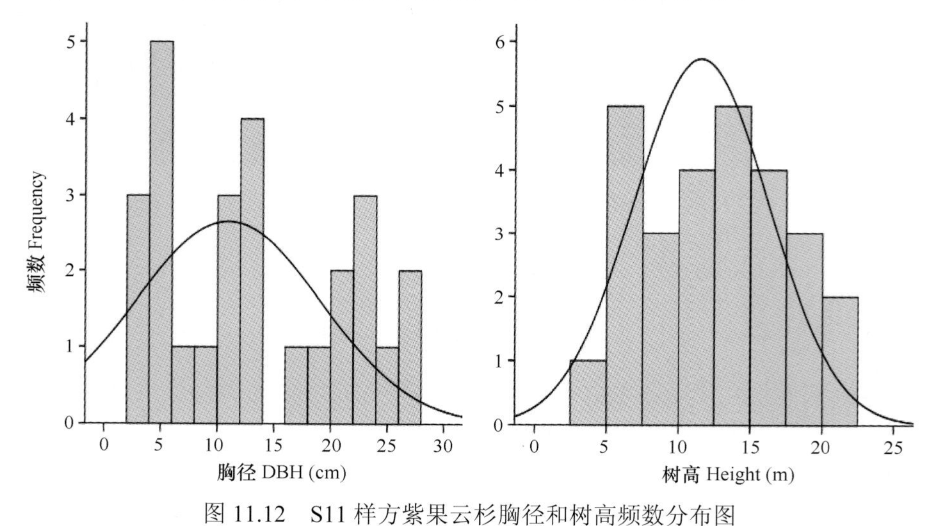

图 11.12 S11 样方紫果云杉胸径和树高频数分布图

Figure 11.12 Frequency distribution of DBH and tree height of *Picea purpurea* in plot S11

灌木层盖度达 45%，高度 50～320 cm；大灌木层稀疏，由针叶树的幼树和吉拉柳组成；中灌木层物种组成较丰富，主要种类有银露梅、华帚菊和唐古特忍冬等，或有长瓣铁线莲等木质藤本生长，数量稀少。

草本层总盖度达 50%，高度 4～50 cm；高大草本层稀疏，由天门冬、高原毛茛、草玉梅、林地早熟禾和林生风毛菊等组成；低矮草本层较密集，甘肃薹草占优势，伴生种类有钝苞雪莲、高异燕麦、钝裂银莲花、箭叶橐吾、甘青老鹳草、淡黄香青、麻花艽、珠芽拳参、藓生马先蒿、东方草莓、萎软紫菀和双花堇菜等。

苔藓层呈大斑块状，盖度达 50%，厚度达 8 cm，锦丝藓和山羽藓占优势，偶见卵叶青藓。

分布于青海东南部（同仁、麦秀），海拔 3000～3100 m，生长在平缓的山坡和河谷。人类活动干扰较轻，森林处在中龄阶段，针叶树的树冠多呈尖塔状（图 11.13）。

图 11.13 "紫果云杉+青海云杉-祁连圆柏-灌木-草本"常绿针叶林的外貌（左）、林下结构（右上）和草本层（右下）（青海同仁）

Figure 11.13 Physiognomy (left), understorey layer (upper right) and herb layer (lower right) of *Picea purpurea*+*Picea crassifolia*-*Juniperus przewalskii*-Shrubs-Herbs Evergreen Needleleaf Forest in Tongren, Qinghai

据文献记载，紫果云杉林还有以下群落类型。我们在野外考察中发现，紫果云杉林多为混交林，纯林罕见。由于原始文献没有附配样方数据，很难判断此类群落的归属，暂将相关描述摘录于此待考。

（1）"藓类紫果云杉林"

青海森林，1993：167；中国森林（第 2 卷 针叶林），1999：753；四川森林，1992：332。

据《青海森林》（《青海森林》编辑委员会，1993）记载，"本林型分布广泛，代表性强"；在青海省的垂直分布范围是 3100～3900 m；在垂直分布的下限地带，林冠层常有青海云杉和白桦混生，但数量稀少；林下有稀疏的灌木和草本植物生长，盖度很低，地被层以藓类为主，盖度可达 85%～90%。

（2）"草本紫果云杉林""野青茅紫果云杉林、苔草紫果云杉林"

青海森林，1993：167；甘肃植被，1997：90；四川森林，1992：331；中国森林（第 2 卷 针叶林），1999：752-753。

主要生长在阴坡和半阴坡，林冠郁闭，林下光照弱，灌木层较稀疏，草本层和地被层较发达。在不同的产地，草本层的物种组成不同，可形成不同的群丛类型。由于紫果云杉林在历史时期曾经历采伐作业，现存森林的林冠层透光好，林下往往有密集的灌木生长，具备"紫果云杉-草本-藓类"结构特征的原始森林并不多见。据《青海森林》记载，该群丛组的乔木层中除了紫果云杉外，尚有川西云杉和云杉混生；灌木层盖度不足 10%，草本层盖度 45%，苔藓层盖度 80%。

据《青海森林》（《青海森林》编辑委员会，1993）记载，该群丛的垂直分布范围在

3200～3800 m，地形较陡，坡向多为阴坡和半阴坡；乔木层以紫果云杉占优势，常有岷江冷杉、川西云杉和方枝柏混生；林下灌木稀疏，盖度较低，主要种类有忍冬（*Lonicera* spp.）、蔷薇（*Rosa* spp.）、绣线菊（*Spiraea* spp.）、柳（*Salix* spp.）和茶藨子（*Ribes* spp.）等；草本层发达，盖度达 50%～80%，以薹草（*Carex* spp.）植物占优势；地被层由藓类组成，呈斑块状，盖度可达 80%。

据《四川森林》（《四川森林》编辑委员会，1992）记载，在川西北地区偏阳的生境中，紫果云杉林下会出现以糙野青茅为优势种的草本层。糙野青茅的习性是喜光耐干旱，只有在光照充足的生境中才能生长。如果紫果云杉林下光照较好，糙野青茅虽可生长，但也可能出现灌木大量滋生的现象。因此，“野青茅紫果云杉林”群丛或许是在林窗或在林缘地带植被恢复早期阶段的一个过渡群落类型。

（3）“柳类紫果云杉林”“杜鹃紫果云杉林”

青海森林，1993：168；中国森林（第 2 卷 针叶林），1999：752，754；四川森林，1992：329-331。

据《青海森林》（《青海森林》编辑委员会，1993）记载，在青海麦秀林区海拔 3200～3400 m 的河谷底部和山麓地带，土壤湿润，地下水位高，紫果云杉林下常有柳类灌丛生长；乔木层由紫果云杉组成，长势不良，120 年树龄的个体，平均树高约 10 m，胸径 15 cm；灌木层高度 2～4 m，盖度达 60%，主要种类有匙叶柳、川滇柳和吉拉柳等；草本层以薹草占优势，盖度达 60%；地被层由多种藓类组成，盖度 25%，厚度 7.5 cm。显然，在特殊地形条件下，土壤积水程度较高，适宜柳类植物生长，“柳类紫果云杉林”群丛是局部生境中的一个特殊类型。

在青海麦秀林区海拔 3500 m 以上的生境中，紫果云杉林下常有杜鹃灌丛生长。乔木层的郁闭度 0.4～0.6，177 年树龄的个体高度为 16.8 m，胸径为 30 cm；林下灌木层盖度 30%～60%，陇蜀杜鹃和千里香杜鹃占优势，其他灌木有鬼箭锦鸡儿和高山绣线菊等；草本层以薹草和珠芽拳参为主。另据《四川森林》（《四川森林》编辑委员会，1992）记载，该群丛在川北海拔 3800～3900 m 的阴坡和半阴坡也有零星分布。林冠层高度通常在 15 m 以下，紫果云杉的胸径为 20～30 cm；林下灌木层盖度 70%～80%，除了陇蜀杜鹃外，还有紫丁杜鹃，其他灌木有高山绣线菊和窄叶鲜卑花等；草本层以薹草为主。

（4）“高山栎紫果云杉林”

四川森林，1992：332-333；中国森林（第 2 卷 针叶林），1999：753。

据《四川森林》（《四川森林》编辑委员会，1992）记载，在川西北海拔 3100～3500 m 的阳坡和半阳坡，紫果云杉林下有川滇高山栎等阔叶树混生。林冠层以紫果云杉占优势，尚有零星的云杉混生；川滇高山栎和红桦居于第二乔木层，其生长状况及数量与林冠层的盖度相关。例如，第一层盖度为 50%，第二层盖度可达 30%；若前者盖度为 80%，第二层就完全消失。林下灌木层的盖度可达 50%，以蔷薇和忍冬为主；草本层盖度达 60%～70%；地被层稀疏，盖度常不足 20%。

11.5 建群种的生物学特性

紫果云杉的个体生长发育周期漫长。在甘肃迭部县劳日、唐尕、日宗等地的紫果云杉林中，32 株解析木的树龄为 167～308 年（张俊海等，1993）；据《青海森林》（《青海森林》编辑委员会，1993）记载，青海省内紫果云杉个体的最大树龄可达 500 年；四川平武县王朗的几个样地中，紫果云杉的树龄为 160～339 年（申国珍等，2004）；在四川九寨沟县的一块标准地中，39 株样木的树龄为 67～218 年（《四川森林》编辑委员会，1992）。

紫果云杉在苗期需要遮阴的环境，在生长发育过程中，个体对光照的需求逐渐增加。甘肃迭部县的调查资料显示，紫果云杉在 30 年树龄以上即要求全光照条件；在土层深厚、水分充足的河谷地带，由于光照不足，20～30 年树龄的个体生长不良；在高海拔地带土壤瘠薄但光照充足的林缘，幼树生长良好（张俊海等，1993）。

紫果云杉天然林常呈现异龄复层结构，年龄结构由 2～3 个世代构成，个体年龄可相差 100～150 年（《四川森林》编辑委员会，1992）。此现象说明，不同垂直层片个体的年龄不同，群落具有潜在的自我更新能力。

青海麦秀林区紫果云杉幼苗的生长数据显示，苗龄在 1～10 年的幼苗，苗高变化幅度为 0.5～25.3 cm，苗高平均生长量和连年生长量的变化幅度分别是 0.8～2.5 cm 和 0.8～4.3 cm，苗龄越高生长越快（张中隆等，1981）。麦秀林区 5 个紫果云杉解析木的数据显示（图 11.14），紫果云杉的胸径和树高的生长高峰出现在 60 年树龄以后，快速生长期可持续到 60～80 年，之后生长迅速放缓；材积的生长高峰出现在 140～150 年树龄；胸径、树高和材积的数量成熟期分别是 120 年、130 年和 180 年。

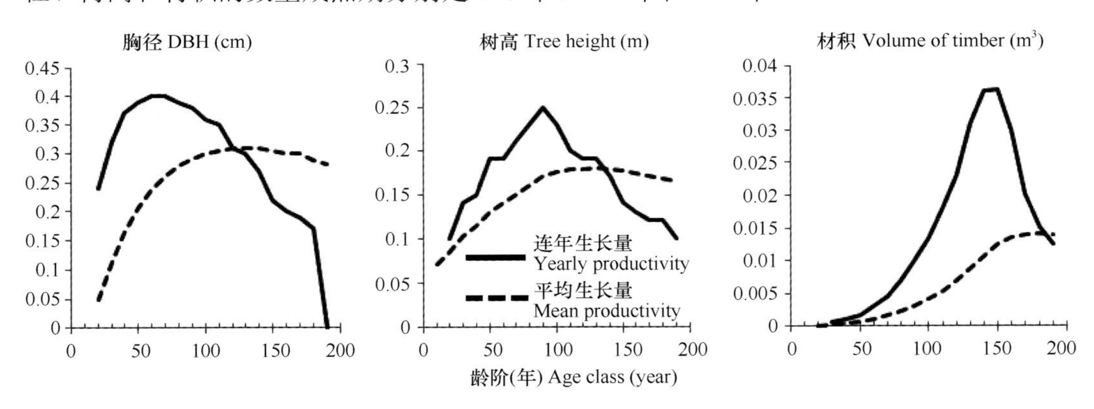

图 11.14 青海麦秀林区紫果云杉的个体生长规律（引自《青海森林》，1993）

Figure 11.14 Yearly and mean productivity of DHB, tree height and volume of timber of *Picea purpurea* from one stand in Maixiu, Qinghai (Data was derived from *Qinghai forests*, 1993)

甘肃迭部县紫果云杉林的调查数据显示，紫果云杉林的个体生长过程可划分为幼树期（1～30 年树龄，下同）、生长期（31～90 年）、生长旺盛期（91～180 年）和成熟期（181～210 年）；平均树龄在 180 年的紫果云杉，心腐率达 23%（张俊海等，1993）。

另据《四川森林》（《四川森林》编辑委员会，1992）记载，在四川省内，紫果云杉材积的连年生长量在 90 年树龄时达到峰值，100 年树龄后生长放缓，150 年树龄后生长迅速下降，数量成熟期出现在 120 年树龄。

紫果云杉的繁殖成熟期取决于多种因素，包括光照和群聚状况等。通常在光照较好的环境中结实量较大，在树冠的外层球果最多。据《青海森林》(《青海森林》编辑委员会，1993）记载，紫果云杉孤立木在 25 年树龄时即可结实；在密集的群落中，个体的旺盛结实期在 60～180 年树龄。另据《四川森林》(《四川森林》编辑委员会，1992）记载，在林冠层开阔的紫果云杉林中，个体在 60 年树龄时开始结实，结实量随着树龄的增加而增大，树龄为 400 年的个体仍可结实。

11.6 生物量与生产力

森林生产力和木材蓄积量受多种因素的影响。在不同的生长发育阶段，紫果云杉的生长量不同。据《青海森林》(《青海森林》编辑委员会，1993）记载，在青海马可河林区海拔 3300 m 处生长的紫果云杉林中，平均树龄为 73 年，平均胸径为 27.6 cm，平均树高为 15.0 m，平均单株材积为 0.4058 m^3；在麦秀林区海拔 3100 m 处生长的紫果云杉林中，平均树龄为 120 年，平均胸径为 32.2 cm，平均树高为 19.2 m，平均单株材积为 0.6361 m^3。甘肃迭部一个紫果云杉林的样地数据显示，167 年树龄的个体，单株材积为 2.1421 m^3；308 年树龄的个体，单株材积为 6.0991 m^3（张俊海等，1993）。

事实上，在年龄尺度和环境条件大致相同的情况下，紫果云杉林的生物量和生产力在植物群落不同的结构层次间，以及在不同的组织器官间存在差异。江洪（1986）报道了“紫果云杉-云杉”混交林的生物量和生产力。作者调查的样地位于四川松潘（31°N～32°N，103°15′E～103°50′E），海拔 3200～3300 m，紫果云杉林处在中幼龄阶段；在 4 个 30 m×40 m 的样方中，乔木层个体的平均年龄在 40～51 年，平均胸径为 13.6～20.9 cm，平均树高为 7.6～11.0 m，密度变化范围为 642～950 株/hm^2。主要结果如下。

（1）生物量的分配

森林总生物量为 158.779 t/hm^2，其中乔木层生物量为 134.408 t/hm^2，占 84.7%；灌木层（含幼树）生物量为 2.843 t/hm^2，占 1.8%；草本层及地被层生物量为 14.270 t/hm^2，占 9.0%；枯枝落叶层生物量为 7.225 t/hm^2，占 4.5%。

紫果云杉个体各器官的生物量分配：树干、树皮、枝条、针叶和根系的生物量及其所占比例分别是 59.901 t/hm^2（44.6%）、7.98 t/hm^2（5.9%）、20.207t/hm^2（19.5%）、14.244 t/hm^2（10.6%）和 26.076 t/hm^2（19.4%）。

地下部分各种根系类型，即细根、中根、粗根和根茎的生物量及其所占比例分别是 0.908 t/hm^2（3.5%）、1.495 t/hm^2（5.7%）、7.143 t/hm^2（27.4%）和 16.530 t/hm^2（63.4%）。

紫果云杉幼树的地上和地下部分的生物量分别为 1.424 t/hm^2 和 0.355 t/hm^2；灌木层的地上和地下部分的生物量分别为 0.652 t/hm^2 和 0.417 t/hm^2。

（2）净生产力

紫果云杉林的净生产力为 3258.5 kg/（hm^2·a），其中乔木层、灌木层（含幼树）和草本层的净生产力及其所占比例分别是 2890.5 kg/（hm^2·a）(88.7%)、61 kg/（hm^2·a）(1.9%）和 307 kg/（hm^2·a）(9.4%)。

就森林净生产力在紫果云杉各器官间的分配格局而言，树干、树皮、枝条、针叶和根系的净生产力及其所占比例分别是 1288.2 kg/（hm^2·a）(44.6%)、171.6 kg/（hm^2·a）

（5.9%）、563.6 kg/（$hm^2·a$）（19.5%）、306.3 kg/（$hm^2·a$）（10.6%）和 560.8 kg/（$hm^2·a$）（19.4%）。

研究进一步指出，紫果云杉林的叶面积指数、树冠的郁闭程度与生产力呈正相关关系（江洪，1986）。

11.7 群落动态与演替

紫果云杉林的自然更新受多种因素的影响，包括林冠层的盖度、林下植物组成和地形条件等。

在郁闭阴湿的林下，紫果云杉种子虽可发芽，但很难长成幼树。紫果云杉林下常可见到密集生长的一年生萌芽苗，而苗龄在二年以上的幼苗较稀少。造成这种现象的主要原因是郁闭阴湿的林下往往有较厚的苔藓层，种子发芽后根系很难接触土壤，很快干枯死亡。林内遮蔽的环境也不利于幼苗的生长，即便有少数个体能够度过幼苗期，也很难进入到林冠层，因为紫果云杉幼苗在成长过程中对光的需求逐渐增加，林中常可见到枯死的幼树。

在甘南和川北分布的紫果云杉林中，林下往往有箭竹生长。紫果云杉幼苗的更新状况与箭竹的密集程度相关联。在箭竹生长密集的林下，紫果云杉的幼苗很少，如果林下箭竹稀疏或无箭竹生长，幼苗更新较好（申国珍等，2004）。

在采伐迹地上，紫果云杉林的更新状况与采伐强度、采伐方式及采伐后迹地的管理状况相关。适度的择伐能够改善林下环境，择伐后林下光照增强，地表干燥，地被层生长受到抑制，种子萌发后容易接触到土壤，幼苗生长旺盛，幼树可进入到林冠层，自然更新良好。强度择伐和皆伐作业将形成大面积的无林斑块，迹地环境条件的剧变会导致地表覆盖的重大变化，采伐迹地上的植被恢复进程将由先锋植物开始，经过一系列中间过渡群落类型，最后发展到紫果云杉林顶极群落阶段。但是，植被的恢复过程取决于种源的供给状况。在有种源补给的前提下，采伐迹地能够恢复到紫果云杉林顶极群落阶段；在缺乏种源的情况下，采伐迹地可能长期停留在落叶阔叶林或灌丛阶段；如果遭受进一步的干扰，特别是放牧干扰，采伐迹地将退化为草原。

紫果云杉林火烧迹地上的植被恢复状况，取决于人类活动干扰的强度和种源补充量。放牧是主要干扰之一，过度放牧可使火烧迹地退化为草地。采取人工辅助更新措施，如在火烧迹地上补种或植苗等，可加速森林恢复的进程。

现实中，由于紫果云杉人工更新技术尚不成熟，在采伐或火烧迹地上实施人工造林的过程中，往往以云杉或青海云杉的种苗代之。由于紫果云杉林的垂直分布范围较同一产地的其他云杉林高，在造林中如果忽视了树种间生态习性的差异，不能适地适树，所营造的人工林环境适应性差，造林成效低。在甘肃的紫果云杉产区，以云杉代替紫果云杉造林的现象十分普遍（冯自诚等，1990）。云杉的垂直分布范围较低，在高海拔地带虽能成活，但生长不良，林木锈病频发，后期常出现成片死亡的现象（张承维等，1993）。在青海省，紫果云杉林采伐后，常用青海云杉作为后续的更新造林树种（《青海森林》编辑委员会，1993），后者在海拔 3200 m 以上的迹地上生长衰弱，紫果云杉却生长较好

（张中隆等，1981）。这种“以劣代优”的造林方式，不利于森林结构和功能的优化。

从上百年的时间尺度看，在全面实施天然林禁伐的前提下，紫果云杉林的自然更新主要依赖林窗。在景观尺度上，不同恢复阶段的林窗植被斑块呈现镶嵌分布的格局。

在四川省平武县王朗自然保护区，保存有一定数量的紫果云杉原始森林。申国珍（2002）对该地“紫果云杉-岷江冷杉”混交林的林窗及其更新状况进行了研究。结果显示，形成林窗的有枯立木、风雪折木、自然腐木和掘根风倒木等；一个林窗通常由1～3株倒木形成；作者共调查62个林窗，记录到倒木157株，林冠林窗和扩展林窗的平均面积分别为42.34 m^2和90.86 m^2；由于种源供应充足，在林窗地带恢复的群落类型与林窗形成前的类型别无二致；在林窗植被恢复过程中，种间存在激烈的竞争和互作过程。作者进一步指出，在林窗植被恢复过程中，紫果云杉和岷江冷杉的密度在林窗形成后的30～70年达到最大值，随后因自梳过程而逐渐减少；白桦的数量逐渐增加，方枝柏逐渐减少；其他树种如长尾枫、湖北花楸、细齿稠李和假稠李等呈现出先增加后减少的趋势（申国珍，2002）。

11.8 价值与保育

紫果云杉林在水源涵养、生物多样性保育和维持碳平衡等方面具有特别重要的意义。此外，紫果云杉树干通直饱满、材质优良，是工业和建筑用材的资源树种。

紫果云杉林的地理分布区位于长江和黄河水系的源头地带，地貌陡峭、地形破碎，具有发生水土流失、泥石流和滑坡等自然灾害的潜在地质条件。紫果云杉林生命周期长，是高海拔地带的重要植被类型，与其他植被相组合，形成了保土护坡的重要屏障。此外，紫果云杉林的垂直复层结构具有强大的水源涵养和调节气候的功能。

紫果云杉林的分布区是大熊猫的主要栖息地之一，对大熊猫的保育具有重要意义。首先，紫果云杉林所具备的稳定、遮蔽和高耸的林内环境为大熊猫提供了良好的庇护；其次，紫果云杉林生长在高海拔地带，其地域优势降低了大熊猫受人类活动干扰的风险；最后，紫果云杉林下生长的箭竹是大熊猫的主要食物来源。研究显示，只有在林冠层相对郁闭的云冷杉林下，箭竹才能够生长良好，在没有林冠庇护的条件下，人工种植的竹苗很难形成稳定的竹丛群落（申国珍，2002）。可见，紫果云杉林所形成的特殊生境与大熊猫的生存休戚相关。

川西亚高山次生林是大气中碳沉降的潜在碳汇，紫果云杉林具有不可替代的碳汇功能。在四川王朗国家级自然保护区海拔2605～3350 m处，主要森林植被有白桦林、针阔叶混交林、岷江冷杉林、紫果云杉林和方枝柏林等。各植被类型的碳贮量研究显示，地上、地下碳贮量以紫果云杉林最高，岷江冷杉林次之，白桦林和方枝柏林较低（鲜骏仁等，2009）。

历史时期以木材生产为目标的森林经营方式，对紫果云杉林造成了巨大的破坏。目前留存的绝大部分紫果云杉林为采伐后恢复起来的中、幼龄林。在人迹罕至、历史时期森林工业采伐未到达的河谷源头和高山地带，尚保存有少量的原始森林，均为成、过熟林。

以青海麦秀林区为例，在 1958～1980 年，青海云杉林和紫果云杉林中的采伐木材总量是 196 850 m^3，仅 1959 年的采伐量就达 41 949 m^3，导致该林区紫果云杉和青海云杉的过熟林稀少，现存森林的林相残败，采伐迹地甚多（张中隆等，1981）。甘肃白龙江和洮河林区是紫果云杉林的主要产地之一。由于历史时期大规模的采伐，紫果云杉原始林已经十分稀少。在洮河林区设立的保护区内，紫果云杉林的林相不整齐，盗伐现象虽然得到了一定的控制，但防止盗伐的工作依然很重。白龙江流域的紫果云杉林几乎砍伐殆尽（图 11.15），目前在高山地带尚存留着小片的紫果云杉原始森林。

图 11.15 紫果云杉林的采伐迹地（甘肃迭部，卓尼）
Figure 11.15 A logging field of *Picea purpurea* Evergreen Needleleaf Forest in Diebu and Zhuoni, Gansu

在紫果云杉林的恢复和保育中，一方面要采取切实措施，保护好目前残存的森林；另一方面要加大人工辅助更新的力度。在实施过程中，特别要注意种子苗木的选择，确保在采伐迹地上补植的树种皆为紫果云杉。在甘肃和青海，人工更新中以云杉或青海云杉种苗代替紫果云杉种苗的现象十分普遍（张中隆等，1981；冯自诚等，1990）；在四川，紫果云杉林采伐迹地上营造的人工林，主要选用云杉为更新树种（《四川森林》编辑委员会，1992；刘兴良等，2004）。因此，人工林结构的优化和调整也是未来需要关注和启动的工作。

参 考 文 献

陈育峰, 1996. 气候-森林响应过程敏感性的初步研究——以四川西部紫果云杉群落为例. 地理学报, (S1): 58-65.

冯自诚, 刘刚, 刘谦和, 1993. 白龙江中上游森林生长与立地条件的相关分析. 甘肃农业大学学报, 28: 2-20.

冯自诚, 孙学刚, 张承维, 朱舟平, 芦子华, 1990. 迭部林区森林经营造林树种区划. 甘肃农业大学学报, 25(4): 421-429.

黄大桑, 1997. 甘肃植被. 兰州: 甘肃科学技术出版社.

江洪, 1986. 紫果云杉天然中龄林分生物量和生产力的研究. 植物生态学与地植物学丛刊, 10(2): 146-152.

刘鑫, 包维楷, 2011. 青藏高原东部近林线紫果云杉原始林的群落结构与物种组成. 生物多样性, 19(1): 34-40.

刘兴良, 宿以明, 刘世荣, 杨玉坡, 鄢武先, 马钦彦, 2004. 川西高山林区人工林生态学的研究——人工林分区与分类. 四川林业科技, 25(1): 1-9.
申国珍, 2002. 大熊猫栖息地恢复研究. 北京: 北京林业大学博士学位论文.
申国珍, 李俊清, 蒋仕伟, 2004. 大熊猫栖息地亚高山针叶林结构和动态特征. 生态学报, 24(6): 1294-1299.
王开运, 2004. 川西亚高山森林群落生态系统过程. 成都: 四川科学技术出版社.
吴征镒, 1991. 中国种子植物属的分布区类型. 云南植物研究, (增刊Ⅳ): 1-139.
吴征镒, 周浙昆, 李德铢, 彭华, 孙航, 2003. 世界种子植物科的分布区类型系统. 云南植物研究, 25(3): 245-257.
鲜骏仁, 张远彬, 王开运, 胡庭兴, 杨华, 2009. 川西亚高山5种森林生态系统的碳格局. 植物生态学报, 33(2): 283-290.
张承维, 徐梦龙, 芦子华, 1993. 白龙江中上游森林经营造林树种区划研究. 甘肃农业大学学报, 28: 21-35.
张鸿昌, 许重九, 孙应德, 1984. 青海省几种云杉生长特性的研究. 青海农林科技, (1): 44-54.
张俊海, 芦子华, 张承维, 1993. 紫果云杉生长规律及木材力学性质的数学分布. 甘肃农业大学学报, 28: 41-46.
张中隆, 许重九, 孙应德, 陆涵增, 1981. 麦秀林区云杉人工更新调查报告. 青海农林科技, (4): 56-63.
中国科学院中国植被图编辑委员会, 2007. 中华人民共和国植被图 (1∶1 000 000). 北京: 地质出版社.
中国林业科学研究院林业研究所, 1986. 中国森林土壤. 北京: 科学出版社.
中国森林编辑委员会, 1999. 中国森林(第2卷 针叶林). 北京: 中国林业出版社.
中国植被编辑委员会, 1980. 中国植被. 北京: 科学出版社.
朱鹏飞, 1990. 川西亚高山暗针叶林下的土壤//李承彪. 四川森林生态研究. 成都: 四川科学技术出版社: 69-84.
朱育旗, 王德荣, 蒲永波, 李兴红, 蒋勇, 李德文, 金贵成, 2009. 西南亚高山3种典型森林的小气候特征. 四川林业科技, 30(6): 12-20.
《青海森林》编辑委员会, 1993. 青海森林. 北京: 中国林业出版社.
《四川森林》编辑委员会, 1992. 四川森林. 北京: 中国林业出版社.

第 12 章　丽江云杉林 *Picea likiangensis* Evergreen Needleleaf Forest Alliance

丽江云杉林—中国植被，1980：197-198；云南植被（上册），1987：474-478；云南森林，1986：88-100；四川森林，1992：338-352；中国森林（第 2 卷 针叶林），1999：756-763。

系统编码：PL

12.1　地理分布、自然环境及生态特征

12.1.1　地理分布

丽江云杉林分布于澜沧江流域以东、雅砻江流域以西的横断山脉地区；其西界止于云南西北部的澜沧江流域，东界止于四川西南部的雅砻江流域，南界止于玉龙雪山，北界止于四川巴塘至康定一线；地理坐标范围 27°06′N～30°05′N，98°50′E～102°30′E（图 12.1）；跨越的行政区域包括云南西北部（丽江、宁蒗、永胜、香格里拉、德钦、

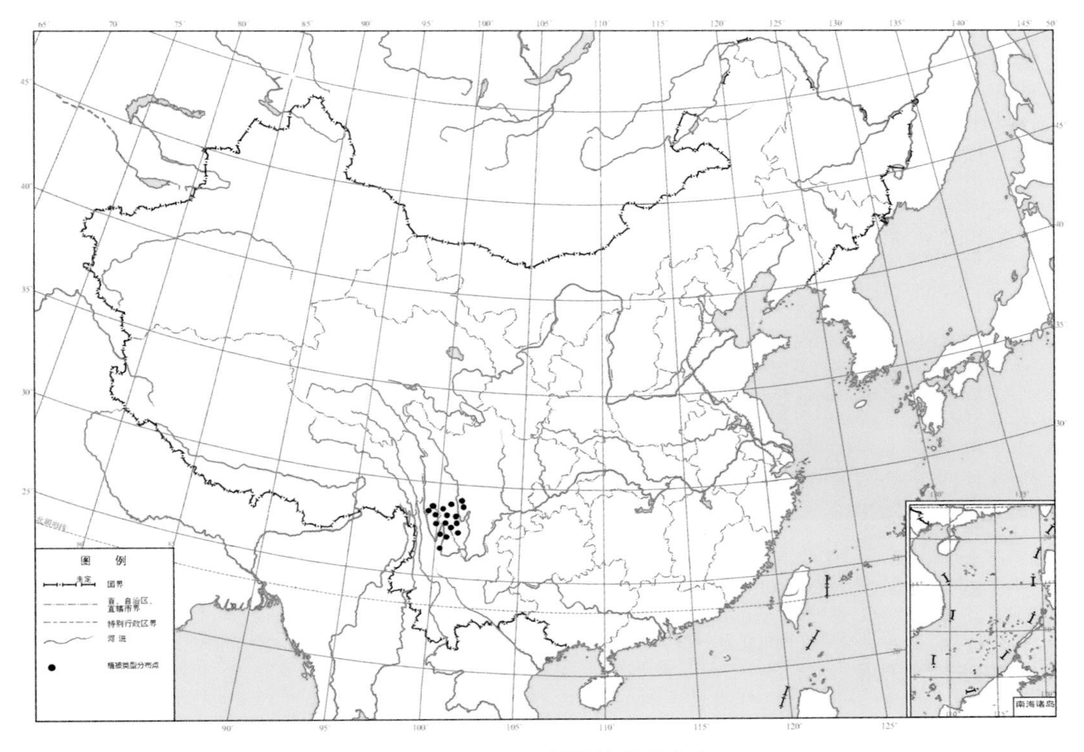

图 12.1　丽江云杉林的地理分布

Figure 12.1　Distribution of *Picea likiangensis* Evergreen Needleleaf Forest Alliance in China

贡山、维西和兰坪）和四川西南部（巴塘、雅江、康定、乡城、稻城、九龙、石棉、冕宁、木里、得荣和盐源）。丽江云杉林的垂直分布范围在 3000～3800（4000）m，各地间有差异：滇西北，3100～3800 m；川西南，3000～4000 m（中国植被编辑委员会，1980；云南森林编写组，1986；云南植被编写组，1987；《四川森林》编辑委员会，1992）。丽江云杉林是否分布于西藏东南部，尚需进一步考证。

据《中国植被》（中国植被编辑委员会，1980）和徐凤翔（1981）记载，在西藏东南部海拔 2500～3500 m 处有丽江云杉林分布。*Flora of China* 中也有相关记载，但《中国植物志》（第七卷）（中国科学院中国植物志编辑委员会，1978）并没有丽江云杉在这些地区的分布记录。我们在西藏米林的野外考察中发现，在南伊沟一带的山坡和河谷地带的云杉林中，云杉的同一个体上叶子背面有两条气孔线、有一条不完整的气孔线或无气孔线的现象较常见，以叶背面无气孔线的概率较大，也有下垂的枝条，似乎与气孔线无相关性。据此区分出林芝云杉或是丽江云杉的难度较大，或许这些种群相互之间有杂交。因此，在西藏东南部出现的这类云杉林，我们一律按照林芝云杉林处理。在西藏波密，油麦吊云杉与林芝云杉之间区别明显，前者除了小枝细长下垂外，叶子也较窄较长。

在中国植被区划系统中，丽江云杉林的分布区处在亚热带常绿阔叶林区域的最西端，以及西部半湿润常绿阔叶林亚区域的最北端，具体位置是处在亚热带山地寒温性针叶林地带和中亚热带常绿阔叶林地带的交汇区（中国科学院中国植被图编辑委员会，2007）。丽江云杉林是中国大陆云杉林中地理分布最靠南的类型，已延伸至亚热带植被区域，是较典型的亚热带高山寒温性针叶林（图 12.2）。

图 12.2　丽江云杉林外貌（云南丽江玉龙雪山）

Figure 12.2　Physiognomy of a community of *Picea likiangensis* Evergreen Needleleaf Forest Alliance in Mt. Yulongxueshan, Lijiang, Yunnan

12.1.2　自然环境

12.1.2.1　地貌

丽江云杉林的分布区位于青藏高原的东南缘，地处横断山脉地区三江切割的高山峡谷区，海拔通常在 3000 m 以上，个别山地的海拔超过 5000 m，玉龙雪山最高峰的海拔接近 6000 m，有现代冰川发育（中国科学院《中国自然地理》编辑委员会，1981；中国林业科学研究院林业研究所，1986）。分布区内高山林立，峡谷纵横，降雨对地表冲刷强烈，土层稀薄。丽江云杉林主要生长在山地中海拔地带的阴坡和半阴坡。在高山阶地或地形封闭的山麓地带，土层深厚，丽江云杉林外貌整齐，树体高大耸立，生长良好。

12.1.2.2　气候

丽江云杉林的分布区处在中国西南地区三江并行的高山峡谷区，西南和东南季风可逆江北上，形成降水；分布区的地理位置偏南，热量条件较优越，气候条件总体上具有温暖湿润的特点。

我们随机测定了丽江云杉林分布区内 36 个样点的地理坐标（图 12.1），利用插值方法提取了每个样点的生物气候数据，各气候因子的均值依次是：年均气温 5.96℃，年均降雨量 798.15 mm，最冷月平均气温−1.70℃，最热月平均气温 12.57℃，≥0℃有效积温 2412.84℃·d，≥5℃有效积温 1157.20℃·d，年实际蒸散 405.92 mm，年潜在蒸散 737.55 mm，水分利用指数 0.47（表 12.1）。

表 12.1　丽江云杉林地理分布区海拔及其对应的气候因子描述性统计结果（*n*=36）

Table 12.1　Descriptive statistics of altitude and climatic factors in the natural range of *Picea likiangensis* Evergreen Needleleaf Forest Alliance in China (*n*=36)

海拔及气候因子 Altitude and climatic factors	均值 Mean	标准误 Standard error	95%置信区间 95% confidence intervals		最小值 Minimum	最大值 Maximum
海拔 Altitude（m）	3372.11	78.73	3212.43	3531.78	2501.00	4077.00
年均气温 Mean annual temperature（℃）	5.96	0.64	4.66	7.27	−1.80	13.07
最冷月平均气温 Mean temperature of the coldest month（℃）	−1.70	0.66	−3.04	−0.36	−9.31	6.40
最热月平均气温 Mean temperature of the warmest month（℃）	12.57	0.65	11.26	13.88	3.96	18.58
≥5℃有效积温 Growing degree days on a 5℃ basis（℃·d）	1157.20	132.90	887.67	1426.74	0.00	2957.85
≥0℃有效积温 Growing degree days on a 0℃ basis（℃·d）	2412.84	190.46	2026.58	2799.11	430.94	4782.85
年均降雨量 Mean annual precipitation（mm）	798.15	27.74	741.90	854.40	420.55	1089.56
实际蒸散 Actual evapotranspiration（mm）	405.92	29.55	346.00	465.84	49.00	862.25
潜在蒸散 Potential evapotranspiration（mm）	737.55	25.77	685.28	789.81	206.00	960.06
水分利用指数 Water availability index	0.47	0.02	0.42	0.51	0.09	0.73

12.1.2.3　土壤

丽江云杉林分布区的成土母岩有片麻岩、花岗岩、石灰岩和砂页岩等，主要土壤类型为山地暗棕壤，成土过程包括腐殖质聚集和淋溶等（中国科学院《中国自然地理》编辑委员会，1981；中国林业科学研究院林业研究所，1986）。《中国森林土壤》（中国林业科学研究院林业研究所，1986）记载了四川省木里县、云南省维西县和香格里拉县丽江云杉林中几个土壤剖面的理化特征，实录如下。

四川省木里县南部，土壤类型为山地暗棕壤，两个土壤剖面数据如下。

剖面（15-10），海拔 3240 m，东坡，坡度 12°，群落类型为“溪旁云杉林”；从土壤表层（5～8 cm）至深层（120～156 cm），土壤的 pH、有机质和全氮的变化幅度分别为 5.6～5.4、19.71%～0.89%和 0.74%～0.069%。

剖面（15-11），海拔 3400 m，西北坡，坡度 29°，群落类型为“大竹子-云杉林”；从土壤表层（5～19 cm）至深层（57～77 cm），土壤的 pH、有机质和全氮的变化幅度分别为 4.8～5.0、14.38%～4.24%和 0.50%～0.19%。

在云南省香格里拉县的丽江云杉分布区调查了 3 个土壤剖面，土壤类型为山地淋溶暗棕壤。

剖面（15-17），海拔 3520 m，西北坡，坡度 11°，群落类型为“竹子-云杉林”；剖面数据显示，从土壤表层（0～6 cm）至深层（50～60 cm），土壤的 pH、有机质和全氮的变化幅度分别为 4.1～6.6、26.42%～1.91%和 1.582%～0.197%。

剖面（15-18），海拔 3420 m，东北坡，坡度 15°，群落类型为“高山栎，藓类-云杉林”；剖面数据显示，从土壤表层（1～4 cm）至深层（130～140 cm），土壤的 pH 和有机质的变化幅度分别为 5.3～5.8 和 5.41%～1.10%。

剖面（15-19），海拔 3480 m，东北坡，坡度 22°，群落类型为“杜鹃，竹子，云杉林”，土壤类型为山地泥炭质暗棕壤；剖面数据显示，从土壤表层（0～8 cm）至深层（50～60 cm），土壤的 pH 和有机质的变化幅度分别为 5.2～7.0 和 21.26%～3.65%（中国林业科学研究院林业研究所，1986）。

12.1.3 生态特征

丽江云杉林分布区的纬度低，表征了其对热量条件的较高需求；主要生长在亚热带地区的高山峡谷地带，虽然低海拔地区的气候条件温暖湿润，但亚高山地带温凉湿润。

与分布于中、高纬度地区的其他云杉群系相比较，丽江云杉林的环境条件虽然偏暖偏湿，但其适应暖湿环境的程度不及麦吊云杉林。后者的分布区虽然偏北，但海拔较低，径向的位置更靠东南，受东南暖湿气流影响较大，是大陆地区最喜暖湿环境的云杉群系。从形态特征看，丽江云杉和麦吊云杉的针叶均为扁平类型，但前者针叶的上下两面均有气孔线，后者针叶的下面无气孔线。不同物种针叶气孔形态的差异可能与物种的生态习性具有一定的关联，针叶仅一面有气孔线的类群可能更适应暖湿的生境（Li et al.，2016；Wang et al.，2017）。

川西云杉和林芝云杉是丽江云杉的两个变种。前者针叶两面的气孔线较丽江云杉多，分布于藏东、川西和青海南部的高山地带，适应较干冷的气候；后者针叶下面几乎无气孔线，分布于暖湿的雅鲁藏布江的河谷地带。

12.2 群落组成

12.2.1 科属种

在丽江云杉林分布区调查和收集了 28 个样地的数据，共记录到维管植物 190 种，隶属 49 科 106 属，其中种子植物 44 科 101 属 184 种，蕨类植物 5 科 5 属 6 种。种子植物中，裸子植物有丽江云杉、长苞冷杉、云南黄果冷杉、华山松（图 12.3）和喜马拉雅红豆杉等。被子植物中，包含种类最多的是菊科，有 15 种；其次是蔷薇科和松科，各含 11 种；含 9～5 种的科依次是虎耳草科、忍冬科、百合科、茜草科、伞形科、禾本科、毛茛科和荨麻科；其余 38 科含 1～4 种。

丽江云杉 *Picea likiangensis*　华山松 *Pinus armandii*　长苞冷杉 *Abies georgei*

芒康小檗 *Berberis reticulinervis*　大白杜鹃 *Rhododendron decorum*　帽斗栎 *Quercus guajavifolia*

峨眉蔷薇 *Rosa omeiensis*　密序溲疏 *Deutzia compacta*　藏象牙参 *Roscoea tibetica*

图 12.3　丽江云杉林下的常见植物

Figure 12.3　Constant species under *Picea likiangensis* Evergreen Needleleaf Forest Alliance

吴玉成（2003）报道了调查自梅里雪山云冷杉林的 60 个 10 m×10 m 样方的物种组成，共记录到维管植物 223 种，隶属于 62 科 133 属。乔木层的物种组成中以松科占优势，林下有箭竹层发育，灌木层中以杜鹃花属植物占优势。群落中包含种类较多的是菊科（20/13，种数/属数，下同）、蔷薇科（19/9）和杜鹃花科（18/2），其次是忍冬科（10/5）、禾本科（9/7）和松科（8/6），报春花科和百合科各 7 种，毛茛科和小檗科各 6 种，石竹科、玄参科和鳞毛蕨科各 5 种，其余 49 科含 1～4 种。

12.2.2　区系成分

根据中国种子植物科属区系成分的划分标准（吴征镒，1991；吴征镒等，2003），我们将28个样地中记录到的44个种子植物科划分为8个分布区类型/亚型，其中世界分布科占45%，其次是泛热带分布科（23%）、北温带和南温带间断分布科（16%）、北温带分布科（7%），显示了热带类型的科在丽江云杉林中的重要地位；其余分布型所占比例在1%～2%。101个属可被划分为14个分布区类型/亚型，其中北温带分布属占40%，世界分布属占15%、北温带和南温带间断分布与东亚分布属各占10%，其他成分所占比例在1%～6%（表12.2）。显然，在属级水平上，温带分布型占优势。关于云南梅里雪山54个种子植物科和133个属的区系成分的统计分析也得出了类似的结论（吴玉成，2003）。

表12.2 丽江云杉林44科101属184种植物区系成分

Table 12.2 The areal type of the 44 families and 101 genera of 184 seed plant species recorded in the 28 plots sampled in *Picea likiangensis* Evergreen Needleleaf Forest Alliance in China

编号 No.	分布区类型 The areal types	科 Family		属 Genus	
		数量 *n*	比例(%)	数量 *n*	比例(%)
1	世界广布 Widespread	20	45	15	15
2	泛热带 Pantropic	10	23	6	6
3	东亚（热带、亚热带）及热带南美间断 Trop. & Subtr. E. Asia &（S.）Trop. Amer. disjuncted	1	2	1	1
4	旧世界热带 Old World Tropics			3	3
5	热带亚洲至热带大洋洲 Trop. Asia to Trop. Australasia Oceania			1	1
6	热带亚洲至热带非洲 Trop. Asia to Trop. Africa			1	1
6.2	热带亚洲和东非或马达加斯加间断分布 Trop. Asia & E. Afr. or Madagasca disuncted			1	1
7	热带亚洲 Trop. Asia			2	2
8	北温带 N. Temp.	3	7	40	40
8.2	北极-高山 Arctic-Alpine	1	2		
8.4	北温带和南温带间断 N. Temp. & S. Temp. disjuncted	7	16	10	10
8.5	欧亚与南北温带间断 Eurasia & Temp. S. Amer. disjuncted	1	2		
9	东亚和北美间断 E. Asia & N. Amer. disjuncted			4	4
10	旧世界温带 Temp. Eurasia			5	5
10.3	欧亚和南非洲间断 Eurasia & S. Afr. disjuncted	1	2		
14	东亚 E. Asia			10	10
15	中国特有 Endemic to China			2	2
合计 Total		44	100	101	100

注：物种名录根据28个样地数据整理

12.2.3 生活型

丽江云杉林28个样地中190种植物的生活型谱显示（表12.3），木本植物占42%，草本植物占58%。木本植物中，常绿乔木和落叶乔木各占9%；常绿灌木占3%，落叶灌木占18%，木质藤本和箭竹分别占2%和1%。草本植物中，多年生直立杂草类占28%，多年生莲座类占11%，禾草类占10%，蕨类植物占4%，寄生草本占1%。与其他云杉林的植物生活型相比较，丽江云杉林中乔木的比例相对较高，说明乔木层具有较高的物种丰富度。常绿灌木如粉叶小檗和杜鹃等是丽江云杉林下灌木层的优势种，常形成密集的团块状灌丛；箭竹类物种数量较少，在一些群落中可形成一个明显的层片，是丽江云杉林群丛组划分的重要依据。

表 12.3　丽江云杉林 190 种植物生活型谱（%）

Table 12.3　Life-form spectrum (%) of the 190 vascular plant species recorded in the 28 plots sampled in *Picea likiangensis* Evergreen Needleleaf Forest Alliance in China

木本植物 Woody plants	乔木 Tree		灌木 Shrub		藤本 Liana		竹类 Bamboo	蕨类 Fern	寄生 Phytoparasite	附生 Epiphyte
	常绿 Evergreen	落叶 Deciduous	常绿 Evergreen	落叶 Deciduous	常绿 Evergreen	落叶 Deciduous				
42	9	9	3	18	0	2	1	0	0	0
陆生草本 Terrestrial herbs	多年生 Perennial					一年生 Annual		蕨类 Fern	寄生 Phytoparasite	腐生 Saprophyte
	禾草型 Grass	直立杂草类 Forbs	莲座垫状 Rosette	附生 Epiphyte	藤本 Liana	短生型 Ephemeral	非短生型 None ephemeral			
58	10	28	11	0	4	0	0	4	1	0

注：物种名录来自 28 个样地数据

12.3　群 落 结 构

丽江云杉林的垂直结构可划分为乔木层、箭竹层、灌木层、草本层和苔藓层（图 12.4）。箭竹层在某些群丛中或不出现。由于林内阴湿，树体上有松萝悬挂。

图 12.4　丽江云杉林的垂直结构（云南丽江玉龙雪山）

Figure 12.4　Supraterraneous stratification of a community of *Picea likiangensis* Evergreen Needleleaf Forest Alliance in Mt. Yulongxueshan, Lijiang, Yunnan

乔木层的高度 30～55 m；除了丽江云杉外，还有多种针阔叶乔木混生，常见的种类有长苞冷杉、川滇冷杉、云南黄果冷杉、大果红杉、云南铁杉、喜马拉雅红豆杉、华山松和云南松等，常见的阔叶乔木有帽斗栎、灰叶稠李、深灰枫和丽江枫等。乔木层具有复层异龄结构，各层的物种组成及高度在不同的生境，以及在不同的群落发育阶段存在差异，群落的分层状况及各层的物种组成较复杂。

箭竹层常出现在坡度较陡的林下。据《四川森林》（《四川森林》编辑委员会，1992）和《云南植被》（云南植被编写组，1987）记载，在四川木里、九龙，云南玉龙雪山、哈巴雪山和白马雪山的丽江云杉林中，林下常有箭竹层发育。在平缓的山坡及河谷地带，箭竹层不发育。例如，在玉龙雪山云杉坪平缓的台地环境中，丽江云杉林下无箭竹生长。

灌木层的发育程度取决于林冠层的郁闭度。此外，箭竹层也会影响灌木的生长。在林冠层开阔的林下，特别是在择伐迹地上恢复起来的中幼龄林中，灌木层发达；在林冠郁闭的原始森林或箭竹层密集生长的林下，灌木层发育不良，盖度很低；物种由杜鹃类常绿灌木和落叶灌木组成，常见的种类有红棕杜鹃、大白杜鹃、光蕊杜鹃、栎叶杜鹃、雪山杜鹃、毛花忍冬、唐古特忍冬、显脉荚蒾、桦叶荚蒾、细梗蔷薇和粉叶小檗等。

草本层的种类较丰富，其盖度取决于林下的透光状况。在玉龙雪山的丽江云杉林下，5 个 1 m^2 的样方中记录到的草本植物达 20 种之多；由蕨类植物、直立或蔓生杂草、根茎类薹草组成，常见的种类有黑鳞鳞毛蕨、宽叶兔儿风、藏东薹草、五裂蟹甲草、山酢浆草、纤细草莓、凉山悬钩子、肾叶堇菜和高原露珠草等。

苔藓层稀薄或密集，在阴湿的林下，盖度可达 80%；在开阔的林冠下，呈斑块状，盖度低于 20%，尖叶青藓、锦丝藓、毛梳藓、曲尾藓、山羽藓、塔藓和明叶藓等较常见。

12.4 群 落 类 型

丽江云杉林乔木层的物种组成丰富，除了丽江云杉外还有多种针阔叶树种混生。乔木层的优势种是划分群丛组的依据。灌木层、草本层及箭竹层的物种组成是划分群丛的重要依据。根据数量分类结果及文献记载信息，丽江云杉林 28 个样地可划分出 3 个群丛组 5 个群丛（表 12.4a，表 12.4b，表 12.5）。

表 12.4 丽江云杉林群落分类简表

Table 12.4 Synoptic table of *Picea likiangensis* Evergreen Needleleaf Forest Alliance in China

表 12.4a 群丛组分类简表

Table 12.4a Synoptic table for association group

群丛组号 Association group number			I	II	III
样地数 Number of plots		L	5	14	9
深灰枫	*Acer caesium*	1	100	0	0
川滇冷杉	*Abies forrestii*	1	100	0	0
桦叶荚蒾	*Viburnum betulifolium*	1	60	0	0
车叶律	*Galium asperuloides*	6	60	0	0
密序溲疏	*Deutzia compacta*	1	60	0	0
蔷薇	*Rosa* sp.	6	40	0	0

续表

群丛组号 Association group number			I	II	III
样地数 Number of plots		L	5	14	9
川滇柳	*Salix rehderiana*	1	40	0	0
西南花楸	*Sorbus rehderiana*	1	40	0	0
小叶碎米荠	*Cardamine microzyga*	6	40	0	0
延龄草	*Trillium tschonoskii*	6	40	0	0
山酢浆草	*Oxalis griffithii*	6	40	0	0
苍山糙苏	*Phlomis forrestii*	6	40	0	0
显脉荚蒾	*Viburnum nervosum*	1	40	0	0
粉叶小檗	*Berberis pruinosa*	4	80	0	0
肾叶堇菜	*Viola schulzeana*	6	80	0	0
宽叶兔儿风	*Ainsliaea latifolia*	6	0	86	0
云南黄果冷杉	*Abies ernestii* var. *salouenensis*	1	0	79	0
红棕杜鹃	*Rhododendron rubiginosum*	1	0	71	0
甘肃荚蒾	*Viburnum kansuense*	4	0	71	0
绣球藤	*Clematis montana*	4	0	64	0
红毛花楸	*Sorbus rufopilosa*	1	0	64	0
华山松	*Pinus armandii*	1	0	64	0
吴茱萸五加	*Gamblea ciliata* var. *evodiifolia*	1	0	64	0
珠子参	*Panax japonicus* var. *major*	6	0	50	0
灰叶堇菜	*Viola delavayi*	6	0	50	0
齿叶忍冬	*Lonicera setifera*	4	0	50	0
三角叶假冷蕨	*Athyrium subtriangulare*	6	0	43	0
双参	*Triplostegia glandulifera*	6	0	43	0
钝叶楼梯草	*Elatostema obtusum*	6	0	43	0
七叶一枝花	*Paris polyphylla*	6	0	36	0
绢毛山梅花	*Philadelphus sericanthus*	1	0	36	0
曲萼茶藨子	*Ribes griffithii*	4	0	64	11
山萮菜	*Eutrema yunnanense*	6	0	29	0
玉龙山箭竹	*Fargesia yulongshanensis*	4	20	79	0
凉山悬钩子	*Rubus fockeanus*	6	40	71	22
膨囊薹草	*Carex lehmannii*	6	20	86	22
高原露珠草	*Circaea alpina* subsp. *imaicola*	6	0	64	22
丽江枫	*Acer forrestii*	1	20	57	0
黑果忍冬	*Lonicera nigra*	4	0	57	22
长苞冷杉	*Abies georgei*	1	0	0	89
长苞冷杉	*Abies georgei*	4	0	0	44
吉拉柳	*Salix gilashanica*	4	0	0	44
芒康小檗	*Berberis reticulinervis*	4	0	0	44
双花堇菜	*Viola biflora*	6	0	0	44
川滇绣线菊	*Spiraea schneideriana*	4	0	0	44

续表

群丛组号 Association group number			I	II	III
样地数 Number of plots		L	5	14	9
峨眉蔷薇	*Rosa omeiensis*	4	0	0	44
高山紫菀	*Aster alpinus*	6	0	0	33
美头火绒草	*Leontopodium calocephalum*	6	0	0	33
五裂蟹甲草	*Parasenecio quinquelobus*	6	0	0	33
帽斗栎	*Quercus guajavifolia*	4	0	0	33
锦丝藓	*Actinothuidium hookeri*	9	0	0	33
藏东薹草	*Carex cardiolepis*	6	0	0	33
厚角绢藓	*Entodon concinnus*	9	0	0	33
纤细草莓	*Fragaria gracilis*	6	40	0	78
唐古特忍冬	*Lonicera tangutica*	4	20	0	44

表 12.4b　群丛分类简表

Table 12.4b　Synoptic table for association

群丛组号 Association group number			I	II	II	III	III
群丛号 Association number			1	2	3	4	5
样地数 Number of plots		L	5	9	5	4	5
川滇冷杉	*Abies forrestii*	1	100	0	0	0	0
深灰枫	*Acer caesium*	1	100	0	0	0	0
密序溲疏	*Deutzia compacta*	1	60	0	0	0	0
车叶律	*Galium asperuloides*	6	60	0	0	0	0
桦叶荚蒾	*Viburnum betulifolium*	1	60	0	0	0	0
山酢浆草	*Oxalis griffithii*	6	40	0	0	0	0
延龄草	*Trillium tschonoskii*	6	40	0	0	0	0
显脉荚蒾	*Viburnum nervosum*	1	40	0	0	0	0
苍山糙苏	*Phlomis forrestii*	6	40	0	0	0	0
川滇柳	*Salix rehderiana*	1	40	0	0	0	0
蔷薇	*Rosa* sp.	6	40	0	0	0	0
小叶碎米荠	*Cardamine microzyga*	6	40	0	0	0	0
西南花楸	*Sorbus rehderiana*	1	40	0	0	0	0
肾叶堇菜	*Viola schulzeana*	6	80	0	0	0	0
粉叶小檗	*Berberis pruinosa*	4	80	0	0	0	0
红毛花楸	*Sorbus rufopilosa*	1	0	89	20	0	0
吴茱萸五加	*Gamblea ciliata* var. *evodiifolia*	1	0	89	20	0	0
甘肃荚蒾	*Viburnum kansuense*	4	0	89	40	0	0
曲萼茶藨子	*Ribes griffithii*	4	0	89	20	0	20
红棕杜鹃	*Rhododendron rubiginosum*	1	0	89	40	0	0
玉龙山箭竹	*Fargesia yulongshanensis*	4	20	100	40	0	0
绣球藤	*Clematis montana*	4	0	78	40	0	0
丽江枫	*Acer forrestii*	1	20	78	20	0	0
钝叶楼梯草	*Elatostema obtusum*	6	0	56	20	0	0

续表

群从组号 Association group number			I	II	II	III	III
群从号 Association number			1	2	3	4	5
样地数 Number of plots		L	5	9	5	4	5
宽叶兔儿风	*Ainsliaea latifolia*	6	0	89	80	0	0
绢毛山梅花	*Philadelphus sericanthus*	1	0	44	20	0	0
高原露珠草	*Circaea alpina* subsp. *imaicola*	6	0	78	40	0	40
云南黄果冷杉	*Abies ernestii* var. *salouenensis*	1	0	78	80	0	0
齿叶忍冬	*Lonicera setifera*	4	0	56	40	0	0
珠子参	*Panax japonicus* var. *major*	6	0	56	40	0	0
凉山悬钩子	*Rubus fockeanus*	6	40	78	60	0	40
黑果忍冬	*Lonicera nigra*	4	0	67	40	0	40
膨囊薹草	*Carex lehmannii*	6	20	89	80	25	20
云南兔儿风	*Ainsliaea yunnanensis*	6	40	56	20	0	0
黑鳞鳞毛蕨	*Dryopteris lepidopoda*	6	20	78	0	0	0
一把伞南星	*Arisaema erubescens*	6	0	0	40	0	0
宽叶展毛银莲花	*Anemone demissa* var. *major*	6	0	0	40	0	0
细柄繁缕	*Stellaria petiolaris*	6	0	0	40	0	0
华山松	*Pinus armandii*	1	0	44	100	0	0
吉拉柳	*Salix gilashanica*	4	0	0	0	100	0
芒康小檗	*Berberis reticulinervis*	4	0	0	0	100	0
美头火绒草	*Leontopodium calocephalum*	6	0	0	0	75	0
高山紫菀	*Aster alpinus*	6	0	0	0	75	0
厚角绢藓	*Entodon concinnus*	9	0	0	0	75	0
细梗蔷薇	*Rosa graciliflora*	4	0	0	0	50	0
轮叶黄精	*Polygonatum verticillatum*	6	0	0	0	50	0
金露梅	*Potentilla fruticosa*	4	0	0	0	50	0
藏东薹草	*Carex cardiolepis*	6	0	0	0	50	20
川滇绣线菊	*Spiraea schneideriana*	4	0	0	0	0	80
峨眉蔷薇	*Rosa omeiensis*	4	0	0	0	0	80
五裂蟹甲草	*Parasenecio quinquelobus*	6	0	0	0	0	60
帽斗栎	*Quercus guajavifolia*	4	0	0	0	0	60
锦丝藓	*Actinothuidium hookeri*	9	0	0	0	0	60
毛梳藓	*Ptilium crista-castrensis*	9	0	0	0	0	40
川滇柳	*Salix rehderiana*	4	0	0	0	0	40
唐古特忍冬	*Lonicera tangutica*	4	20	0	0	0	80
长苞冷杉	*Abies georgei*	1	0	0	0	75	100
纤细草莓	*Fragaria gracilis*	6	40	0	0	75	80

注：表中数据为物种频率值（%），物种按诊断值（Φ）递减的顺序排列。Φ>0.20 和 Φ>0.50（P<0.05）的物种为诊断种，其频率值分别标记深色和灰色。表中标记“L”的一列为物种所在的群落层次代码，1～3 分别表示高、中和低乔木层，4 和 5 分别表示高大灌木层和低矮灌木层，6～9 分别表示草本层、幼树、幼苗和地被层

Note: The numbers in the table are percentage frequencies. The column marked with “L” is the code of community vertical layer. 1–tree layer (high); 2–tree layer (middle); 3–tree layer (low); 4–shrub layer (high); 5–shrub layer (low); 6–herb layer (high); 7–juveniles; 8–seedlings; 9–moss layer. Species are ranked by decreasing fidelity (phi coefficient) within each association. Light and dark grey background indicates fidelity of Φ>0.20 and Φ>0.50 (P<0.05), respectively. These species are considered as diagnostic species

表 12.5 丽江云杉林的环境和群落结构信息表

Table 12.5 Data for environmental characteristic and supraterraneous stratification from of *Picea likiangensis* Evergreen Needleleaf Forest Alliance in China

群丛号 Association number	1	2	3	4	5
样地数 Number of plots	5	9	5	4	5
海拔 Altitude（m）	3217～3320	3170～3350	3070～3239	3935～4287	3500～4248
地貌 Terrain	HI/PL	MO	MO	MO	MO
坡度 Slope（°）	0～17	0～30	14～35	20～30	28～45
坡向 Aspect	SW/NW/NE	N/NE/SE/SW	NW/N/NE	NW/N/NE	NW/N/NE
物种数 Species	12～51	10～31	11～24	11～23	16～22
乔木层 Tree layer					
盖度 Cover（%）	40～60	85～90	30～90	10～40	30～50
胸径 DBH（cm）	2～132	30～125	6～108	6～60	5～70
高度 Height（m）	3～57	8～45	3～49	2～29	4～50
灌木层 Shrub layer					
盖度 Cover（%）	20～40	30～40	0～40	40～80	30～50
高度 Height（cm）	40～350	200～800	200～800	20～550	6～500
草本层 Herb layer					
盖度 Cover（%）	20～25	20	20～60	10～90	10～50
高度 Height（cm）	3～40	5～20	5～20	4～17	4～70
地被层 Ground layer					
盖度 Cover（%）	20～58	50～80	10～80	5～60	20～40
高度 Height（cm）	6～10	2～3	2～3	3～10	5～6

HI：山麓 Hillside；MO：山地 Montane；PL：平地 Plain；N：北坡 Northern slope；NE：东北坡 Northeastern slope；NW：西北坡 Northwestern slope；SE：东南坡 Southeastern slope；SW：西南坡 Southwestern slope

群丛组、群丛检索表

A1 乔木层由丽江云杉、川滇冷杉及多种阔叶乔木组成。**PLⅠ 丽江云杉-川滇冷杉-阔叶乔木-灌木-草本 常绿针叶林 *Picea likiangensis-Abies forrestii*-Broadleaf Trees-Shrubs-Herbs Evergreen Needleleaf Forest**

B 乔木层的优势种是丽江云杉、川滇冷杉和帽斗栎；特征种是川滇冷杉、深灰枫、密序溲疏、川滇柳、西南花楸、桦叶荚蒾、显脉荚蒾和粉叶小檗等。**PL1 丽江云杉-川滇冷杉+帽斗栎-桦叶荚蒾-粉叶小檗-肾叶堇菜 常绿针叶林 *Picea likiangensis-Abies forrestii+Quercus guajavifolia-Viburnum betulifolium-Berberis pruinosa-Viola schulzeana* Evergreen Needleleaf Forest**

A2 乔木层由丽江云杉和云南黄果冷杉、华山松或长苞冷杉等组成。

B1 乔木层由丽江云杉、云南黄果冷杉及华山松等组成。**PLⅡ 丽江云杉-云南黄果冷杉-华山松/帽斗栎-箭竹/灌木-草本 常绿针叶林 *Picea likiangensis-Abies ernestii* var. *salouenensis-Pinus armandii/Quercus guajavifolia-Fargesia* spp./Shrubs-Herbs Evergreen Needleleaf Forest**

C1 特征种是云南黄果冷杉、丽江枫、吴茱萸五加、绢毛山梅花、红棕杜鹃和红毛花楸等；林下有明显的箭竹层。**PL2 丽江云杉-云南黄果冷杉-帽斗栎-玉龙山箭竹-凉山悬钩子 常绿针叶林 *Picea likiangensis-Abies ernestii* var. *salouenensis-Quercus guajavifolia-Fargesia yulongshanensis-Rubus fockeanus* Evergreen Needleleaf Forest**

C2 特征种是华山松、宽叶展毛银莲花、一把伞南星和细柄繁缕；林下无箭竹层。**PL3 丽江云杉-云南黄果冷杉-华山松-凉山悬钩子 常绿针叶林 *Picea likiangensis-Abies ernestii* var. *salouenensis-Pinus armandii-Rubus fockeanus* Evergreen Needleleaf Forest**

B2 乔木层由丽江云杉、长苞冷杉组成，或有多种其他针阔叶乔木混生。**PLⅢ 丽江云杉+长苞冷杉-阔叶乔木-灌木-草本 常绿针叶林 *Picea likiangensis+Abies georgei*-Broadleaf Trees-Shrubs-Herbs Evergreen Needleleaf Forest**

C1 特征种是芒康小檗、金露梅、细梗蔷薇、吉拉柳、高山紫菀、藏东薹草和美头火绒草等；生长在长苞冷杉林垂直分布的上限地带。**PL4 丽江云杉+长苞冷杉-芒康小檗-纤细草莓 常绿针叶林 *Picea likiangensis-Abies georgei-Berberis reticulinervis-Fragaria gracilis* Evergreen Needleleaf Forest**

C2 特征种是唐古特忍冬、帽斗栎、峨眉蔷薇、川滇柳、川滇绣线菊、纤细草莓和五裂蟹甲草等；常生长在高海拔偏阳的生境及长苞冷杉林垂直分布的下限地带。**PL5 丽江云杉-长苞冷杉-川滇绣线菊-五裂蟹甲草 常绿针叶林 *Picea likiangensis-Abies georgei-Spiraea schneideriana-Parasenecio quinquelobus* Evergreen Needleleaf Forest**

12.4.1　PLⅠ

丽江云杉-川滇冷杉-阔叶乔木-灌木-草本 常绿针叶林

***Picea likiangensis-Abies forrestii*-Broadleaf Trees-Shrubs-Herbs Evergreen Needleleaf Forest**

丽江云杉林—中国植被，1980：197-198。

群落呈现针叶林的外貌特征，千塔层叠，色泽墨绿。乔木层由丽江云杉、川滇冷杉和帽斗栎等多种阔叶乔木树种组成；针叶树居大、中乔木层，阔叶树居中、小乔木层，外观不显。灌木层和草本层稀疏或密集，物种组成丰富，偶见种居多，种类有桦叶荚蒾、粉叶小檗、肾叶堇菜和车叶律等。苔藓层呈斑块状或密集，山羽藓较常见。

分布于云南西北部，生长在中海拔地带，垂直分布范围上接川滇冷杉和长苞冷杉林，下接云南松林。在玉龙雪山等自然保护区内尚保存有小片的原始森林。这里描述 1 个群丛。

PL1

丽江云杉-川滇冷杉+帽斗栎-桦叶荚蒾-粉叶小檗-肾叶堇菜 常绿针叶林

***Picea likiangensis-Abies forrestii+Quercus guajavifolia-Viburnum betulifolium-Berberis pruinosa-Viola schulzeana* Evergreen Needleleaf Forest**

凭证样方：T14、T15、Yulong-05、Yulong-06、Yulong-07。

特征种：川滇冷杉（*Abies forrestii*）*、深灰枫（*Acer caesium*）*、密序溲疏（*Deutzia compacta*）*、川滇柳（*Salix rehderiana*）、西南花楸（*Sorbus rehderiana*）、桦叶荚蒾（*Viburnum* *betulifolium*）*、显脉荚蒾（*Viburnum nervosum*）、粉叶小檗（*Berberis pruinosa*）*、小叶碎米荠（*Cardamine microzyga*）、车叶律（*Galium asperuloides*）*、山酢浆草（*Oxalis griffithii*）、苍山糙苏（*Phlomis forrestii*）、延龄草（*Trillium tschonoskii*）、肾叶堇菜（*Viola schulzeana*）*。

常见种：丽江云杉（*Picea likiangensis*）、帽斗栎（*Quercus guajavifolia*）及上述标记*的物种。

乔木层盖度40%～60%，胸径（2）10～36（132）cm，高度（3）7～19（57）m，呈复层结构；丽江云杉是大乔木层的单优势种，林内巨木参天，树体端直挺拔；川滇冷杉和帽斗栎为中乔木层的共优种，与林冠层高差近20 m，偶见深灰枫、灰叶稠李、喜马拉雅红豆杉、丽江枫和高山木姜子；小乔木层由多种针阔叶乔木组成，密序溲疏和桦叶荚蒾较常见，偶见显脉荚蒾、高山桦、云南铁杉、云南松、川滇柳、深灰枫、梾木、硬叶杜鹃、西南花楸和川杨等。T14和T15样方数据显示（图12.5，图12.6），丽江云杉“胸径-频数”和“树高-频数”分布呈左偏态或右偏态曲线，部分径级和树高级不完整；林冠层优势种的种群结构在样地尺度上呈现多样化的特征，在一些斑块中，中、高径级和树高级的个体居多，在另一些群落斑块中则相反，即中、小径级和树高级的个体居多。在较大的取样尺度上，如一个调查自玉龙雪山的25 hm^{2}样地的数据显示，丽江云杉胸径-频数分布呈现明显的右偏态曲线，即近倒“J”形，小径级个体数量最多，中小径级个体数量较少，中等径级个体数量有明显的回升，大径级个体数量较少。这表明，丽江云杉幼树较多，林下更新较好，林中也不乏参天大树，可为林地更新提供种源。

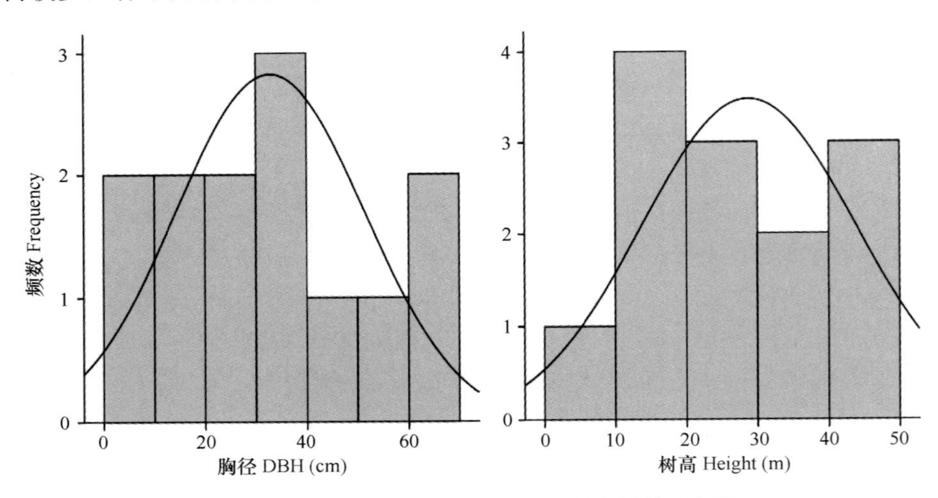

图12.5　T14样方丽江云杉胸径和树高频数分布图

Figure 12.5　Frequency distribution of DBH and tree height of *Picea likiangensis* in plot T14

灌木层盖度20%～40%，高度40～350 cm；大灌木层由常绿和落叶灌木组成，较稀疏，粉叶小檗较常见，偶见聚花荚蒾、梾木、西藏溲疏和大白杜鹃；中灌木层主要由偶见种组成，包括唐古特忍冬、红毛花楸、西藏溲疏和丽江山梅花等直立灌木，以及防己叶菝葜和香花鸡血藤等攀缘灌木；小灌木层中偶见玉龙山箭竹、显脉荚蒾、陕西绣线菊等直立灌木及云南铁线莲等攀缘灌木。

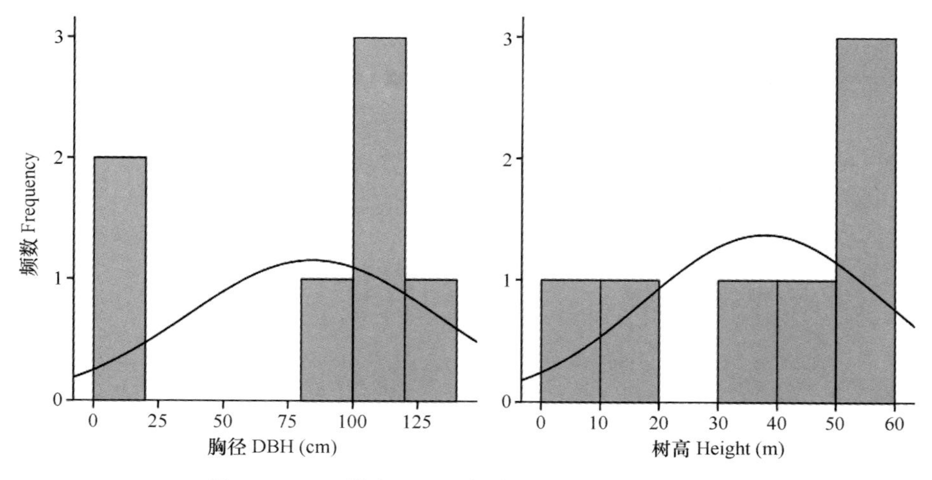

图 12.6　T15 样方丽江云杉胸径和树高频数分布图

Figure 12.6　Frequency distribution of DBH and tree height of *Picea likiangensis* in plot T15

草本层总盖度 20%～25%，高度 3～40 cm，优势种不明显，多为偶见种；直立高大草本层由蕨类植物和直立杂草组成，包括星毛紫柄蕨、黑鳞鳞毛蕨、西南鬼灯檠、菜川木香、延龄草、苍山糙苏、象南星、念珠冷水花和大叶冷水花等；中草本层由多种生长型的草本组成，包括垂穗披碱草、华扁穗草、延龄草、重羽菊、长柱重楼、五裂蟹甲草、掌状叶独活、粗齿天名精、中国蕨、紫柄蕨、缘毛卷耳和丽江当归等直立类型，以及隔山消、锈毛过路黄、猪殃殃、柄花茜草和茜草等草质藤本；低矮草本层主要由莲座圆叶系列、蔓生、垫状和附生草本组成，肾叶堇菜较常见，偶见种有凉山悬钩子、苕叶细辛、莓叶悬钩子、中国龙胆、梵茜草、蛇莓、托叶楼梯草、锈毛过路黄、鞭打绣球、短柱梅花草、肾叶金腰、车叶律和小叶碎米荠等。

林地布满枯枝落叶和球果，苔藓层稀薄或密集，盖度 20%～58%，厚度 6～10 cm，在枯树桩及倒木上较密集，山羽藓较常见。

分布于云南西北部（玉龙雪山），海拔 3200～3350 m，生长在中山地带平缓的西南坡、西北坡和东北坡，坡度 0°～17°。在云南玉龙雪山的云杉坪有一片保存较好的原始森林，有轻度的践踏干扰。林冠层遮蔽，群落结构完整，林内古树参天，林地倒木纵横，在林窗地带有较密集的灌丛和阔叶树（图 12.7）。

12.4.2　PL Ⅱ

丽江云杉-云南黄果冷杉-华山松/帽斗栎-箭竹/灌木-草本 常绿针叶林

***Picea likiangensis*-*Abies ernestii* var. *salouenensis*-*Pinus armandii*/*Quercus guajavifolia*-*Fargesia* spp./Shrubs-Herbs Evergreen Needleleaf Forest**

丽江云杉林—中国植被，1980：197-198；丽江云杉，箭竹群落—云南植被（上册），1987：475-478；箭竹冷杉丽江云杉混交林—四川森林，1992：347。

群落呈现针叶林的外貌。乔木层由丽江云杉、云南黄果冷杉、华山松或帽斗栎等多种阔叶乔木树种组成，可形成 2～3 个乔木亚层。林下的箭竹层密集、稀疏或无，灌木

图 12.7 “丽江云杉-川滇冷杉+帽斗栎-桦叶荚蒾-粉叶小檗-肾叶堇菜”常绿针叶林的林冠层（左），林下层（右上，右中）和草本层（右下）（云南丽江，玉龙雪山）

Figure 12.7 Canopy layer (left), understorey layer (upper right, mid-right) and herb layer (lower right) of a community of *Picea likiangensis-Abies forrestii+Quercus guajavifolia-Viburnum betulifolium-Berberis pruinosa-Viola schulzeana* Evergreen Needleleaf Forest in Mt. Yulongxueshan, Lijiang, Yunnan

稀疏或无，种类有甘肃荚蒾、齿叶忍冬、唐古特忍冬、黑果忍冬和曲萼茶藨子等。草本层稀疏或密集，物种组成较丰富，宽叶兔儿风、膨囊薹草、高原露珠草和凉山悬钩子等较常见。苔藓层呈斑块状或密集，山羽藓和锦丝藓较常见。

分布于云南西北部、四川西南部，生长在中海拔地带。

据文献记载，“丽江云杉、冷杉-箭竹”针叶林，在四川木里和九龙，分布在海拔 3250～

3500 m 处，常生长在山体的中部至上部，坡度较陡（《四川森林》编辑委员会，1992）；在云南，主要分布在“玉龙雪山 3100～3300 m，哈巴雪山 3000～3400 m，中甸 3400～3600 m，白马雪山 3150～3300 m”的山地（云南植被编写组，1987）。由于文献记载的资料有限，冷杉的名称不确定，暂将这些类型划归在这个群丛组中。这里描述 2 个群丛。

12.4.2.1 PL2

丽江云杉-云南黄果冷杉-帽斗栎-玉龙山箭竹-凉山悬钩子 常绿针叶林

***Picea likiangensis-Abies ernestii* var. *salouenensis-Quercus guajavifolia-Fargesia yulongshanensis-Rubus fockeanus* Evergreen Needleleaf Forest**

凭证样方：YN01、YN02、YN03、YN04、YN05、YN06、YN07、YN08、YN09。

特征种：云南黄果冷杉（*Abies ernestii* var. *salouenensis*）*、丽江枫（*Acer forrestii*）*、吴茱萸五加（*Gamblea ciliata* var. *evodiifolia*）*、绢毛山梅花（*Philadelphus sericanthus*）、红棕杜鹃（*Rhododendron rubiginosum*）*、红毛花楸（*Sorbus rufopilosa*）*、绣球藤（*Clematis montana*）*、玉龙山箭竹（*Fargesia yulongshanensis*）*、黑果忍冬（*Lonicera nigra*）*、齿叶忍冬（*Lonicera setifera*）*、曲萼茶藨子（*Ribes griffithii*）*、甘肃荚蒾（*Viburnum kansuense*）*、宽叶兔儿风（*Ainsliaea latifolia*）*、云南兔儿风（*Ainsliaea yunnanensis*）*、膨囊薹草（*Carex lehmannii*）*、高原露珠草（*Circaea alpina* subsp. *imaicola*）*、黑鳞鳞毛蕨（*Dryopteris lepidopoda*）*、钝叶楼梯草（*Elatostema obtusum*）*、珠子参（*Panax japonicus* var. *major*）*、凉山悬钩子（*Rubus fockeanus*）*。

常见种：丽江云杉（*Picea likiangensis*）、帽斗栎（*Quercus guajavifolia*）、防已叶菝葜（*Smilax menispermoidea*）及上述标记*的物种。

乔木层盖度 85%～90%，胸径 30～125 cm，高度 8～45 m，呈复层结构；丽江云杉为大乔木层的单优势种，分层盖度 40%～60%；中乔木层主要由丽江云杉、云南黄果冷杉和帽斗栎组成，偶见喜马拉雅红豆杉和华山松；小乔木层由上述针叶树的幼树和多种落叶或常绿阔叶树组成，常见有丽江枫、吴茱萸五加、红毛花楸和红棕杜鹃等，偶见绢毛山梅花。

林下有箭竹层，盖度 30%～40%，高度 200～800 cm，由玉龙山箭竹组成，其他灌木稀少，常见有甘肃荚蒾、齿叶忍冬和唐古特忍冬等直立灌木及防已叶菝葜、绣球藤等蔓生灌木或藤本。

草本层盖度 20%，高度 5～20 cm，优势种不明显；中等直立草本层由蕨类、直立杂草和根茎百合类草本组成，常见有黑鳞鳞毛蕨、珠子参和高原露珠草等，偶见三角叶假冷蕨、山萮菜、高大鹿药和七叶一枝花；低矮草本层由多种丛生、莲座叶、贴地附生圆叶和寄生草本组成，许多为常见种，包括凉山悬钩子、钝叶楼梯草、膨囊薹草、宽叶兔儿风和云南兔儿风，偶见灰叶堇菜、双参和寄生小草本筒鞘蛇菰。

苔藓层较密集，盖度 50%～80%，种类不详。

分布于云南西北部（哈巴雪山），海拔 3170～3350 m，生长在中山地带的平缓坡地，坡度 0°～30°。

这个群丛的主要特征是乔木层除了丽江云杉和云南黄果冷杉 2 种优势种外，还有数量较多的帽斗栎，华山松只有零星的个体或无；林下有明显的箭竹层。

12.4.2.2 PL3

丽江云杉-云南黄果冷杉-华山松-凉山悬钩子 常绿针叶林

***Picea likiangensis-Abies ernestii* var. *salouenensis-Pinus armandii-Rubus fockeanus* Evergreen Needleleaf Forest**

凭证样方：YN10、YN11、16043、16044、16045。

特征种：华山松（*Pinus armandii*）*、宽叶展毛银莲花（*Anemone demissa* var. *major*）、一把伞南星（*Arisaema erubescens*）、细柄繁缕（*Stellaria petiolaris*）。

常见种：云南黄果冷杉（*Abies ernestii* var. *salouenensis*）、丽江云杉（*Picea likiangensis*）、宽叶兔儿风（*Ainsliaea latifolia*）、膨囊薹草（*Carex lehmannii*）、凉山悬钩子（*Rubus fockeanus*）、灰叶堇菜（*Viola delavayi*）及上述标记*的物种。

乔木层盖度 30%～90%，胸径（6）26～58（108）cm，高度（3）16～25（49）m，呈复层结构；大乔木层中，丽江云杉和云南黄果冷杉组成共优种，华山松数量较少；中、小乔木层除了针叶树的幼树外，还偶见红棕杜鹃、红毛花楸、吴茱萸五加和喜马拉雅红豆杉。

灌木层通常较稀疏，在一些生境中，林下无灌木或有零星的箭竹，盖度 0～40%；在开阔的林冠下，偶见甘肃荚蒾、黑果忍冬和曲萼茶藨子等直立灌木及防己叶菝葜与绣球藤等攀缘灌木。

草本层盖度 20%～60%，高度 5～20 cm，优势种不明显；中草本层稀疏，由尼泊尔香青、附地菜、一把伞南星和羽叶蓼等偶见种组成；低矮草本层由丛生禾草、薹草、直立细弱杂草、莲座圆叶系列杂草组成，膨囊薹草、凉山悬钩子、灰叶堇菜和宽叶兔儿风较常见，偶见细柄繁缕、四川丝瓣芹、展毛银莲花、山蓊菜、锈毛过路黄、林地早熟禾、多鞘早熟禾、藏象牙参和三裂毛茛等。

苔藓层稀薄或密集，盖度 10%～58%，厚度 2～3 cm，山羽藓和锦丝藓较常见。

分布于云南西北部（哈巴雪山），海拔 3070～3239 m，生长在中山地带的平缓坡地，坡度 14°～35°。

这个群丛的特征是乔木层出现了一定数量的华山松，几乎没有帽斗栎；林下灌木稀疏或无灌木层；在哈巴雪山的植被垂直分布带谱上，这个群丛位于低海拔地带的华山松、云南黄果冷杉、云南松和云南铁杉混交林与中、高海拔地带的长苞冷杉林之间（图 12.8）。历史时期的人类活动干扰较重。在哈巴雪山中海拔地带的平缓山地，毁林种药活动留下了大面积的裸地，伐桩连连，森林植被至今没有恢复，水土流失严重。目前有放牧和旅游践踏，林下植被破坏较严重（图 12.9）。

12.4.3 PLⅢ

丽江云杉+长苞冷杉-阔叶乔木-灌木-草本 常绿针叶林

***Picea likiangensis+Abies georgei*-Broadleaf Trees-Shrubs-Herbs Evergreen Needleleaf Forest**

群落呈现寒温性针叶林的外貌特征，色泽墨绿。乔木层由丽江云杉和长苞冷杉组成，偶有白桦、腹毛柳、大果红杉、帽斗栎、方枝柏、大白杜鹃和栎叶杜鹃等生长在林下或

图 12.8 “丽江云杉-云南黄果冷杉-华山松-凉山悬钩子”常绿针叶林的外貌（左）、林下层（右上）和草本层（右下）（云南哈巴雪山）

Figure 12.8　Physiognomy (left), understroey layer (upper right) and herb layer (lower right) of a community of *Picea likiangensis-Abies ernestii* var. *salouenensis-Pinus armandii-Rubus fockeanus* Evergreen Needleleaf Forest in Mt. Habaxueshan, Yunnan

林缘；灌木层和草本层稀疏或密集，取决于林冠层的开阔程度；灌木层由杜鹃类常绿灌木和落叶灌木组成，种类有栎叶杜鹃、光蕊杜鹃、大白杜鹃、芒康小檗、金露梅和细梗蔷薇等；草本层中偶见种居多，种类有五裂蟹甲草、纤细草莓、升麻、草玉梅、大头兔儿风、黄花鼠尾草、驴蹄草、林地早熟禾和藏东薹草等。苔藓层多呈斑块状，在局部生境下较密集，种类组成的空间异质性较大，多为偶见种，包括厚角绢藓、山羽藓、塔藓和锦丝藓等。

分布于云南西北部和四川西南部，生长在海拔 3500～4300 m 的高山地带。这个群丛组所在区域的优势森林类型是长苞冷杉纯林。在长苞冷杉林垂直分布的上、下限地带或在生境偏阳的林缘，林冠层中会有一定数量的丽江云杉渗入。因此，这个群丛组的地理分布范围较广泛，但群落面积较小。这里描述 2 个群丛。

12.4.3.1　PL4

丽江云杉-长苞冷杉-芒康小檗-纤细草莓 常绿针叶林

***Picea likiangensis-Abies georgei-Berberis reticulinervis-Fragaria gracilis* Evergreen Needleleaf Forest**

凭证样方：16078、16081、16083、16084。

图 12.9 “丽江云杉-长苞冷杉-川滇绣线菊-五裂蟹甲草”常绿针叶林的外貌（左）、林下层（右上）和草本层（右下）（云南德钦红拉山）

Figure 12.9 Physiognomy (left), understroey layer (upper right) and herb layer (lower right) of a community of *Picea likiangensis-Abies georgei-Spiraea schneideriana-Parasenecio quinquelobus* Evergreen Needleleaf Forest in Mt. Honglashan, Deqin, Yunnan

特征种：芒康小檗（*Berberis reticulinervis*）*、金露梅（*Potentilla fruticosa*）、细梗蔷薇（*Rosa graciliflora*）、吉拉柳（*Salix gilashanica*）*、高山紫菀（*Aster alpinus*）*、藏东薹草（*Carex cardiolepis*）、美头火绒草（*Leontopodium calocephalum*）*、轮叶黄精（*Polygonatum verticillatum*）、厚角绢藓（*Entodon concinnus*）*。

常见种：长苞冷杉（*Abies georgei*）、丽江云杉（*Picea likiangensis*）、纤细草莓（*Fragaria gracilis*）及上述标记*的物种。

乔木层盖度 10%～40%，胸径（6）15～25（60）cm，高度（2）4～16（29）m，低矮稀疏；由丽江云杉和长苞冷杉组成，前者略占优势，偶见白桦、腹毛柳和大果圆柏，在林缘较密集。

灌木层盖度 40%～80%，高度 20～550 cm；大灌木层由常见种吉拉柳和偶见种细梗蔷薇组成，较稀疏；在中灌木层，芒康小檗较常见且略占优势，偶见大白杜鹃、银露梅和方枝柏；小灌木层中除了有上述常见种的幼小个体外，还偶见粉紫杜鹃、高山柏和毛喉杜鹃等常绿灌木，以及金露梅和理塘忍冬等高山灌丛成分；林下偶见长苞冷杉和丽江云杉的幼苗。

草本层盖度 10%～90%，高度 4～17 cm，优势种不明显；中草本层由直立杂草、根茎丛生禾草或薹草类组成，高山紫菀较常见，偶见藏东薹草、膨囊薹草、林地早熟禾、高原毛茛、宽叶荨麻、轮叶黄精和轮叶马先蒿、黄帚橐吾、尖苞风毛菊、美头火绒草、岷山银莲花和尼泊尔香青等；低矮草本层由莲座圆叶或垫状草本组成，纤细草莓较常见，偶见肉果草、双花堇菜、长果婆婆纳、沼生橐吾、珠芽拳参、反折花龙胆和多毛四川婆婆纳等。

苔藓层稀薄或密集，盖度 5%～60%，厚度 3～10 cm，厚角绢藓较常见，偶见塔藓、明叶藓和尖叶青藓。

分布于云南西北部和四川西南部，海拔 3900～4300 m，生长在高原丘陵区，地形相对封闭的山谷及山地的西北坡、北坡和东北坡，坡度 20°～30°。林内有轻度的放牧。

12.4.3.2　PL5

丽江云杉-长苞冷杉-川滇绣线菊-五裂蟹甲草 常绿针叶林

***Picea likiangensis-Abies georgei-Spiraea schneideriana-Parasenecio quinquelobus* Evergreen Needleleaf Forest**

凭证样方：16046、16062、16063、16079、16080。

特征种：长苞冷杉（*Abies georgei*）*、唐古特忍冬（*Lonicera tangutica*）*、帽斗栎（*Quercus guajavifolia*）*、峨眉蔷薇（*Rosa omeiensis*）*、川滇柳（*Salix rehderiana*）、川滇绣线菊（*Spiraea schneideriana*）*、纤细草莓（*Fragaria gracilis*）*、五裂蟹甲草（*Parasenecio quinquelobus*）*、锦丝藓（*Actinothuidium hookeri*）*、毛梳藓（*Ptilium crista-castrensis*）。

常见种：丽江云杉（*Picea likiangensis*）及上述标记*的物种。

乔木层盖度 30%～50%，胸径（5）20～37（70）cm，高度（4）13～29（50）m；群落外貌较高耸，大乔木层由丽江云杉和长苞冷杉组成，二者为共优种或后者略占优势，偶见零星的大果红杉；中乔木层由 2 个优势种的中、小个体组成，帽斗栎可在局部地带形成优势层片；小乔木层由常绿小乔木组成，均为偶见种，包括方枝柏、大白杜鹃和栎叶杜鹃，后二者可在局部生境中形成团块状的常绿阔叶小乔木优势层片。林下有乔木树种的幼苗。

灌木层盖度 30%～50%，高度 6～500 cm；大灌木层中，唐古特忍冬和峨眉蔷薇是常见种，偶见川滇柳、川滇绣线菊、西南花楸、长叶毛花忍冬、大白杜鹃及长苞冷杉幼苗；在中灌木层，除了上述常见种外，杜鹃类数量较多，均为偶见种，说明在不同的生境之间物种组成变化较大，偶见种类有栎叶杜鹃、光蕊杜鹃、大白杜鹃、雪山杜鹃和山光杜鹃等；落叶灌木偶见陕甘花楸、黑果忍冬和曲萼茶藨子；小灌木层偶见川滇绣线菊和蔓生小灌木防己叶菝葜。

草本层盖度 10%～50%，高度 4～70 cm，优势种不明显，除了五裂蟹甲草和纤细草莓较常见外，多为偶见种；大草本层由直立杂草、丛生禾草和蕨类等组成，种类有升麻、草玉梅、大头兔儿风、黄花鼠尾草、驴蹄草、葶茎天名精、多鞘早熟禾、林地早熟禾和大叶假冷蕨；中草本层由丛生薹草、禾草、直立杂草和蕨类组成，种类有藏东薹草、膨囊薹草、多鞘早熟禾、高原露珠草、腋花马先蒿、箐姑草和冷蕨；贴地生长的低矮草本层由莲座圆叶或垫状草本组成，种类有凉山悬钩子、双花堇菜、四川堇菜、西南草莓、星叶草和硬枝点地梅等。

苔藓层盖度 20%～40%，厚度 5～6 cm，锦丝藓和毛梳藓较常见，可形成局部占优势的斑块，偶见厚角绢藓、塔藓、尖叶青藓、明叶藓、曲尾藓和山羽藓。

分布于云南西北部和四川西南部，海拔 3500～4248 m，生长在高原丘陵区或高山峡谷区山地的西北坡、北坡和东北坡，坡度 28°～45°。在中、高海拔地带的群落，历史时期均有采伐，林相不整齐；在高海拔林线地带的群落，没有采伐，林内有放牧（图 12.10）。

图 12.10　丽江云杉结实枝：未成熟（左）和成熟（右）的球果

Figure 12.10　Reproductive branches of *Picea likiangensis* showing the mature seed cones (right) and immature ones (left)

12.5　建群种的生物学特性

丽江云杉在 30 年树龄左右开始结实，在 50～70 年树龄时出现旺盛结实期，结实大小年间隔 2～3 年。成熟前球果呈紫红色，成熟后呈棕褐色，种鳞薄革质，排列松散（图 12.11）。

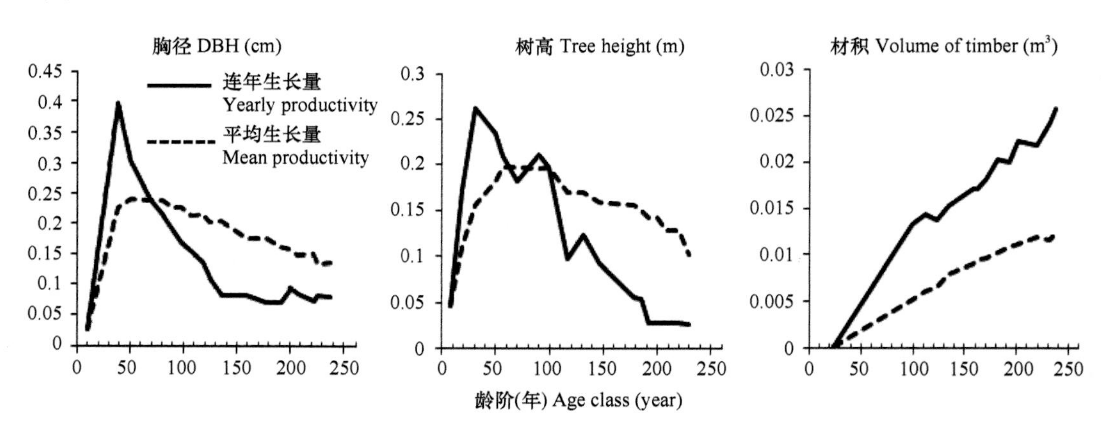

图 12.11　四川木里丽江云杉个体生长规律（引自《四川森林》，1992）

Figure 12.11　Yearly and mean productivity of DHB, tree height and volume of timber of *Picea likiangensis* from one stand in Muli, Sichuan (Data was derived from *Sichuan Forests*, 1992)

丽江云杉是生命周期较长的树种。陈起忠等（1984）报道了四川省内丽江云杉林的年龄结构，在 349 株伐倒木中，最大树龄为 394 年；分析了丽江云杉解析木的树高、胸径、材积、材积连年生长量、生长率与年龄间的关系，如下所示。

树高：$y_h = -22.531\,524 + 0.034\,840x + 19.421\,053\lg x$，$x[15，394]$；$r=0.98$

胸径：$y_d = -8.634\,64 + 0.158\,55x + 7.840\,00\lg x$，$x[10，394]$；$r=0.99$

材积连年生长量：$\lg V_1 = -7.519\,379 + 3.843\,249\,1\lg x_1$，$x_1[10，48.2]$；

$\lg V_2 = -4.687\,636\,1 + 2.160\,466\,7\lg x_2$，$x_2[48.2，394]$；$r=0.95$

材积连年生长率：$Y_{pv}\% = -0.803\,604 + 375.617\,85/x$，$x$（10，349）；$r=0.99$

作者比较了丽江云杉与其他几种云杉个体生长规律间的差异。在 330 年树龄以前，麦吊云杉材积生长量高于丽江云杉、紫果云杉和川西云杉；在 330 年树龄以后，丽江云杉材积生长量超过麦吊云杉，位居第一（陈起忠等，1984）。

据《云南森林》（云南森林编写组，1986）记载，在 10 年树龄前，丽江云杉树高生长较缓，年均生长量为 3～5 cm；在 10～20 年树龄，树高生长逐渐加快，年均生长量达 20～30 cm；树高生长高峰期出现在 40～60 年树龄，随后生长放缓，树高生长过程可持续至 200 年树龄；在 40 年树龄前，胸径生长逐渐加快，快速生长期出现在 40 年树龄以后，可持续至 100 年树龄，此后生长趋于停滞。材积的连年生长量和平均生长量的生长高峰分别出现在 60 年与 80 年树龄，至 100 年树龄时二者相交，达到数量成熟，随后材积生长放缓。

《四川森林》（《四川森林》编辑委员会，1992）记载了四川木里丽江云杉 8 株解析木的数据（图 12.12）。结果显示，胸径的快速生长期出现在 20～60 年树龄，约在 70 年

图 12.12 云南西北部丽江云杉林采伐迹地上的次生植被（左）及农田（右下）和牧场（右上）

Figure 12.12 Secondary vegetation (left), pasture (upper right) and farmland (lower right) from logging fields of *Picea likiangensis* Evergreen Needleleaf Forest Alliance in NW Yunnan

树龄时连年生长量曲线和平均生长量相交，随后生长放缓；树高生长量在 10 年树龄前迅速增加，之后保持较快的生长速率，至 60 年树龄时连年生长量曲线和平均生长量相交，随后生长趋缓，树高生长过程可持续至 190 年树龄；材积的连年生长量和平均生长量在个体发育周期内均呈持续增加的趋势。

丽江云杉的径向生长动态与生长季节的水热因子密切相关。在云南香格里拉小中甸地区，丽江云杉树木的径向生长量与上一年生长季的平均气温和最高气温呈显著负相关，与降水量呈显著正相关，而与非生长季的气候因子不相关（赵志江等，2012）。

12.6 群落动态与演替

丽江云杉林的自然更新与林冠郁闭度和林下群落结构相关。林下箭竹盘根错节的根系和苔藓层是云杉种子萌发与生根的最大障碍，种子下落后不能接触到土层，难以萌发；在无箭竹生长和苔藓层稀薄的林下，通常有灌木层发育，林下常可见到针叶树的幼苗，以耐阴湿环境的冷杉幼苗居多，云杉幼苗较少。在林冠郁闭度较高的林下，即便种子能够萌发成苗，由于林内光照差，无法满足幼树生长的需求，幼苗长成幼树并进入林冠层的概率很小。

在一个由同龄云杉个体组成的原始森林群落中，由于林下阴暗，幼苗、幼树生长困难；随着其生命周期的结束，林冠层的个体因自然枯腐、风倒和雪折而形成林窗，改变了林地的光照、湿度和温度条件，有利于种子萌发和幼树生长，幼苗、幼树将逐步进入林冠层，最终完成群落的更新。可见，在较长的时间尺度上，原始云杉林具有自我更新能力。

事实上，云杉林在时空尺度上所展现的动态特征也是其实现自我更新的过程。原始云杉林通过林窗完成群落的自然更新，在景观尺度上实现了群落的长期稳定性和可持续性，在群落尺度上也形成了原始云杉林复层异龄林的垂直结构。林窗的形成既是原始云杉林群落动态发展的一个结果，也是促进群落新陈交替的一个动因，这是原始森林维持自我更新和健康发展的重要调控机制。

云南玉龙雪山的云杉坪有保存较好的丽江云杉原始森林。刘庆等（2003）研究了该地丽江云杉林的林窗特征。结果显示，林内普遍存在着林窗，冠层林窗和扩展林窗分别占林分面积的约 29%和 43%；林窗密度约 35 个/hm^2，以面积为 50～100 m^2 的林窗居多，约占 41%，而＜50 m^2 和＞100 m^2 的林窗所占的比例分别是 34%和 25%；树干折断是林窗形成的主因，折断木中，胸径 40～50 cm、高度 15～25 m 的个体居多；形成 1 个林窗需要 1～6 株倒伏木；由于小林窗内光照强度适中，有利于种子萌发和幼苗存活，因此出现了林窗面积越小，更新苗木密度越大的现象，大、小林窗更新苗木的密度相差达 5 倍；就大、小林窗更新苗木的高度而言，前者大于后者；在林窗更新的幼苗中，以高度＜5 cm 的个体居多，占 44%，其他高度，即 5～10 cm、10～15 cm、15～20 cm 和＞20 cm 的个体所占的比例分别是 28%、16%、8%和 4%。作者指出，中国西南地区亚高山针叶林中冠层林窗和扩展林窗的比例在 20%～30%和 30%～40%，如果具有这样的林窗结构，森林基本可实现自然更新（刘庆等，2003）。

另有一些研究指出，在云南西北部的丽江云杉林中，在林窗、林缘及留有母树的皆伐迹地上，自然更新较好；在未经干扰的林下，自然更新差；林下更新状况与林窗的大小相关联，通常在大于 30 m^2 的林窗内，如果没有上层高大乔木的适度遮阴，幼树的生长将受到抑制（邓书采，1981）。

采伐迹地上的更新状况取决于采伐的类型及迹地的管理程度。在择伐迹地和留有母树的皆伐迹地上，可通过植被自然演替，即经历先锋植物群落、落叶阔叶林和针阔叶混交林等演替阶段实现植被恢复，恢复过程往往要经历上百年的时间。

12.7　价值与保育

丽江云杉林分布于横断山脉的高山峡谷区，具有水源涵养、固岸护坡和水土保持等重要功能，是确保中国西南三江并流区生态安全的重要屏障；丽江云杉林也处在全球云杉林分布区的最南端，是对气候变化最敏感的针叶林类型之一，对揭示寒温性针叶林对全球变化的响应机制具有重要的科学价值；此外，丽江云杉树干通直，材质优良，在历史时期，曾经是当地经济建设和人民生产生活中的重要木材资源。

丽江云杉林的资源现状不容乐观。在历史时期，丽江云杉林经历了高强度的采伐。云南西北部是丽江云杉林的主产区，当地居民房屋以木结构为主，木材需求量大。据《云南森林》（1986）记载，当地劈制木瓦造房，人均年消耗木材达 0.5 m^3。事实上，当地居民建房中除了劈制木板外，还大量使用粗大通直的原木做房屋支撑，居民建房用材对森林资源的依赖程度可见一斑。

丽江云杉林分布区虽然覆盖滇西北和川西南的广大地区，目前除了在自然保护区内尚能见到残存的丽江云杉原始森林外，在其他产地已经难觅踪迹，绝大多数林地为采伐迹地。由于采伐后恢复的时间尺度不同，以及土地利用方式不同，采伐迹地上植被恢复状况不同。一些较早期的采伐迹地已经恢复为以针叶树占优势的中幼龄林；在恢复时间较短的区域，保留的母树在山脊地带依稀可见，采伐迹地上灌丛大量滋生，仅有零星的针叶幼树生长；在一些地方，林地已经辟为牧场或农地，裸露的红土斑块十分醒目（图 12.12）。

丽江云杉林的保育工作，首先要采取有效措施，落实天然林保护政策，停止破坏，在采伐迹地上要退耕禁牧；其次，要引导当地群众，建房中多用其他替代材料，减轻对木材的依赖；最后，要采取人工辅助措施加快迹地植被恢复的进程。迹地杂灌木的定期清理和人工补充种植苗木等是加快更新进程的重要手段，充足的种苗供给是人工辅助更新的必要条件。丽江云杉苗木培育和造林技术方法等已有报道（王洪明，2005；王军辉等，2006），要大力推广成熟的育苗造林技术在生产实践中的应用。

参 考 文 献

陈起忠, 李承彪, 王少昌, 1984. 四川省主要森林建群种生长规律的初步研究. 林业科学, 20(3): 242-251.

邓书采, 1981. 滇西北高山林区云冷杉更新方式初探. 云南林业, (4): 19-23.

刘庆, 吴彦, 吴宁, 2003. 玉龙雪山自然保护区丽江云杉林林窗特征研究. 应用生态学报, 14(6): 845-848.

王洪明, 2005. 丽江云杉在胆扎林场造林试验. 林业调查规划, 30(3): 83-86.

王军辉, 张建国, 张守攻, 许洋, 李汝杰, 齐秀兰, 侯晓柱, 2006. 丽江云杉硬枝扦插繁殖技术与生根特性研究. 西北农林科技大学学报(自然科学版), 34(11): 97-101, 105.

吴玉成, 2003. 梅里雪山云冷杉群落植物区系的初步研究. 云南大学学报(自然科学版), 25(S1): 45-48.

吴征镒, 1991. 中国种子植物属的分布区类型. 云南植物研究, (增刊Ⅳ): 1-139.

吴征镒, 周浙昆, 李德铢, 彭华, 孙航, 2003. 世界种子植物科的分布区类型系统. 云南植物研究, 25(3): 245-257.

徐凤翔, 1981. 西藏亚高山暗针叶林的分布与生长. 南京林业大学学报(自然科学版), (1): 70-80.

云南森林编写组, 1986. 云南森林. 北京: 中国林业出版社.

云南植被编写组, 1987. 云南植被(上册). 北京: 科学出版社.

赵志江, 谭留夷, 康东伟, 刘琪璟, 李俊清, 2012. 云南小中甸地区丽江云杉径向生长对气候变化的响应. 应用生态学报, 23(3): 603-609.

中国科学院《中国自然地理》编辑委员会, 1981. 中国自然地理 土壤地理. 北京: 科学出版社.

中国科学院中国植被图编辑委员会, 2007. 中华人民共和国植被图 (1∶1 000 000). 北京: 地质出版社.

中国科学院中国植物志编辑委员会, 1978. 中国植物志(第七卷). 北京: 科学出版社.

中国林业科学研究院林业研究所, 1986. 中国森林土壤. 北京: 科学出版社.

中国森林编辑委员会, 1999. 中国森林(第 2 卷 针叶林). 北京: 中国林业出版社.

中国植被编辑委员会, 1980. 中国植被. 北京: 科学出版社.

《四川森林》编辑委员会, 1992. 四川森林. 北京: 中国林业出版社.

Li H., Wang G. H., Zhang Y., Zhang W. K., 2016. Morphometric traits capture the climatically driven species turnover of 10 spruce taxa across China. Ecology and Evolution, 6(4): 1203-1213.

Wang G. H., Li H., Zhao H. W., Zhang W. K., 2017. Detecting climatically driven phylogenetic and morphological divergence among spruce (*Picea*) species worldwide. Biogeosciences, 14(9): 2307-2319.

第 13 章　川西云杉林 *Picea likiangensis* var. *rubescens* Evergreen Needleleaf Forest Alliance

川西云杉林—中国植被，1980：199-200；四川森林，1992：299-324；中国森林（第 2 卷 针叶林），1999：731-743；西藏森林，1985：69-74；青海森林，1993：173-185；青海植被，1987：46-47。

系统编码：PLR

13.1　地理分布、自然环境及生态特征

13.1.1　地理分布

川西云杉林的地理分布范围西起唐古拉山东端和念青唐古拉山东段一线，向东经他念他翁山、芒康山、沙鲁里山和大雪山，东界止于邛崃山西坡，北界止于巴颜喀拉山南端，南界止于横断山脉北段；地理坐标范围 29°N～32°50′N，94°40′E～102°30′E（图 13.1）；

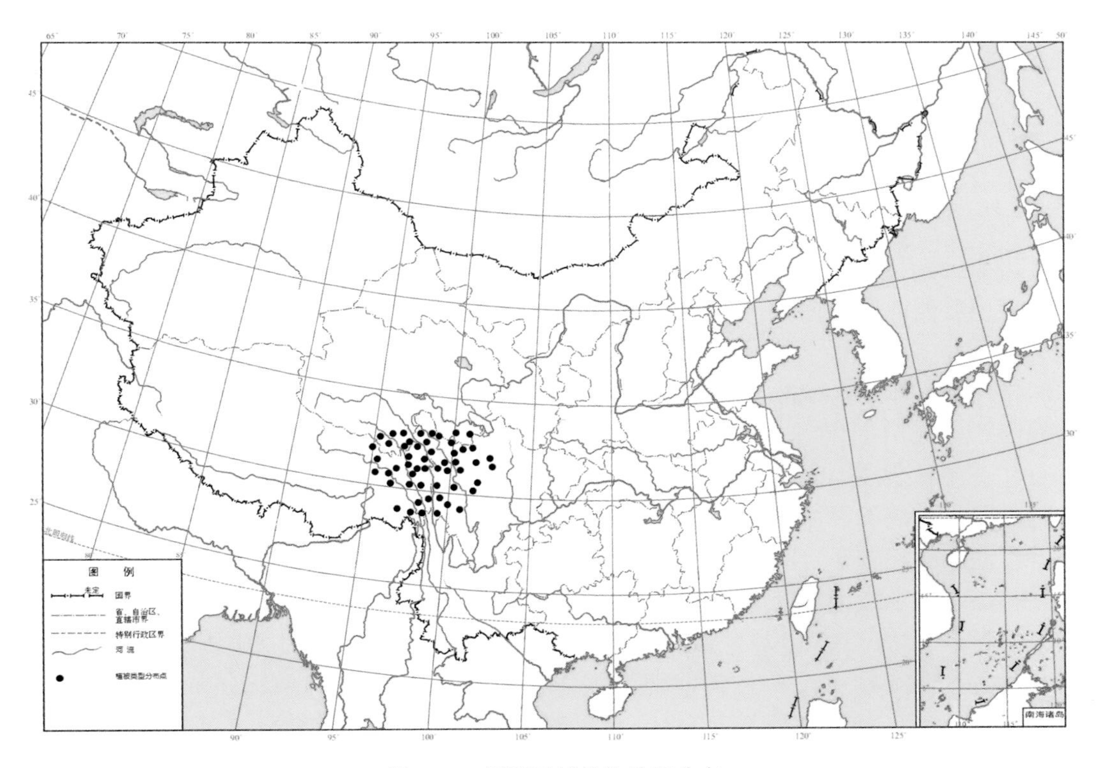

图 13.1　川西云杉林的地理分布

Figure 13.1　Distribution of *Picea likiangensis* var. *rubescens* Evergreen Needleleaf Forest Alliance in China

位于中国西南地区几大江河的中上游至上游地带，包括怒江、澜沧江、金沙江的上游及雅砻江、大渡河的中上游。分布区跨越的行政区域包括四川西部，即邓柯、色达、壤塘一线以南，乡城、稻城、九龙一线以北，金川、小金、阿坝一线以西，以及川藏交界以东的广大地区（《四川森林》编辑委员会，1992）；青海南部，包括玉树州江西、白扎、东中、娘拉、吉曲和果洛州班玛县的马可河、多柯河地区（《青海森林》编辑委员会，1993）；西藏东部，包括昌都、八宿、芒康、左贡、类乌齐、丁青、比如和索县（中国科学院青藏高原综合科学考察队，1985）。

川西云杉林的垂直分布范围较高，各地间存在差异。例如，西藏东部，3600～4200 m；四川西部，2600～4300 m，在四川理塘的曲登，最高海拔达 4690 m（《四川森林》编辑委员会，1992；中国科学院青藏高原综合科学考察队，1985）；青海南部，3300～4300 m，与紫果云杉和红杉的垂直分布范围相当（《青海森林》编辑委员会，1993；莫晓勇，1986）。

在中国植被区划系统中，川西云杉林处在亚热带山地寒温性针叶林地带、中亚热带常绿阔叶林地带和川西山地峡谷云杉冷杉林区（中国科学院中国植被图编辑委员会，2007），具有表征植被水平地带性分布特征的重要意义。川西云杉林分布区的地貌整体隆起，又处在长江等几大江河的上游地带，地貌切割适中，在宽阔起伏的丘陵地带发育着广袤的草原；寒温性针叶林出现在窄谷或高山峡谷地带；杨桦林与落叶阔叶灌丛出现在寒温性针叶林的下限地带或采伐迹地上，不构成优势植被类型。在分布区的南部，寒温性针叶林的垂直分布带谱中出现了冷杉林，主要生长在川西云杉林垂直分布的下方。

13.1.2 自然环境

13.1.2.1 地貌

川西云杉林分布于青藏高原东南部，地貌包括平缓起伏的高原丘陵和陡峭的高山峡谷，地势西北高东南低，河流切割的深度自西北向东南逐渐加大。据《中国自然地理（总论）》（中国科学院《中国自然地理》编辑委员会，1985）记载，该区域“山川相间排列，走向近于南北，自西向东主要山脉有念青唐古拉山-伯舒拉岭、他念他翁山、宁静山、雀儿山-沙鲁里山、大雪山-折多山、邛崃山等。其间有怒江、澜沧江、金沙江及其支流雅砻江、大渡河等，西南与雅鲁藏布江东段相连。这些河流在川西、藏东切割成平行的峡谷，谷地海拔 2000～4000 m，山地海拔高达 5000～6000 m，冰川地形发育，高原面积较小，海拔 3500～4500 m，且自北向南倾斜”“本区地势总趋势是向南倾斜，北部上游河源处于河流回春裂点以上，切割较弱，起伏缓和，高原面保存较好；中南部山高，谷窄，坡陡，高山峡谷平行相间”（中国科学院《中国自然地理》编辑委员会，1985）。在分布区的北部至西北部，川西云杉林呈斑块状分布于窄谷山坡，结构单纯；至东南部的高山峡谷区，地形的垂直高差大，气候复杂，川西云杉林与林芝云杉林、丽江云杉林和多种冷杉林的分布区相重叠。在重叠区域，林芝云杉林的垂直分布范围较低，其上限与冷杉林交汇，而川西云杉林的垂直分布范围又常在冷杉林之上（图 13.2，图 13.3）。

图 13.2 川西云杉林的外貌（左上：西藏昌都，左下：四川壤塘，右上：西藏类乌齐，右下：西藏左贡）
Figure 13.2 Physiognomy of several communities of *Picea likiangensis* var. *rubescens* Evergreen Needleleaf Forest Alliance in Changdu, Xizang (upper left), Rangtang, Sichuan (lower left), Leiwuqi, Xizang (upper right) and Zuogong, Xizang (lower right)

图 13.3 生长在树线地带的川西云杉林外貌（西藏然乌）
Figure 13.3 Physiognomy of a community of *Picea likiangensis* var. *rubescens* Evergreen Needleleaf Forest Alliance on tree line area near the summit of a snowcovered mountain in Ranwu, Xizang

13.1.2.2 气候

川西云杉林分布区处在青藏高原东南部，跨越高原丘陵区和高山峡谷区。一方面，受高寒气候的影响，该区域辐射强，温度低；另一方面，受沿河谷北上的西南和东南暖湿气流的润泽，降雨量较丰沛。据《中国自然地理（总论）》（中国科学院《中国自然地理》编辑委员会，1985）记载，本区域年均降雨量的变化幅度是 400～1000 mm，自南向北降雨量递减；波密和康定，800～1000 mm；甘孜和丁青，500～700 mm；那曲和玉树，400 mm。

我们随机测定了川西云杉林分布区内 61 个样点的地理坐标（图 13.1），利用插值方法提取了每个样点的生物气候数据，各气候因子的均值依次是：年均气温 1.56℃，年均降雨量 747.05 mm，最冷月平均气温–6.95℃，最热月平均气温 8.96℃，≥0℃有效积温 1265.30℃·d，≥5℃有效积温 397.63℃·d，年实际蒸散 257.23 mm，年潜在蒸散 655.61 mm，水分利用指数 0.35（表 13.1）。

表 13.1　川西云杉林地理分布区海拔及其对应的气候因子描述性统计结果（*n*=61）

Table 13.1　Descriptive statistics of altitude and climatic factors in the natural range of *Picea likiangensis* var. *rubescens* Evergreen Needleleaf Forest Alliance in China (*n*=61)

海拔及气候因子 Altitude and climatic factors	均值 Mean	标准误 Standard error	95%置信区间 95% confidence intervals		最小值 Minimum	最大值 Maximum
海拔 Altitude（m）	3790.82	64.08	3662.63	3919.01	2585.00	4347.00
年均气温 Mean annual temperature（℃）	1.56	0.30	0.97	2.16	–2.27	9.06
最冷月平均气温 Mean temperature of the coldest month（℃）	–6.95	0.33	–7.61	–6.30	–12.11	–1.16
最热月平均气温 Mean temperature of the warmest month（℃）	8.96	0.31	8.35	9.58	3.46	17.82
≥5℃有效积温 Growing degree days on a 5℃ basis（℃·d）	397.63	45.32	306.97	488.29	0.00	1993.43
≥0℃有效积温 Growing degree days on a 0℃ basis（℃·d）	1265.30	69.05	1127.18	1403.42	300.57	3375.14
年均降雨量 Mean annual precipitation（mm）	747.05	16.86	713.32	780.77	548.51	1115.85
实际蒸散 Actual evapotranspiration（mm）	257.23	14.67	227.89	286.57	40.00	768.52
潜在蒸散 Potential evapotranspiration（mm）	655.61	11.33	632.95	678.28	222.00	832.54
水分利用指数 Water availability index	0.35	0.01	0.33	0.37	0.08	0.58

上述数据显示，川西云杉林分布区温度较低，降雨量较丰沛，气候条件总体上温凉湿润。土壤含水量较高，但由于海拔较高，温度较低，可能存在永冻土层，植物水分可利用指数较低。

13.1.2.3　土壤

根据《中国森林土壤》（中国林业科学研究院林业研究所，1986）记载，川西云杉林分布区的成土母岩在高原区和高山峡谷区略有不同。前者以轻度变质的砂页岩、炭质片岩和板岩为主；后者以板岩、片岩、页岩和砂岩为主，其次是云母片岩、千枚岩、泥质灰岩、硅化石灰岩、硬砂岩和花岗岩等。

《中国森林土壤》（中国林业科学研究院林业研究所，1986）描述了四川省几个川西云杉林地的土壤剖面特征，调查的群落类型皆为“灌木-川西云杉林”，主要结果摘录如下。

在大雪山西坡的炉霍县仁达沟，海拔 3940 m，川西云杉林的郁闭度为 0.8～1.0；剖面位于山坡上部，坡向为西北坡，坡度 28°；土壤母岩为钙质泥板岩，土壤类型为山地淋溶暗棕壤；从土壤表层（0～6 cm）至深层（103～150 cm），土壤 pH 的变化幅度是 5.2～6.4，土壤有机质的变化幅度是 17.79%～0.87%（6～14 cm，表层土厚度，下同）。

在大雪山西坡的新龙县甲拉溪沟，海拔 3800 m，剖面位于山坡的中上部，坡向为东北坡，坡度 18°；土壤母岩为砂质泥板岩，从土壤表层（0～4 cm）至深层（113～157 cm），土壤 pH 的变化幅度是 5.0～6.8，土壤有机质的变化幅度是 12.74%～0.96%（4～18 cm）。

在大雪山东坡的色达县河西乡，海拔 3800 m，剖面位于山坡中部，坡向为北坡，坡度为 28°；土壤母岩为钙质砂岩，从土壤表层（0～8 cm）至深层（91～125 cm），土壤 pH 的变化幅度为 5.2～7.0，土壤有机质变化幅度为 15.55%～1.94%（8～21 cm）。

此外，作者对川西云杉林土壤的基本特征进行了总结，“川西云杉林下的山地暗棕壤正进行着强烈的腐殖质聚集作用和较弱的淋溶作用。腐殖质聚集作用表现在表土层有机质含量高（13%～18%）、代换性盐基含量大（20～35 mg 当量/100 g 土），盐基饱和度高（60%～70%），并且具有比较稳定的粒块结构；淋溶作用表现在亚表土层酸度大、代换性铝含量剧增；在该层中铝离子占绝对优势，氢离子甚少，代换性盐基含量低，盐基饱和度小，水解酸度大；土壤中的物理黏粒和黏粒含量在全剖面中较高，分布较均匀，说明土壤中虽然进行着某种程度的淋溶作用，但黏粒没有发生明显的移动”（中国林业科学研究院林业研究所，1986）。

13.1.3　生态特征

川西云杉林适应寒冷环境的能力较强，是云杉林中垂直分布海拔上限最高的类型。事实上，川西云杉林的耐寒能力需要在一定的湿润度支撑下才能维持，因此其分布范围偏南，耐干冷的程度不及云杉组的其他类群，如青海云杉（*Picea crassifolia*）和雪岭云杉（*Picea schrenkiana*）等，后者分布于气候条件更加干冷的荒漠山地，如祁连山和天山山脉等。

云杉属植物的生态习性与其针叶的形态特征间存在一定的关联。针叶为四棱形且四面有气孔线的类群，如云杉组的种类，通常生长在相对干冷的环境中；针叶扁平且仅腹面有气孔线的类群，如丽江云杉组和鱼鳞云杉组的种类，主要生长在相对湿润的环境中。川西云杉虽然属于丽江云杉组，但其针叶气孔线的数量多于丽江云杉、林芝云杉和紫果云杉，少于云杉组的种类。表现在生态习性上，川西云杉对干冷环境的适应能力较林芝云杉、紫果云杉和丽江云杉强，但又不及云杉组的种类。

在青藏高原东部及东南部地区，川西云杉林、鳞皮冷杉林和紫果冷杉林是几个地理分布范围较广的寒温性针叶林类型。区域的水热平衡状况直接影响了各类针叶林的垂直和水平分布格局。比较而言，川西云杉林适应干冷环境，鳞皮冷杉林适应湿冷环境。在川西北地区，二者垂直分布带谱的交替现象十分明显，对生境的选择明显不同。在川西北地区的山地上部，以及在纬度偏北的区域，气候寒冷干燥，是川西云杉林的核心分布区。紫果冷杉林和鳞皮冷杉林虽然耐寒冷，但不适应干燥的气候。例如，在同一个山地，紫果冷杉纯林主要生长在阴坡，在偏阳的生境中生长的则为川西云杉林（图 13.4）。此外，在地形开阔的山坡，有大面积的川西云杉林，冷杉林则完全不见踪迹。在西藏东部的高山峡谷区，川西云杉林很常见，鳞皮冷杉林则罕见。在四川白玉和壤塘，鳞皮冷杉林的垂直分布范围均位于川西云杉林之下，再往西北，鳞皮冷杉林则完全不见踪迹。例如，在壤塘县城附近，低海拔地带生长着大面积的鳞皮冷杉林；在西北方向距离壤塘县城约 80 km 的西穷村，却只有川西云杉林。类似的例子出现在炉霍县城附近（鳞皮冷杉林）到西北方向距离炉霍县城 60 km 的修达村（川西云杉林）。相反，在四川西部偏南的区域，生境偏湿润，在理塘、新龙、雅江一带，森林上限的海拔达 4200 m，山地阴坡的森林类型是鳞皮冷杉纯林，胸径达 110 cm，高度达 25～35 m；但在地形开阔、偏阳的生境中，群落类型为川西云杉林。可见，鳞皮冷杉林虽然地理分布范围较广，但只适生于地形封闭、环境阴湿的生境，对生境的选择性强。

图 13.4　川西云杉林与紫果冷杉林的生境选择

Figure 13.4　Difference of habitat preference between two communities of *Picea likiangensis* var. *rubescens* Evergreen Needleleaf Forest Alliance and *Abies recurvata* Evergreen Needleleaf Forest Alliance in Arba, Sichuan

云杉、冷杉垂直分布带交替的现象与纬度相关，即与热量相关。在热量充足的地区，冷杉在上而云杉在下，如台湾冷杉林的垂直分布范围居于台湾云杉林之上；而在热量缺乏的地区，云杉在上而冷杉在下。此外，冷杉的水平分布区总体偏南，而云杉偏北。在中国东北山地和西北的阿尔泰山，温度是植物生长的主要限制因子，冷杉的分布范围远小于云杉。在四川理塘至康定一线以南，云杉林的垂直分布范围均在冷杉林之下。

受中国宏观地形地貌的影响，云杉、冷杉垂直分布带交替的现象，更多地受自西北向东南方向所形成的环境梯度的影响。例如，在西藏类乌齐、芒康、左贡等地，山地上部林线地带的森林类型是川西云杉林；在云南德钦，西藏波密、林芝等温暖的峡谷地带，山坡上部林线处的森林类型是冷杉林，而油麦吊云杉、林芝云杉和丽江云杉位于峡谷的下方。显然，川西云杉林是青藏高原地区针叶林中较耐干冷的类型。冷杉可以耐寒，但湿度必须保证，即环境必须湿冷。而在干冷的气候条件下，山地针叶林几乎全部是云杉林，如青海云杉林、雪岭云杉林和白扦林等。适应偏暖湿环境的云杉类型，如麦吊云杉、丽江云杉和青扦等，主要分布在温带至暖温带地区寒温性针叶林垂直分布的下限地带，而冷杉则分布于寒温性针叶林垂直分布的上限地带，并分化出了多样化的冷杉林类型。可见，冷杉林在湿度保证的情况下，可以忍耐严寒，云杉林在湿冷的环境中，其竞争力不及冷杉林。

13.2　群 落 组 成

13.2.1　科属种

64 个样地中记录到维管植物 350 种，隶属 49 科 118 属，其中种子植物 46 科 115 属 341 种，蕨类植物 3 科 3 属 9 种。种子植物中，裸子植物有川西云杉、鳞皮冷杉、云杉和方枝柏。川西云杉是乔木层的单优势种或优势种，后三者为伴生种或组成乔木层的共优种。被子植物中，种类最多的是蔷薇科，含 32 种；其次是菊科 27 种，毛茛科 17 种，禾本科 14 种，虎耳草科 11 种，杜鹃花科 10 种；含 9～6 种的科依次是忍冬科、豆科、莎草科、小檗科、唇形科、玄参科和杨柳科；含 5～3 种的科依次是百合科、蓼科、茜草科、报春花科、桦木科、柳叶菜科、伞形科、龙胆科、牻牛儿苗科和石竹科；其余 26 科含物种 1～2 种。与其他云杉林的物种组成相比较，川西云杉林中杜鹃花科的植物较多，是灌木层的优势种或特征种，可形成特色鲜明的常绿灌木层片。

13.2.2　区系成分

根据中国种子植物科属区系成分的划分标准（吴征镒，1991；吴征镒等，2003），将 46 个种子植物科划分为 10 个分布区类型/亚型，其中，世界分布科占 50%，其次是北温带和南温带间断分布科（13%）、泛热带分布科（10%）和北温带分布科（8%），其余分布型所占比例在 2%～6%。115 个属可划分为 16 个分布区类型/亚型，其中，北温带分布属占 40%，世界分布属占 15%，北温带和南温带间断分布属占 13%，其他成分所占比例在 1%～9%（表 13.2）。

13.2.3　生活型

川西云杉林各个植物生活型的比例分别是木本植物 35%，草本植物 65%。木本植物中，落叶成分 27%，常绿物种 7%；灌木 28%，乔木 5%，木质藤本 1%。草本植物中，多年生直立杂草类 35%，多年生莲座类 11%，禾草类 13%（表 13.3）。竹类在川西云杉林下不常见，在一些群落中有低矮的扫把竹生长，可形成一个层片。

表 13.2 川西云杉林 46 科 115 属 350 种植物区系成分

Table 13.2 The areal type of the 350 seed plant species recorded in *Picea likiangensis* var. *rubescens* Evergreen Needleleaf Forest Alliance in China

编号 No.	分布区类型 The areal types	科 Family		属 Genus	
		数量 *n*	比例(%)	数量 *n*	比例(%)
1	世界广布 Widespread	24	50	17	15
2	泛热带 Pantropic	5	10	2	2
2.2	热带亚洲、热带非洲和热带美洲 Trop. Asia to Trop. Africa and Trop. Amer.	1	2		
3	东亚（热带、亚热带）及热带南美间断 Trop. & Subtr. E. Asia &（S.）Trop. Amer. Disjuncted	3	6	1	1
4	旧世界热带 Old World Tropics			1	1
7.4	越南（或中南半岛）至华南或西南分布 Vietnam or Indochinese Peninsula to S. or SW. China			1	1
8	北温带 N. Temp.	4	8	46	40
8.2	北极-高山 Arctic-Alpine	2	4	2	2
8.4	北温带和南温带间断 N. Temp. & S. Temp. disjuncted	6	13	15	13
8.5	欧亚与南北温带间断 Eurasia & Temp. S. Amer. disjuncted	1	2	1	1
9	东亚和北美间断 E. Asia & N. Amer. disjuncted	1	2	2	2
10	旧世界温带 Temp. Eurasia			10	9
10.1	地中海区、西亚和东亚间断 Mediterranea，W. Asia（or C.Asia）& E. Asia disjuncted			1	1
10.2	地中海区和喜马拉雅间断分布 Mediterranea & Himalaya disjuncted			1	1
10.3	欧亚和南非洲间断 Eurasia & S. Afr. disjuncted	1	2		
11	温带亚洲 Temp. Asia			4	3
14	东亚 E. Asia			10	9
15	中国特有 Endemic to China			1	1
合计 Total		46	100	115	100

注：物种名录根据 64 个样方数据整理

表 13.3 川西云杉林 350 种植物生活型谱（%）

Table 13.3 Life-form spectrum (%) of the 350 vascular plant species recorded in the 64 plots sampled in *Picea likiangensis* var. *rubescens* Evergreen Needleleaf Forest Alliance in China

木本植物 Woody plants	乔木 Tree		灌木 Shrub		藤本 Liana		竹类 Bamboo	蕨类 Fern	寄生 Phytoparasite	附生 Epiphyte
	常绿 Evergreen	落叶 Deciduous	常绿 Evergreen	落叶 Deciduous	常绿 Evergreen	落叶 Deciduous				
35	2	3	5	23	0	1	1	0	0	0

陆生草本 Terrestrial herbs	多年生 Perennial					一年生 Annual		蕨类 Fern	寄生 Phytoparasite	腐生 Saprophyte
	禾草型 Grass	直立杂草类 Forbs	莲座垫状 Rosette	附生 Epiphyte	藤本 Liana	短生型 Ephemeral	非短生型 None ephemeral			
65	13	35	11	0	2	0	0	4	0	0

注：物种名录来自 64 个样方数据

13.3　群 落 结 构

川西云杉林的垂直结构包括乔木层、灌木层、草本层和苔藓层（图 13.5）；树体上常寄生悬垂的松萝。

图 13.5　川西云杉林的林冠层（左上，四川白玉）、外貌（右上，四川德格）及林下结构（左下、右中，四川壤塘）和草本层（右下）

Figure 13.5　Canopy layer (upper left Baiyu, Sichuan), physiognomy (upper right Dege, Sichuan), understorey layer (lower left, middle right, Rangtang, Sichuan) and herb layer (lower right) of several communities of *Picea likiangensis* var. *rubescens* Evergreen Needleleaf Forest Alliance

乔木层呈复层结构。川西云杉或为大、中乔木层的单优势种，或与云杉、鳞皮冷杉和紫果冷杉等组成共优种；中、小乔木层除了上述针叶树外，还有方枝柏和落叶阔叶小乔木混生。

灌木层较稀疏，物种组成在不同的海拔范围之间存在差异。在垂直分布的上限地带，杜鹃类常绿灌木较多，包括陇蜀杜鹃、大白杜鹃、光亮杜鹃、山光杜鹃、毛喉杜鹃和雪层杜鹃等；在中部和下限地带，落叶灌木较常见，种类有陕甘花楸、峨眉蔷薇、黑果忍冬（图 13.6）、刚毛忍冬、唐古特忍冬、红脉忍冬、金露梅和银露梅等。

华西蔷薇 *Rosa moyesii*　　裂叶红景天 *Rhodiola sinuata*　　高原露珠草 *Crcaea alpina* subsp. *imaicola*

黑果忍冬 *Lonicera nigra*　　星叶草 *Circaeaster agrestis*　　唐古特忍冬 *Lonicera tangutica*

图 13.6　川西云杉林下的常见植物

Figure 13.6　Constant species under *Picea likiangensis* var. *rubescens* Evergreen Needleleaf Forest Alliance

草本层较密集，物种组成较丰富，常见种类有大羽鳞毛蕨、双花堇菜、高原毛茛、珠芽拳参、高原露珠草（图 13.6）、林地早熟禾、高异燕麦、藏东薹草和膨囊薹草等。

苔藓层多呈斑块状，在凸起的岩石、枯树桩和倒木上较密集，在林冠层开阔的生境中十分稀薄；常见的种类有平肋提灯藓、细叶拟金发藓、山羽藓、金发藓、多褶青藓、拟垂枝藓和曲尾藓等。

13.4 群 落 类 型

乔木层的结构和物种组成是划分群丛组的依据。川西云杉林可分为纯林和混交林两大类，前者乔木层的树种单一，后者种类复杂。灌木层和草本层的物种组成是划分群丛的依据。苔藓层可出现在多数群丛中，但其数量特征在不同的群丛间变化较大，仅在群丛尺度上加以描述。

基于 64 个样地的数量分类结果及相关文献资料，川西云杉林可划分出 6 个群丛组 12 个群丛（表 13.4a，表 13.4b，表 13.5）。

表 13.4　川西云杉林群落分类简表

Table 13.4　Synoptic table of *Picea likiangensis* var. *rubescens* Evergreen Needleleaf Forest Alliance in China

表 13.4a　群丛组分类简表

Table 13.4a　Synoptic table for association group

群丛组号 Association group number			I	II	III	IV	V	VI
样地数 Number of plots		L	20	25	5	4	6	4
窄翼黄耆	*Astragalus degensis*	6	20	0	0	0	0	0

续表

群丛组号 Association group number			I	II	III	IV	V	VI
样地数 Number of plots		L	20	25	5	4	6	4
反瓣老鹳草	*Geranium refractum*	6	20	0	0	0	0	0
短茎囊瓣芹	*Pternopetalum longicaule* var. *humile*	6	20	0	0	0	0	0
山生柳	*Salix oritrepha*	4	15	0	0	0	0	0
毛脉柳叶菜	*Epilobium amurense*	6	20	4	0	0	0	0
白蓝翠雀花	*Delphinium albocoeruleum*	6	30	4	0	0	0	25
裂叶红景天	*Rhodiola sinuata*	6	0	24	0	0	0	0
针茅	*Stipa* sp.	6	0	24	0	0	0	0
糙野青茅	*Deyeuxia scabrescens*	6	0	20	0	0	0	0
肾叶金腰	*Chrysosplenium griffithii*	6	0	16	0	0	0	0
疏花针茅	*Stipa penicillata*	6	0	16	0	0	0	0
薹草	*Carex* sp.	6	10	28	0	0	0	0
方枝柏	*Juniperus saltuaria*	1	0	0	100	0	0	0
毛叶绣线菊	*Spiraea mollifolia*	4	0	0	40	0	0	0
西南毛茛	*Ranunculus ficariifolius*	6	0	0	40	0	0	0
白苞筋骨草	*Ajuga lupulina*	6	0	0	40	0	0	0
毛序小檗	*Berberis trichiata*	4	5	0	40	0	0	0
坚硬黄耆	*Astragalus rigidulus*	6	5	0	40	0	0	0
肉果草	*Lancea tibetica*	6	10	0	40	25	0	0
窄叶鲜卑花	*Sibiraea angustata*	4	10	0	40	25	0	0
纤细草莓	*Fragaria gracilis*	6	50	4	80	25	33	25
林地早熟禾	*Poa nemoralis*	6	20	24	60	0	67	50
拟垂枝藓	*Rhytidiadelphus triquetrus*	9	5	0	0	50	0	0
黑果忍冬	*Lonicera nigra*	4	10	4	0	50	0	0
紫果冷杉	*Abies recurvata*	1	0	0	0	0	100	0
绣球藤	*Clematis montana*	4	0	0	0	0	50	0
绢毛山梅花	*Philadelphus sericanthus*	4	0	8	0	0	67	0
少裂凹乳芹	*Vicatia bipinnata*	6	0	0	0	0	33	0
狭叶帚菊	*Pertya angustifolia*	4	0	0	0	0	33	0
小舌紫菀	*Aster albescens*	4	0	0	0	0	33	0
粗野马先蒿	*Pedicularis rudis*	6	0	0	0	0	33	0
扇脉香茶菜	*Isodon flabelliformis*	4	0	4	0	0	33	0
水栒子	*Cotoneaster multiflorus*	4	5	0	0	0	33	0
椭圆叶花锚	*Halenia elliptica*	6	5	4	0	0	33	0
塔藓	*Hylocomium splendens*	9	15	32	0	0	67	0
冰川茶藨子	*Ribes glaciale*	4	25	40	0	25	83	25
无距耧斗菜	*Aquilegia ecalcarata*	6	0	4	0	0	33	25
羊茅	*Festuca ovina*	6	5	0	0	25	33	0
青甘锦鸡儿	*Caragana tangutica*	4	5	0	0	0	0	50
甘青蒿	*Artemisia tangutica*	6	0	12	0	0	17	75
长刺茶藨子	*Ribes alpestre*	4	10	12	20	0	0	75
秀丽莓	*Rubus amabilis*	4	10	8	0	0	0	50
无芒雀麦	*Bromus inermis*	6	0	0	20	0	0	50

续表

群丛组号 Association group number			I	II	III	IV	V	VI
样地数 Number of plots		L	20	25	5	4	6	4
小花风毛菊	*Saussurea parviflora*	6	15	4	20	0	17	75
陕甘花楸	*Sorbus koehneana*	4	0	16	20	25	50	100
莛子藨	*Triosteum pinnatifidum*	6	0	0	0	25	0	50
多脉报春	*Primula polyneura*	6	5	0	20	0	0	50
长盖铁线蕨	*Adiantum fimbriatum*	6	5	28	0	25	17	75
林生茜草	*Rubia sylvatica*	6	5	4	0	0	33	50
高原露珠草	*Circaea alpina* subsp. *imaicola*	6	25	36	20	50	50	100
鳞皮冷杉	*Abies squamata*	1	0	100	0	0	0	100
云杉	*Picea asperata*	1	0	0	0	100	17	100

表 13.4b 群丛分类简表

Table 13.4b Synoptic table for association

群丛组号 Association group number			I	I	I	I	II	II	II	II	III	IV	V	VI
群丛号 Association number			1	2	3	4	5	6	7	8	9	10	11	12
样地数 Number of plots		L	3	5	6	6	4	6	4	11	5	4	6	4
心叶大黄	*Rheum acuminatum*	6	33	0	0	0	0	0	0	0	0	0	0	0
美头火绒草	*Leontopodium calocephalum*	6	33	0	0	0	0	0	0	0	0	0	0	0
火绒草	*Leontopodium* sp.	4	33	0	0	0	0	0	0	0	0	0	0	0
毛杓兰	*Cypripedium franchetii*	6	33	0	0	0	0	0	0	0	0	0	0	0
红景天	*Rhodiola* sp.	4	33	0	0	0	0	0	0	0	0	0	0	0
高山嵩草	*Kobresia pygmaea*	4	33	0	0	0	0	0	0	0	0	0	0	0
樱草杜鹃	*Rhododendron primuliflorum*	4	33	0	0	0	0	0	0	0	0	0	0	0
显著马先蒿	*Pedicularis insignis*	6	33	0	0	0	0	0	0	0	0	0	0	0
粉紫杜鹃	*Rhododendron impeditum*	4	33	0	0	0	0	0	0	0	0	0	0	0
总梗委陵菜	*Potentilla peduncularis*	6	33	0	0	0	0	0	0	0	0	0	0	0
糙野青茅	*Deyeuxia scabrescens*	4	33	0	0	0	0	0	0	0	0	0	0	0
薹草	*Carex* sp.	4	33	0	0	0	0	0	0	0	0	0	0	0
糖茶藨子	*Ribes himalense*	4	67	0	0	0	0	0	0	27	40	0	0	0
窄翼黄耆	*Astragalus degensis*	6	0	60	0	17	0	0	0	0	0	0	0	0
山生柳	*Salix oritrepha*	4	0	40	17	0	0	0	0	0	0	0	0	0
白蓝翠雀花	*Delphinium albocoeruleum*	6	0	60	33	17	0	0	25	0	0	0	0	25
陇蜀杜鹃	*Rhododendron przewalskii*	4	0	40	0	0	0	0	0	0	0	0	17	25
橐吾	*Ligularia sibirica*	6	0	40	33	0	0	0	0	0	0	0	17	0
紫花碎米荠	*Cardamine purpurascens*	6	0	40	33	0	0	0	0	0	0	0	17	0
毛脉柳叶菜	*Epilobium amurense*	6	0	20	50	0	0	17	0	0	0	0	0	0
丝秆薹草	*Carex filamentosa*	6	0	0	33	0	0	0	0	0	0	0	17	0
大刺茶藨子	*Ribes alpestre* var. *giganteum*	4	0	0	50	17	0	33	0	0	0	25	17	0
西南草莓	*Fragaria moupinensis*	6	0	40	67	0	0	0	25	9	0	50	17	25
峨眉蔷薇	*Rosa omeiensis*	4	0	40	100	33	0	0	75	18	40	50	50	75
反瓣老鹳草	*Geranium refractum*	6	0	0	0	67	0	0	0	0	0	0	0	0
华神血宁	*Polygonum cathayanum*	6	0	0	0	33	0	0	0	0	0	0	0	0
昌都韭	*Allium changduense*	6	0	0	0	33	0	0	0	0	0	0	0	0

续表

群丛组号 Association group number			I	I	I	I	II	II	II	II	III	IV	V	VI
群丛号 Association number			1	2	3	4	5	6	7	8	9	10	11	12
样地数 Number of plots		L	3	5	6	6	4	6	4	11	5	4	6	4
草玉梅	*Anemone rivularis*	6	0	0	0	33	0	0	0	0	0	0	0	0
长果婆婆纳	*Veronica ciliata*	6	0	0	0	33	0	0	0	0	0	0	0	0
微孔草	*Microula sikkimensis*	6	0	0	0	67	0	0	0	9	20	25	0	0
青海茶藨子	*Ribes pseudofasciculatum*	4	0	0	0	50	0	0	0	0	0	0	0	25
毛茛状金莲花	*Trollius ranunculoides*	6	0	0	0	33	0	0	0	0	0	25	0	0
钟花报春	*Primula sikkimensis*	6	0	0	0	33	25	0	0	0	0	0	0	0
高原毛茛	*Ranunculus tanguticus*	6	33	0	17	50	0	0	0	27	0	0	0	0
轮叶黄精	*Polygonatum verticillatum*	6	0	0	0	50	0	0	0	0	20	0	33	25
糙喙薹草	*Carex scabrirostris*	6	33	0	17	67	50	0	0	0	20	25	0	0
高山紫菀	*Aster alpinus*	6	0	0	17	33	0	0	0	0	20	0	0	0
松潘小檗	*Berberis dictyoneura*	4	0	0	0	33	0	0	0	0	20	0	0	25
肾叶金腰	*Chrysosplenium griffithii*	6	0	0	0	0	100	0	0	0	0	0	0	0
异叶虎耳草	*Saxifraga diversifolia*	6	0	0	0	0	75	0	0	0	0	0	0	0
扁蕾	*Gentianopsis barbata*	6	0	0	0	0	50	0	0	0	0	0	0	0
莲叶橐吾	*Ligularia nelumbifolia*	6	0	0	0	0	50	0	0	0	0	0	0	0
肋柱花	*Lomatogonium carinthiacum*	6	0	0	0	0	50	0	0	0	0	0	0	0
隐蕊杜鹃	*Rhododendron intricatum*	4	0	40	0	0	100	17	0	0	0	0	0	0
少对峨眉蔷薇	*Rosa omeiensis* f. *paucijugs*	4	0	0	0	0	50	17	0	0	0	0	0	0
曲尾藓	*Dicranum scoparium*	9	0	0	17	0	50	0	0	0	0	0	0	0
川滇绣线菊	*Spiraea schneideriana*	4	0	40	50	0	100	33	0	0	0	25	0	0
丽江风毛菊	*Saussurea likiangensis*	6	0	0	0	0	50	0	0	9	20	0	0	0
甘肃马先蒿	*Pedicularis kansuensis*	6	0	0	0	33	50	0	0	0	20	0	0	0
毛裂蜂斗菜	*Petasites tricholobus*	6	0	20	0	0	50	17	0	0	0	0	0	25
双花堇菜	*Viola biflora*	6	0	80	50	83	100	83	25	0	40	25	50	50
裂叶红景天	*Rhodiola sinuata*	6	0	0	0	0	0	100	0	0	0	0	0	0
疏花针茅	*Stipa penicillata*	6	0	0	0	0	0	67	0	0	0	0	0	0
大头兔儿风	*Ainsliaea macrocephala*	6	0	0	0	0	0	50	0	0	0	0	0	0
星叶丝瓣芹	*Acronema astrantiifolium*	6	0	0	0	0	0	33	0	0	0	0	0	0
仰叶拟细湿藓	*Campyliadelphus stellatus*	9	0	0	0	0	0	33	0	0	0	0	0	0
帽斗栎	*Quercus guajavifolia*	1	0	0	0	0	0	33	0	0	0	0	0	0
大白杜鹃	*Rhododendron decorum*	4	0	0	0	0	0	33	0	0	0	0	0	0
毛花忍冬	*Lonicera trichosantha*	4	0	0	17	0	0	50	0	9	0	0	0	0
升麻	*Cimicifuga foetida*	6	0	20	17	0	0	50	0	0	0	0	17	0
高异燕麦	*Helictotrichon altius*	6	0	40	50	0	0	100	75	0	0	25	33	25
红脉忍冬	*Lonicera nervosa*	4	0	20	0	17	0	67	25	0	20	0	17	25
细枝茶藨子	*Ribes tenue*	4	0	0	50	17	25	67	0	0	20	50	50	50
唐古特忍冬	*Lonicera tangutica*	4	0	100	83	67	0	100	75	64	0	50	67	75
川赤芍	*Paeonia anomala* subsp. *veitchii*	6	0	0	0	17	0	0	50	0	0	0	0	0
膜叶冷蕨	*Cystopteris pellucida*	6	0	0	17	0	0	0	50	0	0	0	0	0
糙皮桦	*Betula utilis*	4	0	0	0	0	0	0	50	0	0	0	17	0
红毛五加	*Eleutherococcus giraldii*	4	0	0	0	0	0	0	50	0	0	0	17	0

续表

群丛组号 Association group number			I	I	I	I	II	II	II	II	III	IV	V	VI
群丛号 Association number			1	2	3	4	5	6	7	8	9	10	11	12
样地数 Number of plots		L	3	5	6	6	4	6	4	11	5	4	6	4
大羽鳞毛蕨	*Dryopteris wallichiana*	6	0	0	0	0	0	50	100	0	20	0	0	50
锦丝藓	*Actinothuidium hookeri*	9	0	40	17	0	25	0	100	0	0	0	33	25
总状橐吾	*Ligularia botryodes*	6	0	0	0	0	0	0	50	0	0	0	0	25
稀蕊唐松草	*Thalictrum oligandrum*	6	0	0	33	17	0	0	100	0	0	50	33	25
菰帽悬钩子	*Rubus pileatus*	4	0	0	0	0	0	0	50	0	0	0	33	25
针茅	*Stipa* sp.	6	0	0	0	0	0	0	0	55	0	0	0	0
糙野青茅	*Deyeuxia scabrescens*	6	0	0	0	0	0	0	0	45	0	0	0	0
鳞毛蕨	*Dryopteris* sp.	6	0	0	0	0	0	0	0	27	0	0	0	0
黄色悬钩子	*Rubus lutescens*	4	0	0	0	0	0	0	0	27	0	0	0	0
冷蕨	*Cystopteris* sp.	6	0	0	0	0	0	0	0	27	0	0	0	0
柳叶忍冬	*Lonicera lanceolata*	4	0	0	0	0	0	0	0	27	0	0	0	0
报春花	*Primula* sp.	6	0	0	0	0	0	0	0	27	0	0	0	0
薹草	*Carex* sp.	6	33	0	17	0	0	0	0	64	0	0	0	0
柳	*Salix* sp.	4	0	0	0	0	0	0	0	18	0	0	0	0
川西樱桃	*Cerasus trichostoma*	4	0	0	0	0	0	0	0	18	0	0	0	0
臭草	*Melica* sp.	6	0	0	0	0	0	0	0	18	0	0	0	0
黄精	*Polygonatum* sp.	6	0	0	0	0	0	0	0	18	0	0	0	0
蒿	*Artemisia* sp.	6	0	0	0	0	0	0	0	18	0	0	0	0
玉凤花	*Habenaria* sp.	6	0	0	0	0	0	0	0	18	0	0	0	0
火绒草	*Leontopodium* sp.	6	0	0	0	0	0	0	0	18	0	0	0	0
驴蹄草	*Caltha palustris*	6	0	0	0	0	0	0	0	18	0	0	0	0
早熟禾	*Poa* sp.	6	33	0	0	0	0	0	0	36	0	0	0	0
细梗蔷薇	*Rosa graciliflora*	4	0	0	0	17	0	0	0	27	0	0	0	0
鲜黄小檗	*Berberis diaphana*	4	0	0	17	0	0	0	0	27	0	0	0	0
细枝绣线菊	*Spiraea myrtilloides*	4	33	0	0	33	0	0	0	73	20	25	0	50
大黄橐吾	*Ligularia duciformis*	6	33	0	0	0	0	0	0	27	0	0	0	0
高山绣线菊	*Spiraea alpina*	4	0	0	17	17	0	0	0	36	20	25	0	0
金露梅	*Potentilla fruticosa*	4	67	60	0	17	0	0	0	55	40	0	0	0
方枝柏	*Juniperus saltuaria*	1	0	0	0	0	0	0	0	0	100	0	0	0
西南毛茛	*Ranunculus ficariifolius*	6	0	0	0	0	0	0	0	0	40	0	0	0
白苞筋骨草	*Ajuga lupulina*	6	0	0	0	0	0	0	0	0	40	0	0	0
毛叶绣线菊	*Spiraea mollifolia*	4	0	0	0	0	0	0	0	0	40	0	0	0
坚硬黄耆	*Astragalus rigidulus*	6	0	0	0	17	0	0	0	0	40	0	0	0
毛序小檗	*Berberis trichiata*	4	33	0	0	0	0	0	0	0	40	0	0	0
肉果草	*Lancea tibetica*	6	0	0	0	33	0	0	0	0	40	25	0	0
窄叶鲜卑花	*Sibiraea angustata*	4	0	0	0	33	0	0	0	0	40	25	0	0
林地早熟禾	*Poa nemoralis*	6	0	60	17	50	100	0	50	0	60	0	67	50
刚毛忍冬	*Lonicera hispida*	4	0	20	0	50	0	0	0	9	60	50	17	25
拟垂枝藓	*Rhytidiadelphus triquetrus*	9	0	0	17	0	0	0	0	0	0	50	0	0
黑果忍冬	*Lonicera nigra*	4	0	0	33	0	0	17	0	0	0	50	0	0
紫果冷杉	*Abies recurvata*	1	0	0	0	0	0	0	0	0	0	0	100	0

续表

群丛组号 Association group number			I	I	I	I	II	II	II	II	III	IV	V	VI
群丛号 Association number			1	2	3	4	5	6	7	8	9	10	11	12
样地数 Number of plots		L	3	5	6	6	4	6	4	11	5	4	6	4
绣球藤	*Clematis montana*	4	0	0	0	0	0	0	0	0	0	0	50	0
少裂凹乳芹	*Vicatia bipinnata*	6	0	0	0	0	0	0	0	0	0	0	33	0
狭叶帚菊	*Pertya angustifolia*	4	0	0	0	0	0	0	0	0	0	0	33	0
小舌紫菀	*Aster albescens*	4	0	0	0	0	0	0	0	0	0	0	33	0
粗野马先蒿	*Pedicularis rudis*	6	0	0	0	0	0	0	0	0	0	0	33	0
扇脉香茶菜	*Isodon flabelliformis*	4	0	0	0	0	0	17	0	0	0	0	33	0
水栒子	*Cotoneaster multiflorus*	4	0	0	0	17	0	0	0	0	0	0	33	0
椭圆叶花锚	*Halenia elliptica*	6	0	0	0	17	0	0	0	9	0	0	33	0
羊茅	*Festuca ovina*	6	0	0	17	0	0	0	0	0	0	25	33	0
无距耧斗菜	*Aquilegia ecalcarata*	6	0	0	0	0	0	0	25	0	0	0	33	25
青甘锦鸡儿	*Caragana tangutica*	4	0	0	0	17	0	0	0	0	0	0	0	50
无芒雀麦	*Bromus inermis*	6	0	0	0	0	0	0	0	0	20	0	0	50
莛子藨	*Triosteum pinnatifidum*	6	0	0	0	0	0	0	0	0	0	25	0	50
甘青蒿	*Artemisia tangutica*	6	0	0	0	0	0	17	50	0	0	0	17	75
陕甘花楸	*Sorbus koehneana*	4	0	0	0	0	0	50	25	0	20	25	50	100
多脉报春	*Primula polyneura*	6	0	0	0	17	0	0	0	0	20	0	0	50
小花风毛菊	*Saussurea parviflora*	6	0	0	33	17	0	0	25	0	20	0	17	75
林生茜草	*Rubia sylvatica*	6	0	0	0	17	0	17	0	0	0	0	33	50
杜鹃	*Rhododendron* sp.	4	67	0	17	0	0	0	0	36	0	0	0	0
短茎囊瓣芹	*Pternopetalum longicaule* var. *humile*	6	0	40	33	0	0	0	0	0	0	0	0	0
藏东薹草	*Carex cardiolepis*	6	0	60	0	17	0	67	0	9	40	0	0	25
珠芽参	*Polygonum viviparum*	6	0	100	83	83	100	17	0	9	40	50	17	75
冰川茶藨子	*Ribes glaciale*	4	0	80	17	0	75	0	50	45	0	25	83	25
银露梅	*Potentilla glabra*	4	0	0	0	67	100	0	0	0	20	25	0	25
纤细草莓	*Fragaria gracilis*	6	0	60	33	83	25	0	0	0	80	25	33	25
腺毛蝇子草	*Silene yetii*	6	0	0	0	33	50	0	0	0	0	0	0	0
塔藓	*Hylocomium splendens*	9	0	40	17	0	50	100	0	0	0	0	67	0
大花糙苏	*Phlomis megalantha*	6	0	20	0	0	0	100	100	0	0	0	33	50
长刺茶藨子	*Ribes alpestre*	4	0	20	0	17	0	0	75	0	20	0	0	75
绢毛山梅花	*Philadelphus sericanthus*	4	0	0	0	0	0	0	50	0	0	0	67	0
长盖铁线蕨	*Adiantum fimbriatum*	6	0	0	0	17	0	33	75	18	0	25	17	75
秀丽莓	*Rubus amabilis*	4	0	40	0	0	0	0	50	0	0	0	0	50
云杉	*Picea asperata*	1	0	0	0	0	0	0	0	0	0	100	17	100
高原露珠草	*Circaea alpina* subsp. *imaicola*	6	0	20	67	0	0	83	100	0	20	50	50	100
鳞皮冷杉	*Abies squamata*	1	0	0	0	0	100	100	100	100	0	0	0	100

注：表中数据为物种频率值（%），物种按诊断值（Φ）递减的顺序排列。$\Phi>0.20$ 和 $\Phi>0.50$（$P<0.05$）的物种为诊断种，其频率值分别标记深色和灰色。表中标记“L”的一列为物种所在的群落层次代码，1～3 分别表示高、中和低乔木层，4 和 5 分别表示高大灌木层和低矮灌木层，6～9 分别表示草本层、幼树、幼苗和地被层

Note: The numbers in the table are percentage frequencies. The column marked with “L” is the code of community vertical layer. 1–tree layer (high); 2–tree layer (middle); 3–tree layer (low); 4–shrub layer (high); 5–shrub layer (low); 6–herb layer (high); 7–juveniles; 8–seedlings; 9–moss layer. Species are ranked by decreasing fidelity (phi coefficient) within each association. Light and dark grey background indicates fidelity of $\Phi>0.20$ and $\Phi>0.50$ ($P<0.05$), respectively. These species are considered as diagnostic species

表 13.5 川西云杉林的环境和群落结构信息表

Table 13.5 Data for environmental characteristic and supraterraneous stratification from of *Picea likiangensis* var. *rubescens* Evergreen Needleleaf Forest Alliance in China

群丛号 Association number	1	2	3	4	5	6	7	8	9	10	11	12
样地数 Number of plots	3	5	6	6	4	6	4	11	5	4	6	4
海拔 Altitude（m）	4050～4188	3612～4120	3428～3860	3434～4267	4212～4285	3660～4100	3385～3755	3570～4350	3663～4150	3563～3572	3354～3837	3220～3610
地貌 Terrain	MO	MO	MO	MO	MO	MO	MO	MO/HI	MO	MO	MO	MO
坡度 Slope（°）	25～38	25～50	20～45	35～40	45～50	40～50	40～50	3～41	20～42	25～40	45～50	30～50
坡向 Aspect	NW/N/NE	NW/N/NE	NE/E	NE/N/SW	NW/NE	NW	N/NE	NW/N/NE	N/NE/SE	NW/NE	N/NE	N/NE
物种数 Species	11～15	16～24	18～28	15～37	16～22	18～25	19～32	12～28	11～36	17～27	16～36	16～45
乔木层 Tree layer												
盖度 Cover（%）	30～50	20～70	30～70	10～70	50～70	50～70	40～60	40～80	30～40	30～60	30～60	30～60
胸径 DBH（cm）	6～27	5～81	5～80	3～91	5～79	5～70	5～80	8～60	3～110	2～80	5～75	2～85
高度 Height（m）	3～14	2～33	3～36	3～55	3～30	3～39	3～35	7～34	3～37	3～37	3～43	3～53
灌木层 Shrub layer												
盖度 Cover（%）	5～50	10～50	30～60	25～40	30～40	30～35	30	5～80	10～50	40～60	30～50	25～50
高度 Height（cm）	30～250	40～380	12～350	10～345	40～160	40～390	20～450	30～400	10～230	10～173	10～380	40～240
草本层 Herb layer												
盖度 Cover（%）	30～45	30～80	25～80	30～80	40～50	40～60	50～60	10～70	20～50	25～80	20～60	30～70
高度 Height（cm）	3～45	4～70	2～80	4～80	2～30	3～60	3～70	4～80	4～40	5～60	3～70	3～60
地被层 Ground layer												
盖度 Cover（%）	9～30	20～80	10～80	15～35	20～40	30～80	30～50	30～70	20～30	25～100	30～60	10～60
高度 Height（cm）	3～5	6～15	5～10	3～6	5～10	6～20	6～10	1～8	3～6	6～20	6～20	5～10

MO：山地 Montane；HI：山麓 Hillside；E：东坡 Eastern slope；N：北坡 Northern slope；NE：东北坡 Northeastern slope；NW：西北坡 Northwestern slope；SW：西南坡 Southwestern slope

群丛组、群丛检索表

A1 乔木层由川西云杉单优势种组成。**PLRⅠ 川西云杉-灌木-草本 常绿针叶林 *Picea likiangensis* var. *rubescens*-Shrubs-Herbs Evergreen Needleleaf Forest**

B1 糖茶藨子是常见种；特征种是糙野青茅、高山嵩草、粉紫杜鹃和樱草杜鹃等。**PLR1 川西云杉-金露梅-膨囊薹草 常绿针叶林 *Picea likiangensis* var. *rubescens-Potentilla fruticosa-Carex lehmanii* Evergreen Needleleaf Forest**

B2 唐古特忍冬和珠芽拳参是常见种。

C1 金露梅是常见种之一；特征种是陇蜀杜鹃、青海茶藨子、山生柳、窄翼黄耆和紫花碎米荠。**PLR2 川西云杉-唐古特忍冬-藏东薹草 常绿针叶林 *Picea likiangensis* var. *rubescens-Lonicera tangutica-Carex cardiolepis* Evergreen Needleleaf Forest**

C2 峨眉蔷薇或银露梅是常见种之一。

D1 特征种是大刺茶藨子、峨眉蔷薇、丝秆薹草、毛脉柳叶菜、西南草莓和短茎囊瓣芹等。**PLR3 川西云杉-峨眉蔷薇-珠芽拳参 常绿针叶林 *Picea likiangensis* var. *rubescens-Rosa omeiensis-Polygonum viviparum* Evergreen Needleleaf Forest**

D2 特征种是松潘小檗、银露梅、青海茶藨子、昌都韭、草玉梅和高山紫菀等。**PLR4 川西云杉-银露梅-糙喙薹草 常绿针叶林 *Picea likiangensis* var. *rubescens-Potentilla glabra-Carex scabrirostris* Evergreen Needleleaf Forest**

A2 乔木层除了川西云杉外，还有鳞皮冷杉、紫果冷杉、云杉和方枝柏等，其中的一至数种是乔木层的伴生种或优势种，或与川西云杉组成共优种。

B1 乔木层由川西云杉和鳞皮冷杉组成。**PLRⅡ 川西云杉-鳞皮冷杉-灌木-草本 常绿针叶林 *Picea likiangensis* var. *rubescens-Abies squamata*-Shrubs-Herbs Evergreen Needleleaf Forest**

C1 银露梅和青海茶藨子是常见种；特征种是隐蕊杜鹃、少对峨眉蔷薇、川滇绣线菊、肾叶金腰、扁蕾和莲叶橐吾。**PLR5 鳞皮冷杉+川西云杉-银露梅-林地早熟禾 常绿针叶林 *Abies squamata+Picea likiangensis* var. *rubescens-Potentilla glabra-Poa nemoralis* Evergreen Needleleaf Forest**

C2 唐古特忍冬是常见种。

D1 红脉忍冬和细枝茶藨子是常见种；特征种是帽斗栎、毛花忍冬、大白杜鹃、星叶丝瓣芹和大头兔儿风等。**PLR6 川西云杉-鳞皮冷杉-红脉忍冬-高异燕麦 常绿针叶林 *Picea likiangensis* var. *rubescens-Abies squamata-Lonicera nervosa-Helictotrichon altius* Evergreen Needleleaf Forest**

D2 长刺茶藨子或金露梅和细枝绣线菊是常见种。

E1 长刺茶藨子是常见种；特征种是糙皮桦、红毛五加、绢毛山梅花、秀丽莓、菰帽悬钩子和长盖铁线蕨等。**PLR7 川西云杉-鳞皮冷杉-峨眉蔷薇-大羽鳞毛蕨 常绿针叶林 *Picea likiangensis* var. *rubescens-Abies squamata-Rosa omeiensis-Dryopteris wallichiana* Evergreen Needleleaf Forest**

E2 金露梅和细枝绣线菊是常见种；特征种是鲜黄小檗、川西樱桃、细梗蔷薇、黄色悬钩子和高山绣线菊等。**PLR8 川西云杉-鳞皮冷杉-金露梅-薹草 常绿针叶林 *Picea likiangensis* var. *rubescens-Abies squamata-Potentilla fruticosa-Carex* sp. Evergreen Needleleaf Forest**

B2 乔木层除了川西云杉外，还有方枝柏、云杉或紫果冷杉，或云杉和鳞皮冷杉同时出现在乔木层。

C1 乔木层由川西云杉和方枝柏组成。**PLRⅢ 川西云杉-方枝柏-灌木-草本 常绿针叶林 *Picea likiangensis* var. *rubescens-Juniperus saltuaria*-Shrubs-Herbs Evergreen Needleleaf Forest**

D 特征种是方枝柏、华西小檗、刚毛忍冬、窄叶鲜卑花、毛叶绣线菊、白苞筋骨草、坚硬黄耆和纤细草莓等。**PLR9 川西云杉-方枝柏-刚毛忍冬-林地早熟禾 常绿针叶林 *Picea likiangensis* var. *rubescens-Juniperus saltuaria-Lonicera hispida-Poa nemoralis* Evergreen Needleleaf Forest**

C2 乔木层除了川西云杉外，还有云杉或紫果冷杉，或云杉和鳞皮冷杉同时出现在乔木层。

D1 乔木层由川西云杉和云杉组成。**PLRⅣ 川西云杉-云杉-灌木-草本 常绿针叶林 *Picea likiangensis* var. *rubescens-Picea asperata*-Shrubs-Herbs Evergreen Needleleaf Forest**

E 特征种是云杉、黑果忍冬和拟垂枝藓。**PLR10 云杉+川西云杉-黑果忍冬-珠芽拳参 常绿针叶林 *Picea asperata+Picea likiangensis* var. *rubescens-Lonicera nigra-Polygonum viviparum* Evergreen Needleleaf Forest**

D2 乔木层除了川西云杉外，还有紫果冷杉，或云杉和鳞皮冷杉同时出现在乔木层。

E1 乔木层由川西云杉和紫果冷杉组成。**PLRⅤ 川西云杉-紫果冷杉-灌木-草本 常绿针叶林 *Picea likiangensis* var. *rubescens-Abies recurvata*-Shrubs-Herbs Evergreen Needleleaf Forest**

F 特征种是紫果冷杉、小舌紫菀、绣球藤、水栒子、扇脉香茶菜、狭叶帚菊、绢毛山梅花和青海茶藨子等。**PLR11 川西云杉-紫果冷杉-绢毛山梅花-林地早熟禾 常绿针叶林 *Picea likiangensis* var. *rubescens-Abies recurvata-Philadelphus sericanthus-Poa nemoralis* Evergreen Needleleaf Forest**

E2 乔木层由川西云杉、云杉和鳞皮冷杉组成。**PLRⅥ 云杉+川西云杉-鳞皮冷杉-灌木-草本 常绿针叶林 *Picea asperata+Picea likiangensis* var. *rubescens-Abies squamata*-Shrubs-Herbs Evergreen Needleleaf Forest**

F 特征种是鳞皮冷杉、云杉、青甘锦鸡儿、长刺茶藨子、秀丽莓、陕甘花楸、长盖铁线蕨和甘青蒿等。**PLR12 云杉+川西云杉-鳞皮冷杉-陕甘花楸-高原露珠草 常绿针叶林 *Picea asperata+Picea likiangensis* var. *rubescens-Abies squamata-Sorbus koehneana-Circaea alpina* subsp. *imaicola* Evergreen Needleleaf Forest**

13.4.1 PLRⅠ

川西云杉-灌木-草本 常绿针叶林

***Picea likiangensis* var. *rubescens*-Shrubs-Herbs Evergreen Needleleaf Forest**

薹草-川西云杉林—植物生态学与地植物学学报，1986，10：310-315；祁连薹草川西云杉林—青海森林，1993：176-177；灌木-川西云杉林—植物生态学与地植物学学报，1986，10：310-315；长管杜鹃川西云杉林、柳类川西云杉林—青海森林，1993：178-179。

群落呈现寒温性针叶林外貌，树冠尖塔状层叠，色泽墨绿。川西云杉是乔木层的唯一树种，林冠层的高度受环境影响较大；在平缓开阔的高原丘陵地带，林冠层稀疏，树体呈阔圆锥塔形，树干峭度大，高度 6～8 m；在地势陡峭、地形封闭的高山峡谷地带，林冠层较郁闭，树体呈窄塔形，树高可达 30 m。林下灌木稀疏或密集，由落叶灌木和常绿杜鹃类组成，在不同海拔带之间物种组成不同，峨眉蔷薇和唐古特忍冬常见于中、高海拔地带，杜鹃主要生长在高海拔地带。草本层较发达，盖度 25%～80%，物种组成丰富。西藏类乌齐川西云杉林下 5 个 1 m^2 的样方中草本植物达 29 种，珠芽拳参和双花堇菜最常见，膨囊薹草和藏东薹草为优势种。苔藓层多呈斑块状，盖度 9%～80%，塔藓较常见。

广泛分布于西藏东部、四川西部至西北部和青海东南部，海拔 3400～4300 m。这里描述 4 个群丛。

13.4.1.1　PLR1

川西云杉-金露梅-膨囊薹草 常绿针叶林

Picea likiangensis var. *rubescens-Potentilla fruticosa-Carex lehmanii* Evergreen Needleleaf Forest

凭证样方：T09、Z8332、Z8369，《青海森林》（1993：176-177）。

特征种：糙野青茅（*Deyeuxia scabrescens*）、高山嵩草（*Kobresia pygmaea*）、粉紫杜鹃（*Rhododendron impeditum*）、樱草杜鹃（*Rhododendron primuliflorum*）、糖茶藨子（*Ribes himalense*）*、毛杓兰（*Cypripedium franchetii*）、美头火绒草（*Leontopodium calocephalum*）、显著马先蒿（*Pedicularis insignis*）、总梗委陵菜（*Potentilla peduncularis*）、心叶大黄（*Rheum acuminatum*）。

常见种：川西云杉（*Picea likiangensis* var. *rubescens*）、金露梅（*Potentilla fruticosa*）及上述标记*的物种。

乔木层盖度 30%～50%，胸径（6）13～14（27）cm，高度（3）7～14 m，由川西云杉单优势种组成（图 13.7）；T09 样方数据显示，川西云杉“胸径-频数”和“树高-频数”曲线呈正态分布，中等径级或树高级个体最多，部分频数存在残缺现象（图 13.8）。林下记录到了川西云杉的幼苗、幼树，数量较多，自然更新良好。

林下有明显的灌木层，局部较稀疏，盖度 5%～50%，高度 30～250 cm，由直立落叶灌木和杜鹃类常绿灌木组成；糖茶藨子是高大灌木层的常见种，偶见西康花楸、杜鹃、毛序小檗和细枝绣线菊等；在中、低灌木层，金露梅最常见，偶见樱草杜鹃、粉紫杜鹃、岩生忍冬和华西忍冬等。

草本层盖度 30%～45%，高度 3～45 cm；膨囊薹草占优势，或与羌活和早熟禾等组成中、大草本层；低矮草本层由直立杂草、丛生或根茎禾草、薹草组成，均为偶见种，包括红景天、高原毛茛、心叶大黄、钉柱委陵菜、显著马先蒿、总梗委陵菜、大黄橐吾、火绒草、美头火绒草、毛杓兰、糙喙薹草、多鞘早熟禾和野青茅等。

图 13.7 “川西云杉-金露梅-膨囊薹草”常绿针叶林的外貌（右上）、结构（左）和草本层（右下）（青海玛可河）

Figure 13.7 Physiognomy (upper right), supraterraneous stratification (left) and herb layer (lower right) of a community of *Picea likiangensis* var. *rubescens-Potentilla fruticosa-Carex lehmanii* Evergreen Needleleaf Forest in the drainage area of Makehe River, Qinghai

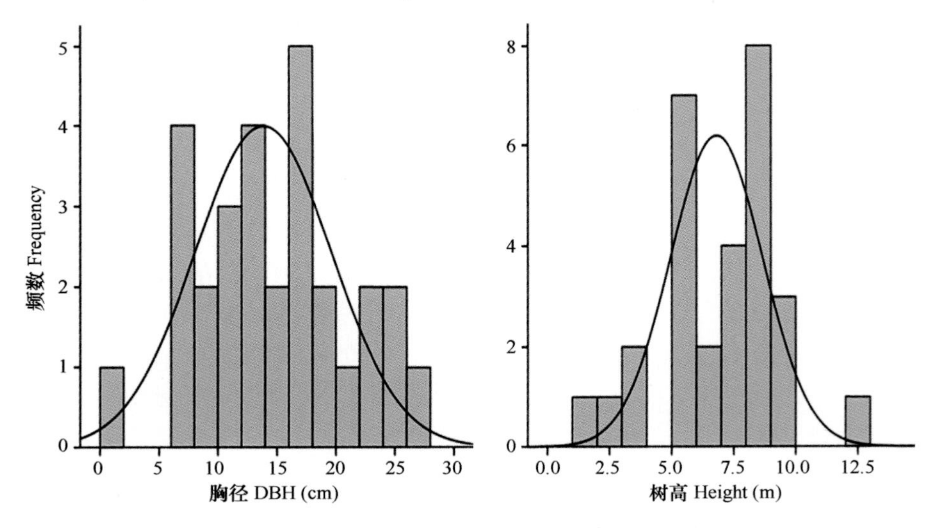

图 13.8 T09 样方川西云杉胸径和树高频数分布图

Figure 13.8 Frequency distribution of DBH and tree height of *Picea likiangensis* var. *rubescens* in plot T09

林下有斑块状的苔藓层，盖度 9%～30%，厚度 3～5 cm，种类不详。

分布于西藏东南部（芒康）、四川西北部（白玉）和青海东南部，海拔 4050～4188 m，生长在青藏高原丘陵峡谷区山地的中上部及上部，地形开阔，坡向是西北坡、北坡至东北坡，坡度 25°～28°。

13.4.1.2 PLR2

川西云杉-唐古特忍冬-藏东薹草 常绿针叶林

***Picea likiangensis* var. *rubescens-Lonicera tangutica-Carex cardiolepis* Evergreen Needleleaf Forest**

凭证样方：16209、16211、16219、16220、16221。

特征种：陇蜀杜鹃（*Rhododendron przewalskii*）、青海茶藨子（*Ribes pseudofasciculatum*）*、山生柳（*Salix oritrepha*）、窄翼黄耆（*Astragalus degensis*）*、紫花碎米荠（*Cardamine purpurascens*）、藏东薹草（*Carex cardiolepis*）*、白蓝翠雀花（*Delphinium albocoeruleum*）*、橐吾（*Ligularia sibirica*）、珠芽拳参（*Polygonum viviparum*）*、短茎囊瓣芹（*Pternopetalum longicaule* var. *humile*）。

常见种：川西云杉（*Picea likiangensis* var. *rubescens*）、唐古特忍冬（*Lonicera tangutica*）、金露梅（*Potentilla fruticosa*）、纤细草莓（*Fragaria gracilis*）、林地早熟禾（*Poa nemoralis*）、双花堇菜（*Viola biflora*）及上述标记*的物种。

乔木层盖度 20%～70%，胸径（5）14～29（81）cm，高度（2）7～26（33）m，由川西云杉单优势种组成；林下记录到了川西云杉的幼苗、幼树，可自然更新。

灌木层盖度 10%～50%，高度 40～380 cm，在遮蔽的林下，灌木层十分稀疏；大灌木层较稀疏，由零星的山生柳和陇蜀杜鹃组成，均为偶见种；中灌木层较密集，由直立落叶灌木和杜鹃类常绿灌木组成，前者占优势，青海茶藨子和唐古特忍冬较常见，偶见川滇绣线菊、长刺茶藨子、峨眉蔷薇、腹毛柳、刚毛忍冬、秀丽莓、红萼茶藨子和隐蕊杜鹃等；低矮灌木层由偶见种组成，包括红脉忍冬、华西蔷薇、直穗小檗和金露梅等。

草本层盖度 30%～80%，高度 4～70 cm；大、中草本层由直立杂草、丛生禾草和根茎薹草组成；白蓝翠雀花是常见种，与升麻、大花糙苏、橐吾和高异燕麦等偶见种组成稀疏的大草本层；中草本层较密集，藏东薹草略占优势，偶见紫花碎米荠、林地早熟禾、毛脉柳叶菜、短茎囊瓣芹、甘西鼠尾草、毛裂蜂斗菜、窄翼黄耆、苣叶报春和绒舌马先蒿等；低矮草本层主要由莲座圆叶系列杂草组成，常贴地生长，双花堇菜、纤细草莓和珠芽拳参较常见，偶见打箭炉虎耳草、六叶律、高原露珠草、西南草莓、柔毛蓼、星叶草、长根老鹳草和掌叶报春等。

林下有斑块状的苔藓层，盖度 20%～80%，高度 6～15 cm，局部可形成松软密集的苔藓层，种类有塔藓、大灰藓、山羽藓和锦丝藓等。

分布于四川西部（德格）至西北部（壤塘），海拔 3600～4100 m，生长在山地西北坡、北坡至东北坡，坡度 25°～50°。历史时期有皆伐，采伐迹地已经营造了人工林，多为幼龄林。目前保存了较大面积的原始森林。在四川西北部与青海东南部的交汇地带，地面切割较浅，地貌类型包括河谷与平缓的山地丘陵，川西云杉林呈斑块状生长在山地阴坡和半阴坡，外貌整齐葱郁，树干端直高耸。在四川西部和西藏东部，地貌主要为高山峡谷，川西云杉林主要生长在山地上部，历史时期采伐较重。目前林内有放牧。

13.4.1.3 PLR3

川西云杉-峨眉蔷薇-珠芽拳参 常绿针叶林

***Picea likiangensis* var. *rubescens-Rosa omeiensis-Polygonum viviparum* Evergreen Needleleaf Forest**

凭证样方：16210、16212、16213、16180、16183、Z8352。

特征种：大刺茶藨子（*Ribes alpestre* var. *giganteum*）、峨眉蔷薇（*Rosa omeiensis*）*、丝秆薹草（*Carex filamentosa*）、毛脉柳叶菜（*Epilobium amurense*）、西南草莓（*Fragaria moupinensis*）*、短茎囊瓣芹（*Pternopetalum longicaule* var. *humile*）。

常见种：川西云杉（*Picea likiangensis* var. *rubescens*）、唐古特忍冬（*Lonicera tangutica*）、高原露珠草（*Circaea alpina* subsp. *imaicola*）、珠芽拳参（*Polygonum viviparum*）及上述标记*的物种。

乔木层盖度 30%～70%，胸径（5）21～30（80）cm，高度（3）17～27（36）m，由川西云杉单优势种组成；林下记录到了川西云杉的幼苗、幼树，可自然更新。

灌木层盖度 30%～60%，高度 12～350 cm，优势种不明显；大灌木层由直立落叶灌木组成，唐古特忍冬较常见，偶见西南花楸、康定柳、高山桦、大刺茶藨子、黑果忍冬和川滇绣线菊等；中灌木层由落叶灌木和杜鹃类常绿灌木组成，峨眉蔷薇较常见，偶见毛花忍冬、蓝果忍冬、川滇柳、细齿樱桃、高山绣线菊、异型柳、细枝茶藨子、岩生忍冬、灰栒子、密叶锦鸡儿、四川丁香和杜鹃等；低矮灌木层由匍匐小灌木组成，矮五加生长在苔藓层，在局部生境可形成斑块状的优势层片，高度不足 15 cm。

草本层盖度 25%～80%，高度 2～80 cm，物种组成丰富；大草本层由直立杂草和丛生禾草组成，均为偶见种，包括林地早熟禾、双叉细柄茅、高异燕麦、升麻、白蓝翠雀花、小花风毛菊、柳兰、宽叶荨麻、橐吾、展毛银莲花、紫花碎米荠和毛莲蒿等；中草本层较密集，由直立杂草、根茎丛生禾草、薹草及蕨类植物组成，毛脉柳叶菜较常见，偶见刺毛糙苏、柔毛蓼、膜叶冷蕨、支柱拳参、抱茎蓼、香青、沼生橐吾、糙喙薹草、膨囊薹草、丝秆薹草、西南鸢尾、微药野青茅和羊茅等；低矮草本层由直立细弱杂草和莲座圆叶杂草组成，常贴地生长，珠芽拳参和高原露珠草是常见种，偶见种有纤细草莓、稀蕊唐松草、小银莲花、康定翠雀花、双花堇菜和星叶草等。

林下有斑块状的苔藓层，盖度 10%～80%，高度 5～10 cm，种类有曲尾藓、异节藓、拟垂枝藓、塔藓和金发藓等，不同的苔藓种群常呈斑块状镶嵌在一起。

分布于四川西部（白玉、炉霍）至西北部（阿坝、壤塘），海拔 3428～3860 m，生长在山地西北坡、北坡至东北坡，坡度 20°～45°。目前林内有放牧。

13.4.1.4 PLR4

川西云杉-银露梅-糙喙薹草 常绿针叶林

***Picea likiangensis* var. *rubescens-Potentilla glabra-Carex scabrirostris* Evergreen Needleleaf Forest**

凭证样方：S01、S02、S03、S04、S09、16087。

特征种：松潘小檗（*Berberis dictyoneura*）、银露梅（*Potentilla glabra*）*、青海茶藨

子（*Ribes pseudofasciculatum*）、昌都韭（*Allium changduense*）、草玉梅（*Anemone rivularis*）、高山紫菀（*Aster alpinus*）、糙喙薹草（*Carex scabrirostris*）*、纤细草莓（*Fragaria gracilis*）*、反瓣老鹳草（*Geranium refractum*）*、微孔草（*Microula sikkimensis*）*、轮叶黄精（*Polygonatum verticillatum*）、华神血宁（*Polygonum cathayanum*）、钟花报春（*Primula sikkimensis*）、高原毛茛（*Ranunculus tanguticus*）、腺毛蝇子草（*Silene yetii*）、毛茛状金莲花（*Trollius ranunculoides*）、长果婆婆纳（*Veronica ciliata*）。

常见种：川西云杉（*Picea likiangensis* var. *rubescens*）、唐古特忍冬（*Lonicera tangutica*）、珠芽拳参（*Polygonum viviparum*）、双花堇菜（*Viola biflora*）及上述标记*的物种。

乔木层盖度 10%～70%，胸径（3）28～45（91）cm，高度（3）14～25（55）m；由川西云杉单优势种组成（图 13.9）。“胸径-频数”曲线略呈左偏态（S01）和右偏态（S09）分布；“树高-频数”曲线略呈左偏态（S01）或正态（S09）分布，频数部分均有残缺（图 13.10，图 13.11）。这种现象说明，在同一个群丛内，由于生境的空间异质性及群落发育阶段的差异，川西云杉的种群结构呈现出多样化的特点。林下偶有零星的镰果杜鹃和西南花楸混生，处在小乔木层，无川西云杉的幼苗、幼树。

图 13.9 “川西云杉-银露梅-糙喙薹草”常绿针叶林的外貌（右上）、结构（左）和草本层（右下）（西藏类乌齐）

Figure 13.9 Physiognomy (upper right), structure (left) and herb layer (lower right) of a community of *Picea likiangensis* var. *rubescens*-*Potentilla glabra*-*Carex scabrirostris* Evergreen Needleleaf Forest in Leiwuqi, Xizang

灌木层盖度 25%～40%，高度达 10～350 cm，主要由直立落叶灌木组成；唐古特忍冬是常见种，与康定柳、峨眉蔷薇、华西忍冬、青海茶藨子、长刺茶藨子、细枝绣线菊、红脉忍冬、松潘小檗、大黄檗和芒康小檗等偶见种组成大灌木层；在中低灌木层，

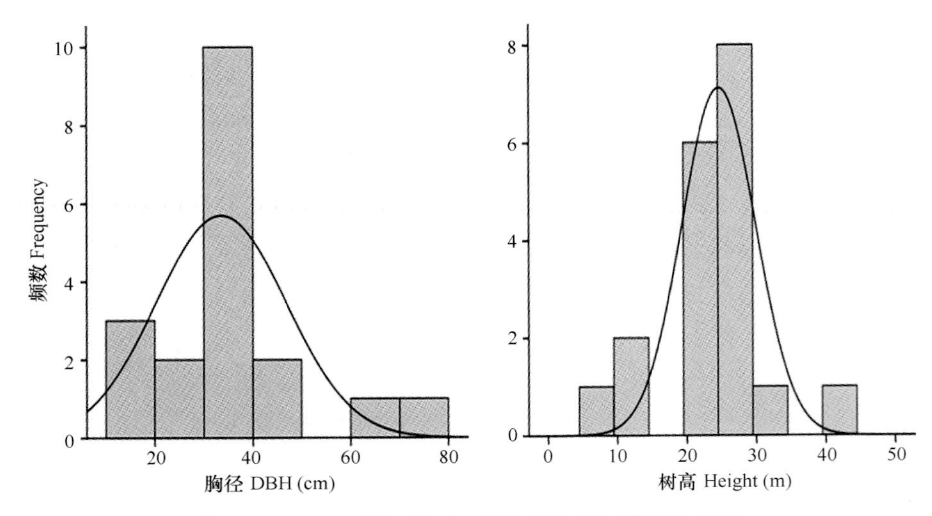

图 13.10　S09 样方川西云杉胸径和树高频数分布图

Figure 13.10　Frequency distribution of DBH and tree height of *Picea likiangensis* var. *rubescens* in plot S09

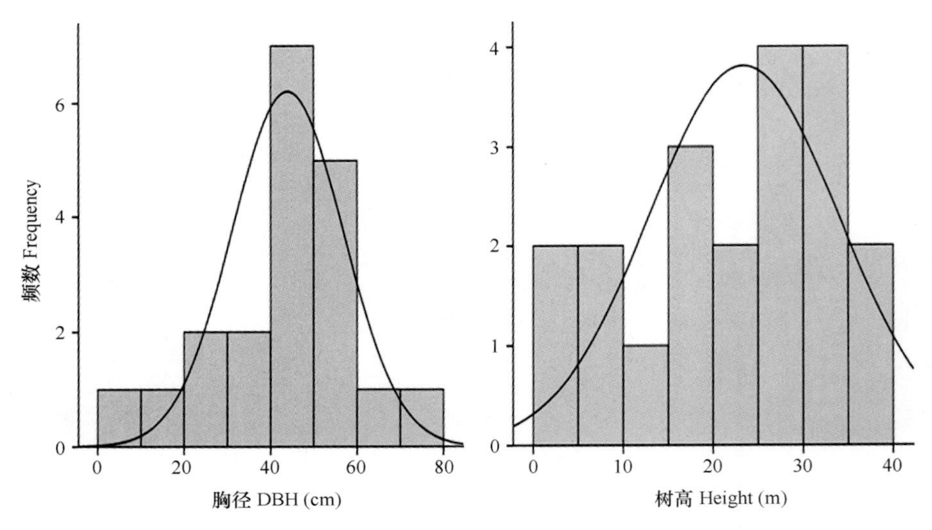

图 13.11　S01 样方川西云杉胸径和树高频数分布图

Figure 13.11　Frequency distribution of DBH and tree height of *Picea likiangensis* var. *rubescens* in plot S01

银露梅是常见种且略占优势，偶见种有细梗蔷薇、腹毛柳、刚毛忍冬、水栒子、云南锦鸡儿、青甘锦鸡儿、窄叶鲜卑花和高山绣线菊等；低矮灌木层由垫状或蔓生灌木组成，银露梅较常见，偶见鬼箭锦鸡儿、金露梅、针刺悬钩子和美花铁线莲。

草本层盖度 30%～80%，高度 4～90 cm，物种组成丰富；大草本层主要由直立杂草组成，均为偶见种，包括类叶升麻、多小叶升麻、华神血宁、稀蕊唐松草、钝裂银莲花、腺毛蝇子草、高原毛茛、毛茛状金莲花、钟花报春、川赤芍、太白山葱和短颖披碱草等；中草本层较密集，直立杂草较多，反瓣老鹳草和微孔草较常见，偶见黄帚橐吾、唐古碎米荠、萝卜秦艽、绒舌马先蒿、腺毛唐松草、刺参、腺毛蝇子草、戟叶火绒草、窄翼黄耆和多脉报春等，蕨类植物、根茎类单子叶禾草和百合类草本较少，种类包括多鳞鳞毛蕨、轮叶黄精和林地早熟禾等；低矮草本层贴地生长，由垫状或蔓生莲座叶草本组成，双花堇菜和珠芽拳参较常见，偶见长果婆婆纳、肉果草、林生茜草、东方草莓、美花圆叶筋骨草、纤细草莓、沼生橐吾和高原露珠草等，高度不足 10 cm。

林下的苔藓层稀薄，盖度 15%～35%，高度 3～6 cm，垂枝藓和短柄无尖藓较常见。

分布于四川西部（德格）、西藏东部（类乌齐、昌都、江达、然乌）和青海东南部（玛可河），海拔 3400～4300 m，生长在山地北坡至东北坡，坡度 35°～40°。林内有放牧。

13.4.2 PLRⅡ

川西云杉-鳞皮冷杉-灌木-草本 常绿针叶林

***Picea likiangensis* var. *rubescens-Abies squamata*-Shrubs-Herbs Evergreen Needleleaf Forest**

溪旁川西云杉林、草类川西云杉林、藓类川西云杉林、灌木川西云杉林、小杜鹃川西云杉疏林—四川森林，1992：307-311；中国森林（第 2 卷 针叶林），1999：733-734。

群落呈现墨绿的尖塔层叠状外貌，松萝悬垂（图 13.12）。乔木层由川西云杉和鳞皮冷杉组成；前者树冠紧实或松散，枝叶细弱，枝下高较高，耐阴性弱，枝层分化不明显，幼枝光滑，成年树干的树皮呈短斜方块状分裂；后者树冠紧实，枝叶粗硬，枝下高较低，耐阴性强，枝层分化明显，侧枝或者中幼龄（8 年以上）个体的树皮呈桦树皮状卷曲脱

图 13.12 “川西云杉-鳞皮冷杉-灌木-草本”常绿针叶林的外貌（右上）、结构（左）和草本层（右下）（四川壤塘）

Figure 13.12 Physiognomy (upper right), structure (left) and herb layer (lower right) of a community of *Picea likiangensis* var. *rubescens-Abies squamata*-Shrubs-Herbs Evergreen Needleleaf Forest in Rangtang, Sichuan

落或宿存在树干上，这种树皮形态在胸径 20 cm 以上的个体上仍然存在。鳞皮冷杉的树皮总体上呈红褐色，树皮的开裂形态随着树龄的不同而有差异，似乎没有一定的规律可循。一般地，鳞皮冷杉中幼龄个体的树皮为桦树皮状，成年树的树皮开裂成长方块状或长斜条状裂块，随着树干的增粗，树皮开裂成不规则的长条状，裂片之间有深槽，末端彼此契合，与其他冷杉的树皮形态无明显的区别。就树冠的色泽看，在全光照下，川西云杉和鳞皮冷杉同一个种群内的不同个体间，叶子的色泽有灰蓝色和墨绿色之分。鳞皮冷杉幼树的树皮形态与云杉（俗称粗皮云杉）幼树的树皮极为相似，唯前者树皮色泽红褐色或褐色，后者为暗灰色，而且云杉的成年树皮仍然呈厚鳞片状宿存在树干上。

在混交林中，川西云杉和鳞皮冷杉种群数量的相对比例与海拔及纬度相关。在四川西部偏北地区，海拔 3300～4200 m 处，川西云杉均可生长，但是在海拔 3700 m 以下的生境中，其种群数量占乔木层的 10%～20%，在林缘和接近山脊的林线生境，可达到 30%。相反，鳞皮冷杉纯林主要生长在海拔 3700 m 以下的生境中，鳞皮冷杉居大乔木层，高度达 35 m，胸径达 100 cm，或有川西花楸和糙皮桦等阔叶乔木混生，林窗处自然更新较好。在海拔 3700 m 以上的生境中，川西云杉的数量超过鳞皮冷杉，至 3900 m 以上的区域，大乔木层全部由川西云杉组成，但林下的更新小树仍然以鳞皮冷杉居多，说明在林下阴湿的环境中，川西云杉育苗不易存活。在四川西部偏南地区，鳞皮冷杉可生长在林线地带，川西云杉林较少见。据《四川森林》（《四川森林》编辑委员会，1992）记载，在不同产地的川西云杉和鳞皮冷杉的混交林中，乔木层平均树高和平均胸径的数据分别是炉霍 31.7 m、37.9 cm（林龄 248 年），新龙 37.9 m、45.2 cm，道孚 22.0～30.0 m、36.5～39.9 cm。

林下灌木层的盖度通常在 25%以上，在高海拔地带的陡坡，灌木稀疏或不成层；物种组成丰富，四川壤塘和青海玛可河的调查资料显示，5 个 25 m^2 的灌木样方中，物种数达 16 种，种类包括蔷薇、忍冬、茶藨子、绣线菊和杜鹃等。

草本层较稳定，物种丰富度较高，四川壤塘和青海玛可河的调查资料显示，5 个 1 m^2 的草本样方中，物种数为 18～25 种。林地早熟禾、高异燕麦、藏东薹草、双花堇菜、沼生橐吾、肾叶金腰、糙野青茅、裂叶红景天、疏花针茅等较常见。林下有苔藓层。

在历史时期均有采伐，目前林内有盗伐和放牧。放牧践踏对地被层的破坏严重，苔藓层十分破碎，地被层植物破坏后恢复的时间将十分漫长。在原始森林中，林下自然枯腐倒木较多。

分布于四川西部、西北部和青海西南部，海拔 3300～4350 m。这里描述 4 个群丛。

13.4.2.1　PLR5

鳞皮冷杉+川西云杉-银露梅-林地早熟禾 常绿针叶林

***Abies squamata+Picea likiangensis* var. *rubescens-Potentilla glabra-Poa nemoralis* Evergreen Needleleaf Forest**

凭证样方：16251、16252、16253、16254。

特征种：鳞皮冷杉（*Abies squamata*）*、银露梅（*Potentilla glabra*）*、隐蕊杜鹃（*Rhododendron intricatum*）*、峨眉蔷薇（*Rosa omeiensis*）、川滇绣线菊（*Spiraea* *schneideriana*）*、肾叶金腰（*Chrysosplenium griffithii*）*、扁蕾（*Gentianopsis barbata*）、莲叶橐吾（*Ligularia nelumbifolia*）、肋柱花（*Lomatogonium carinthiacum*）、甘肃马先蒿（*Pedicularis kansuensis*）、毛裂蜂斗菜（*Petasites tricholobus*）、林地早熟禾（*Poa nemoralis*）*、珠芽拳参（*Polygonum viviparum*）*、丽江风毛菊（*Saussurea likiangensis*）、异叶虎耳草（*Saxifraga diversifolia*）*、腺毛蝇子草（*Silene yetii*）、双花堇菜（*Viola biflora*）*、曲尾藓（*Dicranum scoparium*）。

常见种：川西云杉（*Picea likiangensis* var. *rubescens*）、青海茶藨子（*Ribes pseudofasciculatum*）及上述标记*的物种。

乔木层的盖度 50%～70%，胸径（5）20～28（79）cm，高度（3）11～19（30）m；由鳞皮冷杉和川西云杉组成，后者的密度约为前者的一半，二者的高度无明显分化。

灌木层盖度 30%～40%，高度 40～160 cm；中灌木层由直立落叶灌木和杜鹃类常绿灌木组成，隐蕊杜鹃、青海茶藨子和川滇绣线菊较常见，偶见峨眉蔷薇；小灌木层由落叶灌木组成，银露梅较常见，略占优势，偶见细枝茶藨子和芒康小檗。

草本层盖度 40%～50%，高度 2～30 cm；中草本层由丛生禾草和直立杂草组成，林地早熟禾较常见，略占优势，偶见肋柱花、腺毛蝇子草、淡黄香青、钟花报春、白花刺参、异叶虎耳草、毛裂蜂斗菜等；莲叶橐吾是巨大叶草本，偶见于林内的溪边；低矮草本层由莲座叶、蔓生细弱杂草和薹草组成，贴地生长在枯落物上或苔藓上，珠芽拳参和双花堇菜较常见，偶见糙喙薹草、银叶委陵菜、丽江风毛菊、异叶虎耳草、纤细草莓、肾叶金腰和长根老鹳草等。

林下有斑驳的苔藓层，盖度 20%～40%，厚度 5～10cm，种类有锦丝藓、曲尾藓和塔藓等。

分布于四川西部（理塘、雅江），海拔 4212～4285 m，生长在高原区丘陵山地的西北坡和东北坡，坡度 45°～50°。这一区域是高原丘陵地貌，地形总体抬升，山体相对高差小，阳坡和半阳坡为广袤的草原，针叶林呈斑块状生长在阴坡和半阴坡。在地形封闭的生境中，鳞皮冷杉占优势；在地形开阔、坡向偏阳的生境中，川西云杉占优势。历史时期有轻度择伐，林内伐桩较多，也可见到新近的伐桩，有放牧。

13.4.2.2　PLR6

川西云杉-鳞皮冷杉-红脉忍冬-高异燕麦　常绿针叶林

***Picea likiangensis* var. *rubescens-Abies squamata-Lonicera nervosa-Helictotrichon altius* Evergreen Needleleaf Forest**

凭证样方：16223、16227、16229、16231、16230、16232。

特征种：鳞皮冷杉（*Abies squamata*）*、帽斗栎　（*Quercus guajavifolia*）、红脉忍冬（*Lonicera nervosa*）*、唐古特忍冬（*Lonicera tangutica*）*、毛花忍冬（*Lonicera trichosantha*）、大白杜鹃（*Rhododendron decorum*）、细枝茶藨子（*Ribes tenue*）*、星叶丝瓣芹（*Acronema astrantiifolium*）、大头兔儿风（*Ainsliaea macrocephala*）、藏东薹草（*Carex cardiolepis*）*、升麻（*Cimicifuga foetida*）、高原露珠草（*Circaea alpina* subsp. *imaicola*）*、高异燕麦（*Helictotrichon altius*）*、大花糙苏（*Phlomis megalantha*）*、裂叶红景天（*Rhodiola *sinuata*）*、疏花针茅（*Stipa penicillata*）*、仰叶拟细湿藓（*Campyliadelphus stellatus*）、塔藓（*Hylocomium splendens*）*。

常见种：川西云杉（*Picea likiangensis* var. *rubescens*）、双花堇菜（*Viola biflora*）及上述标记*的物种。

乔木层的盖度 50%～70%，胸径（5）22～55（70）cm，高度（3）20～27（39）m；由川西云杉和鳞皮冷杉组成，二者分别是大乔木层和中、小乔木层的优势种，偶有零星的糙皮桦和帽斗栎混生于中、小乔木层；林下有鳞皮冷杉的幼苗，数量稀少。

灌木层盖度 30%～35%，高度 40～390 cm，由落叶灌木和杜鹃类常绿灌木组成；大灌木层稀疏，红脉忍冬和细枝茶藨子较常见，偶见陕甘花楸、大白杜鹃、灰栒子和峨眉蔷薇等；中、低灌木层除了唐古特忍冬和红脉忍冬等常见种外，还偶见毛花忍冬、川滇绣线菊、黑果忍冬、大刺茶藨子、隐蕊杜鹃、芒康小檗、扇脉香茶菜和甘青蒿等。

草本层盖度 40%～60%，高度 3～60 cm，丛生禾草类占优势，直立杂草类种类较多；高异燕麦是大草本层的优势种，伴生种有大花糙苏和疏花针茅，偶见升麻和大羽鳞毛蕨；低矮草本层物种组成丰富，除了大头兔儿风、裂叶红景天和双花堇菜等常见种外，还偶见钟花蓼、长盖铁线蕨、麻花艽、高原露珠草、星叶丝瓣芹、珠芽拳参、林生茜草、多叶虎耳草、四川卷耳、藏东薹草和长根老鹳草等。

苔藓层盖度 30%～80%，厚度 6～20 cm，种类有塔藓、细叶拟金发藓和仰叶拟细湿藓等。

分布于四川西部（白玉），海拔 3660～4100 m，处在河流切割强烈的高山峡谷区，生长在山地的北坡至西北坡，坡度 40°～50°。在这个区域，川西云杉的垂直分布范围高于鳞皮冷杉，在接近山顶林线的森林中，几乎为川西云杉纯林，但林下更新的幼树以鳞皮冷杉居多。历史时期采伐较重，主要为皆伐。在中、低海拔地带，林内新旧伐桩较多。在高海拔地带的山地上部，基本保持了原始森林的外貌和结构，林内有放牧。

13.4.2.3 PLR7

川西云杉-鳞皮冷杉-峨眉蔷薇-大羽鳞毛蕨 常绿针叶林

***Picea likiangensis* var. *rubescens-Abies squamata-Rosa omeiensis-Dryopteris wallichiana* Evergreen Needleleaf Forest**

凭证样方：16204、16205、16206、16207。

特征种：鳞皮冷杉（*Abies squamata*）*、糙皮桦（*Betula utilis*）、红毛五加（*Eleutherococcus giraldii*）、绢毛山梅花（*Philadelphus sericanthus*）、长刺茶藨子（*Ribes alpestre*）*、秀丽莓（*Rubus amabilis*）、菰帽悬钩子（*Rubus pileatus*）、长盖铁线蕨（*Adiantum fimbriatum*）*、高原露珠草（*Circaea alpina* subsp. *imaicola*）*、膜叶冷蕨（*Cystopteris pellucida*）、大羽鳞毛蕨（*Dryopteris wallichiana*）*、总状橐吾（*Ligularia botryodes*）、川赤芍（*Paeonia anomala* subsp. *veitchii*）、大花糙苏（*Phlomis megalantha*）*、稀蕊唐松草（*Thalictrum oligandrum*）*、锦丝藓（*Actinothuidium hookeri*）*。

常见种：鳞皮冷杉（*Abies squamata*）、川西云杉（*Picea likiangensis* var. *rubescens*）、唐古特忍冬（*Lonicera tangutica*）、峨眉蔷薇（*Rosa omeiensis*）、高异燕麦（*Helictotrichon* *altius*）及上述标记*的物种。

乔木层的盖度 40%～60%，胸径（5）19～34（80）cm，高度（3）17～28（35）m；大乔木层由川西云杉组成，个体数占总数的 30%；中乔木层由鳞皮冷杉组成，个体数约占总数的 70%，或有零星的糙皮桦混生，林下有鳞皮冷杉的幼苗和幼树。

灌木层盖度 30%，高度 20～450 cm，主要由直立落叶灌木组成，或有零星的杜鹃类常绿灌木混生；大灌木层稀疏，峨眉蔷薇略占优势，偶见种有山光杜鹃、陕甘花楸、华西忍冬和灰栒子等；中、低灌木层除了长刺茶藨子和唐古特忍冬等常见种外，还偶见冷地卫矛、绢毛山梅花、红脉忍冬、华西蔷薇、菰帽悬钩子、密叶锦鸡儿、秀丽莓、红毛五加、黄瑞香和直穗小檗等。

草本层盖度 50%～60%，高度 3～70 cm；大草本层中，直立丛生禾草和蕨类植物占优势，大羽鳞毛蕨和高异燕麦较常见，偶见落新妇、甘青蒿、大花糙苏、林地早熟禾、白亮独活等；中、低草本层由蕨类植物、直立杂草和薹草组成，长盖铁线蕨和高原露珠草较常见，偶见膜叶冷蕨、稀蕊唐松草、膨囊薹草、川赤芍和珠子参等。

苔藓层盖度 30%～50%，厚度 6～10 cm，种类有山羽藓、多褶青藓和锦丝藓等。

分布于四川西北部（壤塘），海拔 3385～3755 m，处在河流切割适度的高山峡谷区，生长在山地的北坡至东北坡，坡度 40°～50°。这一区域是高山峡谷区与高原丘陵区的交汇地带，川西云杉的垂直分布范围高于鳞皮冷杉，在平缓的高原丘陵地带，鳞皮冷杉将不复出现。历史时期采伐较重，在局部区域尚有未经采伐的原始森林，林内有放牧。

13.4.2.4　PLR8

川西云杉-鳞皮冷杉-金露梅-薹草 常绿针叶林

***Picea likiangensis* var. *rubescens-Abies squamata-Potentilla fruticosa-Carex* sp. Evergreen Needleleaf Forest**

凭证样方：Z8308、Z8310、Z8312、Z8333、Z8335、Z8339、Z8342、Z8359、Z8366、Z8371、Z8374。

特征种：鳞皮冷杉（*Abies squamata*）*、鲜黄小檗（*Berberis diaphana*）、川西樱桃（*Cerasus trichostoma*）、柳叶忍冬（*Lonicera lanceolata*）、金露梅（*Potentilla fruticosa*）*、杜鹃（*Rhododendron* sp.）、细梗蔷薇（*Rosa graciliflora*）、黄色悬钩子（*Rubus lutescens*）、柳（*Salix* sp.）、高山绣线菊（*Spiraea alpina*）、细枝绣线菊（*Spiraea myrtilloides*）*、蒿（*Artemisia* sp.）、驴蹄草（*Caltha palustris*）、薹草（*Carex* sp.）*、冷蕨（*Cystopteris* sp.）、糙野青茅（*Deyeuxia scabrescens*）、鳞毛蕨（*Dryopteris* sp.）、玉凤花（*Habenaria* sp.）、火绒草（*Leontopodium* sp.）、大黄橐吾（*Ligularia duciformis*）、臭草（*Melica* sp.）、早熟禾（*Poa* sp.）、黄精（*Polygonatum* sp.）、报春花（*Primula* sp.）、针茅（*Stipa* sp.）*。

常见种：川西云杉（*Picea likiangensis* var. *rubescens*）、唐古特忍冬（*Lonicera tangutica*）及上述标记*的物种。

乔木层盖度 40%～80%，胸径 8～60 cm，高度 7～34 m；由川西云杉和鳞皮冷杉组成，二者分别是大、中乔木层的优势种；偶有零星的细齿樱桃、木姜子和白桦混生。

灌木层总盖度 5%～80%，高度 30～400 cm，主要由直立落叶灌木、常绿灌木和匍匐灌木等 3 个层片组成；大灌木层稀疏，由偶见种组成，包括川西樱桃、西南花楸、臭樱、康定柳和异型柳等落叶灌木，以及光亮杜鹃、陇蜀杜鹃和毛喉杜鹃等常绿灌木；中灌木层，落叶灌木占优势，金露梅、唐古特忍冬和细枝绣线菊较常见，偶见峨眉蔷薇、毛花忍冬、山梅花、细枝栒子、华西忍冬、灰栒子、鲜黄小檗、细梗蔷薇和糖茶藨子等；小灌木层由垫状或匍匐灌木组成，均为偶见种，包括高山绣线菊、匍匐栒子和黄色悬钩子等。

草本层盖度 10%～70%，高度 4～80 cm，物种组成丰富，多为偶见种；大草本层中，根茎丛生禾草和薹草种类较多，后者占优势，种类有糙野青茅、白茅、膨囊薹草、针茅、臭草、微药野青茅、早熟禾和高山嵩草等；中草本层包括异叶兔儿风、报春花、柴胡、拉拉藤、狼毒、羌活、刺毛糙苏和香青等，偶见零星的蕨类植物，种类有冷蕨和鳞毛蕨等；低矮草本层由直立细弱杂草、莲座叶或蔓生杂草组成，包括珠芽拳参、西南草莓、大黄橐吾、长盖铁线蕨、红景天、丽江风毛菊、玉凤花、高山韭、川木香、微孔草和椭圆叶花锚等。

苔藓层盖度 30%～70%，厚度 1～8 cm，种类不详。

分布于四川西部（白玉），海拔 3570～4350 m，生长在山地北坡、西北坡至东北坡，坡度 3°～41°。

13.4.3 PLRⅢ

川西云杉-方枝柏-灌木-草本 常绿针叶林

***Picea likiangensis* var. *rubescens-Juniperus saltuaria*-Shrubs-Herbs Evergreen Needleleaf Forest**

乔木层由川西云杉和方枝柏组成；前者是大、中乔木层的优势种，树冠狭窄高耸、色泽墨绿；后者是小乔木层的优势种，树冠松散、低矮圆钝、色泽灰绿。林下的灌木层和草本层较完整（图 13.13）。

分布于西藏东南部和四川西部，生长在地形开阔、坡向偏阳的环境中，多出现在川西云杉林的林缘和垂直分布的上下限地带，数量不多。这里描述 1 个群丛。

PLR9

川西云杉-方枝柏-刚毛忍冬-林地早熟禾 常绿针叶林

***Picea likiangensis* var. *rubescens-Juniperus saltuaria-Lonicera hispida-Poa nemoralis* Evergreen Needleleaf Forest**

凭证样方：16085、16086、S06、T07、T08。

特征种：方枝柏（*Juniperus saltuaria*）*、毛序小檗（*Berberis trichiata*）、刚毛忍冬（*Lonicera hispida*）*、窄叶鲜卑花（*Sibiraea angustata*）、毛叶绣线菊（*Spiraea mollifolia*）、白苞筋骨草（*Ajuga lupulina*）、坚硬黄耆（*Astragalus rigidulus*）、纤细草莓（*Fragaria gracilis*）*、肉果草（*Lancea tibetica*）、林地早熟禾（*Poa nemoralis*）*、西南毛茛（*Ranunculus ficariifolius*）。

图 13.13 “川西云杉-方枝柏-灌木-草本”常绿针叶林的外貌（左，西藏左贡）、结构（右上）和草本层（右下，四川壤塘）

Figure 13.13 Physiognomy (left, Zuogong, Xizang), supraterraneous stratification (upper right) and herb layer (lower right, Rangtang, Sichuan) of a community of *Picea likiangensis* var. *rubescens*-*Juniperus saltuaria*-Shrubs-Herbs Evergreen Needleleaf Forest

常见种：川西云杉（*Picea likiangensis* var. *rubescens*）及上述标记*的物种。

乔木层盖度 30%～40%，胸径（3）10～36（110）cm，高度（3）3～17（37）m；川西云杉高耸直立，是大、中乔木层的优势种，数量较多，个体数约占总数的 80%；S06 样方数据显示，川西云杉“胸径-频数”和“树高-频数”曲线呈右偏态分布，中、小径级和树高级个体较多（图 13.14）；T08 样方数据显示，川西云杉“胸径-频数”分布不整齐，中等径级个体较少或残缺；“树高-频数”曲线呈左偏态分布，中、高树高级的个体居多

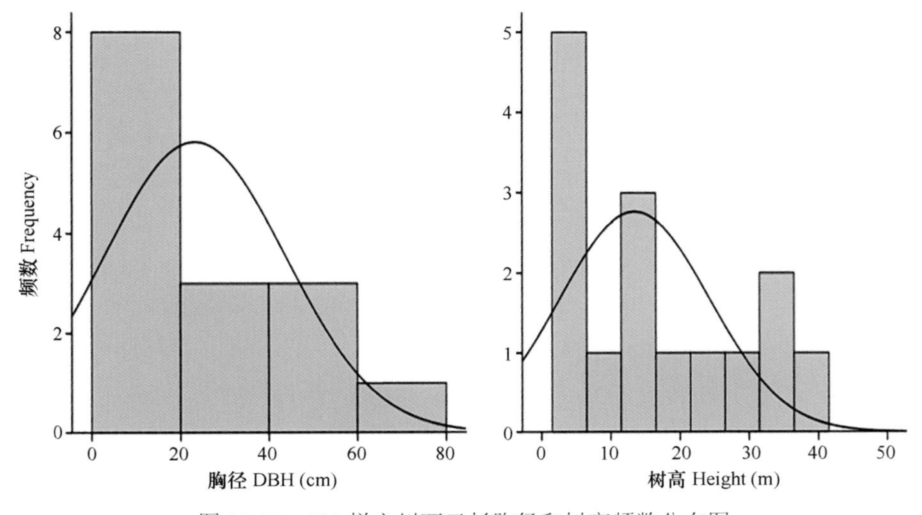

图 13.14 S06 样方川西云杉胸径和树高频数分布图

Figure 13.14 Frequency distribution of DBH and tree height of *Picea likiangensis* var. *rubescens* in plot S06

（图 13.15）。方枝柏低矮，树干峭度大，是小乔木层的优势种，个体数占总数的约 20%，偶有零星的大果圆柏混生。林下有川西云杉和方枝柏的幼苗和幼树。

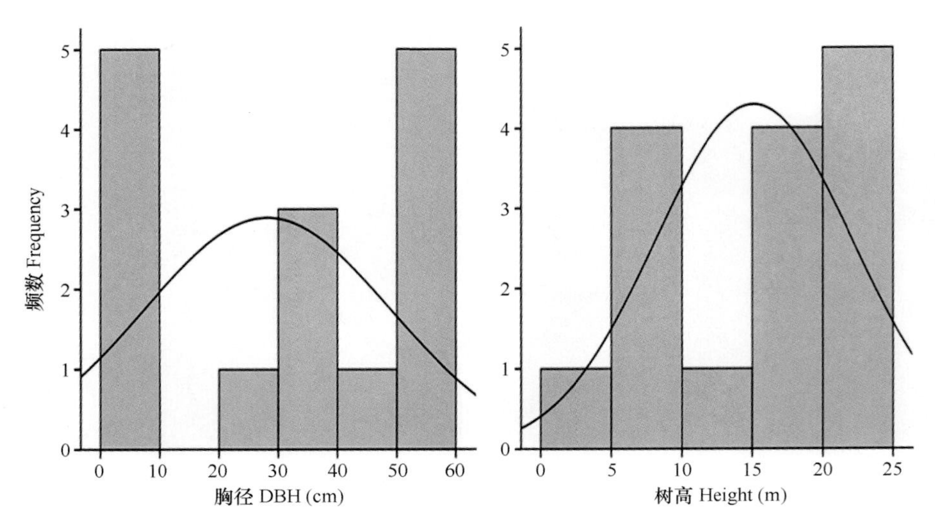

图 13.15 T08 样方川西云杉胸径和树高频数分布图

Figure 13.15 Frequency distribution of DBH and tree height of *Picea likiangensis* var. *rubescens* in plot T08

灌木层总盖度 10%～50%，高度 10～230 cm；大灌木层稀疏或缺如，偶见零星的窄叶鲜卑花；中灌木层主要由直立落叶灌木组成，均为偶见种，包括毛叶绣线菊、糖茶藨子、峨眉蔷薇、腹毛柳、陕甘花楸、细枝绣线菊、芒康小檗、毛序小檗、红脉忍冬、长刺茶藨子、托叶樱桃、高山绣线菊、松潘小檗、银露梅和细枝茶藨子等，杜鹃可在局部生境形成常绿灌木层片，种类有毛花杜鹃和刚毛杜鹃等；小灌木层由直立或蔓生的落叶灌木组成，刚毛忍冬较常见，偶见红萼茶藨子、金露梅、曲萼茶藨子和匍匐栒子等。

草本层总盖度 20%～50%，高度 4～40 cm；中草本层主要由丛生禾草和直立杂草组成，林地早熟禾略占优势，偶见无芒雀麦、藏异燕麦、黑麦嵩草、丽江风毛菊、沼生橐吾、柳叶菜、直梗高山唐松草、类叶升麻、偏花报春、高原唐松草、尼泊尔香青、缘毛紫菀、甘肃马先蒿、喜马拉雅耳蕨、粘毛蒿、东俄洛紫菀、桃儿七、多毛四川婆婆纳、苇叶獐牙菜、疏枝大黄、多脉报春、耳叶风毛菊、小花风毛菊和白苞筋骨草等，偶有零星的大羽鳞毛蕨；低矮草本层主要由直立细弱杂草和莲座叶蔓生杂草组成，纤细草莓较常见，偶见西南毛茛、高原露珠草、坚硬黄耆、尖苞风毛菊、双花堇菜、肉果草、珠芽拳参、岩生银莲花和星叶草等。

苔藓层无或稀薄，盖度 20%～30%，厚度 3～6 cm，塔藓较常见。

分布于西藏东南部（左贡、然乌）和四川西北部（炉霍、壤塘），海拔 3663～4150 m，生长在山地或峡谷区的北坡、东北坡至东南坡，坡度 20°～42°。

13.4.4 PLRⅣ

川西云杉-云杉-灌木-草本 常绿针叶林

***Picea likiangensis* var. *rubescens*-*Picea asperata*-Shrubs-Herbs Evergreen Needleleaf Forest**

PLR10

云杉+川西云杉-黑果忍冬-珠芽拳参 常绿针叶林

***Picea asperata+Picea likiangensis* var. *rubescens-Lonicera nigra-Polygonum viviparum* Evergreen Needleleaf Forest**

凭证样方：S05、16184、16185、16186。

群落描述参见第 6 章云杉林（6.4.4.3）。

13.4.5　PLRⅤ

川西云杉-紫果冷杉-灌木-草本 常绿针叶林

***Picea likiangensis* var. *rubescens-Abies recurvata*-Shrubs-Herbs Evergreen Needleleaf Forest**

乔木层由紫果冷杉和川西云杉组成，二者的相对比例与坡向和地形的封闭程度密切相关。在地形封闭的阴坡，乔木层几乎不出现川西云杉；在地形开阔的半阳坡和半阴坡，川西云杉占优势，紫果冷杉的数量迅速下降或消失。因此，这个群落类型只出现在两种针叶纯林的交汇地带。林下灌木层和草本层的盖度与乔木层的盖度有关。在择伐迹地上，林冠开阔，灌木层和草本层十分密集；在遮蔽的林冠下，灌木层和草本层盖度较低，苔藓层盖度较高。

分布于四川西北部。地貌为高原丘陵与宽谷的组合，主要生长在山地上部的阴坡和半阳坡，地形相对封闭。

PLR11

川西云杉-紫果冷杉-绢毛山梅花-林地早熟禾 常绿针叶林

***Picea likiangensis* var. *rubescens-Abies recurvata-Philadelphus sericanthus-Poa nemoralis* Evergreen Needleleaf Forest**

凭证样方：16218、16217、16187、16214、16182、16216。

特征种：紫果冷杉（*Abies recurvata*）*、小舌紫菀（*Aster albescens*）、绣球藤（*Clematis montana*）、水栒子（*Cotoneaster multiflorus*）、扇脉香茶菜（*Isodon flabelliformis*）、狭叶帚菊（*Pertya angustifolia*）、绢毛山梅花（*Philadelphus sericanthus*）*、青海茶藨子（*Ribes pseudofasciculatum*）*、无距耧斗菜（*Aquilegia ecalcarata*）、羊茅（*Festuca ovina*）、椭圆叶花锚（*Halenia elliptica*）、粗野马先蒿（*Pedicularis rudis*）、林地早熟禾（*Poa nemoralis*）*、少裂凹乳芹（*Vicatia bipinnata*）、塔藓（*Hylocomium splendens*）*。

常见种：川西云杉（*Picea likiangensis* var. *rubescens*）、唐古特忍冬（*Lonicera tangutica*）及上述标记*的物种。

乔木层盖度 30%～60%，胸径（5）15～39（75）cm，高度（3）10～23（43）m；由紫果冷杉和川西云杉组成，无明显的分层现象，前者个体数占总数的 70%，偶有零星的白桦和山杨混生。林下有紫果冷杉的幼苗和幼树。

灌木层总盖度 30%～50%，高度 10～380 cm；大、中灌木层主要由直立落叶灌木组成，唐古特忍冬、青海茶藨子和绢毛山梅花较常见，偶见峨眉蔷薇、陕甘花楸、华西忍冬、红脉忍冬、细枝茶藨子、灰栒子、密叶锦鸡儿和大刺茶藨子等，局部生境中偶有零星的常绿灌木陇蜀杜鹃；小灌木层由直立和蔓生落叶灌木组成，包括菰帽悬钩子、刚毛忍冬、水栒子、八宝茶、红毛五加、狭叶帚菊、小舌紫菀、绣球藤和针刺悬钩子等。

草本层总盖度 20%～60%，高度 3～70 cm；大草本层主要由直立杂草组成，包括香薷、甘青蒿、无距耧斗菜、血满草、少裂凹乳芹、扇脉香茶菜、粗野马先蒿和稀蕊唐松草等，或有零星的丛生禾草羊茅；中草本层，丛生禾草薹草明显增多，林地早熟禾较常见，偶见高异燕麦、羊茅和丝秆薹草等，直立杂草类多为偶见种，包括白柔毛香茶菜、高原天名精、轮叶黄精、粗糙西风芹、升麻、高原唐松草、椭圆叶花锚、橐吾、羽裂黄鹌菜、大花糙苏和沼生橐吾等；低矮草本层由直立或莲座圆叶系列杂草、蕨类和根茎类薹草组成，直立类型有椭圆叶花锚、长盖铁线蕨、橐吾、羽裂黄鹌菜、大花糙苏、沼生橐吾和大果红景天等，丛生薹草有丝秆薹草和膨囊薹草，贴地生长的圆叶系列草本有纤细草莓、双花堇菜、四川堇菜、球茎虎耳草和高原露珠草等。

苔藓层盖度 30%～60%，厚度 6～20 cm，山羽藓、塔藓和锦丝藓较常见。

分布于四川西北部（炉霍、阿坝），海拔 3354～3837 m，生长在山地或峡谷区的北坡至东北坡，坡度 45°～50°。低海拔地带的原始森林已经被采伐殆尽，采伐迹地上灌木丛生。在高海拔地带的山溪源头尚有小片的原始森林，宜加强保护。

13.4.6 PLRⅥ

云杉+川西云杉-鳞皮冷杉-灌木-草本 常绿针叶林

***Picea asperata*+*Picea likiangensis* var. *rubescens*-*Abies squamata*-Shrubs-Herbs Evergreen Needleleaf Forest**

PLR12

云杉+川西云杉-鳞皮冷杉-陕甘花楸-高原露珠草 常绿针叶林

***Picea asperata*+*Picea likiangensis* var. *rubescens*-*Abies squamata*-*Sorbus koehneana*-*Circaea alpina* subsp. *imaicola* Evergreen Needleleaf Forest**

凭证样方：16203、16208、S07、S08。

群落描述参见第 6 章云杉林（6.4.4.2）。

13.5 建群种的生物学特性

13.5.1 遗传特征

川西云杉针叶和球果的形态特征在种群内和种群间的变异幅度不同。川西云杉林 12 个种群的研究结果显示，球果和针叶形态在种群内的变异大于种群间的变异，二者的表型分化系数分别是 63.47%和 36.53%；球果、针叶、种鳞和种翅的表型分化系数分别为 47.15%、31.93%、21.89%和 45.14%，变异系数分别为 12.56%、22.16%、12.61%和 16.53%，种鳞的变异幅度最小；各个性状的变异间具有正相关性；球果和针叶形态的变异与经度、纬度也表现出一定的相关性（辜云杰等，2009；吴远伟，2008）。这一现象在云杉属的其他物种中也已经观察到，具有一定的普遍性。在排除随机因素后，种群内的变异就是其种内遗传多样性的重要表征。性状与环境因子的相关性表明，性状的变异也存在一定程度的环境可塑性；性状间的正相关关系进一步说明，在自然选择过程中，性状间存在着协同进化的关系。

13.5.2　个体生长发育

川西云杉个体的发育周期可长达数百年。据记载，在四川省测量的 3282 株川西云杉个体中，最大树龄达 424 年（陈起忠等，1984）。川西云杉个体初始结实的树龄与环境条件有关。据《四川森林》（《四川森林》编辑委员会，1992）记载，川西云杉孤立木大约在 25 年树龄时开始结实，而林内个体初次结实的时间较晚，约为 80 年树龄；结实期可持续 400 年，其中 200～300 年树龄的个体所产生的种子的发芽率最高。据《青海森林》（《青海森林》编辑委员会，1993）记载，在青海省内，川西云杉大致在 40 年树龄时开始结实，结实过程可持续至 300 年树龄；种子主要在距母树 30～50 m 处传播。我们在西藏左贡至芒康一带川西云杉林的考察中发现，在林缘开阔地带散生的川西云杉个体，树体低矮，树形呈阔圆锥形，结实量极大，树下铺满球果，15 年树龄的个体即开始结实（图 13.16）。

图 13.16　川西云杉 15 年树龄的结实个体（左）、成年树结实枝条（右上）和球果（右下）
Figure 13.16　A 15-years old reproductive invidual in open area of a hill in Zuogong (left), a reproductive branch on elder individual (upper right) and seed cones (lower right) of *Picea likiangensis* var. *rubescens*

川西云杉个体的生长发育规律在不同产区间大致相似。据《四川森林》（《四川森林》编辑委员会，1992）记载，新龙县一株川西云杉的树龄为 147 年，胸径生长旺盛期出现在 20～40 年树龄，平均生长量和连年生长量的曲线相交于 40～50 年树龄；树高快速生长期出现在 20～50 年树龄，平均生长量和连年生长量的曲线相交于 40～70 年树龄；材积生长旺盛期出现在 60～80 年树龄。西藏昌都川西云杉解析木的资料显示，胸径生长量在 25 年树龄前快速增加，生长旺盛期出现在 20～50 年树龄，平均生长量和连年生长量的曲线相交于 40～50 年树龄；树高生长量在 40 年树龄前快速增加，生长旺盛期出现在 30～70 年树龄，平均生长量和连年生长量的曲线相交于 70 年树龄左右；材积生长量在 160 年树龄前呈现持续增长的趋势（白文斌等，2012）。据《青海森林》（《青海森林》编辑委员会，1993）记载，青海玉树川西云杉在 60 年树龄前，胸径生长量快速增加，生长旺盛期出现在 30～60 年树龄，平均生长量和连年生长量的曲线相交于 100 年树龄；树高快速生长期出现在 25～60 年树龄，平均生长量和连年生长量的曲线相交于 100 年树龄；材积生长旺盛期出现在 40～100 年树龄，平均生长量和连年生长量的曲线相交于 200 年树龄（图 13.17）。

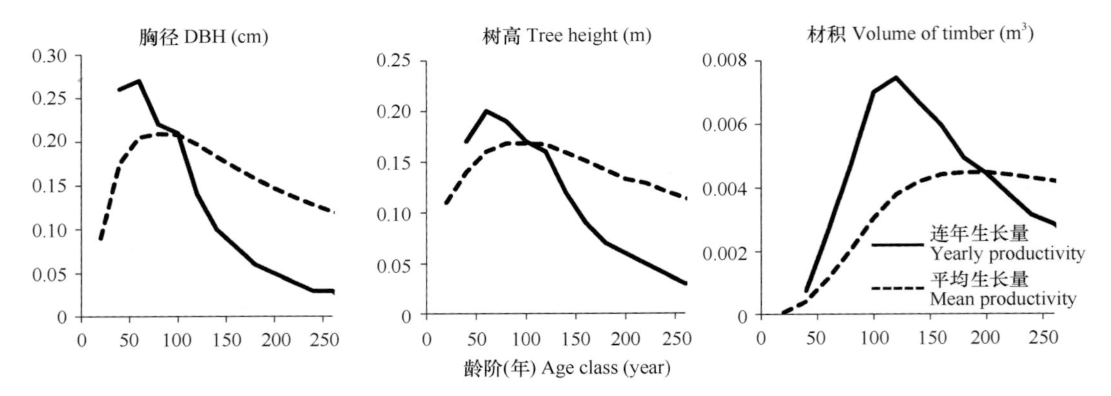

图 13.17 青海一个产地的川西云杉个体生长规律（引自《青海森林》，1993）

Figure 13.17 Yearly and mean productivity of DHB, tree height and volume of timber of *Picea likiangensis* var. *rubescens* from one stand in Qinghai (Data was derived from *Qinghai forests*, 1993)

陈起忠等（1984）对采自四川省内的 3282 株川西云杉的解析木进行了分析。树高、胸径、材积与树龄的关系式分别是

材积连年生长量：$\lg V_1 = -6.511\,185 + 3.245\,536\lg x_1$，$x_1$[10，58.5]

$\lg V_2 = -3.830\,444 + 1.728\,626\lg x_2$，$x_2$[58.5，424]；$r$=0.98

胸径连年生长量：$y_d = -12.428\,296 + 0.093\,426x + 12.228\,856\lg x$，$x$[10，424]；$r$=0.99

树高连年生长量：$y_{h_1} = 8.929\,994 + 0.455\,450\,x_1 - 11.660\,832\lg x_1$，$x_1$[10，15.9]

$y_{h_2} = -20.840\,202 + 0.022\,183\,x_2 + 18.842\,105\lg x_2$，$x_2$[15.9，424]；$r$=0.99

材积连年生长率：$y_{pv}\% = -0.427\,274 + 271.072\,010/(x-5)$，$x$（10，424）；$r$=0.98

作者指出，在生长前期，川西云杉的材积生长量最大；在生长中、后期，川西云杉的材积生长放缓，生长量总体上低于麦吊云杉、丽江云杉和紫果云杉（陈起忠等，1984）。

13.6 生物量与生产力

在四川省道孚木茹林场海拔 3580～3710 m 处，生长着川西云杉和鳞皮冷杉的混交林。调查自该地 7 个标准地的数据显示，川西云杉总生物量的变化幅度是 164.35～633 t/hm²；其中经济材 132.875～442.375 t/hm²，所占比例为 64%～81%；树皮 11.15～50.7 t/hm²，占 5%～9%；薪柴 14.35～88.15 t/hm²，占 3%～14%；枝叶 18.125～95 t/hm²，占 9%～27%（周旭和付致君，1983）。

四川省马尔康的高山峡谷地带营造了大面积的川西云杉人工林。来自马尔康西索沟 5 块川西云杉人工林标准地的数据显示，标准地布设在海拔 3100～3170 m 处，林龄 32 年，密度 3280～6060 株/hm²，平均树高 7.4～8.5 m，平均胸径 8.3～10.8 cm，蓄积量 122.04～160.08 m³/hm²；总生物量 107. 818 t/hm²，其中树干、树皮、树枝、针叶和根系的生物量占总量的比例分别是 42.3%、10.0%、19.7%、13.2%和 14.8%；净初级生产力 7.558 t/（hm²·a），其中树干、树皮、树枝、针叶和根系的生产力占总量的比例分别是 21.64%、5.1%、18.7%、47.1%和 7.5%（刘兴良等，2003）。此外，当地另一块川西云杉人工林标准地的数据显示，林龄为 28 年，海拔 2700 m 的川西云杉根系总生物量 15.982 t/hm²；根系主要分布在浅表土层中，其中在 0～40 cm 和 0～20 cm 的土层中，根系生物量所占比例分别是 97.88%和 77.13%；根系生物量密度 10.782 t/（hm²·m），根系生产力为 0.57 t/（hm²·a）（刘兴良等，2006）。

13.7　群落动态与演替

川西云杉林的自然更新状况取决于群落结构和环境条件。在林冠层遮蔽的林下，更新不良；在林缘和林窗地带因光照较好，幼苗、幼树密集生长，更新较好。林缘的更新在空间和时间上具有一定的局限性。在经历带状皆伐或火烧的迹地上，幼苗、幼树会在存留的母树周围大量发生和蔓延，更新良好。在林冠层郁闭的林中，幼苗和幼树的生长受到抑制，森林更新必须依赖于林窗。

川西云杉林的地理分布范围广阔，木材蓄积量大，在 20 世纪中后期经历了大规模的采伐，形成了大量的采伐迹地。与原始森林的林下环境相比较，采伐迹地的环境条件发生了巨大的变化，具体表现为迹地内温度的日较差和年较差增大，光照增强，土壤的干燥度增加、空隙减少、化学性质发生了改变。来自四川西部寒温性针叶林采伐迹地的观测数据显示，与林内环境相比较，从全年的总趋势看，迹地的土壤年均温度增加了 3～4℃，空气年均温度上升了 0.3℃；冬、夏季温度的变化趋势不同，即夏季温度呈增加趋势，冬季温度呈下降趋势，1 月年均温度下降了 0.8℃；采伐迹地的土壤有机质分解速度加快，在 0～50 cm 的土层内，氨态氮较林内增加了约 69.01%；土壤酸性减弱，pH 增加了 0.3～0.8；表土层厚度的平均减少量超过 2 cm；土壤变得紧实，0～30 cm 土层的土壤容重较林内增加了 9.61%～34.4%；土壤 Fe_2O_3 和 FeO 较林内分别增加了 125.20%和 22.93%，可溶性磷相应地减少了 84.16%（周德彰和杨玉坡，1984）。

采伐迹地上植被的自然恢复进程十分漫长，人工辅助更新虽可加快这一进程，但在实践中也应遵循植被恢复的基本规律。迹地形成后，将出现以草本植物占优势的先锋群落，植被盖度大，物种组成复杂。在西藏昌都至江达途中，海拔 3498 m 处一个川西云杉林采伐迹地上的样方数据显示（表 13.6），迹地上留有零星的川西云杉母树，盖度

表 13.6 川西云杉林采伐迹地的一个示例样方

Table 13.6 A plot sampled on previously a logging field of *Picea likiangensis* var. *rubescens* Evergreen Needleleaf Forest

群落名称 Community：川西云杉-草玉梅 针叶林 *Picea likiangensis* var. *rubescens-Anemone rivularis* Needeleaf Forest

调查人 Authors：王国宏 Guo-Hong Wang，赵海卫 Hai-Wei Zhao	
样地号 Plot no. / 地点 Location / 时间 Date：	S03/西藏昌都至江达 Changdu to Jiangda，Tibet / 2012-7-15
纬度 Latitude / 经度 Longitude / 海拔 Altitude：	31.50°N / 97.33°E / 3498 m
地形 Terrain / 土壤类型 Soil type：	山地 Mountainous region /
坡度 Gradient / 坡向 Aspect / 坡位 Position：	37° /北坡 N / 中坡 Mid slope
起源 Origin / 干扰 Disturbance / 强度 Intensity：	次生森林 Secondary N forest / 采伐 Logging / 重 Heavy

乔木层 Tree layer （样方面积 Plot size：50 m×40 m）

盖度 *C*：0.1，高度范围 Height：3.5～20 m，物种丰富度 SR：1		密度 *D*（株/2000m²）	胸径 DBH（cm）	高度 *H*（m）	枝下高 HLB（m）
川西云杉	*Picea likiangensis* var. *rubescens*	16	32.1	21.09	2.94

灌木层 Shrub layer （样方面积 Plot size：5 m×5 m）

总盖度 *C*：8%，高度范围 *H*：＜135 cm，物种丰富度 SR：3		密度 *D*（株/25m²）	盖度 *C*（%）	高度 *H*（cm）	频度 *F*（%）
川西云杉	*Picea likiangensis* var. *rubescens*	12	10	135	100
大黄檗	*Berberis francisci-ferdinandi*	2.5	1.5	115	50
针刺悬钩子	*Rubus pungens*	9	5	40	25

草本层 Herb layer （样方面积 Plot size：1 m×1 m）

总盖度 *C*：80%，高度范围 *H*：4～80 cm，物种丰富度 SR：20		密度 *D*（株/m²）	盖度 *C*（%）	高度 *H*（cm）	频度 *F*（%）
多小叶升麻	*Cimicifuga foetida* var. *foliolosa*	4	20	80	50
华神血宁	*Polygonum cathayanum*	1	8	75	50
高原毛茛	*Ranunculus tanguticus*	12	11	50	50
短颖披碱草	*Elymus burchan-buddae*	11	4	40	25
萝卜秦艽	*Phlomis medicinalis*	3	6	32	75
反瓣老鹳草	*Geranium refractum*	15	8	30	25
腺毛蝇子草	*Silene yetii*	1	3	30	25
窄翼黄耆	*Astragalus degensis*	10	30	27	25
微孔草	*Microula sikkimensis*	3	4	23	50
轮叶黄精	*Polygonatum verticillatum*	4	3	23	75
昌都韭	*Allium changduense*	4	2	21	25
高山紫菀	*Aster alpinus*	1	2	19	25
纤细草莓	*Fragaria gracilis*	12	7	18	50
甘肃马先蒿	*Pedicularis kansuensis*	4	3	16	25
草玉梅	*Anemone rivularis*	32	17	16	50
长花黄鹌菜	*Youngia longiflora*	8	4	12	25
钉柱委陵菜	*Potentilla saundersiana*	10	7	9	25
长果婆婆纳	*Veronica ciliata*	2	3	9	25
肉果草	*Lancea tibetica*	13	6	7	25
糙喙薹草	*Carex scabrirostris*	38	5	7	50
苔藓			20	4	25

不足 10%，林地内几乎为全光照；川西云杉母树平均胸径 32 cm，平均树高 22 m，平均枝下高 3 m，林地有川西云杉的幼苗和幼树，数量较少；灌木层稀疏，盖度不足 10%；草本层繁茂，总盖度 80%，高度可达 80 cm，优势种不明显，多小叶升麻、华神血宁、高原毛茛和垂穗鹅观草等较常见；地被层的苔藓呈斑块状，分布不均匀，盖度 20%，平均厚度 4 cm。

在采伐迹地上植被的自然恢复过程中，草本植物占优势的阶段可能持续较长时间。四川壤塘二林场的调查资料显示，此阶段可能持续 20 年以上，之后逐渐过渡到以灌木占优势的阶段，灌木种类以阳性植物为主，针刺悬钩子较常见，4 个样方中记录到灌木 15 种，乔木 3 种，但没有记录到川西云杉的幼苗（杨琰瑛，2007）。

在采伐迹地上植被恢复的早期阶段，不同生态习性的植物，其优势度会发生规律性的变化，早期以喜光类型为主，后期则以中生或耐阴植物为主。来自大渡河上游亚高山针叶林采伐迹地上的不同林龄（1～30 年）人工林群落的调查结果显示，在 8 个样地中记录到种子植物 167 种，多为草本和灌木；其中喜光植物 75 种，耐阴植物 12 种，中生植物 22 种；在植被恢复过程中，喜光类型的重要值先增加后减少，而耐阴植物先减少后增加，中生类型的植物变化不明显（包维楷等，2002）。后续的相关研究显示，植物群落的物种组成和数量特征在不同的植被恢复阶段变化较大（龙海等，2011）。

随着迹地环境条件的改变，灌木的生长状况及生物量在不同器官间的配置格局不同。杨琰瑛（2007）报道了川西云杉林采伐迹地上的两种常见灌木，即银露梅和唐古特忍冬，在采伐前、后的生长状况和生物量的配置格局，调查地点位于壤塘林业局二林场。主要结论：在采伐迹地全光照条件下，银露梅的生长和繁殖能力显著提高，株丛基径、高度和生物量较林内显著增加，结实数量、结实株数和不结实株数显著增加，其中结实株数的增加量多于不结实株数的增加量；唐古特忍冬的生长和繁殖无显著变化，叶生物量和地下生物量较林内有所增加，但植物体总生物量和其他部分的生物量无显著变化；随着植被恢复时间的推移，两种灌木的生长能力及银露梅的结实量逐渐降低；就地下生物量而言，银露梅减少，唐古特忍冬增加。

在采伐迹地上，川西云杉林更新的成败取决于种源的供给状况，带状皆伐和择伐迹地上种源供应充足，而大面积皆伐后，采伐迹地的更新需要人工补充种源。在植被恢复的早期阶段，过度密集的灌草层会影响幼苗、幼树的生长。因此，辅以适度的迹地草灌清理，可加速植被恢复的进程。经过草本和灌木阶段后，还要经历以杨桦占优势的阔叶乔木林和针阔叶混交林阶段，至针叶林顶极群落阶段，恢复的时间尺度通常在百年以上。

13.8　价值与保育

川西云杉林分布区的西北部位于森林和高寒草甸的过渡地带，其垂直分布的上限地带接近林线，生境条件脆弱，种群动态对气候变化十分敏感；在高山峡谷区，川西云杉是寒温性针叶林的重要成分，常生长在陡峭的山坡和峡谷地带，具有固岸护坡、涵养水源和生物多样性保育的重要功能。

川西云杉林曾经历了大规模的采伐，森林资源破坏严重。据《青海森林》（《青海森林》编辑委员会，1993）记载，在 20 世纪 70～90 年代的 20 余年间，青海省川西云杉林采伐商品木材近 10^6 m^3，资源消耗量则是商品木材的 2 倍。相关研究表明，1967～2000 年，整个大渡河上游地区的森林面积减少了 9.43%；景观破碎化程度加剧，具体表现为由原始森林、高寒灌丛和草甸镶嵌而成的自然景观逐渐演变为由草甸、草地、次生天然林、残次原始林、人工林和次生灌丛等多种植被类型组成的凌乱景观；天然林地，特别是自然恢复力较低的高山栎林、圆柏林及亚高山草甸等出现了大面积的退化（阎建忠等，2005）。川西云杉林采伐迹地上植被的恢复和重建是森林保育工作的重点。

人工造林是促进采伐迹地上植被恢复的重要途径。自 20 世纪 60 年代开始人工造林，截至 2000 年，四川西部林区人工林的保存面积已达 7.3×10^6 hm^2（刘兴良等，2003）；通过人工和自然更新，大渡河上游云冷杉林采伐迹地上的植被恢复已经初见成效（阎建忠等，2005）；在四川壤塘二林场，20 世纪 70 年代形成的皆伐迹地已经营造了人工林（杨琰瑛，2007）；青海玛可河林区川西云杉林的采伐迹地也实施了人工造林工程（童德英等，2004）。与采伐前林内的环境相比较，采伐迹地的环境条件发生了很大的变化，在人工辅助更新中要根据林地环境条件的变化，采取合理的更新措施。苔藓的发育程度往往与迹地环境恢复或改善的程度相关，可作为采伐迹地环境评估的一个指标（王乾等，2007）。

川西云杉林分布区处在林牧交错区，林牧矛盾突出，放牧和采药等活动对林下植被和幼苗、幼树的生长影响较大；当地民用建筑用木材和薪炭材也主要取自残存的森林，协调森林保育和当地群众经济利益间的矛盾，是需要关注的问题。

参 考 文 献

白文斌, 廖超英, 康乐, 张晓芳, 2012. 西藏昌都地区川西云杉林木生长规律研究. 西北林学院学报, 27(5): 158-162.
包维楷, 张镱锂, 王乾, 摆万奇, 郑度, 2002. 青藏高原东部采伐迹地早期人工重建序列梯度上植物多样性的变化. 植物生态学报, 26(3): 330-338.
陈起忠, 李承彪, 王少昌, 1984. 四川省主要森林建群种生长规律的初步研究. 林业科学, 20(3): 242-251.
辜云杰, 罗建勋, 吴远伟, 曹小军, 2009. 川西云杉天然种群表型多样性. 植物生态学报, 33(2): 291-301.
刘兴良, 马钦彦, 杨冬生, 史作民, 宿以明, 周世强, 刘世荣, 杨玉坡, 2006. 川西山地主要人工林种群根系生物量与生产力. 生态学报, 26(2): 542-551.
刘兴良, 汪明, 宿以明, 何飞, 马钦彦, 梁罕超, 杨玉坡, 鄢武先, 2003. 川西高山林区人工林生态学研究——种群结构. 四川林业科技, 24(3): 1-9.
龙海, 何丙辉, 包维楷, 游秋华, 2011. 高海拔原始暗针叶林采伐迹地次生植被结构与物种多样性比较. 西南师范大学学报(自然科学版), 36(5): 93-97.
莫晓勇, 1986. 青海省乩扎林区森林植被调查初报. 植物生态学与地植物学丛刊, 10(4): 310-315.
童德英, 张世玺, 李春风, 2004. 玛可河林区川西云杉大苗造林试验. 青海农林科技, (2): 44-45.
王乾, 吴宁, 罗鹏, 易绍良, 包维楷, 石福孙, 2007. 青藏高原东缘亚高山针叶林和采伐迹地中藓类生长速率及其影响因子. 植物生态学报, 31(3): 464-469.
吴远伟, 2008. 川西云杉天然群体表型遗传多样性研究. 成都: 四川农业大学硕士学位论文.
吴征镒, 1991. 中国种子植物属的分布区类型. 云南植物研究, (增刊Ⅳ): 1-139.

吴征镒, 周浙昆, 李德铢, 彭华, 孙航, 2003. 世界种子植物科的分布区类型系统. 云南植物研究, 25(3): 245-257.
阎建忠, 张镱锂, 摆万奇, 刘燕华, 包维楷, 刘林山, 郑度, 2005. 基于植被演替的土地覆被变化研究——大渡河上游的森林采伐、更新和退化. 中国科学(D 辑: 地球科学), 34(11): 1060-1073.
杨琰瑛, 2007. 青藏高原东缘川西云杉林皆伐后灌木生长、繁殖与更新的研究. 成都: 中国科学院研究生院成都生物研究所硕士学位论文.
中国科学院《中国自然地理》编辑委员会, 1985. 中国自然地理(总论). 北京: 科学出版社.
中国科学院青藏高原综合科学考察队, 1985. 西藏森林. 北京: 科学出版社.
中国科学院中国植被图编辑委员会, 2007. 中华人民共和国植被图 (1∶1000000). 北京: 地质出版社.
中国林业科学研究院林业研究所, 1986. 中国森林土壤. 北京: 科学出版社.
中国森林编辑委员会, 1999. 中国森林(第 2 卷 针叶林). 北京: 中国林业出版社.
中国植被编辑委员会, 1980. 中国植被. 北京: 科学出版社.
周德彰, 杨玉坡, 1984. 川西亚高山云冷杉林采伐迹地生态因子的变化. 林业科学, 20: 132-138.
周兴民, 王质彬, 杜庆, 1987. 青海植被. 西宁: 青海人民出版社.
周旭, 付致君, 1983. 道孚林区川西云杉鳞皮冷杉生物量的测定. 四川林业科技, (4): 28-33.
《青海森林》编辑委员会, 1993. 青海森林. 北京: 中国林业出版社.
《四川森林》编辑委员会, 1992. 四川森林. 北京: 中国林业出版社.

第 14 章　林芝云杉林 *Picea likiangensis* var. *linzhiensis* Forest Alliance

林芝云杉林—中国植被，1980：198-199；西藏森林，1985：59-67；中国森林（第 2 卷 针叶林），1999：765-767；林芝云杉群系—西藏植被，1988：132-133。

系统编码：PLL

14.1　地理分布、自然环境及生态特征

14.1.1　地理分布

林芝云杉林分布于喜马拉雅山脉东段以北、念青唐古拉山脉东段以南及横断山脉西北部以西的广大区域；分布区自西至东延伸，呈狭长带状，西界止于工布江达至朗县一线，东界止于云南西北部与四川西南部的交汇地带；地理坐标范围 27°30′N～30°20′N，92°59′E～100°30′E（图 14.1）；跨越的行政区域包括西藏东南部的隆子、朗县、工布江达、

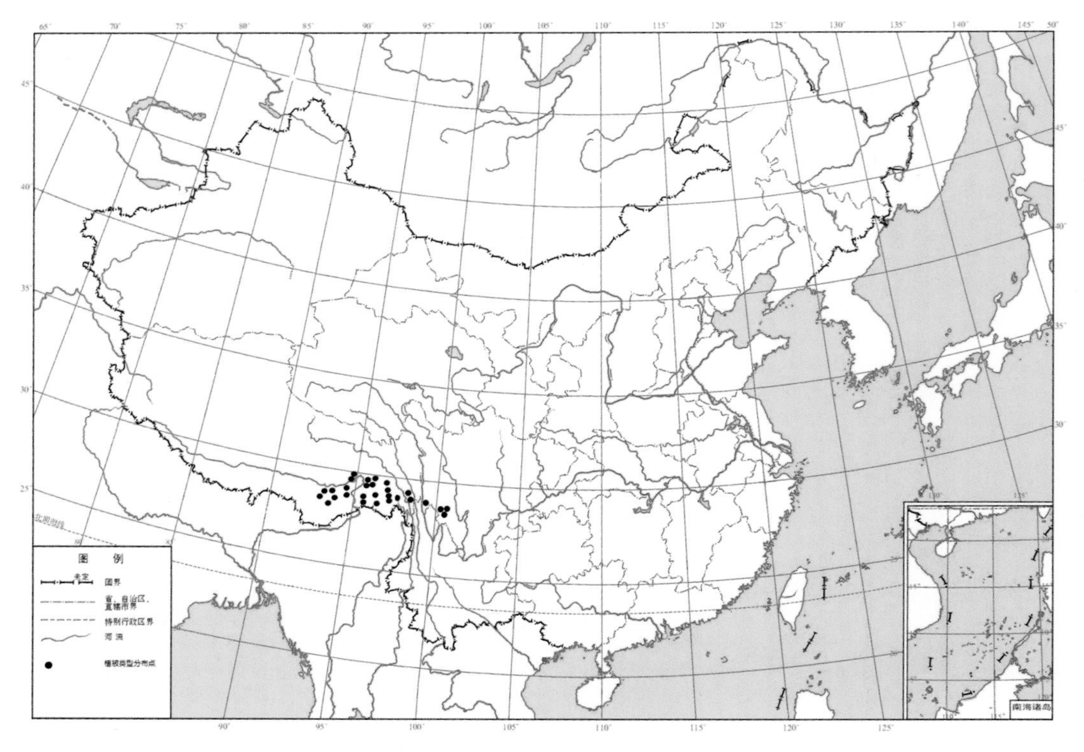

图 14.1　林芝云杉林的地理分布

Figure 14.1　Distribution of *Picea likiangensis* var. *linzhiensis* Forest Alliance in China

林芝、米林和波密，云南西北部的德钦和香格里拉，四川西南部的乡城和稻城；垂直分布范围在海拔 2700～3900 m，其上限与长苞冷杉林交汇，下限与华山松林和云南松林相接。

在中国植被区划系统中，林芝云杉林分布区位于亚热带常绿阔叶林区域的最西端，以及热带季雨林、雨林区域的最北端，处在亚热带山地寒温性针叶林地带和西部偏干性热带季雨林、雨林亚区域的交汇地带（中国科学院中国植被图编辑委员会，2007）。

中国植被区划系统的划分是基于植被的水平地带性特征。林芝云杉林虽然分布在热带和亚热带植被类型区，但由于该区域特殊的高山峡谷地貌，气候条件垂直变化幅度大，形成了同一个地理区域内多种气候类型共存的格局。林芝云杉林生长在喜马拉雅山脉东段以北的高山峡谷区（图 14.2），受逆江北上的西南暖湿气流影响，峡谷底部温暖湿润，植被类型为常绿落叶阔叶混交林；随着海拔的升高，温度逐渐降低，依次出现了针阔叶混交林和寒温性针叶林，后者主要由云杉、冷杉林（阴坡）和圆柏林（阳坡）组成；在海拔 4000 m 以上生长着匍匐垫状植被，以圆柏类和杜鹃类常绿植物居多；海拔 5500 m 以上的山地，植被十分稀少，岩石裸露，在山峰、山脊地带有永久冰雪覆盖。在西藏林芝至波密一带，地形起伏巨大，从海拔 5000 m 以上的山峰到海拔 2100 m 左右的河谷底部，所展示的植被垂直带谱堪称完美。

图 14.2　林芝云杉林的外貌

Figure 14.2　Physiognomy of several communities of *Picea likiangensis* var. *linzhiensis* Forest Alliance

14.1.2 自然环境

14.1.2.1 地貌

林芝云杉林分布区处在喜马拉雅山脉东段北侧的高山峡谷区，在江水的切割和沉积作用下，区域内既有陡峭的高山也有平缓狭窄的山间河谷平原，垂直高差在 2000～5000 m，山峰顶部常有现代冰川发育。林芝云杉林通常生长在山坡的中下部、山前阶地及河谷地带；在岩石陡坡地带生长的群落，林冠稀疏，树体低矮；生长在平缓谷地的群落，林冠层遮天蔽日，林内巨木参天，树体通直（图 14.2）。

14.1.2.2 气候

喜马拉雅山脉东段山地的北坡处在印度洋西南暖湿气流的背风面，受雨影效应和焚风效应的影响，气候条件较干旱；但是，逆江北上的西南暖湿气流可到达雅鲁藏布江一级支流的中上游，在抬升过程中形成降雨。因此，在河谷两岸海拔 2700 m 以上的山坡或谷地，气候条件温凉而润泽，这是林芝云杉林气候条件形成的大背景。

我们随机测定了林芝云杉林分布区内 24 个样点的地理坐标，利用插值方法提取了每个样点的生物气候数据，各气候因子的均值依次是：年均气温 3.25℃，年均降雨量 696.18 mm，最冷月平均气温–3.94℃，最热月平均气温 9.87℃，≥0℃有效积温 1638.12℃·d，≥5℃有效积温 671.74℃·d，年实际蒸散 303.88 mm，年潜在蒸散 668.61 mm，水分利用指数 0.38（表 14.1）。

表 14.1 林芝云杉林地理分布区海拔及其对应的气候因子描述性统计结果（*n*=24）

Table 14.1 Descriptive statistics of altitude and climatic factors in the natural range of *Picea likiangensis* var. *linzhiensis* Forest Alliance in China (*n*=24)

海拔及气候因子 Altitude and climatic factors	均值 Mean	标准误 Standard error	95%置信区间 95% confidence intervals		最小值 Minimum	最大值 Maximum
海拔 Altitude（m）	3372.34	63.19	3242.90	3501.79	3003.00	4007.00
年均气温 Mean annual temperature（℃）	3.25	0.68	1.76	4.53	–1.62	12.12
最冷月平均气温 Mean temperature of the coldest month（℃）	–3.94	0.65	–5.65	–2.99	–10.71	5.30
最热月平均气温 Mean temperature of the warmest month（℃）	9.87	0.70	8.43	11.28	4.48	17.70
≥5℃有效积温 Growing degree days on a 5℃ basis（℃·d）	671.74	127.58	369.14	891.83	0.00	2609.74
≥0℃有效积温 Growing degree days on a 0℃ basis（℃·d）	1638.12	189.40	1225.73	2001.65	450.56	4434.75
年均降雨量 Mean annual precipitation（mm）	696.18	22.48	608.29	700.37	479.99	913.70
实际蒸散 Actual evapotranspiration（mm）	303.88	38.88	224.24	383.52	47.00	1003.55
潜在蒸散 Potential evapotranspiration（mm）	668.61	18.30	647.35	722.33	508.00	912.14
水分利用指数 Water availability index	0.38	0.02	0.33	0.43	0.09	0.60

另据《西藏森林》（中国科学院青藏高原综合科学考察队，1985）记载，在林芝云杉林垂直分布的上、下限地带，各个气候指标的变化幅度分别为年均气温 4～9℃、年均

降雨量 600～1000 mm、最冷月平均气温–6～0℃、最热月平均气温 11～16℃、≥10℃积温均值 600～1000℃、相对湿度 55%～70%。

通过比较上述两组数据可以看出，利用插值方法测定的水热因子值偏低，这可能与数据观测地的海拔有关。林芝云杉林垂直分布的下限地带在 2700 m 左右，而插值数据测定点的最低海拔是 3003 m，这会导致温度指标偏低。《西藏森林》（中国科学院青藏高原综合科学考察队，1985）没有说明气象数据的来源，这些数据很可能是来自林芝云杉林分布区内几个气象台站的数据。这些气象台站主要设置在河谷地带，观测的热量因子值可能偏高。林芝云杉林分布区的降水主要来自西南暖湿气流的输送，降雨量峰值可能只出现在一定的海拔范围内。比较上述两组数据，这个峰值可能出现在海拔 3000 m 以下的区域。

14.1.2.3　土壤

林芝云杉林的土壤母质以花岗岩和片麻岩的坡积物为主；土壤类型为山地棕壤和暗棕壤（中国科学院《中国自然地理》编辑委员会，1981；中国林业科学研究院林业研究所，1986）。《中国森林土壤》（中国林业科学研究院林业研究所，1986）记载了调查自波密县和米林县的 2 个土壤剖面的理化特征，摘录如下。剖面（T4-35）位于米林县多雄拉山北侧，海拔 3250 m，坡向西南坡，坡度 30°，群落类型为林芝云杉与急尖长苞冷杉的混交林；土壤母质为花岗片麻岩的坡积物，土壤类型为山地表潜暗棕壤；从土壤表层（4～7 cm）至深层（80～100 cm），土壤 pH、有机质和全氮的变化幅度分别为 4.3～6.3、34.7%～1.29%和 0.658%～0.027%。

剖面（T3-95）位于波密县育仁区当才玛，海拔 3240 m，坡向北偏东 55°，坡度 27°，群落类型为林芝云杉与急尖长苞冷杉的混交林；土壤母质为花岗岩的坡积物，土壤类型为山地表潜暗棕壤；从土壤表层（9～14 cm）至深层（57～70 cm），土壤 pH、有机质和全氮的变化幅度分别为 4.45～6.60、18.83%～1.12%和 0.52%～0.05%。

14.1.3　生态特征

在林芝云杉林的分布区内还有急尖长苞冷杉林、华山松林、云南松林和大果圆柏林等。其垂直分布范围上接冷杉林下接松林，在群落的过渡地带可分别与急尖长苞冷杉和华山松混交成林。显然，林芝云杉林的耐寒性不及急尖长苞冷杉林，耐热性不及华山松林。在特定的海拔范围内，林芝云杉林生长在阴坡和半阴坡，其耐干旱性不及生长在阳坡和半阳坡的圆柏林与栎林（徐凤翔，1981a）。因此，与同域分布的其他针阔叶林相比较，林芝云杉林具有适应适度暖湿生境的习性。

林芝云杉是丽江云杉组（Sect. Casicta）中针叶扁平且叶下面无气孔线的类型，针叶的形态接近喜暖湿环境的麦吊云杉，展示了生态习性与形态特征之间的相关性。从林芝云杉林的生长状况看，气候越湿润，生长越好。徐凤翔（1981a）研究了波密和尼洋河流域林芝云杉林的生长状况，前者的气候温暖湿润，后者处在半湿润区，气候相对干旱；结果显示，波密的林芝云杉，树体高大，而尼洋河的个体树体低矮；在特定的胸径尺度上，前者个体高于后者 5～15 m，显示了在暖湿生境下林芝云杉旺盛的生长能力。

14.2 群落组成

14.2.1 科属种

25 个样地中记录到维管植物 230 种，隶属 41 科 75 属；其中种子植物 39 科 73 属 225 种，蕨类植物 2 科 2 属 5 种。蕨类植物中，毛轴蕨和膜叶冷蕨（图 14.3）等是草本层的优势种。裸子植物有林芝云杉、油麦吊云杉、长苞冷杉、急尖长苞冷杉、大果红杉、华山松、云南松和高山柏等；冷杉类和松类分别出现在林芝云杉林垂直分布范围的上、下限地带。被子植物中，种类最多的是蔷薇科，有 20 种；杜鹃花科有 15 种，是林芝云杉林下灌木层中的优势植物，其碧绿的叶片贯穿四季，春夏之交则繁花璀璨，常构成一个特色鲜明的层片；禾本科、毛茛科、莎草科和小檗科各有 8 种，其中的许多物种是灌木层和草本层的优势种；含 6～4 种的科依次是菊科、忍冬科、唇形科、虎耳草科、玄参科和百合科，其中忍冬科植物是灌木层的优势种；其余 25 科含物种 1～3 种，其中桦木科、壳斗科、槭树科和樟科的物种通常是中、小乔木层中的优势种，酢浆草科和堇菜科的物种是草本层低矮层片中的常见种。

图 14.3 林芝云杉林下的常见植物

Figure 14.3 Constant species under *Picea likiangensis* var. *linzhiensis* Forest Alliance

14.2.2 区系成分

根据中国种子植物科属区系成分的划分标准（吴征镒，1991；吴征镒等，2003），25 个样地中记录到的 39 个种子植物科可划分为 9 个分布区类型/亚型，其中世界分布科占 51%，其次是北温带和南温带间断分布科（18%）和北温带科（10%），其余分布型所占比例在 3%～5%。73 个属可划分为 11 个分布区类型/亚型，其中北温带分布属占 48%，世界分布属占 21%，东亚分布属占 10%，其他成分所占比例在 1%～5%（表 14.2）。

14.2.3　生活型

林芝云杉林 25 个样地中 230 种植物的生活型谱显示（表 14.3），木本植物和草本植物各占 50%。木本植物中，常绿乔木占 7%，落叶乔木占 6%；常绿灌木占 8%，落叶灌木占 24%，常绿和落叶木质藤本各占 2%，竹类占 1%。草本植物中，多年生直立杂草类占 21%，多年生莲座类占 7%，禾草类占 14%，蕨类植物占 5%。与其他云杉林的植物生活型相比较，林芝云杉林中木本植物、常绿灌木、木质藤本和蕨类植物的比例相对较高。

表 14.2　林芝云杉林 39 科 73 属植物区系成分

Table 14.2　The areal type of the 39 families and 73 genera of 225 seed plant species recorded in the 25 plots sampled in *Picea likiangensis* var. *linzhiensis* Forest Alliance in China

编号 No.	分布区类型 The areal types	科 Family		属 Genus	
		数量 *n*	比例(%)	数量 *n*	比例(%)
1	世界广布 Widespread	20	51	15	21
2	泛热带 Pantropic	2	5	2	3
2.2	热带亚洲、热带非洲和热带美洲 Trop. Asia to Trop. Africa and Trop. Amer.	2	5		
3	东亚（热带、亚热带）及热带南美间断 Trop. & Subtr. E. Asia & (S.) Trop. Amer. disjuncted	1	3	1	1
6	热带亚洲至热带非洲 Trop. Asia to Trop. Africa			1	1
8	北温带 N. Temp.	4	10	35	48
8.2	北极-高山 Arctic-Alpine	1	3		
8.4	北温带和南温带间断 N. Temp. & S. Temp. disjuncted	7	18	1	1
8.5	欧亚与南北温带间断 Eurasia & Temp. S. Amer. disjuncted	1	3	4	5
9	东亚和北美间断 E. Asia & N. Amer. disjuncted	1	3	1	1
10	旧世界温带 Temp. Eurasia			4	5
11	温带亚洲 Temp. Asia			1	1
14	东亚 E. Asia			7	10
15	中国特有 Endemic to China			1	1
合计 Total		39	100	73	100

注：物种名录根据 25 个样方数据整理

表 14.3　林芝云杉林 230 种植物生活型谱（%）

Table 14.3　Life-form spectrum (%) of the 230 vascular plant species recorded in the 25 plots sampled in *Picea likiangensis* var. *linzhiensis* Forest Alliance in China

木本植物 Woody plants	乔木 Tree		灌木 Shrub		藤本 Liana		竹类 Bamboo	蕨类 Fern	寄生 Phytoparasite	附生 Epiphyte
	常绿 Evergreen	落叶 Deciduous	常绿 Evergreen	落叶 Deciduous	常绿 Evergreen	落叶 Deciduous				
50	7	6	8	24	2	2	1	0	0	0
陆生草本 Terrestrial herbs	多年生 Perennial					一年生 Annual		蕨类 Fern	寄生 Phytoparasite	腐生 Saprophyte
	禾草型 Grass	直立杂草类 Forbs	莲座垫状 Rosette	附生 Epiphyte	藤本 Liana	短生型 Ephemeral	非短生型 None ephemeral			
50	14	21	7	0	3	0	0	5	0	0

注：物种名录来自 25 个样地数据

14.3 群落结构

乔木层、灌木层、草本层和苔藓层是林芝云杉林垂直结构的4个基本层片，在局部生境中或有箭竹层。藤本植物较常见，树体上有松萝悬垂。

乔木层结构可以划分出2～3个亚层。大乔木层中除了林芝云杉外，还有长苞冷杉、急尖长苞冷杉、大果红杉、华山松和云南松等混生。林芝云杉与冷杉类组成的混交林常生长在林芝云杉垂直分布的海拔上限地带；在下限地带，林芝云杉常与华山松和云南松混交成林。波密岗乡的林芝云杉林未经采伐，垂直结构复杂，呈复层异龄林结构，乔木层高度30～65 m，胸径30～180 cm，树龄80～300年（徐凤翔，2010）。在中、小乔木层，除了上述针叶树外，还有糙皮桦、川滇高山栎、山鸡椒和枫类（*Acer* spp.）等阔叶树混生。

在垂直分布的上限地带，坡度大、地形陡峭，林下或有箭竹层发育，高度可达7 m，西藏箭竹较常见。在中、低海拔地带，林芝云杉林下无箭竹。

灌木层的物种以杜鹃属、蔷薇属和忍冬属的植物居多，常见有棕背川滇杜鹃、云南杜鹃、蓝果杜鹃、亮鳞杜鹃、绢毛蔷薇和杯萼忍冬等；林中有藤本植物生长，常见的种类有绣球藤、西南铁线莲、常春藤和大花五味子等。

草本层稀疏或密集，种类组成较丰富，高大草本层主要由毛轴蕨、刺尖鳞毛蕨、膜叶冷蕨、中甸早熟禾、翅柄蓼和柳兰等组成；低矮草本层主要由莲座圆叶蔓生系列草本组成，包括纤细草莓、肾叶堇菜、白鳞酢浆草和凉山悬钩子等。

苔藓层稀薄或密集，山羽藓和锦丝藓较常见。

14.4 群落类型

群落垂直结构和物种组成的变化是群落类型多样性的基础。群丛组的划分主要基于乔木层的物种组成。乔木层除了林芝云杉外，尚有多种针阔叶树混生或组成共优种，分层或不分层，常见针叶树有急尖长苞冷杉、华山松和大果红杉等；阔叶树有红桦、川滇高山栎、青皮枫、喜马拉雅臭樱和山鸡椒等。阔叶树在群丛组的命名中以“阔叶乔木”代之。灌木层和草本层是两个基本层次，各层的特征种是划分群丛的依据。苔藓层的盖度变化较大，物种组成较稳定，仅在群丛尺度上描述其数量特征。

基于25个样地的数量分类结果及相关文献资料，林芝云杉林可划分出4个群丛组8个群丛（表14.4a，表14.4b，表14.5）。

表14.4 林芝云杉林群落分类简表

Table 14.4 Synoptic table of *Picea likiangensis* var. *linzhiensis* Forest Alliance in China

表14.4a 群丛组分类简表

Table 14.4a Synoptic table for association group

群丛组号 Association group number			I	II	III	IV
样地数 Number of plots		L	9	6	7	3
绢毛蔷薇	*Rosa sericea*	4	33	0	0	0

续表

群丛组号 Association group number			I	II	III	IV
样地数 Number of plots		L	9	6	7	3
蓝果杜鹃	*Rhododendron cyanocarpum*	4	33	0	0	0
长苞冷杉	*Abies georgei*	1	0	100	0	0
刺尖鳞毛蕨	*Dryopteris serrato-dentata*	9	0	83	0	0
帽斗栎	*Quercus guajavifolia*	4	0	67	0	0
亮鳞杜鹃	*Rhododendron heliolepis*	4	0	67	0	0
西南草莓	*Fragaria moupinensis*	6	0	67	14	0
四川堇菜	*Viola szetschwanensis*	6	11	83	14	0
宽叶兔儿风	*Ainsliaea latifolia*	6	11	67	14	0
钟花蓼	*Polygonum campanulatum*	6	0	0	71	0
小喙唐松草	*Thalictrum rostellatum*	6	0	0	43	0
绣球藤	*Clematis montana*	4	0	0	43	0
杨叶风毛菊	*Saussurea populifolia*	6	0	0	43	0
白花酢浆草	*Oxalis acetosella*	6	0	0	43	0
急尖长苞冷杉	*Abies georgei* var. *smithii*	1	0	0	100	33
藏布鳞毛蕨	*Dryopteris redactopinnata*	9	22	0	71	0
膜叶冷蕨	*Cystopteris pellucida*	6	0	17	57	0
华山松	*Pinus armandii*	1	11	0	0	100

表 14.4b　群丛分类简表

Table 14.4b　Synoptic table for association

群丛组号 Association group number			I	I	I	I	I	II	III	IV
群丛号 Association number			1	2	3	4	5	6	7	8
样地数 Number of plots		L	1	2	1	2	3	6	7	3
川赤芍	*Paeonia anomala* subsp. *veitchii*	6	100	0	0	0	0	0	0	0
棕背川滇杜鹃	*Rhododendron traillianum* var. *dictyotum*	4	100	0	0	0	0	0	0	0
心果囊瓣芹	*Pternopetalum cardiocarpum*	6	100	0	0	0	0	0	0	0
细梗蔷薇	*Rosa graciliflora*	4	100	0	0	0	0	0	0	0
长瓣瑞香	*Daphne longilobata*	4	0	100	0	0	0	0	0	0
美丽金丝桃	*Hypericum bellum*	4	0	100	0	0	0	0	14	0
小舌紫菀	*Aster albescens*	6	0	100	0	0	0	0	0	33
肾叶堇菜	*Viola schulzeana*	6	0	100	0	0	0	0	0	33
毛轴蕨	*Pteridium revolutum*	6	0	100	0	0	0	0	0	33
淡红忍冬	*Lonicera acuminata*	4	0	100	0	0	0	0	0	33
羽衣草	*Alchemilla japonica*	6	0	100	0	0	0	0	29	33
柳兰	*Chamerion angustifolium*	6	0	0	100	0	0	0	0	0
黑果忍冬	*Lonicera nigra*	4	0	0	100	0	0	0	0	0
沼生橐吾	*Ligularia lamarum*	6	0	0	100	0	0	0	0	0
云南杜鹃	*Rhododendron yunnanense*	4	0	0	100	0	0	0	0	0
美饰悬钩子	*Rubus subornatus*	4	0	0	100	0	0	0	0	0

续表

群丛组号 Association group number			I	I	I	I	I	II	III	IV
群丛号 Association number			1	2	3	4	5	6	7	8
样地数 Number of plots		L	1	2	1	2	3	6	7	3
平车前	*Plantago depressa*	6	0	0	100	0	0	0	0	0
二色野豌豆	*Vicia dichroantha*	6	0	0	100	0	0	0	0	0
鹅掌草	*Anemone flaccida*	6	0	0	100	0	0	0	0	0
翅柄蓼	*Polygonum sinomontanum*	6	0	0	0	100	0	0	0	0
长根老鹳草	*Geranium donianum*	6	0	0	0	100	0	0	0	0
雪里见	*Arisaema decipiens*	6	0	0	0	100	0	0	0	0
华西小檗	*Berberis silva-taroucana*	4	0	0	0	100	0	0	29	0
轮叶黄精	*Polygonatum verticillatum*	6	0	0	0	100	0	17	0	33
钝裂银莲花	*Anemone obtusiloba*	6	0	0	0	100	0	17	0	33
绢毛蔷薇	*Rosa sericea*	4	0	0	100	100	0	0	0	0
蓝果杜鹃	*Rhododendron cyanocarpum*	4	0	0	0	0	100	0	0	0
中甸早熟禾	*Poa zhongdianensis*	6	0	0	0	0	67	0	0	0
曲萼茶藨子	*Ribes griffithii*	4	0	0	0	0	67	0	0	0
滇西北小檗	*Berberis franchetiana*	4	0	0	0	0	67	17	0	0
长苞冷杉	*Abies georgei*	1	0	0	0	0	0	100	0	0
刺尖鳞毛蕨	*Dryopteris serrato-dentata*	9	0	0	0	0	0	83	0	0
亮鳞杜鹃	*Rhododendron heliolepis*	4	0	0	0	0	0	67	0	0
帽斗栎	*Quercus guajavifolia*	4	0	0	0	0	0	67	0	0
西南草莓	*Fragaria moupinensis*	6	0	0	0	0	0	67	14	0
四川堇菜	*Viola szetschwanensis*	6	0	0	0	50	0	83	14	0
宽叶兔儿风	*Ainsliaea latifolia*	6	0	0	0	50	0	67	14	0
钟花蓼	*Polygonum campanulatum*	6	0	0	0	0	0	0	71	0
急尖长苞冷杉	*Abies georgei* var. *smithii*	1	0	0	0	0	0	0	100	33
绣球藤	*Clematis montana*	4	0	0	0	0	0	0	43	0
小喙唐松草	*Thalictrum rostellatum*	6	0	0	0	0	0	0	43	0
白花酢浆草	*Oxalis acetosella*	6	0	0	0	0	0	0	43	0
杨叶风毛菊	*Saussurea populifolia*	6	0	0	0	0	0	0	43	0
膜叶冷蕨	*Cystopteris pellucida*	6	0	0	0	0	0	17	57	0
藏布鳞毛蕨	*Dryopteris redactopinnata*	9	100	0	0	50	0	0	71	0
华山松	*Pinus armandii*	1	0	50	0	0	0	0	0	100

注：表中数据为物种频率值（%），物种按诊断值（Φ）递减的顺序排列。$\Phi>0.20$ 和 $\Phi>0.50$（$P<0.05$）的物种为诊断种，其频率值分别标记深色和灰色。表中标记“L”的一列为物种所在的群落层次代码，1～3 分别表示高、中和低乔木层，4 和 5 分别表示高大灌木层和低矮灌木层，6～9 分别表示草本层、幼树、幼苗和地被层

Note: The numbers in the table are percentage frequencies. The column marked with “L” is the code of community vertical layer. 1–tree layer (high); 2–tree layer (middle); 3–tree layer (low); 4–shrub layer (high); 5–shrub layer (low); 6–herb layer (high); 7–juveniles; 8–seedlings; 9–moss layer. Species are ranked by decreasing fidelity (phi coefficient) within each association. Light and dark grey background indicates fidelity of $\Phi>0.20$ and $\Phi>0.50$ ($P<0.05$), respectively. These species are considered as diagnostic species

表 14.5 林芝云杉林的环境和群落结构信息表

Table 14.5 Data for environmental characteristic and supraterraneous stratification from of *Picea likiangensis* var. *linzhiensis* Forest Alliance in China

群丛号 Association number	1	2	3	4	5	6	7	8
样地数 Number of plots	1	2	1	2	3	6	7	3
海拔 Altitude（m）	3293	2764～2784	3783	3505	3443～3793	3544～3861	3104～3793	2721～3180
地貌 Terrain	HI/VA	HI/VA	MO	HI	MO	MO/HI	MO/HI	HI/VA
坡度 Slope（°）	15	25	50	30	25～38	20～45	0～50	15～45
坡向 Aspect	S	NE	NW/N/NE	NE	N/NW	NW/NE	NW/N/NE	N/NE
物种数 Species	15	21～28	18	22～25	11～15	20～25	15～31	18～35
乔木层 Tree layer								
盖度 Cover（%）	60	40	50～60	30～50	50～60	30～60	30～60	30～60
胸径 DBH（cm）	7～96	2～125	6～22	5～123	2～87	4～98	5～105	2～104
高度 Height（m）	4～60	3～65	4～10	3～56	3～55	3～48	3～49	3～62
灌木层 Shrub layer								
盖度 Cover（%）	30	40	15～20	30	10～35	30～60	10～50	25～30
高度 Height（cm）	40～400	7～450	40～150	30～170	40～3520	10～300	30～350	40～350
草本层 Herb layer								
盖度 Cover（%）	30	25～30	10～20	50～70	20～25	30～80	25～80	10～50
高度 Height（cm）	5～40	3～130	6～50	6～60	4～60	3～50	4～190	3～40
地被层 Ground layer								
盖度 Cover（%）	70	35～80	20	20	0～60	20～80	20～80	10～20
高度 Height（cm）	8	8～12	6	5～10	10	5～15	6～15	9～10

HI：山麓 Hillside；MO：山地 Montane；VA：河谷 Valley；N：北坡 Northern slope；NE：东北坡 Northeastern slope；NW：西北坡 Northwestern slope；S：南坡 Southern slope

群丛组、群丛检索表

A1 乔木层由林芝云杉单优势种组成，或偶有零星的大果红杉混生，不构成优势种。**PLLⅠ 林芝云杉-灌木-草本 常绿针叶林 *Picea likiangensis* var. *linzhiensis*-Shrubs-Herbs Evergreen Needleleaf Forest**

B1 常见种是杯萼忍冬。

C1 特征种是棕背川滇杜鹃、细梗蔷薇、川赤芍、心果囊瓣芹和山羽藓。**PLL1 林芝云杉-棕背川滇杜鹃-凉山悬钩子-山羽藓 常绿针叶林 *Picea likiangensis* var. *linzhiensis-Rhododendron traillianum* var. *dictyotum-Rubus fockeanus-Abietinella abietina* Evergreen Needleleaf Forest**

C2 特征种是长瓣瑞香、美丽金丝桃、淡红忍冬、羽衣草、小舌紫菀、毛轴蕨和肾叶堇菜。**PLL2 林芝云杉-长瓣瑞香-毛轴蕨 常绿针叶林 *Picea likiangensis* var. *linzhiensis-Daphne longilobata-Pteridium revolutum* Evergreen Needleleaf Forest**

B2 常见种是绢毛蔷薇或蓝果忍冬。

C1 常见种是绢毛蔷薇。

D1 特征种是黑果忍冬、云南杜鹃、美饰悬钩子、鹅掌草、柳兰、沼生橐吾、平车前和二色野豌豆。**PLL3 林芝云杉-云南杜鹃-柳兰 常绿针叶林 *Picea likiangensis* var. *linzhiensis-Rhododendron yunnanense-Chamerion angustifolium* Evergreen Needleleaf Forest**

D2 特征种是华西小檗、绢毛蔷薇、钝裂银莲花、雪里见、长根老鹳草、轮叶黄精和翅柄蓼。**PLL4 林芝云杉-绢毛蔷薇-翅柄蓼 常绿针叶林 *Picea likiangensis* var. *linzhiensis-Rosa sericea-Polygonum sinomontanum* Evergreen Needleleaf Forest**

C2 常见种是蓝果忍冬，特征种是滇西北小檗、曲萼茶藨子和中甸早熟禾。**PLL5 林芝云杉-蓝果杜鹃-中甸早熟禾 常绿针叶林 *Picea likiangensis* var. *linzhiensis-Rhododendron cyanocarpum-Poa zhongdianensis* Evergreen Needleleaf Forest**

A2 乔木层除了林芝云杉外，还有长苞冷杉、急尖长苞冷杉、华山松及多种阔叶树混生或组成共优种。

B1 乔木层由林芝云杉和长苞冷杉组成。**PLLⅡ 林芝云杉+长苞冷杉-灌木-草本 常绿针叶林 *Picea likiangensis* var. *linzhiensis+Abies georgei*-Shrubs-Herbs Evergreen Needleleaf Forest**

C 特征种是长苞冷杉、帽斗栎、亮鳞杜鹃、宽叶兔儿风、西南草莓、四川堇菜和刺尖鳞毛蕨。**PLL6 林芝云杉+长苞冷杉-亮鳞杜鹃-刺尖鳞毛蕨 常绿针叶林 *Picea likiangensis* var. *linzhiensis+Abies georgei-Rhododendron heliolepis-Dryopteris serrato-dentata* Evergreen Needleleaf Forest**

B2 乔木层由林芝云杉、急尖长苞冷杉或华山松等组成。

C1 乔木层由林芝云杉和急尖长苞冷杉组成。**PLLⅢ 林芝云杉+急尖长苞冷杉-灌木-草本 常绿针叶林 *Picea likiangensis* var. *linzhiensis+Abies georgei* var. *smithii*-Shrubs-Herbs Evergreen Needleleaf Forest**

D 特征种是急尖长苞冷杉、绣球藤、膜叶冷蕨、白花酢浆草、钟花蓼、小喙唐松草和藏布鳞毛蕨。**PLL7 林芝云杉+急尖长苞冷杉-绣球藤-膜叶冷蕨 常绿针叶林 *Picea likiangensis* var. *linzhiensis+Abies georgei* var. *smithii-Clematis montana-Cystopteris pellucida* Evergreen Needleleaf Forest**

C2 乔木层由林芝云杉和华山松等组成。**PLLⅣ 华山松-林芝云杉-阔叶乔木-灌木-草本 针阔叶混交林 *Pinus armandii-Picea likiangensis* var. *linzhiensis*-Broadleaf Trees-Shrubs-Herbs Mixed Needleleaf and Broadleaf Forest**

D 特征种是华山松，常见种是杯萼忍冬和纤细草莓。**PLL8 华山松-林芝云杉-川滇高山栎-杯萼忍冬-纤细草莓 针阔叶混交林 *Pinus armandii-Picea likiangensis* var. *linzhiensis-Quercus aquifolioides-Lonicera inconspicua-Fragaria gracilis* Mixed Needleleaf and Broadleaf Forest**

14.4.1 PLL Ⅰ

林芝云杉-灌木-草本 常绿针叶林

***Picea likiangensis* var. *linzhiensis*-Shrubs-Herbs Evergreen Needleleaf Forest**

林芝云杉林—中国植被，1980：198-199；谷地灌木蕨类林芝云杉林—西藏森林，1985：59-64；

中国森林（第 2 卷 针叶林），1999：765-767；林芝云杉群系—西藏植被，1997：132-133；藓类-林芝云杉林—南京林产工业学院学报，1981：49-61；林芝云杉-草玉梅群丛，林芝云杉+五裂蟹甲草群丛—西藏大学农牧学院硕士学位论文，2008：28。

群落呈现针叶林外貌，林冠呈千塔层叠状，树体高耸，色泽墨绿。在成、过熟林中，林芝云杉的树冠呈松散的圆柱状，树干和枝叶上布满灰白色松萝。林芝云杉是乔木层的单优势种，偶有零星的大果红杉、川滇高山栎、山鸡椒和枫类等混生，出现在中、小乔木层。林下偶有箭竹生长。灌木层稀疏，种类组成丰富，由杜鹃类常绿灌木层片和蔷薇类、忍冬类落叶灌木层片组成。草本层密集或稀疏，蕨类植物较丰富，种类有毛轴蕨、刺尖鳞毛蕨和膜叶冷蕨等；低矮草本层中，纤细草莓和凉山悬钩子较常见。苔藓层密集或呈斑块状，山羽藓较常见。

分布于西藏东南部（米林、林芝、波密、芒康）和云南西北部（德钦和香格里拉），海拔 2700～3800 m，生长在山坡中下部、山麓和沟谷地带。水热条件优越，土层深厚，生长良好。由于在历史时期经历了大规模的采伐，目前原始森林已经十分少见。在残存的原始森林中常可见到参天巨木。这里描述 5 个群丛。

14.4.1.1 PLL1

林芝云杉-棕背川滇杜鹃-凉山悬钩子-山羽藓 常绿针叶林

***Picea likiangensis* var. *linzhiensis-Rhododendron traillianum* var. *dictyotum-Rubus fockeanus-Abietinella abietina* Evergreen Needleleaf Forest**

凭证样方：T03。

特征种：棕背川滇杜鹃（*Rhododendron traillianum* var. *dictyotum*）*、细梗蔷薇（*Rosa graciliflora*）*、川赤芍（*Paeonia anomala* subsp. *veitchii*）*、心果囊瓣芹（*Pternopetalum cardiocarpum*）*、山羽藓（*Abietinella abietina*）*。

常见种：山鸡椒（*Litsea cubeba*）、林芝云杉（*Picea likiangensis* var. *linzhiensis*）、川滇高山栎（*Quercus aquifolioides*）、杯萼忍冬（*Lonicera inconspicua*）、扁刺蔷薇（*Rosa sweginzowii*）、西藏丝瓣芹（*Acronema xizangense*）、藏东薹草（*Carex cardiolepis*）、凉山悬钩子（*Rubus fockeanus*）、沿阶草（*Ophiopogon bodinieri*）、西域鳞毛蕨（*Dryopteris blanfordii*）、藏布鳞毛蕨（*Dryopteris redactopinnata*）及上述标记*的物种。

乔木层盖度达 60%，胸径（7）10～78（96）cm，高度 4～52（60）m；林芝云杉是大乔木层的单优势种（图 14.4），“胸径-频数”和“树高-频数”分布显示，中、高径级或树高级个体较多，小径级或小树高级的个体残缺（图 14.5）。林内还有零星的阔叶乔木生长，种类有川滇高山栎和山鸡椒等。林下阴暗遮蔽，一些幼树在进入林冠层前即行枯亡，林芝云杉的幼苗、幼树罕见。

灌木层盖度 30%，高度 40～400 cm；棕背川滇杜鹃呈密集的团块状，生长在沟谷溪旁，形成高大的常绿灌木层片，初夏鲜花盛开，十分瞩目；中、低灌木层稀疏，由零星的落叶灌木组成，种类有杯萼忍冬、细梗蔷薇和扁刺蔷薇等。

图 14.4 “林芝云杉-棕背川滇杜鹃-凉山悬钩子-山羽藓”常绿针叶林的垂直结构（左）、灌木层（右上）和地被层（右下）（西藏米林）

Figure 14.4 (Supraterraneous stratification) (left), shrub layer (upper right) and ground layer (lower right) of a community of *Picea likiangensis* var. *linzhiensis-Rhododendron traillianum* var. *dictyotum-Rubus fockeanus-Abietinella abietina* Evergreen Needleleaf Forest in Milin, Xizang

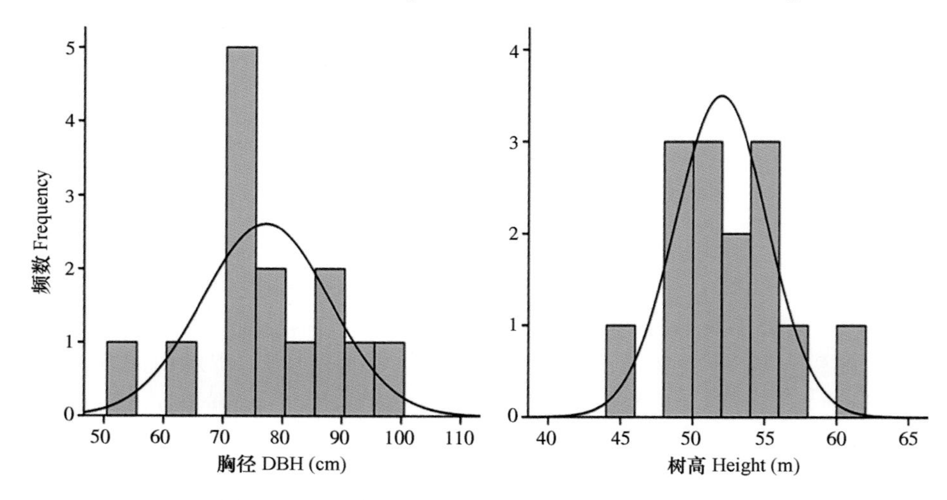

图 14.5 T03 样方林芝云杉胸径和树高频数分布图

Figure 14.5 Frequency distribution of DBH and tree height of *Picea likiangensis* var. *linzhiensis* in plot T03

草本层总盖度 30%，高度 5～40 cm；藏布鳞毛蕨、川赤芍和西域鳞毛蕨等形成稀疏的大草本层；沿阶草、藏东薹草、心果囊瓣芹和西藏丝瓣芹等根茎类单子叶草本或细弱杂草直立生长或蔓生，出现在低矮草本层；凉山悬钩子紧贴苔藓层生长，遍布林下。

苔藓层如毯状铺散在林地，盖度达 70%，平均厚度达 8 cm，山羽藓占优势，偶见平枝青藓。

分布于西藏东南部（米林），海拔 3200～3400 m，生长在平缓坡地、山麓和河谷，坡向偏南，坡度 0°～15°；在陡峻的石质山坡也有小片的群落。样地所在群落处在地形两面封闭的山麓，是一片未经采伐的原始森林，林内巨木参天，林下遮蔽阴暗，有轻度的践踏。

14.4.1.2　PLL2

林芝云杉-长瓣瑞香-毛轴蕨　常绿针叶林

***Picea likiangensis* var. *linzhiensis-Daphne longilobata-Pteridium revolutum* Evergreen Needleleaf Forest**

凭证样方：T05、T06。

特征种：长瓣瑞香（*Daphne longilobata*）*、美丽金丝桃（*Hypericum bellum*）*、淡红忍冬（*Lonicera acuminata*）*、羽衣草（*Alchemilla japonica*）*、小舌紫菀（*Aster albescens*）*、毛轴蕨（*Pteridium revolutum*）*、肾叶堇菜（*Viola schulzeana*）*。

常见种：林芝云杉（*Picea likiangensis* var. *linzhiensis*）、杯萼忍冬（*Lonicera inconspicua*）、峨眉蔷薇（*Rosa omeiensis*）、防己叶菝葜（*Smilax menispermoidea*）、纤细草莓（*Fragaria gracilis*）及上述标记*的物种。

乔木层盖度 40%，胸径（2）25～49（125）cm，高度（3）15～27（65）m；林芝云杉是大乔木层的单优势种，“胸径-频数”和“树高-频数”曲线略呈右偏态分布，中、小径级或树高级的个体居多，高大的个体是留存的母树，数量较少，部分径级或树高级个体有残缺，采伐破坏了群落结构的完整性（图 14.6，图 14.7）；林下偶有零星的落叶小乔木混生，种类有红棕子、西藏鼠李和鞍叶羊蹄甲等，与上层林芝云杉的高度相差近 12 m。林内透光条件好，林下有林芝云杉、华山松及阔叶树的幼苗，自然更新较好。

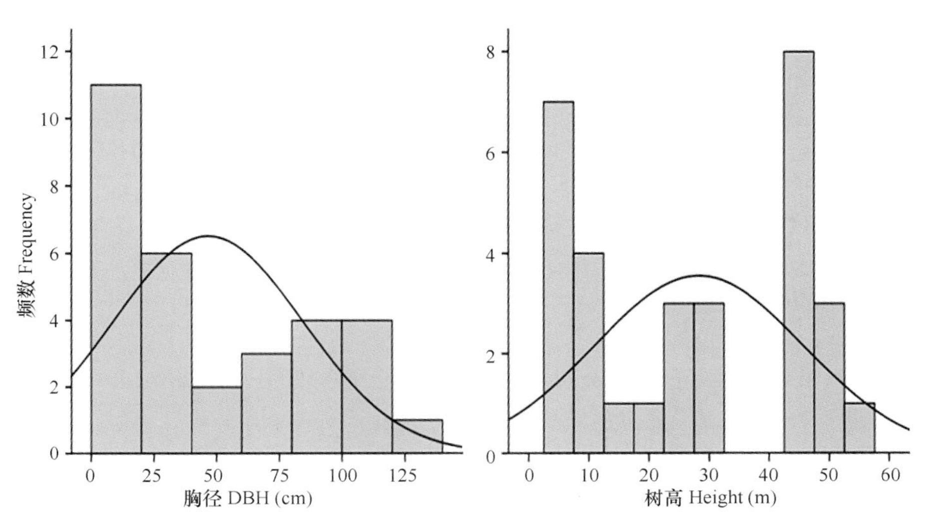

图 14.6　T05 样方林芝云杉胸径和树高频数分布图

Figure 14.6　Frequency distribution of DBH and tree height of *Picea likiangensis* var. *linzhiensis* in plot T05

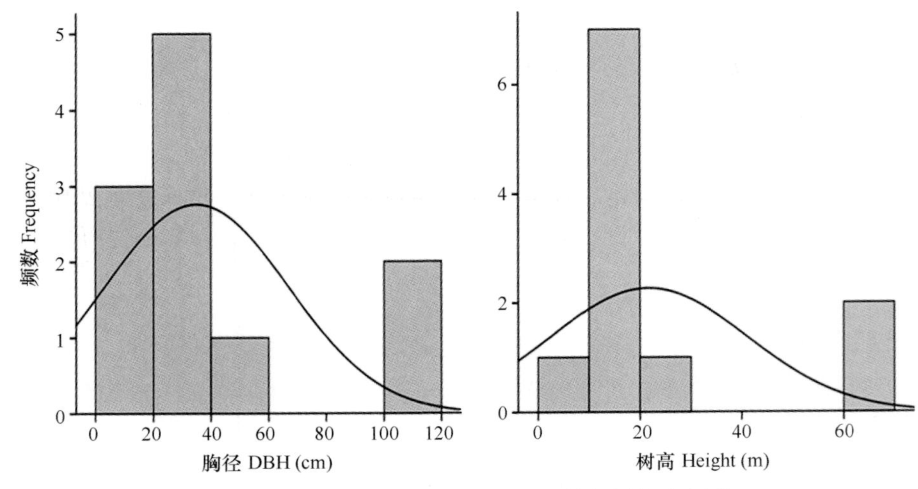

图 14.7 T06 样方林芝云杉胸径和树高频数分布图

Figure 14.7 Frequency distribution of DBH and tree height of *Picea likiangensis* var. *linzhiensis* in plot T06

灌木层总盖度 40%，高度 7～450 cm，优势种不明显，主要由落叶灌木组成；高大灌木层稀疏，偶见康定五加和淡红忍冬，数量稀少；中、低灌木层物种较多，除了长瓣瑞香、峨眉蔷薇、杯萼忍冬、防己叶菝葜和美丽金丝桃等常见种外，还偶见黄花木、鸡骨柴、滇藏叶下珠、波密小檗、针刺悬钩子、水栒子和木里小檗等落叶灌木，以及三花杜鹃等常绿灌木。

草本层总盖度是 25%～30%，高度 3～130 cm；毛轴蕨占优势，与异叶虎耳草、刺囊薹草、小舌紫菀和暗花金挖耳等组成高大草本层；低矮草本层由直立细弱杂草或莲座叶蔓生杂草组成，羽衣草、纤细草莓和肾叶堇菜等圆叶系列草本较常见，偶见毛茛叶翠雀花、车叶律、隐花马先蒿、偏翅唐松草、三叶鼠尾草、凉山悬钩子和高原露珠草等。

苔藓层盖度 35%～80%，局部较密集，厚度 8～12 cm，山羽藓、拟垂枝藓和尖叶青藓较常见。

分布于西藏东南部（波密），海拔 2700～2800 m，生长在山地北坡的中下部及河谷，坡度 25°。森林曾经历了择伐，伐桩甚多，林相不整齐，林内有放牧。

14.4.1.3 PLL3

林芝云杉-云南杜鹃-柳兰 常绿针叶林

***Picea likiangensis* var. *linzhiensis*-*Rhododendron yunnanense*-*Chamerion angustifolium* Evergreen Needleleaf Forest**

凭证样方：16060。

特征种：黑果忍冬（*Lonicera nigra*）*、云南杜鹃（*Rhododendron yunnanense*）*、美饰悬钩子（*Rubus subornatus*）*、鹅掌草（*Anemone flaccida*）*、柳兰（*Chamerion angustifolium*）*、沼生橐吾（*Ligularia lamarum*）*、平车前（*Plantago depressa*）*、二色野豌豆（*Vicia dichroantha*）*。

常见种：林芝云杉（*Picea likiangensis* var. *linzhiensis*）、云南小檗（*Berberis yunnanensis*）、绢毛蔷薇（*Rosa sericea*）、腹毛柳（*Salix delavayana*）、川滇绣线菊（*Spiraea* *schneideriana*）、尼泊尔香青（*Anaphalis nepalensis*）、金脉鸢尾（*Iris chrysographes*）、银叶委陵菜（*Potentilla leuconota*）、狭叶缩叶藓（*Ptychomitrium linearifolium*）及上述标记*的物种。

乔木层盖度 50%～60%，胸径（6）12（22）cm，高度（4）7（10）m；乔木层低矮密集，由林芝云杉组成，均是小径级个体，树冠呈阔圆锥状，枝条几乎贴地。

林下灌木稀疏，盖度 15%～20%，高度 40～150 cm；中灌木层主要由直立落叶灌木组成，偶见零星的杜鹃类常绿灌木，种类有腹毛柳、云南杜鹃、美饰悬钩子、川滇绣线菊、云南小檗和绢毛蔷薇等；黑果忍冬出现在小灌木层。

草本稀疏，盖度 10%～20%，高度 6～50 cm；中草本层由稀疏的直立草本组成，柳兰略占优势，伴生种有沼生橐吾和金脉鸢尾等；低矮草本层由蔓生或莲座叶杂草组成，种类有二色野豌豆、鹅掌草、尼泊尔香青、银叶委陵菜和平车前等。

苔藓层稀薄，盖度达 20%，厚度达 6 cm，在树干基部和突兀的岩石上较密集，狭叶缩叶藓较常见。

分布于云南西北部（香格里拉北部），海拔 3700～3800 m，生长在陡峭的山地北坡、西北坡至东北坡，坡度达 50°。

样地所在的群落是林芝云杉林的一片中幼龄林，外观密集而整齐，树冠上球果累累，树干的下部枝条密集，几乎贴地，灌木和草本稀疏。林内伐桩的直径 80～100 cm，采伐前曾经是巨木参天的原始森林。在这个样地的附近区域，大面积的采伐迹地并没有得到更新，山坡上布满伐桩，已经沦为草地。在山头的局部区域尚保存有小片的原始森林，色泽墨绿，树冠高耸圆钝，布满灰白色的松萝，均为处在成、过熟阶段的长苞冷杉林。

14.4.1.4　PLL4

林芝云杉-绢毛蔷薇-翅柄蓼 常绿针叶林

***Picea likiangensis* var. *linzhiensis*-*Rosa sericea*-*Polygonum sinomontanum* Evergreen Needleleaf Forest**

凭证样方：16100、16101。

特征种：华西小檗（*Berberis silva-taroucana*）*、绢毛蔷薇（*Rosa sericea*）*、钝裂银莲花（*Anemone obtusiloba*）*、雪里见（*Arisaema decipiens*）*、长根老鹳草（*Geranium donianum*）*、轮叶黄精（*Polygonatum verticillatum*）*、翅柄蓼（*Polygonum sinomontanum*）*。

常见种：林芝云杉（*Picea likiangensis* var. *linzhiensis*）、纤细草莓（*Fragaria gracilis*）、锦丝藓（*Actinothuidium hookeri*）及上述标记*的物种。

乔木层盖度 30%～50%，胸径（5）32～33（123）cm，高度（3）18～21（56）m；林芝云杉是乔木层的单优势种，中、高径级和树高级的个体居多，偶有大果红杉和帽斗栎混生，林下有林芝云杉的幼苗。

灌木层总盖度 30%，高度 30～170 cm，由直立落叶灌木和杜鹃类常绿灌木组成；中灌木层稀疏，绢毛蔷薇略占优势，偶见三花杜鹃和大叶蔷薇；华西小檗是小灌木层的常见种，偶见黄花木、单花杜鹃和防己叶菝葜等。

草本层总盖度 50%～70%，高度 6～60 cm，优势种不明显；大草本层由蕨类、直立杂草、根茎类百合草本和禾草组成，长根老鹳草、轮叶黄精和雪里见较常见，偶见亚东高山豆、三角叶假冷蕨、藏布鳞毛蕨、美丽唐松草、林地早熟禾和金脉鸢尾等；中、低草本层主要由直立或蔓生杂草组成，纤细草莓较常见，偶见东俄洛橐吾、桃儿七、钟花报春、宽叶兔儿风、高山紫菀、米林糙苏、隐花马先蒿和广布红门兰等直立草本，以及银叶委陵菜、珠芽拳参、四川堇菜、双花堇菜和高原露珠草等贴地生长的低矮草本。

苔藓层稀薄，盖度 20%，厚度 5～10 cm，锦丝藓较常见。

分布于西藏东南部（鲁朗），海拔 3500～3700 m，生长在山地东北坡的中下部及河谷，坡度 30°。样地内的森林曾经历择伐，伐桩甚多，林相不整齐，林内有放牧。

14.4.1.5 PLL5

林芝云杉-蓝果杜鹃-中甸早熟禾 常绿针叶林

***Picea likiangensis* var. *linzhiensis-Rhododendron cyanocarpum-Poa zhongdianensis* Evergreen Needleleaf Forest**

凭证样方：T10、T12、T13。

特征种：滇西北小檗（*Berberis franchetiana*）*、蓝果杜鹃（*Rhododendron cyanocarpum*）*、曲萼茶藨子（*Ribes griffithii*）*、中甸早熟禾（*Poa zhongdianensis*）*。

常见种：林芝云杉（*Picea likiangensis* var. *linzhiensis*）、峨眉蔷薇（*Rosa omeiensis*）、维氏马先蒿（*Pedicularis vialii*）及上述标记*的物种。

乔木层盖度 50%～60%，胸径（2）9～41（87）cm，高度（3）7～22（55）m；林芝云杉是乔木层的优势种，偶有大果红杉、红桦、川滇高山栎混生；林芝云杉“胸径-频数”和“树高-频数”曲线呈左偏态或右偏态分布，中、高径级和树高级的个体居多，但部分径级和树高级个体不完整，采伐干扰的痕迹明显（图 14.8，图 14.9），林下没有记录到林芝云杉的幼苗，自然更新不良。

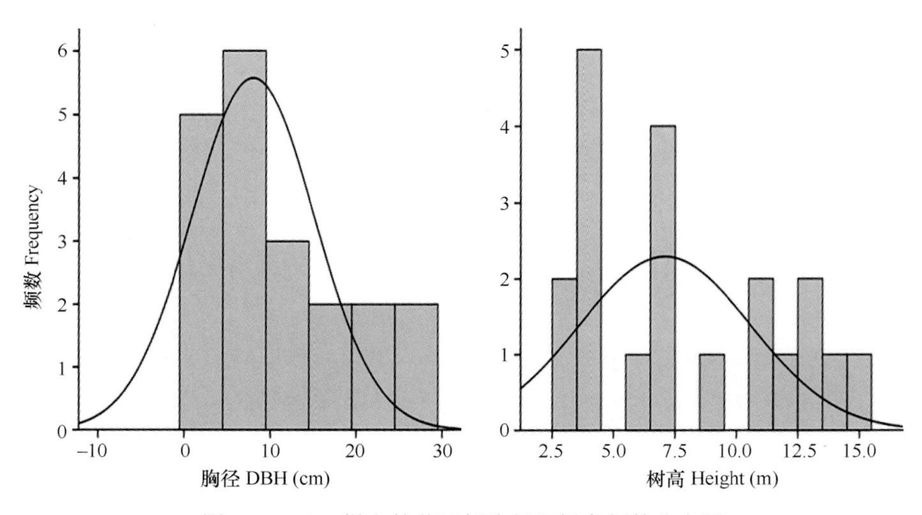

图 14.8　T10 样方林芝云杉胸径和树高频数分布图

Figure 14.8　Frequency distribution of DBH and tree height of *Picea likiangensis* var. *linzhiensis* in plot T10

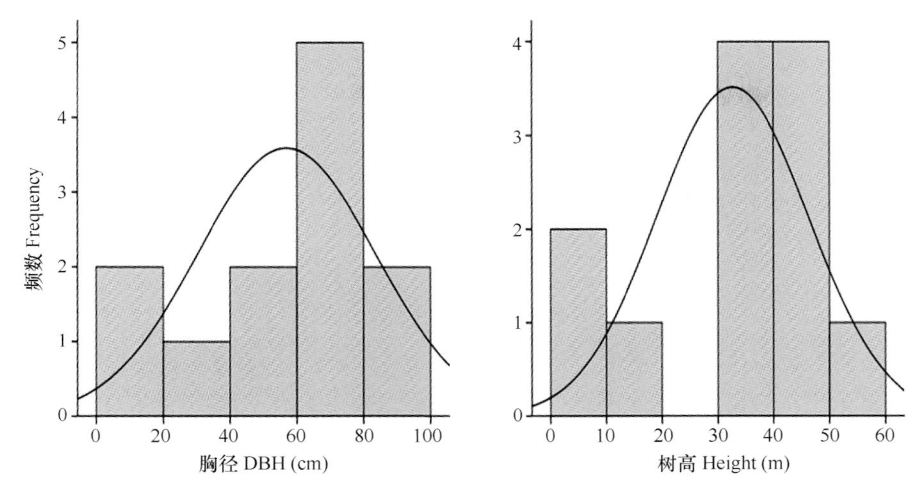

图 14.9　T13 样方林芝云杉胸径和树高频数分布图
Figure 14.9　Frequency distribution of DBH and tree height of *Picea likiangensis* var. *linzhiensis* in plot T13

灌木层盖度 10%～35%，高度 40～350 cm，由杜鹃类常绿灌木层片和落叶灌木层片组成，局部或有箭竹层片；高大灌木层较密集，峨眉蔷薇、曲萼茶藨子和蓝果杜鹃较常见，后者占优势，偶见长柄杂色杜鹃、高山绣线菊、中甸溲疏、光叶小檗和马斯箭竹；春夏之交，杜鹃花竞相怒放，争奇斗艳，林下一片绚烂；低矮灌木稀疏，偶见滇西北小檗。

草本层总盖度 20%～25%，高度 4～60 cm；在中、高草本层，中甸早熟禾占优势，维氏马先蒿较常见，偶见小叶唐松草、黑花糙苏和林地早熟禾等；低矮草本层由偶见种组成，包括高山薹草和倒卵鳞薹草等根茎类薹草，以及单齿玄参、峨眉过路黄、纤细草莓、珠芽拳参和鞭打绣球等直立或蔓生杂草。

苔藓层稀薄或密集，盖度达 60%，厚度达 10 cm，锦丝藓较常见。

分布于云南西北部（德钦、香格里拉），海拔 3400～3800 m，生长在山地北坡、西北坡，坡度 25°～40°。样地所在的群落曾经历择伐，现存森林为成、过熟林，树冠圆钝，树体上挂满灰白色松萝。

14.4.2　PLL Ⅱ

林芝云杉+长苞冷杉-灌木-草本 常绿针叶林

***Picea likiangensis* var. *linzhiensis*+*Abies georgei*-Shrubs-Herbs Evergreen Needleleaf Forest**

林芝云杉林—中国植被，1980：198-199；坡地箭竹林芝云杉林—西藏森林，1985：64-67；中国森林（第 2 卷 针叶林），1999：766-767；林芝云杉群系—西藏植被，1997：132-133；箭竹-林芝云杉-长苞冷杉林—南京林产工业学院学报，1981：49-61。

群落外貌呈湿润区寒温性针叶林特征，色泽墨绿，树冠上普遍悬垂着松萝，外观飘逸，色泽灰白。林芝云杉和长苞冷杉为乔木层的共优种，偶有大果红杉、西南花楸、丽江枫、帽斗栎和高山柏等针阔叶乔木混生。林芝云杉枝叶松散、细弱下垂，树干灰暗、裂片细小；长苞冷杉枝叶坚硬、斜展，树干灰白、裂片呈长条状。林下灌木层中，杜鹃类常绿灌木占优势，呈小乔木状或灌木状，偶有箭竹生长，其他灌木有川滇绣线菊、峨眉蔷薇、唐古特忍冬和滇西北小檗等。草本层较发达，物种组成丰富，偶见种居多；高大草本层主要由蕨类植物组成，西南草莓和四川堇菜是低矮草本层的常见种。苔藓层稀疏或密集，锦丝藓较常见。

分布在云南西北部，海拔 3500～3900 m，生长在地形相对开阔的山地西北坡、北坡至东北坡，坡度平缓或陡峭。这里描述 1 个群丛。

PLL6

林芝云杉+长苞冷杉-亮鳞杜鹃-刺尖鳞毛蕨 常绿针叶林

***Picea likiangensis* var. *linzhiensis*+*Abies georgei*-*Rhododendron heliolepis*-*Dryopteris serrato-dentata* Evergreen Needleleaf Forest**

凭证样方：16048、16049、16050、16051、16052、16061。

特征种：长苞冷杉（*Abies georgei*）*、帽斗栎（*Quercus guajavifolia*）*、亮鳞杜鹃（*Rhododendron heliolepis*）*、宽叶兔儿风（*Ainsliaea latifolia*）*、西南草莓（*Fragaria moupinensis*）*、四川堇菜（*Viola szetschwanensis*）*、刺尖鳞毛蕨（*Dryopteris serrato-dentata*）*。

常见种：林芝云杉（*Picea likiangensis* var. *linzhiensis*）、峨眉蔷薇（*Rosa omeiensis*）、锦丝藓（*Actinothuidium hookeri*）及上述标记*的物种。

乔木层盖度 30%～60%，胸径（4）21～38（98）cm，高度（3）14～22（48）m；林芝云杉和长苞冷杉是乔木层的共优种，二者的相对比例与微环境有关，林芝云杉在地形开阔的环境中数量较多，在封闭的生境中数量稀少或消失；林中偶有零星的大果红杉、西南花楸、丽江枫、帽斗栎和高山柏混生，高度 5～10 m；帽斗栎在阳坡可形成单优势群落。林下有林芝云杉、长苞冷杉和帽斗栎的幼苗、幼树，可自然更新。

灌木层盖度 30%～60%，高度 10～300 cm；高大灌木层中，杜鹃类常绿灌木层片十分瞩目，亮鳞杜鹃占优势，偶见大白杜鹃、镰果杜鹃和宽钟杜鹃等；落叶灌木如云南小檗、唐古特忍冬和西南花楸等零星地混生在杜鹃灌丛中，长圆鞘箭竹可在局部生境中形成优势层片；中、低灌木层主要由落叶灌木组成，常绿灌木较少，峨眉蔷薇较常见，偶见腹毛柳、疣梗杜鹃、滇西北小檗、川滇绣线菊、丽江绣线菊、高山野丁香、防己叶菝葜、唐古特忍冬和裂叶茶藨子等，在林缘偶见匍匐状的常绿灌木高山柏。

草本层总盖度 30%～80%，高度 3～50 cm，由蕨类、直立杂草和根茎类单子叶草本组成；大草本层中，刺尖鳞毛蕨略占优势，偶见丽江蟹甲草、乌头、金脉鸢尾和多鞘早熟禾；中草本层物种组成丰富，多数为偶见种，种类有膜叶冷蕨、丽江风毛菊、金脉鸢尾、高原毛茛、卵叶山葱、葶茎天名精、四川丝瓣芹和藏象牙参等，钝裂银莲花和膨囊薹草可在局部形成优势层片；低矮草本层由贴地生长的蔓生或莲座圆叶系列草本组成，西南草莓和四川堇菜较常见，偶见西南毛茛、山蓊菜、凉山悬钩子、云南高山豆、丽江鹿药、多毛四川婆婆纳、珠芽拳参、纤细草莓和鞭打绣球等。

苔藓层稀薄或密集，盖度达 20%～80%，厚度 5～15 cm，锦丝藓较常见，偶见大羽藓和狭叶缩叶藓。

分布于云南西北部（德钦、香格里拉），海拔 3500～3900 m，生长在山地北坡、西北坡，坡度 20°～45°。样地所在的群落均曾经历不同程度的择伐，择伐迹地上留存的母树高大端直、树冠圆钝、布满松萝（图 14.10）。林地内有放牧。

图 14.10　“林芝云杉+长苞冷杉-亮鳞杜鹃-刺尖鳞毛蕨”常绿针叶林的外貌（左）、结构（右上）和草本层（右下）（云南香格里拉）

Figure 14.10　Physiognomy (left), supraterraneous stratification (upper right) and herb layer (lower right) of a community of *Picea likiangensis* var. *linzhiensis*+*Abies georgei*-*Rhododendron heliolepis*-*Dryopteris serrato-dentata* Evergreen Needleleaf Forest in Xianggelila, Yunnan

14.4.3　PLLⅢ

林芝云杉+急尖长苞冷杉-灌木-草本 常绿针叶林

***Picea likiangensis* var. *linzhiensis*+*Abies georgei* var. *smithii*-Shrubs-Herbs Evergreen Needleleaf Forest**

林芝云杉林—中国植被，1980：198-199。

群落的色泽墨绿，树干高耸端直，树干枝条上悬垂着灰绿色的松萝，大树和枯树上尤甚。林芝云杉和急尖长苞冷杉为乔木层的共优种，前者枝条细弱下垂，后者枝条斜展分层；偶有糙皮桦、红桦、帽斗栎和高山柏等针阔叶乔木混生。灌木层较稀疏，物种以忍冬（*Lonicera* spp.）、蔷薇（*Rosa* spp.）、茶藨子（*Ribes* spp.）、柳类（*Salix* spp.）和杜鹃（*Rhododendron* spp.）较常见。草本层稀疏或密集，高大草本层以蕨类植物占优势；低矮草本层中，白花酢浆草较常见，偶见种居多。苔藓层呈斑块状或密集如毯状，锦丝藓较常见。

分布于西藏东南部（米林、林芝、波密）和云南西北部（德钦白马雪山），海拔 3100～3800 m，生长在山麓或山坡中部。这里描述 1 个群丛。

PLL7

林芝云杉+急尖长苞冷杉-绣球藤-膜叶冷蕨 常绿针叶林

***Picea likiangensis* var. *linzhiensis+Abies georgei* var. *smithii-Clematis montana-Cystopteris pellucida* Evergreen Needleleaf Forest**

凭证样方：16109、16110、16111、16120、16121、T01、T11。

特征种：急尖长苞冷杉（*Abies georgei* var. *smithii*）*、绣球藤（*Clematis montana*）、膜叶冷蕨（*Cystopteris pellucida*）*、白花酢浆草（*Oxalis acetosella*）、钟花蓼（*Polygonum campanulatum*）*、杨叶风毛菊（*Saussurea populifolia*）、小喙唐松草（*Thalictrum rostellatum*）、藏布鳞毛蕨（*Dryopteris redactopinnata*）*。

常见种：林芝云杉（*Picea likiangensis* var. *linzhiensis*）、锦丝藓（*Actinothuidium hookeri*）及上述标记*的物种。

乔木层盖度30%～60%，胸径（5）19～66（105）cm，高度（3）13～38（49）m；林芝云杉和急尖长苞冷杉是乔木层的共优种，二者的相对比例与微环境有关，在低海拔地带或者在开阔的环境中，林芝云杉数量较多（图14.11）；T01和T11样方数据显示，

图14.11 “林芝云杉+急尖长苞冷杉-绣球藤-膜叶冷蕨”常绿针叶林的外貌（左，右上）、林下结构（右中）和草本层（右下）（西藏米林）

Figure 14.11 Physiognomy (left, upper right), understorey layer (middle right) and herb layer (lower right) of communities of *Picea likiangensis var. linzhiensis+Abies georgei* var. *smithii-Clematis montana-Cystopteris pellucida* Evergreen Needleleaf Forest in Milin, Xizang

林芝云杉“胸径-频数”曲线呈正态分布，反映了不同样地间种群胸径结构的差异性；“树高-频数”曲线呈正态分布，中等树高级个体较多（图 14.12，图 14.13）。林中偶有零星的糙皮桦、红桦、帽斗栎和高山柏等针阔叶乔木混生，高度 6～18 m。林下有急尖长苞冷杉的幼苗、幼树，林芝云杉较少见。

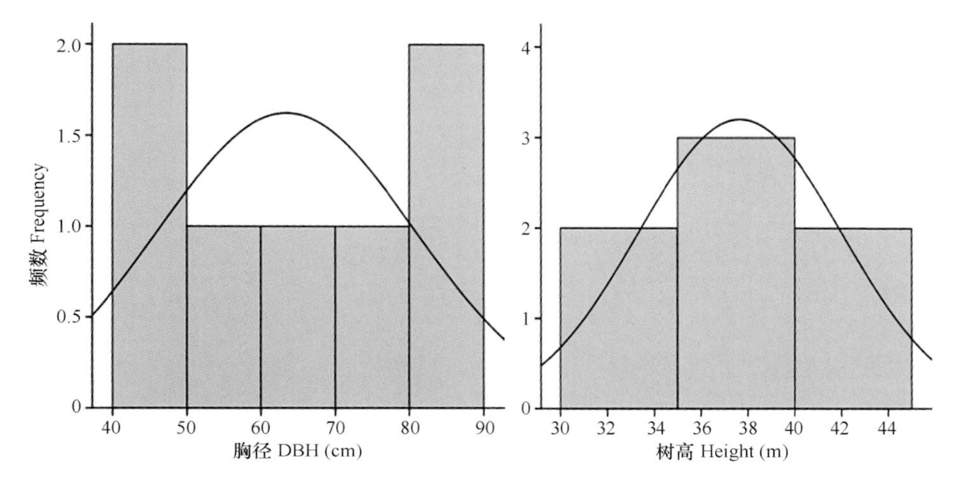

图 14.12　T01 样方林芝云杉胸径和树高频数分布图

Figure 14.12　Frequency distribution of DBH and tree height of *Picea likiangensis* var. *linzhiensis* in plot T01

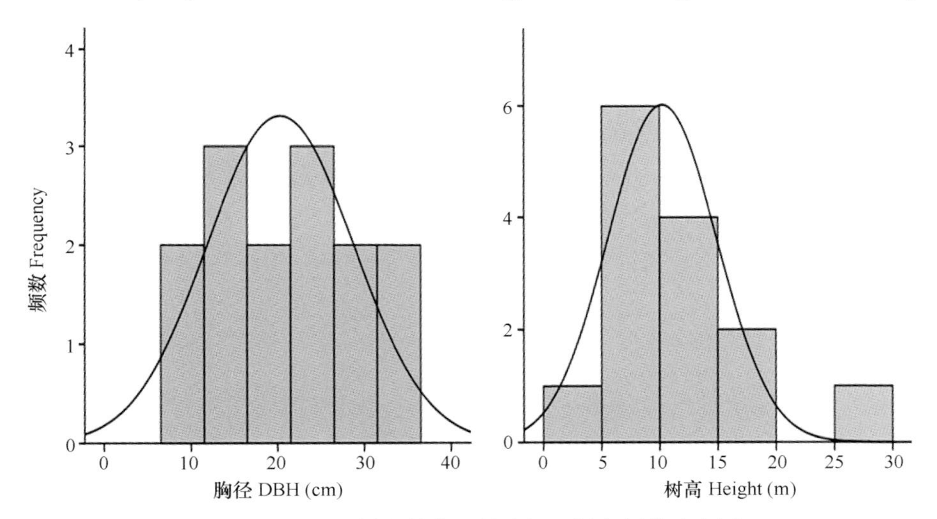

图 14.13　T11 样方林芝云杉胸径和树高频数分布图

Figure 14.13　Frequency distribution of DBH and tree height of *Picea likiangensis* var. *linzhiensis* in plot T11

灌木层盖度 10%～50%，高度 30～350 cm；西藏箭竹在局部生境中可形成优势层片；大灌木层由直立和蔓生落叶灌木及杜鹃类常绿灌木组成，绣球藤较常见，偶见种有白毛杜鹃、华西忍冬、大叶蔷薇、西康花楸、吉拉柳和类四腺柳等；中、低灌木层由落叶灌木组成，均为偶见种，包括峨眉蔷薇、唐古特忍冬、长叶毛花忍冬、光叶小檗、高山野丁香、小舌紫菀、西藏茶藨子、红花岩生忍冬、华西小檗、长刺茶藨子、美丽金丝桃、毛花忍冬、杯萼忍冬和防己叶菝葜等。

草本层总盖度 25%～80%，高度 4～190 cm；高大草本层中蕨类植物较丰富，直立杂草类次之，除了常见种膜叶冷蕨和藏布鳞毛蕨外，偶见西域鳞毛蕨和大叶假冷蕨，其他偶见种包括缬草、滇西鬼灯檠、桃儿七、异型假鹤虱和西藏八角莲等；中草本层由蕨类、直立杂草和根茎类单子叶草本组成，钟花蓼、膜叶冷蕨和杨叶风毛菊较常见，偶见种包括金脉鸢尾、藏东薹草、多鞘早熟禾、林地早熟禾、羽叶蓼和象南星等；低矮草本层由莲座叶蔓生圆叶系列草本组成，白花酢浆草较常见，偶见鞭打绣球、凉山悬钩子、双花堇菜、西南草莓、四叶律、小叶唐松草和独丽花。

苔藓层稀薄或密集，盖度 20%～80%，厚度 6～15 cm，锦丝藓较常见，偶见毛梳藓。

分布于西藏东南部（工布江达、米林、林芝、波密）和云南西北部（德钦白马雪山），海拔 3100～3800 m，生长在山麓、河谷或山地北坡、西北坡和东北坡，坡度 0°～45°。

14.4.4 PLLⅣ

华山松-林芝云杉-阔叶乔木-灌木-草本 针阔叶混交林

***Pinus armandii-Picea likiangensis* var. *linzhiensis*-Broadleaf Trees-Shrubs-Herbs Mixed Needleleaf and Broadleaf Forest**

林芝云杉林—中国植被，1980：198-199。

华山松树冠呈阔圆柱状，松散分层，色泽深绿；林芝云杉树冠呈尖塔状，色泽墨绿；落叶阔叶树的树冠圆钝，色泽浅绿。反映在群落外貌上，不同物种的树形和色泽对比明显。乔木层具有复层结构，针叶树通常高耸于阔叶树之上；大、中乔木层由华山松、林芝云杉和云南松等组成，华山松或略高于林芝云杉；小乔木层由多种阔叶乔木树种组成，种类有枫类（*Acer* spp.）和川滇高山栎等。灌木层明显，物种以杜鹃（*Rhododendron* spp.）、忍冬（*Lonicera* spp.）和蔷薇（*Rosa* spp.）居多。草本层以薹草（*Carex* spp.）、鳞毛蕨（*Dryopteris* spp.）和凉山悬钩子、纤细草莓等较常见。苔藓层稀薄，呈斑块状，山羽藓较常见。

分布在西藏林芝、米林和波密等地，常生长在海拔 2700～3200 m 的山麓和河谷地带。这里描述 1 个群丛。

PLL8

华山松+林芝云杉-川滇高山栎-杯萼忍冬-纤细草莓 针阔叶混交林

***Pinus armandii+Picea likiangensis* var. *linzhiensis-Quercus aquifolioides-Lonicera inconspicua-Fragaria gracilis* Mixed Needleleaf and Broadleaf Forest**

凭证样方：16068、T02、T04。

特征种：华山松（*Pinus armandii*）*。

常见种：林芝云杉（*Picea likiangensis* var. *linzhiensis*）、杯萼忍冬（*Lonicera inconspicua*）、纤细草莓（*Fragaria gracilis*）及上述标记*的物种。

乔木层盖度 30%～60%，胸径（2）20～34（104）cm，高度（3）13～42（62）m；林芝云杉和华山松是大乔木层的共优种，华山松略高于林芝云杉，偶有云南松、落叶乔木青皮枫、黄果冷杉和澜沧黄杉混生（图 14.14）；林中不乏林芝云杉的参天巨木，样地中记录到林芝云杉个体的最大胸径为 104 cm，树高达 62 m；中、小乔木层由川滇高山栎、五角枫、山鸡椒、长叶女贞和喜马拉雅臭樱等偶见种组成，数量稀少；T02 和 T04 样方数据显示，林芝云杉的“胸径-频数”和“树高-频数”曲线呈右偏态或正态分布，径级和树高级频数分布残缺不齐（图 14.15，图 14.16）。林下记录到了林芝云杉、华山松和川滇高山栎的幼苗。

图 14.14　“华山松+林芝云杉-川滇高山栎-杯萼忍冬-纤细草莓”针阔叶混交林的外貌（左上）、垂直结构（左下）和地被层及球果（右）（西藏波密）

Figure 14.14　Physiognomy (upper left), supraterraneous stratification (lower left) and ground layer and seed cones (right) of a community of *Pinus armandi*+*Picea likiangensis* var. *linzhiensis*-*Quercus aquifolioides*-*Lonicera inconspicua*-*Fragaria gracilis* Mixed Needleleaf and Broadleaf Forest in Bomi, Xizang

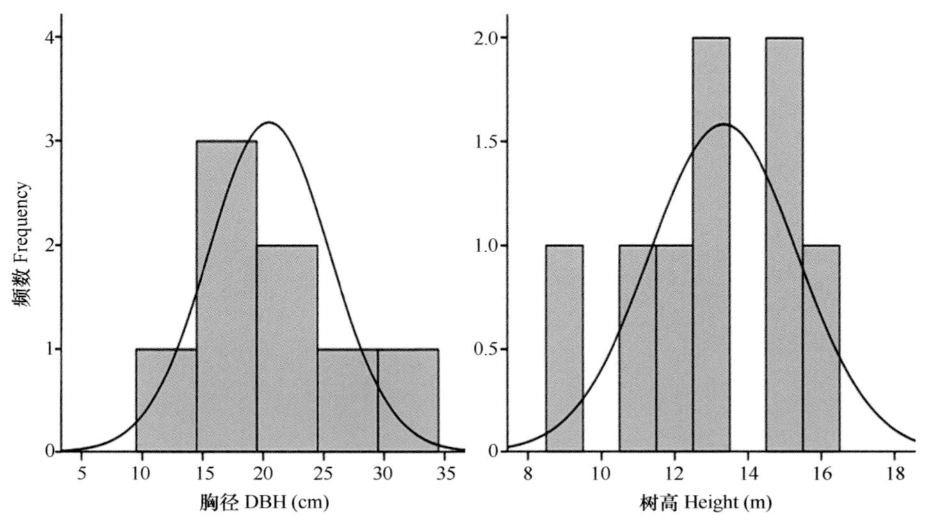

图 14.15　T02 样方林芝云杉胸径和树高频数分布图

Figure 14.15　Frequency distribution of DBH and tree height of *Picea likiangensis* var. *linzhiensis* in plot T02

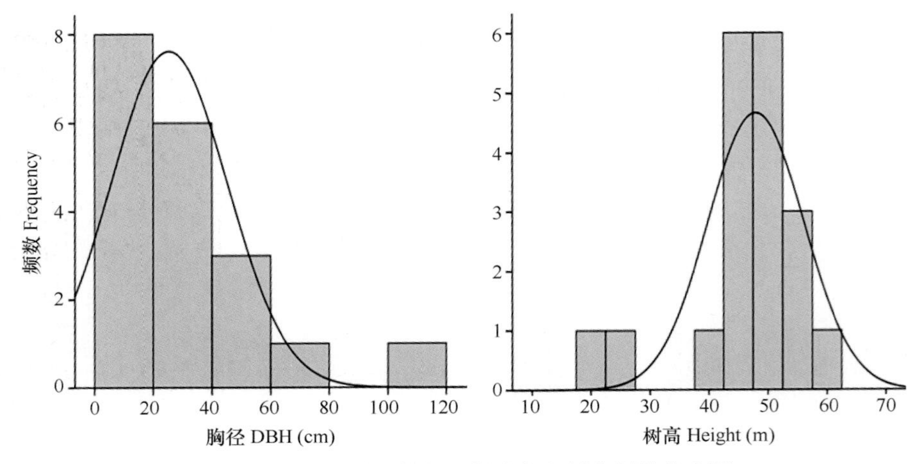

图 14.16 T04 样方林芝云杉胸径和树高频数分布图

Figure 14.16 Frequency distribution of DBH and tree height of *Picea likiangensis* var. *linzhiensis* in plot T04

灌木层盖度 25%～30%，高度 40～350 cm，主要由落叶灌木组成，常绿类型较少见；高大灌木层由偶见种组成，包括树形杜鹃、云南锦鸡儿、水红木、滇边蔷薇、柳叶忍冬、滇榛、藏边栒子、粉叶小檗、尖叶栒子、唐古特忍冬和扁刺蔷薇等；在中、低灌木层，杯萼忍冬为常见种，偶见尼泊尔十大功劳、齿叶忍冬、喜马拉雅臭樱、云南小檗、糖茶藨子、鸡骨柴、黄花木、滇藏叶下珠、显萼杜鹃、淡红忍冬、峨眉蔷薇、水栒子和防己叶菝葜等。

草本层总盖度 10%～50%，高度 3～40 cm，主要由偶见种组成；中草本层稀疏，由蕨类植物、直立杂草和根茎类禾草组成，包括藏滇羊茅、大果鳞毛蕨、大叶假冷蕨、血满草和小舌紫菀等；低草本层主要由直立和蔓生杂草组成，纤细草莓是常见种，偶见种包括鞭打绣球、车叶律、林猪殃殃和六叶律等蔓生杂草，桃儿七、暗花金挖耳、西藏香青、西藏丝瓣芹、缘毛紫菀、高原露珠草和米林糙苏等直立细弱杂草，肾叶堇菜、白鳞酢浆草、羽衣草和钝裂银莲花等莲座叶草本，根茎嵩草、藏东薹草、锐果鸢尾、轮叶黄精和沿阶草等根茎类单子叶草本，以及毛轴蕨等。

林地通常布满枯枝松针和球果，苔藓层稀薄，盖度 10%～20%，厚度 9～10 cm，在枯树桩上较密集，山羽藓较常见。

分布于西藏东南部（林芝、波密）和云南西北部（德钦梅里雪山），海拔 2700～3200 m，生长在山地北坡、东北坡，山麓或河谷地带，坡度 15°～45°。

这个群落类型出现在中、低海拔地带，处在云杉林与松林的交汇地带，最显著的群落特征是乔木层出现了华山松或云南松，与林芝云杉组成共优种。群落结构复杂，物种组成的空间异质性大，人类活动干扰较重。

14.5 建群种的生物学特性

14.5.1 遗传特征

林芝云杉具有较丰富的遗传变异。贾子瑞（2008）对波密、林芝、米林、工布江达、朗县和隆子县 12 个林芝云杉种群的遗传多样性进行了研究。结果显示：①林芝云杉针叶、球果、种鳞的 9 个表型性状在群体内和群体间均存在极显著差异；表型分化系数的变化幅度为 12.25%～55.21%，群体间的变异（30.06%）小于群体内（69.94%）；种群频率分化系数为 6.20%～20.70%，群体间（13.75%）小于群体内（86.25%）；针叶、球果、种鳞的变异系数分别为 20.40%、15.41%和 10.68%，相对极值分别为 60.06%、55.61%和 54.90%，表型多样性指数分别为 44.52%、33.35%和 36.35%，针叶的变异程度最大。②在林芝云杉的 12 个群体中，各个酶系共获得 20 个位点，多态位点百分率达 P=55%，每个位点的等位基因平均数和有效等位基因数分别为 Na=1.900、Ne=1.6093，观测杂合度、期望杂合度和遗传一致度分别为 Ho=0.2291、He=0.2648 和 I=0.4168，12 个群体的均值略低于种级水平；12 个群体间遗传分化系数为 G_{ST}=7.4065%，其中 92.5935%的变异存在于群体内，群体间的遗传分化度（F_{ST}=8.4247%）远远小于群体内（91.5357%）。③12 个群体两两间的遗传一致度（I）的变化幅度是 0.9450～0.9979，均值 0.9801；遗传距离（D）的变化幅度是 0.0021～0.0540，均值 0.0191。在林芝云杉分布范围内，自西向东，12 个群体在 20 个位点的等位基因数 Na 和期望杂合度 He 逐渐变大。主要结论：林芝云杉的遗传变异主要来自群体内（贾子瑞，2008）。

14.5.2　个体生长发育

林芝云杉的生命周期漫长。在西藏米林南伊沟和波密岗乡等地，尚有一定面积的林芝云杉原始森林，林内巨树参天（图 14.17），个体的树龄在 200～300 年，个别树龄大

图 14.17　林芝云杉“神木”（左，树高 56.8 m，胸径 298.4 cm）和球果（右）（西藏米林）

Figure 14.17　Two long-aged individuals (Holy tree, as high as 56.8 m and 298.4 cm in DBH, left) and seed cones (right) of *Picea likiangensis* var. *linzhiensis* in Milin, Xizang

于 300 年（徐凤翔，1981b），反映了林芝云杉漫长的个体发育周期。

《西藏森林》（中国科学院青藏高原综合科学考察队，1985）记载了 1 株树龄为 177 年的林芝云杉树干解析木的数据。结果显示（图 14.18），林芝云杉胸径平均生长量的生长在 30 年树龄前逐渐加快；在 30～170 年树龄，生长量缓慢下降，但仍然维持较高的水平；胸径连年生长量的快速生长期出现较早，由于数据不完整，无法推测其拐点；胸径连年和平均生长量曲线在 30 年树龄时相交，二者后续的变化趋势基本一致。树高连年和平均生长量曲线大致在 80 年树龄前呈快速上升趋势，二者在 80 年树龄时相交，随后连年生长量迅速下降，平均生长量生长逐渐放缓。就材积生长而言，林芝云杉在 170 年树龄以前均呈现快速生长的趋势，连年和平均生长量曲线均以较大的斜率上升，连年生长量的斜率较大。由于数据采自树龄为 177 年的树干解析木，相比林芝云杉达 300 年以上的个体发育周期，这个数据仅仅反映了林芝云杉初期至中期的生长过程，后期的生长过程有待进一步研究。

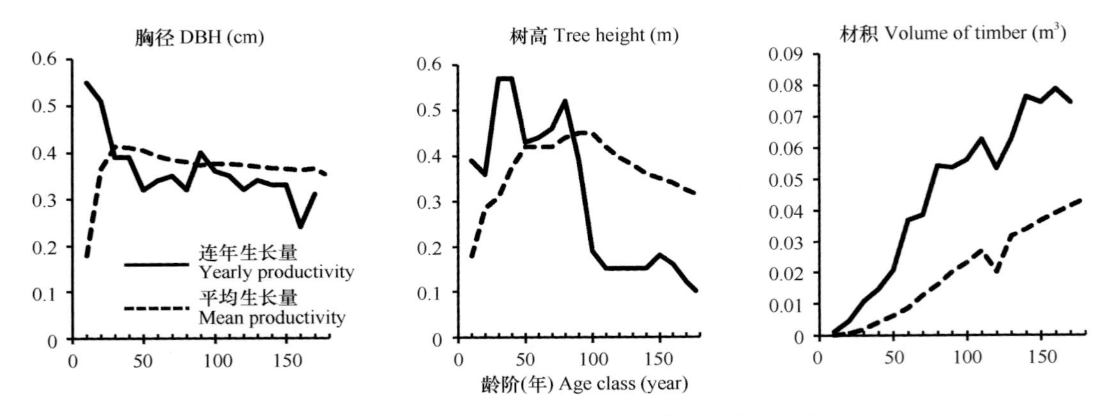

图 14.18　西藏波密札木林场林芝云杉个体生长规律（引自《西藏森林》，1985）

Figure 14.18　Yearly and mean productivity of DHB, tree height and volume of timber of *Picea likiangensis* var. *linzhiensis* from one stand in Bomizhamu, Xizang (Data was derived from *Xizang Forests*, 1985)

14.6　生物量与生产力

林芝云杉林的生物量和生产力较高。西藏色季拉山林芝云杉林的蓄积量可达 1500～2000 m^3/hm^2；在波密岗乡，蓄积量可达 2500～3500 m^3/hm^2，最高可达 3831 m^3/hm^2（徐凤翔，2010）。在雅鲁藏布江中下游南岸的红卫林区，“藓类-林芝云杉林”生长在海拔 3200 m 的谷地缓坡，林芝云杉为乔木层的单优势种，蓄积量达 2594.6 m^3/hm^2；在同地海拔 3100 m 的阳坡地带，生长着“箭竹-林芝云杉、长苞冷杉林”，乔木层除了云冷杉外，还混生有栎类和桦木，蓄积量达 1022.4 m^3/hm^2；在尼洋河流域的更张林区，“箭竹-林芝云杉、长苞冷杉林”生长在海拔 3300 m 的阳坡，乔木层中冷杉、云杉的比例分别为 70%和 30%，蓄积量达 2096.3 m^3/hm^2（徐凤翔，1981b）。

西藏米林南伊沟保存了小片的林芝云杉原始森林。方江平（2012）报道了该地林芝云杉林乔木层、小乔木层、灌木层、草本层、层间植物、凋落物层和苔藓层的生物量与生产力。结果显示，林芝云杉林的总生物量是 350.76 t/hm²，乔木层生物量最高，达 276.64 t/hm²，占 79%；其次是凋落物层，达 40.65 t/hm²，占 12%；小乔木层 26. 92 t/hm²，占 8%；灌木层 4.71 t/hm²，占 1%；其余各层所占比例不足 1%，草本层、松萝及藤本植物和苔藓层的生物量分别是 0.091 t/hm²、0.004 t/hm² 和 1.75 t/hm²。乔木层中，主干、树皮、枝条、针叶和根系的生物量（比例）分别是 201.23 t/hm²（69.32%）、25.53 t/hm²（8.79%）、17.80 t/hm²（6.13%）、3.33 t/hm²（1.15%）和 42.87 t/hm²（14.61%）。林芝云杉林生态系统的生产力是 10.65 t/（hm²·a），其中乔木层最高，达 5.00 t/（hm²·a），占 46.94%；其次为凋落物层，达 3.40 t/（hm²·a），占 31.94%；小乔木层 1.24 t/（hm²·a），占 12%；灌木层 0.52 t/（hm²·a），占 5%；苔藓层 0.44 t/（hm²·a），占 4%；其余各层所占比例不足 1%，草本层和松萝及藤本的生产力分别是 0.053 t/（hm²·a）和 0.0002t/（hm²·a）。在乔木层中，主干、枝条、针叶、根系和树皮的生产力分别是 2.58 t/（hm²·a）、0.89 t/（hm²·a）、0.67 t/（hm²·a）、0.54 t/（hm²·a）和 0.33 t/（hm²·a）（方江平，2012）。

14.7　群落动态与演替

林芝云杉原始森林的林冠郁闭度大，树体高大，林下阴暗，自然更新不良。在米林南伊沟和波密岗乡一带的林芝云杉原始森林中，林下的幼苗、幼树十分稀少，乔木层个体间的胸径和树高存在差异，不同年龄的个体共存。有研究表明，林芝云杉原始森林普遍具有复层异龄林结构（徐凤翔，1981b），乔木层个体生长发育的时间尺度不同。林芝云杉通常在 20 年树龄后进入结实期（韩景军等，2002）。可以推测，在林芝云杉群落发育的初期和中期阶段，林冠层尚未郁闭，林下光照较好，个体已经结实，林地有种源补给，幼苗、幼树可以正常生长并进入林冠层。林冠层郁闭后，林下环境变得阴暗，个体自疏强烈，幼苗生长受到抑制，出现了林冠层为复层异龄林结构而林下无幼树更新的现象。

林芝云杉林分布区有大面积的采伐迹地，在留有母树的采伐迹地上，自然更新较好。据韩景军等（2002）的资料，在西藏林芝县宗泽沟一片林芝云杉林采伐迹地上，经过 20 年的自然恢复，乔木层的密度达到 475 株/hm²，其中幼树占总株数的 89%，个体的平均胸径为 6.35 cm，平均树高为 4.4 m。

在未经干扰的林芝云杉原始森林中，自然更新主要依赖于林窗。据方江平（2010）的数据，在米林南伊沟林芝云杉原始森林中，风折和雪压是林窗形成的主要原因；自然林窗密度达 30 个/hm²，林窗平均面积 85.4 m²；林窗更新密度 4985 株/hm²，其个体数量远高于遮蔽的林下（1455 株/hm²）；林窗中胸径 30～40 cm 的个体较多，幼树生长迅速，树高年平均生长量达 13.5 cm；在阴暗的林下，幼树树高年平均生长量达 9.3 cm。

14.8　价值与保育

林芝云杉林分布于青藏高原东南边缘的高山峡谷区，是植被垂直分布带谱中的重要组分，具有固岸护坡、水土保持、水源涵养的重要功能，是维持区域生态安全的生物屏障。由于水热条件较好、森林生长茂盛、树木干形通直、出材率高、材质优良，林芝云杉林在历史时期经历了大规模的森工采伐。

西藏林芝、波密和米林一带是林芝云杉林的主要分布区。在中、低海拔地带，由于采伐作业相对容易，目前除了几个自然保护区和人迹罕至的沟隅尚残存部分原始森林外，多数地区的林芝云杉原始森林已经被采伐殆尽，采伐迹地上有存留的母树和更新的幼树。在米林南伊沟，河谷地带的森林也曾经历采伐，林冠层稀疏，留存的成年母树高耸挺拔，极易风折，林内风倒木较多，更新的幼树呈团块状；在山坡及河谷地带，大多为林相残破的次生林，放牧及旅游干扰较大。急尖长苞冷杉林生长在中、高海拔地带，采伐难度较大，受人为破坏较轻，目前保存着面积较大的原始森林。在当地常可看到这样的景观，高耸的山峰上白雪皑皑，在山峰下高海拔地带的阴坡和半阴坡，生长着外貌整齐的针叶林，主要由冷杉林组成，林冠葱郁墨绿，枝叶层次分明，树干发白；在阳坡生长着稀疏低矮的圆柏林；在中海拔地带，分布着大面积的林芝云杉林的采伐迹地，星星点点的针叶树常散生在密集的箭竹和灌木丛中；在中低海拔地带，有斑块状或成片的松林生长，多为人工种植或自然恢复的中幼龄林（图 14.19）。

图 14.19　林芝云杉林分布区一个山地垂直地貌景观：雪山-冷杉林-林芝云杉采伐迹地（西藏林芝）
Figure 14.19　A landscape view of a mountain in Linzhi, Xizang: forests dominated by *Abies* sp. (dark area) occupy the upper elevational zone reaching the snow line yet those dominated by *Picea likiangensis* var. *linzhiensis* on the mid to lower elevational zone were logged heavily (grey area)

在林芝云杉林的保育工作中，一方面要保护好现有残存的原始森林，防止盗伐；另一方面，要采取有效措施，促进采伐迹地森林恢复的进程。采伐迹地上箭竹和灌木的大量滋生，影响了幼苗、幼树的生长，应采取适度的清灌措施。此外，如果采伐迹地内种源缺乏，就要进行人工补种或植苗。林芝云杉的结实量较低，无论在未经采伐的原始森林内还是在采伐迹地上留存的母树周围，下落到林地内的球果的数量非常稀少。由于林芝云杉种苗供应不足，和云杉林的其他产地一样，在西藏东南部的人工造林中常选用云杉种苗作为造林树种（张昆林和任青山，1999）。例如，在波密一带，林芝云杉林和油麦吊云杉林被采伐后，营造的人工云杉林目前处在中幼龄阶段。大量盲目地营造云杉林，忽视种源产地和当地环境条件的差异，会使森林植被的恢复和健康成长难以得到保障。云杉的存活力较强，在其自然分布区以外的地区虽可存活，但生长不良。例如，在采伐迹地上，云杉的个体容易感染锈病，大面积枯死的现象很普遍。因此，今后应加强对林芝云杉种苗繁育技术的研究，克服繁育的技术瓶颈，逐步提高林芝云杉种苗在人工林营造中的比例，优化人工林的物种组成和结构。

参 考 文 献

方江平, 2010. 西藏原始林芝云杉林群落结构与功能研究. 长沙: 中南林业科技大学博士学位论文.

方江平, 2012. 西藏南伊沟林芝云杉林生物量与生产力研究. 林业科学研究, 25(5): 582-589.

韩景军, 肖文发, 郭泉水, 郑维列, 罗大庆, 2002. 西藏林芝县林芝云杉幼林更新与物种多样性指数研究. 林业科学, 38(5): 166-168.

贾子瑞, 2008. 西藏林芝云杉遗传多样性分析. 北京: 北京林业大学硕士学位论文.

罗建, 2008. 色季拉山植物群落的数量分析. 拉萨: 西藏大学硕士学位论文.

吴征镒, 1991. 中国种子植物属的分布区类型. 云南植物研究, (增刊Ⅳ): 1-139.

吴征镒, 周浙昆, 李德铢, 彭华, 孙航, 2003. 世界种子植物科的分布区类型系统. 云南植物研究, 25(3): 245-257.

徐凤翔, 1981a. 西藏亚高山暗针叶林的分布与生长. 南京林产工业学院学报, (1): 70-80.

徐凤翔, 1981b. 西藏亚高山暗针叶林结构的研究. 南京林产工业学院学报, (2): 49-61.

徐凤翔, 2010. 岗乡——云杉的宝地. 绿色中国, (7): 32-34.

张昆林, 任青山, 1999. 西藏云杉林人工更新与天然更新状况的比较研究. 东北林业大学学报, 27(5): 50-51.

中国科学院《中国自然地理》编辑委员会, 1981. 中国自然地理 土壤地理. 北京: 科学出版社.

中国科学院青藏高原综合科学考察队, 1985. 西藏森林. 北京: 科学出版社.

中国科学院青藏高原综合科学考察队, 1988. 西藏植被. 北京: 科学出版社.

中国科学院中国植被图编辑委员会, 2007. 中华人民共和国植被图 (1∶1 000 000). 北京: 地质出版社.

中国林业科学研究院林业研究所, 1986. 中国森林土壤. 北京: 科学出版社.

中国森林编辑委员会, 1999. 中国森林(第 2 卷 针叶林). 北京: 中国林业出版社.

中国植被编辑委员会, 1980. 中国植被. 北京: 科学出版社.

第 15 章　麦吊云杉林 *Picea brachytyla* Mixed Needleleaf and Broadleaf Forest Alliance

麦吊杉林—中国植被，1980：201-202；四川森林，1992：352-362；中国森林（第 2 卷 针叶林），1999：743-749；麦吊杉群系—甘肃植被，1997：92。

系统编码：PB

15.1　地理分布、自然环境及生态特征

15.1.1　地理分布

麦吊云杉林的分布区呈倒“U”形，西起贡嘎山东坡，经大雪山、邛崃山和岷山，向东北方向延伸至岷山北端的迭部多儿沟（北界），再向东南延伸至大巴山，东界止于伏牛山；地理坐标范围 30°03′N～33°37′N，101°59′E～113°E（图 15.1）；跨越的行政区域包括四川省的泸定、天全、雅安、芦山、宝兴、康定、大邑、都江堰、彭州、什邡、

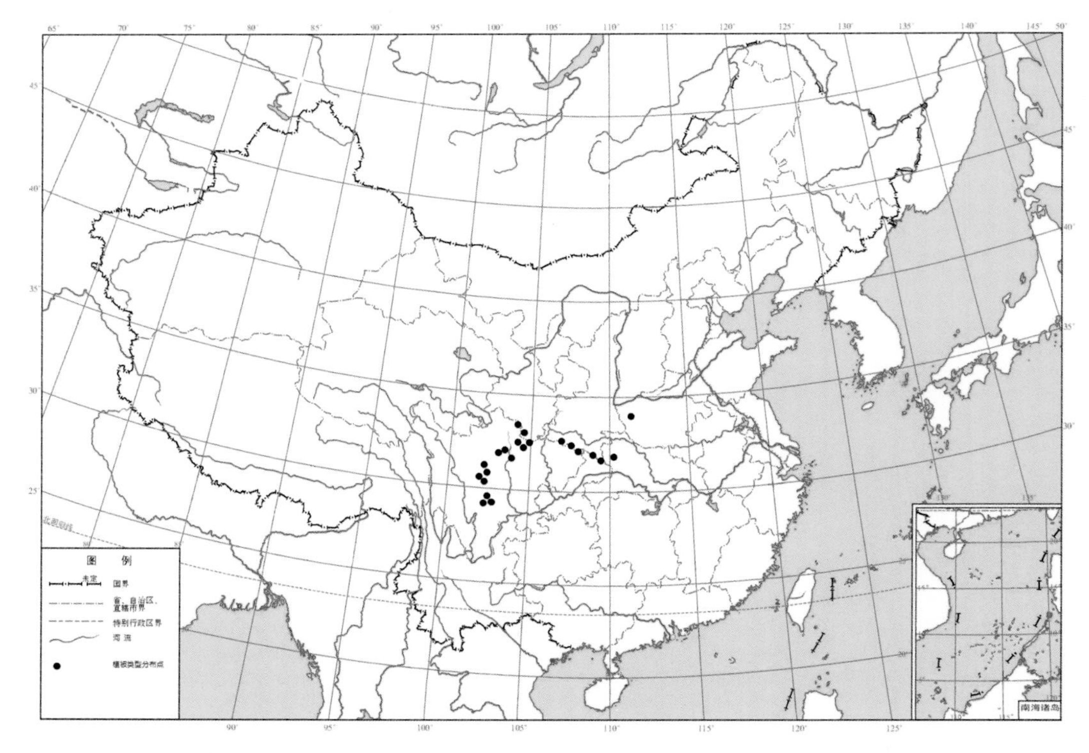

图 15.1　麦吊云杉林的地理分布

Figure 15.1　Distribution of *Picea brachytyla* Mixed Needleleaf and Broadleaf Forest Alliance in China

绵竹、汶川、理县、茂县、北川、九寨沟、平武、松潘、红原和青川，甘肃省的迭部、舟曲和文县，陕西省的岚皋和平利，重庆市的城口、巫山和巫溪，湖北省的竹溪、巴东和秭归，以及河南省的西峡。

麦吊云杉林分布于中、低海拔地带，垂直分布范围在不同的区域间存在差异。据《四川森林》（《四川森林》编辑委员会，1992）记载，在四川省内是 1300（汶川）～3200 m（红原）。相关资料显示，贡嘎山东坡，2200～2800 m（吴宁，1993，1995；程根伟和罗辑，2002）；四川卧龙，2250～2970 m（周世强等，2003）；甘肃白水江流域的范坝、刘家坪、上丹、铁楼及迭部多儿沟，（1900）2150～2500（3000）m（黄华梨，2002；任继文，2004；王建宏等，2006）。在分布区的东北部，由于山地低矮，垂直分布范围较窄；大巴山中南段的竹溪县，1800～2500 m（甘啟良和关良福，2007）；湖北小神农架，1500～2300 m（彭辅松，1999）；在西峡军马河乡白果村十八盘的伏牛山，麦吊云杉林生长在海拔 1830 m 左右的低山中（丁向阳，2007）。

在中国植被区划系统中，麦吊云杉林的地理分布区处在亚热带常绿阔叶林区域的西北缘及北缘，向西与青藏高原高寒植被区域相接，北与暖温带落叶阔叶林区域相邻（中国科学院中国植被图编辑委员会，2007）。在四川盆地西缘的高山峡谷区，由于山地陡峭，地形垂直高差大，在景观尺度上形成了较完整的植被垂直带谱。以贡嘎山东坡为例，随着海拔由低到高依次出现了常绿阔叶林带（1100～2200 m）、山地针阔叶混交林带（2200～2500 m）、亚高山针叶林带（2500～3600 m）、高山灌丛草甸带（3600～4600 m）和高山流石滩植被带（4600～4900 m），在海拔 4900 m 以上则为永久冰雪带（刘照光和邱发英，1986）；在这个植被垂直带谱上，麦吊云杉出现在山地针阔叶混交林中（图 15.2）。在四川盆地北缘的秦岭南坡及东北缘的大巴山地，海拔多在 3000 m 以下，植被垂直带谱不甚完整，那里的麦吊云杉林也具有针阔叶混交林的特点。

图 15.2 麦吊云杉针阔叶混交林外貌：四川青川唐家河（左），贡嘎山海螺沟（右）
Figure 15.2 Physiognomy of communities of *Picea brachytyla* Mixed Needleleaf and Broadleaf Forest Alliance in Tangjiahe, Qingchuan (left) and Hailuogou, Mt. Gongga (right), Sichuan

15.1.2 自然环境

15.1.2.1 地貌

麦吊云杉林的分布区跨越了两个相对独立的地貌单元，即青藏高原东南缘的高山峡谷区和秦岭、大巴山区。

高山峡谷区大致处在大雪山以东的地区，属于中国地貌中第一阶梯向第二阶梯过渡的地带，山体多呈“西北-东南”或“西-东”走向，地势陡峭，巨峰林立；岷山最高峰雪宝顶的海拔达 5588 m，年保玉则峰海拔达 5369 m，大雪山和邛崃山的最高峰四姑娘山的海拔为 6250 m。根据《中国森林土壤》（中国林业科学研究院林业研究所，1986）记载，这些山地具有第四纪古冰川和现代冰川地貌，河流切割深，平均落差在 1000～1500 m，宽谷和窄谷相间；成土母岩复杂，主要类型有板岩、片岩、页岩和砂岩等，其次是云母片岩、千枚岩、泥质灰岩、硅化石灰岩、硬砂岩和花岗岩等。麦吊云杉林主要分布于中、低海拔地带，呈斑块状生长在山坡和沟谷，由于气候条件温暖湿润，局地坡向变化对群落类型的选择作用较弱。在贡嘎山海螺沟海拔 2380～2820 m 处，麦吊云杉林中调查的 12 个样地中，坡向有东南坡、西南坡和西北坡，坡度变化范围 5°～27°（吴宁，1995）。在四川卧龙海拔 2250～2970 m 处，在麦吊云杉林中调查的 16 个样地中，坡向有西北坡、东北坡、东坡和东南坡，坡度变化范围 0°～41°（周世强等，2003）。

大巴山是麦吊云杉林的另一个产地。与川西高山峡谷的地貌相比较，大巴山地势低矮，最高峰海拔为 3105 m。在地质时期经历了抬升、皱褶和夷平过程，山陡谷深，皱褶断层地貌明显，悬崖绝壁多见，相对高差在 1000～2000 m，在山脉南端有著名的长江三峡。据《中国森林土壤》（中国林业科学研究院林业研究所，1986）记载，在大巴山山脉南端的神农架，山地露出的地层以沉积岩为主，包括震旦纪硅质灰岩、寒武纪灰岩、奥陶纪灰岩及页岩、志留纪页岩及砂岩、第三纪紫红色砂岩、角砾岩和第四纪沉积物。

15.1.2.2 气候

在麦吊云杉林的分布区内，夏季主要受西南和东南亚热带季风的影响，气候温暖湿润；在冬季，由于干冷的大陆性季风受阻于青藏高原和秦岭以北地区，无严寒气候。

我们随机测定了麦吊云杉林分布区内 31 个样点的地理坐标，利用插值方法提取了每个样点的生物气候数据，各气候因子的均值依次是：年均气温 6.48℃，年均降雨量 975.18 mm，最冷月平均气温–2.76℃，最热月平均气温 15.23℃，≥0℃有效积温 2657.64℃·d，≥5℃有效积温 1443.84℃·d，年实际蒸散 356.55 mm，年潜在蒸散 702.55 mm，水分利用指数 0.52（表 15.1）。

上述数据表明，麦吊云杉林在夏季受西南和东南亚热带季风的影响，降雨量大，气候温暖湿润；在冬季，由于干冷的大陆性季风受阻于青藏高原和秦岭以北地区，无严寒气候。

15.1.2.3 土壤

麦吊云杉林的土壤类型主要为山地淋溶褐土和山地暗棕壤。

在邛崃山东坡，海拔 2520 m，麦吊云杉常与铁杉形成混交林。《中国森林土壤》（中国林业科学研究院林业研究所，1986）记载了当地铁杉林中的一个土壤剖面的特征，对表征麦吊云杉林的土壤特征具有参考意义。剖面数据显示，土壤母质为坡积砾石壤质土层，母岩为钙质砂板岩，土壤类型为山地淋溶褐土。从土壤表层（0～5 cm）至深层（124～

表 15.1　麦吊云杉林地理分布区海拔及其对应的气候因子描述性统计结果（*n*=31）

Table 15.1　Descriptive statistics of altitude and climatic factors in the natural range of *Picea brachytyla* Mixed Needleleaf and Broadleaf Forest Alliance in China (*n*=31)

海拔及气候因子 Altitude and climatic factors	均值 Mean	标准误 Standard error	95%置信区间 95% confidence intervals		最小值 Minimum	最大值 Maximum
海拔 Altitude（m）	2189.16	726.00	1922.86	2455.46	1301.00	3095.00
年均气温 Mean annual temperature（℃）	6.48	4.44	4.85	8.11	−1.43	13.36
最冷月平均气温 Mean temperature of the coldest month（℃）	−2.76	3.55	−4.06	−1.46	−8.99	1.94
最热月平均气温 Mean temperature of the warmest month（℃）	15.23	5.42	13.24	17.22	5.37	24.39
≥5℃有效积温 Growing degree days on a 5℃ basis（℃·d）	1443.84	977.70	1085.22	1802.46	13.46	3243.84
≥0℃有效积温 Growing degree days on a 0℃ basis（℃·d）	2657.64	1309.05	2177.47	3137.80	543.33	4898.57
年均降雨量 Mean annual precipitation（mm）	975.18	195.50	903.47	1046.90	650.48	1586.14
实际蒸散 Actual evapotranspiration（mm）	356.55	157.26	298.87	414.23	48.00	595.00
潜在蒸散 Potential evapotranspiration（mm）	702.55	133.32	653.65	751.45	350.00	1119.53
水分利用指数 Water availability index	0.52	0.18	0.46	0.59	0.10	0.88

155 cm），石灰反应由无到强，土壤 pH 的变化幅度为 6.2～7.7，土壤有机质变化幅度为（表土层的取样深度为 5～26 cm）22.68%～1.14%。

在四川汶川县卧龙巴郎山东坡，海拔 2450 m，群落类型为针阔叶混交林，由麦吊云杉、铁杉和多种落叶阔叶树组成；土壤剖面（79-111-06）数据显示，土壤类型为山地暗棕壤，呈酸性，枯枝落叶层厚度达 20 cm，盐基较丰富，主要有氧化钙、氧化镁、氧化钾和氧化钠；土壤腐殖质层根系密布，土壤结构呈粒屑状，表层胡敏酸含量较高，深层含量降低；心土层呈棕黄色，根系少见，心土层之下为板岩等坡积物，石砾含量达 50%；从土壤表层（0～5 cm）至深层（＞75 cm），土壤酸碱度和化学元素的变化幅度分别为土壤 pH 5.4～5.2，土壤有机质（5～20 cm，表层取样深度，下同）66.05%～2.44%，全氮（20～50 cm）0.15%～0.09%，全碳（5～20 cm）38.31%～1.42%（中国林业科学研究院林业研究所，1986）。

在贡嘎山海螺沟海拔 2380～2820 m 处，12 个样地数据显示，麦吊云杉林的土壤呈弱酸性，pH 变化幅度为 4.8～6.04，土壤有机质的变化幅度是 2.9%～12.4%(吴宁，1995)。

大巴山区的气候温暖湿润，土壤黏化作用明显，土壤类型为山地棕壤土。《中国森林土壤》（中国林业科学研究院林业研究所，1986）描述了房县海拔 2520 m 处 1 个针阔叶混交林下的土壤剖面特征：从土壤表层（0～3 cm）至深层（76～120 cm），土壤酸碱度和化学元素的变化幅度分别为土壤 pH 5.4～4.2，土壤腐殖质（8～14 cm）11.53%～1.60%，土壤全碳（8～14 cm）6.58%～0.93%。

15.1.3　生态特征

麦吊云杉林具有适应温暖湿润气候的生态习性。在中国云杉林中，油麦吊云杉林、麦吊云杉林和青扦林分布于中、低海拔地带，对热量条件要求较高；三者的分布区在青藏高原东南缘至秦巴山地一线依次出现，麦吊云杉林的分布区分别与青扦林和油麦吊云杉林的分布区重叠。从青扦林、麦吊云杉林到油麦吊云杉林，对水热条件的要求在逐渐增强。青扦林能够忍耐一定程度的干燥气候，麦吊云杉林适应暖湿的气候，而油麦吊云杉林喜偏冷偏湿的气候。

巨大山系坡向的变化对麦吊云杉林的选择作用十分明显。贡嘎山大致呈南北走向，西坡和东坡及东南坡环境条件差异较大，前者偏干，后者偏湿，麦吊云杉林主要生长在东坡及东南坡，而不见于西坡（刘照光和邱发英，1986）。在贡嘎山的垂直环境梯度上，麦吊云杉林主要分布于亚高山针叶林带的下部，其下限地带与阔叶林交汇（刘照光和邱发英，1986；吴宁，1993）。

15.2 群 落 组 成

15.2.1 科属种

在麦吊云杉林分布区内调查和收集了 83 个临时样地的数据，共记录到维管植物 238 种，隶属 62 科 139 属，其中种子植物 53 科 124 属 214 种，蕨类植物 9 科 15 属 24 种。种子植物中，裸子植物有麦吊云杉、铁杉、冷杉、岷江冷杉、华山松、四川红杉和巴山冷杉等，这些常绿针叶树是乔木层的共优种或伴生种。被子植物中，种类最多的是蔷薇科，含 26 种；其次是虎耳草科 15 种，百合科 13 种，菊科 12 种，忍冬科 12 种，杜鹃花科 10 种；含 6～9 种的科依次是槭树科、松科、毛茛科、五加科和荨麻科，其余 42 科含物种 1～5 种。与其他云杉林的物种组成相比较，麦吊云杉林中槭树科、虎耳草科、百合科和杜鹃花科的植物较多。

在地质时期，由于青藏高原和秦岭天堑的阻隔，麦吊云杉林分布区未发生大面积冰盖，是生物的天然避难所；现代气候受西南和东南海洋性季风的影响，水热条件优越，植被类型多样，物种组成复杂。

15.2.2 区系成分

根据中国种子植物科属区系成分的划分标准（吴征镒，1991；吴征镒等，2003），将麦吊云杉林中 53 个种子植物科划分为 13 个分布区类型/亚型；其中，世界分布科占 42%，其次是北温带和南温带间断分布科和泛热带分布科，各占 15%，其余分布型科所占比例在 2%～8%。124 个属可划分为 14 个分布区类型/亚型；其中，北温带分布属占 40%，东亚分布属占 14%，东亚和北美间断分布属占 10%，其他成分所占比例在 1%～6%。与其他云杉林的区系成分相比较，麦吊云杉林中，中国特有成分和热带成分所占的比例较高（表 15.2）。

另有报道，贡嘎山种子植物 228 属可划分为 15 个分布区类型，其中北温带分布属占 31%，其次是东亚分布属（19%）、泛热带分布属（11%）、北温带和北美洲间断分布属（9%），其余分布型属所占比例在 0.44%～5%。麦吊云杉林区系成分复杂，温带成分

表 15.2　麦吊云杉林 53 科 124 属 214 种植物区系成分

Table 15.2　The areal type of 53 families and 124 genera of 214 plant species recorded in 83 plots sampled in *Picea brachytyla* Mixed Needleleaf and Broadleaf Forest Alliance in China

编号 No.	分布区类型 The areal types	科 Family		属 Genus	
		数量 *n*	比例（%）	数量 *n*	比例（%）
1	世界广布 Widespread	22	42	8	6
2	泛热带 Pantropic	8	15	7	6
2.2	热带亚洲、热带非洲和热带美洲 Trop. Asia to Trop. Africa and Trop. Amer.	1	2		
3	东亚（热带、亚热带）及热带南美间断 Trop. & Subtr. E. Asia & (S.) Trop. Amer. disjuncted	4	8	4	3
4	旧世界热带 Old World Tropics	1	2	2	2
5	热带亚洲至热带大洋洲 Trop. Asia to Trop. Australasia Oceania	1	2		
6	热带亚洲至热带非洲 Trop. Asia to Trop. Africa			1	1
7	热带亚洲 Trop. Asia	1	2	2	2
8	北温带 N. Temp.	3	6	50	40
8.2	北极-高山 Arctic-Alpine	1	2		
8.4	北温带和南温带间断 N. Temp. & S. Temp. disjuncted	8	15	8	6
8.5	欧亚与南北温带间断 Eurasia & Temp. S. Amer. disjuncted	1	2		
9	东亚和北美间断 E. Asia & N. Amer. disjuncted	1	2	12	10
10	旧世界温带 Temp. Eurasia			7	6
10.1	地中海区、西亚和东亚间断 Mediterranea，W. Asia (or C.Asia) & E. Asia disjuncted			1	1
11	温带亚洲 Temp. Asia			3	2
14	东亚 E. Asia	1	2	17	14
15	中国特有 Endemic to China			2	2
合计 Total		53	100	124	100

注：物种名录根据 83 个样方数据整理

占优势，但东亚成分及热带成分所占比例较高，显示了区系发生上与暖湿生境的密切渊源；特有成分较多，共记录到 10 个中国特有属，其中不乏单种属和少种属；植物区系中存在许多间断分布型属和多心皮类群，说明区系成分有着古老的起源（吴宁，1993）。

麦吊云杉林与贡嘎山地区植物区系成分相比较，二者在属级尺度上的区系特征基本一致，但麦吊云杉林中北温带分布属偏多，东亚分布和泛热带分布属偏少，这些特殊性可能与其适生的阴凉生境有关。

15.2.3　生活型

麦吊云杉林的生活型组成中（表 15.3），木本植物占 54%，草本植物占 46%。木本植物中，常绿乔木占 4%，落叶乔木占 10%；常绿灌木占 4%，落叶灌木占 27%；木质藤本占 6%。草本植物所占比例较低，其中多年生直立杂草类占 19%，多年生莲座类占 7%，禾草类占 8%；蕨类植物较多，占 10%。箭竹在麦吊云杉林下很常见，可形成一个显著的层片。与其他云杉林的生活型相比较，麦吊云杉林中木本植物多于草本植物；落叶乔木、落叶灌木、木质藤本和蕨类植物所占的比例较高。

表 15.3 麦吊云杉林 238 种植物生活型谱（%）

Table 15.3 Life-form spectrum (%) of the 238 vascular plant species recorded in 83 plots sampled in *Picea brachytyla* Mixed Needleleaf and Broadleaf Forest Alliance in China

木本植物 Woody plants	乔木 Tree		灌木 Shrub		藤本 Liana		竹类 Bamboo	蕨类 Fern	寄生 Phytoparasite	附生 Epiphyte
	常绿 Evergreen	落叶 Deciduous	常绿 Evergreen	落叶 Deciduous	常绿 Evergreen	落叶 Deciduous				
54	4	10	6	27	1	5	1	0	0	0

陆生草本 Terrestrial herbs	多年生 Perennial					一年生 Annual		蕨类 Fern	寄生 Phytoparasite	腐生 Saprophyte
	禾草型 Grass	直立杂草类 Forbs	莲座垫状 Rosette	附生 Epiphyte	藤本 Liana	短生型 Ephemeral	非短生型 None ephemeral			
46	8	19	7	0	2	0	1	10	0	0

注：物种名录来自 83 个样方数据

吴宁（1993）利用 Raunkiaer 的生活型分类系统，对贡嘎山麦吊云杉林植物群落的生活型进行了统计分析。为了与本书中的生活型系统相统一，我们采用本书的生活型术语系统对作者的结果进行描述，并将 Raunkiaer 的术语与本书中相应的术语进行对照，对数据进行化整处理。结果显示，在贡嘎山麦吊云杉林植物群落中，木本植物（高位芽植物和地上芽植物）占 64%，草本植物（地面芽植物、隐芽植物和一年生植物）占 36%；木本植物中，乔木（高位芽植物）占优势，乔木和灌木（地上芽植物）所占的比例分别是 91%和 9%；乔木中，落叶成分占 76%，常绿成分占 24%；大乔木（大高位芽植物）、中乔木（中高位芽植物）、小乔木（小高位芽植物）和矮乔木（矮高位芽植物）及藤本所占的比例分别是 10%、26%、35%、22%和 8%；草本植物中，地面芽植物、隐芽植物和一年生植物所占比例分别为 64%、31%和 5%；此外，植物叶型比例的变化趋势是小型叶（49%）＞中型叶（34%）＞微型叶（11%）＞大型叶（8%）（吴宁，1993）。由于草本植物中大型叶植物较多，而林冠层针叶树以微型叶为主，中型叶和小型叶植物以阔叶乔木或灌木为主，因此叶片大小与生活型谱具有一定的对应性。

上述结果反映出麦吊云杉林群落结构和外貌所具有的几个基本特征。首先，木本植物丰富，乔木层的物种丰富度高于灌木层，这一现象不同于中国温带地区的其他云杉林，后者的物种丰富度在不同垂直层次的变化趋势通常是乔木层＜灌木层＜草本层；其次，尽管麦吊云杉林生长在亚热带山地，但乔木层中落叶成分所占比例较大，反映了季节分明的群落环境特点；最后，木质藤本和蕨类植物所占比例较高，反映了暖湿的群落环境。

15.3 群 落 结 构

麦吊云杉林的垂直结构可划分为乔木层、箭竹层、灌木层、藤本层、草本层和苔藓层。树体上常附生着地衣类植物。乔木层、灌木层和草本层是 3 个基本层；箭竹层、藤本层和苔藓层在一些群落中可能缺如或不显著。

乔木层结构复杂，物种组成丰富，根据树体的高度可以划分出数个亚层。大乔木层中除了优势种麦吊云杉外，还有多种针叶树混生，物种组成在同一产地的不同海拔地带或不同产地间存在差异。铁杉常出现在麦吊云杉林垂直分布范围的低海拔地带，个体常高于麦吊云杉；冷杉常出现在麦吊云杉林垂直分布的上限地带，其高度低于麦吊云杉，位居中乔木层。在麦吊云杉林中混生的冷杉种类较多，在川北唐家河及甘肃白水江流域为岷江冷杉，在四川贡嘎山东坡为冷杉，在大巴山为巴山冷杉。此外，在秦岭和大巴山，麦吊云杉林中可见到大果青扦（甘啟良和关良福，2007）。中乔木层由多种落叶和常绿阔叶乔木组成，常见的种类有红桦、糙皮桦、枫（*Acer* spp.）、鹅耳枥、花楸（*Sorbus* spp.）和黄连木等，在伏牛山还可见到常绿乔木黑壳楠。小乔木层的物种也很丰富，主要以杜鹃（*Rhododendron* spp.）、荚蒾（*Viburnum* spp.）和李（*Prunus* spp.）的种类居多。林下杜鹃在冬季呈现一片墨绿，入春则鲜花璀璨，极为瞩目，在许多群丛中能形成一个明显的常绿小乔木层片。

箭竹层较发达，是表征群丛特征的一个重要层片。箭竹种类较多，常见有缺苞箭竹、青川箭竹、华西箭竹和冷箭竹等。箭竹在特定生境中可十分密集，是大熊猫的食料。

灌木层的生长状况取决于乔木层的盖度，也与箭竹层的密度有关。在林冠层开阔、箭竹稀疏的林下，灌木层较发达；相反，在林冠层郁闭、箭竹层茂密的林下，灌木层生长受到抑制。灌木层可划分出大、中、小灌木层；由落叶和常绿灌木组成，包括蔷薇（*Rosa* spp.）、悬钩子（*Rubus* spp.）和忍冬（*Lonicera* spp.）等落叶灌木，以及杜鹃（*Rhododendron* spp.）、猫儿刺、柃（*Eurya* spp.）和海桐花（*Pittosporum* spp.）等常绿灌木。

藤本植物较多，主要来自藤山柳属（*Clematoclethra*）、猕猴桃属（*Actinidia*）、木通属（*Akebia*）和铁线莲属（*Clematis*）。在成年树干上常有附生植物生长，种类有点花黄精、树生杜鹃和地衣等（吴宁，1995）。

草本层种类较丰富，既有较高大的草本如蕨类植物（图 15.3）、唐古碎米荠和高大鹿药等，又有低矮的草本如纤细草莓、凉山悬钩子、钝叶楼梯草和山酢浆草等。

图 15.3　麦吊云杉林中的常见植物

Figure 15.3　Constant plant species in *Picea brachytyla* Mixed Needleleaf and Broadleaf Forest

苔藓主要生长在枯树桩、树干或显露的岩石陡壁上，分布不均匀，厚度可达 10 cm。在土层深厚的生境中，地表往往为枯落物覆盖或为草本植物所占据，苔藓较少或呈稀疏的斑块状；常见种类有川西小金发藓、大灰藓、厚角绢藓、平枝青藓、短肋羽藓、大羽藓和绿羽藓等。

15.4 群 落 类 型

麦吊云杉林是群落结构较复杂的群系之一。群落的垂直分层多，每层的物种组成及各个物种的相对优势度在不同的生境下变异很大。乔木层除了麦吊云杉外，还有多种针阔叶树混生。冷杉类在高海拔地带较多，铁杉则出现在中、低海拔地带，在特定的生境下三者可能同时出现。麦吊云杉林下的阔叶乔木层是一个重要的层片，其物种组成复杂，优势种明显或不明显。如果按照优势种划分群丛组，由于物种的优势度在不同的群落间变化较大，群落类型的划分可能过于琐碎和无规律，因此我们统一以“阔叶乔木”的称谓出现在群丛组的命名中，该层的优势种或特征种将出现在群丛名称中。箭竹层是群丛组划分的一个重要依据。在多数群落中，林下有箭竹生长；在少数群落中，虽有箭竹生长但盖度很低。灌木层和草本层在不同的群丛间种类替代频繁，这是群丛类型多样性的基础。苔藓层盖度变化较大，我们仅在群丛尺度上对其进行描述。

基于 83 个样方的数量分类结果及相关文献资料，麦吊云杉林可划分出 4 个群丛组 9 个群丛（表 15.4a，表 15.4b，表 15.5）。

表 15.4 麦吊云杉林群落分类简表

Table 15.4 Synoptic table of *Picea brachytyla* Mixed Needleleaf and Broadleaf Forest Alliance in China

表 15.4a 群丛组分类简表

Table 15.4a Synoptic table for association group

群丛组号 Association group number			I	II	III	IV
样地数 Number of plots		L	42	29	10	2
铁杉	*Tsuga chinensis*	1	0	97	0	50
岷江冷杉	*Abies fargesii* var. *faxoniana*	1	0	31	0	0
西南樱桃	*Cerasus duclouxii*	1	0	10	0	0
云南铁杉	*Tsuga dumosa*	1	0	10	0	0
华山松	*Pinus armandii*	1	0	3	44	0
四川红杉	*Larix mastersiana*	1	2	10	56	0
冷杉	*Abies fabri*	1	0	0	0	100
紫花卫矛	*Euonymus porphyreus*	4	5	10	0	100
黄水枝	*Tiarella polyphylla*	6	7	10	0	100
大果鳞毛蕨	*Dryopteris panda*	6	7	10	0	100
显脉荚蒾	*Viburnum nervosum*	4	7	10	0	100
山酢浆草	*Oxalis griffithii*	6	7	14	0	100
细枝茶藨子	*Ribes tenue*	4	9	14	0	100
珠芽拳参	*Polygonum viviparum*	6	0	0	0	50
黑鳞鳞毛蕨	*Dryopteris lepidopoda*	6	0	0	0	50
毛花忍冬	*Lonicera trichosantha*	4	0	0	0	50

续表

群丛组号 Association group number			I	II	III	IV
样地数 Number of plots		L	42	29	10	2
唐古碎米荠	*Cardamine tangutorum*	6	0	0	0	50
大叶冷水花	*Pilea martini*	6	0	0	0	50
金星蕨	*Parathelypteris* sp.	6	0	0	0	50
杯萼忍冬	*Lonicera inconspicua*	4	0	0	0	50
西南乌头	*Aconitum episcopale*	6	0	0	0	50
细枝茶藨子	*Ribes tenue*	5	0	0	0	50
湖北黄精	*Polygonatum zanlanscianense*	6	0	0	0	50
红雉凤仙花	*Impatiens oxyanthera*	6	0	0	0	50
双花堇菜	*Viola biflora*	6	0	0	0	50
川中南星	*Arisaema wilsonii*	6	0	0	0	50
川西樱桃	*Cerasus trichostoma*	1	0	0	0	50
高大鹿药	*Maianthemum atropurpureum*	6	0	0	0	50
葱皮忍冬	*Lonicera ferdinandi*	4	0	0	0	50
单花金腰	*Chrysosplenium uniflorum*	6	0	0	0	50
亚高山冷水花	*Pilea racemosa*	6	0	0	0	50
树生杜鹃	*Rhododendron dendrocharis*	4	0	0	0	50
掌裂蟹甲草	*Parasenecio palmatisectus*	6	0	0	0	50
藤山柳	*Clematoclethra scandens*	4	0	0	0	50
乌蕨	*Odontosoria chinensis*	6	0	0	0	50
钝叶楼梯草	*Elatostema obtusum*	6	0	0	0	50
小花清风藤	*Sabia parviflora*	4	2	0	0	50
紫花卫矛	*Euonymus porphyreus*	1	2	0	0	50
柳叶菜	*Epilobium hirsutum*	6	2	0	0	50
峨眉蔷薇	*Rosa omeiensis*	4	2	0	0	50
日本蹄盖蕨	*Athyrium niponicum*	6	2	0	0	50
峨眉双蝴蝶	*Tripterospermum cordatum*	6	2	0	0	50
宝兴茶藨子	*Ribes moupinense*	4	0	3	0	50
普通铁线蕨	*Adiantum edgewothii*	6	0	3	0	50
垂花青兰	*Dracocephalum nutans*	6	0	0	11	50

表 15.4b 群丛分类简表

Table 15.4b Synoptic table for association

群丛组号 Association group number			I	I	I	II	II	II	III	III	IV
群丛号 Association number			1	2	3	4	5	6	7	8	9
样地数 Number of plots		L	38	3	1	17	3	9	4	6	2
红桦	*Betula albosinensis*	1	39	67	0	35	100	33	50	0	50
糙皮桦	*Betula utilis*	1	48	0	0	53	0	22	25	80	50
延龄草	*Trillium tschonoskii*	6	0	100	0	0	33	0	0	0	0
唐古特瑞香	*Daphne tangutica*	4	0	67	0	0	67	0	0	0	0
猫儿刺	*Ilex pernyi*	1	0	67	0	0	0	0	0	0	0
三桠乌药	*Lindera obtusiloba*	4	0	67	0	0	0	0	0	0	0
宝兴栒子	*Cotoneaster moupinensis*	4	0	67	0	0	0	0	0	0	0
黄毛枫	*Acer fulvescens*	1	0	67	0	0	0	0	0	0	0

续表

群丛组号 Association group number			I	I	I	II	II	II	III	III	IV
群丛号 Association number			1	2	3	4	5	6	7	8	9
样地数 Number of plots		L	38	3	1	17	3	9	4	6	2
川滇蹄盖蕨	*Athyrium mackinnonii*	6	0	67	0	0	0	0	0	0	0
直穗小檗	*Berberis dasystachya*	4	0	67	0	0	0	11	0	0	0
钻地风	*Schizophragma integrifolium*	6	0	67	0	0	0	0	25	0	0
狭叶五加	*Eleutherococcus wilsonii*	1	0	67	0	0	33	0	0	0	0
亮叶忍冬	*Lonicera ligustrina* var. *yunnanensis*	4	0	67	0	0	33	0	0	0	0
八宝茶	*Euonymus przwalskii*	1	0	67	0	0	33	0	0	0	0
川滇花楸	*Sorbus vilmorinii*	4	0	67	0	0	33	0	0	0	0
冰川茶藨子	*Ribes glaciale*	4	0	67	0	0	33	0	0	0	0
轮叶黄精	*Polygonatum verticillatum*	6	0	67	0	0	33	0	0	0	0
红棕杜鹃	*Rhododendron rubiginosum*	4	0	67	0	0	33	0	0	0	0
吊钟花	*Enkianthus quinqueflorus*	4	0	67	0	0	33	0	0	0	0
扇叶枫	*Acer flabellatum*	1	0	67	0	6	33	0	0	0	0
青榨枫	*Acer davidii*	1	0	67	0	6	0	11	0	0	50
苕叶细辛	*Asarum himalaicum*	6	0	67	0	0	0	0	25	0	50
蜀五加	*Eleutherococcus leucorrhizus* var. *setchuenensis*	4	0	67	0	0	33	0	0	0	50
川滇花楸	*Sorbus vilmorinii*	1	0	67	0	0	33	0	0	0	50
麻花杜鹃	*Rhododendron maculiferum*	1	0	67	0	0	33	0	0	0	50
冠盖绣球	*Hydrangea anomala*	4	0	67	0	0	33	0	0	0	50
毛叶杜鹃	*Rhododendron radendum*	1	0	67	0	0	33	0	0	0	50
胡桃楸	*Juglans mandshurica*	1	0	33	0	0	0	0	0	0	0
椭圆叶花锚	*Halenia elliptica*	6	0	33	0	0	0	0	0	0	0
蕨状薹草	*Carex filicina*	6	0	33	0	0	0	0	0	0	0
三叶木通	*Akebia trifoliata*	4	0	33	0	0	0	0	0	0	0
三桠乌药	*Lindera obtusiloba*	1	0	33	0	0	0	0	0	0	0
腺毛蹄盖蕨	*Athyrium glandulosum*	6	0	33	0	0	0	0	0	0	0
毛刺花椒	*Zanthoxylum acanthopodium* var. *timbor*	4	0	33	0	0	0	0	0	0	0
泡花树	*Meliosma cuneifolia*	4	0	33	0	0	0	0	0	0	0
金银忍冬	*Lonicera maackii*	6	0	33	0	0	0	0	0	0	0
石枣子	*Euonymus sanguineus*	4	0	33	0	0	0	0	0	0	0
豆腐柴	*Premna microphylla*	4	0	33	0	0	0	0	0	0	0
菱叶钓樟	*Lindera supracostata*	1	0	33	0	0	0	0	0	0	0
鸡腿堇菜	*Viola acuminata*	6	0	33	0	0	0	0	0	0	0
莲叶点地梅	*Androsace henryi*	6	0	33	0	0	0	0	0	0	0
糙柄菝葜	*Smilax trachypoda*	4	0	33	0	0	0	0	0	0	0
五月瓜藤	*Holboellia angustifolia*	4	0	33	0	0	0	0	0	0	0
象蜡树	*Fraxinus platypoda*	1	0	33	0	0	0	0	0	0	0
红棕杜鹃	*Rhododendron rubiginosum*	1	0	33	0	0	0	0	0	0	0
华蒲公英	*Taraxacum borealisinense*	6	0	33	0	0	0	0	0	0	0
威灵仙	*Clematis chinensis*	6	0	33	0	0	0	0	0	0	0
荨麻	*Urtica* sp.	6	0	33	0	0	0	0	0	0	0
禾叶山麦冬	*Liriope graminifolia*	6	0	33	0	0	0	0	0	0	0

续表

群丛组号 Association group number			I	I	I	II	II	II	III	III	IV
群丛号 Association number			1	2	3	4	5	6	7	8	9
样地数 Number of plots		L	38	3	1	17	3	9	4	6	2
中华枫	*Acer sinense*	1	0	33	0	0	0	0	0	0	0
布朗耳蕨	*Polystichum braunii*	6	0	33	0	0	0	0	0	0	0
沙参	*Adenophora stricta*	6	0	33	0	0	0	0	0	0	0
猫儿屎	*Decaisnea insignis*	4	0	33	0	0	0	0	0	0	0
毡毛石韦	*Pyrrosia drakeana*	6	0	33	0	0	0	0	0	0	0
贯众	*Cyrtomium fortunei*	6	0	33	0	0	0	0	0	0	0
山鸡椒	*Litsea cubeba*	4	0	33	0	0	0	0	0	0	0
鹅耳枥	*Carpinus turczaninowii*	2	0	0	100	0	0	0	0	0	0
黄连木	*Pistacia chinensis*	1	0	0	100	0	0	0	0	0	0
金莲花	*Trollius chinensis*	6	0	0	100	0	0	0	0	0	0
乌桕	*Triadica sebifera*	2	0	0	100	0	0	0	0	0	0
黑壳楠	*Lindera megaphylla*	2	0	0	100	0	0	0	0	0	0
长蕊石头花	*Gypsophila oldhamiana*	6	0	0	100	0	0	0	0	0	0
红麸杨	*Rhus punjabensis* var. *sinica*	2	0	0	100	0	0	0	0	0	0
肾蕨	*Nephrolepis cordifolia*	6	0	0	100	0	0	0	0	0	0
城口桤叶树	*Clethra fargesii*	2	0	0	100	0	0	0	0	0	0
千金榆	*Carpinus cordata*	1	0	0	100	0	0	0	0	0	0
钝叶楼梯草	*Elatostema obtusum*	6	0	0	100	0	0	33	0	0	50
西南樱桃	*Cerasus duclouxii*	1	0	0	0	18	0	0	0	0	0
华西枫杨	*Pterocarya insignis*	1	7	0	0	18	0	0	0	0	0
金鸡脚假瘤蕨	*Selliguea hastata*	6	0	0	0	0	67	0	0	0	0
野青茅	*Deyeuxia pyramidalis*	6	0	0	0	0	67	0	0	0	0
大花绣球藤	*Clematis montana* var. *longipes*	4	7	33	0	0	100	0	25	0	50
万寿竹	*Disporum cantoniense*	6	0	33	0	0	67	0	0	0	0
岩白菜	*Bergenia purpurascens*	6	0	33	0	0	67	0	0	0	0
唐古特忍冬	*Lonicera tangutica*	4	7	33	0	6	67	0	0	0	0
陕甘花楸	*Sorbus koehneana*	1	0	0	0	0	67	0	0	0	50
扭柄花	*Streptopus obtusatus*	6	0	0	0	0	67	0	0	0	50
尖头蹄盖蕨	*Athyrium vidalii*	6	0	0	0	0	67	0	25	0	50
毛叶吊钟花	*Enkianthus deflexus*	4	0	0	0	0	33	0	0	0	0
楤木	*Aralia elata*	1	0	0	0	0	33	0	0	0	0
崖花子	*Pittosporum truncatum*	4	0	0	0	0	33	0	0	0	0
毛花忍冬	*Lonicera trichosantha*	1	0	0	0	0	33	0	0	0	0
紫花醉鱼草	*Buddleja fallowiana*	4	0	0	0	0	33	0	0	0	0
单叶铁线莲	*Clematis henryi*	6	0	0	0	0	33	0	0	0	0
狭叶五加	*Eleutherococcus wilsonii*	4	0	0	0	0	33	0	0	0	0
象南星	*Arisaema elephas*	6	0	0	0	0	33	0	0	0	0
单叶铁线莲	*Clematis henryi*	4	0	0	0	0	33	0	0	0	0
唐棣	*Amelanchier sinica*	1	0	0	0	0	33	0	0	0	0
水红木	*Viburnum cylindricum*	1	0	0	0	0	33	0	0	0	0
淡黄香青	*Anaphalis flavescens*	6	0	0	0	0	33	0	0	0	0

续表

群丛组号 Association group number			I	I	I	II	II	II	III	III	IV
群丛号 Association number			1	2	3	4	5	6	7	8	9
样地数 Number of plots		L	38	3	1	17	3	9	4	6	2
糙叶五加	*Eleutherococcus henryi*	4	0	0	0	0	33	0	0	0	0
山牛蒡	*Synurus deltoides*	6	0	0	0	0	33	0	0	0	0
绢毛蔷薇	*Rosa sericea*	4	0	0	0	0	33	0	0	0	0
唐棣	*Amelanchier sinica*	4	0	0	0	0	33	0	0	0	0
山鸡椒	*Litsea cubeba*	1	0	0	0	0	33	0	0	0	0
盘叶忍冬	*Lonicera tragophylla*	4	0	0	0	0	33	0	0	0	0
冠盖绣球	*Hydrangea anomala*	1	0	0	0	0	33	0	0	0	0
单穗升麻	*Cimicifuga simplex*	6	0	0	0	0	33	0	0	0	0
类叶升麻	*Actaea asiatica*	6	0	0	0	0	33	0	0	0	0
甘青鼠李	*Rhamnus tangutica*	4	0	0	0	0	33	0	0	0	0
岷江冷杉	*Abies fargesii* var. *faxoniana*	1	0	0	0	0	0	100	0	0	0
冬瓜杨	*Populus purdomii*	1	0	0	0	0	0	22	0	0	0
云南铁杉	*Tsuga dumosa*	1	0	0	0	6	0	22	0	0	0
华山松	*Pinus armandii*	1	0	0	0	6	0	0	100	0	0
野草莓	*Fragaria vesca*	6	0	0	0	0	0	0	25	0	0
条裂黄堇	*Corydalis linarioides*	6	0	0	0	0	0	0	25	0	0
三脉紫菀	*Aster trinervius* subsp. *ageratoides*	6	0	0	0	0	0	0	25	0	0
川赤芍	*Paeonia anomala* subsp. *veitchii*	6	0	0	0	0	0	0	25	0	0
山梅花	*Philadelphus incanus*	6	0	0	0	0	0	0	25	0	0
水芹	*Oenanthe javanica*	6	0	0	0	0	0	0	25	0	0
巴山冷杉	*Abies fargesii*	1	0	0	0	0	0	0	25	0	0
花点草	*Nanocnide japonica*	6	0	0	0	0	0	0	25	0	0
七叶鬼灯檠	*Rodgersia aesculifolia*	6	0	0	0	0	0	0	25	0	0
野花椒	*Zanthoxylum simulans*	4	0	0	0	0	0	0	25	0	0
高丛珍珠梅	*Sorbaria arborea*	4	0	0	0	0	0	0	25	0	0
五味子	*Schisandra chinensis*	4	0	0	0	0	0	0	25	0	0
四蕊枫	*Acer stachyophyllum* subsp. *betulifolium*	4	0	0	0	0	0	0	25	0	0
小花风毛菊	*Saussurea parviflora*	6	0	0	0	0	0	0	25	0	0
冷蕨	*Cystopteris fragilis*	6	0	0	0	0	0	0	25	0	0
小叶柳	*Salix hypoleuca*	1	0	0	0	0	0	0	25	0	0
中华绣线梅	*Neillia sinensis*	4	0	0	0	0	0	0	25	0	0
水金凤	*Impatiens noli-tangere*	6	0	0	0	0	0	0	25	0	0
蔓孩儿参	*Pseudostellaria davidii*	6	0	0	0	0	0	0	25	0	0
柯孟披碱草	*Elymus kamoji*	6	0	0	0	0	0	0	25	0	0
刺果茶藨子	*Ribes burejense*	4	0	0	0	0	0	0	25	0	0
夏枯草	*Prunella vulgaris*	6	0	0	0	0	0	0	25	0	0
东陵绣球	*Hydrangea bretschneideri*	4	0	0	0	0	0	0	25	0	0
康定柳	*Salix paraplesia*	4	0	0	0	0	0	0	25	0	0
川柳	*Salix hylonoma*	1	0	0	0	0	0	0	25	0	0
鹿蹄橐吾	*Ligularia hodgsonii*	6	0	0	0	0	0	0	25	0	0
托叶樱桃	*Cerasus stipulacea*	1	0	0	0	0	0	0	25	0	0

续表

群丛组号 Association group number			I	I	I	II	II	II	III	III	IV
群丛号 Association number			1	2	3	4	5	6	7	8	9
样地数 Number of plots		L	38	3	1	17	3	9	4	6	2
多花落新妇	*Astilbe rivularis* var. *myriantha*	6	0	0	0	0	0	0	25	0	0
华西臭樱	*Maddenia wilsonii*	4	0	0	0	0	0	0	25	0	0
肾叶金腰	*Chrysosplenium griffithii*	6	0	0	0	0	0	0	25	0	0
扶芳藤	*Euonymus fortunei*	4	0	0	0	0	0	0	25	0	0
稠李	*Padus avium*	1	0	0	0	0	0	0	25	0	0
甘肃山楂	*Crataegus kansuensis*	1	0	0	0	0	0	0	25	0	0
四蕊枫	*Acer stachyophyllum* subsp. *betulifolium*	1	0	0	0	0	0	0	25	0	0
腺毛唐松草	*Thalictrum foetidum*	6	0	0	0	0	0	0	25	0	0
假冷蕨	*Athyrium spinulosum*	6	0	0	0	0	0	0	25	0	0
红椋子	*Cornus hemsleyi*	1	0	0	0	0	0	0	25	0	0
胡桃楸	*Juglans mandshurica*	4	0	0	0	0	0	0	25	0	0
四川红杉	*Larix mastersiana*	1	7	0	0	18	0	0	0	100	0
冷杉	*Abies fabri*	1	0	0	0	0	0	0	0	0	100
乌蕨	*Odontosoria chinensis*	6	0	0	0	0	0	0	0	0	50
黑鳞鳞毛蕨	*Dryopteris lepidopoda*	6	0	0	0	0	0	0	0	0	50
金星蕨	*Parathelypteris* sp.	6	0	0	0	0	0	0	0	0	50
葱皮忍冬	*Lonicera ferdinandi*	4	0	0	0	0	0	0	0	0	50
高大鹿药	*Maianthemum atropurpureum*	6	0	0	0	0	0	0	0	0	50
掌裂蟹甲草	*Parasenecio palmatisectus*	6	0	0	0	0	0	0	0	0	50
红雉凤仙花	*Impatiens oxyanthera*	6	0	0	0	0	0	0	0	0	50
单花金腰	*Chrysosplenium uniflorum*	6	0	0	0	0	0	0	0	0	50
藤山柳	*Clematoclethra scandens*	4	0	0	0	0	0	0	0	0	50
西南乌头	*Aconitum episcopale*	6	0	0	0	0	0	0	0	0	50
珠芽拳参	*Polygonum viviparum*	6	0	0	0	0	0	0	0	0	50
川中南星	*Arisaema wilsonii*	6	0	0	0	0	0	0	0	0	50
大叶冷水花	*Pilea martini*	6	0	0	0	0	0	0	0	0	50
双花堇菜	*Viola biflora*	6	0	0	0	0	0	0	0	0	50
湖北黄精	*Polygonatum zanlanscianense*	6	0	0	0	0	0	0	0	0	50
细枝茶藨子	*Ribes tenue*	1	0	0	0	0	0	0	0	0	50
亚高山冷水花	*Pilea racemosa*	6	0	0	0	0	0	0	0	0	50
树生杜鹃	*Rhododendron dendrocharis*	4	0	0	0	0	0	0	0	0	50
唐古碎米荠	*Cardamine tangutorum*	6	0	0	0	0	0	0	0	0	50
杯萼忍冬	*Lonicera inconspicua*	4	0	0	0	0	0	0	0	0	50
毛花忍冬	*Lonicera trichosantha*	4	0	0	0	0	0	0	0	0	50
川西樱桃	*Cerasus trichostoma*	1	0	0	0	0	0	0	0	0	50
垂花青兰	*Dracocephalum nutans*	6	0	0	0	0	0	0	25	0	50
峨眉蔷薇	*Rosa omeiensis*	4	0	33	0	0	0	0	0	0	50
柳叶菜	*Epilobium hirsutum*	6	0	33	0	0	0	0	0	0	50
峨眉双蝴蝶	*Tripterospermum cordatum*	6	0	33	0	0	0	0	0	0	50
小花清风藤	*Sabia parviflora*	4	0	33	0	0	0	0	0	0	50

续表

群丛组号 Association group number			I	I	I	II	II	II	III	III	IV
群丛号 Association number			1	2	3	4	5	6	7	8	9
样地数 Number of plots		L	38	3	1	17	3	9	4	6	2
普通铁线蕨	*Adiantum edgewothii*	6	0	0	0	0	33	0	0	0	50
日本蹄盖蕨	*Athyrium niponicum*	6	0	33	0	0	0	0	0	0	50
宝兴茶藨子	*Ribes moupinense*	4	0	0	0	0	33	0	0	0	50
紫花卫矛	*Euonymus porphyreus*	1	0	33	0	0	0	0	0	0	50
青荚叶	*Helwingia japonica*	4	7	100	0	0	100	0	0	0	0
管花鹿药	*Maianthemum henryi*	6	0	100	0	0	67	0	0	0	50
粗齿冷水花	*Pilea sinofasciata*	6	0	100	0	0	67	0	0	0	50
桦叶荚蒾	*Viburnum betulifolium*	4	7	100	0	6	67	11	0	0	50
显脉荚蒾	*Viburnum nervosum*	1	0	100	0	0	67	0	25	0	50
刺萼悬钩子	*Rubus alexeterius*	4	0	100	0	0	100	0	0	0	50
石松	*Lycopodium japonicum*	6	0	67	0	0	67	0	0	0	0
狗枣猕猴桃	*Actinidia kolomikta*	4	0	67	0	0	67	0	0	0	0
短柱柃	*Eurya brevistyla*	4	0	67	0	0	67	0	0	0	0
猫儿刺	*Ilex pernyi*	4	0	67	0	0	67	0	0	0	0
八宝茶	*Euonymus przwalskii*	4	0	67	0	0	100	0	0	0	0
软枣猕猴桃	*Actinidia arguta*	4	0	67	0	0	67	0	0	0	50
毛叶杜鹃	*Rhododendron radendum*	4	0	67	0	0	67	0	0	0	50
茜草	*Rubia cordifolia*	6	0	67	0	0	67	0	0	0	50
冷箭竹	*Arundinaria faberi*	4	0	67	0	0	67	0	0	0	50
插田泡	*Rubus coreanus*	4	0	67	0	0	67	0	0	0	50
东方草莓	*Fragaria orientalis*	6	0	67	0	0	67	0	0	0	50
七叶一枝花	*Paris polyphylla*	6	0	67	0	0	67	0	25	0	50
六叶律	*Galium hoffmeisteri*	6	0	67	0	0	67	0	25	0	50
鞘柄菝葜	*Smilax stans*	4	7	67	0	6	100	11	0	0	50
细枝茶藨子	*Ribes tenue*	4	7	100	0	6	67	11	0	0	100
显脉荚蒾	*Viburnum nervosum*	4	0	100	0	0	100	0	0	0	100
黄水枝	*Tiarella polyphylla*	6	0	100	0	0	100	0	0	0	100
大果鳞毛蕨	*Dryopteris panda*	6	0	100	0	0	100	0	0	0	100
山酢浆草	*Oxalis griffithii*	6	0	100	0	0	100	11	0	0	100
紫花卫矛	*Euonymus porphyreus*	4	0	67	0	0	100	0	0	0	100
铁杉	*Tsuga chinensis*	1	0	0	0	100	100	89	0	0	50

注：表中数据为物种频率值（%），物种按诊断值（Φ）递减的顺序排列。Φ>0.20 和 Φ>0.50（P<0.05）的物种为诊断种，其频率值分别标记深色和灰色。表中标记“L”的一列为物种所在的群落层次代码，1～3 分别表示高、中和低乔木层，4 和 5 分别表示高大灌木层和低矮灌木层，6～9 分别表示草本层、幼树、幼苗和地被层

Note: The numbers in the table are percentage frequencies. The column marked with “L” is the code of community vertical layer. 1–tree layer (high); 2–tree layer (middle); 3–tree layer (low); 4–shrub layer (high); 5–shrub layer (low); 6–herb layer (high); 7–juveniles; 8–seedlings; 9–moss layer. Species are ranked by decreasing fidelity (phi coefficient) within each association. Light and dark grey background indicates fidelity of Φ>0.20 and Φ>0.50 (P<0.05), respectively. These species are considered as diagnostic species

表 15.5　麦吊云杉林的环境和群落结构信息表

Table 15.5　Data for environmental characteristic and community supraterraneous stratification from of *Picea brachytyla* Mixed Needleleaf and Broadleaf Forest Alliance in China

群丛号 Association number	1	2	3	4	5	6	7	8	9
样地数 Number of plots	38	3	1	17	3	9	4	6	2
海拔 Altitude（m）	2000～2700	2404～2650	1830	1980～2500	2700～2750	2400～2970	1980～2590	2450～2970	2800～2913
地貌 Terrain	MO	MO	VA	MO	MO	MO/VA	MO	MO	MO
坡度 Slope（°）	0～40	20～45	5	0～40	15～45	0～40	10	6～40	15～45
坡向 Aspect	NW/NE/E	NE/SE	SW	SW/NW/NE/E	SW/SE/NE	NW/SE/NE	SE	N/NE/E	S/SE
物种数 Species	21	46～81	13	11～25	52～65	26	57		29～58
乔木层 Tree layer									
盖度 Cover（%）	40	40～85	90	40	30～80	40	40		40～60
胸径 DBH（cm）	4～46	3～93	15	4～58	3～150	5～93	3～49		3～194
高度 Height（m）	3～50	4～56	18	4～37	2～48	3～50	4～45		3～51
灌木层 Shrub layer									
盖度 Cover（%）	25	40		55	50	30			25
高度 Height（cm）	17～360	23～760		10～550	30～560	30～230			550
草本层 Herb layer									
盖度 Cover（%）	30	45		25	25	25			40
高度 Height（cm）	12～45	4～60		7～40	3～30	5～32			4～60
地被层 Ground layer									
盖度 Cover（%）	10	13		6	30	10			16
高度 Height（cm）	5	7		4	10	5			10

MO：山地 Montane；VA：河谷 Valley；E：东坡 Eastern slope；N：北坡 Northern slope；NE：东北坡 Northeastern slope；NW：西北坡 Northwestern slope；S：南坡 Southern slope；SE：东南坡 Southeastern slope；SW：西南坡 Southwestern slope

群丛组、群丛检索表

A1 乔木层由麦吊云杉和落叶阔叶树组成。**PBⅠ 麦吊云杉-阔叶乔木-箭竹/灌木-草本针阔叶混交林 *Picea brachytyla*-Broadleaf Trees-*Fargesia* spp./Shrubs-Herbs Mixed Needleleaf and Broadleaf Forest**

B1 特征种是红桦和糙皮桦，林下有明显的箭竹层，青川箭竹和缺苞箭竹等为优势种。**PB1 麦吊云杉-红桦-缺苞箭竹-钟花蓼 针阔叶混交林 *Picea brachytyla-Betula albosinensis-Fargesia denudata-Polygonum campanulatum* Mixed Needleleaf and Broadleaf Forest**

B2 林下无箭竹层或仅有稀疏的箭竹生长。

C1 特征种和常见种是川滇花楸、黄毛枫、青榨枫、扇叶枫、吊钟花和短柱柃等。**PB2 麦吊云杉-青榨枫-川滇柳-大果鳞毛蕨 针阔叶混交林 *Picea brachytyla-Acer davidii-Salix rehderiana-Dryopteris panda* Mixed Needleleaf and Broadleaf Forest**

C2 特征种和常见种是千金榆、黄连木、鹅耳枥、城口桤叶树和黑壳楠等。**PB3 麦吊云杉+千金榆-城口桤叶树-肾蕨 针阔叶混交林 *Picea brachytyla+Carpinus cordata-Clethra fargesii-Nephrolepis cordifolia* Mixed Needleleaf and Broadleaf Forest**

A2 乔木层除了麦吊云杉和落叶阔叶树外，还有铁杉、岷江冷杉、华山松、四川红杉和冷杉等针叶树混生或组成共优种。

B1 麦吊云杉和铁杉是乔木层的恒有种，或有岷江冷杉和红桦等落叶阔叶树混生或组成共优种。**PBⅡ 铁杉-麦吊云杉-阔叶乔木-灌木-草本 针阔叶混交林 *Tsuga chinensis-Picea brachytyla*-Broadleaf Trees-Shrubs-Herbs Mixed Needleleaf and Broadleaf Forest**

C1 乔木层由麦吊云杉、铁杉和红桦等落叶阔叶树组成。

D1 特征种是西南樱桃和华西枫杨；箭竹层的优势种为青川箭竹。**PB4 铁杉-麦吊云杉+红桦-美容杜鹃-青川箭竹-托叶樱桃-川西鳞毛蕨 针阔叶混交林 *Tsuga chinensis-Picea brachytyla+Betula albosinensis-Rhododendron calophytum-Fargesia rufa-Cerasus stipulacea-Dryopteris rosthornii* Mixed Needleleaf and Broadleaf Forest**

D2 特征种是陕甘花楸、八宝茶、插田泡、刺萼悬钩子和大花绣球藤；箭竹层的优势种是冷箭竹。**PB5 铁杉-麦吊云杉-红桦-冷箭竹-显脉荚蒾-大果鳞毛蕨 针阔叶混交林 *Tsuga chinensis-Picea brachytyla-Betula albosinensis-Arundinaria faberi-Viburnum nervosum-Dryopteris panda* Mixed Needleleaf and Broadleaf Forest**

C2 乔木层由麦吊云杉、铁杉、岷江冷杉和落叶阔叶树组成，特征种是岷江冷杉和冬瓜杨等。**PB6 铁杉+麦吊云杉-五尖枫+岷江冷杉-缺苞箭竹-问客杜鹃-丝秆薹草 针阔叶混交林 *Tsuga chinensis+Picea brachytyla-Acer maximowiczii+Abies fargesii* var. *faxoniana-Fargesia denudata-Rhododendron ambiguum-Carex filamentosa* Mixed Needleleaf and Broadleaf Forest**

B2 乔木层由麦吊云杉、阔叶乔木、华山松或四川红杉或冷杉组成。

C1 乔木层由麦吊云杉、阔叶乔木和华山松或四川红杉组成。**PBⅢ 麦吊云杉-华山松/四川红杉-阔叶乔木-灌木-草本 针阔叶混交林 *Picea brachytyla-Pinus armandii/Larix mastersiana*-Broadleaf Trees-Shrubs-Herbs Mixed Needleleaf and Broadleaf Forest**

D1 乔木层由麦吊云杉、华山松和阔叶乔木组成；特征种是四蕊枫、托叶樱桃、红椋子、甘肃山楂、稠李和华山松。**PB7 麦吊云杉-华山松-红桦-康定柳-假冷蕨 针阔叶混交林 *Picea brachytyla-Pinus armandii-Betula albosinensis-Salix paraplesia-Athyrium spinulosum* Mixed Needleleaf and Broadleaf Forest**

D2 乔木层由麦吊云杉、阔叶乔木和四川红杉组成，后者为特征种。**PB8 麦吊云杉-四川红杉-糙皮桦 针阔叶混交林 *Picea brachytyla-Larix mastersiana-Betula utilis* Mixed Needleleaf and Broadleaf Forest**

C2 乔木层由麦吊云杉和冷杉组成。**PBⅣ 麦吊云杉-冷杉-冷箭竹-灌木-草本 常绿针叶林 *Picea brachytyla-Abies fabri-Arundinaria faberi*-Shrubs-Herbs Evergreen Needleleaf Forest**

D 特征种是冷杉、紫花卫矛、细枝茶藨子、显脉荚蒾和大果鳞毛蕨等。**PB9 麦吊云杉-冷杉-冷箭竹-显脉荚蒾-大花糙苏 常绿针叶林 *Picea brachytyla-Abies fabri-Arundinaria faberi-Viburnum nervosum-Phlomis megalantha* Evergreen Needleleaf Forest**

15.4.1 PBⅠ

麦吊云杉-阔叶乔木-箭竹/灌木-草本 针阔叶混交林

***Picea brachytyla*-Broadleaf Trees-*Fargesia* spp./Shrubs-Herbs Mixed Needleleaf and Broadleaf Forest**

麦吊杉林—中国植被，1980：201-202；四川森林，1992：352-362；中国森林（第 2 卷 针叶林），1999：743-749；麦吊云杉-红桦-青川箭竹群落，麦吊云杉-红桦-龙头竹群落—甘肃林业科技，2002，27（1）：1014；麦吊云杉-红桦林—甘肃林业科技，2006，31（4）：10-13。

群落呈针阔叶混交林外貌。针叶树的树冠狭窄挺拔、色泽墨绿，阔叶乔木的树冠圆钝、色泽亮绿，针叶树高耸于阔叶树之上。大乔木层稀疏，由麦吊云杉单优势种组成，个体的平均高度在不同的产地间存在差异，通常不超过 35 m。在河南伏牛山西北部军马河乡白果村十八盘的原始森林中，麦吊云杉的平均胸径是 15 cm，平均树高是 18 m（丁向阳，2007）；在甘肃文县范坝、刘家坪、上丹、铁楼，迭部县多儿沟等地，平均胸径是 38 cm，平均树高是 17 m（任继文，2004；黄华梨，2002；王建宏等，2006）；在四川唐家河大岭子调查的 2 个样地中，平均高度分别是 14 m 和 23 m；在贡嘎山海螺沟调查的 1 个样地中，平均高度是 36 m。中、小乔木层由多种阔叶乔木组成，红桦是常见种，其他种类包括枫树、花楸、椴树、樱桃和杜鹃等。林下的箭竹层密集或稀疏，由青川箭竹和缺苞箭竹等组成。灌木层的盖度取决于箭竹层的密集程度，在箭竹稀疏的林下，可形成较密集的灌木层。草本层稀疏，苔藓层呈小斑块状。

分布在四川北部和甘肃南部的白水江流域，在河南伏牛山也有少量分布，是处在麦吊云杉林自然分布区北界地带的一个类型，垂直分布范围 1800～2750 m，出现在针叶林与阔叶林的交错地带。

这个群落类型在物种水平上没有筛选出特征种（表 15.4a），但是从生活型水平上看，这是一个特色鲜明的群丛组，最主要的特征是乔木层由麦吊云杉和阔叶乔木组成。这里描述 3 个群丛。

15.4.1.1　PB1

麦吊云杉-红桦-缺苞箭竹-钟花蓼 针阔叶混交林

***Picea brachytyla-Betula albosinensis-Fargesia denudata-Polygonum campanulatum* Mixed Needleleaf and Broadleaf Forest**

凭证样方：BS01、BS02、BS04、BS06、BS07、BS08、BS09、BS10、BS11、BS12、BS14、BS15、BS16、BS17、BS18、BS19、BS22、BS23、BS24、BS26、BS27、BS28、BS29、BS30、BS31、BS32、BS33、BS34、BS36、BS41、BS42、BS44、BS45、BS46、T23、WL08、WL09、WL17。

特征种：红桦（*Betula albosinensis*）*、糙皮桦（*Betula utilis*）*。

常见种：麦吊云杉（*Picea brachytyla*）及上述标记*的物种。

乔木层盖度达 40%，胸径（4）14～24（46）cm，高度（3）12～23（50）m；麦吊云杉为大乔木层的优势种，“胸径-频数”和“树高-频数”曲线略呈右偏态分布，但中等径级或树高级频数分布存在残缺现象（图 15.4）；中乔木层由落叶阔叶树组成，优势种不明显，红桦和糙皮桦较常见，或与椴树、湖北花楸、华椴、疏花枫、华西枫杨、米心树、泡花树和五裂枫等偶见种组成共优种；小乔木层由偶见种组成，包括刺柏、毛樱桃、杜鹃和桦叶荚蒾等。林下没有记录到麦吊云杉的幼苗和幼树，自然更新不良。

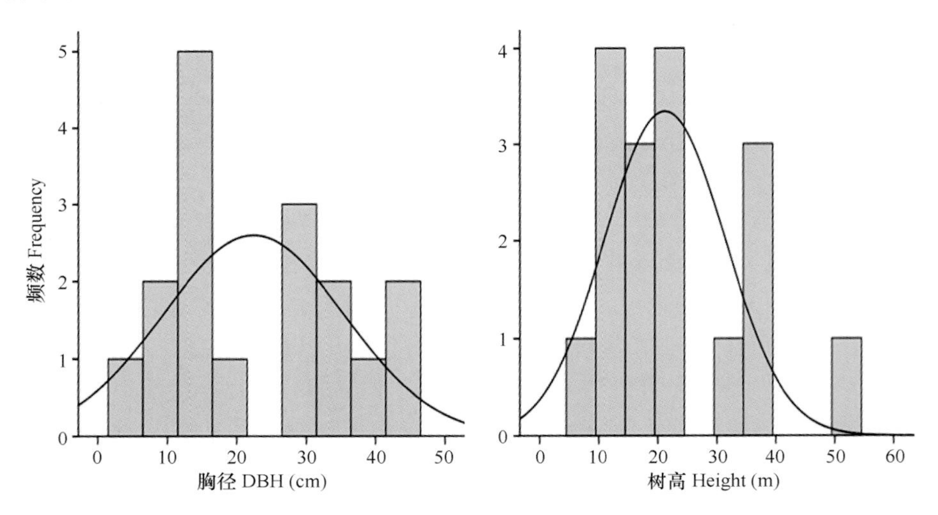

图 15.4　T23 样方麦吊云杉胸径和树高频数分布图

Figure 15.4　Frequency distribution of DBH and tree height of *Picea brachytyla* in plot T23

箭竹层发达，盖度达 65%，生长密集，由缺苞箭竹组成。在箭竹密集的林下几乎无灌木生长，在陡坡地带，箭竹稀疏，常有灌木生长，总盖度 25%，高度可达 360 cm；大灌木层种类较少但盖度较大，优势种为毛樱桃；中、小灌木层物种组成简单，主要种类有刺毛蔷薇和针刺悬钩子等。藤本层不明显，仅见大花绣球藤，盖度 4%。

草本层总盖度 30%，高度可达 45 cm；三角叶假冷蕨、蛛毛蟹甲草和川西鳞毛蕨等组成直立、稀疏的高大草本层；钟花蓼、秀丽假人参和大披针薹草在低矮草本层可形成局部密集的优势层片，偶见蔓生草本细茎双蝴蝶。

林地铺满枯落物，密集的竹丛下尤甚，几乎无草本或苔藓生长。在陡坡、树根和岩石壁上，有斑块状苔藓生长，盖度 10%，平均厚度达 5 cm，种类有川西小金发藓、大灰藓、厚角绢藓和平枝青藓等，各藓种多呈单优势的小斑块状彼此镶嵌。

分布于甘肃南部的白水江流域、四川西北部的卧龙和青川等地，海拔 2000～2700 m，生长在山地的西北坡、东北坡和东坡或梁峁、山麓与谷地，坡度 0°～40°。

由于部分凭证样方的数据记录不完整，这个群丛的灌木层、草本层和苔藓层的描述尚待进一步补充与完善。

15.4.1.2 PB2

麦吊云杉-青榨枫-川滇柳-大果鳞毛蕨 针阔叶混交林

***Picea brachytyla-Acer davidii-Salix rehderiana-Dryopteris panda* Mixed Needleleaf and Broadleaf Forest**

凭证样方：T21、Gongga-03、Gongga-04。

特征种：川滇花楸（*Sorbus vilmorinii*）*、黄毛枫（*Acer fulvescens*）*、青榨枫（*Acer davidii*）*、扇叶枫（*Acer flabellatum*）*、吊钟花（*Enkianthus quinqueflorus*）*、短柱柃（*Eurya brevistyla*）*、狗枣猕猴桃（*Actinidia kolomikta*）*、冠盖绣球（*Hydrangea anomala*）*、红棕杜鹃（*Rhododendron rubiginosum*）*、桦叶荚蒾（*Viburnum betulifolium*）*、冷箭竹（*Arundinaria faberi*）*、软枣猕猴桃（*Actinidia arguta*）*、蜀五加（*Eleutherococcus leucorrhizus* var. *setchuenensis*）*、川滇蹄盖蕨（*Athyrium mackinnonii*）*、大果鳞毛蕨（*Dryopteris panda*）*、粗齿冷水花（*Pilea sinofasciata*）*、东方草莓（*Fragaria orientalis*）*、管花鹿药（*Maianthemum henryi*）*、黄水枝（*Tiarella polyphylla*）*、六叶律（*Galium hoffmeisteri*）*、轮叶黄精（*Polygonatum verticillatum*）*。

常见种：红桦（*Betula albosinensis*）、麦吊云杉（*Picea brachytyla*）及上述标记*的物种。

乔木层盖度 40%～85%，胸径（3）14～24（93）cm，高度（4）13～52（56）m；麦吊云杉为大乔木层的优势种，数量稀少，皆是参天巨木，高耸挺拔（图 15.5）；“胸径-频数”和“树高-频数”分布不完整，中、小径级个体缺如（图 15.6）。中乔木层与上层麦吊云杉的高度相差近 35 m，由多种阔叶乔木组成，优势种不明显，常见种类有胡桃楸、中华枫、青榨枫和扇叶枫等。小乔木层物种组成丰富，常见落叶种类有八宝茶、川滇花楸、桦叶荚蒾、黄毛枫、三桠乌药、山梅花、五尖枫、显脉荚蒾、长尾枫和紫花卫矛；常绿种类有短柱柃、红棕杜鹃、菱叶钓樟、麻花杜鹃、毛叶杜鹃和猫儿刺等。处在海拔较低的位置，水热条件好，林下植被繁盛，密集的灌木层将抑制针叶树幼苗的生长，林下未发现麦吊云杉的幼苗和幼树，自然更新不良。

箭竹稀疏，盖度 6%，冷箭竹较常见。灌木层发达，总盖度 40%，高度可达 760 cm，优势种不明显；大灌木层中常见种类有猫儿屎、川滇柳、红棕杜鹃、菱叶钓樟、猫儿刺、毛樱桃、三桠乌药、山鸡椒、托叶樱桃、细枝茶藨子和显脉荚蒾；中灌木层常见种类有

图 15.5 “麦吊云杉-青榨枫-川滇柳-大果鳞毛蕨”针阔叶混交林的乔木层（左）、灌木层（右上）和草本层（右下）（四川贡嘎山海螺沟）

Figure 15.5 Tree layer (left), shrub layer (upper right) and herb layer (lower right) of a community of *Picea brachytyla-Acer davidii-Salix rehderiana-Dryopteris panda* Mixed Needleleaf and Broadleaf Forest in Hailuogou, Mt. Gongga, Sichuan

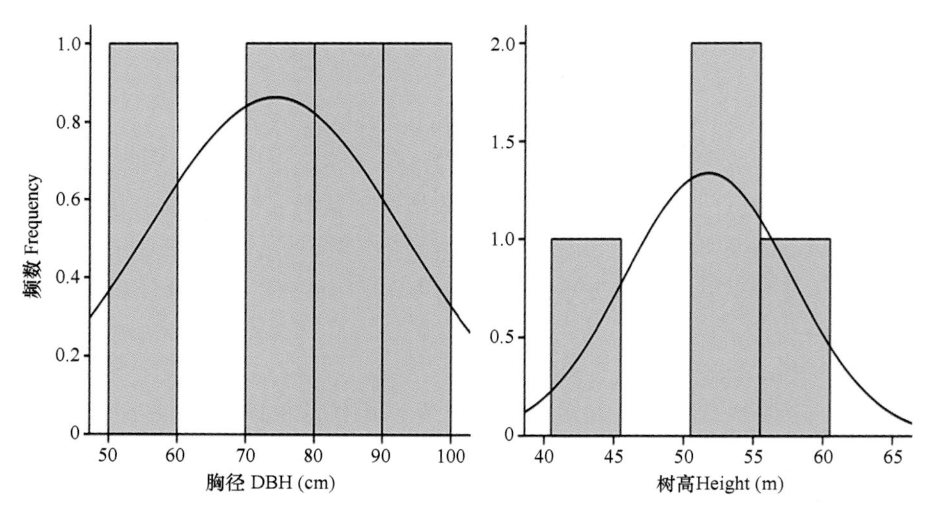

图 15.6 T21 样方麦吊云杉胸径和树高频数分布图

Figure 15.6 Frequency distribution of DBH and tree height of *Picea brachytyla* in plot T21

宝兴栒子、刺萼悬钩子、红棕子、桦叶荚蒾、亮叶忍冬、毛刺花椒、青荚叶和直穗小檗；小灌木层常见种类有冰川茶藨子、插田泡、刺萼悬钩子、亮叶忍冬、毛叶杜鹃、鞘柄菝葜、唐古特瑞香和细枝茶藨子。木质藤本较丰富，常见种类有软枣猕猴桃、大花绣球藤、狗枣猕猴桃、三叶木通和五月瓜藤等。

草本层总盖度达 45%，高度可达 60 cm；大果鳞毛蕨是构成高大草本层的优势种，常见种有莲叶点地梅、贯众、延龄草、澜沧囊瓣芹、黄水枝、粗齿冷水花、肾叶蒲儿根、蕨状薹草和管花鹿药等；低矮草本层由莲座叶或蔓生草本组成，种类有苕叶细辛、车叶律、支柱拳参、布朗耳蕨、山酢浆草、纤细草莓、华蒲公英和钝叶楼梯草等。

林地通常铺满枯落物，苔藓呈较小的斑块状，盖度 13%，厚度达 7 cm；在枯树桩、树干基部、陡坡和岩石上较密集，大羽藓、绿羽藓和短肋羽藓较常见。

分布于四川西南部（贡嘎山），海拔 2400～2650 m，生长在山地东北坡至东南坡，坡度 20°～45°，林地内巨石显露，土层稀薄。几无干扰，呈原始森林景观，目前保护较好。

15.4.1.3　PB3

麦吊云杉+千金榆-城口桤叶树-肾蕨 针阔叶混交林

***Picea brachytyla+Carpinus cordata-Clethra fargesii-Nephrolepis cordifolia* Mixed Needleleaf and Broadleaf Forest**

凭证样方：D2007。

特征种：千金榆（*Carpinus cordata*）*、黄连木（*Pistacia chinensis*）*、鹅耳枥（*Carpinus turczaninowii*）*、城口桤叶树（*Clethra fargesii*）*、黑壳楠（*Lindera megaphylla*）*、红麸杨（*Rhus punjabensis* var. *sinica*）*、乌桕（*Triadica sebifera*）*、钝叶楼梯草（*Elatostema obtusum*）*、长蕊石头花（*Gypsophila oldhamiana*）*、肾蕨（*Nephrolepis cordifolia*）*、金莲花（*Trollius chinensis*）*。

常见种：麦吊云杉（*Picea brachytyla*）及上述标记*的物种。

乔木层盖度达 90%；大乔木层缺如；麦吊云杉为中乔木层的优势种，平均胸径 15 cm，平均高度 18 m，有千金榆和黄连木混生；小乔木层由落叶或常绿乔木组成，城口桤叶树略占优势，其他种类有鹅耳枥、黑壳楠、红麸杨和乌桕等。草本层由肾蕨、楼梯草、牛蒡、长蕊石头花和金莲花等组成。

分布于河南伏牛山，生长在低山丘陵区海拔 1830 m 的河谷地带及山地西南坡（丁向阳，2007）。

这个群丛处在麦吊云杉林分布区的东北边界地带，气候为亚热带季风气候，地带性的植被为亚热带常绿落叶阔叶混交林。目前处在伏牛山国家级自然保护区内，人类活动干扰较轻，基本保持了原始森林的特点。从样方数据看，这个群丛的垂直分布海拔较低，乔木层低矮，平均胸径较小，说明暖湿的亚热带气候不适宜麦吊云杉林的生长。

由于凭证样方的数据记录不完整，灌木层、草本层和苔藓层的描述尚待进一步补充与完善。

15.4.2 PBⅡ

铁杉-麦吊云杉-阔叶乔木-灌木-草本 针阔叶混交林

***Tsuga chinensis-Picea brachytyla*-Broadleaf trees-Shrubs-Herbs Mixed Needleleaf and Broadleaf Forest**

群落呈针阔叶混交林外貌。乔木层由铁杉、麦吊云杉和多种阔叶乔木组成。铁杉侧枝粗壮，树冠圆钝开阔，常高耸于其他乔木之上；麦吊云杉和红桦、川滇花楸、长尾枫与扇叶枫等是组成中、小乔木层的常见种。林下通常有箭竹层发育，常见种类有青川箭竹和冷箭竹。灌木层的物种丰富度高，显脉荚蒾、托叶樱桃、桦叶荚蒾、问客杜鹃、紫花醉鱼草、崖花子、菱叶钓樟、猫儿刺和毛叶吊钟花等是常见种或偶见种。藤本植物有盘叶忍冬、狗枣猕猴桃和软枣猕猴桃等。草本层中，蕨类植物个体高大，种类丰富，大果鳞毛蕨和川西鳞毛蕨常是直立高大草本层中的优势种，其他直立草本有三角叶假冷蕨、钟花蓼、杨叶风毛菊和管花鹿药等；低矮草本层由莲座叶和贴地圆叶草本组成，种类有鹿蹄草、肾叶蒲儿根、山酢浆草、华北石韦和黄水枝等。林地内的苔藓呈稀疏的斑块状，在陡坡或岩石等局部生境中或较密集。

分布于四川盆地西南部、西北部至北部的山地雨屏带。目前在几个自然保护区内尚有少量保存较好的原始森林。这里描述 3 个群丛。

15.4.2.1 PB4

铁杉-麦吊云杉+红桦-美容杜鹃-青川箭竹-托叶樱桃-川西鳞毛蕨 针阔叶混交林

***Tsuga chinensis-Picea brachytyla+Betula albosinensis-Rhododendron calophytum-Fargesia rufa-Cerasus stipulacea-Dryopteris rosthornii* Mixed Needleleaf and Broadleaf Forest**

凭证样方：BS05、BS13、BS20、BS35、BS38、BS43、BS47、BS48、T24、WL02、WL03、WL07、WL10、WL11、WL13、WL19、WL64。

特征种：西南樱桃（*Cerasus duclouxii*）、华西枫杨（*Pterocarya insignis*）、铁杉（*Tsuga chinensis*）*。

常见种：麦吊云杉（*Picea brachytyla*）及上述标记*的物种。

乔木层盖度达 40%，胸径（4）18（58）cm，高度（4）12（37）m；铁杉是大乔木层的优势种，个体稀疏高耸；麦吊云杉和红桦是中乔木层的共优种，偶有华西枫杨、湖北花楸和五尖枫等混生（图 15.7）；麦吊云杉“胸径-频数”和“树高-频数”曲线呈右偏态分布，中、小径级或树高级个体较多，但树高级频数分布有残缺现象（图 15.8）；小乔木层中，美容杜鹃略占优势，枝叶繁茂、叶色墨绿，在群落中极为醒目，偶见桦叶荚蒾和华椴等。林下没有记录到麦吊云杉的幼苗和幼树，可能与陡峭的地形及密集生长的箭竹层有关。在乱石堆砌的河谷地带，虽然土层瘠薄，流水潺潺，杂灌丛生，但仍能见到麦吊云杉的幼树或幼苗。

箭竹层密集，分盖度达 60%，青川箭竹为优势种。灌木层总盖度 55%，高度 10～550 cm；大灌木层由西南樱桃组成，分盖度达 30%；中、小灌木层物种组成较丰富，多为偶见种，包括托叶樱桃、桦叶荚蒾、唐古特忍冬、针刺悬钩子、刺毛蔷薇、苞叶杜鹃、问客杜鹃、细枝茶藨子和鞘柄菝葜等。

图 15.7 “铁杉-麦吊云杉+红桦-美容杜鹃-青川箭竹-托叶樱桃-川西鳞毛蕨”针阔叶混交林的林冠层（左上）、箭竹层/灌木层（左下，右上）和草本层（右下）（四川唐家河）

Figure 15.7 Canopy layer (upper left), bamboo/shrub layer (lower left, upper right) and herb layer (lower right) of a community of *Tsuga chinensis-Picea brachytyla+Betula albosinensis-Rhododendron calophytum-Fargesia rufa-Cerasus stipulacea-Dryopteris rosthornii* Mixed Needleleaf and Broadleaf Forest in Tangjiahe, Sichuan

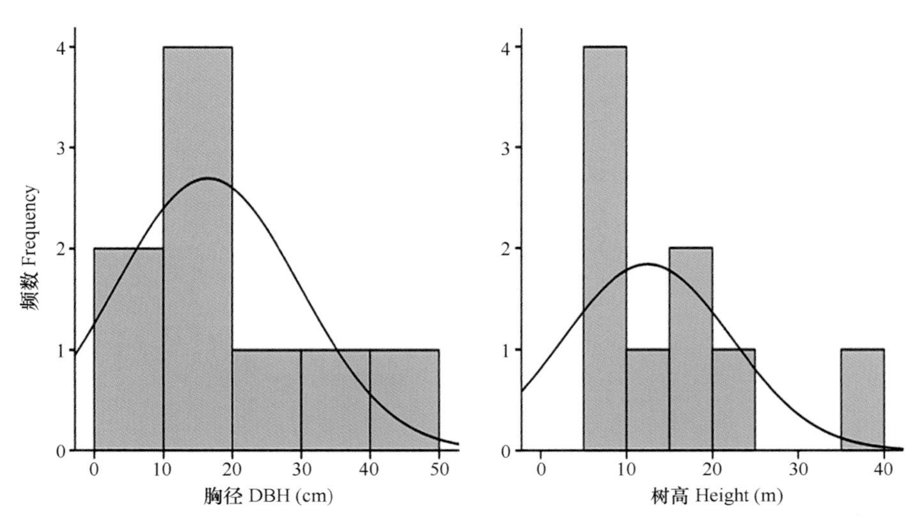

图 15.8 T24 样方麦吊云杉胸径和树高频数分布图

Figure 15.8 Frequency distribution of DBH and tree height of *Picea brachytyla* in plot T24

草本层总盖度25%，高度可达7～40 cm；川西鳞毛蕨占优势，与偶见种三角叶假冷蕨、钟花蓼、杨叶风毛菊和疙瘩七等组成直立草本层；鹿蹄草和细茎双蝴蝶等匍匐贴地生长。

苔藓层稀薄，盖度6%，厚度达4 cm，川西小金发藓和大灰藓在树干基部或岩坡等陡峭的地形中形成斑块状优势层片。

分布于四川西北部的卧龙、青川和甘肃南部的白水江流域，海拔1980～2500 m，生长在谷地、山地梁茆地带或山地的西南坡、西北坡、东北坡至东坡，坡度0°～40°。这里是大熊猫的重要栖息地，自然植被保护较好，人类活动干扰较轻。

15.4.2.2 PB5

铁杉-麦吊云杉-红桦-冷箭竹-显脉荚蒾-大果鳞毛蕨 针阔叶混交林

***Tsuga chinensis-Picea brachytyla-Betula albosinensis-Arundinaria faberi-Viburnum nervosum-Dryopteris panda* Mixed Needleleaf and Broadleaf Forest**

凭证样方：T20、Gongga-01、Gongga-02。

特征种：陕甘花楸（*Sorbus koehneana*）*、八宝茶（*Euonymus przwalskii*）*、插田泡（*Rubus coreanus*）*、刺萼悬钩子（*Rubus alexeterius*）*、大花绣球藤（*Clematis montana* var. *longipes*）*、短柱柃（*Eurya brevistyla*）*、狗枣猕猴桃（*Actinidia kolomikta*）*、桦叶荚蒾（*Viburnum betulifolium*）*、冷箭竹（*Arundinaria faberi*）*、猫儿刺（*Ilex pernyi*）*、毛叶杜鹃（*Rhododendron radendum*）*、鞘柄菝葜（*Smilax stans*）*、青荚叶（*Helwingia japonica*）*、软枣猕猴桃（*Actinidia arguta*）*、唐古特忍冬（*Lonicera tangutica*）*、唐古特瑞香（*Daphne tangutica*）*、铁杉（*Tsuga chinensis*）*、细枝茶藨子（*Ribes tenue*）*、显脉荚蒾（*Viburnum nervosum*）*、紫花卫矛（*Euonymus porphyreus*）*。

常见种：红桦（*Betula albosinensis*）、麦吊云杉（*Picea brachytyla*）及上述标记*的物种。

乔木层盖度达30%～80%，胸径（5）14～32（150）cm，高度（3）21（50）m；铁杉是大乔木层的优势种，高耸于其他乔木之上（图15.9）；麦吊云杉高度的变化幅度10～35 m，主要出现在中乔木层，有红桦、川滇花楸、长尾枫和扇叶枫等阔叶乔木混生；T20样方数据显示，麦吊云杉“胸径-频数”和“树高-频数”曲线呈左偏态分布，中、高径级或树高级个体较多，但树高级频数分布有残缺现象，林下罕见麦吊云杉幼苗（图15.10）；小乔木层由落叶或常绿乔木组成，种类有八宝茶、显脉荚蒾、楤木、泡花树、山鸡椒、短柱柃、水红木、麻花杜鹃和陕甘花楸等。

箭竹层中等密集，分盖度达30%，冷箭竹占优势。灌木层总盖度为50%，高度30～560 cm，物种丰富度高；显脉荚蒾是大灌木层的优势种，分盖度达20%，其他常见或偶见种类有麻花杜鹃、短柱柃、红椋子、绢毛蔷薇、川滇柳、红棕杜鹃和紫花醉鱼草等；中、小灌木层由落叶或常绿灌木组成，包括猫儿刺、紫花卫矛、狭叶五加、鞘柄菝葜、青荚叶、刺萼悬钩子和崖花子等。藤本层盖度12%，软枣猕猴桃较常见，偶见盘叶忍冬、大花绣球藤和狗枣猕猴桃等。

图 15.9 “铁杉-麦吊云杉-红桦-冷箭竹-显脉荚蒾-大果鳞毛蕨”针阔叶混交林的乔木层（左上）、灌木层（左下）、箭竹层（右上）和草本层（右下）（四川贡嘎山海螺沟）

Figure 15.9 Tree layer (upper left), shrub layer (lower left), bamboo layer (upper right) and herb layer (lower right) of a community of *Tsuga chinensis-Picea brachytyla-Betula albosinensis-Arundinaria faberi-Viburnum nervosum-Dryopteris panda* Mixed Needleleaf and Broadleaf Forest in Hailuogou, Mt. Gongga, Sichuan

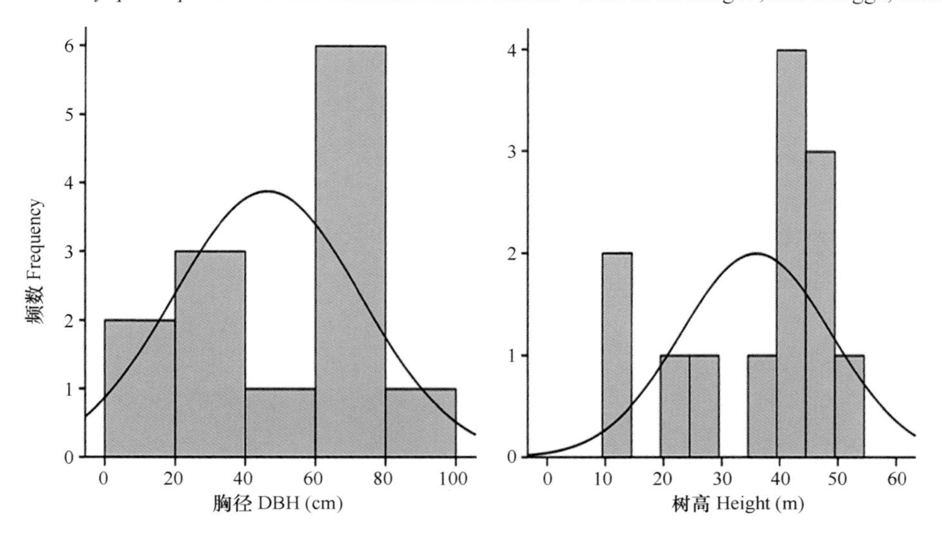

图 15.10　T20 样方麦吊云杉胸径和树高频数分布图

Figure 15.10　Frequency distribution of DBH and tree height of *Picea brachytyla* in plot T20

草本层总盖度 25%，高度 3～30 cm，多为偶见种，蕨类植物常是组成高大草本层的优势种，种类有大果鳞毛蕨、长江蹄盖蕨、尖头蹄盖蕨和金鸡脚假瘤蕨等；其他偶见种有类叶升麻、肾叶蒲儿根、管花鹿药、华北石韦、黄水枝和澜沧囊瓣芹等；东方草莓和山酢浆草等圆叶系列草本偶见于林下，生长在枯落物层或苔藓上。

苔藓较发达，呈斑块状散布在林地，盖度达 30%，平均厚度达 10 cm，大羽藓和短肋羽藓较常见。

分布于四川西南部（贡嘎山），海拔 2700～2750 m，生长在山地东北坡、东南坡至西南坡，坡度 15°～45°，林地内巨石显露，土层稀薄。几无干扰，呈原始森林景观，目前保护较好。

15.4.2.3 PB6

铁杉+麦吊云杉-五尖枫+岷江冷杉-缺苞箭竹-问客杜鹃-丝秆薹草 针阔叶混交林

***Tsuga chinensis+Picea brachytyla-Acer maximowiczii+Abies fargesii* var. *faxoniana-Fargesia denudata-Rhododendron ambiguum-Carex filamentosa* Mixed Needleleaf and Broadleaf Forest**

凭证样方：BS03、BS25、T22、WL12、WL51、WL57、WL58、WL59、WL62。

特征种：岷江冷杉（*Abies fargesii* var. *faxoniana*）*、冬瓜杨（*Populus purdomii*）、铁杉（*Tsuga chinensis*）*、云南铁杉（*Tsuga dumosa*）。

常见种：麦吊云杉（*Picea brachytyla*）及上述标记*的物种。

乔木层盖度达 40%，胸径（5）9～27（93）cm，高度（3）5～25（50）m；铁杉和麦吊云杉为大乔木层的共优种，二者的多度相当，但前者的胸径和树高均大于后者（图 15.11）；麦吊云杉的“胸径-频数”和“树高-频数”曲线呈右偏态分布，径级和树高级频数分布残缺不齐（图 15.12）。中乔木层中，五尖枫和岷江冷杉组成共优种，其他阔叶乔木多为偶见种，包括疏花枫、水青树、红桦、多毛椴和冬瓜杨等。林下有岷江冷杉的幼苗生长，未发现麦吊云杉的幼苗和幼树。

箭竹层发达，盖度达 55%，缺苞箭竹为优势种。灌木层总盖度 30%，高度 30～230 cm；问客杜鹃是大灌木层的优势种；中、小灌木层由偶见种组成，包括麻花杜鹃、刺毛蔷薇、细枝茶藨子、针刺悬钩子、直穗小檗、苞叶杜鹃、桦叶荚蒾、角翅卫矛和鞘柄菝葜等。

在密集的箭竹下，草本稀疏，盖度 25%，高度 5～32 cm；川西鳞毛蕨、三角叶假冷蕨和杨叶风毛菊等形成稀疏的直立草本层，丝秆薹草、沿阶草和优越虎耳草等在树干基部或在箭竹稀疏的生境中形成局部占优势的草本斑块，疙瘩七、车叶律、大花金挖耳和山酢浆草偶见于林下。

林地通常铺满枯落物。苔藓稀薄，多见于树干、枯树桩和岩石上，盖度 10%，平均厚度达 5 cm，川西小金发藓、大灰藓、厚角绢藓和平枝青藓等较常见。

分布于四川西北部和甘肃南部，海拔 2400～2970 m，生长在山脊梁顶的平缓台地，山地西北坡、东南坡和东北坡，坡度 0°～40°。这个区域是大熊猫的重要栖息地之一，人类活动干扰较轻。

15.4.3 PBIII

麦吊云杉-华山松/四川红杉-阔叶乔木-灌木-草本 针阔叶混交林

***Picea brachytyla-Pinus armandii/Larix mastersiana*-Broadleaf trees-Shrubs-Herbs Mixed Needleleaf and Broadleaf Forest**

图 15.11 “铁杉+麦吊云杉-五尖枫+岷江冷杉-缺苞箭竹-问客杜鹃-丝秆薹草”针阔叶混交林的垂直结构（左）、林冠层（右上）、箭竹层（右中）和草本层（右下）（四川青川唐家河）

Figure 15.11 Supraterraneous stratification (left), canopy layer (upper right), bamboo layer (middle right) and herb layer (lower right) of a community of *Tsuga chinensis*+*Picea brachytyla*-*Acer maximowiczii*+ *Abies fargesii* var. *faxoniana*-*Fargesia denudata*-*Rhododendron ambiguum*-*Carex filamentosa* Mixed Needleleaf and Broadleaf Forest in Tangjiahe, Sichuan

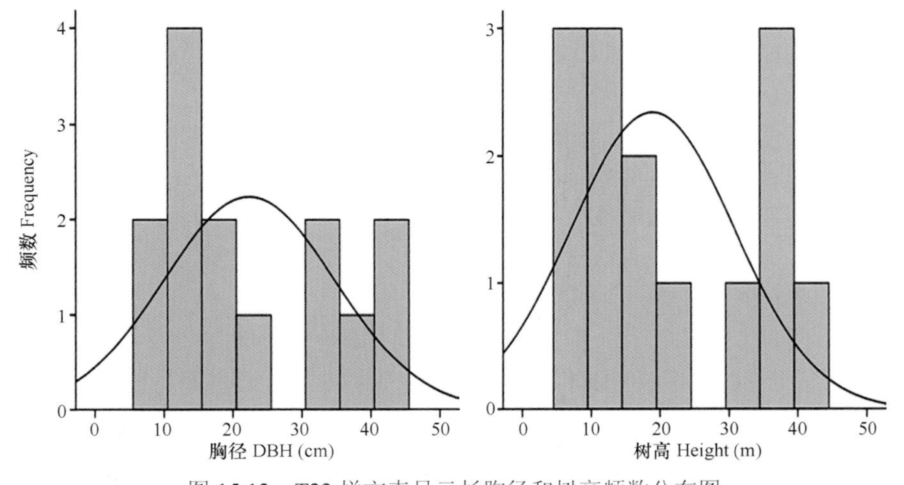

图 15.12　T22 样方麦吊云杉胸径和树高频数分布图

Figure 15.12 Frequency distribution of DBH and tree height of *Picea brachytyla* in plot T22

群落呈针阔叶混交林外貌。乔木层由麦吊云杉和阳性的针阔叶树组成，包括华山松、四川红杉、红桦、糙皮桦、长尾枫、四蕊枫和疏花枫等。灌木层常见或偶见的种类有显脉荚蒾、中华绣线梅、刺果茶藨子、康定柳、聚花荚蒾和野花椒等。草本层中，蕨类植物丰富，是直立高大草本层中的优势种。

分布于四川西北部和甘肃南部。麦吊云杉与华山松的混交林生长在中、低海拔地带，与四川红杉的混交林生长在中、高海拔地带。这里描述 2 个群丛。

15.4.3.1 PB7

麦吊云杉-华山松-红桦-康定柳-假冷蕨 针阔叶混交林

***Picea brachytyla-Pinus armandii-Betula albosinensis-Salix paraplesia-Athyrium spinulosum* Mixed Needleleaf and Broadleaf Forest**

凭证样方：BS37、BS39、BS40、MotianlingTS11。

特征种：四蕊枫（*Acer stachyophyllum* subsp. *betulifolium*）、托叶樱桃（*Cerasus stipulacea*）、红椋子（*Cornus hemsleyi*）、甘肃山楂（*Crataegus kansuensis*）、稠李（*Padus avium*）、华山松（*Pinus armandii*）*、川柳（*Salix hylonoma*）、小叶柳（*Salix hypoleuca*）、高丛珍珠梅（*Sorbaria arborea*）、野花椒（*Zanthoxylum simulans*）、东陵绣球（*Hydrangea bretschneideri*）、胡桃楸（*Juglans mandshurica*）、华西臭樱（*Maddenia wilsonii*）、中华绣线梅（*Neillia sinensis*）、刺果茶藨子（*Ribes burejense*）、康定柳（*Salix paraplesia*）、三脉紫菀（*Aster trinervius* subsp. *ageratoides*）、多花落新妇（*Astilbe rivularis* var. *myriantha*）、假冷蕨（*Athyrium spinulosum*）、肾叶金腰（*Chrysosplenium griffithii*）、条裂黄堇（*Corydalis linarioides*）、冷蕨（*Cystopteris fragilis*）、柯孟披碱草（*Elymus kamoji*）、野草莓（*Fragaria vesca*）、水金凤（*Impatiens noli-tangere*）、鹿蹄橐吾（*Ligularia hodgsonii*）、花点草（*Nanocnide japonica*）、水芹（*Oenanthe javanica*）、川赤芍（*Paeonia anomala* subsp. *veitchii*）、山梅花（*Philadelphus incanus*）。

常见种：麦吊云杉（*Picea brachytyla*）及上述标记*的物种。

乔木层盖度达 40%，胸径（3）3～33（49）cm，高度 4～45 m；大乔木层由麦吊云杉和华山松组成，或偶见零星的巴山冷杉；红桦、四蕊枫、长尾枫和糙皮桦等是中乔木层的偶见种；小乔木层由托叶樱桃、显脉荚蒾和小叶柳等组成。

灌木层常见或偶见的种类有康定柳、东陵绣球、华西臭樱、中华绣线梅、刺果茶藨子、聚花荚蒾和野花椒等；木质藤本有大花绣球藤、钻地风、扶芳藤和五味子等。

草本层中，蕨类植物是高大草本层的常见种或偶见种，包括冷蕨、假冷蕨和尖头蹄盖蕨；直立草本中，偶见腺毛唐松草、小花风毛菊、七叶鬼灯檠、七叶一枝花、三脉紫菀、川赤芍、垂花青兰、多花落新妇、水金凤、水芹、条裂黄堇和夏枯草等；柯孟披碱草常形成稀疏的直立禾草层片；低矮草本层由蔓生、莲座叶和圆叶矮小草本组成，偶见种居多，包括苕叶细辛、多脉报春、鹿蹄橐吾、蔓孩儿参、六叶律、野草莓、支柱拳参和肾叶金腰等。

分布于甘肃南部的白水江流域，神农架南坡的巴东老林湾和小神农架、神农架北坡的房县四祠沟等地（杨大三和陈炳浩，1994），海拔 1980～2590 m，生长在山坡谷地或山地东南坡，坡度 0°～10°。

15.4.3.2　PB8

麦吊云杉-四川红杉-糙皮桦 针阔叶混交林

***Picea brachytyla-Larix mastersiana-Betula utilis* Mixed Needleleaf and Broadleaf Forest**

凭证样方：WL14、WL15、WL16、WL20、WL21、WL22。

特征种：四川红杉（*Larix mastersiana*）*。

常见种：糙皮桦（*Betula utilis*）、麦吊云杉（*Picea brachytyla*）及上述标记*的物种。

乔木层呈复层结构，麦吊云杉和四川红杉是大乔木层的优势种，二者的相对数量与生境条件有关，在偏阳的生境中后者数量较多，通常高于前者；中、小乔木层中，糙皮桦较常见，偶见红桦、长尾枫、大翅色木枫、椴树和疏花枫等。

分布于四川西北部（卧龙），海拔 2450～2970 m，生长在山地西北坡、北坡和东坡，坡度 6°～40°。

由于凭证样方数据记录不完整，这个群丛灌木层和草本层的描述尚需进一步完善。

15.4.4　PBⅣ

麦吊云杉-冷杉-冷箭竹-灌木-草本 常绿针叶林

***Picea brachytyla-Abies fabri-Arundinaria faberi*-Shrubs-Herbs Evergreen Needleleaf Forest**

麦吊杉林—中国植被，1980：201-202；四川森林，1992：352-362；中国森林（第 2 卷 针叶林），1999：743-749。

群落呈针叶林外貌，树冠墨绿，呈千塔层叠状。麦吊云杉居大乔木层，树冠呈狭窄的圆柱状，枝叶松散下垂；冷杉居中乔木层，树冠呈柱状或塔状，树干在林下分枝较密，枝叶紧凑斜展，分层明显；或有零星的阔叶乔木树种混生，种类有红桦、枫树和花楸等。林下有或疏或密的箭竹层，可构成一个层片。灌木层较稀疏，物种以显脉荚蒾、细枝茶藨子、毛花忍冬、杯萼忍冬和峨眉蔷薇居多。草本层较发达，物种组成丰富，大果鳞毛蕨等高大的草本和低矮的山酢浆草与纤细草莓均较常见。苔藓层盖度较低，呈斑块状。

分布于四川西部的贡嘎山，位于麦吊云杉林与冷杉林的交错地带，海拔 2800～2950 m。这里描述 1 个群丛。

PB9

麦吊云杉-冷杉-冷箭竹-显脉荚蒾-大花糙苏 常绿针叶林

***Picea brachytyla-Abies fabri-Arundinaria faberi-Viburnum nervosum-Phlomis megalantha* Evergreen Needleleaf Forest**

凭证样方：Gongga17、T19。

特征种：冷杉（*Abies fabri*）*、紫花卫矛（*Euonymus porphyreus*）*、细枝茶藨子（*Ribes tenue*）*、显脉荚蒾（*Viburnum nervosum*）*、大果鳞毛蕨（*Dryopteris panda*）*、山酢浆草（*Oxalis griffithii*）*、黄水枝（*Tiarella polyphylla*）*、峨眉双蝴蝶（*Tripterospermum cordatum*）、双花堇菜（*Viola biflora*）。

常见种：麦吊云杉（*Picea brachytyla*）及上述标记*的物种。

乔木层盖度达 40%～60%，胸径（3）28～33（194）cm，高度（3）6～43（51）m；麦吊云杉和冷杉为大、中乔木层的优势种，树体端直，高耸挺拔（图 15.13）；在地形封闭且偏阴的生境中，麦吊云杉数量较少，冷杉占优势；相反，在地形开阔且偏阳的生境中，麦吊云杉占优势。T19 样方中，麦吊云杉的“胸径-频数”和“树高-频数”曲线呈左偏态分布，中、高径级和树高级个体较多（图 15.14）。林下或有稀疏的阔叶树生长，

图 15.13 “麦吊云杉-冷杉-冷箭竹-显脉荚蒾-大花糙苏”常绿针叶林的外貌（左）、灌木层（右上）和草本层（右下）（四川贡嘎山海螺沟）

Figure 15.13 Physiognomy (left), shrub layer (upper right) and herb layer (lower right) of a community of *Picea brachytyla-Abies fabri-Arundinaria faberi-Viburnum nervosum-Phlomis megalantha* Evergreen Needle-leaf Forest in Hailuogou, Mt. Gongga, Sichuan

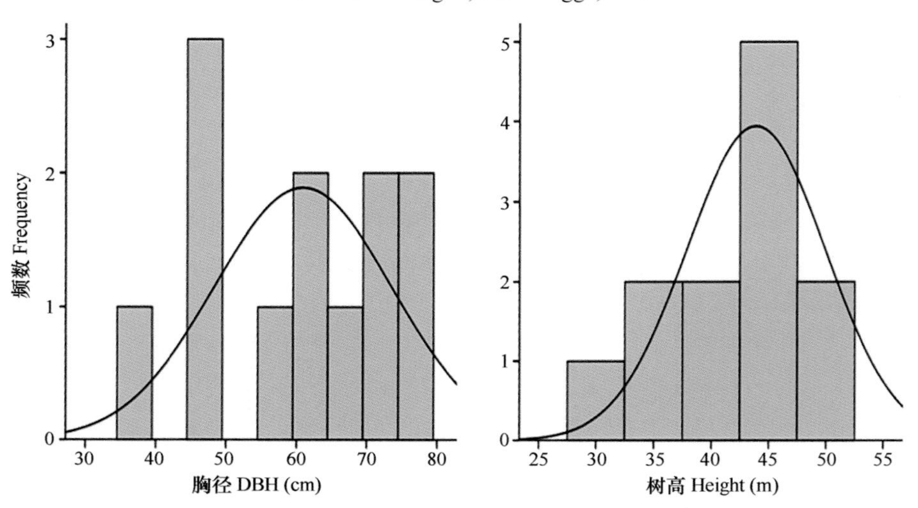

图 15.14 T19 样方麦吊云杉胸径和树高频数分布图

Figure 15.14 Frequency distribution of DBH and tree height of *Picea brachytyla* in plot T19

多为偶见种，种类包括糙皮桦、青榨枫、红桦、麻花杜鹃、陕甘花楸、川西樱桃和毛叶杜鹃等。林下有冷杉、红桦和枫类的幼苗生长，未发现麦吊云杉的幼苗和幼树。

箭竹层盖度 30%，以冷箭竹为优势种。灌木层总盖度 25%，高度可达 550 cm；大灌木层由显脉荚蒾和细枝茶藨子组成，中、小灌木层稀疏，多为偶见种，包括葱皮忍冬、毛花忍冬、杯萼忍冬、细枝茶藨子、宝兴茶藨子、插田泡、刺萼悬钩子、峨眉蔷薇、冠盖绣球、菱叶钓樟、毛叶杜鹃、鞘柄菝葜、蜀五加和紫花卫矛等；在冷杉树干上还有附生常绿小灌木树生杜鹃生长，木质藤本有软枣猕猴桃、大花绣球藤和藤山柳等。

草本层盖度达 40%，高度 4～60 cm；蕨类植物丰富，大果鳞毛蕨为常见种，偶见种有长江蹄盖蕨、尖头蹄盖蕨、日本蹄盖蕨、黑鳞鳞毛蕨和普通铁线蕨等；直立杂草中，偶见垂花青兰、西南乌头、高大鹿药、苕叶细辛、大花糙苏、粗齿冷水花、唐古碎米荠、川中南星、亚高山冷水花、车叶律和掌裂蟹甲草等；低矮附生或蔓生草本中，山酢浆草、黄水枝、峨眉双蝴蝶和双花堇菜较常见，偶见凉山悬钩子、珠芽拳参、纤细草莓、单花金腰和钝叶楼梯草。

苔藓层稀疏，在岩壁和树干上较多，在缓坡地上则呈较小的斑块状，盖度 16%，平均厚度达 10 cm，短肋羽藓和大羽藓较常见。

分布于四川西南部（贡嘎山海螺沟），海拔 2800～2913 m，生长在山地东南坡至西南坡，坡度 15°～45°，林地内巨石显露堆砌，土层薄。干扰轻，呈原始森林景观。

这个群丛处在麦吊云杉林垂直分布的上限地带，与冷杉林交错。群落外貌、结构和物种组成与麦吊云杉林的其他群丛显著不同，突出的特征是乔木层中出现了冷杉、群落呈针叶林外貌、落叶阔叶树的种类和数量显著减少、草本层中出现了珠芽拳参等高山种类。

15.5　建群种的生物学特性

麦吊云杉的个体生命周期漫长。在四川贡嘎山和唐家河地区未经采伐的麦吊云杉林中，树干端直，有苔藓附生，林地上有球果散落（图 15.15），参天大树数量众多，判断其树龄应该达数百年以上；《四川森林》（《四川森林》编辑委员会，1992）记载了产自四川峨边的 1 株麦吊云杉伐倒木的数据，其树龄达 600 年；四川省的森林调查资料显示，在所调查的 241 株麦吊云杉中，个体的最大树龄达 430 年（陈起忠等，1984）；在湖北巴东县沿渡河区堆子乡送子园村郑家垭，海拔 1490 m 处的 1 株麦吊云杉的树高为 32.2 m，胸径为 101 cm，树龄达 429 年（彭辅松，1999）。

据《四川森林》（《四川森林》编辑委员会，1992）记载，在 60 年树龄以前，麦吊云杉树高生长较快，连年生长量和平均生长量曲线呈快速上升趋势，二者在 70 年树龄时相交，随后生长放缓；就胸径生长而言，麦吊云杉在 40 年树龄以前生长迅速，连年生长量和平均生长量曲线均以较大的斜率上升，快速生长过程可持续至 60 年树龄，二者在 70 年树龄时相交，随后生长逐渐放缓（图 15.16）。在贡嘎山海拔 2780 m 处的 1 个麦吊云杉林样地中，麦吊云杉个体生长过程具有以下特点：在约 53 年树龄前，树高生长逐步加快，在 53～134 年树龄，树高快速生长的趋势虽然略有减缓，但仍保持快速增

图 15.15　麦吊云杉的树干（左），树干上的苔藓（右下）和球果（右上）（四川贡嘎山海螺沟）
Figure 15.15　Bark (left), mosses on a stem (lower right) and seed cones (upper right) of *Picea brachytyla* in Hailuogou, Mt. Gongga, Sichuan

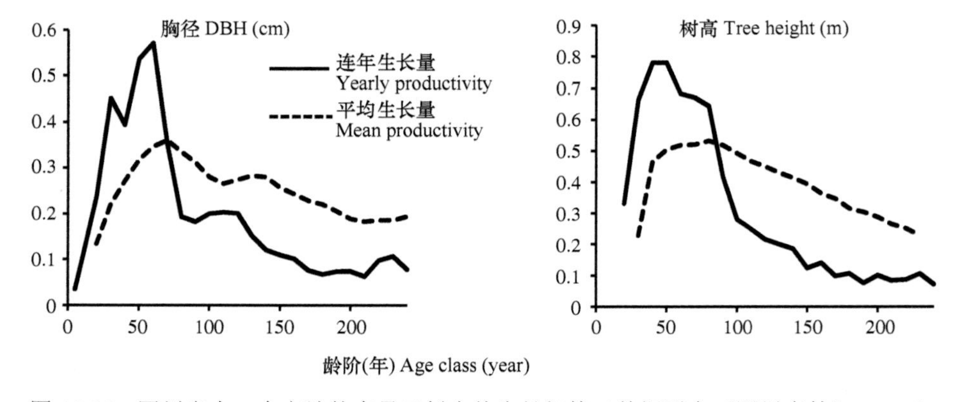

图 15.16　四川省内一个产地的麦吊云杉个体生长规律（数据引自《四川森林》，1992）
Figure 15.16　Yearly and mean productivity of DHB and tree height of *Picea brachytyla* from one stand in Sichuan (Data was derived from *Sichuan Forests*, 1992)

长，134 年树龄以后生长变缓；胸径的快速生长期出现在约 30 年树龄前，至 170 年树龄以前，生长出现波动起伏的变化趋势；就材积生长而言，在 100 年树龄前，生长速率缓慢增加，较快的生长期出现在 113～152 年树龄（罗辑等，2000a）。

陈起忠等（1984）对采自四川省内的 241 株麦吊云杉解析木进行了分析，树高、胸径、材积、材积连年生长量和材积连年生长率与年龄的关系式分别是

材积连年生长量：$\lg V_1 = -7.124\,932+3.527\,330\lg x_1$，$x_1$ [10，95.7]

$\lg V_2 = -3.334\,368+1.613\,634\lg x_2$，$x_2$[95.7，423]；$r$=0.98

胸径连年生长量：$y_{d_1} = 0.581\,023+0.291\,296x_1-2.643\,062\lg x_1$，$x_1$ [10，62.1]

$y_{d_2} = -64.690\,455+0.075\,731x_2-41.224\,719\lg x_2$，$x_2$ [62.1，430]；r=0.99

树高连年生长量：$y_{h_1} = 1.288\,085+0.202\,924x_1+0.792\,706\lg x_1$，$x_1$ [10，32]

$y_{h_2} = -29.017\,841+0.006\,511x_2+25.099\,526\lg x_2$，$x_2$ [32，430]；r=0.99

材积连年生长率：$y_{pv}\% = -0.584\,799+335.202\,953/(x-2)$，$x$（10，430）；$r$=0.99

作者认为，在调查的 4 种云杉中，在 330 年树龄以前，麦吊云杉的材积生长量总体上高于丽江云杉、紫果云杉和川西云杉（陈起忠等，1984）。

15.6　生物量与生产力

贡嘎山东坡海拔 2780 m 处 1 个麦吊云杉林的样地资料显示，群落类型为针阔叶混交林，麦吊云杉和铁杉是大乔木层的优势种，中乔木层由多种阔叶树组成；样地中群落的总生物量达 586.008 t/hm^2，其中乔木层占 96.7%；总生产力为 10.067 t/（hm^2·a）；降水量是影响群落生物量和生产力的关键环境因子之一（罗辑等，2000b）。

15.7　群落动态与演替

麦吊云杉林的自然更新不良。在四川贡嘎山，麦吊云杉林的种群处在衰退期，但林下幼苗和幼树稀少（吴宁，1995）；在四川卧龙的麦吊云杉林中，80～140 年树龄的个体最多，林下更新的幼树少见（周世强和黄金燕，1997）；我们在调查中发现，在四川贡嘎山和唐家河的麦吊云杉林中，乔木层有稀疏生长的大树，林下几乎没有麦吊云杉的幼苗和幼树生长（图 15.17）。

麦吊云杉林更新困难的原因主要有以下几方面：第一，林下地表的枯落物层深厚而密集，种子虽能发芽，根系却难以接触到土壤，最终将干枯死亡。第二，群落中多个层片在垂直空间上依次层叠，使林下阴暗潮湿，即便有少数幼苗生长，遮蔽的环境使其很难进入林冠层，因为幼树成长需要一定程度的光照。第三，由于林下灌木层和小乔木层的物种组成复杂，不同生态习性和生态幅度的物种共存，种间竞争激烈，增加了麦吊云杉幼苗、幼树成长过程中的不确定性。第四，麦吊云杉林下密集生长的箭竹层也是幼苗生长难以逾越的障碍；相反，在林冠层开阔的林下，如在林中小路两侧、自然林窗甚至林缘巨石堆砌的河道地带，无箭竹，往往有麦吊云杉幼苗和幼树生长。第五，与多数云

杉林地表有大量球果堆积的现象不同，麦吊云杉林地表的球果数量极少，结实量低，下种量少，种源不足也可能是更新不良的原因之一。

图 15.17　麦吊云杉散生的个体（四川贡嘎山海螺沟）

Figure 15.17　Sparsely scattered individuals of *Picea brachytyla* in Hailuogou, Mt. Gongga, Sichuan

在幼龄林期和成年期，麦吊云杉林的种群分布格局分别为集群分布和随机分布（吴宁，1999）。这一现象说明，在局部生境下，幼苗、幼树可集中大量地生长，在后续的生长过程中，通过自梳作用，其分布格局由集群分布转变为随机分布。麦吊云杉幼苗、幼树集群生长的现象只有在上层空间开阔的生境中才可能发生，遮蔽的林下概无这种可能性。显然，林窗是麦吊云杉林幼苗和幼树集中生长的重要场所，自然更新必须依赖林窗。

贡嘎山麦吊云杉林林窗更新状况的研究结果显示，林窗比例为 31.7%，平均面积为 158.5 m^2；根拔、枯朽或折倒等均可形成林窗，通常 2 个左右的倒伏木即可形成 1 个林窗；在所调查到的林窗中均有麦吊云杉幼苗和幼树生长，而且林窗面积越大，幼苗数量越多；在林窗内，麦吊云杉的数量通常超过冷杉；林窗形成后，最先占据的是杨桦类等强阳性树，种类有糙皮桦和冬瓜杨等，后续可能出现的种类有野樱桃和枫类等阔叶小乔木；不同层片优势种的旺盛生长期先后错开，形成更替，阔叶树和麦吊云杉的旺盛生长期分别出现在林窗形成后的 10～30 年和 40～60 年（吴宁，1999）。

上述结果说明，麦吊云杉幼苗的生长对光照的要求高于冷杉，在开阔的林窗地带，其竞争力较冷杉幼苗强，而在阴暗的林下，冷杉幼苗则较为常见，这一现象在其他云杉林中也颇为常见；林窗形成后，地表干燥程度增加，土层裸露，苔藓层退却，先锋阔叶树种的定居与生长形成了光照条件适宜的小环境，有利于麦吊云杉幼苗在林窗内大量萌发生长，从而形成集群分布的格局。

至成年期，麦吊云杉林的种群呈随机分布格局，此现象与林窗发生的随机性密切相关。麦吊云杉幼苗、幼树虽然可以在林窗内集群成长，但是林窗的空间有限，麦吊云杉的个体高大挺拔，所占营养空间较大，随着种群的成长，必然发生自梳现象。因此，在1 个林窗内生长的幼树中，能够进入林冠层的个体将寥寥可数，具体数量取决于林窗的大小。在空间尺度上，林窗的发生具有随机性，但在时间尺度上却是先后发生。于是，在景观或群落尺度上，麦吊云杉林中存在处于不同发育阶段或年龄阶段的种群，彼此镶嵌；垂直结构也必然呈现出复层异龄林的特征。林窗发生的随机性是林冠层麦吊云杉种群随机分布的主要原因。

15.8　价值与保育

麦吊云杉林主要分布在四川盆地的西缘，垂直分布海拔较低，天然种群数量较少，资源价值弥足珍贵。群落结构复杂，物种多样性较高，是大熊猫、羚牛和猕猴等野生动物的栖息地，在生物多样性保育中具有不可替代的地位。

麦吊云杉林分布区内人类活动强度较大，森林资源破坏严重。目前除了几个保护区尚有麦吊云杉原始森林外，在其他潜在的分布区域内已经难觅其踪迹。在自然保护区内，旅游开发等经营活动逐步向高海拔地带延伸，对麦吊云杉林干扰的程度在加重；基础设施建设导致了生境的片段化，旅游行为增加了外来种入侵和发生火灾的风险，并可能造成环境污染。在保护区的管理中，要处理好森林旅游与资源保育的关系，减轻对核心保护区内的种群的干扰；此外，旅游开发的规模和程度不能超过资源的承载力，防止过度开发。

在麦吊云杉林的植被恢复工作中，要加强对现存原始森林的保育和人工辅助更新工作；在其潜在分布区内，选择适宜生境进行人工造林，恢复种群数量。据报道，在四川石棉县，已经营造了一定数量的麦吊云杉人工林（卢昌泰等，1998），在分布区的其他区域内尚不多见。种苗供应不足可能是营造人工林的限制因素，今后要加强麦吊云杉繁育技术的研究，促进植被的恢复进程。

参 考 文 献

陈起忠, 李承彪, 王少昌, 1984. 四川省主要森林优势种生长规律的初步研究. 林业科学, 20(3): 242-251.

程根伟, 罗辑, 2002. 横断山林区优势林木生长动态与生态参数估计方法. 山地学报, 20(5): 542-547.

丁向阳, 2007. 伏牛山自然保护区珍稀树种林分结构与综合保护. 河南科学, 25(1): 63-65.

甘啟良, 关良福, 2007. 十八里长峡自然保护区国家级保护植物研究. 中国野生植物资源, 26(1): 8-11.

黄大燊, 1997. 甘肃植被. 兰州: 甘肃科学技术出版社.

黄华梨, 2002. 甘肃白水江地区大熊猫食物基地的主要森林植物群落类型. 甘肃林业科技, 27(1): 10-14.

刘照光, 邱发英, 1986. 贡嘎山地区主要植被类型和分布. 植物生态学与地植物学丛刊, 10(1): 26-34.

卢昌泰, 李天星, 陶建军, 1998. 石棉县麦吊云杉人工幼林适宜经营密度的探讨. 四川林业科技, 19: 37-40.

罗辑, 程根伟, 杨忠, 杨清伟, 2000a. 贡嘎山暗针叶林不同林型的优势木生长动态. 植物生态学报,

24(1): 22-26.
罗辑, 杨忠, 杨清伟, 2000b. 贡嘎山森林生物量和生产力的研究. 植物生态学报, 24(2): 191-196.
彭辅松, 1999. 麦吊云杉. 植物杂志, (3): 19-23.
任继文, 2004. 甘肃省大熊猫栖息地植被类型研究. 西北林学院学报, 19(1): 102-104.
王建宏, 许闰, 吴俊成, 尹峰, 2006. 白水江自然保护区麦吊云杉群落类型与垂直格局初步分析. 甘肃林业科技, 31(4): 10-13.
吴宁, 1993. 贡嘎山麦吊杉群落结构的研究——物种组成结构特征. 中国科学院研究生院学报, 10(3): 314-324.
吴宁, 1995. 贡嘎山麦吊杉群落优势种群的分布格局及相互关系. 植物生态学报, 19(3): 270-279.
吴宁, 1999. 贡嘎山东坡亚高山针叶林的林窗动态研究. 植物生态学报, 23(3): 37-46.
吴征镒, 1991. 中国种子植物属的分布区类型. 云南植物研究, (增刊Ⅳ): 1-139.
吴征镒, 周浙昆, 李德铢, 彭华, 孙航, 2003. 世界种子植物科的分布区类型系统. 云南植物研究, 25(3): 245-257.
杨大三, 陈炳浩, 1994. 神农架森林与生物多样性研究. 湖北林业科技, (2): 1-14.
中国科学院中国植被图编辑委员会, 2007. 中华人民共和国植被图 (1∶1 000 000). 北京: 地质出版社.
中国林业科学研究院林业研究所, 1986. 中国森林土壤. 北京: 科学出版社.
中国森林编辑委员会, 1999. 中国森林(第 2 卷 针叶林). 北京: 中国林业出版社.
中国植被编辑委员会, 1980. 中国植被. 北京: 科学出版社.
周世强, 黄金燕, 1997. 卧龙自然保护区麦吊云杉的种群结构及空间分布格局的初步研究. 四川林业科技, (4): 18-24.
周世强, 黄金燕, 谭迎春, 周小平, 王鹏彦, 张和民, 2003. 卧龙自然保护区大熊猫栖息地植物群落多样性研究Ⅱ. 植物群落的聚类分析. 四川林勘设计, (3): 16-20.
《四川森林》编辑委员会, 1992. 四川森林. 北京: 中国林业出版社.

第 16 章　油麦吊云杉林 *Picea brachytyla* var. *complanata* Evergreen Needleleaf Forest Alliance

油麦吊杉林—中国植被，1980：201；四川森林，1992：352-362；中国森林（第 2 卷 针叶林），1999：743-749。

系统编码：PBC

16.1　地理分布、自然环境及生态特征

16.1.1　地理分布

油麦吊云杉林分布于青藏高原东南缘的高山峡谷区，以及四川西南部的小相岭南部和大、小凉山地区；地理坐标范围是 26°33′N～31°25′N，96°58′E～103°58′E（图 16.1）；跨越的行政区域包括西藏东南部的米林、波密，云南西北部的贡山、德钦、香格里拉、维西和丽江，以及四川西南部的木里、盐源、美姑、金阳、雷波、峨眉、马边、宝兴和

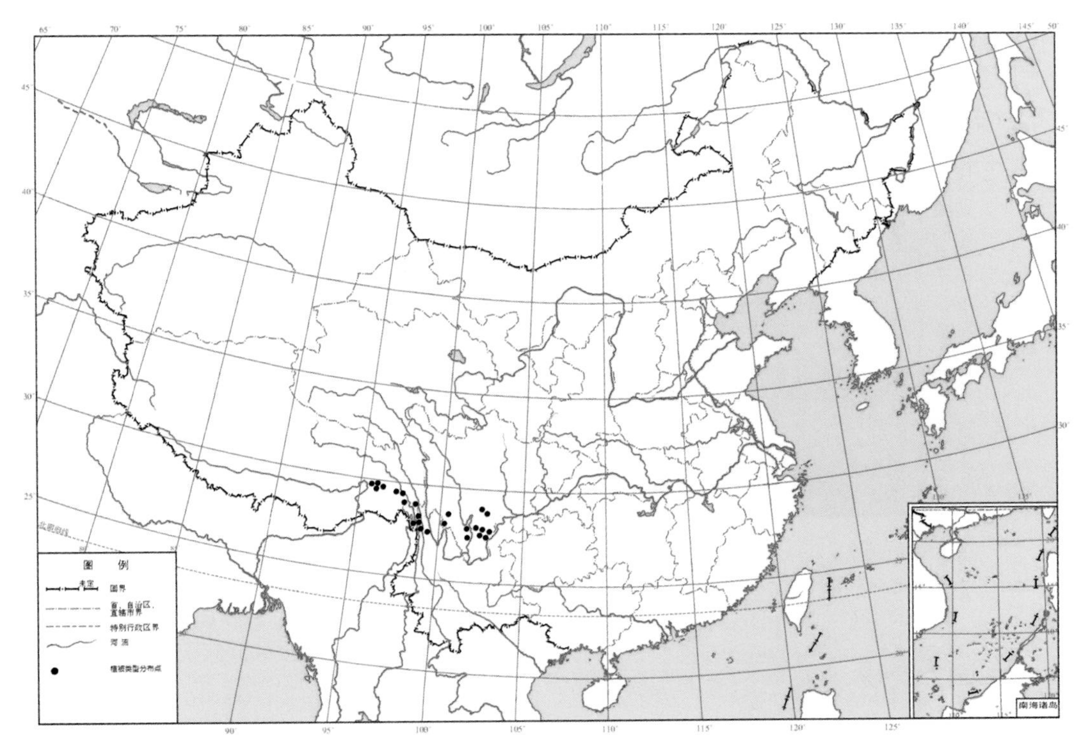

图 16.1　油麦吊云杉林的地理分布

Figure 16.1　Distribution of *Picea brachytyla* var. *complanata* Evergreen Needleleaf Forest Alliance in China

雅洪；垂直分布的海拔范围由西向东逐渐降低，如四川大、小凉山，(1400)2200～2500 m，云南西北部，3000～3800 m，西藏东南部（米林和波密），2700～3300 m。

在中国植被区划系统中，油麦吊云杉林分布区位于亚热带常绿阔叶林区域西段的西部半湿润常绿阔叶林亚区，并跨越该亚区中的两个地带，即中亚热带常绿阔叶林带和亚热带山地寒温性针叶林带（中国科学院中国植被图编辑委员会，2007）。显然，油麦吊云杉林分布区的水平基带处在亚热带地区。由于分布区内江河密集、峡谷纵横、气候条件垂直变异大，在亚热带地区山地的中、高海拔地带形成了适宜寒温性针叶林的生存环境。在本区域的横断山脉地区，从低海拔地带的亚热带常绿阔叶林、中高海拔地带的寒温性针叶林到高山灌丛草甸乃至高山雪线植被，植被的垂直带谱较完整。在大、小凉山，基带植被以亚热带常绿阔叶林为主，油麦吊云杉林呈斑块状出现在中海拔地带，再往上则生长着冷杉林。从植被的水平地带性规律看，油麦吊云杉林虽然具有寒温性针叶林的特征，却是云杉林中一个较喜暖湿气候的群系（图 16.2）。

图 16.2　油麦吊云杉林外貌：成熟林（左，右上）和中幼龄林（右下）
Figure 16.2　Physiognomy of communities of *Picea brachytyla* var. *complanata* Evergreen Needleleaf Forest: old-growth forest (left, upper right) and young forest (lower right)

16.1.2　自然环境

16.1.2.1　地貌

油麦吊云杉林的分布区跨越了横断山脉中南段的高山峡谷区和四川盆地西南雨屏

带的山地丘陵区，包括小相岭和大、小凉山。据《中国自然地理 土壤地理》（中国科学院《中国自然地理》编辑委员会，1981）记载，该地区高山密集，地形陡峭，海拔在 3000 m 以上的高山较多。据《中国森林土壤》（中国林业科学研究院林业研究所，1986）描述，该地区海拔高差达 2000～2500 m；其中“大凉山皱褶带，其背斜轴部主要由二叠纪、三叠纪石灰岩组成。出露的下古生代地层，其岩性为硅质灰岩和变质页岩，而出露的中生界地层，有三叠系的砂岩、页岩和灰岩，侏罗系的黄灰色砂页岩及紫红色的砂页岩”，这些岩石多为成土母岩。由于分布区内高温多雨，原生矿物以化学水解作用为主，风化物的颗粒较细，砾石含量不足 10%，随着海拔升高，砾石含量可能会增加（中国林业科学研究院林业研究所，1986）。

云南西北部和西藏东南部是江河强烈切割的高山峡谷地貌，三江并流，支流交错纵横，山体陡峭，山峰有现代冰川发育；从河谷至山峰，植被垂直带谱完整，油麦吊云杉林主要生长在各支流两岸的中海拔地带，地形相对封闭，对坡向选择不明显；在开阔的生境中，主要生长在阴坡和半阴坡。四川盆地西南雨屏带是山地丘陵地貌，山体相对高差小，无现代冰川发育，油麦吊云杉林生长在中、高海拔地带的阴坡和半阴坡。

16.1.2.2　气候

油麦吊云杉林生长季节的气候条件主要受西南季风和东南亚热带季风影响，温暖湿润；干冷的大陆性季风受阻于青藏高原和秦岭以北地区，因而冬季无严寒气候。

在油麦吊云杉林分布区内随机测定了 27 个样点，利用插值方法提取了每个样点的生物气候数据，各气候因子的均值依次是：年均气温 8.36℃，年均降雨量 927.43 mm，最冷月平均气温 0.38℃，最热月平均气温 15.17℃，≥0℃有效积温 3171.78℃·d，≥5℃有效积温 1699.37℃·d，年实际蒸散 477.67 mm，年潜在蒸散 756.75 mm，水分利用指数 0.53（表 16.1）。

表 16.1　油麦吊云杉林地理分布区海拔及其对应的气候因子描述性统计结果（*n*=27）

Table 16.1　Descriptive statistics of altitude and climatic factors in the natural range of *Picea brachytyla* var. *complanata* Evergreen Needleleaf Forest Alliance in China (*n*=27)

海拔及气候因子 Altitude and climatic factors	均值 Mean	标准误 Standard error	95%置信区间 95% confidence intervals		最小值 Minimum	最大值 Maximum
海拔 Altitude（m）	2989.70	88.12	2808.57	3170.84	2401.00	3531.00
年均气温 Mean annual temperature（℃）	8.36	0.73	6.86	9.85	0.43	16.78
最冷月平均气温 Mean temperature of the coldest month（℃）	0.38	0.78	−1.22	1.97	−9.92	9.19
最热月平均气温 Mean temperature of the warmest month（℃）	15.17	0.70	13.74	16.60	9.95	23.47
≥5℃有效积温 Growing degree days on a 5℃ basis（℃·d）	1699.37	183.08	1323.04	2075.71	381.77	4309.42
≥0℃有效积温 Growing degree days on a 0℃ basis（℃·d）	3171.78	236.71	2685.22	3658.35	1188.69	6134.42
年均降雨量 Mean annual precipitation（mm）	927.43	37.13	851.11	1003.75	505.95	1297.06
实际蒸散 Actual evapotranspiration（mm）	477.67	30.11	415.78	539.56	234.00	934.68
潜在蒸散 Potential evapotranspiration（mm）	756.75	33.77	687.33	826.18	287.00	1093.85
水分利用指数 Water availability index	0.53	0.02	0.48	0.58	0.29	0.72

由上述可见，油麦吊云杉林适生于温凉湿润的北亚热带山地气候。在云南西北部和西藏东南部三江并流区，虽然有现代冰川发育，但逆江北上的西南暖湿气流在抬升过程中形成丰沛降雨，地貌高程变化所形成的温度与降水梯度在海拔梯度上形成了不同的水热组合，中海拔地带的气候温凉湿润，是油麦吊云杉林的主要分布带。四川盆地西南部山地丘陵的雨屏效应与山地垂直温度梯度的组合，在亚热带山地的中、高海拔地带形成了温凉湿润的环境。这是油麦吊云杉林的气候大背景。

16.1.2.3 土壤

油麦吊云杉林的土壤类型为黄棕壤至山地棕壤和暗棕壤（中国科学院《中国自然地理》编辑委员会，1981）。

《中国森林土壤》（中国林业科学研究院林业研究所，1986）描述了大凉山东坡雷波县和峨边县 2 个针阔叶混交林的土壤剖面特征。雷波县的剖面位于山坡的中部，海拔 2450 m，坡向北偏东 35°，母岩为板岩，土壤母质为坡积物，土壤类型为山地暗棕壤；从土壤表层（0～4 cm）至深层（112～165 cm），土壤各化学指标的变化幅度分别为土壤 pH 5.8～4.6，土壤有机质（4～16 cm，观测的表土层，下同）26.37%～3.34%，土壤全氮 0.63%～0.1%。峨边县的剖面位于山坡上部，海拔 2450 m，坡向南偏西 18°，母岩为西砂岩；从土壤表层（0～6 cm）至深层（45～100 cm），土壤各化学指标的变化幅度分别为土壤 pH 5.8～4.8，土壤有机质（6～18 cm）24.6%～73.81%，土壤全氮 0.60%～0.12%（中国林业科学研究院林业研究所，1986）。

梅里雪山海拔 3500 m 处一个土壤剖面显示，土壤松散，腐殖质层厚度 20～30 cm，草本层的根系集中在 40～50 cm 的土层中；林地表面布满碎石，至 1 m 深的土层中，砾石含量 30%～50%，其中不乏较大的石块（图 16.3）。

图 16.3 油麦吊云杉林下的一个土壤剖面（左）和地被层（右）（云南梅里雪山）

Figure 16.3 A soil profile (left) and ground layer (right) under *Picea brachytyla* var. *complanata* Evergreen Needleleaf Forest in Mt. Meilixueshan, Yunnan

16.1.3　生态特征

麦吊云杉林和油麦吊云杉林的分布区由东北向西南依次出现，反映了二者在适应暖湿气候条件方面存在的差异，后者较前者更能适应温凉湿润的气候。

在云南西北部和西藏东南部，油麦吊云杉林与林芝云杉林的分布区交错，二者针叶背面均无气孔线（或后者罕有一条气孔线），但前者针叶较窄，后者针叶较宽且扁平。在林芝云杉林中，枝条细弱而下垂的个体很常见。除了针叶、小枝下垂这些特征外，二者的球果也有明显的区别。《中国植物志》曾记载了一种绿背林芝云杉（*Picea likiangensis* var. *linzhiensis* f. *bicolor*），这个变型的枝条细长而下垂，与油麦吊云杉相似，故将其归并到油麦吊云杉中。由此可见，分布于云南西北部和西藏东南部的针叶背面无气孔线且小枝下垂的类型，均被认为是油麦吊云杉，与产于峨边等地的油麦吊云杉种群在针叶形态上存在一定的差别。最大的区别在于后者针叶的腹面有极为显著的白粉气孔带，而前者仅有气孔线而无白粉。因此，从分布区的地理位置及气候条件看，分布于西藏东南部和云南西北部、小枝下垂的类型可能是一个生态类型。小枝下垂的现象在云杉林的其他群系中也较常见。例如，在青扦林中，也常见到小枝下垂的个体。在甘肃临夏冶力关黑河，青扦林常呈斑块状生长在峡谷两岸的绝壁或河谷地带，林中小枝下垂的个体极多，那里的青扦常被误鉴定为麦吊云杉；在天山山脉生长的雪岭云杉中，小枝下垂和不下垂的类型几乎相伴而生，《中国植物志》（第七卷）则将小枝下垂作为雪岭云杉的主要分类特征；在麦吊云杉林中，所有个体的小枝均下垂生长，这是该类型的一个稳定的特征。

由上述分析可见，油麦吊云杉虽然适应温暖湿润的气候，但分布于西藏东南部、云南西北部的种群与分布于四川西南部的种群在形态上存在一定的差别，反映了在由暖湿（四川西南部）向干冷（云南西北部、西藏东南部）变化的环境梯度上，油麦吊云杉针叶的形态所表现出的细微的适应特征。

16.2　群 落 组 成

16.2.1　科属种

在油麦吊云杉林 21 个样地中记录到维管植物 205 种，隶属 68 科 136 属，其中种子植物 62 科 127 属 191 种，蕨类植物 6 科 9 属 14 种。种子植物中，裸子植物有油麦吊云杉、冷杉、急尖长苞冷杉、怒江冷杉和云南铁杉等；被子植物中，种类最多的是蔷薇科，有 24 种，菊科、杜鹃花科和百合科分别有 15 种、14 种和 11 种，它们是灌木层和草本层的主要组成成分；其余各科的物种数在 1～9 种，其中的许多物种是油麦吊云杉林各层次中的常见种或优势种。例如，乔木层中常有多种阔叶树混生，主要由槭树科和胡桃科的物种构成。林下的箭竹层较发达，主要由少花箭竹和西藏箭竹组成。灌木层主要由忍冬科和蔷薇科的物种组成。油麦吊云杉林的群落结构复杂，物种组成丰富，这里记载的物种数仅限于 21 个样方中的记录，整个群系中的物种数将远远大于该记录。常见种类有凉山悬钩子、四川堇菜等（图 16.4）。

图 16.4　油麦吊云杉林下的常见植物

Figure 16.4　Constant species under *Picea brachytyla* var. *complanata* Evergreen Needleleaf Forest

16.2.2　区系成分

根据中国种子植物科属区系成分的划分标准（吴征镒，1991；吴征镒等，2003），样地中记录到的62个种子植物科，可划分为7个分布区类型/亚型，其中世界分布占52%，北温带和南温带间断分布占17%，北温带分布和泛热带分布各占10%，其余分布型所占比例均是3%；45个属可划分为8个分布区类型/亚型，温带成分占优势，其中北温带分布占44%，世界分布占18%，北温带和南温带间断分布占11%，其他成分所占比例在2%～9%（表16.2）。

16.2.3　生活型

油麦吊云杉林21个样地中205种植物的生活型谱显示（表16.3），木本植物占41%，草本植物占59%。木本植物中，常绿乔木占5%，落叶乔木占8%；常绿灌木占2%，落

表 16.2　油麦吊云杉林 62 科 127 属植物区系成分

Table 16.2　The areal type of the 62 families and 127 genera recorded in the 21plots sampled in *Picea brachytyla* var. *complanata* Evergreen Needleleaf Forest Alliance in China

编号 No.	分布区类型 The areal types	科 Family		属 Genus	
		数量 *n*	比例（%）	数量 *n*	比例（%）
1	世界广布 Widespread	32	52	23	18
2	泛热带 Pantropic	6	10	8	7
3	东亚（热带、亚热带）及热带南美间断 Trop. & Subtr. E. Asia & (S.) Trop. Amer. disjuncted	2	3		
8	北温带 N. Temp.	6	10	57	44
8.4	北温带和南温带间断 N. Temp. & S. Temp. disjuncted	12	17	14	11
8.5	欧亚与南北温带间断 Eurasia & Temp. S. Amer. disjuncted	2	3		
9	东亚和北美间断 E. Asia & N. Amer. disjuncted	2	3	3	2
10	旧世界温带 Temp. Eurasia			11	9
14	东亚 E. Asia			8	7
15	中国特有 Endemic to China			3	2
合计 Total		62	100	127	100

注：物种名录根据 21 个样方数据整理

表 16.3　油麦吊云杉林 205 种植物生活型谱（%）

Table 16.3　Life-form spectrum (%) of the 205 vascular plant species recorded in the 21 plots sampled in *Picea brachytyla* var. *complanata* Evergreen Needleleaf Forest Alliance in China

木本植物 Woody plants	乔木 Tree		灌木 Shrub		藤本 Liana		竹类 Bamboo	蕨类 Fern	寄生 Phytoparasite	附生 Epiphyte
	常绿 Evergreen	落叶 Deciduous	常绿 Evergreen	落叶 Deciduous	常绿 Evergreen	落叶 Deciduous				
41	5	8	2	22	0	2	2	0	0	0
陆生草本 Terrestrial herbs	多年生 Perennial					一年生 Annual		蕨类 Fern	寄生 Phytoparasite	腐生 Saprophyte
	禾草型 Grass	直立杂草类 Forbs	莲座垫状 Rosette	附生 Epiphyte	藤本 Liana	短生型 Ephemeral	非短生型 None ephemeral			
59	8	25	17	0	5	0	0	3	0	0

注：物种名录来自 21 个样方数据

叶灌木占 22%；木质藤本和箭竹各占 2%，后者在许多群落中可形成一个显著的层片。草本植物中，多年生直立杂草类占 25%，多年生莲座类占 17%，禾草类占 8%，蕨类植物占 3%。与麦吊云杉林的植物生活型相比较，油麦吊云杉林中木本植物、常绿灌木、木质藤本和蕨类植物所占的比例相对较低，可能反映了二者气候条件的差异。

16.3　群 落 结 构

油麦吊云杉林的垂直结构包括乔木层、箭竹层、灌木层、草本层和苔藓层。乔木层和草本层是 2 个基本层片，箭竹层、灌木层和苔藓层受群落环境的影响较大，在特定的环境下可能缺如或不显著（图 16.5）。

图 16.5　油麦吊云杉针叶林的垂直结构：林下层（左）、林冠层（右上）和灌木及地被层（右下）
Figure 16.5　Supraterraneous stratification of a community of *Picea brachytyla* var. *complanata* Evergreen Needleleaf Forest Alliance understorey layer (left), canopy layer (upper right), and shrub and ground layer (lower right)

乔木层呈复层结构。大乔木层开阔，除了油麦吊云杉外还有多种针叶树混生或组成共优种；在云南西北部和西藏东南部，常有急尖长苞冷杉、怒江冷杉、大果红杉、云南铁杉和华山松等混生，在四川西南部还有冷杉混生；中、小乔木层主要由针叶树和阔叶乔木组成，常见的种类有红桦、糙皮桦、宽钟杜鹃、扇叶枫、四蕊枫和红毛花楸等。

箭竹层的盖度变化较大，在不同的产地间，物种组成存在差异；在四川西南部，少花箭竹常为优势种；在云南西北部，西藏箭竹较常见。在一些群落中，箭竹层不明显。

灌木层的盖度与林冠层的郁闭程度和箭竹层的发育程度有关，聚花荚蒾、峨眉蔷薇、狭叶藤五加、华西小檗、唐古特忍冬、曲萼茶藨子、防己叶菝葜、大白杜鹃和粉钟杜鹃等较常见。

藤本植物种类较少，常见植物有球蕊五味子和绣球藤等。

草本层的盖度通常在20%以上，物种组成较丰富，蕨类植物是直立草本层的常见种或优势种；莲座叶、蔓生和附生圆叶系列草本丰富，常贴地生长，局部可形成低矮的优势层片，种类有西南草莓、凉山悬钩子、珠芽拳参、车叶律、高原露珠草和四川堇菜等。

苔藓层呈斑块状，局部密集，锦丝藓、大灰藓、厚角绢藓等较常见。

16.4 群落类型

油麦吊云杉林的群落结构较复杂。乔木层的分层结构、各层的物种组成是划分群丛组的依据；箭竹层、灌木层和草本层的物种组成是划分群丛的依据。21 个样地可划分出 4 个群丛组 6 个群丛（表 16.4a，表 16.4b，表 16.5）。

表 16.4　油麦吊云杉林群落分类简表

Table 16.4　Synoptic table of *Picea brachytyla* var. *complanata* Evergreen Needleleaf Forest Alliance in China

表 16.4a　群丛组分类简表

Table 16.4a　Synoptic table for association group

群丛组号 Association group number			I	II	III	IV
样地数 Number of plots		L	3	3	7	8
细齿樱桃	*Cerasus serrula*	1	67	0	0	0
羽衣草	*Alchemilla japonica*	6	67	0	0	0
西南草莓	*Fragaria moupinensis*	6	67	0	0	13
细梗蔷薇	*Rosa graciliflora*	4	67	0	0	13
小半圆叶杜鹃	*Rhododendron thomsonii* subsp. *lopsangianum*	4	67	0	0	13
扇叶枫	*Acer flabellatum*	1	0	100	0	0
车叶律	*Galium asperuloides*	6	0	100	0	0
粗齿天名精	*Carpesium tracheliifolium*	6	0	100	0	0
大果鳞毛蕨	*Dryopteris panda*	6	0	100	0	0
细柄繁缕	*Stellaria petiolaris*	6	0	100	0	0
纤细草莓	*Fragaria gracilis*	6	0	100	0	13
澜沧囊瓣芹	*Pternopetalum delavayi*	6	0	100	0	13
蕨状薹草	*Carex filicina*	6	0	67	0	0
山酢浆草	*Oxalis griffithii*	6	0	67	0	0
冷杉	*Abies fabri*	1	0	67	0	0
红雉凤仙花	*Impatiens oxyanthera*	6	0	67	0	0
鞭枝碎米荠	*Cardamine rockii*	6	0	67	0	0
肾叶蒲儿根	*Sinosenecio homogyniphyllus*	6	0	67	0	0
四蕊枫	*Acer stachyophyllum* subsp. *betulifolium*	1	0	67	0	0
聚花荚蒾	*Viburnum glomeratum*	4	0	67	0	0
七叶一枝花	*Paris polyphylla*	6	0	67	0	0
大花糙苏	*Phlomis megalantha*	6	0	67	0	0
狭叶藤五加	*Eleutherococcus leucorrhizus* var. *scaberulus*	4	0	67	0	0
南方露珠草	*Circaea mollis*	6	0	67	0	0
茜草	*Rubia cordifolia*	6	0	67	14	0
云南铁杉	*Tsuga dumosa*	1	0	0	100	0
密叶瘤足蕨	*Plagiogyria pycnophylla*	6	0	0	86	0
喜阴悬钩子	*Rubus mesogaeus*	4	0	0	71	0
云南凹脉柃	*Eurya cavinervis*	4	0	0	57	0

续表

群丛组号 Association group number			I	II	III	IV
样地数 Number of plots		L	3	3	7	8
高大鹿药	*Maianthemum atropurpureum*	6	0	0	57	0
云南杜鹃	*Rhododendron yunnanense*	4	0	0	57	0
多变柯	*Lithocarpus variolosus*	1	0	0	57	0
网檐南星	*Arisaema utile*	6	0	0	43	0
卷叶杜鹃	*Rhododendron roxieanum*	4	0	0	43	0
红毛花楸	*Sorbus rufopilosa*	4	0	0	43	0
单蕊拂子茅	*Calamagrostis emodensis*	6	0	0	43	0
镰喙薹草	*Carex drepanorhyncha*	6	0	0	43	0
急尖长苞冷杉	*Abies georgei* var. *smithii*	1	0	0	0	100
藏布鳞毛蕨	*Dryopteris redactopinnata*	6	0	0	0	75
宽钟杜鹃	*Rhododendron beesianum*	4	0	0	0	50
大果红杉	*Larix potaninii* var. *australis*	1	0	0	0	38
异型假鹤虱	*Hackelia difformis*	6	0	0	0	38
曲萼茶藨子	*Ribes griffithii*	4	0	0	0	38
宽钟杜鹃	*Rhododendron beesianum*	1	0	0	0	38
华西忍冬	*Lonicera webbiana*	1	0	0	0	38
凉山悬钩子	*Rubus fockeanus*	6	33	67	0	75
西藏箭竹	*Fargesia macclureana*	4	33	0	0	50

表 16.4b　群丛分类简表

Table 16.4b　Synoptic table for association

群丛组号 Association group number			I	II	III	III	IV	IV
群丛号 Association number			1	2	3	4	5	6
样地数 Number of plots		L	3	3	2	5	4	4
羽衣草	*Alchemilla japonica*	6	67	0	0	0	0	0
细齿樱桃	*Cerasus serrula*	1	67	0	0	0	0	0
小半圆叶杜鹃	*Rhododendron thomsonii* subsp. *lopsangianum*	4	67	0	0	0	0	25
细梗蔷薇	*Rosa graciliflora*	4	67	0	0	0	0	25
西南草莓	*Fragaria moupinensis*	6	67	0	0	0	0	25
细柄繁缕	*Stellaria petiolaris*	6	0	100	0	0	0	0
车叶律	*Galium asperuloides*	6	0	100	0	0	0	0
粗齿天名精	*Carpesium tracheliifolium*	6	0	100	0	0	0	0
大果鳞毛蕨	*Dryopteris panda*	6	0	100	0	0	0	0
扇叶枫	*Acer flabellatum*	1	0	100	0	0	0	0
纤细草莓	*Fragaria gracilis*	6	0	100	0	0	0	25
澜沧囊瓣芹	*Pternopetalum delavayi*	6	0	100	0	0	0	25
冷杉	*Abies fabri*	1	0	67	0	0	0	0
南方露珠草	*Circaea mollis*	6	0	67	0	0	0	0
四蕊枫	*Acer stachyophyllum* subsp. *betulifolium*	1	0	67	0	0	0	0
肾叶蒲儿根	*Sinosenecio homogyniphyllus*	6	0	67	0	0	0	0

续表

群丛组号 Association group number			I	II	III	III	IV	IV
群丛号 Association number			1	2	3	4	5	6
样地数 Number of plots		L	3	3	2	5	4	4
七叶一枝花	*Paris polyphylla*	6	0	67	0	0	0	0
山酢浆草	*Oxalis griffithii*	6	0	67	0	0	0	0
蕨状薹草	*Carex filicina*	6	0	67	0	0	0	0
大花糙苏	*Phlomis megalantha*	6	0	67	0	0	0	0
钝叶楼梯草	*Elatostema obtusum*	6	0	67	0	0	0	0
聚花荚蒾	*Viburnum glomeratum*	4	0	67	0	0	0	0
狭叶藤五加	*Eleutherococcus leucorrhizus* var. *scaberulus*	4	0	67	0	0	0	0
红雉凤仙花	*Impatiens oxyanthera*	6	0	67	0	0	0	0
茜草	*Rubia cordifolia*	6	0	67	0	20	0	0
管花鹿药	*Maianthemum henryi*	6	0	0	100	0	0	0
怒江冷杉	*Abies nukiangensis*	1	0	0	100	0	0	0
黄花木	*Piptanthus nepalensis*	4	0	0	100	0	0	0
镰喙薹草	*Carex drepanorhyncha*	6	0	0	100	20	0	0
云南凹脉柃	*Eurya cavinervis*	4	0	0	100	40	0	0
喜阴悬钩子	*Rubus mesogaeus*	4	0	0	100	60	0	0
高大鹿药	*Maianthemum atropurpureum*	6	0	0	0	80	0	0
单蕊拂子茅	*Calamagrostis emodensis*	6	0	0	0	60	0	0
红毛花楸	*Sorbus rufopilosa*	4	0	0	0	60	0	0
卷叶杜鹃	*Rhododendron roxieanum*	4	0	0	0	60	0	0
云南铁杉	*Tsuga dumosa*	1	0	0	100	100	0	0
柄花茜草	*Rubia podantha*	6	0	0	0	40	0	0
长柱绣球	*Hydrangea stylosa*	4	0	0	0	40	0	0
皱壳箭竹	*Fargesia pleniculmis*	4	0	0	0	40	0	0
篦齿枫	*Acer pectinatum*	4	0	0	0	40	0	0
篦齿枫	*Acer pectinatum*	1	0	0	0	40	0	0
吴茱萸五加	*Gamblea ciliata* var. *evodiifolia*	4	0	0	0	40	0	0
高黎贡山凤仙花	*Impatiens chimiliensis*	6	0	0	0	40	0	0
球蕊五味子	*Schisandra sphaerandra*	4	0	0	0	40	0	0
匍匐悬钩子	*Rubus pectinarioides*	4	0	0	0	40	0	0
密叶瘤足蕨	*Plagiogyria pycnophylla*	6	0	0	100	80	0	0
多变柯	*Lithocarpus variolosus*	1	0	0	50	60	0	0
云南杜鹃	*Rhododendron yunnanense*	4	0	0	50	60	0	0
宽钟杜鹃	*Rhododendron beesianum*	1	0	0	0	0	75	0
华西忍冬	*Lonicera webbiana*	1	0	0	0	0	75	0
曲萼茶藨子	*Ribes griffithii*	4	0	0	0	0	75	0
藏布鳞毛蕨	*Dryopteris redactopinnata*	6	0	0	0	0	100	50
宽钟杜鹃	*Rhododendron beesianum*	4	0	0	0	0	75	25
多褶青藓	*Brachythecium buchananii*	9	0	0	0	0	50	0

续表

群丛组号 Association group number			I	II	III	III	IV	IV
群丛号 Association number			1	2	3	4	5	6
样地数 Number of plots		L	3	3	2	5	4	4
西南花楸	*Sorbus rehderiana*	1	0	0	0	0	50	0
灰叶稠李	*Padus grayana*	4	0	0	0	0	50	0
糙皮桦	*Betula utilis*	1	0	0	0	0	50	0
喜冬草	*Chimaphila japonica*	6	0	0	0	0	50	0
宽叶兔儿风	*Ainsliaea latifolia*	6	0	0	0	0	50	0
密序溲疏	*Deutzia compacta*	4	0	0	0	0	50	0
五裂蟹甲草	*Parasenecio quinquelobus*	6	33	0	0	0	75	0
西藏箭竹	*Fargesia macclureana*	4	33	0	0	0	75	25
峨眉蔷薇	*Rosa omeiensis*	4	0	0	50	20	75	0
异型假鹤虱	*Hackelia difformis*	6	0	0	0	0	0	75
锦丝藓	*Actinothuidium hookeri*	9	67	0	0	0	0	100
塔藓	*Hylocomium splendens*	9	0	0	0	0	0	50
绣球藤	*Clematis montana*	4	0	0	0	0	0	50
桃儿七	*Sinopodophyllum hexandrum*	6	0	0	0	0	0	50
白花酢浆草	*Oxalis acetosella*	6	0	0	0	0	0	50
膜叶冷蕨	*Cystopteris pellucida*	6	33	0	0	0	0	75
急尖长苞冷杉	*Abies georgei* var. *smithii*	1	0	0	0	0	100	100

注：表中数据为物种频率值（%），物种按诊断值（Φ）递减的顺序排列。Φ>0.20 和 Φ>0.50 （P<0.05）的物种为诊断种，其频率值分别标记深色和灰色。表中标记“L”的一列为物种所在的群落层次代码，1～3 分别表示高、中和低乔木层，4 和 5 分别表示高大灌木层和低矮灌木层，6～9 分别表示草本层、幼树、幼苗和地被层

Note: The numbers in the table are percentage frequencies. The column marked with “L” is the code of community vertical layer. 1–tree layer (high); 2–tree layer (middle); 3–tree layer (low); 4–shrub layer (high); 5–shrub layer (low); 6–herb layer (high); 7–juveniles; 8–seedlings; 9–moss layer. Species are ranked by decreasing fidelity (phi coefficient) within each association. Light and dark grey background indicates fidelity of Φ>0.20 and Φ>0.50 (P<0.05), respectively. These species are considered as diagnostic species

表 16.5　油麦吊云杉林的环境和群落结构信息表

Table 16.5　Data for environmental characteristic and community vertical structure from of *Picea brachytyla* var. *complanata* Evergreen Needleleaf Forest Alliance in China

群丛号 Association number	1	2	3	4	5	6
样地数 Number of plots	3	3	2	5	4	4
海拔 Altitude（m）	2846～2994	2268～2474	3110～3129	2907～3120	3435～3787	3060～3308
地貌 Terrain	HI/VA	MO/HI	MO/VA	MO/VA	MO	MO/VA
坡度 Slope（°）	20～50	25～38	60～70	50～60	20～45	0～50
坡向 Aspect	SE/NE	SW/NW	SE	S/SE	N/NW	SW/NW/SE
物种数 Species	7～28	22～35	12～29	13～33	19～34	21～30
乔木层 Tree layer						
盖度 Cover（%）	30～80	40～50	30～60	40～60	50～70	30～80
胸径 DBH（cm）	7～120	6～46	6～90	15～150	5～130	6～120
高度 Height（m）	12～65	3～29	3～53	5～59	5～60	5～63

续表

群丛号 Association number	1	2	3	4	5	6
样地数 Number of plots	3	3	2	5	4	4
灌木层 Shrub layer						
盖度 Cover（%）	25～80	30～55	60～80	40～70	30～60	20～50
高度 Height（cm）	6～450	17～350	30～400	20～400	40～500	30～550
草本层 Herb layer						
盖度 Cover（%）	10～40	25～60	30～40	20～80	25～60	50～60
高度 Height（cm）	4～40	3～60	10～60	5～70	5～60	3～50
地被层 Ground layer						
盖度 Cover（%）	20～80	12～20	0～60	0～60	5～100	40～60
高度 Height（cm）	5～10	4～7	0～30	0～10	10～20	7～10

HI：山麓 Hillside；MO：山地 Montane；VA：河谷 Valley；N：北坡 Northern slope；NE：东北坡 Northeastern slope；NW：西北坡 Northwestern slope；S：南坡 Southern slope；SE：东南坡 Southeastern slope；SW：西南坡 Southwestern slope

群丛组、群丛检索表

A1 乔木层由油麦吊云杉和落叶阔叶树组成。**PBCⅠ 油麦吊云杉-阔叶乔木-灌木-草本 常绿针叶林 *Picea brachytyla* var. *complanata*-Broadleaf Trees-Shrubs-Herbs Evergreen Needleleaf Forest**

B 特征种是细齿樱桃、小半圆叶杜鹃、细梗蔷薇、羽衣草、西南草莓；常见种有红椋子、华西小檗、唐古特忍冬和锦丝藓。**PBC1 油麦吊云杉-细齿樱桃-华西小檗-羽衣草-锦丝藓 常绿针叶林 *Picea brachytyla* var. *complanata-Cerasus serrula-Berberis silva-taroucana-Alchemilla japonica-Actinothuidium hookeri* Evergreen Needleleaf Forest**

A2 乔木层由油麦吊云杉、冷杉、云南铁杉、怒江冷杉、急尖长苞冷杉和阔叶树组成。

B1 乔木层由油麦吊云杉和冷杉及阔叶树组成，林下有箭竹层。**PBCⅡ 冷杉+油麦吊云杉-阔叶乔木-少花箭竹-草本 常绿针叶林 *Abies fabri*+*Picea brachytyla* var. *complanata*-Broadleaf Trees-*Fargesia pauciflora*-Herbs Evergreen Needleleaf Forest**

C 特征种是冷杉、扇叶枫、毛叶枫、狭叶藤五加、聚花荚蒾和钝叶楼梯草；常见种有华西小檗、凉山悬钩子和四川堇菜。**PBC2 油麦吊云杉+冷杉-扇叶枫-少花箭竹-大果鳞毛蕨 常绿针叶林 *Picea brachytyla* var. *complanata*+*Abies fabri-Acer flabellatum-Fargesia pauciflora-Dryopteris panda* Evergreen Needleleaf Forest**

B2 乔木层由油麦吊云杉、云南铁杉、怒江冷杉、急尖长苞冷杉和阔叶树组成。

C1 乔木层由油麦吊云杉、云南铁杉或怒江冷杉及阔叶树组成。**PBCⅢ 油麦吊云杉+云南铁杉-阔叶乔木-灌木-草本 常绿针叶林 *Picea brachytyla* var. *complanata*+*Tsuga dumosa*-Broadleaf trees-Shrubs-Herbs Evergreen Needleleaf Forest**

D1 特征种是怒江冷杉、云南凹脉柃、黄花木、喜阴悬钩子、镰喙薹草和管花鹿药；常见种有云南铁杉、密叶瘤足蕨。**PBC3 油麦吊云杉+怒江冷杉+云南铁杉-藏南枫-云南凹脉柃-密叶瘤足蕨 常绿针叶林 *Picea brachytyla* var. *complanata*+*Abies nukian-***

gensis+Tsuga dumosa-Acer campbellii-Eurya cavinervis-Plagiogyria pycnophylla **Evergreen Needleleaf Forest**

D2 特征种是多变柯、云南铁杉、篦齿枫、皱壳箭竹、吴茱萸五加、长柱绣球、卷叶杜鹃、球蕊五味子和柄花茜草；常见种有高大鹿药和密叶瘤足蕨等。**PBC4 油麦吊云杉+云南铁杉-多变柯-红毛花楸-密叶瘤足蕨 常绿针叶林 *Picea brachytyla* var. *complanata+Tsuga dumosa-Lithocarpus variolosus-Sorbus rufopilosa-Plagiogyria pycnophylla* Evergreen Needleleaf Forest**

C2 乔木层由油麦吊云杉、急尖长苞冷杉和阔叶树组成。**PBCⅣ 油麦吊云杉+急尖长苞冷杉-阔叶乔木-灌木-草本 常绿针叶林 *Picea brachytyla* var. *complanata+Abies georgei* var. *smithii*-Broadleaf Trees-Shrubs-Herbs Evergreen Needleleaf Forest**

D1 特征种是糙皮桦、华西忍冬、宽钟杜鹃、西南花楸、密序溲疏、西藏箭竹、灰叶稠李和曲萼茶藨子等；常见种有凉山悬钩子、藏布鳞毛蕨和五裂蟹甲草等。**PBC5 油麦吊云杉+急尖长苞冷杉-糙皮桦-宽钟杜鹃-西藏箭竹-凉山悬钩子 常绿针叶林 *Picea brachytyla* var. *complanata+Abies georgei* var. *smithii-Betula utilis-Rhododendron beesianum-Fargesia macclureana-Rubus fockeanus* Evergreen Needleleaf Forest**

D2 特征种是绣球藤、膜叶冷蕨、异型假鹤虱、白花酢浆草、桃儿七、锦丝藓和塔藓；常见种有油麦吊云杉、异型假鹤虱、膜叶冷蕨、四川堇菜和锦丝藓。**PBC6 油麦吊云杉+急尖长苞冷杉-长尾枫-微绒绣球-异型假鹤虱 常绿针叶林 *Picea brachytyla* var. *complanata+Abies georgei* var. *smithii-Acer caudatum-Hydrangea heteromalla-Hackelia difformis* Evergreen Needleleaf Forest**

16.4.1 PBC Ⅰ

油麦吊云杉-阔叶乔木-灌木-草本 常绿针叶林

***Picea brachytyla* var. *complanata*-Broadleaf Trees-Shrubs-Herbs Evergreen Needleleaf Forest**

油麦吊杉林—中国植被，1980：201；四川森林，1992：352-362；中国森林（第2卷 针叶林），1999：743-749。

群落呈针叶林外貌，林冠呈窄塔状，色泽墨绿；树冠上有灰白色的松萝悬垂，树干上有苔藓附生。乔木层具复层结构，大乔木层由油麦吊云杉单优势种组成；中、小乔木层由阔叶小乔木组成，通常较稀疏，种类有黄毛枫、微绒绣球、绢毛木姜子和三桠乌药等。林下或有箭竹层，局部较密集；灌木层稀疏或密集，常见种类有细梗蔷薇、华西小檗、唐古特忍冬和甘肃荚蒾等。草本层较稀疏，既有高大的蕨类植物，也有贴地生长的莲座叶、附生和蔓生小草本，丛生禾草和薹草也较常见，包括膜叶冷蕨、三角叶假冷蕨、五裂蟹甲草、滇西鬼灯檠、六叶律、西南草莓和羽衣草等。苔藓层呈斑块状或密集如毯状，物种较丰富，锦丝藓和塔藓较常见。

分布于西藏东南部，海拔2800～3000 m，生长在高山峡谷区的中、下坡及河谷地带。这里描述1个群丛。

PBC1

油麦吊云杉-细齿樱桃-华西小檗-羽衣草-锦丝藓 常绿针叶林

***Picea brachytyla* var. *complanata-Cerasus serrula-Berberis silva-taroucana-Alchemilla japonica-Actinothuidium hookeri* Evergreen Needleleaf Forest**

凭证样方：16096、16098、16099。

特征种：细齿樱桃（*Cerasus serrula*）*、小半圆叶杜鹃（*Rhododendron thomsonii* subsp. *lopsangianum*）*、细梗蔷薇（*Rosa graciliflora*）*、羽衣草（*Alchemilla japonica*）*、西南草莓（*Fragaria moupinensis*）*。

常见种：油麦吊云杉（*Picea brachytyla* var. *complanata*）、红椋子（*Cornus hemsleyi*）、华西小檗（*Berberis silva-taroucana*）、唐古特忍冬（*Lonicera tangutica*）、锦丝藓（*Actinothuidium hookeri*）及上述标记*的物种。

乔木层盖度 30%～80%，胸径（7）8～84（120）cm，高度（12）12～60（65）m，呈复层结构；油麦吊云杉是大乔木层的单优势种，偶有零星的云南松混生，林冠层的乔木皆是参天巨树，树干通直，高耸挺拔；中、小乔木层与林冠层的高差 20～30 m，由落叶阔叶树组成，在林缘或林窗地带较密集，优势种不明显，细齿樱桃和红椋子较常见，偶见黄毛枫、微绒绣球、绢毛木姜子、三桠乌药和帽斗栎等。林下罕见针叶树的幼苗、幼树，林地上散落的球果稀少，结实率低；更新不良的另一个原因是林地苔藓较厚，种子不易萌发。

灌木层盖度 25%～80%，高度 40～450 cm；林下偶见由西藏箭竹组成的竹类层片，局部盖度达 80%；大灌木层稀疏，常见种类有细梗蔷薇；在中灌木层，华西小檗和唐古特忍冬较常见，偶见小半圆叶杜鹃、甘肃荚蒾、杭子梢和长瓣瑞香等。林下无低矮的小灌木。

草本层总盖度 10%～40%，高度 4～40 cm，优势种不明显，多为偶见种；直立高大草本主要由蕨类和杂草类组成，包括膜叶冷蕨、三角叶假冷蕨、羽节蕨、三脉紫菀、血满草、五裂蟹甲草、滇西鬼灯檠、六叶律、米林糙苏、羌活、大钟花和长果婆婆纳等；低矮草本层主要由莲座状、蔓生、垫状和圆叶系列草本组成，西南草莓和羽衣草较常见，偶见隐花马先蒿、凉山悬钩子、高原露珠草、小喙唐松草和四川堇菜等。

苔藓层稀薄或密集，盖度 20%～80%，厚度 5～10 cm；在枯树桩、倒木及平缓的山坡可形成密集的苔藓层片；在灌丛和箭竹密集的生境中，仅呈斑块状；锦丝藓较常见，偶见垂枝藓、薄壁仙鹤藓、圆叶匐灯藓、绿羽藓和曲尾藓。这些苔藓或组成单优势的小斑块而彼此镶嵌，或呈混生状。

分布于西藏东南部（波密），海拔 2846～2994 m，地貌属于高山峡谷区，山坡陡峻、山谷深邃，生长在山地的中、下坡或平缓山麓，坡度 25°～50°。历史时期有择伐，木材主要用于建筑用材和燃料。在人迹罕至、地形陡峻的山涧和峡谷，有保存较完整的原始森林，林内有猕猴筑巢生息。

16.4.2　PBC Ⅱ

冷杉+油麦吊云杉-阔叶乔木-少花箭竹-草本 常绿针叶林

***Abies fabri+Picea brachytyla* var. *complanata*-Broadleaf Trees-*Fargesia pauciflora*-Herbs**

Evergreen Needleleaf Forest

油麦吊杉林—中国植被，1980：201；四川森林，1992：352-362；中国森林（第2卷 针叶林），1999：743-749。

群落呈针叶林外貌，针叶树的树冠呈窄塔状，色泽墨绿，高耸于阔叶树之上；阔叶树的树冠呈圆钝的阔卵形，色泽浅绿，树干上有青苔附着。乔木层具复层结构，大乔木层由油麦吊云杉单优势种组成，树干端直高耸，数量较少；中、小乔木层由冷杉、油麦吊云杉、铁杉和多种阔叶小乔木组成，种类以扇叶枫和红桦居多。油麦吊云杉和冷杉的相对数量与海拔有关，海拔越高，冷杉所占的比例越大。

《四川森林》（《四川森林》编辑委员会，1992）记载了分布于四川峨边的一个油麦吊云杉林样地的数据：乔木层为复层结构，可分为3个亚层。油麦吊云杉为大乔木层的优势种，个体数量稀少，密度为10株/hm^2，皆高大粗壮的个体，平均胸径104 cm，平均树高45 m；中乔木层以冷杉占优势，有油麦吊云杉和云南铁杉混生，三者的密度分别是16株/hm^2、4株/hm^2、2株/hm^2；冷杉的平均胸径83 cm，平均树高31 m；油麦吊云杉的平均胸径63 cm，平均树高33 m；云南铁杉的平均胸径65 cm，平均树高30 m；小乔木层的高度12～19 m，以桦木和枫树占优势，另有其他阔叶树混生。林下有冷杉、油麦吊云杉和云南铁杉的幼树，密度分别是10株/hm^2、5株/hm^{2}和2株/hm^2（《四川森林》编辑委员会，1992）。

林下通常有箭竹层，局部较密集；灌木层较稀疏，种类有聚花荚蒾、华西小檗、绢毛山梅花、桦叶荚蒾、鞘柄菝葜、长托菝葜和长序茶藨子等，或有木质藤本狭叶藤五加。草本层稀疏或密集，其盖度取决于箭竹层的密集程度；物种组成丰富，蕨类植物常形成高大的直立草本层，丛生禾草、薹草、莲座叶、附生和蔓生小草本多出现在低矮草本层，包括肾叶蒲儿根、四川堇菜和纤细草莓等。苔藓层呈稀薄的斑块状，在倒木和陡坡岩壁上较密集。

分布于四川西南部，海拔2200～2500 m，生长在山地中、下坡及河谷地带。这里描述1个群丛。

PBC2

油麦吊云杉+冷杉-扇叶枫-少花箭竹-大果鳞毛蕨 常绿针叶林

***Picea brachytyla* var. *complanata+Abies fabri-Acerflabellatum-Fargesia pauciflora-Dryopteris panda* Evergreen Needleleaf Forest**

凭证样方：T16、T17、T18。

特征种：冷杉（*Abies fabri*）*、扇叶枫（*Acer flabellatum*）*、四蕊枫（*Acer stachyophyllum* subsp. *betulifolium*）*、狭叶藤五加（*Eleutherococcus leucorrhizus* var. *scaberulus*）*、聚花荚蒾（*Viburnum glomeratum*）*、钝叶楼梯草（*Elatostema obtusum*）*、蕨状薹草（*Carex filicina*）*、粗齿天名精（*Carpesium tracheliifolium*）*、南方露珠草（*Circaea mollis*）*、大果鳞毛蕨（*Dryopteris panda*）*、纤细草莓（*Fragaria gracilis*）*、车叶律（*Galium asperuloides*）*、红雉凤仙花（*Impatiens oxyanthera*）*、山酢浆草（*Oxalis griffithii*）*、七叶一枝花（*Paris polyphylla*）*、大花糙苏（*Phlomis megalantha*）*、澜沧囊瓣芹（*Pternopetalum delavayi*）*、茜草（*Rubia cordifolia*）*、肾叶蒲儿根（*Sinosenecio* *homogyniphyllus*）*、细柄繁缕（*Stellaria petiolaris*）*、大灰藓（*Hypnum plumaeforme*）*、厚角绢藓（*Entodon concinnus*）*。

常见种：油麦吊云杉（*Picea brachytyla* var. *complanata*）、华西小檗（*Berberis silvataroucana*）、凉山悬钩子（*Rubus fockeanus*）、四川堇菜（*Viola szetschwanensis*）及上述标记*的物种。

乔木层盖度 40%～50%，胸径（6）8～28（46）cm，高度（3）5～18（29）m，呈复层结构；大乔木层缺如；油麦吊云杉和冷杉是中乔木层的共优种（图 16.6），前者由中、小径级和树高级的个体组成，“胸径-频数”和“树高-频数”曲线呈右偏态分布，频数分布有残缺（图 16.7～图 16.9），偶有零星的红桦、长尾枫、胡桃楸和四蕊枫混生；随着海拔升高，油麦吊云杉逐渐减少而冷杉逐渐增多；小乔木层由落叶阔叶树和冷杉组成，扇叶枫较常见，偶见牛奶子等小乔木。林下没有记录到油麦吊云杉的幼苗和幼树，自然更新不良。

图 16.6 “油麦吊云杉+冷杉-扇叶枫-少花箭竹-大果鳞毛蕨”常绿针叶林的外貌（左）、灌木层（右上）和草本层（右下）（四川峨边）

Figure 16.6　Physiognomy (left), shrub layer (upper right) and herb layer (lower right) of a community of *Picea brachytyla* var. *complanata*+*Abies fabri*-*Acer flabellatum*-*Fargesia pauciflora*-*Dryopteris panda* Evergreen Needleleaf Forest in Ebian，Sichuan

箭竹层盖度 30%～55%，高度 17～350 cm，少花箭竹为优势种；灌木稀疏，多为中、小灌木，聚花荚蒾和狭叶藤五加较常见，偶见华西小檗、绢毛山梅花、桦叶荚蒾、鞘柄菝葜、长托菝葜和长序茶藨子等；在林缘等光照充足的生境中，川莓可形成团块状的优势层片。

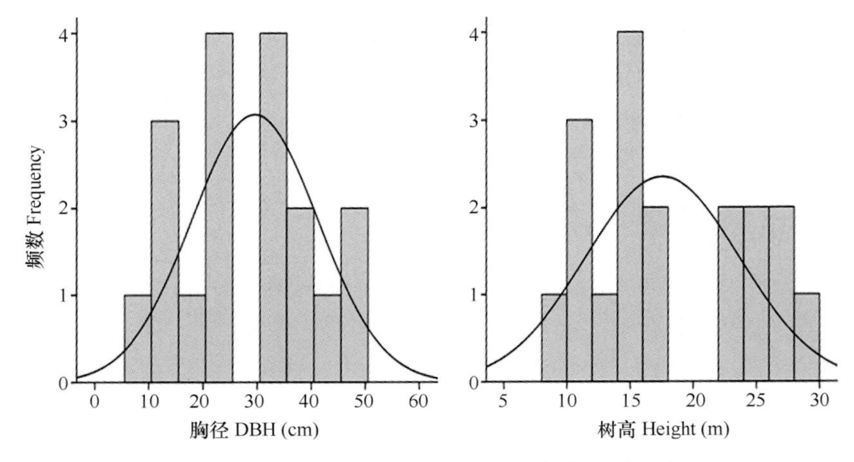

图 16.7　T17 样方油麦吊云杉胸径和树高频数分布图

Figure 16.7　Frequency distribution of DBH and tree height of *Picea brachytyla* var. *complanata* in plot T17

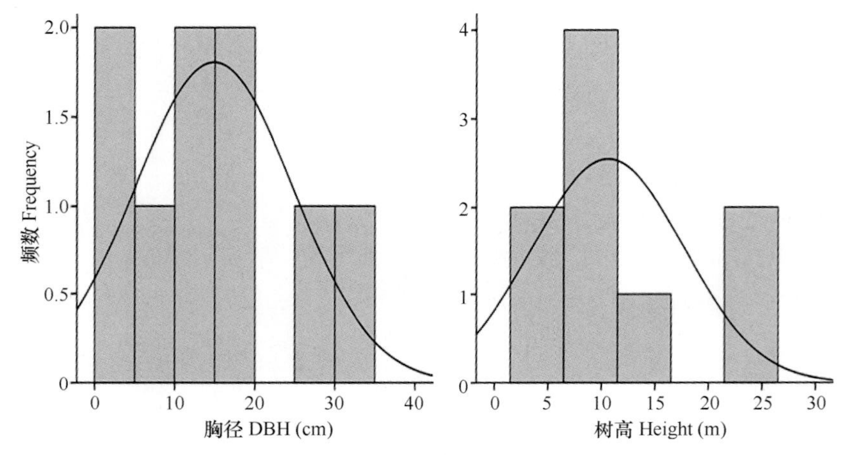

图 16.8　T16 样方油麦吊云杉胸径和树高频数分布图

Figure 16.8　Frequency distribution of DBH and tree height of *Picea brachytyla* var. *complanata* in plot T16

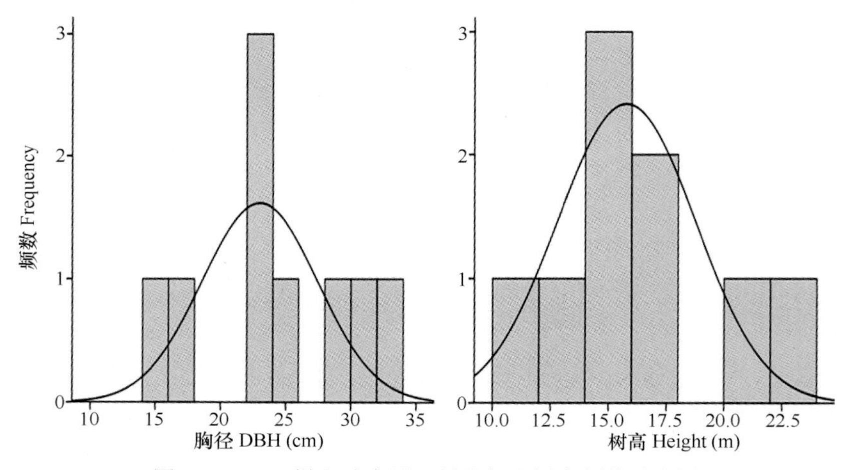

图 16.9　T18 样方油麦吊云杉胸径和树高频数分布图

Figure 16.9　Frequency distribution of DBH and tree height of *Picea brachytyla* var. *complanata* in plot T18

草本层总盖度 25%～60%，高度 3～60 cm，在箭竹密集的林下，草本稀疏；在箭竹稀疏或空旷的林下或林缘，草本密集；大果鳞毛蕨、大花糙苏和七叶一枝花是大草本层的常见种，偶见宽叶荨麻、象南星和血满草等；中草本层由薹草和直立杂草组成，包括蕨状薹草、华蟹甲、澜沧囊瓣芹、高原露珠草、车叶律和红雉凤仙花等，多见于遮蔽的环境中；低矮草本层由莲座圆叶、蔓生草本组成，许多为常见种，种类有细柄繁缕、肾叶蒲儿根、四川堇菜、纤细草莓、肾萼金腰、白鳞酢浆草和山酢浆草等；匍匐草本钝叶楼梯草和凉山悬钩子可在竹丛与倒木周边局部阴湿的生境中形成斑块状的优势层片。

苔藓稀薄，盖度 12%～20%，厚度 4～7 cm，在枯树桩、倒木及岩石上可形成较密集的苔藓斑块，常见种类有大灰藓和厚角绢藓等。

分布于四川西南部，海拔 2268～2474 m，与冷杉林垂直分布的下限相接；生长在川西南雨屏带山地丘陵的中、高海拔地带，坡度 25°～38°。人类活动干扰较大，原始森林几乎采伐殆尽，或仅在水溪源头的山顶梁茆地带有少量的残存。目前留存的植被均为大规模择伐后恢复的次生林，以中幼龄林为主。

16.4.3　PBCⅢ

油麦吊云杉+云南铁杉-阔叶乔木-灌木-草本　常绿针叶林

***Picea brachytyla* var. *complanata*+*Tsuga dumosa*-Broadleaf trees-Shrubs-Herbs Evergreen Needleleaf Forest**

群落呈针叶林外貌，针叶树色泽墨绿，枝干上布满松萝，高耸于阔叶树之上；阔叶树色泽浅绿，树体低矮，树冠圆钝。乔木层较稀疏，具复层结构，油麦吊云杉和云南铁杉是大乔木层的常见种，在海拔稍高的生境中或有怒江冷杉混生或组成共优种；油麦吊云杉的树干端直高耸，树冠紧凑，侧枝细弱，或略高于云南铁杉和怒江冷杉；云南铁杉的主干峭度大，树干多分枝，树冠松散开阔；怒江冷杉的树干尚端直，分枝较低，枝叶坚硬斜展或直立，分层明显；外观之，大乔木层的 3 种常绿针叶乔木区别明显。小乔木层由多种阔叶小乔木组成，种类有多变柯、尖尾樱桃、吴茱萸五加和窄叶杜鹃等。

灌木层较密集，种类有云南杜鹃、卷叶杜鹃、微绒绣球、峨眉蔷薇、卷边花楸、绢毛木姜子、云南凹脉柃和喜阴悬钩子等。草本层稀疏，直立杂草和蕨类植物较常见，包括大叶冷水花、柳叶菜、密叶瘤足蕨、金荞麦、管花鹿药和网檐南星等。苔藓层稀薄，在倒木和陡坡岩壁上较密集。

分布于云南西北部的怒江流域，海拔 3000～3300 m，生长在高山峡谷区山地的中、下坡及河谷地带。这里描述 2 个群丛。

16.4.3.1　PBC3

油麦吊云杉+怒江冷杉+云南铁杉-藏南枫-云南凹脉柃-密叶瘤足蕨　常绿针叶林

***Picea brachytyla* var. *complanata*+*Abies nukiangensis*+*Tsuga dumosa*-*Acer campbellii*-*Eurya cavinervis*-*Plagiogyria pycnophylla* Evergreen Needleleaf Forest**

凭证样方：16018、16019。

特征种：怒江冷杉（*Abies nukiangensis*）*、云南凹脉柃（*Eurya cavinervis*）*、黄花

木（*Piptanthus nepalensis*）*、喜阴悬钩子（*Rubus mesogaeus*）*、镰喙薹草（*Carex drepanorhyncha*）*、管花鹿药（*Maianthemum henryi*）*。

常见种：油麦吊云杉（*Picea brachytyla* var. *complanata*）、云南铁杉（*Tsuga dumosa*）、密叶瘤足蕨（*Plagiogyria pycnophylla*）及上述标记*的物种。

乔木层盖度 30%～60%，胸径（6）10～72（90）cm，高度（3）11～50（53）m，呈复层结构；大乔木层由油麦吊云杉、怒江冷杉和云南铁杉组成，偶有零星的藏南枫混生；针叶树互为优势种或其中的 1～2 种占优势，怒江冷杉在高海拔地带较多；多为中、高径级和树高级的个体，顶端生长趋于停滞，树冠多圆钝，树干上枝条的枯梢较多；小乔木层与林冠层高度相差 20～30 m，由常绿和落叶阔叶树组成，多为偶见种，包括多变柯、尖尾樱桃、吴茱萸五加和窄叶杜鹃等。在林下开阔地带和林缘，上述 3 种针叶树的幼苗和幼树较常见，自然更新较好（图 16.10）。

图 16.10 “油麦吊云杉+怒江冷杉+云南铁杉-藏南枫-云南凹脉柃-密叶瘤足蕨”常绿针叶林的外貌（左）、垂直结构（右上，右中）和草本层（右下）（云南贡山，独龙江）

Figure 16.10 Physiognomy (left), supraterraneous stratification (upper and middle right) and herb layer (lower right) of a community of *Picea brachytyla* var. *complanata*+*Abies nukiangensis*+*Tsuga dumosa*-*Acer campbellii*-*Eurya cavinervis*-*Plagiogyria pycnophylla* Evergreen Needleleaf Forest in Dulong River, Gongshan, Yunnan

灌木层盖度 60%～80%，高度 30～400 cm；大灌木层由落叶和常绿灌木组成，均为偶见种，包括深灰枫、卷叶杜鹃、微绒绣球、峨眉蔷薇、卷边花楸、绢毛木姜子和红粉白珠等，木质藤本球蕊五味子和薄叶铁线莲等常攀附在灌木或小乔木上；在中灌木层，云南凹脉柃和喜阴悬钩子较常见，偶见冷地卫矛、密序溲疏和黑果忍冬；云南杜鹃、短蕊杜鹃、斑鸠菊、喜阴悬钩子和渐尖茶藨子等偶见于低矮灌木层；树生越桔附生在云南铁杉的主干上。

草本层总盖度 30%～40%，高度 10～60 cm；在遮蔽的林下较稀疏，在空旷的林下或林缘较密集；直立草本占优势，其中镰喙薹草和密叶瘤足蕨是常见种，后者略占优势，偶见金荞麦、管花鹿药、网檐南星、大叶冷水花和柳叶菜；匍匐草本层中，偶见钝叶楼梯草，在灌丛下或树干周边阴湿的生境中形成局部优势层片。

苔藓稀薄或密集，盖度 0～60%，厚度 0～30 cm，在枯树桩、倒木及陡坡岩壁上可形成较密集的苔藓斑块，多为偶见种，包括梨蒴珠藓、小口小金发藓和兜叶矮齿藓等。

分布于云南西北部的怒江流域，海拔 3110～3129 m，与怒江冷杉林的垂直分布范围重叠；生长在高山峡谷区陡峻的山坡和河谷，坡度 60°～70°。由于交通不便，这一带的人类活动干扰较轻，原始森林较完整，均为成、过熟林，林内巨木参天，松萝悬垂，树干上布满青苔（图 16.10）。

16.4.3.2 PBC4

油麦吊云杉+云南铁杉-多变柯-红毛花楸-密叶瘤足蕨 常绿针叶林

***Picea brachytyla* var. *complanata*+*Tsuga dumosa*-*Lithocarpus variolosus*-*Sorbus rufopilosa*-*Plagiogyria pycnophylla* Evergreen Needleleaf Forest**

凭证样方：16020、16022、16023、16027、16028。

特征种：多变柯（*Lithocarpus variolosus*）*、云南铁杉（*Tsuga dumosa*）*、篦齿枫（*Acer pectinatum*）、皱壳箭竹（*Fargesia pleniculmis*）、吴茱萸五加（*Gamblea ciliata* var. *evodiifolia*）、长柱绣球（*Hydrangea stylosa*）、卷叶杜鹃（*Rhododendron roxieanum*）、云南杜鹃（*Rhododendron yunnanense*）、匍匐悬钩子（*Rubus pectinarioides*）、球蕊五味子（*Schisandra sphaerandra*）、红毛花楸（*Sorbus rufopilosa*）*、单蕊拂子茅（*Calamagrostis emodensis*）、高黎贡山凤仙花（*Impatiens chimiliensis*）、高大鹿药（*Maianthemum atropurpureum*）*、密叶瘤足蕨（*Plagiogyria pycnophylla*）*、柄花茜草（*Rubia podantha*）。

常见种：油麦吊云杉（*Picea brachytyla* var. *complanata*）及上述标记*的物种。

乔木层盖度 40%～60%，胸径 15～107（150）cm，高度 5～53（59）m，呈复层结构；大乔木层由油麦吊云杉和云南铁杉组成，前者或高于后者，偶有零星的云南松、多变柯、吴茱萸五加混生；中、小乔木层由常绿和落叶阔叶树组成，多变柯为常见的大叶类常绿乔木，老叶呈暗褐色，新叶浅绿，外观十分醒目，偶见种包括篦齿枫、尖尾樱桃、微绒绣球和短梗稠李等。林下和林缘有针叶树的幼苗与幼树生长，自然更新较好。

灌木层盖度 40%～70%，高度 40～400 cm，物种组成丰富，偶见种居多，乔木层的幼苗较丰富；皱壳箭竹在局部可形成优势层片；大灌木层中，常绿灌木有红粉白珠、卷叶杜鹃和云南杜鹃，落叶灌木有吴茱萸五加、红毛花楸、篦齿枫、冷地卫矛、灯笼吊钟花、钝叶木姜子和毛叶天女花等；在中、小灌木层，常绿灌木有云南凹脉柃、刺叶冬青和卷叶杜鹃，落叶灌木有微绒绣球、绢毛木姜子、尖尾樱桃、独龙绣球、绢毛悬钩子、长托菝葜和喜阴悬钩子等；在阴湿的灌丛下，或有匍匐悬钩子、长托菝葜、多蕊金丝桃和黄泡等矮小灌木。木质藤本仅见球蕊五味子。

草本层总盖度20%～80%，高度5～70 cm；高大鹿药和密叶瘤足蕨是常见种，前者稀疏地散生在灌丛下或林缘，后者可形成局部密集的优势层片；偶见种包括单蕊拂子茅、大羽鳞毛蕨、亮鳞肋毛蕨、网檐南星、褐毛紫菀和大钟花；低矮草本层中多为偶见种，直立草本包括高黎贡山凤仙花、柄花茜草、珠子参、篦齿蕨、网檐南星、毛叶假瘤蕨、单蕊拂子茅、金毛裸蕨和卷叶黄精等；狭叶瓦韦常生长在树干和岩壁上；圆叶附生系列或莲座叶草本中，偶见普通鹿蹄草、珍珠鹿蹄草、舞鹤草、白鳞酢浆草和云南兔儿风等。

苔藓稀薄或密集，盖度0～60%，厚度0～10 cm，常生长在树干基部、枯树桩及岩石上，多为偶见种，包括赤茎藓、小口小金发藓、兜叶矮齿藓和双齿鞭苔。

分布于云南西北部的怒江流域，海拔2900～3120 m，生长在高山峡谷区陡峻的山坡和河谷，坡度50°～60°。人类活动干扰较轻，原始森林较完整。

这个群丛与PBC3群丛的主要区别是乔木层中不出现怒江冷杉，多变柯是林下小乔木层中的优势种和常见种；常生长在偏阳和海拔较低的生境中。

16.4.4 PBCⅣ

油麦吊云杉+急尖长苞冷杉-阔叶乔木-灌木-草本 常绿针叶林

***Picea brachytyla* var. *complanata*+*Abies georgei* var. *smithii*-Broadleaf Trees-Shrubs-Herbs Evergreen Needleleaf Forest**

群落呈针叶林外貌，针叶树垂直于地面生长，与坡面呈锐角，色泽墨绿，树干及枝叶上布满松萝，成年老树上尤甚，树体宛若披上一层灰绿色的薄纱，外观极为瞩目；阔叶树垂直于坡面生长而与地面呈锐角，色泽浅绿，树冠开阔圆钝；因此，二者树干间的夹角与坡度相当。

乔木层具复层结构，大乔木层由油麦吊云杉和急尖长苞冷杉组成，随着海拔由低到高，前者的数量减少而后者增加，二者树体高度呈下降趋势；油麦吊云杉树干端直高耸，树皮深裂至矩形或方形块状，树冠紧凑，侧枝细弱下垂；急尖长苞冷杉亦高耸挺拔，但树皮深裂至长条块状，分枝较低，枝叶坚硬斜展或直立，不同高度的枝叶间有分层现象。无论远观还是在林内，二者都容易区别。中乔木层除了上述2种针叶树外，还有红桦、糙皮桦、帽斗栎、深灰枫和丽江枫等；小乔木层由宽钟杜鹃和多种落叶阔叶小乔木组成。随着海拔的升高，落叶阔叶树的数量逐渐减少乃至消失，而杜鹃数量明显增加，至林线地带则形成了特色鲜明的“冷杉-杜鹃-苔藓”常绿针叶林。

灌木层稀疏或密集，总有一定数量的箭竹生长，在局部可形成优势层片；其他种类有尖叶栒子、曲萼茶藨子、华西忍冬、西南花楸、峨眉蔷薇、黑果忍冬、灰叶稠李、淡红忍冬、细梗蔷薇、西藏茶藨子、唐古特忍冬和川滇绣线菊等。草本层稀疏或密集，蕨类植物和附生圆叶系列草本较常见，包括凉山悬钩子、双花堇菜、轮叶黄精、宽叶兔儿风、四川堇菜和云南兔儿风等。苔藓层稀薄或在树干基部、倒木和陡坡岩壁上较密集，种类有曲尾藓、圆叶毛灯藓、多褶青藓、山羽藓和毛梳藓等。

分布于西藏东南部和云南西北部，海拔 3000～3800 m，生长在高山峡谷区山地的中、上坡及河谷地带。这里描述 2 个群丛。

16.4.4.1 PBC5

油麦吊云杉+急尖长苞冷杉-糙皮桦-宽钟杜鹃-西藏箭竹-凉山悬钩子 常绿针叶林

***Picea brachytyla* var. *complanata+Abies georgei* var. *smithii-Betula utilis-Rhododendron beesianum-Fargesia macclureana-Rubus fockeanus* Evergreen Needleleaf Forest**

凭证样方：16070、16073、16074、16077。

特征种：急尖长苞冷杉（*Abies georgei* var. *smithii*）*、糙皮桦（*Betula utilis*）、华西忍冬（*Lonicera webbiana*）*、宽钟杜鹃（*Rhododendron beesianum*）*、西南花楸（*Sorbus rehderiana*）、密序溲疏（*Deutzia compacta*）、西藏箭竹（*Fargesia macclureana*）*、灰叶稠李（*Padus grayana*）*、曲萼茶藨子（*Ribes griffithii*）*、峨眉蔷薇（*Rosa omeiensis*）*、宽叶兔儿风（*Ainsliaea latifolia*）、喜冬草（*Chimaphila japonica*）、藏布鳞毛蕨（*Dryopteris redactopinnata*）*、五裂蟹甲草（*Parasenecio quinquelobus*）*、多褶青藓（*Brachythecium buchananii*）*。

常见种：油麦吊云杉（*Picea brachytyla* var. *complanata*）、凉山悬钩子（*Rubus fockeanus*）及上述标记*的物种。

乔木层盖度 50%～70%，胸径（5）6～80（130）cm，高度（5）8～46（60）m，具复层结构；大乔木层由油麦吊云杉和急尖长苞冷杉组成，前者或高于后者；中乔木层主要由落叶乔木组成，均为偶见种，包括糙皮桦、深灰枫、丽江枫、帽斗栎、西康花楸、大果红杉、红桦和山杨等，各个物种出现的概率取决于海拔和坡向。例如，桦木类多出现在高海拔地带，枫类多出现在低海拔地带。小乔木层中，宽钟杜鹃是常见种，在局部可形成常绿阔叶乔木的优势层片，偶见华西忍冬、西南花楸、藤五加和云南丁香（图 16.11）。林下开阔处和林缘有针叶树的幼苗与幼树，可自然更新。

灌木层盖度 30%～60%，高度 40～500 cm；西藏箭竹在局部可形成优势层片，分盖度达 20%。大灌木层中，杜鹃类占优势，可形成常绿灌木的优势层片，在高海拔地带尤甚；除了常见种宽钟杜鹃外，还偶见多变杜鹃、白碗杜鹃和粉钟杜鹃；落叶灌木中，曲萼茶藨子较常见，偶见密序溲疏、灰叶稠李、峨眉蔷薇及木质藤本薄叶铁线莲；中、小灌木层中多为偶见种，除了宽钟杜鹃和大白杜鹃等少数几种常绿灌木外，落叶灌木的数量明显增加，种类有尖叶栒子、曲萼茶藨子、防己叶菝葜、藤五加、华西忍冬、西南花楸、峨眉蔷薇、黑果忍冬、灰叶稠李、淡红忍冬、唐古特忍冬、鞘柄菝葜、水栒子、云南小檗、川滇绣线菊和粉叶小檗等。

草本层总盖度 25%～60%，高度 5～60 cm；藏布鳞毛蕨和五裂蟹甲草是常见种，与偶见种宽叶荨麻、云南红景天和三角叶假冷蕨等形成稀疏的高大草本层，紫花凤仙花和云南兔儿风可在局部形成优势层片；低矮草本层中，凉山悬钩子是常见种，在阴湿的林下可形成局部如绿毯般密集的低矮圆叶草本层片，生长在松软的枯落物上，下方无苔藓；偶见种有双花堇菜、轮叶黄精、宽叶兔儿风、四川堇菜、云南兔儿风、紫花鹿药、珠芽拳参和鞭打绣球等。

图 16.11 “油麦吊云杉+急尖长苞冷杉-糙皮桦-宽钟杜鹃-西藏箭竹-凉山悬钩子”常绿针叶林的外貌（左）、灌木层（右上）和草本层（右中，右下）（云南梅里雪山）

Figure 16.11 Physiognomy (left), shrub layer (upper right) and herb layer (middle and lower right) of a community of *Picea brachytyla* var. *complanata*+*Abies georgei* var. *smithii*-*Betula utilis*-*Rhododendron beesianum*-*Fargesia macclureana*-*Rubus fockeanus* Evergreen Needleleaf Forest in Mt. Meilixueshan, Yunnan

苔藓层盖度 5%～100%，厚度 10～20 cm，在高海拔地带的林下，以及在枯树桩和岩石上较密集，在枯落物深厚的生境中无苔藓。多为偶见种，包括曲尾藓、圆叶毛灯藓、多褶青藓、山羽藓和毛梳藓等。

分布于云南西北部，海拔 3400～3700 m，生长在山地北坡至西北坡，坡度 20°～45°。在一些地段有明显的采伐痕迹，旅游及基础设施建设对原始森林破坏较大，目前林内仍然有盗伐现象。

这个群丛的凭证样方调查自梅里雪山。在海拔 4300 m 以下，梅里雪山具有完整的植被垂直带谱。松林由华山松、云南松和高山松组成，中、小径级个体居多，林内无伐桩，生长在海拔 3300 m 以下偏阳的山坡，面积较大。在低海拔偏阴的坡面，有油麦吊云杉、黄果冷杉和松类的混交林。至海拔 3500 m，出现了油麦吊云杉的参天大树，胸径达 130 cm，树高 50～60 m，树干端直，与急尖长苞冷杉、红桦、枫类等混交成林，在局部地段为大乔木层的单优势树种；枫类、红桦、糙皮桦等是高大乔木，树高可达 20～25 m，而杜鹃类和忍冬类等为小乔木。急尖长苞冷杉在海拔 3600 m 以上逐渐占优势，在偏阳的山坡或与帽斗栎混交成林，在高海拔地段的阴坡，可形成纯林，胸径 60～80 cm，树高 30～35 m，林下杜鹃较多，形成小乔木层或灌木层。杜鹃均是无鳞类型，小叶、中等叶和大型叶的种类均有生长。梅里雪山是尚未完全开发的区域，拥有数量庞大的原始森林，是弥足珍贵的自然资源，旅游开发对森林的破坏不容小觑，应该加强保护，使这些宝贵的资源永久保存和自然生息。

16.4.4.2　PBC6

油麦吊云杉+急尖长苞冷杉-长尾枫-微绒绣球-异型假鹤虱 常绿针叶林

***Picea brachytyla* var. *complanata*+*Abies georgei* var. *smithii*-*Acer caudatum*-*Hydrangea heteromalla*-*Hackelia difformis* Evergreen Needleleaf Forest**

凭证样方：16094、16095、16097、16110。

特征种：急尖长苞冷杉（*Abies georgei* var. *smithii*）*、绣球藤（*Clematis montana*）、膜叶冷蕨（*Cystopteris pellucida*）*、异型假鹤虱（*Hackelia difformis*）*、白花酢浆草（*Oxalis acetosella*）、桃儿七（*Sinopodophyllum hexandrum*）、锦丝藓（*Actinothuidium hookeri*）*、塔藓（*Hylocomium splendens*）。

常见种：油麦吊云杉（*Picea brachytyla* var. *complanata*）、四川堇菜（*Viola szetschwanensis*）及上述标记*的物种。

乔木层盖度 30%～80%，胸径（6）12～81（120）cm，高度（5）8～55（63）m，具复层结构；大乔木层由油麦吊云杉和急尖长苞冷杉组成，偶有零星的大果红杉和云南松混生；中乔木层主要由落叶乔木组成，均为偶见种，包括长尾枫、红桦、四蕊枫、深灰枫、长穗柳、喜马拉雅臭樱、大果红杉、微绒绣球和红棕子等（图 16.12）；小乔木层缺如。林下有针叶树的幼苗和幼树，可自然更新。

灌木层盖度 20%～50%，高度 30～550 cm，主要由偶见种组成；西藏箭竹在局部生境可形成优势层片，分盖度达 40%。大灌木层中，落叶灌木占优势，包括高丛珍珠梅、微绒绣球、华西小檗、喜马拉雅臭樱和唐古特忍冬，常绿灌木仅见小半圆叶杜鹃。中、小灌木层中，除了宽钟杜鹃、疣梗杜鹃和高山柏外，其他均为落叶灌木，种类有华西小檗、长穗柳、唐古特忍冬、细梗蔷薇和西藏茶藨子；林下还偶见绣球藤和防己叶菝葜等蔓生灌木。

草本层总盖度 50%～60%，高度 3～50 cm；膜叶冷蕨和异型假鹤虱是常见种，与滇西鬼灯檠、小喙唐松草、藏布鳞毛蕨、宽叶荨麻、桃儿七、汉荭鱼腥草、钟花蓼、黑苞千里光和金脉鸢尾等偶见种形成直立的高大草本层；莲座叶和蔓生小草本物种较丰富，四川堇菜和白花酢浆草是常见种，偶见澜沧囊瓣芹、六叶律、多花老鹳草、凉山悬钩子、隐花马先蒿、镰叶冷水花、高原露珠草、芒刺假瘤蕨和西南草莓等。

苔藓层盖度 40%～50%，厚度 7～10 cm，塔藓、锦丝藓较常见，偶见毛灰藓。

分布于西藏东南部，海拔 3000～3300 m，生长在山地西北坡、东南坡至西南坡，坡度 0°～50°。放牧、造林、砍伐、采摘、水利工程等对森林干扰较重，人类活动密集区的油麦吊云杉大树已经被采伐殆尽，在人迹罕至的深山沟谷尚保存有原始森林，采伐迹地上有云杉的人工林。

图 16.12 “油麦吊云杉+急尖长苞冷杉-长尾枫-微绒绣球-异型假鹤虱”常绿针叶林的外貌（左上）、垂直结构（右上）、灌木层（左下）和草本层（右下）（西藏，波密）

Figure 16.12 Physiognomy (upper left), supraterraneous stratification (upper right), shrub layer (lower left) and herb layer (lower right) of a community of *Picea brachytyla* var. *complanata*+*Abies georgei* var. *smithii*-*Acer caudatum*-*Hydrangea heteromalla*-*Hackelia difformis* Evergreen Needleleaf Forest in Bomi, Xizang

与 PBC5 群丛相比较，这个群丛所处的垂直分布海拔范围较低，小乔木层和灌木层中的落叶成分明显增多，而杜鹃类等常绿阔叶类型明显减少。

在西藏波密，茂密的原始森林闻名于世。从高山冰川雪线至河谷地带，植被带谱较为完整。随着海拔从高到低依次出现高寒草甸、“急尖长苞冷杉-杜鹃林”“急尖长苞冷杉-箭竹林”“急尖长苞冷杉-油麦吊云杉/林芝云杉混交林”“油麦吊云杉/林芝云杉林”和“云南松/华山松林”等植被类型。油麦吊云杉林主要生长在海拔 2700～3300 m 的区域，海拔 3300 m 以上是急尖长苞冷杉林占优势的区域。这一带在历史时期有轻度采伐，偏远山地原始森林较多，有多种野生动物栖息。

16.5 建群种的生物学特性

油麦吊云杉的成年树干通直，树皮深裂成矩形或方形块状，与冷杉类和落叶阔叶树的区别十分明显。球果的种鳞厚革质，不皱缩，彼此排列紧密，显著区别于同域生长的林芝云杉和丽江云杉的球果（图 16.13）。

图 16.13　油麦吊云杉的树干（左）、树皮（右上）和球果（右下）
Figure 16.13　Stem (left), bark (upper right) and seed cones (lower right) of *Picea brachytyla* var. *complanata*

据《四川森林》(《四川森林》编辑委员会，1992）记载，四川峨边 1 株油麦吊云杉伐倒木的树龄达 600 年，说明了其十分漫长的个体生命周期；油麦吊云杉的胸径和树高的快速生长期出现在 60 年树龄以前，随后生长逐渐放缓。

在四川省峨边县川南林业局 612 林场五月沟，油麦吊云杉人工林生长状况的调查结果显示，人工林的林龄为 28 年，个体在前 10～15 年生长缓慢，年木材蓄积量不超过 1 m^3/hm^2；在 15～20 年及 20～25 年，生长加快，年木材蓄积量分别达 14.6 m^3/hm^2 和 18 m^3/hm^2（唐巍和徐润青，1997）。

16.6　生物量与生产力

在云南省香格里拉县吉迪林场（28°05′N，99°40′E），油麦吊云杉常与长苞冷杉和黄背栎等混交成林。吴兆录等（1994a，1994b）在该地 2 个林龄分别为 50 年和 150 年的油麦吊云杉林中布设样地，调查了群落的生物量和生产力。结果显示，2 个样地的生物量分别为 129.5229 t/hm^2 和 313.9853 t/hm^2；在树干、树皮、枝、叶、根茎和根系中，树干的生物量最大，占群落总生物量的比例分别是 53.20%（样地 1）和 60.25%（样地 2，下同）；在群落垂直结构的各层次中，乔木层的生物量占群落总生物量的比例最大，分别为 93.80%和 96.38%；在乔木层的各优势种中，油麦吊云杉的生物量占群落总生物量的比例分别是 76.78%和 99.13%。2 个样地的净生产力分别是 5.0315 t/（hm^2·a）和 13.7560 t/（hm^2·a）；其中，油麦吊云杉的净生产力占群落净生产力的比例分别是 92.03%和 65.39%；木材净生产力分别为 1.3431 t/（hm^2·a）和 4.1417 t/（hm^2·a），占群落净生产力的比例分别是 26.69%和 30.11%（吴兆录等，1994a，1994b）。

在四川省峨边县川南林业局 612 林场五月沟，油麦吊云杉人工林的林龄为 28 年，个体平均胸径为 13.4 cm，平均树高为 12.5 m，总蓄积量为 285.79 m^3/hm^2，胸径和树高的平均生长量分别是 0.48 cm 和 0.45 m，乔木层的生物量为 174.96 t/hm^2（唐巍和徐润青，1997）。

16.7 群落动态与演替

油麦吊云杉原始森林的群落结构复杂，物种组成丰富，林冠层较稀疏，多为成、过熟个体，结实率低，林下球果数量稀少，林地下种量少，在苔藓较厚的生境中种子发芽率低；中、小乔木层以阔叶乔木为主，较密集，林地阴暗，幼树生长困难。这些现象并非说明森林群落无法实现自我更新。

事实上，一定的资源量不可能支撑无限制增长的幼苗与幼树。油麦吊云杉原始森林看似自然更新不良的现象，实则是一个原始森林动态过程中的合理常态。云杉类原始森林从发生、发展到成熟，需要数百年的时间。在群落生长进入稳定期后，群落分层基本形成，各层的物种组合过程基本完成，林冠层优势种的结实率下降，林地环境抑制林下幼苗、幼树的生长，这是群落的自我优化和调控机制，有利于实现群落的最大生长和维持群落的生物多样性。一旦林冠层因自然枯腐或雪折、风倒等因素形成林窗，林地光照条件改善，幼苗、幼树将大量萌发生长，即可实现局部更新。因此，油麦吊云杉原始森林是一个可以实现自我更新的稳定的生态系统。

油麦吊云杉林分布在中、低海拔地带，人类活动干扰较大。在适度择伐，即留有足够母树的采伐迹地上，可以实现自然更新；更新过程将经历先锋植物群落、落叶阔叶林和针阔叶混交林等演替阶段，恢复过程往往要经历上百年的时间尺度。皆伐迹地上植被恢复的难度在于种源补充不足，人工造林或补充的种源多为云杉，这种“以劣代优”的现象在四川西南部和西藏东南部均较突出。

16.8 价值与保育

油麦吊云杉林经历的人类活动干扰较大，目前除了在人迹罕至的自然保护区尚有一定数量的原始森林外，其他区域内原始森林已经十分罕见。在四川美姑和峨边等地，海拔 2200 m 以上的区域是油麦吊云杉林的潜在分布区，目前可见到大片的采伐迹地，留存的母树星星点点，高耸于灌丛和阔叶树之上，油麦吊云杉的幼苗与幼树罕见；在海拔稍高的地段，油麦吊云杉基本退出，有成片的冷杉林生长，林相较好，外貌较整齐。

在油麦吊云杉林的潜在分布区内，人工造林是促进植被恢复的重要途径。据报道，在四川峨边川南林业局的管辖范围内，截至 1995 年，油麦吊云杉的造林面积已经达到 5924 hm^2；1966 年造林的初植密度为 3330 株/hm^2，28 年后的保存密度为 3050 株/hm^2，个体的平均胸径 13.4 cm，平均树高 12.5 m，木材蓄积量 285.79 m^3/hm^2，林下已经有箭竹生长，植被盖度达 30%～50%，已经初步成林（唐巍和徐润青，1997）。

在实施人工造林的过程中，要检查种苗的纯度，以确保造林的质量。中国西南地区是多个云杉林的主产区，在历史时期曾经历大规模的森工采伐，在采伐迹地上种植了大面积的人工林，所选用的造林树种主要是云杉（*Picea asperata*）。云杉的育苗技术成熟，造林成活率较高，苗木适应性较强，但在其自然分布区以外的生境中造林，人工林长势不良，会出现过早衰退的现象。在油麦吊云杉的人工林中常可见到一定数量的云杉个体，长势衰弱，许多个体出现枯梢，说明暖湿的生境不适宜云杉生长（图 16.14）。在油麦吊云杉林的恢复和保育中，在保护好现存的原始森林的基础上，要突破种苗繁育的技术瓶颈，扩大人工造林面积，促进植被恢复的进程。

图 16.14　四川峨边油麦吊云杉林采伐迹地上的次生植被（左）和云杉人工林（右）

Figure 16.14　Physiognomy of a secondary forest restored from the logging field of *Picea brachytyla* var. *complanata* (left) and a reforestation field where *Picea asperata* was used as an alternative species for *Picea brachytyla* var. *complanata* (right) in Ebian, Sichuan

参 考 文 献

唐巍, 徐润青, 1997. 油麦吊云杉人工林生长量分析. 四川林勘设计, (2): 21-26.

吴兆录, 党承林, 和兆荣, 王崇云, 1994a. 滇西北油麦吊云杉林生物量的初步研究. 云南大学学报(自然科学版), (3): 230-234.

吴兆录, 党承林, 和兆荣, 王崇云, 1994b. 滇西北油麦吊云杉林净第一性生产力的初步研究. 云南大学学报(自然科学版), (3): 240-244.

吴征镒, 1991. 中国种子植物属的分布区类型. 云南植物研究, (增刊Ⅳ): 1-139.

吴征镒, 周浙昆, 李德铢, 彭华, 孙航, 2003. 世界种子植物科的分布区类型系统. 云南植物研究, 25(3): 245-257.

中国科学院《中国自然地理》编辑委员会, 1981. 中国自然地理土壤地理. 北京: 科学出版社.

中国科学院中国植被图编辑委员会, 2007. 中华人民共和国植被图 (1∶1 000 000). 北京: 地质出版社.
中国林业科学研究院林业研究所, 1986. 中国森林土壤. 北京: 科学出版社.
中国森林编辑委员会, 1999. 中国森林(第 2 卷 针叶林). 北京: 中国林业出版社.
中国植被编辑委员会, 1980. 中国植被. 北京: 科学出版社.
《四川森林》编辑委员会, 1992. 四川森林. 北京: 中国林业出版社.

第 17 章　鱼鳞云杉林 *Picea jezoensis* var. *microsperma* and *Picea jezoensis* var. *komarovii* Needleleaf Forest Alliance

鱼鳞云杉、臭冷杉林—中国植被，1980：202-203；植物生态学与地植物学丛刊，1964，2（2）：216-217；鱼鳞云杉林—中国森林（第2卷 针叶林），1999：691-698；中国大兴安岭植被，1991：80-84；鱼鳞云杉、臭冷杉、红皮云杉林—中国小兴安岭植被，1994：54-91；云冷杉林—吉林森林，1988：179-193；云杉、冷杉林，红松、云杉、冷杉林—植物生态学与地植物学丛刊，1964，2（2）：190-206；*Abieti nephrolepidis-Piceetalia jezoensis*—Vegetatio，1992，98（2）：175-186。

系统编码：PJ

17.1　地理分布、自然环境及生态特征

17.1.1　地理分布

鱼鳞云杉林分布于东北亚地区，包括中国东北的长白山和带岭、锡霍特山脉北部、鄂霍次克海西岸、萨哈林岛（库页岛）、Shantar 岛屿、国后岛（Kunashiri）、择捉岛（Etorofu）、北海道及堪察加半岛中部和朝鲜半岛。鱼鳞云杉林是黑龙江下游、萨哈林岛（库页岛）、南择捉岛和北海道地区的地带性植被，跨越的纬度范围为 35°N～56°N，垂直分布范围从海平面至高山树线，生长在受海洋性和亚海洋性气候影响的谷地、丘陵与山地（Krestov and Nakamura，2002）。

卵果鱼鳞云杉（*Picea jezoensis*）的种下类型丰富。Krestov 和 Nakamura（2002）将分布于中国东北、朝鲜半岛、日本和俄罗斯远东地区的鱼鳞云杉统称为 *Picea jezoensis*，将分布于日本本州岛的类群鉴定为 *Picea jezoensis* var. *hondoensis*。据《中国植物志》记载，原变种卵果鱼鳞云杉（*P. jezoensis*）分布于日本和俄罗斯远东地区；鱼鳞云杉（*P. jezoensis* var. *microsperma*）分布于中国东北大兴安岭的北部和小兴安岭、俄罗斯远东地区及日本北海道；长白鱼鳞云杉（*P. jezoensis* var. *komarovii*）分布于吉林东部及南部山区，在朝鲜和俄罗斯远东地区也有分布。

由于鱼鳞云杉林和长白鱼鳞云杉林的自然环境、地理位置与群落结构具有较大的相似性，本书在二者基本特征的描述中均以“鱼鳞云杉林”统称，在群落类型的划分和描述中加以区别。

在中国境内，鱼鳞云杉林主要分布于大兴安岭北部、小兴安岭、张广才岭和长白山，地理坐标范围是 41°N～52°30′N，124°E～134°E（图 17.1），跨越的行政区域包括黑龙江省中东部、北部及西北部，吉林省东南部和辽宁省东北部；垂直分布的海拔范围是 300～1900 m，在不同产地间有差异：大兴安岭 820～1300 m，小兴安岭（300）700～1100 m，张广才岭 900～1400 m，长白山 1100～1900 m。

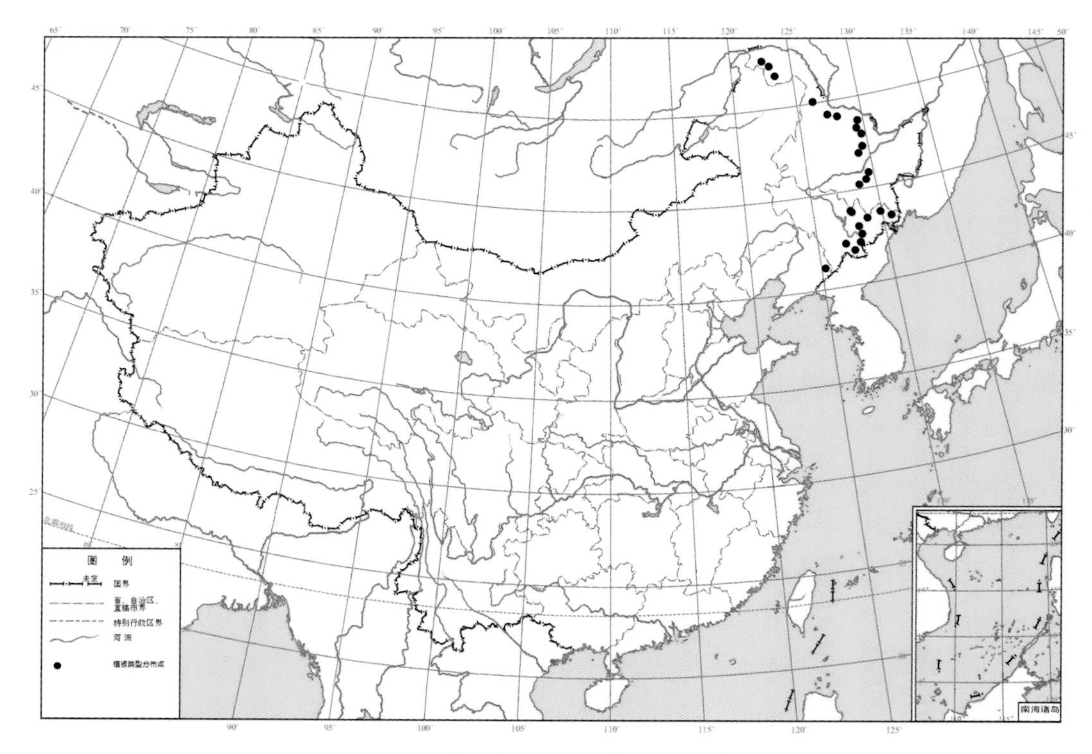

图 17.1 鱼鳞云杉林在中国境内的地理分布
Figure 17.1 Distribution of *Picea jezoensis* var. *microsperma* and *Picea jezoensis* var. *komarovii* Needleleaf Forest Alliance in China

在中国植被区划系统中，鱼鳞云杉林分布区属于温带针叶、落叶阔叶混交林区，分布区的北部属寒温带针叶林区域（中国科学院中国植被图编辑委员会，2007）。受地形因素的影响，其地理分布呈现出地理间断但生态连续的格局，具有表征植被水平地带性特征的意义。鱼鳞云杉林也是中国东北地区植被垂直分布带谱中的重要类型（陈灵芝等，1964；周以良和李景文，1964）。在小兴安岭海拔 200～300 m 处，生长着以臭冷杉和红皮云杉为主的谷地云冷杉林，具有隐域性质；在海拔 700 m 以上则生长着亚高山暗针叶林，具有地带性特征，鱼鳞云杉为群落的建群种（李文华，1980）。在长白山（图 17.2），随着海拔由低到高依次出现红松针阔叶混交林（＜1100 m）、云冷杉暗针叶林（1100～1900 m）和岳桦林（＞1900 m），其中长白鱼鳞云杉是云冷杉暗针叶林的建群种之一（陈灵芝，1963；赵淑清等，2004）。周以良和李景文（1964）将长白山植被垂直带谱自上而下划分为苔原带（2100 m 以上）、亚高山稀矮林带（1800～2100 m）、亚高山针叶林带（1100～1800 m）和低山针阔叶混交林带（700～1100 m）；鱼鳞云杉林在不同的垂直带内可形成不同的群落类型；“云杉、冷杉林”主要分布在长白山西南侧海拔 1300～1800 m、张广才岭主峰大秃顶子海拔 1050～1500 m 和小兴安岭海拔 750～1100 m 处；“红松、云杉、冷杉林”则分布于长白山西侧海拔 1100～1300 m、张广才岭主峰大秃顶子海拔 900～1050 m 和小兴安岭海拔 700～750 m 处。在长白山的南部，长白鱼鳞云杉常与臭冷杉形成混交林，垂直分布带狭窄，是当地植被垂直带谱中的重要类型。例如，在老秃顶子，长白鱼鳞云杉林垂直分布的海拔范围是 920～1080 m（张华等，2008）；在鱼鳞云杉分布区的南界地带，即辽宁白石砬子国家级自然保护区，长白鱼鳞云杉和臭冷杉混交林垂直分布的海拔范围是 1040～1250 m（董厚德，1978；袁永孝等，2002）。

图 17.2　长白山植被垂直带谱（由近及远分别是苔原带、岳桦林带和针叶林带）
Figure 17.2　An overall view of the vegetation in Mt. Changbai (From the near to the distant: tundra, *Betula ermanii* woodlands and needleleaf forest)

17.1.2　自然环境

17.1.2.1　地貌

中国的鱼鳞云杉林分布于东北地区西部、北部和东部隆起的山地，生长在山坡、台地和河谷。大兴安岭山地呈西南至东北偏北走向，海拔变化幅度是 500～1000 m，最高峰白卡鲁山海拔 1396 m；山岭的西面汇入蒙古高原，地形平缓；东临东北平原，地势下降幅度大，地形陡峭。小兴安岭位于东北地区北部，呈西北至东南走向，由诸多海拔在 1000 m 以下的起伏山地和丘陵组成；东南部的平顶山海拔达 1429 m，经长期侵蚀切割，低山丘陵地带地形破碎，海拔在 500 m 左右，宽谷和冲积平原与山地丘陵镶嵌交汇。张广才岭和老爷岭地形破碎，河流冲积形成的宽谷广泛发育，海拔在 500～1000 m，最高峰达 1780 m；长白山系玄武岩熔岩山地，地质时期有火山活动，山脉呈西南至东北走向，地势由西至东逐渐抬升，多数山地的海拔不超过 1000 m，主峰白头山巍峨耸立，海拔达 2744 m（图 17.3）；土层稀薄，岩石显露，土壤含石率高（图 17.4，图 17.5）。

图 17.3　长白山顶由火山口形成的高山湖（左上）及山峰下的长白鱼鳞云杉林（左下，右）
Figure 17.3　Tianchi Lake (upper left): A volcano lake on the summit of Mt.Changbai and physiognomy of a community of *Picea jezoensis* var. *komarovii* Needleleaf Forest Alliance (lower left, right) near the summint of Mt. Changbai, Jilin

图 17.4　长白鱼鳞云杉林地中裸露的基岩
Figure 17.4　The bedrock of a community of *Picea jezoensis* var. *komarovii* Needleleaf Forest Alliance in Mt. Changbai, Jilin

图 17.5 长白鱼鳞云杉林下土壤中的石砾

Figure 17.5 High proportion of gravel in soil under a community of *Picea jezoensis* var. *komarovii* Needleleaf Forest Alliance in Mt. Changbai, Jilin

17.1.2.2 气候

鱼鳞云杉林分布区的气候在夏季受东南季风的影响，温暖湿润；冬季则受大陆性季风的影响，低温严寒。降水量丰沛，但自东南向西北逐渐减少。由于纬度较高，热量条件受限，山地的气候总体上冷凉湿润；生长季节短促，冬季积雪深厚，积雪可持续 5 个月左右，土壤永冻层和季节性冻土层广泛发育。在中国气候区划中属中温带湿润、半湿润区。

我们随机测定了鱼鳞云杉林分布区内 38 个样点的地理坐标，利用插值方法提取了每个样点的生物气候数据，各气候因子的均值依次是：年均气温 1.19℃，年均降雨量 643.86 mm，最冷月平均气温–19.99℃，最热月平均气温 19.30℃，≥0℃有效积温 2440.87℃·d，≥5℃有效积温 1505.25℃·d，年实际蒸散 400.42 mm，年潜在蒸散 517.82 mm，水分利用指数 0.77（表 17.1）。以上数据表明，鱼鳞云杉林分布区温度的年差较大，

表 17.1 鱼鳞云杉林地理分布区海拔及其对应的气候因子描述性统计结果（*n*=38）

Table 17.1 Descriptive statistics of altitude and climatic factors in the natural range of *Picea jezoensis* var. *microsperma* and *Picea jezoensis* var. *komarovii* Needleleaf Forest Alliance in China (*n*=38)

海拔及气候因子 Altitude and climatic factors	均值 Mean	标准误 Standard error	95%置信区间 95% confidence intervals		最小值 Minimum	最大值 Maximum
海拔 Altitude（m）	918.63	64.59	787.76	1049.50	300.00	1832.00
年均气温 Mean annual temperature（℃）	1.19	0.32	0.54	1.84	–4.21	4.82
最冷月平均气温 Mean temperature of the coldest month（℃）	–19.99	0.54	–21.09	–18.88	–27.42	–15.63
最热月平均气温 Mean temperature of the warmest month（℃）	19.30	0.21	18.88	19.73	15.05	22.23
≥5℃有效积温 Growing degree days on a 5℃ basis（℃·d）	1505.25	39.53	1425.16	1585.33	862.80	2116.24
≥0℃有效积温 Growing degree days on a 0℃ basis（℃·d）	2440.87	48.88	2341.82	2539.91	1671.25	3171.13
年均降雨量 Mean annual precipitation（mm）	643.86	14.81	613.86	673.86	497.70	897.04
实际蒸散 Actual evapotranspiration（mm）	400.42	20.78	358.31	442.52	271.00	612.00
潜在蒸散 Potential evapotranspiration（mm）	517.82	12.61	492.28	543.37	224.00	903.28
水分利用指数 Water availability index	0.77	0.01	0.64	0.68	0.50	0.77

水分条件和生长季节的热量条件较好。鱼鳞云杉林虽可忍耐冬季严寒，但在生长季节对水热条件要求较高。

气候条件的区域差异明显。从长白山区至大兴安岭北部，≥10℃的活动积温和年均降水量均逐渐降低，二者的变化幅度分别为 2200～1400℃和 1000～400 mm（中国科学院《中国自然地理》编辑委员会，1985）。大兴安岭地区的年均气温低于 0℃，年均降雨量为 350～500 mm；在小兴安岭，年均气温在–1～1℃，年均降雨量 550～700 mm（周以良等，1991，1994）；至长白山，年均气温在不同的海拔地带变化较大，变化幅度–7.3℃（海拔 2670 m）～4.6℃（海拔 332 m），年均降雨量通常在 700 mm 以上（杨美华，1981）。

17.1.2.3　土壤

长白鱼鳞云杉林土层稀薄，岩石显露（图 17.4）。《中国土壤数据库》（中国科学院南京土壤研究所土壤分中心，2009）记载了黑龙江省云冷杉林下 2 个土壤剖面的数据，结果摘录整理如下。

在黑龙江省塔河县、海林县和伊春市美溪区，森林土壤为表潜棕色针叶林土亚类湿寒棕土，成土母质为花岗岩风化残坡积物；剖面类型为 O-Ag-B-C 型，土层厚度 30～50 cm，为壤质黏土，石砾和石块含量较多。在海林海浪河山地，海拔 1110 m，植被为云冷杉林，林下有越桔和杜香等生长。根据该地云杉林的垂直分布范围判断，此地生长的云杉应为鱼鳞云杉。典型土壤剖面数据显示，O 层厚度 0～5 cm，呈暗棕色，由半分解状态的枯枝落叶层组成；Ag 层厚度 5～15 cm，呈青灰色，质地紧实，有潜育斑，石砾少但根系多，pH 5.5；B 层厚度 15～23 cm，呈棕灰色，根系少，pH 5.7；BC 层厚度 23～30 cm，呈浊黄橙色，含较多石块，根系少，pH 5.8。就剖面不同层次的综合特征而言，Ag、BC、B 层的厚度分别为 10 cm、7 cm 和 8 cm，有机质含量分别为 6.50%、1.90%和 3.60%，全氮含量分别为 0.13%、0.04%和 0.08%。

在黑龙江省塔河、漠河、呼玛、海林、宁安和伊春等地，海拔 900～1450 m 的山地上坡均为林地，土壤类型为棕色针叶林土亚类寒棕土，成土母质为花岗岩风化残积物；剖面为 O-Ah-B-C 型，土层厚度为 60～70 cm，有石砾，pH 为 5.0～5.5，A 层土壤有机质含量达 10%。6 个土壤样本测定的土壤元素均值分别为土壤全氮 0.343%、全磷 0.071%、全钾 2.64%、碱解氮 287 ppm、速效磷 2 ppm、有效铜 1.2 ppm 和有效锌 2 ppm。

在黑龙江省塔河县，海拔 906 m，山地的上坡有兴安落叶松和云杉的针阔叶混交林生长。林地土壤剖面数据显示，O 层厚度 0～7 cm，为枯落物层；Ah 层厚度 7～16 cm，呈棕黑色，黏质壤土，具团块结构，湿润紧实，有白色菌丝，木本植物根系较多，pH 5.1；B 层厚度 16～65 cm，呈暗棕色，具块状结构，紧实但有砾石，有少量细根，pH 5.6；BC 层厚度 65～75 cm，壤质黏土，石块含量多，无根系，pH 5.6。就剖面不同层次的综合特征而言，B、BC、Ah 层厚度分别为 49 cm、10 cm 和 9 cm，有机质含量分别为 1.10%、0.71%和 10.63%，全氮含量分别为 0.07%、0.04%和 0.46%（中国科学院南京土壤研究所土壤分中心，2009）。

《中国森林土壤》（中国林业科学研究院林业研究所，1986）记载了小兴安岭、张广才岭和长白山等地鱼鳞云杉林的几个土壤剖面特征，摘录如下。

在乌伊岭林业局美丰林场第 16 作业区，海拔 400 m，群落类型为以鱼鳞云杉为优势种的针阔叶混交林，坡向为东北坡，坡度 5°。土壤剖面（乌-77-4）数据显示，土壤类型为黑土型的暗棕壤，土壤母岩为玄武岩；从土壤浅层（0～5 cm）至深层（60～70 cm），各个土壤化学指标的变化幅度分别为土壤 pH 6.27～6.46、土壤有机质 26.94%～1.70%（35～60 cm）、土壤全磷 0.24%～0.14%（35～60 cm）。

小兴安岭伊春海拔 950 m 处的“塔藓-鱼鳞云杉林”土壤剖面（1115）数据显示，剖面位于缓坡上部，坡向为东南坡，坡度 8°；土壤母岩为花岗岩，其风化残积物构成土壤母质，土壤类型为山地棕色针叶林土；从土壤浅层（7～15 cm）至中层（25～43 cm），各个土壤化学指标的变化幅度分别为土壤 pH 5.2～4.6、土壤有机质 16.39%～3.15%。

在吴营东山海拔 680 m 处，植被类型为“岳桦-云杉林”，剖面位于山坡顶部，坡向为西北坡，坡度 7°～10°。土壤剖面（AGB25）数据显示，土壤母岩为花岗岩，母质为坡积残积物，剖面 60 cm 以下由大石块衬底，土壤类型为山地棕色针叶林土；从土壤表层（5～15 cm）至深层（50～60 cm），土壤 pH、土壤有机质和土壤全氮变化幅度分别为 4.9～5.0、18.11%～1.58%和 0.85%～0.27%。

在张广才岭海拔 1160 m 处，植被类型为“藓类灌木-云杉林”，剖面位于山坡下部，坡向为西南坡，坡度 8°。土壤剖面（2001B）数据显示，土壤母岩为石墨质板岩，母质为坡积砾质重壤土，土壤类型为山地棕色针叶林土；从土壤表层（0～3 cm）至深层（55～96 cm），各个土壤化学指标的变化幅度分别为土壤 pH 5.4～4.8、土壤腐殖质 19.09%（3～11 cm）～1.70%、土壤全碳 36.82%～1.06%（35～55 cm）和土壤全氮 1.51%～0.13%（35～55 cm）。

在吉林漫江长白山西坡熔岩高原台地海拔 1300～1800 m 处，植被类型为“平台地云杉林”。土壤剖面（56）数据显示，土壤母质为火山灰，土壤类型为山地棕色针叶林土；从土壤表层（6～16 cm）至深层（75～110 cm），各个土壤化学指标的变化幅度分别为土壤 pH 4.8～5.6、土壤腐殖质 9.42%～0.88%（58～75 cm）、土壤全碳 5.46%～0.51%（58～75 cm）和土壤全氮 0.33%～0.03%（58～75 cm）（中国林业科学研究院林业研究所，1986）。

来自长白山南部白石砬子国家级自然保护区的鱼鳞云杉和臭冷杉混交林的调查数据显示，在海拔 1040～1180 m 处布设了 4 个样地，乔木层的郁闭度为 0.7～0.9，坡度 22°～40°，坡向为东北坡至北坡；4 个样地中，土壤全氮、速效磷、有机质、pH 的变化幅度分别为 A 层：0.648%～1.032%、0.83～1.14 mg/100 g、21.47%～37.93%和 4.5～5.3；B 层：0.237%～0.289%、0.20～0.56 mg/100 g、1.40%～7.74%和 4.9～5.2（袁永孝等，2002）。

17.1.3　生态特征

鱼鳞云杉林分布于东北亚地区毗邻海洋的陆地和被海洋环绕的岛屿，气候条件受海洋性季风的影响较大，对水分条件有较高的需求；另外，由于分布区的纬度较高，热量条件受限，表征其适应湿冷环境的习性。从分布区的地貌及土壤特征看，鱼鳞云杉林多生长在排水良好的山坡，土层较薄，其下多衬以砾石（图 17.4，图 17.5），土壤环境总体冷凉湿润，但不积水。

云杉属鱼鳞云杉组物种的针叶扁平，仅一面有气孔线，与此相关的一个生态习性就是植物对水分条件均有较高的需求。以该组内的鱼鳞云杉和麦吊云杉（*Picea brachytyla*）为例，二者分布区内的年均降水量分别为 643.86 mm 和 914.56 mm，年均温度分别为 1.19℃和 5.77℃。虽然鱼鳞云杉林的年均降水量低于麦吊云杉林，但低温环境抑制了土壤水分的过度损失，在较低的降水量水平下仍可保持湿润的环境；就温度条件而言，鱼鳞云杉喜冷凉环境，麦吊云杉适应较温暖的环境，二者自南向北在热量梯度上形成替代。

17.2 群 落 组 成

17.2.1 科属种

在鱼鳞云杉林的 42 个样地中记录到维管植物 269 种，隶属 61 科 136 属，其中种子植物 50 科 119 属 237 种，蕨类植物 11 科 17 属 32 种。种子植物中，裸子植物有长白鱼鳞云杉、臭冷杉、鱼鳞云杉、红皮云杉、红松、落叶松和黄花落叶松等。长白鱼鳞云杉数量较多，是乔木层的优势种或与红皮云杉和臭冷杉混交成林。被子植物中，种类最多的是毛茛科，有 27 种；其次是菊科 21 种，莎草科 16 种，蔷薇科 14 种，禾本科、虎耳草科和忍冬科各 12 种，百合科 11 种，这些科是灌木层和草本层的重要成分；松科、桦木科、杨柳科和槭树科含 5～8 种，它们是乔木层的重要成分；含 1～4 种的有 44 科。

17.2.2 区系成分

根据中国种子植物科属区系成分的划分标准（吴征镒，1991；吴征镒等，2003），我们将样地中记录到的 50 个种子植物科划分为 9 个分布区类型/亚型；其中，世界分布占 56%，其次是北温带和南温带间断分布（18%）与北温带分布（11%），泛热带分布科占 5%，其余分布型所占比例为 1%～2%。119 个属可划分为 11 个分布区类型/亚型；其中，北温带分布属占 48%，世界分布属、北温带和南温带间断分布属各占 10%，东亚和北美间断分布属占 9%，其他分布型属所占比例在 1%～7%（表 17.2）。

17.2.3 生活型

在鱼鳞云杉林中记录到的 269 种维管植物中（表 17.3），木本植物和草本植物所占比例分别为 30%和 70%。木本植物中，落叶植物占优势，常绿植物比例较低；乔木占 10%，灌木占 18%，藤本占 2%。草本植物中，多年生直立杂草类比例较高，其次是多年生禾草类和莲座类，缺乏一年生植物。从各生活型植物在群落中的地位看，常绿乔木是乔木层的建群种，落叶灌木是灌木层的优势类型，草本层由多年生的杂草和禾草组成，优势种不明显。与其他云杉林的生活型相比较，鱼鳞云杉林中蕨类植物比例较高，缺乏竹类。

表 17.2 鱼鳞云杉林 50 科 119 属植物区系成分

Table 17.2 The areal type of the seed plant species recorded in the 42 plots sampled in *Picea jezoensis* var. *microsperma* and *Picea jezoensis* var. *komarovii* Needleleaf Forest Alliance in China

编号 No.	分布区类型 The areal types	科 Family		属 Genus	
		数量 *n*	比例(%)	数量 *n*	比例(%)
1	世界广布 Widespread	28	56	12	10
2	泛热带 Pantropic	3	5	2	2
2.2	热带亚洲、热带非洲和热带美洲 Trop. Asia to Trop. Africa and Trop. Amer.	1	2		
3	东亚（热带、亚热带）及热带南美间断 Trop. & Subtr. E. Asia &（S.）Trop. Amer. disjuncted	1	2		
7	热带亚洲 Trop. Asia			2	1
8	北温带 N. Temp.	6	11	56	48
8.1	环极 Circumpolar			5	4
8.2	北极-高山 Arctic-Alpine	1	2	2	2
8.4	北温带和南温带间断 N. Temp. & S. Temp. disjuncted	9	18	12	10
8.5	欧亚与南北温带间断 Eurasia & Temp. S. Amer. disjuncted	1	2		
9	东亚和北美间断 E. Asia & N. Amer. disjuncted			11	9
10	旧世界温带 Temp. Eurasia			8	7
11	温带亚洲 Temp. Asia			5	4
14	东亚 E. Asia	1	2	4	3
合计 Total		50	100	119	100

注：物种名录根据 42 个样地数据整理

表 17.3 鱼鳞云杉林 269 种维管植物生活型谱（%）

Table 17.3 Life-form spectrum (%) of the 269 vascular plant species recorded in the 42 plots sampled in *Picea jezoensis* var. *microsperma* and *Picea jezoensis* var. *komarovii* Needleleaf Forest Alliance in China

木本植物 Woody plants	乔木 Tree		灌木 Shrub		藤本 Liana		竹类 Bamboo	蕨类 Fern	寄生 Phytoparasite	附生 Epiphyte
	常绿 Evergreen	落叶 Deciduous	常绿 Evergreen	落叶 Deciduous	常绿 Evergreen	落叶 Deciduous				
30	2	8	2	16	0	2	0		0	0

陆生草本 Terrestrial herbs	多年生 Perennial					一年生 Annual		蕨类 Fern	寄生 Phytoparasite	腐生 Saprophyte
	禾草型 Grass	直立杂草类 Forbs	莲座垫状 Rosette	附生 Epiphyte	藤本 Liana	短生型 Ephemeral	非短生型 None ephemeral			
70	15	32	8	0	3	0	0	12	0	0

注：物种名录来自 42 个样地数据

按照 Raunkiaer 的生活型系统划分，在长白山分布的鱼鳞云杉林中，地面芽植物种类最多，高位芽植物盖度最大，其中常绿针叶大高位芽植物占绝对优势；地上芽和一年生植物贫乏。从植物叶型谱看，以单叶植物为主；从叶面积尺度看，小型叶植物最多，中型叶次之，巨型叶缺乏（陈灵芝，1963）。

17.3 群落结构

乔木层、灌木层和草本层是组成鱼鳞云杉林垂直结构的3个基本层（图17.6）。

图17.6 长白鱼鳞云杉针叶林的垂直结构（吉林，长白山）

Figure 17.6 Supraterraneous stratification of communities of *Picea jezoensis* var. *komarovii* Needleleaf Forest Alliance in Mt. Changbai, Jilin

乔木层具有复层结构，通常由2～3个亚层组成，物种组成较复杂，树体高耸挺拔。长白山北坡的样方数据显示，在鱼鳞云杉林垂直分布范围内（海拔1100～1900 m），乔木层最大树高可达32 m，最大胸径达80 cm（赵淑清等，2004）。陈灵芝（1963）对长白山鱼鳞云杉林的垂直结构进行了如下描述：鱼鳞云杉林的"乔木层分为两个亚层，第一亚层高16～27 m，通常由针叶树种构成，仅在个别地段，有大型的落叶阔叶乔木达到这层；第二亚层高4～15 m，仍以针叶树为主，但混生有一定数量的落叶阔叶树种""鱼鳞云杉是乔木层的优势种，而臭冷杉是次优势种”。

在红松林与云冷杉林的过渡地带，鱼鳞云杉常与红松和落叶松等偏阳性树种混生，后者处在大乔木层，高度 30～32 m，鱼鳞云杉居中乔木层；在鱼鳞云杉与臭冷杉的混交林中，二者常为中乔木层的共优种，高度 15～25 m；落叶阔叶树常与针叶树的幼树组成中、小乔木层，高度通常在 5～15 m；阔叶树常见的种类有岳桦、白桦、糠椴、青楷枫、色木枫、花楷枫和花楸树等（图 17.7）。

图 17.7　长白鱼鳞云杉林乔木层中几种优势植物的树干形态

Figure 17.7　Barks of several dominant species in the tree layer of *Picea jezoensis* var. *komarovii* Needleleaf Forest Alliance in Mt. Changbai, Jilin

鱼鳞云杉林在历史时期经历了大规模的采伐，受采伐后植被恢复时间的长短、生境类型及人类活动干扰等因素的影响，乔木层各个亚层的物种组成和结构呈现出多样化的特征。调查自长白山的CBS006样方数据显示，该样地所在的群落处在植被恢复的早中期阶段，乔木层中以落叶阔叶树占优势，白桦的平均高度17 m，黄花落叶松和长白鱼鳞云杉的平均高度是10 m。在CBS065样地中，红松为大乔木层的优势种，高度达30 m；臭冷杉和长白鱼鳞云杉居中乔木层，高度8～12 m。在大兴安岭XXAL09082704样地中，红皮云杉和鱼鳞云杉的高度是14～16 m；白桦的高度是12 m；该群落处在植被恢复的中后期阶段，针叶树为乔木层的优势种，落叶阔叶树逐渐衰退。显然，处在不同发育阶段的群落之间，乔木层各亚层的结构和物种组成变化很大。

林下阴暗，灌木层发育受限。据陈灵芝（1963）记载，长白山"鱼鳞云杉林下灌木生长稀疏，大部分是比较喜阳和喜暖的种类，高度0.5～1 m，总盖度8%左右，有大量针叶树的幼苗与灌木混生"。我们收集到的样方数据显示，在长白山的样地中，灌木层的盖度多低于20%，个别样地的盖度虽较大，主要归因于乔木幼树的贡献；在大兴安岭的样地中，灌木层的盖度较大，主要种类是常绿小灌木越桔，铺散或略直立生长，盖度大，高度不足30 cm，处在草本层，其生活型仍属于灌木。灌木层的物种组成简单，常见种类有库页悬钩子、杜香、珍珠梅、刺蔷薇、北极花、蓝果忍冬和刺参等。种类组成和群落结构与环境条件密切相关。在长白山，"刺蔷薇和紫枝忍冬常出现在鱼鳞云杉与黄花落叶松成混交状态的林冠下，在局部岩石裸露的地段也比较常见，在海拔1600 m以上的林分内生长很少""海拔1600 m以下中等坡度的山坡上，林下微高位芽植物有刺人参和翅卫矛，而在地形平坦的台地和缓坡上有刺五加，朝鲜荚蒾和长白瑞香"（陈灵芝，1963）。

草本层发达，盖度25%～60%，高度10～100 cm，个别高大的草本高度可达250 cm，常见种类有大叶章、大披针薹草、毛缘薹草、红鞘薹草、日本鹿蹄草、红花鹿蹄草、柳叶菜、单穗升麻、七瓣莲、七筋姑、舞鹤草、耳叶蟹甲草、山罗花、柳兰、假冷蕨、东北蹄盖蕨、高山冷蕨、中华蹄盖蕨和多穗石松等（图17.8）。根据繁殖方式（种子繁殖和营养繁殖）及生态习性，草本层可划分出若干个层片，特定层片的物种组成往往与小生境相关联；此外，蕨类植物也可划分出地面芽、地上芽和地下芽等3个层片（陈灵芝，1963）。

苔藓层的盖度变化较大。在地形平缓、远离溪边的林下，草本层密集，林地表面为枯落物覆盖，腐殖质层厚，除了在枯树桩和岩石面有稀薄的苔藓外，林地内几乎没有苔藓生长；在地形陡峻且毗邻水溪瀑布的生境中，林下通常有较密集的苔藓层，常见的种类有山羽藓（*Abietinella abietina*）、金发藓（*Polytrichum commune*）、曲尾藓（*Dicranum scoparium*）、绢藓（*Entodon cladorrhizans*）、厚角绢藓（*Entodon concinnus*）和平枝青藓（*Brachythecium helminthocladum*）等。

图 17.8 长白鱼鳞云杉林下的常见植物

Figure 17.8 Constant species in the herb layer of *Picea jezoensis* var. *komarovii* Needleleaf Forest Alliance in Mt. Changbai, Jilin

17.4 群 落 类 型

中国境内分布的鱼鳞云杉包含 2 个变种，即鱼鳞云杉和长白鱼鳞云杉；前者分布于大兴安岭北部、小兴安岭和长白山，后者主要分布于长白山。下面对鱼鳞云杉群落特征的论述适用于以鱼鳞云杉 2 个变种为优势种的群落，在群落类型的划分中对 2 个变种加以区分。

鱼鳞云杉林乔木层的物种组成和垂直结构变化较大，是群落类型多样性的基础。鱼鳞云杉和臭冷杉是乔木层的2个主要树种，在不同的生境条件下二者的相对优势度不同。《中国植被》（中国植被编辑委员会，1980）将“鱼鳞云杉、臭冷杉林”作为一个群系处理。在其他相关研究中，鱼鳞云杉和臭冷杉也常被作为 2 个优势种出现在群落类型的冠名中（Franklin et al., 1979; Song, 1991, 1992; Takahashi et al., 2001; Krestov and Nakamura, 2002; Krestov et al., 2009）。此外，鱼鳞云杉还可能与落叶松和红松等生态习性偏阳的针叶树混生成林，后者往往居于大乔木层。鱼鳞云杉林中还会有红皮云杉混生，从而形成新的群落类型，这种现象在大兴安岭北部及小兴安岭较常见。落叶阔叶树在鱼鳞云杉林中很常见。从垂直结构看，落叶阔叶树可能和鱼鳞云杉等针叶树处在同一个层次，即也可能居于中、小乔木层，个别情况下可能出现在大乔木层。鱼鳞云杉林多样化的群落结构与群落所处的发育阶段有关。例如，在群落恢复的早期阶段，白桦和山杨等阳性树种高于针叶树；随着群落向成熟阶段发展，阔叶树生长受到抑制，常与针叶树混生或居于下层。落叶阔叶树是鱼鳞云杉林中的一个稳定层片，阔叶树完全退出乔木层的现象较罕见。灌木层不稳定，其生长状况与林冠层的盖度相关，多数情况下灌木层不发达。因此，在群丛组类型的划分中，灌木层不作为关键的划分依据，仅在群丛尺度上进行描述。草本层的物种组成是划分群丛的重要依据。

基于 42 个样方的数量分类结果及相关文献资料，鱼鳞云杉林可划分出 6 个群丛组 12 个群丛（表 17.4a，表 17.4b，表 17.5）。

表 17.4　鱼鳞云杉林群落分类简表

Table 17.4　Synoptic table of *Picea jezoensis* var. *microsperma* Needleleaf Forest Alliance in China

表 17.4a　群丛组分类简表

Table 17.4a　Synoptic table for association group

群丛组号 Association group number			I	II	III	IV	V	VI
样地数 Number of plots		L	8	9	9	3	9	4
荠苨	*Adenophora trachelioides*	6	75	0	11	0	0	0
拟扁果草	*Enemion raddeanum*	6	50	11	0	0	0	0
黑鳞短肠蕨	*Allantodia crenata*	6	25	0	0	0	0	0
长白金莲花	*Trollius japonicus*	6	25	0	0	0	0	0
花唐松草	*Thalictrum filamentosum*	6	25	0	0	0	0	0
东北石杉	*Huperzia miyoshiana*	6	25	0	0	0	0	0
谷柳	*Salix taraikensis*	1	25	0	0	0	0	0
假升麻	*Aruncus sylvester*	6	75	22	22	0	0	0
广布鳞毛蕨	*Dryopteris expansa*	6	50	11	11	0	0	0
宽鳞薹草	*Carex latisquamea*	6	38	11	0	0	0	0
山尖子	*Parasenecio hastatus*	6	50	22	11	0	0	0
星叶蟹甲草	*Parasenecio komarovianus*	6	63	22	33	0	0	0
岳桦	*Betula ermanii*	1	100	33	78	33	0	75
透骨草	*Phryma leptostachya* subsp. *asiatica*	6	0	44	0	0	0	0
水曲柳	*Fraxinus mandschurica*	4	0	44	0	0	0	0
刺五加	*Eleutherococcus senticosus*	4	13	67	0	0	0	0
东北溲疏	*Deutzia parviflora* var. *amurensis*	4	0	33	0	0	0	0
修枝荚蒾	*Viburnum burejaeticum*	4	0	33	0	0	0	0
大叶柴胡	*Bupleurum longiradiatum*	6	0	33	0	0	0	0
东北山梅花	*Philadelphus schrenkii*	4	13	56	0	0	0	0
水曲柳	*Fraxinus mandschurica*	1	0	22	0	0	0	0
蒙古栎	*Quercus mongolica*	1	0	22	0	0	0	0
山葡萄	*Vitis amurensis*	4	0	22	0	0	0	0
羽节蕨	*Gymnocarpium jessoense*	6	0	22	0	0	0	0

续表

群丛组号 Association group number			I	II	III	IV	V	VI
样地数 Number of plots		L	8	9	9	3	9	4
狗枣猕猴桃	*Actinidia kolomikta*	4	0	22	0	0	0	0
软枣猕猴桃	*Actinidia arguta*	4	0	22	0	0	0	0
糠椴	*Tilia mandshurica*	4	0	22	0	0	0	0
白花碎米荠	*Cardamine leucantha*	6	0	22	0	0	0	0
金花忍冬	*Lonicera chrysantha*	4	0	22	0	0	0	0
色木枫	*Acer pictum*	4	0	67	0	33	0	0
色木枫	*Acer pictum*	1	0	67	0	33	0	0
荨麻叶龙头草	*Meehania urticifolia*	6	25	56	0	0	0	0
毛榛	*Corylus mandshurica*	4	0	56	0	33	0	0
深山唐松草	*Thalictrum tuberiferum*	6	0	33	11	0	0	0
裂叶榆	*Ulmus laciniata*	1	13	33	0	0	0	0
宽叶薹草	*Carex siderosticta*	6	25	44	0	0	0	0
青楷枫	*Acer tegmentosum*	1	13	100	11	67	0	50
紫椴	*Tilia amurensis*	1	13	67	0	67	0	0
紫椴	*Tilia amurensis*	4	13	56	0	33	0	25
水金凤	*Impatiens noli-tangere*	6	25	44	22	0	0	0
青楷枫	*Acer tegmentosum*	4	13	78	33	33	0	75
卫矛	*Euonymus alatus*	4	0	33	0	33	0	0
星穗薹草	*Carex omiana*	6	0	0	22	0	0	0
长白山橐吾	*Ligularia jamesii*	6	0	11	33	0	0	0
刺果茶藨子	*Ribes burejense*	4	25	0	78	0	0	50
东方草莓	*Fragaria orientalis*	6	25	11	89	33	22	50
单穗升麻	*Cimicifuga simplex*	6	50	22	56	0	0	0
七筋菇	*Clintonia udensis*	6	75	11	89	100	0	25
北极花	*Linnaea borealis*	4	13	0	11	67	0	0
欧洲羽节蕨	*Gymnocarpium dryopteris*	6	0	11	44	100	0	50
蓝果忍冬	*Lonicera caerulea*	4	25	0	22	67	0	0
大花臭草	*Melica grandiflora*	6	13	11	11	67	0	25
瘤枝卫矛	*Euonymus verrucosus*	4	13	67	22	100	0	50
珍珠梅	*Sorbaria sorbifolia*	4	0	0	0	0	100	0
日本鹿蹄草	*Pyrola japonica*	6	0	0	0	0	78	0
杜香	*Ledum palustre*	4	0	0	0	0	78	0
落叶松	*Larix gmelinii*	1	0	11	0	0	100	0
柳叶菜	*Epilobium hirsutum*	6	0	0	0	0	67	0
紫斑风铃草	*Campanula punctata*	6	0	0	0	0	56	0
落新妇	*Astilbe chinensis*	6	0	0	0	0	56	0
四花薹草	*Carex quadriflora*	6	0	0	0	0	56	0
玉竹	*Polygonatum odoratum*	6	0	0	0	0	56	0

续表

群丛组号 Association group number			I	II	III	IV	V	VI
样地数 Number of plots		L	8	9	9	3	9	4
大披针薹草	*Carex lanceolata*	6	0	0	0	0	44	0
柴桦	*Betula fruticosa*	4	0	0	0	0	44	0
辽东桤木	*Alnus hirsuta*	1	0	0	0	0	44	0
鱼鳞云杉	*Picea jezoensis* var. *microsperma*	1	0	22	11	0	100	0
毛缘薹草	*Carex pilosa*	6	0	22	11	0	100	0
库页悬钩子	*Rubus sachalinensis*	4	13	11	0	0	78	0
短毛独活	*Heracleum moellendorffii*	6	0	0	0	0	33	0
匍枝委陵菜	*Potentilla flagellaris*	6	0	0	0	0	33	0
卷耳	*Cerastium arvense* subsp. *strictum*	6	0	0	0	0	33	0
白花堇菜	*Viola lactiflora*	6	0	0	0	0	33	0
越桔	*Vaccinium vitis-idaea*	4	0	0	11	0	100	50
草问荆	*Equisetum pratense*	6	0	0	0	0	22	0
樟子松	*Pinus sylvestris* var. *mongolica*	1	0	0	0	0	22	0
山刺玫	*Rosa davurica*	4	38	0	22	33	100	0
白桦	*Betula platyphylla*	1	13	44	11	67	100	0
大叶章	*Deyeuxia purpurea*	6	50	0	67	0	78	25
山杨	*Populus davidiana*	1	13	22	0	0	44	25
七瓣莲	*Trientalis europaea*	6	25	22	22	100	100	100
北极花	*Linnaea borealis*	6	0	0	33	0	0	100
牛皮杜鹃	*Rhododendron aureum*	4	0	0	11	0	0	50
簇毛枫	*Acer barbinerve*	1	13	0	0	0	0	50
蓝果忍冬	*Lonicera caerulea*	4	0	22	11	33	0	75
长白鱼鳞云杉	*Picea jezoensis* var. *komarovii*	4	25	22	56	33	0	100
东北瑞香	*Daphne pseudomezereum*	4	0	0	0	33	0	50
刺蔷薇	*Rosa acicularis*	4	13	11	67	67	0	100
长白忍冬	*Lonicera ruprechtiana*	4	38	33	56	33	0	100
粟草	*Milium effusum*	6	13	22	56	0	0	75
臭冷杉	*Abies nephrolepis*	4	25	56	78	33	0	100
红松	*Pinus koraiensis*	4	0	44	33	33	0	75
缬草	*Valeriana officinalis*	6	88	22	78	0	0	25
丝梗扭柄花	*Streptopus koreanus*	6	63	11	67	0	0	0
东北羊角芹	*Aegopodium alpestre*	6	75	78	33	0	0	0
红松	*Pinus koraiensis*	1	0	100	0	100	0	75
黄花落叶松	*Larix olgensis*	1	0	0	100	100	0	75
肾叶鹿蹄草	*Pyrola renifolia*	6	0	0	11	100	0	75
单侧花	*Orthilia secunda*	6	13	0	33	100	0	75
种阜草	*Moehringia lateriflora*	6	0	11	22	100	0	100
红皮云杉	*Picea koraiensis*	1	0	0	0	0	100	100

表 17.4b 群丛分类简表

Table 17.4b Synoptic table for association

群丛组号 Association group number			I	I	I	I	II	II	III	III	IV	V	V	VI
群丛号 Association number			1	2	3	4	5	6	7	8	9	10	11	12
样地数 Number of plots		L	3	3	1	1	3	6	2	7	3	3	6	4
谷柳	*Salix taraikensis*	1	67	0	0	0	0	0	0	0	0	0	0	0
拟扁果草	*Enemion raddeanum*	6	100	33	0	0	0	14	0	0	0	0	0	0
林风毛菊	*Saussurea sinuata*	6	67	0	0	0	0	14	0	0	0	0	0	0
湿地风毛菊	*Saussurea umbrosa*	6	67	0	0	0	0	14	0	0	0	0	0	0
兴安老鹳草	*Geranium maximowiczii*	6	67	0	0	0	0	14	0	0	0	0	0	0
阿尔泰金莲花	*Trollius altaicus*	6	67	0	0	0	0	0	0	14	0	0	0	0
广布鳞毛蕨	*Dryopteris expansa*	6	100	33	0	0	0	14	0	14	0	0	0	0
山尖子	*Parasenecio hastatus*	6	100	33	0	0	50	14	50	0	0	0	0	0
狭叶荨麻	*Urtica angustifolia*	6	67	0	0	0	50	14	0	0	0	0	0	0
蔓金腰	*Chrysosplenium flagelliferum*	6	67	0	0	0	50	14	0	0	0	0	0	0
蹄叶橐吾	*Ligularia fischeri*	6	67	0	0	0	0	0	50	0	33	0	0	0
槭叶蚊子草	*Filipendula glaberrima*	6	67	33	0	0	0	29	50	0	0	0	0	0
东北羊角芹	*Aegopodium alpestre*	6	100	67	100	0	100	71	100	14	0	0	0	0
毛果银莲花	*Anemone baicalensis*	6	0	67	0	0	0	29	0	0	0	0	0	0
深山露珠草	*Circaea alpina* subsp. *caulescens*	6	0	67	0	0	0	29	50	0	0	0	0	25
假升麻	*Aruncus sylvester*	6	67	100	0	100	50	14	0	29	0	0	0	0
宽鳞薹草	*Carex latisquamea*	6	0	67	100	0	0	14	0	0	0	0	0	0
星叶蟹甲草	*Parasenecio komarovianus*	6	0	100	100	100	0	29	50	29	0	0	0	0
拟三花拉拉藤	*Galium trifloriforme*	6	0	67	0	100	0	14	0	29	0	0	0	0
宽叶蔓乌头	*Aconitum sczukinii*	6	0	67	100	0	0	43	0	0	0	0	0	0
耳叶蟹甲草	*Parasenecio auriculatus*	6	0	100	100	100	50	57	50	71	0	0	0	0
朝鲜崖柏	*Thuja koraiensis*	4	0	0	100	0	0	0	0	0	0	0	0	0
长白鹿蹄草	*Pyrola tschanbaischanica*	6	0	0	100	0	0	0	0	0	0	0	0	0
长瓣铁线莲	*Clematis macropetala*	6	0	0	100	0	0	14	0	0	0	0	0	0
花唐松草	*Thalictrum filamentosum*	6	0	33	100	0	0	0	0	0	0	0	0	0
长白金莲花	*Trollius japonicus*	6	0	33	100	0	0	0	0	0	0	0	0	0
黑鳞短肠蕨	*Allantodia crenata*	6	0	33	100	0	0	0	0	0	0	0	0	0
溪水薹草	*Carex forficula*	6	0	0	0	100	0	0	0	0	0	0	0	0
簇毛枫	*Acer barbinerve*	4	0	0	0	100	0	14	0	0	0	0	0	0
东北石杉	*Huperzia miyoshiana*	6	0	33	0	100	0	0	0	0	0	0	0	0
散花唐松草	*Thalictrum sparsiflorum*	6	0	0	0	100	0	0	50	0	0	0	0	0
大叶柴胡	*Bupleurum longiradiatum*	6	0	0	0	0	100	14	0	0	0	0	0	0
修枝荚蒾	*Viburnum burejaeticum*	4	0	0	0	0	100	14	0	0	0	0	0	0
透骨草	*Phryma leptostachya* subsp. *asiatica*	6	0	0	0	0	100	29	0	0	0	0	0	0

续表

群丛组号 Association group number			I	I	I	I	II	II	III	III	IV	V	V	VI
群丛号 Association number			1	2	3	4	5	6	7	8	9	10	11	12
样地数 Number of plots		L	3	3	1	1	3	6	2	7	3	3	6	4
水曲柳	*Fraxinus mandschurica*	4	0	0	0	0	100	29	0	0	0	0	0	0
唐松草	*Thalictrum aquilegiifolium* var. *sibiricum*	6	0	33	0	0	100	0	0	0	0	0	0	0
北野豌豆	*Vicia ramuliflora*	6	33	0	0	0	100	0	0	0	0	0	0	0
楤木	*Aralia elata*	1	0	0	0	0	50	0	0	0	0	0	0	0
柳叶野豌豆	*Vicia venosa*	6	0	0	0	0	50	0	0	0	0	0	0	0
楤木	*Aralia elata*	4	0	0	0	0	50	0	0	0	0	0	0	0
光萼溲疏	*Deutzia glabrata*	4	0	0	0	0	50	0	0	0	0	0	0	0
朝鲜槐	*Maackia amurensis*	6	0	0	0	0	50	0	0	0	0	0	0	0
蔓孩儿参	*Pseudostellaria davidii*	6	0	0	0	0	50	0	0	0	0	0	0	0
拉拉藤	*Galium aparine*	6	0	0	0	0	50	0	0	0	0	0	0	0
翻白蚊子草	*Filipendula intermedia*	6	0	0	0	0	50	0	0	0	0	0	0	0
白屈菜	*Chelidonium majus*	6	0	0	0	0	50	0	0	0	0	0	0	0
裂叶榆	*Ulmus laciniata*	4	0	0	0	0	50	0	0	0	0	0	0	0
水珠草	*Circaea canadensis* subsp. *quadrisulcata*	6	0	0	0	0	50	0	0	0	0	0	0	0
二苞黄精	*Polygonatum involucratum*	6	0	0	0	0	50	0	0	0	0	0	0	0
铃兰	*Convallaria majalis*	6	0	0	0	0	50	0	0	0	0	0	0	0
蒙古栎	*Quercus mongolica*	1	0	0	0	0	0	29	0	0	0	0	0	0
荨麻叶龙头草	*Meehania urticifolia*	6	67	0	0	0	0	71	0	0	0	0	0	0
青楷枫	*Acer tegmentosum*	1	33	0	0	0	100	100	0	14	67	0	0	50
深山唐松草	*Thalictrum tuberiferum*	6	0	0	0	0	0	43	50	0	0	0	0	0
青楷枫	*Acer tegmentosum*	4	33	0	0	0	50	86	0	43	33	0	0	75
木贼	*Equisetum hyemale*	6	33	0	0	0	0	43	0	0	0	0	0	25
花楷枫	*Acer ukurunduense*	1	67	100	0	0	0	100	0	43	100	0	0	75
东北蹄盖蕨	*Athyrium brevifrons*	6	0	0	0	0	0	43	0	14	33	0	0	25
水金凤	*Impatiens noli-tangere*	6	33	33	0	0	0	57	50	14	0	0	0	0
紫椴	*Tilia amurensis*	4	33	0	0	0	50	57	0	0	33	0	0	25
风毛菊	*Saussurea* sp.	6	33	0	0	0	0	43	50	0	0	0	0	0
深山堇菜	*Viola selkirkii*	6	0	33	0	0	0	86	50	14	67	100	0	25
花楷枫	*Acer ukurunduense*	4	100	33	100	0	0	100	100	71	67	0	0	100
裂稃茅	*Schizachne purpurascens* subsp. *callosa*	6	0	0	0	0	0	14	100	0	33	0	0	0
对叶兰	*Neottia puberula*	6	0	0	0	0	0	0	50	0	0	0	0	0
复序橐吾	*Ligularia jaluensis*	6	0	0	0	0	0	0	50	0	0	0	0	0
长鞘当归	*Angelica cartilaginomarginata*	6	0	0	0	0	0	0	50	0	0	0	0	0
乌苏里薹草	*Carex ussuriensis*	6	0	0	0	0	0	0	50	0	0	0	0	0
假冷蕨	*Athyrium spinulosum*	6	0	67	0	0	0	14	100	0	67	0	0	0

续表

群丛组号 Association group number			I	I	I	I	II	II	III	III	IV	V	V	VI
群丛号 Association number			1	2	3	4	5	6	7	8	9	10	11	12
样地数 Number of plots		L	3	3	1	1	3	6	2	7	3	3	6	4
星穗薹草	*Carex omiana*	6	0	0	0	0	0	0	0	29	0	0	0	0
刺果茶藨子	*Ribes burejense*	4	0	33	0	100	0	0	50	86	0	0	0	50
东方草莓	*Fragaria orientalis*	6	0	33	0	100	0	14	50	100	33	0	0	50
卵果蕨	*Phegopteris connectilis*	6	33	0	0	100	0	29	0	71	33	0	0	50
七筋姑	*Clintonia udensis*	6	67	67	100	100	0	14	50	100	100	0	0	25
缬草	*Valeriana officinalis*	6	100	100	0	100	0	29	50	86	0	0	0	25
唢呐草	*Mitella nuda*	6	0	67	100	100	0	57	100	100	100	0	0	100
大花臭草	*Melica grandiflora*	6	33	0	0	0	0	14	50	0	67	0	0	25
瘤枝卫矛	*Euonymus verrucosus*	4	0	0	100	0	50	71	50	14	100	0	0	50
北极花	*Linnaea borealis*	4	0	0	100	0	0	0	50	0	67	0	0	0
白花堇菜	*Viola lactiflora*	6	0	0	0	0	0	0	0	0	0	100	0	0
卷耳	*Cerastium arvense* subsp. *strictum*	6	0	0	0	0	0	0	0	0	0	100	0	0
短毛独活	*Heracleum moellendorffii*	6	0	0	0	0	0	0	0	0	0	100	0	0
匍枝委陵菜	*Potentilla flagellaris*	6	0	0	0	0	0	0	0	0	0	100	0	0
辽东桤木	*Alnus hirsuta*	1	0	0	0	0	0	0	0	0	0	100	25	0
山杨	*Populus davidiana*	1	33	0	0	0	0	29	0	0	0	100	25	25
东北风毛菊	*Saussurea manshurica*	6	0	67	100	100	0	29	50	57	0	100	0	0
大披针薹草	*Carex lanceolata*	6	0	0	0	0	0	0	0	0	0	0	100	0
柴桦	*Betula fruticosa*	4	0	0	0	0	0	0	0	0	0	0	100	0
樟子松	*Pinus sylvestris* var. *mongolica*	1	0	0	0	0	0	0	0	0	0	0	50	0
白桦	*Betula platyphylla*	1	33	0	0	0	50	43	0	14	67	100	100	0
大叶章	*Deyeuxia purpurea*	6	67	33	100	0	0	0	50	71	0	100	100	25
矮茶藨子	*Ribes triste*	4	0	0	0	0	0	29	0	43	0	0	0	25
牛皮杜鹃	*Rhododendron aureum*	4	0	0	0	0	0	0	0	14	0	0	0	50
东北瑞香	*Daphne pseudomezereum*	4	0	0	0	0	0	0	0	0	33	0	0	50
簇毛枫	*Acer barbinerve*	1	33	0	0	0	0	0	0	0	0	0	0	50
蓝果忍冬	*Lonicera caerulea*	4	0	0	0	0	50	14	0	14	33	0	0	75
长白忍冬	*Lonicera ruprechtiana*	4	33	67	0	0	50	29	0	71	33	0	0	100
红松	*Pinus koraiensis*	4	0	0	0	0	50	43	0	43	33	0	0	75
宽叶薹草	*Carex siderosticta*	6	67	0	0	0	100	29	0	0	0	0	0	0
林地早熟禾	*Poa nemoralis*	6	0	67	0	0	0	14	0	0	0	0	0	0
丝梗扭柄花	*Streptopus koreanus*	6	0	100	100	100	0	14	0	86	0	0	0	0
东北山梅花	*Philadelphus schrenkii*	4	33	0	0	0	100	43	0	0	0	0	0	0
毛榛	*Corylus mandshurica*	4	0	0	0	0	100	43	0	0	33	0	0	0
色木枫	*Acer pictum*	1	0	0	0	0	100	57	0	0	33	0	0	0

续表

群丛组号 Association group number			I	I	I	I	II	II	III	III	IV	V	V	VI
群丛号 Association number			1	2	3	4	5	6	7	8	9	10	11	12
样地数 Number of plots		L	3	3	1	1	3	6	2	7	3	3	6	4
刺五加	*Eleutherococcus senticosus*	4	33	0	0	0	100	57	0	0	0	0	0	0
色木枫	*Acer pictum*	4	0	0	0	0	100	57	0	0	33	0	0	0
紫椴	*Tilia amurensis*	1	33	0	0	0	100	57	0	0	67	0	0	0
红松	*Pinus koraiensis*	1	0	0	0	0	100	100	0	0	100	0	0	75
蓝果忍冬	*Lonicera caerulea*	4	0	33	100	0	0	0	100	0	67	0	0	0
黄花落叶松	*Larix olgensis*	1	0	0	0	0	0	0	100	100	100	0	0	75
粟草	*Milium effusum*	6	0	33	0	0	0	29	0	71	0	0	0	75
刺蔷薇	*Rosa acicularis*	4	33	0	0	0	0	14	0	86	67	0	0	100
臭冷杉	*Abies nephrolepis*	4	33	0	0	100	50	57	0	100	33	0	0	100
欧洲羽节蕨	*Gymnocarpium dryopteris*	6	0	0	0	0	0	14	0	57	100	0	0	50
长白鱼鳞云杉	*Picea jezoensis* var. *komarovii*	4	33	0	0	100	0	29	0	71	33	0	0	100
肾叶鹿蹄草	*Pyrola renifolia*	6	0	0	0	0	0	0	0	14	100	0	0	75
种阜草	*Moehringia lateriflora*	6	0	0	0	0	0	14	50	14	100	0	0	100
单侧花	*Orthilia secunda*	6	0	0	100	0	0	0	0	43	100	0	0	75
日本鹿蹄草	*Pyrola japonica*	6	0	0	0	0	0	0	0	0	0	100	100	0
四花薹草	*Carex quadriflora*	6	0	0	0	0	0	0	0	0	0	100	0	0
玉竹	*Polygonatum odoratum*	6	0	0	0	0	0	0	0	0	0	100	0	0
紫斑风铃草	*Campanula punctata*	6	0	0	0	0	0	0	0	0	0	100	0	0
落新妇	*Astilbe chinensis*	6	0	0	0	0	0	0	0	0	0	100	0	0
杜香	*Ledum palustre*	4	0	0	0	0	0	0	0	0	0	100	100	0
落叶松	*Larix gmelinii*	1	0	0	0	0	0	14	0	0	0	100	100	0
柳叶菜	*Epilobium hirsutum*	6	0	0	0	0	0	0	0	0	0	67	100	0
库页悬钩子	*Rubus sachalinensis*	4	0	0	100	0	50	0	0	0	0	100	100	0
越桔	*Vaccinium vitis-idaea*	4	0	0	0	0	0	0	0	14	0	100	100	50
毛缘薹草	*Carex pilosa*	6	0	0	0	0	0	29	50	0	0	100	100	0
鱼鳞云杉	*Picea jezoensis* var. *microsperma*	1	0	0	0	0	100	0	50	0	0	100	100	0
山刺玫	*Rosa davurica*	4	0	67	100	0	0	0	100	0	33	100	100	0
珍珠梅	*Sorbaria sorbifolia*	4	0	0	0	0	0	0	0	0	0	100	100	0
红皮云杉	*Picea koraiensis*	1	0	0	0	0	0	0	0	0	0	100	100	100

注：表中数据为物种频率值（%），物种按诊断值（Φ）递减的顺序排列。$\Phi>0.20$ 和 $\Phi>0.50$（$P<0.05$）的物种为诊断种，其频率值分别标记深色和灰色。表中标记“L”的一列为物种所在的群落层次代码，1～3 分别表示高、中和低乔木层，4 和 5 分别表示高大灌木层和低矮灌木层，6～9 分别表示草本层、幼树、幼苗和地被层

Note: The numbers in the table are percentage frequencies. The column marked with “L” is the code of community vertical layer. 1–tree layer (high); 2–tree layer (middle); 3–tree layer (low); 4–shrub layer (high); 5–shrub layer(low); 6–herb layer (high); 7–juveniles; 8–seedlings; 9–moss layer. Species are ranked by decreasing fidelity(phi coefficient)within each association. Light and dark grey background indicates fidelity of $\Phi>0.20$ and $\Phi>0.50$ ($P<0.05$), respectively. These species are considered as diagnostic species

表 17.5 鱼鳞云杉林的环境和群落结构信息表

Table 17.5 Data for environmental characteristic and community supraterraneous stratification from of *Picea jezoensis* var. *microsperma* Needleleaf Forest Alliance in China

群丛号 Association number	1	2	3	4	5	6	7	8	9	10	11	12
样地数 Number of plots	3	3	1	1	3	6	2	7	3	3	6	4
海拔 Altitude（m）	970～1428	1623～1776	1552	1075	428～466	530～1500	1503～1592	1290～1750	840～1289	350～950	400～750	1180～1420
地貌 Terrain	PL/HI	MO/HI	MO	HI/PL	MO/HI	MO/HI/PL	MO/HI/PL	MO/HI/PL	HI/PL			HI/PL
坡度 Slope（°）	3	3～20	20	3	3～18	2～30	2～5	0～15	0～5			3～18
坡向 Aspect	NE	W	W	NE	N/S	NE/N/W	N	NW/N/NE	W			W/NE
物种数 Species	31～47	38～54	43	33	40～57	34～63	36～53	35～47	31～52	18～30	25～26	38～44
乔木层 Tree layer												
盖度 Cover（%）		90～100	80	70		80～90	10～80	65	90	50～80	90	
胸径 DBH（cm）	4～55	1～80	6～41	5～59	3～86	3～90	6～43	3～71	2～67	9～17	5～14	3～59
高度 Height（cm）	3～19	3～34	3～28	5～22	4～35	3～39	3～35	3～29	3～32	3～40	7～17	3～31
灌木层 Shrub layer												
盖度 Cover（%）		8～10	30	10		8～30	10～15		5～10	40～80	55～80	8～12
高度 Height（m）		35～135	10～120		15～315	10～210	8～160	10～153	10～120	4～200	3～43	8～75
草本层 Herb layer												
盖度 Cover（%）		40～45	40	60		40～45	45～60		40～60	35～55	35～40	
高度 Height（cm）	0～160	3～115	4～85	3～75	3～120	3～270	5～200	5～100	4～70	2～40	2～42	2～65
地被层 Ground layer												
盖度 Cover（%）												
高度 Height（cm）												

HI：山麓 Hillside；MO：山地 Montane；PL：平地 Plain；N：北坡 Northern slope；NE：东北坡 Northeastern slope；NW：西北坡 Northwestern slope；S：南坡 Southern slope；W：西坡 Western slope

群丛组、群丛检索表

A1 乔木层由长白鱼鳞云杉和黄花落叶松、红松、鱼鳞云杉、臭冷杉及多种阔叶乔木中的若干种组合构成，不出现红皮云杉。

B1 乔木层的针叶树只有长白鱼鳞云杉和臭冷杉。**PJⅠ 长白鱼鳞云杉+臭冷杉-阔叶乔木-草本 常绿针叶林 *Picea jezoensis* var. *komarovii*+*Abies nephrolepis*-Broadleaf Trees-Herbs Evergreen Needleleaf Forest**

C1 林下只有落叶灌木和草本，无崖柏等常绿灌木。

D1 特征种是谷柳、拟扁果草、林风毛菊、湿地风毛菊、东北老鹳草、广布鳞毛蕨、山尖子、狭叶荨麻、蔓金腰、蹄叶橐吾、高山羊茅、东北羊角芹、宽叶薹草。**PJ1 长白鱼鳞云杉+岳桦-臭冷杉+花楷枫-东北羊角芹 常绿针叶林 *Picea jezoensis* var. *komarovii*+*Betula ermanii*-*Abies nephrolepis*+*Acer ukurunduense*-*Aegopodium alpestre* Evergreen Needleleaf Forest**

D2 群落的特征种非上述种类。

E1 特征种是毛果银莲花、狭叶短毛独活、深山露珠草、假升麻、宽鳞薹草、星叶蟹甲草、林猪殃殃、宽叶蔓乌头、耳叶蟹甲草、林地早熟禾。**PJ2 长白鱼鳞云杉+岳桦-臭冷杉+花楷枫-舞鹤草 常绿针叶林 *Picea jezoensis* var. *komarovii*+*Betula ermanii*-*Abies nephrolepis*+*Acer ukurunduense*-*Maianthemum bifolium* Evergreen Needleleaf Forest**

E2 特征种是簇毛枫、溪水薹草、东北石杉和散花唐松草。**PJ4 长白鱼鳞云杉-臭冷杉+岳桦-溪水薹草 常绿针叶林 *Picea jezoensis* var. *komarovii*-*Abies nephrolepis*+*Betula ermanii*-*Carex forficula* Evergreen Needleleaf Forest**

C2 林下有常绿灌木崖柏生长，特征种是丝梗扭柄花、长白鹿蹄草、长瓣铁线莲、花唐松草、长白金莲花、黑鳞短肠蕨。**PJ3 长白鱼鳞云杉-臭冷杉+岳桦-朝鲜崖柏-返顾马先蒿 常绿针叶林 *Picea jezoensis* var. *komarovii*-*Abies nephrolepis*+*Betula ermanii*-*Thuja koraiensis*-*Pedicularis resupinata* Evergreen Needleleaf Forest**

B2 乔木层的针叶树除了长白鱼鳞云杉或鱼鳞云杉和臭冷杉外，还有黄花落叶松和红松。

C1 乔木层的针叶树包括长白鱼鳞云杉或鱼鳞云杉、臭冷杉、黄花落叶松或红松。

D1 乔木层的针叶树包括长白鱼鳞云杉或鱼鳞云杉、臭冷杉、红松。**PJⅡ 红松-长白鱼鳞云杉/鱼鳞云杉+臭冷杉-阔叶乔木-灌木-草本 常绿针叶林 *Pinus koraiensis*-*Picea jezoensis* var. *komarovii*/*Picea jezoensis* var. *microsperma*+*Abies nephrolepis*-Broadleaf Trees-Shrubs-Herbs Evergreen Needleleaf Forest**

E1 乔木层的针叶树包括鱼鳞云杉、臭冷杉和红松；特征种是楤木、色木枫、裂叶榆、大叶柴胡、蔓孩儿参、水珠草和宽叶薹草等。**PJ5 红松-鱼鳞云杉+臭冷杉-色木枫-毛榛-东北羊角芹 常绿针叶林 *Pinus koraiensis*-*Picea jezoensis* var. *microsperma*+*Abies nephrolepis*-*Acer pictum*-*Corylus mandshurica*-*Aegopodium alpestre* Evergreen Needleleaf Forest**

E2 乔木层的针叶树包括长白鱼鳞云杉、臭冷杉和红松；特征种是蒙古栎、花槭枫、毛榛、荨麻叶龙头草、深山唐松草、水金凤和深山堇菜等。**PJ6 红松-长白鱼鳞云杉+臭冷杉+花楷枫-瘤枝卫矛-东北羊角芹 常绿针叶林 *Pinus koraiensis-Picea jezoensis* var. *komarovii+Abies nephrolepis+Acer ukurunduense-Euonymus verrucosus-Aegopodium alpestre* Evergreen Needleleaf Forest**

D2 乔木层的针叶树包括长白鱼鳞云杉、臭冷杉和黄花落叶松。**PJⅢ 黄花落叶松+长白鱼鳞云杉+臭冷杉-阔叶乔木-草本 常绿与落叶针叶混交林 *Larix olgensis+Picea jezoensis* var. *komarovii+Abies nephrolepis*-Broadleaf Trees-Herbs Mixed Evergreen and Deciduous Needleleaf Forest**

E1 特征种是蓝果忍冬、东北蹄盖蕨、裂稃茅、对叶兰、复序橐吾、长鞘当归、乌苏里薹草、假冷蕨。**PJ7 黄花落叶松-长白鱼鳞云杉+臭冷杉-花楸树-东北羊角芹 常绿与落叶针叶混交林 *Larix olgensis-Picea jezoensis* var. *komarovii+Abies nephrolepis-Sorbus pohuashanensis-Aegopodium alpestre* Mixed Evergreen and Deciduous Needleleaf Forest**

E2 特征种是刺果茶藨子、刺蔷薇、星穗薹草、翻白蚊子草、卵果蕨、七筋姑、缬草、唢呐草、粟草、小斑叶兰、丝梗扭柄花。**PJ8 黄花落叶松+长白鱼鳞云杉-臭冷杉-花楸树-舞鹤草 常绿与落叶针叶混交林 *Larix olgensis+Picea jezoensis* var. *komarovii-Abies nephrolepis-Sorbus pohuashanensis-Maianthemum bifolium* Mixed Evergreen and Deciduous Needleleaf Forest**

C2 乔木层的针叶树包括长白鱼鳞云杉、臭冷杉、黄花落叶松和红松。**PJⅣ 黄花落叶松+红松+长白鱼鳞云杉+臭冷杉-阔叶乔木-草本 常绿与落叶针叶混交林 *Larix olgensis+Pinus koraiensis+Picea jezoensis* var. *komarovii+Abies nephrolepis*-Broadleaf Trees-Herbs Mixed Evergreen and Deciduous Needleleaf Forest**

D 特征种是瘤枝卫矛、北极花、蓝果忍冬、大花臭草、单侧花、肾叶鹿蹄草、种阜草、小斑叶兰。**PJ9 黄花落叶松+红松-长白鱼鳞云杉-臭冷杉+花楷枫-柄状薹草 常绿与落叶针叶混交林 *Larix olgensis+Pinus koraiensis-Picea jezoensis* var. *komarovii-Abies nephrolepis+Acer ukurunduense-Carex pediformis* Mixed Evergreen and Deciduous Needleleaf Forest**

A2 乔木层的针叶树除了长白鱼鳞云杉、落叶松、黄花落叶松、红松、鱼鳞云杉和臭冷杉中的 2 至数种外，还有红皮云杉。

B1 乔木层的针叶树包括鱼鳞云杉、落叶松和红皮云杉。**PJⅤ 落叶松-鱼鳞云杉+红皮云杉+阔叶乔木-灌木-草本 常绿与落叶针叶混交林 *Larix gmelinii-Picea jezoensis* var. *microsperma+Picea koraiensis*+Broadleaf Trees-Shrubs-Herbs Mixed Evergreen and Deciduous Needleleaf Forest**

C1 特征种是辽东楤木、杜香、库页悬钩子、山刺玫、越桔、白花堇菜、匍枝委陵菜、落新妇和紫斑风铃草等。**PJ10 红皮云杉+鱼鳞云杉+落叶松-白桦-越桔-大叶章 常绿与落叶针叶混交林 *Picea koraiensis+Picea jezoensis* var. *microsperma+Larix gmelinii-Betula platyphylla-Vaccinium vitis-idaea-Deyeuxia purpurea* Mixed Evergreen and Deciduous Needleleaf Forest**

C2 特征种是钻天柳、绣线菊、矮茶藨子、木贼、薄叶乌头、四花薹草和玉竹等。**PJ11 落叶松-红皮云杉+鱼鳞云杉+白桦-矮茶藨子-四花薹草 常绿与落叶针叶混交林**

***Larix gmelinii-Picea koraiensis+Picea jezoensis* var. *microsperma+Betula platyphylla-Ribes triste-Carex quadriflora* Mixed Evergreen and Deciduous Needleleaf Forest**

B2 乔木层的针叶树包括黄花落叶松、红松、长白鱼鳞云杉、红皮云杉和臭冷杉。**PJⅥ 黄花落叶松+红松+长白鱼鳞云杉+红皮云杉+臭冷杉-阔叶乔木-草本 常绿与落叶针叶混交林 *Larix olgensis+Pinus koraiensis+Picea jezoensis* var. *komarovii+Picea koraiensis+Abies nephrolepis*-Broadleaf Trees-Herbs Mixed Evergreen and Deciduous Needleleaf Forest**

C 特征种是簇毛枫、牛皮杜鹃、东北瑞香、长白忍冬、刺蔷薇、肾叶鹿蹄草、粟草、种阜草和单侧花等。**PJ12 黄花落叶松+红松+长白鱼鳞云杉+红皮云杉+臭冷杉-花楷枫-唢呐草 常绿与落叶针叶混交林 *Larix olgensis+Pinus koraiensis+Picea jezoensis* var. *komarovii+Picea koraiensis+Abies nephrolepis-Acer ukurunduense-Mitella nuda* Mixed Evergreen and Deciduous Needleleaf Forest**

17.4.1 PJⅠ

长白鱼鳞云杉+臭冷杉-阔叶乔木-草本 常绿针叶林

Picea jezoensis var. *komarovii+Abies nephrolepis*-Broadleaf Trees-Herbs Evergreen Needleleaf Forest

群落呈针叶林外貌；在一些生境中，如在其垂直分布的海拔上、下限地带，也可呈针阔叶混交林外貌，乔木层可分为 2～3 个亚层；长白鱼鳞云杉和臭冷杉是大、中乔木层的共优种；岳桦、花楷枫和花楸树等落叶阔叶树常出现在中、小乔木层，为伴生种或与臭冷杉组成共优种（图 17.9）。赵淑清等（2004）记录了长白山北坡海拔 1378～1771 m 处云冷杉混交林中的 6 个样地的数据；乔木层高度 22～32 m，胸径 54～80 cm，物种数 4～7 种；灌木层物种数 3～11 种，草本层物种数有 11～16 种。这里引证的 7 个 900 m^2 的样地的数据显示，在海拔 1170～1776 m 处，长白鱼鳞云杉林乔木层的平均高度为 16～30 m，物种数 3～8 种。

灌木层稀疏，少数群丛的盖度可达 20%，高度不超过 250 cm；物种组成简单，常见有蓝果忍冬、茶藨子、毛榛和刺五加等，在个别群丛中还会出现朝鲜崖柏。

草本层总盖度 40%～60%，高度可达 100 cm，物种丰富度较高，10 个 1 m×1 m 样方中记录到的物种数最高可达 44 种；常见的种类有舞鹤草、宽鳞薹草和深山露珠草等。

分布于长白山，海拔 1000～1800 m，生长在山地缓坡，是长白鱼鳞云杉林中的一个常见类型。这里描述 4 个群丛。

17.4.1.1 PJ1

长白鱼鳞云杉+岳桦-臭冷杉+花楷枫-东北羊角芹 常绿针叶林

Picea jezoensis var. *komarovii+Betula ermanii-Abies nephrolepis+Acer ukurunduense-Aegopodium alpestre* Evergreen Needleleaf Forest

凭证样方：00SF3、00SF7、00SF10。

图 17.9 “长白鱼鳞云杉+臭冷杉-阔叶乔木-草本”常绿针叶林的外貌（左）、林下结构（右上）和草本层（右下）（吉林，长白山）

Figure 17.9 Physiognomy (left), understorey (upper right) and herb layer (lower right) of a community of *Picea jezoensis* var. *komarovii*+*Abies nephrolepis*-Broadleaf Trees-Herbs Evergreen Needleleaf Forest in Mt. Changbai, Jilin

特征种：谷柳（*Salix taraikensis*）*、拟扁果草（*Enemion raddeanum*）*、林风毛菊（*Saussurea sinuata*）*、湿地风毛菊（*Saussurea umbrosa*）*、兴安老鹳草（*Geranium maximowiczii*）*、阿尔泰金莲花（*Trollius altaicus*）*、广布鳞毛蕨（*Dryopteris expansa*）*、山尖子（*Parasenecio hastatus*）*、狭叶荨麻（*Urtica angustifolia*）*、蔓金腰（*Chrysosplenium flagelliferum*）*、蹄叶橐吾（*Ligularia fischeri*）*、槭叶蚊子草（*Filipendula glaberrima*）*、东北羊角芹（*Aegopodium alpestre*）*、宽叶薹草（*Carex siderosticta*）*。

常见种：花楷槭（*Acer ukurunduense*）、岳桦（*Betula ermanii*）、花楸树（*Sorbus pohuashanensis*）、臭冷杉（*Abies nephrolepis*）、长白鱼鳞云杉（*Picea jezoensis* var. *komarovii*）、荠苨（*Adenophora trachelioides*）、假升麻（*Aruncus sylvester*）、皱果薹草（*Carex dispalata*）、七筋姑（*Clintonia udensis*）、大叶章（*Deyeuxia purpurea*）、荨麻叶龙头草（*Meehania urticifolia*）、兴安一枝黄花（*Solidago dahurica*）及上述标记*的物种。

乔木层低矮，胸径（4）5～26（55）cm，高度（3）4～14（19）m；中乔木层由长白鱼鳞云杉、岳桦和臭冷杉组成，岳桦数量较多；小乔木层除了长白鱼鳞云杉和臭冷杉外，还有多种阔叶树混生，包括花楷槭、花楸树和谷柳等常见种，以及簇毛槭、紫椴、白桦、青楷槭、裂叶榆和山杨等偶见种。

灌木稀疏，高度 20～465 cm，主要由乔木层针阔叶树的幼苗和幼树组成，灌木稀少，均为偶见种，包括鸡树条、刺五加、东北茶藨子、东北山梅花和刺蔷薇等，在 25 m^2 的样方中，只有 1～2 种灌木。

草本层发达，高度达 160 cm，物种组成丰富，分层现象明显；高大草本层由直立杂草和禾草组成，狭叶荨麻、湿地风毛菊和大叶章较常见，偶见狭叶短毛独活、宽叶荨麻、尾叶香茶菜和槭叶蚊子草等；中草本层由直立杂草和蕨类植物组成，东北羊角芹、假升麻和荨麻叶龙头草较常见，偶见新蹄盖蕨、荚果蕨、粗茎鳞毛蕨、北野豌豆、山尖子、细叶乌头和黑水当归等；低矮草本层由薹草和圆叶系列小草本组成，皱果薹草和宽叶薹草较常见，偶见舞鹤草、蛇足石杉、兴安老鹳草、七瓣莲、高山露珠草、白花酢浆草和库页堇菜等。

分布于长白山北部大秃顶子等地，海拔 970～1500 m，常生长在起伏或平坦的山地，对坡向的选择不明显，坡度 3°～5°。林内无干扰。

17.4.1.2 PJ2

长白鱼鳞云杉+岳桦-臭冷杉+花楷枫-舞鹤草 常绿针叶林

***Picea jezoensis* var. *komarovii+Betula ermanii-Abies nephrolepis+Acer ukurunduense-Maianthemum bifolium* Evergreen Needleleaf Forest**

凭证样方：CBS027、CBS076、CBS077。

特征种：毛果银莲花（*Anemone baicalensis*）*、深山露珠草（*Circaea alpina* subsp. *caulescens*）*、假升麻（*Aruncus sylvester*）*、宽鳞薹草（*Carex latisquamea*）*、星叶蟹甲草（*Parasenecio komarovianus*）*、拟三花拉拉藤（*Galium trifloriforme*）*、宽叶蔓乌头（*Aconitum sczukinii*）*、耳叶蟹甲草（*Parasenecio auriculatus*）*。

常见种：臭冷杉（*Abies nephrolepis*）、长白鱼鳞云杉（*Picea jezoensis* var. *komarovii*）、花楷枫（*Acer ukurunduense*）、岳桦（*Betula ermanii*）、花楸树（*Sorbus pohuashanensis*）、长白忍冬（*Lonicera ruprechtiana*）、东北茶藨子（*Ribes mandshuricum*）、山刺玫（*Rosa davurica*）、唐松草（*Thalictrum aquilegiifolium* var. *sibiricum*）、单穗升麻（*Cimicifuga simplex*）、七筋姑（*Clintonia udensis*）、欧洲冷蕨（*Cystopteris sudetica*）、黑水鳞毛蕨（*Dryopteris amurensis*）、粗茎鳞毛蕨（*Dryopteris crassirhizoma*）、舞鹤草（*Maianthemum bifolium*）、唢呐草（*Mitella nuda*）、白花酢浆草（*Oxalis acetosella*）、卵果蕨（*Phegopteris connectilis*）、假冷蕨（*Athyrium spinulosum*）、东北风毛菊（*Saussurea manshurica*）、兴安一枝黄花（*Solidago dahurica*）、缬草（*Valeriana officinalis*）及上述标记*的物种。

乔木层盖度 90%～100%，胸径（1）16～29（80）cm，高度（3）4～22（34）m；大乔木层由长白鱼鳞云杉和岳桦组成，后者或略高于前者；CBS077 样方数据显示，长白鱼鳞云杉“胸径-频数”和“树高-频数”曲线大致呈正态分布（图 17.10）；中、小乔木层由臭冷杉、花楷枫和花楸树等组成。林下记录到了阔叶树的幼苗与幼树，无针叶树的幼苗。

灌木层稀疏低矮，总盖度 8%～10%，高度 35～135 cm，由偶见种组成，包括朝鲜荚蒾、刺参、刺果茶藨子、东北茶藨子、蓝果忍冬、辽东丁香、山刺玫、长白茶藨子和密刺茶藨子等直立落叶灌木，以及雷公藤等蔓生灌木。

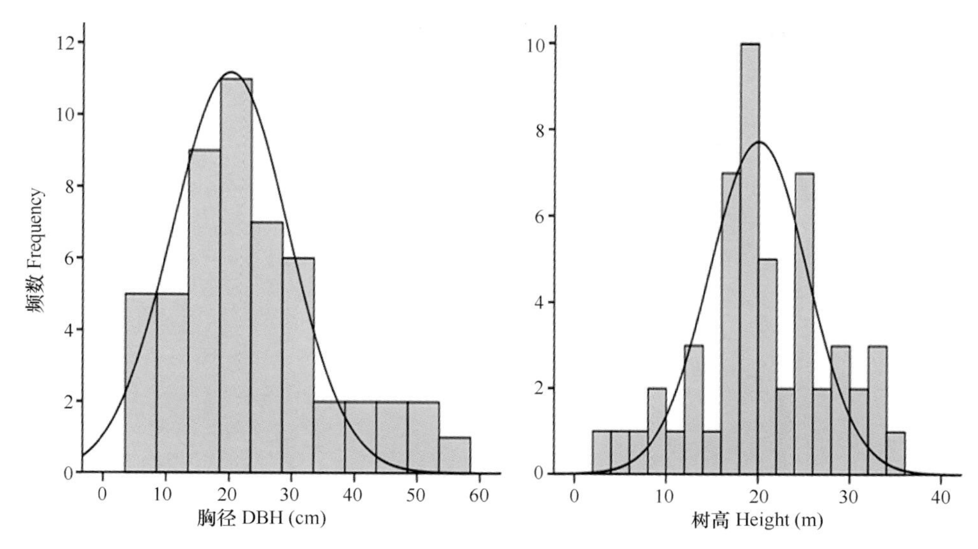

图 17.10　CBS077 样方长白鱼鳞云杉胸径和树高频数分布图

Figure 17.10　Frequency distribution of DBH and tree height of *Picea jezoensis* var. *komarovii* in plot CBS077

草本层总盖度 40%～45%，高度 3～115 cm，物种组成丰富，优势种不明显，蕨类植物丰富；高大草本层主要由直立杂草组成，荠苨、假升麻和粗茎鳞毛蕨较常见，偶见东北蹄盖蕨、白山乌头、薄叶乌头、花唐松草、毛蕊老鹳草、槭叶蚊子草、山尖子、勿忘草、狭苞橐吾、星叶蟹甲草、长白金莲花、粟草、早熟禾和东北百合等；中草本层由直立杂草、根茎百合类草本和蕨类组成，东北羊角芹、单穗升麻、耳叶蟹甲草、欧洲冷蕨、丝梗扭柄花和缬草较常见，偶见东北蛾眉蕨、广布鳞毛蕨、黑水鳞毛蕨、假冷蕨、卵果蕨、木贼、毛果银莲花、拟扁果草、拟三花拉拉藤、七筋姑、三叶鹿药、山茄子、水金凤等；低矮草本层由莲座叶或蔓生圆叶草本组成，多为常见种，包括白花酢浆草、舞鹤草、库页堇菜、深山露珠草、三脉猪殃殃、深山堇菜、唢呐草和斑叶兰等（图 17.11）。

分布于吉林抚松和长白山脉，海拔 1600～1800 m，常生长在起伏或平坦的山地，坡向选择不明显，坡度 3°～20°，林内无干扰。

这个群丛与“长白鱼鳞云杉+岳桦-臭冷杉+花楷枫-东北羊角芹”常绿针叶林分别出现在中、低海拔和中、高海拔地带，二者乔木层的物种组成和结构很相似，草本层的物种组成差别较大，说明林下草本植物对海拔的敏感程度高于木本植物。

17.4.1.3　PJ3

长白鱼鳞云杉-臭冷杉+岳桦-朝鲜崖柏-返顾马先蒿 常绿针叶林

***Picea jezoensis* var. *komarovii-Abies nephrolepis+Betula ermanii-Thuja koraiensis-Pedicularis resupinata* Evergreen Needleleaf Forest**

凭证样方：CBS079。

图 17.11 “长白鱼鳞云杉+岳桦-臭冷杉+花楷枫-舞鹤草”常绿针叶林的垂直结构（左）、灌木层（右上）和草本层（右下）（吉林，长白山）

Figure 17.11 Supraterraneous stratification (left), shrub layer (upper right) and herb layer (lower right) of a community of *Picea jezoensis* var. *komarovii*+*Betula ermanii*-*Abies nephrolepis*+*Acer ukurunduense*-*Maianthemum bifolium* Evergreen Needleleaf Forest in Mt. Changbai, Jilin

特征种：朝鲜崖柏（*Thuja koraiensis*）*、丝梗扭柄花（*Streptopus koreanus*）*、长白鹿蹄草（*Pyrola tschanbaischanica*）*、长瓣铁线莲（*Clematis macropetala*）*、花唐松草（*Thalictrum filamentosum*）*、长白金莲花（*Trollius japonicus*）*、黑鳞短肠蕨（*Allantodia crenata*）*。

常见种：荠苨（*Adenophora trachelioides*）、东北羊角芹（*Aegopodium alpestre*）、羊须草（*Carex callitrichos*）、宽鳞薹草（*Carex latisquamea*）、单穗升麻（*Cimicifuga simplex*）、七筋姑（*Clintonia udensis*）、大叶章（*Deyeuxia purpurea*）、黑水鳞毛蕨（*Dryopteris amurensis*）、羞叶兰（*Goodyera repens*）、多穗石松（*Lycopodium annotinum*）、舞鹤草（*Maianthemum bifolium*）、唢呐草（*Mitella nuda*）、单侧花（*Orthilia secunda*）、白花酢浆草（*Oxalis acetosella*）、耳叶蟹甲草（*Parasenecio auriculatus*）、星叶蟹甲草（*Parasenecio komarovianus*）、返顾马先蒿（*Pedicularis resupinata*）、卵果蕨（*Phegopteris connectilis*）、东北风毛菊（*Saussurea manshurica*）、兴安一枝黄花（*Solidago dahurica*）及上述标记*的物种。

乔木层盖度 80%，胸径（6）17～28（41）cm，高度（3）16～22（28）m；大乔木层由长白鱼鳞云杉组成，“胸径-频数”和“树高-频数”曲线呈左偏态分布，中、高径级和树高级的个体较多，径级和树高级频数分布存在残缺现象（图 17.12）；中乔木层由臭冷杉和岳桦组成，后者数量较少；林下有落叶阔叶树的幼苗与幼树。

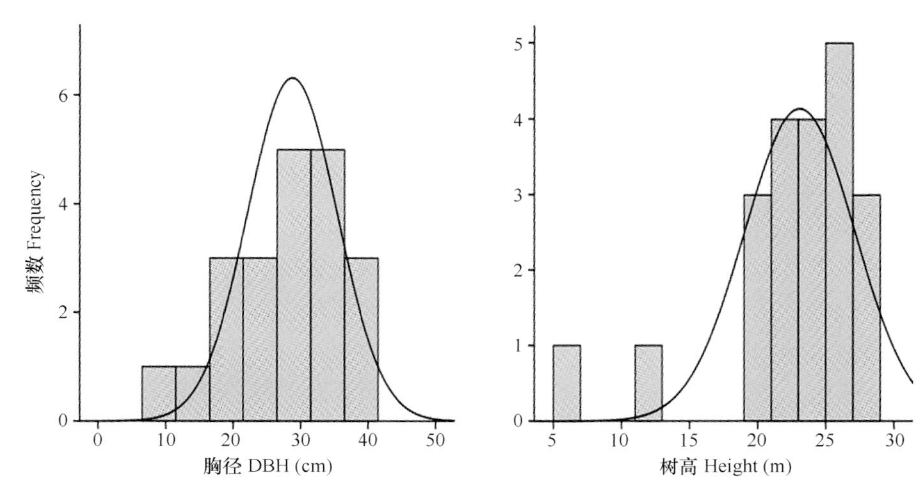

图 17.12　CBS079 样方长白鱼鳞云杉胸径和树高频数分布图

Figure 17.12　Frequency distribution of DBH and tree height of *Picea jezoensis* var. *komarovii* in plot CBS079

灌木层总盖度 30%，高度 10～120 cm；朝鲜崖柏呈团块状生长在林下，形成一个独具特色的常绿灌木层片，偶有零星的直立落叶灌木混生，包括蓝果忍冬、密刺茶藨子、库页悬钩子、瘤枝卫矛和刺参等；匍匐常绿半灌木北极花可在岩石和树桩上形成斑块状的优势层片。

草本层总盖度 40%，高度 4～85 cm，物种组成丰富；兴安一枝黄花、薄叶荠苨和乌头等组成稀疏的高大草本层；在中草本层，返顾马先蒿略占优势，其他常见种类有耳叶蟹甲草、长白金莲花、东北羊角芹、花唐松草、大叶章、宽鳞薹草、黑水鳞毛蕨和黑鳞短肠蕨等；低矮草本层主要由莲座圆叶小草本组成，包括小斑叶兰、白花酢浆草、长白鹿蹄草、单侧花、唢呐草和舞鹤草等，另有卵果蕨和羊须草等混生。

分布于吉林长白山脉，海拔 1500～1600 m，常生长在起伏或平坦的山地西坡，坡度 20°。林内有践踏干扰。

17.4.1.4　PJ4

长白鱼鳞云杉-臭冷杉+岳桦-溪水薹草　常绿针叶林

***Picea jezoensis* var. *komarovii*-*Abies nephrolepis*+*Betula ermanii*-*Carex forficula* Evergreen Needleleaf Forest**

凭证样方：00CB24。

特征种：簇毛枫（*Acer barbinerve*）*、溪水薹草（*Carex forficula*）*、东北石杉（*Huperzia miyoshiana*）*、散花唐松草（*Thalictrum sparsiflorum*）*。

常见种：臭冷杉（*Abies nephrolepis*）、长白鱼鳞云杉（*Picea jezoensis* var. *komarovii*）、岳桦（*Betula ermanii*）、刺果茶藨子（*Ribes burejense*）、花楸树（*Sorbus pohuashanensis*）、细叶乌头（*Aconitum macrorhynchum*）、荠苨（*Adenophora trachelioides*）、假升麻（*Aruncus sylvester*）、七筋姑（*Clintonia udensis*）、欧洲冷蕨（*Cystopteris sudetica*）、黑水鳞毛蕨

(*Dryopteris amurensis*)、粗茎鳞毛蕨(*Dryopteris crassirhizoma*)、东方草莓(*Fragaria orientalis*)、拟三花拉拉藤(*Galium trifloriforme*)、毛蕊老鹳草(*Geranium platyanthum*)、舞鹤草(*Maianthemum bifolium*)、唢呐草(*Mitella nuda*)、耳叶蟹甲草(*Parasenecio auriculatus*)、星叶蟹甲草(*Parasenecio komarovianus*)、卵果蕨(*Phegopteris connectilis*)、东北风毛菊(*Saussurea manshurica*)、兴安一枝黄花(*Solidago dahurica*)、丝梗扭柄花(*Streptopus koreanus*)、缬草(*Valeriana officinalis*)、双花堇菜(*Viola biflora*)及上述标记*的物种。

乔木层盖度达 70%,胸径(5)11～38(59)cm,高度(5)7～21(22)m;长白鱼鳞云杉是中乔木层的优势种,臭冷杉和岳桦主要出现在中、小乔木层;林下有岳桦、簇毛枫、长白鱼鳞云杉、臭冷杉和花楸树的幼苗。

灌木层稀疏,盖度不足 10%,刺果茶藨子较常见,乔木层针阔叶树的幼苗较多。

草本层总盖度达 60%,高度可达 75 cm,物种组成丰富;大草本层由直立杂草和蕨类植物组成,种类有散花唐松草、粗茎鳞毛蕨、星叶蟹甲草和假升麻等;溪水薹草和耳叶蟹甲草等是中草本层的优势种,伴生种有荠苨、细叶乌头、毛蕊老鹳草、七筋姑、兴安一枝黄花等;东北石杉可在局部形成密集的小斑块;丝梗扭柄花、舞鹤草、东方草莓、双花堇菜、缬草、拟三花拉拉藤和唢呐草等是贴地生长的圆叶系列草本。

分布于吉林长白山脉,海拔 1000～1100 m,常生长在起伏平坦的山地东北坡,坡度小于 5°。

17.4.2 PJⅡ

红松-长白鱼鳞云杉/鱼鳞云杉+臭冷杉-阔叶乔木-灌木-草本 常绿针叶林

***Pinus koraiensis-Picea jezoensis* var. *komarovii*/*Picea jezoensis* var. *microsperma*+*Abies nephrolepis*-Broadleaf Trees-Shrubs-Herbs Evergreen Needleleaf Forest**

群落呈针阔叶混交林外貌,乔木层结构复杂,物种组成丰富。大乔木层由红松组成,偶有青杨、紫椴和岳桦混生;中乔木层由长白鱼鳞云杉(长白山区)、鱼鳞云杉(小兴安岭)、白桦、红松、蒙古栎、色木枫、紫椴、臭冷杉和花楸树等组成;小乔木层由青楷枫、裂叶榆、臭冷杉、色木枫、糠椴、长白鱼鳞云杉、花楷枫等针阔叶树组成,其中糠椴、蒙古栎、水曲柳是特征种。

林下灌木稀疏,由针阔叶树的幼苗和灌木组成,种类有刺五加、东北溲疏、修枝荚蒾、狗枣猕猴桃、软枣猕猴桃、东北山梅花、山葡萄和金花忍冬等。

草本层发达,物种组成丰富,透骨草、大叶柴胡、羽节蕨和白花碎米荠等较常见。

分布于黑龙江带岭和吉林长白山,海拔 400～1500 m。这里描述 2 个群丛。

17.4.2.1 PJ5

红松-鱼鳞云杉+臭冷杉-色木枫-毛榛-东北羊角芹 常绿针叶林

***Pinus koraiensis-Picea jezoensis* var. *microsperma*+*Abies nephrolepis-Acer pictum-Corylus mandshurica-Aegopodium alpestre* Evergreen Needleleaf Forest**

凭证样方:00LS2、00LS5、03LS11。

特征种：楤木（*Aralia elata*）*、紫椴（*Tilia amurensis*）*、色木枫（*Acer pictum*）*、修枝荚蒾（*Viburnum burejaeticum*）*、水曲柳（*Fraxinus mandschurica*）*、光萼溲疏（*Deutzia glabrata*）、裂叶榆（*Ulmus laciniata*）、刺五加（*Eleutherococcus senticosus*）*、东北山梅花（*Philadelphus schrenkii*）*、毛榛（*Corylus mandshurica*）*、大叶柴胡（*Bupleurum longiradiatum*）*、透骨草（*Phryma leptostachya* subsp. *asiatica*）、唐松草（*Thalictrum aquilegiifolium* var. *sibiricum*）*、北野豌豆（*Vicia ramuliflora*）*、柳叶野豌豆（*Vicia venosa*）、朝鲜槐（*Maackia amurensis*）、蔓孩儿参（*Pseudostellaria davidii*）、原拉拉藤（*Galium aparine*）、翻白蚊子草（*Filipendula intermedia*）、白屈菜（*Chelidonium majus*）、水珠草（*Circaea canadensis* subsp. *quadrisulcata*）、二苞黄精（*Polygonatum involucratum*）、铃兰（*Convallaria majalis*）、宽叶薹草（*Carex siderosticta*）。

常见种：青楷枫（*Acer tegmentosum*）、鱼鳞云杉（*Picea jezoensis* var. *microsperma*）、红松（*Pinus koraiensis*）、东北茶藨子（*Ribes mandshuricum*）、东北羊角芹（*Aegopodium alpestre*）、白花碎米荠（*Cardamine leucantha*）、耳叶蟹甲草（*Parasenecio auriculatus*）、舞鹤草（*Maianthemum bifolium*）、白花酢浆草（*Oxalis acetosella*）及上述标记*的物种。

乔木层胸径（3）6～54（86）cm，高度（4）6～26（35）m；大乔木层由红松和鱼鳞云杉组成，前者占优势；中、小乔木层由红松、鱼鳞云杉、臭冷杉、青楷枫、裂叶榆、紫椴、楤木、水曲柳和花楸树组成，优势种不明显。林下有大量的幼苗和幼树。

灌木层高度 15～315 cm；大灌木层由直立灌木组成，毛榛和修枝荚蒾较常见，前者略占优势，偶见金花忍冬和鸡树条等；东北山梅花、刺五加和东北茶藨子是中灌木层的常见种，偶见光萼溲疏、东北溲疏、黄芦木、鸡树条、蓝果忍冬、裂叶榆、瘤枝卫矛、绣线菊和早花忍冬等直立灌木，以及狗枣猕猴桃等攀缘灌木；小灌木层稀疏，由直立或蔓生灌木组成，多为偶见种，包括长白忍冬、库页悬钩子、卫矛、山葡萄和软枣猕猴桃等。

草本层高度 3～120 cm，物种组成丰富；大草本层由直立杂草和蕨类植物组成，大叶柴胡、唐松草和透骨草较常见，偶见粗茎鳞毛蕨、东北蹄盖蕨、假升麻、细叶乌头、风毛菊和湿地风毛菊等；东北羊角芹、白花碎米荠、北野豌豆和耳叶蟹甲草是中草本层的常见种，前者略占优势，偶见黑水鳞毛蕨、翻白蚊子草、花荵、类叶升麻、柳叶野豌豆、龙常草、蔓金腰、槭叶蚊子草和山尖子等直立杂草，铃兰和二苞黄精等根茎百合类草本，以及宽叶薹草和皱果薹草；低矮草本层由贴地生长的直立或蔓生草本组成，舞鹤草和白花酢浆草较常见，偶见高山露珠草、库页堇菜、球果堇菜、唢呐草、三脉猪殃殃和蔓金腰等。

分布于小兴安岭，海拔 400～500 m，生长在平缓起伏的山地北坡至南坡及山麓地带，坡度 3°～18°。

17.4.2.2　PJ6

红松-长白鱼鳞云杉+臭冷杉+花楷枫-瘤枝卫矛-东北羊角芹 常绿针叶林

***Pinus koraiensis-Picea jezoensis* var. *komarovii+Abies nephrolepis+Acer ukurunduense-Euonymus verrucosus-Aegopodium alpestre* Evergreen Needleleaf Forest**

凭证样方：00SF8、CBS081、CBS101、00CB291、03CB101、03CB131。

特征种：蒙古栎（*Quercus mongolica*）、花楷枫（*Acer ukurunduense*）*、红松（*Pinus koraiensis*）*、色木枫（*Acer pictum*）、紫椴（*Tilia amurensis*）、青楷枫（*Acer tegmentosum*）*、刺五加（*Eleutherococcus senticosus*）*、东北山梅花（*Philadelphus schrenkii*）、毛榛（*Corylus mandshurica*）、荨麻叶龙头草（*Meehania urticifolia*）*、深山唐松草（*Thalictrum tuberiferum*）*、木贼（*Equisetum hyemale*）、东北蹄盖蕨（*Athyrium brevifrons*）、水金凤（*Impatiens noli-tangere*）、风毛菊（*Saussurea* sp.）、深山堇菜（*Viola selkirkii*）*。

常见种：臭冷杉（*Abies nephrolepis*）、长白鱼鳞云杉（*Picea jezoensis* var. *komarovii*）、瘤枝卫矛（*Euonymus verrucosus*）、东北羊角芹（*Aegopodium alpestre*）及上述标记*的物种。

乔木层盖度 80%～90%，胸径（3）12～22（90）cm，高度（3）10～20（39）m；红松是大乔木层的优势种，偶有青杨、紫椴、岳桦和白桦等混生；长白鱼鳞云杉和臭冷杉是中乔木层的共优种，偶有花楸树、裂叶榆、青楷枫、色木枫、鼠李、硕桦、小楷枫和崖柳混生；小乔木层由落叶阔叶树和针叶树幼树组成，花楷枫占优势，偶见青楷枫、槐、暴马丁香和冻绿等。一个典型样地数据（CBS081）显示，长白鱼鳞云杉平均胸径为 23 cm，平均树高为 21 m，“胸径-频数”曲线呈正态分布，“树高-频数”曲线呈左偏态分布，中、高树高级个体较多（图 17.13）；林下有大量的幼苗、幼树。

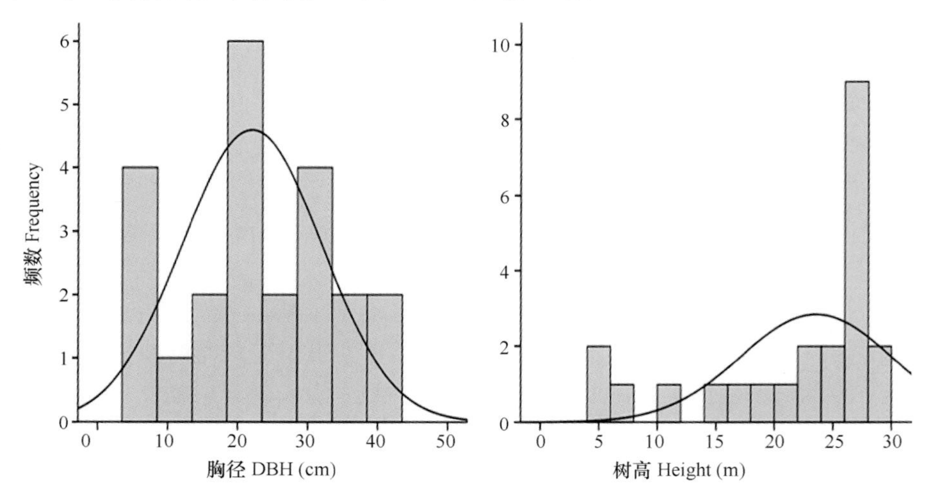

图 17.13　CBS081 样方长白鱼鳞云杉胸径和树高频数分布图

Figure 17.13　Frequency distribution of DBH and tree height of *Picea jezoensis* var. *komarovii* in plot CBS081

灌木层总盖度 8%～30%，高度 10～210 cm；瘤枝卫矛和刺五加是中灌木层的常见种，偶见刺参、东北茶藨子、东北山梅花、东北溲疏、华北忍冬、黄芦木、黄心卫矛、接骨木、金花忍冬、辽东丁香、毛榛、卫矛、乌苏里鼠李、修枝荚蒾、长白茶藨子、长白忍冬和紫花忍冬等直立灌木，以及雷公藤、狗枣猕猴桃和软枣猕猴桃等木质藤本；小灌木层由偶见种组成，包括五味子、山葡萄、长瓣铁线莲、朝鲜铁线莲和穿龙薯蓣等蔓生藤本，以及刺蔷薇和矮茶藨子等低矮灌木。

草本层总盖度 40%～45%，高度 3～270 cm，优势种不明显；两色乌头、宽叶蔓乌头和寄生草本列当等偶见于稀疏的大草本层；中草本层由偶见种组成，蕨类植物丰富，包括朝鲜蛾眉蕨、粗茎鳞毛蕨、东北蹄盖蕨、分株紫萁、广布鳞毛蕨、东北蹄盖蕨和木贼等，直立或蔓生杂草有薄叶荠苨、东北风毛菊、东北老鹳草、风毛菊、宽叶蔓乌头、两色乌头、透骨草、乌头和星叶蟹甲草等，鳞茎、根茎百合类草本有四叶重楼和东北百合，薹草、禾草有皱果薹草、大花臭草、林地早熟禾和乱子草等；低矮草本层中，东北羊角芹和荨麻叶龙头草较常见，偶见舞鹤草、唢呐草、球果堇菜、白花酢浆草、深山堇菜、蔓金腰和库页堇菜等，一些种类可在局部生境中形成斑块状的优势层片。

分布于长白山脉中部及北部，海拔 530～1500 m，常生长在平缓山麓，山地西坡、北坡及东北坡，坡度 2°～30°。

17.4.3　PJⅢ

黄花落叶松+长白鱼鳞云杉+臭冷杉-阔叶乔木-草本　常绿与落叶针叶混交林

***Larix olgensis*+*Picea jezoensis* var. *komarovii*+*Abies nephrolepis*-Broadleaf Trees-Herbs Mixed Evergreen and Deciduous Needleleaf Forest**

群落呈针阔叶混交林外貌，乔木层通常分为 2～3 个亚层；大乔木层主要由黄花落叶松组成；中、小乔木层的物种组成复杂，由长白鱼鳞云杉、臭冷杉和花楸树、硕桦、岳桦等多种落叶阔叶树组成。林下的灌木稀疏，草本层较发达（图 17.14）。

图 17.14　“黄花落叶松+长白鱼鳞云杉+臭冷杉-阔叶乔木-草本”常绿与落叶针叶混交林的垂直结构（左）、灌木层（右上）和草本层（右下）

Figure 17.14　Supraterraneous stratification (left), shrub layer (upper right) and herb layer (lower right) of a community of *Larix olgensis*+*Picea jezoensis* var. *komarovii*+*Abies nephrolepis*-Broadleaf Trees-Herbs Mixed Evergreen and Deciduous Needleleaf Forest in Mt. Changbai, Jilin

主要分布于长白山，生长在海拔 1290～1750 m 的平缓山地和阶地。这里描述 2 个群丛。

17.4.3.1 PJ7

黄花落叶松-长白鱼鳞云杉+臭冷杉-花楸树-东北羊角芹 常绿与落叶针叶混交林
***Larix olgensis-Picea jezoensis* var. *komarovii+Abies nephrolepis-Sorbus pohuashanensis-Aegopodium alpestre* Mixed Evergreen and Deciduous Needleleaf Forest**

凭证样方：CBS088、CBS099。

特征种：蓝果忍冬（*Lonicera caerulea*）*、东北蹄盖蕨（*Athyrium brevifrons*）*、裂稃茅（*Schizachne purpurascens* subsp. *callosa*）*、对叶兰（*Neottia puberula*）、复序橐吾（*Ligularia jaluensis*）、长鞘当归（*Angelica cartilaginomarginata*）、乌苏里薹草（*Carex ussuriensis*）、假冷蕨（*Athyrium spinulosum*）*。

常见种：臭冷杉（*Abies nephrolepis*）、黄花落叶松（*Larix olgensis*）、长白鱼鳞云杉（*Picea jezoensis* var. *komarovii*）、花楸树（*Sorbus pohuashanensis*）、花楷枫（*Acer ukurunduense*）、山刺玫（*Rosa davurica*）、东北羊角芹（*Aegopodium alpestre*）、单穗升麻（*Cimicifuga simplex*）、黑水鳞毛蕨（*Dryopteris amurensis*）、唢呐草（*Mitella nuda*）、白花酢浆草（*Oxalis acetosella*）及上述标记*的物种。

乔木层盖度 10%～80%，胸径（6）8～30（43）cm，高度（3）10～33（35）m；大乔木层由黄花落叶松单优势种组成，数量稀少；中乔木层由长白鱼鳞云杉和臭冷杉组成，二者为共优种，另有落叶阔叶树混生，在林缘地带数量较多，花楸树较常见，偶见硕桦和岳桦等；CBS088 样方数据显示，长白鱼鳞云杉“胸径-频数”和“树高-频数”曲线大致呈正态分布，中等径级和树高级个体较多（图 17.15）。林下落叶树的幼树较多，针叶树的幼苗少见。

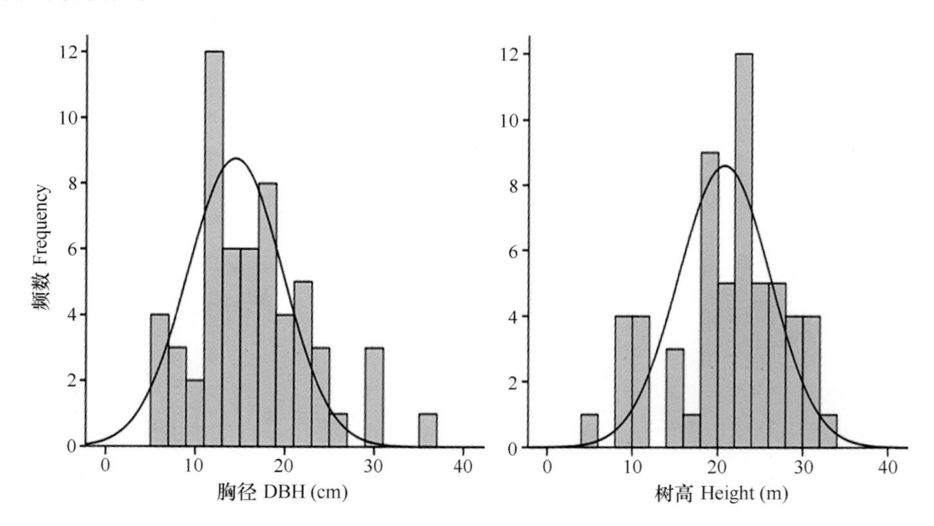

图 17.15 CBS088 样方长白鱼鳞云杉胸径和树高频数分布图
Figure 17.15 Frequency distribution of DBH and tree height of *Picea jezoensis* var. *komarovii* in plot CBS088

灌木层稀疏低矮，总盖度 10%～15%，高度 8～160 cm；山刺玫较常见，与朝鲜荚蒾、黄心卫矛、蓝果忍冬、华北忍冬、瘤枝卫矛、刺果茶藨子和绿叶悬钩子等偶见种组成稀疏的中灌木层；小灌木层由紫花忍冬、雷公藤和北极花等低矮蔓生灌木组成，均为偶见种，北极花在局部阴湿的岩石或树桩上可形成密集的常绿半灌木优势层片。

草本层总盖度 45%～60%，高度 5～200 cm，物种丰富，物种组成的空间异质性较大；大草本层中，复序橐吾、黑水鳞毛蕨、东北蹄盖蕨和单穗升麻较常见，偶见长鞘当归、星叶蟹甲草、山尖子、耳叶蟹甲草、风毛菊、两色乌头、大花臭草、大叶章、东北老鹳草、散花唐松草和粗茎鳞毛蕨等；中草本层由东北羊角芹、假冷蕨和裂稃茅等常见种和多种偶见种组成，包括三脉猪殃殃、单穗升麻、东北风毛菊、返顾马先蒿、风毛菊、黑水当归、黑水缬草、库页堇菜、林蓟、槭叶蚊子草、深山唐松草、水金凤、蹄叶橐吾、细叶孩儿参、缬草、兴安一枝黄花、长白山橐吾、长白乌头和种阜草等直立或蔓生杂草，二叶舞鹤草、对叶兰、大花杓兰、七瓣莲、七筋姑、乌苏里薹草、毛缘薹草和柄状薹草等根茎类草本，以及卵果蕨、木贼和日本蹄盖蕨等；低矮草本层由莲座圆叶小草本组成，唢呐草和白花酢浆草较常见，偶见深山露珠草、东方草莓和深山堇菜。

分布于吉林长白山，海拔 1500～1600 m，常生长在起伏平缓的山坡，坡度 2°～5°。

17.4.3.2　PJ8

黄花落叶松+长白鱼鳞云杉-臭冷杉-花楸树-舞鹤草　常绿与落叶针叶混交林

***Larix olgensis+Picea jezoensis* var. *komarovii-Abies nephrolepis-Sorbus pohuashanensis-Maianthemum bifolium* Mixed Evergreen and Deciduous Needleleaf Forest**

凭证样方：00CB21、00CB22、00CB23、00CB25、03CB41、03CB51、00CB261。

特征种：黄花落叶松（*Larix olgensis*）*、刺果茶藨子（*Ribes burejense*）*、臭冷杉（*Abies nephrolepis*）*、长白鱼鳞云杉（*Picea jezoensis* var. *komarovii*）*、刺蔷薇（*Rosa acicularis*）*、星穗薹草（*Carex omiana*）*、东方草莓（*Fragaria orientalis*）*、卵果蕨（*Phegopteris connectilis*）*、七筋姑（*Clintonia udensis*）*、缬草（*Valeriana officinalis*）*、唢呐草（*Mitella nuda*）*、粟草（*Milium effusum*）*、欧洲羽节蕨（*Gymnocarpium dryopteris*）*、丝梗扭柄花（*Streptopus koreanus*）*。

常见种：岳桦（*Betula ermanii*）、长白鱼鳞云杉（*Picea jezoensis* var. *komarovii*）、花楸树（*Sorbus pohuashanensis*）、长白忍冬（*Lonicera ruprechtiana*）、舞鹤草（*Maianthemum bifolium*）、耳叶蟹甲草（*Parasenecio auriculatus*）、东方草莓（*Fragaria orientalis*）、兴安一枝黄花（*Solidago dahurica*）、库页堇菜（*Viola sacchalinensis*）及上述标记*的物种。

乔木层的胸径（3）16～23（71）cm，高度（3）7～26（29）m；黄花落叶松和长白鱼鳞云杉是大乔木层的共优种，有零星的岳桦和青杨混生；中、小乔木层由长白鱼鳞云杉、臭冷杉、花楸树和岳桦等组成，偶有青楷枫、花楷枫、小楷枫和稠李等混生；阔叶树在中乔木层多为伴生种，在小乔木层其数量明显增多，花楸树或为优势种。林下有大量的幼苗与幼树。

灌木层稀疏低矮，高度 10～153 cm；刺果茶藨子和长白忍冬是中灌木层的常见种，偶见朝鲜荚蒾、刺蔷薇、东北茶藨子、蓝果忍冬和瘤枝卫矛等；小灌木层中偶见越桔、矮茶藨子等低矮灌木及北极花、长瓣铁线莲等蔓生灌木。

草本层高度 5～100 cm，物种组成丰富；大草本层中，兴安一枝黄花、七筋姑和耳叶蟹甲草较常见，偶见高山芹、弯枝乌头、星叶蟹甲草和烟管蓟等直立杂草，粗茎鳞毛蕨、东北蹄盖蕨、广布鳞毛蕨、日本蹄盖蕨和绒紫萁等蕨类植物，以及北重楼、宽叶薹草、大叶章和粟草等根茎类单子叶草本植物；中草本层由卵果蕨、丝梗扭柄花和缬草等常见种及众多偶见种组成，后者包括长白金莲花、长白山橐吾、长白乌头、白山耧斗菜、单穗升麻、东北风毛菊、东北羊角芹、耳叶蟹甲草、鸡腿堇菜、假升麻、毛蕊老鹳草、拟三花拉拉藤、荠苨、山牛蒡、水金凤、细叶孩儿参、细叶乌头、狭苞橐吾和星叶蟹甲草等直立或蔓生杂草，东北蛾眉蕨、多穗石松、黑水鳞毛蕨、欧洲冷蕨和欧洲羽节蕨等，以及凹唇鸟巢兰、羞叶兰、羊须草、大叶章和皱果薹草等根茎类单子叶草本；小草本层主要由低矮莲座圆叶系列草本组成，东方草莓、库页堇菜和舞鹤草较常见，偶见白花酢浆草、单侧花、对叶兰、七瓣莲、深山堇菜、双花堇菜、唢呐草和种阜草等。

分布于吉林长白山，海拔 1290～1750 m，常生长在起伏平缓的山坡和山麓，坡度 0°～15°。

这个群丛的灌木层中出现了数量众多的针叶树幼苗，一些针叶树因此也算作特征种，这些特征种是指灌木层中出现的幼苗与幼树，特记于此。这个群丛与 PJ7 群丛在乔木层的结构和物种组成方面很相似，但灌木层中出现了刺果茶藨子，二者草本层的特征种也明显不同。

17.4.4 PJⅣ

黄花落叶松+红松+长白鱼鳞云杉+臭冷杉-阔叶乔木-草本 常绿与落叶针叶混交林
***Larix olgensis+Pinus koraiensis+Picea jezoensis* var. *komarovii+Abies nephrolepis*-Broad-leaf Trees-Herbs Mixed Evergreen and Deciduous Needleleaf Forest**

乔木层可分为 2～3 个亚层；大乔木层由黄花落叶松和红松组成，中、小乔木层的物种组成复杂，由长白鱼鳞云杉、臭冷杉和多种落叶阔叶树组成，包括糠椴、花楷枫和青楷枫等。灌木稀疏，草本层较发达。

主要分布在长白山海拔 840～1300 m 的生境中。红松在长白山的垂直分布上限通常不超过 1300 m，落叶松的垂直分布范围宽广，上限可达 1800 m。这里描述 1 个群丛。

PJ9

黄花落叶松+红松-长白鱼鳞云杉-臭冷杉+花楷枫-柄状薹草 常绿与落叶针叶混交林
***Larix olgensis+Pinus koraiensis-Picea jezoensis* var. *komarovii-Abies nephrolepis+Acer ukurunduense-Carex pediformis* Mixed Evergreen and Deciduous Needleleaf Forest**

凭证样方：CBS042、CBS065、03CB141。

特征种：红松（*Pinus koraiensis*）*、黄花落叶松（*Larix olgensis*）*、瘤枝卫矛（*Euonymus verrucosus*）*、北极花（*Linnaea borealis*）*、蓝果忍冬（*Lonicera caerulea*）*、大花臭草（*Melica grandiflora*）*、单侧花（*Orthilia secunda*）*、肾叶鹿蹄草（*Pyrola renifolia*）*、种阜草（*Moehringia lateriflora*）*、欧洲羽节蕨（*Gymnocarpium dryopteris*）*。

常见种：臭冷杉（*Abies nephrolepis*）、青楷枫（*Acer tegmentosum*）、花楷枫（*Acer ukurunduense*）、白桦（*Betula platyphylla*）、长白鱼鳞云杉（*Picea jezoensis* var. *komarovii*）、紫椴（*Tilia amurensis*）、刺蔷薇（*Rosa acicularis*）、花楸树（*Sorbus pohuashanensis*）、七筋姑（*Clintonia udensis*）、黑水鳞毛蕨（*Dryopteris amurensis*）、粗茎鳞毛蕨（*Dryopteris crassirhizoma*）、舞鹤草（*Maianthemum bifolium*）、柄状薹草（*Carex pediformis*）、唢呐草（*Mitella nuda*）、卵果蕨（*Phegopteris connectilis*）、假冷蕨（*Athyrium spinulosum*）、兴安一枝黄花（*Solidago dahurica*）、七瓣莲（*Trientalis europaea*）、库页堇菜（*Viola sacchalinensis*）、深山堇菜（*Viola selkirkii*）及上述标记*的物种。

乔木层盖度达 90%，胸径（2）4～44（67）cm，高度（3）4～31（32）m；黄花落叶松和红松是大乔木层的共优种；中、小乔木层由长白鱼鳞云杉、臭冷杉、青楷枫、紫椴、花楷枫等多种针阔叶树组成，花楷枫为小乔木层的优势种。CBS065 样方数据显示，长白鱼鳞云杉“胸径-频数”和“树高-频数”曲线呈右偏态分布，中、小径级和树高级个体较多，径级和树高级频数分布的残缺现象明显；在历史时期经历了强度较大的干扰，调查时的群落处在中幼龄林期，林中留有成年母树，群落正处在恢复过程中（图 17.16）。

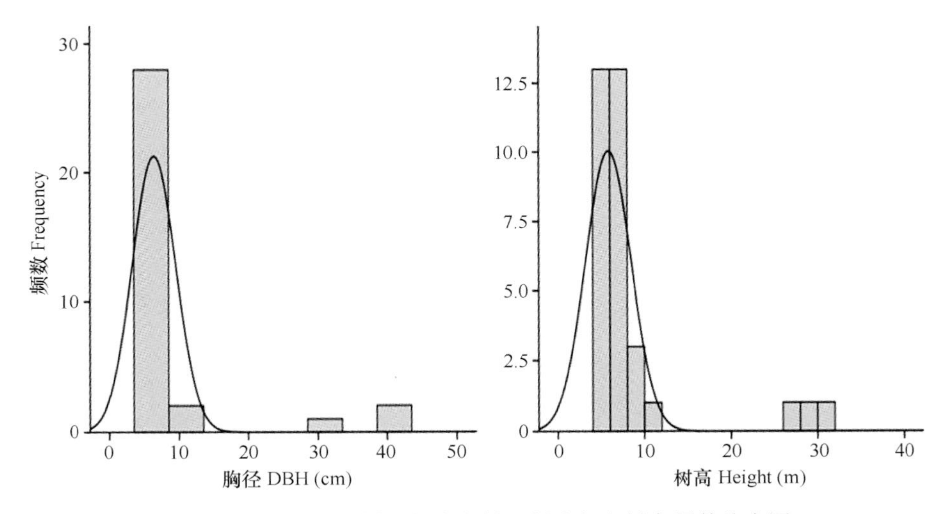

图 17.16　CBS065 样方长白鱼鳞云杉胸径和树高频数分布图

Figure 17.16　Frequency distribution of DBH and tree height of *Picea jezoensis* var. *komarovii* in plot CBS065

灌木稀疏低矮，盖度 5%～10%，高度 10～120 cm；中灌木层稀疏，由瘤枝卫矛、刺蔷薇和蓝果忍冬等常见种，以及华北忍冬、早花忍冬和长白茶藨子等偶见种组成；小灌木层由直立或匍匐灌木组成，绿叶悬钩子、长白忍冬、东北茶藨子和东北瑞香为偶见种，北极花是常见种，匍匐生长。

草本层总盖度 40%～60%，高度 4～70 cm，物种组成丰富，由蕨类植物、直立杂草、根茎类禾草和薹草组成；蕨类植物十分丰富，黑水鳞毛蕨、假冷蕨、粗茎鳞毛蕨和卵果蕨较常见，偶见东北蹄盖蕨、东北石松、细叶鳞毛蕨、欧洲羽节蕨、日本蹄盖蕨和高山冷蕨等；柄状薹草、七筋姑、大花臭草和兴安一枝黄花是常见种，柄状薹草略占优势，在局部可形成优势层片，偶见种有间穗薹草、羊须草、野古草、裂稃茅、红果类叶升麻、库页堇菜、龙常草、种阜草、唐松草、蹄叶橐吾和细叶孩儿参等；低矮草本层中，圆叶系列草本较丰富，单侧花、肾叶鹿蹄草、舞鹤草和库页堇菜较常见，局部可形成小斑块状的优势层片，偶见长白山堇菜、白花酢浆草、唢呐草、斑叶堇菜和东方草莓等。

分布于吉林和辽宁东北部的长白山脉，海拔 840～1300 m，常生长在平缓山坡及河谷，坡度 0°～5°。

17.4.5 PJⅤ

落叶松-鱼鳞云杉+红皮云杉+阔叶乔木-灌木-草本 常绿与落叶针叶混交林

***Larix gmelinii-Picea jezoensis* var. *microsperma*+*Picea koraiensis*+Broadleaf Trees-Shrubs-Herbs Mixed Evergreen and Deciduous Needleleaf Forest**

乔木层可分为 2 个亚层；中乔木层由多种针叶树组成，其中鱼鳞云杉和红皮云杉是优势种，落叶松、臭冷杉和红松常为伴生种或共优种，偶有零星的白桦、辽东桤木和樟

图 17.17 “落叶松-鱼鳞云杉+红皮云杉+阔叶乔木-灌木-草本”常绿与落叶针叶混交林的外貌（右上）、垂直结构（左）和草本层（右下）（小兴安岭）

Figure 17.17 Supraterraneous stratification (left), physiognomy (upper right) and herb layer (lower right) of a community of *Larix gmelinii-Picea jezoensis* var. *microsperma*+*Picea koraiensis*+Broadleaf Trees-Shrubs-Herbs Mixed Evergreen and Deciduous Needleleaf Forest in Mt. Xiaoxinganling, Yichun, Heilongjiang

子松等混生（图 17.17）。在《中国小兴安岭植被》（周以良等，1994）记载的几个群丛中，乔木层高度变化幅度为 14～21 m；我们引证的样方数据显示，中乔木层高度在 12～20 m；小乔木层由山杨和白桦等多种落叶阔叶树组成。灌木层低矮密集，常见种类有越桔、蓝果忍冬、茶藨子和蔷薇等。草本层稀疏或密集，常见种类有大叶章、舞鹤草和大披针薹草等。林下有较发达的苔藓层。

分布于大兴安岭北部和小兴安岭，海拔 350～1000 m，生长在山地阴坡、山麓、谷地或溪旁。这里描述 2 个群丛。

17.4.5.1　PJ10

红皮云杉+鱼鳞云杉+落叶松-白桦-越桔-大叶章 常绿与落叶针叶混交林

***Picea koraiensis+Picea jezoensis* var. *microsperma+Larix gmelinii-Betula platyphylla-Vaccinium vitis-idaea-Deyeuxia purpurea* Mixed Evergreen and Deciduous Needleleaf Forest**

拟垂枝藓、蓝果忍冬、鱼鳞云杉、红皮云杉、臭冷杉林（Ass. *Rhytidiadelphus triquetrus*，*Lonicera caerulea*，*Picea jezoensis*，*Picea koraiensis*，*Abies nephrolepis*）；红花鹿蹄草、长白蔷薇、鱼鳞云杉、臭冷杉、红皮云杉林（Ass. *Pyrola asarifolia* subsp. *incarnata*，*Rosa koreana*，*Picea jezoensis*，*Abies nephrolepis*，*Picea koraiensis*）—中国小兴安岭植被，1994：66-70；黑水鳞毛蕨、光萼溲疏、红皮云杉、臭冷杉、鱼鳞云杉、红松林（Ass. *Dryopteris amurensis*，*Deutzia glabrata*，*Picea koraiensis*，*Abies nephrolepis*，*Picea jezoensis*，*Pinus koraiensis*）—中国小兴安岭植被，1994：88-90。

凭证样方：XXAL09082702、XXAL09082703、XXAL09082704。

特征种：辽东桤木（*Alnus hirsuta*）*、山杨（*Populus davidiana*）*、红皮云杉（*Picea koraiensis*）*、落叶松（*Larix gmelinii*）*、鱼鳞云杉（*Picea jezoensis* var. *microsperma*）*、杜香（*Ledum palustre*）*、库页悬钩子（*Rubus sachalinensis*）*、山刺玫（*Rosa davurica*）*、柴桦（*Betula fruticosa*）*、珍珠梅（*Sorbaria sorbifolia*）*、白花堇菜（*Viola lactiflora*）*、卷耳（*Cerastium arvense* subsp. *strictum*）*、短毛独活（*Heracleum moellendorffii*）*、匍枝委陵菜（*Potentilla flagellaris*）*、东北风毛菊（*Saussurea manshurica*）*、柳叶菜（*Epilobium hirsutum*）*、落新妇（*Astilbe chinensis*）*、毛缘薹草（*Carex pilosa*）*、日本鹿蹄草（*Pyrola japonica*）*、玉竹（*Polygonatum odoratum*）*、紫斑风铃草（*Campanula punctata*）*、樟子松（*Pinus sylvestris* var. *mongolica*）*、白桦（*Betula platyphylla*）*。

常见种：越桔（*Vaccinium vitis-idaea*）、大叶章（*Deyeuxia purpurea*）、七瓣莲（*Trientalis europaea*）、舞鹤草（*Maianthemum bifolium*）、深山堇菜（*Viola selkirkii*）及上述标记*的物种。

乔木层盖度 50%～80%，胸径 9～17 cm，高度（3）7～20（40）m；中乔木层由红皮云杉、鱼鳞云杉和落叶松组成，三者为共优种；另有零星的红松、樟子松、辽东桤木、白桦和山杨混生；小乔木层中，落叶树的比例明显增加，白桦、山杨和樟子松或组成共优种。XXAL09082702 样方数据显示，鱼鳞云杉“胸径-频数”和“树高-频数”曲线呈右偏态分布，频数分布不整齐（图 17.18）。林下的幼苗、幼树较多。

灌木层盖度 40%～80%，高度 4～200 cm；中灌木层由柴桦和库页悬钩子组成，前者在林缘或林窗处可形成密集的斑块，另有花楸树和东北桤木的幼苗混生；小灌木层由杜香、山刺玫、珍珠梅和越桔组成，前三种较稀疏，后者可形成低矮密集的常绿半灌木优势层片。

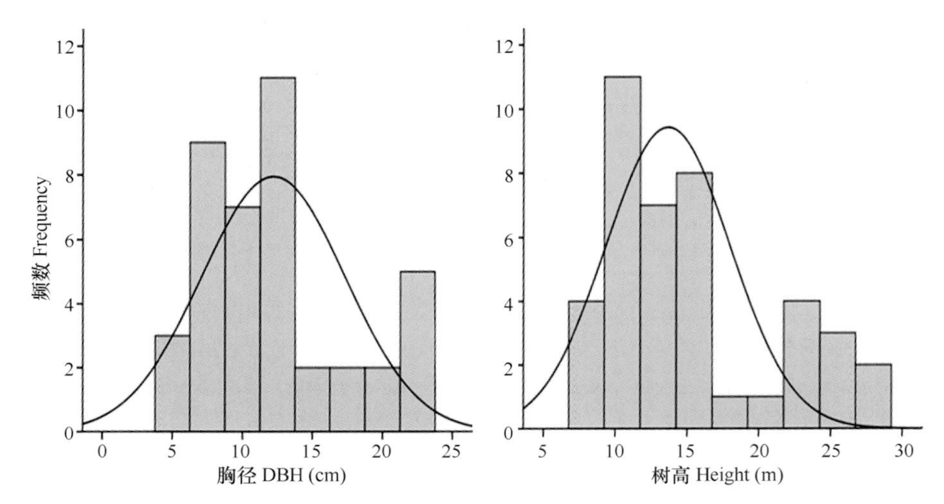

图 17.18　XXAL09082702 样方鱼鳞云杉胸径和树高频数分布图

Figure 17.18　Frequency distribution of DBH and tree height of *Picea jezoensis* var. *microsperma* in plot XXAL09082702

草本层盖度 35%～55%，高度 2～40 cm；中草本层密集，由柳叶菜、落新妇、紫斑风铃草、毛缘薹草、玉竹和大叶章等组成，大叶章略占优势；低矮草本层由直立或莲座圆叶系列草本组成，常见有匍枝委陵菜、卷耳、七瓣莲、舞鹤草、日本鹿蹄草、深山堇菜和白花堇菜等。林下或有斑块状的苔藓，拟垂枝藓较常见。

分布于大、小兴安岭，海拔 350～950 m。

17.4.5.2　PJ11

落叶松-红皮云杉+鱼鳞云杉+白桦-矮茶藨子-四花薹草　常绿与落叶针叶混交林

***Larix gmelinii-Picea koraiensis+Picea jezoensis* var. *microsperma+Betula platyphylla-Ribes triste-Carex quadriflora* Mixed Evergreen and Deciduous Needleleaf Forest**

四花薹草、毛榛子、臭冷杉、鱼鳞云杉林（Ass. *Carex quadriflora*，*Corylus mandshurica*，*Abies nephrolepis*，*Picea jezoensis*）—中国小兴安岭植被，1994：74-75。

凭证样方：XXAL09082705、XXAL09082706、XXAL09082707、XXAL09082808、XXAL09082909、XXAL09082910。

特征种：钻天柳（*Chosenia arbutifolia*）、绣线菊（*Spiraea salicifolia*）*、矮茶藨子（*Ribes triste*）*、珍珠梅（*Sorbaria sorbifolia*）*、草问荆（*Equisetum pratense*）*、花荵（*Polemonium caeruleum*）*、薄叶乌头（*Aconitum fischeri*）*、大叶猪殃殃（*Galium dahuricum*）*、林地早熟禾（*Poa nemoralis*）*、落新妇（*Astilbe chinensis*）*、四花薹草（*Carex quadriflora*）*、玉竹（*Polygonatum odoratum*）*、紫斑风铃草（*Campanula punctata*）*。

常见种：白桦（*Betula platyphylla*）、落叶松（*Larix gmelinii*）、红皮云杉（*Picea *koraiensis*）、鱼鳞云杉（*Picea jezoensis* var. *microsperma*）、越桔（*Vaccinium vitis-idaea*）、毛缘薹草（*Carex pilosa*）、东方草莓（*Fragaria orientalis*）、舞鹤草（*Maianthemum bifolium*）、东北风毛菊（*Saussurea manshurica*）、七瓣莲（*Trientalis europaea*）、深山堇菜（*Viola selkirkii*）及上述标记*的物种。

乔木层盖度达 90%，胸径 5～14 cm，高度 7～17 m；由落叶松、红皮云杉、鱼鳞云杉和白桦组成，偶有零星的钻天柳混生。XXAL09082909 和 XXAL09082705 样方数据显示，鱼鳞云杉“胸径-频数”和“树高-频数”分布不整齐，中、小径级或树高级的个体较多（图 17.19，图 17.20）。

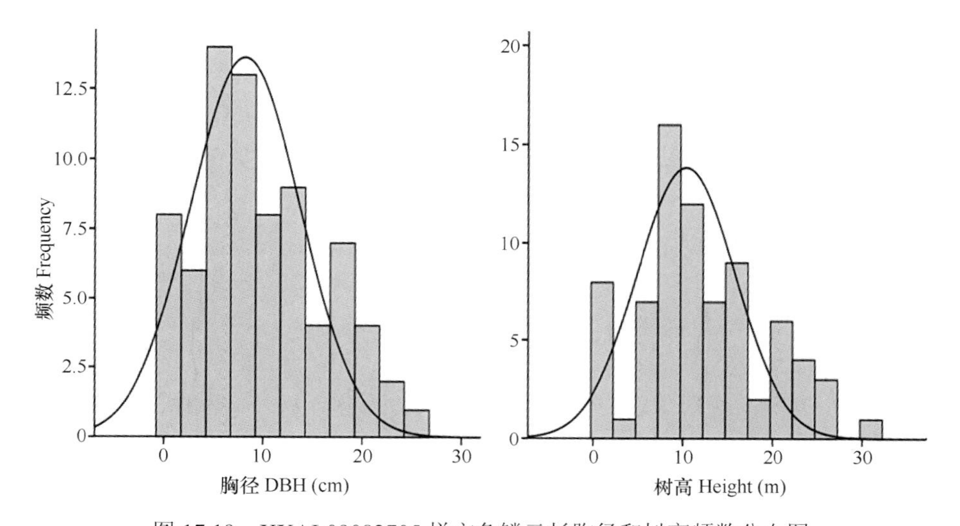

图 17.19　XXAL09082705 样方鱼鳞云杉胸径和树高频数分布图

Figure 17.19　Frequency distribution of DBH and tree height of *Picea jezoensis* var. *microsperma* in plot XXAL09082705

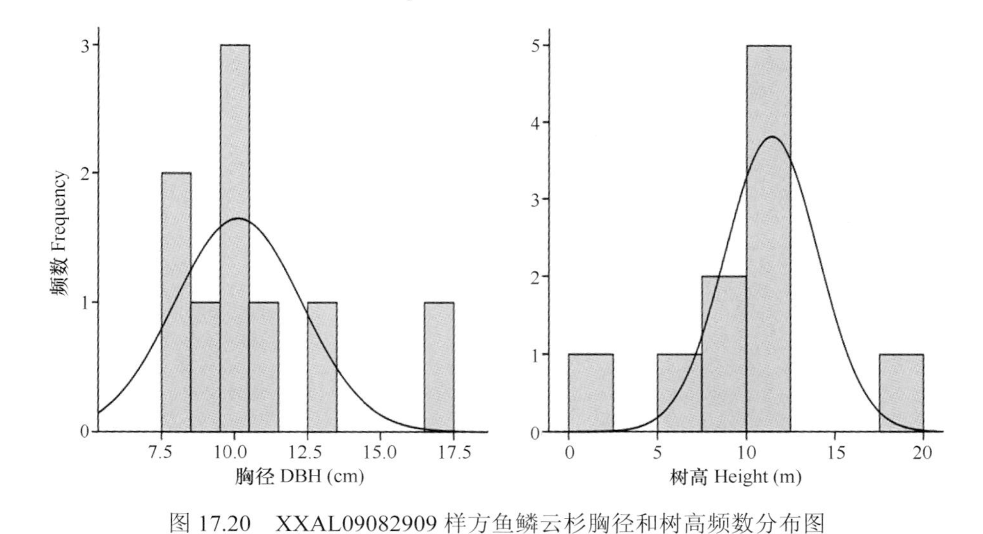

图 17.20　XXAL09082909 样方鱼鳞云杉胸径和树高频数分布图

Figure 17.20　Frequency distribution of DBH and tree height of *Picea jezoensis var. microsperma* in plot XXAL09082909

灌木层总盖度 55%～80%，高度 3～43 cm；矮茶藨子、绣线菊和珍珠梅数量稀少，形成稀疏的直立灌木层片；越桔数量较多，形成密集的铺散灌木层片。

草本层盖度 35%～40%，高度 2～42 cm；中草本层由落新妇、花荵、薄叶乌头、玉竹、大叶猪殃殃、草问荆和四花薹草等组成，后者略占优势；低矮草本层由东方草莓、舞鹤草、七瓣莲、东北风毛菊和深山堇菜等组成。

分布于大、小兴安岭，海拔 400～750 m。

这个群丛与“红皮云杉+鱼鳞云杉+落叶松-白桦-越桔-大叶章”常绿与落叶针叶混交林的特征接近，二者乔木层的物种组成和结构很相似，但灌木层中的直立灌木和草本层的优势种不同。

17.4.6 PJⅥ

黄花落叶松+红松+长白鱼鳞云杉+红皮云杉+臭冷杉-阔叶乔木-草本 常绿与落叶针叶混交林

***Larix olgensis*+*Pinus koraiensis*+*Picea jezoensis* var. *komarovii*+*Picea koraiensis*+*Abies nephrolepis*-Broadleaf Trees-Herbs Mixed Evergreen and Deciduous Needleleaf Forest**

乔木层由黄花落叶松、红松、长白鱼鳞云杉、红皮云杉、臭冷杉和多种阔叶树组成，各个物种的相对比例变化较大，优势种或不明显。大乔木层由黄花落叶松和红松组成，数量较少；中、小乔木层由长白鱼鳞云杉、红皮云杉和臭冷杉及阔叶树组成，臭冷杉和阔叶树常是小乔木层的优势种；林下有大量的幼苗与幼树。灌木层和草本层的物种组成及结构特征与其他相近的群落类型并无明显区别。

分布于长白山，生长在 1000～1500 m 的平缓山坡；是鱼鳞云杉林中群落结构和物种组成最复杂的一个类型。这里描述 1 个群丛。

PJ12

黄花落叶松+红松+长白鱼鳞云杉+红皮云杉+臭冷杉-花楷枫-唢呐草 常绿与落叶针叶混交林

***Larix olgensis*+*Pinus koraiensis*+*Picea jezoensis* var. *komarovii*+*Picea koraiensis*+*Abies nephrolepis*-*Acer ukurunduense*-*Mitella nuda* Mixed Evergreen and Deciduous Needleleaf Forest**

凭证样方：00CB-27、00CB28、03CB61、03CB71。

特征种：簇毛枫（*Acer barbinerve*）、红皮云杉（*Picea koraiensis*）*、牛皮杜鹃（*Rhododendron aureum*）、东北瑞香（*Daphne pseudomezereum*）、蓝果忍冬（*Lonicera caerulea*）、长白忍冬（*Lonicera ruprechtiana*）、红松（*Pinus koraiensis*）*、臭冷杉（*Abies nephrolepis*）*、长白鱼鳞云杉（*Picea jezoensis* var. *komarovii*）*、刺蔷薇（*Rosa acicularis*）*、肾叶鹿蹄草（*Pyrola renifolia*）*、粟草（*Milium effusum*）*、种阜草（*Moehringia lateriflora*）*、单侧花（*Orthilia secunda*）*。

常见种：臭冷杉（*Abies nephrolepis*）、花楷枫（*Acer ukurunduense*）、岳桦（*Betula ermanii*）、黄花落叶松（*Larix olgensis*）、青楷枫（*Acer tegmentosum*）、花楸树（*Sorbus *pohuashanensis*）、舞鹤草（*Maianthemum bifolium*）、唢呐草（*Mitella nuda*）、兴安一枝黄花（*Solidago dahurica*）、七瓣莲（*Trientalis europaea*）、库页堇菜（*Viola sacchalinensis*）及上述标记*的物种。

乔木层胸径（3）12～17（59）cm，高度（3）10～17（31）m；大乔木层由黄花落叶松和红松组成，后者占优势，偶有零星的山杨混生；中、小乔木层由红皮云杉、鱼鳞云杉和臭冷杉组成，三者为共优种，另有零星的落叶阔叶树混生，花楷枫、青楷枫和岳桦较常见，偶见簇毛枫和白桦等；花楷枫在小乔木层中数量较多。林下幼苗、幼树较多。

灌木层盖度 8%～12%，高度 8～75 cm；中灌木层稀疏，刺蔷薇较常见，偶见刺果茶藨子、东北茶藨子、长白茶藨子、黄芦木、蓝果忍冬、长白忍冬、瘤枝卫矛和长瓣铁线莲等；低矮灌木层由偶见种组成，包括东北瑞香和矮茶藨子等落叶灌木，以及牛皮杜鹃、越桔和北极花等常绿灌木或半灌木。

草本层较密集，高度 2～65 cm；大草本层稀疏，兴安一枝黄花较常见，偶见黑水鳞毛蕨、东北蹄盖蕨、粗茎鳞毛蕨、木贼、乱子草和粟草等；中草本层偶见欧洲羽节蕨、卵果蕨、长白沙参、大花臭草、大叶章、皱果薹草和七筋姑等；低矮草本层由莲座圆叶系列草本组成，包括肾叶鹿蹄草、单侧花、舞鹤草、唢呐草、库页堇菜、白花酢浆草和高山露珠草等。

分布于吉林长白山，海拔 1180～1420 m，生长在平缓山地和阶地的西坡与东北坡。

据《中国大兴安岭植被》（周以良等，1991）和《中国小兴安岭植被》（周以良等，1994）记载，在大、小兴安岭还有以下群丛分布。我们没有见到这些群丛描述的原始样方数据，故暂不对其进行分类处理，这里仅将各群丛的简要特征摘录如下，以备待考。

1）塔藓、刺玫蔷薇、臭冷杉、鱼鳞云杉林（Ass. *Hylocomium splendens*，*Rosa davurica*，*Abies nephrolepis*，*Picea jezoensis*）—中国小兴安岭植被，1994：71-74。

该群丛分布于小兴安岭海拔 600～1200 m 的山地的东北坡。乔木层郁闭度 0.7～0.8，高度 18～20 m；鱼鳞云杉和臭冷杉为优势种，硕桦为次优势种，其他伴生种有岳桦和花楸树等。灌木稀疏生长，高度不足 100 cm，盖度 10%；刺蔷薇、光萼溲疏和花楷枫等较常见。草本层高度 40～50 cm，盖度 30%～40%；舞鹤草、白花酢浆草、东北羊角芹和七瓣莲等较常见。苔藓层厚度达 10 cm，盖度达 60%（周以良等，1994）。

2）塔藓、越桔、鱼鳞云杉林（*Ass. Hylocomium splendens*，*Vaccinium vitis-idaea*，*Picea jezoensis* var. *microsperma*）—中国大兴安岭植被，1991：83-84。

据《中国大兴安岭植被》（周以良等，1991）记载，该群丛分布于大兴安岭海拔 820～1300 m 的高山地带。乔木层高度 14～20 m；鱼鳞云杉为乔木层的优势种，落叶松和白桦等伴生其间。灌木层和草本层分化不明显。常绿小灌木杜香和毛缘薹草等高大草本组成第一层片，高度达 100 cm；越桔、北极花和单侧花等低矮的灌木与草本组成第二层片，高度不足 50 cm，舞鹤草和深山露珠草等混生其中。苔藓层发达，盖度达 95%（周以良等，1991）。

17.5 建群种的生物学特性

鱼鳞云杉针叶上面有 2 条白色气孔带，下面绿色，无气孔带；种鳞厚纸质或薄革质，排列疏松。其种下类型的形态变异主要表现在一年生枝条的颜色和球果大小，这是在野外最容易识别的两个特征。长白鱼鳞云杉一年生枝条颜色较浅，呈黄色或淡黄色；球果短小，长 3～4 cm，色泽较深，呈褐色或黄褐色。鱼鳞云杉一年生枝条颜色较深，呈褐色、淡黄褐色或淡褐色；球果较长，达 4～6 cm，色泽较浅，呈淡黄褐色。从长白山到大、小兴安岭，这些形态变异表现得十分明显（图 17.21）。

图 17.21 长白鱼鳞云杉水平生长的根（右下）、结实枝（左下）、球果（左上）和鱼鳞云杉的球果（右上）

Figure 17.21 Roots (lower right), reproductive branches (lower left) and seed cones (upper left) of *Picea jezoensis* var. *komarovii*, and seed cones (upper right) of *Picea jezoensis* var. *microsperma*

在分子水平上，Aizawa 等（2009）利用 4 个微卫星位点，对鱼鳞云杉（*Picea jezoensis*）33 个居群 990 株个体的遗传多样性进行研究。样地主要布设在日本北海道和本州岛，少数在朝鲜半岛、中国和俄罗斯，样区跨越的海拔范围为 60～2380 m。结果表明，每个位点的等位基因数变化幅度为 7～35，每个位点的遗传多样性指数介于 0.641～0.937，F_{IS} 和 F_{ST} 值的变化幅度分别为 0.012～0.144 和 0.055～0.176；87.5%的遗传变异存在于居群内，居群间的变异较小；在中国东北和俄罗斯萨哈林岛（库页岛）的居群中，F_{ST} 为 0.026，居群间的遗传分化水平为 F_{ST}=0.101，高于裸子植物的均值（G_{ST}=0.055），这种现象可归因于日本北部海洋对诸岛间种子和花粉传播的阻隔作用；在分布区边界地带孤立的居群中，遗传多样性较低，主要源于隔离后所发生的遗传漂变（Aizawa et al.，2009）。

17.6　群落动态与演替

在云杉林的皆伐迹地或火烧迹地上，植被恢复过程需经过先锋草本植物群落、灌丛、杨桦类阔叶林、针阔叶混交林至针叶林阶段。在采伐或火烧迹地上，鱼鳞云杉林植被恢复过程与其他云杉林相似，但是如果缺乏乔木的种源，迹地可能退化为亚高山湿草甸（周以良和李景文，1964；徐文铎等，2004）。在长白鱼鳞云杉林的采伐迹地上，如果没有母树存留，将会有高大茂密的草甸生长，针叶树更新幼苗极少；相反，在鱼鳞云杉母树的冠层下及其周围，有幼苗、幼树生长（陈灵芝，1963）。

1986 年 8 月下旬，长白山的森林植被遭遇了龙卷风袭击。风灾后植被恢复状况的调查结果显示，在针叶树孤立木或岛状小片林地周围，针叶树幼苗的相对密度较大（侯向阳和韩进轩，1997）。云冷杉林群落结构在风灾后恢复区和对照区的比较结果显示，在风灾后恢复区，因林地开阔、光照好，残留的鱼鳞云杉大树可提供种源，自然更新较好，幼苗、幼树较多；风灾后植被恢复的时间尺度较长，在风灾发生的 23 年后，鱼鳞云杉林中常见的落叶阔叶树的种群数量尚未恢复到风灾前的水平，这些树种包括花楷枫、花楸树、青楷枫和春榆等（郭利平等，2010）。

在采伐或火烧迹地上植被恢复过程中，经过先锋草本植物群落和灌丛阶段后，将进入落叶阔叶林阶段，在有针叶树种源供给的情况下，林下会有大量的针叶树幼苗与幼树生长（图 17.22）。在这类群落中，杨桦类为乔木层的优势种，针叶树的幼苗、幼树位于下层。周以良和李景文（1964）记载了 1 个调查自长白山西侧“岳桦鱼鳞松（云杉）”的标准地数据，大乔木层以岳桦占优势，树高 25～28（30）m，胸径 25～26（36）cm，密度 600 株/hm^2；鱼鳞云杉居于中乔木层，多为中幼龄个体，树高 23～24（29）m，胸径 18～19（20）cm，密度为 1200 株/hm^2，占乔木层总株数的 60%，林下记录到了臭冷杉的幼苗。吉林省安图县黄松蒲林场海拔 1130 m 处的样方（CBS006）数据显示，这个群落处在针阔叶混交林的早期阶段，乔木层盖度 75%，物种组成复杂；大乔木层由白桦和山杨等落叶阔叶树组成，白桦占优势，胸径在 13 cm 左右，树高 14～17 m；黄花落叶松和长白鱼鳞云杉等组成中、小乔木层，红皮云杉、臭冷杉和花楸树等混生其间，胸径 5～7 cm，高度 5～10 m。林下针阔叶树的幼苗、幼树丰富。灌木层总盖度 20%，最大高度 150 cm，物种丰富度 11，越桔占优势，其他常见种类有蓝果忍冬和长白茶藨子等。草本层总盖度 25%，高度可达 75 cm，物种丰富度 19，东北蹄盖蕨略占优势，乌苏里薹草等较常见。

图 17.22 长白鱼鳞云杉林下更新的幼苗（左）和枯腐的树桩上密集生长的幼苗（右）（吉林，长白山）
Figure 17.22 Seedlings of *Picea jezoensis* var. *komarovii* on the ground (left) and on the rotted tree trunks (right) in Mt. Changbai, Jilin

鱼鳞云杉林演替顶极阶段的群落多为混交林，纯林很少，乔木层的物种组成较丰富。我们收集到的样方数据显示，鱼鳞云杉和臭冷杉是大、中乔木层的优势种，阔叶树出现在中、小乔木层。鱼鳞云杉和臭冷杉的相对优势度是动态的。1963 年和 1986 年 2 次群落调查结果显示，在长白山海拔 1100～1700 m 处，经过 43 年的生长后，群落中各优势种的重要值发生了变化；落叶松和红松等阳性树的重要值逐渐降低，耐阴的臭冷杉逐渐增加，鱼鳞云杉略有降低，但优势种间的排序位置没有变化（白帆等，2008）。可以预测，随着群落的进一步成长，当地的森林植被将逐渐恢复为云冷杉林。另有研究指出，臭冷杉和鱼鳞云杉的生命周期不同，二者出现自然心腐的树龄分别为约 100 年和 150～200 年，中幼龄阶段以臭冷杉占优势，在中龄以后则以鱼鳞云杉占优势（周以良和李景文，1964）。据此可以判断，长白山上述调查区域的鱼鳞云杉林目前尚处在中龄阶段，长白山地区近年来调查的样方数据也引证了这一特征。

鱼鳞云杉幼苗生长需要阴湿的环境，幼苗在成长过程中对光照的需求逐渐加大。如果林冠层的盖度较大，树冠下幼苗的生长将受到抑制。在原始森林中，群落的自我更新主要依赖因乔木自然枯亡、风倒或雪折等所形成的林隙（周以良和李景文，1964）。来自长白山鱼鳞云杉林隙的调查结果显示，调查范围是海拔 1150～1750 m，林隙形成木以胸径为 10～30 cm、高度为 25～30 m 的个体居多，树种有臭冷杉、落叶松和鱼鳞云杉等，这些树种也是乔木层的优势种；林隙形成的外力主要是风倒，多数林隙由 2～6 株倒木形成（图 17.23）；林隙线密度（单位长度的林隙数）为 21.15 个/km，扩展林隙和林冠空隙所占的面积比例分别为 29.45%和 15.81%；林冠空隙面积均值为 93.60 m^2，变化幅度为 17.9～340.3 m^2；扩展林隙面积均值为 174.34 m^2，变化幅度为 43.6～482.3 m^2（杨修，2002）。

图 17.23　长白鱼鳞云杉林下折断的树干（左上）、连根拔起的倒木（右上）和枯腐的倒木（下）（吉林，长白山）

Figure 17.23　Broken tree trunk (upper left), the horicoanl root system with poor wind-resistance (upper right) and dead-and-down woods on the floor (below) of *Picea jezoensis* var. *komarovii* Needleleaf Forest in Mt. Changbai, Jilin

17.7　价值与保育

在过去的 100 多年中，长白山和大、小兴安岭等地的森林植被经历了高强度的人类活动干扰。例如，在 1929～1942 年的十几年里，黑龙江省森林覆盖率、森林面积和蓄积量分别下降了 23.5%、22.4%和 40%；20 世纪 50 年代以后，东北林区被划归为木材生产基地，又经历了新一轮的采伐（周以良等，1994）。黑龙江省 20 世纪 80 年代的天然林面积又比 50 年代下降了 16.3%（赵士洞等，1999）。

此外，自然灾害对东北地区森林植被的影响也非常深远。近 800 年来，火山喷发对长白山森林植被的影响较小（靳英华等，2013），但 1986 年 8 月下旬发生的龙卷风摧毁了海拔 750～2000 m 处约 9800 hm^2 的森林，受损森林面积约占保护区总面积的 1/20(侯向阳和韩进轩，1997)；1987 年 5 月发生在大兴安岭的特大森林火灾，过火面积超过 100 万 hm^2（周以良等，1991）。

高强度的森林采伐，加上火灾和风灾等自然灾害的影响，使得现存的鱼鳞云杉林多处在植被恢复的特定阶段。从我们收集到的样方数据看，平均胸径超过 40 cm，树高超过 30 m 的鱼鳞云杉林非常罕见。在大、小兴安岭和长白山，天然次生林大量存在，这一现象也表征了历史时期采伐和自然灾害对天然林干扰的强度与规模（周以良和赵光仪，1964）。

自实施天然林保护工程以来，东北地区大规模的森林采伐已经基本停止。各地自然保护区的设立也加强了对森林资源保育的力度。但是，放牧、采摘和樵柴等传统的人类活动干扰依然存在；森林公园的基础设施建设和旅游开发等对森林生态系统又形成新的干扰。协调当地经济发展和森林保育间的关系是需要关注与解决的问题。

参考文献

白帆, 桑卫国, 刘瑞刚, 陈灵芝, 王昆, 2008. 保护区对生物多样性的长期保护效果: 长白山自然保护区北坡森林植物多样性 43 年变化分析. 中国科学(C 辑: 生命科学), 38: 573-582.

陈灵芝, 1963. 长白山西南坡鱼鳞云杉林结构的初步研究. 植物生态学与地植物学丛刊, (Z1): 69-80.

陈灵芝, 鲍显诚, 李才贵, 1964. 吉林省长白山北坡各垂直带内主要植物群落的某些结构特征. 植物生态学与地植物学丛刊, 2(2): 207-225.

董厚德, 1978. 辽宁省东部白石砬子山的主要植被类型及其分布. Journal of Integrative Plant Biology, (2): 178-179.

郭利平, 姬兰柱, 张伟东, 张悦, 薛俊刚, 2010. 长白山西坡风灾区森林恢复状况. 应用生态学报, 21(6): 1381-1388.

侯向阳, 韩进轩, 1997. 长白山西坡风灾干扰区的恢复和保护. 自然资源学报, (1): 30-35.

吉林森林编辑委员会, 1988. 吉林森林. 长春: 吉林科学技术出版社//北京: 中国林业出版社.

靳英华, 许嘉巍, 梁宇, 宗盛伟, 2013. 火山干扰下的长白山植被分布规律. 地理科学, 33(2): 203-208.

李文华, 1980. 小兴安岭谷地云冷杉林群落结构和演替的研究. 自然资源, 2(4): 17-29.

吴征镒, 1991. 中国种子植物属的分布区类型. 云南植物研究, (增刊Ⅳ): 1-139.

吴征镒, 周浙昆, 李德铢, 彭华, 孙航, 2003. 世界种子植物科的分布区类型系统. 云南植物研究, 25(3): 245-257.

徐文铎, 何兴元, 陈玮, 刘常富, 2004. 长白山植被类型特征与演替规律的研究. 生态学杂志, 23(5): 162-174.

杨美华, 1981. 长白山的气候特征及北坡垂直气候带. 气象学报, (3): 311-320.

杨修, 2002. 长白山暗针叶林林隙一般特征及干扰状况. 生态学报, 22(11): 1825-1831.

袁永孝, 郭水良, 曹同, 郭元涛, 李军, 姜玉乙, 杨晶, 仇发, 2002. 白石砬子自然保护区森林植被和主要树种分布的环境解释. 辽宁林业科技, (1): 1-6, 23.

张华, 马延新, 武晶, 祝业平, 张宝财, 孙卫东, 马明军, 兰玉波, 2008. 辽东山地老秃顶子北坡植被类型及垂直带谱. 地理研究, 27(6): 1261-1270.

赵士洞, 郝占庆, 陶炎, 1999. 人类活动对阔叶红松林的影响//陈灵芝, 王祖望. 人类活动对生态系统多样性的影响. 杭州: 浙江科学技术出版社: 12-76.

赵淑清, 方精云, 宗占江, 朱彪, 沈海花, 2004. 长白山北坡植物群落组成、结构及物种多样性的垂直分布. 生物多样性, 12(1): 164-173.

中国科学院《中国自然地理》编辑委员会, 1985. 中国自然地理(总论). 北京: 科学出版社.

中国科学院南京土壤研究所土壤分中心, 2009. 中国土壤数据库. http: //www.soil.csdb.cn[2012.12.5].

中国科学院中国植被图编辑委员会, 2007. 中华人民共和国植被图 (1∶1 000 000). 北京: 地质出版社.

中国林业科学研究院林业研究所, 1986. 中国森林土壤. 北京: 科学出版社.
中国植被编辑委员会, 1980. 中国植被. 北京: 科学出版社.
周以良, 等, 1991. 中国大兴安岭植被. 北京: 科学出版社.
周以良, 等, 1994. 中国小兴安岭植被. 北京: 科学出版社.
周以良, 李景文, 1964. 中国东北东部山地主要植被类型的特征及其分布规律. 植物生态学与地植物学丛刊, 2(2): 190-206.
周以良, 赵光仪, 1964. 小兴安岭——长白山林区天然次生林的类型、分布及其演替规律. 东北林学院学报, (00): 33-45.
《中国森林》编辑委员会, 1999. 中国森林(第 2 卷 针叶林). 北京: 中国林业出版社.
Aizawa M., Yoshimaru H., Saito H., Katsuki T., Kawahara T., Kitamura K., Shi F., Sabirov R., Kaji M., Maggs C., 2009. Range-wide genetic structure in a north-east Asian spruce, (*Picea jezoensis*) determined using nuclear microsatellite markers. Journal of Biogeography, 36(5): 996-1007.
Franklin J. F., Maeda T., Ohsumi Y., Matsui M., Yagi H., Hawk G. M., 1979. Subalpine coniferous forests of central Honshu, Japan. Ecological Monographs, 49(3): 311-334.
Krestov P. V., Ermakov N. B., Osipov S. V., Nakamura Y., 2009. Classification and phytogeography of larch forests of Northeast Asia. Folia Geobotanica, 44(4): 323-363.
Krestov P. V., Nakamura Y., 2002. Phytosociological study of the *Picea jezoensis* forests of the Far East. Folia Geobotanica, 37(4): 441-473.
Song J. S., 1991. Phytosociology of subalpine coniferous forests in Korea I. Syntaxonomical interpretation. Ecological Research, 6(1): 1-19.
Song J. S., 1992. A comparative phytosociological study of the subalpine coniferous forests in Northeastern Asia. Vegetatio, 98(2): 175-186.
Takahashi K., Homma K., Vetrova V. P., Florenzev S., Hara T., 2001. Stand structure and regeneration in a Kamchatka mixed boreal forest. Journal of Vegetation Science, 12(5): 627-634.

群系、群丛组和群丛名录

群落名称按照章节顺序排列，从本书的第 3 章开始。每个植被分类单元名称前面是系统编码。群丛组和群丛的编码是由所在群系的系统编码分别与罗马数字和阿拉伯数字组成。

List of alliances, association groups and associations of spruce forest in China

Each line begins with the code number, followed by the community name. The vegetation types are listed according to the chapter order which begins with third chapter. The code number of association group or association is a combination of the code of formation in which they occur with Roman numeral or with Arabic numeral, respectively.

第 3 章

PS 雪岭云杉林 *Picea schrenkiana* Forest Alliance

PSⅠ 雪岭云杉-草本 常绿针叶林 *Picea schrenkiana*-Herbs Evergreen Needleleaf Forest

PS1 雪岭云杉-岩参 常绿针叶林 *Picea schrenkiana-Cicerbita azurea* Evergreen Needleleaf Forest

PS2 雪岭云杉-新疆薹草 常绿针叶林 *Picea schrenkiana-Carex turkestanica* Evergreen Needleleaf Forest

PS3 雪岭云杉-东北羊角芹 常绿针叶林 *Picea schrenkiana-Aegopodium alpestre* Evergreen Needleleaf Forest

PSⅡ 雪岭云杉-草本-苔藓 常绿针叶林 *Picea schrenkiana*-Herbs-Mosses Evergreen Needleleaf Forest

PS4 雪岭云杉-东北羊角芹-金发藓 常绿针叶林 *Picea schrenkiana-Aegopodium alpestre-Polytrichum commune* Evergreen Needleleaf Forest

PSⅢ 雪岭云杉-灌木-草本 常绿针叶林 *Picea schrenkiana*-Shrubs-Herbs Evergreen Needleleaf Forest

PS5 雪岭云杉-鬼箭锦鸡儿-柄状薹草 常绿针叶林 *Picea schrenkiana-Caragana jubata-Carex pediformis* Evergreen Needleleaf Forest

PS6 雪岭云杉-水栒子-东北羊角芹 常绿针叶林 *Picea schrenkiana-Cotoneaster multiflorus-Aegopodium alpestre* Evergreen Needleleaf Forest

PSⅣ 雪岭云杉-落叶阔叶树-草本 针阔叶混交林 *Picea schrenkiana*-Deciduous Broadleaf Trees-Herbs Mixed Needleleaf and Broadleaf Forest

PS7 雪岭云杉-新疆野苹果-东北羊角芹 针阔叶混交林 *Picea schrenkiana-Malus sieversii-Aegopodium alpestre* Mixed Needleleaf and Broadleaf Forest

PS8 雪岭云杉+天山柳-柄状薹草 针阔叶混交林 *Picea schrenkiana-Salix tianschanica-Carex pediformis* Mixed Needleleaf and Broadleaf Forest

PSⅤ 雪岭云杉-圆柏-草本 常绿针叶林 *Picea schrenkiana-Juniperus* spp.-Herbs Evergreen Needleleaf Forest

PS9 雪岭云杉-昆仑方枝柏-火绒草 常绿针叶林 *Picea schrenkiana-Juniperus centrasiatica-Leontopodium leontopodioides* Evergreen Needleleaf Forest

PS10 雪岭云杉-叉子圆柏-柄状薹草 常绿针叶林 *Picea schrenkiana-Juniperus sabina-Carex pediformis* Evergreen Needleleaf Forest

PS11 雪岭云杉-新疆方枝柏-库地薹草 常绿针叶林 *Picea schrenkiana-Juniperus pseudosabina-Carex curaica* Evergreen Needleleaf Forest

PSⅥ 西伯利亚落叶松+雪岭云杉-灌木-草本 常绿与落叶针叶混交林 *Larix sibirica+Picea schrenkiana*-Shrubs-Herbs Mixed Evergreen and Deciduous Needleleaf Forest

PS12 西伯利亚落叶松+雪岭云杉-叉子圆柏-东北羊角芹 常绿与落叶针叶混交林 *Larix sibirica+Picea schrenkiana-Juniperus sabina-Aegopodium alpestre* Mixed Evergreen and Deciduous Needleleaf Forest

PSⅦ 西伯利亚落叶松+雪岭云杉-草本 常绿与落叶针叶混交林 *Larix sibirica+Picea schrenkiana*-Herbs Mixed Evergreen and Deciduous Needleleaf Forest

PS13 西伯利亚落叶松+雪岭云杉-林地早熟禾 常绿与落叶针叶混交林 *Larix sibirica+Picea schrenkiana-Poa nemoralis* Mixed Evergreen and Deciduous Needleleaf Forest

第 4 章

PO 西伯利亚云杉林 *Picea obovata* Forest Alliance

POⅠ 西伯利亚云杉-草本 常绿针叶林 *Picea obovata*-Herbs Evergreen Needleleaf Forest

PO1 西伯利亚云杉-兴安独活 常绿针叶林 *Picea obovata-Heracleum dissectum* Evergreen Needleleaf Forest

POⅡ 西伯利亚云杉-阔叶树-灌木-草本 针阔叶混交林 *Picea obovata*-Broadleaf Trees-Shrubs-Herbs Mixed Needleleaf and Broadleaf Forest

PO2 西伯利亚云杉-垂枝桦-刺蔷薇-柄状薹草 针阔叶混交林 *Picea obovata-Betula pendula-Rosa acicularis-Carex pediformis* Mixed Needleleaf and Broadleaf Forest

POⅢ 西伯利亚云杉-西伯利亚冷杉-灌木-草本 常绿针叶林 *Picea obovata-Abies sibirica*-Shrubs-Herbs Evergreen Needleleaf Forest

PO3 西伯利亚云杉+西伯利亚冷杉-北极花-新疆薹草 常绿针叶林 *Picea obovata+Abies sibirica-Linnaea borealis-Carex turkestanica* Evergreen Needleleaf Forest

POⅣ 西伯利亚落叶松-西伯利亚云杉-灌木-草本 常绿与落叶针叶混交林 *Larix sibirica-Picea obovata*-Shrubs-Herbs Mixed Evergreen and Deciduous Needleleaf Forest

PO4 西伯利亚落叶松+西伯利亚云杉-蓝果忍冬-新疆芍药 常绿与落叶针叶混交林 *Larix sibirica+Picea obovata-Lonicera caerulea-Paeonia anomala* Mixed Evergreen and Deciduous Needleleaf Forest

PO5 西伯利亚落叶松+西伯利亚云杉-新疆方枝柏-蒙古异燕麦 常绿与落叶针叶混交林 *Larix sibirica+Picea obovata-Juniperus pseudosabina-Helictotrichon mongolicum* Mixed Evergreen and Deciduous Needleleaf Forest

PO6 西伯利亚落叶松+西伯利亚云杉+垂枝桦-西伯利亚铁线莲-阿尔泰薹草 常绿与落叶针叶混交林 *Larix sibirica+Picea obovata+Betula pendula-Clematis sibirica-Carex altaica* Mixed Evergreen and Deciduous Needleleaf Forest

POⅤ 西伯利亚落叶松+西伯利亚云杉+西伯利亚冷杉-草本 常绿与落叶针叶混交林 *Larix sibirica+Picea obovata+Abies sibirica*-Herbs Mixed Evergreen and Deciduous Needleleaf Forest

PO7 西伯利亚落叶松-西伯利亚云杉-西伯利亚冷杉-越桔-山地乌头 常绿与落叶针叶混交林 *Larix sibirica-Picea obovata-Abies sibirica-Vaccinium vitis-idaea-Aconitum monticola* Mixed Evergreen and Deciduous Needleleaf Forest

PO8 西伯利亚落叶松+西伯利亚云杉+西伯利亚冷杉-柄状薹草 常绿与落叶针叶混交林 *Larix sibirica+Picea obovata+Abies sibirica-Carex pediformis* Mixed Evergreen and Deciduous Needleleaf Forest

POⅥ 西伯利亚落叶松+西伯利亚云杉+西伯利亚五针松-灌木-草本 常绿与落叶针叶混交林 *Larix sibirica+Picea obovata+Pinus sibirica*-Shrubs-Herbs Mixed Evergreen and Deciduous Needleleaf Forest

PO9 西伯利亚落叶松-西伯利亚云杉+西伯利亚五针松-越桔-野青茅 常绿与落叶针叶混交林 *Larix sibirica-Picea obovata+Pinus sibirica-Vaccinium vitis-idaea-Deyeuxia pyramidalis* Mixed Evergreen and Deciduous Needleleaf Forest

第 5 章

PC 青海云杉林 *Picea crassifolia* Forest Alliance

PCⅠ 青海云杉-草本 常绿针叶林 *Picea crassifolia*-Herbs Evergreen Needleleaf Forest

PC1 青海云杉-密生薹草 常绿针叶林 *Picea crassifolia-Carex crebra* Evergreen Needleleaf Forest

PCⅡ 青海云杉-藓类 常绿针叶林 *Picea crassifolia*-Mosses Evergreen Needleleaf Forest

PC2 青海云杉-山羽藓 常绿针叶林 *Picea crassifolia-Abietinella abietina* Evergreen Needleleaf Forest

PCⅢ 青海云杉-灌木-草本 常绿针叶林 *Picea crassifolia*-Shrubs-Herbs Evergreen Needleleaf Forest

PC3 青海云杉-鬼箭锦鸡儿-珠芽拳参 常绿针叶林 *Picea crassifolia-Caragana jubata-Polygonum viviparum* Evergreen Needleleaf Forest

PC4 青海云杉-银露梅-密生薹草 常绿针叶林 *Picea crassifolia-Potentilla glabra-Carex crebra*

Evergreen Needleleaf Forest

PC5 青海云杉-叉子圆柏-珠芽拳参 常绿针叶林 *Picea crassifolia-Juniperus sabina-Polygonum viviparum* Evergreen Needleleaf Forest

PCⅣ 青海云杉-阔叶乔木-灌木-草本 针阔叶混交林 *Picea crassifolia*-Broadleaf Tress-Shrubs-Herbs Mixed Needleleaf and Broadleaf Forest

PC6 青海云杉-白桦-金露梅-大披针薹草 针阔叶混交林 *Picea crassifolia-Betula platyphylla-Potentilla fruticosa-Carex lanceolata* Mixed Needleleaf and Broadleaf Forest

PC7 青海云杉+山杨-唐古特忍冬-密生薹草 针阔叶混交林 *Picea crassifolia+Populus davidiana-Lonicera tangutica-Carex crebra* Mixed Needleleaf and Broadleaf Forest

PCⅤ 青海云杉-山杨-杜松-灌木-草本 针阔叶混交林 *Picea crassifolia-Populus davidiana-Juniperus rigida*-Shrubs-Herbs Mixed Needleleaf and Broadleaf Forest

PC8 青海云杉-山杨-杜松-小叶忍冬-大披针薹草 针阔叶混交林 *Picea crassifolia-Populus davidiana-Juniperus rigida-Lonicera microphylla-Carex lanceolata* Mixed Needleleaf and Broadleaf Forestt

PCⅥ 油松-青海云杉-杜松-草本 常绿针叶林 *Pinus tabuliformis-Picea crassifolia-Juniperus rigida*-Herbs Evergreen Needleleaf Forest

PC9 油松+青海云杉-杜松-大披针薹草 常绿针叶林 *Pinus tabuliformis+Picea crassifolia-Juniperus rigida-Carex lanceolata* Evergreen Needleleaf Forest

PCⅦ 青海云杉-祁连圆柏-草本 常绿针叶林 *Picea crassifolia-Juniperus przewalskii*-Herbs Evergreen Needleleaf Forest

PC10 青海云杉-祁连圆柏-珠芽拳参 常绿针叶林 *Picea crassifolia-Juniperus przewalskii-Polygonum viviparum* Evergreen Needleleaf Forest

第 6 章

PA 云杉林 *Picea asperata* Forest Alliance

PAⅠ 云杉-灌木-草本 常绿针叶林 *Picea asperata*-Shrubs-Herbs Evergreen Needleleaf Forest

PA1 云杉-灰栒子-掌叶报春 常绿针叶林 *Picea asperata-Cotoneaster acutifolius-Primula palmata* Evergreen Needleleaf Forest

PA2 云杉-华北珍珠梅-东方草莓 常绿针叶林 *Picea asperata-Sorbaria kirilowii-Fragaria orientalis* Evergreen Needleleaf Forest

PAⅡ 云杉-阔叶乔木-灌木-草本 针阔叶混交林 *Picea asperata*-Broadleaf trees-Shrubs-Herbs Mixed Needleleaf and Broadleaf Forest

PA3 云杉+山杨-白桦-唐古特忍冬-珠芽拳参 针阔叶混交林 *Picea asperata+Populus davidiana-Betula platyphylla-Lonicera tangutica-Polygonum viviparum* Mixed Needleleaf and Broadleaf Forest

PAⅢ 云杉-巴山冷杉-阔叶乔木-灌木-草本 针阔叶混交林 *Picea asperata-Abies fargesii*-Broadleaf Trees-Shrubs-Herbs Mixed Needleleaf and Broadleaf Forest

PA4 云杉-巴山冷杉-红桦-陕甘花楸-丝秆薹草 针阔叶混交林 *Picea asperata-Abies fargesii-Betula albosinensis-Sorbus koehneana-Carex filamentosa* Mixed Needleleaf and Broadleaf Forest

PAⅣ 云杉-寒温性针叶树-灌木-草本 针叶林 *Picea asperata*-Cold-Temperate Needleleaf Trees-Shrubs-Herbs Needleleaf Forest

PA5 落叶松-云杉-高山露珠草 针叶林 *Larix* sp.-*Picea asperata-Circaea alpina* Needleleaf Forest

PA6 云杉+川西云杉-鳞皮冷杉-陕甘花楸-高原露珠草 常绿针叶林 *Picea asperata+Picea likiangensis* var. *rubescens-Abies squamata-Sorbus koehneana-Circaea alpina* subsp. *imaicola* Evergreen Needleleaf Forest

PA7 云杉+川西云杉-黑果忍冬-珠芽拳参 常绿针叶林 *Picea asperata+Picea likiangensis* var. *rubescens-Lonicera nigra-Polygonum viviparum* Evergreen Needleleaf Forest

PA8 云杉+紫果冷杉-水栒子-林生茜草 常绿针叶林 *Picea asperata+Abies recurvata-Cotoneaster multiflorus-Rubia sylvatica* Evergreen Needleleaf Forest

PA9 紫果云杉+云杉-岷江冷杉-陕甘花楸-类叶升麻 常绿针叶林 *Picea purpurea+Picea asperata-Abies fargesii* var. *faxoniana-Sorbus koehneana-Actaea asiatica* Evergreen Needleleaf Forest

第 7 章

PME 白扦林 *Picea meyeri* Forest Alliance

PMEⅠ 白扦-灌木-草本 常绿针叶林 *Picea meyeri*-Shrubs-Herbs Evergreen Needleleaf Forest

PME1 白扦-羊草 常绿针叶林 *Picea meyeri-Leymus chinensis* Evergreen Needleleaf Forest

PME2 白扦-大披针薹草 常绿针叶林 *Picea meyeri-Carex lanceolata* Evergreen Needleleaf

Forest

PME3 白扦-虎榛子-大披针薹草 常绿针叶林 *Picea meyeri-Ostryopsis davidiana-Carex lanceolata* Evergreen Needleleaf Forest

PME4 白扦-白桦-土庄绣线菊-柄状薹草 针阔叶混交林 *Picea meyeri-Betula platyphylla-Spiraea pubescens-Carex pediformis* Mixed Needleleaf and Broadleaf Forest

PMEⅡ 白扦+油松-草本 常绿针叶林 *Picea meyeri+Pinus tabuliformis*-Herbs Evergreen Needleleaf Forest

PME5 白扦+油松-大披针薹草 常绿针叶林 *Picea meyeri+Pinus tabuliformis-Carex lanceolata* Evergreen Needleleaf Forest

PMEⅢ 白扦+青扦-灌木-草本 常绿针叶林 *Picea meyeri+Picea wilsonii*-Shrubs-Herbs Evergreen Needleleaf Forest

PME6 白扦+青扦-绣线菊-大披针薹草 常绿针叶林 *Picea meyeri+Picea wilsonI-Spiraea Salicifolia-Carex lanceolata* Evergreen Needleleaf Forest

PMEⅣ 白扦+华北落叶松-灌木-草本 常绿与落叶针叶混交林 *Picea meyeri+Larix gmelinii* var. *principis-rupprechtii*-Shrubs-Herbs Mixed Evergreen and Deciduous Needleleaf Forest

PME7 华北落叶松+白扦-沙棘-大披针薹草 常绿与落叶针叶混交林 *Larix gmelinii* var. *principis-rupprechtii+Picea meyeri-Hippophae rhamnoides-Carex lanceolata* Mixed Evergreen and Deciduous Needleleaf Forest

PME8 华北落叶松+白扦-耧斗菜 常绿与落叶针叶混交林 *Larix gmelinii* var. *principis-rupprechtii+Picea meyeri-Aquilegia viridiflora* Mixed Evergreen and Deciduous Needleleaf Forest

PME9 华北落叶松+白扦-刚毛忍冬-大披针薹草 常绿与落叶针叶混交林 *Larix gmelinii* var. *principis-rupprechtii+Picea meyeri-Lonicera hispida-Carex lanceolata* Mixed Evergreen and Deciduous Needleleaf Forest

PME10 华北落叶松+白扦-白桦-小叶柳-大披针薹草 常绿与落叶针叶混交林 *Larix gmelinii* var. *principis-rupprechtii+Picea meyeri-Betula platyphylla-Salix hypoleuca-Carex lanceolata* Mixed Evergreen and Deciduous Needleleaf Forest

PMEⅤ 白扦+臭冷杉+红桦-灌木-草本 针阔叶混交林 *Picea meyeri+Abies nephrolepis+Betula albosinensis*-Shrubs-Herbs Mixed Needleleaf and Broadleaf Forest

PME11 白扦+臭冷杉+红桦-毛榛-大披针薹草 针阔叶混交林 *Picea meyeri+Abies nephrolepis+Betula albosinensis-Corylus mandshurica-Carex lanceolata* Mixed Needleleaf and Broadleaf Forest

PMEⅥ 华北落叶松-白扦+臭冷杉-草本 常绿与落叶针叶混交林 *Larix gmelinii* var. *principis-rupprechtii-Picea meyeri+Abies nephrolepis*-Herbs Mixed Evergreen and Deciduous Needleleaf Forest

PME12 华北落叶松-白扦+臭冷杉-大披针薹草 常绿与落叶针叶混交林 *Larix gmelinii* var. *principis-rupprechtii-Picea meyeri+Abies nephrolepis-Carex lanceolata* Mixed Evergreen and Deciduous Needleleaf Forest

PME13 华北落叶松-白扦+红桦-臭冷杉-唐古特忍冬-中华蹄盖蕨 针阔叶混交林 *Larix gmelinii* var. *principis-rupprechtii-Picea meyeri+Betula albosinensis-Abies nephrolepis-Lonicera tangutica-Athyrium sinense* Mixed Needleleaf and Broadleaf Forest

PMEⅦ 华北落叶松+白扦+青扦-灌木-草本 常绿与落叶针叶混交林 *Larix gmelinii* var. *principis-rupprechtii+Picea meyeri+Picea wilsonii*-Shrubs-Herbs Mixed Evergreen and Deciduous Needleleaf Forest

PME14 华北落叶松-白扦+青扦-绣线菊-大披针薹草 常绿与落叶针叶混交林 *Larix gmelinii* var. *principis-rupprechtii-Picea meyeri+Picea wilsonii-Spiraea salicifolia-Carex lanceolata* Mixed Evergreen and Deciduous Needleleaf Forest

PMEⅧ 华北落叶松+白扦+青扦+臭冷杉-红桦-灌木-草本 针阔叶混交林 *Larix gmelinii* var. *principis-rupprechtii+Picea meyeri+Picea wilsonii+Abies nephrolepis-Betula albosinensis*-Shrubs-Herbs Mixed Needleleaf and Broadleaf Forest

PME15 华北落叶松+白扦+青扦+臭冷杉+红桦-柄状薹草 针阔叶混交林 *Larix gmelinii* var. *principis-rupprechtii+Picea meyeri+Picea wilsonii+Abies nephrolepis+Betula albosinensis-Carex pediformis* Mixed Needleleaf and Broadleaf Forest

第8章

PK 红皮云杉林 *Picea koraiensis* Mixed Needleleaf and Broadleaf Forest Alliance

PKⅠ 红皮云杉-阔叶乔木-灌木-草本 针阔叶混交林 *Picea koraiensis*-Broadleaf trees-shrubs-Herbs Mixed Needleleaf and Broadleaf Forest

PK1 红皮云杉+白桦-毛榛-宽叶薹草 针阔叶混交林 *Picea koraiensis+Betula platyphylla-Corylus mandshurica-Carex siderosticta* Mixed Needleleaf and Broadleaf Forest

PK2 红皮云杉+白桦-辽东桤木-越桔-大叶章 针阔叶混交林 *Picea koraiensis+Betula platyphylla-Alnus hirsuta-Vaccinium vitis-idaea-Deyeuxia purpurea* Mixed Needleleaf and Broadleaf Forest

PKⅡ 红皮云杉+臭冷杉+阔叶乔木-灌木-草本 针阔叶混交林 *Picea koraiensis+Abies nephrolepis+* Broadleaf Trees-Shrubs-Herbs Mixed Needleleaf and Broadleaf Forest

PK3 红皮云杉+臭冷杉+白桦-绣线菊-宽叶薹草 针阔叶混交林 *Picea koraiensis+Abies nephrolepis+Betula platyphylla-Spiraea salicifolia-Carex siderosticta* Mixed Needleleaf and Broadleaf Forest

PKⅢ 黄花落叶松/红松-红皮云杉-臭冷杉-白桦-灌木-草本 针阔叶混交林 *Larix olgensis/Pinus koraiensis-Picea koraiensis-Abies nephrolepis-Betula platyphylla*-Shrubs-Herbs Mixed Needleleaf and Broadleaf Forest

PKⅣ 黄花落叶松-红松+长白鱼鳞云杉+红皮云杉+臭冷杉-白桦-灌木-草本 针阔叶混交林 *Larix olgensis-Pinus koraiensis+Picea jezoensis* var. *komarovii+Picea koraiensis+Abies nephrolepis-Betula platyphylla*-Shrubs-Herbs Mixed Needleleaf and Broadleaf Forest

PK5 黄花落叶松-红松+长白鱼鳞云杉+红皮云杉+臭冷杉-白桦-东北茶藨子-库页堇菜 针阔叶混交林 *Larix olgensis-Pinus koraiensis+Picea jezoensis* var. *komarovii+Picea koraiensis+Abies nephrolepis-Betula platyphylla-Ribes mandshuricum-Viola sacchalinensis* Mixed Needleleaf and Broadleaf Forest

第9章

PW 青扦林 *Picea wilsonii* Forest Alliance

PWⅠ 青扦-灌木-草本 常绿针叶林 *Picea wilsonii*-Shrubs-Herbs Evergreen Needleleaf Forest

PW1 青扦-华西蔷薇-东方草莓 常绿针叶林 *Picea wilsonii-Rosa moyesii-Fragaria orientalis* Evergreen Needleleaf Forest

PW2 青扦-唐古特忍冬-川赤芍 常绿针叶林 *Picea wilsonii-Lonicera tangutica-Paeonia anomala* subsp. *veitchii* Evergreen Needleleaf Forest

PW3 青扦-扁刺蔷薇-鸡冠棱子芹 常绿针叶林 *Picea wilsonii-Rosa sweginzowii-Pleurospermum cristatum* Evergreen Needleleaf Forest

PWⅡ 青扦-华西箭竹-灌木-草本 常绿针叶林 *Picea wilsonii-Fargesia nitida*-Shrubs-Herbs Evergreen Needleleaf Forest

PW4 青扦-陕甘花楸-华西箭竹-大披针薹草 常绿针叶林 *Picea wilsonii-Sorbus koehneana-Fargesia nitida-Carex lanceolata* Evergreen Needleleaf Forest

PW5 青扦-秀丽莓-华西箭竹-类叶升麻 常绿针叶林 *Picea wilsonii-Rubus amabilis-Fargesia nitida-Actaea asiatica* Evergreen Needleleaf Forest

PWⅢ 青扦-阔叶乔木-灌木-草本 针阔叶混交林 *Picea wilsonii*-Broadleaf Trees-Shrubs-Herbs Mixed Needleleaf and Broadleaf Forest

PW6 青扦+红桦-陕甘花楸-大披针薹草 针阔叶混交林 *Picea wilsonii+Betula albosinensis-Sorbus koehneana-Carex lanceolata* Mixed Needleleaf and Broadleaf Forest

PW7 青扦-白桦-刚毛忍冬-大披针薹草 针阔叶混交林 *Picea wilsonii-Betula platyphylla-Lonicera hispida-Carex lanceolata* Mixed Needleleaf and Broadleaf Forest

PWⅣ 青扦+油松-灌木-草本 常绿针叶林 *Picea wilsonii+Pinus tabuliformis*-Shrubs-Herbs Evergreen Needleleaf Forest

PW8 青扦+油松-毛榛-大披针薹草 常绿针叶林 *Picea wilsonii+Pinus tabuliformis-Corylus mandshurica-Carex lanceolata* Evergreen Needleleaf Forest

PWⅤ 青扦-岷江冷杉-灌木-草本 常绿针叶林 *Picea wilsonii-Abies fargesii* var. *faxoniana*-Shrubs-Herbs Evergreen Needleleaf Forest

PW9 青扦-岷江冷杉-山梅花-类叶升麻 常绿针叶林 *Picea wilsonii-Abies fargesii* var. *faxoniana-Philadelphus incanus-Actaea asiatica* Evergreen Needleleaf Forest

PWⅥ 华北落叶松+青扦-灌木-草本 针叶林 *Larix gmelinii* var. *principis-rupprechtii+Picea wilsonii*-Shrubs-Herbs Needleleaf Forest

PW10 华北落叶松+青扦-土庄绣线菊-大披针薹草 针叶林 *Larix gmelinii* var. *principis-rupprechtii+Picea wilsonii-Spiraea pubescens-Carex lanceolata* Needleleaf Forest

第10章

PMO 台湾云杉林 *Picea morrisonicola* Mixed Needleleaf and Broadleaf Forest Alliance

PMOⅠ 台湾云杉-阔叶树-玉山竹-草本 针阔叶混交林 *Picea morrisonicola*-Broadleaf Trees-*Yushania niitakayamensis*-Herbs Mixed Needleleaf and Broadleaf Forest

PMO1 台湾云杉-光柃-玉山竹-芒 针阔叶混交林 *Picea morrisonicola-Eurya glaberrima-Yushania niitakayamensis-Miscanthus sinensis* Mixed Needleleaf and Broadleaf Forest

PMO2 台湾云杉-长叶润楠-玉山竹-褐果薹草 针阔叶混交林 *Picea morrisonicola-Machilus japonica-Yushania niitakayamensis-Carex brunnea* Mixed Needleleaf and Broadleaf Forest

PMO3 台湾云杉-雾社黄肉楠-台湾茶藨子-台湾鳞毛蕨 针阔叶混交林 *Picea morrisonicola-Actinodaphne mushaensis-Ribes Formosanum-Dryopteris formosana* Mixed Needleleaf and Broadleaf Forest

PMO4 台湾云杉-尖叶新木姜子-玉山竹-五叶黄连 针阔叶混交林 *Picea morrisonicola-Neolitsea acuminatissima-Yushania niitakayamensis-Coptis quinquefolis* Mixed Needleleaf and Broadleaf Forest

PMOⅡ 台湾云杉+台湾铁杉-阔叶树-玉山竹-草本 针阔叶混交林 *Picea morrisonicola+Tsuga chinensis* var. *formosana*-Broadleaf Trees-*Yushania niitakayamensis*-Herbs Mixed Needleleaf and Broadleaf Forest

PMO5 台湾云杉+台湾果松+台湾铁杉-玉山竹-芒 针阔叶混交林 *Picea morrisonicola+Pinus armandii* var. *mastersiana+Tsuga chinensis* var. *formosana-Yushania niitakayamensis-Miscanthus sinensis* Mixed Needleleaf and Broadleaf Forest

第 11 章

PP 紫果云杉林 *Picea purpurea* Evergreen Needleleaf Forest Alliance

PPⅠ 紫果云杉+云杉-灌木-草本 常绿针叶林 *Picea purpurea+Picea asperata*-Shrubs-Herbs Evergreen Needleleaf Forest

PP1 紫果云杉+云杉-华西蔷薇-狭翅独活 常绿针叶林 *Picea purpurea+Picea asperata-Rosa moyesii-Heracleum stenopterum* Evergreen Needleleaf Forest

PPⅡ 紫果云杉+云杉-岷江冷杉-灌木-草本 常绿针叶林 *Picea purpurea+Picea asperata-Abies fargesii* var. *faxoniana*-Shrubs-Herbs Evergreen Needleleaf Forest

PP2 紫果云杉+云杉-岷江冷杉-陕甘花楸-类叶升麻 常绿针叶林 *Picea purpurea+Picea asperata-Abies fargesii* var. *faxoniana-Sorbus koehneana-Actaea asiatica* Evergreen Needleleaf Forest

PPⅢ 紫果云杉-岷江冷杉-方枝柏-灌木-草本 常绿针叶林 *Picea purpurea-Abies fargesii* var. *faxoniana-Juniperus saltuaria*-Shrubs-Herbs Evergreen Needleleaf Forest

PP3 紫果云杉-岷江冷杉-方枝柏-秀丽莓-美花铁线莲 常绿针叶林 *Picea purpurea-Abies fargesii* var. *faxoniana-Juniperus saltuaria-Rubus amabilis-Clematis potaninii* Evergreen Needleleaf Forest

PPⅣ 紫果云杉-岷江冷杉-箭竹/灌木-草本 常绿针叶林 *Picea purpurea-Abies fargesii* var. *faxoniana-Fargesia* sp./Shrubs-Herbs Evergreen Needleleaf Forest

PP4 紫果云杉-岷江冷杉-华西箭竹-峨眉蔷薇-丝秆薹草 常绿针叶林 *Picea purpurea-Abies fargesii* var. *faxoniana-Fargesia nitida-Rosa omeiensis-Carex filamentosa* Evergreen Needleleaf Forest

PP5 紫果云杉-岷江冷杉-唐古特忍冬-三角叶假冷蕨 常绿针叶林 *Picea purpurea-Abies fargesii* var. *faxoniana-Lonicera tangutica-Athyrium subtriangulare* Evergreen Needleleaf Forest

PP6 紫果云杉-岷江冷杉-高原露珠草-锦丝藓 常绿针叶林 *Picea purpurea-Abies fargesii* var. *faxoniana-Circaea alpina* subsp. *imaicola-Actinothuidium hookeri* Evergreen Needleleaf Forest

PPⅤ 紫果云杉+青海云杉-祁连圆柏-灌木-草本 常绿针叶林 *Picea purpurea+Picea crassifolia-Juniperus przewalskii*-Shrubs-Herbs Evergreen Needleleaf Forest

PP7 紫果云杉+青海云杉-祁连圆柏-银露梅-甘肃薹草 常绿针叶林 *Picea purpurea+Picea crassifolia-Juniperus przewalskii-Potentilla glabra-Carex kansuensis* Evergreen Needleleaf Forest

第 12 章

PL 丽江云杉林 *Picea likiangensis* Evergreen Needleleaf Forest Alliance

PLⅠ 丽江云杉-川滇冷杉-阔叶乔木-灌木-草本 常绿针叶林 *Picea likiangensis-Abies forrestii*-Broadleaf Trees-Shrubs-Herbs Evergreen Needleleaf Forest

PL1 丽江云杉-川滇冷杉+帽斗栎-桦叶荚蒾-粉叶小檗-肾叶堇菜 常绿针叶林 *Picea likiangensis-Abies forrestii+Quercus guajavifolia-*

Viburnum betulifolium-Berberis pruinosa-Viola schulzeana Evergreen Needleleaf Forest

PLⅡ 丽江云杉-云南黄果冷杉-华山松/帽斗栎-箭竹/灌木-草本 常绿针叶林 *Picea likiangensis-Abies ernestii* var. *salouenensis-Pinus armandii/Quercus guajavifolia-Fargesia* spp./Shrubs-Herbs Evergreen Needleleaf Forest

PL2 丽江云杉-云南黄果冷杉-帽斗栎-玉龙山箭竹-凉山悬钩子 常绿针叶林 *Picea likiangensis-Abies ernestii* var. *salouenensis-Quercus guajavifolia-Fargesia yulongshanensis-Rubus fockeanus* Evergreen Needleleaf Forest

PL3 丽江云杉-云南黄果冷杉-华山松-凉山悬钩子 常绿针叶林 *Picea likiangensis-Abies ernestii* var. *salouenensis-Pinus armandii-Rubus fockeanus* Evergreen Needleleaf Forest

PLⅢ 丽江云杉+长苞冷杉-阔叶乔木-灌木-草本 常绿针叶林 *Picea likiangensis+Abies georgei*-Broadleaf Trees-Shrubs-Herbs Evergreen Needleleaf Forest

PL4 丽江云杉-长苞冷杉-芒康小檗-纤细草莓 常绿针叶林 *Picea likiangensis-Abies georgei-Berberis reticulinervis-Fragaria gracilis* Evergreen Needleleaf Forest

PL5 丽江云杉-长苞冷杉-川滇绣线菊-五裂蟹甲草 常绿针叶林 *Picea likiangensis-Abies georgei-Spiraea schneideriana-Parasenecio quinquelobus* Evergreen Needleleaf Forest

第 13 章

PLR 川西云杉林 *Picea likiangensis* var. *rubescens* Evergreen Needleleaf Forest Alliance

PLRⅠ 川西云杉-灌木-草本 常绿针叶林 *Picea likiangensis* var. *rubescens*-Shrubs-Herbs Evergreen Needleleaf Forest

PLR1 川西云杉-金露梅-膨囊薹草 常绿针叶林 *Picea likiangensis* var. *rubescens-Potentilla fruticosa-Carex lehmanii* Evergreen Needleleaf Forest

PLR2 川西云杉-唐古特忍冬-藏东薹草 常绿针叶林 *Picea likiangensis* var. *rubescens-Lonicera tangutica-Carex cardiolepis* Evergreen Needleleaf Forest

PLR3 川西云杉-峨眉蔷薇-珠芽拳参 常绿针叶林 *Picea likiangensis* var. *rubescens-Rosa omeiensis-Polygonum viviparum* Evergreen Needleleaf Forest

PLR4 川西云杉-银露梅-糙喙薹草 常绿针叶林 *Picea likiangensis* var. *rubescens-Potentilla glabra-Carex scabrirostris* Evergreen Needleleaf Forest

PLRⅡ 川西云杉-鳞皮冷杉-灌木-草本 常绿针叶林 *Picea likiangensis* var. *rubescens-Abies squamata*-Shrubs-Herbs Evergreen Needleleaf Forest

PLR5 鳞皮冷杉+川西云杉-银露梅-林地早熟禾 常绿针叶林 *Abies squamata+Picea likiangensis* var. *rubescens-Potentilla glabra-Poa nemoralis* Evergreen Needleleaf Forest

PLR6 川西云杉-鳞皮冷杉-红脉忍冬-高异燕麦 常绿针叶林 *Picea likiangensis* var. *rubescens-Abies squamata-Lonicera nervosa-Helictotrichon altius* Evergreen Needleleaf Forest

PLR7 川西云杉-鳞皮冷杉-峨眉蔷薇-大羽鳞毛蕨 常绿针叶林 *Picea likiangensis* var. *rubescens-Abies squamata-Rosa omeiensis-Dryopteris wallichiana* Evergreen Needleleaf Forest

PLR8 川西云杉-鳞皮冷杉-金露梅-薹草 常绿针叶林 *Picea likiangensis* var. *rubescens-Abies squamata-Potentilla fruticosa-Carex* sp. Evergreen Needleleaf Forest

PLRⅢ 川西云杉-方枝柏-灌木-草本 常绿针叶林 *Picea likiangensis* var. *rubescens-Juniperus saltuaria*-Shrubs-Herbs Evergreen Needleleaf Forest

PLR9 川西云杉-方枝柏-刚毛忍冬-林地早熟禾 常绿针叶林 *Picea likiangensis* var. *rubescens-Juniperus saltuaria-Lonicera hispida-Poa nemoralis* Evergreen Needleleaf Forest

PLRⅣ 川西云杉-云杉-灌木-草本 常绿针叶林 *Picea likiangensis* var. *rubescens-Picea asperata*-Shrubs-Herbs Evergreen Needleleaf Forest

PLR10 云杉+川西云杉-黑果忍冬-珠芽拳参 常绿针叶林 *Picea asperata+Picea likiangensis* var. *rubescens-Lonicera nigra-Polygonum viviparum* Evergreen Needleleaf Forest

PLRⅤ 川西云杉-紫果冷杉-灌木-草本 常绿针叶林 *Picea likiangensis* var. *rubescens-Abies recurvata*-Shrubs-Herbs Evergreen Needleleaf Forest

PLR11 川西云杉-紫果冷杉-绢毛山梅花-林地早熟禾 常绿针叶林 *Picea likiangensis* var. *rubescens-Abies recurvata-Philadelphus sericanthus-Poa nemoralis* Evergreen Needleleaf Forest

PLRⅥ 云杉+川西云杉-鳞皮冷杉-灌木-草本 常绿针叶林 *Picea asperata+Picea likiangensis* var. *rubescens-Abies squamata*-Shrubs-Herbs Evergreen Needleleaf Forest

PLR12 云杉+川西云杉-鳞皮冷杉-陕甘花楸-高原露珠草 常绿针叶林 *Picea asperata+Picea*

likiangensis var. *rubescens-Abies squamata- Sorbus koehneana-Circaea alpina* subsp. *imaicola* Evergreen Needleleaf Forest

第 14 章

PLL 林芝云杉林 *Picea likiangensis* var. *linzhiensis* Forest Alliance

PLL Ⅰ 林芝云杉-灌木-草本 常绿针叶林 *Picea likiangensis* var. *linzhiensis*-Shrubs-Herbs Evergreen Needleleaf Forest

PLL1 林芝云杉-棕背川滇杜鹃-凉山悬钩子-山羽藓 常绿针叶林 *Picea likiangensis* var. *linzhiensis-Rhododendron traillianum* var. *dictyotum-Rubus fockeanus-Abietinella abietina* Evergreen Needleleaf Forest

PLL2 林芝云杉-长瓣瑞香-毛轴蕨 常绿针叶林 *Picea likiangensis* var. *linzhiensis-Daphne longilobata-Pteridium revolutum* Evergreen Needleleaf Forest

PLL3 林芝云杉-云南杜鹃-柳兰 常绿针叶林 *Picea likiangensis* var. *linzhiensis-Rhododendron yunnanense-Chamerion angustifolium* Evergreen Needleleaf Forest

PLL4 林芝云杉-绢毛蔷薇-翅柄蓼 常绿针叶林 *Picea likiangensis* var. *linzhiensis-Rosa sericea-Polygonum sinomontanum* Evergreen Needleleaf Forest

PLL5 林芝云杉-蓝果杜鹃-中甸早熟禾 常绿针叶林 *Picea likiangensis* var. *linzhiensis-Rhododendron cyanocarpum-Poa zhongdianensis* Evergreen Needleleaf Forest

PLL Ⅱ 林芝云杉+长苞冷杉-灌木-草本 常绿针叶林 *Picea likiangensis* var. *linzhiensis+Abies georgei*-Shrubs-Herbs Evergreen Needleleaf Forest

PLL6 林芝云杉+长苞冷杉-亮鳞杜鹃-刺尖鳞毛蕨 常绿针叶林 *Picea likiangensis* var. *linzhiensis+Abies georgei-Rhododendron heliolepis-Dryopteris serrato-dentata* Evergreen Needleleaf Forest

PLLⅢ 林芝云杉+急尖长苞冷杉-灌木-草本 常绿针叶林 *Picea likiangensis* var. *linzhiensis+ Abies georgei* var. *smithii*-Shrubs-Herbs Evergreen Needleleaf Forest

PLL7 林芝云杉+急尖长苞冷杉-绣球藤-膜叶冷蕨 常绿针叶林 *Picea likiangensis* var. *linzhiensis+Abies georgei* var. *smithii-Clematis montana-Cystopteris pellucida* Evergreen Needleleaf Forest

PLLⅣ 华山松-林芝云杉-阔叶乔木-灌木-草本 针阔叶混交林 *Pinus armandii-Picea likiangensis* var. *linzhiensis*-Broadleaf Trees-Shrubs-Herbs Mixed Needleleaf and Broadleaf Forest

PLL8 华山松-林芝云杉-川滇高山栎-杯萼忍冬-纤细草莓 针阔叶混交林 *Pinus armandii-Picea likiangensis* var. *linzhiensis-Quercus aquifolioides-Lonicera inconspicua-Fragaria gracilis* Mixed Needleleaf and Broadleaf Forest

第 15 章

PB 麦吊云杉林 *Picea brachytyla* Mixed Needleleaf and Broadleaf Forest Alliance

PB Ⅰ 麦吊云杉-阔叶乔木-箭竹/灌木-草本 针阔叶混交林 *Picea brachytyla*-Broadleaf Trees-*Fargesia* spp./Shrubs-Herbs Mixed Needleleaf and Broadleaf Forest

PB1 麦吊云杉-红桦-缺苞箭竹-钟花蓼 针阔叶混交林 *Picea brachytyla-Betula albosinensis-Fargesia denudata-Polygonum campanulatum* Mixed Needleleaf and Broadleaf Forest

PB2 麦吊云杉-青榨枫-川滇柳-大果鳞毛蕨 针阔叶混交林 *Picea brachytyla-Acer davidii-Salix rehderiana-Dryopteris panda* Mixed Needleleaf and Broadleaf Forest

PB3 麦吊云杉+千金榆-城口桤叶树-肾蕨 针阔叶混交林 *Picea brachytyla+Carpinus cordata-Clethra fargesii-Nephrolepis cordifolia* Mixed Needleleaf and Broadleaf Forest

PB Ⅱ 铁杉-麦吊云杉-阔叶乔木-灌木-草本 针阔叶混交林 *Tsuga chinensis-Picea brachytyla*-Broadleaf Trees-Shrubs-Herbs Mixed Needleleaf and Broadleaf Forest

PB4 铁杉-麦吊云杉+红桦-美容杜鹃-青川箭竹-托叶樱桃-川西鳞毛蕨 针阔叶混交林 *Tsuga chinensis-Picea brachytyla+Betula albosinensis-Rhododendron calophytum-Fargesia rufa-Cerasus stipulacea-Dryopteris rosthornii* Mixed Needleleaf and Broadleaf Forest

PB5 铁杉-麦吊云杉-红桦-冷箭竹-显脉荚蒾-大果鳞毛蕨 针阔叶混交林 *Tsuga chinensis-Picea brachytyla-Betula albosinensis-Arundinaria faberi-Viburnum nervosum-Dryopteris panda* Mixed Needleleaf and Broadleaf Forest

PB6 铁杉+麦吊云杉-五尖枫+岷江冷杉-缺苞箭竹-问客杜鹃-丝秆薹草 针阔叶混交林 *Tsuga*

chinensis+Picea brachytyla-Acer maximowiczii+Abies fargesii var. *faxoniana-Fargesia denudata-Rhododendron ambiguum-Carex filamentosa* Mixed Needleleaf and Broadleaf Forest

PBⅢ 麦吊云杉-华山松/四川红杉-阔叶乔木-灌木-草本 针阔叶混交林 *Picea brachytyla-Pinus armandii/Larix mastersiana*-Broadleaf Trees-Shrubs-Herbs Mixed Needleleaf and Broadleaf Forest

PB7 麦吊云杉-华山松-红桦-康定柳-假冷蕨 针阔叶混交林 *Picea brachytyla-Pinus armandii-Betula albosinensis-Salix paraplesia-Athyrium spinulosum* Mixed Needleleaf and Broadleaf Forest

PB8 麦吊云杉-四川红杉-糙皮桦 针阔叶混交林 *Picea brachytyla-Larix mastersiana-Betula utilis* Mixed Needleleaf and Broadleaf Forest

PBⅣ 麦吊云杉-冷杉-冷箭竹-灌木-草本 常绿针叶林 *Picea brachytyla-Abies fabri-Arundinaria faberi*-Shrubs-Herbs Evergreen Needleleaf Forest

PB9 麦吊云杉-冷杉-冷箭竹-显脉荚蒾-大花糙苏 常绿针叶林 *Picea brachytyla-Abies fabri-Arundinaria faberi-Viburnum nervosum-Phlomis megalantha* Evergreen Needleleaf Forest

第16章

PBC 油麦吊云杉林 *Picea brachytyla* var. *complanata* Evergreen Needleleaf Forest Alliance

PBCⅠ 油麦吊云杉-阔叶乔木-灌木-草本 常绿针叶林 *Picea brachytyla* var. *complanata*-Broadleaf Trees-Shrubs-Herbs Evergreen Needleleaf Forest

PBC1 油麦吊云杉-细齿樱桃-华西小檗-羽衣草-锦丝藓 常绿针叶林 *Picea brachytyla* var. *complanata-Cerasus serrula-Berberis silva-taroucana-Alchemilla japonica-Actinothuidium hookeri* Evergreen Needleleaf Forest

PBCⅡ 冷杉+油麦吊云杉-阔叶乔木-少花箭竹-草本 常绿针叶林 *Abies fabri+Picea brachytyla* var. *complanata*-Broadleaf Trees-*Fargesia pauciflora*-Herbs Evergreen Needleleaf Forest

PBC2 油麦吊云杉+冷杉-扇叶枫-少花箭竹-大果鳞毛蕨 常绿针叶林 *Picea brachytyla* var. *complanata+Abies fabri-Acer flabellatum-Fargesia pauciflora-Dryopteris panda* Evergreen Needleleaf Forest

PBCⅢ 油麦吊云杉+云南铁杉-阔叶乔木-灌木-草本 常绿针叶林 *Picea brachytyla* var. *complanata+Tsuga dumosa*-Broadleaf Trees-Shrubs-Herbs Evergreen Needleleaf Forest

PBC3 油麦吊云杉+怒江冷杉+云南铁杉-藏南枫-云南凹脉柃-密叶瘤足蕨 常绿针叶林 *Picea brachytyla* var. *complanata+Abies nukiangensis+Tsuga dumosa-Acer campbellii-Eurya cavinervis-Plagiogyria pycnophylla* Evergreen Needleleaf Forest

PBC4 油麦吊云杉+云南铁杉-多变柯-红毛花楸-密叶瘤足蕨 常绿针叶林 *Picea brachytyla* var. *complanata+Tsuga dumosa-Lithocarpus variolosus-Sorbus rufopilosa-Plagiogyria pycnophylla* Evergreen Needleleaf Forest

PBCⅣ 油麦吊云杉+急尖长苞冷杉-阔叶乔木-灌木-草本 常绿针叶林 *Picea brachytyla* var. *complanata+Abies georgei* var. *smithii*-Broadleaf Trees-Shrubs-Herbs Evergreen Needleleaf Forest

PBC5 油麦吊云杉+急尖长苞冷杉-糙皮桦-宽钟杜鹃-西藏箭竹-凉山悬钩子 常绿针叶林 *Picea brachytyla* var. *complanata+Abies georgei* var. *smithii-Betula utilis-Rhododendron beesianum-Fargesia macclureana-Rubus fockeanus* Evergreen Needleleaf Forest

PBC6 油麦吊云杉+急尖长苞冷杉-长尾枫-微绒绣球-异型假鹤虱 常绿针叶林 *Picea brachytyla* var. *complanata+Abies georgei* var. *smithii-Acer caudatum-Hydrangea heteromalla-Hackelia difformis* Evergreen Needleleaf Forest

第17章

PJ 鱼鳞云杉林 *Picea jezoensis* var. *microsperma* and *Picea jezoensis* var. *komarovii* Needleleaf Forest Alliance

PJⅠ 长白鱼鳞云杉+臭冷杉-阔叶乔木-草本 常绿针叶林 *Picea jezoensis* var. *komarovii+Abies nephrolepis*-Broadleaf Trees-Herbs Evergreen Needleleaf Forest

PJ1 长白鱼鳞云杉+岳桦-臭冷杉+花楷枫-东北羊角芹 常绿针叶林 *Picea jezoensis* var. *komarovii+Betula ermanii-Abies nephrolepis+Acer ukurunduense-Aegopodium alpestre* Evergreen Needleleaf Forest

PJ2 长白鱼鳞云杉+岳桦-臭冷杉+花楷枫-舞鹤草 常绿针叶林 *Picea jezoensis* var. *komarovii+Betula ermanii-Abies nephrolepis+Acer ukurunduense-Maianthemum bifolium* Evergreen Needleleaf Forest

PJ3 长白鱼鳞云杉-臭冷杉+岳桦-朝鲜崖柏-返顾马先蒿 常绿针叶林 *Picea jezoensis* var. *komarovii-Abies nephrolepis+Betula ermanii-Thuja koraiensis-Pedicularis resupinata* Evergreen Needleleaf Forest

PJ4 长白鱼鳞云杉-臭冷杉+岳桦-溪水薹草 常绿针叶林 *Picea jezoensis* var. *komarovii-Abies nephrolepis+Betula ermanii-Carex forficula* Evergreen Needleleaf Forest

PJⅡ 红松-长白鱼鳞云杉/鱼鳞云杉+臭冷杉-阔叶乔木-灌木-草本 常绿针叶林 *Pinus koraiensis-Picea jezoensis* var. *komarovii/Picea jezoensis* var. *microsperma+Abies nephrolepis*-Broadleaf Trees-Shrubs-Herbs Evergreen Needleleaf Forest

PJ5 红松-鱼鳞云杉+臭冷杉-色木枫-毛榛-东北羊角芹 常绿针叶林 *Pinus koraiensis-Picea jezoensis* var. *microsperma+Abies nephrolepis-Acer pictum-Corylus mandshurica-Aegopodium alpestre* Evergreen Needleleaf Forest

PJ6 红松-长白鱼鳞云杉+臭冷杉+花楷枫-瘤枝卫矛-东北羊角芹 常绿针叶林 *Pinus koraiensis-Picea jezoensis* var. *komarovii+Abies nephrolepis+Acer ukurunduense-Euonymus verrucosus-Aegopodium alpestre* Evergreen Needleleaf Forest

PJⅢ 黄花落叶松+长白鱼鳞云杉+臭冷杉-阔叶乔木-草本 常绿与落叶针叶混交林 *Larix olgensis+Picea jezoensis* var. *komarovii+Abies nephrolepis*-Broadleaf Trees-Herbs Mixed Evergreen and Deciduous Needleleaf Forest

PJ7 黄花落叶松-长白鱼鳞云杉+臭冷杉-花楸树-东北羊角芹 常绿与落叶针叶混交林 *Larix olgensis-Picea jezoensis* var. *komarovii+Abies nephrolepis-Sorbus pohuashanensis-Aegopodium alpestre* Mixed Evergreen and Deciduous Needleleaf Forest

PJ8 黄花落叶松+长白鱼鳞云杉-臭冷杉-花楸树-舞鹤草 常绿与落叶针叶混交林 *Larix olgensis+Picea jezoensis* var. *komarovii-Abies nephrolepis-Sorbus pohuashanensis-Maianthemum bifolium* Mixed Evergreen and Deciduous Needleleaf Forest

PJⅣ 黄花落叶松+红松+长白鱼鳞云杉+臭冷杉-阔叶乔木-草本 常绿与落叶针叶混交林 *Larix olgensis+Pinus koraiensis+Picea jezoensis* var. *komarovii+Abies nephrolepis*-Broadleaf Trees-Herbs Mixed Evergreen and Deciduous Needleleaf Forest

PJ9 黄花落叶松+红松-长白鱼鳞云杉-臭冷杉+花楷枫-柄状薹草 常绿与落叶针叶混交林 *Larix olgensis+Pinus koraiensis-Picea jezoensis* var. *komarovii-Abies nephrolepis+Acer ukurunduense-Carex pediformis* Mixed Evergreen and Deciduous Needleleaf Forest

PJⅤ 落叶松-鱼鳞云杉+红皮云杉+阔叶乔木-灌木-草本 常绿与落叶针叶混交林 *Larix gmelinii-Picea jezoensis* var. *microsperma+Picea koraiensis*+Broadleaf Trees-Shrubs-Herbs Mixed Evergreen and Deciduous Needleleaf Forest

PJ10 红皮云杉+鱼鳞云杉+落叶松-白桦-越桔-大叶章 常绿与落叶针叶混交林 *Picea koraiensis+Picea jezoensis* var. *microsperma+Larix gmelinii-Betula platyphylla-Vaccinium vitis-idaea-Deyeuxia purpurea* Mixed Evergreen and Deciduous Needleleaf Forest

PJ11 落叶松-红皮云杉+鱼鳞云杉+白桦-矮茶藨子-四花薹草 常绿与落叶针叶混交林 *Larix gmelinii-Picea koraiensis+Picea jezoensis* var. *microsperma+Betula platyphylla-Ribes triste-Carex quadriflora* Mixed Evergreen and Deciduous Needleleaf Forest

PJⅥ 黄花落叶松+红松+长白鱼鳞云杉+红皮云杉+臭冷杉-阔叶乔木-草本 常绿与落叶针叶混交林 *Larix olgensis+Pinus koraiensis+Picea jezoensis* var. *komarovii+Picea koraiensis+Abies nephrolepis*-Broadleaf Trees-Herbs Mixed Evergreen and Deciduous Needleleaf Forest

PJ12 黄花落叶松+红松+长白鱼鳞云杉+红皮云杉+臭冷杉-花楷枫-唢呐草 常绿与落叶针叶混交林 *Larix olgensis+Pinus koraiensis+Picea jezoensis* var. *komarovii+Picea koraiensis+Abies nephrolepis-Acer ukurunduense-Mitella nuda* Mixed Evergreen and Deciduous Needleleaf Forest

物 种 索 引

植物名称按照字母顺序排列，每个植物名称后面是所在群丛的系统编码。

Index of species in Spruce Forest of China

The species are listed alphabetically, with the code number of the associations in which they occur being listed thereafter.

Ainsliaea aptera 无翅兔儿风 PBC6, PLL7
Ainsliaea crassifolia 厚叶兔儿风 PL1
Ainsliaea foliosa 异叶兔儿风 PA4, PLR8
Ainsliaea henryi 长穗兔儿风 PMO1, PMO4, PMO5
Ainsliaea latifolia 宽叶兔儿风 PLL4, PLL6, PLL7, PBC5, PL2, PL3
Ainsliaea macrocephala 大头兔儿风 PL1, PL5, PLR6
Ainsliaea yunnanensis 云南兔耳风 PL1, PL2, PL3, PBC4, PBC5
Ajuga ciliata 筋骨草 PP3
Ajuga lupulina 白苞筋骨草 PLR9
Ajuga ovalifolia var. *calantha* 美花圆叶筋骨草 PLR4
Ajuga pygmaea 台湾筋骨草 PMO3, PMO4
Akebia trifoliata 三叶木通 PB2
Alchemilla japonica 羽衣草 PLL2, PLL7, PLL8, PBC1, PS1, PS2, PS3, PS4, PS6, PS7, PS8, PME2, PME8, PO1, PO3, PO5, PO8, PO9
Aleuritopteris kuhnii 华北粉背蕨 PW10, PME4, PME10
Alfredia cernua 翅膜菊 PO8
Alfredia fetissowii 长叶翅膜菊 PS10
Alfrediaacantholepis 薄叶翅膜菊 PS6
Allantodia crenata 黑鳞短肠蕨 PJ2, PJ3
Allantodia squamigera 鳞柄短肠蕨 PA4
Allium changduense 昌都韭 PLR4
Allium lineare 北韭 PS3, PS5, PS8, PO6
Allium ovalifolium 卵叶山葱 PLL6, PP1, PP2, PP5, PP6, PA9
Allium prattii 太白山葱 PLR4, PA2
Allium senescens 山韭 PME9
Allium sikkimense 高山韭 PLR8
Allium tenuissimum 细叶韭 PME1, PME4
Allium victorialis 茖葱 PC7, PW6
Alnus formosana 台湾桤木 PMO5
Alnus hirsuta 辽东桤木 PJ10, PJ11, PK2, PK3
Alnus mandshurica 东北桤木 PJ11, PK4, PK5
Alopecurus aequalis 看麦娘 PO5
Alyssum desertorum 庭荠 PO2
Alyssum linifolium 条叶庭荠 PO5
Amelanchier sinica 唐棣 PB5
Amygdalus davidiana 山桃 PW7
Anaphalis flavescens 淡黄香青 PB5, PP7, PLR5, PLR10, PA3, PA7
Anaphalis hancockii 铃铃香青 PME7, PME8
Anaphalis lactea 乳白香青 PC4, PC5, PC7, PC10, PP3, PA1, PA4, PA5
Anaphalis nepalensis 尼泊尔香青 PLL3, PLL6, PL3, PL4, PP5, PA7, PLR9, PLR10, PLR11
Anaphalis tibetica 西藏香青 PLL7, PLL8
Androsace henryi 莲叶点地梅 PB2
Androsace mariae 西藏点地梅 PC4, PC5, PC8, PME2
Androsace ovczinnikovii 天山点地梅 PS6, PS8, PS9
Androsace rigida 硬枝点地梅 PL5
Androsace septentrionalis 北点地梅 PS1, PS2, PS3, PS11, PS12, PS13, PO2, PO6
Anemone baicalensis 毛果银莲花 PJ2, PJ6
Anemone cathayensis 银莲花 PLL7, PC6, PME4, PME7, PME10, PME15
Anemone demissa var. *major* 宽叶展毛银莲花 PL3
Anemone demissa 展毛银莲花 PLR3
Anemone exigua 小银莲花 PC1, PC5, PC7, PC10, PP2, PW2, PW6, PW8, PLR3, PA1, PA2, PA4, PA5
Anemone flaccida 鹅掌草 PLL3
Anemone imbricata 叠裂银莲花 PLL7
Anemone obtusiloba 钝裂银莲花 PLL4, PLL6, PLL8, PP7, PLR4
Anemone rivularis var. *flore-minore* 小花草玉梅 PA5, PME7
Anemone rivularis 草玉梅 PC1, PLL6, PP7, PW3, PW6, PL5, PLR4, PA1, PA2, PA3, PA8
Anemone rockii 岷山银莲花 PL4
Anemone rupicola 岩生银莲花 PLR9
Anemone sylvestris 大花银莲花 PO2, PO3, PS2, PS11, PS12, PO6
Anemone tomentosa 大火草 PW3, PW8, PW9, PA4
Angelica amurensis 黑水当归 PJ1, PJ6, PJ7, PK5
Angelica biserrata 重齿当归 PA1, PA5
Angelica cartilaginomarginata 长鞘当归 PJ7
Angelica dahurica 白芷 PK1, PME9, PME10
Angelica gigas 朝鲜当归 PK5
Angelica likiangensis 丽江当归 PL1

B

C

Cardamine microzyga 小叶碎米荠 PL1
Cardamine purpurascens 紫花碎米荠 PP2, PP5, PP6, PLR11, PLR2, PLR3, PA2, PA9, PME8, PME9
Cardamine tangutorum 唐古碎米荠 PB9, PC2, PC5, PC7, PP2, PP3, PW4, PW9, PLR4, PLR12, PA2, PME4, PME8, PME10, PME12, PME14
Carduus nutans 飞廉 PS2
Carex altaica 阿尔泰薹草 PO3, PO4, PO5, PO6, PO8, PO9
Carex asperifructus 粗糙囊薹草 PA5
Carex atrata 黑穗薹草 PS1, PS12, PS13
Carex brunnea 褐果薹草 PMO2
Carex callitrichos 羊须草 PJ3, PJ5, PJ6, PJ8, PJ9, PJ12, PK1, PK3, PK5
Carex capilliformis 丝叶薹草 PA5
Carex cardiolepis 藏东薹草 PLL1, PLL2, PLL7, PLL8, PBC6, PL4, PL5, PLR2, PLR4, PLR6, PLR8, PLR9, PLR12, PA6
Carex crebra 密生薹草 PC1, PC2, PC3, PC4, PC5, PC7, PC10, PLR8
Carex curaica 库地薹草 PS3, PS11, PO8
Carex dispalata 皱果薹草 PJ1, PJ5, PJ6, PJ8, PJ12, PK1, PK5
Carex drepanorhyncha 镰喙薹草 PBC3, PBC4, PLL6
Carex erythrobasis 红鞘薹草 PK5
Carex filamentosa 丝秆薹草 PB6, PP2, PP5, PP3, PW2, PW3, PW5, PW9, PLR3, PLR11, PA2, PA4
Carex filicina 蕨状薹草 PB2, PBC2, PMO5
Carex forficula 溪水苔草 PJ4
Carex gentilis var.*nakaharai* 短喙亲族薹草 PMO5
Carex hancockiana 点叶薹草 PME8
Carex infuscata var. *gracilenta* 高山薹草 PLL5, PL1
Carex kansuensis 甘肃薹草 PP7, PA8
Carex lanceolata 大披针薹草 PB1, PB2, PJ11, PC2, PC6, PC8, PW2, PW4, PW6, PW7, PW8, PW10, PK1, PME2, PME3, PME4, PME5, PME6, PME7, PME8
Carex latisquamea 宽鳞薹草 PJ2, PJ3, PJ6
Carex lehmannii 膨囊薹草 PLL6, PL1, PL2, PL3, PL4, PL5, PP1, PP5, PA1, PA2, PA7, PA9, PLR1, PLR3, PLR7, PLR8, PLR10, PLR11
Carex loliacea 间穗薹草 PJ8, PJ9
Carex obovatosquamata 倒卵鳞薹草 PLL5, PLL7
Carex obscura var. *brachycarpa* 刺囊薹草 PLL2
Carex omiana 星穗薹草 PJ8
Carex orthostemon 直蕊薹草 PMO5
Carex pachyneura 肋脉薹草 PJ9
Carex pediformis 柄状薹草 PC2, PC6, PC8, PC9, PJ6, PJ7, PJ9, PS1, PS3, PS4, PS5, PS6, PS7, PS8, PME1, PME4, PME10, PME11, PME12, PME13, PME15, PO2, PO4, PO5, PO6, PO8, PO9
Carex pilosa 毛缘薹草 PJ6, PJ7, PJ10, PJ11, PK1, PK2, PK3
Carex planiculmis 扁秆薹草 PJ1
Carex quadriflora 四花薹草 PJ8, PJ10, PK2
Carex rhynchophysa 大穗薹草 PS6, PS10
Carex scabrirostris 糙喙薹草 PP5, PLR1, PLR3, PLR4, PLR5, PLR9, PLR10, PA7
Carex siderosticta 宽叶薹草 PW1, PW7, PJ1, PJ5, PJ6, PK1, PK2, PK3, PK5
Carex turkestanica 新疆薹草 PS2, PS6, PS10, PS11, PA4, PO1, PO3, PO5, PO8
Carex ussuriensis 乌苏里薹草 PJ7, PK5
Carex vesicaria 胀囊薹草 PK5
Carpesium cernuum 烟管头草 PLR10, PA1, PA5, PA7
Carpesium lipskyi 高原天名精 PC7, PW3, PA7, PA8, PLR10, PLR11
Carpesium macrocephalum 大花金挖耳 PB6
Carpesium scapiforme 葶茎天名精 PLL6, PL5
Carpesium tracheliifolium 粗齿天名精 PL1, PBC2
Carpesium triste 暗花金挖耳 PLL2, PLL8
Carpinus cordata 千金榆 PB3
Carpinus turczaninowii 鹅耳枥 PB3
Carum atrosanguineum 暗红葛缕子 PS2, PS5, PS6, PS8, PS9, PS10, PS11, PO5, PO8
Carum carvi 葛缕子 PW1, PME7, PME8, PME9
Caryopteris trichosphaera 毛球莸 PLR12
Castanopsis carlesii 小红栲 PMO5
Caulophyllum robustum 红毛七 PK3
Cayratia japonica 乌蔹莓 PMO2

D

E

F

G

H

I

J

M

N

O

P

Pedicularis resupinata 返顾马先蒿 PJ3, PJ6, PJ7
Pedicularis roborowskii 劳氏马先蒿 PP6
Pedicularis rudis 粗野马先蒿 PC2, PC5, PC10, PP5, PLR11, PA1, PA2, PA8
Pedicularis siphonantha 管花马先蒿 PLL6
Pedicularis songarica 准噶尔马先蒿 PS6, PS8, PS10
Pedicularis sorbifolia 花楸叶马先蒿 PA5
Pedicularis verticillata 轮叶马先蒿 PC5, PL4
Pedicularis vialii 维氏马先蒿 PLL5, PLL6
Pellionia radicans 赤车 PMO1, PMO5
Peranema cyatheoides 柄囊蕨 PMO5
Periploca sepium 杠柳 PA4
Pertya angustifolia 狭叶帚菊 PLR11
Pertya discolor 两色帚菊 PLR12
Pertya sinensis 华帚菊 PP7, PA3
Petasites japonicus 蜂斗菜 PLR2,
Petasites tricholobus 毛裂蜂斗菜 PP1, PLR2, PLR5, PLR6, PLR12, PA6, PA9
Peucedanum terebinthaceum 石防风 PK2
Phedimus aizoon 费菜 PP2, PW7, PLR7
Phedimus hybridus 杂交费菜 PS1, PS3, PS7
Phegopteris connectilis 卵果蕨 PJ1, PJ4, PJ6, PJ8, PJ9, PJ2, PJ3, PJ6, PJ7, PJ9, PK5
Philadelphus calvescens 丽江山梅花 PL1
Philadelphus delavayi 云南山梅花 PP3
Philadelphus incanus 山梅花 PB2, PB7, PW1, PW2, PW4, PW5, PW6, PW9, PA2, PA4
Philadelphus kansuensis 甘肃山梅花 PLR12
Philadelphus schrenkii 东北山梅花 PJ1, PJ5, PJ6, PK1, PK3
Philadelphus sericanthus 绢毛山梅花 PL2, PL3, PBC2, PP1, PP2, PLR7, PLR11, PA8, PA9
Phlomis agraria 耕地糙苏 PS3
Phlomis forrestii 苍山糙苏 PL1
Phlomis medicinalis 萝卜秦艽 PLR4
Phlomis megalantha 大花糙苏 PB2, PB5, PB9, PBC2, PA1, PA5, PA6, PA8, PLR2, PLR6, PLR7, PLR11, PLR12
Phlomis melanantha 黑花糙苏 PLL5
Phlomis milingensis 米林糙苏 PLL4, PLL8, PBC1
Phlomis oreophila 山地糙苏 PS1, PS3, PS6, PS8, PS9, PS10, PO8, PO9
Phlomis setifera 刺毛糙苏 PLR3, PLR8
Phlomis umbrosa 糙苏 PS1, PW3, PW7, PW9, PW10, PA2, PA4, PME4, PME6, PME9, PME10, PME13, PME15
Photinia beauverdiana 中华石楠 PMO2, PMO2
Photinia parvifolia 小叶石楠 PMO3
Phryma leptostachya subsp. asiatica 透骨草 PJ5, PJ6, PA4, PK5
Phyllanthus clarkei 滇藏叶下珠 PLL2, PLL8
Phymatopteris cartilagineo-serrata 芒刺假瘤蕨 PLL7, PBC6
Phymatopteris nigrovenia 毛叶假瘤蕨 PBC4
Physospermopsis rubrinervis 紫脉滇芎 PL1
Picea asperata 云杉 PB4, PP1, PP2, PA1, PA2, PA2, PA3, PA3, PA4, PA5, PLR10, PLR11, PLR12
Picea brachytyla var. complanata 油麦吊云杉 PBC1, PBC2, PBC3, PBC4, PBC5, PBC6
Picea brachytyla 麦吊云杉 PB1, PB2, PB3, PB4, PB5, PB6, PB7
Picea crassifolia 青海云杉 PC1, PC2, PC3, PC4, PC5, PC6, PC7, PP7
Picea jezoensis var. komarovii 长白鱼鳞云杉 PJ1, PJ2, PJ3, PJ4, PJ6, PJ7, PJ8, PJ9, PJ12, PK5
Picea jezoensis var. microsperma 鱼鳞云杉 PJ5, PJ7, PJ10, PJ11
Picea koraiensis 红皮云杉 PJ8, PJ10, PJ11, PJ12, PK1, PK2, PK3, PK4, PK5
Picea likiangensis var. linzhiensis 林芝云杉 PLL1, PLL2, PLL3, PLL4, PLL5, PLL6, PLL7
Picea likiangensis var. rubescens 川西云杉 PLR1, PLR2, PLR3, PLR4, PLR5, PLR6, PLR7, PA6, PA7, PA8
Picea likiangensis 丽江云杉 PL1, PL2, PL3, PL4, PL5
Picea meyeri 白扦 PME1, PME2, PME3, PME4, PME5, PME6, PME7
Picea morrisonicola 台湾云杉 PMO1, PMO2, PMO3, PMO4, PMO5
Picea obovata 西伯利亚云杉 PO1, PO2, PO3, PO4, PO5, PO6, PO7
Picea purpurea 紫果云杉 PP1, PP2, PP3, PP4, PP5, PP6, PP7, PA9

Polygonatum sibiricum 黄精 PP6, PW3, PW10, PME8, PME9, PME11, PME13
Polygonatum verticillatum 轮叶黄精 PLL4, PLL6, PLL8, PBC5, PB2, PB5, PC1, PC2, PW2, PW3, PW6, PL4, PP1, PS6, PLR4, PLR9, PLR11, PLR12, PA1, PA2, PA3, PA4, PA5, PA8, PA9
Polygonatum zanlanscianense 湖北黄精 PB9
Polygonum amphibium 两栖蓼 PO1, PO5, PO8
Polygonum amplexicaule 抱茎蓼 PLR3
Polygonum angustifolium 狭叶神血宁 PME4
Polygonum aviculare 萹蓄 PME8, PO5, PO8
Polygonum bistorta 拳参 PME10
Polygonum campanulatum 钟花蓼 PBC6, PLL7, PLR6
Polygonum cathayanum 华神血宁 PLR4
Polygonum cyanandrum 蓝药蓼 PA5
Polygonum hastatosagittatum 长箭叶蓼 PK3
Polygonum macrophyllum 圆穗拳参 PA1
Polygonum nepalense 尼泊尔蓼 PMO5, PW1
Polygonum perfoliatum 杠板归 PK1, PK3
Polygonum pinetorum 松林神血宁 PB1, PB4
Polygonum rigidum 尖果萹蓄 PJ1
Polygonum runcinatum var. *sinense* 赤胫散 PL1
Polygonum runcinatum 羽叶蓼 PLL6, PLL7, PBC6, PL3
Polygonum sinomontanum 翅柄蓼 PLL4
Polygonum sparsipilosum 柔毛蓼 PP5, PLR2, PLR3, PLR10, PLR11
Polygonum suffultum 支柱拳参 PB2, PB7, PB9, PP3, PW9, PLR3
Polygonum viviparum 珠芽拳参 PLL4, PLL5, PLL6, PBC5, PB9, PC1, PC2, PC3, PC4, PC5, PC6, PC7, PL1, PL4, PL5, PP2, PP5, PP7, PS1, PS2, PS3, PS4, PS5, PS6, PS8, PW1, PW3, PW6, PW7, PLR2, PLR3, PLR4, PLR5, PLR6, PLR8, PLR9, PA1, PA2, PA3, PA4, PA5, PA6, PA7, PME2, PME4, PME8, PME9, PME12, PME14, PME15, PO5, PO8
Polypodiastrum argutum 尖齿拟水龙骨 PMO4
Polypodium amoenum 阿里山水龙骨 PMO5
Polypodium vulgare 欧亚多足蕨 PS3, PS6
Polypogon fugax 棒头草 PO4, PO5, PO6
Polystichum brachypterum 喜马拉雅耳蕨 PLR9, PLR12
Polystichum braunii 布朗耳蕨 PB2
Polystichum castaneum 栗鳞耳蕨 PLR6
Polystichum falcatipinnum 镰叶耳蕨 PMO1
Polystichum moupinense 穆坪耳蕨 PLR4
Polystichum neolobatum 革叶耳蕨 PA4
Polystichum parvipinnulum 尖叶耳蕨 PMO3
Polystichum piceopaleaceum 乌鳞耳蕨 PMO2, PMO5
Polytrichum commune 金发藓 PP5, PS4, PLR3, PO8
Polytrichum longisetum 细叶拟金发藓 PS3, PS4, PLR6
Ponerorchis chusua 广布小红门兰 PW3
Ponerorchis limprichtii 华西小红门兰 PW2, PW3
Populus cathayana 青杨 PJ1, PJ6, PJ8, PJ12, PME4
Populus davidiana 山杨 PC7, PC8, PC9, PJ1, PJ6, PJ6, PJ9, PJ10, PJ11, PJ12, PBC5, PW7, PW8, PLR11, PA3, PK2, PK3, PK4, PK5, PME4, PME10, PME15
Populus koreana 香杨 PK5
Populus lasiocarpa 大叶杨 PB4
Populus purdomii 冬瓜杨 PB6
Populus szechuanica 川杨 PL1
Populus tremula 欧洲山杨 PO6, PO8
Potentilla acaulis 星毛委陵菜 PC4, PC7, PME1, PME4
Potentilla anserina 蕨麻 PME7
Potentilla biflora 双花委陵菜 PS6, PS8, PS9, PS10, PO5, PO6
Potentilla bifurca 二裂委陵菜 PS8, PS9, PME1
Potentilla chinensis 委陵菜 PME7
Potentilla chrysantha 黄花委陵菜 PS8, PS9, PO2, PO5, PO8
Potentilla flagellaris 匍枝委陵菜 PW10, PJ10, PK1, PK2
Potentilla fruticosa 金露梅 PC2, PC4, PC5, PC6, PC10, PL4, PLR1, PLR2, PLR4, PLR8, PLR9, PA2, PA8, PME4, PME5, PME9, PME10
Potentilla glabra 银露梅 PC1, PC2, PC4, PC5, PC7, PL4, PP2, PP7, PW5, PA3, PA7, PLR4, PLR5, PLR9, PLR10, PLR12, PME13, PME15

Rosa beggeriana 弯刺蔷薇 PS3
Rosa bella 美蔷薇 PC6, PW3, PA4, PME3, PME4, PME10, PME15
Rosa davidii 西北蔷薇 PC7, PP2, PP3, PW2, PW4, PW5, PW6, PW9, PA2
Rosa davurica 山刺玫 PC3, PJ3, PJ7, PJ9, PJ10, PJ11, PJ2, PW8, PW10, PME2, PME4, PME6, PME10, PME14, PME15
Rosa farreri 刺毛蔷薇 PB1, PB4, PB6
Rosa forrestiana 滇边蔷薇 PLL8
Rosa graciliflora 细梗蔷薇 PLL1, PBC1, PBC6, PL4, PLR4, PLR8, PA1, PA5
Rosa hugonis 黄蔷薇 PC1, PC5, PC7
Rosa kokanica 腺叶蔷薇 PO3, PO9
Rosa laxa 疏花蔷薇 PO2, PO4, PO5, PO6, PO8, PO9
Rosa macrophylla 大叶蔷薇 PLL4, PLL7
Rosa moyesii 华西蔷薇 PP1, PP2, PP3, PP4, PP5, PP6, PW1, PLR2, PLR3, PLR6, PLR7, PLR11, PLR12, PA6, PA8, PA9
Rosa omeiensis f. *paucijugs* 少对峨眉蔷薇 PLR5, PLR6
Rosa omeiensis 峨眉蔷薇 PLL2, PLL5, PLL6, PLL7, PLL8, PBC3, PBC4, PBC5, PB2, PB9, PC7, PL5, PP1, PP2, PP3, PP4, PP5, PP6, PW1, PW3, PW5, PW6, PW8, PW9, PLR2, PLR3, PLR4, PLR7, PLR8, PLR9, PLR10, PA1, PA2, PA6, PA7, PA9
Rosa platyacantha 宽刺蔷薇 PS1, PS2, PS3, PS6, PS8, PS9, PS12
Rosa sericea 绢毛蔷薇 PLL3, PLL4, PBC2, PB5
Rosa sertata 钝叶蔷薇 PW8
Rosa sikangensis 川西蔷薇 PP5
Rosa spinosissima 密刺蔷薇 PS1, PS6, PS8, PS9, PS10, PO4, PO5, PO6, PO7, PO9
Rosa sweginzowii 扁刺蔷薇 PLL1, PLL2, PLL8, PW3, PLR10, PLR12, PA2, PA3, PA4, PA7
Rosa transmorrisonensis 高山蔷薇 PMO1
Rosa willmottiae 小叶蔷薇 PW9, PA2
Rosa xanthina 黄刺玫 PW10, PME4, PME10, PME11, PME13
Roscoea tibetica 藏象牙参 PLL6, PL3
Rubia cordifolia 茜草 PC1, PC2, PC5, PC7, PBC2, PBC4, PL1, PW2, PW3, PW4, PW5, PW6, PW8, PW9, PB2, PB5, PB9, PLR7, PA2, PME9
Rubia magna 峨嵋茜草 PBC2
Rubia manjith 梵茜草 PL1
Rubia podantha 柄花茜草 PL1, PBC4, PS3, PS4
Rubia sylvatica 林生茜草 PP1, PP2, PP5, PLR4, PLR6, PLR11, PLR12, PA3, PA8, PA9, PK1, PK3
Rubus alexeterius 刺萼悬钩子 PB2, PB5, PB9
Rubus amabilis 秀丽莓 PP3, PP4, PP5, PW5, PLR2, PLR6, PLR7, PLR12, PA6
Rubus biflorus 粉枝莓 PA4
Rubus coreanus 插田泡 PB2, PB5, PB9, PA4
Rubus flosculosus 弓茎悬钩子 PME10
Rubus fockeanus 凉山悬钩子 PLL1, PLL2, PLL6, PLL7, PBC1, PBC2, PBC5, PBC6, PL1, PL2, PL3, PL5
Rubus formosensis 台湾悬钩子 PMO5
Rubus fragarioides 莓叶悬钩子 PL1
Rubus komarovii 绿叶悬钩子 PJ7, PJ9, PK5
Rubus lineatus 绢毛悬钩子 PBC4
Rubus lutescens 黄色悬钩子 PP5, PLR8
Rubus mesogaeus 喜阴悬钩子 PA4, PBC3, PBC4
Rubus pecftinarioides 匍匐悬钩子 PBC4
Rubus pectinellus 黄泡 PMO2, PBC4
Rubus phoenicolasius 多腺悬钩子 PC5, PC7
Rubus pileatus 菰帽悬钩子 PP2, PP3, PP4, PP5, PW2, PW5, PLR7, PLR11, PLR12, PA1, PA2, PA6
Rubus pungens var. *oldhamii* 香莓 PMO5, PP2
Rubus pungens 针刺悬钩子 PLL2, PB1, PB4, PB6, PP1, PW2, PW4, PW6, PW8, PLR4, PLR10, PLR11, PA1, PA2, PA5, PA7, PA9, PME4, PME10, PME11, PME13, PME14
Rubus rolfei 高山悬钩子 PMO5
Rubus sachalinensis 库页悬钩子 PJ3, PJ5, PJ10, PJ11, PK1, PK2, PK5
Rubus saxatilis 石生悬钩子 PS3, PO1, PO2, PO4, PO8
Rubus subornatus 美饰悬钩子 PLL3
Rubus xanthocarpus 黄果悬钩子 PW1, PW7
Rubus setchuenensis 川莓 PBC1
Rumex acetosa 酸模 PS1, PA2

S

Syringa sweginzowii 四川丁香 PLR3, PLR8
Syringa wolfi 辽东丁香 PJ2, PJ3, PJ6, PJ7, PJ8
Syringa yunnanensis 云南丁香 PBC5

T

Taraxacum borealisinense 华蒲公英 PB2, PBC2, PME4, PME10
Taraxacum glabrum 光果蒲公英 PS1, PS2, PS3, PS6, PS8, PS9, PS10
Taraxacum leucanthum 白花蒲公英 PC1, PC5
Taraxacum mongolicum 蒲公英 PC2, PC3, PC4, PC5, PC7, PC8, PME2, PME4, PME7, PME8, PME10
Taraxacum officinale 药用蒲公英 PS2, PS3, PS4, PS10
Taraxacum parvulum 小花蒲公英 PLL7
Taxus wallichiana var. *chinensis* 红豆杉 PB6
Taxus wallichiana 喜马拉雅红豆杉 PL1, PL2, PL3
Tetracentron sinense 水青树 PB4, PB6
Tetradium ruticarpum 吴茱萸 PL1
Thalictrum alpinum var. *elatum* 直梗高山唐松草 PLR9
Thalictrum aquilegiifolium var. *sibiricum* 唐松草 PW7, PW10, PJ2, PJ5, PBC6, PLR4, PK1, PK3, PME3, PME8, PME9, PME10
Thalictrum baicalense 贝加尔唐松草 PW4, PW8, PME14, PME8
Thalictrum cultratum 高原唐松草 PLR1, PLR9, PLR10, PLR11, PA7
Thalictrum delavayi 偏翅唐松草 PLL2
Thalictrum elegans 小叶唐松草 PLL5, PLL7
Thalictrum filamentosum 花唐松草 PJ2, PJ3
Thalictrum foetidum 腺毛唐松草 PB7, PS2, PS3, PS8, PS9, PS11, PS12, PLR4
Thalictrum minus var. *hypoleucum* 东亚唐松草 PC1, PC8, PP2, PW2, PW3, PW5, PW7, PW9, PW10, PA2, PME4, PME10, PME11, PME12, PME13, PME15
Thalictrum minus 亚欧唐松草 PS1, PS3, PS6, PS10, PS12
Thalictrum oligandrum 稀蕊唐松草 PLR3, PLR4, PLR7, PLR10, PLR11, PLR12, PA6, PA7
Thalictrum petaloideum 瓣蕊唐松草 PC2, PC5, PC7, PC10, PP1, PW3, PA9, PME9, PME14, PME15
Thalictrum reniforme 美丽唐松草 PLL4
Thalictrum rostellatum 小喙唐松草 PLL7, PBC1, PBC6
Thalictrum simplex 箭头唐松草 PJ2, PJ9
Thalictrum sparsiflorum 散花唐松草 PJ4, PJ7, PK5
Thalictrum tuberiferum 深山唐松草 PJ6, PJ7, PK5
Themeda japonica 黄背草 PME10
Thermopsis alpina 高山野决明 PS6
Thermopsis lanceolata 披针叶黄华 PS8, PS11
Thermopsis smithiana 矮生野决明 PA3
Thidium assimile 绿羽藓 PC7, PBC1
Thuikium cymbifolium 大羽藓 PLL6
Thuja koraiensis 朝鲜崖柏 PJ3
Thylacospermum caespitosum 囊种草 PS6, PS8, PS9
Thymus marschallianus 异株百里香 PS9
Thymus mongolicus 百里香 PME2, PME8
Thymus proximus 拟百里香 PS2
Tiarella polyphylla 黄水枝, PB2, PB5, PB9
Tibetia yadongensis 亚东高山豆 PLL4, PLL6
Tilia amurensis 紫椴 PJ1, PJ5, PJ6, PJ9, PJ12, PK1, PK3, PK4, PK5
Tilia chinensis 华椴 PB1, PB4
Tilia intonsa 多毛椴 PB4, PB6
Tilia mandshurica 糠椴 PJ5, PJ6, PJ9
Tilia tuan 椴树 PB1, PB4, PB6, PB8
Torularia torulosa 念珠芥 PS12
Toxicodendron radicans subsp. *hispidum* 刺果毒漆藤 PMO4, PMO5
Trachelospermum jasminoides 络石, PMO5
Triadica sebifera 乌桕, PB3
Tricyrtis pilosa 黄花油点草 PA4
Trientalis europaea 七瓣莲, PJ1, PJ2, PJ6, PJ7, PJ8, PJ9, PJ10, PJ11, PJ12, PK1, PK2, PK3, PK5
Trifolium eximium 大花车轴草 PS3, PS4, PS11
Trifolium lupinaster var. *albiflorum* 白花野火球 PME15

U

V